핵심이 보이는 신호 및 시스템

2판

기본 이론부터
MATLAB 실습까지

한빛아카데미
Hanbit Academy, Inc.

지은이 **이철희** chlee@kangwon.ac.kr

서울대학교 전기공학과에서 학사, 석사, 박사 과정을 1989년에 마쳤다. 1990년 강원대학교에 부임하여 현재까지 IT대학 전기전자공학과에 재직 중이다. 신호 및 시스템, 디지털 신호 처리, 제어 시스템, 지능 시스템 등을 주로 강의하고 있다. 근래에는 소프트 컴퓨팅(퍼지 이론, 신경망, 유전 알고리즘, 러프 집합)을 제어, 신호 처리, 지능 시스템에 응용하는 연구에 많은 관심을 갖고 있다. 저서로는 『신호 및 시스템』(다성출판사, 2001), 『디지털 신호 처리(2판)』(한빛아카데미, 2022), 『기초 신호 및 시스템(2판)』(한빛아카데미, 2024) 등이 있다.

핵심이 보이는 신호 및 시스템 2판

초판발행 2023년 12월 8일
2쇄발행 2026년 1월 23일

지은이 이철희 / **펴낸이** 전태호
펴낸곳 한빛아카데미㈜ / **주소** 서울시 서대문구 연희로2길 62 한빛아카데미㈜ 2층
전화 02-336-7112 / **팩스** 02-336-7199
등록 2013년 1월 14일 제 2017-000063호 / **ISBN** 979-11-5664-003-5 93560

총괄 박현진 / **책임편집** 김평화 / **기획 · 편집** 심진성
디자인 최연희 / **전산편집** 임희남 / **제작** 박성우, 김정우
영업 김성삼, 이정훈, 임현기, 이성훈, 김주성, 심지연

이 책에 대한 의견이나 오탈자 및 잘못된 내용은 출판사 홈페이지나 아래 이메일로 알려주십시오.
파본은 구매처에서 교환하실 수 있습니다. 책값은 뒤표지에 표시되어 있습니다.

홈페이지 www.hanbit.co.kr / 이메일 question@hanbit.co.kr

신호 및 시스템의 중심을 단단히 잡아주는 친근한 길라잡이

이 책의 초판을 출간할 때는 개념 및 원리와 수학적 취급을 균형있게 학습하도록 다년간의 준비를 거쳐 꽤 공을 들인 책이였기 때문에 더 이상 수정할 만한 게 없으리라 생각되었다. 하지만 10년 가까운 세월이 지나보니, 세부 주제들과 내용 수준은 무난하지만 스타일과 구성은 손댈 부분이 많다는 것을 느꼈다. 그리하여 책을 쓰는 것이 무척이나 고달픔을 알면서도 개정 작업을 진행하게 되었다.

초판에서는 적절한 수준의 넘치지 않는 내용에, 수학적 편식을 바로 잡을 수 있도록 개념과 원리가 잘 정리하여 나무뿐만 아니라 숲을 바라볼 수 있게 했다. 2판에서는 이러한 초판의 기조를 유지하면서도, 초보 학습자들이 겁먹지 않고 편하게 볼 수 있도록 **'학습이 편하고 친절한 책'**에 방점을 두어 친근하게 접근하고자 했다. 핵심 내용을 일목요연하게 정리하고, 예제들도 더욱 쉽고 풍부하게 구성했으며, 연습문제도 질과 양 모두 세심하게 보완했다. 또한 다양한 구성 요소들을 도입하여 학습의 편의성과 체계화를 도모했다. 따라서 책의 흐름을 따라가다보면 학습이 한결 수월하고 체계적으로 이루어질 수 있을 것이라 기대한다.

■ 이 책을 왜 쓰게 되었는가? – 스스로 깨닫는 즐거움

이 책의 목표는 죽이 잘 맞는 친구처럼 편안하고 효율적으로 신호와 시스템에 대한 이해와 능력을 길러주는 것이다. 개념과 원리의 설명이 일관된 관점과 틀 아래에서 쉽고 고른 수준을 유지하도록 하고, 다양한 예제를 곁들여 스스로 학습할 수 있도록 하는 데 초점을 맞추었다. 또한 양질의 MATLAB 실습을 제공하여 개념과 원리를 더 빨리, 더 쉽게, 확실히 이해하고 실제 응용력을 배양하도록 하였다.

다루는 주제를 제대로 익힐 수 있도록 **W**hy, **W**hat, ho**W**의 3**W**를 모두 책에 담다 보니 분량이 많아졌다. 그리하여 응용 학습에 필요한 **W**here를 〈심화학습 자료〉로 정리하여 온라인에서 제공한다. 〈심화학습 자료〉에는 선수 지식, 내용의 보충 설명과 보완 예제, 까다로운 수식의 유도 과정 등이 담겨 있다.

바라건대 이 책이 여러분들을 '스스로 깨닫는 즐거움'의 세계로 인도하는 조그만 불씨가 되기를 바란다.

■ 이 책은 어떻게 구성되어 있는가?

이 책의 내용은 크게 4부로 나누어진다. 1부는 준비 운동 단계로 신호와 시스템을 이해하는 데 필요한 개념들을 정립한다. 2부에서는 시간 영역 해석에 관한 내용들을 다룬다. 3부와 4부는 신호 및 시스템의 꽃인 주파수 영역 해석과 관련된 여러 주제를 다룬다. 3부에서는 푸리에 변환을 비롯한 연속 신호와 시스템의 주파수 영역 해석을 다루는데, 이 책의 클라이맥스라고 할 수 있다. 4부는 이산 신호와 시스템으로 대상만 바뀌었을 뿐 3부의 내용들이 반복되므로 힘들지 않게 접근할 수 있다.

이 책의 차별점은 수학과 개념, 그리고 신호와 시스템을 균형감 있게 다룬 것이다. 시중의 많은 책이 신호 처리를 염두하여 기초로서의 신호 및 시스템을 설명하는 데 치우쳐 있다면, 이 책은 제어 시스템 등 시스템의 측면에서 알아야 할 개념과 주제들을 적잖은 비중으로 다루고 있다.

■ 이 책에 힘이 되어준 이들 – 마음 한가득 고마움을 담아

사소한 것 하나도 놓치지 않고 열과 성을 다해 멋진 책이 탄생할 수 있도록 애써주신 심진성 선생을 비롯한 한빛아카데미(주) 관계자분들께 심심한 감사를 드린다.

초판과는 달리 늘 든든하게 태산처럼 버팀목이 되어주셨던 분들이 안타깝게도 이제는 내 곁에 계시지 않아 마음 한편이 아리지만, 무언의 응원과 지지를 보내주시리라 믿는다. 책 쓰기의 무게에 버거워할 때, 항상 포근한 휴식처가 되어준 소중한 내 가족에게 진정한 감사의 마음을 전한다.

지은이 **이철희**

미리보기

장 미리보기

해장 당에서 학습해야 할 내용의 흐름과 각 절의 연계성을 한 눈에 보여줍니다.

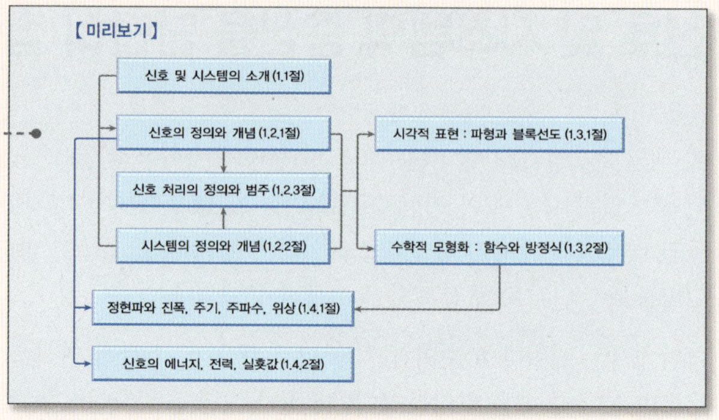

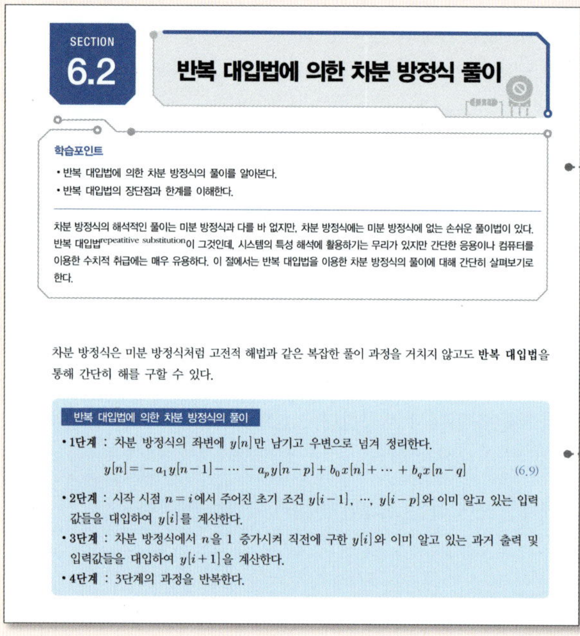

SECTION 6.2

반복 대입법에 의한 차분 방정식 풀이

학습포인트

- 반복 대입법에 의한 차분 방정식의 풀이를 알아본다.
- 반복 대입법의 장단점과 한계를 이해한다.

차분 방정식의 해석적인 풀이는 미분 방정식과 다를 바 없지만, 차분 방정식에는 미분 방정식에 없는 손쉬운 풀이법이 있다. 반복 대입법repeatitive substitution이 그것인데, 시스템의 특성 해석에 활용하기는 무리가 있지만 간단한 응용이나 컴퓨터를 이용한 수치적 취급에는 매우 유용하다. 이 절에서는 반복 대입법을 이용한 차분 방정식의 풀이에 대해 간단히 살펴보기로 한다.

차분 방정식은 미분 방정식처럼 고전적 해법과 같은 복잡한 풀이 과정을 거치지 않고도 **반복 대입법**을 통해 간단히 해를 구할 수 있다.

반복 대입법에 의한 차분 방정식의 풀이

- **1단계** : 차분 방정식의 좌변에 $y[n]$만 남기고 우변으로 넘겨 정리한다.

$$y[n] = -a_1 y[n-1] - \cdots - a_p y[n-p] + b_0 x[n] + \cdots + b_q x[n-q] \tag{6.9}$$

- **2단계** : 시작 시점 $n=i$에서 주어진 초기 조건 $y[i-1]$, ⋯, $y[i-p]$와 이미 알고 있는 입력값들을 대입하여 $y[i]$를 계산한다.
- **3단계** : 차분 방정식에서 n을 1 증가시켜 직전에 구한 $y[i]$와 이미 알고 있는 과거 출력 및 입력값들을 대입하여 $y[i+1]$을 계산한다.
- **4단계** : 3단계의 과정을 반복한다.

학습포인트 / 도입글

해당 절에서 반드시 알아야 하는 내용을 소개합니다.

개념 박스

본문 내용 중 핵심이 되는 개념과 수식을 보여줍니다.

예제 / 풀이

본문에서 다룬 개념을 적용한 문제와 그에 대한 상세한 풀이를 제시합니다.

Tip & Note

본문을 이해하는 데 도움이 되는 참고 내용과 심화 내용을 설명합니다.

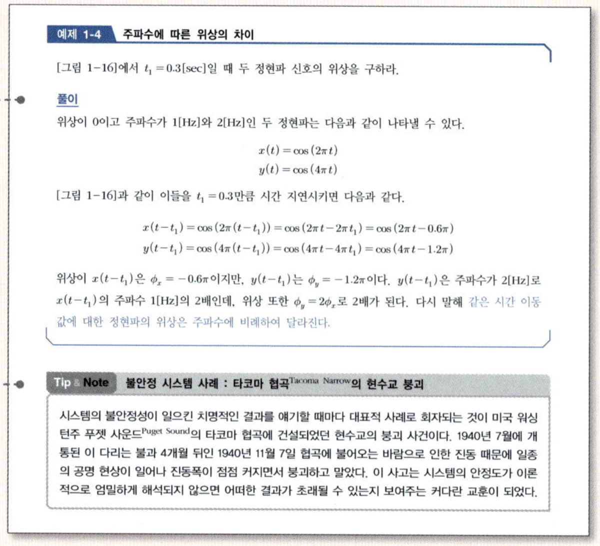

예제 1-4 주파수에 따른 위상의 차이

[그림 1-16]에서 $t_1 = 0.3$[sec]일 때 두 정현파 신호의 위상을 구하라.

풀이

위상이 0이고 주파수가 1[Hz]와 2[Hz]인 두 정현파는 다음과 같이 나타낼 수 있다.

$$x(t) = \cos(2\pi t)$$
$$y(t) = \cos(4\pi t)$$

[그림 1-16]과 같이 이들을 $t_1 = 0.3$만큼 시간 지연시키면 다음과 같다.

$$x(t-t_1) = \cos(2\pi(t-t_1)) = \cos(2\pi t - 2\pi t_1) = \cos(2\pi t - 0.6\pi)$$
$$y(t-t_1) = \cos(4\pi(t-t_1)) = \cos(4\pi t - 4\pi t_1) = \cos(4\pi t - 1.2\pi)$$

위상이 $x(t-t_1)$은 $\phi_x = -0.6\pi$이지만, $y(t-t_1)$는 $\phi_y = -1.2\pi$이다. $y(t-t_1)$은 주파수가 2[Hz]로 $x(t-t_1)$의 주파수 1[Hz]의 2배인데, 위상 또한 $\phi_y = 2\phi_x$로 2배가 된다. 다시 말해 같은 시간 이동값에 대한 정현파의 위상은 주파수에 비례하여 달라진다.

Tip & Note 불안정 시스템 사례 : 타코마 협곡Tacoma Narrow의 현수교 붕괴

시스템의 불안정성이 일으킨 치명적인 결과를 얘기할 때마다 대표적 사례로 회자되는 것이 미국 워싱턴주 푸젯 사운드Puget Sound의 타코마 협곡에 건설되었던 현수교의 붕괴 사건이다. 1940년 7월에 개통된 이 다리는 불과 4개월 뒤인 1940년 11월 7일 협곡에 불어오는 바람으로 인한 진동 때문에 일종의 공명 현상이 일어나 진동폭이 점점 커지면서 붕괴하고 말았다. 이 사고는 시스템의 안정도가 이론적으로 엄밀하게 해석되지 않으면 어떠한 결과가 초래될 수 있는지 보여주는 커다란 교훈이 되었다.

Check Point 다음 문제에서 옳은 것을 골라라.

(1) 임펄스 응답은 시스템 모드로만 이루어진다. (○, ×)
(2) 임펄스 응답과 형태가 같은 것은 (동차해, 특이해, 없음)이다.
(3) 임펄스 응답을 구할 때, 차분 방정식의 우변이 0이 아닌 순간의 관계는 (임펄스 응답의 꼴, 초기 조건)을 구하는 데 이용된다.
(4) 특성근이 음의 실수이면 이산 LTI 시스템은 BIBO 안정이다. (○, ×)
(5) 이산 시스템이 임계 안정이면 BIBO 안정이다. (○, ×)
(6) 시스템 특성은 임펄스 응답과 상관이 있고 시스템 모드와는 무관하다. (○, ×)

Check Point

해당 절의 핵심 내용을 간단한 문제를
통해 빠르게 점검합니다.

CHAPTER 03_핵심요약

개념	관련 항
계단 함수는 파형이 $t=0$인 점에서 불연속인 계단 모양의 함수로, 계단 신호와 사각 펄스는 다른 신호를 켜고 끄는 스위치의 역할을 할 수 있어 구간 연속 신호를 표현하는 데 유용하게 사용된다.	식 (3.1) [그림 3-2]
계단 신호는 갑작스러운 입력 신호 값의 변화에 대해 시스템이 어떻게 반응하는가를, 램프 신호는 시간에 비례하여 직선적으로 증가하는 입력 신호에 대한 시스템의 반응 정도를 알고자 할 때 사용된다.	
연속 (단위) 임펄스 함수는 디랙 델타라고도 하며, $t=0$ 순간에만 세기 1로 존재하는 개념상의 특이 함수이다.	식 (3.8)
임펄스 함수는 신호에서 하나의 값만 뽑아내는 체 거르기 성질을 만족한다.	식 (3.11)
지수 함수 $x(t)=Ae^{\lambda t}$는 λ의 값에 따라 실수 지수 함수, 복소 지수 함수, 복소 정현파의 세 가지의 다른 신호로 구분된다.	

핵심요약

해당 장의 핵심 개념과 관련 항을 정리합니다.

CHAPTER 03_연습문제

[개념 문제]

3.1 연속 (단위) 계단 신호에 대한 다음의 설명 중 틀린 것은?

㉮ 단위 계단 신호는 크기 1인 상수 신호와 같다.
㉯ 계단 신호는 다른 신호를 켜고 끄는 스위치 역할을 할 수 있다.
㉰ 계단 신호는 수학적으로 임펄스 신호의 적분으로 나타낼 수 있다.
㉱ 사각 펄스와 같이 구간별로 불연속인 신호들은 계단 함수를 이용해 표현 가능하다.

개념 문제

본문에서 다룬 주요 내용을 얼마나 이해했는지
객관식 문제를 통해 점검합니다.

[기초 문제]

3.11 다음의 연속 신호를 그리고, 계단 함수 또는 램프 함수를 이용해 곱 형태가 아닌 수식 표현을 구하라.

(a) $x(t)=\begin{cases}3, & |t|<1\\ 2, & 1\le|t|<3\\ 1, & 3\le|t|<4\\ 0, & \text{그 외}\end{cases}$ (b) $x(t)=\begin{cases}1, & -3\le t<-2\\ t+1, & -2\le t<0\\ -t+1, & 0\le t<2\\ t-3, & 2\le t<3\\ 0, & \text{그 외}\end{cases}$

기초 문제

본문에서 다룬 가장 기본적이고 중요한 개념을
문제를 통해 이해합니다.

[응용 문제]

3.21 다음 연속 신호의 파형을 그려라.

(a) $x(t)=e^{-t}\cos(2\pi t)u(t)$ (b) $y(t)=(1-e^{-t}\cos(2\pi t))u(t)$

3.22 다음 연속 신호의 파형을 그려라.

(a) $x(t)=\begin{cases}te^{-t}, & t\ge 0\\ 0, & t<0\end{cases}$ (b) $x(t)=\sin(\pi t)+\cos(\pi t)$
(c) $x(t)=u(\cos(t))$ (d) $x(t)=t\sin(\pi t)$

응용 문제

보다 심화된 문제를 통해
실력을 한 단계 더 높입니다.

CHAPTER 03_MATLAB 실습

| 학습포인트

- 매트랩을 이용하여 기본적인 연속 신호를 그려본다.
- 매트랩을 이용하여 기본적인 이산 신호를 그려본다.
- 매트랩을 이용하여 신호에 대한 기본 연산을 적용한 결과를 구해본다.

신호 및 시스템에서 널리 활용되는 기본 신호들을 그리는 방법은 크게 두 가지가 있다. 하나는 직접 계산 프로그램을 작성하는 것이고, 다른 하나는 제공되는 명령을 사용하는 것이다. 연속 신호에 대해서는 직접 계산 프로그램 작성, 이산 신호에 대해서는 매트랩 명령 사용에 의해 몇몇 기본 신호를 그려보기로 한다. 또한 신호에 대한 기본 연산을 적용하여 다른 신호들을 구하는 문제에 대해서도 간단히 실습해보기로 한다. 이 과정에서 몇 가지 유용한 명령들을 익히게 될 것이다.

MATLAB 3-1 기본적인 연속 신호 그리기

다음 신호들의 파형을 매트랩을 이용하여 $-4\le t\le 4$ 범위에서 그려라.
(a) 사각 펄스 rect$(t/2)$ (b) 삼각 펄스 tri$(t/2)$
(c) 싱크 함수 sinc$(t/0.5)$ (d) 지수 감쇠 정현파 $e^{-0.5t}\cos(10\pi t)u(t)$

MATLAB 실습

MATLAB을 통해 본문에서 설명한
주요 개념을 이해할 수 있도록
실습 문제와 풀이를 제시합니다.

강의 보조 자료

한빛아카데미 홈페이지에서 '교수회원'으로 가입하신 분은 인증 후 교수용 강의 보조 자료를 제공받을 수 있습니다. 한빛아카데미 홈페이지 상단의 〈교수전용공간〉 메뉴를 클릭하세요.

http://www.hanbit.co.kr/academy

온라인 자료 안내

이 책의 〈매트랩 소스파일〉과 〈연습문제 답안〉, 〈심화학습 자료〉는 다음 경로에서 다운로드할 수 있습니다.

한빛아카데미 홈페이지 접속 → [도서명] 검색 → 도서 상세 페이지의 [부록 / 예제소스]

참고 문헌

1. Ashok Ambarda, 『Digital Signal Processing : A Modern Introduction』, THOMSON, 2007
2. Leslie Balmer, 『Signals and Systems : An Introduction, 2nd ed.』, Prentice Hall, 1997
3. Benoit Boulet, Leo Chartrand, 『Fundamentals of Signals and Systems』, Cengage Learning, 2006
4. Gordon E. Carlson, 『Signal and Linear System Analysis, 2nd ed.』, John Willy & Sons, 1998
5. Bernd Girod, Rudolf Rabenstein, Alexander Stenger, 『Signals and Systems』, Wiley, 2001
6. Simon Haykin, Barry Van Veen, 『Signals and Systems, 2nd ed.』, John Willy & Sons, 2002
7. Hwei P. Hsu, 『Signals and Systems』, Schaums' Outline Series, McGraw Hill, 1995
8. Edward W. Kamen, Bonnie S. Heck, 『Fundamentals of Signals and Systems Using MATLAB, 2nd ed.』, Prentice Hall, 1997
9. B.P. Lathi, 『Linear Systems and Signals』, Berkeley-Cambridge Press, 1992
10. James H. McClellan, Ronald W. Schafer, Mark A. Yoder, 『Signal Processing First』, Prentice Hall, 2003
11. Alan V. Oppenheim, and Alan S. Willsky, 『Signals and Systems, 2nd ed.』, Prentice Hall, 1996
12. Charles L. Phillips, John M. Parr, 『Signals, Systems, and Transforms』, Prentice Hall, 1995
13. John G. Proakis, Dimitris G. Manolakis, 『Introduction to Digital Signal Processing, 3rd ed.』, Prentice Hall, 1996
14. Michale J. Robert, 『Signal and Systems』, McGraw Hill, 2003
15. Samir S. Soliman, Mandyam D. Srinath, 『Continuous and Discrete Signals and Systems'S, 2nd ed.』, Prentice Hall, 1998
16. 강철호, 유지상, 박호종, 『신호 및 시스템』, 생능출판사, 2002
17. 김진영, 『Matlab을 이용한 신호 및 시스템』, GS인터비전, 2009
18. 신윤기, 『신호 그리고 시스템』, 교보문고, 2009
19. 양원영, 장태규 외, 『Signals and Systems with MATLAB』, 홍릉과학출판사, 2007
20. 이철희, 『신호 및 시스템』, 다성출판사, 2001
21. 장영범, 『신호 및 시스템』, 생능출판사, 2010
22. 최태영, 나상신, 『신호와 시스템』, 대영사, 1996
23. 황재호, 『아카데미 신호와 시스템』, 교우사, 2001
24. 김명진, 『MATLAB 실습과 함께 배우는 신호와 시스템』, 생능출판사, 2014
25. 이철희, 『기초 신호 및 시스템』, 한빛아카데미, 2016
26. 이철희, 『디지털 신호 처리(2판)』, 한빛아카데미, 2022

목차

CHAPTER 03 기본적인 신호와 연산

CHAPTER 04

임펄스 응답과 컨벌루션

CHAPTER 05

연속 시스템의 시간 영역 해석

CHAPTER 06 이산 시스템의 시간 영역 해석

CHAPTER 07 연속 시간 푸리에 급수

CHAPTER 08 연속 시간 푸리에 변환

CHAPTER 09 푸리에 변환의 응용

CHAPTER 10 라플라스 변환

CHAPTER 11

이산 시간 푸리에 급수

CHAPTER 12

이산 시간 푸리에 변환

CHAPTER 13 z 변환

CHAPTER

01

신호와 시스템의 개요

Introduction to Signals and Systems

학습목표

- 신호와 시스템에서 무엇을 배우고 왜 배우는지 이해할 수 있다.
- 신호와 시스템의 개념을 이해할 수 있다.
- 신호 처리의 개념에 대해 이해할 수 있다.
- 신호와 시스템의 시각적 표현 방법을 이해할 수 있다.
- 신호와 시스템의 수학적 모형에 대해 이해할 수 있다.
- 정현파의 진폭, 위상, 주기, 주파수를 확실하게 익힐 수 있다.
- 신호의 에너지와 전력에 대해 이해할 수 있다.

【미리보기】

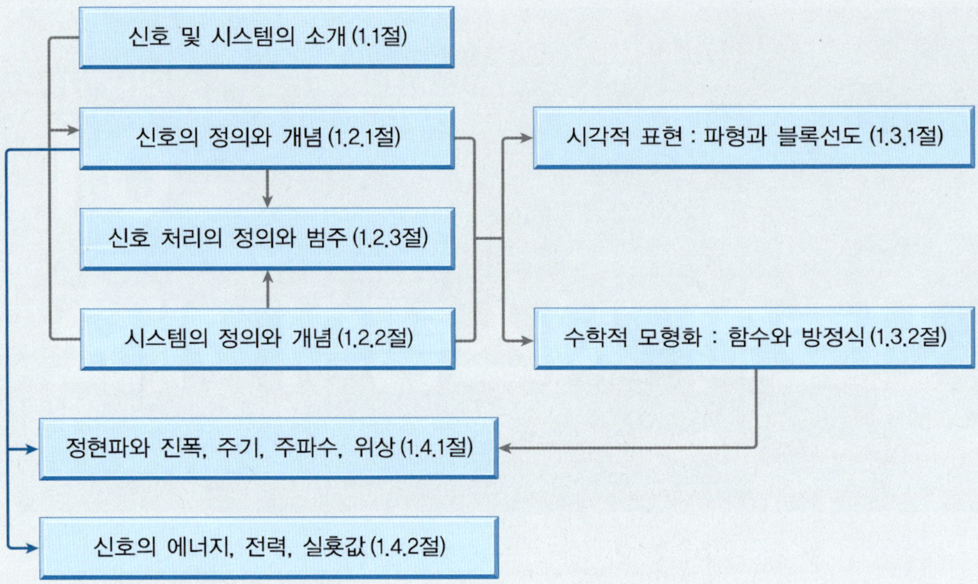

신호와 시스템은 일상생활에서부터 첨단 산업에 이르기까지 언제 어디서나 만나고 활용되는 개념이다. 신호와 시스템은 서로 불가분의 관계이므로 둘 사이에 공유되는 이론적 토대와 분석 방법을 제공하는 게 이 책의 목적이다. 물리적인 형태나 특성이 제각각으로 다양한 수많은 신호와 시스템을 모두 아울러서 통일된 틀 안에서 체계적으로 나타내고 다룰 수 있도록 하려면, 어쩔 수 없이 수학의 힘을 빌려야 한다. 하지만 수학은 어디까지나 수단일 뿐 그 자체로 목적은 아니므로, 수학적 절차에 의해 얻어진 결과와 물리적 의미를 결부시키려는 노력을 빠뜨려서는 안 된다. 신호와 시스템을 다루는 일은 우선 그들의 본질을 파악하고 공통된 특징을 추려내서 간결하게 표현하는 일에서부터 출발해야 한다. 이 장에서는 제일 먼저 이 책에서 다루게 될 '신호 및 시스템'에 대한 전체적인 얼개를 소개한다. 그리고 신호와 시스템에 대한 본격적인 이론 전개에 앞서, 신호와 시스템의 개념 정의와 간단한 예들을 소개하고, 이들의 표현 방법, 그리고 미리 알아두어야 할 기초 예비지식에 대해서 간략히 살펴보기로 한다.

SECTION 1.1

신호 및 시스템의 소개

신호와 시스템은 우리 주변에서 일상적으로 접하거나 흔히 볼 수 있는 장치 또는 설비로부터 매우 복잡한 산업시설에 이르기까지 모든 기술 분야를 망라하여 실제로 나타나는 개념이다. 따라서 신호와 시스템에 대한 모형화, 해석, 설계는 공학과 과학 분야에서 매우 중요한 역할을 한다. 이 책의 목적은 세상에 존재하는 실로 다양한 신호와 시스템을 모두 아울러 체계적이고 통일성 있게 다룰 수 있는 이론적 토대와 분석 방법을 제공하려는 것이다. 이 절에서는 이 책에서 다룰 '신호 및 시스템'이라는 주제를 어떻게 인식하고 풀어갈 것인지 전체 얼개에 대해 간단히 훑어보기로 하자.

무엇이 신호와 시스템인가? (What)

우리는 음악을 듣고, TV를 보고, 휴대폰으로 문자를 주고받고, 컴퓨터로 주식 가격을 확인해 거래하기도 한다. 이처럼 우리가 일상생활에서 접하고 사용하는 모든 것이 신호와 시스템이다. 음악 소리, TV 영상, 휴대폰 문자, 주식 가격은 신호이고, 오디오, TV, 휴대폰, 컴퓨터는 시스템이다. 이들은 물리적 형태나 특성이 서로 달라 닮은 구석은 전혀 없지만 통틀어 신호와 시스템이라고 부른다. 각양각색의 대상을 신호와 시스템이라는 하나의 용어로 가리키는 이유는 그들이 공통된 속성을 가지고 있기 때문이다. 음악 소리, TV 영상, 휴대폰 문자, 주식 가격은 사람들이 필요로 하는 정보를 담고 있다는 점에서, 오디오, TV, 휴대폰, 컴퓨터는 그런 정보를 원하는 형태로 만들어 제공해준다는 점에서 같다.

왜 신호와 시스템을 배우는가? (Why)

신호와 시스템을 중요시하고 주목하는 까닭은 신호 속에 담겨 있는 정보 때문이다. 예를 들어, 일기예보에서는 지역별로 기온, 습도, 강우량, 풍속 등에 관해 상세히 알려준다. 이런 날씨 정보는 '사람들이 주말에 바닷가나 산으로 놀러 갈 것인지', '기업이 청량음료나 아이스크림의 생산량을 늘릴 것인지 줄일 것인지' 등의 결정을 내리는 데 중요한 판단 근거로 작용한다. 즉 신호의 관측과 분석을 통해 좀 더 합리적인 판단과 행동을 할 수 있고, 따라서 대상을 효율적으로 통제(제어)할 수 있게 되는 것이다.

'신호 및 시스템' 주제는 광범위한 기술 영역에서 보편화되는 추세인데, '신호 및 시스템'은 마치 집 지을 때의 기초 공사와 같다고 할 수 있다. 집 모양과 쓰임새가 제각기 다르더라도 기초 공사를 제대로 해야만 튼튼하게 잘 지을 수 있듯이, 각양각색의 신호와 시스템들을 능숙하게 다룰 수 있는 공통의 토대를 '신호 및 시스템'에서 잘 길러둔다면 적용 분야가 서로 다르다고 해도 훨씬 쉽고 편하게 문제를 해결할 수 있을 것이다.

어떻게 신호와 시스템을 다룰 것인가? (hoW)

신호 및 시스템과 관련해 수행하는 일은 크게 **해석**analysis과 **설계**design로 나눌 수 있다. 예를 들어, 전기회로의 각 회로소자의 전압, 전류 분포가 어떻게 되는지를 알아내는 것은 해석에 해당하고, 음성 신호의 잡음 제거를 위한 필터를 만드는 것은 설계에 해당한다. 해석이든 설계든 간에 출발점은 대상의 본질을 파악하고 공통된 특징을 추려내어 알기 쉬우면서도 간단명료하게 나타내는 일로서, 이를 **모형화**modelling라고 한다. 신호와 시스템에 대한 수학적 모형이 구해지면, 물리적인 형태와 특성이 전혀 다른 신호와 (이를 발생시키는) 시스템이라 할지라도 같은 틀 아래에서 정량적인 분석과 이론적인 취급이 가능해진다. 이 책에서는 주로 수학적 모형화 이후의 작업, 특히 해석에 초점을 맞추어 중점적으로 다루게 될 것이다.

신호와 시스템의 수학적 모형은 보통 시간이나 주파수를 변수로 취하여 나타내는데, 시간이 변수이면 **시간 영역**time domain 표현, 주파수가 변수이면 **주파수 영역**frequency domain 표현이라고 한다. 시간 영역 표현과 주파수 영역 표현은 대상에 대한 표현만 달라질 뿐 대상 자체가 바뀐 것이 아니다. 어떤 특성은 시간 영역에서 쉽게 파악되는가 하면, 주파수 영역에서 더 잘 볼 수 있는 특성도 있기에 두 가지 표현 모두에 능숙해져야 한다. 일반적으로 실험과 관측을 통해 얻을 수 있는 시간 영역 표현과 달리, 주파수 영역 표현은 시간 영역 표현에 대해 **변환**transform이라는 수학적 과정을 거쳐야 얻을 수 있다. 변환은 시간 영역과 주파수 영역을 이어주는 다리와 같은 것으로, 반드시 알아두어야 할 변환으로 푸리에 급수/변환, 라플라스 변환, z 변환이 있다. 이들의 개념적 바탕과 구조는 근본적으로 같지만, 수학적 표현과 취급, 그리고 활용 등에서 조금씩 달라진다.

이상의 설명을 이해하기 쉽게 [그림 1-1]에 간략히 나타내었다. [그림 1-1]을 보면 신호와 시스템에서 어떤 문제들을 어떤 흐름으로 다루는지 한눈에 파악할 수 있다.

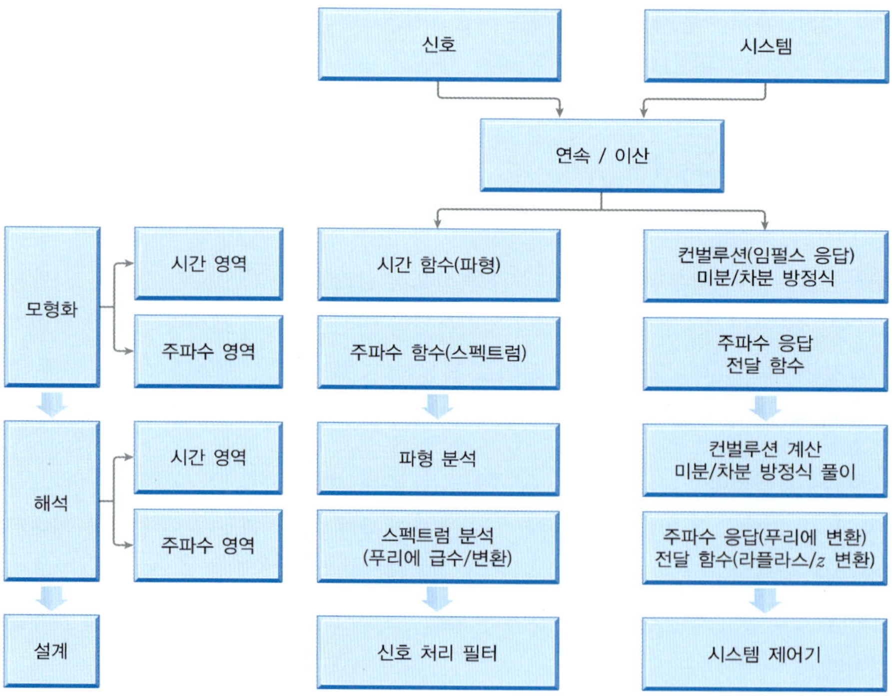

[그림 1-1] 신호와 시스템의 취급 흐름도

SECTION
1.2 신호와 시스템의 개념

학습포인트

- 신호와 시스템의 개념을 이해한다.
- 생활 속에서 접하는 신호와 시스템에는 어떤 것들이 있는지 알아본다.
- 신호 처리의 개념과 주요 범주를 알아본다.

우리는 끊임없이 신호와 시스템을 접하며 살아간다. 사람들과 이야기를 나누거나 음악을 듣고, TV를 보기도 하고, 자동차나 지하철을 타고, 전화기와 컴퓨터를 비롯한 온갖 기계/장치들을 사용한다. 이 모든 것들의 물리적 형태나 특성은 제각각으로 다르지만, 똑같이 '신호'와 '시스템'이라고 부른다. 그러므로 신호와 시스템이 정확히 무엇을 의미하는지 그 정의와 개념을 잘 이해해둘 필요가 있다. 이 절에서는 신호와 시스템, 그리고 이와 연관한 신호 처리의 개념을 간단히 소개하기로 한다.

1.2.1 신호

신호의 정의

이 세상의 물리적 현상을 묘사하는 실로 다양한 신호들을 딱 한 마디로 정의하기란 쉽지 않지만, 공통점을 일반화한 신호의 개념과 특성은 다음과 같이 정리할 수 있다.

신호signal는 물리량의 변화 형태를 담은 일련의 자료/정보의 집합이다.
- 신호는 다양한 물리적 현상의 동작 또는 성질을 표현한 것으로, 신호가 변화하는 패턴 속에 사람들이 필요로 하는 정보가 담겨 있다.
- 신호는 수학적으로 함수로 표현되는데, 시간, 공간, 주파수 등이 독립 변수로 쓰인다.

음성이나 음악과 같은 음향, 사진이나 TV 화면과 같은 영상, 자동차나 지하철의 속도 등이 바로 신호이며, [그림 1-2]에 나타낸 일별 평균 기온이나 전기회로의 전압(또는 전류) 또한 신호의 한 예이다.

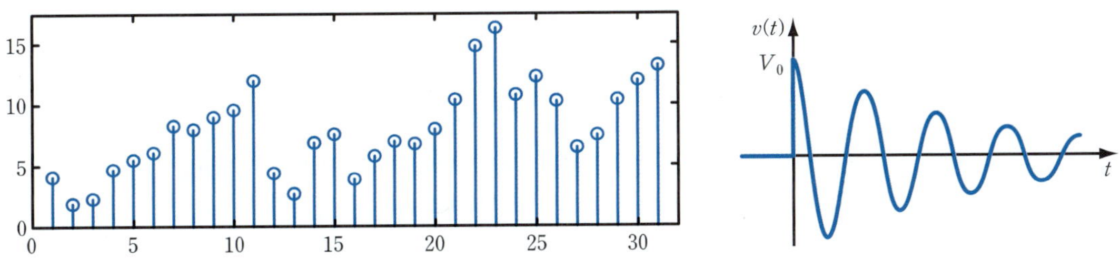

(a) 춘천의 평균 기온(2023년 3월)

(b) RLC 병렬회로의 전압

[그림 1-2] 신호의 예

그 외에도 심전도(ECG), 뇌전도(EEG), 주식 가격, 회사의 월별/분기별 판매량, 월별 강수량 등은 생활에서 접하는 신호들이다. 신호가 중요한 까닭은 정보나 의사를 전달할 수 있는 수단이기 때문이다.

우리가 익숙한 대부분의 신호는 독립 변수가 시간인 함수로 표현되지만, 전하밀도나 영상과 같이 공간 변수를 독립 변수로 갖는 신호들도 있다. 예를 들어, 정지 영상은 평면 좌표($x-y$축) 상의 위치 (x_0, y_0)에서의 밝기(색상)를 값으로 가지며, 동영상은 시시각각 그 값이 변하므로 공간 변수와 시간 변수를 함께 독립 변수로 가지게 된다. 이 책에서는 기본적으로 시간의 함수로서 신호를 다루게 될 것이다. 그런데 [그림 1-2]에서 보면 (a)와 (b) 모두 가로축이 시간 값을 나타내지만, (a)의 온도 신호는 날짜별로 관측된 값이어서 가로축에 대해 1일 간격으로 불연속적으로 표시된 데 반해, (b)의 전압 신호는 끊어지지 않고 시간에 따라 계속 값이 변하므로 가로축에 대해 연속적인 파형을 나타낸다. (a)의 경우를 **이산 (시간) 신호**discrete (time) signal, (b)의 경우를 **연속 (시간) 신호**continuous (time) signal라고 한다.

신호의 형태

신호를 나타내거나 저장하는 형태는 유일하지 않고 여러 가지가 있을 수 있다. 예를 들어, 사람의 음성은 공기 중에 파동을 발생시켜 이로 인한 압력(음압) 변동을 귀로 전달하는 것이지만, 마이크를 통과한 음성은 전기 신호인 전압으로 표현되며, 카세트테이프에 저장하면자기 신호로, CD나 MP3 파일로 저장할 경우는 이진 숫자열로 표현된다. 이때 마이크의 경우에는 시간에 따른 전압값의 변화(전압 파형) 속에 음성의 정보가 담기고, MP3 파일의 경우에는 이진 숫자열의 변화, 즉 이진 부호가 달라지는 양상 속에 음성의 정보가 담긴다.

Tip & Note **심전도 신호**

사람의 심장은 자율신경계로 조정되는 근육의 수축과 이완을 통해 '대정맥 → 우심방 → 우심실 → 폐동맥 → 폐 → 폐정맥 → 좌심방 → 좌심실 → 대동맥 → 온몸 → 대정맥'의 경로로 혈액을 순환시킨다. 심장의 전기적인 활동을 몸에 붙인 전극을 통해 측정하는 **심전도(ECG)**ElectroCardioGram는 중요한 생체 신호로서, 전형적인 파형은 [그림 1-3]과 같다.

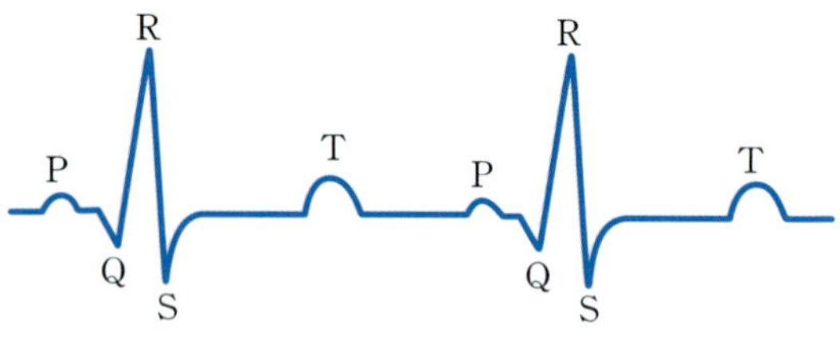

[그림 1-3] 전형적인 ECG 신호

그림에서 P는 좌우 심방의 수축을 나타내며, QRS는 심실의 수축이 일어나는 기간이고, T는 심실의 이완기에 해당한다. P와 QRS 사이는 심실에 혈액을 충분히 채울 수 있도록 신경 자극의 전달이 지연되는 기간이며, S와 T 사이는 심실의 수축이 지속하는 기간이다. 의사들은 이러한 심전도 파형을 보고 심장의 이상 유무를 판단한다.

Tip & Note **음성 신호**

[그림 1-4]는 영어 단어 'signal'을 성인 남성이 발음한 음성 파형이다. 음성의 발생 원리는 다음과 같다. 먼저 성대의 진동이 주변의 공기를 압축하고 희박하게 만드는 요동을 일으켜 음파의 형태로 방사하게 되는데, 이것이 성문 glottis에서 시작해서 입술까지 이르는 성도 vocal tract를 통해 이동하여 입 밖으로 나오면서 공기 중에 파동을 발생시키는 것이다. 영어의 알파벳은 유성음과 무성음으로 나눌 수 있는데, 유성음은 성대가 느슨하게 진동하여 만들어지는 소리이고 무성음은 성대가 살짝 열린 상태에서 성도가 협착되며 지속적으로 공기를 밀어내는 마찰음이다. 'signal'의 /i/, /a/와 같은 모음은 유성음으로, 기압의 변화가 준 주기성을 띠며 상대적으로 낮은 주파수와 큰 진폭의 특성을 보인다. 이에 반해 /s/와 같은 무성음은 기압의 변화가 임의적이며 상대적으로 높은 주파수와 작은 진폭의 특성을 가진다. 이러한 사실은 [그림 1-3]의 파형에서도 확인할 수 있다.

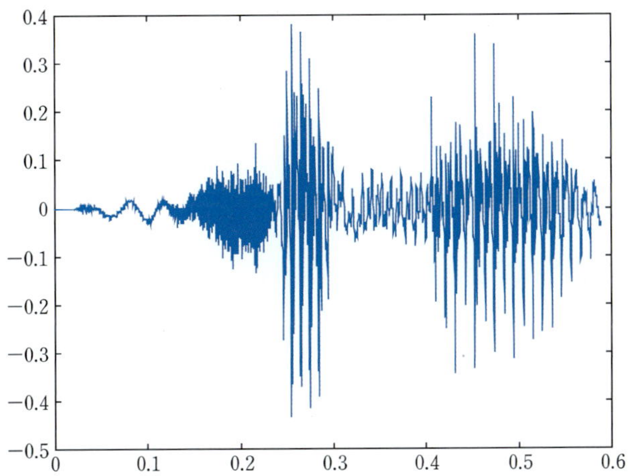

[그림 1-4] 영어 'signal'의 음성 파형

위치, 온도, 속도, 힘, 빛의 세기 등과 같은 물리적 신호들을 전기 신호로 변환하면 편리하다. 왜냐하면 전기 신호는 측정이 쉽고 간단하게 표현할 수 있을 뿐만 아니라 전기전자회로나 컴퓨터 등을 통해 다양한 처리가 가능하기 때문이다. 최근에는 디지털 기술과 소자의 비약적인 발전에 힘입어 신호를 디지털로 변환하여 처리하는 것이 추세가 되고 있다.

1.2.2 시스템

시스템의 정의

시스템 system은 특정한 목적에 맞도록 주어진 신호를 조작하고 처리해내는 장치이다.

- 시스템은 들어오는 신호(입력)에 대한 반응으로 다른 신호(출력)를 만들어낸다.
- 시스템은 입력, 출력, 그리고 동작 규칙에 의해 명확하게 규정되며, 수학적으로 하나 또는 여러 개의 방정식으로 표현된다.

시스템은 특정한 목적을 달성하는 데 필요한 기기device, 공정process, 알고리즘algorithm 등의 각종 구성 요소component들이 유기적으로 배열되어 하나로 묶인 집합체로서, 주어진 신호를 알맞게 조작하고 처리해낸다. 예를 들어, [그림 1-5(a)]의 전기회로는 저항, 인덕터, 커패시터로 이루어져 입력 전류에 따라 단자 전압을 출력으로 내며, [그림 1-2(b)]는 이러한 출력의 한 예이다. [그림 1-5(b)]의 자동차는 차체, 엔진, 바퀴, 가속기, 브레이크, 변속기, 핸들 등으로 이루어져 있으며, 기본적으로 핸들과 가속기를 이용하여 차의 진행 방향과 주행 속도를 조절한다. 여기서 핸들 각과 가속기 페달 각은 입력 신호에 해당하고 차의 진행 방향과 주행 속도는 출력 신호가 된다.

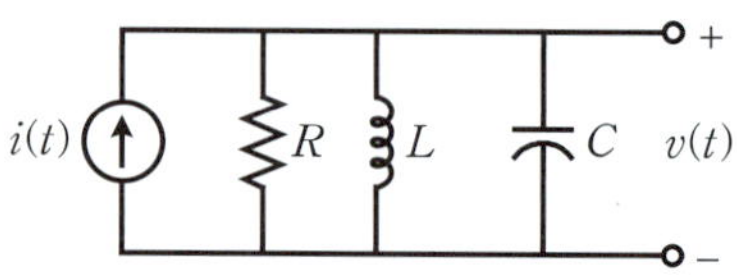

(a) RLC 병렬회로

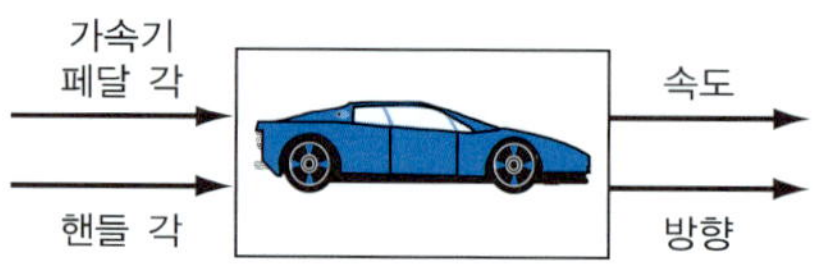

(b) 자동차

[그림 1-5] 시스템의 예

이 외에, 공학에서 주로 다루어지는 시스템의 예로 전기전자회로, 음향/영상 장비, 비행기/배 등의 운송 장치, 통신 장비, 생산 설비 등을 들 수 있으며, 주식시장이나 인체와 같은 생체도 시스템의 좋은 예가 된다. 한편 경제 시스템과 같이 눈에 보이는 물리적인 실체가 없더라도 시스템이 될 수 있다.

Tip & Note **경제 시스템**

[그림 1-6]은 국가의 경제 성과를 평가하는 주요 지표인 국민 소득(또는 국민 총생산)에 대한 모델로, 실제로는 훨씬 복잡하지만 아주 단순화한 것이다.

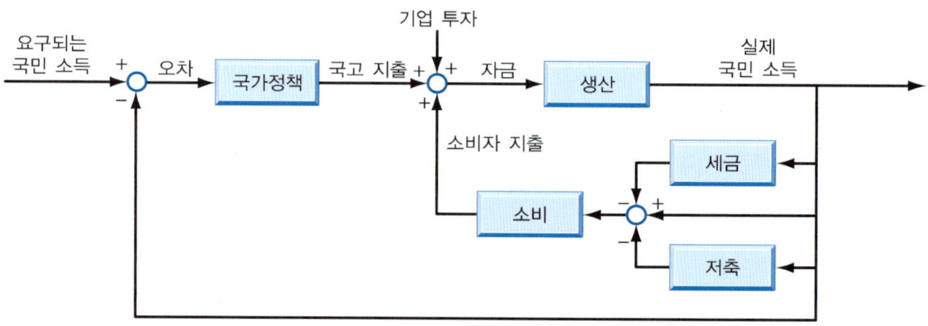

[그림 1-6] 국가 경제 시스템

정부는 목표한 국민 소득에 맞추어 세금, 통화, 사회간접자본 확충, 산업 진흥 및 기업 지원 등의 각종 국가 정책을 통해 (투자 및 소비를 진작시키고) 국고 지출을 적절하게 조절한다. 이러한 국고 지출과 더불어 (개인 소득에서 세금과 저축을 제외한) 소비 지출과 기업 투자가 생산에 투입되어 그 결과물로 실제 국민 소득이 산출되는 것이다. 이러한 경제 시스템에는 전자제품이나 기계 장치와 같은 하드웨어적인 구성 요소가 전혀 없지만, 개념적 요소들이 유기적으로 결합하여 목적에 맞도록 정보(신호)를 처리하여 원하는 결과(신호)를 만들어낸다.

시스템의 구성

시스템은 전기전자회로나 기계 장치와 같이 물리적으로 존재하는 요소(하드웨어)만으로 구성될 수도 있고, 시스템의 기능을 알고리즘화하여 컴퓨터 프로그램(소프트웨어)으로 구현할 수도 있다. 또한 두 구성을 결합한 형태로 구현되기도 한다. 한 예로 오디오 시스템에 달린 등화기equalizer의 경우, 예전에는 IC와 전기전자 부품들을 사용하여 만들어진 복잡한 회로였으나, 최근에는 알고리즘이 들어 있는 전용 칩 하나로 대체되는 경우가 일반적이다. 이것들은 클래식, 록 등 음향의 종류나 콘서트홀, 경기장 등 장소 유형에 맞추어 적절한 음향 효과를 재현할 수 있게 미리 프로그램화하여 간단한 버튼 조작으로 선택할 수 있게 되어 있는데, 이런 기능은 하드웨어만으로는 제공할 수 없다. 그뿐만 아니라 소프트웨어를 시스템 구성에 활용하면, 프로그램의 수정, 변경, 교체만으로 기능 추가와 전환, 성능 개선과 조정 등을 손쉽게 해결할 수 있는 이점도 생긴다.

Tip & Note **통신 시스템**

한 곳에서 다른 곳으로 정보(메시지)를 전달하는 통신 시스템은 기본적으로 [그림 1-7]에 나타낸 것과 같이 송신기와 수신기, 그리고 통신 채널channel(통신 선로)로 이루어진다.

[그림 1-7] 통신 시스템

통신 시스템을 통해 전달하려는 메시지 신호 $s(t)$는 문자, 데이터, 음향, 영상 정보 등이 될 수 있으며, 송신기는 통신 채널을 통해 전송하기에 적합한 형태로 $s(t)$를 변환하여 송신 신호 $v(t)$를 내보낸다. 통신 채널로는 유선(전선, 동축 케이블, 광섬유), 무선(공중), 위성 등이 이용되는데, 채널마다 특성과 용도가 다르다. 수신기에는 통신 채널의 물리적인 특성이나 전송 과정에서 유입되는 잡음 등으로 인해 왜곡된 신호 $x(t)$가 수신된다. 그러면 수신기는 수신 신호 $x(t)$로부터 이러한 채널 잡음으로 인한 왜곡을 바로잡아 원래 신호 $s(t)$를 재구성한 $\hat{s}(t)$를 수신자에게 제공하게 된다. 따라서 수신기는 송신기와 통신 채널에 대한 역동작을 한다고 볼 수 있다.

통신 시스템은 크게 (취급 신호의 형태에 따라) 아날로그 통신과 디지털 통신으로 나눌 수 있다. 아날로그 통신의 경우 송신기는 변조기, 수신기는 복조기로 구성되어 비교적 간단하지만, 디지털 통신의 경우 통상 아날로그인 원 메시지 신호를 디지털로 바꾸는 부가적인 동작들이 필요한 까닭에 구성이나 처리 기술이 훨씬 복잡하다.

1.2.3 신호 처리

신호에서 유용한 정보만 뽑아내거나 목적과 용도에 맞게 가공, 개선하기 위해서는 의도적이고 계획된 조작이 필요한데, 이를 **신호 처리**signal processing라고 한다. 신호 처리는 시스템에 의해 이루어지며, 일반적으로 **해석**analysis, **합성**synthesis, **변환**transduce, **필터링**filtering 등의 작업을 수행하게 된다. 대부분의 실제 응용에서 신호 처리는 다양한 기술과 시스템이 복합된 작업이다.

신호 처리는 원하는 목적에 알맞은 결과를 얻을 수 있도록, 신호에 대해 시스템을 이용하여 교환, 변환, 가공, 전송, 저장 등의 일을 수행하는 것이다.

- **해석** : 신호에서 원하는 특정 정보를 빼내어 적절한 방법으로 표현한다.
- **합성** : 조절 신호를 이용해 원하는 출력 신호를 발생시킨다.
- **변환** : '전기→빛'처럼 신호의 물리적인 형태를 다른 형태로 바꾼다.
- **필터링** : 불필요한 성분을 제거하거나 바람직한 형태로 신호를 변형한다.

신호 처리의 유형을 이해하기 위해, '알리바바와 40인의 도둑' 이야기에서 "열려라 참깨"라는 암호로 동굴 문을 여는 장면을 현대판 보안 시스템으로 바꾸어 생각해보자. 바람이 몹시 부는 날, 동굴 앞에 서서 마이크에다 "열려라 참깨"라고 외치면 보안 시스템이 암호가 맞는지를 따져본 후에 "출입을 승인합니다"라고 말하면서 문을 열어줄 것이다. 여기서 마이크는 사람의 음성 신호를 전기 신호로 바꾸어 주는(변환) 신호 변환기이고, 마이크로 감지한 소리 중에 심한 바람 소리를 걸러내고 사람의 음성만을 깨끗하게 뽑아내어(필터링) 암호 해독기로 보내주는 장치는 신호에 대한 필터가 될 것이며, 이 신호가 "열려라 참깨"가 맞는지를 판별하는(해석) 암호 해독기는 신호 해석기이며, "출입을 승인합니다"라는 기계음을 만들어내는(합성) 음성 합성 장치는 신호 합성기가 될 것이다.

Tip & Note 휴대폰 문자(메시지) 전송

대부분의 실제 응용에서 신호 처리는 다양한 기술과 시스템이 복합된 작업이다. 휴대폰 문자(메시지) 전송의 경우, 문자를 작성하면 휴대폰이 이를 이진 부호로 바꾼 뒤 발/수신 전화번호 정보와 함께 무선 송신에 알맞은 형태로 신호를 변조한다. 그리고 안테나를 통해 기지국으로 전송한다. 기지국에서는 수신된 정보를 해석한 뒤 멀리 보낼 수 있도록 다시 한번 변조 과정을 거쳐 안테나를 통해 송신한다. 그리고 수신자의 휴대폰이 공중에 떠다니는 많은 신호 중에서 자신의 신호를 검출하여 복조와 복호화의 과정을 거치면, 비로소 수신자의 휴대폰에 문자가 전송되는 것이다.

Check Point 다음 문제에서 옳은 것을 골라라.

(1) 신호에는 물리적 현상에 대한 정보가 담겨 있다. (○, ×)
(2) 신호는 수학적으로 (함수, 방정식)으로 표현된다.
(3) 시간에 따라 값이 변하지 않으면(예: 직류) 신호가 될 수 없다. (○, ×)
(4) 모든 신호는 시간에 대해 항상 연속적이어야 한다. (○, ×)
(5) 물리적인 실체를 가지지 않는 것은 시스템이 될 수 없다. (○, ×)
(6) 시스템은 수학적으로 (함수, 방정식)으로 표현된다.
(7) 시스템은 항상 단일한 구성 요소로 이루어진다. (○, ×)
(8) 시스템은 입력과 출력을 갖는다. (○, ×)
(9) 시스템 없이 신호 처리가 가능하다. (○, ×)
(10) 신호 처리의 주요 범주로는 (변환, 측정, 해석, 샘플링, 합성, 필터링) 등이 있다.

SECTION 1.3

신호와 시스템의 표현

학습포인트

- 신호의 파형 개념을 확실히 해둔다.
- 블록선도의 개념과 쓰임을 파악한다.
- 블록선도의 연결 방법에 대해 알아본다. 특히 궤환 개념을 이해한다.
- 신호와 시스템의 시간 영역 표현과 주파수 영역 표현 개념을 이해한다.
- 시스템의 수학적 모형의 종류에 대해 알아본다.
- 시스템의 입출력 표현과 상태 공간 표현의 차이를 이해한다.

신호와 시스템을 다룰 때 우선 해야 할 일은 이들을 명확하고 알기 쉽게 나타내는 것이다. 신호와 시스템의 표현 방법으로는 직관적이고 전체적인 이해를 쉽게 해주는 시각적 표현과 논리적으로 접근하고 분석할 수 있게 해주는 수학적(이론적) 표현이 있다. 이 절에서는 이 두 가지 표현 방법에 대해 간단히 살펴보기로 한다.

1.3.1 시각적 표현 : 파형과 블록선도

신호의 파형

신호의 특성을 알아보기 위해 손쉽게 할 수 있는 일은 [그림 1-2]와 같이 신호의 값의 변화를 그래프로 나타내는 것으로, 이를 신호의 파형이라고 한다. 어떤 지역의 평균 기온이나 주식 가격은 날짜별로 그 값을 그래프에 나타낼 수 있으며, 전기회로의 전압이나 전류는 오실로스코프를 이용하여 시간에 대해 연속적으로 값을 표시할 수 있다.

- **파형**waveform은 시간에 따른 신호의 값의 변화를 그래프로 나타낸 것이다.
- 신호의 파형으로부터 신호의 특성과 관련한 기초적인 정보들을 파악할 수 있다.

파형은 신호의 값의 변화 형태, 폭, 속도, 주기성 등의 특성들을 한눈에 파악할 수 있게 해주므로 신호 해석에 유용하게 활용된다. 예를 들어, [그림 1-2(a)]의 신호 파형에서는 춘천의 3월 평균 기온이 (지구 온난화로 인해) 영하로 떨어지지 않는다든가, [그림 1-2(b)]에서는 RLC 병렬회로의 전압은 시간이 지남에 따라 값이 점점 작아지면서 진동한다든지 하는 사실을 바로 알 수 있다.

시스템과 블록선도

시스템은 **암상자**black box 블록을 이용하여 시각적으로 나타낼 수 있다. 시스템의 실제적인 내부 구조가 어떻게 만들어져 있는지는 상관하지 않고, [그림 1-8]과 같이 입력 단자와 출력 단자를 갖는 사각 블록에 시스템의 명칭 또는 입력과 출력의 관계를 규정짓는 수식이나 그래프 등을 표시하면 시스템의 기능이나 동작 특성을 쉽게 파악할 수 있을 것이다.

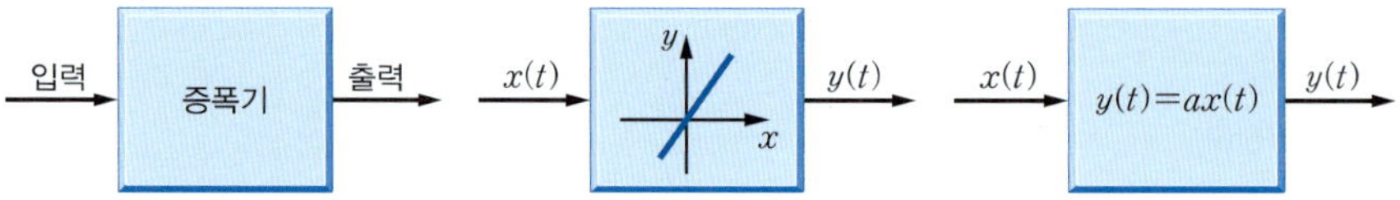

[그림 1-8] 시스템의 암상자 블록 표현

그런데 대다수 시스템은 **부시스템**subsystem이라고 부르는 여러 개의 작은 시스템이 모여서 하나의 전체 시스템을 이루게 된다. 따라서 이런 경우에는 각각의 부시스템을 암상자 블록으로 나타낸 뒤 신호의 흐름을 따라서 이들을 순서대로 연결하면 된다.

- **블록선도**block diagram는 시스템을 구성하는 각 부시스템을 사각 블록으로 나타내고, 블록 안에 그 시스템의 기능이나 특성을 말해주는 수식, 그래프, 명칭 등을 표시한 뒤 신호의 흐름에 따라 각 블록 간의 연결 관계를 그려 놓은 그림이다.
- 블록선도로부터 시스템의 전체적인 구성과 기능, 부시스템 사이의 상호 관계 등을 한눈에 파악할 수 있다.

1.2.3절에서 예로 들었던 '알리바바와 40인의 도둑' 이야기의 보안 시스템을 실제로 만든다고 해보자. 비록 보안 시스템이라는 이름으로 하나의 시스템으로 취급되긴 하지만, 뜯어보면 기능도 다르고 물리적으로도 다른 여러 시스템으로 이루어져서 하나로 묶어서 다루기엔 복잡하고 무리가 있다. 그러므로 1.2.3절의 설명과 같이 몇 개의 부시스템으로 나누어, 먼저 각 부시스템의 기능과 동작 특성을 파악한 뒤에 부시스템 간의 관계를 파악하여 전체 시스템을 분석하고 설계하는 편이 바람직하다. [그림 1-9]는 이러한 접근법을 통해 '알리바바와 40인의 도둑' 이야기의 보안 시스템을 블록선도로 나타낸 것이다.

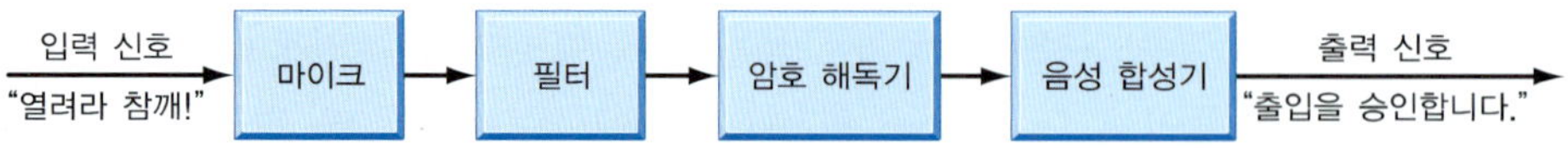

[그림 1-9] '알리바바와 40인의 도둑'의 보안 시스템 블록선도

시스템의 연결

블록선도에서 시스템의 연결은 [그림 1-10]에 나타낸 것처럼 **종속**cascade **연결**과 **병렬**parallel **연결**의 두 가지 방법이 있다. 그리고 종속 연결의 특수한 경우로 **궤환**feedback **연결**이 있는데, 시스템에서 중요

한 역할을 하며 널리 사용된다.

- **종속 연결**은 두 시스템을 앞뒤로 연결하여 시스템 1의 출력이 시스템 2의 입력이 되는 형태의 연결이다([그림 1-10(a)]).
- **병렬 연결**은 두 시스템을 나란히 늘어세우고 같은 입력을 인가하여 나오는 각각의 출력을 합해 전체 시스템 출력을 얻는 형태의 연결이다([그림 1-10(b)]).
- **궤환 연결**은 시스템 2의 출력이 다시 시스템 1의 입력단으로 **되먹임**feedback되며 시스템 1의 출력이 전체 시스템의 출력이 되는 형태의 연결이다([그림 1-10(c)]).

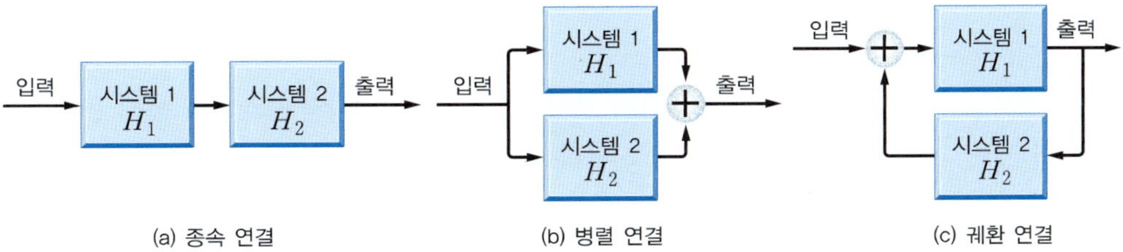

[그림 1-10] 시스템의 연결 방법

종속 연결과 병렬 연결의 결과를 수식으로 표현하면 다음의 식과 같이 된다. 이때 $H\{x\}$는 시스템 H에 x를 입력으로 넣었을 때 얻어진 결과(출력)를 뜻한다.

$$\text{종속 연결 : } y(t) = H_2\{\,H_1\{x(t)\}\,\} \tag{1.1}$$

$$\text{병렬 연결 : } y(t) = H_1\{x(t)\} + H_2\{x(t)\} \tag{1.2}$$

궤환은 폐로loop를 만들어 출력을 입력단으로 되먹여 입력과 비교될 수 있게 하는 동작으로, 많은 신호 처리 장치나 제어 시스템에서 요긴하게 사용된다. 실생활에서 흔히 볼 수 있는 궤환 시스템의 예로 에어컨과 난방 보일러 같은 냉난방 시스템을 들 수 있다. 이들의 온도 조절 장치에는 온도 센서가 장착되어 있어 측정 온도가 사용자가 설정한 온도와 차이가 나는지를 감시한다. 에어컨의 경우는 측정 온도가 설정 온도보다 낮으면 끄고 높으면 켜도록 제어하고, 난방 보일러의 온도 조절 장치는 이와 반대로 설정 온도보다 높으면 끄고, 낮으면 켜지도록 제어한다.

Tip & Note **자동차의 조향 제어**

또 다른 궤환의 예로 자동차 진행 방향 조절(조향)을 들 수 있다. 운전자가 자기 차선을 지키며 앞으로 진행할 때, 계속 눈으로 차의 진행 방향을 확인하여 차선을 벗어나지 않도록 핸들(조향 장치)을 좌우로 조작함으로써 제 차선을 유지하도록 한다. 이를 간단하게 블록선도로 나타내면 [그림 1-11]과 같이 된다. 즉 이 경우는 사람의 눈이 에어컨 온도 조절 장치의 센서 역할을, 운전자가 제어기 역할을 하는 셈이다. 자율 주행차는 카메라와 라이다lidar가 눈을 대체하고 전자제어장치가 운전자를 대신한 것이다.

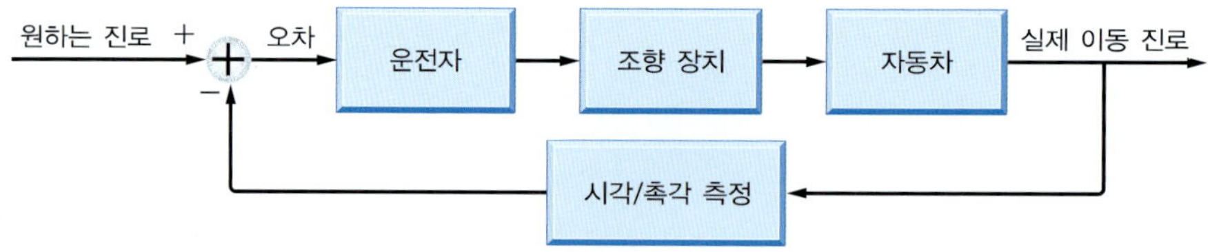

[그림 1-11] 자동차의 조향 제어

1.3.2 이론적 표현 : 수학적 모형화

수학의 힘을 빌리면 뉴턴의 운동 방정식이나 맥스웰의 전자기 방정식과 같이 신호와 시스템의 본질을 간결하게 수식으로 표현할 수 있으며, 이를 **수학적 모형화**라고 한다. 수학적 모형화를 통해 용광로의 온도, 자동차의 속도, 전기회로의 전압과 전류, 진자의 위치 등 물리적인 형태와 특성이 매우 다양한 신호와 시스템들을 같은 틀로 일관성 있게 취급하고 분석할 수 있게 된다.

[그림 1-5(a)]의 전기회로를 생각해보자. 그림은 실제 회로를 그대로 그린 것이 아니라 회로의 전자기적인 물리적 성질들을 저항(R), 커패시턴스(C), 인덕턴스(L) 등으로 단순화시켜 나타낸 모형이다. 이에 '회로의 한 점(마디)에서 들어오는 전류와 나가는 전류의 양은 같다'라는 키르히호프Kirchhoff의 전류 연속의 법칙(KCL)을 적용하여 입력과 출력의 관계에 대한 다음의 방정식을 세움으로써 그 전기회로의 동작 특성을 표현할 수 있다.

$$i(t) = i_R(t) + i_L(t) + i_C(t) = \frac{1}{R}v(t) + \frac{1}{L}\int v(t)dt + C\frac{dv(t)}{dt} \tag{1.3}$$

이것이 바로 수학적 모형화인데, 이미 1.2절에서 언급한 바와 같이 수학적 모형에서 신호는 함수로, 시스템은 방정식으로 표현된다. 신호와 시스템 모두 시간이 함수의 변수인 시간 영역 표현과 주파수가 함수의 변수인 주파수 영역 표현의 두 가지 형태로 나타낼 수 있다. 시간 영역 표현은 실험과 관측을 통해 직접 구할 수 있는 반면에, 주파수 영역 표현은 시간 영역 표현을 수학적으로 **변환**transform하여 얻는다.

신호의 수학적 모형

- 신호는 수학적으로 **함수**로 표현된다.
- 신호의 시간 영역 표현은 시간에 따른 값의 변화(파형)를 함수로 나타낸 것이다.
- 신호의 주파수 영역 표현은 신호에 포함된 주파수 성분을 주파수의 함수로 나타낸 것으로, (주파수) **스펙트럼**spectrum이라고 한다.

예를 들어, 우리나라의 상용 전압은 시간 영역에서 $v(t)=220\sqrt{2}\cos(120\pi t)$로, 주파수 영역에서는 $V(\omega)=110\sqrt{2}[\delta(\omega+120\pi)+\delta(\omega-120\pi)]$로 나타내어진다. 통상 신호는 시간의 흐름에 따른 값의 변화를 나타내므로 기본적으로 시간 함수로 표현되지만, 신호의 특성을 파악하고 분석할 때 주파수 함수인 스펙트럼을 이용하는 편이 유용할 때가 많다.

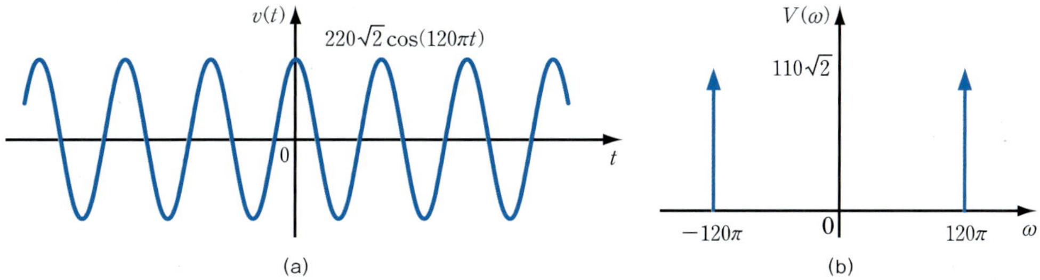

[그림 1-12] 상용 전압의 시간 파형과 주파수 스펙트럼

시스템의 수학적 모형

시스템은 입력 신호에 대한 반응으로 출력 신호를 만들어내므로, 시스템의 수학적 모형은 결국 입력 신호와 출력 신호의 관계를 나타내는 수식(방정식)이 된다. 그러므로 시스템도 시간 영역과 주파수 영역의 두 가지 표현이 가능하다.

- 시스템은 수학적으로 입력과 출력의 관계를 규정짓는 **방정식**으로 표현된다.
- 시스템의 시간 영역 표현은 입출력 신호가 시간의 함수로 표현된 방정식으로, **미분/차분 방정식**과 **컨벌루션 표현**이 대표적이다.
- 시스템의 주파수 영역 표현은 입출력 신호가 주파수의 함수로 표현된 수식으로, **주파수 응답**과 **전달 함수**가 해당된다.

이러한 **입출력 표현**input/output representation은 시스템의 내부적 동작 특성은 상관하지 않고 오직 입력과 출력의 관계만을 수식으로 표현한 것인데 반해, 시스템의 과거, 현재, 미래의 동작에 대한 정보를 담고 있는 **상태변수**state variable라는 개념을 이용하여 입출력 관계뿐만 아니라 시스템의 내부적인 동작 특성도 함께 방정식(상태 방정식)으로 표현한 **상태 공간 표현**state space representation도 있다. 아쉽게도 분량 및 여타 주제들과의 연계성 등을 고려하여 이 책에서는 상태 공간 표현을 다루지 않는다(제어 공학이나 고급 시스템 이론에서 이에 대해 잘 배울 수 있을 것이다). 이러한 시스템의 수학적 모형들을 [표 1-1]에 정리하여 나타내었다.

[표 1-1] 시스템의 수학적 모형

	시간 영역 표현	주파수 영역 표현
입출력 표현	미분/차분 방정식 컨벌루션	주파수 응답 전달 함수
상태 공간 표현	상태 방정식	

수학적 모형화의 한계

수학적 모형은 실제 신호와 시스템을 한 치의 오차 없이 완벽하게 표현한 것이 아니고 핵심적인 특성을 이상화하여 나타낸 것이다. 일반적으로 신호와 시스템을 해석하고 설계하는 작업은 [그림 1-13]에 보인 것처럼 물리적 실체가 아니라 수학적 모형에 대해 수학과 컴퓨터를 도구로 사용하여 이루어진다. 그러므로 해석과 설계의 결과가 얼마나 잘 들어맞고 쓸모 있는가는 수학적 모형의 정확도에 달려 있다. 그런데 물리적으로 존재하는 많은 요인을 세세하게 고려하면 할수록, 수학적 모형은 세우기도 어렵거니와 지나칠 정도로 복잡해진다. 그러므로 모형을 만드는 목적이나 이용 가치가 훼손되지 않는 범위 내에서 최대한 단순한 모형을 구하는 것이 바람직하다.

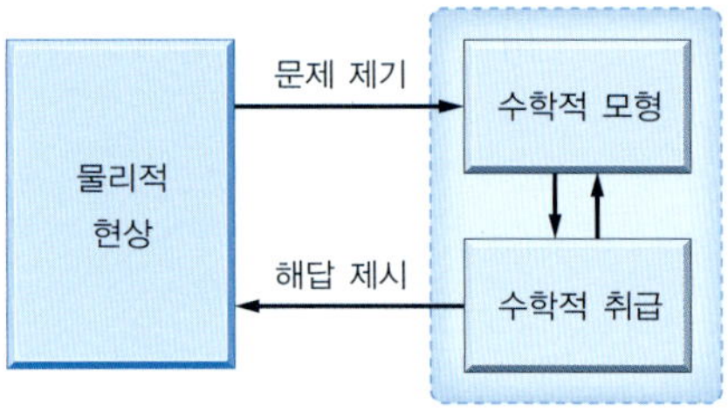

[그림 1-13] 신호와 시스템의 연구 체계

앞에서 예를 들었던 가정용 상용 전압의 경우, 발전기 구조가 물리적으로 완벽한 대칭이 아니고 재질의 전자기적 특성이 균일하지 않은 등 여러 요인으로 인해 실제로는 정확히 정현파가 되지 못한다. RLC 병렬회로에 대한 식 (1.3)의 시스템 모형도 마찬가지이다. 엄밀히 말해 저항(R), 인덕턴스(L), 커패시턴스(C) 등 회로의 전기적 특성은 한 점에 집중되어 있지 않을뿐더러 불변이 아니고 미미하나 시간에 따라 값이 변한다. 그럼에도 불구하고, 정현파 함수로 전압을 표현하고 식 (1.3)과 같이 전기회로를 모형화하는 이유는 그렇게 단순화한 모형과 실제와의 차이, 즉 오차를 무시해도 신호와 시스템의 기본적인 특성을 묘사하거나 해석하는 데 별 지장이 없기 때문이다.

예제 1-1 전기회로(저역 통과 필터)의 수학적 모형

[그림 1-14]는 가장 간단한 저역 통과 필터 회로이다. 이 회로의 수학적 모형을 다음과 같이 구하라.

(a) 입출력 표현 : 미분 방정식, 전달 함수, 컨벌루션

(b) 상태 공간 표현

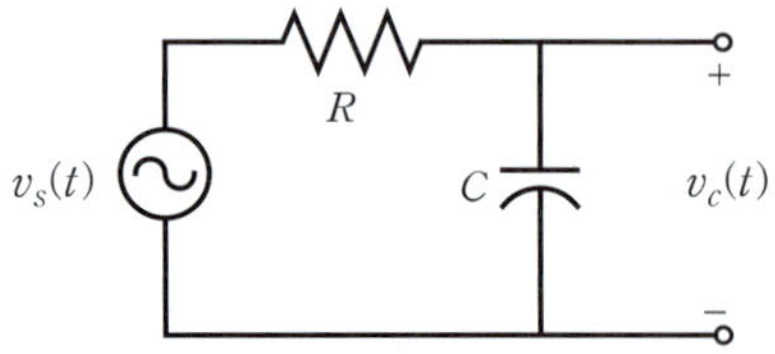

[그림 1-14] 저역 통과 필터 회로

풀이

(a) 입출력 표현으로 미분 방정식, 전달 함수, 컨벌루션을 구해보자.

❶ 미분 방정식(시간 영역)

전원이 포함된 폐로에 대해 키르히호프의 전압 평형에 관한 법칙(KVL)을 적용하면

$$v_s(t) = v_R(t) + v_C(t) = Ri(t) + v_C(t)$$

이다. 그리고 전류 $i(t)$를 C 양단 전압 $v_C(t)$로 나타내면 다음과 같다.

$$i(t) = C\frac{dv_C(t)}{dt}$$

따라서 이를 처음의 회로 방정식에 대입하여 정리하면 다음의 결과를 얻는다.

$$v_s(t) = RC\frac{dv_C(t)}{dt} + v_C(t) \tag{1.4}$$

❷ 전달 함수(주파수 영역)

위에서 얻어진 식 (1.4)를 **라플라스**Laplace **변환**(10장 참조)하면 다음과 같다.

$$V_s(s) = RCs\,V_C(s) + V_C(s)$$

따라서 복소 주파수(s) 영역에서 표현된 입력과 출력의 비로 정의되는 전달 함수 $H(s)$는 다음과 같이 된다.

$$H(s) = \frac{V_C(s)}{V_s(s)} = \frac{1}{RCs+1} \tag{1.5}$$

❸ 컨벌루션(시간 영역)

임펄스 응답(4장 참조)을 이용하여 입출력 관계를 나타내면 다음과 같이 된다.

$$v_C(t) = \int h(t-\tau)v_s(\tau)d\tau \tag{1.6}$$

여기서 $h(t)$는 임펄스 응답으로서 식 (1.5)를 라플라스 역변환하여 구할 수 있다.

$$h(t) = \frac{1}{RC}e^{-\frac{1}{RC}t}$$

(b) 상태 공간 표현을 위해 식 (1.4)를 다시 쓰면

$$\frac{dv_C(t)}{dt} = -\frac{1}{RC}v_C(t) + \frac{1}{RC}v_s(t)$$

여기서 상태변수를 $x(t) = v_C(t)$로 정의하고 시스템의 출력을 $y(t)$로 나타내면, 앞 식은 다음과 같이 표현될 수 있다.

$$\begin{cases} \dot{x}(t) = -\dfrac{1}{RC}x(t) + \dfrac{1}{RC}v_s(t) \\ y(t) = x(t) \end{cases} \tag{1.7}$$

식 (1.7)과 같이 상태변수에 의해 시스템을 표현한 것을 상태 방정식이라 하며, 일반적으로 다원 1차의 연립 미분 방정식 형태로 나타나게 된다.

예제 1-2 물체의 직선(병진) 운동 방정식

질량이 M, 탄성 계수가 K인 물체에 일정한 힘 F를 가하면 통로를 따라 직선 운동을 한다고 할 때, 물체가 움직이는 거리 $y(t)$를 출력으로 하는 운동 방정식을 구하라. 단, 운동하는 물체에 대한 통로의 마찰 계수는 B이다.

풀이

외부에서 물체에 가해진 힘(에너지)은 물체를 직선 운동하게 만드는 것과 운동 과정에서 마찰로 소비되는 것, 그리고 물체의 탄성에 의해 흡수되는 것으로 나누어진다. 물체의 속도를 v, 가속도를 a라고 할 때, 뉴턴의 운동 법칙에 의해 운동에 쓰이는 힘은 Ma, 마찰에 소비되는 힘은 Bv, 그리고 후크의 법칙에 의해 탄성에 흡수되는 힘은 변위에 비례하므로 $Ky(t)$이다. 또한 속도는 움직인 거리의 미분(변화율), 가속도는 속도의 미분이므로 물체의 운동 방정식은 다음과 같이 된다.

$$F = Ma + Bv + Ky(t) = M\frac{d^2y(t)}{dt^2} + B\frac{dy(t)}{dt} + Ky(t)$$

[그림 1-5]의 RLC 병렬회로의 표현식(식 (1.3))에서도 보았듯이, 많은 물리적인 시스템의 기본형의 표현식은 이와 같은 2차 미분 방정식으로 얻어진다.

Check Point 다음 문제에서 옳은 것을 골라라.

(1) 시간에 따른 신호의 값의 변화를 그래프로 나타낸 것을 (파형, 스펙트럼)이라 한다.
(2) 시스템 블록에는 기능이나 특성을 말해주는 (수식, 명칭, 정격) 등을 표시한다.
(3) 블록선도에서 시스템 간의 기본적인 연결 방식은 (종속, 하이브리드, 병렬) 연결이다.
(4) 궤환 연결은 병렬 연결의 특수한 형태이다. (○, ×)
(5) 신호를 주파수의 함수로 표현한 것을 스펙트럼이라고 한다. (○, ×)
(6) 신호와 시스템은 시간 영역과 주파수 영역의 두 가지 표현 방식이 가능하다. (○, ×)
(7) 시스템의 입출력 표현에는 (컨벌루션, 주파수 응답, 상태 방정식) 등이 있다.
(8) 시스템의 시간 영역 표현으로는 (미분 방정식, 상태 방정식, 전달 함수) 등이 있다.
(9) 상태 공간 표현은 시스템의 내부적 동작 특성의 표현이 가능하다. (○, ×)
(10) 수학적 모형은 실제 신호와 시스템을 100% 완벽하게 표현한다. (○, ×)

SECTION 1.4

신호 관련 기초 개념

학습포인트

- 정현파와 관련하여 진폭, 위상, 주기, 주파수의 정의와 개념을 이해하고, 상호 관계를 파악한다.
- 주파수와 신호 파형 사이의 관계를 이해한다.
- 위상과 시간축에서 신호 이동과의 연관성을 파악한다.
- 신호의 에너지와 전력, 그리고 실횻값의 개념을 이해한다.
- 데시벨의 정의를 알아본다.

신호와 관련한 개념과 용어 중에는 자주 사용해서 익숙하지만, 막상 정확한 정의와 의미를 설명하기는 쉽지 않은 경우가 종종 있다. 이 절에서는 신호와 관련하여 미리 알아두어야 할 필수적인 몇 가지 기초 개념에 대해 간략히 살펴보기로 한다.

1.4.1 정현파와 진폭, 위상, 주기, 주파수

정현파의 발생

정현파 sinusoids는 신호와 시스템에서 가장 기본이 되는 신호로, 삼각 함수의 사인과 코사인 함수로 정의된다. 정현파는 [그림 1-15]에 나타낸 것처럼 길이가 A인 실에 매달린 공을 반시계 방향으로 각속도 ω로 T초마다 한 바퀴씩 돌게끔 등속 회전 운동을 시킬 때, 공의 위치 $x(t)$를 시간에 대해 그려서 얻을 수 있다. 수직축 위의 위치를 그리면 코사인파, 수평축 위의 위치를 그리면 사인파가 된다. 그러므로 코사인파와 사인파는 파형의 모양은 같은데, 다만 두 축이 이루는 각(직각)에 해당하는 $90°\left(\frac{\pi}{2}\right)$의 각 차이만 가진다. 공이 시간 $t=0$에서 수직축과 ϕ만큼의 각을 이룬 위치에서 출발하여 등속 회전 운동을 함에 따라 공의 위치 $x(t)$는 A와 $-A$ 사이를 오가며 진동하게 되며, 공이 한 바퀴씩 돌 때마다 정현파는 똑같은 기본 파형을 반복하게 된다.

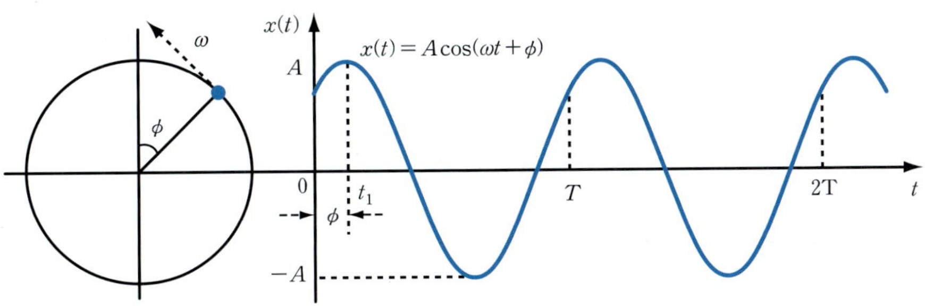

[그림 1-15] 정현파의 발생

정현파 신호는 소리굽쇠, 전기회로나 기계 구조물에서의 진동, 전원 장치나 신호 발생기 등을 비롯하여 다양한 형태의 신호에서 찾아볼 수 있다. 정현파 신호는 특히 임의의 파형을 갖는 신호들이 서로 다른 진폭과 주파수를 갖는 정현파 신호들의 합으로 표현될 수 있다는 점 때문에 신호의 분석이나 합성에 매우 중요한 역할을 한다. 상세한 내용은 이후에 배우게 될 푸리에 해석에서 다루게 될 것이다.

진폭, 위상, 주기, 주파수

[그림 1-15]에서 A는 정현파 $x(t)$가 진동하면서 가질 수 있는 값의 범위를, ω는 단위시간(1초)에 정현파가 이동할 수 있는 라디안radian 각을, ϕ는 $t=0$에서 기준에 대한 정현파의 상대적인 위치(코사인파의 경우 원점에서 꼭짓점까지의 거리)를 각으로 나타낸 것이다. 결국, 다음과 같이 정현파는 A, ϕ, ω의 세 가지 요소에 의해 완전하게 정의될 수 있다.

$$x(t) = A\cos(\omega t + \phi) \tag{1.8}$$

이때 A를 **진폭** amplitude, ϕ를 **위상** phase, ω를 **각주파수** radian frequency 라고 부른다. 그리고 공이 한 바퀴 도는 데(기본 파형을 만드는 데) 걸리는 시간 T를 **(기본) 주기**(fundamental) period라고 하고, 역으로 단위시간(1초)에 대한 공의 회전 횟수(기본 파형의 반복 횟수) f를 **주파수** frequency라고 한다.

- **진폭 :** 정현파가 진동하면서 가질 수 있는 값의 범위
- **위상 :** 각으로 표시된 정현파의 출발 위치
  (기준점(원점)에서 코사인파의 꼭짓점(사인파의 영점)까지의 거리)
- **(기본) 주기 :** 정현파가 기본 파형을 반복하는 (최소) 시간 간격
- **주파수 :** 정현파가 1초 동안 기본 파형을 반복하는 횟수(진동 횟수)
- **각주파수 :** 정현파가 1초 동안 이동할 수 있는 라디안 각

공이 T초에 한 바퀴 도는 동안 2π[rad]만큼 각을 이동하므로, T와 ω, f 사이에는 다음과 같은 관계가 성립한다.

$$\omega = \frac{2\pi}{T} = 2\pi f \tag{1.9}$$

$$T = \frac{2\pi}{\omega} = \frac{1}{f} \tag{1.10}$$

$$f = \frac{1}{T} = \frac{\omega}{2\pi} \tag{1.11}$$

주파수와 위상의 물리적 의미

정현파를 정의하는 세 가지 요소 중에서, 진폭은 직관적으로 그 의미를 쉽게 이해할 수 있으나 주파수와 위상은 그렇지 못하다. 하지만 신호와 시스템을 다룰 때 주파수와 위상의 물리적 의미를 잘 이해해 두는 것은 매우 중요하다.

- 주파수는 신호의 시간적인 변화 속도와 관련이 있으며, 주파수가 높을수록 신호 파형이 시간적으로 더 빨리 변한다.
- 위상은 파형의 시간 이동과 연관되며, **뒤진**lagging(음의) 위상(지상)은 시간 지연, **앞선**leading(양의) 위상(진상)은 시간 선행에 해당한다.
- 정현파를 시간축에서 같은 시간만큼 이동시키더라도 주파수에 따라 위상이 달라진다. 주파수가 높을수록 위상이 비례하여 커진다.

[그림 1-16]의 두 정현파를 비교해보자. 주파수가 1[Hz]에서 2[Hz]로 2배가 되어도 파형의 원래 모양은 바뀌지 않지만 주기는 반으로 줄어든다. 이를 시간축의 관점에서 해석하자면, 2[Hz] 정현파가 1[Hz] 정현파보다 시간적으로 그 값이 더 빨리 변한다는 얘기가 된다. 다시 말해, 주파수가 높아질수록 신호의 파형은 시간적으로 더 급하게 변화한다. 거꾸로 파형이 시간적으로 더 빠른 변화를 보이는 신호에는 더 높은 주파수 성분이 포함된다. 이처럼 신호의 파형 변화와 주파수는 밀접한 관계가 있다.

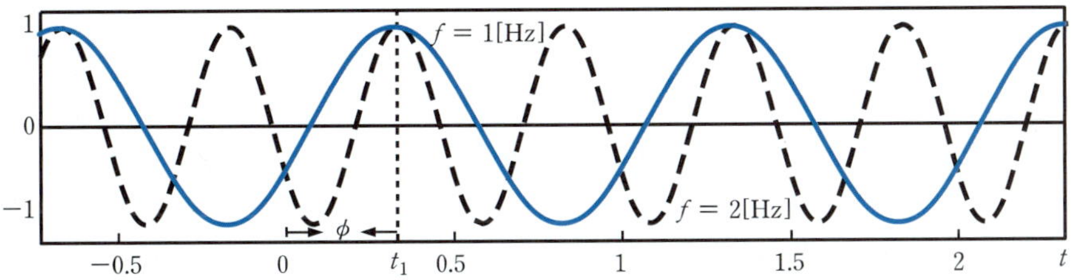

[그림 1-16] 정현파에 의한 주파수와 위상의 개념 이해

또한 [그림 1-16]의 두 정현파는 $t = 0$이 아니라 t_1에서 꼭짓점에 이르므로 시간축 위에서 t_1만큼 오른쪽으로 파형의 이동이 이루어진 것, 즉 그만큼 시간 지연이 일어난 것으로 볼 수 있다. 따라서 두 정현파는 지연 시간 t_1을 각으로 환산한 ϕ만큼의 위상을 갖게 된다. 정현파의 주기 T가 각으로는 2π[rad]에 대응되는 것을 이용하면, 위상 ϕ는 식 (1.12)와 같이 구할 수 있다. 이때 식 (1.13)과 같이 $\cos(2\pi ft)$를 t_1만큼 지연시켜 구해도 같은 결과를 얻는다. 위상은 정현파의 모양에는 영향을 주지 않는다.

$$\phi = -2\pi\frac{t_1}{T} = -2\pi f t_1 = -\omega t_1 \tag{1.12}$$

$$\cos(2\pi f(t-t_1)) = \cos(2\pi f t - 2\pi f t_1) = \cos(2\pi f t + \phi) \tag{1.13}$$

식 (1.12)로부터 알 수 있듯이, 정현파가 시간축 상에서 같은 시간을 이동하더라도 주파수에 따라 위상은 달라진다([그림 1-15]에서 보면 주파수는 신호의 속도라고 생각할 수 있는데, 속도가 빠르면 같은 시간 동안 회전할 수 있는 각이 더 클 것이다. 그래서 위상을 시간이 아닌 각으로 표현한 것이다). [그림 1-16]의 두 정현파의 경우, 주파수 2[Hz] 정현파의 위상이 1[Hz] 정현파 위상의 2배가 된다.

Tip & Note 위상의 물리적 의미

위상과 정현파의 시간축 상의 이동 사이의 관계는 [그림 1-17]을 통해 쉽게 이해할 수 있다.

[그림 1-15]에서 정현파를 등속 회전 운동하는 공의 위치와 연관하여 살펴보았다. 코사인파의 경우, 공이 회전을 시작하는 정상적인 출발 기준점은 공 A와 같이 수직축 위에 놓인 상태이다. 이는 오른쪽의 시간 파형에서 꼭짓점이 시간 원점 $t=0$에서 나타나는 파형에 해당한다. [그림 1-17]의 왼쪽 등속 회전 운동 그림에서 원 위의 공의 위치는 각으로 얘기하는 것이 편리한데, 공 B는 A에 비해 각으로 ϕ만큼 앞선 위치에서 출발하고, 공 C는 각으로 ϕ만큼 뒤진 위치에서 출발해서 모두 같은 각속도 ω로 등속 회전 운동을 한다. 이 같은 각 공의 정상 기준점에 대한 상대적인 출발 위치를 각으로 나타낸 것이 바로 위상이다.

오른쪽 그림에서 각 공의 시간 파형을 보면, A의 파형과 비교해 B의 파형은 이미 t_1 전에 꼭짓점이, C는 t_1 뒤에 꼭짓점이 생기는 파형을 보인다. 각속도가 ω이므로, t_1 시간 동안 공이 회전하면서 움직인 각은 $\phi=\omega t_1$이다. 따라서 A보다 앞에 있는 B는 앞선 위상 $+\phi$를, A보다 뒤에 있는 C는 뒤진 위상 $-\phi$를 갖는다. 꼭짓점이 나타나는 시간 순서는 B-A-C의 순서이므로, A에 대해 B는 시간 앞섬(선행), C는 시간 뒤짐(지연)에 해당한다.

그림에서 볼 수 있듯이, 시간축 위에서 정현파를 왼쪽으로 이동시키면 시간 앞섬에 해당하고 양의 위상이 발생한다. 반대로 오른쪽으로 이동시키면 시간 지연에 해당하며 음의 위상을 갖게 된다.

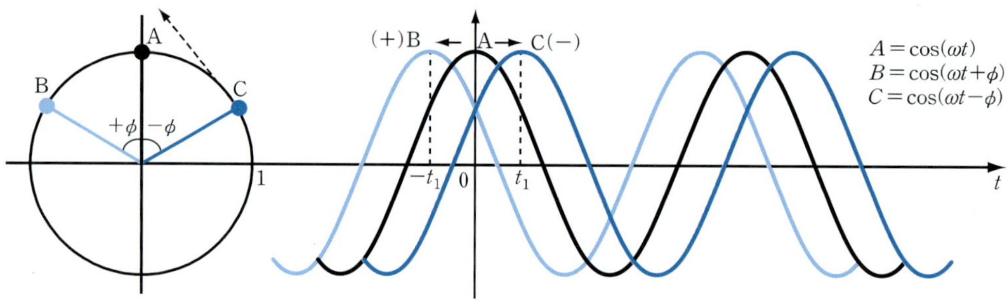

[그림 1-17] 정현파의 시간 이동과 위상 관계

예제 1-3 정현파의 진폭, 주기, 주파수, 위상

[그림 1-18]의 코사인 정현파 신호에 대해 진폭, 주기, 주파수, 위상을 구하라.

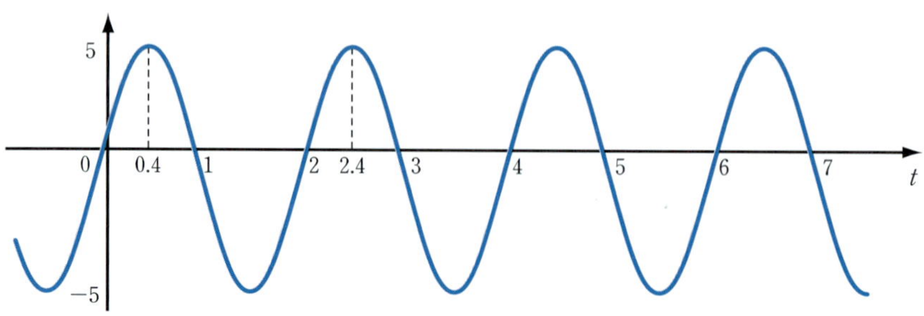

[그림 1-18] [예제 1-3]의 정현파 신호

풀이

그림에서 보면, 정현파가 5와 -5 사이를 진동하므로 진폭 $A=5$이다. 그리고 2초마다 기본 파형이 반복되므로 주기 $T=2$[초]이다. 또 주파수는 식 (1.11)에서 주기와 역수 관계이므로 $f=0.5$[Hz], 각주파수로 나타내면 $\omega=2\pi\times0.5=\pi$[rad/sec]이다. 마지막으로 위상은 원점에서 제일 가까운 코사인파의 꼭짓점이 $t_1=0.4$[초]에서 처음으로 발생하므로 뒤진 위상이 되며, 다음과 같이 식 (1.12)에 의해 각으로 환산하여 얻을 수 있다.

$$\phi=-\frac{t_1}{T}\times2\pi=-\frac{0.4}{2}\times2\pi=-0.4\pi$$

예제 1-4 주파수에 따른 위상의 차이

[그림 1-16]에서 $t_1=0.3$[sec]일 때 두 정현파 신호의 위상을 구하라.

풀이

위상이 0이고 주파수가 1[Hz]와 2[Hz]인 두 정현파는 다음과 같이 나타낼 수 있다.

$$x(t)=\cos(2\pi t)$$
$$y(t)=\cos(4\pi t)$$

[그림 1-16]과 같이 이들을 $t_1=0.3$만큼 시간 지연시키면 다음과 같다.

$$x(t-t_1)=\cos(2\pi(t-t_1))=\cos(2\pi t-2\pi t_1)=\cos(2\pi t-0.6\pi)$$
$$y(t-t_1)=\cos(4\pi(t-t_1))=\cos(4\pi t-4\pi t_1)=\cos(4\pi t-1.2\pi)$$

위상이 $x(t-t_1)$은 $\phi_x=-0.6\pi$이지만, $y(t-t_1)$는 $\phi_y=-1.2\pi$이다. $y(t-t_1)$은 주파수가 2[Hz]로 $x(t-t_1)$의 주파수 1[Hz]의 2배인데, 위상 또한 $\phi_y=2\phi_x$로 2배가 된다. 다시 말해 같은 시간 이동 값에 대한 정현파의 위상은 주파수에 비례하여 달라진다.

1.4.2 신호의 에너지와 전력

통상 시간에 따라 값이 계속 변하는 신호를 대표하기에 적절한 값으로 어떤 것이 있을까? 제일 먼저 평균값을 떠올릴 수 있겠지만, 주파수나 진폭에 상관없이 모든 정현파의 평균값이 0이 된다는 사실에서 알 수 있듯이, 평균값은 값이 항상 양인 신호에 대한 척도로는 유용할 수도 있으나 음과 양의 값이 섞여 있는 신호에 대해서는 그리 타당성 있는 기준이 되지 못한다. 다음으로는 최댓값을 생각해 볼 수 있는데, 이 역시 신호가 정의되는 거의 모든 시간 구간에 걸쳐 작은 값을 지니면서도 특정한 한순간에만 매우 큰 값을 갖는 신호가 전 구간에 골고루 비교적 큰 값을 갖는 신호보다도 더 큰 것처럼 과장되어 받아들여지는 문제점이 있다. 그러므로 이러한 문제점을 극복하면서 올바로 신호를 대표할 수 있는 보편적인 척도를 선정할 필요가 있다.

신호의 에너지, 전력, 실횻값

신호의 특성을 정량적으로 나타내거나 비교하고자 할 때, 물리적으로도 의미 있고 신호를 대표하기에 합리적인 값으로 신호의 에너지와 전력, 그리고 실횻값을 정의할 수 있다.

- **신호의 에너지**[energy]는 전 시간 구간에 대해 신호 크기의 제곱을 모은 것으로 정의하며, 연속 신호에 대해서는 적분, 이산 신호에 대해서는 총합 연산이 된다.

$$\text{연속 신호} : E = \lim_{T\to\infty}\int_{-\frac{T}{2}}^{\frac{T}{2}} |x(t)|^2\,dt \tag{1.14a}$$

$$\text{이산 신호} : E = \lim_{N\to\infty}\sum_{n=-N}^{N} |x[n]|^2 \tag{1.14b}$$

- **신호의 전력**[power]은 신호의 단위 시간당 에너지(평균 에너지)로 정의된다.

$$\text{연속 신호} : P = \lim_{T\to\infty}\frac{1}{T}\int_{-\frac{T}{2}}^{\frac{T}{2}} |x(t)|^2\,dt \tag{1.15a}$$

$$\text{이산 신호} : P = \lim_{N\to\infty}\frac{1}{2N+1}\sum_{n=-N}^{N} |x[n]|^2 \tag{1.15b}$$

- **신호의 실횻값(RMS 값)**[root mean square value]은 에너지 관점에서 신호의 실제적 효과를 나타낸 값으로 신호 전력의 제곱근으로 정의된다.

$$\text{연속 신호} : x_{rms} = \sqrt{\lim_{T\to\infty}\frac{1}{T}\int_{-\frac{T}{2}}^{\frac{T}{2}} |x(t)|^2\,dt} \tag{1.16a}$$

$$\text{이산 신호} : x_{rms} = \sqrt{\lim_{N\to\infty}\frac{1}{2N+1}\sum_{n=-N}^{N} |x[n]|^2} \tag{1.16b}$$

식 (1.14)와 식 (1.15)가 [Joule]과 [Watt]를 단위로 하는 물리적 에너지와 전력을 말하는 것은 아니지만, [그림 1-19]의 단위 저항 회로의 경우에 빗대보면 타당함을 알 수 있다.

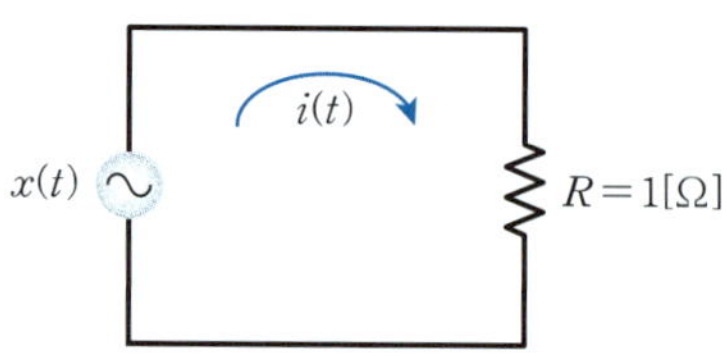

[그림 1-19] 단위 저항 회로

$R=1[\Omega]$에 전압 $x(t)$를 인가하면, 옴[Ohm]의 법칙에 의해 $x(t)=Ri(t)$이므로 $i(t)=x(t)$이다. 따라서 저항에서 소비되는 순시 전력은 $p(t)=x(t)i(t)=x^2(t)$이고, 총 에너지는 순시 전력을 모

두 합한 것이므로 $E=\int_{-\infty}^{\infty}p(t)\,dt=\int_{-\infty}^{\infty}x^2(t)\,dt$가 된다. 그리고 저항에서 소비되는 평균 전력은 총 에너지를 시간으로 나누면 되므로 $P=\lim_{T\to\infty}\frac{1}{T}\int_{-T/2}^{T/2}x^2(t)\,dt$가 된다. 이 결과와 신호의 에너지와 전력에 관한 정의를 비교해보면 잘 맞아떨어지므로 그렇게 정의해도 별 무리가 없을 것이다. 신호의 에너지와 전력에 대한 정의는 전기 신호뿐만 아니라 어떤 임의의 신호에 대해서도 유효하며 충분한 의미를 지닌다.

실횻값은 신호의 전력과 에너지를 구할 때 값이 계속 변하는 신호 대신에 값이 일정한 전력의 제곱근으로 대체하더라도 결과는 변함이 없다는 사실에 근거해 정의된 것이다. 실횻값은 계산식 그대로 RMS[Root Mean Square] 값이라고도 한다. 정현파의 예에서 보듯이 평균값은 신호를 대표하기에 적합하지 않으므로 실횻값이 보편적인 신호의 대푯값으로 사용된다.

예제 1-5 연속 신호의 에너지와 전력

[그림 1-20]의 지수 신호와 정현파 신호에 대해 각각 에너지와 전력을 구하라.

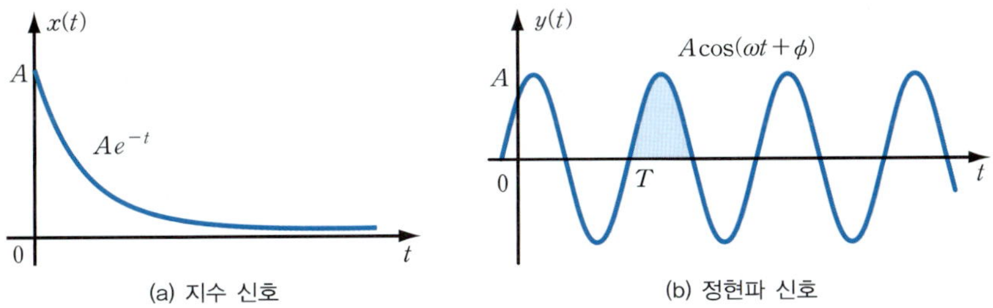

[그림 1-20] [예제 1-5]의 지수 신호와 정현파 신호

풀이

(a) [그림 1-20(a)]의 지수 신호는 시간이 무한대로 가면 값이 0으로 수렴하기 때문에 그 면적은 유한하게 된다. 따라서 당연히 에너지도 유한하다. 에너지를 직접 계산하면 다음과 같이 된다.

$$E=\int_{0}^{\infty}|Ae^{-t}|^2dt=\int_{0}^{\infty}A^2e^{-2t}dt=-\frac{A^2}{2}e^{-2t}\Big|_{0}^{\infty}=\frac{A^2}{2}$$

지수 신호의 에너지가 유한하므로 이를 시간 구간(∞)으로 나눈 전력은 0이 된다.

(b) [그림 1-20(b)]의 정현파 신호의 에너지는 $E=\int_{-\infty}^{\infty}|A\cos(\omega t+\phi)|^2dt$로 계산되는데, 반주기 파형(그림의 색칠된 부분)의 제곱이 무한히 반복되는 형태이므로 적분 값(면적)인 에너지는 무한해진다. 그러나, 전력은 반주기 파형의 제곱에 대한 적분 값을 평균하여 구할 수 있으며, 그 값이 유한하다는 사실은 그림으로부터 금방 알 수 있다. 전력을 직접 계산하면 다음과 같다.

$$P=\frac{2}{T}\int_{0}^{T/2}|A\cos(\omega t+\phi)|^2dt=\frac{A^2\omega}{\pi}\int_{0}^{\frac{\pi}{\omega}}\frac{1+\cos(2\omega t+2\phi)}{2}dt=\frac{A^2}{2}$$

앞 식의 마지막 적분 계산은 $\cos(2\omega t+2\phi)$의 주기가 $\cos(\omega t+\phi)$의 주기 T의 반이고, 정현파의 한 주기 적분 값은 항상 0이 됨을 이용한 것이다. 이 결과로부터 진폭 A인 정현파의 실횻값은 $A/\sqrt{2}$가 됨을 알 수 있다.

예제 1-6 이산 신호의 에너지와 전력

다음과 같은 이산 신호의 에너지와 전력을 구하라.

(a) $x[n]=\begin{cases}(0.5)^n, & n\geq 0\\ (2)^n, & n<0\end{cases}$

(b) $y[n]=\begin{cases}1, & n\geq 0\\ 0, & n<0\end{cases}$

풀이

(a) 식 (1.14)를 이용하여 신호의 에너지를 구하면

$$E=\sum_{n=-\infty}^{\infty}|x[n]|^2=\sum_{n=-\infty}^{-1}(2)^{2n}+\sum_{n=0}^{\infty}(0.5)^{2n}$$

$$=\sum_{n=1}^{\infty}(0.25)^n+\sum_{n=0}^{\infty}(0.25)^n=\frac{0.25}{1-0.25}+\frac{1}{1-0.25}=\frac{5}{3}$$

이므로, 이 신호는 에너지가 유한하다. 따라서 전력은 0이 된다.

(b) 주어진 신호(단위 계단 신호)는 에너지가 $E=\sum_{n=0}^{\infty}1=\infty$가 되므로 에너지는 무한하다. 그러나 전력을 구하면 다음과 같이 유한하다.

$$P=\lim_{N\to\infty}\frac{1}{2N+1}\sum_{n=-N}^{N}|y[n]|^2=\lim_{N\to\infty}\frac{1}{2N+1}\sum_{n=0}^{N}1=\lim_{N\to\infty}\frac{N+1}{2N+1}=\frac{1}{2}$$

데시벨

전력과 관련하여 꼭 알아두어야 할 용어 중에 **데시벨**deci Bell이 있다. 데시벨이란 용어는 청력 검사나 소음의 정도 등 일상생활에서 가끔 들어본 적이 있을 것이다. 데시벨은 신호의 상대적인 크기를 나타내는 데 사용되는 단위이다.

- **데시벨**은 기준 신호에 대한 다른 신호의 전력비에 상용로그를 취한 값의 10배로 정의하며, dB로 표기한다.

$$10\log\frac{P_2}{P_1}=10\log\frac{|x_2|^2}{|x_1|^2}=20\log\frac{|x_2|}{|x_1|} \tag{1.17}$$

앞서 에너지와 전력의 개념을 설명하기 위해 예로 들었던 단위 저항을 갖는 전기회로의 경우를 다시 생각해보자. 저항의 소비 전력은 $p(t) = v(t)i(t) = x^2(t)$이므로 전압 x_1[V]과 x_2[V]에 의한 소비 전력의 비를 데시벨로 나타내면 식 (1.17)과 같음을 알 수 있다. 식 (1.17)에서 보듯이, 데시벨을 구할 때 신호의 전력비에 대해서는 10 log, 신호의 크기(이득) 비에 대해서는 20 log를 취함을 유의해야 한다.

Check Point **다음 문제에서 옳은 것을 골라라.**

(1) 정현파는 (파형, 진폭, 주파수, 파장, 위상)에 의해 완전히 정의된다.
(2) 정현파의 주파수와 주기는 서로 무관하다. (○, ×)
(3) 주파수는 (신호 값의 변화 속도, 파형의 시간 이동)과 관련이 있다.
(4) 서로 다른 정현파를 같은 시간만큼 지연시키면 위상은 항상 같다. (○, ×)
(5) 신호의 에너지와 전력은 각각 [Joule]과 [Watt]를 단위로 갖는 물리적인 양이다. (○, ×)
(6) 어떤 신호의 에너지가 유한하면, 그 신호의 전력은 (0, 유한, 무한)하다.
(7) 에너지 관점에서 신호의 실제적 효과를 나타내는 값은 (평균값, 실횻값, 최댓값)이다.
(8) 신호의 에너지, 전력, 실횻값은 시간의 함수이다. (○, ×)
(9) 데시벨은 신호의 (절대적인, 상대적인) 크기를 나타내는 데 사용되는 단위이다.
(10) 데시벨은 신호의 크기(이득)비에 대해서는 20log를 취한다. (○, ×)

CHAPTER 01_핵심요약

개념	관련 항
신호는 물리량의 변화 형태를 담은 일련의 정보/자료의 집합으로, 수학적으로는 (보통 시간의) 함수로 표현된다.	
신호가 중요한 이유는 정보 때문으로, 정보는 신호가 변화하는 양상 속에 담겨 있다.	
시스템은 주어진 신호(입력)를 특정한 목적에 맞도록 조작하고 처리하여 다른 신호(출력)를 만들어내는 실체로서, 신호의 변환, 가공, 추출, 전송 등의 일들을 수행한다.	
시스템은 입력과 출력, 그리고 동작 규칙에 의해 명확하게 규정되는데, 수학적으로는 방정식으로 표현된다.	
신호 처리는 원하는 결과를 얻을 수 있도록 시스템을 이용하여 신호를 조작하는 작업으로, 대체로 해석, 합성, 변환, 필터링의 네 가지 범주로 나눌 수 있다.	
신호의 파형은 시간에 따른 신호의 값의 변화를 그래프로 나타낸 것으로 신호의 특성과 관련된 기초적인 정보들을 파악할 수 있다.	[그림 1-2]
블록선도는 각 시스템 구성 요소를 블록으로 바꾸고 신호의 흐름에 따라 블록 사이의 연결 관계를 그려 놓은 그림으로 시스템의 전체적인 구성과 기능, 부시스템 간의 상호 관계 등을 한눈에 파악할 수 있다.	[그림 1-8]
블록선도에서 시스템 간의 연결은 종속 연결과 병렬 연결의 두 가지가 있으며, 종속 연결의 특수한 형태로 궤환 연결이 있다.	[그림 1-10]
신호와 시스템의 수학적 모형은 변수가 시간인 시간 영역 표현과 변수가 주파수인 주파수 영역 표현으로 나눌 수 있다.	
신호는 수학적으로 함수로 표현되는데, 시간 함수 또는 주파수의 함수인 (주파수) 스펙트럼으로 나타낸다.	
시스템은 수학적으로 방정식으로 표현되는데, 시간 영역 표현과 주파수 영역 표현, 또는 입출력 표현과 상태 공간 표현으로 나눌 수 있다.	[표 1-1]
입출력 표현은 시스템의 내부 동작 특성은 상관하지 않고 오직 입력과 출력의 관계만을 수식으로 표현한 것으로, 미분/차분 방정식과 컨벌루션(시간 영역), 주파수 응답과 전달 함수(주파수 영역) 등이 있다.	[표 1-1]
상태 공간 표현(시간 영역)은 상태변수를 이용하여 입출력 관계뿐만 아니라 시스템의 내부적인 동작 특성도 함께 방정식으로 표현한 것으로, 다원 1차 연립 미분/차분 방정식의 형태가 된다.	
정현파는 진폭, 위상, 주파수의 세 가지 요소에 의해 완전하게 정의된다.	식 (1.8)
(기본) 주기는 정현파가 같은 파형을 반복하는 (최소) 시간 간격이고, 주파수는 정현파가 1초 동안 같은 파형을 반복하는 횟수로서 서로 역관계이다.	식 (1.10) 식 (1.11)
주파수는 신호의 시간적인 변화 속도와 관련이 있으며, 주파수가 높을수록 신호 파형이 시간적으로 더 빨리 변한다.	[그림 1-16]
위상은 원점에서 정현파의 한 주기 파형의 시작점까지의 거리를 각으로 나타낸 것으로 파형의 시간 이동과 연관된다. 뒤진 위상은 시간 지연, 앞선 위상은 시간 선행에 해당한다.	[그림 1-17]
정현파를 시간축에서 같은 시간만큼 이동시키더라도 주파수에 따라 위상이 달라진다. 주파수가 높을수록 위상이 비례해서 커진다.	식 (1.12)
신호의 에너지는 신호의 크기를 제곱한 것을 시간에 대해 모은 것으로 정의한다.	식 (1.14)
신호의 전력은 신호의 에너지의 시간에 대한 평균값으로 정의한다.	식 (1.15)
신호의 실횻값은 에너지 관점에서 신호의 실제적인 효과를 나타내는 값으로 신호의 전력의 제곱근으로 정의된다.	식 (1.16)
데시벨은 기준 신호에 대한 다른 신호의 전력비를 상용로그를 취한 값의 10배로 정의하며 [dB]로 표기한다.	식 (1.17)

CHAPTER 01_연습문제

【개념 문제】

1.1 신호와 시스템에 대한 다음의 설명 중 틀린 것은?

㉮ 신호가 중요한 이유는 신호 속에 사람들이 원하는 정보가 담겨 있기 때문이다.
㉯ 신호와 시스템을 해석하고 설계하려면 먼저 모형화가 선행되어야 한다.
㉰ 신호와 시스템은 시간 영역과 주파수 영역이라는 이원적인 표현이 가능하다.
㉱ 주파수 영역 표현은 항상 실험과 관측을 통해 직접 구할 수 있다.

1.2 신호에 대한 다음의 설명 중 틀린 것은?

㉮ 매 시간마다 불규칙하게 스위치를 껐다 켰다 하는 것도 신호가 될 수 있다.
㉯ 어떤 물리량을 표현한 신호의 값이 변하지 않으면 아무런 정보도 얻을 수 없다.
㉰ 신호를 함수로 표현할 때, 함수의 변수로는 시간, 공간, 주파수 등이 가능하다.
㉱ 음성 신호는 전기 신호, 자기 신호, 이진부호 등과 같이 다양한 형태로 나타낼 수 있다.

1.3 시스템에 대한 다음의 설명 중 틀린 것은?

㉮ 리드의 떨림과 밸브의 위치에 따라 다른 음을 내는 클라리넷은 시스템이다.
㉯ 시스템은 수학적으로 입력과 출력의 관계를 기술하는 수식(방정식)으로 표현된다.
㉰ 시스템은 다시 부시스템으로 나눌 수 있고, 입력과 출력도 여러 개 있을 수 있다.
㉱ 시스템의 출력은 입력과 무관하게 임의로 만들어지기도 한다.

1.4 다음은 어떠한 신호 처리 시스템인지 [보기] 중 가장 주된 것을 하나만 고르고, 그 이유를 설명하라.

(a) 디지털 피아노　　　(b) 전기 모터　　　(c) 지문 인식 장치
(d) 원두와 물을 입력으로 하여 찌꺼기를 걸러내고 커피를 출력으로 내는 커피메이커

㉮ 해석	㉯ 변환	㉰ 필터링	㉱ 합성

1.5 시스템 블록선도에 대한 다음의 설명 중 틀린 것은?

㉮ 블록선도는 한 시스템에 대해 단 하나만 존재한다.
㉯ 블록에는 그 시스템의 기능이나 특성을 나타내는 명칭, 수식, 그래프 등을 표시한다.
㉰ 블록선도를 보면 시스템 내의 신호의 흐름을 파악할 수 있다.
㉱ 블록선도에서 시스템 블록들은 종속 또는 병렬로 연결된다.

1.6 시스템의 수학적 모형화에 대한 다음의 설명 중 틀린 것은?

㉮ 시간 영역 표현과 주파수 영역 표현은 변환을 통해 상호 연계된다.
㉯ 시스템의 입출력 표현에 의해 시스템 내부의 동작 특성을 파악할 수 있다.
㉰ 시스템이 바뀌면 수학적 모형도 달라진다.
㉱ 경우에 따라 어떤 전기회로와 회전 운동 물체의 수학적 표현이 같을 수 있다.

1.7 다음 그림은 자동차 번호판을 인식하여 자동차의 출입을 관리하는 자동 주차 관제 시스템의 블록선도이다. 이 시스템은 등록된 차량이면 차단기를 열어서 통과시키고, 방문 차량이면 디스플레이를 통해 별도의 절차를 밟도록 안내한다. 그림에서 빈 블록에 들어갈 시스템 구성 요소의 명칭을 바르게 나타낸 것을 골라라.

㉮ (a) 영상 처리 장치, (b) 주차권 발행기
㉯ (a) 데이터베이스, (b) 영상 처리 장치
㉰ (a) 영상 처리 장치, (b) 데이터베이스
㉱ (a) 인터폰, (b) 데이터베이스

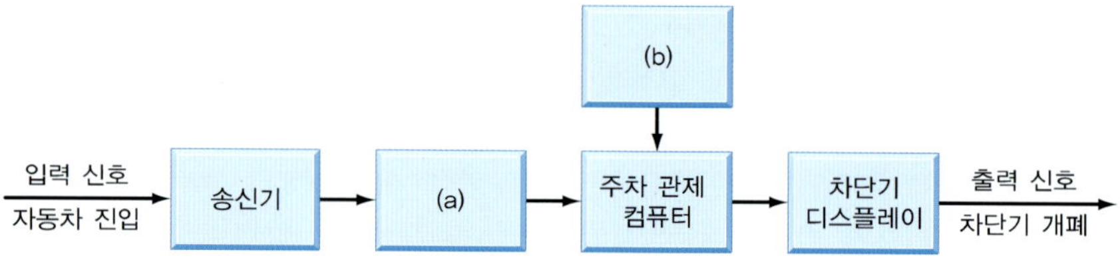

1.8 다음 그림과 같은 정현파 신호에 대한 다음의 설명 중 틀린 것은?

㉮ 이 정현파는 진폭 $A=4$, 주기 $T=12$이다.
㉯ 이 정현파가 코사인파라면 위상이 $\phi=-\frac{4\pi}{5}$이고, 사인파라면 위상이 $\phi=-\frac{3\pi}{10}$이다.
㉰ 시간축을 2배로 늘이면, 이 정현파의 위상도 2배가 된다.
㉱ 이 정현파는 같은 진폭의 주파수 10[Hz]인 정현파에 비해 파형의 변화가 느리다.

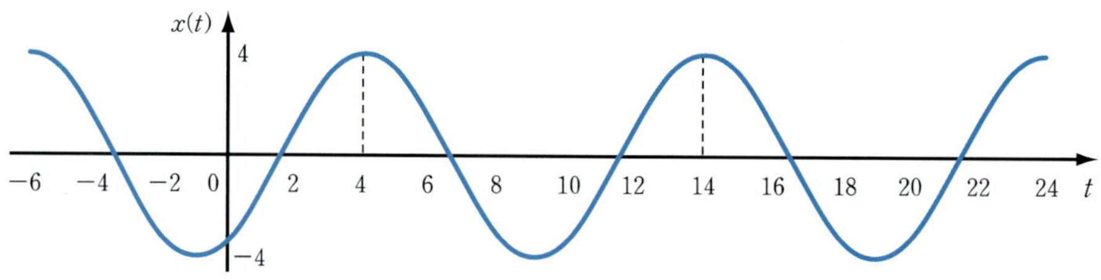

1.9 신호의 에너지, 전력, 실효값에 대한 다음의 설명 중 틀린 것은?

㉮ 에너지와 전력이 모두 무한한 신호도 있다.
㉯ 진폭이 같고 주파수와 위상이 다른 두 정현파의 실효값은 같다.
㉰ 신호의 에너지와 전력은 물리적인 차원(단위)이 없다.
㉱ 항상 양의 값을 가지는 신호의 실효값은 평균값보다 작다.

1.10 다음 그림과 같은 신호들에 대한 다음의 설명 중 틀린 것은?

㉮ (a)의 정현파 $s(t)$와 이를 전파 정류한 (c)의 $x(t)$의 실횻값은 같다.

㉯ 세 신호 모두 에너지는 무한하나 전력이 유한한 신호이다.

㉰ 세 신호 중에 $s(t)$를 2배로 증폭하여 반파 정류한 (b)의 $v(t)$의 전력이 가장 작다.

㉱ $x(t)$의 $s(t)$에 대한 전력비는 0[dB], $v(t)$에 대한 전력비는 −3[dB]이다.

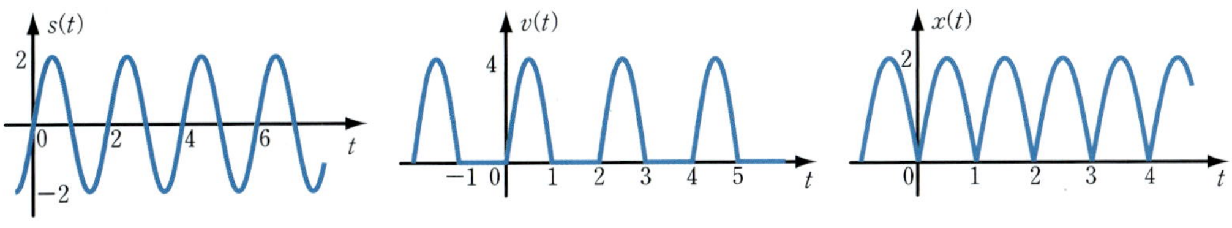

(a) 정현파 (b) 반파 정류파 (c) 전파 정류파

【 기초 문제 】

1.11 다음 그림은 화장실 좌변기의 수위를 자동으로 조절하는 시스템으로, 뜨개에 의해 물탱크의 물의 높이를 측정하여 목표로 하는 높이와 차이가 있으면 제어기가 공압밸브의 열림을 조정하여 물이 나오고, 목표 수위에 도달하면 밸브를 닫아 물이 더는 나오지 않게 제어한다. 이 시스템의 블록선도를 그려라.

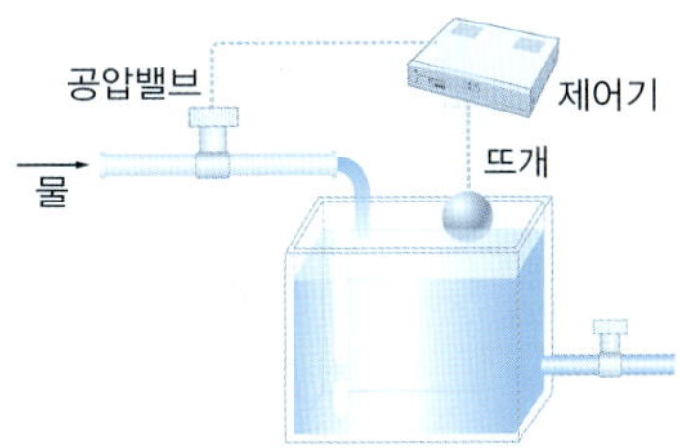

1.12 다음 그림과 같이 전류원 $i(t)$를 입력, 커패시터 양단 전압 $v(t)$를 출력으로 하는 RC 병렬회로에 대해 다음 물음에 답하라.

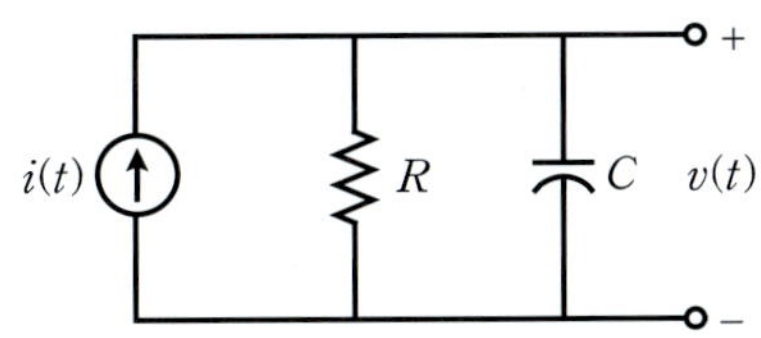

(a) 수학적 모형이 아닌 것을 골라라.

㉮ $\dfrac{1}{R}v(t)+C\dfrac{dv(t)}{dt}=i(t)$

㉯ $H(s)=\dfrac{V(s)}{I(s)}=\dfrac{R}{RCs+1}$

㉰ $\begin{cases} v(t)=\displaystyle\int h(t-\tau)i(\tau)d\tau \\ h(t)=\dfrac{1}{RC}e^{-\frac{1}{RC}t} \end{cases}$

㉱ $\begin{cases} \dfrac{dx(t)}{dt}=-\dfrac{1}{RC}x(t)+\dfrac{1}{C}i(t) \\ y(t)=x(t) \end{cases}$

(b) 이 전기회로를 표현한 미분 방정식에 대해 블록선도를 그려라.

1.13 누산기는 들어오는 입력을 계속해서 더해(누적하여) 출력으로 내는 이산 시스템이다. 입력 $x[n]$이 $n=0$부터 인가될 때, 누산기의 동작을 표현하는 수학적 모형을 구하라.

1.14 다음 정현파 신호들의 주기와 주파수를 구하라.

(a) $\cos(3\pi t)$ (b) $\cos\left(\frac{2\pi}{3}t\right)$ (c) $\cos(-3t)$ (d) $\cos\left(\frac{1}{\pi}t\right)$

1.15 정현파 신호 $x(t)=\cos(5\pi t)$를 시간축 상에서 위상 $30°$에 해당하는 만큼 오른쪽으로 수평 이동하였다. 위상을 시간으로 환산한 이동된 신호의 수식을 구하라.

1.16 다음 그림과 같은 코사인 정현파 신호에 대해 진폭 A, 주기 T, 주파수 f_0, 위상 ϕ를 결정하라.

(a)
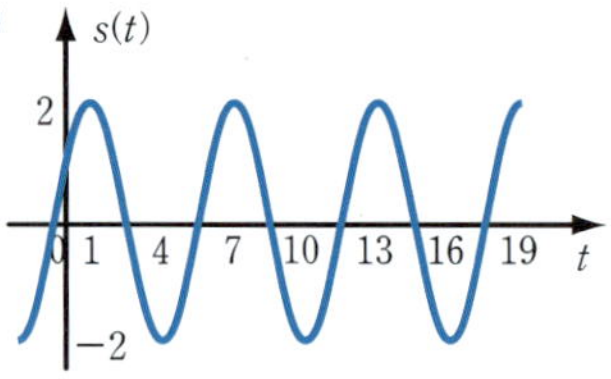

(b)
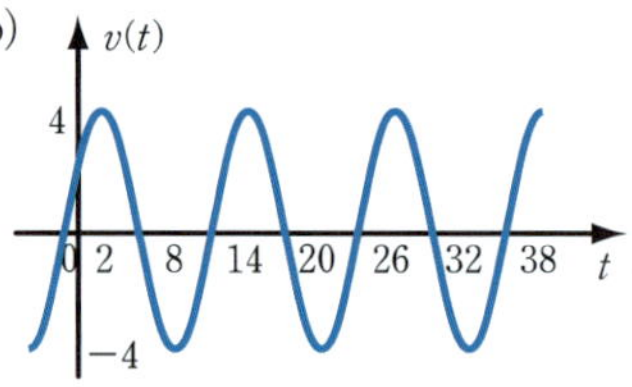

(c)
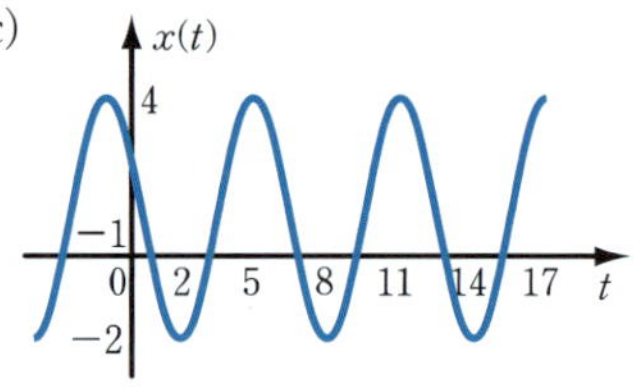

1.17 다음 이산 신호에 대해 에너지와 전력을 구하라.

(a) $x[n]=\begin{cases}+1, & 0\le n\le 3\\ -1, & -4\le n<0\\ 0, & \text{그 외}\end{cases}$ (b) $x[n]=\cos(\pi n)$

1.18 다음 연속 신호에 대해 에너지와 전력을 구하라.

(a) $x(t)=\begin{cases}+1, & 0\le t\le 3\\ -1, & -3\le t<0\\ 0, & \text{그 외}\end{cases}$ (b) $x(t)=2\cos^2(\pi t)$

1.19 다음 그림과 같은 연속 신호에 대해 에너지와 전력을 구하라.

(a)
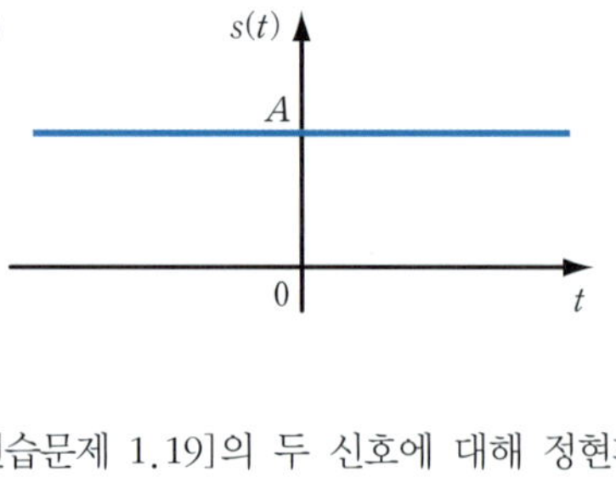

(b)
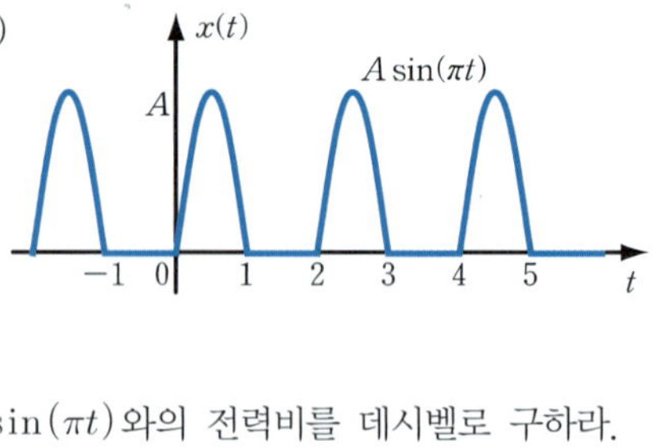

1.20 [연습문제 1.19]의 두 신호에 대해 정현파 $y(t)=A\sin(\pi t)$와의 전력비를 데시벨로 구하라.

【응용 문제】

1.21 고속도로 등과 같이 자동차가 장거리를 비교적 일정한 속도로 달릴 때 특정 속도에 대해 버튼을 눌러 설정함으로써 운전자가 가속기를 밟지 않고서도 일정한 속도로 운행할 수 있게 해주는 순항 제어[cruise control] 시스템에 대해 간단히 동작 원리를 설명하고 블록선도를 그려라.

1.22 다음 그림과 같은 RLC 직렬회로에서 입력 전압 $x(t)$에 대해 물음에 답하라.

(a) 폐로 전류 $y(t)$를 출력으로 갖는 수학적 모델을 미분 방정식으로 구하라.

(b) 커패시터 양단 전압 $v_C(t)$를 출력으로 갖는 수학적 모델을 미분 방정식으로 구하라.

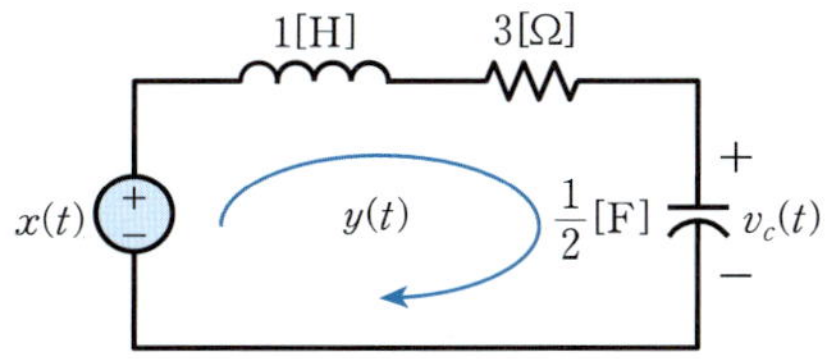

1.23 다음 그림의 전기회로에 대해 C 양단 전압 $y(t)$를 출력으로 하는 수학적 모델을 미분 방정식으로 구하라.

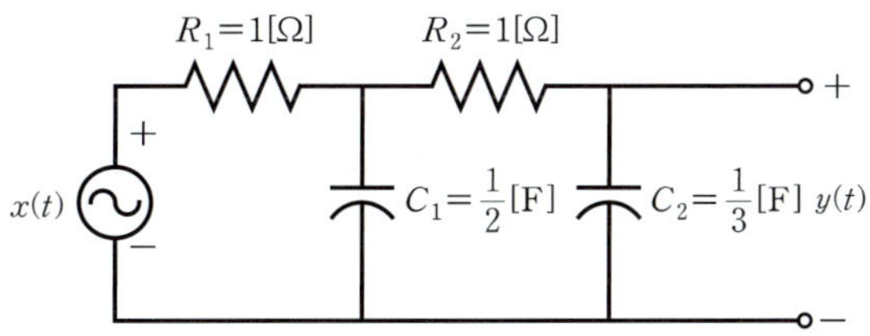

1.24 다음 그림과 같은 신호에 대해 에너지와 전력을 구하라.

(a)

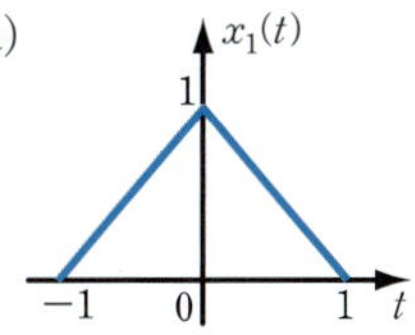

(b)

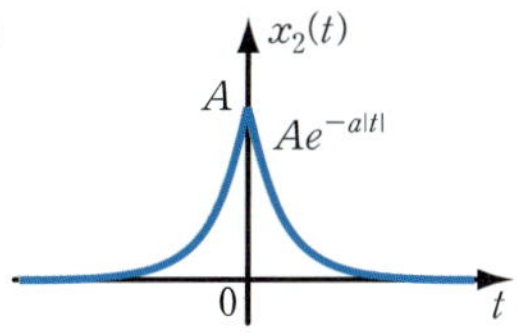

(c)

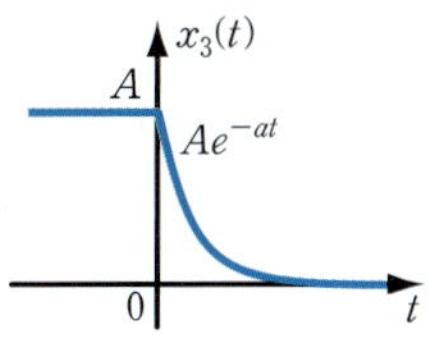

(d)

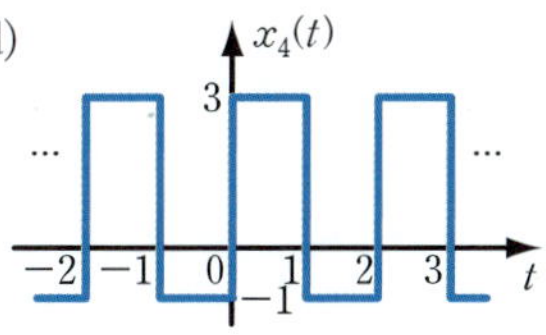

1.25 $x_1(t) = 2\sin(2\pi t + 10°)$이고 $x_2(t) = \cos(2\pi t - 20°)$일 때 두 정현파의 위상차를 구하라. 또 그 위상차를 시간으로 나타내라.

1.26 다음과 같이 입출력 관계가 1차 미분 방정식으로 표현되는 두 시스템을 종속 연결한 시스템의 입력 $x(t)$에 대한 출력 $y(t)$의 관계를 표현하는 2차 미분 방정식을 구하라.

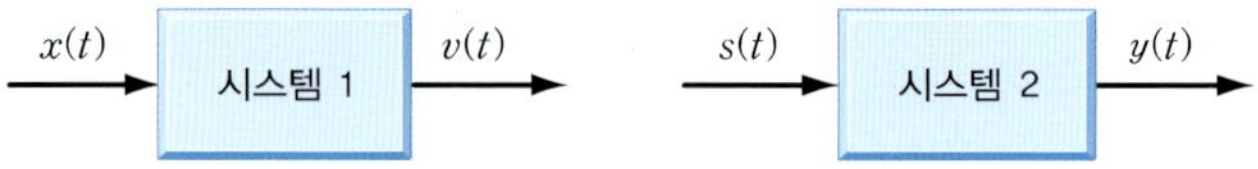

$$\frac{dv(t)}{dt} + av(t) = x(t) \qquad \frac{dy(t)}{dt} + by(t) = as(t)$$

1.27 다음 그림과 같은 신호에 대해 에너지와 전력을 구하라.

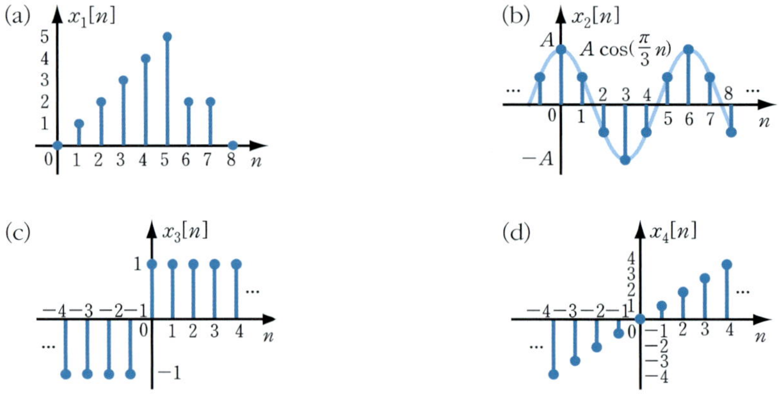

1.28 다음과 같은 연속 신호의 에너지와 전력을 구하라.

(a) $x(t) = e^{j\omega_0 t}$

(b) $x(t) = \begin{cases} e^{-t}\cos(\pi t), & t \geq 0 \\ 0, & t < 0 \end{cases}$

1.29 정현파 신호의 전력과 관련하여 다음 물음에 답하라.

(a) 어떤 정현파와 진폭이 같고 주기가 2배인 정현파의 전력을 각각 구하라.

(b) 어떤 정현파와 주기가 같고 진폭이 2배인 정현파의 전력을 각각 구하라.

(c) (b)의 두 신호의 전력비를 데시벨로 구하라.

(d) (a)와 (b)의 결과로부터 정현파의 전력에 관해 어떤 사실을 유추할 수 있는가?

1.30 다음 그림의 주기 신호에 대해 전력을 구하고, 같은 주기와 진폭을 갖는 정현파에 대한 전력비를 데시벨로 구하라. 또 두 신호의 전력비도 데시벨로 구하라.

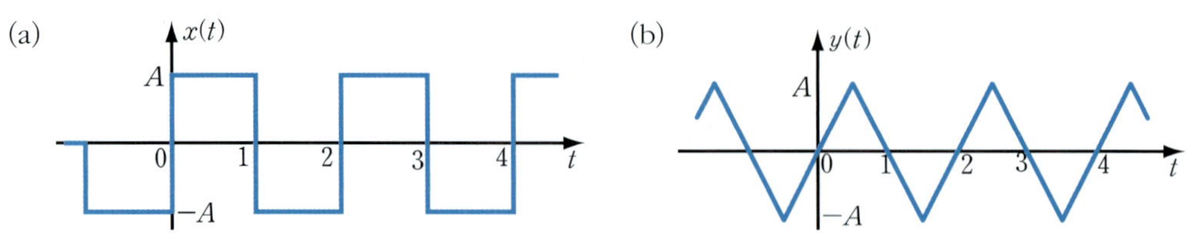

학습포인트

- 매트랩이 어떤 소프트웨어인지 기능과 특징을 간략히 알아본다.
- 매트랩을 이용하여 다양한 정현파 신호를 그려본다.
- 매트랩을 이용하여 신호의 에너지와 전력을 계산해본다.

매트랩Matlab은 최근 공학 분야에서 가장 보편적으로 사용되고 있는 소프트웨어로, 신호와 시스템을 컴퓨터를 이용하여 해석하는 데 매우 유용한 수단이다. 이때 MATLABb이란 'Matrix Laboratory'를 뜻하는 말로써, 그 이름이 말하듯이 배열array, 즉 행렬 또는 벡터를 기본 자료로 사용하여 기능을 수행하는 계산 환경을 제공한다.

매트랩은 기본적으로 행렬 데이터를 다루고, m파일로 사용자가 필요한 응용 프로그램들을 손쉽게 작성할 수 있을 뿐만 아니라 이를 명령어처럼 간편하게 사용할 수 있다. 또한 처리 결과를 시각화하기 수월하므로 C언어 등을 사용하여 프로그램을 작성하는 것에 비해 매우 편리하다. 더군다나 응용 분야별로 다양한 도구상자toolbox가 개발되어 제공된다. 특히 전기전자공학과 관련한 웬만한 컴퓨터 시뮬레이션 및 개발 작업은 별도의 복잡한 프로그램을 작성할 필요 없이 기존의 도구상자를 활용하여 손쉽게 해결할 수 있다. 매트랩 프로그램의 소스파일은 한빛아카데미 홈페이지에서 다운받을 수 있다.

MATLAB 1-1 정현파 그리기

다음과 같이 표현되는 정현파에 대해 주어진 조건에 따라 각각의 파형을 그려라.

$$x(t) = A\cos(2\pi f_0 t + \phi)$$

(a) 위상이 다른 정현파 : $A=1,\quad f_0=1,\quad \phi=0,\quad -\pi/2,\quad \pi/2$

(b) 주파수가 다른 정현파 : $A=1,\quad \phi=0,\quad f_0=1, 2, 3$

풀이

(a) 매트랩에서는 정현파인 사인과 코사인 함수를 제공하고 있으므로, 이를 이용하면 된다.
진폭이 다른 정현파들을 그리는 프로그램은 다음과 같다. 이때, 프로그램의 첫머리(1~3행)에 있는 명령들은 작업을 수행하기 전에 이전의 작업과 관련된 부분들을 모두 지우는 동작이다. 이후의 프로그램에서는 이를 생략하고 나타내지 않을 것이다.

SS_1_1a.m

```
close all;                               % 생성된 모든 창을 닫음
clear all;                               % 열려있는 작업영역(workspace)을 모두 비움
clc;                                     % 명령(command) 창을 비움

ti=-1; tf=3; dt=0.01; t=ti:dt:tf;        % 파형의 시간축 설정(-1≤t≤3, 0.01씩 증가)
f0=1; A=1;                               % 주파수 값 및 진폭 값 설정
phi=[0 -(pi/2) pi/2];                    % 위상 값 설정
```

```
x1=A*cos(2*pi*f0*t+phi(1));                     % 위상이 0인 정현파 생성
x2=A*cos(2*pi*f0*t+phi(2));                     % 위상이 지상(-pi/2)인 정현파 생성
x3=A*cos(2*pi*f0*t+phi(3));                     % 위상이 진상(pi/2)인 정현파 생성

plot(t,x1,'k');                                 % 정현파 x1을 그림 창에 그림
axis([ti tf -1.2*A 1.2*A]);                     % x축(ti~tf)과 y축(-1.2A~1.2A)의 영역 설정
hold on                                         % 같은 창에 계속 그림
plot(t,x2,'-.b'); plot(t,x3,'--r');             % 정현파 x2와 x3을 그림 창에 그림
legend('x1','x2','x3','Location','NorthEast');% 파형 구별 범례 표시
```

3개의 정현파를 하나의 그림 창에 그릴 때, 프로그램과 같이 hold on 명령을 쓰지 않고도 다음과 같이 간단하게 코딩할 수도 있다.

```
plot(t,x1,'k',t,x2,'-.b',t,x3,'--r')
```

legend라는 명령어는 여러 파형을 구분하는 범례를 표시해준다. 이러한 명령어의 사용법을 자세히 알고 싶으면 명령 창에 'help+명령어'를 치면 된다.

(b) 주파수가 다른 정현파들을 그리는 매트랩 프로그램은 다음과 같이 정현파의 계산 부분만 바꿔주면 된다. 이번에는 명령 subplot을 사용하여 그림 창을 3개로 분할해서 각 정현파를 따로 그리도록 하였다.

SS_1_1b.m

```
ti=-1;tf=3;dt=0.01; t=ti:dt:tf;                 % 파형의 시간축 설정
A=1;                                            % 진폭 값 설정
f0=[1 2 3];                                     % 주파수 값 설정
x1=A*cos(2*pi*f0(1)*t);                         % 주파수가 1인 정현파 생성
x2=A*cos(2*pi*f0(2)*t);                         % 주파수가 2인 정현파 생성
x3=A*cos(2*pi*f0(3)*t);                         % 주파수가 3인 정현파 생성

subplot(3,1,1)                                  % 3행 1열 분할 그림 창의 1번 창
plot(t,x1);                                     % 주파수가 1인 정현파 그림
axis([-1 3 -1.2*A 1.2*A]);                      % x축(ti~tf)과 y축(-1.2A~1.2A)의 영역을 설정
subplot(3,1,2)                                  % 3행 1열 분할 그림 창의 2번 창
plot(t,x2);                                     % 주파수가 2인 정현파 그림
axis([-1 3 -1.2*A 1.2*A]);                      % x축(ti~tf)과 y축(-1.2A~1.2A)의 영역을 설정
subplot(3,1,3)                                  % 3행 1열 분할 그림 창의 3번 창
plot(t,x3);                                     % 주파수가 3인 정현파 그림
axis([-1 3 -1.2*A 1.2*A]);                      % x축(ti~tf)과 y축(-1.2A~1.2A)의 영역을 설정
```

앞의 매트랩 프로그램들을 실행해서 얻은 결과를 [그림 1-21]에 나타내었다.

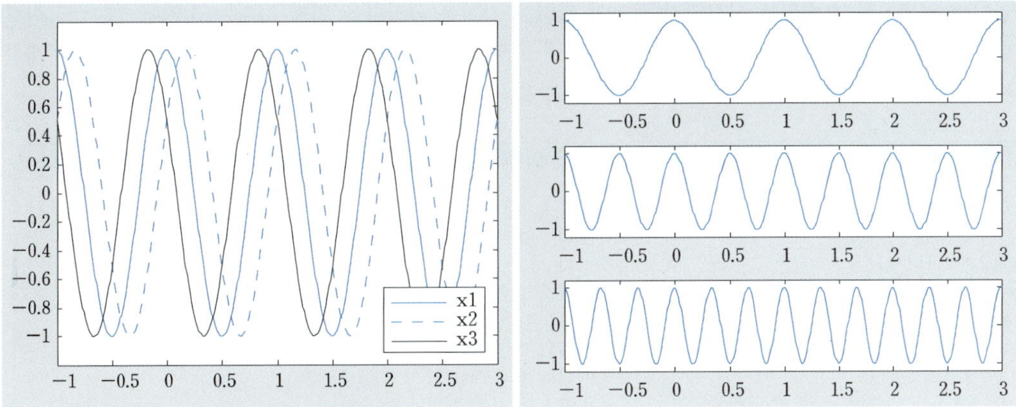

(a) 위상이 다른 정현파 (b) 주파수가 다른 정현파

[그림 1-21] [MATLAB 1-1]의 신호 파형

MATLAB 1-2 신호의 에너지와 전력 계산하기

다음과 같은 신호에 대하여 신호의 파형을 그리고 에너지와 전력을 구하라.

$$x(t) = 2te^{-t}u(t), \quad y(t) = \sqrt{2}\pi\sin(\pi t)$$

풀이

신호 $x(t)$는 $t \to \infty$에 따라 값이 0으로 수렴하므로, 아래의 면적이 유한한 신호이다. 그리고 신호 $y(t)$는 주기 $T=2$인 정현파로 주기 신호이다. 따라서 $x(t)$는 에너지가 유한하게 되므로(전력은 0) 에너지만, $y(t)$는 에너지는 무한하지만 전력은 유한하므로 전력만 계산하면 된다.

식 (1.14)와 식 (1.15)를 사용하여 신호의 에너지와 전력을 계산하려면 적분 연산이 필요하다. 매트랩에서는 심프슨Simpson 공식을 이용하여 1차원 적분을 수행하는 명령 quad를 제공하고 있다. quad를 사용하려면 피적분식을 다음과 같이 함수 m-파일로 만들어야 한다. 함수 m-파일을 만들어 사용할 때 주의할 점은 함수를 불러서 쓰는 프로그램과 함수 m-파일이 같은 디렉토리(폴더)에 있어야 한다는 것이다. 경로가 열려 있지 않으면 연결되지 않는다.

int_fctn_1.m

```
function xs=int_fctn_1(t)            % [MATLAB 1-2(a)]의 피적분 함수 생성

x=2*t.*exp(-t);                      % x(t)생성
xs=x.^2;                             % x^2(t) 생성
```

적분을 수행하는 또 다른 매트랩 명령으로 사다리꼴 방법으로 적분을 계산해주는 trapz이 있다. trapz을 사용할 경우는 시간 간격을 충분히 작게 잡아주어야 한다. 그렇지 않으면 적분 오차에 의해 부정확한 값이 얻어지게 된다. 프로그램에서 주의할 점은, $x(t)$의 에너지를 계산할 때 시간 구간을 ∞까지 잡을 수는 없지

만 파형이 거의 0으로 수렴하는 시간까지 잡아야 참값에 가까운 근사값을 얻게 된다는 점이다. 주어진 신호의 파형을 그리고 에너지와 전력을 계산하는 매트랩 프로그램은 다음과 같다. 프로그램에서 에너지 계산 적분은 quad 명령을, 전력 계산 적분은 trapz 명령을 사용하였다.

SS_1_2.m

```
dt=0.01:t=0:dt:10;                          % 시간축 설정
x=2*t.*exp(-t);                             % x(t) 생성
y=sqrt(2)*sin(pi*t);                        % y(t) 생성
ysq=y.^2;                                   % y^2(t) 계산
T=2; N=T/dt;                                % 정현파의 주기 및 한 주기 데이터 수
Ex=quad('int_fctn_1',0,10)                  % x(t)의 에너지 계산
Py=trapz(t(1:N),ysq(1:N))/T;                % y(t)의 전력 계산(한 주기 평균)
fprint('신호 y(t)의 전력 = %6.4\n',Py)       % 명령 창에 y(t)의 전력 값 출력

figure;                                     % 그림 창 열기
subplot(1,2,1); plot(t,x);                  % 1행 2열 분할 그림 창의 1번 창에 x(t) 파형 그림
axis([0 10 0 1]); grid on;                  % x축과 y축 영역 설정, 그리드 표시
subplot(1,2,2); plot(t,y);                  % 1행 2열 분할 그림 창의 2번 창에 y(t) 파형 그림
axis([0 6 -1.5 1.5]); grid on;              % x축과 y축 영역 설정, 그리드 표시
```

이 매트랩 프로그램이 실행되면 명령 창에 다음과 같이 $x(t)$의 에너지와 $y(t)$의 전력을 계산한 결과가 표시된다. 또한 [그림 1-22]와 같이 그림 창에 신호 파형이 그려진다.

```
Ex = 1
신호 y(t)의 전력 = 1.0000
```

$x(t)$의 에너지 Ex는 계산식 코드 Ex=quad('int_fctn_1',0,10) 마지막에 ;을 찍지 않아 명령 창에 계산된 값이 출력된 것이고, $y(t)$의 전력의 전력은 fprint 명령을 사용하여 출력을 제어한 것이다.

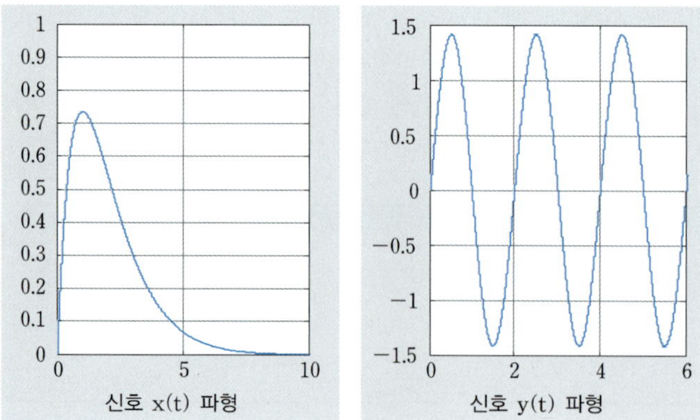

[그림 1-22] [MATLAB 1-2]의 신호 파형

CHAPTER

02

신호와 시스템의 분류

Classification of Signals and Systems

학습목표

- 신호의 주요 성질에 따른 분류를 이해할 수 있다.
- 아날로그 신호와 디지털 신호의 차이를 이해할 수 있다.
- 아날로그 신호에서 디지털 신호를 만드는 과정을 이해할 수 있다.
- 주기 신호의 특성과 신호의 대칭성에 대해 이해할 수 있다.
- 에너지 신호와 전력 신호의 구분을 이해할 수 있다.
- 시스템의 주요 성질에 따른 분류를 이해할 수 있다.
- 선형성, 시불변성, 인과성과 안정도의 개념에 대해 이해할 수 있다.
- 선형 시불변(LTI) 시스템의 중요성을 이해할 수 있다.

【미리보기】

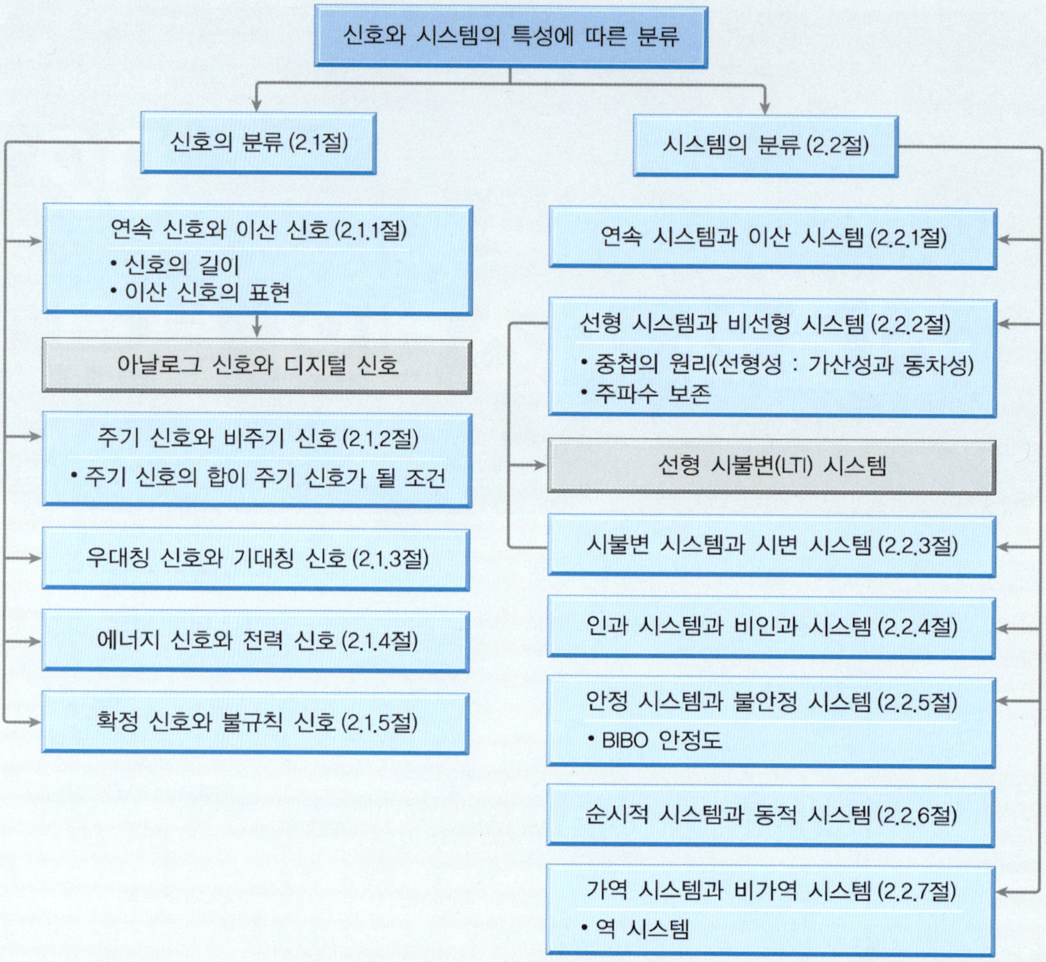

형태나 성질이 각양각색인 수많은 신호와 시스템들을 체계적이고 통합적으로 다루기 위해서는 적절한 기준에 의해 비슷한 성질을 지니는 것들끼리 묶어보는 것이 유용하다. 그렇게 하면 신호와 시스템의 특성을 분석하기도 좀 더 수월하고, 분류된 각 그룹에 맞추어 적절하게 표현하거나 취급 방법을 다르게 적용할 수 있는 이점도 있다. 신호와 시스템의 분류 기준으로 채택된 속성들은 수학적으로 정의되어 적용되기는 하지만, 실제로는 신호와 시스템의 특성과 그 작용이 어떻게 이루어지는가 하는 물리적인 현상이 반영된 것이므로 그 안에 담긴 개념을 잘 이해해야 한다. 이 장에서는 신호와 시스템의 중요한 분류에 대해 살펴볼 것이다. 신호에 대해서는 연속 신호와 이산 신호의 차이, 주기 신호의 특성 등을 잘 익혀둘 필요가 있다. 시스템과 관해서는 책 전반에서 주로 다루게 될 인과 안정 선형 시불변(LTI) 시스템에 주목하여 학습해두면 좋을 것이다.

SECTION 2.1

신호의 분류

학습포인트

- 연속 신호와 이산 신호, 특히 아날로그 신호와 디지털 신호의 정의와 차이를 이해한다.
- 신호의 길이에 대한 정의를 알아둔다.
- 아날로그 신호를 디지털 신호로 만드는 과정에 대해 알아본다.
- 주기 신호의 정의와 성질을 이해한다.
- 기대칭 신호와 우대칭 신호의 정의와 이러한 파형의 대칭성을 이용한 신호 표현을 익혀둔다.
- 에너지 신호와 전력 신호의 정의를 알아둔다.
- 확정 신호와 불규칙 신호의 차이를 이해한다.

다양한 신호들을 형태나 성질이 비슷한 것들끼리 묶어서 나누게 되면, 특성을 분석하기가 좀 더 수월하고 그룹별로 신호의 표현이나 취급을 다르게 할 수도 있을 것이다. 분류의 기준으로는 시간 변수의 연속성, 파형의 주기성, 대칭성, 에너지 특성, 발생 패턴 등을 생각해볼 수 있는데, 이 절에서는 몇 가지 중요하고 유용한 신호의 분류에 대해 알아본다.

2.1.1 시간에 따른 분류 : 연속 신호와 이산 신호

연속 신호와 이산 신호

시간의 함수로 표현된 신호에 대한 가장 기본적인 구분은 독립 변수인 시간이 연속이냐 불연속이냐 하는 것이다. [그림 2-1]에서 보면, (a)와 (b)의 신호는 시간축(가로축)에 대해 끊어지지 않고 연속적인 파형을 보이는 데 반해, (c)와 (d)의 신호는 시간축에 대해 일정한 간격으로 불연속적으로 신호 값이 나타난다. 전자를 **연속 (시간) 신호**continuous (time) signal, 후자를 **이산 (시간) 신호**discrete (time) signal라고 한다. 전압, 음성, 심전도 등은 시간에 대해 연속인 연속 신호이고, 상품의 분기별 판매량, 매일의 주식 가격, 일별 최고 온도 등은 시간에 대해 불연속인 이산 신호이다.

- **연속 (시간) 신호**는 신호가 시간에 대해 끊어지지 않고 지속해서 나타나는, 즉 모든 시간에 대해 정의되는 신호이며, $x(t)$와 같이 나타낸다.
- **이산 (시간) 신호**는 띄엄띄엄 특정한 시각에서만 정의되는 신호이며, $x[n]$과 같이 나타낸다.

이산 신호와 연속 신호의 표기

- **연속 신호** : 시간 변수 t, 함수 $x(t)$, (아날로그) 주파수 f, (아날로그) 각주파수 ω
- **이산 신호** : 시간 변수 n, 함수 $x[n]$, (디지털) 주파수 F, (디지털) 각주파수 Ω

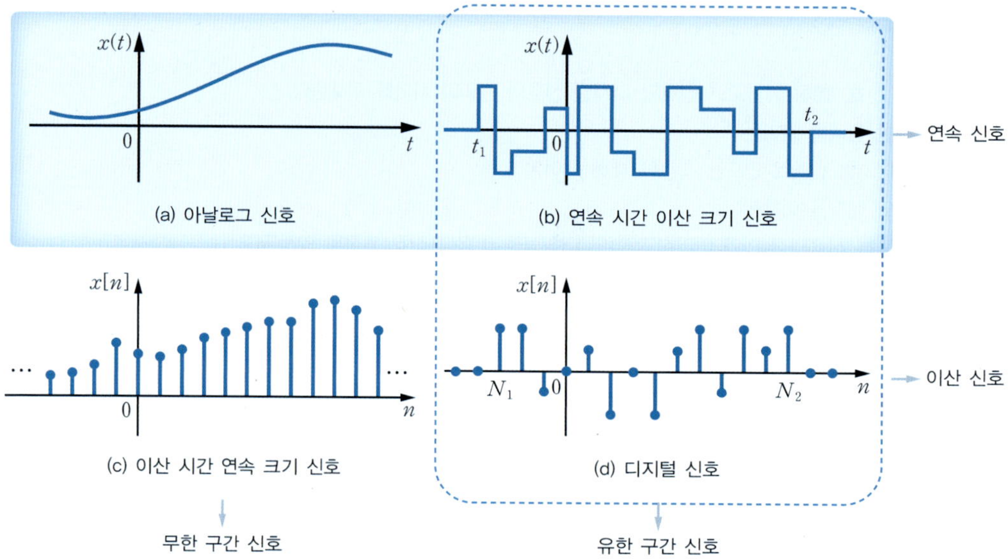

[그림 2-1] 시간과 크기에 따른 신호의 분류

아날로그 신호와 디지털 신호

신호는 가로축인 시간뿐만 아니라 세로축인 값(크기, 진폭)에 대해서도 연속 또는 불연속(이산)적으로 값을 가질 수 있다. 따라서 신호는 [그림 2-1]과 같이 시간과 크기의 연속/이산 여부에 따라 네 종류로 나눌 수 있는데, 특별히 [그림 2-1(a)]와 [그림 2-1(d)]는 다음과 같이 구분한다.

- **아날로그**analog **신호**는 연속 신호 중에서도 시간과 크기 모두 연속적인 값을 갖는 신호이다([그림 2-1(a)]).
- **디지털**digital **신호**는 이산 신호 중에서도 시간과 크기 모두 이산적인 값만 갖는 신호이다([그림 2-1(d)]).

방송 전파, 음성 신호와 같이 우리가 일상생활에서 접하는 신호들은 대부분 아날로그 신호이며, 10원 단위로 표시되는 매일의 주식 가격이나 0과 1로 표현되는 컴퓨터의 이진 신호는 대표적인 디지털 신호이다. 그러나 이는 어디까지나 엄격한 정의이고, 실제로는 좀 더 폭넓게 연속 신호를 아날로그 신호, 이산 신호를 디지털 신호라고 혼용해 쓰기도 한다. 예를 들어, '디지털 신호 처리'는 실제로는 이산 신호를 디지털 시스템으로 처리하는 분야이다.

신호의 길이

신호와 관련해 알아두어야 할 기초 개념으로 신호의 **길이**length가 있다. 신호의 길이는 신호의 **지속시간(구간)**duration이라고도 하며, 신호가 유효한 값을 갖는 시간 구간을 가리킨다. 신호는 길이에 따라 두 가지로 나뉜다.

- **연속 신호의 길이**는 신호가 존재하는 구간($t_1 \leq t \leq t_2$)의 길이 $L = t_2 - t_1$로 정의한다.
- **이산 신호의 길이**는 신호를 이루는($N_1 \leq n \leq N_2$) 샘플의 개수 $N = N_2 - N_1 + 1$로 정의한다.
- **유한 구간**finite duration **신호**는 시간적으로 유한한 길이를 갖는 신호이다.
- **무한 구간**infinite duration **신호**는 시간적으로 무한한 길이를 갖는 신호이다.

[그림 2-1(b)]와 같이 구간 $t_1 \leq t \leq t_2$에서 정의되는 연속 신호 $x(t)$의 길이는 $L = t_2 - t_1$이 되고, [그림 2-1(d)]와 같이 구간 $N_1 \leq n \leq N_2$에서 정의되는 이산 신호 $x[n]$의 길이는 $N = N_2 - N_1 + 1$이 된다($N \neq N_2 - N_1$임을 주의하라). [그림 2-1]에서 (a)와 (c)의 신호는 무한한 시간에 걸쳐 신호 값이 존재하는 무한 구간 신호이고, (b)와 (d)의 신호는 일정한 시간 구간에서만 신호 값이 존재하는 유한 구간 신호이다.

이산 신호의 표현

이산 신호는 불연속인 시간에서만 값이 존재하는 신호이다. 그러므로 이산 신호는 발생 순서대로 늘어놓게 되면 단순한 숫자의 나열(수열)에 지나지 않는다. 따라서 연속 신호보다 표현과 취급이 쉽고 단순하며, 컴퓨터로 처리하기에 매우 적합하다. 다음의 두 표현은 같은 이산 신호를 나타낸 것으로, 식 (2.2)에서 숫자 아래 ↑는 시간 기준인 $n = 0$의 위치를 나타내는 표시이다. $x[0] = 1$, $x[1] = \frac{1}{3}$, ⋯을 이산 신호의 **샘플**sample이라고 한다. 샘플의 발생 순서는 셀 수 있으므로, 이산 신호의 시간 값 n은 반드시 정수여야 한다.

$$x[n] = \begin{cases} \left(\frac{1}{3}\right)^n, & n \geq 0 \\ (-2)^n, & n < 0 \end{cases} \tag{2.1}$$

$$x[n] = \left\{\cdots,\ \frac{1}{4},\ -\frac{1}{2},\ \underset{\uparrow}{1},\ \frac{1}{3},\ \frac{1}{9},\ \frac{1}{27},\ \cdots\right\} \tag{2.2}$$

이산 신호에는 상품의 월별 판매량, 매일의 주식 가격 등과 같이 원래부터 이산 신호인 것들도 있지만, 병원에서 고열 증세를 보이는 응급 환자의 체온을 10분 간격으로 측정하는 경우처럼 연속 신호에 대해 특정한 시간 간격으로 값을 취하는 **샘플링**sampling이라는 과정을 거쳐 얻어지는 것도 있다. 샘플을 취하는 시간 간격을 T_s라고 하면, 원래의 연속 신호와 샘플링된 이산 신호의 관계는 다음과 같이 나타낼 수 있다.

$$x[n] = x(t)|_{t = nT_s} = x(nT_s), \quad n = \cdots, -2, -1, 0, 1, 2, \cdots \tag{2.3}$$

요즘 세상은 디지털 시대로 영상이나 음성과 같은 아날로그 신호를 스마트폰 같은 디지털 시스템을 사용하여 처리하는 것이 보편화되어 있다. 이를 위해서는 먼저 아날로그 신호를 디지털 신호로 바꿔야 하는데, 연속 신호를 이산 신호로 바꾸는 샘플링 이외에도, 가게에서 상품 가격을 10원 또는 100원 단위로 매겨서 표시하듯이 이산 신호를 0.5, 1 등 특정한 간격의 값들만 갖도록 하는 **양자화** quantization 과정을 거쳐야 디지털 신호를 얻을 수 있다. 마지막으로 컴퓨터 같은 디지털 시스템이 이해하고 처리할 수 있는 **이진 부호** binary code로 만드는 **부호화** coding 과정을 거쳐야만 비로소 디지털 시스템이 받아들여 처리할 수 있게 된다.

Tip & Note 아날로그 신호를 디지털로 처리하기

21세기는 디지털의 시대이다. 실생활에서 접하는 대부분의 신호가 아날로그임에도 디지털 시스템(기술)을 사용하여 처리하는 일이 보편적이다. 이는 디지털 시스템이 아날로그 시스템보다 신호 처리의 다양성 및 융통성, 소형화 및 경량화, 가격 대비 성능의 우수성 등 많은 장점을 갖고 있기 때문이다. 그러나 디지털 시스템을 구성하는 반도체 소자들은 디지털 신호에 대해서만 정상적으로 작동하므로, 우선 아날로그 신호를 디지털 시스템에 적합한 디지털 신호로 바꾸는 과정, 즉 **아날로그/디지털(A/D) 변환**이 필요하다. A/D 변환은 [그림 2-2]에 보인 것처럼 샘플링, 양자화, 부호화의 세 과정으로 이루어진다.

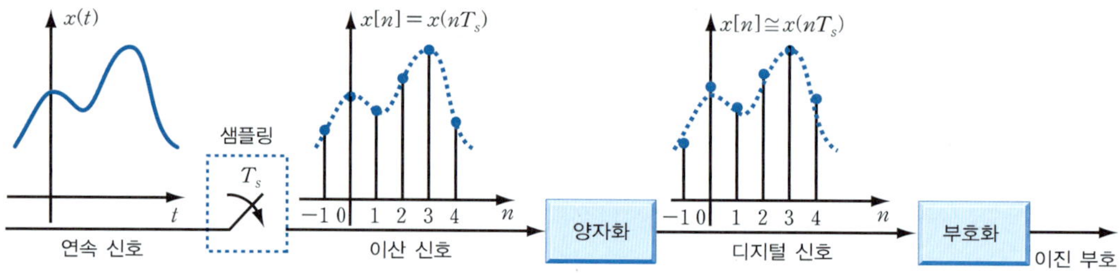

[그림 2-2] 아날로그 신호의 A/D 변환

샘플링은 연속 신호에 대해 시간 간격을 두고 순시값을 취하여 이산 신호로 만드는 과정으로서 통상 균등한 시간 간격으로 샘플을 취한다. 따라서 [그림 2-2]에 나타낸 것처럼 단순하게 특정 시간 간격(T_s)마다 재빨리 스위치를 닫았다 여는 동작으로 생각할 수 있다. 샘플링에 의해 이산 신호로 바뀌었다 하더라도 컴퓨터 같은 디지털 시스템이 이 신호를 다룰 수 있으려면, 신호의 크기에 대해서도 이산화시켜 신호의 값을 유한개의 등급(레벨)으로 분류하는 **양자화** 과정을 거쳐 디지털 신호로 변환해야만 한다. 하나의 예로 변화 범위가 0° ~ 500 °C인 보일러 온도를 센서로 측정하여 컴퓨터에 입력하는 경우를 생각해보자. 컴퓨터가 8비트의 데이터 포맷을 사용한다면 이에 의해 구분될 수 있는 경우의 수는 $2^8=256$가지이므로, 측정값을 500 °C를 256등급으로 나눈 것 중에 가장 가까운 것으로 분류하여 데이터화하게 된다. 양자화까지 마친 디지털 신호에 대해 마지막으로 디지털 시스템이 이해하고 처리할 수 있는 형태의 이진 부호로 만드는 **부호화**가 이루어진다. 부호화는 한글 자모나 영문 알파벳을 조합하여 뜻이 통하는 단어나 문장을 만드는 것과 같다고 생각하면 된다. 다만 사람이 알아들을 수 있는 게 아니라 기계가 알아들을 수 있도록 하는 점이 다를 뿐이다.

샘플링과 관련한 주요 이슈는 9장에서 상세히 살펴보게 될 것이다.

Tip & Note 디지털 신호의 전송

일반적으로 디지털 신호는 이진 코드로 부호화되어 활용된다. 값을 가지는 물리량뿐만 아니라 문자 같은 데이터들도 마찬가지이다. 예를 들어, 알파벳 'S'의 ASCII 코드는 8비트 이진 부호로 01010011이다(디지털 논리 회로나 컴퓨터 구조 같은 과목에서 다룬 바 있을 것이다). 이러한 이진 코드를 디지털 기기 사이에 실제로 주고받을 때는 숫자 0과 1 자체를 전송하는 게 아니고 전기적으로 동작하는 IC 칩이 수용할 수 있도록 전압 신호로 변환해서 전송하게 된다. 가장 단순하게는 [그림 2-3]에 보인 것처럼 0은 0[V](Low), 1은 5[V](High)에 대응시켜 일정한 시간폭을 가지는 전압 펄스로 바꾼다. 어떤 원리를 적용하느냐에 따라 [그림 2-3]과는 다른 여러 형태를 가질 수 있으며, 유무선 통신을 위해서는 다시 적절한 변조 과정을 거치게 된다. 이에 대한 자세한 내용은 디지털/데이터 통신 관련 서적을 참조하기 바란다.

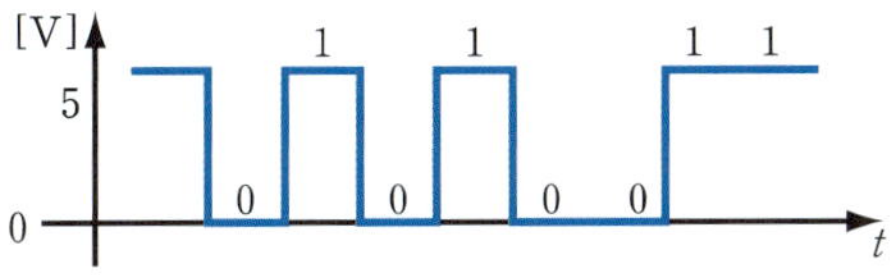

[그림 2-3] 'S'의 ASCII 코드 전압 파형 예

예제 2-1 연속 신호와 이산 신호

다음의 신호를 그리고 신호의 길이를 구하라.

(a) $x(t)=\begin{cases}\sin(0.5\pi t), & -1\le t\le 3\\ 0, & \text{그 외}\end{cases}$ (b) $x(t)=\begin{cases}\cos(2\pi t), & 0\le t\le 5\\ 0, & \text{그 외}\end{cases}$

(c) (a)의 $x(t)$를 간격 1/3[초]로 샘플링한 이산 신호 $x[n]$

(d) (b)의 $x(t)$를 간격 0.5[초]로 샘플링한 이산 신호 $x[n]$

풀이

주어진 각 신호의 파형을 그리면 [그림 2-4]와 같다.

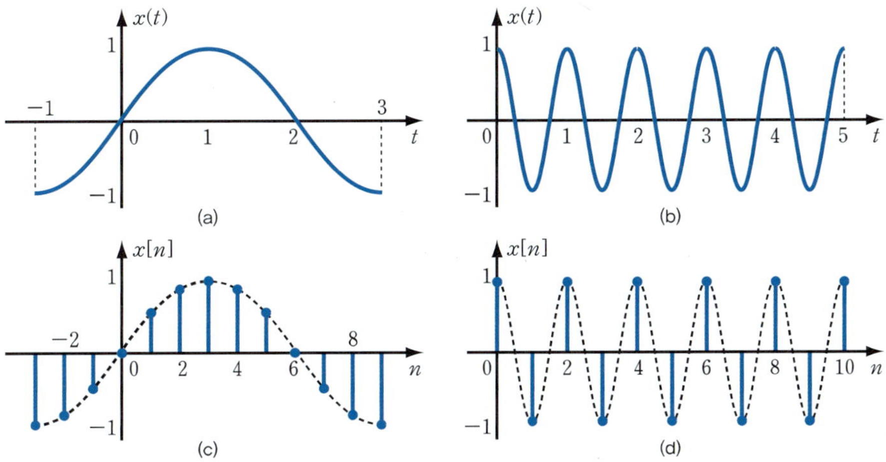

[그림 2-4] [예제 2-1]의 연속 신호와 이산 신호의 파형

그림에서 보면, (a)의 $x(t)$는 길이 $L=3-(-1)=4$, (b)의 $x(t)$는 길이 $L=5-0=5$이다. 또한 (c)의 샘플링된 이산 신호 $x[n]=\sin\left(0.5\pi\dfrac{n}{3}\right)=\sin\left(\dfrac{\pi}{6}n\right)$은 길이 $N=9-(-3)+1=13$으로 13개의 샘플로 이루어져 있다. (d)의 $x[n]=\cos\left(2\pi\dfrac{n}{2}\right)=\cos(\pi n)$은 길이 $N=10-0+1=11$로 11개의 샘플을 가지고 있다. 이 결과에서 보듯이 연속 신호의 길이는 끝점에서 시작점을 빼면 되지만, 이산 신호의 길이는 끝점에서 시작점을 뺀 것에 1을 더해야 한다.

2.1.2 주기성에 따른 분류 : 주기 신호와 비주기 신호

주기 신호

신호를 구분하는 또 하나의 기준은 파형의 주기성이다. 정현파처럼 같은 파형이 끊임없이 반복되는 신호가 있는가 하면, 실수 지수 신호나 계단 신호와 같이 그런 규칙성을 가지지 않는 신호들도 있다.

- **주기**periodic **신호**는 같은 파형이 끊임없이 반복되는 신호로서 다음의 관계를 만족한다.

$$\text{연속 신호 : } x(t+kT)=x(t),\ k\text{는 정수} \tag{2.4a}$$

$$\text{이산 신호 : } x[n+kN]=x[n],\ k,\ N\text{은 정수} \tag{2.4b}$$

- **비주기**aperiodic **신호**는 식 (2.4)의 주기성을 만족하지 않는 신호이다.
- 파형이 반복되는 (최소) 시간 간격 T(또는 N)를 **(기본) 주기**(fundamental) period라고 한다.

예를 들어, $x(t)=\sin(t)$는 $T=2\pi, 4\pi, 6\pi, \cdots$에 대해 모두 식 (2.4a)를 만족하지만, 기본 주기인 $T=2\pi$를 $x(t)=\sin(t)$의 주기라고 한다. 그리고 식 (2.4b)에서 이산 신호는 항상 시간 값 n이 정수이므로 주기 N도 정수라는 조건이 붙는다.

주기 신호의 합이 주기 신호가 될 조건

신호를 다루다 보면 둘 또는 그 이상의 주기 신호가 섞여 있는 경우를 자주 접하게 된다. 주기 T_1인 주기 신호 $x(t)$와 주기 T_2인 주기 신호 $y(t)$의 합인 신호 $z(t)=x(t)+y(t)$가 주기 신호가 될 조건을 살펴보자.

- 2개의 주기 신호가 더해진 신호는 각 주기 신호의 주기의 비가 유리수가 되는 경우만 주기 신호가 된다. 이때 주기는 각 주기 신호의 주기의 최소공배수가 된다.

$$\frac{T_1}{T_2}\left(\text{또는 } \frac{N_1}{N_2}\right)=\frac{l}{k} \quad (k,\ l\text{은 정수}) \tag{2.5}$$

식 (2.4)로부터 $x(t)=x(t+kT_1)$, $y(t)=y(t+lT_2)$이므로 $z(t)=x(t+kT_1)+y(t+lT_2)$와 같이 쓸 수 있다. $z(t)$가 주기 T인 주기 신호라면 $z(t)=z(t+T)=x(t+T)+y(t+T)$이므로 $x(t+T)+y(t+T)=x(t+kT_1)+y(t+lT_2)$가 되어 다음의 관계를 얻을 수 있다.

$$T=kT_1=lT_2 \tag{2.6}$$

이를 다시 정리하면 식 (2.5)를 얻게 되고, 주기 T가 T_1과 T_2의 최소공배수가 됨을 알 수 있다.

예제 2-2 주기 신호의 판별

다음 신호가 주기 신호인지 판별하고, 만약 주기 신호라면 그 주기를 구하라.

(a) $x(t)=\cos\left(\frac{\pi}{3}t\right)+\sin\left(\frac{\pi}{2}t\right)$

(b) $y(t)=\cos\left(\frac{1}{3}t\right)+\sin\left(\frac{1}{2}t\right)$

(c) $z(t)=\cos\left(\frac{\pi}{3}t\right)+\sin\left(\frac{1}{2}t\right)$

(d) $x[n]=\sin\left(\frac{3\pi n}{4}\right)+\cos\left(\frac{\pi n}{3}\right)$

풀이

(a) 주파수가 $x_1(t)=\cos\left(\frac{\pi}{3}t\right)$는 $\omega_1=\frac{\pi}{3}=\frac{2\pi}{T_1}$, $x_2(t)=\sin\left(\frac{\pi}{2}t\right)$는 $\omega_2=\frac{\pi}{2}=\frac{2\pi}{T_2}$이므로, 두 신호의 주기는 각각 $T_1=6$, $T_2=4$이다. 두 주기의 비 $\frac{T_1}{T_2}=\frac{6}{4}$이 유리수이므로 $x(t)$는 주기 신호이며, 주기는 두 정현파의 주기의 최소공배수로서 다음과 같다.

$$T=\frac{T_1T_2}{\text{최대공약수}(T_1,\ T_2)}=\frac{6\times 4}{2}=12$$

이상과 같은 각 신호의 주기는 [그림 2-5(a)]의 파형에서 바로 확인할 수 있다. 그림에서 보면 $x(t)$는 주기 12로 같은 파형을 반복하고 있다.

(b) $\cos\left(\frac{1}{3}t\right)$의 주파수는 $\omega_1=\frac{1}{3}=\frac{2\pi}{T_1}$, $\sin\left(\frac{1}{2}t\right)$는 주파수가 $\omega_2=\frac{1}{2}=\frac{2\pi}{T_2}$이므로, 두 신호의 주기는 각각 $T_1=6\pi$, $T_2=4\pi$이다. 두 주기의 비 $\frac{T_1}{T_2}=\frac{6\pi}{4\pi}=\frac{3}{2}$이 유리수이므로 $y(t)$는 주기 신호이며, 주기는 두 정현파의 주기의 최소공배수로서 다음과 같다.

$$T=\frac{T_1T_2}{\text{최대공약수}(T_1,\ T_2)}=\frac{6\pi\times 4\pi}{2\pi}=12\pi$$

각각의 주기 신호의 주기 신호가 유리수로 주어졌던 (a)의 경우와 달리, 각 신호의 주기가 무리수임에도 불구하고 두 주기의 비는 유리수가 되어 $y(t)$는 주기 신호가 된다. 사실, 이 경우는 (a)에서 시간축에 π를 곱한 것과 같다.

(c) $z_1(t)=\cos\left(\frac{\pi}{3}t\right)$의 주기는 $T_1=6$, $z_2(t)=\sin\left(\frac{1}{2}t\right)$의 주기는 $T_2=4\pi$이므로, 두 주기의 비는 $\frac{T_1}{T_2}=\frac{6}{4\pi}$이 되어 유리수가 아니다. 따라서 $z(t)$는 주기 신호가 아니다.

이 결과 또한 [그림 2-5(c)]의 파형에서 확인할 수 있다. 그림을 잘 살펴보면 $z(t)$가 조금씩 달라져서 결코 같은 파형을 반복하지 않는다는 것을 알 수 있다. 이처럼 각각의 신호가 주기 신호라 해도 이를 더한 신호가 항상 주기 신호가 되지는 않으며, 반드시 식 (2.5)의 조건을 만족해야만 주기 신호가 된다.

(d) 사인파의 주기 N_1은 다음의 관계로부터 $\frac{3\pi N_1}{4}=2\pi k$를 만족해야 하므로 $N_1=8$이 된다(이산 신호의 주기는 정수가 되어야 함을 유의하라).

$$\sin\left(\frac{3\pi(n+N_1)}{4}\right)=\sin\left(\frac{3\pi n}{4}+\frac{3\pi N_1}{4}\right)=\sin\left(\frac{3\pi n}{4}\right)$$

마찬가지로 코사인파의 주기 N_2는 다음의 관계로부터 $\frac{\pi N_2}{3}=2\pi k$를 만족해야 하므로 $N_2=6$이 된다.

$$\cos\left(\frac{\pi(n+N_2)}{3}\right)=\cos\left(\frac{\pi n}{3}+\frac{\pi N_2}{3}\right)=\cos\left(\frac{\pi n}{3}\right)$$

두 주기의 비 $\frac{N_1}{N_2}=\frac{8}{6}$이 유리수이므로 $x[n]$은 주기 신호이며, 주기는 두 정현파의 주기의 최소공배수로서 다음과 같다.

$$N=\frac{N_1N_2}{\text{최대공약수}(N_1,\ N_2)}=\frac{(8)(6)}{2}=24$$

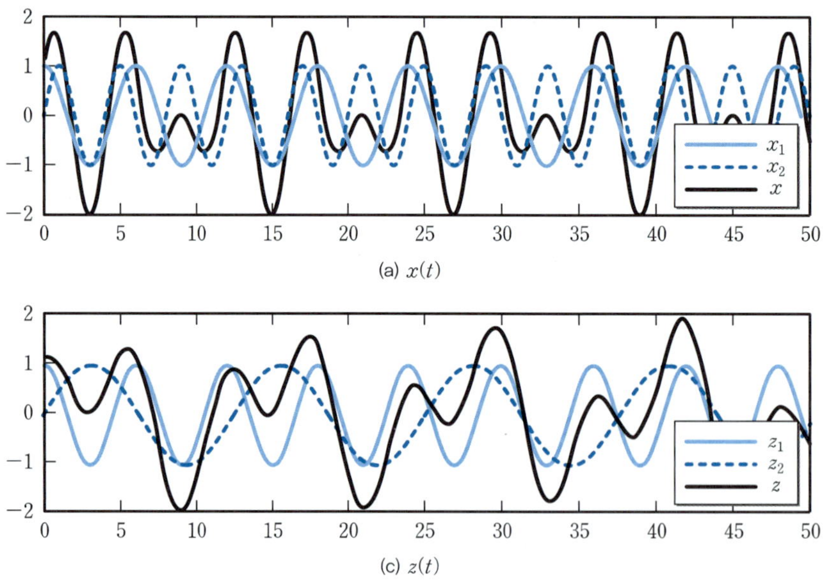

(a) $x(t)$

(c) $z(t)$

[그림 2-5] [예제 2-2]의 신호 파형

Tip & Note **우리가 다루는 물리적인 신호는 주기 신호인가?**

주기 신호와 관련하여 유념해야 할 점은 식 (2.3)의 사전적 정의에 의한 주기 신호는 실제 상황에서는 존재하지 않는다는 사실이다. 왜냐하면 시간 $-\infty$ 에서부터 $+\infty$ 까지 존재하는 신호인 **영속**everlasting **신호**여야만 식 (2.3)이 성립할 수 있는데, 물리적으로는 불가능하기 때문이다. 우리는 오로지 특정 시간에 시작해서 특정 시간에 종료되는 신호들을 대상으로 분석하고 처리할 수 있을 뿐이다. 하지만 분석과 처리가 이루어지기 훨씬 전부터 존재하였고 이후에도 오랫동안 지속하는 경우는 종종 있으며, 이런 관점에서 현실적으로 그런 신호들은 주기 신호라고 간주해도 괜찮을 것이다.

2.1.3 대칭성에 따른 분류 : 우대칭 신호와 기대칭 신호

어떤 신호들은 파형이 특별한 형태의 대칭성을 지닌다. [그림 2-6]에서 보듯이 코사인파는 세로축에 대해 대칭으로 **우(함수)대칭**even symmetric **신호**, 사인파는 원점에 대해 180° 회전 대칭으로 **기(함수)대칭**odd symmetric **신호**라고 한다.

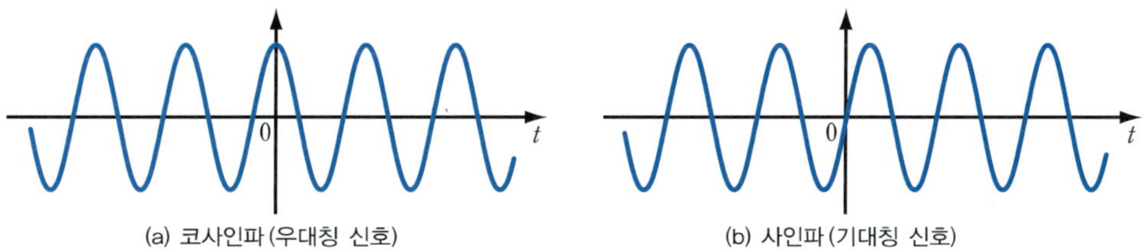

[그림 2-6] 우대칭 신호와 기대칭 신호

- **우대칭 신호**는 파형이 세로축에 대해 대칭인 신호이다.

$$x(t)=x(-t) \tag{2.7}$$

- **기대칭 신호**는 파형이 원점에 대해 180° 회전 대칭인 신호이다.

$$x(t)=-x(-t) \tag{2.8}$$

- 임의의 신호 $x(t)$는 우대칭 신호 $x_e(t)$와 기대칭 신호 $x_o(t)$의 합으로 표현할 수 있다.

$$x(t)=\frac{[x(t)+x(-t)]}{2}+\frac{[x(t)-x(-t)]}{2}=x_e(t)+x_o(t) \tag{2.9}$$

기대칭 신호는 세로축에 대해 대칭시킨 뒤 다시 가로축에 대해 대칭시킨 신호와 같으며, 식 (2.9)는 $x(t)$에 $x(-t)$를 더하고 빼서 쉽게 얻을 수 있다.

[그림 2-7]은 임의의 신호가 주어질 때 그 신호의 우대칭 성분과 기대칭 성분을 구하는 과정을 그림으로 나타낸 것으로, 왼쪽은 연속 신호, 오른쪽은 이산 신호에 대한 예이다. [그림 2-7(a)]의 원래 신호

에서 [그림 2-7(b)]의 시간축을 뒤집은 반사 신호를 더하거나 빼서 크기를 반으로 줄이면 우대칭 성분과 기대칭 성분이 얻어진다. 그림에서 우대칭 성분은 세로축에 대해, 기대칭 성분은 원점에 대해 180° 회전 대칭이 됨을 볼 수 있으며, [그림 2-7(c)]의 우대칭 성분과 [그림 2-7(d)]의 기대칭 성분을 더하면 [그림 2-7(a)]의 원래 신호가 얻어짐을 금방 알 수 있다.

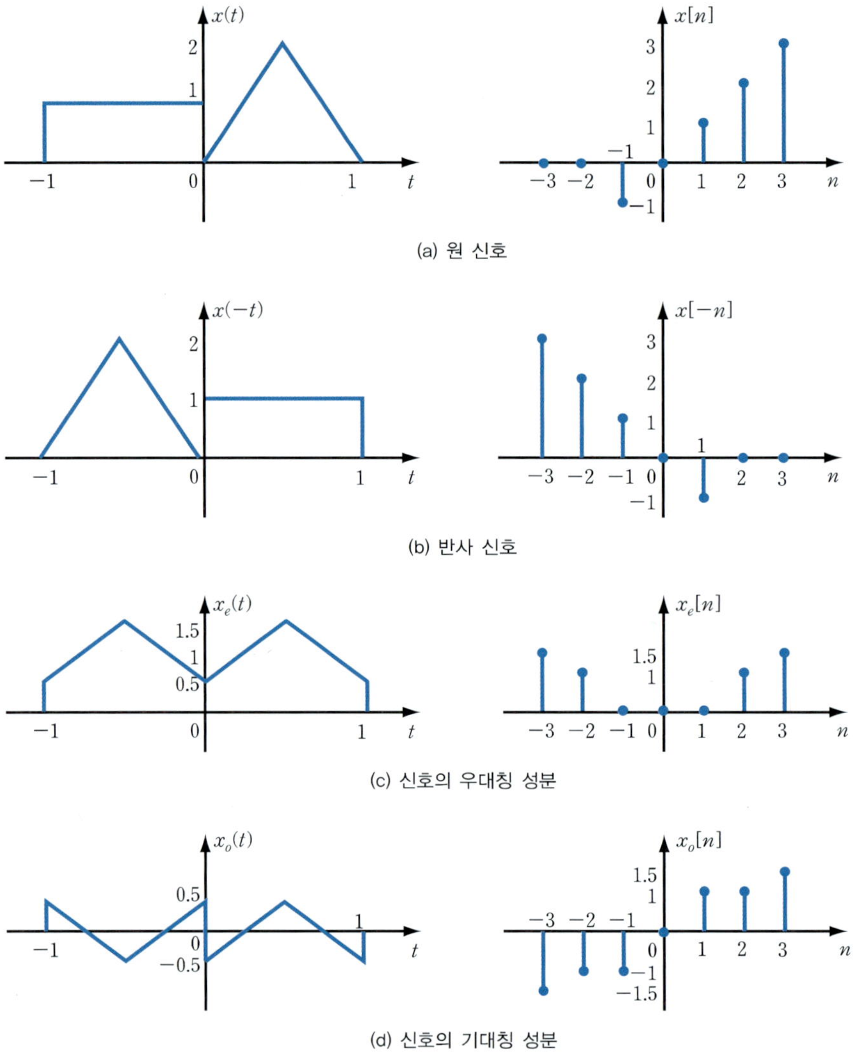

[그림 2-7] 신호의 우대칭 성분과 기대칭 성분에 의한 표현 예

예제 2-3 신호의 우대칭 성분과 기대칭 성분

다음 신호의 우대칭 성분과 기대칭 성분을 구하라.

(a) $x[n] = 3\cos(6\pi n) + 4\sin(8\pi n)$

(b) $x(t) = e^{-\alpha t}\cos(\omega_0 t)$

풀이

(a) $x[n]$은 코사인파와 사인파의 합으로 이미 우대칭 성분과 기대칭 성분의 합으로 표현되어 있다. 그러므로 식 (2.9)로 계산하더라도 우대칭 성분은 코사인파, 기대칭 성분은 사인파가 얻어지리라 예상할 수 있다.

식 (2.9)로부터 $x[n]$의 우대칭 성분과 기대칭 성분을 구하면 다음과 같다.

$$x_e[n] = \frac{x[n]+x[-n]}{2} = \frac{3\cos(6\pi n)+4\sin(8\pi n)+3\cos(-6\pi n)+4\sin(-8\pi n)}{2}$$
$$= \frac{6\cos(6\pi n)}{2} = 3\cos(6\pi n)$$

$$x_o[n] = \frac{x[n]-x[-n]}{2} = \frac{3\cos(6\pi n)+4\sin(8\pi n)-3\cos(-6\pi n)-4\sin(-8\pi n)}{2}$$
$$= \frac{8\sin(8\pi n)}{2} = 4\sin(8\pi n)$$

예상한 대로 우대칭 성분은 코사인파, 기대칭 성분은 사인파로 구해진다.

(b) 주어진 신호 $x(t)$에 $t=-t$를 대입하면 $x(-t)=e^{\alpha t}\cos(-\omega_0 t)=e^{\alpha t}\cos(\omega_0 t)$이다. 따라서 식 (2.9)를 이용하여 $x(t)$의 우대칭 성분과 기대칭 성분을 구하면 다음과 같다.

$$x_e(t) = \frac{e^{-\alpha t}\cos(\omega_0 t)+e^{\alpha t}\cos(\omega_0 t)}{2} = \frac{e^{\alpha t}+e^{-\alpha t}}{2}cos(\omega_0 t) = \cosh(\alpha t)\cos(\omega_0 t)$$

$$x_o(t) = \frac{e^{-\alpha t}\cos(\omega_0 t)-e^{\alpha t}\cos(\omega_0 t)}{2} = -\frac{e^{\alpha t}-e^{-\alpha t}}{2}\cos(\omega_0 t)$$
$$= -\sinh(\alpha t)\cos(\omega_0 t)$$

$x(t)=x_e(t)+x_o(t)$라는 사실은 앞의 결과로부터 쉽게 확인할 수 있다.

2.1.4 에너지에 따른 분류 : 에너지 신호와 전력 신호

1.4절에서 신호를 정량적으로 나타내고 비교할 수 있는 지표로 신호의 에너지와 전력을 정의한 바 있다. 신호는 에너지에 따라 에너지 신호와 전력 신호로 나눌 수 있다.

- **에너지 신호**는 에너지가 유한한 신호로, 다음의 관계를 만족한다.

$$E = \lim_{T\to\infty}\int_{-\frac{T}{2}}^{\frac{T}{2}} |x(t)|^2\,dt < \infty \tag{2.10a}$$

$$E = \lim_{N\to\infty}\sum_{n=-N}^{N} |x[n]|^2 < \infty \tag{2.10b}$$

• **전력 신호**는 에너지는 무한하나 전력이 유한한 신호로, 다음의 관계를 만족한다.

$$P = \lim_{T\to\infty} \frac{1}{T}\int_{-\frac{T}{2}}^{\frac{T}{2}} |x(t)|^2 dt < \infty \tag{2.11a}$$

$$P = \lim_{N\to\infty} \frac{1}{2N+1}\sum_{n=-N}^{N} |x[n]|^2 < \infty \tag{2.11b}$$

전력은 에너지의 시간에 대한 평균이므로, 에너지가 유한한 에너지 신호는 전력이 0이 된다. 유한한 시간 동안 유한한 값을 갖는 유한 구간 신호는 항상 에너지가 유한하므로 에너지 신호이다. 길이가 무한한 무한 구간 신호 중에도 시간에 따라 크기가 감쇠하는 지수 신호들([그림 1-20(a)], [그림 2-8(a)])과 같이 에너지가 유한한 에너지 신호들이 많이 있다.

자주 사용되지만 에너지 신호의 조건을 충족시키지 못하는 신호들도 많은데, 그중에서 특별한 공통점을 갖는 신호들을 모아둔 것이 전력이 유한한 전력 신호이다. [그림 2-8(b)]의 계단 신호는 에너지는 무한하지만 평균 전력이 유한하므로 전력 신호이다. 주기 신호는 모든 시간 구간에 걸쳐 같은 파형이 반복되기 때문에 한 주기 동안의 에너지가 유한하더라도 총에너지는 무한하게 된다. 그러나 한 주기의 에너지 평균이 곧 전체 구간의 에너지 평균이므로 전력은 유한하다. 따라서 일반적으로 주기 신호는 전력 신호가 된다.

그런데 모든 신호가 반드시 에너지 신호나 전력 신호 둘 중의 하나가 되는 것은 아니다. [그림 2-8(c)]의 램프 신호와 같이 에너지와 전력이 모두 무한한, 즉 에너지 신호도 전력 신호도 아닌 신호들도 있다. 에너지 신호와 전력 신호의 개념은 8장에서 **푸리에 변환**Fourier transform을 다룰 때 요긴하게 활용된다.

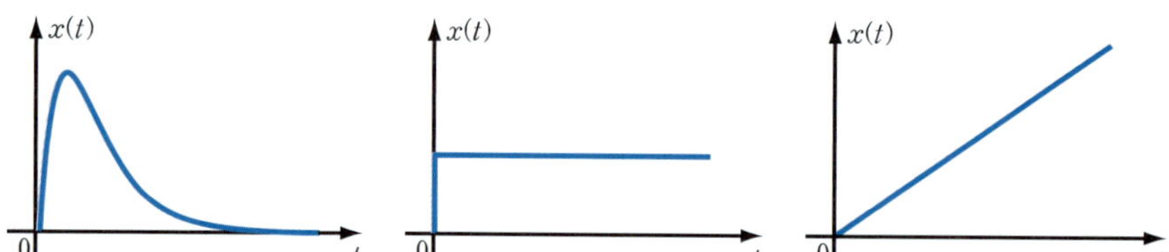

[그림 2-8] 에너지 신호와 전력 신호의 예

예제 2-4 에너지 신호와 전력 신호

[그림 2-8]의 신호들의 에너지와 전력을 구해 에너지 신호인지 전력 신호인지 확인하라.

풀이

[그림 2-8(a)]의 신호는 $x(t) = Ate^{-\alpha t},\ t \geq 0(\alpha > 0)$으로 표현할 수 있으므로 에너지를 계산하면 다음과 같다.

$$E=\int_{-\infty}^{\infty}|x(t)|^2dt=\int_0^{\infty}A^2t^2e^{-2\alpha t}dt=-\frac{A^2}{2\alpha}t^2e^{-2\alpha t}\Big|_0^{\infty}+\frac{2A^2}{2\alpha}\int_0^{\infty}te^{-2\alpha t}dt$$

$$=\frac{A^2}{\alpha}\left(-\frac{1}{2\alpha}te^{-2\alpha t}\Big|_0^{\infty}+\frac{1}{2\alpha}\int_0^{\infty}e^{-2\alpha t}dt\right)=-\frac{A^2}{4\alpha^3}e^{-2\alpha t}\Big|_0^{\infty}=\frac{A^2}{4\alpha^3}$$

즉 에너지가 유한하므로, 에너지 신호가 맞다.

[그림 2-8(b)]의 신호는 $x(t)=A,\ t\geq 0$으로 표현할 수 있으므로 다음과 같다.

$$E=\lim_{T\to\infty}\int_{-T/2}^{T/2}|x(t)|^2dt=\lim_{T\to\infty}\int_0^{T/2}A^2dt=\lim_{T\to\infty}A^2t\Big|_0^{T/2}=\lim_{T\to\infty}A^2\frac{T}{2}=\infty$$

$$P=\lim_{T\to\infty}\frac{1}{T}\int_{-T/2}^{T/2}|x(t)|^2dt=\lim_{T\to\infty}\frac{1}{T}\frac{A^2T}{2}=\frac{A^2}{2}$$

따라서 에너지는 무한하나 전력은 유한하므로, 전력 신호가 맞다.

[그림 2-8(c)]의 신호는 $x(t)=At,\ t\geq 0$으로 표현할 수 있으므로 다음과 같다.

$$E=\lim_{T\to\infty}\int_{-T/2}^{T/2}|x(t)|^2dt=\lim_{T\to\infty}\int_0^{T/2}A^2t^2dt=\lim_{T\to\infty}\frac{A^2}{3}t^3\Big|_0^{T/2}=\lim_{T\to\infty}\frac{A^2}{3}\frac{T^3}{8}=\infty$$

$$P=\lim_{T\to\infty}\frac{1}{T}\int_{-T/2}^{T/2}|x(t)|^2dt=\lim_{T\to\infty}\frac{1}{T}\frac{A^2}{3}\frac{T^3}{8}=\infty$$

에너지와 전력이 모두 무한하므로, 에너지 신호도 전력 신호도 아니다.

2.1.5 발생 패턴에 따른 분류 : 확정 신호와 불규칙 신호

정현파 $x(t)=4\cos(3\pi t)$나 $x(t)=3t+2$와 같은 신호들은 시간 t의 값에 따라 신호의 값이 정해지며 변함이 없다. 반면에 주사위를 500번을 한 세트로 던질 경우, 던질 때마다 결과는 달라지나 주사위 각 면의 숫자가 나올 확률이나 기댓값 등의 통계적 성질은 변하지 않는다. 앞의 경우를 **확정**deterministic **신호**, 뒤의 경우를 **불규칙**random **신호**라고 한다.

- **확정 신호**는 시간에 대해 미리 정해진 형태를 가지는 신호, 다시 말해 수식이나 표 또는 다른 규칙을 통해 명확하게 표현할 수 있는 신호이다.
- **불규칙 신호**는 시간에 대해 미리 정해진 형태를 가지지 않아 신호의 값을 예측할 수는 없지만, 일정한 통계적 특성을 가지는 신호로서 확률적으로 취급하여야 한다.

우리가 익히 알고 있고, 많이 사용하는 대부분의 신호는 확정 신호이다. 확정 신호는 같은 시간에 대해서 항상 신호 값이 같으며, 이러한 시간과 신호의 관계는 절대 달라지지 않는다. 만약 $x(t)$를 시간의 함수로 나타낼 수 없고 어떤 값이 될지 실제로 신호가 발생하기 전에는 알 수가 없다면, 이는 확정 신호가 아니다. 이에 반해 불규칙 신호는 시간과 신호 값의 관계가 일정하지 않으므로 확률 밀도 함수와 평균, 분산과 같이 변하지 않는 통계량을 이용하여 확률적으로 취급해야 한다. 반도체 소자에서 발생하는 열잡음이나 통신 시스템에서 나타나는 잡음도 불규칙 신호로서 스펙트럼이 모든 주파수에 걸쳐 있으므로 **백색 잡음**white noise이라고 한다. [그림 2-9]에 이러한 백색 잡음의 예를 나타내었다.

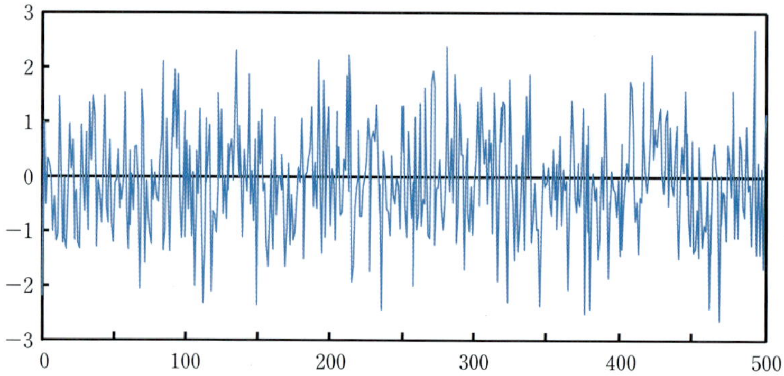

[그림 2-9] 불규칙 신호의 예 : 백색 잡음

Check Point 다음 문제에서 옳은 것을 골라라.

(1) 디지털 신호는 (시간, 크기, 주파수)가 모두 (연속, 이산)적인 값을 갖는 신호이다.
(2) 시간 구간 $[-3, 4]$에서 정의된 연속 신호와 이산 신호의 길이는 같다. (○, ×)
(3) 이산 주기 신호의 주기는 반드시 (정수, 유리수, 실수)이다.
(4) $t \geq 0$에서 존재하는 정현파는 비주기 신호이다. (○, ×)
(5) 주기 6과 8인 주기 신호의 합으로 표현되는 신호의 주기는 (6, 8, 24, 없음)이다.
(6) $t \geq 0$에서 정의되는 신호는 우대칭 및 기대칭 성분의 합으로 나타낼 수 (있다, 없다).
(7) 신호 $\cos(\omega_0 t)$의 기대칭 성분은 0이다. (○, ×)
(8) 주기 신호는 에너지 신호이다. (○, ×)
(9) 모든 신호는 반드시 에너지 신호와 전력 신호 중의 하나가 된다. (○, ×)
(10) 시간에 따른 신호 값의 변화를 정확히 예측할 수 있으면, (확정, 불규칙) 신호이다.

SECTION 2.2

시스템의 분류

학습포인트

- 선형성과 선형 시스템의 정의를 잘 알아두고, 중첩의 원리와 주파수 보존 등 특성에 대해 이해한다.
- 시불변 시스템의 정의를 이해하고, 선형 시불변 시스템의 중요성을 인식한다.
- 인과 시스템의 정의와 의미를 잘 알아둔다.
- 안정도 및 안정 시스템의 정의와 중요성을 이해한다.
- 동적 시스템과 순시적 시스템의 차이를 이해한다.
- 역 시스템과 가역 시스템의 개념을 이해한다.

신호와 마찬가지로 시스템도 그 특성에 따라 여러 범주로 분류할 수 있다. 분류의 기준이 되는 성질들은 수학적으로 엄밀하게 정의되기는 하지만, 실제로는 입력에 대한 시스템의 작용이 어떻게 이루어지는가 하는 물리적인 현상을 반영한 것이므로 그 안에 담긴 개념을 잘 이해해야 한다. 이 절에서는 몇 가지 중요하고 유용한 시스템의 분류에 대해 살펴볼 것이다.

2.2.1 연속 시스템과 이산 시스템

시스템은 입출력 신호의 시간에 대한 속성에 따라 연속 (시간) 시스템과 이산 (시간) 시스템으로 나눌 수 있으며, [그림 2-10]에 한 예를 나타내었다.

- **연속 시스템**은 입력과 출력이 모두 연속 신호인 시스템이다.
- **이산 시스템**은 입력과 출력이 모두 이산 신호인 시스템이다.

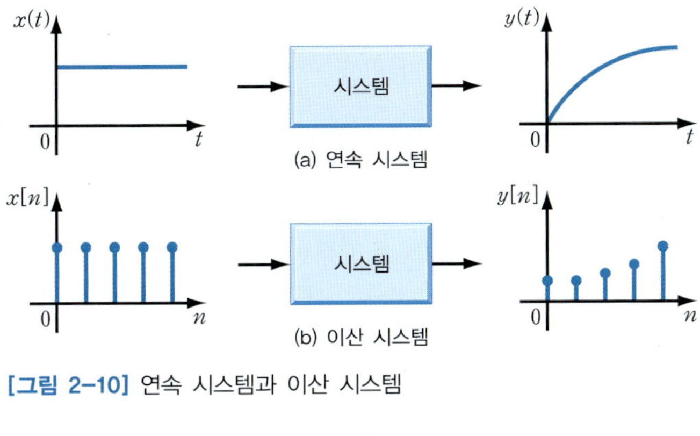

[그림 2-10] 연속 시스템과 이산 시스템

이후의 시스템 분류는 연속과 이산 시스템 모두에 공통이므로, 기본적인 수식 표현은 연속 시스템에 대해서만 나타내고, 꼭 필요할 경우 이산 시스템에 대한 수식 표현도 함께 제시할 것이다.

2.2.2 선형 시스템과 비선형 시스템

왜 선형 시스템인가?

100원짜리 동전 하나를 넣으면 사탕이 2개 나오는 사탕 뽑기 기계가 있다. 100원짜리 동전 셋을 한꺼번에 넣었을 때 사탕이 5개밖에 나오지 않고 100원짜리 동전 넷을 한꺼번에 넣으면 사탕이 9개가 나온다면, 500원짜리 동전을 쥐고 차례를 기다리고 있는 아이는 사탕이 몇 개가 나올지 알 수 없어 살까 말까 망설일지 모른다. 넣는 돈과 나오는 사탕의 관계가 이처럼 뒤죽박죽이 아니고 항상 사탕 뽑기 기계에 300원을 넣으면 6개, 400원을 넣으면 8개, 500원을 넣으면 10개의 사탕이 나온다면, 불안해할 필요 없이 사탕 뽑기 기계의 동작을 '사탕의 수 = (넣은 돈/100)×2'와 같이 간단한 (선형) 비례 관계로 파악할 수 있다. 그렇지 않다면 일일이 모든 경우를 다 시험해 봐야만 기계의 동작을 온전히 파악할 수 있을 뿐 아니라, 그 결과를 하나의 수식으로 나타내기도 쉽지 않다(표나 그래프로 나타내는 것이 더 알맞을 가능성이 크다). 이 예에서 알 수 있듯이 선형성은 매우 중요하고 유용한 개념이다.

선형 시스템의 정의

선형성linearity은 시스템이 지니면 바람직한 특성으로, 수학적으로 여러 신호가 동시에 입력될 때 출력이 각 신호를 따로따로 입력시켰을 때 나오는 출력의 합과 같아지는 **가산성**additivity과 입력의 크기를 2배, 3배로 했을 때 출력도 2배, 3배로 커지는 **동차성**homogeneity을 함께 만족하는 성질로 정의된다.

- **선형성**은 가산성과 동차성의 두 가지 성질을 만족하는 것이다. 선형성은 다른 말로 **중첩의 원리** principle of superposition라고도 한다.

  가산성 : $H\{x_1\}=y_1,\ H\{x_2\}=y_2 \rightarrow H\{x_1+x_2\}=H\{x_1\}+H\{x_2\}=y_1+y_2$ (2.12)

  동차성 : $H\{x\}=y \rightarrow H\{\alpha x\}=\alpha H\{x\}=\alpha y$ (2.13)

- **선형 시스템**linear system은 입출력 관계가 선형성, 즉 중첩의 원리를 만족하는 시스템이다.

$$H\{\alpha x_1+\beta x_2\}=\alpha H\{x_1\}+\beta H\{x_2\}=\alpha y_1+\beta y_2 \quad (2.14)$$

- **비선형 시스템**nonlinear system은 입출력 관계가 선형이 아닌 시스템이다.
- 선형 시스템에서는 출력에 입력의 주파수가 보존된다. 반면에, 비선형 시스템에서는 출력에 입력과 다른 주파수 성분이 생길 수 있다.

식 (2.12)에서 $H\{x_1\}=y_1$은 시스템 H에 입력 x_1을 넣었을 때 출력이 y_1이 됨을 뜻한다. 식 (2.14)는 가산성과 동차성을 하나로 묶어 표현한 것으로, 시스템의 선형성 판별에는 이 식이 주로 이용된다. 선형성의 정의로부터 '여러 신호의 합으로 이루어진 입력에 대한 시스템의 출력은 각 신호에 대한 개별적인 시스템 응답의 합 또는 중첩으로 주어진다'는 중첩의 원리가 선형성의 또 다른 표현임을 알 수 있다. 그러므로 선형 시스템은 중첩의 원리가 성립되는 시스템이다.

[그림 2-11]은 선형성을 만족하는 연속 시스템의 예(미분기)를 나타낸 것이다. 그림에서 보면, 이 시스템에서 입력 $x_1(t)=at$에 대한 출력은 $y_1(t)=a$, 입력 $x_2(t)=-\sin(2t)$에 대한 출력은 $y_2(t)=-2\cos(2t)$이다. $x_1(t)$를 2배한 것에 $x_2(t)$를 더하여 시스템의 입력으로 넣어주면 출력이 $y_1(t)$를 2배한 것과 $y_2(t)$를 더한 값으로 나온다($y(t)=\frac{d}{dt}(2at-\sin(2t))=2a-2\cos(2t)$). 따라서 이 시스템은 선형성을 만족하는 선형 시스템이다.

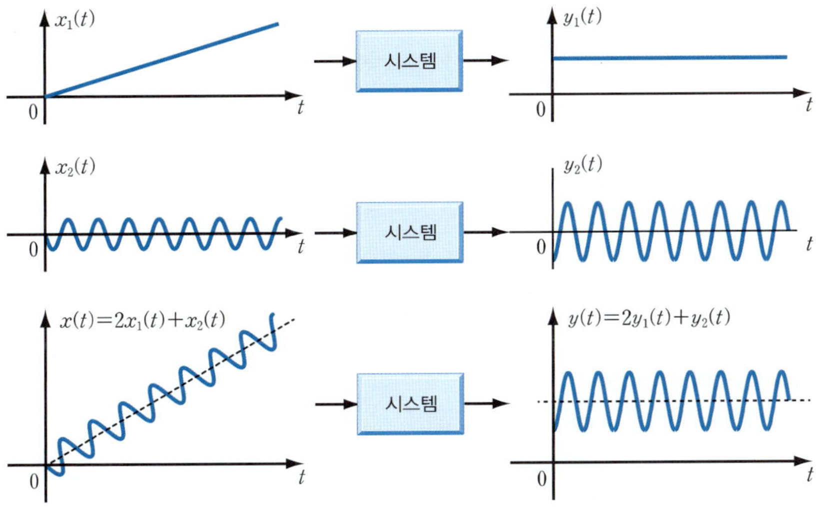

[그림 2-11] 연속 선형 시스템의 예 : 미분기

[그림 2-12]는 식 (2.14)의 선형성을 만족하는 이산 선형 시스템의 예를 나타낸 것이다.

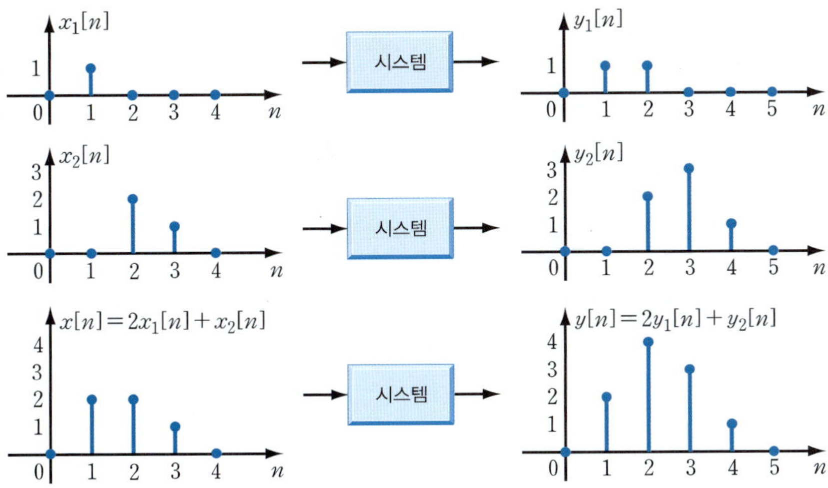

[그림 2-12] 이산 선형 시스템의 예

RLC 회로와 같은 수동 전기회로는 대표적인 선형 시스템이며, [그림 2-13]에 나타낸 리미터, 포화기나 히스테리시스 회로 등은 비선형 시스템의 좋은 예이다. [그림 2-13(a)]의 리미터는 제너다이오드를 이용한 정전압 회로, [그림 2-13(b)]의 포화기는 화력 발전소의 증기 발생기(보일러), [그림 2-13(c)]의 히스테리시스 회로는 철심의 자화(곡선)를 들 수 있다.

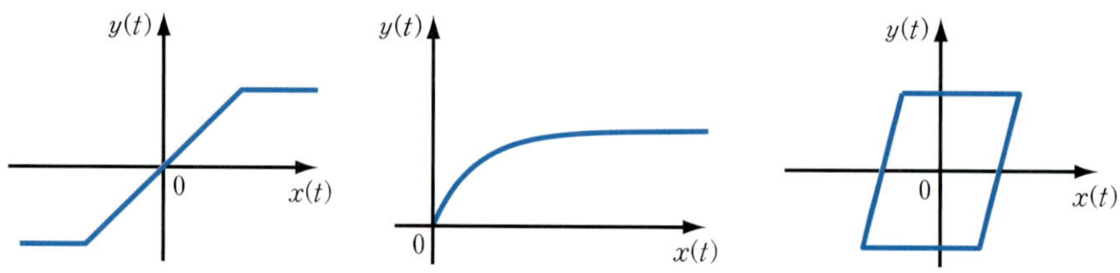

(a) 리미터 (b) 포화기 (c) 히스테리시스 회로

[그림 2-13] 비선형 시스템의 예

Tip & Note 히스테리시스 회로의 예 : 뒷틈

치차열[gear train]과 같은 기계적 연동체에서 볼 수 있는 뒷틈[backlash]은 입출력 특성이 히스테리시스 곡선을 그리는 대표적인 예이다. 뒷틈[backlash]의 동작은 [그림 2-14]로 모형화해서 설명할 수 있다. 그림의 화살표 방향으로 힘을 가하게 되면, ⊓ 와 ⊔ 가 오른쪽 끝에서 맞닿을 때까지는 ⊔ 는 움직이지 않다가 맞닿게 되면 비로소 움직이게 된다. 이렇게 움직이다가 힘을 반대 방향으로 가하게 되면 다시 ⊓ 와 ⊔ 가 왼쪽 끝에서 맞닿을 때까지 움직이지 않다가 맞닿은 이후 반대 방향으로 움직이게 되어 [그림 2-13(c)]와 같은 동작 패턴을 나타내게 된다.

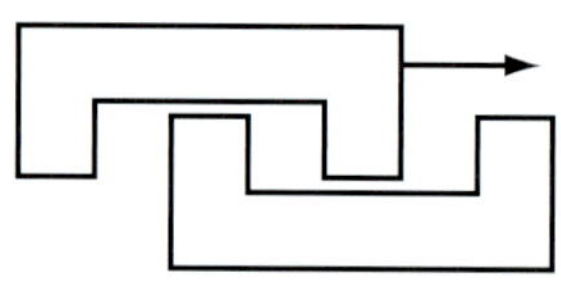

[그림 2-14] 뒷틈 모형

선형 시스템의 장점

선형성은 시스템이 지녀야 할 바람직한 특성으로, 신호와 시스템의 모형화와 해석에서 핵심이 되는 아주 중요한 개념이다. [그림 2-11]이나 [그림 2-12]의 예에서 보듯이, 만약 아주 복잡한 형태를 지닌 임의의 입력 신호가 단순한 형태의 기본적인 신호들의 합으로 분해될 수 있다면, 선형 시스템의 경우에는 각각의 기본적인 신호들에 대한 응답을 따로 계산한 뒤에 이들을 더함으로써 수월하게 시스템의 출력을 구할 수 있다. 하지만 비선형 시스템이라면 이러한 접근이 불가능하다.

엄밀히 말해, 실질적으로 모든 동작 환경 아래서 완벽하게 선형인 물리적 시스템은 찾기가 어려우나 그 시스템을 사용하는 통상적인 조건 아래서는 선형 특성을 보이는 경우가 많으므로 대부분 선형 시스템으로 취급해도 무방하다. 예를 들어, 전자 회로에서 트랜지스터는 전 구간의 입출력 특성이 비선형이지만 증폭기로 사용되는 구간의 입출력 특성은 선형으로 근사화하여 취급한다. 선형 시스템은 수학적으로 이론이 잘 정립되어 있어 다루기가 덜 까다롭지만, 비선형 시스템은 비선형의 양상이 매우 다양하게 나타나기 때문에 모두를 아우를 수 있는 통합적인 수학 틀도 없을뿐더러 해석이 훨씬 어렵다.

Tip & Note **선형 시스템과 주파수 보존**

입력의 제곱을 출력으로 내는 시스템 $y(t)=x^2(t)$를 생각해보자. 입력 $x_1(t)$와 $x_2(t)$에 대한 출력이 각각 $y_1(t)$와 $y_2(t)$일 때, 이 시스템에 입력 $x_1(t)+x_2(t)$를 인가하면 시스템 응답이 다음과 같이 선형성을 만족하지 않으므로 이 시스템은 비선형 시스템이다.

$$H\{x_1(t)+x_2(t)\}=(x_1(t)+x_2(t))^2=x_1^2(t)+x_2^2(t)+2x_1(t)x_2(t)$$
$$\neq x_1^2(t)+x_2^2(t)=y_1(t)+y_2(t)$$

이 시스템의 정현파 입력 $x(t)=2\cos(\omega_0 t)$에 대한 출력을 구해보면, 다음과 같이 주파수가 0인 직류 성분과 주파수가 $2\omega_0$인 정현파의 두 성분으로 구성되어 있으며, 입력 신호와 같은 주파수 성분은 존재하지 않음을 알 수 있다.

$$y(t)=4\cos^2(\omega_0 t)=2(1+\cos(2\omega_0 t))=2+2\cos(2\omega_0 t)$$

반면에 $y(t)=2x(t)$와 같은 선형 시스템에 정현파 입력 $x(t)=2\cos(\omega_0 t)$를 인가하면, 시스템 출력은 $y(t)=4\cos(\omega_0 t)$가 되어 출력의 주파수는 변하지 않는다.

이상의 논의에서 알 수 있듯이, 선형 시스템의 출력은 오로지 입력과 같은 주파수 성분만을 포함하는 반면에, 비선형 시스템에서는 출력에 입력과 다른 주파수 성분이 생길 수 있다. 주파수 보존 성질은 선형 시스템이 갖는 좋은 특성의 하나로, 전기회로에서 교류 해석을 할 때 정현파 입력에 대한 크기와 위상의 변화만 계산하면 되는 것도 이 덕분이다. 이 성질은 다양한 주파수 성분을 포함한 복잡한 입력에 대해서도 큰 어려움 없이 출력을 구할 수 있게 해준다.

예제 2-5 선형 시스템의 판별

입출력 관계가 다음과 같은 시스템이 선형 시스템인지 아닌지 판별하라.

(a) $y(t)=x(t)+2$ (b) $y[n]=2x[n]$

풀이

(a) 입력 $x_1(t)$와 $x_2(t)$에 대한 출력을 각각 $y_1(t)$와 $y_2(t)$라고 하자. 입력 $2x_1(t)$에 대한 출력은 $y'(t)=(2x_1(t))+2=2x_1(t)+2\neq 2y_1(t)$로 동차성을 만족하지 않는다. 그리고 입력 $x_1(t)+x_2(t)$에 대한 출력은 $y'(t)=(x_1(t)+x_2(t))+2=(x_1(t)+2)+x_2(t)\neq y_1(t)+y_2(t)$로 가산성도 만족하지 않는다. 따라서 이 시스템은 비선형 시스템이다.

(b) 이번에는 한꺼번에 식 (2.14)의 선형성을 만족하는지 확인해보자.

$$y[n]=H\{\alpha x_1[n]+\beta x_2[n]\}=2(\alpha x_1[n]+\beta x_2[n])=\alpha 2x_1[n]+\beta 2x_2[n]$$
$$=\alpha y_1[n]+\beta y_2[n]$$

선형성을 만족하므로 이 시스템은 선형 시스템이다. 이처럼 입출력 공간에서 원점을 통과하는 일차식(직선 또는 평면)으로 나타나야 선형 시스템이 된다.

예제 2-6 RC 회로의 선형성 판별

[예제 1-1]의 RC 회로([그림 1-14])가 선형 시스템인지 판별하라.

풀이

[예제 1-1]에서 구한 입출력 관계식 중에서 식 (1.6)을 이용하여 선형성을 판별해보자.

$$v_C(t) = \int h(t-\tau)v_s(\tau)d\tau$$

입력 $v_{s1}(t)$와 $v_{s2}(t)$에 대한 회로 출력 $v_{C1}(t)$와 $v_{C2}(t)$는 각각 다음과 같다.

$$v_{C1}(t) = \int h(t-\tau)v_{s1}(\tau)d\tau$$
$$v_{C2}(t) = \int h(t-\tau)v_{s2}(\tau)d\tau$$

입력 $\alpha v_{s1}(t)+\beta v_{s2}(t)$를 인가할 경우의 회로 출력 $v_C(t)$는

$$\begin{aligned} v_C(t) &= \int h(t-\tau)(\alpha v_{s1}(\tau)+\beta v_{s2}(\tau))\,d\tau \\ &= \alpha\int h(t-\tau)v_{s1}(\tau)\,d\tau+\beta\int h(t-\tau)v_{s2}(\tau)\,d\tau = \alpha v_{C1}(t)+\beta v_{C2}(t) \end{aligned}$$

가 되어 선형성을 만족하므로, 이 RC 회로는 선형 시스템이다(식 (1.4)의 입출력 관계식을 이용한 선형성 판별은 여러분 스스로 해보기 바란다).

Tip & Note 비선형 시스템의 선형 근사화 : 단진자

[그림 2-15]에 나타낸 단진자는 시계추 등 실생활에서 흔히 접할 수 있는 물리적 시스템이다.

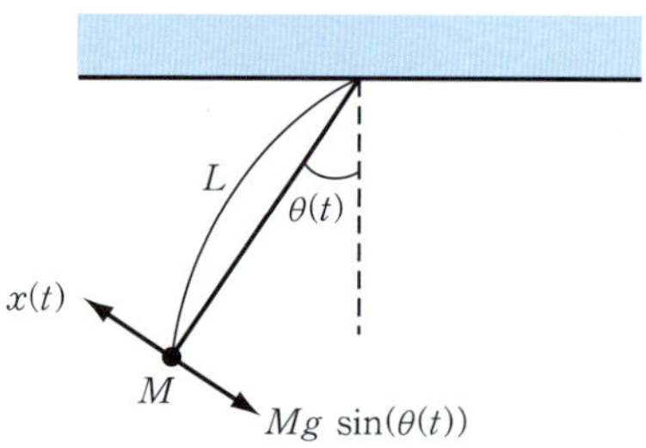

[그림 2-15] 단진자

질량 M인 진자 추에 그림과 같이 진자 운동의 접선 방향으로 힘 $x(t)$를 가하면, 중력 가속도 g에 의해 맞서는 힘 $Mg\sin(\theta(t))$를 뺀 $x(t)-Mg\sin(\theta(t))$가 진자의 각 $\theta(t)$를 변화시킨다. 진자 추의 회전 관성모멘트는 $I=ML^2$이므로, 진자 추가 탄성이 없는 딱딱한 물체이며 운동 마찰이 없다고 하면, 진자의 회전 운동에 대한 평형식은 다음과 같이 세워진다.

$$I\ddot{\theta}(t) = ML^2\ddot{\theta}(t) = (x(t)-Mg\sin(\theta(t)))L$$

이를 정리하면 다음의 운동 방정식을 얻는다.

$$ML\ddot{\theta}(t) + Mg\sin(\theta(t)) = x(t)$$

이 운동 방정식은 $\sin(\theta(t))$ 항 때문에 비선형 미분 방정식이다. 만약 $\theta(t)$의 크기가 충분히 작다면 $\sin(\theta(t)) \simeq \theta(t)$가 되므로, 앞 식을 다음과 같이 선형 미분 방정식으로 근사화할 수 있게 된다.

$$ML\ddot{\theta}(t) + Mg\theta(t) = x(t)$$

이같이 비선형성을 띠는 시스템도 선형 시스템으로 근사화해서 모형화할 수 있으며, 많은 경우에 유용하게 활용된다.

2.2.3 시불변 시스템과 시변 시스템

'사탕 뽑기 기계'로 되돌아가 보자. 100원짜리 동전을 넣는 시간에 상관없이 항상 사탕 2개가 나온다면 문제가 없겠지만, 아침에는 2개, 점심에는 1개, 저녁에는 3개가 나온다면 점심에는 한산하고 저녁에는 줄이 늘어서는 진풍경이 벌어질 것이다. 이로부터 또 다른 중요한 성질을 생각할 수 있다.

- **시불변**time invariant **시스템**은 입력을 넣어주는 시간에 상관없이 같은 입력에 대해서는 항상 같은 반응을 나타내는 시스템이다. 따라서 입력 신호를 t_0만큼 지연해서 넣어주면 출력 신호도 t_0만큼 지연되어 나온다. 이때 출력의 파형은 변하지 않는다.

$$H\{x(t)\} = y(t) \quad \rightarrow \quad H\{x(t-t_0)\} = y(t-t_0) \tag{2.15}$$

- **시변**time varying **시스템**은 입력이 들어오는 시간에 따라 출력이 달라지는 시스템이다.
- 시불변 시스템이 되려면 시스템의 특성이 시간에 따라 바뀌지 않아야 한다. 따라서 시스템 방정식의 계수가 상수이면 시불변 시스템이고, 시간의 함수이면 시변 시스템이다.

시불변성은 시스템의 출력이 입력의 형태(값)에만 종속이고 입력이 적용되는 시점에는 독립적인 성질을 가리킨다. [그림 2-16]과 [그림 2-17]에 시불변 시스템과 시변 시스템의 예를 나타내었다. 시불변 시스템에서는 입력의 시간 이동에 대해서 출력 파형은 그대로 유지한 채 시간 이동만 있을 뿐이지만, 시변 시스템에서는 출력 파형 자체가 달라짐을 볼 수 있다.

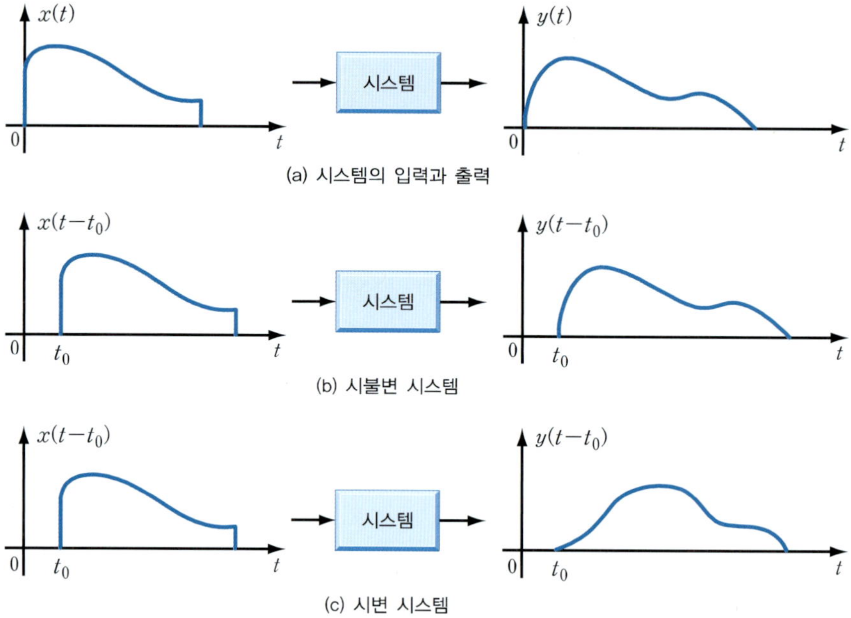

[그림 2-16] 연속 시불변 시스템과 시변 시스템의 예

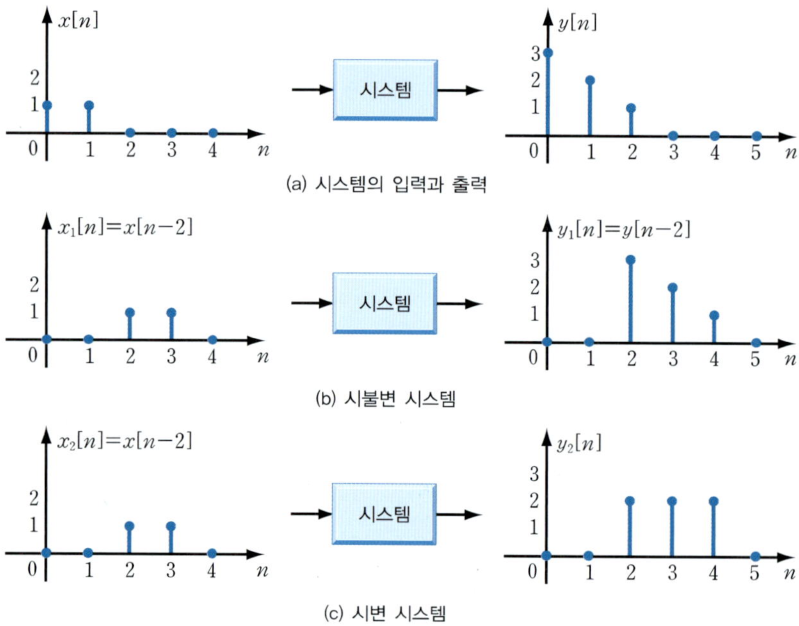

[그림 2-17] 이산 시불변 시스템과 시변 시스템의 예

시스템이 시불변인지 아니면 시변인지 판정하려면, [그림 2-18]에 보인 것처럼 시스템에 입력 $x(t)$를 넣어 얻은 출력 $y(t)$를 시간 이동시킨 $y(t-t_0)$와 $x(t)$를 먼저 시간 이동시킨 $x(t-t_0)$를 시스템에 입력으로 넣어 구해진 출력 $y_s(t)$를 비교하면 된다. 만약 이 두 출력값이 모든 t_0 값에 대해 일치한다면 시스템은 시불변이고 그렇지 않으면 시변이다.

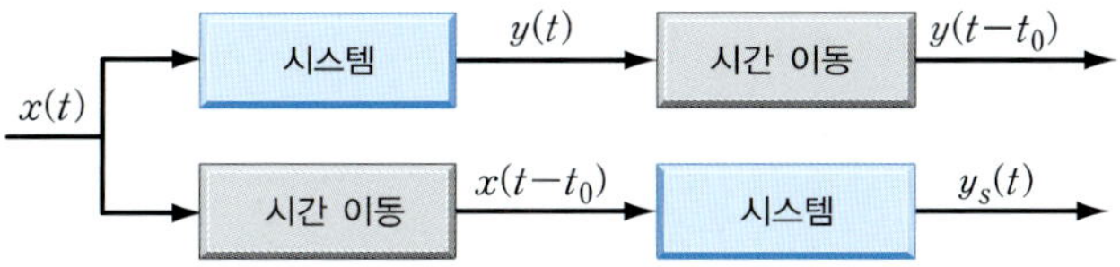

[그림 2-18] 시불변성의 판정 방법

예제 2-7 시불변 시스템의 판별

입출력 관계가 다음과 같은 시스템이 시불변인지 시변인지를 판별하라.

(a) $y(t)=\cos(x(t))$ (b) $y[n]=(n+1)x[n]$

풀이

(a) 시스템이 시불변 시스템인지 아닌지를 판별하려면 식 (2.15)의 관계가 성립하는지 확인하면 된다. 먼저 $y(t)$를 t_0만큼 시간 이동한 신호는 다음과 같다.

$$y(t-t_0)=\cos(x(t-t_0))$$

t_0만큼 시간 이동한 입력 신호 $x'(t)=x(t-t_0)$를 인가했을 경우의 시스템 출력은

$$y'(t)=H\{x'(t)\}=\cos(x'(t))=\cos(x(t-t_0))=y(t-t_0)$$

가 되므로 이 시스템은 시불변 시스템이다.

(b) 주어진 방정식에서 출력을 n_0만큼 시간 지연하면, 즉 n 대신 $n-n_0$을 대입하면 다음과 같다.

$$y[n-n_0]=(n-n_0+1)x[n-n_0] \tag{2.16}$$

$x[n]$를 n_0만큼 시간 지연시킨 $x[n-n_0]$를 입력으로 넣었을 때 시스템의 출력을 $y_s[n]=H\{x[n-n_0]\}$라 하면 다음의 관계를 만족한다.

$$y_s[n]=(n+1)x[n-n_0] \tag{2.17}$$

식 (2.16)과 식 (2.17)을 비교하면 $x[n-n_0]$의 계수 항이 서로 다르므로 두 출력은 같지 않다. 그러므로 이 시스템은 시불변성을 만족하지 않는 시변 시스템이다.

예제 2-8 시불변 시스템의 조건

입출력 관계가 다음과 같이 1차 미분 방정식으로 표현되는 시스템이 시불변이기 위한 조건을 구하라.

$$\dot{y}(t)+a(t)y(t)=bx(t)$$

풀이

[그림 2-18]에 나타낸 시불변성 판정 방법을 이용하면 된다. 주어진 미분 방정식에서 출력을 t_1만큼 시간 지연시키면, 즉 t 대신 $t-t_1$을 대입하면 다음과 같다.

$$\dot{y}(t-t_1)+a(t-t_1)y(t-t_1)=bx(t-t_1) \tag{2.18}$$

$x(t)$를 t_1만큼 시간 지연시킨 $x(t-t_1)$을 입력으로 넣었을 때 시스템의 출력을 $y_s(t)$라 하면 다음의 관계를 만족한다.

$$\dot{y}_s(t)+a(t)y_s(t)=bx(t-t_1) \tag{2.19}$$

식 (2.18)과 식 (2.19)를 비교하면, 임의의 t_1에 대해 모든 시간 t에서 $y_s(t)$가 항상 $y(t-t_1)$와 같기 위한 필요충분조건은 $a(t)=a(t-t_1)=a$가 되는 것이다. 다시 말해 시스템을 표현하는 미분 방정식의 계수가 상수가 되어야만 한다. 이는 앞의 설명과 일치하는 결과이다.

두 예제의 결과에서 보듯이 입출력 방정식의 계수, 즉 시스템의 파라미터가 상수가 아닌 시간 함수로 주어지면 시변 시스템이 된다. 실생활에서 활용되는 시변 시스템의 예로 서미스터를 들 수 있다. 서미스터는 온도에 따라 저항값이 변하는 저항기의 일종으로, 입출력 관계는 $v(t)=R(t)i(t)$로 주어진다. 서미스터는 주로 회로의 전류가 일정 이상으로 오르는 것을 방지하거나, 회로의 온도를 감지하는 센서로 사용된다.

실제로 많은 시스템이 선형성과 시불변성을 만족할 뿐만 아니라, 수학적으로도 이런 시스템들이 출력을 구하거나 특성을 해석하기가 쉽고 편리하므로, 이 책에서는 주로 **선형 시불변(LTI)** Linear Time Invariant **시스템**을 다룰 것이다.

- **선형 시불변(LTI) 시스템**은 선형이면서 시불변인 시스템이다.
- 신호 및 시스템 해석에서 주로 다루게 되는 기본 시스템은 선형 시불변 시스템이다.

예제 2-9 선형 시불변 시스템의 출력

어떤 선형 시불변 시스템의 입력 $x(t)=\cos(\omega_0 t)$에 대한 출력이 $y(t)=0.5\cos\left(\omega_0 t-\frac{\pi}{6}\right)$라고 한다. 입력 $x(t)=2\sin(\omega_0 t)+4\cos(\omega_0(t-2))$에 대한 이 시스템의 출력을 구하라.

풀이

삼각 함수의 사인과 코사인의 관계로부터 $x(t)=2\cos\left(\omega_0 t-\frac{\pi}{2}\right)+4\cos(\omega_0(t-2))$로 쓸 수 있다. 따라서 시스템의 출력은 선형성에 의해 $2\cos\left(\omega_0 t-\frac{\pi}{2}\right)$와 $4\cos(\omega_0(t-2))$를 각각 입력으로 한 출력을 더한 것과 같다. 또 시불변성에 의해 입력 $4\cos(\omega_0(t-2))$에 대한 출력은 $4\cos(\omega_0 t)$에 대한 출력을 $t_1=2$만큼 시간 지연한 것과 같다. 그러므로 이 시스템의 주어진 입력 $x(t)$에 대한 출력은 다음과 같이 구해진다.

$$y(t)=\cos\left(\omega_0 t-\frac{\pi}{2}-\frac{\pi}{6}\right)+2\cos\left(\omega_0(t-2)-\frac{\pi}{6}\right)=\sin\left(\omega_0 t-\frac{\pi}{6}\right)+2\cos\left(\omega_0 t-2\omega_0-\frac{\pi}{6}\right)$$

2.2.4 인과 시스템과 비인과 시스템

자연계에 보편적으로 통용되는 규칙으로 원인이 있어야만 결과가 만들어진다는 인과율이 있다. '사탕 뽑기 기계'가 동전을 넣지 않았는데도 동전을 넣을 것이라 지레짐작하고 먼저 사탕을 내놓는다고 생각해보라. 시스템의 **인과성**cuasality은 그런 일이 발생하지 않는, 다시 말해 원인보다 시간적으로 앞서는 결과의 생성이 불가능한 성질, 즉 미래의 입력이 현재의 출력에는 영향을 주지 못하는 입력에 대한 비예측적non-anticipatory 성질을 말한다.

- **인과**causal **시스템**은 입력을 인가하기 전에는 출력이 발생하지 않는 시스템이다. 즉 인과 시스템의 출력은 현재 및 과거의 입력에만 의존하고 미래의 입력에는 무관하다.

$$x(t) = 0, \quad t \le t_0 \quad \rightarrow \quad y(t) = 0, \quad t \le t_0 \tag{2.20}$$

- **비인과**noncausal **시스템**은 아직 들어오지 않은 미래의 입력에 대해 현재 반응할 수 있는 예측적anticipatory 시스템이다. 즉 현재 출력에 미래 입력이 관여하는 시스템이다.

[그림 2-19]와 [그림 2-20]은 인과 시스템과 비인과 시스템의 예를 보인 것이다. [그림 2-19(a)]의 시스템은 입력이 들어간 이후에 출력이 나오기 시작하여 인과성을 만족하지만, [그림 2-19(b)]의 시스템은 입력이 들어오기도 전에 미리 출력이 나오고 있으므로 비인과 시스템이다. [그림 2-20(b)]에서도 입력은 $n=0$에서 들어오는데 그보다 앞선 시간인 $n=-1$에서 이미 출력 $y[-1]$이 나오므로, 인과성을 만족하지 않는 비인과 시스템이다.

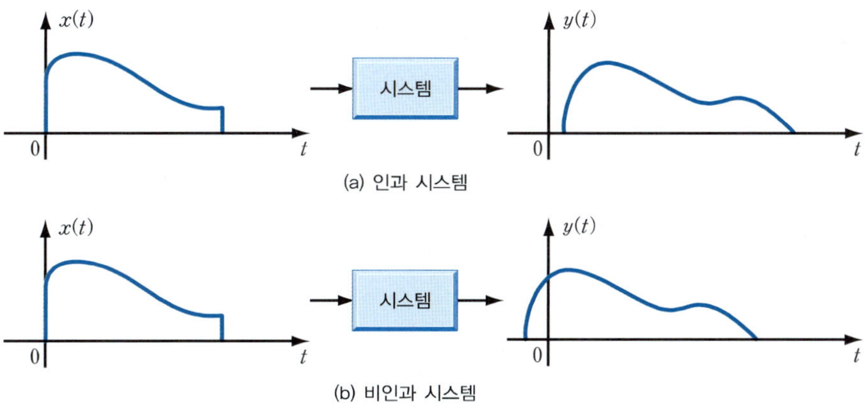

[그림 2-19] 연속 인과 시스템과 비인과 시스템의 예

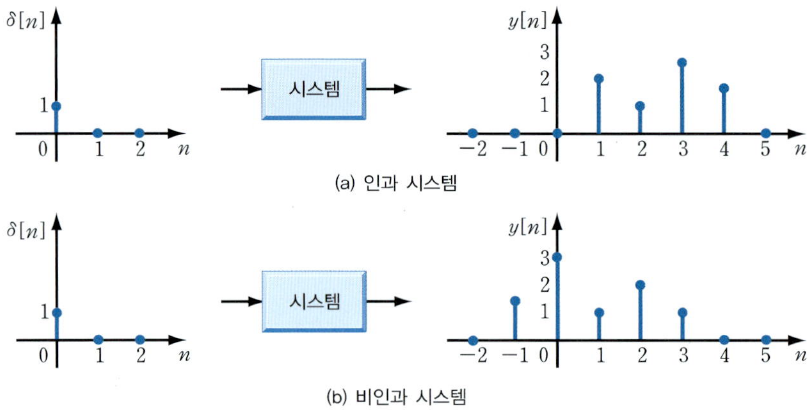

[그림 2-20] 이산 인과 시스템과 비인과 시스템의 예

실생활에서 접하는 물리적 시스템은 거의 모두가 인과 시스템이며, 특히 실시간 처리가 요구되는 경우는 미래의 입력을 현재 시점에서는 관측할 수 없기에 비인과적인 동작을 하는 시스템을 물리적으로 구현하는 것이 불가능하다. 하지만 실시간 처리를 할 필요가 없는 경우에는 입력값을 모두 저장하고 있다가 특정 시점의 출력을 구하는 데 이용할 수 있으므로 비인과 시스템을 구현할 수 있을뿐더러 매우 유용한 수단이 되기도 한다.

영상 처리의 경우를 예로 들어보자. 담고자 하는 영상을 디지털 캠코더를 이용해 디스크(저장 장치)에 녹화한 다음, 필터를 이용하여 화질을 개선하는 작업을 한다. 이때, 동영상을 구성하는 이미지 프레임들이 인접한 시간 사이에는 부분적인 차이만 있을 뿐 급격한 변화를 보이지 않는다는 사실을 이용하여 시간 t_0 순간의 영상을 t_0을 전후한 시간의 데이터를 활용해 더 좋은 화질을 만들어낸다. 화질 개선 필터는 t_0보다 미래 시간의 데이터를 사용하여 t_0 순간의 영상을 출력하였으므로, 비인과 시스템이라 할 수 있다. 이러한 후처리 작업은 음성, 영상, 공간 탐사 등의 신호를 처리하는 데 효과적으로 활용된다.

예제 2-10 인과성의 판별

입출력 관계가 다음과 같은 두 시스템 중 어느 것이 인과 시스템인가?

(a) $y(t) = \dfrac{1}{T}\displaystyle\int_{t-T}^{t} x(\tau)\,d\tau$

(b) $y(t) = \dfrac{1}{T}\displaystyle\int_{t-T/2}^{t+T/2} x(\tau)\,d\tau$

풀이

(a)는 t 순간의 출력 $y(t)$가 $t-T$부터 t까지 입력값에 대한 평균이므로 인과적이다. (b)를 다시 쓰면

$$y(t) = \frac{1}{T}\int_{t-T/2}^{t} x(\tau)\,d\tau + \frac{1}{T}\int_{t}^{t+T/2} x(\tau)\,d\tau$$

가 되는데, 두 번째 적분항은 t 이후부터 $t+\dfrac{T}{2}$까지 입력값을 이용한 적분이므로 미래의 입력이 t 순간의 출력 $y(t)$에 관여하는 비인과 시스템이다. 따라서 인과 시스템은 (a)이다.

2.2.5 안정 시스템과 불안정 시스템

'사탕 뽑기 기계'가 처음에는 100원에 2개씩 사탕을 내놓으며 잘 동작하다가 어느 순간 속에 든 사탕을 와르르 다 쏟아내며 작동을 멈춰버린다면 어떤 가게도 그런 기계를 들여놓지 않을 것이다. 이처럼 시스템의 동작이 불안하지 않고 꾸준히 작동될 수 있는지에 관한 성질이 **안정도**stability이다. 안정도는 모든 물리적 시스템에 요구되는 기본 특성으로서 시스템을 설계하고 만들 때 무엇보다도 우선 시스템이 안정한가가 고려되어야 한다. 안정도를 정의하는 방법에는 여러 가지가 있지만, 가장 기본적인 것은 **유한 입력 유한 출력(BIBO) 안정도**Bounded Input Bounded Output stability이다.

- **유한 입력 유한 출력(BIBO) 안정도**는 시스템의 입력이 유한한 크기를 가질 때 출력의 크기도 반드시 유한하게 보장되는 것으로 정의된다.

$$|x(t)| \leq M_x < \infty, \quad \forall t \quad \rightarrow \quad |y(t)| \leq M_y < \infty, \quad \forall t \tag{2.21}$$

- **(BIBO) 안정**stable **시스템**은 BIBO 안정도를 만족하는 시스템으로 망가지지 않고 꾸준히 작동될 수 있는 시스템이다.
- **(BIBO) 불안정**unstable **시스템**은 BIBO 안정도를 만족하지 않는 시스템으로, 입력이 유한해도 출력이 점점 커져서 궁극적으로는 작동을 멈추거나 파괴되고 만다.

출력의 크기가 유한하다는 것은 결국 에너지가 유한하다는 의미가 되므로 안정한 시스템은 망가지지 않고 꾸준히 작동될 수 있지만, 불안정한 시스템과 같이 유한한 입력에 대해 출력이 무한히 커지게 되면 시스템이 물리적으로 견딜 수가 없어 결국 작동을 멈추거나 파괴되고 말 것이다. [그림 2-21]과 [그림 2-22]에 BIBO 안정 시스템과 BIBO 불안정 시스템의 예를 나타내었다. [그림 2-21(a)]는 RC 직렬회로에 직류 전압을 인가했을 때 회로 전류, [그림 2-21(b)]는 적분기에 직류를 인가했을 때의 출력에 해당한다.

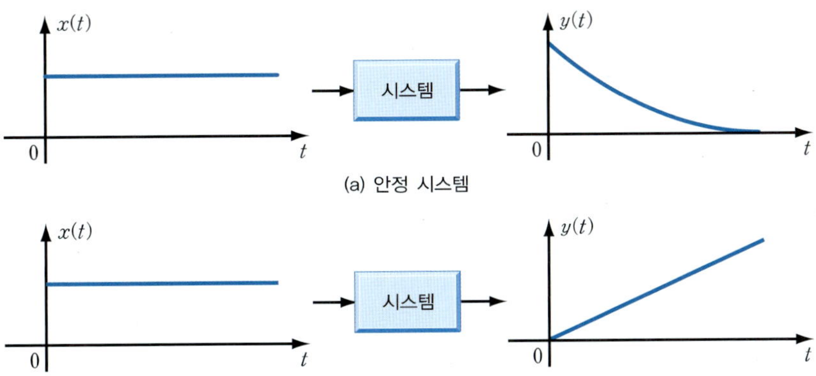

(a) 안정 시스템

(b) 불안정 시스템

[그림 2-21] 연속 안정 시스템과 불안정 시스템의 예

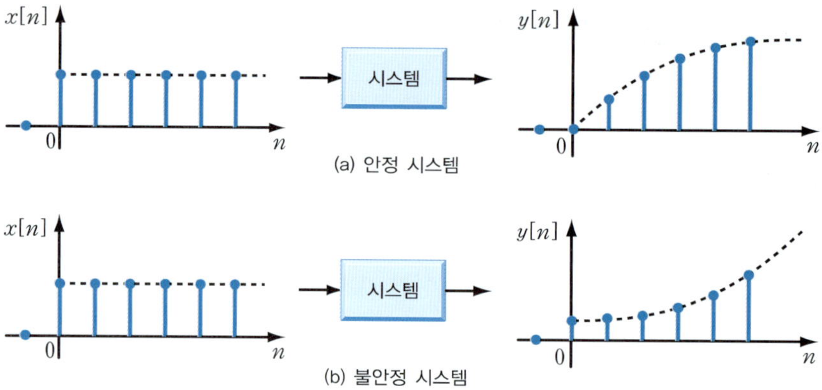

[그림 2-22] 이산 안정 시스템과 불안정 시스템의 예

예제 2-11 안정도의 판별

입출력 관계가 다음과 같은 시스템이 있다. 이들 시스템의 안정도를 판별하라.

(a) $y[n] = x[n]x[n-3]$

(b) $y(t) = \int_0^t x(\tau)\, d\tau$

풀이

(a) 입력 $x[n]$이 $|x[n]| \leq M_x$을 만족할 경우, 출력의 크기는 다음과 같이 유한하므로, 이 시스템은 안정한 시스템이다.

$$|y[n]| = |x[n]x[n-3]| \leq |x[n]||x[n-3]| \leq M_x^2 < \infty$$

(b) 유한한 크기 조건을 만족하는 가장 단순한 신호의 하나인 $x(t) = A$를 적분기에 입력으로 넣어주면, 출력은 $y(t) = \int_0^t x(\tau) d\tau = \int_0^t A d\tau = At$가 된다. 시간이 무한대로 접근하면 출력은 $\lim_{t\to\infty} y(t) = \lim_{t\to\infty} At = \infty$로 무한히 커진다. 이처럼 입력의 크기가 유한하여도 출력이 무한해질 수 있으므로 불안정 시스템이다.

Tip & Note 불안정 시스템 사례 : 타코마 협곡의 현수교 붕괴

시스템의 불안정성이 일으킨 치명적인 결과를 얘기할 때마다 대표적 사례로 회자되는 것이 미국 워싱턴주 퓨젯 사운드Puget Sound의 타코마 협곡Tacoma Narrow에 건설되었던 현수교의 붕괴 사건이다. 1940년 7월에 개통된 이 다리는 불과 4개월 뒤인 1940년 11월 7일 협곡에 불어오는 바람으로 인한 진동 때문에 일종의 공명 현상이 일어나 진동폭이 점점 커지면서 붕괴하고 말았다. 이 사고는 시스템의 안정도가 이론적으로 엄밀하게 해석되지 않으면 어떠한 결과가 초래될 수 있는지 보여주는 커다란 교훈이 되었다.

2.2.6 순시적(무기억) 시스템과 동적(기억) 시스템

대다수 시스템의 출력은 현재 들어오는 입력뿐만 아니라 과거의 입력에도 영향을 받게 된다. 이는 시스템이 과거 값에 대한 기억을 가진다는 것을 의미한다.

- **동적**dynamic **시스템**(**기억 시스템**system with memory)은 저장 요소에 의한 기억을 가진 시스템으로 출력이 현재의 입력뿐만 아니라 과거의 입력에도 영향을 받는다. 따라서 입출력 관계가 미분(차분) 방정식의 형태로 주어진다.
- **순시적**instantaneous **시스템**(**무기억**memoryless **시스템**)은 출력이 현재의 입력에만 의존하며 과거 사항이 아무런 영향을 끼치지 못하는 시스템으로 입출력 관계가 대수 방정식으로 표현된다.

적분기, 인덕터(L) 또는 커패시터(C) 회로, 순차 논리 회로 등은 전형적인 동적 시스템이며, 저항(R) 회로나 조합 논리 회로는 대표적인 순시적 시스템이다. 우리가 다루고 주목하는 대부분의 시스템은 동적 시스템이다. 왜냐하면 순시적 시스템은 현재의 입력값만 고려하면 되므로 특별한 분석이 필요 없지만, 동적 시스템은 과거의 이력을 파악해야만 현재의 출력을 구할 수 있어 특성을 분석하기가 복잡하고 까다롭기 때문이다.

2.2.7 가역 시스템과 비가역 시스템

1.2.2절에서 소개했던 [그림 1-7]의 통신 시스템에서 통신 채널을 통해 신호를 전송할 때, 채널의 물리적 특성으로 인해 왜곡이 발생하여 수신 신호는 원래의 송신 신호와는 달라진다. 이러한 왜곡을 보상하여 원래의 신호를 복원해내려면, 통신 채널의 작용과 완전히 거꾸로 동작하는 시스템을 수신단에 연결하면 된다. 이와 관련하여 역 시스템과 가역 시스템의 개념을 생각할 수 있다.

- **역 시스템**inverse system은 어떤 시스템에 대해 그 시스템의 출력을 입력으로 인가하여 그 시스템의 입력을 출력으로 얻게 되는 시스템이다.

$$y(t) = H\{x(t)\} \quad \rightarrow \quad H_I\{y(t)\} = x(t) \tag{2.22}$$

  여기서 H_I는 시스템 H의 역 시스템을 나타낸다.
- **가역 시스템**invertible system은 역 시스템이 존재하는 시스템으로 입출력 관계가 일대일 대응이다.
- **비가역 시스템**non-invertible system은 역 시스템이 존재하지 않는 시스템이다.

[그림 2-23]에 나타낸 것처럼 시스템과 그 역 시스템을 종속 연결하면 전체 시스템의 입출력 관계는 **항등**identity 시스템이 된다. 그림에서 보면, 역 시스템은 원 시스템이 입력 $x(t)$에 대하여 행한 일을 거꾸로 돌려놓는 동작을 하게 되어 원 시스템의 영향이 무시된다.

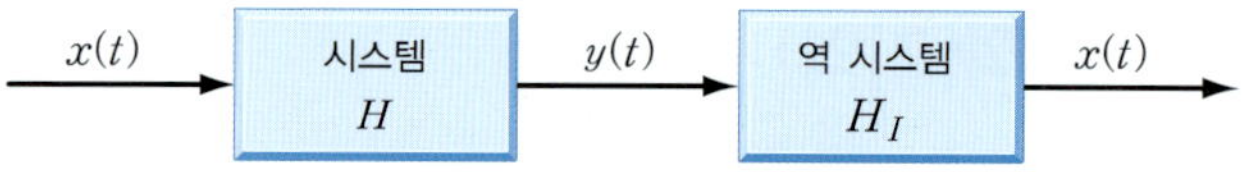

[그림 2-23] 가역 시스템

가역 시스템은 출력을 관찰해서 입력을 결정할 수 있는 시스템이므로, 서로 다른 입력값에 대해 다른 출력이 나오게 된다면 그 시스템은 가역적이다. 즉 시스템이 가역이려면, 입출력 관계가 일대일 대응이어야 한다. 만약 다른 입력에 대해 같은 출력을 낸다면, 그 출력에 대해 어느 입력을 역 시스템의 출력으로 내야 할지 결정할 수 없으므로 비가역이다.

가역 시스템의 한 예로 [그림 2-24(a)]의 $y(t)=2x(t)$를 생각해보자. 이의 역 시스템은 $x(t)=\frac{1}{2}y(t)$로 $y(t)$로부터 되돌아갈 수 있는 $x(t)$의 값이 오직 하나뿐이므로 가역적이다. 반면에 [그림 2-24(b)]의 $y(t)=x^2(t)$는 2개의 입력 $x(t)=\pm 1$로부터 출력 $y(t)=1$이 얻어지기 때문에 $y(t)=1$로부터 거꾸로 돌아갈 $x(t)$ 값을 유일하게 결정할 수가 없다. 따라서 역 시스템이 존재하지 않는다. 즉 $y(t)=x^2(t)$는 비가역 시스템이다.

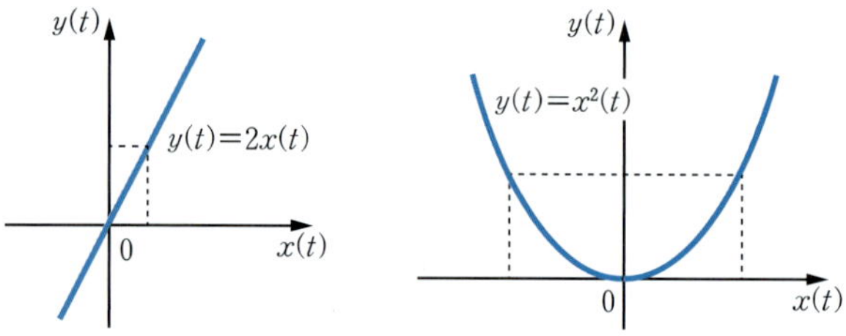

(a) 가역 시스템 (b) 비가역 시스템

[그림 2-24] 가역 시스템과 비가역 시스템의 예

예제 2-12 연속 시스템의 특성 판별

다음과 같이 주어진 신호에 주파수 ω_0인 정현파(반송파)를 곱하여 신호의 크기를 바꾸는 진폭 변조 시스템이 어떤 시스템 특성을 만족하는지 판별하라.

$$y(t)=H\{x(t)\}=x(t)\cos(\omega_0 t)$$

풀이

❶ **선형성** : $H\{\alpha x_1(t)+\beta x_2(t)\}=\alpha H\{x_1(t)\}+\beta H\{x_2(t)\}$의 성립 여부를 확인한다.

$$\begin{aligned} y(t) &= H\{\alpha x_1(t)+\beta x_2(t)\}=(\alpha x_1(t)+\beta x_2(t))\cos(\omega_0 t) \\ &= \alpha x_1(t)\cos(\omega_0 t)+\beta x_2(t)\cos(\omega_0 t)=\alpha H\{x_1(t)\}+\beta H\{x_2(t)\} \end{aligned}$$

그러므로 진폭 변조 시스템은 선형성을 만족하는 선형 시스템이다.

❷ **시불변성** : $y(t-t_0)=H\{x(t-t_0)\}$의 성립 여부를 확인한다.

$$\begin{aligned} y(t-t_0) &= x(t-t_0)\cos(\omega_0(t-t_0))=x(t-t_0)\cos(\omega_0 t-\omega_0 t_0) \\ &\neq H\{x(t-t_0)\}=x(t-t_0)\cos(\omega_0 t) \end{aligned}$$

따라서 진폭 변조 시스템은 시불변성을 충족시키지 않는 시변 시스템이다.

❸ **인과성** : 미래의 입력이 현재의 출력에 영향을 끼치는지를 확인한다.
입출력 방정식으로부터 출력이 현재의 입력에만 의존하는 것을 볼 수 있다. 미래의 입력이 현재의 출력에 영향을 못 미치므로 진폭 변조 시스템은 인과 시스템이다.

❹ **안정성** : 유한한 입력에 대해 유한한 출력이 나오는지를 확인한다.
만약 입력이 유한하다면, 즉 $|x(t)| \leq M_x$ 라면 $|y(t)| = |x(t)\cos(\omega_0 t)| \leq |x(t)||\cos(\omega_0 t)| \leq |x(t)| \leq M_x < \infty$ 가 되어, 유한한 입력에 대해 유한한 출력이 나오므로 안정 시스템이다.

❺ **기억성** : 시스템 표현식이 대수 방정식인지 미분 방정식인지를 확인한다.
진폭 변조 시스템의 입출력 방정식은 대수 방정식으로서 출력이 현재의 입력에만 의존한다. 따라서 순시적 시스템이다.

❻ **가역성** : 입출력 관계가 일대일 대응을 만족하는지 확인하면 된다.
$x(t)$의 값이 다르더라도 $\cos(\omega_0 t)$를 곱한 값은 같아질 수가 있으므로 일대일 대응 관계가 성립하지 않는다. 예를 들어, $x(t)=1$이고 $\cos(\omega_0 t)=1$인 경우와 $x(t)=-1$이고 $\cos(\omega_0 t)=-1$인 경우 모두 $y(t)=1$이 된다. 반대로 $x(t)$의 값이 같더라도 $y(t)$의 값이 다를 수 있다. $x(t)=A$이면 출력은 $y(t)=A\cos(\omega_0 t)$가 되어 하나의 입력값에 대해 출력은 $[-A, A]$ 구간의 모든 값이 대응된다. 그러므로 역 시스템이 존재할 수 없는 것은 명확하다. 따라서 이 시스템은 비가역 시스템이다.

예제 2-13 이산 시스템의 특성 판별

다음과 같이 입력값을 누적하여 더한 결과를 출력으로 내는 누산기가 어떤 시스템 특성을 만족하는지 판별하라.

$$y[n] = \sum_{k=-\infty}^{n} x[k]$$

풀이

❶ **선형성** : $H\{\alpha x_1[n] + \beta x_2[n]\} = \alpha H\{x_1[n]\} + \beta H\{x_2[n]\}$의 성립 여부를 확인한다.

$$\begin{aligned} H\{\alpha x_1[n] + \beta x_2[n]\} &= \sum_{k=-\infty}^{n} (\alpha x_1[k] + \beta x_2[k]) = \alpha \sum_{k=-\infty}^{n} x_1[k] + \beta \sum_{k=-\infty}^{n} x_2[k] \\ &= \alpha H\{x_1[n]\} + \beta H\{x_2[n]\} \end{aligned}$$

따라서 선형성이 성립하는 선형 시스템이다.

❷ **시불변성** : $y[n-n_0] = H\{x[n-n_0]\}$의 성립 여부를 확인한다.

$$H\{x[n-n_0]\} = \sum_{k=-\infty}^{n} x[k-n_0] = \sum_{i=-\infty}^{n-n_0} x[i] = y[n-n_0]$$

식이 성립하므로 시불변 시스템이다.

❸ **인과성** : 미래의 입력이 현재의 출력에 영향을 끼치는지를 확인한다.
입출력 관계식을 살펴보면, n 순간의 출력 $y[n]$이 시간 n까지의 입력을 누적하여 더한 것이므로 n 이후에 들어오는 입력은 $y[n]$에 전혀 관여하지 못한다. 따라서 미래의 입력이 현재의 출력에 영향을 미치지 않으므로 인과 시스템이다.

❹ **안정성** : 유한한 입력에 대해 유한한 출력이 나오는지를 확인한다.
입력이 들어오는 대로 계속 더하여 출력이 생성되므로, 매 순간의 입력이 크기가 유한하다 할지라도 시간이 지남에 따라 출력은 점점 커지게 될 것이다. 간단한 예로, $x[n]=1,\ n\geq 0$(계단 신호)인 경우 $y[\infty]=\infty$, 즉 출력은 발산하게 된다. 따라서 불안정 시스템이다.

❺ **기억성** : 시스템 표현식이 대수 방정식인지 차분 방정식인지를 확인한다.
주어진 시스템의 경우 입력의 이동 평균 항으로 이루어진 차분 방정식이므로, 기억을 가진 동적 시스템이다.

❻ **가역성** : 출력으로부터 입력을 결정할 수 있는지 확인한다.
입출력 방정식을 다시 쓰면

$$y[n]=\sum_{k=-\infty}^{n-1} x[k]+x[n]=y[n-1]+x[n]$$

이를 $x[n]$에 대하여 정리하면, $x[n]=y[n]-y[n-1]$가 되어 출력으로부터 항상 입력의 값을 결정할 수 있으므로 역 시스템이 존재한다. 따라서 가역 시스템이다. 얻어진 결과에서 볼 수 있듯이 누산기의 역 시스템은 차분기이다. 이것은 누산기는 연속 시스템의 적분기, 차분기는 연속 시스템의 미분기에 대응된다는 사실에 미루어볼 때 (미분과 적분은 서로 역 시스템이므로) 타당한 결과이다.

Check Point 다음 문제에서 옳은 것을 골라라.

(1) 시스템에서 선형성과 중첩의 원리는 서로 관련 없는 다른 성질이다. (○, ×)
(2) 선형 시스템에서는 출력에 입력의 (파형, 에너지, 주파수)가 보존된다.
(3) 입출력 관계가 $y(t)=ax(t)+b$인 시스템은 (선형, 비선형, 시불변, 시변) 시스템이다.
(4) 시불변 시스템은 시스템 파라미터가 시간에 종속적인 변수이다. (○, ×)
(5) 출력이 현재와 과거의 입력에 의존하면 (인과, 비인과, 동적, 순시적) 시스템이다.
(6) 실시간 처리가 이루어지는 물리적 시스템은 인과 시스템이다. (○, ×)
(7) BIBO 안정도는 입력 크기가 유한할 때 출력 크기가 (유한, 무한)한 성질이다.
(8) 동적 시스템의 입출력 관계는 대수 방정식으로 표현된다. (○, ×)
(9) 입출력 관계가 일대일 대응을 만족하는 시스템은 가역 시스템이다. (○, ×)
(10) 가산성을 만족하면 항상 선형 시스템이 된다. (○, ×)

CHAPTER 02_핵심요약

개념	관련 항
아날로그 신호는 연속 신호 중에서 시간과 크기 모두 연속인 값을 가지는 신호이다.	[그림 2-1]
디지털 신호는 이산 신호 중에서 시간과 크기 모두 이산인 값만 가지는 신호이다.	[그림 2-1]
연속 신호의 길이는 신호의 존재 구간($t_1 \le t \le t_2$)의 길이 $L = t_2 - t_1$로, 이산 신호의 길이는 신호를 이루는($N_1 \le n \le N_2$) 샘플 개수 $N = N_2 - N_1 + 1$로 정의한다.	
아날로그 신호를 디지털 신호로 변환하려면 샘플링과 양자화의 과정을 거쳐야 한다.	[그림 2-2]
주기 신호는 동일한 파형이 끊임없이 반복되는 신호로, 파형이 반복되는 시간 간격 $T(N)$을 주기라고 한다.	식 (2.4)
두 주기 신호의 합인 신호는 각 주기 신호의 주기의 비가 유리수일 경우에만 주기 신호가 된다.	식 (2.5)
우대칭 신호는 파형이 세로축에 대해 대칭인 신호로 $x(t) = x(-t)$을 만족한다.	
기대칭 신호는 파형이 원점에 대해 180° 대칭인 신호로 $x(t) = -x(-t)$을 만족한다.	
신호 $x(t)$는 우대칭 신호 $x_e(t)$와 기대칭 신호 $x_o(t)$의 합으로 표현할 수 있다.	식 (2.9)
에너지 신호는 에너지가 유한한 신호이고, 전력 신호는 에너지는 무한하나 전력이 유한한 신호이다.	식 (2.10), 식 (2.11)
불규칙 신호는 시간에 대해 미리 정해진 형태를 가지지 않아서 신호의 값을 예측할 수는 없으나 일정한 통계적 특성을 가지는 신호이다.	
선형성은 가산성과 동차성 두 가지 성질을 만족하는 것을 일컬으며, 중첩의 원리와 같다. 선형 시스템은 입출력 관계가 선형성, 즉 중첩의 원리를 만족하는 시스템이다.	식 (2.12) 식 (2.13)
선형 시스템은 출력에 입력의 주파수가 보존되지만, 비선형 시스템은 입력과 다른 주파수 성분이 생길 수 있다.	
시불변 시스템은 입력을 넣어주는 시간에 상관없이 같은 입력에 대해서는 항상 같은 반응을 나타내는 시스템이고, 입력이 들어오는 시간에 따라 출력이 달라지면 시변 시스템이다.	식 (2.15) [그림 2-16]
시불변 시스템이 되려면 시스템 특성이 시간에 따라 바뀌지 않아야 한다. 따라서 시스템 방정식의 계수가 상수이면 시불변 시스템이고, 시간 함수이면 시변 시스템이다.	
인과 시스템은 입력을 인가하기 전에는 출력이 발생하지 않는 시스템이다. 인과 시스템의 출력은 현재 및 과거의 입력에만 의존하고 미래의 입력에는 무관하다.	식 (2.20) [그림 2-19]
유한 입력 유한 출력(BIBO) 안정도는 시스템에 들어오는 입력이 유한한 크기를 가질 때 출력의 크기도 반드시 유한하게 보장되는 것으로 정의된다.	식 (2.21)
안정 시스템은 BIBO 안정도를 만족하는 시스템으로 꾸준하게 작동될 수 있는 시스템이며, 불안정 시스템은 궁극적으로는 작동을 멈추거나 파괴되고 만다.	
동적 시스템은 저장 요소에 의한 기억을 가진 시스템으로, 출력이 현재의 입력뿐만 아니라 과거의 입력에도 영향을 받는다. 따라서 입출력 관계가 미분(차분) 방정식의 형태로 주어진다.	
순시적 시스템은 출력이 현재의 입력에만 의존하며 과거 사항이 아무런 영향을 끼치지 못하는 시스템으로, 입출력 관계가 대수 방정식으로 표현된다.	
역 시스템은 어떤 시스템에 대해 그 시스템의 출력을 입력으로 인가하여 그 시스템의 입력을 출력으로 얻게 되는 시스템이다. 그리고 가역 시스템은 역 시스템이 존재하는 시스템으로 입출력 관계가 일대일 대응이다.	식 (2.22)

CHAPTER 02_연습문제

【개념 문제】

2.1 신호에 대한 다음의 설명 중 틀린 것은?

㉮ 이산 신호를 발생 순서대로 늘어놓으면 단순한 수열에 지나지 않는다.

㉯ 아날로그 신호와 디지털 신호 신호를 구분하는 기준은 크기(값)에 대한 연속성이다.

㉰ $-4 \le n \le 5$에서 정의되는 이산 신호 $x[n]$의 길이는 10이다.

㉱ 아날로그 신호는 샘플링과 양자화를 거쳐 디지털 신호로 변환할 수 있다.

2.2 주기 신호에 대한 다음의 설명 중 틀린 것은?

㉮ 주기 신호는 전 시간 구간 $(-\infty, \infty)$에 걸쳐 값을 갖는 양방향 신호이다.

㉯ 서로 다른 주기를 갖는 두 주기 신호의 합으로 주어지는 이산 신호는 주기 신호이다.

㉰ 정수인 주파수 f_1과 f_2를 갖는 두 연속 정현파 신호의 합으로 주어지는 신호의 주기는 두 주파수의 최대공약수의 역수이다.

㉱ $x[n] = \cos\left(\frac{4\pi}{7}n\right)$의 주기는 $N = \frac{1}{F_0} = \frac{2\pi}{\Omega_0} = \frac{7}{2}$이다.

2.3 함수(신호)의 대칭성에 대한 다음의 설명 중 틀린 것은?

㉮ 신호 $x(t) = \sin(\omega_1 t)\sin(\omega_2 t)$는 우대칭 신호이다.

㉯ 신호 $x(t) = \cos(\omega_1 t)\cos(\omega_2 t)$는 우대칭 신호이다.

㉰ 신호 $x(t) = \cos(\omega_1 t)\sin(\omega_2 t)$는 우대칭 신호이다.

㉱ 신호 $x(t) = e^{at}\cos(\omega_0 t)$는 우대칭 성분과 기대칭 성분으로 분해할 수 있다.

2.4 신호에 대한 다음의 설명 중 옳은 것은?

㉮ 어떤 신호는 에너지 신호이면서 동시에 전력 신호도 될 수 있다.

㉯ 확정 신호는 시간에 따른 값의 변화를 정확히 예측할 수 있지만, 통계적 성질은 불규칙하다.

㉰ 유한한 신호 값을 갖는 모든 주기 신호가 전력 신호인 것은 아니다.

㉱ $x(t) = 3t^2$은 에너지 신호도 아니고 전력 신호도 아니다.

2.5 선형 시스템에 대한 다음의 설명 중 틀린 것은?

㉮ 입출력 관계가 입-출력 평면에서 직선으로 표현되면 선형 시스템이다.

㉯ 선형 시스템에 정현파 신호를 입력하였을 때 출력은 같은 주파수의 정현파가 된다.

㉰ 선형 시스템에서는 복잡한 입력 신호를 단순한 신호들의 합으로 분해하여 간편하게 출력을 구할 수 있다.

㉱ 저항 회로는 선형 시스템이다.

2.6 시불변 시스템에 대한 다음의 설명 중 틀린 것은?

㉮ 시불변 시스템은 출력이 입력의 형태(값)에만 종속이고 인가 시점과는 무관하다.

㉯ 입출력 관계가 $y(t) = (2t+3)x(t) + 6$인 시스템은 시불변 시스템이다.

㉰ 시간이 흐를수록 생선 비린내를 덜 느끼는 사람의 후각은 시변 시스템이다.

㉱ 커피 1잔에 500원인 커피 자판기는 선형 시불변 시스템이다.

2.7 인과 시스템에 대한 다음의 설명 중 틀린 것은?

㉮ 임펄스 입력 $\delta[n]$에 대한 출력이 $h[n] = 0,\ n < 0$이면 인과 시스템이다.

㉯ '아니 땐 굴뚝에 연기 나랴'라는 속담은 인과 시스템의 성질을 표현한다.

㉰ 월급날 갚을 것을 예상하고 미리 상품을 건네주는 행위는 비인과적이다.

㉱ 입출력 관계가 $y[n] = \sum_{k=-L}^{L} x[n-k]$인 시스템은 인과 시스템이다.

2.8 시스템 안정도에 대한 다음의 설명 중 틀린 것은?

㉮ 줄을 퉁기면 시간이 지남에 따라 소리가 작아지는 기타는 안정 시스템이다.

㉯ 안정 시스템은 입력 신호를 증폭할 수 없다.

㉰ 입출력 관계가 $y(t) = x^2(t)$인 시스템은 안정 시스템이다.

㉱ 입출력 관계가 $y(t) = tx(t)$인 시스템은 불안정 시스템이다.

2.9 시스템에 대한 다음의 설명 중 틀린 것은?

㉮ 과거의 거래 실적에 따라 할인율을 다르게 적용하는 백화점은 동적 시스템이다.

㉯ 매일 그날의 작업량에 따라 품삯을 지급하는 공사 현장은 순시적 시스템이다.

㉰ 동적 시스템은 과거 행적의 분석이 필요한 시스템이다.

㉱ 점심, 저녁 피크타임과 주말은 시급이 1.5배인 패스트푸드점 서빙 아르바이트는 동적 시스템이다.

2.10 가역 시스템에 대한 다음의 설명 중 틀린 것은?

㉮ 안정한 시스템의 역 시스템은 항상 안정하다.

㉯ 서로 다른 두 입력값에 대한 출력이 같은 시스템은 가역 시스템이 아니다.

㉰ 입출력 관계가 $y(t) = x^3(t)$인 시스템은 비선형 가역 시스템이다.

㉱ 미분과 적분은 서로 역 시스템 관계이다.

【기초 문제】

2.11 다음의 신호가 어떠한 성질을 갖는 신호인지 [보기] 중에서 고르고, 그 근거를 밝혀라.

(a) $x[n]=\cos(\pi n)+\cos\left(\frac{2\pi}{3}n\right)$

(b) 동전 100번 던지기 결과 (앞면=1, 뒷면=−1)

(c) $x(t)=e^{-|t|}\sin(120\pi t)$

(d) $x(t)=[t]$ ($[t]$는 t에 가장 가까운 정수를 취하는 연산)

㉮ 아날로그 신호	㉯ 디지털 신호	㉰ 주기 신호	㉱ 기대칭 신호
㉲ 우대칭 신호	㉳ 불규칙 신호	㉴ 전력 신호	㉵ 에너지 신호

2.12 다음 연속 신호가 주기 신호인지 판별하라. 만약 주기 신호라면 그 주기를 구하라.

(a) $x(t)=\cos\left(\frac{2\pi}{3}t-1\right)$

(b) $x(t)=\cos\left(2t-\frac{1}{\pi}\right)$

(c) $x(t)=\cos\left(6\pi t-\frac{\pi}{4}\right)+\sin(8\pi t)$

(d) $x(t)=\cos(2t)+\sin(4t)$

(e) $x(t)=2\cos\left(3t+\frac{\pi}{6}\right)+\sin(4t)$

(f) $x(t)=\sin\left(\frac{2\pi}{3}t\right)+2\cos(3t)$

(g) $x(t)=2\cos\left(\frac{2\pi}{3}t\right)+\sin\left(2t+\frac{2\pi}{3}\right)$

(h) $x(t)=\sin\left(\frac{2\pi}{3}t-\frac{\pi}{3}\right)+2\cos(3t-1)$

2.13 다음 이산 신호가 주기 신호인지 판별하라. 만약 주기 신호라면 그 주기를 구하라.

(a) $x[n]=\cos\left(\frac{\pi}{4}n+\frac{\pi}{8}\right)$

(b) $x[n]=\cos\left(\frac{\pi}{2}n-\frac{1}{3}\right)$

(c) $x[n]=\sin\left(3n+\frac{\pi}{2}\right)$

(d) $x[n]=\cos(\pi^2 n)$

(e) $x[n]=\cos\left(\frac{1}{2}n\right)+\sin\left(\frac{\pi}{3}n\right)$

(f) $x[n]=\cos\left(\frac{\pi}{5}n+\pi\right)+\sin\left(\frac{\pi}{10}n-\pi\right)$

2.14 다음과 같은 연속 신호에 대해 우대칭 성분과 기대칭 성분을 구하라.

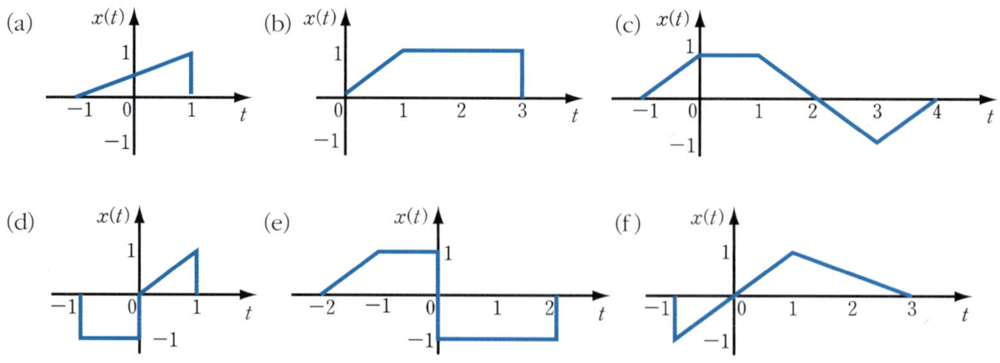

2.15 다음과 같은 이산 신호에 대해 우대칭 성분과 기대칭 성분을 구하라.

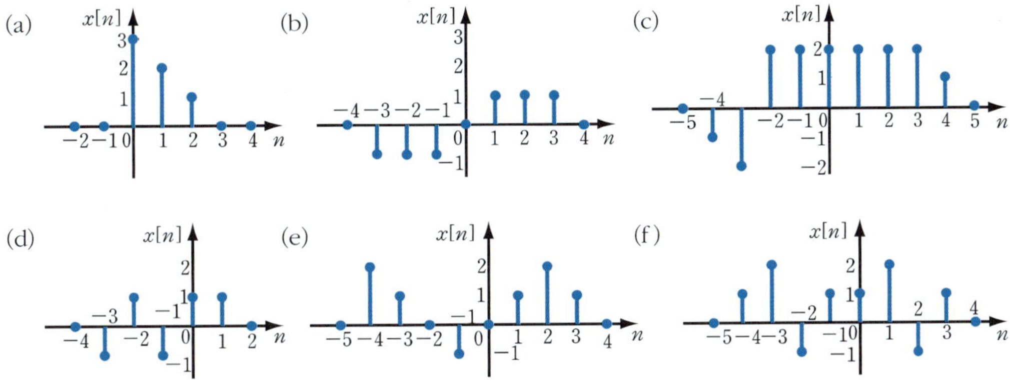

2.16 다음 신호에 대해 에너지 신호 또는 전력 신호인지 판별하고, 맞으면 그 신호의 에너지 또는 전력을 구하라.

(a) $x(t)=r(t)-2r(t-2)+r(t-4)$

(b) $x(t)=\cos^2(2\pi t)$

(c) $x(t)=t\sin\left(\dfrac{\pi}{4}t\right)$

(d) $x(t)=e^{j\frac{\pi}{4}t}$

(e) $x[n]=(n+2)u[n+2]-nu[n-4]-2u[n-6]$

(f) $x[n]=(-0.5)^{|n|}$

(g) $x[n]=\begin{cases}(0.5)^n\cos(\pi n), & n\geq 0\\ 0, & \text{그 외}\end{cases}$

(h) $x[n]=(0.9)^n\cos\left(\dfrac{\pi}{4}n\right)$

2.17 다음의 시스템이 어떠한 성질을 만족하는지 [보기] 중에서 고르고, 그 근거를 밝혀라.

(a) $y(t)=\displaystyle\int_{-\infty}^{t}x(\tau)d\tau,\quad y(-\infty)=0$

(b) $y(t)=tx(t)$

(c) $y(t)=\cos(x(t))$

(d) $y(t)=Kx(t+1)$

㉮ 선형 시스템	㉯ 비선형 시스템	㉰ 시불변 시스템	㉱ 시변 시스템
㉲ 인과 시스템	㉳ 안정 시스템	㉴ 동적 시스템	㉵ 가역 시스템

2.18 다음 그림의 신호 $x[n]$을 입력으로 넣으면 출력으로 신호 $y[n]$이 나오는 이산 LTI 시스템에 $x_1[n]$과 $x_2[n]$의 신호를 각각 입력으로 넣었을 때 출력을 구하라.

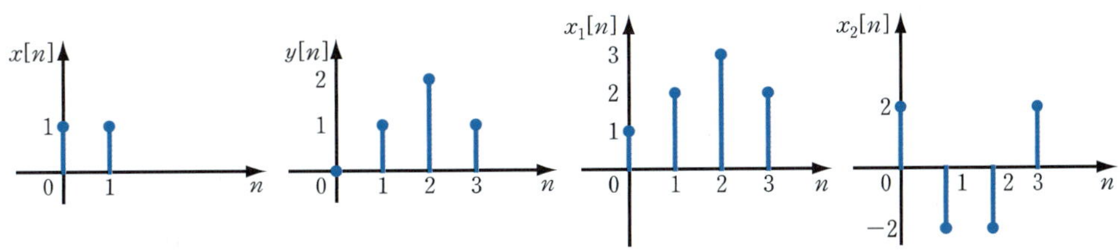

2.19 다음과 같은 입출력 관계를 갖는 연속 시스템에 대해 선형성, 시불변성, 인과성, 기억성, 안정성, 가역성의 각 특성이 만족하는지를 결정하라.

(a) $y(t)=\int_{-\infty}^{t} x(\tau)d\tau$ (b) $y(t)=\dfrac{dx(t)}{dt}$

(c) $y(t)=\ln(x(t))$ (d) $y(t)=\tan(x(t))$

(e) $y(t)=x(t)u(t)$ (f) $y(t)=e^{x(t)}+\cos(x(t))+(t+1)$

(g) $y(t)=x(t+1)x(t-1)$ (h) $y(t)=\begin{cases} x(t), & t\ge 0 \\ -x(t), & t<0 \end{cases}$

2.20 다음과 같은 입출력 관계를 갖는 이산 시스템에 대해 선형성, 시불변성, 인과성, 기억성, 안정성, 가역성의 각 특성이 만족하는지를 결정하라.

(a) $y[n]=x[1-n]$ (b) $y[n]=x[2n]$

(c) $y[n]=x[n]x[n-3]$ (d) $y[n]=|x[n]|$

(e) $y[n]=nx[n-1]$ (f) $y[n]=x[n]\cos\left(\dfrac{\pi}{2}n\right)$

(g) $y[n]=\dfrac{1}{2M+1}\sum_{k=-M}^{M} x[n-k]$ (h) $y[n]=e^{x[n]}$

【응용 문제】

2.21 다음 신호가 주기 신호인지 판별하라. 만약 주기 신호라면 그 주기를 구하라.

(a) $x(t)=\sin(4\pi t)\cos(2\pi t)$ (b) $x(t)=\cos(t)+3e^{-j2t}$

(c) $x(t)=e^{j3t}-e^{j4t}$ (d) $x(t)=e^{j\frac{\pi}{2}t}\cos\left(\dfrac{\pi}{3}t\right)$

(e) $x[n]=\cos\left(\dfrac{3\pi n^2}{2}+\pi\right)$ (f) $x[n]=e^{j\frac{3\pi}{4}n}+e^{j\frac{\pi}{3}n}$

(g) $x[n]=\cos\left(\dfrac{\pi}{3}n\right)\cos\left(\dfrac{\pi}{5}n\right)$ (h) $x[n]=e^{j\frac{\pi}{2}n}+\cos\left(\dfrac{\pi}{4}n\right)$

2.22 $x(t)$는 주기가 T, $x[n]$은 주기가 N인 주기 신호이다. 다음의 신호가 주기 신호인지 판별하고, 주기 신호가 맞으면 그 주기를 구하라.

(a) $y(t)=x(1-t/2)$ (b) $y(t)=x(t^2)$

(c) $y(t)=x(t)-x(-t)$ (d) $y(t)=e^{x(t)}$

(e) $y[n]=x[2n-1]$ (f) $y[n]=x[n/N]$

(g) $y[n]=x[n]u[n]$ (g) $y[n]=x[n]+x[-n]$

2.23 다음 신호의 우대칭 성분과 기대칭 성분을 구하라.

(a) $x(t) = at^2 + bt + c$

(b) $x(t) = e^{at}u(t)$

(c) $x(t) = 2\cos\left(\pi t - \dfrac{\pi}{4}\right)$

(d) $x(t) = \dfrac{\sin(\pi t)}{\pi t}$

(e) $x[n] = u[n]$

(f) $x[n] = a^n u[n]$

(g) $x[n] = e^{j\Omega n}$

(h) $x[n] = n^2(u[n] - u[n-5])$

2.24 다음 신호가 어떤 대칭성을 만족하는지 판별하라.

(a) $x(t) = \sin(\omega_1 t)\sin(\omega_2 t)$ (b) $x(t) = \cos(\omega_1 t)\cos(\omega_2 t)$ (c) $x(t) = \cos(\omega_1 t)\sin(\omega_2 t)$

2.25 다음 그림의 신호 $x(t)$를 입력으로 넣으면 출력으로 신호 $y(t)$가 나오는 연속 LTI 시스템에 $x_1(t)$과 $x_2(t)$의 신호를 각각 입력으로 넣었을 때 출력을 구하라.

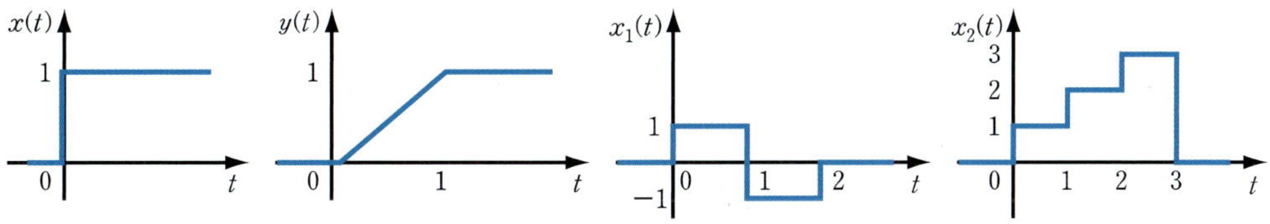

2.26 다음 그림의 전기회로의 입력은 전류원 $i_s(t)$, 출력은 커패시터 양단 전압 $v_C(t)$이다. 회로가 선형성, 시불변성, 인과성, 기억성, 가역성의 특성을 만족하는지 판별하라.

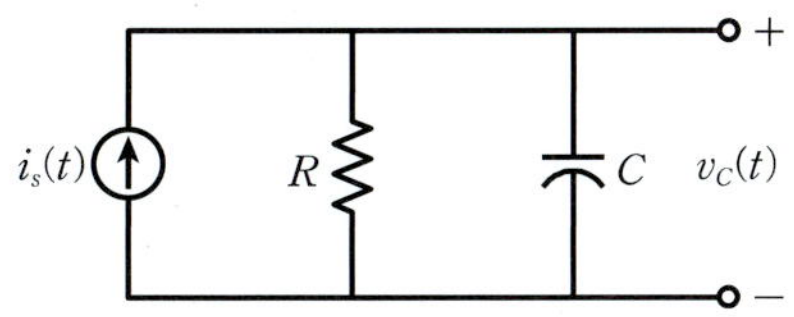

2.27 시스템 L_1의 뒤에 시스템 L_2가 종속으로 연결되어 있다. 각 시스템의 입출력 관계가 다음과 같을 때 물음에 답하라.

$$L_1 \ : \ y_1[n] = x_1[n] + 2x_1[n-2]$$
$$L_2 \ : \ y_2[n] = x_2[n-1] - 2x_2[n-3]$$

(a) 전체 시스템의 입출력 관계를 구하라.

(b) 두 시스템의 연결 순서를 바꾸었을 때의 입출력 관계를 구하라. 입출력 관계는 변하였는가?

(c) (a), (b)의 시스템에 대한 선형성, 시불변성, 인과성을 판별하라.

2.28 입출력 관계가 다음과 같은 방정식으로 표현되는 연속 시스템에 대해 선형성, 시불변성, 인과성, 기억성, 가역성의 특성을 만족하는지 결정하라.

(a) $\dfrac{dy(t)}{dt}+2y(t)=x(t)$ (b) $\dfrac{dy(t)}{dt}+2y(t)=x^2(t)$

(c) $\dfrac{dy(t)}{dt}+2y(t)=tx(t)$ (d) $\dfrac{dy(t)}{dt}+2y^2(t)=x(t)$

2.29 입출력 관계가 다음과 같은 방정식으로 표현되는 이산 시스템에 대해 선형성, 시불변성, 인과성, 기억성, 가역성의 특성을 만족하는지 결정하라.

(a) $y[n]=x[n]+3x[n-1]+2x[n-2]$ (b) $y[n]+2y[n-1]=x[n]$

(c) $y[n]+y[n-1]=nx[n]$ (d) $y[n]-2^n y[n-1]=x[n+1]$

2.30 2개의 시스템을 다음과 같이 연결하여 전체 시스템을 구성하였다. 다음 설명이 사실인지 아닌지를 판별하고 그 근거를 제시하라.

(a) 종속 연결 (b) 병렬 연결

① 한 시스템이 선형이고 다른 한 시스템이 비선형이면 전체 시스템은 선형이다.
② 한 시스템이 시불변이고 다른 한 시스템이 시변이면 전체 시스템은 시변이다.
③ 한 시스템이 인과적이고 다른 한 시스템이 비인과적이면 전체 시스템은 비인과적이다.
④ 한 시스템이 동적이고 다른 한 시스템이 순시적이면 전체 시스템은 순시적이다.
⑤ 한 시스템이 안정이고 다른 한 시스템이 불안정이면 전체 시스템은 안정이다.

CHAPTER 02_MATLAB 실습

학습포인트

- 매트랩을 이용하여 간단한 주기 신호를 그려본다.
- 매트랩을 이용하여 백색 잡음과 이 잡음에 오염된 신호를 그려본다.

매트랩은 배열로 나타낸 수치 데이터의 처리를 기본으로 하는 소프트웨어로서 그래픽 기능이 매우 강력하고 간편하여 다양한 신호의 표현과 조작이 용이하다. 특히 기본적인 신호들은 별도로 프로그램할 필요가 없다.

MATLAB 2-1 주기 신호 그리기

다음과 같이 정의된 신호와 그 신호를 주기 4로 반복한 주기 신호의 파형을 그려라.

(a) $x(t)=\begin{cases}0, & t<0\\ 1, & 0<t<2\\ -1, & 2<t<4\\ 0, & t>4\end{cases}$ (b) $y[n]=\begin{cases}0, & n<0\\ n, & 0\le n<2\\ -n+4, & 2\le n<6\\ n-8, & 6\le n<8\\ 0, & n>8\end{cases}$

풀이

3장에서 다루겠지만, 주어진 신호와 같이 구간별로 연속인 신호는 계단 함수를 이용하여 나타낼 수 있다. 다음 프로그램은 계단 함수 명령 stepfun을 사용하는 대신, 문제의 조건대로 특정 구간에서 1의 값을 갖게 하는 (a<=t & t<b)을 사용하였다. 그리고 주기 신호의 생성에는 한 주기 파형을 반복시키기 위해 for 루프를 사용하였다. 프로그램에서 데이터 배열의 사이즈와 인덱스가 어긋나지 않도록 유의해야 한다. 이산 신호를 그릴 때는 stem 명령을 사용한다.

SS_2_1.m

```
T=4;                                      % 주기 신호 xp(t)의 주기 설정
ti=-2*T; tf=3*T; dt=0.01; t=ti:dt:tf;    % 시간축 설정
x=(0<=t & t<=2)+(-1)*(2<=t & t<4);       % x(t) 생성
xp0=x((0-ti)/dt+1:(T-ti)/dt);            % x(t), 0<=t<T (한 주기 파형) 선택
M=T/dt;                                   % 신호의 한 주기 데이터 수
L=(tf-ti)/T;                              % 주기 신호의 한 주기 파형의 반복 횟수
for k=0:L-1
    for j=1:M
        xp(k*M+j)=xp0(j);                 % 주기 신호 xp(t) 생성
    end
end

N=8;                                      % 주기 신호 yp[n]의 주기 설정
ni=-2*N; nf=3*N; n=ni:nf;                 % 시간축 설정
y=(0<n & n<2)+(-n+4).*(2<=n & n<6)+(n-8).*(6<=n & n<8);   % y[n] 생성
yp0=y((0-ni)+1:(N-ni));                   % y[n], 0<=n<N (한 주기 파형) 선택
L=(nf-ni)/N;                              % 주기 신호의 한 주기 파형의 반복 횟수
for k=0:L-1
    for j=1:N
        yp(k*N+j)=yp0(j);                 % 주기 신호 yp[n] 생성
    end
end
```

```
figure;                              % 그림 창 생성
subplot(2,2,1);                      % 그림 창 2행 2열 분할의 1번 창
plot(t,x);                           % x(t) 파형 그림
axis([ti tf -1.5 1.5]);              % x축과 y축 영역 설정
title('신호 x(t)');                  % 그림 제목
subplot(2,2,3);                      % 그림 창 2행 2열 분할의 3번 창
plot(t,[xp 0]);                      % y(t) 파형 그림
axis([ti tf -1.5 1.5]);              % x축과 y축 영역 설정
title('주기 신호 xp(t)');            % 그림 제목
subplot(2,2,2);                      % 그림 창 2행 2열 분할의 2번 창
stem(n,y);                           % y[n] 파형 그림
axis([ni nf -2.5 2.5]);              % x축과 y축 영역 설정
title('신호 y[n]');                  % 그림 제목
subplot(2,2,4);                      % 그림 창 2행 2열 분할의 4번 창
stem(n,[yp 0]);                      % yp[n] 파형 그림
axis([ni nf -2.5 2.5]);              % x축과 y축 영역 설정
title('주기 신호 yp[n]');            % 그림 제목
```

프로그램을 실행한 결과를 [그림 2-25]에 나타내었다.

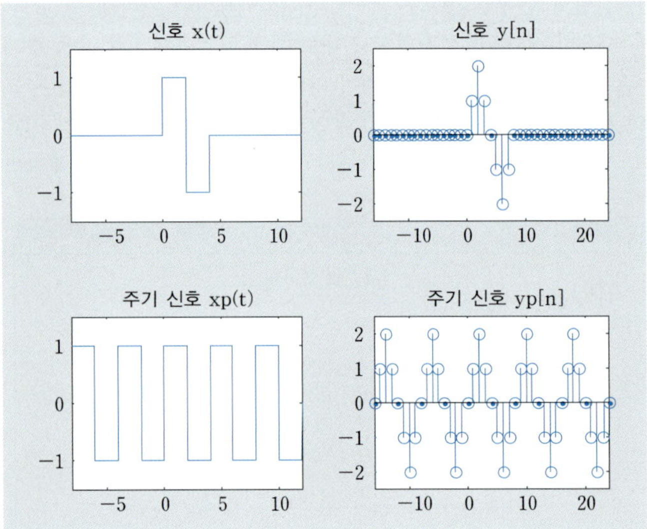

[그림 2-25] [MATLAB 2-1]의 신호 파형

MATLAB 2-2 백색 잡음과 잡음에 오염된 신호

시스템 해석이나 신호 처리에서, 신호에 섞여 있는 잡음을 백색 잡음으로 모형화하는 경우가 많다. 이때 신호에 대한 잡음의 영향은 신호에 대한 잡음의 전력비를 데시벨로 표시한 **신호 대 잡음비(SNR)**Signal to Noise Ratio로 평가한다.

신호 $s(t)$에 잡음 $n(t)$가 섞인 신호 $x(t)$는 $x(t)=s(t)+an(t)$와 같이 표현할 수 있다. 여기에서 잡음의 크기 a는 SNR에 따라 다음과 같은 값을 가진다.

$$a=\frac{\sigma_s/\sigma_n}{10^{\mathrm{SNR}/20}}$$

(a) 평균 0인 균일 분포 백색 잡음과 정규 분포 백색 잡음을 그리고 평균과 분산을 구하라.

(b) SNR = 10[dB], SNR = 20[dB]의 경우에 대해 정현파 신호 $s(t)=\cos(2\pi t)$에 정규 분포 백색 잡음이 섞인 경우의 파형을 그려라.

풀이

매트랩에서 rand는 평균이 0.5이고 분산이 1/12인 균일 분포를 갖는 난수를, randn은 평균이 0이고 분산이 1인 정규(Gaussian) 분포를 갖는 난수를 발생시키는 명령이다.

이 문제에 대한 매트랩 프로그램은 다음과 같다.

SS_2_2.m

```
t=[0:0.01:2];                                    % 시간축 설정(0에서 2까지 0.01 간격)
signal=cos(2*pi*t);                              % 정현파 신호 생성
nu=rand(size(signal))-0.5;                       % 균일 분포 잡음(평균=0, 분산=1/12) 생성
ng=randn(size(signal));                          % 정규 분포 잡음(평균=0, 분산=1) 생성
mu=sum(nu)/length(t);                            % 균일 분포 백색 잡음의 평균
mg=sum(ng)/length(t);                            % 정규 분포 백색 잡음의 평균
vu=sum((nu-mu).^2)/length(t);                    % 균일 분포 백색 잡음의 분산
vg=sum((ng-mg).^2)/length(t);                    % 정규 분포 백색 잡음의 분산

snr1=10; snr2=20;                                % 원하는 SNR 설정
a1=std(signal)/std(ng)/(10^(snr1/20));           % 크기 a 결정(SNR=10[dB] 백색잡음)
a2=std(signal)/std(ng)/(10^(snr2/20));           % 크기 a 결정(SNR=20[dB] 백색잡음)
x1=signal+a1*ng;                                 % SNR=10[dB] 백색 잡음이 섞인 신호 생성
x2=signal+a2*ng;                                 % SNR=20[dB] 백색 잡음이 섞인 신호 생성

fprintf('균일분포 백색잡음의 평균= %.4f\n',mu);    % 균일 분포 백색 잡음의 평균 출력
fprintf('균일분포 백색잡음의 분산= %.4f\n',vu);    % 균일 분포 백색 잡음의 분산 출력
fprintf('정규분포 백색잡음의 평균= %.4f\n',mg);    % 정규 분포 백색 잡음의 평균 출력
fprintf('정규분포 백색잡음의 분산= %.4f\n',vg);    % 정규 분포 백색 잡음의 분산 출력
fprintf('SNR=10dB 백색잡음 a 값은 %.4f\n',a1);    % 명령 창에 SNR=10[dB] 잡음 a 표시
fprintf('SNR=20dB 백색잡음 a 값은 %.4f\n',a2);    % 명령 창에 SNR=20[dB] 잡음 a 표시

subplot(2,2,1);                                  % 2행 2열 분할 그림 창의 1번 창
plot(t,nu);                                      % 균일 분포 백색 잡음 그림
axis([0 2 -1 1]);                                % x축과 y축의 그림 영역 지정
```

```
title('균일분포 백색잡음');                % 그림 제목
subplot(2,2,2);                          % 2행 2열 분할 그림 창의 2번 창
plot(t,ng);                              % 정규 분포 백색 잡음 그림
axis([0 2 -2 2]);                        % x축과 y축의 그림 영역 지정
title('정규분포 백색잡음');                % 그림 제목
subplot(2,2,3);                          % 2행 2열 분할 그림 창의 3번 창
plot(t,x1);                              % SNR=10[dB] 백색 잡음이 섞인 신호 그림
hold on;                                 % 현재 그림 창 유지
plot(t,signal,'r');                      % 정현파 신호 그림
axis([0 2 -2 2]);                        % x축과 y축의 그림 영역 지정
title('SNR=10dB 잡음이 섞인 정현파');       % 그림 제목
subplot(2,2,4);                          % 2행 2열 분할 그림 창의 4번 창
plot(t,x2);                              % SNR=20[dB] 백색 잡음이 섞인 신호 그림
hold on;                                 % 현재 그림 창 유지
plot(t,signal,'r');                      % 정현파 신호 그림
axis([0 2 -2 2]);                        % x축과 y축의 그림 영역 지정
title('SNR=20dB 잡음이 섞인 정현파');       % 그림 제목
```

프로그램을 실행하면 명령 창에 다음의 결과가 출력되고, 그림 창에는 [그림 2-26]과 같이 신호들의 파형이 그려진다. 그림으로부터 볼 수 있듯이 SNR이 낮을수록 잡음의 영향이 커짐을 알 수 있다.

균일분포 백색잡음의 평균 = 0.0027　　균일분포 백색잡음의 분산 = 0.0844
정규분포 백색잡음의 평균 = −0.0422　　정규분포 백색잡음의 분산 = 0.9931
SNR=10dB 백색잡음 a 값은 0.2249　　SNR=20dB 백색잡음 a 값은 0.0711

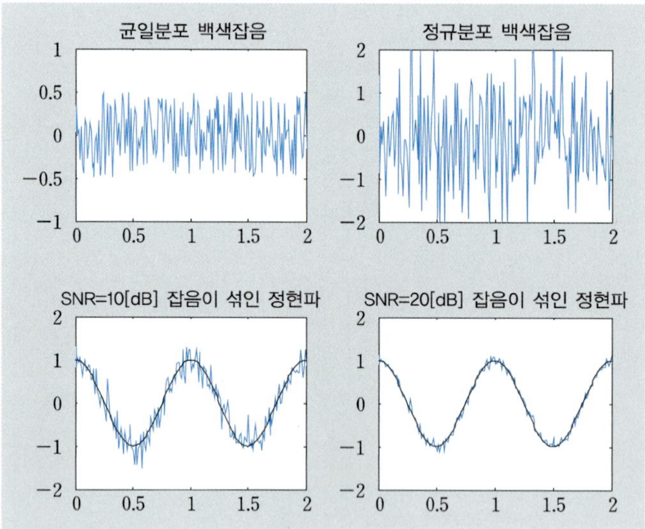

[그림 2-26] [MATLAB 2-2]의 신호 파형

CHAPTER

03

기본적인 신호와 연산

Basic Signals and Operations

학습목표

- 기본적인 연속 신호들의 정의와 용도를 이해할 수 있다.
- 기본적인 이산 신호들의 정의와 용도를 이해할 수 있다.
- 몇 가지 기본 연속 신호와 이산 신호의 차이점을 파악할 수 있다.
- 신호에 대한 기본 연산의 종류와 성질에 대해 이해할 수 있다.
- 진폭 변환과 시간 변환의 물리적 의미를 잘 이해할 수 있다.
- 기본 연산의 조합에 의한 새로운 신호 산출 과정에 대해 이해할 수 있다.

【 미리보기 】

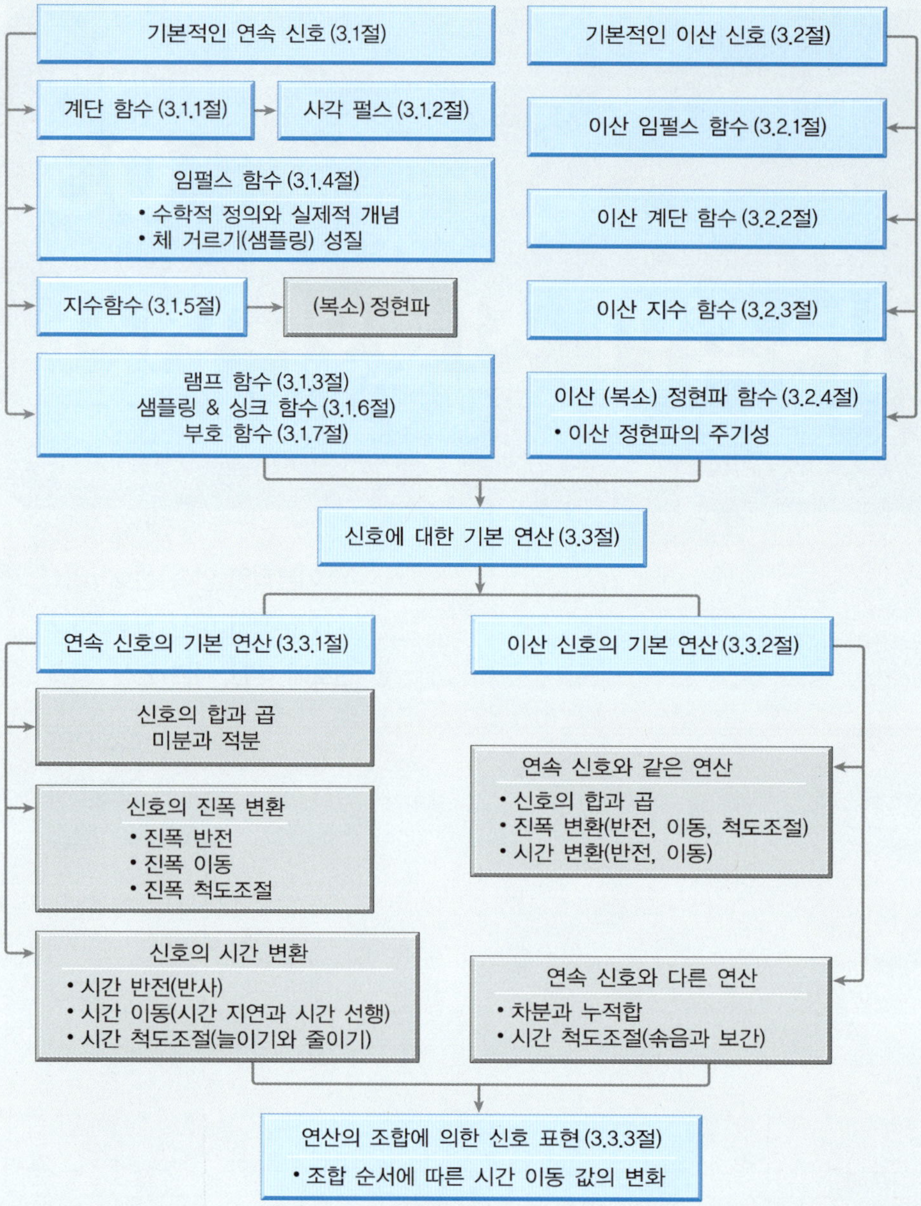

신호와 시스템을 다루는 과정에서 자주 접할 뿐만 아니라 중요한 역할을 하는 기본적인 신호들이 있다. 이런 기본 신호들은 문제를 공학적으로 단순화시켜 접근할 수 있게 한다든지, 특성 분석을 편리하게 해주는 등 여러 면에서 유용하게 활용된다. 한편 보기에는 복잡한 신호일지라도 단순한 신호에 대해 기본적인 연산을 차례로 적용함으로써 얻을 수 있는데, 신호에 대한 기본 연산은 시간과 진폭(크기)에 대한 반전, 이동, 척도조절 등의 연산이며, 그 외에 기초적인 몇몇 연산이 더해진다. 이 장에서는 연속 및 이산 신호 중 기본 신호들을 소개하고 그 특징을 살펴볼 것이다. 그리고 신호에 대한 기본 연산의 종류와 활용에 대해서도 간략히 알아보기로 한다.

SECTION 3.1

기본적인 연속 신호

학습포인트

- (단위) 계단 함수의 정의와 쓰임을 이해한다.
- 계단 함수와 사각 펄스를 이용한 연속 신호의 표현을 익혀둔다.
- (단위) 임펄스 함수의 개념과 성질을 이해하고, 임펄스 함수와 계단 함수의 관계를 알아둔다.
- 지수 함수의 종류와 차이를 파악하고, 특히 (복소) 정현파에 대해 잘 익혀둔다.
- 오일러 공식과 삼각 함수의 관계를 이해하고 잘 익혀둔다.
- 샘플링 함수와 싱크 함수가 어떤 신호인지 알아둔다.

신호와 시스템을 다루는 과정에서 자주 쓰이며 중요한 역할을 하는 기본적인 신호들이 있다. 이들은 문제를 공학적으로 접근하고 해결하는 데 유용하게 활용된다. 그뿐만 아니라 이들을 이용해 복잡한 신호를 단순하게 표현할 수 있어 신호와 시스템의 성질을 파악하는 데에도 도움이 된다. 이 절에서는 먼저 주요한 기본 연속 신호들은 어떤 것들인지 살펴보기로 한다(정현파는 이미 1.4절에서 자세히 살펴보았으므로 생략한다).

3.1.1 (단위) 계단 함수

- **(단위) 계단 함수**(unit) step function는 $t=0$에서 파형이 불연속인 계단 모양의 함수이다.

$$u(t)=\begin{cases}1, & t>0\\ 0, & t<0\end{cases} \tag{3.1}$$

- 계단 신호는 $t=0$를 경계로 한 켬-끔on-off 스위치 동작으로 취급할 수 있어 다른 여러 종류의 신호, 특히 구간 연속 신호의 표현에 유용하게 사용된다.
- 계단 신호는 갑작스러운 입력 신호 값의 변화에 대해 시스템이 어떻게 반응하는가를 검사하는 데 활용할 수 있다.

[그림 3-1]은 단위 계단 함수의 파형으로 $t=0$에서 전원 스위치를 켰을 때의 전압 모양과 같다. 이러한 특성을 이용하면 [그림 3-2]에 나타낸 것처럼 신호가 존재하는 구간을 제한하여 잘라낼 수 있다. 그림에서 보면, 단위 계단 함수 $u(t)$를 자르고 싶은 시간 t_0만큼 이동시켜 신호 $x(t)$와 곱하면 $t<t_0$에서의 $x(t)$의 값이 0이 되어 제거되는 효과를 가지게 된다. 만약 $t\geq 0$에서만 값을 갖는 인과 신호를 나타내려면 $x(t)$에 $u(t)$를 곱해 $x(t)u(t)$로 나타내면 된다. 예를 들어, $x(t)u(t)=\cos(\omega_0 t)u(t)$는 $t\geq 0$에서만 값을 갖는다.

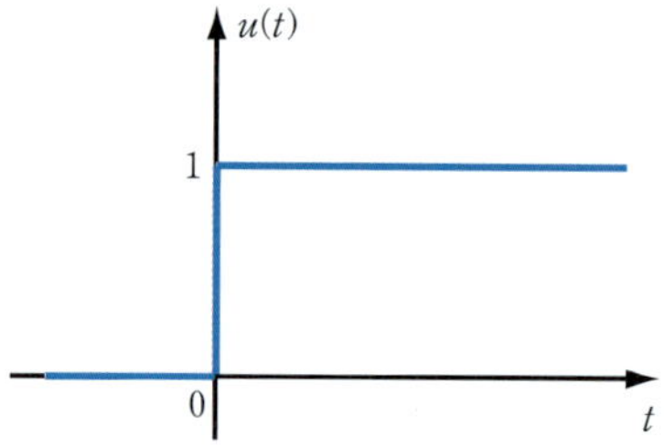

[그림 3-1] 단위 계단 함수

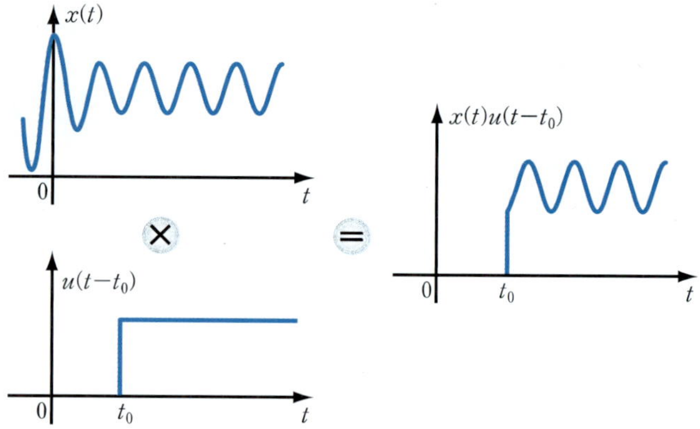

[그림 3-2] 단위 계단 함수의 스위치 역할

3.1.2 사각 펄스 함수

- **사각 펄스 함수**rectangular pulse function는 유한한 시간 구간에서만 값이 상수인 함수로서 두 계단 함수의 합으로 표현할 수 있다.

$$p_a(t) = \mathrm{rect}\left(\frac{t}{2a}\right) = \begin{cases} 1, & -a < t < a \\ 0, & \text{그 외} \end{cases} \tag{3.2}$$

$$\mathrm{rect}\left(\frac{t}{2a}\right) = u(t+a) - u(t-a) \tag{3.3}$$

- 사각 펄스 신호는 on-off 스위치 또는 게이트 신호 역할을 할 수 있다.

식 (3.2)의 정의로부터 $\mathrm{rect}(t)$는 $a = \frac{1}{2}$로 너비가 1인 사각 펄스이다. [그림 3-3(a)]는 사각 펄스 신호의 파형을 나타낸 것으로, [그림 3-3(b)]처럼 사각 펄스의 왼쪽 끝에서 시작하는 계단 함수에서 오른쪽 끝에서 시작하는 계단 함수를 뺀 것으로 볼 수 있다(식 (3.3)).

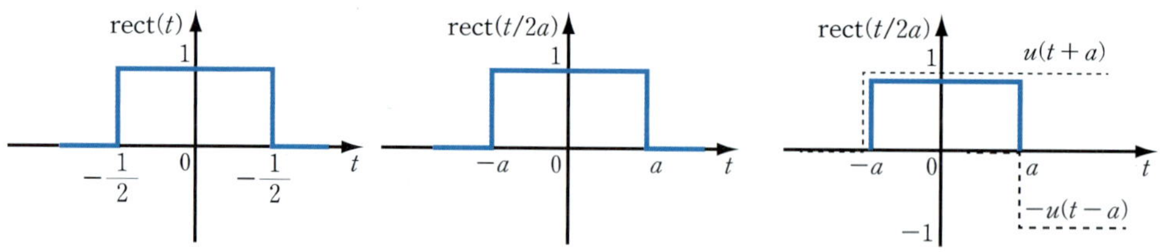

(a) 사각 펄스

(b) $u(t+a)-u(t-a)$

[그림 3-3] 사각 펄스 신호의 파형

사각 펄스는 다른 신호를 켜고 끄는 스위치 역할을 할 수 있어 신호의 일부를 잘라낼 때 유용하며, 특히 구간별로 다른 파형이나 불연속을 갖는 **구간 연속**piecewise continuous 신호를 수식으로 표현할 때 매우 편리하다. 예를 들어, 신호 $x(t) = \cos(\pi t)$의 한 주기 성분만 뽑아내려면 [그림 3-4]와 같이 너비가 2인 사각 펄스를 시간축을 따라 오른쪽으로 1만큼 이동시켜 $x(t)$에 곱해주면 된다. 이를 수식으로 나타내면 다음과 같다.

$$x'(t) = \cos(\pi t) \cdot \text{rect}\left(\frac{t-1}{2}\right) = \cos(\pi t)[u(t) - u(t-2)] \tag{3.4}$$

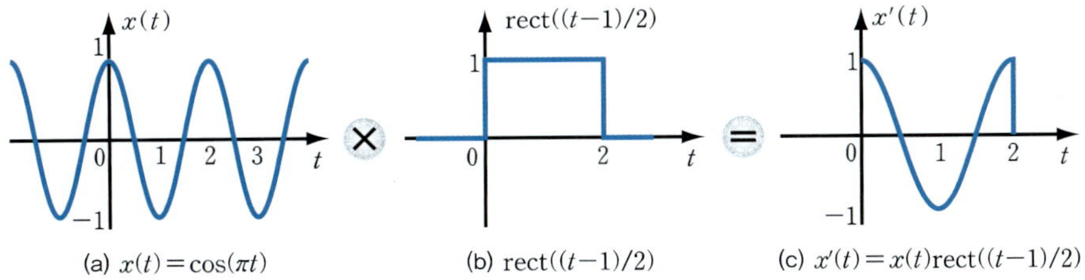

[그림 3-4] 사각 펄스에 의한 신호의 추출 예

예제 3-1 계단 함수로 표현된 신호의 파형

다음에 주어진 신호를 그려라.

(a) $x(t) = u(t+2) - 2u(t) + u(t-1)$ (b) $x(t) = t[u(t+1) - u(t-2)]$

풀이

(a) 수식에서 $u(\cdot)$는 ( ) 안의 시간 값이 0이 되는 순간에서 불연속점을 갖도록 시간 이동된 계단 함수이다. 즉 $u(t+2)$는 $t = -2$에서 시작되는 계단 신호이다. 주어진 신호는 3개의 계단 함수 $u(t+2)$와 $-2u(t)$, 그리고 $u(t-1)$을 각각 그려 더하면 된다. 또는 $x(t)$를 다시 쓰면 $x(t) = [u(t+2) - u(t)] - [u(t) - u(t-1)]$이다. 따라서 2개의 사각 펄스 $[u(t+2) - u(t)]$와 $-[u(t) - u(t-1)]$을 각각 그려 더해도 된다. [그림 3-5(a)]에 이 신호의 파형을 나타내었다.

(b) [그림 3-5(b)]와 같이 t와 사각 펄스 $[u(t+1) - u(t-2)]$의 곱으로 구하면 된다.

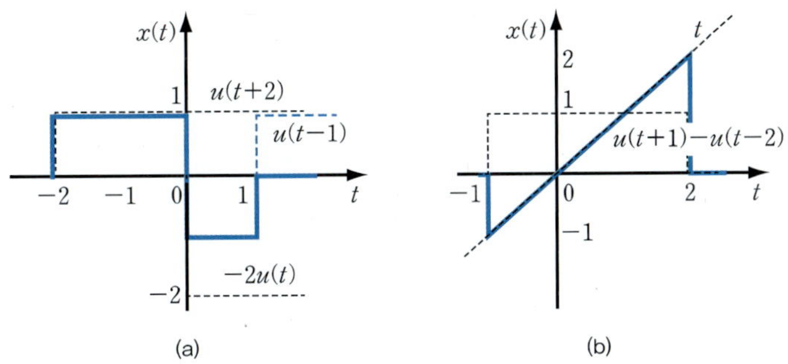

[그림 3-5] [예제 3-1] 신호의 파형

3.1.3 (단위) 램프 함수

- **(단위) 램프 함수**(unit) ramp function는 $t=0$에서 시작하는 기울기 1인 직선으로 정의되며, 계단 함수를 적분하여 얻을 수 있다.

$$r(t)=\begin{cases} t, & t\geq 0 \\ 0, & t<0 \end{cases} \tag{3.5}$$

$$\int_{-\infty}^{t} u(\tau)\,d\tau = tu(t) = r(t) \tag{3.6}$$

- 램프 신호는 시간에 비례하여 직선적으로 값이 증가하는 입력 신호에 대해 시스템이 어떻게 반응하는가를 검사하는 데 활용할 수 있다.

단위 램프 함수의 파형은 [그림 3-6]과 같다.

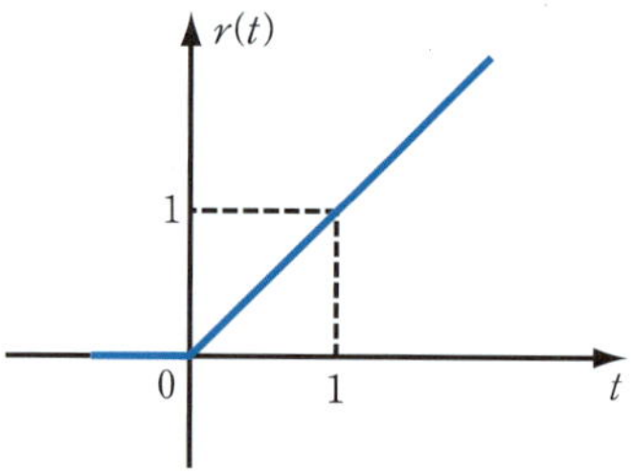

[그림 3-6] 단위 램프 함수

예제 3-2 **계단 함수와 램프 함수를 이용한 삼각 펄스 함수의 표현**

다음과 같이 크기와 넓이가 1인 삼각형으로 정의되는 삼각 펄스에 대해 계단 함수와 램프 함수를 이용한 표현을 구하라.

$$\text{tri}(t)=\begin{cases} 1-|t|, & |t|\leq 1 \\ 0, & |t|>1 \end{cases} \tag{3.7}$$

풀이

[그림 3-7(a)]는 주어진 삼각 펄스의 파형으로, 이를 구간별로 나타내면 다음과 같다.

$$\text{tri}(t)=\begin{cases} t+1, & -1\leq t\leq 0 \\ -t+1, & 0\leq t\leq 1 \\ 0, & \text{그 외} \end{cases}$$

이를 사각 펄스를 이용해 수식으로 나타낸 뒤 정리하면 다음과 같이 계단 함수와 램프 함수 표현이 구해진다. [그림 3-7(b)]는 램프 함수 표현을 그림으로 나타낸 것이다.

$$\begin{aligned}\text{tri}(t)&=(t+1)[u(t+1)-u(t)]+(-t+1)[u(t)-u(t-1)]\\&=(t+1)u(t+1)-2tu(t)+(t-1)u(t-1)\\&=r(t+1)-2r(t)+r(t-1)\end{aligned}$$

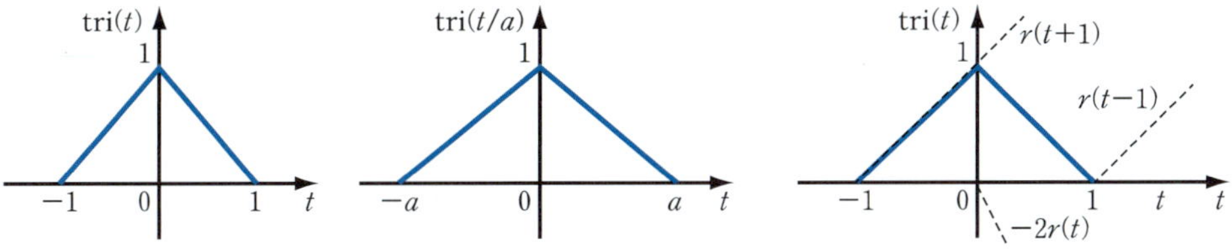

(a) 삼각 펄스의 파형　　　　(b) 삼각 펄스의 램프 함수 표현

[그림 3-7] 삼각 펄스 신호의 파형

예제 3-3　계단 함수를 이용한 구간 연속 신호의 표현

[그림 3-8]에 나타낸 신호 $x(t)$의 수식 표현을 계단 함수를 이용하여 구하라.

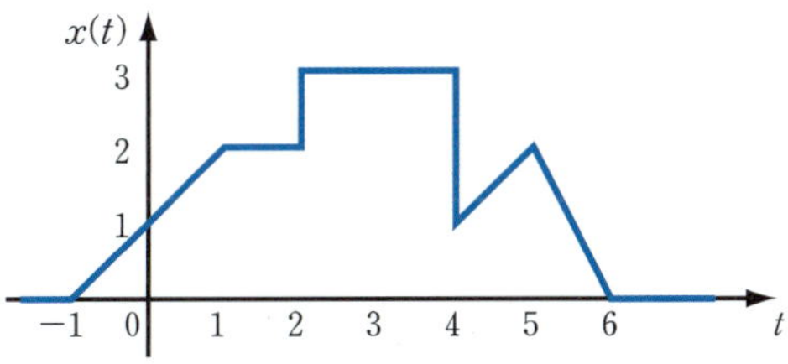

[그림 3-8] 구간 연속 신호

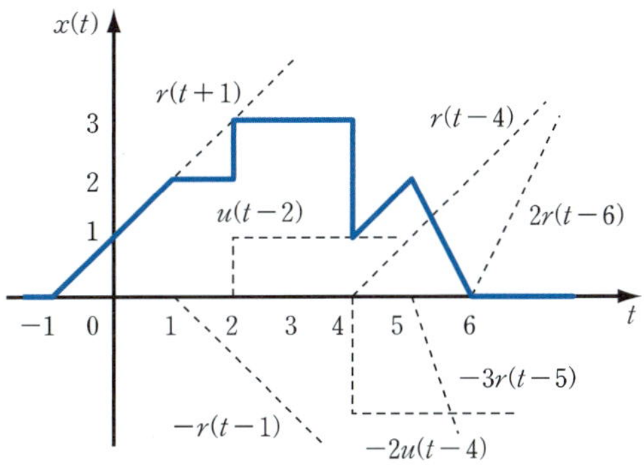

[그림 3-9] 기본 신호에 의한 분해

풀이

[그림 3-4]에서 살펴본 것처럼, 사각 펄스 $\text{rect}(t/2a)=u(t+a)-u(t-a)$가 $[-a\ a]$ 구간의 신호 성분을 잘라내는 기능을 이용할 수 있다. 먼저 $x(t)$를 구간별로 수식으로 나타내면 다음과 같다.

$$x(t)=\begin{cases}0, & t<-1\\ t+1, & -1\le t<1\\ 2, & 1\le t<2\\ 3, & 2\le t<4\\ t-3, & 4\le t<5\\ -2t+12, & 5\le t<6\\ 0, & t\ge 6\end{cases}$$

각 구간별로 사각 펄스를 이용하여 나타낸 것들을 모두 더하면 다음과 같이 계단 함수를 이용한 $x(t)$의 수식 표현을 얻을 수 있다.

$$\begin{aligned}x(t)&=(t+1)[u(t+1)-u(t-1)]+2[u(t-1)-u(t-2)]+3[u(t-2)-u(t-4)]\\&\quad+(t-3)[u(t-4)-u(t-5)]+(-2t+12)[u(t-5)-u(t-6)]\\&=(t+1)u(t+1)-(t-1)u(t-1)+u(t-2)\\&\quad+(t-6)u(t-4)-3(t-5)u(t-5)+2(t-6)u(t-6)\\&=r(t+1)-r(t-1)+u(t-2)-2u(t-4)+r(t-4)-3r(t-5)+2r(t-6)\end{aligned}$$

다른 방법으로, 주어진 신호를 계단 함수와 램프 함수를 이용하여 [그림 3-9]와 같이 분해한다. 신호는 다음과 같이 6구간으로 나눌 수 있다.

❶ $-1 \le t < 1$: $t=-1$에서 시작하여 기울기 1로 증가하므로 $r(t+1)$이 필요하다.

❷ $1 \le t < 2$: 값이 상수가 되려면 $r(t+1)$의 영향을 상쇄해야 하므로 $t=1$에서 시작하여 기울기 -1로 감소하는 성분 $-r(t-1)$이 필요하다.

❸ $2 \le t < 4$: 상수 값이 1 증가했으므로 $t=2$에서 시작하는 $u(t-2)$를 추가한다.

❹ $4 \le t < 5$: 시작 값이 2 만큼 감소했으므로 $t=4$에서 시작하는 $-2u(t-4)$이 필요하며, 이후 기울기 1로 값이 증가하므로 $r(t-4)$를 추가한다.

❺ $5 \le t < 6$: 기울기 1로 증가하는 $r(t-4)$의 영향을 상쇄하고도 기울기 -2로 값이 감소해야 하므로 $-3r(t-5)$이 필요하다.

❻ $t \ge 6$: 기울기 -2로 값이 감소하는 것을 상쇄해야 값이 0으로 되므로 $2r(t-6)$을 추가한다.

이상의 성분들을 모두 더한 $x(t)$의 수식 표현은 다음과 같다.

$$x(t) = r(t+1) - r(t-1) + u(t-2) - 2u(t-4) + r(t-4) - 3r(t-5) + 2r(t-6)$$

램프 함수와 계단 함수의 관계 $r(t) = tu(t)$를 대입하여 정리하면 다음과 같이 계단 함수로 나타낸 $x(t)$의 수식 표현을 얻는다.

$$\begin{aligned} x(t) &= (t+1)u(t+1) - (t-1)u(t-1) + u(t-2) - 2u(t-4) \\ &\quad + (t-4)u(t-4) - 3(t-5)u(t-5) + 2(t-6)u(t-6) \\ &= (t+1)u(t+1) - (t-1)u(t-1) + u(t-2) \\ &\quad + (t-6)u(t-4) - 3(t-5)u(t-5) + 2(t-6)u(t-6) \end{aligned}$$

두 풀이 방법을 비교해보면 첫 번째 방법이 훨씬 간편함을 알 수 있다.

3.1.4 (단위) 임펄스 함수

임펄스 함수는 신호와 시스템의 특성을 이해하는 데 매우 중요한 위치를 차지하고 있는 신호이다.

- **연속 (단위) 임펄스 함수**(unit) impulse function는 **디락 델타**Dirac delta라고도 한다. 물리적으로 존재하지는 않지만, 수학적으로 다음 성질을 만족하는 함수로 정의되는 **특이**singularity **함수**이다.

$$\begin{cases} 1.\ \delta(t) \to \infty, & t=0 \\ 2.\ \delta(t) = 0, & t \neq 0 \\ 3.\ \displaystyle\int_{-\infty}^{\infty} \delta(t)dt = 1 & \\ 4.\ \delta(t) = \delta(-t) & \end{cases} \tag{3.8}$$

- 임펄스 함수는 화살표로 나타내고, 함수의 값(크기) 대신 그 면적을 **세기**strength라고 하여 함께 표시한다([그림 3-10(c)]).

- 임펄스 함수는 계단 함수의 미분, 계단 함수는 임펄스 함수의 적분으로 표현할 수 있다.

$$\delta(t) = \frac{du(t)}{dt} \tag{3.9}$$

$$u(t) = \int_{-\infty}^{t} \delta(\tau)\, d\tau \tag{3.10}$$

- 임펄스 함수는 신호에서 하나의 값만 뽑아내는 **체 거르기**[sifting]**(샘플링) 성질**을 만족한다.

$$\int_{-\infty}^{\infty} x(t)\delta(t-t_0)\, dt = x(t_0) \tag{3.11}$$

식 (3.8)에서 보듯이, 연속 임펄스 함수는 $t=0$ 순간에만 존재하며 그 크기를 정의할 수 없고 다만 함수 아래의 면적이 1이고 우대칭을 만족하는 함수이다.

임펄스 함수와 계단 함수의 관계

연속 임펄스 함수는 일반적인 함수의 정의를 따르지 않기 때문에 그 개념을 이해하기가 쉽지 않은데, 수학적 정의에 입각하기보다는 실용적인 관점에서 평범한 함수의 극한으로 간주하는 편이 오히려 쉽고 편리하다. 이를 위해 먼저 계단 함수부터 살펴보자. 실제 물리적인 시스템에서는 계단 함수와 같이 순간적으로 급변하는 신호, 다시 말해 불연속 점프를 가지는 신호는 생기지 않는다. 왜냐하면 이런 급격한 값의 변화는 순간적으로 에너지가 전달되었다는 것을 의미하는데, 실제로는 불가능하기 때문이다. 따라서 [그림 3-10(a)]의 $u_\Delta(t)$가 계단 함수의 올바른 물리적 표현이라고 볼 수 있으며, 이상적인 계단 함수는 천이 과정 폭 $\Delta \to 0$의 극한을 취한 것으로 생각하면 된다. 즉 식 (3.12)와 같다.

$$u(t) = \lim_{\Delta \to 0} u_\Delta(t) \tag{3.12}$$

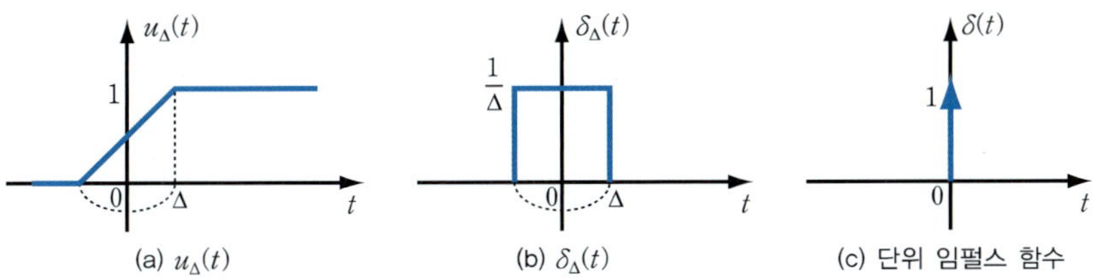

[그림 3-10] 극한 개념에 의한 단위 임펄스 함수의 정의

근사화한 계단 함수 $u_\Delta(t)$는 구간 미분 가능하며, 그 미분은 [그림 3-10(b)]에 나타낸 것처럼 임펄스 함수를 근사화한 사각 펄스 $\delta_\Delta(t)$가 된다. 이 $\delta_\Delta(t)$에 대해 $\Delta \to 0$의 극한을 취하면 [그림 3-10(c)]에 나타낸 것과 같은 단위 임펄스 함수를 얻게 된다. 즉 식 (3.13)과 같다.

$$\delta(t) = \lim_{\Delta \to 0} \delta_\Delta(t) \tag{3.13}$$

따라서 임펄스 함수 $\delta(t)$는 식 (3.9)처럼 계단 함수 $u(t)$의 미분, 역으로 $u(t)$는 식 (3.10)과 같이 $\delta(t)$의 적분으로 정의할 수 있다.

임펄스 함수의 체 거르기 성질

t_0만큼 시간 이동된 임펄스 함수 $\delta(t-t_0)$를 t_0에서 연속인 신호 $x(t)$와 곱한다면, $\delta(t-t_0)$는 $t=t_0$에서만 존재하므로 다음과 같이 될 것이다.

$$x(t)\delta(t-t_0)=x(t_0)\delta(t-t_0) \tag{3.14}$$

식 (3.14)의 우변은 세기가 $x(t_0)$인 임펄스 함수이다. 그러므로 이를 적분하면

$$\int_{-\infty}^{\infty} x(t)\delta(t-t_0)\,dt=x(t_0)\int_{-\infty}^{\infty}\delta(t')\,dt'=x(t_0) \tag{3.15}$$

가 된다. 이 결과는 임의의 연속 신호 $x(t)$와 임펄스 함수를 곱하여 적분하는 것이 임펄스 함수가 존재하는 순간($t=t_0$)의 신호 값 $x(t_0)$만을 걸러내는 것과 같으므로 임펄스 함수의 **체 거르기 성질**sifting property 또는 **샘플링 성질**sampling property이라고 한다. 식 (3.14)와 식 (3.15) 둘 다 임펄스 함수가 신호 $x(t)$에서 하나의 값만을 뽑아내는 샘플링 특성을 나타내는 것이긴 하지만, 임펄스 함수는 크기가 정의되지 않기에 식 (3.14)보다는 식 (3.15)가 실질적으로 활용되며 식 (3.8) 대신 단위 임펄스 함수의 정의로 간혹 사용되기도 한다.

예제 3-4 임펄스 함수의 체 거르기 성질의 활용

다음의 적분 값을 구하라.

(a) $\displaystyle\int_{-2}^{5}\cos\left(5\pi t-\frac{\pi}{3}\right)\delta(t-6)\,dt$

(b) $\displaystyle\int_{-1}^{3}(t^2+2t+3)\delta(t-2)\,dt$

풀이

(a) 임펄스 함수가 존재하는 시간 $t=6$이 적분 구간 $-2\le t\le 5$ 내에 있지 않으므로 이 적분 값은 0이다.

(b) 임펄스 함수가 존재하는 시간 $t=2$가 적분 구간 $-1\le t\le 3$ 내에 있으므로, 임펄스 함수의 체 거르기 성질을 적용하면 다음과 같다.

$$\int_{-1}^{3}(t^2+2t+3)\delta(t-2)\,dt=t^2+2t+3\Big|_{t=2}=2^2+2\cdot 2+3=11$$

3.1.5 지수 함수

지수 함수는 신호와 시스템의 해석에서 중요한 역할을 하며, 다음과 같이 정의된다.

- **지수 함수**exponential function는 다음과 같이 정의되며, 지수 λ에 따라 세 가지로 구분된다.

$$x(t)=Ae^{\lambda t} \tag{3.16}$$

- **실수 지수 함수**는 λ가 실수, 즉 $\lambda=\sigma$인 경우로서 값에 따라 [그림 3-11]과 같이 세 가지 형태를 가지는데, 지수적으로 감쇠하는 (b)가 주로 사용된다.
- **복소 정현파**는 λ가 순허수, 즉 $\lambda=j\omega$일 경우로서 삼각 함수를 이용한 정현파 신호 표현 대신 신호와 시스템의 해석에 널리 사용된다.

$$\begin{aligned} x(t)&=Ae^{j\omega t}=|A|e^{j\phi}e^{j\omega t}=|A|e^{j(\omega t+\phi)} \\ &=|A|\{\cos(\omega t+\phi)+j\sin(\omega t+\phi)\} \end{aligned} \tag{3.17}$$

- **복소 지수 함수**는 λ가 복소수, 즉 $\lambda=\sigma+j\omega$인 가장 일반적인 형태의 지수 함수로서 실수 지수 신호와 복소 정현파 신호가 복합된 특성을 가진다([그림 3-13]).

$$\begin{aligned} x(t)&=Ae^{(\sigma+j\omega)t}=|A|e^{j\phi}e^{(\sigma+j\omega)t}=|A|e^{\sigma t}e^{j(\omega t+\phi)} \\ &=|A|e^{\sigma t}\{\cos(\omega t+\phi)+j\sin(\omega t+\phi)\} \end{aligned} \tag{3.18}$$

식 (3.17)과 식 (3.18)에서 (복소)계수 A는 극좌표 형태 $|A|e^{j\phi}$로 나타낸 것이다.

지수 함수는 다음과 같이 미분해도 함수의 형태가 바뀌지 않기 때문에 미분 방정식으로 표현되는 연속 시스템의 해석이 편리해진다.

$$\frac{dx(t)}{dt}=\frac{d}{dt}(Ae^{\lambda t})=\lambda Ae^{\lambda t}=\lambda x(t) \tag{3.19}$$

실수 지수 함수

A와 λ가 모두 실수이면 $x(t)$는 실수 지수 함수가 되며, [그림 3-11]에 나타낸 것처럼 $\lambda>0$이면 단조 증가, $\lambda<0$이면 단조 감소, $\lambda=0$일 때는 일정한 상수가 된다.

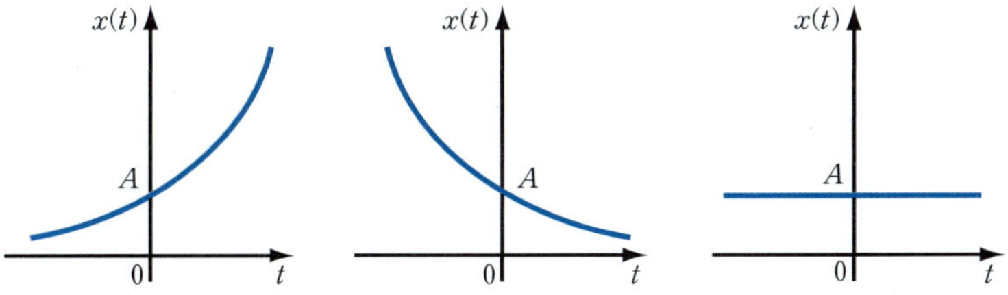

(a) $\lambda>0$ (b) $\lambda<0$ (c) $\lambda=0$

[그림 3-11] 실수 지수 함수

오일러 공식

지수 λ가 복소수인 지수 함수를 다룰 때 다음의 오일러 공식이 아주 유용하다.

- **오일러 공식**Euler formula은 다음과 같이 지수가 순허수인 복소 지수 함수가 실수부가 코사인 함수, 허수부가 사인 함수인 복소수와 같다는 관계를 일컫는다.

$$e^{j\theta} = \cos\theta + j\sin\theta \tag{3.20}$$

- 오일러 공식에 의해 삼각 함수(정현파) $\cos\theta$ 및 $\sin\theta$는 다음과 같이 나타낼 수 있다.

$$\cos\theta = \frac{e^{j\theta} + e^{-j\theta}}{2} \tag{3.21}$$

$$\sin\theta = \frac{e^{j\theta} - e^{-j\theta}}{j2} \tag{3.22}$$

[그림 3-12]는 오일러 공식의 관계를 잘 보여주는 페이저도로, 복소수의 직교좌표 표현과 극좌표 표현을 연계하면 식 (3.20)이 성립함을 바로 알 수 있다.

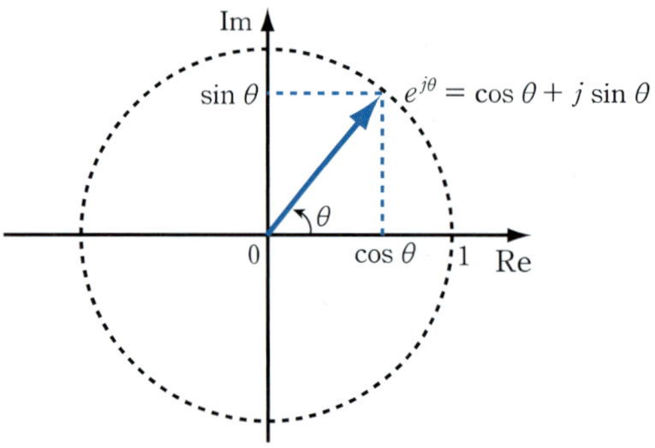

[그림 3-12] 오일러 공식의 페이저도

복소 정현파

지수 함수의 두 번째 형태는 λ가 순허수, 즉 $\lambda = j\omega$일 경우로서 오일러 공식을 적용하면 식 (3.17)과 같이 나타내진다. 식 (3.17)에서 알 수 있듯이, 정현파 신호는 $x(t)$의 실수부 또는 허수부를 취함으로써 얻을 수 있다. 따라서 $x(t) = e^{j\omega t}$을 **복소 정현파 신호**라고 하며, 곱셈과 미적분 등의 계산이 삼각 함수보다 훨씬 편리하므로 삼각 함수 정현파 표현 대신 신호와 시스템의 해석에 널리 사용된다. 전기 회로에서 정현파에 대한 교류 해석을 할 때 사용되는 **페이저**phasor 해석법은 이런 성질을 이용한 대표적 예이다.

복소 지수 함수

가장 일반적인 지수 함수는 A와 λ가 모두 복소수인 경우이다. $A=|A|e^{j\phi}$, $\lambda=\sigma+j\omega$로 표시하면 지수 함수는 식 (3.18)과 같이 나타내진다. 식 (3.18)의 복소 지수 함수는 수식에서 보듯이 실수 지수 신호와 복소 정현파 신호가 곱해진 것이므로 두 신호의 특성이 복합되어 나타나는데, 실수부 $Re\{x(t)\}=|A|e^{\sigma t}\cos(\omega t+\phi)$를 그린 [그림 3-13]에서 잘 살펴볼 수 있다. 그림에서 보듯이, 신호 값의 경계(점선으로 표시) $\pm|A|e^{\sigma t}$은 σ 값에 따라 실수 지수 신호와 똑같은 변화 형태를 보이는데 이를 **포락선**envelope이라 부르며, 신호는 이 포락선에 맞추어 주파수 ω로 진동하는 감쇠 정현파 신호가 된다. 감쇠가 전혀 없는($\sigma=0$) 경우에는 식 (3.17)과 같이 순수하게 진동하는 정현파 신호가 된다.

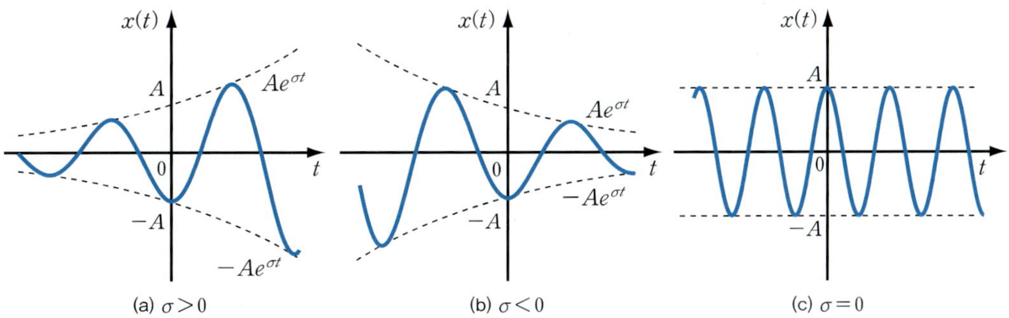

[그림 3-13] 복소 지수 함수의 실수부

지금까지 살펴본 지수 신호는 다양한 물리적 시스템의 응답에서 나타난다. 전기회로의 경우, 실수 지수 신호는 RC 회로의 직류 응답에서, 복소 정현파 신호와 같은 (무감쇠) 정현파 신호는 저항이 없는 LC 회로의 교류 응답에서, 감쇠 정현파 신호는 RLC 회로의 교류 응답에서 잘 찾아볼 수 있다.

예제 3-5 오일러 공식을 이용한 삼각 함수의 복소 정현파 표현

다음과 같이 삼각 함수 정현파로 이루어진 신호를 복소 정현파를 이용한 표현으로 바꾸고, 이로부터 다시 간략화된 삼각 함수 표현을 구하라.

$$x(t)=2\cos\left(5\pi t-\frac{\pi}{3}\right)-2\sin\left(5\pi t-\frac{\pi}{3}\right)$$

풀이

식 (3.21)과 식 (3.22)를 이용해 $x(t)$의 정현파를 복소 정현파로 바꾸어 간략화하면 다음과 같이 된다.

$$\begin{aligned}x(t)&=2\frac{e^{j\left(5\pi t-\frac{\pi}{3}\right)}+e^{-j\left(5\pi t-\frac{\pi}{3}\right)}}{2}-2\frac{e^{j\left(5\pi t-\frac{\pi}{3}\right)}-e^{-j\left(5\pi t-\frac{\pi}{3}\right)}}{j2}\\&=(1+j1)e^{j\left(5\pi t-\frac{\pi}{3}\right)}+(1-j1)e^{-j\left(5\pi t-\frac{\pi}{3}\right)}\\&=\sqrt{2}e^{j\frac{\pi}{4}}e^{j\left(5\pi t-\frac{\pi}{3}\right)}+\sqrt{2}e^{-j\frac{\pi}{4}}e^{-j\left(5\pi t-\frac{\pi}{3}\right)}\end{aligned}$$

$$= \sqrt{2}\left(e^{j\left(5\pi t - \frac{\pi}{3} + \frac{\pi}{4}\right)} + e^{-j\left(5\pi t - \frac{\pi}{3} + \frac{\pi}{4}\right)}\right)$$

$$= 2\sqrt{2}\cos\left(5\pi t - \frac{\pi}{12}\right)$$

앞 식에서 보듯이 삼각 함수를 다룰 때 복소 정현파로 바꾸어 나타내면 합성이나 미적분 등 수학적 취급이 편리해진다.

3.1.6 샘플링 함수와 싱크 함수

샘플링 함수와 싱크 함수는 주파수 영역에서 신호를 해석할 때 사각 펄스 함수와 짝을 이루어 가장 많이 사용되는 중요한 신호이다.

- **샘플링 함수**sampling function는 다음과 같이 정의되는 신호이다.

$$\mathrm{Sa}(t) = \frac{\sin(t)}{t} \tag{3.23}$$

- **싱크 함수**sinc function는 샘플링 함수를 시간축에서 π만큼 압축시킨 신호이다.

$$\mathrm{sinc}(t) = \frac{\sin(\pi t)}{\pi t} \tag{3.24}$$

샘플링 함수는 [그림 3-14(a)]에 나타낸 것처럼 연못에 돌멩이를 던졌을 때 번져나가는 물결의 단면을 닮은 모양을 하고 있다. 즉 $t=0$에서 최댓값 1을 가지고, t의 크기가 커질수록 진폭이 감소하며 $t = \pm k\pi(k=1, 2, 3, \cdots)$에서 값이 0이 되는 감쇠 정현파이다($t=0$에서의 값은 로피탈L'Hopital 정리를 적용하여 구한다). 싱크 함수는 파형의 모양은 같지만 $t = \pm 1, \pm 2, \pm 3, \cdots$에서 그 값이 0이 되므로 샘플링 함수보다 좀 더 편리하다. 샘플링 함수와 싱크 함수를 특별히 구분하지 않고 싱크 함수로 통칭하기도 한다.

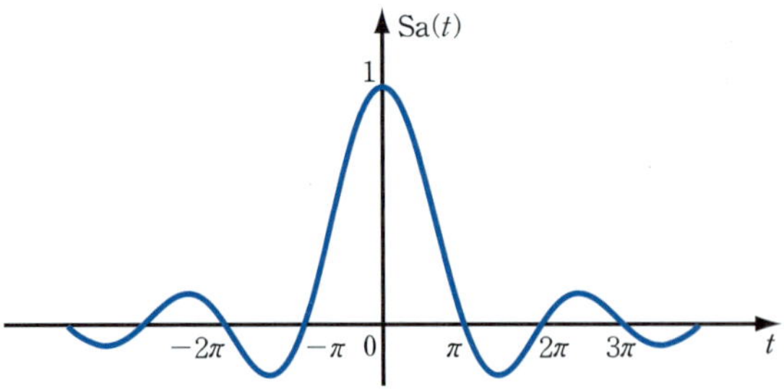

(a) 샘플링 함수

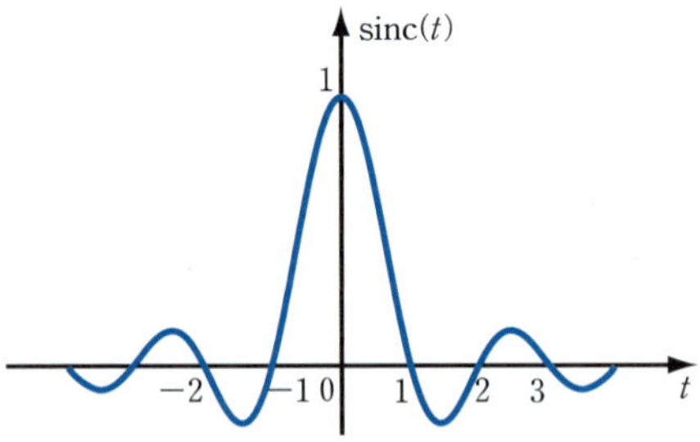

(b) 싱크 함수

[그림 3-14] 샘플링 함수와 싱크 함수

3.1.7 부호 함수

통신이나 제어 등에서 널리 사용되는 부호 함수는 다음과 같이 정의되며, [그림 3-15]에 그 파형이 주어져 있다.

• **부호 함수**signum function는 시간 값이 양일 때는 $+1$, 음일 때는 -1의 값을 갖는 신호이다.

$$\mathrm{sgn}(t)=\begin{cases}-1, & t<0\\ 0, & t=0\\ +1, & t>0\end{cases} \tag{3.25}$$

$$\mathrm{sgn}(t)=-1+2u(t) \tag{3.26}$$

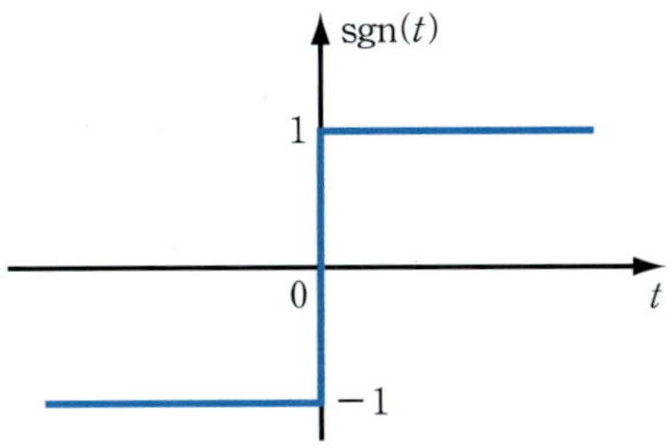

[그림 3-15] 부호 함수

Check Point 다음 문제에서 옳은 것을 골라라.

(1) 계단 함수 $u(t)$는 전 시간 구간에서 값이 1이다. (○, ×)

(2) (사각 펄스, 부호 함수, 램프 함수, 지수 함수)는 계단 함수에 의해 표현될 수 있다.

(3) 갑작스러운 입력 변화에 대한 반응을 검사하는 신호는 (계단 함수, 램프 함수)이다.

(4) 임펄스 함수 $\delta(t)$는 $t=0$에서 그 값(크기)이 1이다. (○, ×)

(5) $\delta(t)$는 $u(t)$의 (미분, 적분) 관계이다.

(6) $\int_{-\infty}^{\infty} x(t)\delta(t-t_0)\,dt=x(t_0)$는 임펄스 함수의 (체 거르기, 이동 적분) 성질이다.

(7) 오일러 공식에 의하면 $\cos\theta=\dfrac{e^{j\theta}-e^{-j\theta}}{2}$이다. (○, ×)

(8) 정현파와 지수 함수는 아무런 관련이 없다. (○, ×)

(9) 실수 지수 함수 $x(t)=Ae^{\lambda t}$의 파형은 λ 값에 따라 세 가지 형태가 된다. (○, ×)

(10) $x(t)=e^{\sigma t}\cos(\omega t+\phi)$에서 $e^{\sigma t}$를 $x(t)$의 (포락선, 유도선, 중심선)이라고 한다.

SECTION 3.2

기본적인 이산 신호

학습포인트

- 이산 (단위) 임펄스 함수의 정의와 연속 임펄스 함수의 차이점을 이해한다.
- 이산 (단위) 계단 함수의 정의와 용도를 이해한다.
- 이산 임펄스 함수와 이산 계단 함수의 관계를 이해한다.
- 이산 임펄스 함수와 이산 계단 함수를 이용한 이산 신호의 표현을 잘 익혀둔다.
- 이산 지수 함수의 종류와 차이를 파악하고 이해한다.
- 이산 (복소) 정현파의 성질과 연속 정현파 신호와의 차이점을 알아본다.

연속 신호와 마찬가지로 이산 신호에도 신호와 시스템을 다룰 때 중요한 역할을 하는 기본 이산 신호들이 있다. 이산 신호는 연속 신호를 샘플링한 것으로 간주할 수 있으므로, 기본 이산 신호들은 대체로 상응하는 기본 연속 신호들과 꼴과 특성이 거의 같지만 몇 가지 흥미로운 차이점도 있다. 그러므로 이런 차이를 갖는 임펄스 신호와 정현파 신호 등을 특히 유의해서 살펴보면 좋을 것이다. 램프 신호를 비롯한 몇몇 기본 신호들은 3.1절의 기본 연속 신호들을 샘플링한 것과 완전히 같으므로 이 절에서 중복해서 다루지는 않는다. 이후에는 기본적으로 연속 신호에 대해서는 '연속'이란 용어를 생략하고 이산 신호에만 '이산'이라는 용어를 붙여 서로 구분될 수 있도록 한다.

3.2.1 이산 (단위) 임펄스 함수

이산 (단위) 임펄스 신호 $\delta[n]$은 극한 개념을 적용하여 정의하는 연속 (단위) 임펄스 신호 $\delta(t)$와는 달리 물리적으로 존재하는 가장 단순한 신호로, 파형은 [그림 3-16]과 같다.

- **이산 (단위) 임펄스 함수**는 $n=0$에서만 1의 값을 가지는 단순한 신호로서, **크로네커 델타** Kronecker delta 또는 **단위 샘플**unit sample **함수**라고도 한다.

$$\delta[n]=\begin{cases}1, & n=0\\ 0, & n\neq 0\end{cases} \tag{3.27}$$

- 이산 임펄스 함수는 이산 신호를 표현하는 데 기본 신호로 사용된다. 이산 신호는 시간 이동된 임펄스 신호들의 가중합 형태로 나타낼 수 있다.

$$\begin{aligned}x[n]&=\cdots+x[-1]\delta[n+1]+x[0]\delta[n]+\cdots+x[k]\delta[n-k]+\cdots\\&=\sum_{k=-\infty}^{\infty}x[k]\delta[n-k]\end{aligned} \tag{3.28}$$

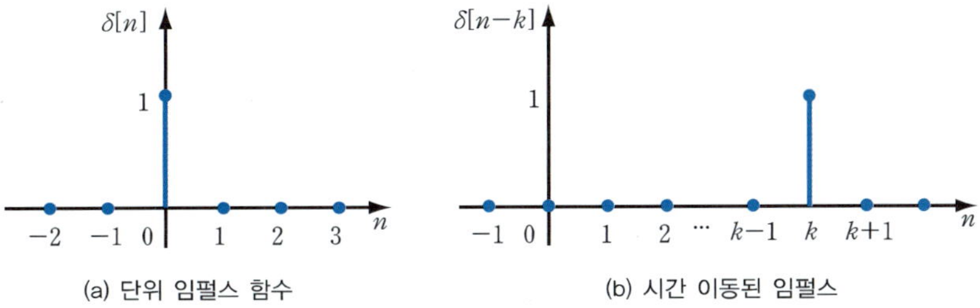

[그림 3-16] 이산 (단위) 임펄스 함수

식 (3.28)은 두 가지 해석이 가능하다. [그림 3-16(b)]에서 보듯이 $\delta[n-k]$는 $\delta[n]$을 시간에 대해 k만큼 이동시킨 것으로 [ ] 안이 0인 시간($n=k$)에서만 값이 1이 되므로, 이산 신호 $x[n]$의 시간 k 순간의 성분(샘플)은 다음과 같이 쓸 수 있다.

$$x[n]\delta[n-k]=x[k]\delta[n-k] \tag{3.29}$$

모든 k 값에 대해 이를 모은 것이 식 (3.28)의 $x[n]$이다. 그러므로 "이산 신호는 시간 이동된 임펄스 신호들의 가중합 형태로 나타낼 수 있다"고 해석한다. 이와 달리 식 (3.28)을 "이산 신호 샘플을 모두 늘어놓은 것에 시간 $k=n$에만 존재하는 임펄스 $\delta[k-n]$을 곱하여 n 순간의 신호 값 $x[n]$을 골라내는 동작"으로 해석할 수 있는데, 이는 이산 임펄스 함수의 **체 거르기** 또는 **샘플링 성질**에 해당한다. 실제로 식 (3.29)와 식 (3.28)은 연속 임펄스 함수의 체 거르기(샘플링) 성질을 나타내는 식 (3.14)와 식 (3.15)에 정확히 상응한다.

3.2.2 이산 (단위) 계단 함수

이산 (단위) 계단 신호 $u[n]$은 연속 계단 신호 $u(t)$를 샘플링한 것과 같은 신호로서, 파형은 [그림 3-17]과 같다.

- **이산 (단위) 계단 신호**는 $n\geq 0$에서 항상 값이 1인 신호, 즉 직류 신호이다.

$$u[n]=\begin{cases}1, & n\geq 0\\ 0, & n<0\end{cases} \tag{3.30}$$

- 이산 계단 신호는 $n=0$을 경계로 한 켬-끔(on-off) 스위치 동작으로 취급할 수 있어 다른 여러 종류의 신호를 표현하는 데 매우 유용하게 사용된다.
- $\delta[n]$은 $u[n]$의 **차분**difference으로, $u[n]$은 $\delta[n]$의 **이동 합**running sum으로 표현할 수 있다.

$$\delta[n]=u[n]-u[n-1] \tag{3.31}$$

$$u[n]=\sum_{k=-\infty}^{n}\delta[k] \tag{3.32}$$

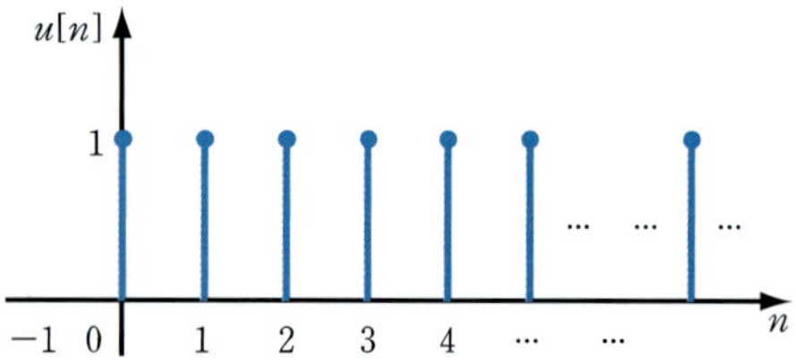

[그림 3-17] 이산 계단 함수

식 (3.31)과 식 (3.32)는 연속 기본 신호의 식 (3.9)와 식 (3.10)에 상응하는 관계로서, 식 (3.31)은 [그림 3-18]을 보면 바로 알 수 있다. 그리고 식 (3.32)는 $n \geq 0$에서 우변이 항상 $\delta[0]$을 포함하므로 값이 1이 됨, 즉 계단 함수임을 알 수 있다.

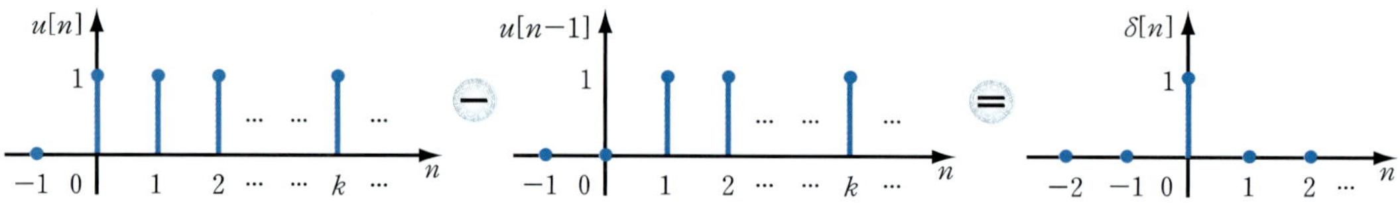

[그림 3-18] 이산 계단 함수와 이산 임펄스 함수의 관계

예제 3-6 이산 계단 함수를 이용한 이산 사각 펄스의 표현

사각 펄스 $\mathrm{rect}\left[\frac{n}{6}\right]=\begin{cases}1, & -3 \leq n \leq 3 \\ 0, & \text{그 외}\end{cases}$의 이산 계단 함수를 이용한 표현을 구하라.

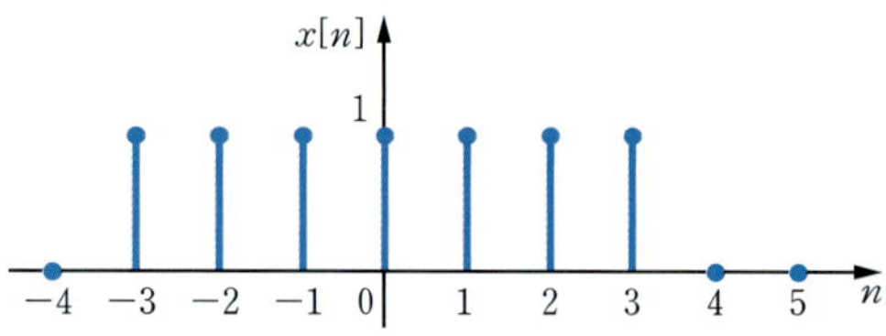

[그림 3-19] [예제 3-6]의 사각 펄스 신호

풀이

구간 $[-3,\ 3]$에서 값이 1이 되어야 하므로, $n=-3$에서 시작하는 $u[n+3]$에서 $n=4$에서 시작하는 $u[n-4]$를 빼야 한다. 따라서 주어진 사각 펄스는 다음과 같이 계단 함수를 이용하여 나타낼 수 있다.

$$\mathrm{rect}\left[\frac{n}{6}\right]=u[n+3]-u[n-4]$$

계단 함수를 이용한 신호의 표현에서 연속 신호에서는 $\mathrm{rect}\left(\frac{t}{6}\right)=u(t+3)-u(t-3)$과 같이 신호의 끝 순간에서 시작하는 계단 신호를 빼지만, 이산 신호에서는 신호의 끝 순간보다 1만큼 더 오른쪽으로 이동된 계단 신호를 뺀다는 점을 조심한다. 또한 연속 사각 펄스의 길이는 $6(=3-(-3))$이지만, 이산 사각 펄스의 길이는 샘플의 개수 $7(=3-(-3)+1)$이 됨도 유의해야 한다.

예제 3-7 임펄스 신호와 계단 신호를 이용한 이산 신호 표현

다음 그림과 같은 이산 신호를 임펄스 신호와 계단 신호를 이용하여 나타내라.

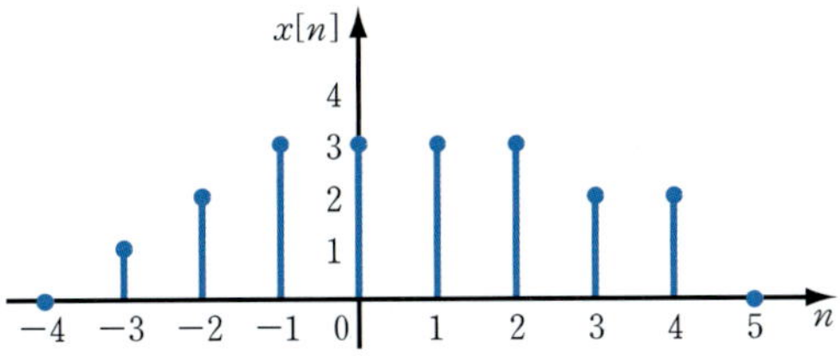

[그림 3-20] [예제 3-7]의 이산 신호 $x[n]$

풀이

임펄스 신호를 이용하여 신호를 나타내는 일은 매우 쉽다. 신호를 각각의 시간 성분으로 쪼갠 후, 식 (3.28)에서 해당하는 시간의 신호 샘플값을 대입하기만 하면 된다. [그림 3-21(a)]는 이러한 과정을 나타낸 것이다.

$$\begin{aligned} x[n] = \delta[n+3] &+ 2\delta[n+2] + 3\delta[n+1] + 3\delta[n] \\ &+ 3\delta[n-1] + 3\delta[n-2] + 2\delta[n-3] + 2\delta[n-4] \end{aligned}$$

계단 신호를 이용하여 신호를 나타내려면, 신호를 같은 함수 꼴로 표현될 수 있는 성분들로 나누어야 한다. 주어진 신호는 [그림 3-21(b)]의 위 그림과 같이 쪼갤 수 있다.

❶ 4개의 샘플로 구성된 기울기 1인 램프 신호($-4 \leq n \leq -1$)
❷ 3개의 샘플로 된 크기가 3인 사각 펄스($0 \leq n \leq 2$)
❸ 2개의 샘플로 된 크기가 2인 사각 펄스($3 \leq n \leq 4$)

쪼개진 각각의 성분을 단위 계단 함수를 이용해 표현한 뒤, 이를 모두 더하면 다음과 같은 결과를 얻는다.

$$\begin{aligned} x[n] &= (n+4)(u[n+4] - u[n]) + 3(u[n] - u[n-3]) + 2(u[n-3] - u[n-5]) \\ &= (n+4)u[n+4] - nu[n] - u[n] - u[n-3] - 2u[n-5] \end{aligned}$$

계단 신호를 이용한 표현은 신호를 어떻게 쪼개느냐에 따라 달라질 수 있다. [그림 3-21(b)]의 아래 그림과 같이 쪼개면 다음과 같다.

❶ 3개의 샘플로 구성된 기울기 1인 램프 신호($-4 \leq n \leq -2$)
❷ 4개의 샘플로 된 크기가 3인 사각 펄스($-1 \leq n \leq 2$)
❸ 2개의 샘플로 된 크기가 2인 사각 펄스($3 \leq n \leq 4$)

이를 계단 함수를 이용하여 표현하면 다음과 같다.

$$\begin{aligned} x[n] &= (n+4)(u[n+4] - u[n+1]) + 3(u[n+1] - u[n-3]) + 2(u[n-3] - u[n-5]) \\ &= (n+4)u[n+4] - (n+1)u[n+1] - u[n-3] - 2u[n-5] \end{aligned}$$

표현식이 바르게 구해졌는지 확인해 보려면 시간 변수 n에 적당한 값을 대입하여 그림의 신호와 값이 일치하는지를 따져보면 된다.

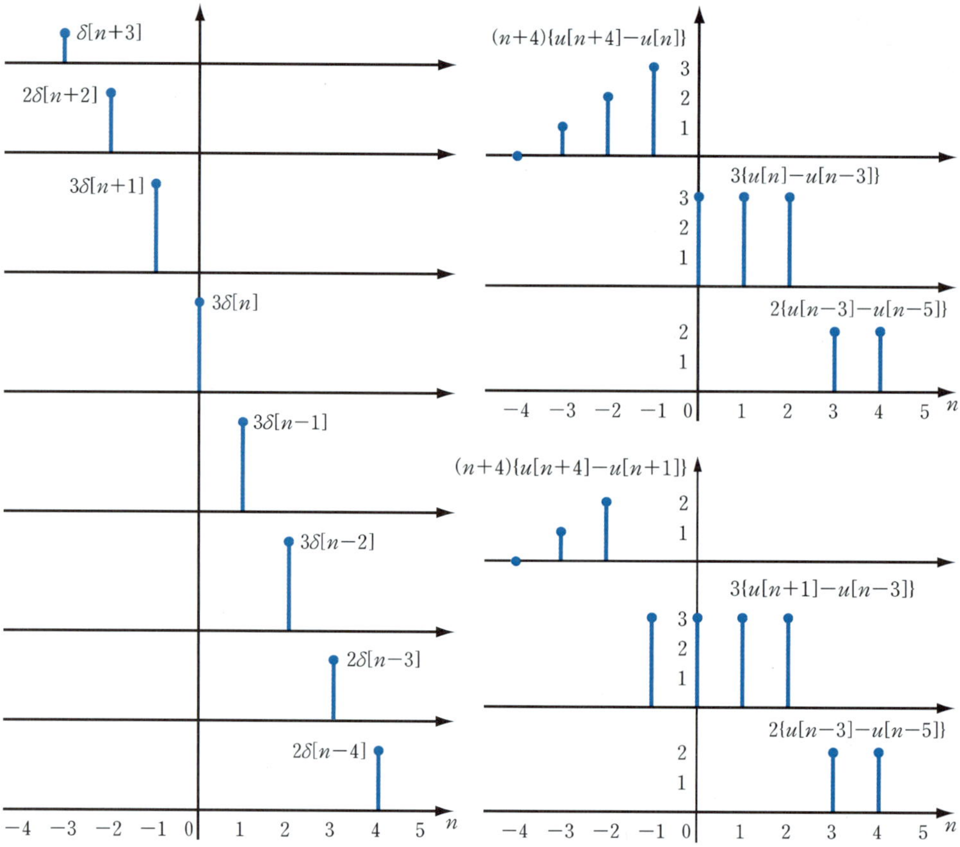

(a) 임펄스 신호로 표현된 $x[n]$의 성분 (b) 계단 신호로 표현된 $x[n]$의 성분

[그림 3-21] 임펄스 신호와 계단 신호를 이용하여 표현된 신호 $x[n]$

3.2.3 이산 지수 함수

이산 지수 함수의 일반적인 표현은 다음과 같으며, 밑수 a의 값에 따라 연속 신호의 경우와 마찬가지로 세 가지의 다른 신호로 구분될 수 있다.

$$x[n] = Ca^n \tag{3.33}$$

- **이산 실수 지수 함수 :** a가 실수인 경우로서, a값에 따라 [그림 3-22]와 같이 파형이 여섯 가지 형태로 나뉜다. 특히 a가 음수이면 음과 양의 값이 번갈아 가면서 나타난다.
- **이산 복소 지수 함수 :** a가 복소수인 가장 일반적인 형태의 지수 함수로서 실수 지수 신호와 복소 정현파 신호가 복합된 특성을 가진다([그림 3-23]).

$$\begin{aligned} x[n] &= |C|e^{j\phi}r^n e^{j\Omega n} = |C|r^n e^{j(\Omega n+\phi)} \\ &= |C|r^n\{\cos(\Omega n+\phi) + j\sin(\Omega n+\phi)\} \end{aligned} \tag{3.34}$$

• **이산 복소 정현파 :** $|a|=r=1$인 경우로서, 연속 신호의 경우와 마찬가지로 삼각 함수를 이용한 정현파 신호 표현 대신 신호와 시스템의 해석에 널리 사용된다.

$$x[n]=|C|e^{j(\Omega n+\phi)}=|C|\{\cos(\Omega n+\phi)+j\sin(\Omega n+\phi)\} \tag{3.35}$$

이산 실수 지수 함수는 밑수 a가 음수이면 $x[n]=(-1)^n|a|^n$이 되어 부호가 음과 양으로 번갈아 가면서 바뀌므로 [그림 3-22]에 나타낸 것처럼 파형이 여섯 가지 형태로 나뉜다.

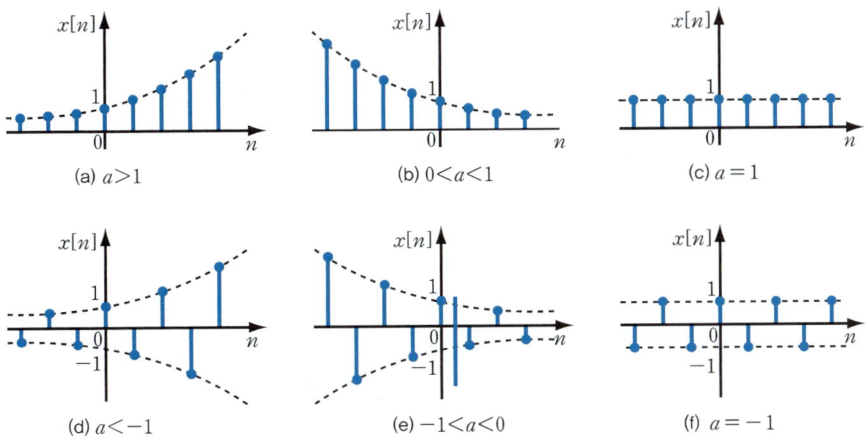

[그림 3-22] 이산 실수 지수 함수($c=1$)

식 (3.34)와 식 (3.35)는 계수 C와 밑수 a의 극좌표 표현 $C=|C|e^{j\phi}$, $a=re^{j\Omega}$을 이용하여 얻은 것이다. 한편 식 (3.34)로부터 $x[n]$의 실수부(또는 허수부)는 포락선 $\pm|C|r^n$을 따라 진폭의 크기가 지수적으로 증가하거나 감소하면서 주파수 Ω로 정현 진동하는 신호임을 알 수 있다. [그림 3-23]에 r값에 따른 $x[n]$의 실수부 파형을 나타내었다.

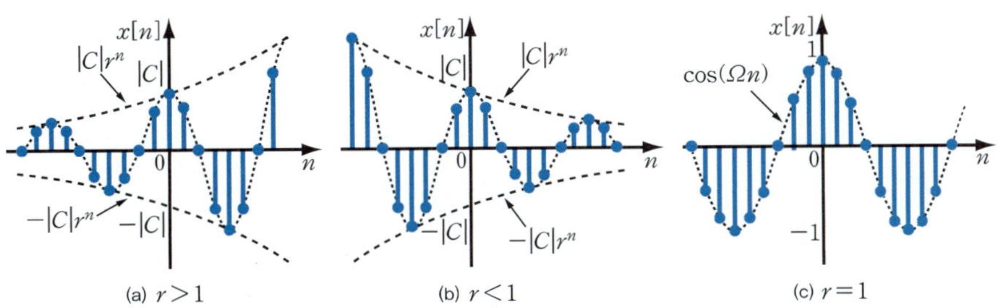

[그림 3-23] 이산 복소 지수 함수의 실수부

3.2.4 이산 (복소) 정현파 함수

식 (3.35)의 이산 복소 정현파에서 논의가 단순해지도록 계수 $C=1$로 두면 다음과 같다.

$$x[n]=e^{j\Omega_0 n}=\cos(\Omega_0 n)+j\sin(\Omega_0 n) \tag{3.36}$$

식 (3.36)의 이산 복소 정현파는 연속 복소 정현파 신호 $e^{j\omega_0 t}$을 샘플링한 것으로 간주할 수 있으며, 연속 신호에서와 마찬가지로 삼각 함수를 이용한 정현파 신호 표현 대신 신호와 시스템의 해석에 널리 사용된다. 한편 이산 (복소) 정현파는 연속 (복소) 정현파와 비교해 다음과 같이 확연히 다른 특성도 가지고 있다. 이러한 차이는 기본적으로 이산 신호의 시간 변수 n이 반드시 정수여야 한다는 조건 때문에 만들어진 것이다.

- 이산 (복소) 정현파 신호가 주기 신호가 되려면 각주파수를 2π로 나눈 값, 즉 (디지털) 주파수가 유리수여야 한다.

$$\frac{\Omega_0}{2\pi}=F_0=\frac{k}{N} \quad (k,\ N\text{은 정수}) \tag{3.37}$$

- 각주파수가 Ω_0와 $\Omega_0+2\pi k$인 두 이산 정현파는 서로 구분할 수 없는 같은 신호이다.

$$e^{j(\Omega_0+2\pi k)n}=e^{j\Omega_0 n}e^{j2\pi kn}=e^{j\Omega_0 n} \tag{3.38}$$

- 이산 정현파 신호는 주파수 $0\le\Omega\le 2\pi(0\le F\le 1)$ 범위 내에서만 구분할 수 있고, 가질 수 있는 최대 주파수가 $\Omega_{\max}=2\pi(F_{\max}=1)$를 넘지 않는다.
- 이산 주기 정현파 신호의 최대 주파수는 $\Omega_{\max}=\pi(F_{\max}=0.5)$이다.

연속 (복소) 정현파 신호는 항상 주기 신호이지만, 이산 (복소) 정현파 신호는 비주기 신호가 될 수도 있다. 이산 주기 신호는 주기 N에 대해 $x[n+N]=x[n]$이 성립해야 하므로 다음을 만족해야 한다.

$$e^{j\Omega_0(n+N)}=e^{j\Omega_0 n}e^{j\Omega_0 N}=e^{j\Omega_0 n} \tag{3.39}$$

따라서 $e^{j\Omega_0 N}=1$, 다시 말해 $\Omega_0 N$이 2π의 정수배가 되어야만 주기 신호가 된다. 이로부터 식 (3.37)의 조건이 얻어진다. 만약 $\Omega/2\pi$ 또는 F가 유리수가 아니라면, 이산 정현파 신호의 샘플들은 아무리 시간이 지나더라도 결코 같은 값을 반복하지 않는다. 예를 들어, [그림 3-24(a)]의 이산 정현파 신호는 주기 $N=12$로 같은 샘플들이 반복되고 있음을 볼 수 있다. 즉 디지털 주파수 $F_0=\dfrac{1}{N}=\dfrac{1}{12}$로 식 (3.37)의 조건을 만족하고 있는 주기 신호이다. 그러나 [그림 3-24(b)]의 정현파는 $F_1=\dfrac{\Omega_1}{2\pi}=\dfrac{10}{63\sqrt{2}}$로 유리수가 아니며, 똑같은 샘플들이 주기적으로 반복되지 않는다. $\cos(\sqrt{2}\pi n)$이나 $\cos(0.5n)$ 등도 마찬가지이다.

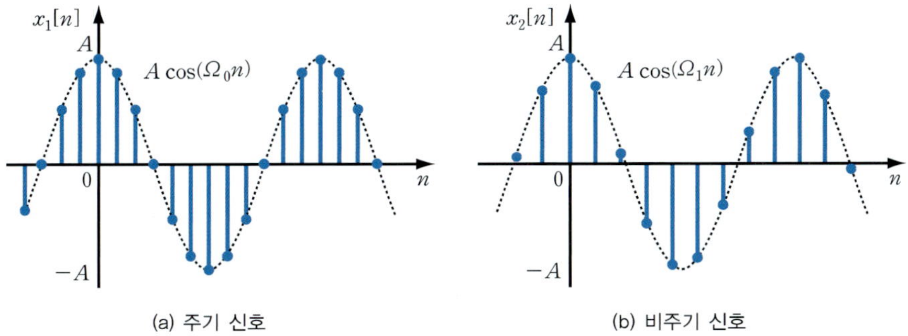

[그림 3-24] 이산 정현파 신호의 주기성

식 (3.38)은 $e^{j2\pi kn}=1$임을 이용하면 바로 얻어지며, 하나의 주파수에 오직 하나의 이산 정현파 신호만 대응되는 것이 아님을 의미한다. 예를 들어, $\cos\left(\frac{13\pi}{6}n\right)=\cos\left(\frac{\pi}{6}n+2\pi n\right)=\cos\left(\frac{\pi}{6}n\right)$이 되어 $\cos\left(\frac{13\pi}{6}n\right)$과 $\cos\left(\frac{\pi}{6}n\right)$은 구분할 수 없는 같은 신호이다.

따라서 이산 정현파 신호는 결국 주파수 $0\le\Omega\le 2\pi(0\le F\le 1)$ 범위 내에서만 구분할 수 있고 최대 주파수가 $\Omega_{\max}=2\pi(F_{\max}=1)$라는 결론을 얻게 된다.

예제 3-8 이산 (복소) 정현파의 주기성

다음 이산 정현파 신호가 주기 신호인지 판별하고, 주기 신호라면 그 주기를 구하라.

(a) $x[n]=\cos\left(\frac{5\pi}{8}n\right)$ (b) $x[n]=\cos\left(\frac{3}{4}n\right)$ (c) $x[n]=e^{j\frac{3\pi}{4}n}$

풀이

(a) $\Omega_0=\frac{5\pi}{8}$이므로 $F_0=\frac{\Omega_0}{2\pi}=\frac{5}{16}$이다. (디지털) 주파수가 유리수이므로 이 정현파는 주기 신호이다. 주기는 $\frac{5}{16}=\frac{k}{N}$를 만족하는 가장 작은 정수 N을 구하면 되는데, 분모, 분자가 약분이 되지 않으므로 $k=5$, $N=16$을 취하면 된다. 즉 주기는 $N=16$이다. 이산 주기 신호의 주기는 반드시 정수여야 함을 주의해야 한다.

(b) $\Omega_0=\frac{3}{4}$이므로 $F_0=\frac{\Omega_0}{2\pi}=\frac{3}{8\pi}$이다. (디지털) 주파수가 유리수가 아니므로 이 정현파는 주기 신호가 아니다.

(c) $\Omega_0=\frac{3\pi}{4}$이므로 $F_0=\frac{\Omega_0}{2\pi}=\frac{3}{8}$이다. (디지털) 주파수가 유리수이므로 이 복소 정현파는 주기 신호이다. 주기는 $\frac{3}{8}=\frac{k}{N}$를 만족하는 가장 작은 정수인 $N=8$이다.

예제 3-9 이산 주기 정현파의 최대 주파수

이산 주기 정현파가 가질 수 있는 최대 주파수를 구하라.

풀이

주파수는 주기와 반비례하므로 주파수가 높을수록 주기가 짧아야 한다. 이산 신호에서 주기가 가장 짧은 경우는 주기가 $N=1$인 경우이다. 그러나 이 경우는 모든 시간 변수 n에 대해 신호 값이 같아지므로, 오히려 주파수가 0으로 최저인 직류 신호와 같다. 두 번째로 주기가 짧은 $N=2$인 경우, 주파수는 $F=\frac{1}{N}=\frac{1}{2}\left(\Omega_0=\frac{2\pi}{N}=\frac{2\pi}{2}=\pi\right)$이다. 따라서 이산 주기 정현파가 가질 수 있는 최대 주파수는 0.5 (π)이다. 이에 대응하는 이산 정현파는 [그림 3-25]와 같이 n의 증가에 따라 최댓값, 최솟값이 번갈아서 나타나는 형태가 된다.

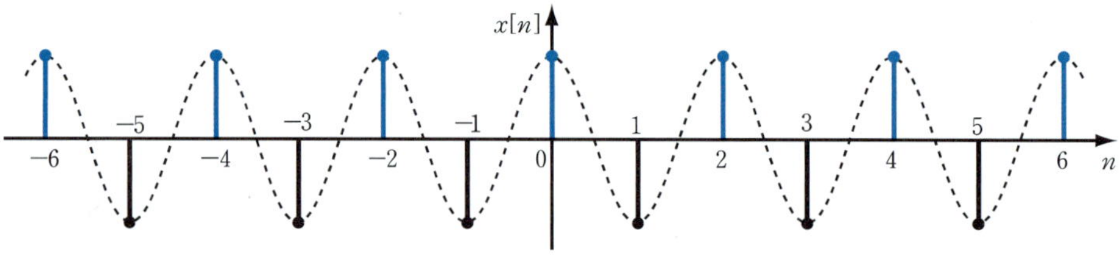

[그림 3-25] 최대 주파수를 갖는 이산 주기 정현파

Check Point 다음 문제에서 옳은 것을 골라라.

(1) 이산 단위 임펄스 함수 $\delta[n]$은 $n=0$에서 값이 1이다. (○, ×)

(2) 물리적으로 존재하지 않는 신호는 (이산, 연속) 임펄스 함수이다.

(3) 이산 단위 임펄스 함수 $\delta[n]$은 체 거르기 성질을 만족하지 않는다. (○, ×)

(4) $\delta[n]$을 이용하여 임의의 이산 신호를 표현할 수 (있다, 없다).

(5) 계단 함수 $u[n]$은 임펄스 함수 $\delta[n]$의 (1차 차분, 적분, 미분, 이동 합) 관계이다.

(6) $x[n]=\begin{cases}1, & 0\le n\le 3\\ 0, & \text{그 외}\end{cases}$와 같은 신호는 ($u[n]-u[n-3]$, $u[n]-u[n-4]$)이다.

(7) 이산 실수 지수 함수 a^n은 a 값에 따라 파형의 형태가 세 가지로 나뉜다. (○, ×)

(8) 모든 이산 (복소) 정현파는 주기 신호이다. (○, ×)

(9) $\cos(\Omega_0 n)$과 $\cos((\Omega_0+8\pi)n)$은 같은 신호이다. (○, ×)

(10) 이산 (복소) 정현파가 가질 수 있는 최대 각주파수는 (1, 2π, ∞)이다.

SECTION 3.3

신호에 대한 기본 연산

학습포인트

- 신호에 대한 기본 연산에는 어떤 것들이 있는지 알아본다.
- 신호의 진폭에 대한 반전, 이동, 척도조절 연산을 이해한다.
- 신호의 시간에 대한 반전, 이동, 척도조절 연산을 이해한다.
- 연속 신호와 이산 신호에 대해 차이를 갖는 기본 연산과 그 차이점을 잘 알아둔다.
- 이산 신호에 대한 시간 척도조절 연산을 잘 이해하고 알아둔다.
- 신호에 기본 연산을 조합하여 적용할 때, 시간 이동의 비교환적 특성을 잘 이해하고 익혀둔다.
- 기본 연산의 조합으로 새 신호를 만드는 방법을 잘 익혀둔다.

시스템은 입력 신호가 들어오면 적절한 조작(연산)을 거쳐서 출력 신호를 내보내는데, 겉보기에는 복잡한 신호일지라도 단순한 신호에다 기본적인 조작을 차례로 적용함으로써 얻을 수 있다. 신호는 크기(진폭)를 갖는 시간 함수로 표현되므로, 신호에 대한 기본 조작은 당연히 시간과 진폭에 대한 연산이 되며, 반전reversal, 이동shift, 척도조절scaling이 이에 해당한다. 이 외에 두 신호의 합과 곱, 그리고 연속 신호에 대해서는 미분과 적분, 이산 신호에 대해서는 차분과 누적합 연산 등이 신호에 대한 기본 연산에 포함된다. 이 절에서는 신호에 대한 기본 연산은 어떤 것들이고 그 특징은 무엇인지, 또 연속 신호와 이산 신호의 차이가 두드러지는 연산은 어떤 것인지 알아보기로 한다.

3.3.1 연속 신호에 대한 기본 연산

두 신호의 합과 곱

- 두 신호 $x(t)$와 $s(t)$에 대한 합과 곱은 다음과 같다.

$$\text{합}: \; y(t) = x(t) + s(t) \tag{3.40}$$

$$\text{곱}: \; y(t) = x(t) \cdot s(t) \tag{3.41}$$

신호의 합 연산의 예로는 정현파에 DC 오프셋offset을 더하여 사용하는 경우를 들 수 있고, 신호의 곱 연산의 대표적인 예로는 주어진 신호에 정현파를 곱하는 진폭 변조를 들 수 있다.

예제 3-10 신호의 합과 곱

다음 신호의 파형을 그려라.

(a) $x(t)=e^{-t}\cos(2\pi t)u(t)$ (b) $y(t)=u(t)-x(t)$

풀이

$x(t)$는 실수 지수 신호 e^{-t}과 정현파 $\cos(2\pi t)$이 곱해진 신호이다. 이때 $u(t)$는 신호가 $t \geq 0$에서만 값을 갖도록 제한한 것으로 생각하면 된다. $y(t)$는 계단 신호 $u(t)$에서 $x(t)$를 뺀, 즉 $-x(t)$를 더한 신호이다. [그림 3-26]에 이들 신호의 파형을 나타내었다. (a)는 e^{-t}, (b)는 $\cos(2\pi t)$의 파형이고, (c)는 (a)와 (b)의 신호를 곱한 $x(t)$, 그리고 (d)는 $u(t)$와 $-x(t)$를 더한 $y(t)$를 그린 것이다. (c)와 (d)의 파형을 보면 두 신호의 곱과 합만으로도 원래의 신호와는 다른 전혀 새로운 신호를 만들 수 있음을 알 수 있다. (d)의 신호는 계단 신호 입력에 대한 시스템 출력 신호의 전형적인 형태 중 하나이다.

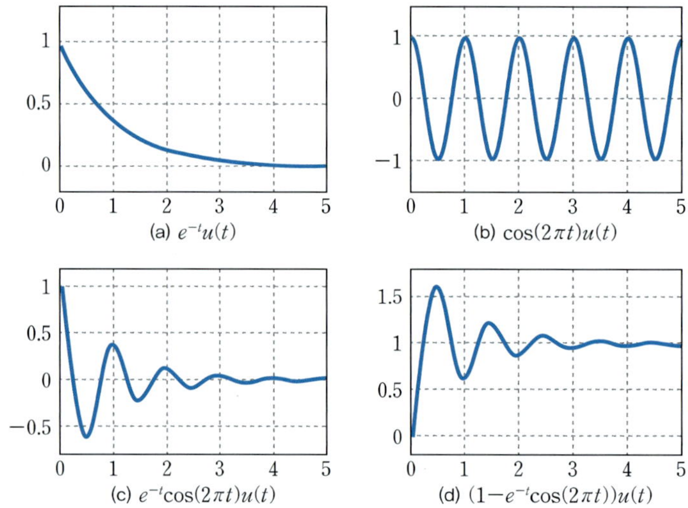

[그림 3-26] 신호의 합과 곱의 예

신호의 미분과 적분

미분과 적분은 연속 신호에 대해서만 가능한 연산이다.

- 신호의 **미분**은 시간에 따른 신호 값의 변화율이라고 생각할 수 있다.

$$y(t)=\frac{dx(t)}{dt} \tag{3.42}$$

- 신호의 **적분**은 지금까지의 신호 값들을 누적해서 모아두는 동작이다.

$$y(t)=\int_{-\infty}^{t} x(\tau)\,d\tau \tag{3.43}$$

진폭 변환

신호의 진폭에 대한 기본 연산은 **반전**reversal, **이동**shift, **척도조절**scaling이다.

- **진폭 반전**은 값의 부호가 바뀌는 것으로서 시간축에 대해 대칭인 신호가 된다.

$$y(t) = -x(t) \tag{3.44}$$

- **진폭 이동**은 파형의 변화 없이 세로축을 따라 평행 이동하는 동작이다.

$$y(t) = x(t) + a \tag{3.45}$$

- **진폭 척도조절**은 진폭의 값을 일정한 비율로 바꾸는 것으로서, $a > 1$인 경우를 **증폭**amplification, $a < 1$인 경우를 **감쇠**attenuation라고 한다.

$$y(t) = ax(t) \tag{3.46}$$

인버터 회로에서 입력의 극성이 바뀌어 출력으로 나오는 것은 진폭 반전의 예이다. 실생활에서 흔히 볼 수 있는 진폭의 척도조절 예로는 TV나 오디오의 볼륨을 조절하는 것을 들 수 있다. 또 천둥이 칠 때 먼 거리에서는 소리가 작게 들리는 현상은 진폭 감쇠의 한 예이다.

[그림 3-27]은 진폭에 대한 기본 연산의 예를 나타낸 것이다. 수식에서나 그림에서 보듯이 진폭에 대한 조작은 개념적으로 어려울 게 전혀 없다.

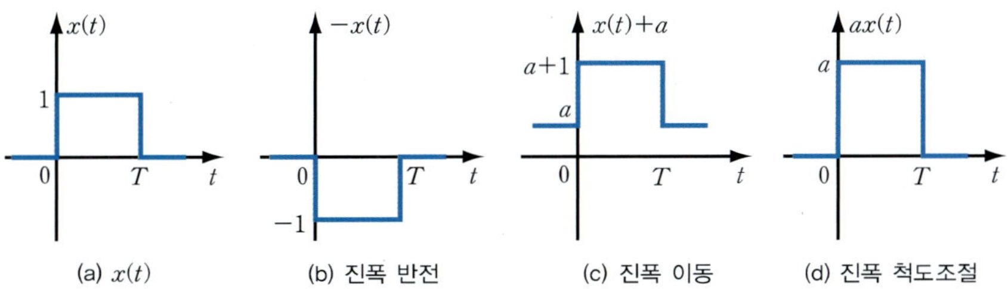

[그림 3-27] 신호의 진폭 변환

예제 3-11 신호의 진폭 변환

[그림 3-28(a)]의 신호 $x(t)$에 대해 다음의 신호를 그려라.

(a) $s(t) = 2x(t)$ (b) $v(t) = -s(t)$ (c) $z(t) = v(t) + 2$

풀이

$s(t)$는 $x(t)$의 크기를 2배로 진폭 척도조절한 것이고, $v(t)$는 $s(t)$를 진폭 반전한 것, $z(t)$는 $v(t)$를 2만큼 진폭 이동한 것이다. 결과적으로 $z(t)$는 $z(t) = -2x(t) + 2$로서 $x(t)$에 대해 진폭의 척도조절, 반전, 이동의 세 가지 변환을 모두 적용한 신호이다. 이들 신호의 파형을 [그림 3-28]에 나타내었다.

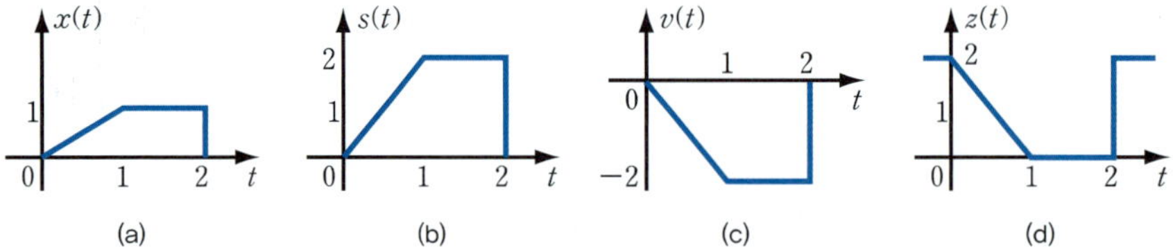

[그림 3-28] 신호의 진폭 변환 예

시간 변환

시간에 대한 기본 연산은 진폭 변환과 마찬가지로 반전, 이동, 척도조절이 있다.

- **시간 반전**은 시간축을 거꾸로 뒤집는 것으로, 독립 변수인 t를 $-t$로 바꾼 것이다.

$$y(t) = x(-t) \tag{3.47}$$

- **시간 이동**은 파형의 변화 없이 신호를 시간축에 대해 이동시키는 동작으로, $t_0 > 0$이면 시간 지연, $t_0 < 0$이면 시간 앞섬(선행)이다.

$$y(t) = x(t - t_0) \tag{3.48}$$

- **시간 척도조절**은 시간축에 대해 **늘이기(신장)**stretching 또는 **줄이기(압축)**contraction를 하여 척도(눈금)를 바꾸는 동작으로, $a > 1$이면 시간축 줄이기, $a < 1$이면 시간축 늘이기이다.

$$y(t) = x(at) \tag{3.49}$$

시간 반전은 [그림 3-29]에 나타낸 것처럼 수직축에 대칭인 상을 만드는 신호의 반사 연산이다. 실제 상황에서 시간 반전의 개념을 잘 보여주는 예로는 테이프에 음악(영상)을 녹음(녹화)한 뒤 이를 되감으면서 거꾸로 재생하는 경우를 들 수 있다.

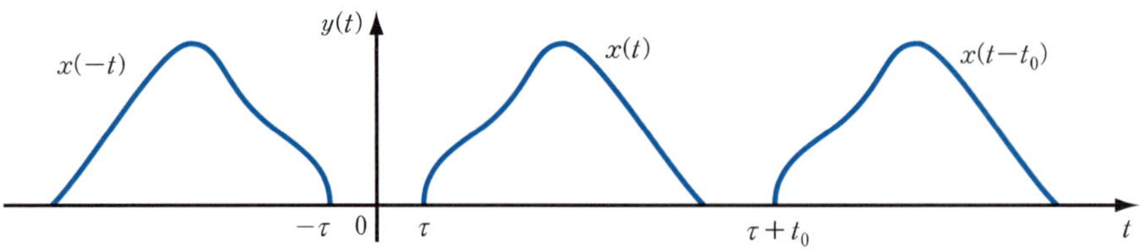

[그림 3-29] 신호의 시간 반전(반사)과 시간 이동

[그림 3-29]에 나타낸 시간 이동 예는 시간 지연의 경우이다. 시간 지연은 많은 물리적인 현상에서 나타나고 활용된다. 번개가 칠 때 번쩍하고 빛이 보인 한참 뒤에야 천둥소리가 들리는 것은 빛과 소리의 속도 차이로 인해 소리가 시간적으로 지연되어 전달된 것이다. 이외에도 레이더는 송출 신호가 대상 물체에 반사되어 돌아오는 시간 지연을 측정함으로써 거리나 속도를 추정한다.

시간 척도조절에서 t 대신 $2t$가 될 때 시간축이 2배로 늘어나는 시간축 늘이기라고 착각하면 안 된다. [그림 3-30]에서 보듯이 $a > 1$의 경우가 시간축을 눌러 압축시키는 '줄이기', $a < 1$의 경우가 시간축을 잡아당겨 늘이는 '늘이기'가 된다.

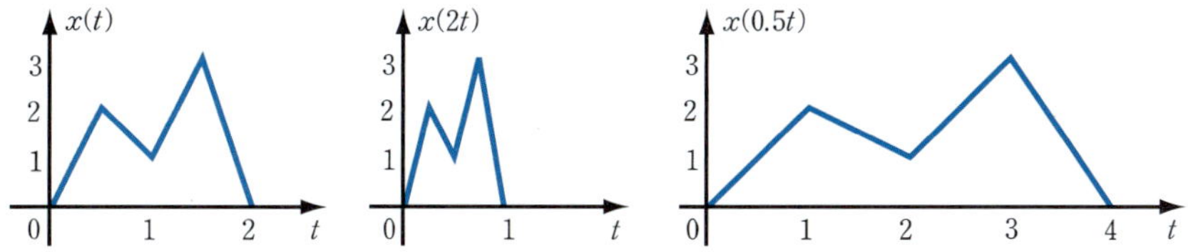

(a) $x(t)$ (b) 신호의 시간축 줄이기 (c) 신호의 시간축 늘이기

[그림 3-30] 연속 신호의 시간 척도조절

스포츠 중계 방송에서 가끔 볼 수 있는 슬로우 모션이나 자연 다큐멘터리에서 씨앗의 싹틔우기 – 성장 – 꽃피우기의 과정을 아주 짧은 시간에 연속적으로 보여주는 일들은 고속/저속으로 촬영하여 저속/고속으로 재생함으로써 가능한 일들로, 시간축에 대해 늘이기 또는 줄이기를 한 것이다. 이 외에도 방송에서 제보자의 목소리를 변조해 남자의 목소리를 고음의 여자 목소리에 가깝게, 여자 목소리를 굵직한 저음의 남자 목소리에 가깝게 내보낸다든지, 도플러 효과로 인해 소방차나 구급차의 사이렌 소리가 가까워질수록 주파수가 높은 고음으로 들리는 현상도 실생활에서 볼 수 있는 신호에 대한 시간 척도조절 결과들이다.

Tip & Note 시간 척도조절의 예 : 도플러 효과

도플러 효과Doppler effect는 음파나 빛과 같은 파동을 발생시키는 파원source과 관찰자observer의 상대적 운동 때문에 관찰자가 파원의 주파수(파장)와는 다른 주파수(파장)를 관찰하게 되는 현상을 일컫는다. 파원과 관찰자가 상대적으로 가까워지면 파원이 내놓은 파동의 주파수보다 높은 주파수가 관찰되고, 그와 반대로 상대적으로 멀어지면 낮은 주파수가 관찰된다.

예를 들어, 소방차가 서 있는 상태에서 사이렌을 울리면 [그림 3-31(a)]의 A와 B 모두에게 [그림 3-31(b)]의 가장 위 그림처럼 일정한 주파수의 소리가 들릴 것이다. 소방차가 A쪽을 향해 달려가면, 사이렌 소리가 A에 전달되기까지의 거리는 점점 짧아지게 된다. 따라서 소리의 전달 시간이 상대적으로 줄어들어 시간축을 압축한 것과 마찬가지 효과를 가져온다. 이러한 시간 척도조절의 결과로 음파의 주파수가 증가하여 점차 높은 음으로 들리게 된다. 아울러 전달 거리가 짧아지기 때문에 공기 중의 음파의 진동 에너지 감소도 줄어들어 소리가 더 크게 들리게 된다([그림 3-31(b)] 가운데 그림). 이와 반대로 소방차가 멀어지는 쪽에 있는 B는 사이렌 소리의 전달 거리가 점점 길어져서 시간축을 늘이기 한 것 같은 효과가 발생하여 음파의 주파수가 감소하여 점차 낮은 음으로 들리게 된다([그림 3-31(b)] 아래 그림).

도플러 효과는 레이더나 과속을 단속하는 스피드 건, 천문학에서 빛의 적색 편이와 청색 편이를 이용하여 천체의 운동 속도와 거리를 측정하는 데에도 활용된다.

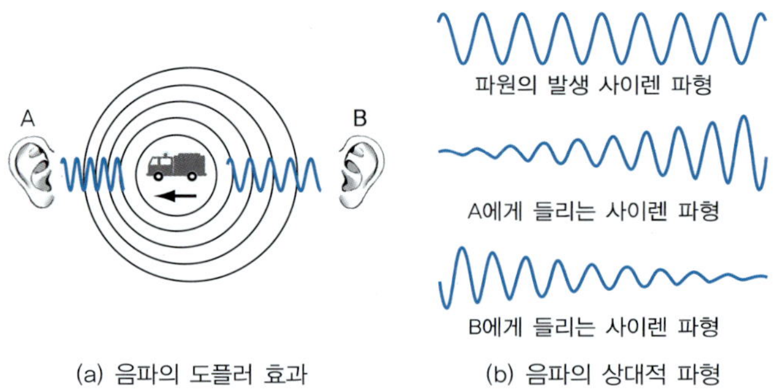

[그림 3-31] 도플러 효과 예

예제 3-12 신호의 시간 변환

[그림 3-32(a)]의 신호 $x(t)$에 대해 다음의 신호를 그려라.

(a) $s(t) = x(-t)$　　(b) $v(t) = s(t-4)$　　(c) $z(t) = v(2t)$

풀이

$s(t)$는 $x(t)$를 시간 반전한 반사 신호이고, $v(t)$는 $s(t)$를 $t_0 = 4$만큼 오른쪽으로 이동, 즉 시간 지연한 것이다. $z(t)$는 $v(t)$의 시간축을 척도조절하여 반으로 줄이기한 것이다. 결과적으로 $z(t)$는 $z(t) = x(-(2t-4))$로서 $x(t)$에 대해 시간 반전-이동(지연)-척도조절(줄이기)의 세 가지 변환을 적용한 신호이다. 이들 신호의 파형을 [그림 3-32]에 나타내었다.

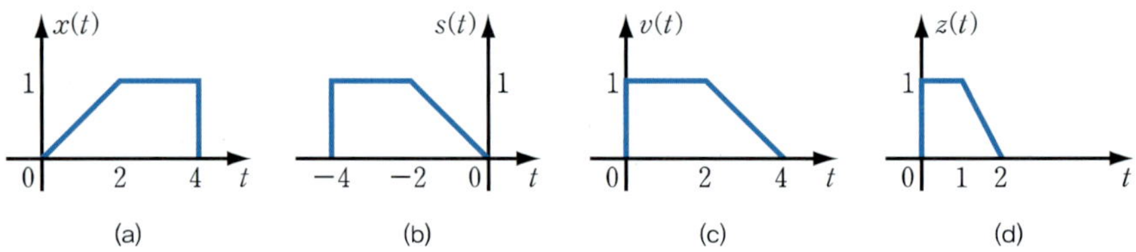

[그림 3-32] 신호의 시간 변환 예

3.3.2 이산 신호에 대한 기본 연산

이산 신호에 대한 기본 연산도 연속 신호의 경우와 다를 바 없으나, 시간에 대해 불연속인 까닭에 미분과 적분이 정의되지 않으며, 시간 변수가 정수여야만 한다는 제약으로 말미암아 시간 척도조절 연산이 훨씬 까다롭다.

연속 신호와 동일한 연산

연속 신호의 경우와 차이가 전혀 없는 연산들에 대해서는 중복을 피하여 연산의 정의만 정리하여 제시한다.

두 신호의 합과 곱

- 두 신호 $x[n]$과 $s[n]$에 대한 합과 곱은 다음과 같다.

$$\text{합} : y[n] = x[n] + s[n] \tag{3.50}$$

$$\text{곱} : y[n] = x[n] \cdot s[n] \tag{3.51}$$

신호의 진폭 변환

- **진폭 반전**은 값의 부호가 바뀌는 것으로서 시간축에 대해 대칭인 신호를 만든다.

$$y[n] = -x[n] \tag{3.52}$$

- **진폭 이동**은 다음과 같이 파형의 변화 없이 세로축을 따라 평행 이동하는 동작이다.

$$y[n] = x[n] + a \tag{3.53}$$

- **진폭 척도조절**은 다음과 같이 진폭의 값을 일정한 비율로 바꾸는 것으로서, $a > 1$인 경우를 증폭, $a < 1$의 경우를 감쇠라고 한다.

$$y[n] = ax[n] \tag{3.54}$$

신호의 시간 변환

- **시간 반전**은 시간축을 거꾸로 뒤집는 것으로서, 독립 변수인 n을 $-n$으로 바꾼 것이다.

$$y[n] = x[-n] \tag{3.55}$$

- **시간 이동**은 파형의 변화 없이 신호를 시간축에 대해 이동시키는 동작으로, $n_0 > 0$이면 시간 지연, $n_0 < 0$이면 시간 앞섬이다.

$$y[n] = x[n - n_0] \tag{3.56}$$

이산 신호에 대한 진폭 변환(반전, 이동, 척도조절) 연산과 시간 반전 및 시간 이동 연산의 예를 각각 [그림 3-33]과 [그림 3-34]에 나타내었다.

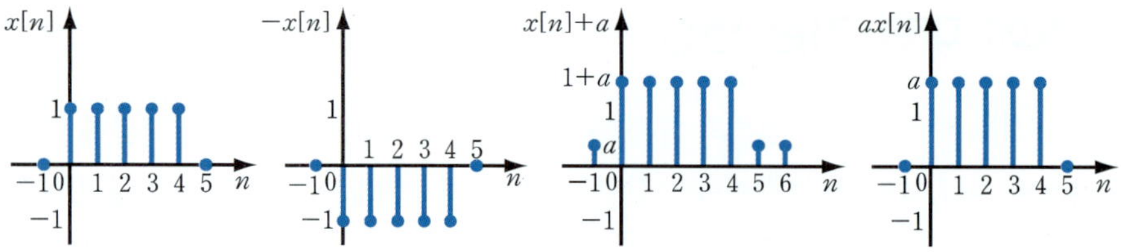

(a) $x[n]$ (b) 진폭 반전 (c) 진폭 이동 (d) 진폭 척도조절

[그림 3-33] 이산 신호의 진폭 변환 연산의 예

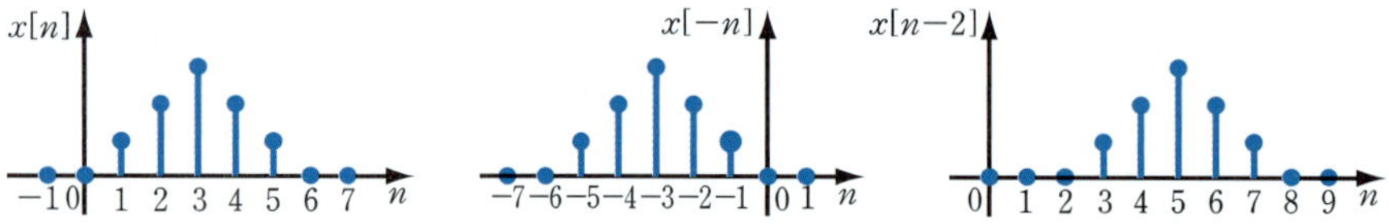

(a) $x[n]$ (b) 시간 반전 (c) 시간 이동

[그림 3-34] 이산 신호의 시간 반전과 시간 이동의 예

차분과 누적합

이산 신호는 미분과 적분이 정의되지 않는 대신, 미분과 적분의 등가 연산이라 할 수 있는 차분과 누적합이 정의된다.

- **차분**difference은 다음과 같이 하나 뒤진(또는 앞선) 시간의 신호 값과의 차이로 미분(기울기)을 근사화한 것이다.

$$y[n] = \Delta x[n] = x[n] - x[n-1] \tag{3.57}$$

- **누적합**summation은 다음과 같이 지금까지의 신호 값들을 계속 쌓아서 모아두는 동작으로서 적분을 근사화한 것으로 생각할 수 있다.

$$y[n] = \sum_{k=-\infty}^{n} x[k] \tag{3.58}$$

시간적으로 하나 앞서거나 뒤진 신호와의 차이로 정의되는 차분은 시간 t에서 신호의 기울기(변화량)인 미분을 거칠게 근사화한 것이라고 볼 수 있다. 하나 앞선 시간의 신호 값과의 차이로 기울기를 근사화한 것을 **전향**forward **차분**, 하나 뒤진 시간의 신호 값과의 차이를 사용한 것은 **후향**backward **차분**이라고 구분하기도 하지만, 현재 시각 n보다 앞선 미래 시간의 신호 값은 알 수 없는 경우가 대부분이므로 실제 문제에서는 후향 차분이 주로 사용된다.

구분구적법에 따르면 적분은 함수를 잘게 잘라서 얻어지는 각 띠의 면적의 합으로 이해할 수 있으므로, 식 (3.58)의 누적합 연산은 근사화한 적분으로 받아들일 수 있을 것이다.

시간 척도조절 : 솎음과 보간

신호의 기본 연산 중에서 연속 신호와 이산 신호의 차이가 가장 뚜렷한 것이 바로 시간 척도조절이다. 이러한 차이는 이산 신호의 시간 변수가 정수 값만 가지는 데에서 비롯된다.

- 이산 신호에 대한 시간 척도조절은 수식 표현으로는 연속 신호의 경우와 다를 바 없으나, 척도조절 인자 a의 값에 대한 제약과 함께 실제 동작은 차이를 가진다.

$$y[n] = x[an] \tag{3.59}$$

- **솎음**decimation은 $a > 1$(a는 반드시 정수)인 경우로 시간이 a의 배수(an)에 해당하는 샘플들만 남기고 나머지는 솎아내 버리는 시간축 줄이기 연산이다.
- 솎음하면 정보의 손실이 발생한다.
- **보간**interpolation은 $a < 1$($\frac{1}{a}$은 반드시 정수)인 경우로 원래 신호의 샘플들 사이에 다른 샘플들을 끼워 넣는 시간축 늘이기 연산인데, 끼워 넣을 신호 값에 대한 정보가 주어져 있지 않으므로 적당한 방법으로 끼워 넣을 샘플 값을 결정해야만 한다.

솎음(시간축 줄이기, $a > 1$)의 경우, 식 (3.59)에서 보면 $y[n]$의 시간 변수도 정수가 되어야 하므로 a는 반드시 정수여야 하고, 신호 샘플들 중에서 시간이 a의 배수(an)에 해당하는 것들만을 남겨서 다시 차례로 줄을 세우고 나머지는 버리는 동작이 된다. 예를 들어, [그림 3-35(b)]는 $a = 2$로 [그림 3-35(a)]의 원 신호에서 2의 배수인 시각에 발생하는 신호 샘플들만 남긴 것으로서 $y[0] = x[0]$, $y[1] = x[2]$, $y[2] = x[4]$, $\cdots$ 이고 $x[1]$, $x[3]$, $x[5]$, $\cdots$ 의 신호 샘플들은 솎아내 버려 샘플의 수가 반으로 줄어든다. 그런 까닭에 이 연산을 **솎음** 또는 **다운 샘플링**down-sampling이라고 부른다. 연속 신호에 대한 시간 척도조절에서는 원 신호의 파형 형태가 그대로 유지된 채 폭의 변화만 발생하였지만, 그림에서 볼 수 있듯이 이산 신호에 대한 솎음 조작은 완전히 다른 파형의 신호가 결과로 얻어질 수도 있다.

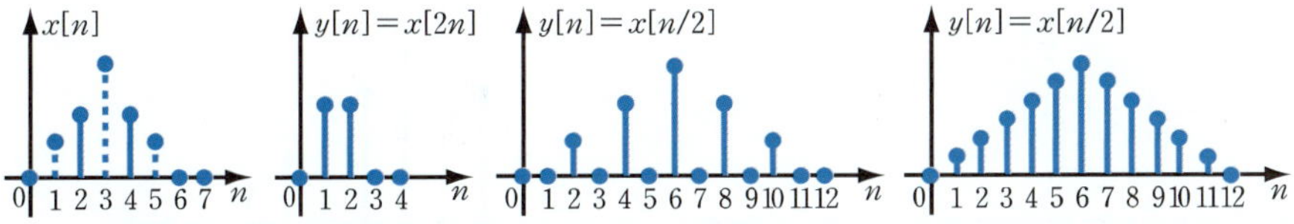

[그림 3-35] 이산 신호의 시간 척도조절 : 솎음과 보간

다음으로 보간(시간축 늘이기, $a < 1$)의 예로 $a = 1/2$의 경우를 살펴보자. $y[0] = x[0]$, $y[1] = x[1/2]$, $y[2] = x[1]$, $y[3] = x[3/2]$, $y[4] = x[2]$, $\cdots$ 이 된다. 이것은 원 신호의 샘플 $x[1]$, $x[2]$, $x[3]$, $\cdots$ 사이에 샘플을 하나씩 끼워 넣는 동작과 같고, 그 결과 전체 샘플의 개수는 2배로 늘어나게 된다. 그러므로 이 연산을 **보간** 또는 **업 샘플링**up-sampling이라고 한다. 그런데 여기에는 심각한 문제가 있다. 끼워 넣을 $x[1/2]$, $x[3/2]$, $x[5/2]$, $\cdots$ 의 값이 원 신호에는 존재하지 않으므로 이에 해당하는 $y[n]$의 값을 정할 수가 없다. 보통은 [그림 3-35(c)]와 같이 그 값을 0으로 하거나 [그림

3-35(d)]와 같이 앞뒤 두 샘플 값의 평균을 취하여 신호가 담고 있는 정보를 크게 왜곡하지 않는 범위 내에서 적당한 값을 선택하여 이 문제를 해결한다. 하지만 이 또한 하나의 방편일 뿐이며, 충분한 사전 정보가 없다면 주어진 이산 신호의 시간축 늘이기 조작에 어떤 방법이 가장 적합한 것인지 판가름할 수 없다.

예제 3-13 이산 신호의 솎음과 보간

[그림 3-36]의 신호에 대해 다음의 신호를 그려라.

(a) $y[n]=x[3n]$ (b) $z[n]=y[n/3]$

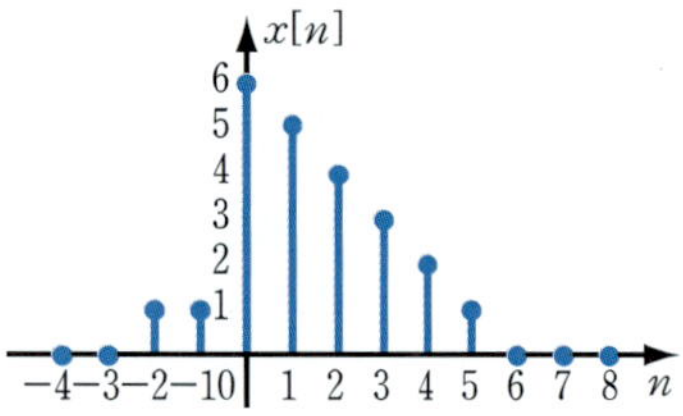

[그림 3-36] [예제 3-13]의 신호

풀이

(a) $y[n]$은 $x[n]$을 세 샘플마다 하나만 남기고 나머지는 버리는 솎음 연산을 적용하면 된다. 따라서 [그림 3-37(a)]처럼 그릴 수 있다. 이때 주의할 점은 $n=0$을 기준으로 해서 좌우로 3배수에 속하는 샘플들을 남겨야 한다는 점이다.

(b) $z[n]$은 (a)에서 구한 $y[n]$의 샘플들 사이마다 2개의 새로운 샘플을 끼워 넣는 보간에 해당한다. 이때 0을 끼워 넣게 되면 [그림 3-37(b)], 선형 보간을 하게 되면 [그림 3-37(c)]와 같은 결과가 얻어진다.

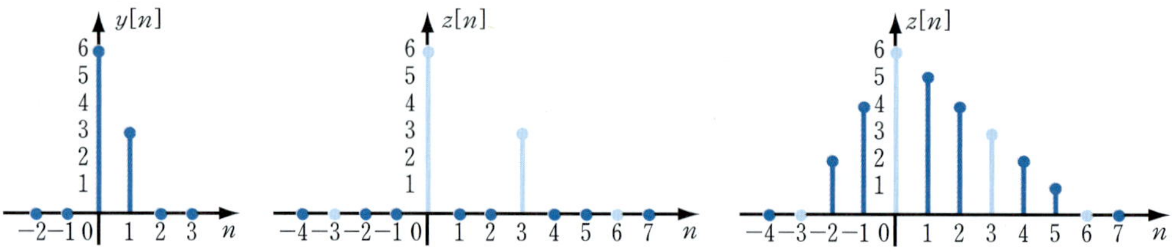

(a) $y[n]=x[3n]$ (b) $z[n]=y[n/3]$(0 삽입) (c) $z[n]=y[n/3]$(선형 보간)

[그림 3-37] 솎음과 보간에 의한 결과 신호

[그림 3-37]의 결과에서 보듯이, 연속 신호와 달리 이산 신호는 시간축을 a배로 줄이기를 했다가 다시 a배로 늘이기를 해도 원래의 이산 신호가 얻어지지 않는다.

지금까지 살펴본 신호에 대한 기본 연산을 [표 3-1]에 요약하였다. 이산 신호와 연속 신호에 공통인 연산의 경우 연속 신호에 대한 수식 표현만 나타내었으며, 표 제일 오른쪽 열의 시스템 항목은 이러한 기능을 수행하는 물리적인 시스템을 나타낸다.

[표 3-1] 신호에 대한 기본 연산

연산	대상 신호	표현식	시스템
합	연속, 이산	$y(t)=x(t)+s(t)$	덧셈기
곱	연속, 이산	$y(t)=x(t)\cdot s(t)$	곱셈기
시간 적분	연속	$y(t)=\int_{-\infty}^{t} x(\tau)\,d\tau$	적분기
시간 누적합	이산	$y[n]=\sum_{k=-\infty}^{n} x[k]$	누산기
시간 미분	연속	$y(t)=\dfrac{dx(t)}{dt}$	미분기
시간 차분	이산	$y[n]=\Delta x[n]=x[n]-x[n-1]$	(후향) 차분기
진폭 척도조절	연속 이산	$y(t)=ax(t),\ \ a>1$	증폭기
		$y(t)=ax(t),\ \ a<1$	감쇠기
진폭 반전	연속, 이산	$y(t)=-x(t)$	인버터
진폭 이동	연속, 이산	$y(t)=x(t)+a$	오프셋
시간 척도조절	연속	$y(t)=x(at),\ \ a>1$	시간축 줄이기
		$y(t)=x(at),\ \ a<1$	시간축 늘이기
	이산	$y[n]=x[an],\ \ a>1$인 정수	다운 샘플러
		$y[n]=x[n/a],\ \ a>1$인 정수	업 샘플러
시간 이동	연속 이산	$y(t)=x(t-t_0),\ \ t_0>0$	지연기
		$y(t)=x(t+t_0),\ \ t_0>0$	예측기
시간 반전	연속, 이산	$y(t)=x(-t)$	반사기

3.3.3 연산의 조합에 의한 신호의 표현

실제로 접하는 대부분의 신호는 형태가 단순해 간단한 함수로 표현할 수 있는 기본 신호들보다는 파형이 복잡하고 복합적이다. 그러나 아주 특별한 경우를 제외하면 아무리 복잡한 신호라 할지라도 단순한 형태의 신호로부터 [표 3-1]의 여러 기본 연산을 차례로 조합하여 적용함으로써 구할 수 있다.

신호에 대한 기본 연산의 조합

- 어떤 신호에 기본 연산들을 순차적으로 조합하여 적용하면 새로운 신호가 얻어진다.
- 하나의 신호에 여러 기본 연산을 조합하여 적용할 때, 연산의 적용 순서가 바뀌어도 같은 결과를 얻는다.
- 시간 이동 연산은 다른 시간 변환 연산과 교환 법칙이 성립하지 않기 때문에 연산 순서를 바꾸면 시간 이동 값이 달라진다.

예를 들어, $y(t) = -2x\left(-\frac{t}{2}+1\right)+1$은 $x(t)$에 대해 시간에 대한 반전, 척도조절, 이동과 진폭에 대한 반전, 척도조절, 이동 연산을 수행함으로써 얻을 수 있다.

이때 일반적으로 연산의 적용 순서가 뒤바뀌더라도 같은 결과를 얻게 된다. 다만 연산 순서를 바꾸게 되면 시간 이동 값이 달라진다는 점을 조심해야 한다. 하나의 예로 [그림 3-38]에서 보면, $x(t)$로부터 $x(-t+T) = x(-(t-T))$를 얻기 위해 '시간 반전-시간 이동'순으로 조작할 때는 시간 이동이 T만큼 오른쪽으로 이동이지만, 연산 순서를 바꾸어 시간 이동을 먼저 적용하는 경우는 T만큼 왼쪽으로 이동시켜야 한다.

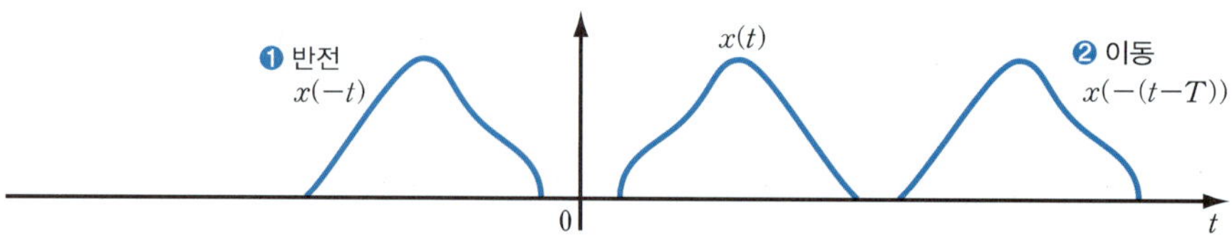

(a) $x(t)$의 시간 반전-시간 이동에 의한 $x(-t+T)$의 구득

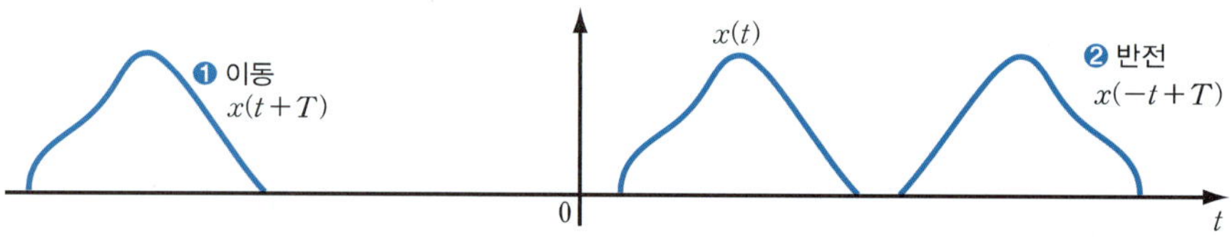

(b) $x(t)$의 시간 이동-시간 반전에 의한 $x(-t+T)$의 구득

[그림 3-38] 시간 이동 연산의 순서 바꿈의 과정과 결과

한편 이산 신호에 대한 시간 척도조절 연산의 경우, $x\left[\frac{2}{3}n\right]$과 같이 시간 척도조절 값이 정수가 아닌 경우에는 정수의 비로 만든 뒤에 먼저 솎음을 적용한 후 보간하면 된다. 이때 순서를 바꾸어도 상관없다.

예제 3-14 연속 신호에 대한 기본 연산의 조합

[예제 3-12]의 [그림 3-32(a)]의 신호 $x(t)$에 대해 $y(t)=x(-2t+4)$를 구하여 그려라.

풀이

[예제 3-12]의 풀이는 $y(t)=x(-(2t-4))$로 시간에 대해 반전($s(t)$)-이동($v(t)$)-척도조절($z(t)$)의 순서로 기본 연산을 조합하여 $y(t)$를 구한 것이다. 이때 시간 이동은 4만큼 지연이다.

$y(t)$는 또한 ❶ $y(t)=x(2(-(t-2)))$ 또는 ❷ $y(t)=x(2(-t)+4)$로 나타낼 수 있다.

- ❶의 경우 : [그림 3-39(a)], 시간에 대해 척도조절-반전-이동
  척도조절에 의해 $x_1(t)=x(2t)$를 구한 뒤, 이를 반전하여 반사 신호 $x_2(t)=x_1(-t)$를 얻고, 끝으로 $x_2(t)$를 이동(2만큼 지연)시켜 $x_3(t)=x_2(t-2)$를 얻음으로써 $y(t)$를 구한다.
- ❷의 경우 : [그림 3-39(b)], 시간에 대해 이동-반전-척도조절
  $x(t)$를 이동(4만큼 선행)시켜 $x_4(t)=x(t+4)$를 구한 뒤, 이를 반전시켜 $x_5(t)=x_4(-t)$를 얻고, 끝으로 $x_5(t)$를 척도조절하여 $x_6(t)=x_5(2t)$를 얻음으로써 $y(t)$를 구한다.

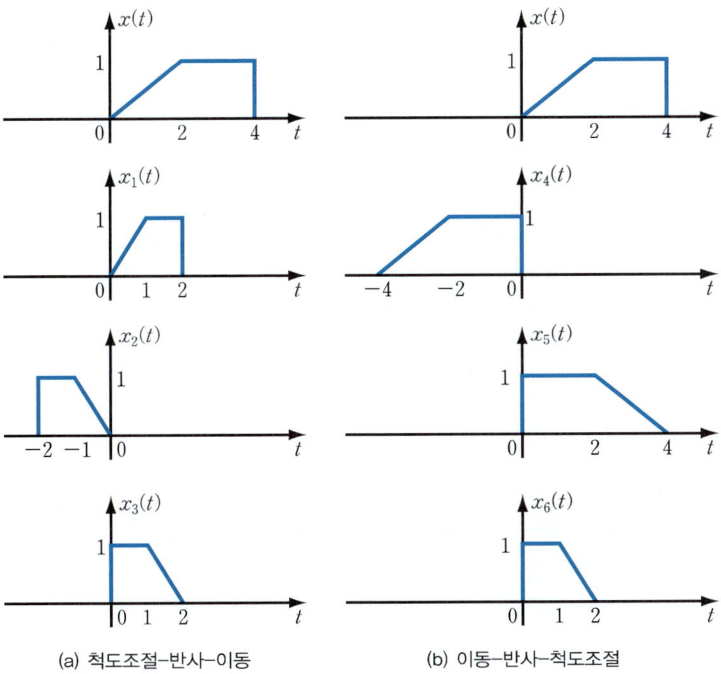

[그림 3-39] 기본 연산의 조합에 의한 연속 신호 얻기

이상의 결과에서 알 수 있듯이 기본 연산의 순서를 바꾸더라도 같은 결과가 얻어진다. 다만 [그림 3-32]와 [그림 3-39(a)], 그리고 [그림 3-39(b)]를 비교해보면, 시간 이동 연산의 순서가 달라짐에 따라 시간 이동 값이 달라짐을 확인할 수 있다.

예제 3-15 연속 신호에 대한 기본 연산의 조합

[그림 3-40(a)]의 신호 $x(t)$에 대해 $y(t)=-2x\left(-\frac{t}{2}+1\right)+1$을 구하여 그려라.

풀이

$y(t)$는 $x(t)$에 진폭 변환과 시간 변환의 모든 연산을 한 번씩 적용하여 얻어지는데, 먼저 시간 변환 연산을 수행한 뒤에 진폭 변환 연산을 수행하는 것이 풀이가 좀 더 간편하다.

$x\left(-\frac{t}{2}+1\right)=x\left(-\frac{1}{2}(t-2)\right)$이므로 시간에 대해 반전-척도조절(2배로 늘이기)-이동(2만큼 지연)의 순서로 연산을 적용한다. 즉 시간 반전으로 반사 신호 $x_1(t)=x(-t)$를 구한 뒤, 이를 시간 척도조절하여 $x_2(t)=x_1\left(\frac{1}{2}t\right)$를 얻고, 끝으로 $x_2(t)$를 시간 이동(2만큼 지연)시켜 $x_3(t)=x_2(t-2)$를 얻는다. 이제 $x_3(t)$에 대해 반전-척도조절(2배 증폭)-이동(1만큼 상승)의 순서로 진폭 변환 연산을 적용하면 된다. 즉 반전에 의해 $x_4(t)=-x_3(t)$를 구한 뒤, 이를 척도조절하여 $x_5(t)=2x_4(t)$를 얻고, 끝으로 $x_5(t)$를 이동시켜 $x_6(t)=x_5(t)+1$을 얻으면 $y(t)=x_6(t)$가 구해진다. 이상의 풀이 과정을 [그림 3-40]에 나타내었다.

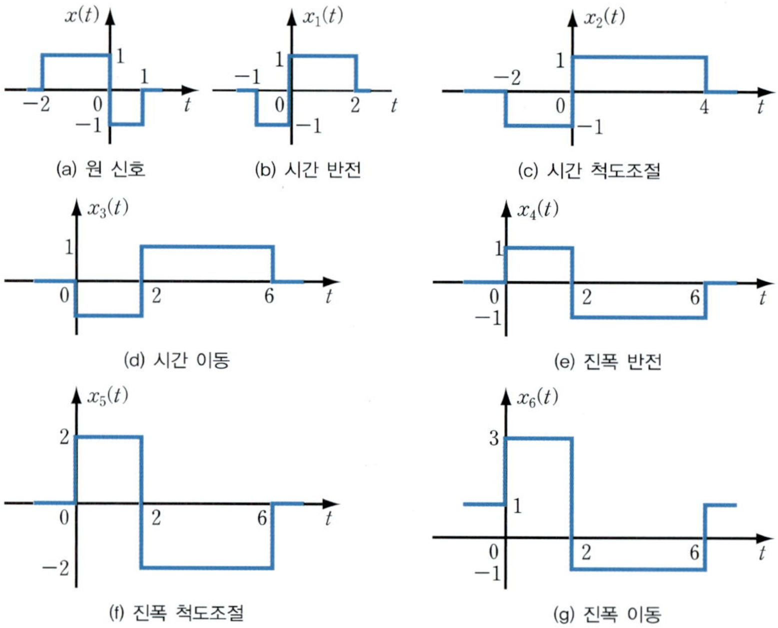

[그림 3-40] 기본 연산의 조합에 의한 연속 신호 얻기

예제 3-16 이산 신호에 대한 기본 연산의 조합

[그림 3-41]의 $x[n]$에 대해 다음을 구하여 그려라.

(a) $y[n]=x[2n-4]$ (b) $y[n]=x\left[\frac{2}{3}n\right]$

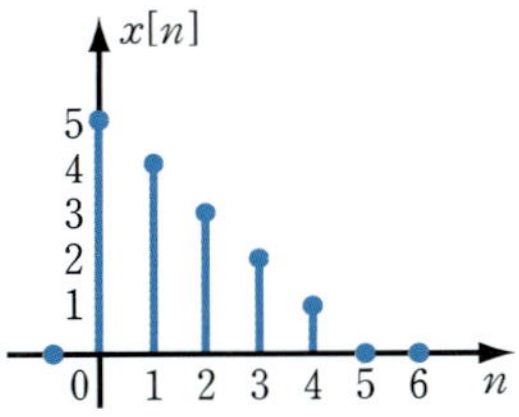

[그림 3-41] [예제 3-16]의 신호

풀이

(a) $y[n]=x[(2n)-4]=x[2(n-2)]$이므로, $x[n]$에 기본 연산을 적용하여 $y[n]$을 얻는 방법은 다음의 두 가지가 있으며, [그림 3-42]에 이 과정을 나타내었다.

❶ $x[(2n)-4]$의 경우, 먼저 $x[n]$을 $n_0=4$만큼 시간 이동한 뒤($x[n-4]$), 2배로 솎음을 적용하여($x[(2n)-4]$) $y[n]$을 얻는다.

❷ $x[2(n-2)]$의 경우, 2배로 솎음을 먼저 적용하고($x[2n]$), 나중에 $n_0=2$만큼 시간 이동을 시켜서 $y[n]$을 얻는다.

시간 이동을 먼저 한 경우에는 시간 이동 값이 4이지만 나중에 시간 이동을 한 것은 시간 이동 값이 2로, 연산 순서가 바뀌면 시간 이동 값이 달라짐을 확인할 수 있다.

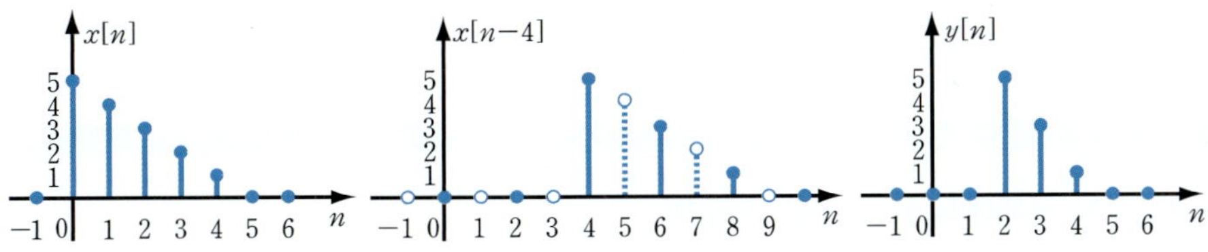

(a) 시간 이동-솎음에 의한 결과

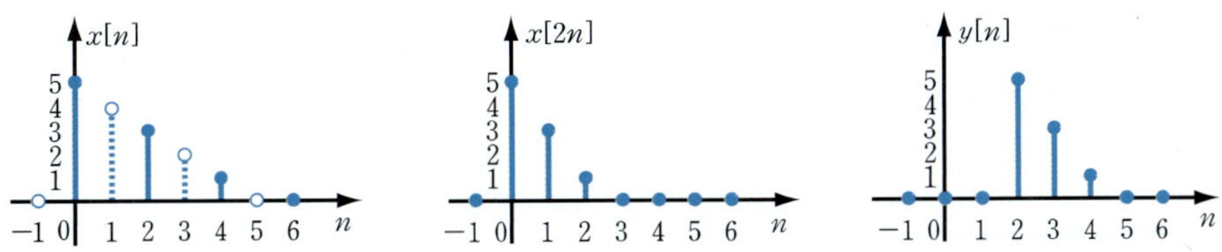

(b) 솎음-시간 이동에 의한 결과

[그림 3-42] 기본 연산의 조합에 의한 $y[n]=x[2n-4]$ 얻기

얻어진 결과는 다음과 같이 $y[n]=x[2n-4]$에 n값을 직접 대입하여 확인할 수 있다.

$$y[0]=x[-4]=0,\quad y[1]=x[-2]=0,\quad y[2]=x[0]=5,\quad y[3]=x[2]=3,\quad y[4]=x[4]=1$$

(b) $x[n]$에 먼저 솎음($x[2n]$)을 적용한 뒤에 보간$\left(x\left[\frac{2}{3}n\right]\right)$으로 0 삽입을 적용한 결과를 [그림 3-43(a)]에 나타내었다. 또 순서를 바꾸어 먼저 보간$\left(x\left[\frac{n}{3}\right]\right)$을 한 뒤에 솎음$\left(x\left[\frac{2n}{3}\right]\right)$을 한 결과는 [그림 3-43(b)]이며, 두 결과는 일치한다. 다시 말해 보간과 솎음의 순서를 바꾸어도 상관없다.

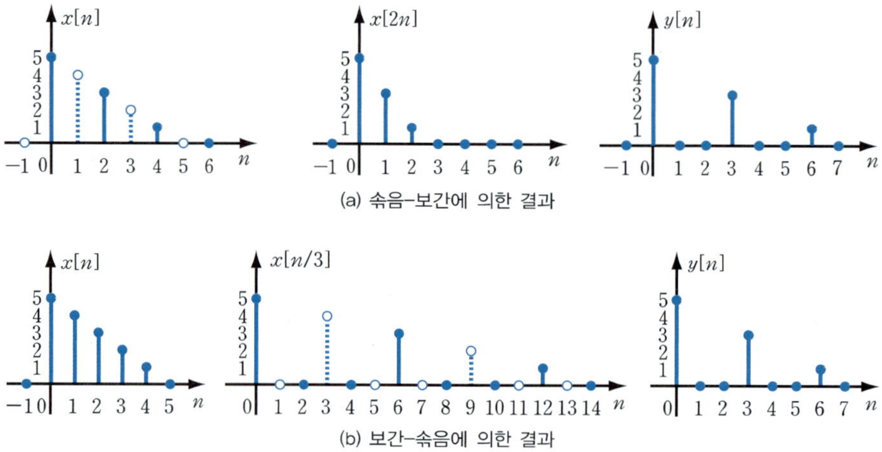

[그림 3-43] 기본 연산의 조합에 의한 $y[n]=x\left[\frac{2}{3}n\right]$ 얻기

이 경우에도 $y[n]=x\left[\frac{2}{3}n\right]$에 n값을 직접 대입하면, 다음과 같이 $y[n]$은 $\frac{2}{3}n$이 정수가 되어 $x[n]$의 값을 가질 수 있는 경우에만 0이 아닌 원래 신호의 값을 가짐을 확인할 수 있다.

$$y[0]=x[0]=5,\quad y[3]=x[2]=3,\quad y[6]=x[4]=1$$

Check Point 다음 문제에서 옳은 것을 골라라.

(1) 진폭 반전은 (시간축, 크기축)에 대칭인 신호를 만들어낸다.
(2) 시간 반전은 (시간축, 크기축)에 대칭인 신호를 만들어낸다.
(3) $x(t-3)$은 $x(t)$를 3만큼 시간 지연시킨 신호이다. (○, ×)
(4) $x(3t)$는 $x(t)$에 대해 시간축을 3배로 늘인 신호이다. (○, ×)
(5) 연속 신호의 적분에 상응하는 이산 신호의 연산은 (차분, 증분, 누적합)이다.
(6) 이산 신호의 시간 척도조절 $x[an]$에서 a는 어떠한 값도 가질 수 있다. (○, ×)
(7) $x[2n]$은 $x[n]$에 대한 (솎음, 보간, 업 샘플링)이다.
(8) $x[n]$에 대한 $y[n]=x[n/2]$의 값은 항상 유일하다. (○, ×)
(9) $x(-2(t-2))$는 $x(t)$를 시간 반전-(척도조절, 이동)-(척도조절, 이동)한 것이다.
(10) 신호에 대한 연산의 조합 순서를 바꾸면 시간 이동 값이 변할 수 있다. (○, ×)

CHAPTER 03_핵심요약

개념	관련 항
계단 함수는 파형이 $t=0$인 점에서 불연속인 계단 모양의 함수로, 계단 신호와 사각 펄스는 다른 신호를 켜고 끄는 스위치의 역할을 할 수 있어 구간 연속 신호를 표현하는 데 유용하게 사용된다.	식 (3.1) [그림 3-2]
계단 신호는 갑작스러운 입력 신호 값의 변화에 대해 시스템이 어떻게 반응하는가를, 램프 신호는 시간에 비례하여 직선적으로 증가하는 입력 신호에 대한 시스템의 반응 정도를 알고자 할 때 사용된다.	
연속 (단위) 임펄스 함수는 디랙 델타라고도 하며, $t=0$ 순간에만 세기 1로 존재하는 개념상의 특이 함수이다.	식 (3.8)
임펄스 함수는 신호에서 하나의 값만 뽑아내는 체 거르기 성질을 만족한다.	식 (3.11)
지수 함수 $x(t)=Ae^{\lambda t}$는 λ의 값에 따라 실수 지수 함수, 복소 지수 함수, 복소 정현파의 세 가지의 다른 신호로 구분된다.	
복소 정현파는 지수 함수에서 지수가 $\lambda=j\omega$로 순허수인 경우로 삼각 함수를 이용한 정현파 신호 표현 대신 신호와 시스템의 해석에 널리 사용된다.	식 (3.17)
오일러 공식을 이용하여 삼각 함수를 지수 함수(복수 정현파)로 나타낼 수 있다.	식 (3.20)
샘플링 함수와 싱크 함수는 [그림 3-14]와 같이 독특한 파형을 갖는 신호이다.	
이산 (단위) 임펄스 함수는 연속 (단위) 임펄스 함수와 달리 $n=0$에서만 1의 값을 가지는 매우 단순한 신호로서, 크로네커 델타 또는 단위 샘플 함수라고도 하며, 연속 임펄스 함수처럼 체 거르기(샘플링) 성질을 만족한다.	식 (3.27) 식 (3.28)
이산 신호는 시간 이동된 임펄스 신호들의 가중합 형태로 나타낼 수 있다.	
이산 (단위) 계단 함수는 $n \ge 0$에서 항상 값이 1인 함수, 즉 직류 신호로서 연속 (단위) 계단 함수를 샘플링한 것으로 볼 수 있다.	[그림 3-17]
이산 지수 함수 $x[n]=Ca^n$은 a의 값에 따라 실수 지수 함수, 복소 지수 함수, 복소 정현파의 세 가지의 다른 신호로 구분된다.	
이산 정현파 신호가 주기 신호가 되려면 각주파수를 2π로 나눈 값, 즉 (디지털) 주파수가 유리수여야 한다.	식 (3.37)
각주파수가 Ω_0와 $\Omega_0+2\pi k$인 두 이산 정현파는 서로 구분되지 않는 같은 신호이다.	식 (3.38)
이산 정현파 신호는 주파수 $0 \le \Omega \le 2\pi (0 \le F \le 1)$ 범위 내에서만 구분할 수 있고, 가질 수 있는 최대 주파수가 $\Omega_{\max}=2\pi (F_{\max}=1)$을 넘지 않는다.	
이산 주기 정현파 신호가 가질 수 있는 최대 주파수는 $\Omega_{\max}=\pi (F_{\max}=0.5)$이다.	[예제 3-9]
신호에 대한 기본 연산은 시간과 진폭에 대한 반전, 이동, 척도조절이 있다. 이 외에 신호의 합과 곱, 연속 신호는 미분과 적분, 이산 신호는 차분과 누적합 등이 있다.	
시간 이동 $y(t)=x(t-t_0)$에서 $t_0>0$이면 시간 지연, $t_0<0$이면 시간 앞섬이다.	
$y(t)=x(at)$에서 $a>1$이면 시간축 줄이기, $a<1$이면 시간축 늘이기이다.	[그림 3-30]
시간 척도조절이 연속 신호와 이산 신호의 차이가 가장 뚜렷한 연산으로, $y[n]=x[an]$에서 솎음($a>1$)은 시간이 a의 배수(an)에 해당하는 샘플만 남기고 나머지는 솎아내 버리는 연산이고, 보간($a<1$)은 원 신호의 샘플들 사이에 다른 샘플을 끼워 넣는 동작으로 적당한 방법으로 끼워 넣을 샘플 값을 결정해야 한다.	[그림 3-35]
여러 기본 연산을 조합하여 새로운 신호를 얻을 수 있으며, 이때 연산 순서는 바꿔도 상관없으나 연산 순서에 따라 시간 이동 값이 달라진다.	

CHAPTER 03_연습문제

【개념 문제】

3.1 연속 (단위) 계단 신호에 대한 다음의 설명 중 틀린 것은?

㉮ 단위 계단 신호는 크기 1인 상수 신호와 같다.
㉯ 계단 신호는 다른 신호를 켜고 끄는 스위치 역할을 할 수 있다.
㉰ 계단 신호는 수학적으로 임펄스 신호의 적분으로 나타낼 수 있다.
㉱ 사각 펄스와 같이 구간별로 불연속인 신호들은 계단 함수를 이용해 표현 가능하다.

3.2 계단 함수를 이용한 사각 펄스 함수의 표현 중 틀린 것은?

㉮ $\mathrm{rect}(t/2a) = u(-t+a) + u(t+a) - 1$
㉯ $\mathrm{rect}(t/2a) = u(-t+a) - u(-t-a)$
㉰ $\mathrm{rect}(t/2a) = u(-t-a) - u(t-a) + 1$
㉱ $\mathrm{rect}(t/2a) = u(-t+a) \cdot u(t+a)$

3.3 임펄스 함수에 대한 다음의 설명 중 틀린 것은?

㉮ 디락 델타는 물리적으로 만들 수 없지만, 크로네커 델타는 물리적으로 존재한다.
㉯ 연속 임펄스 함수 $\delta(t)$는 $t=0$에서 크기(값)가 1인 신호이다.
㉰ 연속 임펄스 함수는 계단 신호의 미분, 이산 임펄스 신호는 계단 신호의 차분과 같다.
㉱ 임펄스 함수는 자신이 존재하는 순간의 신호 값만 뽑아내는 체 거르기 성질을 만족한다.

3.4 지수 함수에 대한 다음의 설명 중 옳은 것은?

㉮ 모든 지수 함수는 안정한 신호이다.
㉯ 지수 함수와 정현파는 아무런 관련이 없다.
㉰ 복소 지수 함수는 포락선을 따라 진동하는 파형을 보인다.
㉱ 지수 함수를 미분하면 형태가 다른 함수가 된다.

3.5 신호에 대한 다음의 설명 중 틀린 것은?

㉮ $-3 \le n \le 3$에서 값이 1인 사각 펄스는 $u[n+3] - u[n-3]$으로 나타낼 수 있다.
㉯ $-3 < t < 3$에서 값이 1인 사각 펄스는 $u(t+3) - u(t-3)$으로 나타낼 수 있다.
㉰ 이산 신호는 항상 이산 임펄스 함수를 이용하여 나타낼 수 있다.
㉱ 이산 실수 지수 함수는 파형의 형태가 연속 실수 지수 함수보다 종류가 많다.

3.6 이산 (복소) 정현파 신호에 대한 다음의 설명 중 틀린 것은?

㉮ $\cos(\sqrt{2}\pi n)$은 주기 신호이다.
㉯ $\cos(0.5\pi n)$과 $\cos(8.5\pi n)$은 같은 신호이다.
㉰ 이산 주기 정현파 신호가 실제로 가질 수 있는 최대 주파수는 $\Omega_{\max} = \pi$이다.
㉱ 이산 정현파는 삼각 함수의 2π 주기성 때문에 연속 정현파와 성질이 다르다.

3.7 신호에 대한 기본 연산에 대한 다음의 설명 중 옳은 것은?

㉮ 라디오의 볼륨을 높이는 일은 신호의 진폭 이동에 해당한다.
㉯ 라디오의 다이얼을 돌려 방송국을 바꾸는 것은 신호의 척도조절에 해당한다.
㉰ 정현파에 DC 오프셋을 더해주는 것은 신호의 진폭 이동에 해당한다.
㉱ 녹음 테이프를 거꾸로 재생하는 것은 신호의 진폭 반전에 해당한다.

3.8 신호의 시간에 대한 기본 연산에 대한 다음의 설명 중 틀린 것은?

㉮ 신호에 대한 미분과 적분은 신호의 시간에 대한 기본 연산이 아니다.
㉯ 번개가 칠 때 천둥소리가 한참 뒤에 들리는 것은 신호의 시간 이동과 관련이 있다.
㉰ 연속 신호에 대한 시간 척도조절은 임의의 값으로 할 수 있다.
㉱ $x(3t)$는 신호의 길이를 3배로 늘인 것이다.

3.9 이산 신호에 대한 기본 연산에 대한 다음의 설명 중 틀린 것은?

㉮ 이산 신호의 진폭에 대한 기본 연산은 연속 신호의 경우와 완전히 동일하다.
㉯ 실제 문제에서 실시간으로 사용 가능한 것은 후향 차분이다.
㉰ 이산 신호에 대한 솎음은 항상 정보의 손실이 따른다.
㉱ 이산 신호에 대한 보간 연산은 유일하다.

3.10 신호에 대한 기본 연산에 대한 다음의 설명 중 옳은 것은?

㉮ $x(t)$에 기본 연산을 조합하여 $x(-2t+6)$를 얻을 때 시간 반전-시간 척도조절-시간 이동의 순으로 기본 연산을 적용하면 시간 이동은 6만큼 지연하면 된다.
㉯ $x\left[\frac{2}{3}n\right]$은 먼저 $y[n]=x[2n]$으로 솎음한 뒤 $z[n]=y\left[\frac{1}{3}n\right]$으로 보간해 구할 수 있다.
㉰ 기본 연산을 조합할 때 반드시 지켜야 할 우선 순위가 있다.
㉱ 연산의 조합 순서를 바꾸면 시간 이동 값은 달라지나, 이동 방향은 달라지지 않는다.

【 기초 문제 】

3.11 다음의 연속 신호를 그리고, 계단 함수 또는 램프 함수를 이용해 곱 형태가 아닌 수식 표현을 구하라.

(a) $x(t)=\begin{cases}3, & |t|<1\\ 2, & 1\le|t|<3\\ 1, & 3\le|t|<4\\ 0, & \text{그 외}\end{cases}$

(b) $x(t)=\begin{cases}1, & -3\le t<-2\\ t+1, & -2\le t<0\\ -t+1, & 0\le t<2\\ t-3, & 2\le t<3\\ 0, & \text{그 외}\end{cases}$

3.12 다음의 이산 신호를 그리고 ① 임펄스 함수, ② 계단 함수를 이용하여 표현하라.

(a) $x[n]=\begin{cases} 1, & n=0 \\ 2, & n=1 \\ 3, & n=2 \\ 0, & \text{그 외} \end{cases}$　　(b) $x[n]=\begin{cases} 2, & |n|\le 1 \\ 1, & 1<|n|\le 3 \\ -1, & n=\pm 4 \\ 0, & \text{그 외} \end{cases}$

3.13 다음의 연속 신호를 그려라.

(a) $x_1(t)=u(-t-1)-u(t+1)+1$　　(b) $x_2(t)=u(t)u(-t+2)$

(c) $x_3(t)=u(t)u(t-2)$　　(d) $x_4(t)=tu(t)-(t-1)u(t-1)$

(e) $x_5(t)=r(2-t)u(t)$　　(f) $x_6(t)=-r(-t-1)+r(t-1)$

3.14 다음의 이산 신호를 그려라.

(a) $x_1[n]=n^2(\delta[n+2]-\delta[n-2])$

(b) $x_3[n]=(5-|n|)(u[n+5]-u[n-5])$

(c) $x_4[n]=(n+2)u[n+2]-nu[n-4]-2u[n-6]$

(d) $x_5[n]=\left(\frac{1}{2}\right)^{|n|}$

(e) $x_6[n]=\cos(\pi n)$

3.15 오일러 공식을 이용하여 다음 신호를 삼각 함수 합성하여 삼각 함수로 나타내라.

(a) $x(t)=2\sin(\pi t)+2\cos(\pi t)$　　(b) $x(t)=2\cos(\pi t)+2\sqrt{3}\sin(\pi t)$

(b) $x(t)=2\sin\left(\pi t+\frac{\pi}{3}\right)+2\cos\left(\pi t+\frac{\pi}{3}\right)$　　(d) $x(t)=-2\cos\left(\pi t-\frac{3\pi}{4}\right)+2\sin\left(\pi t+\frac{\pi}{4}\right)$

3.16 오일러 공식을 이용하여 다음 복소 신호를 삼각 함수 꼴로 나타내라.

(a) $x(t)=e^{-(2+j2)t}+e^{-(2-j2)t}$　　(b) $x(t)=2(1+j1)e^{(-3+j2)t}$

(c) $x(t)=e^{-(2+j2)t}e^{(1+j1)t}$　　(d) $x(t)=j(e^{-(1+j1)t}-e^{-(1-j1)t})$

3.17 다음 중 같은 신호가 아닌 것은?

㉮ $\cos\left(\frac{2}{3}\pi n\right)$　　㉯ $\cos\left(\frac{8}{3}\pi n\right)$　　㉰ $\cos\left(\frac{22}{3}\pi n\right)$　　㉱ $\cos\left(\frac{32}{3}\pi n\right)$

3.18 다음 중 계단 신호 $u(t-1)$의 시간 반전 신호는 어느 것인가?

㉮ $u(-t+1)$　　㉯ $u(-t-1)$　　㉰ $-u(-t-1)$　　㉱ $-u(-t+1)$

3.19 다음 그림의 신호 $x(t)$에 대해 다음의 신호를 그려라.

(a) $y_1(t)=2x(t)$ (b) $y_2(t)=0.5x(-t)$ (c) $y_3(t)=x(t-2)$

(d) $y_4(t)=x(2t+1)$ (e) $y_5(t)=x(-t+2)u(t)$ (f) $y_6(t)=x(t/2-2)$

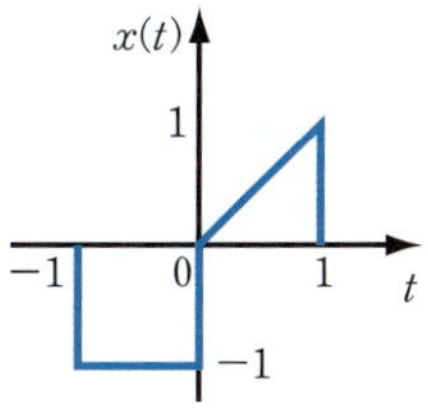

(ㄱ)

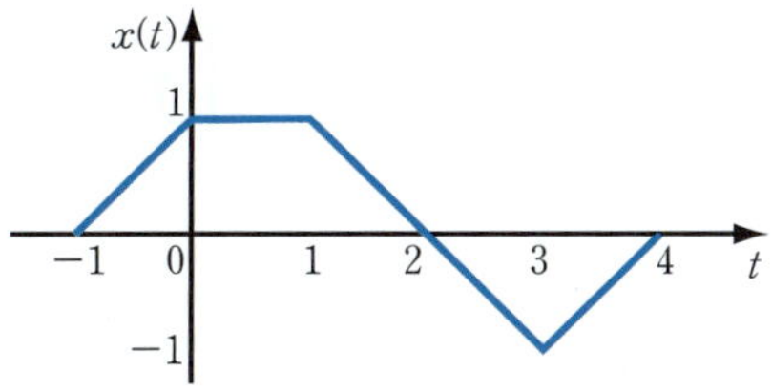

(ㄴ)

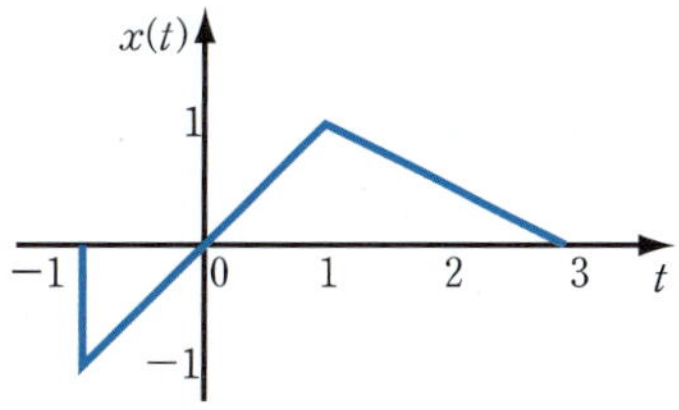

(ㄷ)

3.20 다음 그림의 신호 $x[n]$에 대해 다음의 신호를 그려라.

(a) $y_1[n]=x[n-2]$ (b) $y_2[n]=x[-n+2]$ (c) $y_3[n]=x[2n-4]$

(d) $y_4[n]=x[n/2]$ (e) $y_5[n]=x[n-2]u[n-2]$ (f) $y_6[n]=x[n-2]u[n]$

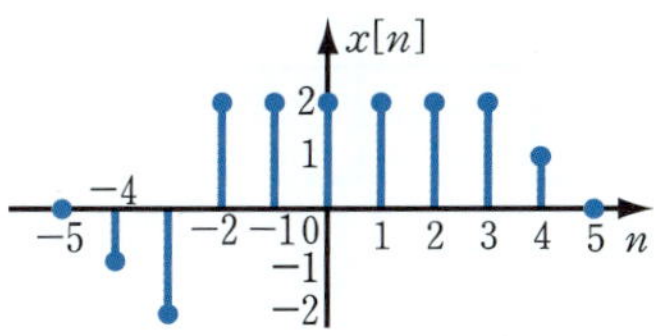

(ㄱ)

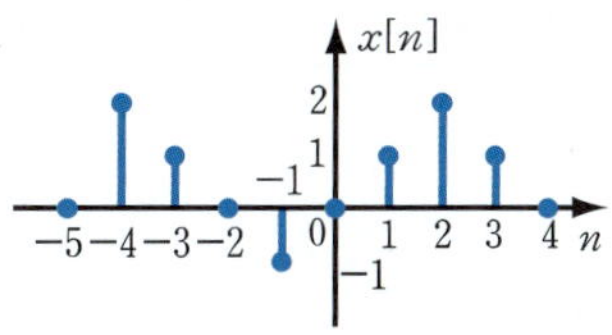

(ㄴ)

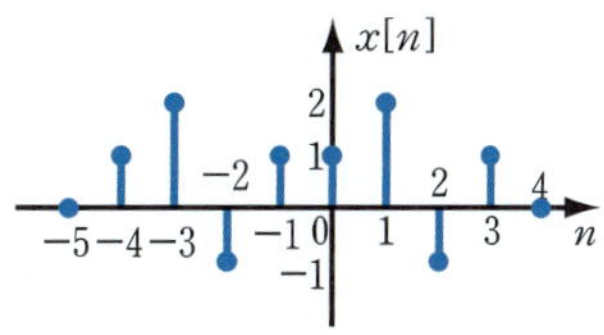

(ㄷ)

【응용 문제】

3.21 다음 연속 신호의 파형을 그려라.

(a) $x(t)=e^{-t}\cos(2\pi t)u(t)$ (b) $y(t)=(1-e^{-t}\cos(2\pi t))u(t)$

3.22 다음 연속 신호의 파형을 그려라.

(a) $x(t)=\begin{cases} te^{-t}, & t\geq 0 \\ 0, & t<0 \end{cases}$ (b) $x(t)=\sin(\pi t)+\cos(\pi t)$

(c) $x(t)=u(\cos(t))$ (d) $x(t)=t\sin(\pi t)$

3.23 다음의 이산 신호를 그려라.

(a) $x[n]=(-0.8)^n u[n]$ (b) $x[n]=(0.8)^n\left[\sin\left(\frac{\pi n}{4}\right)+\cos\left(\frac{\pi n}{4}\right)\right]$

(c) $x[n]=\sum_{k=-\infty}^{n} k^2(\delta[k+2]-\delta[k-2])$ (d) $x[n]=\cos\left(\frac{\pi n}{N}\right)\left(\sum_{k=-\infty}^{\infty}\delta[n-kN]\right)u[n]$

3.24 [연습문제 3.19]의 신호에 대해 계단 신호와 램프 신호를 이용한 수식 표현을 구하라.

3.25 다음 그림의 신호를 계단 신호를 이용한 수식 표현을 구하라.

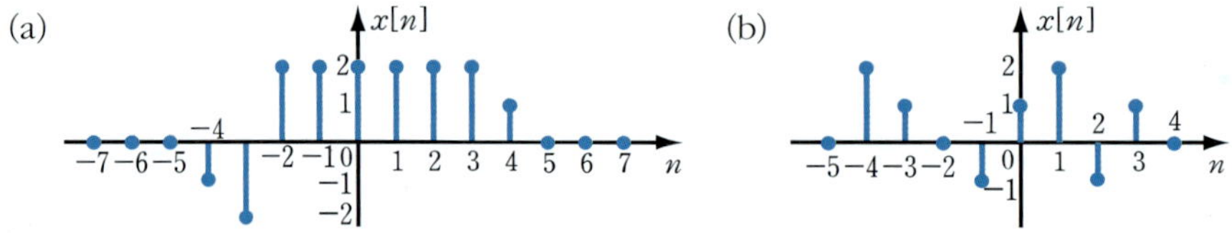

3.26 다음의 그림과 같이 두 신호가 주어졌다.

(a) 계단 함수 $u(t)$를 이용하여 $x(t)$를 표현하라.

(b) 계단 함수 $u(t)$를 이용하여 $y(t)$를 표현하라.

(c) $x(t)$의 함수로 $y(t)$를 표현하라.

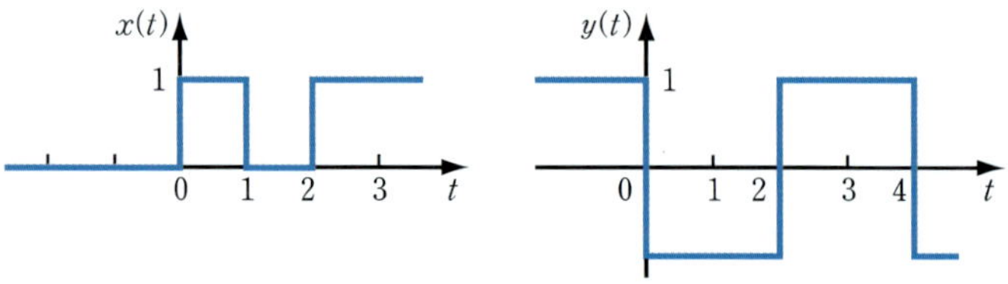

(ㄱ)

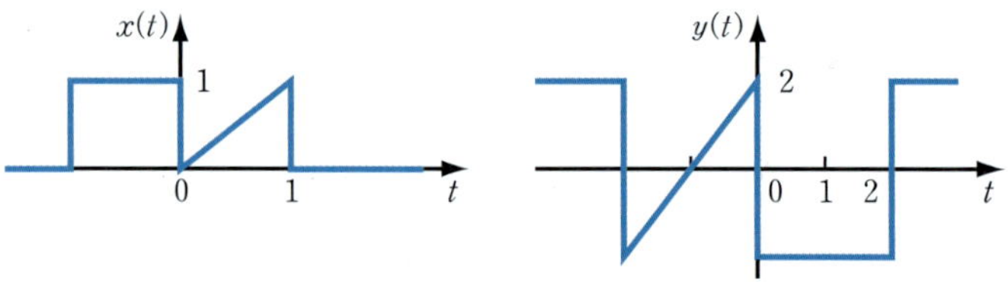

(ㄴ)

3.27 다음 복소 신호를 복소 지수 함수 꼴로 나타내라.

(a) $x(t)=\cos\left(\pi t+\frac{\pi}{4}\right)+j\sin\left(\pi t+\frac{\pi}{4}\right)$

(b) $x(t)=-2\cos\left(\pi t-\frac{2\pi}{3}\right)+j2\sin\left(\pi t+\frac{\pi}{3}\right)$

(c) $x(t)=e^{-2t}[\cos(\pi t)-j\sin(\pi t)]$

(d) $x(t)=2e^{-t}\left[\cos\left(\pi t-\frac{\pi}{2}\right)-j\sin\left(\pi t+\frac{\pi}{2}\right)\right]$

3.28 다음 신호에 대해 $y[n]=x[2n]$을 구하라.

(a) $x[n]=\begin{cases}n, & n=\text{홀수}\\ 0, & n=\text{짝수}\end{cases}$

(b) $x[n]=\begin{cases}1, & n=\text{홀수}\\ 2, & n=\text{짝수}\end{cases}$

(c) $x[n]=(-1)^n$

3.29 $x(t)$로부터 $x(-t/2+2)$를 구하기 위한 기본 연산의 조합이 옳은 것은?

㉮ 시간 반전 – 2배로 시간 늘이기 – 2만큼 시간 선행
㉯ 2배로 시간 늘이기 – 시간 반전 – 4만큼 시간 지연
㉰ 시간 반전 – 2만큼 시간 선행 – 2배로 시간 늘이기
㉱ 2만큼 시간 선행 – 시간 반전 – 2배로 시간 늘이기

3.30 다음과 같이 임펄스 함수가 포함된 신호를 계산하라.

(a) $\int_{-\infty}^{\infty}(t^2-3t+2)\delta(t-2)dt$

(b) $\int_{-\infty}^{\infty}\cos(t)\,u\left(t-\frac{\pi}{4}\right)\delta(t)dt$

(c) $\int_{-\infty}^{\infty}\left(\delta(t)\cos(t)+\delta\left(t-\frac{\pi}{2}\right)\sin(t)\right)dt$

(d) $\int_{-\infty}^{\infty}\cos(3(t+2))\delta(2t+4)dt$

(e) $x(t)=e^{-t}\cos(10t)\delta(t)$

(f) $x(t)=\sin(2\pi t)\sum_{k=0}^{\infty}\delta(t-k)$

(g) $x[n]=\cos(0.2\pi n)\sum_{k=0}^{\infty}\delta[n-10k]$

(h) $x[n]=\sum_{n=-\infty}^{\infty}(2)^n\delta[n-3]$

CHAPTER 03_MATLAB 실습

학습포인트

- 매트랩을 이용하여 기본적인 연속 신호를 그려본다.
- 매트랩을 이용하여 기본적인 이산 신호를 그려본다.
- 매트랩을 이용하여 신호에 대한 기본 연산을 적용한 결과를 구해본다.

신호 및 시스템에서 널리 활용되는 기본 신호들을 그리는 방법은 크게 두 가지가 있다. 하나는 직접 계산 프로그램을 작성하는 것이고, 다른 하나는 제공되는 명령을 사용하는 것이다. 연속 신호에 대해서는 직접 계산 프로그램 작성, 이산 신호에 대해서는 매트랩 명령 사용에 의해 몇몇 기본 신호를 그려보기로 한다. 또한 신호에 대한 기본 연산을 적용하여 다른 신호들을 구하는 문제에 대해서도 간단히 실습해보기로 한다. 이 과정에서 몇 가지 유용한 명령들을 익히게 될 것이다.

MATLAB 3-1 기본적인 연속 신호 그리기

다음 신호들의 파형을 매트랩을 이용하여 $-4 \le t \le 4$ 범위에서 그려라.

(a) 사각 펄스 $\mathrm{rect}(t/2)$　　(b) 삼각 펄스 $\mathrm{tri}(t/2)$

(c) 싱크 함수 $\mathrm{sinc}(t/0.5)$　　(d) 지수 감쇠 정현파 $e^{-0.5t}\cos(10\pi t)u(t)$

풀이

주어진 신호들은 널리 쓰이는 기본 신호들이다. 일부 기본 신호들에 대해서는 매트랩에서 제공하는 명령들을 사용할 수도 있지만, 이 예제에서는 직접 신호들을 계산하도록 코딩하였다. 프로그램에서 x=(t>=a)는 ( ) 안의 조건이 만족되는 t에 대해 x가 1, 즉 계단 신호 $u(t-a)$을 생성하는 코드이다. 또한 싱크 함수의 정의식으로는 $t=0$에서 값을 계산할 수 없으므로 조건문 if를 사용하여 특별히 예외 처리할 수 있도록 하였다(로피탈 정리를 적용하면 $\mathrm{sinc}(0)=1$이 된다). 이때 `find(t,1)`은 t 데이터 배열에서 t가 양이 되는 인덱스 중의 처음 1개를 출력하는 명령이다.

SS_3_1.m

```
ti=-4;tf=4;dt=0.01;t=ti:dt:tf;                  % 시간축 설정
xa=(-1<=t & t<=1);                                % 사각 펄스
xb=(t+1).*(t>=-1)-2*t.*(t>=0)+(t-1).*(t>=1);     % 삼각 펄스
J=find(t,1)-1;                                    % t=0인 데이터 배열 인덱스 찾음
for I=1:length(t)
   if I == J
       xc(I)=1;                                   % 싱크 함수(t=0)
   else
       xc(I)=sin(2*pi*t(I))/(2*pi*t(I));          % 싱크 함수
   end
end
xd=exp(-0.5*t).*cos(2*pi*t).*(t>=0);             % 지수 감쇠 정현파
xde=exp(-0.5*t).*(t>=0);                          % 지수 감쇠 정현파의 포락선

subplot(2,2,1); plot(t,xa);                       % 2행 2열 분할 그림 창의 1번 창에 사각 펄스 그림
```

```
axis([ti tf -0.5 1.5]); grid on;              % x축과 y축 영역 설정, 그리드 표시
title('사각 펄스 rect(t/2)');                  % 그림 제목
subplot(2,2,2); plot(t,xb);                   % 2행 2열 분할 그림 창의 2번 창에 삼각 펄스 그림
axis([ti tf -0.5 1.5]); grid on;              % x축과 y축 영역 설정, 그리드 표시
title('삼각 펄스 tri(t/2)');                   % 그림 제목
subplot(2,2,3); plot(t,xc);                   % 2행 2열 분할 그림 창의 3번 창에 싱크 함수 그림
axis([ti tf -0.5 1.5]); grid on;              % x축과 y축 영역 설정, 그리드 표시
title('싱크 함수 sinc(t/0.5)'); xlabel('t');   % 그림 제목 및 x축 라벨
subplot(2,2,4);                               % 2행 2열 분할 그림 창의 4번 창
plot(t,xd,t,xde,'--r',t,-xde,'--r');          % 지수 감쇠 정현파와 포락선 그림
axis([ti tf -1 1]); grid on;                  % x축과 y축 영역 설정, 그리드 표시
title('지수 감쇠 정현파'); xlabel('t');         % 그림 제목 및 x축 라벨
```

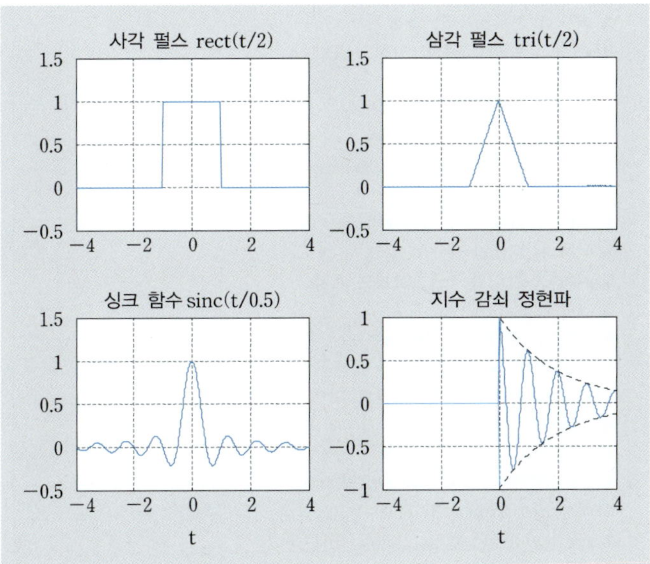

[그림 3-44] [MATLAB 3-1]의 신호 파형

MATLAB 3-2 기본적인 이산 신호 그리기

다음 신호들의 파형을 매트랩을 이용하여 $-10 \leq n \leq 10$ 범위에서 그려라.

(a) 임펄스 신호 $\delta[n]$ (b) 계단 신호 $u[n+5]$

(c) 사각 펄스 $\text{rect}[n/10]$ (d) 램프 신호 $0.2r[n-3]$

(e) 부호 함수 $\text{sgn}[n]$ (f) 싱크 함수 $\text{sinc}[n/3]$

풀이

임펄스 신호와 램프 신호에 대해서는 별도의 명령이 제공되지 않지만, 계단 함수는 stepfun, 사각 펄스는 rectpuls, 부호 함수는 sign, 싱크 함수는 sinc라는 명령을 사용하여 손쉽게 구현할 수 있다. 주어진 신호가 6개이므로 그림 창을 3행 2열의 6화면으로 분할해서 그리도록 한 매트랩 프로그램은 다음과 같다.

SS_3_2.m

```
n=[-10:1:10];                                   % 시간축 설정(n은 -10에서 10까지 1씩 증가)
xa=(n==0);                                      % n=0일 때 1, 즉 임펄스 δ[n]
xb=stepfun(n,-5);                               % 계단 신호 u[n+5]
xc=rectpuls(n/10);                              % 사각 펄스 rect[n/10]
xd=0.2*(n-3).*(n>=3);                           % 램프 함수 0.2r[n-3]
xe=sign(n);                                     % 부호 함수 sgn[n]
xf=sinc(n/3);                                   % 싱크 함수 sinc[n/3]

subplot(3,2,1);                                 % 3행 2열 분할 그림 창의 1번 창
stem(n,xa);                                     % 이산 신호 δ[n] 출력(n은 x축, xa는 y축)
axis([-10 10 -0.5 1.5]); grid on;               % x축과 y축 영역 설정, 그리드 표시
title('임펄스 신호 ₩delta[n]');                   % 그림 제목( '₩xx'는 정해진 기호 표시)
subplot(3,2,2);                                 % 3행 2열 분할 그림 창의 2번 창
stem(n,xb);                                     % 이산 신호 u[n+5] 출력
axis([-10 10 -0.5 1.5]); grid on;               % x축과 y축 영역 설정, 그리드 표시
title('계단 신호 u[n+5]');                        % 그림 제목
subplot(3,2,3);                                 % 3행 2열 분할 그림 창의 3번 창
stem(n,xc);                                     % 이산 신호 rect[n/10] 출력
axis([-10 10 -0.5 1.5]); grid on;               % x축과 y축 영역 설정, 그리드 표시
title('사각 펄스 rect[n/10]');                    % 그림 제목
subplot(3,2,4);                                 % 3행 2열 분할 그림 창의 4번 창
stem(n,xd);                                     % 이산 신호 0.2r[n-3] 출력
axis([-10 10 -0.5 1.5]); grid on;               % x축과 y축 영역 설정, 그리드 표시
title('램프 신호 0.2r[n-3]');                     % 그림 제목
subplot(3,2,5);                                 % 3행 2열 분할 그림 창의 5번 창
stem(n,xe);                                     % 부호 함수 sgn[n] 출력
axis([-10 10 -1.5 1.5]); grid on;               % x축과 y축 영역 설정, 그리드 표시
title('부호 함수 sgn[n]');                        % 그림 제목
xlabel('n');                                    % x축 라벨
subplot(3,2,6);                                 % 3행 2열 분할 그림 창의 6번 창
stem(n,xf);                                     % 이산 신호 sinc[n/3] 출력
axis([-10 10 -0.5 1.5]); grid on;               % x축과 y축 영역 설정, 그리드 표시
title('싱크 함수 sinc[n/3]');                     % 그림 제목
xlabel('n');                                    % x축 라벨
```

앞의 매트랩 프로그램을 실행해서 얻은 결과는 [그림 3-45]에 나타내었다.

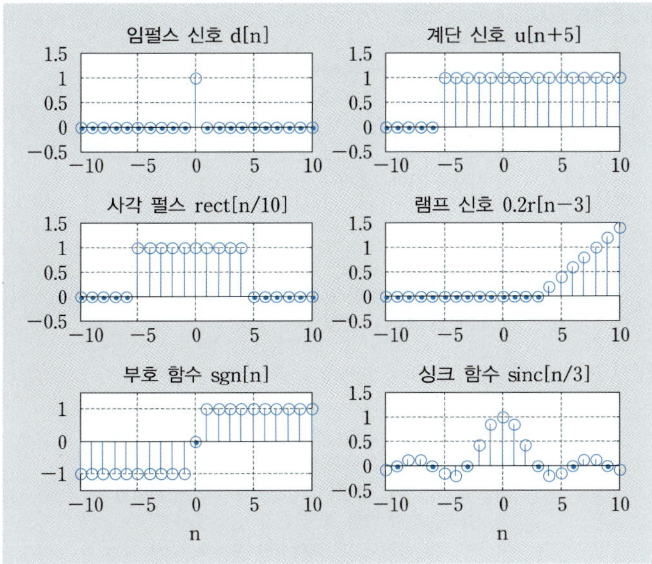

[그림 3-45] [MATLAB 3-2]의 신호 파형

MATLAB 3-3 신호에 대한 기본 연산

신호 $x[n]=r[n+4]-r[n]-r[n-3]+r[n-7]$에 대해 다음의 신호를 그려라.

(a) $x[n+3]$　　(b) $x[-n]$

(c) $x_e[n]$: 우대칭 성분　　(d) $x_o[n]$: 기대칭 성분

(e) $x[2n]$　　(f) $x[n/2]$

풀이

프로그램에서 음의 시간축과 양의 시간축의 길이를 다르게 설정하였으므로 데이터 배열 순서를 뒤집는 `fliplr` 명령을 이용하여 시간 반전 신호 $x[-n]$을 만들 때 시간 값에 대응하는 배열 데이터의 인덱스를 잘 맞추어 주어야 한다. 매트랩에서 배열의 데이터 순서는 1부터 시작한다는 것을 주의해야 한다. 뒤집힌 배열 데이터는 우대칭 및 기대칭 신호를 만들 때도 활용된다.

한편 솎음과 보간을 행할 때에는 미리 길이가 각각 2배와 반인 데이터를 만든 뒤에 솎음과 보간을 적용해야 시간축과 같은 길이의 결과가 얻어진다. 이 실습에서도 그림 창을 3행 2열의 6화면으로 분할하여 결과를 나타내도록 하였으며, 매트랩 프로그램은 다음과 같다. 프로그램을 실행하면 신호 파형이 [그림 3-46]과 같이 그림 창에 그려진다.

SS_3_3.m

```
ni=-10; nf=14;n=[ni:nf];                                      % 시간축 설정
x=(n+4).*(n>=-4)-n.*(n>=0)-(n-3).*(n>=3)+(n-7).*(n>=7);      % x[n] 생성
xs=[x(4:length(x)) 0 0 0];                                    % x[n+3] 생성
m=nf-abs(ni);                                                 % 양과 음 시간축의 데이터 수 차이
xr=fliplr(x);                                                 % x[n] 데이터 배열 순서 뒤집기
xr=[xr(m+1:length(x)) zeros(1,m)];                            % x[-n] 생성 (y축 대칭)
xe=0.5*(x+xr); xo=0.5*(x-xr);                                 % 우대칭 성분 생성 및 기대칭 성분 생성
xaug=[zeros(1,-ni) x zeros(1,nf)];                            % 시간축 길이 2배인 x_a[n] 생성
for k=1:length(n)
    xd(k)=xaug(2*k-1);                                        % x[2n] 생성
end
xtrun=x(-ni/2+1:-ni+1+nf/2);                                  % 시간축 길이 반인 x_t[n] 생성
xu=zeros(1,length(n));                                        % x[n/2] 초기화(0 삽입)
for k=1:length(xtrun)
    xu(2*k-1)=xtrun(k);                                       % x[n/2] 생성
end
subplot(3,2,1); y=stem(n,xs);                                 % 3행 2열 분할 그림 창의 1번 창에 x[n+3] 그림
axis([ni nf -1 5]); title('x[n+3]');                          % x축과 y축의 그림 영역 지정 및 그림 제목
subplot(3,2,2); stem(n,xr);                                   % 3행 2열 분할 그림 창의 2번 창에 x[-n] 그림
axis([ni nf -1 5]); title('x[-n]');                           % x축과 y축의 그림 영역 지정 및 그림 제목
subplot(3,2,3); stem(n,xe);                                   % 3행 2열 분할 그림 창의 3번 창에 x_e[n] 그림
axis([ni nf -1 5]); title('x_e[n]');                          % x축과 y축의 그림 영역 지정 및 그림 제목
subplot(3,2,4); stem(n,xo);                                   % 3행 2열 분할 그림 창의 4번 창에 x_o[n]그림
axis([ni nf -2 2]); title('x_o[n]');                          % x축과 y축의 그림 영역 지정 및 그림 제목
subplot(3,2,5); stem(n,xd);                                   % 3행 2열 분할 그림 창의 5번 창에 x[2n] 그림
axis([ni nf -1 5]); title('x[2n]');                           % x축과 y축의 그림 영역 지정 및 그림 제목
subplot(3,2,6); stem(n,xu);                                   % 3행 2열 분할 그림 창의 6번 창에 x[n/2] 그림
axis([ni nf -1 5]); title('x[n/2]');                          % x축과 y축의 그림 영역 지정 및 그림 제목
```

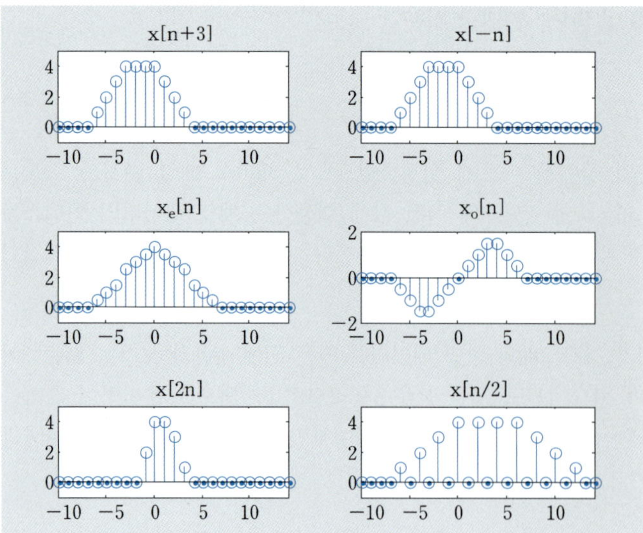

[그림 3-46] [MATLAB 3-3]의 신호 파형

CHAPTER

04

임펄스 응답과 컨벌루션

Impulse Response and Convolution

학습목표

- 시스템의 시간 영역 해석이 어떤 작업인지 이해할 수 있다.
- 시스템 응답 구분의 개념과 의미를 이해할 수 있다.
- 임펄스 응답의 정의와 개념을 이해할 수 있다.
- 임펄스 응답에 의한 시스템의 컨벌루션 표현을 이해할 수 있다.
- 미끄럼 방식 컨벌루션 계산과 컨벌루션 성질의 시스템적 의미를 이해할 수 있다.
- 임펄스 응답의 물리적 의미와 시스템 특성과의 관계를 이해할 수 있다.

【미리보기】

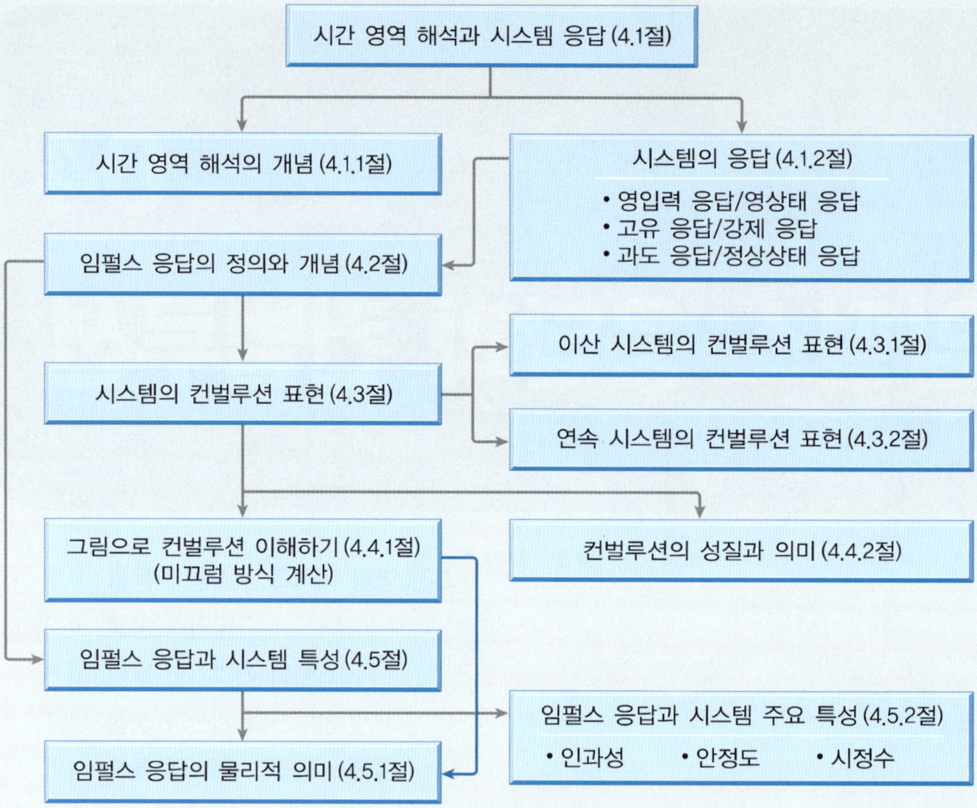

시간 함수로 표현한 입출력 신호와 관련하여 시스템의 표현식을 구하고, 이를 이용하여 시스템의 출력을 결정하고 특성을 해석하는 것을 시스템에 대한 시간 영역 해석이라고 한다. 시간 영역에서 연속 시스템의 입출력 관계는 컨벌루션 또는 미분/차분 방정식으로 표현된다. 외부 입력에 대한 시스템의 반응뿐만 아니라 시스템 자체의 내부 초기 조건에 의한 반응까지도 포함한 미분/차분 방정식 표현과 달리 컨벌루션 표현은 오직 외부 입력에 대한 시스템의 반응을 나타낸 것이지만, 시스템이 출력을 만들어내는 동작 원리를 엿볼 수 있고 주파수 영역에서 시스템을 해석할 때도 활용도가 높으므로 잘 알아둘 필요가 있다. 이 장에서는 제일 먼저 시간 영역 해석의 개념과 시스템 응답의 구분에 대해 알아본다. 그런 다음 임펄스 응답의 개념과 이를 이용한 선형 시불변(LTI) 시스템의 컨벌루션 표현을 유도하고, 그 계산과 성질에 대해 살펴볼 것이다. 마지막으로 임펄스 응답이 갖는 물리적 의미와 시스템 주요 특성과의 관계에 대해서도 살펴보기로 한다. 이 책에서는 LTI 시스템을 위주로 모든 논의가 전개될 것이다. 왜냐하면 많은 물리적 현상이 LTI 시스템으로 모형화되어도 충분하고 이를 다루기 위한 수학 이론이 잘 정립되어 있어 어렵지 않게 시스템의 특성을 해석할 수 있기 때문이다.

SECTION 4.1

시간 영역 해석과 시스템의 응답

학습포인트

- 시스템의 시간 영역 해석이 어떤 일을 하는 것인지 이해한다.
- 시스템 응답을 구분하는 이유와 기준에 대해 이해한다.
- 영입력 응답과 영상태 응답의 구분을 이해한다.
- 고유 응답과 강제 응답의 구분을 이해한다.

시간 함수로 표현한 입출력 신호와 관련하여, 시스템의 표현식을 구하여 입력에 대한 시스템의 출력을 결정하고 시스템의 특성을 해석하는 것을 시스템에 대한 시간 영역 해석이라고 한다. 이 절에서는 시스템의 시간 영역 해석과 시스템 응답에 대한 기초 개념에 대해 살펴보기로 한다.

4.1.1 시스템의 시간 영역 해석

시스템과 관련한 기본 과제는 입력을 넣었을 때 출력이 어떻게 될 것인지 알아내는 것이고, 이와 더불어 시스템의 여러 가지 성질을 파악하는 것이 중요하다. 이러한 작업을 시스템 해석이라고 하는데, 시간 함수로 나타낸 입출력 신호와 관련하여 시스템 해석을 수행하는 것을 시간 영역 해석이라고 한다.

- **시간 영역 해석**은 시간 함수로 나타낸 입출력 신호와 관련하여 시스템의 표현식을 구하고, 이를 이용해 시스템의 출력과 특성을 분석하는 일이다.
- 시스템의 **컨벌루션** 표현은 오직 외부 입력에 대한 시스템의 반응만 나타내는 모델로서, 임펄스 입력에 대한 출력인 임펄스 응답이 핵심적인 역할을 한다.
- 시스템은 시간 영역에서 보통 **미분/차분 방정식**으로 표현되는데, 이는 외부 입력에 대한 반응뿐만 아니라 시스템 내부의 초기 조건에 의한 반응까지도 고려된 모델이다.

시스템이 입력 신호에 반응하여 내보내는 결과 신호를 시스템의 출력 또는 **응답**response이라고 한다. 시간 영역에서 시스템의 입출력 관계는 일반적으로 컨벌루션 또는 미분/차분 방정식으로 표현되며, 이 방정식의 해가 바로 시스템의 출력, 즉 입력에 대한 시스템의 응답이 된다. 그런데 시스템의 출력이 꼭 외부에서 넣어주는 입력에 의해서만 만들어지는 건 아니다. 예를 들어, 이미 충전이 되어 있는 커패시터에 저항을 연결하면 회로에 별도의 전원(외부 입력)을 연결하지 않았음에도 불구하고 전류가 흐른다. 이는 회로를 동작시키기 전에 이미 회로 내부에 축적 에너지를 가지고 있어서 외부 입력과 같은 역할을 하기 때문이다. 이러한 시스템의 초기 상태는 컨벌루션 표현으로는 반영할 수 없고, 미분(차분) 방정식 표현에서 초기 조건으로 나타내게 된다.

그러므로 오직 입력에 의한 시스템의 출력을 구할 경우는 컨벌루션 표현이나 초기 조건을 0으로 둔 미분/차분 방정식을 사용하면 되고, 입력뿐만 아니라 시스템의 초기 상태까지 고려한 출력을 구할 필요가 있다면 미분/차분 방정식을 사용해야 한다. 결과적으로 미분/차분 방정식이 더 일반적인 시스템 표현이긴 하지만, 컨벌루션 표현 또한 시스템이 출력을 만들어내는 동작 원리를 엿볼 수 있고 주파수 영역에서 시스템을 해석할 때도 활용도가 높으므로 둘 다 잘 알아둘 필요가 있다.

4.1.2 시스템의 응답

시스템이 실제로 내보내는 출력은 하나이지만, 시스템의 특성을 파악하고 분석할 목적으로 필요한 관점에 따라 출력의 성분을 나누고 물리적인 의미를 부여하기도 하는데, [표 4-1]에 나타낸 것처럼 세 가지의 분류가 널리 이용되고 있다.

[표 4-1] 시스템 응답의 구분

구분 기준	시스템 응답 구분	
초기 상태 및 입력 유무	영입력 응답	영상태 응답
시스템 모드 포함 여부	고유 응답	강제 응답
평형 상태 도달 여부	과도 응답	정상상태 응답

이 중에서 시스템 해석에 중요한 구분은 두 가지인데, 하나는 '출력을 만드는 원인'에 따라 영입력 응답과 영상태 응답으로 나누는 것이고, 다른 하나는 '무엇의 특성이 반영되어 있는가'에 따라 고유 응답과 강제 응답으로 나누는 것이다. 마지막의 구분은 다른 두 가지의 구분과는 달리 물리적 속성(의미)이 아니라 '평형 상태 도달 여부'에 따라 단순히 시간적으로 두 구간으로 나눈 것으로 과도 응답과 정상상태 응답으로 나눈다. 아마도 여러분은 마지막 구분에 더 친숙할 테지만, 시스템 해석에서는 앞의 두 가지 구분이 더 중요하다고 할 수 있으므로 그 개념을 잘 익혀두면 좋을 것이다.

영입력 응답과 영상태 응답

- **영입력 응답** zero input response은 순전히 시스템 내부의 축적 에너지, 즉 시스템의 초기 조건에 의한 응답으로 외부 입력이 전혀 없을 때(입력이 0일 때)의 시스템 응답이다.
- **영상태 응답** zero state response은 오직 외부 입력에 의한 응답 성분으로 시스템 내부의 축적 에너지가 없을 때(시스템의 초기 상태가 0일 때)의 시스템 응답이다.

영입력 응답은 외부의 개입이 전혀 없는 상황에서 일어나는 시스템의 반응이므로, 오직 시스템이 지닌 고유한 특성만이 (내부적으로) 관여하여 빚어낸 결과라고 볼 수 있다. 따라서 영입력 응답을 잘 관찰하면 시스템 자체의 본질적인 특성을 파악하여 찾아낼 수 있다. 반면에, 영상태 응답은 순전히 외부 입력에 대한 시스템의 반응이므로, 원하는 결과를 얻기 위해 입력을 어떻게 적절히 조절할 것인지에 대한 정보를 알아낼 수 있다.

고유 응답과 강제 응답

- **고유 응답** natural response 은 시스템 자체의 고유한 특성을 반영하는 응답이다.
- **강제 응답** forced response 은 외부 입력의 특성을 반영하는 응답이다.

고유 응답은 시스템이 바뀌지 않는 한 입력의 형태와는 상관없이 항상 같은 꼴(시스템 모드)의 항들로 이루어지므로 시스템 자체의 고유성을 반영한 응답이라고 할 수 있다. 이와 달리 강제 응답은 시스템의 자체적인 특성과는 무관하게 외부에서 넣어준 입력에 의해 강제적으로 입력과 같은 꼴의 반응을 만들어낸 것이다. 영입력 응답은 외부에서 인가되는 입력과는 무관한 응답 성분이므로 전적으로 고유 응답에 속한다. 이와는 달리 영상태 응답의 경우에는 외부 입력이 시스템을 거치면서 고유 응답 성분과 강제 응답 성분을 함께 가지게 된다(이에 대해서는 5장에서 자세히 살펴볼 것이다).

과도 응답과 정상상태 응답

- **과도 응답** transient response 은 시스템이 작동되기 시작하여 평형 상태에 도달하기까지의 진행 과정에서 나온 출력으로 정상적인 동작이 이루어지기 전의 응답이다.
- **정상상태 응답** steady state response 은 시스템이 평형 상태에 도달하여 그 후 변화 없이 안정적으로 유지되는 응답이다.

과도 응답은 시스템이 평형 상태에 도달하면 더는 나타나지 않아야 하므로 응답 성분 중에서 시간의 흐름에 따라 감쇠하여 사라지는 성분들로 이루어진다. 그리고 정상상태 응답은 시스템이 과도기를 거쳐 일정한 상태를 안정적으로 유지하여 최종적으로 나타내는 응답이다. 따라서 과도 응답과 정상상태 응답의 구분은 평형 상태가 존재하는 안정한 시스템에만 적용할 수 있고 출력이 발산하는 시스템에는 적용할 수 없다.

시스템 응답의 구분 예

시스템 응답의 구분에 대한 이해를 돕기 위해, [그림 4-1]의 RLC 직렬회로를 살펴보자.

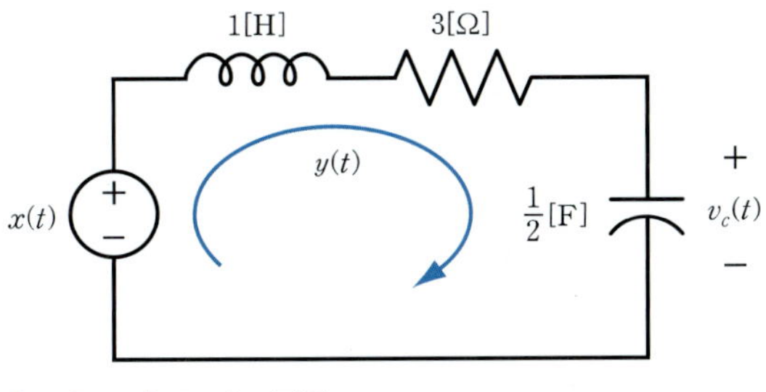

[그림 4-1] RLC 직렬회로

입력 전압 $x(t)=10e^{-3t}u(t)$이고 초기 조건 $y(0^-)=0$, $v_C(0^-)=5$일 때, 회로 방정식을 풀어 구한 폐로 전류 $y(t)$를 [표 4-1]의 구분에 따라 나타내보면 다음과 같다.

$$\begin{aligned} y(t) &= \underbrace{[-5e^{-t}+5e^{-2t}]}_{\text{영입력 응답}} + \underbrace{[-5e^{-t}+20e^{-2t}-15e^{-3t}]}_{\text{영상태 응답}} \\ &= \underbrace{[-10e^{-t}+25e^{-2t}]}_{\text{고유 응답}} + \underbrace{[-15e^{-3t}]}_{\text{강제 응답}} \\ &= \underbrace{[-10e^{-t}+25e^{-2t}-15e^{-3t}]}_{\text{과도 응답}} + \underbrace{[0]}_{\text{정상상태 응답}} \end{aligned} \tag{4.1}$$

이러한 구분 결과를 [그림 4-2]에 나타내었다. (a)는 영입력 응답과 영상태 응답의 합으로, (b)는 고유 응답과 강제 응답의 합으로 $y(t)$를 나타낸 것이다. 그림에서 보듯이 (a)와 (b)의 각 성분의 변화 추이가 매우 다름을 알 수 있다. 또 시간이 지남에 따라 $y(t)$가 0으로 수렴하므로 $y(t)$의 파형 자체가 과도 응답이 되고 정상상태 응답이 0임을 확인할 수 있다.

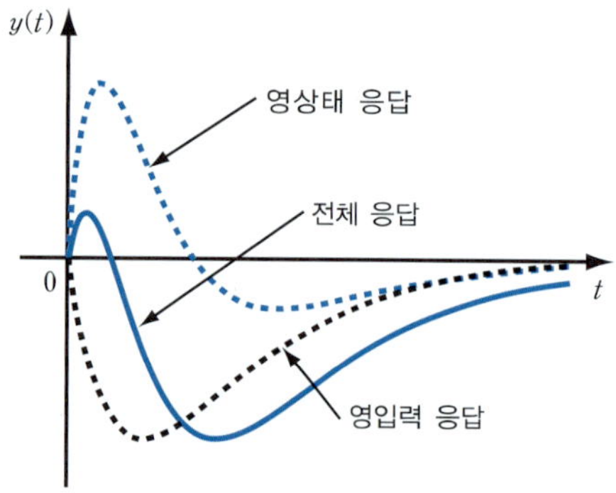

(a) 영입력 응답 + 영상태 응답

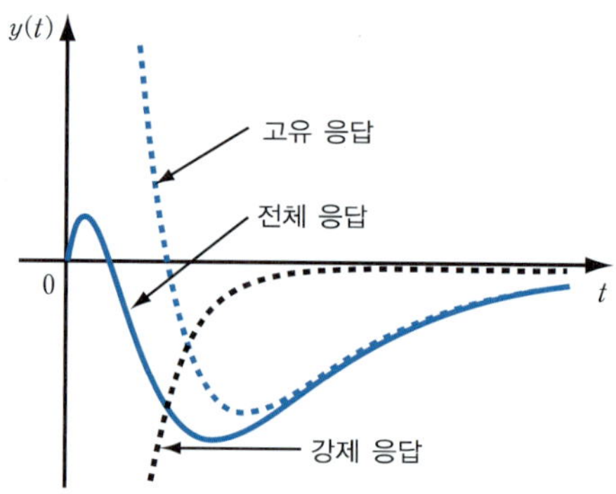

(b) 고유 응답 + 강제 응답

[그림 4-2] *RLC* 직렬회로의 응답 구분

Check Point 다음 문제에서 옳은 것을 골라라.

(1) 시간 영역 해석에서 시스템의 입출력은 (시간, 주파수) 함수로 표현된다.
(2) 미분/차분 방정식으로는 외부 입력에 의한 반응만 구할 수 있다. (○, ×)
(3) 입력이 0이면 시스템은 응답을 발생하지 않는다. (○, ×)
(4) 고유 응답과 강제 응답의 구분은 (출력의 원인, 반영된 특성의 대상)이 기준이다.
(5) 시스템 모드를 포함하지 않는 응답 성분은 (영입력, 영상태, 고유, 강제) 응답이다.
(6) 고유 응답에는 영입력 응답이 포함되어 있다. (○, ×)
(7) 컨벌루션 표현에 의한 시스템 출력은 (영입력, 영상태, 고유, 강제) 응답이다.
(8) 과도 응답과 정상상태 응답의 구분은 (초기 상태 유무, 평형 상태 여부)가 기준이다.
(9) 정상상태 응답은 항상 강제 응답과 같다. (○, ×)
(10) 출력이 발산하는 시스템은 정상상태 응답을 정의할 수 없다. (○, ×)

SECTION 4.2

임펄스 응답

학습포인트

- 임펄스 응답의 정의에 대해 알아본다.
- 연속 시스템의 임펄스 응답과 이산 시스템의 임펄스 응답의 차이를 이해한다.
- 임펄스 응답의 개념과 중요성에 대해 이해한다.

시스템의 특성을 알아보기 위해 특정한 시험 신호를 입력으로 넣어 응답을 살펴볼 수 있다. 이때 시험 신호의 0순위 후보로 꼽을 수 있는 것이 바로 임펄스 신호이다. 임펄스에 대한 응답은 시스템의 동작에 대한 이해와 물리적 의미의 파악을 손쉽게 해준다는 점에서 시스템 해석에서 매우 중요한 위치를 차지한다. 이 절에서는 임펄스 응답의 정의와 개념에 대해 간단히 살펴보기로 한다.

임펄스 응답의 정의

- **임펄스 응답**impulse response은 시스템에 임펄스 신호 $\delta(t)(\delta[n])$를 입력으로 넣었을 때의 시스템 응답을 말하며, $h(t)(h[n])$로 나타낸다.

$$h(t) = H\{\delta(t)\} \tag{4.2}$$

$$h[n] = H\{\delta[n]\} \tag{4.3}$$

오직 외부에서 넣어주는 임펄스 신호에 대한 반응만을 뽑아내야 하므로, 임펄스 응답을 구할 때는 시스템의 모든 초기 조건을 0으로 둔다. [그림 4-3]에 시스템 임펄스 응답의 발생을 나타내었다.

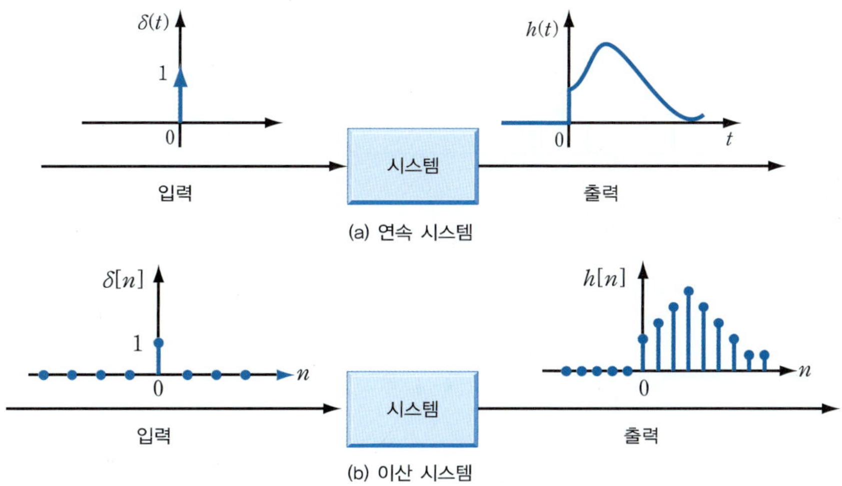

[그림 4-3] 시스템 임펄스 응답의 발생

연속 시스템의 경우 임펄스 신호 $\delta(t)$를 물리적으로 만들 수 없는 까닭에 실제로 임펄스 응답을 구하기는 불가능하지만(다만 폭이 지극히 짧은 펄스 신호를 이용하여 비슷하게 흉내낼 수 있을 것이다), 시스템의 수학적 표현식으로부터 임펄스 응답을 계산해낼 수는 있다. 이와 달리 이산 시스템의 경우, 임펄스 신호 $\delta[n]$이 명확하고 단순한 신호이므로 임펄스 응답을 실험적으로 쉽게 얻을 수 있으며, 물리적으로나 이론적으로나 이해하는 데 전혀 어려움이 없다.

임펄스 응답의 개념

시스템의 해석과 관련하여 임펄스 응답의 개념은 대단히 유용하다. 3장에서 보았듯이 임펄스 신호는 $t=0\,(n=0)$이라는 찰나에만 존재하고 에너지가 1인 신호이다. 그러므로 임펄스를 입력으로 넣는 것은 순간적으로 잽싸게 시스템에 단위 에너지를 건네주고 가만히 반응을 지켜보는 것과 같다. 이는 마치 사람을 툭 건드려놓고 반응이 어떤지 살피는 행위와 비슷하다. $t=0\,(n=0)$ 순간 이후에는 외부 입력이 전혀 들어오지 않으므로, 시스템은 순간적으로 받은 단위 에너지에 대해 자신의 고유한 성질대로 반응하여 출력으로 내보내게 되며 그것이 바로 임펄스 응답이다. 그러므로 임펄스 응답을 통해 시스템이 출력을 만들어내는 작용 원리를 고스란히 들여다볼 수 있고, 아울러 시스템의 여러 특성을 파악할 수 있다.

[그림 4-4]는 이산 시스템의 임펄스 응답 $h[n]$의 대표적인 형태 네 가지를 보인 것으로, 이들로부터 인과성, 안정성 등의 시스템 특성이 임펄스 응답과 어떻게 관련되는지 간단히 살펴볼 수 있다. [그림 4-4(a)]는 입력이 들어온 $n=0$인 순간에만 $h[n]$이 존재하는 순시적 시스템이며, 나머지는 모두 동적 시스템의 임펄스 응답이다. 그중에서도 [그림 4-4(b)]는 $h[n]$이 $n=0$ 이전에 값을 가지지만 시간이 지남에 따라 0으로 수렴하므로 비인과이며 안정한 시스템을, [그림 4-4(c)]는 $h[n]$이 $n=0$ 이전에는 값을 가지지 않으나 시간에 따라 값이 계속 증가하므로 인과이며 불안정한 시스템을 나타낸다. 마지막으로 [그림 4-4(d)]는 인과이며 안정한 시스템으로서, 이와 같은 이산 시스템이 실제로 사용되는 시스템이다. 연속 시스템 경우에도 마찬가지로 임펄스 응답의 형태로부터 시스템의 주요한 특성을 파악할 수 있다.

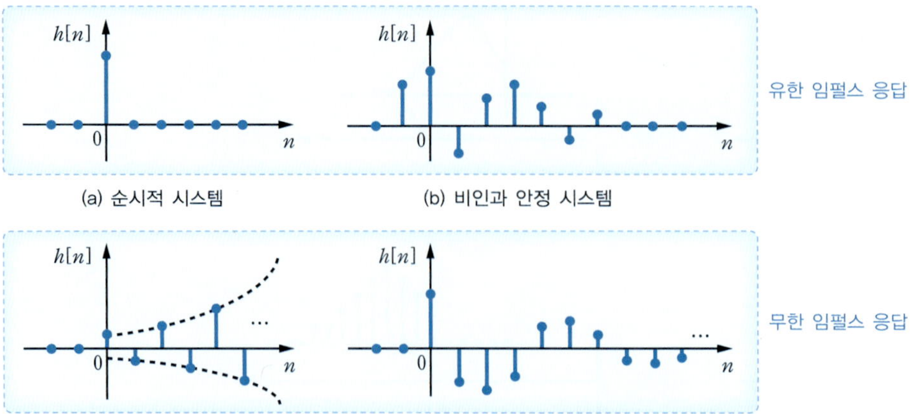

(a) 순시적 시스템 (b) 비인과 안정 시스템

(c) 인과 불안정 시스템 (d) 인과 안정 시스템

[그림 4-4] 여러 이산 시스템의 임펄스 응답

한편 시스템에 임의의 입력을 계속 넣어주는 동작은 매 순간 값을 달리하여 에너지를 계속 시스템에 건네주는 것이라 간주할 수 있다. 이를 마치 세기가 다른 임펄스 신호들이 줄지어 시스템에 들어가는 것으로 해석하게 되면, LTI 시스템의 선형성과 시불변성에 의해 상응하는 각각의 임펄스 응답을 누적하여 시스템의 출력을 구할 수 있을 것이다. 이것이 바로 입출력 관계의 컨벌루션 표현으로 다음 절에서 상세히 살펴볼 것이다.

예제 4-1 전기회로(저역 통과 필터)의 임펄스 응답

[예제 1-1]의 저역 통과 필터 전기회로([그림 1-14])의 임펄스 응답을 구하라.

풀이

[예제 1-1]에서 구한 입출력 미분 방정식인 식 (1.4)를 정리하여 다시 쓰면 다음과 같다.

$$\frac{dv_C(t)}{dt} + \frac{1}{RC}v_C(t) = \frac{1}{RC}v_s(t)$$

$v_s(t) = \delta(t)$, $v_C(t) = h(t)$로 두고, (지수 함수는 미분해도 꼴이 변하지 않으므로) 위 식의 양변에 $e^{\frac{1}{RC}t}$를 곱하여 $u\frac{dv}{dt} + \frac{du}{dt}v = \frac{d(uv)}{dt} = z$의 꼴로 정리하면

$$e^{\frac{1}{RC}t}\frac{dh(t)}{dt} + \frac{1}{RC}e^{\frac{1}{RC}t}h(t) = \frac{d}{dt}\left(e^{\frac{1}{RC}t}h(t)\right) = \frac{1}{RC}e^{\frac{1}{RC}t}\delta(t)$$

가 된다. 위 식의 양변을 시간 0^-에서 t까지 적분하면 다음과 같다.

$$e^{\frac{1}{RC}\tau}h(\tau)\Big|_{0^-}^{t} = e^{\frac{1}{RC}t}h(t) - h(0^-) = \int_{0^-}^{t}\frac{1}{RC}e^{\frac{1}{RC}\tau}\delta(\tau)d\tau$$

이를 $h(t)$에 대해 정리하면 다음과 같이 된다.

$$\begin{aligned} h(t) &= e^{-\frac{1}{RC}t}\int_{0^-}^{t}\frac{1}{RC}e^{\frac{1}{RC}\tau}\delta(\tau)d\tau + e^{-\frac{1}{RC}t}h(0^-) = \int_{0^-}^{t}\frac{1}{RC}e^{-\frac{1}{RC}(t-\tau)}\delta(\tau)d\tau \\ &= \frac{1}{RC}e^{-\frac{1}{RC}t}, \quad t \ge 0 \end{aligned}$$

위 식의 두 번째 등식은 초기 조건 $h(0^-) = 0$을 적용한 결과이고, 마지막 등식은 임펄스 함수의 체거르기 성질을 적용한 결과이다. 이 풀이는 특별한 경우이고, 미분 방정식의 해는 5장에서 배울 고전적 해법이나 라플라스 변환을 사용하는 것이 일반적이다. 구해진 임펄스 응답은 감쇠 지수 함수 형태인데, 안정한 시스템은 일반적으로 이런 임펄스 응답을 갖는다.

예제 4-2 이산 시스템의 임펄스 응답

다음의 차분 방정식으로 표현되는 이산 시스템의 임펄스 응답을 구하라.

(a) $y[n] = ax[n] + bx[n-1]$ (b) $y[n] + ay[n-1] = bx[n]$

풀이

(a) 임펄스 응답 $h[n]$은 $x[n] = \delta[n]$일 때의 출력이므로

$$h[n] = a\delta[n] + b\delta[n-1]$$

가 된다. $n=0$부터 n 값을 1씩 증가시키며 반복 대입으로 계산하면

$$\begin{aligned}
&n=0\text{일 때,}\quad h[0] = a\delta[0] + b\delta[-1] = a\cdot 1 + b\cdot 0 = a\\
&n=1\text{일 때,}\quad h[1] = a\delta[1] + b\delta[0] = a\cdot 0 + b\cdot 1 = b\\
&n=2\text{일 때,}\quad h[2] = a\delta[2] + b\delta[1] = a\cdot 0 + b\cdot 0 = 0\\
&\qquad\vdots
\end{aligned}$$

이므로, 임펄스 응답 $h[n]$은 $h[0] = a$와 $h[1] = b$의 단 2개의 샘플로 이루어진다.

(b) 주어진 차분 방정식에서 $x[n] = \delta[n]$으로 두고 좌변에 $y[n]$만 남기고 다시 정리하면

$$h[n] = -ah[n-1] + b\delta[n]$$

이다. 앞에서와 마찬가지로 $n=0$부터 n을 1씩 증가시키며 반복 대입으로 계산해야 하는데, 다만 우변에 $h[n-1]$(이를 자기 회귀 항이라고 한다)이 있으므로 $n=0$ 이전의 $h[n]$의 값이 필요하다는 점이 다르다. 임펄스 응답을 구할 때는 모든 시스템의 초기 조건을 0으로 둔다는 조건으로부터 $h[-1] = 0$이므로

$$\begin{aligned}
&n=0\text{일 때,}\quad h[0] = -ah[-1] + b\delta[0] = (-a)\cdot 0 + b\cdot 1 = b\\
&n=1\text{일 때,}\quad h[1] = -ah[0] + b\delta[1] = (-a)\cdot b + b\cdot 0 = (-a)b\\
&n=2\text{일 때,}\quad h[2] = -ah[1] + b\delta[2] = (-a)\cdot(-a)b + b\cdot 0 = (-a)^2 b\\
&\qquad\vdots\\
&n=k\text{일 때,}\quad h[k] = -ah[k-1] + b\delta[k] = (-a)\cdot(-a)^{k-1}b + b\cdot 0 = (-a)^k b\\
&\qquad\vdots
\end{aligned}$$

이다. 따라서 임펄스 응답은 다음과 같이 된다.

$$h[n] = (-a)^n b, \quad n \ge 0$$

계산 과정을 다시 살펴보면, $\delta[n]$이 $n=0$인 경우에만 값을 가지므로 그 이후의 $h[n]$은 전적으로 출력의 자기 회귀 항들에 의해서 순환적으로 생성됨을 볼 수 있다.

SECTION 4.3

시스템의 컨벌루션 표현

학습포인트

- 이산 LTI 시스템의 입출력 관계가 컨벌루션으로 표현되는 과정을 이해한다.
- 연속 LTI 시스템의 컨벌루션 표현의 유도 과정을 이해한다.
- 컨벌루션 합(적분)이 어떤 연산인지 알아본다.

입력 신호를 임펄스 신호들의 합으로 표현할 수만 있다면, 임펄스 응답을 이용하여 선형 시불변(LTI) 시스템의 입출력 관계를 컨벌루션이라고 하는 매우 독특한 형태의 방정식으로 나타낼 수 있다. 이 절에서는 시스템의 선형성과 시불변 성질을 이용하여 어떻게 컨벌루션 표현을 끌어내는지 알아보기로 한다.

임펄스 응답을 이용하여 임의의 입력에 대한 시스템의 출력을 구할 수 있을까? 다음 세 가지 조건이 충족되면 가능하다.

❶ 입력 신호를 매 순간 세기가 다른 임펄스 신호가 모여 있는 것으로 나타낼 수 있다.
❷ 각 임펄스 신호에 대한 출력을 모두 합함으로써 입력에 대한 출력을 구할 수 있다.
❸ 임펄스 응답의 형태가 임펄스 신호가 인가되는 시간과는 상관없이 바뀌지 않는다.

❷번 성질은 중첩의 원리(선형성), ❸번 성질은 시불변성에 해당한다. 그러므로 선형 시불변(LTI) 시스템의 경우, 임펄스 응답을 알고 있으면 임의의 입력에 대한 시스템의 출력을 구할 수 있는데 그 결과가 바로 **컨벌루션**convolution 표현이다. 이산 임펄스 신호 $\delta[n]$이 연속 임펄스 신호 $\delta(t)$에 비해 정의가 단순하고 수학적 취급이 훨씬 쉬우므로, 이산 시스템의 컨벌루션 표현에 대해 먼저 알아본 다음 연속 시스템의 컨벌루션 표현을 살펴보는 게 편리하다. 두 경우 모두 유도 과정의 원리와 기본 틀은 같다.

4.3.1 이산 LTI 시스템의 컨벌루션 표현

컨벌루션 표현의 유도

3.2절에서 보았듯이 임의의 이산 신호는 시간 이동된 임펄스 신호들의 가중 합으로 표현할 수 있다. 이를 나타낸 식 (3.28)을 다시 쓰면 다음과 같다.

$$x[n] = \cdots + x[-1]\delta[n+1] + x[0]\delta[n] + \cdots + x[k]\delta[n-k] + \cdots \\ = \sum_{k=-\infty}^{\infty} x[k]\delta[n-k] \tag{4.4}$$

시스템 L이 선형이라면, 식 (4.4)로 표현된 입력 신호 $x[n]$에 대한 시스템의 응답은 선형성 중에서 가산성을 적용하여 다음과 같이 쓸 수 있다.

$$y[n] = L\{x[n]\} = \cdots + L\{x[0]\delta[n]\} + \cdots + L\{x[k]\delta[n-k]\} + \cdots \\ = \sum_{k=-\infty}^{\infty} L\{x[k]\delta[n-k]\} \tag{4.5}$$

식 (4.5)에 다시 선형성 중의 동차성을 적용하면 다음과 같이 된다.

$$y[n] = \cdots + x[0]L\{\delta[n]\} + \cdots + x[k]L\{\delta[n-k]\} + \cdots \\ = \sum_{k=-\infty}^{\infty} x[k]L\{\delta[n-k]\} \tag{4.6}$$

이때 시스템 L이 시불변이라면, 임펄스 응답 정의 $L\{\delta[n]\} = h[n]$과 시불변성을 적용하여 $L\{\delta[n-k]\} = h[n-k]$을 얻게 된다. 따라서 선형 시불변(LTI) 시스템의 입출력 관계는 다음과 같이 주어진다.

$$y[n] = \sum_{k=-\infty}^{\infty} x[k]h[n-k] \tag{4.7}$$

식 (4.7)과 같은 꼴의 연산을 **컨벌루션 합**convolution summation이라고 한다.

- **컨벌루션 합**은 두 함수 $x[n]$, $h[n]$에 대해 다음과 같이 정의되는 연산으로, 기호 $*$를 사용하여 나타낸다.

$$y[n] = \sum_{k=-\infty}^{\infty} x[k]h[n-k] = x[n] * h[n] \tag{4.8}$$

이산 LTI 시스템에 대해 컨벌루션 형태로 입출력 관계를 구하는 과정을 요약해 [표 4-2]에 나타내었다.

[표 4-2] 이산 LTI 시스템의 컨벌루션 표현을 구하는 과정

입력	출력	적용 원리
$\delta[n]$	$h[n]$	임펄스 응답
$\delta[n-k]$	$h[n-k]$	시불변성
$x[k]\delta[n-k]$	$x[k]h[n-k]$	선형성(동차성)
$x[n] = \sum_{k=-\infty}^{\infty} x[k]\delta[n-k]$	$y[n] = \sum_{k=-\infty}^{\infty} x[k]h[n-k]$	선형성(가산성)

이산 LTI 시스템의 입출력 관계 : 컨벌루션 (합) 표현

식 (4.7)의 컨벌루션 표현은 임펄스 응답 $h[n]$만 주어진다면 어떠한 임의의 입력 $x[n]$에 대해서도 시스템 응답을 구할 수 있다는 것을, 그래서 임펄스 응답이 얼마나 중요한지를 보여준다.

- 이산 LTI 시스템의 입력에 대한 출력(영상태 응답)은 입력과 임펄스 응답의 컨벌루션 (합)으로 나타낼 수 있다.

$$y[n] = \sum_{k=-\infty}^{\infty} x[k]\,h[n-k] = x[n] * h[n] \tag{4.8}$$

- 인과 입력($x[n]=0,\ n<0$)에 대한 인과 LTI 시스템($h[n]=0,\ n<0$)의 컨벌루션 표현은 다음과 같이 총합 구간이 조정된다.

$$y[n] = \sum_{k=0}^{n} x[k]\,h[n-k] \tag{4.9}$$

식 (4.8)의 출력 $y[n]$은 시스템 내부의 초기 상태와는 무관하게(즉 초기 상태가 0일 때) 순전히 외부에서 넣어준 입력만으로 만들어지는 시스템의 출력이므로 영상태 응답이다. 그런데 대부분의 실제 문제에서는 입력 신호 $x[n]$이 인과 신호로서 $n=0$에서 시작하게 되는데, 이렇게 되면 식 (4.8)의 총합 하한은 0으로 줄어든다. 일반적으로 시스템이 인과 시스템, 즉 $h[n]=0,\ n<0$이므로 $h[n-k]=0,\ k>n$이 되어 총합 상한은 n으로 제한된다. 따라서 컨벌루션의 총합 구간이 식 (4.9)와 같이 조정된다.

예제 4-3 선형성과 시불변성을 이용한 이산 시스템의 영상태 응답

[그림 4-5]는 이산 LTI 시스템의 임펄스 응답 $h[n]$과 입력 신호 $x[n]$을 나타낸 것이다. 이 입력에 대한 시스템의 출력을 구하라.

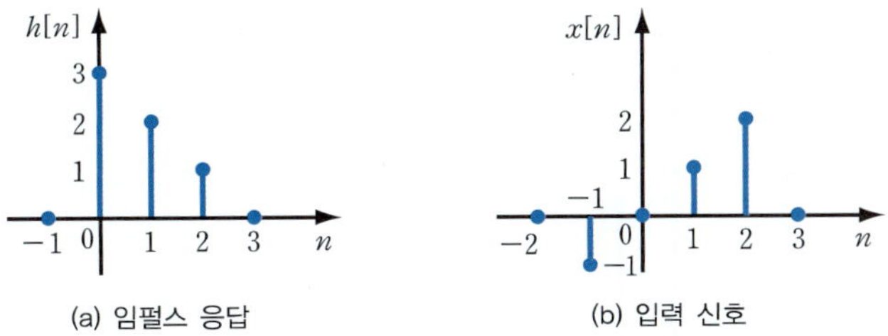

[그림 4-5] [예제 4-3]의 임펄스 응답과 입력 신호

풀이

$x[n]$은 식 (4.4)에 의해 다음과 같이 임펄스 성분들의 합으로 나타낼 수 있다.

$$\begin{aligned} x[n] &= (-1)\cdot\delta[n+1] + 0\cdot\delta[n] + 1\cdot\delta[n-1] + 2\cdot\delta[n-2] \\ &= \sum_{k=-1}^{2} x[k]\,\delta[n-k] \end{aligned}$$

[그림 4-6(a)]는 이런 $x[n]$의 분해 결과를 나타낸 것이다. 중첩의 원리를 적용하여 각 임펄스 성분 $x[k]\delta[n-k]$에 대한 시스템 응답을 모두 합하면 시스템의 출력을 얻게 된다. 이때 시불변성으로 인해 $x[k]\delta[n-k]$에 대한 시스템 응답은 [그림 4-6(b)]에 나타낸 것처럼 $x[k]h[n-k]$가 되고, 이들을 모두 더하면 $y[n]$이 된다.

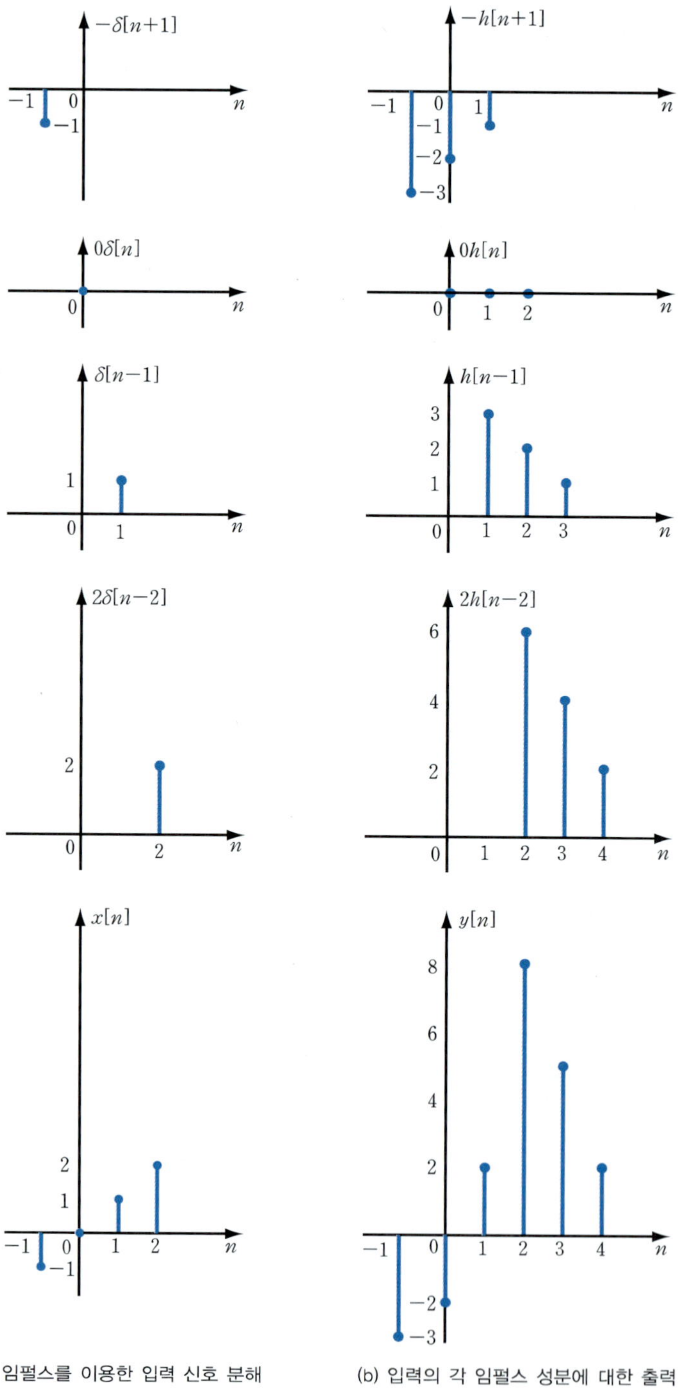

(a) 임펄스를 이용한 입력 신호 분해 (b) 입력의 각 임펄스 성분에 대한 출력

[그림 4-6] 임펄스의 중첩에 의한 이산 시스템의 출력 계산

$$y[n]=(-1)\cdot h[n+1]+0\cdot h[n]+1\cdot h[n-1]+2\cdot h[n-2] \quad (4.10)$$
$$=\sum_{k=-1}^{2} x[k]h[n-k]$$

[그림 4-6]의 계산 과정에서 주목할 점은 계산이 특정한 n 값에 대해 진행되는 것이 아니라 k에 대해 -1, 0, 1, 2의 순서로 계산이 먼저 수행된 다음, 최종적으로 각 n 값에 해당하는 결과를 얻는다는 사실이다. 이 같은 계산 방법은 컨벌루션 표현의 개념과 원리를 이해하기에는 매우 좋지만, 계산이 시간의 흐름을 따라 진행되지 않을 뿐만 아니라 $x[n]$의 길이가 긴 경우에는 비효율적이므로 썩 바람직한 방법은 아니다.

4.3.2 연속 LTI 시스템의 컨벌루션 표현

컨벌루션 표현의 유도

컨벌루션 표현을 구하는 과정의 핵심은 입력 신호를 시간 이동된 임펄스 신호들의 합으로 쪼개어 시스템의 선형성과 시불변성을 적용하는 것이다. 이산 시스템의 경우에는 입력 신호를 식 (4.4)와 같이 임펄스 신호의 합으로 쪼개어 나타내는 일이 손쉬웠지만, 연속 시스템에서는 임펄스 신호 $\delta(t)$의 특이함으로 인해 이를 직접 이용하여 입력 신호를 쪼갤 수가 없다. 대신에 3.1절에서 실제적으로는 $\delta(t)$를 사각 펄스의 극한으로 접근했던([그림 3-10], 식 (3.13) 참조) 아이디어를 활용할 수 있다.

입력 신호 $x(t)$에 대해 [그림 4-7(a)]처럼 임펄스 신호를 근사화한 폭이 Δ인 사각 펄스 $\delta_\Delta(t-k\Delta)$들로 쪼개어 모아둔 신호 $\tilde{x}(t)$를 생각해보자. $\tilde{x}(t)$는 다음과 같이 쓸 수 있다.

$$\tilde{x}(t)=\cdots+x(0)\Delta\,\delta_\Delta(t)+\cdots+x(k\Delta)\Delta\,\delta_\Delta(t-k\Delta)+\cdots \quad (4.11)$$
$$=\sum_{k=-\infty}^{\infty} x(k\Delta)\Delta\,\delta_\Delta(t-k\Delta)$$

이때 $\tilde{x}(t)$의 폭 Δ을 무한히 작게 한다면, 즉 $\Delta\to 0$의 극한을 취하면 원래의 신호 $x(t)$와 같아질 것이다. 그러므로 $x(t)$에 대한 시스템의 출력은 다음과 같이 $\tilde{x}(t)$에 대한 시스템 응답을 먼저 구한 다음 $\Delta\to 0$의 극한을 취해 구해도 마찬가지이다.

$$y(t)=L\{x(t)\}=L\left\{\lim_{\Delta\to 0}\tilde{x}(t)\right\}=\lim_{\Delta\to 0}L\{\tilde{x}(t)\} \quad (4.12)$$

시스템이 선형이라면, 식 (4.11)의 입력 신호 $\tilde{x}(t)$에 대한 시스템의 응답은 선형성 중에서 우선 가산성을 적용하여 다음과 같이 쓸 수 있다.

$$L\{\tilde{x}(t)\}=\cdots+L\{x(0)\Delta\,\delta_\Delta(t)\}+\cdots+L\{x(k\Delta)\Delta\,\delta_\Delta(t-k\Delta)\}+\cdots \quad (4.13)$$
$$=\sum_{k=-\infty}^{\infty} L\{x(k\Delta)\Delta\,\delta_\Delta(t-k\Delta)\}$$

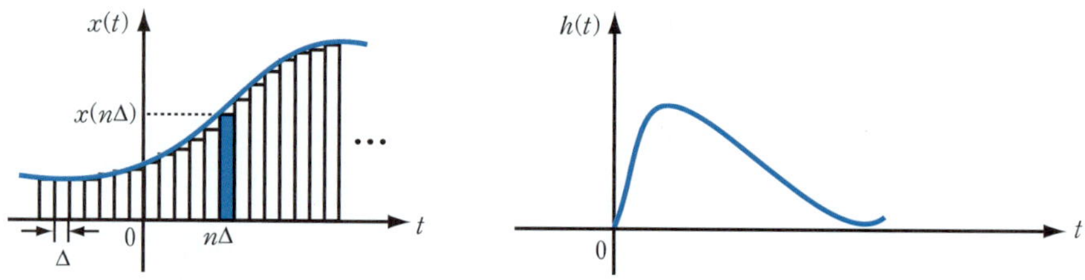

(a) 시스템의 입력과 임펄스 응답

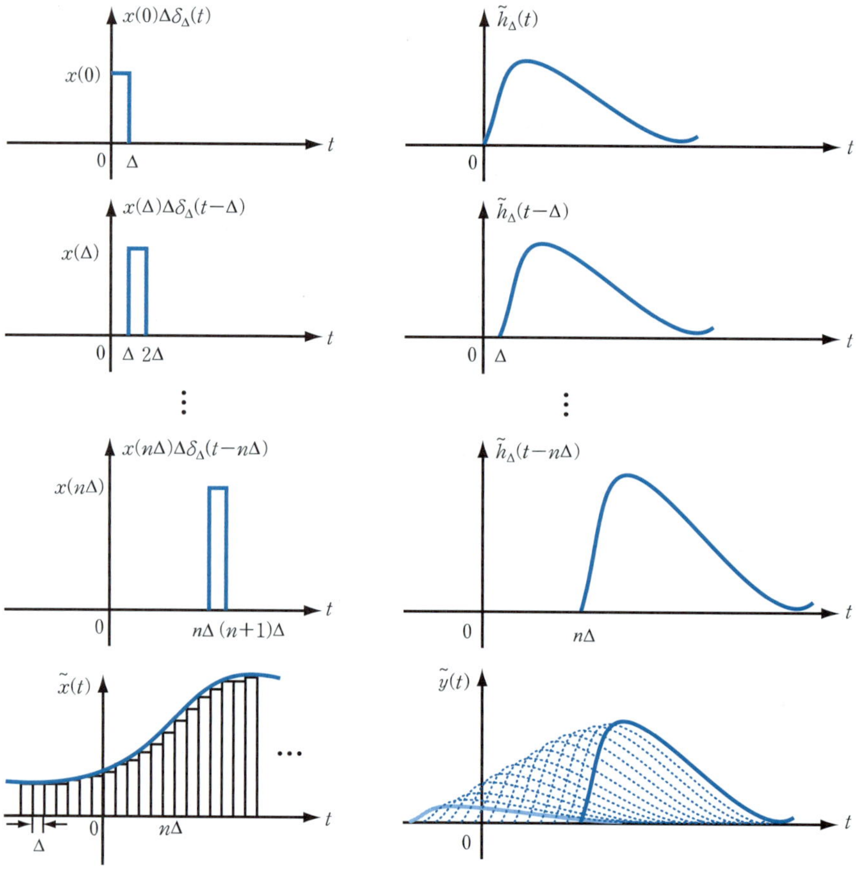

(b) 근사 임펄스의 중첩에 의한 출력

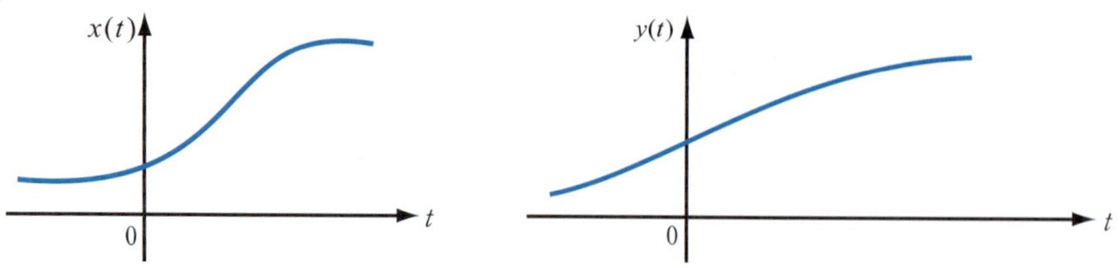

(c) 극한을 취한 시스템의 입력과 출력

[그림 4-7] 임펄스 응답의 중첩에 의한 연속 시스템 응답의 계산

식 (4.13)에 다시 선형성 중에서 동차성을 적용하면 다음과 같이 된다.

$$\begin{aligned} L\{\tilde{x}(t)\} &= \cdots + x(0)\Delta\, L\{\delta_\Delta(t)\} + \cdots + x(k\Delta)\Delta\, L\{\delta_\Delta(t-k\Delta)\} + \cdots \\ &= \sum_{k=-\infty}^{\infty} x(k\Delta)\Delta\, L\{\delta_\Delta(t-k\Delta)\} \end{aligned} \tag{4.14}$$

$L\{\delta_\Delta(t)\} = \tilde{h}_\Delta(t)$라고 하면 시불변성에 의해 $L\{\delta_\Delta(t-n\Delta)\} = \tilde{h}_\Delta(t-n\Delta)$가 된다. 그러므로 식 (4.14)는 [그림 4-7(b)]에 나타낸 것처럼 각각의 사각 펄스에 대한 출력을 구해 이를 모두 더한 것이 근사적인 출력이 됨을 말해준다. 마지막으로 식 (4.14)에 $\Delta \to 0$의 극한을 취하면, 총합은 적분으로 바뀌고, $k\Delta$는 τ로, Δ는 $d\tau$가 되며, $\delta_\Delta(t-k\Delta) \to \delta(t-\tau)$이므로 $\tilde{h}_\Delta(t-k\Delta)$는 $h(t-\tau)$가 된다. 따라서 입력 $x(t)$에 대한 출력 $y(t)$는 다음과 같이 된다.

$$\begin{aligned} y(t) = \lim_{\Delta\to 0} L\{\tilde{x}(t)\} &= \lim_{\Delta\to 0} \sum_{k=-\infty}^{\infty} x(k\Delta) L\{\delta_\Delta(t-k\Delta)\}\Delta \\ &= \lim_{\Delta\to 0} \sum_{k=-\infty}^{\infty} x(k\Delta)\tilde{h}_\Delta(t-k\Delta)\Delta \\ &= \int_{-\infty}^{\infty} x(\tau)h(t-\tau)d\tau \end{aligned} \tag{4.15}$$

식 (4.15)와 같은 꼴의 연산을 **컨벌루션 적분**convolution integral이라고 한다.

- **컨벌루션 적분**은 두 함수 $x(t)$, $h(t)$에 대해 다음과 같이 정의되는 연산으로, 기호 $*$를 사용하여 나타낸다.

$$y(t) = \int_{-\infty}^{\infty} x(\tau)h(t-\tau)\,d\tau = x(t) * h(t) \tag{4.16}$$

연속 LTI 시스템에 대해 컨벌루션 형태로 입출력 관계를 구하는 과정을 요약해 [표 4-3]에 나타내었다.

[표 4-3] 연속 LTI 시스템의 컨벌루션 표현을 구하는 과정

입력	출력	적용 원리
$\delta(t)$	$h(t)$	임펄스 응답
$\delta(t-\tau)$	$h(t-\tau)$	시불변성
$x(\tau)\delta(t-\tau)$ $(x(k\Delta)\delta_\Delta(t-k\Delta)\Delta)$	$x(\tau)h(t-\tau)$ $(x(k\Delta)L\{\delta_\Delta(t-k\Delta)\}\Delta)$	선형성 (동차성)
$x(t) = \int_{-\infty}^{\infty} x(\tau)\delta(t-\tau)d\tau$ $(\tilde{x}(t) = \sum_{k=-\infty}^{\infty} x(k\Delta)\delta_\Delta(t-k\Delta)\Delta)$	$y(t) = \int_{-\infty}^{\infty} x(\tau)h(t-\tau)d\tau$ $(\tilde{y}(t) = \sum_{k=-\infty}^{\infty} x(k\Delta)L\{\delta_\Delta(t-k\Delta)\}\Delta)$	선형성 (가산성)

연속 LTI 시스템의 입출력 관계 : 컨벌루션 (적분) 표현

연속 시스템에 대한 컨벌루션 표현 역시 임펄스 응답 $h(t)$만 주어진다면 어떠한 임의의 입력 $x(t)$에 대해서도 시스템 응답을 구할 수 있다는 것을, 따라서 임펄스 응답이 얼마나 중요한지 잘 보여준다. 아울러 선형성과 시불변성이 매우 유용한 성질이라는 사실도 알게 해준다.

- 연속 LTI 시스템의 입력에 대한 출력(영상태 응답)은 입력과 임펄스 응답의 컨벌루션 (적분)으로 나타낼 수 있다.

$$y(t) = \int_{-\infty}^{\infty} x(\tau)h(t-\tau)d\tau = x(t) * h(t) \tag{4.16}$$

- 인과 입력($x(t)=0,\ t<0$)에 대한 인과 시스템($h(t)=0,\ t<0$, 즉 $h(t-\tau)=0,\ \tau>t$)의 컨벌루션 표현은 다음과 같이 적분 구간이 조정된다.

$$y(t) = \int_{0}^{t} x(\tau)h(t-\tau)d\tau \tag{4.17}$$

식 (4.16)의 출력 $y(t)$는 순전히 외부에서 넣어준 입력 $x(t)$만의 응답이므로 영상태 응답이다. 그런데 대부분의 실제 문제에서는 입력 신호 $x(t)$가 인과 신호로서 $t=0$에서 시작하게 되는데, 이렇게 되면 식 (4.16)의 적분 하한은 0으로 줄어든다. 일반적으로 시스템이 인과 시스템, 즉 $h(t)=0$, $t<0$이므로 $h(t-\tau)=0,\ \tau>t$가 되어 적분 상한은 t로 제한된다. 따라서 컨벌루션의 적분 구간이 식 (4.17)과 같이 조정된다.

연속 시스템과 이산 시스템의 컨벌루션 모두 총합인지 적분인지를 빼고는 수식의 구조와 성질이 비슷하므로, 앞으로 굳이 구분할 필요가 없는 한 식 (4.8)과 식 (4.16)의 연산을 그냥 '컨벌루션'이라고 부를 것이다.

예제 4-4 컨벌루션 표현에 의한 시스템 출력 구하기

[예제 4-1]의 전기회로의 계단 입력 $x(t)=u(t)$에 대한 응답(계단 응답)을 구하라.

풀이

임펄스 응답 $h(t)=\frac{1}{RC}e^{-\frac{1}{RC}t}u(t)$, 입력 $x(t)=u(t)$이므로, 출력은 식 (4.16)으로부터

$$y(t) = \int_{-\infty}^{\infty} u(\tau)\frac{1}{RC}e^{-\frac{1}{RC}(t-\tau)}u(t-\tau)d\tau = \frac{1}{RC}\int_{-\infty}^{\infty} e^{-\frac{1}{RC}(t-\tau)}u(\tau)u(t-\tau)d\tau$$

가 된다. 그런데 [그림 4-8]에서 보듯이 $u(\tau)u(t-\tau)$는 $t<0$이면 항상 0이다. 그리고 $t\geq 0$이면 $u(\tau)u(t-\tau)=\begin{cases}1, & 0\leq\tau\leq t\\ 0, & \text{그 외}\end{cases}$이므로 위 식은 다음과 같이 쓸 수 있다.

$$y(t) = \frac{1}{RC}\int_{0}^{t} e^{-\frac{1}{RC}(t-\tau)}d\tau = e^{-\frac{1}{RC}t}e^{\frac{1}{RC}\tau}\Big|_{0}^{t} = (1-e^{-\frac{1}{RC}t})u(t)$$

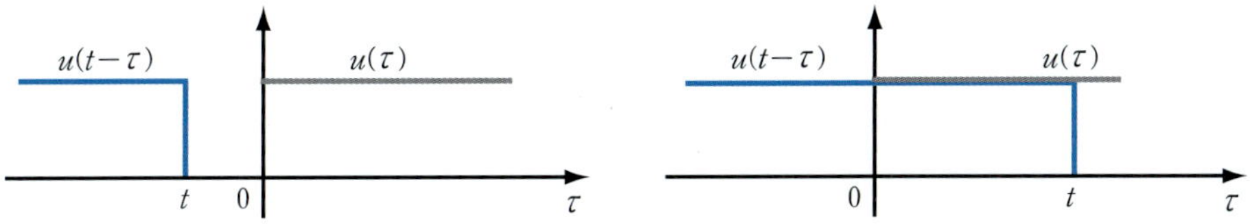

(a) $t<0$의 경우 (b) $t \geq 0$의 경우

[그림 4-8] t 값에 따른 $u(\tau)u(t-\tau)$

[그림 4-9]는 구해진 시스템의 계단 응답 파형을 그린 것이다. RC 회로와 같은 대부분의 간단한 안정 시스템들은 이 예제처럼 지수적으로 감소하는 임펄스 응답을 가진다. 직류 전압을 건 RC 회로에 일정 시간이 지나 커패시터가 완전히 충전되면 더는 전류가 흐르지 않고 충전 상태가 계속 유지되어 커패시터 양단 전압이 일정해지는데, [그림 4-9]에서 컨벌루션 표현을 이용해 얻은 결과가 이에 잘 들어맞음을 볼 수 있다.

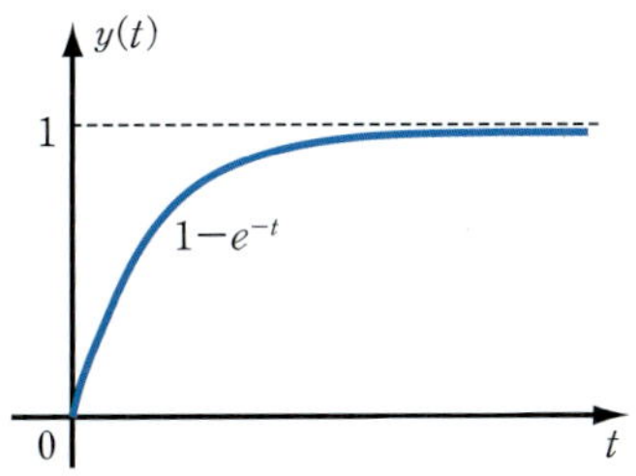

[그림 4-9] 전기회로의 계단 응답

Check Point 다음 문제에서 옳은 것을 골라라.

(1) 이산 시스템의 임펄스 응답은 물리적으로 구할 수 (있다, 없다).
(2) 연속 시스템의 임펄스 응답은 물리적으로는 구할 수 없다. (○, ×)
(3) 임펄스 응답과 시스템의 특성은 아무런 상관이 없다. (○, ×)
(4) 비인과 시스템은 $t<0$에서 임펄스 응답의 값이 0이 아니다. (○, ×)
(5) 임펄스 응답을 통해 시스템이 출력을 만들어내는 원리를 파악할 수 있다. (○, ×)
(6) LTI 시스템의 임펄스 응답만 알면 임의의 입력에 대한 응답을 구할 수 있다. (○, ×)
(7) 컨벌루션 표현의 유도에는 시스템의 (선형성, 시불변성, 인과성, 안정성)을 적용한다.
(8) 컨벌루션 표현에 의한 시스템 출력은 초기 상태에 의한 응답도 포함한다. (○, ×)
(9) 컨벌루션 표현에 의한 시스템 출력은 (영입력, 영상태, 고유, 강제) 응답이다.
(10) 시스템에 대한 컨벌루션 표현은 비선형 또는 시변 시스템에도 적용된다. (○, ×)

SECTION

4.4 컨벌루션의 계산과 성질

학습포인트

- 컨벌루션 계산 과정의 시간축 구분을 잘 이해한다.
- 그림을 이용한 미끄럼 방식 컨벌루션 계산 원리와 방법을 익혀둔다.
- 컨벌루션 계산의 교환, 결합, 배분법칙의 시스템적 의미를 이해한다.
- 컨벌루션 계산의 임펄스와의 컨벌루션, 길이와 끝, 미분 성질의 활용을 익혀둔다.
- 컨벌루션 계산에서 컨벌루션 성질의 활용을 이해한다.

컨벌루션 적분과 컨벌루션 합은 적분과 합이라는 수학 연산의 차이에 의해 수식 표현들이 조금 달라질 뿐 계산의 기본 구조나 성질은 같다. 컨벌루션은 신호와 시스템의 해석에서 기본이 되는 개념임에도 의외로 어려워하는 경우가 많다. 이럴 때 그림을 이용하면 컨벌루션의 계산 과정을 이해하는 데 큰 도움이 된다. 그림에 의한 접근은 컨벌루션의 개념을 직관적으로 파악할 수 있게 해줄 뿐만 아니라 계산을 쉽게 만들어준다. 따라서 이 절에서는 그림을 이용한 컨벌루션의 개념 이해 및 계산 방법에 대해 알아본다. 또한 컨벌루션 연산이 지니는 흥미로운 수학적 성질과 이들이 시스템에서 지니는 물리적 의미에 대해서도 살펴볼 것이다.

4.4.1 컨벌루션 연산의 이해와 계산

(연속 시스템에 대한) 컨벌루션 적분과 (이산 시스템에 대한) 컨벌루션 합은 계산의 기본 구조나 성질이 같다. 그러므로 컨벌루션 적분을 중심으로 컨벌루션 연산에 대한 기본 사항과 효율적인 계산 방법을 알아본 다음, 컨벌루션 합에 대해서도 결과 위주로 간략히 정리하여 제시할 것이다.

컨벌루션 적분의 이해

컨벌루션이 단순한 적분 연산임에도 불구하고 대체로 그 계산을 어렵게 느끼는 이유는 전체적인 신호를 표현한 함수와 그 함수의 특정 시간에서의 값을 분명하게 구분하지 못할 뿐 아니라, 계산 과정에서 시간 변수의 조작에 혼란을 일으키기 때문이다. 식 (4.16)과 같이 컨벌루션 적분을 계산할 때, 계산이 진행되는 시간축과 결과를 표시하는 시간축이 다르다. 실제 계산(두 신호의 곱과 적분 계산)은 시간 변수 τ에 대해 이루어지고, 계산 결과만 시간 변수 t에 대해 표시된다. 식 (4.16)을 다시 쓰면 다음과 같이 된다.

$$y(t)=\int_{-\infty}^{\infty}x(\tau)h(t-\tau)\,d\tau=\int_{-\infty}^{\infty}x(\tau)h(-(\tau-t))\,d\tau \tag{4.18}$$

식 (4.18)은 우선 시간축을 τ로 바꾸고, 두 신호 중 하나인 $h(\tau)$를 시간축에 대해 뒤집은 후($h(-\tau)$), 값을 계산해야 할 특정한 시간 순간(t)만큼 이동시켜($h(-(\tau-t))=h(t-\tau)$) 움직이지 않고 고정된 신호 $x(\tau)$와 곱한 결과($x(\tau)h(t-\tau)$)를 적분함(값들을 모두 끌어모아 합함)으로써 비로소 하나의 특정 시간 t에서의 신호 값 $y(t)$가 구해짐을 말해준다. 다시 말해, 이때의 $y(t)$는 전체 신호를 대표하는 기호가 아니라 단지 한 시간 순간 t의 신호 값일 뿐이다. 그러므로 $y(t)$의 전체 신호를 얻으려면, t를 $-\infty$에서 ∞까지 변화시켜가며 식 (4.18)의 계산을 수없이 반복해야만 한다. 그런데 이 동작은 결국 시간 반전한 신호 $h(-\tau)$를 시간축을 따라 왼쪽 끝에서부터 오른쪽으로 미끄러뜨리면서 각 t 순간마다 식 (4.18)을 계산하는 것과 같으므로 **미끄럼 방식**sliding method이라고 한다.

컨벌루션 적분의 계산 : 미끄럼 방식 계산

미끄럼 방식 계산에 의하면, 컨벌루션이란 하나의 신호는 고정하고 다른 하나를 시간축에 대해 뒤집은 다음 시간축의 $-\infty$에서부터 신호를 오른쪽으로 미끄러뜨리면서, 이동된 시간 순간마다 이동한 신호와 고정된 신호를 곱하여 얻어진 결과들을 모두 모아 합해서(적분해서) 그 이동 시간 순간의 계산 값으로 취하는 연산이다. 이때 $x(\tau)$와 $h(t-\tau)$가 전혀 겹치지 않는 구간에서는 당연히 계산을 수행할 필요가 없다. 따라서 실제 계산은 고정 신호($x(\tau)$)와 반전 이동 신호($h(t-\tau)$)가 겹치는 양상에 따라 시간 구간을 나누어 몇 번 정도만 식 (4.18)의 적분 계산을 반복하면 된다.

미끄럼 방식에 의한 컨벌루션 적분의 구체적인 계산 알고리즘은 다음과 같다.

미끄럼 방식 컨벌루션 적분의 계산 알고리즘

- **1단계** : 두 신호의 시간축을 변환한다($t \to \tau$).
- **2단계** : 신호 하나($x(\tau)$)를 고정하고 다른 하나($h(\tau)$)를 시간 반전한다($h(-\tau)$).
- **3단계** : 시간 반전된 $h(-\tau)$를 τ축에서 시간 이동시킨 $h(t-\tau)$가 $x(\tau)$에 겹쳐지는 양상에 따라 다음의 네 구간으로 적분 구간을 나눈다.
  - ❶ 두 신호가 전혀 겹치지 않는 구간($x(t)*h(t)=0$)
  - ❷ 두 신호가 부분적으로 겹치면서 겹치는 부분이 증가하는 구간
  - ❸ 두 신호가 완전히 겹치는 구간
  - ❹ 두 신호가 부분적으로 겹치면서 겹치는 부분이 감소하는 구간
- **4단계** : 3단계에서 나눈 구간별로 적분의 상한과 하한을 결정하여 적분을 계산한다.
- **5단계** : 4단계에서 구한 각 구간의 적분 결과를 시간축 t에 대해 그려 최종 컨벌루션 결과($y(t)$)를 얻는다. 또는 수식으로 표현한다.

다음 예제들을 통해 그림을 이용한 미끄럼 방식 컨벌루션 계산의 원리와 방법을 이해하고 그 편리함을 살펴보자.

예제 4-5 연속 신호의 미끄럼 방식 컨벌루션 계산

[그림 4-10]의 신호 $x(t)$와 $h(t)$의 컨벌루션 $y(t) = x(t) * h(t)$를 구하라.

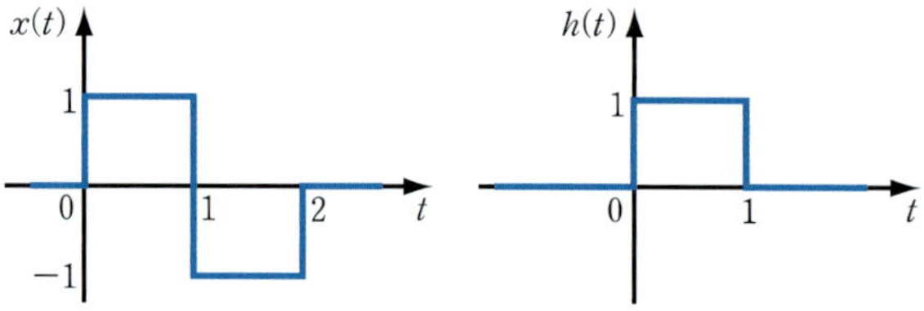

[그림 4-10] [예제 4-5]의 신호 $x(t)$, $h(t)$

풀이

❶ [그림 4-11(a)]와 같이 시간축을 t에서 τ로 바꾸고 $h(\tau)$를 뒤집어 $h(-\tau)$를 얻는다.

❷ $h(-\tau)$를 이동시킨 $h(t-\tau)$가 $x(\tau)$와 겹치는 양상에 따라 계산 구간을 나눈다.

$t < 0$: 전혀 겹치지 않음

$0 \le t \le 1$: $h(t-\tau)$가 $x(\tau)$에 겹치는 부분이 점점 증가([그림 4-11(b)])

$1 \le t \le 2$: $h(t-\tau)$가 $x(\tau)$에 완전히 겹침([그림 4-11(c)])

$2 \le t \le 3$: $h(t-\tau)$가 $x(\tau)$에 겹치는 부분이 점점 감소([그림 4-11(d)])

$t > 3$: 전혀 겹치지 않음

❸ $h(t-\tau)$가 $x(\tau)$와 겹치는 세 구간에 대해서만 각각 식 (4.18)의 적분 계산을 수행한다.

$$0 \le t \le 1 \ :\ y(t) = \int_0^t 1 d\tau = \tau \Big|_0^{t=t}$$

$$1 \le t \le 2 \ :\ y(t) = \int_{t-1}^1 1 d\tau + \int_1^t (-1) d\tau = \tau \Big|_{t-1}^1 + (-\tau)\Big|_{-1}^t = -2t+3$$

$$2 \le t \le 3 \ :\ y(t) = \int_{t-1}^2 (-1) d\tau = (-\tau)\Big|_{t-1}^2 = t-3$$

❹ 얻어진 결과들을 모아서 [그림 4-11(e)]와 같이 $y(t)$를 그리면 된다. 또는 적분 결과들로부터 수식으로 나타내면 $y(t)$는 다음과 같이 된다.

$$\begin{aligned} y(t) &= t[u(t)-u(t-1)] + (-2t+3)[u(t-1)-u(t-2)] + (t-3)[u(t-2)-u(t-3)] \\ &= tu(t) - 3(t-1)u(t-1) + 3(t-2)u(t-2) - (t-3)u(t-3) \end{aligned}$$

이처럼 그림을 이용하면 쉽고 간편하게 컨벌루션 계산을 할 수 있다. 계산할 때 적분의 하한과 상한이 바르게 결정되도록 주의를 기울여야 한다.

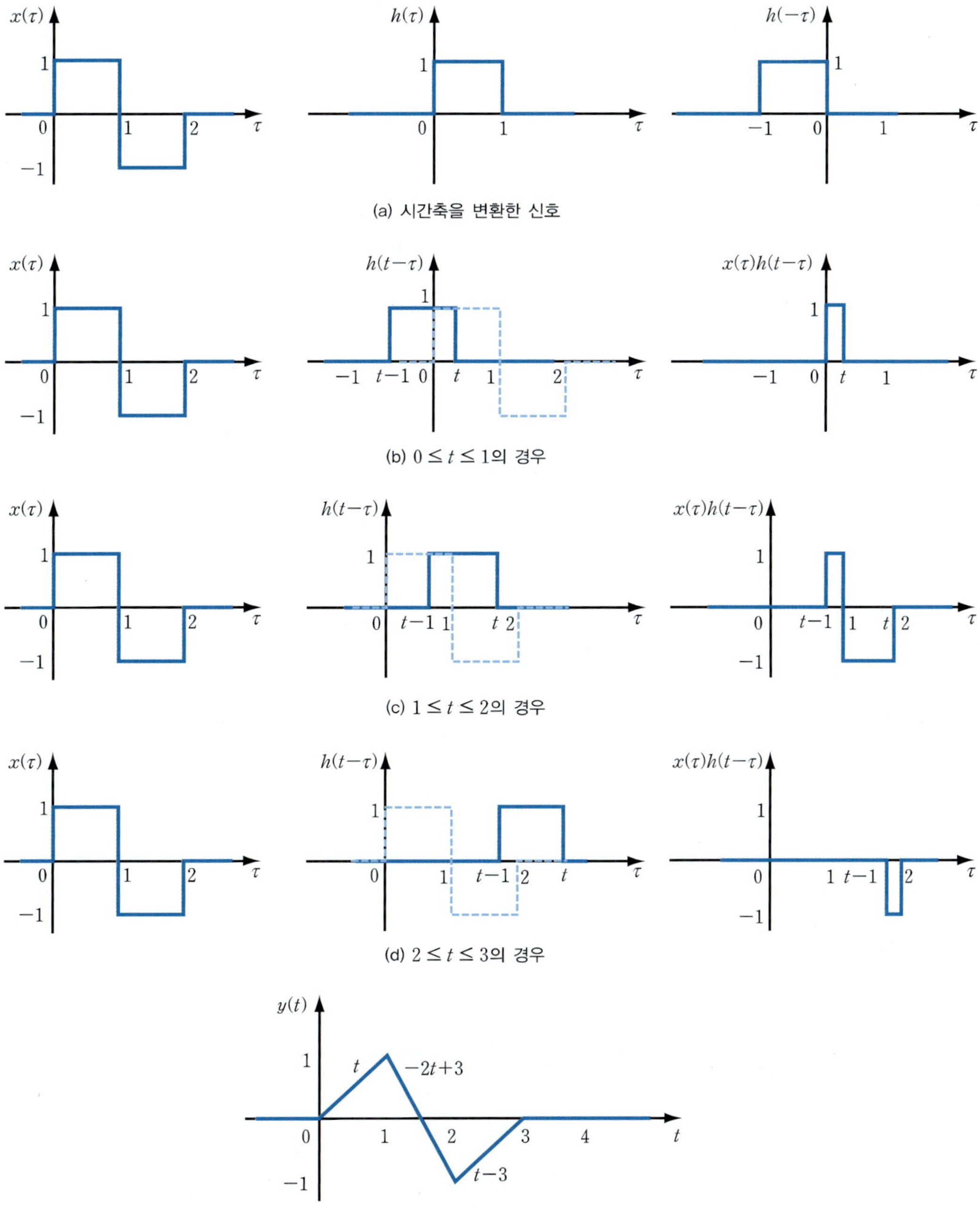

(a) 시간축을 변환한 신호

(b) $0 \leq t \leq 1$의 경우

(c) $1 \leq t \leq 2$의 경우

(d) $2 \leq t \leq 3$의 경우

(e) 컨벌루션 결과

[그림 4-11] 그림을 이용한 [예제 4-5]의 미끄럼 방식 컨벌루션 계산

Tip & Note 컨벌루션 원리의 활용 : 레이더와 정합 필터

레이더는 비행기와 같은 목표물과의 거리를 측정하는 데 이용된다. 레이더는 용도에 따라 MHz～GHz의 주파수를 갖는 [그림 4-12(a)]와 같은 고주파(RF) 펄스를 주기적으로(주기 T) 방출한 다음, 반사되어 레이더로 되돌아온 [그림 4-12(b)]의 수신 반사파의 시간 지연 t_r을 이용해 목표물까지의 거리를 측정하게 된다. 그런데 실제 레이더에 수신되는 신호는 그림에서 보듯이 크기가 많이 감쇠하여 미약할 뿐만 아니라 잡음에 오염되어 있으므로 시간 지연을 정확하게 측정하기가 힘들다. 따라서 통상 정합 필터matched filter를 이용해 수신 신호를 처리하여 시간 지연을 결정하게 된다. 정합 필터는 검출하려는 신호와 일치할matched 때 최대 출력을 내기 때문에 그런 이름이 붙은 것이다.

수신 반사파 $r(t)$를 입력으로 넣었을 때 정합 필터의 출력은 입력과 필터 임펄스 응답 $h(t)$와의 컨벌루션 $y(t)=r(t)*h(t)$로 계산할 수 있다. 컨벌루션은 두 신호 중의 하나는 고정하고 다른 하나는 뒤집은 뒤 이동시켜가며 계산하는데, 뒤집힌 신호의 파형이 고정된 신호와 일치하며 완전히 포개지는 순간에 최대 출력이 발생한다. 따라서 정합 필터의 임펄스 응답 $h(t)$는 [그림 4-12(c)]에 나타낸 것처럼 RF 펄스를 시간축에 대해 뒤집은 파형을 가지면 된다. 다만 인과 필터 조건을 위해 $t=0$에서부터 시작하도록 시간 이동되었을 뿐이다. 이 $h(t)$를 시간축에 대해 뒤집으면($h(-t)$) $x(t)$와 같은 파형 모양이 될 것이다. 이를 오른쪽으로 이동시켜가며 컨벌루션을 계산하면, t_r만큼 이동해야만 비로소 두 신호가 겹치기 시작하면서 출력이 나오기 시작한다. $h(-t)$를 계속 이동시켜 t_r+T_0만큼 이동하면, 고정된 수신 반사파 $r(t)$와 뒤집어 이동한 임펄스 응답 파형이 완전히 포개져 두 신호를 곱한 면적, 즉 컨벌루션 계산값이 최대가 된다.

따라서 최대 출력이 발생하는 시간 t_r+T_0에서 RF 펄스 폭 T_0를 빼면 RF 펄스의 왕복 시간 t_r이 구해지므로 목표물까지의 거리 D는 $D=\dfrac{t_rC}{2}$와 같이 결정할 수 있다(실제로는 수신 반사파가 주기 T로 계속 수신되므로 최대 출력값들 사이의 시간을 구해서 결정하면 된다). 여기서 C는 전파의 속도, 즉 빛의 속도이다.

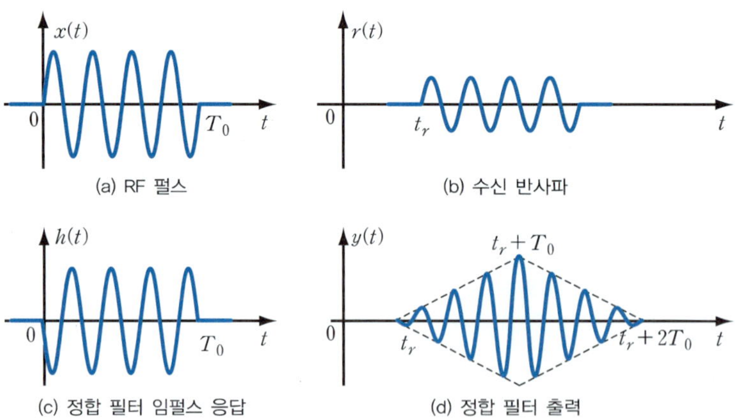

[그림 4-12] 레이더와 정합 필터의 신호

컨벌루션 합의 계산 : 미끄럼 방식 계산

컨벌루션 합도 컨벌루션 적분과 이름이 같은 만큼 계산의 기본 구조나 성질은 동일하다. 식 (4.8)의 컨벌루션 합도 계산이 진행되는 시간축과 결과를 표시하는 시간축이 다르다. 실제 계산(두 신호의 곱이나 총합)은 시간 변수 k에 대해 이루어지고, 계산 결과만 시간 변수 n에 대해 표시된다. 식 (4.8)을 다시 쓰면 다음과 같이 된다.

$$y[n]=\sum_{k=-\infty}^{\infty}x[k]\,h[n-k]=\sum_{k=-\infty}^{\infty}x[k]\,h[-(k-n)] \tag{4.19}$$

식 (4.19)는 일단 시간축을 k로 바꾸고, 두 신호 중의 하나인 $h[k]$를 시간축에 대해 뒤집은 다음 ($h[-k]$), 값을 계산해야 할 특정한 시간 순간(n)만큼 이동시켜($h[-(k-n)]=h[n-k]$) 고정된 신호 $x[k]$와 곱한 결과($x[k]h[n-k]$)의 샘플 값들을 모두 더함으로써 비로소 하나의 특정 시간 n에서의 신호 값 $y[n]$이 구해짐을 말해준다. 다시 말해, 이때의 $y[n]$은 전체 신호를 대표하는 기호가 아니라 단지 시간 n에 발생하는 하나의 신호 샘플일 뿐이다. 그러므로 $y[n]$의 전체 신호를 얻으려면, n을 $-\infty$에서 ∞까지 변화시켜가며 식 (4.19)의 계산을 수없이 반복해야만 한다. 그런데 이 동작은 결국 컨벌루션 적분과 마찬가지로 시간 반전한 신호 $h[-k]$를 시간축을 따라 왼쪽에서 오른쪽으로 한 시간 스텝씩 미끄러뜨리면서 매 순간마다 식 (4.19)를 계산하는 미끄럼 방식이다.

미끄럼 방식에 의한 컨벌루션 합의 구체적인 계산 알고리즘은 다음과 같다.

미끄럼 방식 컨벌루션 합의 계산 알고리즘

- **1단계** : 두 신호의 시간축을 변환한다($n \rightarrow k$).
- **2단계** : 신호 하나($x[k]$)를 고정하고 다른 하나($h[k]$)를 시간 반전한다($h[-k]$).
- **3단계** : 시간 반전된 $h[-k]$를 k축에서 n_0만큼 이동시켜 $h[n_0-k]$를 구한다.
- **4단계** : $h[n_0-k]$와 $x[k]$를 곱하여 얻은 결과의 샘플 값들을 모두 더해 $n=n_0$ 순간의 컨벌루션 값 $y[n_0]$를 얻는다.
- **5단계** : $-\infty$에서 $+\infty$까지 모든 n에 대해 이를 반복하여 얻은 결과를 시간축 n에 대해 그려 최종 컨벌루션 결과($y[n]$)를 얻는다.

다음 [예제 4-6]과 같이 간단한 유한 구간 신호들의 컨벌루션 경우에는 풀이에서 보듯이 $h[n-k]$를 $x[k]$와 겹치지 않을 때까지 한 스텝씩 미끄러뜨리면서 계산하면 된다. 그리고 [예제 4-8]과 같이 수식만으로 컨벌루션 계산을 수행하는 경우는, 컨벌루션 적분과 마찬가지로 시간 반전된 $h[n-k]$가 $x[k]$에 겹치는 양상에 따라 다음과 같이 4개의 구간으로 나누어 계산하면 편리하다.

❶ 두 신호가 전혀 겹치지 않는 구간($x[n]*h[n]=0$)
❷ 두 신호가 부분적으로 겹치면서 겹치는 부분이 증가하는 구간
❸ 두 신호가 완전히 겹치는 구간
❹ 두 신호가 부분적으로 겹치면서 겹치는 부분이 감소하는 구간

예제 4-6 이산 신호의 미끄럼 방식 컨벌루션 계산

[예제 4-3]에 대해 미끄럼 방식으로 컨벌루션 계산을 수행하라.

풀이

우선 [그림 4-13(a)]와 같이 시간축을 k로 바꾸고 $h[k]$를 뒤집어 $h[-k]$를 구한다. $h[-k]$를 시간축 k에서 n만큼 시간 이동시킬 때, $x[k]$와 $h[-k]$가 전혀 겹치지 않는 구간은 $n<-1$과 $n>4$이고, 이때 출력은 $y[n]=0$이 된다.

[그림 4-13(c)]와 같이 $n=-1$에서부터 시작해 $n=4$까지 $h[-k]$를 한 스텝씩 오른쪽으로 이동시켜 갈 때마다 매번 두 신호를 곱한 결과를 모두 합하면 그 n 값 순간의 컨벌루션 값이 된다. 그러므로 시간축을 n으로 하여 이를 모두 나타내면 $y[n]=x[n]*h[n]$이 구해진다.

이 결과는 다음과 같이 식 (4.8)에 n을 1씩 증가시키며 대입하여 계산한 것과 일치한다.

$$
\begin{aligned}
n=-1\text{일 때,}\quad & y[-1]=x[-1]h[0]+x[0]h[-1]+x[1]h[-2]+x[2]h[-3]\\
n=0\text{일 때,}\quad & y[0]=x[-1]h[1]+x[0]h[0]+x[1]h[-1]+x[2]h[-2]\\
n=1\text{일 때,}\quad & y[1]=x[-1]h[2]+x[0]h[1]+x[1]h[0]+x[2]h[-1]\\
n=2\text{일 때,}\quad & y[2]=x[-1]h[3]+x[0]h[2]+x[1]h[1]+x[2]h[0]\\
n=3\text{일 때,}\quad & y[3]=x[-1]h[4]+x[0]h[3]+x[1]h[2]+x[2]h[1]\\
n=4\text{일 때,}\quad & y[4]=x[-1]h[5]+x[0]h[4]+x[1]h[3]+x[2]h[2]
\end{aligned}
$$

[그림 4-13]의 계산 방식은 보기에는 복잡한 것 같아도 시간 흐름(n의 증가)을 따라 순차적으로 계산이 진행되므로 [그림 4-6]의 계산 방식보다 편리하고 실용적이다. 그런데 일일이 그림을 그려 계산을 실행하는 것은 매우 번거로우므로, 길이가 짧은 이산 신호의 경우에 실제 계산은 [표 4-4]에 나타낸 것처럼 그림의 계산 과정을 간편화한 표를 작성하는 것이 편리하다.

표를 작성할 때, 먼저 $x[k]$와 $h[n-k]$이 겹치기 시작할 때부터 겹치기가 끝날 때까지의 n과 k의 값을 표의 첫째 열과 첫째 행에 기록한다. 그리고 다음 행에 고정 신호 $x[k]$의 값을 해당되는 k값 아래 적는다. 그런 다음, 겹치기가 가장 먼저 발생하는 $h[n-k]$의 값을 해당되는 n값의 행에 기록한 뒤, 이를 한 칸씩 오른쪽으로 미끄러뜨리면서 나머지 행들을 채운다. $h[n-k]$의 각 행을 $x[k]$행에 열별로 곱하여 이를 다 더한 값을 $y[n]$의 해당 칸에 채우면 표가 완성된다.

[표 4-4] [예제 4-6]의 미끄럼 방식 컨벌루션 계산표

	n \ k	-3	-2	-1	0	1	2	3	4	
$x[k]$				-1	0	1	2			$y[n]$
$h[n-k]$	-1	1	2	3						-3
	0		1	2	3					-2
	1			1	2	3				2
	2				1	2	3			8
	3					1	2	3		5
	4						1	2	3	2

[표 4-4]에서 $k=-3,-2$의 열과 $k=3,4$의 열은 $x[k]$와 $h[n-k]$의 겹침이 생기지 않아 생략해도 상관없지만 $h[n-k]$의 미끄럼 동작을 보여주기 위해 그냥 둔 것이다.

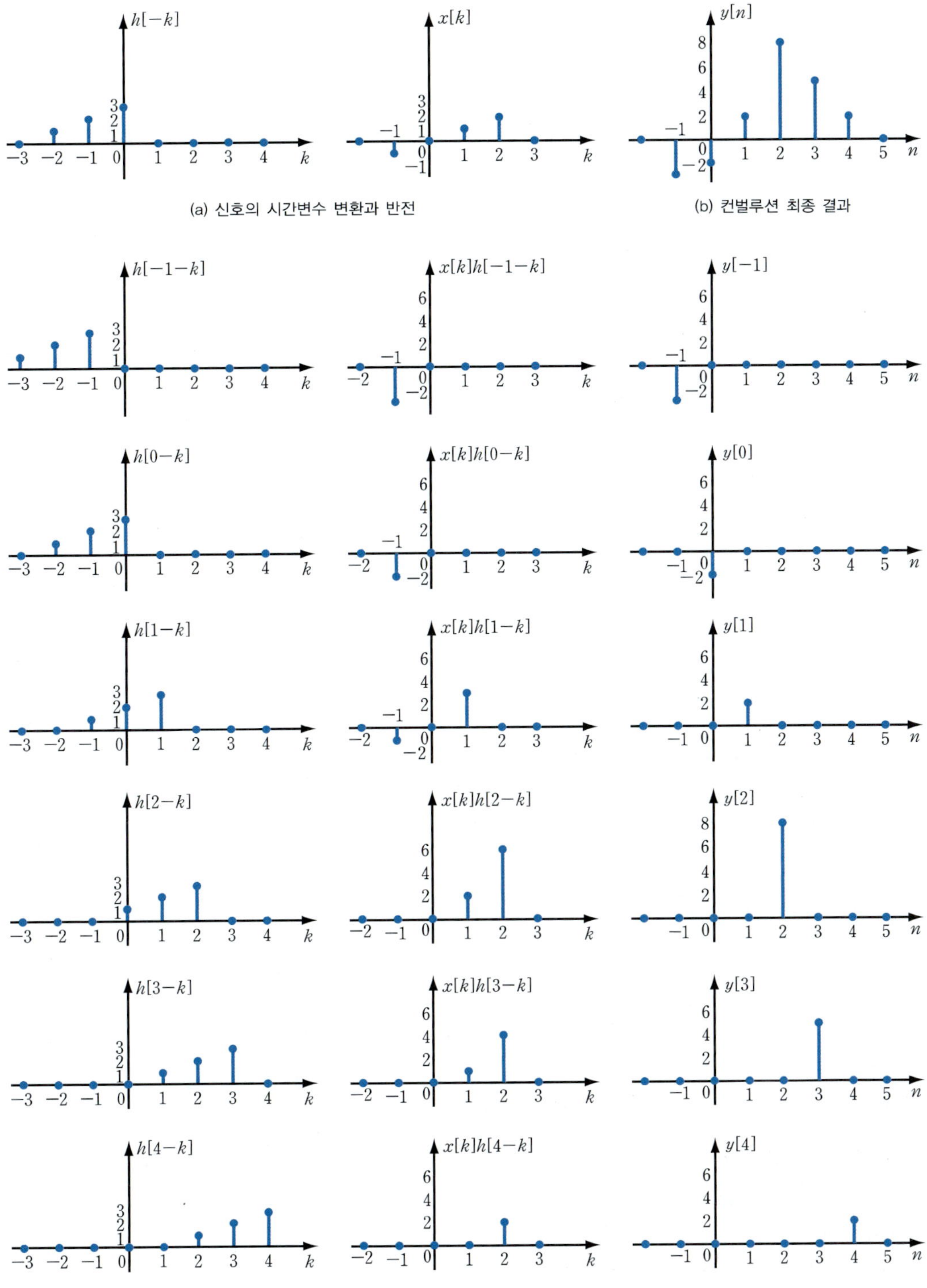

[그림 4-13] 미끄럼 방식에 의한 [예제 4-6]의 컨벌루션 계산

예제 4-7 이산 신호의 미끄럼 방식 컨벌루션 계산의 구간 분할

임펄스 응답이 $h[n]=4(0.5)^n(u[n]-u[n-4])$인 이산 LTI 시스템의 계단 응답을 컨벌루션 $y[n]=x[n]*h[n]$으로 구하고, 그 결과를 그려라.

풀이

$h[n]=[\underset{\uparrow}{4},\ 2,\ 1,\ 0.5]$는 길이가 유한하지만 입력 $x[n]=u[n]$이 길이가 무한한 우편향 신호이므로 [예제 4-6]처럼 그림이나 표를 이용하여 컨벌루션을 계산하기 힘들다. 그러므로 다음과 같이 세 구간으로 나누어 $y[n]=x[n]*h[n]$을 계산하는 것이 좋다.

❶ 두 신호가 전혀 겹치지 않는 구간 : $n<0$

$$y[n]=0$$

❷ 두 신호가 부분적으로 겹치면서 겹치는 부분이 증가하는 구간 : $0\le n<3$

$$y[n]=\sum_{k=0}^{n}h[k]x[n-k]$$
$$y[0]=h[0]x[0]=4$$
$$y[1]=h[0]x[1]+h[1]x[0]=6$$
$$y[2]=h[0]x[2]+h[1]x[1]+h[2]x[0]=7$$

❸ 두 신호가 완전히 겹치는 구간 : $n\ge 3$

이 구간에서는 $x[n-k]$의 값이 항상 1이므로 임펄스 응답의 샘플 값들을 다 더한 값으로 컨벌루션 값이 고정된다.

$$y[n]=\sum_{k=0}^{n}h[k]x[n-k]$$
$$y[n]=h[0]x[n]+h[1]x[n-1]+h[2]x[n-2]+h[3]x[n-3]=7.5$$

임펄스 응답 $h[n]$과 입력 $x[n]$, 그리고 시스템의 계단 응답 $y[n]$은 [그림 4-16]과 같다.

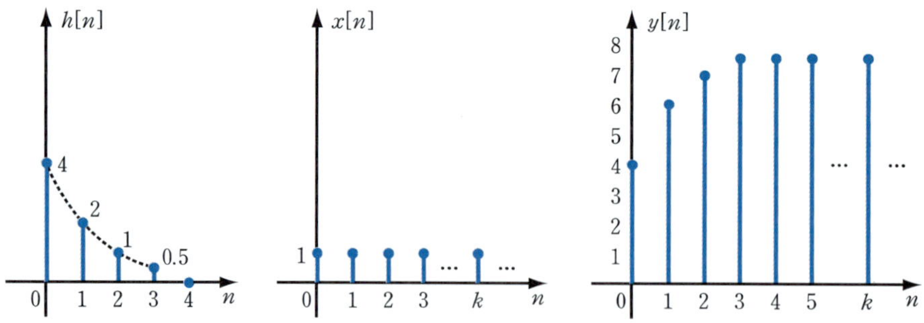

(a) 임펄스 응답 (b) 계단 신호 입력 (c) 계단 응답

[그림 4-14] [예제 4-7]의 신호들

4.4.2 컨벌루션 연산의 성질

컨벌루션은 독특한 형태의 연산으로 여러 가지 흥미로운 성질을 갖고 있다. 컨벌루션의 주요 성질들은 단순히 수학적인 차원에 그치지 않고 시스템과 관련하여 물리적으로도 중요한 의미를 지닌다. 컨벌루션의 성질들을 활용하면 계산이 간단해질 뿐만 아니라, 작은 시스템들을 연결하여 큰 시스템을 구성할 때 전체 시스템의 임펄스 응답을 쉽게 찾아낼 수 있다. 이름이 같다는 사실에서 짐작하듯이 컨벌루션 적분과 컨벌루션 합의 성질은 같다. 그러므로 컨벌루션 적분을 중심으로 설명하고 컨벌루션 합에 대해서는 결과만 표로 정리하여 제시하기로 한다.

컨벌루션의 주요 성질

- **교환법칙** : 신호의 순서를 바꾸어도 상관이 없다.

$$x(t) * h(t) = h(t) * x(t) \tag{4.20}$$

- **결합법칙** : 신호들이 조합되는 순서에 영향을 받지 않는다.

$$\{x(t) * h_1(t)\} * h_2(t) = x(t) * \{h_1(t) * h_2(t)\} \tag{4.21}$$

- **배분법칙** : 덧셈에 대한 배분법칙이 성립한다.

$$x(t) * \{h_1(t) + h_2(t)\} = x(t) * h_1(t) + x(t) * h_2(t) \tag{4.22}$$

- $x(t)$를 $\delta(t-t_0)$와 컨벌루션하면 $x(t)$가 t_0만큼 시간 이동된 결과가 얻어진다.

$$x(t) * \delta(t-t_0) = x(t-t_0) \tag{4.23}$$

- 두 신호의 컨벌루션 결과는 각 신호의 시작 시각을 더한 순간에서 시작해서 각 신호가 끝나는 시각을 더한 순간까지 값을 가지는 신호가 된다.

$$\begin{aligned} &x(t) = 0,\ t < t_1\ \&\ t > t_2, \quad h(t) = 0,\ t < t_3\ \&\ t > t_4 \\ &\Rightarrow\ y(t) = x(t) * h(t) = 0, \quad t < t_1 + t_3\ \&\ t > t_2 + t_4 \end{aligned} \tag{4.24}$$

$$\begin{aligned} &x[n] = 0,\ n < n_1\ \&\ n > n_2, \quad h[n] = 0,\ n < n_3\ \&\ n > n_4 \\ &\Rightarrow\ y[n] = x[n] * h[n] = 0, \quad n < n_1 + n_3\ \&\ n > n_2 + n_4 \end{aligned} \tag{4.25}$$

교환법칙

식 (4.20)의 교환법칙에 따르면, 컨벌루션 계산에서 두 신호 중 어느 것을 뒤집어도 상관없다. 그러므로 계산을 더 간편하게 만들어주는 신호를 뒤집어서 연산을 수행하면 된다. 교환법칙을 시스템의 측면에서 해석하면, [그림 4-15(a)]처럼 입력 신호와 시스템의 임펄스 응답의 역할을 바꿔도 시스템의 출력이 같음을 의미한다. 그러나 이보다는 [그림 4-15(b)]에 나타낸 것처럼 두 시스템이 종속 연결되어 있을 때, 시스템의 연결 순서를 바꾸어도 입력에 대한 출력은 바뀌지 않는다는 의미로 주로 활용된다.

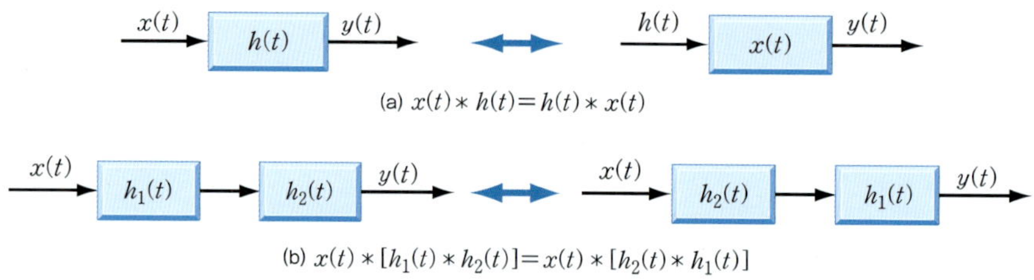

[그림 4-15] 컨벌루션의 교환법칙의 물리적 의미

결합법칙

식 (4.21)의 결합법칙은 여러 신호의 컨벌루션이 조합되는 계산 순서에는 영향을 받지 않음을 보여준다. 결합법칙은 [그림 4-16]에 나타낸 것처럼, 두 시스템이 종속 연결되어 있을 때, 각 시스템의 임펄스 응답의 컨벌루션을 새로운 임펄스 응답으로 갖는 하나의 시스템으로 대체할 수 있음을 의미한다. 컨벌루션 계산이 쉽지 않다는 점을 감안할 때 이 결과가 가치 없는 것으로 여겨질 수 있으나, 푸리에 변환이나 라플라스 변환과 같은 주파수 영역으로의 변환을 배우게 되면 시스템의 취급에 있어서 매우 중요한 성질임을 알게 될 것이다.

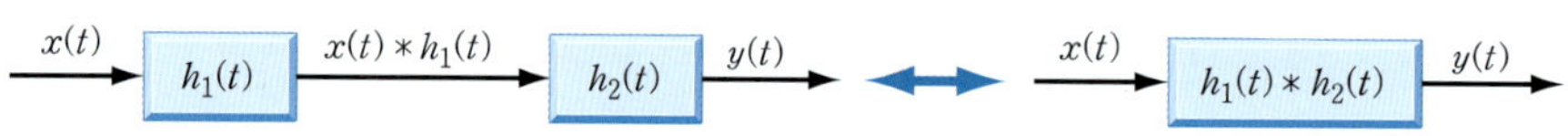

[그림 4-16] 컨벌루션의 결합법칙의 물리적 의미

배분법칙

식 (4.22)의 배분법칙은 [그림 4-17]에 나타낸 것처럼 두 시스템이 병렬 연결되어 있을 때, 각 시스템의 임펄스 응답을 더한 것을 새로운 임펄스 응답으로 갖는 하나의 시스템으로 대체할 수 있음을 의미한다.

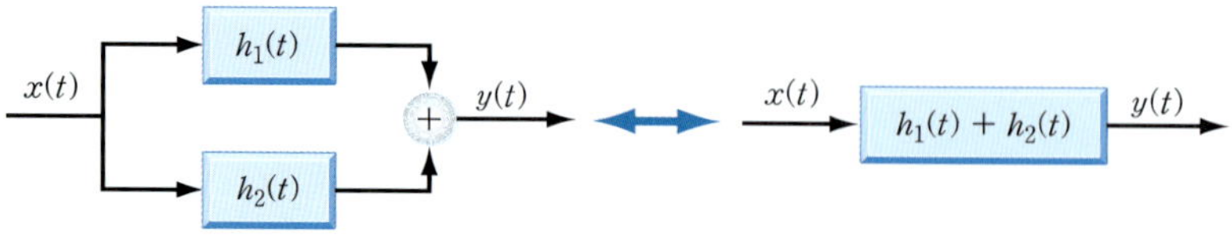

[그림 4-17] 컨벌루션의 배분법칙의 물리적 의미

임펄스와의 컨벌루션

신호 $x(t)$와 임펄스 $\delta(t-t_0)$의 컨벌루션 결과는 임펄스의 체 거르기 성질에 의해 다음과 같이 $x(t)$를 t_0만큼 시간 이동시키는 것에 해당한다.

$$x(t) * \delta(t-t_0) = \int_{-\infty}^{\infty} x(\tau)\delta(t-t_0-\tau)\,d\tau = x(t-t_0) \tag{4.26}$$

특별히 $t_0 = 0$인 경우에는 $x(t) * \delta(t) = x(t)$가 되는데, 이는 물리적으로는 임펄스 응답이 $h(t) = \delta(t)$인 시스템이 **항등 시스템**identity system임을 의미한다.

컨벌루션의 길이와 끝

2.1.1절에서 보았듯이, 신호의 길이(지속시간)는 신호가 값을 갖는 구간으로, 구간의 경계점을 **끝**edge이라고 한다. 식 (4.24)와 식 (4.25)로부터 두 신호를 컨벌루션한 결과 신호는 두 신호의 시작 시각(왼쪽 끝)을 더한 순간에서 시작해서 두 신호가 끝나는 시각(오른쪽 끝)을 더한 순간까지 값을 가지는 신호가 됨을 알 수 있다. 따라서 컨벌루션 적분한 결과 신호의 길이는 컨벌루션하는 두 신호의 길이를 더한 것과 같지만, 컨벌루션 합의 결과 신호의 길이는 컨벌루션하는 두 신호의 길이를 더한 것에서 1을 빼야 한다. 이러한 차이는 이산 신호의 길이를 존재 구간 내의 샘플 수로 정의하기 때문에 생기게 된다. $x[n] = 0,\ n_1 \le n \le n_2$의 길이는 $N_x = n_2 - n_1 + 1$이고 $h[n] = 0,\ n_3 \le n \le n_4$의 길이는 $N_h = n_4 - n_3 + 1$이면, $y[n] = x[n] * h[n],\ n_1 + n_3 \le n \le n_2 + n_4$의 길이는 $N_y = (n_2 + n_4) - (n_1 + n_3) + 1 = N_x + N_h - 1$이 된다. 반면에 $y(t) = x(t) * h(t),\ t_1 + t_3 \le t \le t_2 + t_4$의 길이는 $x(t),\ t_1 \le t \le t_2$의 길이 $L_x = t_2 - t_1$과 $h(t),\ t_3 \le t \le t_4$의 길이 $L_h = t_4 - t_3$를 더한 $L_y = L_x + L_h = (t_2 + t_4) - (t_1 + t_3)$이 된다.

예를 들어, [예제 4-5]에서 $x(t)$와 $h(t)$는 각각 $0 \le t \le 2,\ 0 \le t \le 1$에서 값을 갖고, 길이가 각각 $L_x = 2,\ L_h = 1$이다. 이때 $y(t) = x(t) * h(t)$는 $0 \le t \le 3$에서 값을 갖고, 길이가 $L_y = L_x + L_h = 3$이므로, 이 성질이 정확하게 성립함을 볼 수 있다. [예제 4-6]에서 $x[n]$은 $-1 \le n \le 2$, $h[n]$은 $0 \le n \le 2$에서 값을 갖고, 길이가 각각 $N_x = 4,\ N_h = 3$이다. 그리고 컨벌루션 $y[n] = x[n] * h[n]$은 $-1 \le n \le 4$에서 값을 갖고, 길이가 $N_y = N_x + N_h - 1 = 6$이 됨을 [그림 4-13]으로부터 확인할 수 있다.

따라서 이 성질에 의해 컨벌루션하기 전에 미리 컨벌루션 결과의 시간축 상의 위치를 예측할 수 있을 뿐만 아니라, 컨벌루션이 바르게 계산되었는지 검토할 때도 유용하게 활용할 수 있다.

지금까지 살펴본 컨벌루션 적분/합의 주요 성질을 [표 4-5]에 정리하였다. 컨벌루션 적분은 이 외에도 이동 성질, 미분, 성질, 적분 성질, 면적 성질 등을 만족하는데, 그 결과도 함께 정리해두었다.[1]

[표 4-5] 컨벌루션 적분/합의 성질

성질	표현식
교환법칙	$x(t) * h(t) = h(t) * x(t)$
	$x[n] * h[n] = h[n] * x[n]$
결합법칙	$(x(t) * h_1(t)) * h_2(t) = x(t) * (h_1(t) * h_2(t))$
	$(x[n] * h_1[n]) * h_2[n] = x[n] * (h_1[n] * h_2[n])$
배분법칙	$x(t) * (h_1(t) + h_2(t)) = x(t) * h_1(t) + x(t) * h_2(t)$
	$x[n] * (h_1[n] + h_2[n]) = x[n] * h_1[n] + x[n] * h_2[n]$
이동 성질	$y(t-t_0) = x(t-t_0) * h(t)$
	$y[n-n_0] = x[n-n_0] * h[n]$
임펄스와의 컨벌루션	$x(t) * \delta(t-t_0) = x(t-t_0)$
	$x[n] * \delta[n-n_0] = x[n-n_0]$
컨벌루션의 길이와 끝	$x(t)=0, t<t_1 \& \ t>t_3, \quad h(t)=0, t<t_2 \& \ t>t_4$ $\rightarrow y(t) = x(t) * h(t) = 0, t<t_1+t_2 \& \ t>t_3+t_4$
	$x[n]=0, \ n<n_1 \& \ n>n_2, \quad h[n]=0, \ n<n_3 \& \ n>n_4$ $\rightarrow \ y[n] = x[n] * h[n] = 0, \ n<n_1+n_3 \& \ n>n_2+n_4$
미분 성질	$\frac{d}{dt}(x(t) * h(t)) = \frac{dx(t)}{dt} * h(t)$
적분 성질	$\int_{-\infty}^{t} (x(\lambda) * h(\lambda))d\lambda = \left(\int_{-\infty}^{t} x(\lambda)d\lambda\right) * h(t)$
면적 성질	$y(t)$의 면적 = $x(t)$의 면적 × $h(t)$의 면적

예제 4-8 연속 신호의 컨벌루션 계산 : 컨벌루션 성질의 활용

[그림 4-18]의 신호 $x(t)$와 $h(t)$의 컨벌루션 $y(t) = x(t) * h(t)$를 구하라.

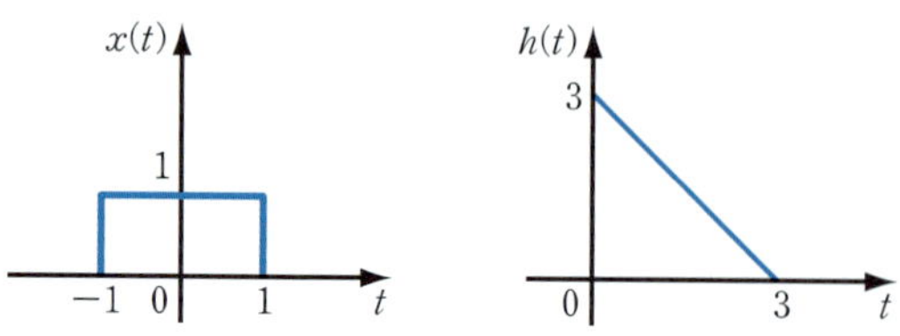

[그림 4-18] [예제 4-8]의 신호 $x(t)$, $h(t)$

1 상세한 설명은 〈심화학습 자료〉를 참고하도록 하자.

풀이

주어진 신호 $x(t)$와 $h(t)$는 다음과 같이 수식으로 표현할 수 있다.

$$x(t)=\begin{cases}1, & -1\le t\le 1\\ 0, & \text{그 외}\end{cases}\qquad h(t)=\begin{cases}-t+3, & 0\le t\le 3\\ 0, & \text{그 외}\end{cases}$$

❶ 제일 먼저 시간축을 t에서 τ로 바꾸고 $h(\tau)$를 뒤집어 $h(-\tau)$를 얻는다.

❷ $h(-\tau)$를 이동시킨 $h(t-\tau)$가 $x(\tau)$와 겹치는 양상에 따라 계산 구간을 나눈다.

$t<-1$: 전혀 겹치지 않음([그림 4-19(a)])
$-1\le t\le 1$: $h(t-\tau)$가 $x(\tau)$에 겹치는 부분이 점점 증가([그림 4-19(b)])
$1\le t\le 2$: $h(t-\tau)$가 $x(\tau)$에 완전히 겹침([그림 4-19(c)])
$2\le t\le 4$: $h(t-\tau)$가 $x(\tau)$에 겹치는 부분이 점점 감소([그림 4-19(d)])
$t>4$: 전혀 겹치지 않음([그림 4-19(e)])

❸ $h(t-\tau)$가 $x(\tau)$와 겹치는 세 구간에 대해서만 식 (4.16)의 적분 계산을 수행한다.

$$\begin{aligned}-1\le t\le 1 : y(t)&=\int_{-1}^{t}x(\tau)h(t-\tau)\,d\tau=\int_{-1}^{t}(\tau+3-t)\,d\tau\\&=\frac{1}{2}\tau^2+(3-t)\tau\Big|_{-1}^{t}=-\frac{1}{2}(t^2-4t-5)\end{aligned}$$

$$\begin{aligned}1\le t\le 2 : y(t)&=\int_{-1}^{1}x(\tau)h(t-\tau)\,d\tau=\int_{-1}^{1}(\tau+3-t)\,d\tau\\&=\frac{1}{2}\tau^2+(3-t)\tau\Big|_{-1}^{1}=-2t+6\end{aligned}$$

$$\begin{aligned}2\le t\le 4 : y(t)&=\int_{-3+t}^{1}x(\tau)h(t-\tau)\,d\tau=\int_{-3+t}^{1}(\tau+3-t)\,d\tau\\&=\frac{1}{2}\tau^2+(3-t)\tau\Big|_{-3+t}^{1}=\frac{1}{2}(t-4)^2\end{aligned}$$

❹ 적분 결과들을 모아 [그림 4-19(f)]와 같이 $y(t)$를 그리면 된다. $y(t)$를 수식으로 나타내면 다음과 같다(계단 함수를 이용해 나타낼 수도 있다).

$$y(t)=\begin{cases}-\frac{1}{2}(t^2-4t-5), & -1\le t\le 1\\ -2t+6, & 1\le t\le 2\\ \frac{1}{2}(t-4)^2, & 2\le t\le 4\\ 0, & \text{그 외}\end{cases}$$

[그림 4-19]에서 결과인 (f)를 기준으로 오른쪽 줄 그림이 이러한 계산 과정을 나타낸 것이다.

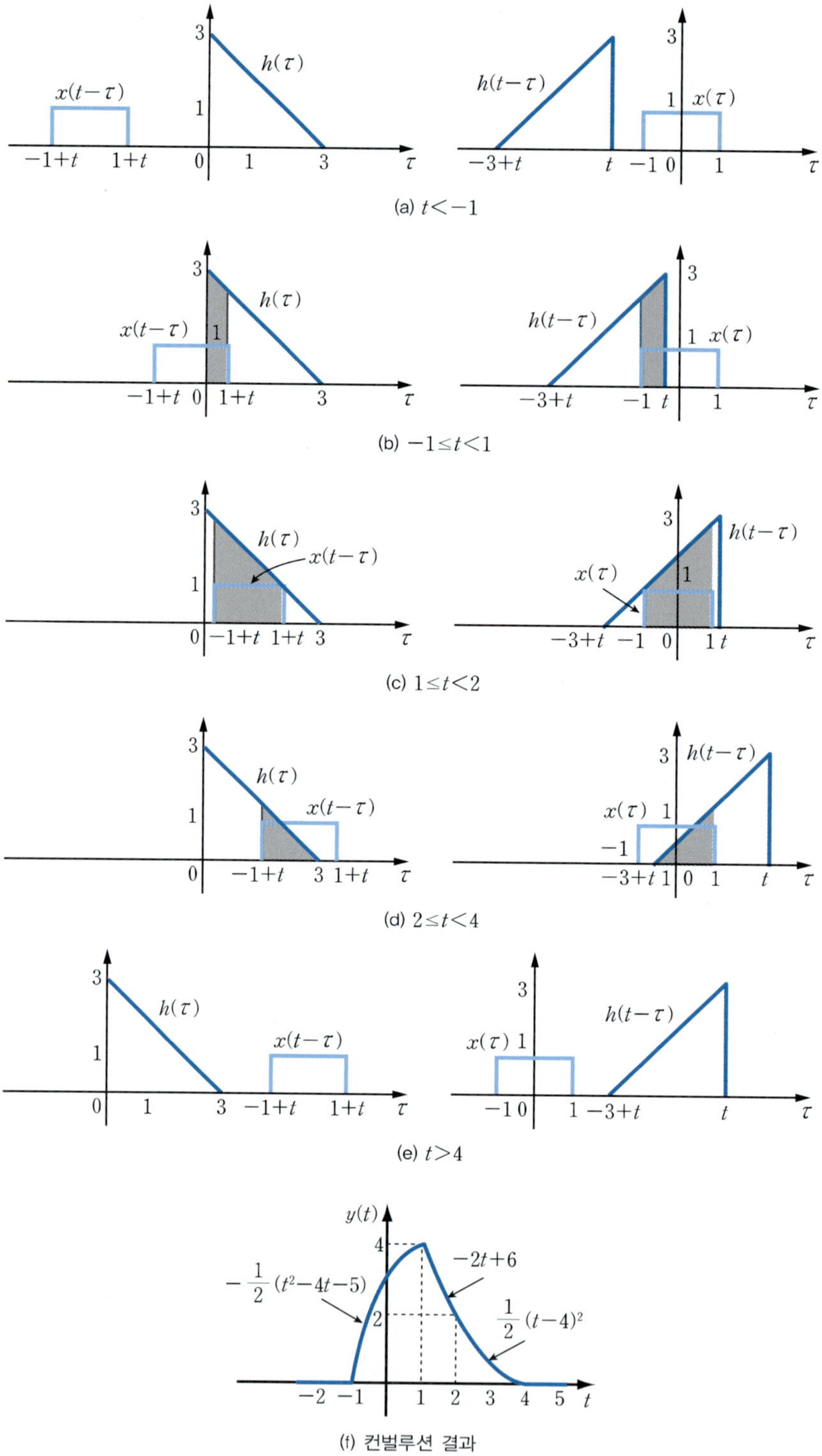

[그림 4-19] 그림을 이용한 [예제 4-8]의 미끄럼 방식 컨벌루션 계산

이번에는 $h(\tau)$ 대신에 $x(\tau)$를 뒤집어서 계산을 진행해도 같은 결과가 얻어지는지 살펴보자. [그림 4-19]의 왼쪽 줄 그림이 이 계산 과정을 나타낸 것으로, $h(\tau)$를 뒤집었던 오른쪽 줄 그림의 경우와 마찬가지로 두 신호 $x(t-\tau)$와 $h(\tau)$의 겹침은 $-1 \le t \le 4$에서 일어나며, 이를 다시 (b), (c), (d)

의 세 구간으로 나눌 수 있는 것도 똑같다. 그림을 잘 살펴보면, 왼쪽과 오른쪽 그림의 두 신호를 곱한 결과(회색으로 색칠된 부분)들은 좌우가 뒤집혀 있을 뿐 모양이 완전히 일치하며, 다만 적분 하한과 상한이 다를 뿐이다. 각 시간 구간에 대한 $h(\tau)x(t-\tau)$의 면적 값은 다음과 같이 계산된다.

$$-1 \le t \le 1 \ : \ y(t) = \int_0^{1+t} h(\tau)x(t-\tau)\,d\tau = \int_0^{1+t} (-\tau+3)\,d\tau$$
$$= -\frac{1}{2}(t^2 - 4t - 5)$$

$$1 \le t \le 2 \ : \ y(t) = \int_{-1+t}^{1+t} h(\tau)x(t-\tau)\,d\tau = \int_{-1+t}^{1+t} (-\tau+3)\,d\tau$$
$$= -2t + 6$$

$$2 \le t \le 4 \ : \ y(t) = \int_{-1+t}^{3} h(\tau)x(t-\tau)\,d\tau = \int_{-1+t}^{3} (-\tau+3)\,d\tau$$
$$= \frac{1}{2}(t-4)^2$$

이 결과는 $h(\tau)$를 뒤집었을 때와 완전히 일치하지만, 계산이 좀 더 간단하다. 이로부터 알 수 있듯이 컨벌루션 계산은 두 신호 중 어느 쪽을 뒤집어도 상관없으며, 계산을 좀 더 쉽고 편하게 하려면 더 단순한 형태의 신호를 뒤집는 것이 낫다.

예제 4-9 컨벌루션 성질의 활용 : 상호 연결된 시스템의 임펄스 응답 (1)

[그림 4-20]과 같이 여러 개의 부시스템이 상호 연결된 시스템에 대해 다음을 구하라.

(a) 전체 시스템의 임펄스 응답

(b) 각 부시스템의 임펄스 응답이 다음과 같을 때 전체 시스템의 임펄스 응답

$$h_1(t) = e^{-t}u(t), \quad h_2(t) = e^{-t}u(t), \quad h_3(t) = u(t), \quad h_4(t) = \delta(t-1), \quad h_5(t) = e^{-2t}u(t)$$

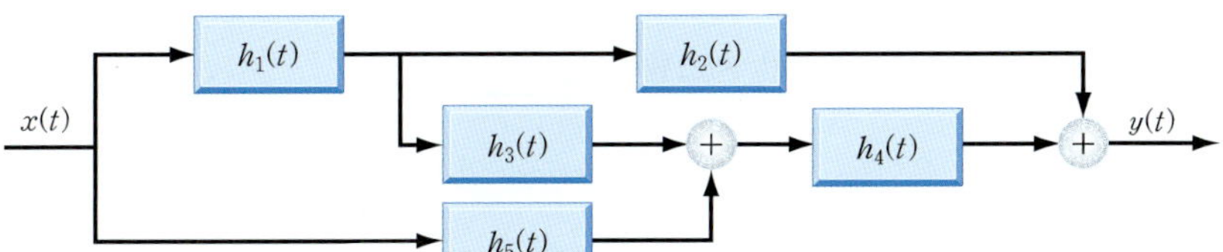

[그림 4-20] [예제 4-9]의 상호 연결된 시스템

풀이

(a) 앞에서 살펴본 대로 종속 연결된 경우는 각 부시스템의 임펄스 응답의 컨벌루션으로, 병렬 연결된 경우는 각 부시스템의 임펄스 응답의 합의 형태로 표현하여 정리하면 전체 시스템의 임펄스 응답을 얻을 수 있다.

$h_1(t)$와 $h_2(t)$가 종속 연결되어 있으므로 $h_1(t) * h_2(t)$이다. 또한 $h_1(t)$와 $h_3(t)$가 종속 연결되어 있으므로 $h_1(t) * h_3(t)$가 되고, 다시 $h_5(t)$와 병렬 연결되어 있으므로 $h_1(t) * h_3(t) + h_5(t)$이고, 다시 $h_4(t)$와 종속 연결되므로 $[h_1(t) * h_3(t) + h_5(t)] * h_4(t)$가 된다. 이것과 $h_1(t)$

$* h_2(t)$가 병렬 연결되어 있으므로 둘을 더하면 전체 시스템의 임펄스 응답 $[h_1(t) * h_3(t) + h_5(t)] * h_4(t) + h_1(t) * h_2(t)$를 얻게 된다. 따라서 전체 시스템의 등가 단일 시스템을 나타내면 [그림 4-21]과 같다.

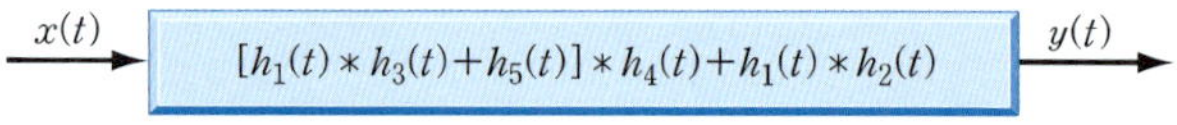

[그림 4-21] 등가 단일 시스템

(b) 주어진 각 부시스템의 임펄스 응답을 대입하여 (a)의 풀이 중간 과정에서 얻어진 컨벌루션들을 계산하면 다음과 같다.

$$h_1(t) * h_2(t) = \int_{-\infty}^{\infty} e^{-\tau} e^{-(t-\tau)} u(\tau) u(t-\tau)\, d\tau = e^{-t} \int_0^t 1\, d\tau = te^{-t} u(t)$$

$$h_1(t) * h_3(t) = \int_{-\infty}^{\infty} e^{-\tau} u(\tau) u(t-\tau)\, d\tau = \int_0^t e^{-\tau} d\tau = (1-e^{-t}) u(t)$$

또한 $h_1(t) * h_3(t) + h_5(t) = (1 - e^{-t} + e^{-2t}) u(t)$이므로 임펄스와의 컨벌루션 성질로부터

$$\begin{aligned}[h_1(t) * h_3(t) + h_5(t)] * h_4(t) &= (1 - e^{-t} + e^{-2t}) u(t) * \delta(t-1) \\ &= (1 - e^{-(t-1)} + e^{-2(t-1)}) u(t-1)\end{aligned}$$

이 된다. 따라서 전체 시스템의 임펄스 응답은 다음과 같이 구해진다.

$$\begin{aligned}h(t) &= h_1(t) * h_2(t) + [h_1(t) * h_3(t) + h_5(t)] * h_4(t) \\ &= te^{-t} u(t) + (1 - e^{-(t-1)} + e^{-2(t-1)}) u(t-1)\end{aligned}$$

예제 4-10 컨벌루션 성질의 활용 : 상호 연결된 시스템의 임펄스 응답 (2)

[그림 4-22]와 같은 시스템의 임펄스 응답을 구하라. 각 시스템의 임펄스 응답은 다음과 같다.

$$h_1[n] = \delta[n] - \frac{1}{2}\delta[n-1], \quad h_2[n] = 2\delta[n] + nu[n], \quad h_3[n] = \delta[n-1] - (n-1)u[n-1]$$

$$h_4[n] = \left(\frac{1}{2}\right)^n u[n], \quad h_5[n] = \delta[n-2] - u[n-3], \quad h_6[n] = u[n]$$

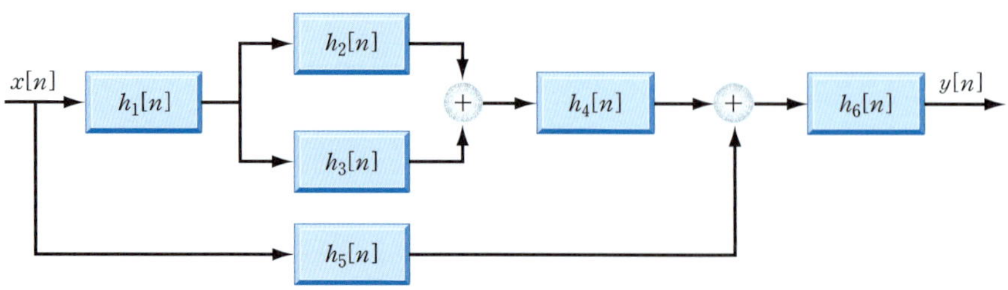

[그림 4-22] [예제 4-10]의 상호 연결된 시스템

풀이

시스템이 종속 연결이면 각 시스템 임펄스 응답의 컨벌루션으로, 병렬 연결이면 각 시스템 임펄스 응답의 합으로 임펄스 응답이 구해지므로, 그림처럼 상호 연결된 전체 시스템의 임펄스 응답은 다음과 같다.

$$h[n]=(h_1[n]*(h_2[n]+h_3[n])*h_4[n]+h_5[n])*h_6[n]$$

먼저 병렬 연결된 $h_2[n]+h_3[n]$을 계산하면

$$h_2[n]+h_3[n]=2\delta[n]+nu[n]+\delta[n-1]-(n-1)u[n-1]=\delta[n]+\delta[n-1]+u[n]$$

이고, 계산이 간편하게끔 교환법칙을 이용하여 먼저 $h_1[n]*h_4[n]$을 계산하면

$$h_1[n]*h_4[n]=(\delta[n]-\frac{1}{2}\delta[n-1])*\left(\frac{1}{2}\right)^n u[n]=\left(\frac{1}{2}\right)^n u[n]-\frac{1}{2}\left(\frac{1}{2}\right)^{n-1}u[n-1]=\delta[n]$$

이 된다. 따라서 $h_6[n]$을 제외한 나머지 부분의 임펄스 응답은 다음과 같이 계산된다.

$$\begin{aligned}h_1[n]*(h_2[n]+h_3[n])*h_4[n]+h_5[n]&=(h_1[n]*h_4[n])*(h_2[n]+h_3[n])+h_5[n]\\&=\delta[n]*(\delta[n]+\delta[n-1]+u[n])+\delta[n-2]-u[n-3]\\&=\delta[n]+\delta[n-1]+u[n]+\delta[n-2]-u[n-3]\\&=2(\delta[n]+\delta[n-1]+\delta[n-2])\end{aligned}$$

마지막으로 앞의 결과와 $h_6[n]$을 컨벌루션하면 전체 시스템의 임펄스 응답이 구해진다.

$$\begin{aligned}h[n]=2(\delta[n]+\delta[n-1]+\delta[n-2])*u[n]&=2(u[n]+u[n-1]+u[n-2])\\&=6u[n]-4\delta[n]-2\delta[n-1]\end{aligned}$$

Check Point 다음 문제에서 옳은 것을 골라라.

(1) 컨벌루션 계산이 진행되는 시간축과 결과를 표시하는 시간축은 같다. (○, ×)
(2) 미끄럼 방식 컨벌루션 계산에서 두 신호 중 어느 것을 뒤집어도 상관없다. (○, ×)
(3) 컨벌루션이 만족하지 않는 성질은 (교환, 결합, 배분, 곱) 성질이다.
(4) 종속 연결한 시스템의 연결 순서를 바꾸어도 같은 시스템이다. (○, ×)
(5) 종속 연결의 등가 시스템의 임펄스 응답은 각 임펄스 응답의 (합, 곱, 컨벌루션)이다.
(6) 병렬 연결의 등가 시스템의 임펄스 응답은 각 임펄스 응답의 (합, 곱, 컨벌루션)이다.
(7) 어떤 신호를 임펄스와 컨벌루션하면 그 신호 자신이 얻어진다. (○, ×)
(8) 두 인과 신호의 컨벌루션은 $t<0(n<0)$에서도 값을 갖는다. (○, ×)
(9) 길이 3과 길이 4인 두 이산 신호를 컨벌루션한 신호의 길이는 (3, 4, 6, 7, 12)이다.
(10) 컨벌루션 계산을 하기 전에 결과 신호의 존재 구간을 알 수 있다. (○, ×)

SECTION 4.5

임펄스 응답과 시스템 특성

학습포인트

- 임펄스 응답이 시스템 출력 형성에 어떻게 관여하는지 알아본다.
- 임펄스 입력이 시스템에 초기 조건을 부여하는 것으로 해석될 수 있음을 이해한다.
- 임펄스 응답과 주파수 응답의 관계를 개념적으로 이해한다.
- 임펄스 응답과 시스템의 인과성, 안정도, 기억성의 관계를 알아본다.
- 시정수의 정의와 의미, 그리고 임펄스 응답과의 관계에 대해 이해한다.
- 임펄스 응답과 계단 응답의 관계를 알아본다.

임펄스 응답은 시스템의 입출력 관계를 컨벌루션으로 나타낼 때 필요할 뿐만 아니라, 임펄스 응답을 보면 시스템의 모든 것을 알 수 있다고 할 만큼 시스템 해석에서 중요한 역할을 한다. 이 절에서는 임펄스 응답이 어떤 물리적인 의미가 있는지, 시스템 출력 형성의 원리를 어떻게 설명할 수 있는지 간단히 살펴보고, 인과성과 안정도 등 주요한 시스템 특성과 임펄스 응답의 연관성에 대해서 알아보기로 한다.

4.5.1 임펄스 응답의 물리적 의미

4.3절에서 살펴본 것처럼, 임펄스 응답은 입력에 대한 시스템 응답을 계산할 때 핵심적인 역할을 할 뿐만 아니라, 그 자체로 시스템 특성에 대한 정보와 통찰력을 제공해준다.

- 임펄스 응답은 현 시간 $t(n)$에서 출력을 구성하는 과거 입력들에 대한 가중치 weighting 역할을 하므로, 과거 입력들이 현재의 시스템 출력에 기여하는 정도를 알려준다.
- 시스템에 대한 임펄스 신호의 인가는 새로운 초기 조건을 부여하는 것과 같아서 시스템의 내부적인 자체 특성을 반영한 응답이 산출되므로, 시스템의 특성에 관한 정보를 임펄스 응답으로부터 알아낼 수 있다.
- 임펄스 신호는 모든 주파수 성분을 지니는 신호이므로, 임펄스를 시스템에 넣어주면 중첩의 원리에 의해 모든 주파수에 대한 응답 특성을 단번에 구할 수 있다.

임펄스 응답과 출력에 대한 과거 입력의 기여도

[그림 4-23]을 이용하여 임펄스 응답으로부터 과거 입력들이 현재의 시스템 출력에 어떻게 그리고 얼마나 기여하는지 알아낼 수 있음을 살펴보자.

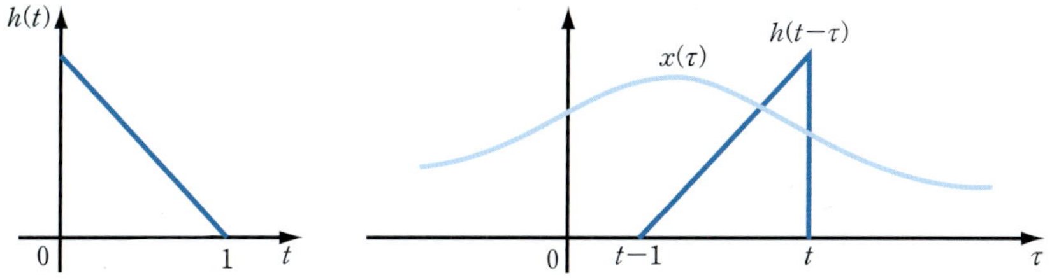

(a) 임펄스 응답 (b) 컨벌루션에 의한 출력 계산

[그림 4-23] 임펄스 응답의 물리적 의미 : 출력 형성의 원리

[그림 4-23(a)]의 임펄스 응답은 임펄스가 입력으로 인가되는 순간인 $t=0$에서 가장 강하고 시간이 지남에 따라 점점 감쇠하여 소멸한다. 이 임펄스 응답은 안정한 인과 시스템의 전형적인 임펄스 응답을 단순화한 것으로 대부분의 실제 시스템의 임펄스 응답은 이와 유사한 특성을 보인다. [그림 4-23(b)]는 시간 t 순간의 출력 $y(t)$를 구하기 위해 시간축 τ에서 입력 $x(t)$와 임펄스 응답 $h(t)$의 컨벌루션 계산을 나타낸 것이다. $x(\tau)$와 $h(t-\tau)$의 곱이 0이 되는 부분, 즉 $h(t-\tau)$의 값이 존재하는 구간 바깥의 입력들은 t 순간의 출력에 전혀 기여하는 바가 없다. 그뿐만 아니라 존재 구간 안에 위치해 출력을 구성하는 데 기여하는 입력들은 겹쳐진 임펄스 응답의 값에 비례하여 크기가 바뀐다. 다시 말해 임펄스 응답은 현 시간 t에서의 출력을 구성하는 과거 입력들에 대한 가중치 역할을 한다. 임펄스 응답의 길이가 무한한 경우에도, 현재 출력을 구성하는 과거 입력들에 대한 가중치의 역할을 하는 것은 변함이 없다. 다만 이 경우에는 모든 과거의 입력이 현재의 출력에 크든 작든 간에 기여하게 된다.

새로운 초기 조건 부여로서의 임펄스 응답

임펄스 신호는 눈 깜박할 사이에 번쩍이고 사라지는 번개와 같이 $t=0$에서 순간적으로 나타난 다음 사라져 버리지만, 시스템 내부에는 단위 에너지가 전달된다. 이 에너지로 인해 시스템은 내부적으로 에너지가 0이 아닌 상태가 되어 마치 새로운 초기 조건이 부여된 것과 같은 상황이 된다. 그 결과 $t>0$에서 더는 외부 입력이 들어오지 않음에도 불구하고 시스템은 에너지가 완전히 소진될 때까지 응답을 발생할 것이며, 이는 외부에서 계속 넣어주는 입력에 의존하는 응답이 아니라 시스템의 내부적인 자체 특성을 반영한 응답이라고 할 수 있다. 그러므로 시스템의 특성에 관한 정보를 임펄스 응답으로부터 알아낼 수 있다.

임펄스 응답과 주파수 응답

마지막으로 임펄스 응답이 갖는 중요한 의미는 임펄스 함수가 모든 주파수 성분을 갖는 함수라는 사실에서 나온다. 신호와 시스템은 시간 또는 주파수의 두 가지 관점에서 표현하고 취급할 수 있는데, 주파수 관점에서는 다양한 주파수의 입력 신호에 대한 출력의 이득과 위상이 어떻게 되느냐가 중요하다. 모든 주파수에서 입력에 대한 출력의 이득과 위상을 나타낸 것을 시스템의 주파수 응답(8장에서 다룰 것이다)이라고 하는데, 이를 얻기 위해서는 모든 주파수 범위에 걸쳐 번거롭게 주파수를 차례로 변화시켜 가며 정현파를 시스템에 인가하여 그때의 이득과 위상 변화를 일일이 기록해야 한다. 하지만 만약 모든 주파수 성분을 갖는 입력이 있다면 단번에 주파수 응답 특성을 구할 수 있으므로 일이 매우 수월해질 것이다. 그런데 기가 막히게도 임펄스 함수는 주파수 영역에서 보면 모든 주파수에서 그 크기가 1인 함수, 즉 모든 주파수 성분을 갖는 함수가 된다(이 또한 8장에서 푸리에 변환을 배울 때 보게 될 것이다). 그러므로 서로 다른 주파수를 갖는 신호를 하나씩 넣어서 응답 특성을 구할 필요 없이 임펄스를 시스템에 넣어주면 중첩의 원리에 의해 모든 주파수에 대한 응답 특성을 단번에 구할 수 있게 된다.

4.5.2 임펄스 응답과 시스템의 주요 특성

임펄스 응답은 시스템의 내부적인 자체 특성을 반영한 응답이므로 이로부터 시스템의 주요한 특성과 관련한 정보를 알아낼 수 있다.

- 인과 시스템이 되려면 임펄스 응답이 인과 신호가 되어야 한다.

$$h(t)=0,\ \ t<0 \tag{4.27}$$

$$h[n]=0,\ \ n<0 \tag{4.28}$$

- 임펄스 응답이 임펄스 신호($h(t)=a\delta(t)$ 또는 $h[n]=a\delta[n]$)이면 순시적 시스템이고, 그렇지 않으면 동적 시스템이다.
- 시스템이 BIBO 안정하려면 임펄스 응답이 **절대 적분 가능**absolutely integrable(**절대 총합 가능**absolutely summable)해야 한다.

$$\int_{-\infty}^{\infty}|h(t)|\,dt<\infty \tag{4.29}$$

$$\sum_{k=-\infty}^{\infty}|h[k]|<\infty \tag{4.30}$$

인과성

인과 시스템은 입력이 주어지기 전에는 출력을 내지 않는 시스템이다. 인과성에 대한 임펄스 응답의 조건을 찾기 위해 연속 LTI 시스템의 컨벌루션 표현식을 다음과 같이 나누어보자.

$$y(t)=\int_{-\infty}^{\infty}x(\tau)h(t-\tau)d\tau=\int_{-\infty}^{t}x(\tau)h(t-\tau)d\tau+\int_{t}^{\infty}x(\tau)h(t-\tau)d\tau \tag{4.31}$$

인과 시스템이 되려면 시간 t 순간의 출력에 $\tau>t$에서의 입력 $x(\tau)$가 영향을 미치지 않아야 하므로 마지막 등식의 둘째 항이 0이 되어야 한다. 어떠한 임의의 입력 $x(t)$에 대해서도 이 조건을 만족하려면 $h(t-\tau)=0$, $\tau>t$, 즉 $h(t)=0$, $t<0$이 되어야 한다. 이는 임펄스 $\delta(t)$가 $t=0$ 순간에만 존재하기 때문에 입력이 들어가기 전인 $t<0$에서 임펄스 응답의 값이 0이 되어야 인과 시스템이라는 개념적 결론과도 일치한다. 이산 시스템 경우도 똑같은 방법으로 컨벌루션 표현식의 구간을 나누어 식 (4.28)을 얻을 수 있다.

$$y[n]=\sum_{k=-\infty}^{\infty}x[k]h[n-k]=\sum_{k=-\infty}^{n}x[k]h[n-k]+\sum_{k=n+1}^{\infty}x[k]h[n-k] \tag{4.32}$$

기억성

임펄스 응답이 $h(t)=a\delta(t)$이면, 임펄스 함수의 체 거르기 성질을 이용하여 컨벌루션 표현식으로부터 다음과 같이 입력 $x(t)$에 대해 출력 $y(t)$를 얻는다.

$$y(t)=\int_{-\infty}^{\infty}x(\tau)h(t-\tau)d\tau=\int_{-\infty}^{\infty}x(\tau)a\delta(t-\tau)d\tau=ax(t) \tag{4.33}$$

식 (4.33)에서 보듯이 임펄스 응답이 임펄스 신호가 되면 시스템 출력이 현재의 입력에만 연관되므로 순시적 시스템이 된다. 이산 시스템 경우도 마찬가지다.

$$y[n]=\sum_{k=-\infty}^{\infty}x[k]h[n-k]=\sum_{k=-\infty}^{\infty}x[k]a\delta[n-k]=ax[n] \tag{4.34}$$

안정도

시스템의 BIBO 안정도는 입력이 유한하여 $|x(t)|\le M_x$를 만족할 때 출력도 유한한지를 확인하면 된다. 컨벌루션으로 표현된 연속 LTI 시스템 출력의 절댓값을 취해보자.

$$|y(t)|=\left|\int_{-\infty}^{\infty}x(\tau)h(t-\tau)d\tau\right|=\left|\int_{-\infty}^{\infty}h(\tau)x(t-\tau)d\tau\right| \tag{4.35}$$

적분의 절댓값은 피적분 함수의 절댓값을 취한 뒤 적분을 한 값보다는 작거나 같으므로 다음과 같다.

$$|y(t)|\le\int_{-\infty}^{\infty}|h(\tau)||x(t-\tau)|d\tau\le M_x\int_{-\infty}^{\infty}|h(\tau)|d\tau \tag{4.36}$$

식 (4.36)으로부터 시스템의 출력이 유한하려면 식 (4.29)를 만족해야 함을 알 수 있다. 이산 시스템 경우도 같은 방식으로 출력의 절댓값을 구해 식 (4.30)의 조건을 얻을 수 있다.

$$|y[n]|=\left|\sum_{k=-\infty}^{\infty}h[k]x[n-k]\right|\le\sum_{k=-\infty}^{\infty}|h[k]||x[n-k]|\le M_x\sum_{k=-\infty}^{\infty}|h[k]| \tag{4.37}$$

시정수

- **시정수**time constant는 시스템이 입력에 대해 완전히 응답하기까지 소요되는 응답 시간으로 정의된다.
- 시정수는 시스템의 반응이 얼마나 빠른가를 나타내는 지표이다.
- 작은 시정수를 갖는 시스템은 입력에 대해 빨리 응답하는 시스템이며, 큰 시정수를 갖는 시스템은 입력 신호의 변화에 대해 재빨리 응답하지 못하는 느린 시스템이다.
- 감쇠 지수 함수 형태의 임펄스 응답을 갖는 시스템의 시정수는 다음과 같이 정의되는 임펄스 응답의 유효 지속시간 T_h로 정의한다.

$$T_h = \frac{\int_{-\infty}^{\infty} h(t)dt}{h(t_0)} \tag{4.38}$$

아무리 훌륭한 육상 선수라 할지라도 출발점에서부터 자신의 최대 속도를 내기까지는 시간이 걸린다. 시스템도 사람과 마찬가지로 입력에 대해 완전히 응답하기까지는 어느 정도의 시간이 소요된다. 형광등을 켤 때, 또는 펌프를 가동할 때 여러분들은 이런 시간 지연을 경험했을 것이다. 이처럼 입력을 넣었을 때 시스템이 입력에 대해 완전히 응답하기까지 소요되는 응답 시간이 시스템의 시정수이다.

임펄스 신호 $\delta(t)$는 $t=0$ 순간에만 존재하는 신호이지만, 이에 대한 시스템의 응답 $h(t)$는 지속시간(길이) T_h 동안 값을 갖는다. 다시 말해, 임펄스 입력에 대해 시스템이 완전하게 반응을 끝내기 위해서는 T_h의 시간이 필요하다. 따라서 T_h를 시스템의 응답 시간 또는 시정수로 보는 것이 타당할 것이다. 임의의 입력 신호에 대해서도 같은 결론에 도달할 수 있다. 우리는 4.4.2절에서 지속시간이 각각 T_x, T_h인 두 신호의 컨벌루션 결과의 지속시간은 $T_x + T_h$가 됨을 보았다. 이것은 지속시간이 T_x인 입력 신호를 지속시간이 T_h인 임펄스 응답을 갖는 시스템에 인가하였을 때 시스템이 완전하게 반응하려면 입력이 다 들어온 이후에도 T_h만큼의 시간이 흘러야 함을 의미한다. 즉 T_h가 시스템의 시정수인 것이다.

그런데 안정한 시스템의 임펄스 응답은 일반적으로 감쇠 지수 함수로 구성되기 때문에(5.3.1절 참조), 임펄스 응답의 지속시간은 엄밀히 말해 ∞이고, 따라서 거의 모든 시스템의 시정수도 ∞가 되어야 맞다. 하지만 이렇게 되면 애써 시정수를 정의하는 의미가 없어진다. 감쇠 지수 함수는 상당한 시간이 흐르고 나면 크기가 거의 무시할 정도가 되므로, 반응 시간만 생각한다면 무한한 지속시간을 갖는 임펄스 응답을 유한한 시간 동안 지속되는 적당한 신호로 근사화하여 대체해도 큰 차이가 나지 않을 것이다. 그러므로 [그림 4-24]에 나타낸 것처럼 임펄스 응답의 최댓값을 그 높이로 하고 임펄스 응답의 면적과 같은 면적을 갖게끔 폭을 취한 사각 펄스의 지속시간, 즉 폭을 임펄스 응답의 유효 지속시간 T_h로 정의하는 것이 나름 타당할 것이다. 이 정의에 의한 T_h는 식 (4.38)과 같이 구해진다.

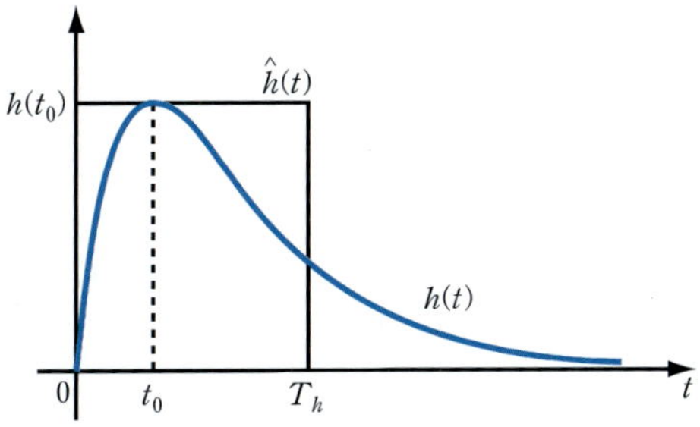

[그림 4-24] 시정수의 정의

> **Tip & Note 우리가 알고 있는 시정수가 맞나요?**
>
> 여러분들은 회로이론 등에서 시정수는 최댓값의 $\frac{1}{e}$배 되기까지 걸리는 시간이라고 배웠을 것이다. 식 (4.38)의 정의가 이와 잘 부합하는지 살펴보자. [예제 4-1]에서 보았듯이 전기회로의 임펄스 응답은 일반적으로 $h(t)=ce^{\lambda t}$ 꼴이다. 이러한 $h(t)$는 $t=0$에서 최댓값 $h_{\max}=c$를 갖는다. 식 (4.38)의 정의에 의해 시정수 T_h를 구하면 $T_h=\frac{1}{c}\int_{-\infty}^{\infty}ce^{\lambda t}dt=-\frac{1}{\lambda}$가 되고, 이를 $h(t)$에 대입하면 $h(T_h)=ce^{-1}=\frac{1}{e}h_{\max}$가 된다. 즉 최댓값의 $\frac{1}{e}$배 되기까지 걸리는 시간이 T_h이다. 그러므로 시정수에 대한 식 (4.38)의 정의가 타당함을 알 수 있다.

(단위) 계단 응답

시스템의 특성을 파악하는 데 임펄스 응답만큼이나 유용하게 사용되는 것이 바로 (단위) 계단 응답이다. 말 그대로 계단 응답은 계단 신호 $u(t)$ 입력에 대한 시스템 응답으로서, 물리적으로는 직류, 즉 시간에 따른 변화가 전혀 없는 신호에 대한 시스템의 동작 특성을 나타낸다. 따라서 가장 기본적이고 대표적인 시험 신호로 널리 이용되고 있다.

- 연속 시스템의 계단 응답은 임펄스 응답을 적분한 것이다. 역으로 임펄스 응답은 계단 응답의 미분이 된다.

$$s(t)=h(t)*u(t)=\int_{-\infty}^{\infty}h(\tau)u(t-\tau)d\tau=\int_{-\infty}^{t}h(\tau)d\tau \tag{4.39}$$

$$h(t)=\frac{ds(t)}{dt} \tag{4.40}$$

- 이산 시스템의 계단 응답은 임펄스 응답의 이동 합이 된다. 역으로 임펄스 응답은 계단 응답의 차분에 해당한다.

$$s[n]=\sum_{k=-\infty}^{n}h[k] \tag{4.41}$$

$$h[n]=s[n]-s[n-1] \tag{4.42}$$

연속 시스템의 계단 응답 $s(t)$는 임펄스 응답과 계단 신호의 컨벌루션이므로 식 (4.39)와 같이 구해진다. 그리고 식 (4.39)의 양변을 미분하면 식 (4.40)의 관계가 얻어진다. 이러한 결과는 $u(t)$는 $\delta(t)$의 적분, 역으로 $\delta(t)$는 $u(t)$의 미분이라는 사실에 부합한다.

한편 이산 계단 신호는 식 (3.32)와 같이 이산 임펄스 $\delta[n]$의 이동 합 $u[n]=\sum_{k=-\infty}^{n}\delta[k]$로 표현할 수 있으므로, 이산 시스템의 계단 응답 $s[n]$은 선형성(중첩의 원리)에 의해 식 (4.41)과 같이 구해진다. 그리고 이산 임펄스 신호는 식 (3.31)과 같이 이산 계단 신호의 차분 $\delta[n]=u[n]-u[n-1]$로 표현할 수 있으므로, 이산 시스템의 임펄스 응답은 식 (4.42)처럼 계단 응답 $s[n]$의 1차 차분으로 나타낼 수 있다.

예제 4-11 임펄스 응답에 의한 연속 시스템 특성 판별

다음의 임펄스 응답을 갖는 시스템의 인과성과 안정성을 판별하라.

(a) $h(t)=(t+1)e^{-t}u(t)$

(b) $h(t)=2e^{2t}u(-t)+3e^{3t}u(t)$

풀이

(a) $h(t)=0,\ t<0$이므로 이 시스템은 인과 시스템이다. 안정도를 판별하기 위해 다음과 같이 $|h(t)|$의 적분을 계산한다.

$$\int_{-\infty}^{\infty}|h(t)|dt=\int_{0}^{\infty}te^{-t}dt+\int_{0}^{\infty}e^{-t}dt=-te^{-t}\Big|_{0}^{\infty}+2\int_{0}^{\infty}e^{-t}dt=2<\infty$$

위 식은 안정도에 대한 식 (4.29)의 조건을 만족하므로 이 시스템은 안정하다. 위 식에서 te^{-t}의 $t=\infty$에서의 값은 로피탈L'Hopital의 정리를 적용하여 $\lim_{t\to\infty}\frac{t}{e^t}=\lim_{t\to\infty}\frac{1}{e^t}=0$으로 구해진다.

(b) 이 시스템은 $e^tu(-t)$에 의해 $h(t)\neq 0,\ t<0$이므로 비인과 시스템이다. 마찬가지로 $|h(t)|$의 적분을 계산하면 다음과 같다.

$$\int_{-\infty}^{\infty}|h(t)|dt=\int_{-\infty}^{0}2e^{2t}dt+\int_{0}^{\infty}3e^{3t}dt=1+\infty=\infty$$

임펄스 응답이 절대 적분 가능하지 않으므로 이 시스템은 불안정 시스템이다.

예제 4-12 임펄스 응답에 의한 이산 시스템의 특성 판별

다음의 임펄스 응답을 갖는 LTI 시스템의 인과성과 안정성을 판별하라.

(a) $h[n]=(0.5)^n\cos(2n)u[n]$

(b) $h[n]=(-1)^n u[n+1]$

풀이

(a) 인과성은 $h[n]=0,\ n<0$을 만족하는지 살펴보면 된다. $h[n]=(0.5)^n\cos(2n)u[n]$으로, $h[n]=0$,

$n<0$이므로 인과 시스템이다.

안정도는 식 (4.30)의 조건을 만족하는지 살펴보면 되는데, 다음과 같이 안정도 조건을 만족하므로 안정한 시스템이다.

$$\begin{aligned}\sum_{n=-\infty}^{\infty}|h[n]| &= \sum_{n=-\infty}^{\infty}|(0.5)^n\cos(2n)u[n]| \\ &\le \sum_{n=0}^{\infty}|(0.5)^n||\cos(2n)| \le \sum_{n=0}^{\infty}(0.5)^n = \frac{1}{1-0.5} = 2 < \infty\end{aligned}$$

(b) $h[-1]=-1$이므로 $h[n]=0,\ n<0$을 만족하지 않는다. 따라서 비인과 시스템이다. 그리고 다음과 같이 식 (4.30)의 안정도 조건도 만족하지 않으므로 불안정한 시스템이다.

$$\sum_{n=-\infty}^{\infty}|h[n]| = \sum_{n=-\infty}^{\infty}|(-1)^n u[n+1]| = \sum_{n=-1}^{\infty}1 = \infty$$

예제 4-13 임펄스 응답을 이용한 누산기의 안정도 판별

[예제 2-13]의 누산기의 안정도를 식 (4.30)의 조건을 이용해 판별하라.

$$y[n] = \sum_{k=-\infty}^{n} x[k]$$

풀이

시스템의 출력을 입력과 임펄스 응답의 컨벌루션으로 나타내면 다음과 같다.

$$y[n] = \sum_{k=-\infty}^{\infty} x[k]h[n-k]$$

두 식을 비교하면 다음의 관계를 얻을 수 있다.

$$h[n-k] = \begin{cases}1, & k \le n \\ 0, & k > n\end{cases}$$

따라서 누산기의 임펄스 응답은 다음과 같이 된다.

$$h[n] = \begin{cases}1, & n \ge 0 \\ 0, & n < 0\end{cases}$$

앞의 임펄스 응답은 식 (4.30)의 조건을 만족하지 않으므로 누산기는 BIBO 불안정이다. 이 결과는 [예제 2-13]에서 개념적으로 접근하여 얻었던 결론과 일치한다.

예제 4-14 임펄스 응답을 이용한 계단 응답 구하기

임펄스 응답이 $h[n]=(0.5)^n u[n]$인 LTI 시스템의 계단 응답을 구하라.

풀이

식 (4.41)을 이용하여 계단 응답을 구하면 다음과 같다.

$$s[n]=\sum_{k=-\infty}^{n} h[k]=\sum_{k=0}^{n}(0.5)^k=\frac{1-(0.5)^{n+1}}{1-0.5}=-(0.5)^n+2$$

입력 $x[n]=u[n]$과 임펄스 응답의 컨벌루션으로 계단 응답을 계산해보면

$$y[n]=\sum_{k=-\infty}^{\infty} u[k]h[n-k]=\sum_{k=0}^{n}h[n-k]=\sum_{k=0}^{n}h[k]=\sum_{k=0}^{n}(0.5)^n=-(0.5)^n+2$$

로 두 결과가 일치한다. 거꾸로 식 (4.42)를 이용하여 계단 응답으로부터 임펄스 응답을 구해보면

$$h[n]=s[n]-s[n-1]=(-(0.5)^n+2)-(-(0.5)^{n-1}+2)=(0.5)^n$$

이 되어 원래의 임펄스 응답이 얻어짐을 확인할 수 있다.

Check Point 다음 문제에서 옳은 것을 골라라.

(1) 임펄스 응답에 의해 현재 출력에 의한 과거 입력의 기여 정도가 결정된다. (○, ×)
(2) 임펄스 응답의 길이가 (유한, 무한)하면 현재 출력에 모든 과거 입력이 관련된다.
(3) 임펄스 응답과 상관없는 것은 시스템의 (출력, 주파수 응답, 속응성, 효율)이다.
(4) 임펄스 응답이 $h(t)=\delta(t-t_0)$이면 (순시적, 동적) 시스템이다.
(5) 인과 시스템은 $t<0$에서 임펄스 응답의 값이 항상 0이 아니어도 된다. (○, ×)
(6) BIBO 안정한 연속 시스템의 임펄스 응답은 절대 (적분, 미분, 곱) 가능하다.
(7) 순시적 시스템은 항상 BIBO 안정하다. (○, ×)
(8) 임펄스 응답의 길이가 무한한 시스템은 시정수를 정의할 수 없다. (○, ×)
(9) 시정수가 큰 시스템은 입력에 대한 반응 속도가 (느리다, 빠르다).
(10) 시스템의 계단 응답으로부터 임펄스 응답을 알아낼 수 있다. (○, ×)

CHAPTER 04_핵심요약

개념	관련 항
시스템의 컨벌루션 표현은 오직 외부 입력에 대한 시스템의 반응만 나타내는 모델로서, 임펄스 응답이 핵심적인 역할을 한다.	
시스템의 미분/차분 방정식 표현은 외부 입력에 대한 반응뿐만 아니라 시스템 내부의 초기 조건에 의한 반응까지도 고려된 모델이다.	
영입력 응답은 외부 입력이 없을 때 순전히 시스템 내부의 초기 조건(상태)에 의한 응답으로, 시스템이 지닌 고유한 특성이 (내부적으로) 관여하여 빚어낸 결과이다.	
영상태 응답은 초기 상태와 무관하게 오직 외부 입력에 의한 응답으로, 원하는 결과를 얻기 위해 입력을 어떻게 적절히 조절해야 할지에 대한 정보를 알 수 있다.	
고유 응답은 시스템 모드만으로 이루어져 시스템의 고유 특성을 반영하는 응답이다.	
강제 응답은 외부에서 넣어준 입력에 의해 시스템 자체 특성과는 무관하게 강제적으로 입력과 같은 꼴의 반응을 만들어낸 것으로, 외부 입력의 특성을 반영한다.	
임펄스 응답은 시스템에 임펄스 신호를 입력으로 넣었을 때의 출력으로, 시스템의 동작에 대한 이해와 물리적 의미의 파악을 손쉽게 해준다.	식 (4.2) [그림 4-3]
LTI 시스템의 입출력 관계는 (선형성과 시불변성을 적용하여) 입력과 임펄스 응답의 컨벌루션으로 나타낼 수 있다.	식 (4.8) 식 (4.16)
컨벌루션은 미끄럼 방식을 이용하면 계산이 편리한데, 이때 계산이 진행되는 시간축과 결과를 표시하는 시간축은 반드시 구분해야 한다.	
컨벌루션은 교환법칙이 성립한다. 교환법칙은 두 시스템이 종속 연결되어 있을 때, 시스템 연결 순서를 바꾸어도 입력에 대한 출력은 바뀌지 않음을 뜻한다.	식 (4.20) [그림 4-15]
컨벌루션은 결합법칙이 성립한다. 결합법칙은 종속 연결된 시스템을 각 시스템의 임펄스 응답의 컨벌루션을 임펄스 응답으로 갖는 등가 시스템으로 대체할 수 있음을 뜻한다.	식 (4.21) [그림 4-16]
컨벌루션은 배분법칙이 성립한다. 배분법칙은 병렬 연결된 시스템을 각 시스템의 임펄스 응답의 합을 임펄스 응답으로 갖는 등가 시스템으로 대체할 수 있음을 뜻한다.	식 (4.22) [그림 4-17]
두 신호의 컨벌루션 결과는 각 신호의 시작 시각을 더한 순간에서 시작해서 각 신호가 끝나는 시각을 더한 순간까지 값을 가지는 신호가 된다.	
임펄스 응답은 시간 t에서 출력을 구성하는 과거 입력들에 대한 가중치 역할을 하므로, 과거의 입력값들이 현재의 시스템 출력에 기여하는 정도를 알려준다.	[그림 4-23]
임펄스 입력은 시스템에 새로운 초기 조건을 부여하는 것처럼 간주할 수 있다. 따라서 임펄스 응답으로부터 시스템의 특성에 관한 정보를 파악할 수 있다.	
인과 시스템이 되려면 임펄스 응답이 $h(t)=0,\ t<0$을 만족해야 한다.	식 (4.27)
시스템이 BIBO 안정하기 위해서는 임펄스 응답이 절대 적분(총합) 가능해야 한다.	식 (4.29)
임펄스 응답이 $h(t)=a\delta(t)$이면 순시적 시스템, $h(t)\neq a\delta(t)$이면 동적 시스템이다.	
시스템의 시정수는 시스템이 입력에 대해 완전히 응답하기까지 소요되는 응답 시간으로서 임펄스 응답의 유효 지속시간 T_h로 정의된다.	식 (4.38) [그림 4-24]

CHAPTER 04_연습문제

【개념 문제】

4.1 시스템의 응답에 대한 다음의 설명 중 틀린 것은?

㉮ 외부의 입력이 없더라도 시스템의 출력이 나올 수 있다.
㉯ 고유 응답과 과도 응답은 항상 일치한다.
㉰ 영상태 응답은 입력과 임펄스 응답의 컨벌루션으로 구할 수 있다.
㉱ 외부 입력에 의해 시스템 고유 특성과 입력 고유 특성을 반영한 응답이 함께 만들어진다.

4.2 LTI 시스템의 임펄스 응답에 대한 다음의 설명 중 옳은 것은?

㉮ 연속 시스템의 임펄스 응답은 물리적으로 구할 수 있다.
㉯ 임펄스 응답만으로는 시스템의 특성을 파악하기가 어렵다.
㉰ 시스템의 출력 속에는 임펄스 응답과 같은 꼴을 갖는 응답 성분들이 존재한다.
㉱ 수학적 모델 없이 임펄스 응답만 알면 입력에 대한 시스템의 출력을 구할 수 없다.

4.3 이산 시스템의 임펄스 응답에 대한 다음의 설명 중 틀린 것은?

㉮ 임펄스 응답이 임펄스 함수가 될 수 있다.
㉯ 이산 시스템의 임펄스 응답은 물리적으로 얻을 수 있다.
㉰ 임펄스 응답의 길이가 무한하면 시스템은 불안정해진다.
㉱ 임펄스 응답의 길이와 차분 방정식의 형태 사이에는 연관 관계가 존재한다.

4.4 컨벌루션에 대한 다음의 설명 중 옳은 것은?

㉮ 컨벌루션 연산은 한 번에 계산될 수 있다.
㉯ 컨벌루션 연산은 두 신호를 모두 이동시켜가며 계산하게 된다.
㉰ 컨벌루션은 비선형 시스템의 표현에도 사용할 수 있다.
㉱ $x(t)=1,\ 0 \le t \le 10$의 자신과의 컨벌루션은 $t=10$에서 최댓값을 가진다.

4.5 시스템 입출력 관계의 컨벌루션 표현에 대한 다음의 설명 중 옳은 것은?

㉮ 비선형 시스템의 출력도 입력과 임펄스 응답의 컨벌루션으로 나타낼 수 있다.
㉯ 컨벌루션 형태로 입출력 표현을 얻는 데 중첩의 원리가 활용된다.
㉰ 컨벌루션에 의한 입출력 표현은 시변 시스템에서도 성립한다.
㉱ 컨벌루션을 이용한 인과 시스템의 출력 계산에서 $n<0$에서의 입력은 무시된다.

4.6 컨벌루션과 관련한 다음의 설명 중 틀린 것은?

㉮ 두 시스템을 종속 연결한 연결 순서를 바꾸면 동일한 입력에 대해 출력이 달라진다.
㉯ 어떤 시스템과 역 시스템을 종속 연결한 전체 시스템의 임펄스 응답은 $\delta(t)$이다.
㉰ 신호를 t_0만큼 시간 이동시키려면 $\delta(t-t_0)$와 컨벌루션하면 된다.
㉱ 컨벌루션 계산을 직접 하지 않고서도 컨벌루션 결과 신호의 길이와 존재 구간을 알 수 있다.

4.7 $x[n]=1,\ -3 \le n \le 3$과 $h[n]=-n+6,\ 1 \le n \le 5$의 컨벌루션 $y[n]=x[n]*h[n]$에 대한 다음의 설명 중 틀린 것은?

㉮ 두 신호 중 어느 신호를 반전시켜 이동시켜 계산하더라도 같은 결과를 얻는다.
㉯ 컨벌루션 결과 $y[n]$은 유효 구간 내의 시간 n에 대해 양의 값이 된다.
㉰ 컨벌루션 결과 $y[n]$은 $-2 \le n \le 8$ 구간에 존재한다.
㉱ 컨벌루션 결과 $y[n]$의 길이는 $N=12$이다.

4.8 임펄스 응답에 대한 다음의 설명 중 옳은 것은?

㉮ 현재의 출력을 만들려면 임펄스 응답의 길이보다 더 이전의 과거 입력이 필요하다.
㉯ 임펄스 응답의 길이가 유한하면 그 시스템은 안정하다.
㉰ 임펄스 응답이 $h(t)=e^{-t}u(t+1)$인 시스템은 시정수 1인 인과 안정 시스템이다.
㉱ 계단 응답이 계단 함수인 시스템은 동적(기억) 시스템이다.

4.9 다음 중에서 임펄스 응답이 $h[n]=(n+1)(u[n+1]-u[n-5])$인 이산 시스템이 만족하지 않는 성질을 모두 골라라.

㉮ 인과 시스템　㉯ 불안정 시스템　㉰ 동적 시스템　㉱ IIR 시스템　㉲ $|s[n]|<\infty$

4.10 임펄스 응답으로부터 알아낼 수 없는 시스템 특성을 모두 골라라.

㉮ 안정도　㉯ 기억성　㉰ 시정수　㉱ 이득　㉲ 계단 응답　㉳ 인과성

【기초 문제】

4.11 다음 그림의 전기회로에서 전원 전압 $v_s(t)$를 입력, 회로 전류 $i(t)$를 출력이라고 할 때, (a) 회로의 임펄스 응답을 구하고, (b) 컨벌루션 표현을 이용하여 직류 전압 $v_s(t)=u(t)$에 대한 출력, 즉 계단 응답을 구하라.

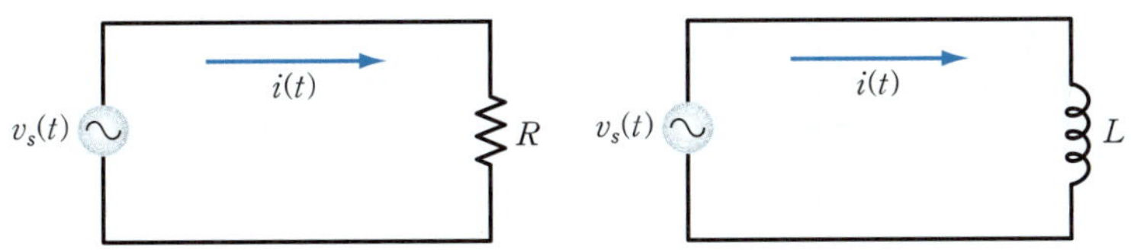

(ㄱ) R 회로　　(ㄴ) L 회로

4.12 이산 LTI 시스템의 입력 $x[n]$과 출력 $y[n]$이 다음과 같을 때, 임펄스 응답 $h[n]$을 구하라.

(a) $x[n]=2\delta[n-1],\quad y[n]=2\left(-\frac{1}{2}\right)^n+8\left(\frac{1}{4}\right)^n$

(b) $x[n]=3\delta[n-2],\quad y[n]=3\left(\frac{1}{3}\right)^n+9\left(\frac{1}{6}\right)^n$

4.13 다음 그림의 $x(t)$와 $h(t)$에 대해 컨벌루션 연산을 수행하고, 그 결과를 그려라.

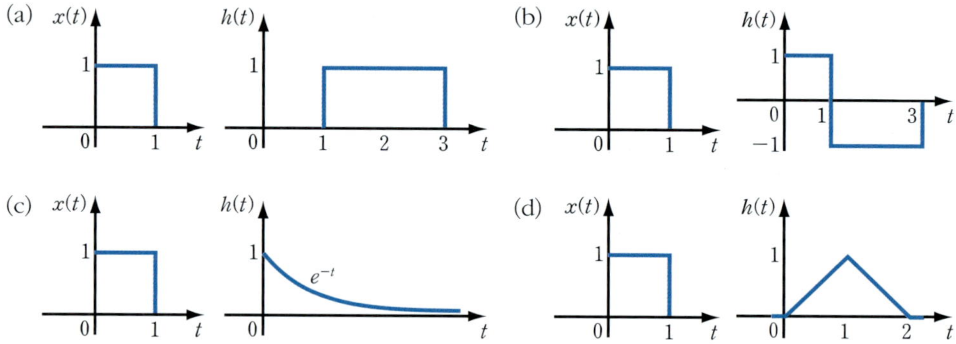

4.14 임펄스 응답이 $h(t)=e^{-t}u(t)$인 LTI 시스템에 인가되는 입력 $x(t)$가 다음과 같을 때 출력 $y(t)$를 구하라.

(a) $x(t)=e^{-2t}u(t)$

(b) $x(t)=e^{-2(t-3)}u(t)$

(c) $x(t)=e^{2t}u(-t)$

(d) $x(t)=e^{-2t}u(t-3)$

(e) $x(t)=e^{-t}u(t)$

(f) $x(t)=\delta(t)+\delta(t-2)$

4.15 다음 그림의 $x[n]$와 $h[n]$에 대해 컨벌루션 $y[n]=x[n]*h[n]$을 구하라.

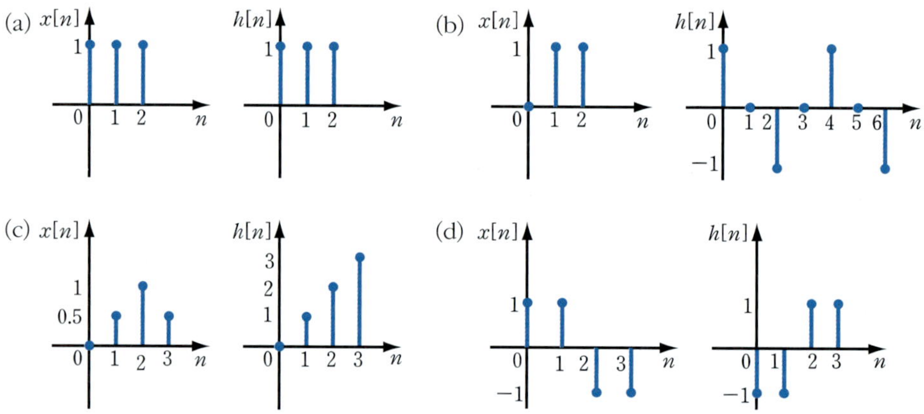

4.16 다음과 같은 함수 쌍에 대해 컨벌루션 $y[n]=x[n]*h[n]$를 구하고, 그 결과를 그려라.

(a) $x[n]=(0.5)^n(u[n+2]-u[n-2]),\quad h[n]=u[n]$

(b) $x[n]=(0.5)^n(u[n+2]-u[n-2]),\quad h[n]=u[n+1]-u[n-5]$

(c) $x[n]=a^n u[n],\quad h[n]=\delta[n]-\delta[n-3]$

(d) $x[n]=a^n(u[n+2]-u[n-2]),\quad h[n]=\delta[n+1]-a^2\delta[n-1]$

4.17 다음 그림의 연속 LTI 시스템에 대해 전체 시스템의 임펄스 응답을 구하라.

(a) $h_1(t)=e^{-3t}u(t),\quad h_2(t)=e^{-2t}u(t),\quad h_3(t)=\delta(t-1)$

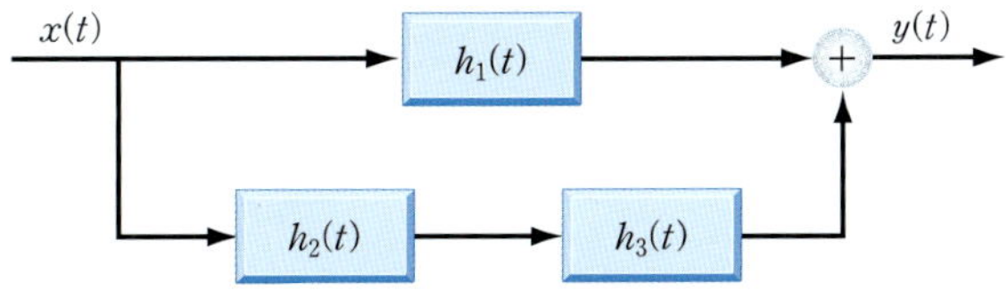

(b) $h_1(t)=e^{-2t}u(t),\quad h_2(t)=e^{-2t}u(t),\quad h_3(t)=e^{-t}u(t),\quad h_4(t)=\delta(t),\quad h_5(t)=e^{-3t}u(t)$

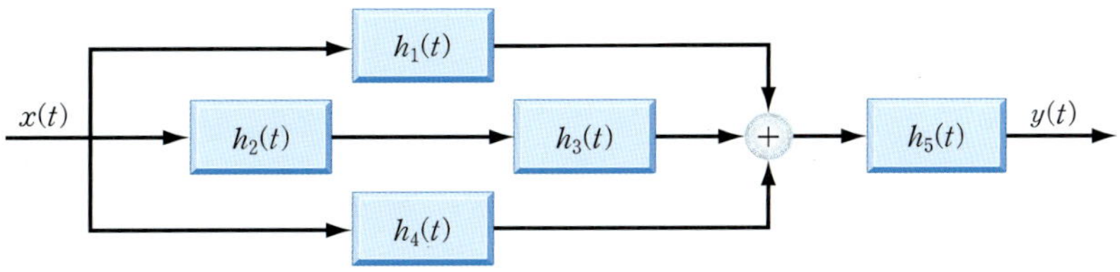

4.18 다음 그림과 같이 4개의 이산 LTI 시스템을 연결하였다. 이때 전체 시스템의 임펄스 응답을 구하라. 단, 각 시스템의 임펄스 응답은 다음과 같다.

(a) $h_1[n]=\delta[n]-3\delta[n-1],\quad h_2[n]=nu[n]+\left(\frac{1}{2}\right)^n u[n],$

$h_3[n]=(1-n)u[n-1],\quad h_4[n]=3^{n+1}u[n]$

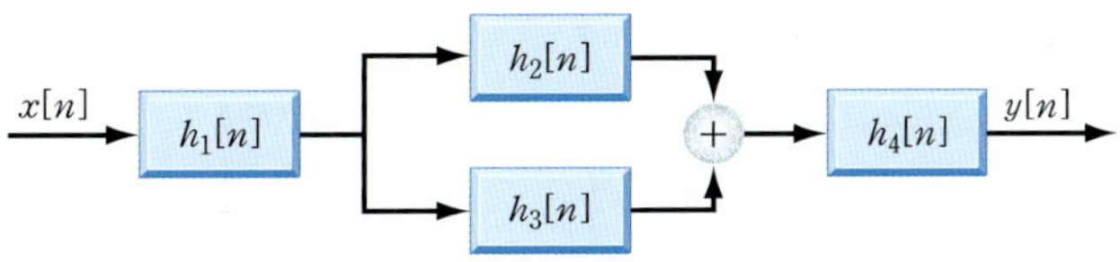

(b) $h_1[n]=u[n],\quad h_2[n]=-u[n]+u[n-2],$

$h_3[n]=\delta[n-2],\quad h_4[n]=a^n u[n]$

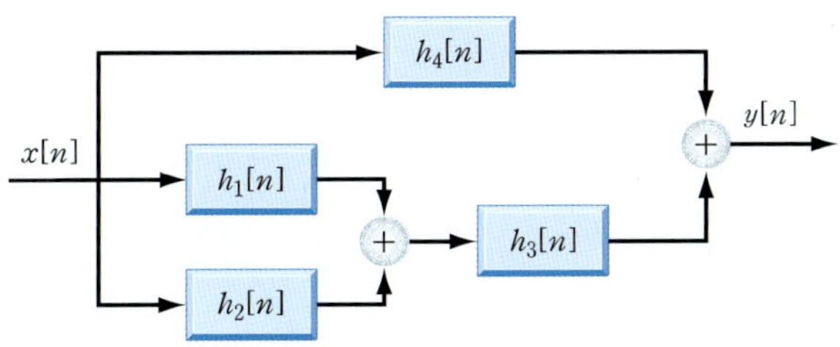

4.19 다음의 임펄스 응답을 갖는 연속 LTI 시스템의 인과성과 안정성을 판별하라.

(a) $h(t)=\delta(t-3)$
(b) $h(t)=\text{rect}(t/2)$
(c) $h(t)=u(t)$
(d) $h(t)=e^{-|t|}$
(e) $h(t)=e^{2t}u(1-t)$
(f) $h(t)=te^{-2t}u(t)$
(g) $h(t)=\cos(2t)u(t)$
(h) $h(t)=e^{-2t}\cos(2t)u(t)$

4.20 다음의 임펄스 응답을 갖는 이산 LTI 시스템의 인과성과 안정성을 판별하라.

(a) $h[n]=(-1)^n u[n]$
(b) $h[n]=(2)^n u[1-n]$
(c) $h[n]=(0.5)^{|n|}$
(d) $h[n]=(0.5)^{-n}u[-n]$
(e) $h[n]=\begin{cases}2^n, & 0\le n\le 100\\ 0, & \text{그 외}\end{cases}$
(f) $h[n]=nu[-n]$
(g) $h[n]=\sin\left(\dfrac{\pi}{2}n\right)$
(h) $h[n]=\sum_{k=0}^{\infty}\delta[n-2k]$

【응용 문제】

4.21 다음 그림의 $x(t)$와 $h(t)$에 대해 컨벌루션 연산을 수행하고, 그 결과를 그려라.

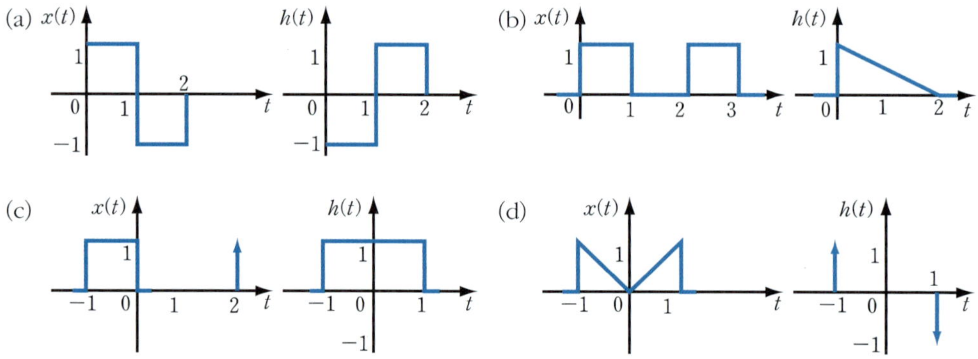

4.22 LTI 시스템의 입력 $x(t)$와 출력 $y(t)$가 그림과 같을 때 이 시스템의 임펄스 응답 $h(t)$를 구하라.

HINT $\dot{x}(t)$가 임펄스만으로 이루어짐을 이용하라.

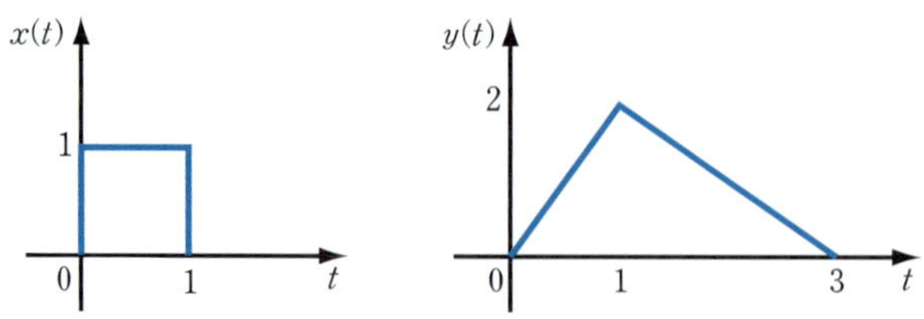

4.23 이산 LTI 시스템의 입력 $x[n]$에 대한 출력 $y[n]$가 다음과 같을 때, 임펄스 응답 $h[n]$을 구하라.

(a) $x[n] = [\underset{\uparrow}{1},\ 1,\ 2],\quad y[n] = [\underset{\uparrow}{1},\ -1,\ 3,\ -1,\ 6]$

(b) $x[n] = [\underset{\uparrow}{2},\ -1,\ 3],\quad y[n] = [\underset{\uparrow}{2},\ 3,\ 5,\ 10,\ 3,\ 9]$

(c) $x[n] = [\underset{\uparrow}{2},\ 4,\ 6,\ 8,\ 10,\ \cdots],\quad y[n] = [\underset{\uparrow}{1},\ 3,\ 5,\ 7,\ 9,\ 11, \cdots]$

4.24 다음 그림의 신호 쌍에 대한 컨벌루션을 직접 계산하지 말고 컨벌루션의 성질을 이용하여 구하라.

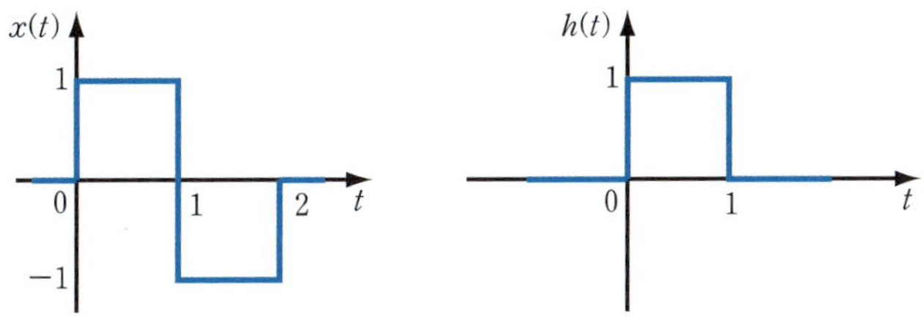

4.25 시스템의 입력 $x[n]$과 임펄스 응답 $h[n]$이 다음과 같을 때, 시스템의 출력 $y[n]$을 구하라.

(a) $x[n] = u[n],\quad h[n] = \delta[n]$

(b) $x[n] = u[n],\quad h[n] = u[n] - u[n-10]$

(c) $x[n] = nu[n],\quad h[n] = u[n] - u[n-10]$

(d) $x[n] = u[n],\quad h[n] = u[n-3]$

(e) $x[n] = u[n],\quad h[n] = \left(\frac{1}{2}\right)^n u[n]$

(f) $x[n] = u[n],\quad h[n] = \left(\frac{1}{2}\right)^n u[n-2]$

(g) $x[n] = a^n u[n],\quad h[n] = b^n u[n]$

(h) $x[n] = \left(\frac{1}{2}\right)^n u[n],\quad h[n] = \delta[n] + \delta[n-1] + \left(\frac{1}{3}\right)^n u[n]$

4.26 임펄스 응답이 $h[n] = [\underset{\uparrow}{1},\ -1, 1, -1]$인 이산 LTI 시스템에 다음과 같은 입력 $x[n]$을 반으로 나누어 $x_1[n]$과 $x_2[n]$을 구성하였다.

$$x[n] = [\underset{\uparrow}{1}, 2,\ 3,\ 4,\ 5,\ 5,\ 4,\ 3,\ 2,\ 1]$$

(a) $y_1[n] = x_1[n] * h[n]$을 계산하라.

(b) $y_2[n] = x_2[n] * h[n]$을 계산하라.

(c) $y[n] = x[n] * h[n]$을 계산하라.

(d) $y_1[n]$과 $y_2[n]$으로부터 어떻게 $y[n]$을 구할 수 있는가?

4.27 어떤 LTI 시스템의 임펄스 응답은 $h(t) = u(t)$이다.

(a) 이 시스템의 안정도를 판별하라.

(b) 이 시스템의 입출력 관계식을 구하여 어떤 시스템인지 밝혀라.

4.28 정합 필터matched filter는 특정 기호 파형이 수신되었을 때 최대 출력을 내보내는 장치로 통신에서 유용하게 쓰인다. 다음 그림에 간단한 정합 필터 시스템을 나타내었다. 정합 필터 1은 입력 $x_1(t)$에 대해, 정합 필터 2는 입력 $x_2(t)$에 대해 최대 출력을 내는 필터이다. 따라서 수신 신호에 대한 두 필터의 출력을 관측하여 비교하게 되면 둘 중 어떤 신호인지를 판별할 수 있게 된다.

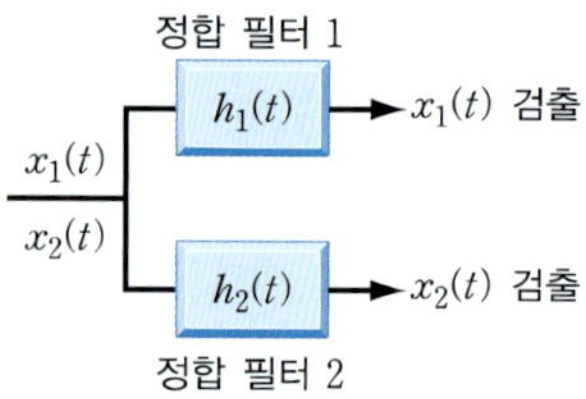

정합 필터 시스템

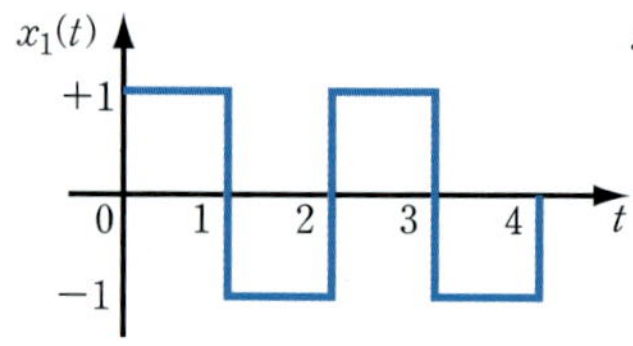

입력 $x_1(t)$

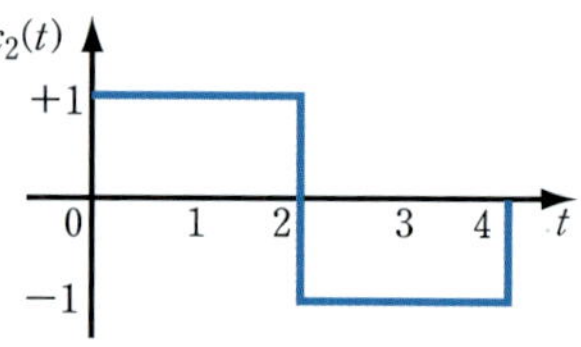

입력 $x_2(t)$

(a) 정합 필터 1과 2가 $t=4$에서 각각 입력 $x_1(t)$와 $x_2(t)$에 대해 최대의 출력을 낼 때 정합 필터들의 임펄스 응답 $h_1(t)$와 $h_2(t)$를 구하라. 단, 임펄스 응답은 다음의 조건을 만족한다.

(i) $h(t)=0, \quad t<0$ (ii) $|h(t)| \le 1, \quad \forall t$

(b) (a)에서 구한 임펄스 응답에 대해 신호가 정합된 경우의 각 필터의 출력을 구하라.

(c) (b)의 경우와 반대로 $x_1(t)$가 필터 2에, $x_2(t)$가 필터 1에 인가되었을 경우 각 필터의 출력은 어떻게 되겠는가?

4.29 LTI 시스템의 입출력 관계가 다음과 같이 주어질 때 시스템의 임펄스 응답을 구하라. 그리고 이를 이용하여 시스템의 인과성과 안정도를 판별하라.

(a) $y(t)=x(t-3)$

(b) $y(t)=\int_{-\infty}^{t} x(\tau-3)d\tau$

(c) $y(t)=\int_{-\infty}^{t}\left[\int_{-\infty}^{\sigma} x(\tau-3)d\tau\right]d\sigma$

(d) $y(t)=\int_{0}^{\infty} e^{\tau}x(t-\tau-1)d\tau$

(e) $y[n]=x[n-3]$

(f) $y[n]=\sum_{k=-\infty}^{n} x[k-3]$

(g) $y[n]=\sum_{k=-\infty}^{n}\sum_{m=-\infty}^{k} x[m-3]$

(h) $y[n]=\sum_{k=-\infty}^{n} 2^{k-n}x[k-3]$

4.30 2개의 이산 시스템을 다음과 같이 두 가지 경우로 종속 연결하였다.

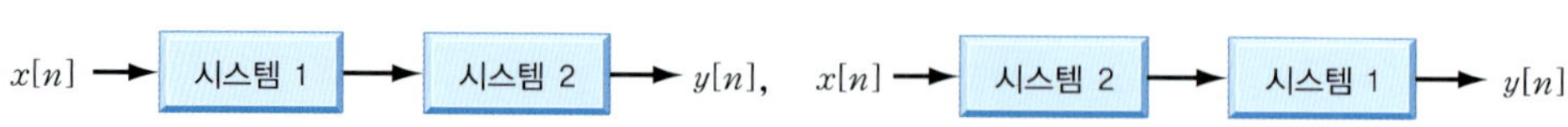

시스템 1과 2가 각각 다음과 같을 때, 입력 $x[n]=2(0.5)^n u[n]$에 대한 두 연결의 출력을 구하라. 이때 두 출력은 동일한가? 그렇다면 그 이유를 설명하라.

(a) 시스템 1 : $y[n]=x^2[n]$, 시스템 2 : $y[n]-0.5y[n-1]=x[n]$

(b) 시스템 1 : $y[n]=x[n]-x[n-1]$, 시스템 2 : $y[n]-0.5y[n-1]=x[n]$

CHAPTER 04_MATLAB 실습

학습포인트

- 매트랩을 이용하여 연속 신호에 대한 컨벌루션 적분을 계산해본다.
- 매트랩을 이용하여 이산 신호에 대한 컨벌루션 합을 계산해본다.

컨벌루션 계산은 매트랩에서 제공하는 명령을 이용하면 매우 손쉽게 구할 수 있다. 그런데 매트랩은 근본적으로 이산 데이터 처리를 목적으로 하는 소프트웨어이므로, 연속 신호의 경우 이산 신호로 근사화해서 풀어야 한다. 이와 달리, 이산 신호에 대한 컨벌루션은 별도로 선결할 문제가 없으므로 프로그램도 매우 단순하다. 이 절에서는 매트랩을 이용하여 연속 신호의 컨벌루션과 이산 신호의 컨벌루션 계산에 대해 간단히 실습해보기로 한다.

MATLAB 4-1 연속 신호에 대한 컨벌루션 연산

다음의 연속 신호에 대한 컨벌루션을 매트랩을 이용하여 구하고 그려라.

(a) $x_a(t)=u(t)-2u(t-1)+u(t-2)$, $\quad h_a(t)=u(t)-u(t-1)$

(b) $x_b(t)=u(t+1)-u(t-1)$, $\quad h_b(t)=(-t+3)[u(t)-u(t-3)]$

풀이

4.4절에서 살펴본 것처럼 컨벌루션은 복잡하고 까다로운 계산이지만 매트랩에서 제공하는 `conv` 명령을 사용하면 매우 간단히 컨벌루션을 수행할 수 있다. 그러나 `conv` 명령은 원래 이산 데이터에 적용되는 것이므로, `conv` 명령을 사용하여 연속 신호의 컨벌루션을 수행할 때에는 구분구적법에서 잘게 나눈 띠의 폭이 좁을수록 실제 적분 값에 근사해지는 것처럼 데이터 샘플링 시간 간격을 충분히 작게 잡아야만 하며 계산된 값에 시간 간격을 곱해주어야 한다. 그리고 컨벌루션 연산을 하면 두 신호의 길이를 더한 만큼, 즉 설정된 시간축의 2배 길이의 데이터가 생성되므로, 파형을 그릴 때는 시간축 배열이 일치되도록 인덱스를 잘 맞추어 시간축 길이만큼 데이터 배열 $y(t)$를 선택해야 한다.

컨벌루션을 수행하는 매트랩 프로그램은 다음과 같고, 실행 결과는 [그림 4-25]에 나타내었다. 그림에서 볼 수 있듯이, 데이터 샘플링 간격을 충분히 작게 하지 않으면(dt=0.2), 컨벌루션 결과의 오차가 커지게 된다. 또한 그림에서 보면, `fontsize`를 이용하여 그림에 삽입되는 글자 크기를 조정할 수 있음을 알 수 있다.

SS_4_1.m

```
ti=-4; tf=6;dt1=0.01; dt2=0.2;                      % 시간축 초기화
t1=[ti:dt1:tf]; t2=[ti:dt2:tf];                      % 시간축 설정(데이터 생성 간격 다르게)
xa1=stepfun(t1,0)-2*stepfun(t1,1)+stepfun(t1,2);     % x_a(t) 생성(dt=0.01)
ha1=stepfun(t1,0)-stepfun(t1,1);                     % h_a(t) 생성(dt=0.01)
ya1=conv(xa1,ha1)*dt1;                               % 컨벌루션 수행
xa2=stepfun(t2,0)-2*stepfun(t2,1)+stepfun(t2,2);     % x_a(t) 생성(dt=0.2)
ha2=stepfun(t2,0)-stepfun(t2,1);                     % h_a(t) 생성(dt=0.2)
ya2=conv(xa2,ha2)*dt2;                               % 컨벌루션 수행

xb1=stepfun(t1,-1)-stepfun(t1,1);                    % x_b(t) 생성(dt=0.01)
hb1=(-t1+3).*(stepfun(t1,0)-stepfun(t1,3));          % h_b(t) 생성(dt=0.01)
yb1=conv(xb1,hb1)*dt1;                               % 컨벌루션 수행
xb2=stepfun(t2,-1)-stepfun(t2,1);                    % x_b(t) 생성(dt=0.2)
hb2=(-t2+3).*(stepfun(t2,0)-stepfun(t2,3));          % h_b(t) 생성(dt=0.2)
yb2=conv(xb2,hb2)*dt2;                               % 컨벌루션 수행

n1=1+(0-ti)/dt1; n2=n1+(tf-ti)/dt1;                  % y1 출력 위한 배열 인덱스 계산
m1=1+(0-ti)/dt2; m2=m1+(tf-ti)/dt2;                  % y2 출력 위한 배열 인덱스 계산
subplot(3,2,1);                                      % 3행 2열 분할 그림 창의 1번 창
plot(t1,xa1);                                        % x_a(t)를 그림
title('x_a(t)','fontsize',10);                       % 그림 제목
axis([ti tf -1.5 1.5]);                              % x축과 y축의 그림 영역 지정
subplot(3,2,3);                                      % 3행 2열 분할 그림 창의 3번 창
plot(t1,ha1);                                        % h_a(t)를 그림
title('h_a(t)','fontsize',10);                       % 그림 제목
axis([ti tf -1.5 1.5]);                              % x축과 y축의 그림 영역 지정
subplot(3,2,5);                                      % 3행 2열 분할 그림 창의 5번 창
plot(t1,ya1(n1:n2));                                 % y_a(t)를 그림(dt=0.01)
hold on                                              % 현재 그림 창에 계속 그림
plot(t2,ya2(m1:m2),'--r');                           % y_a(t)를 그림(dt=0.2)
title('y_a(t)','fontsize',12);                       % 그림 제목
axis([ti tf -1.5 1.5]);                              % x축과 y축의 그림 영역 지정
subplot(3,2,2);                                      % 3행 2열 분할 그림 창의 1번 창
plot(t1,xb1);                                        % x_b(t)를 그림
title('x_b(t)');                                     % 그림 제목
axis([ti tf -1 2]);                                  % x축과 y축의 그림 영역 지정
subplot(3,2,4);                                      % 3행 2열 분할 그림 창의 3번 창
plot(t1,hb1);                                        % h_b(t)를 그림
title('h_b(t)');                                     % 그림 제목
axis([ti tf -1 4]);                                  % x축과 y축의 그림 영역 지정
subplot(3,2,6);                                      % 3행 2열 분할 그림 창의 5번 창
plot(t1,yb1(n1:n2));                                 % y_b(t)를 그림(dt=0.01)
hold on                                              % 현재 그림 창에 계속 그림
plot(t2,yb2(m1:m2),'--r');                           % y_b(t)를 그림(dt=0.2)
title('y_b(t)');                                     % 그림 제목
axis([ti tf -1 5]);                                  % x축과 y축의 그림 영역 지정
```

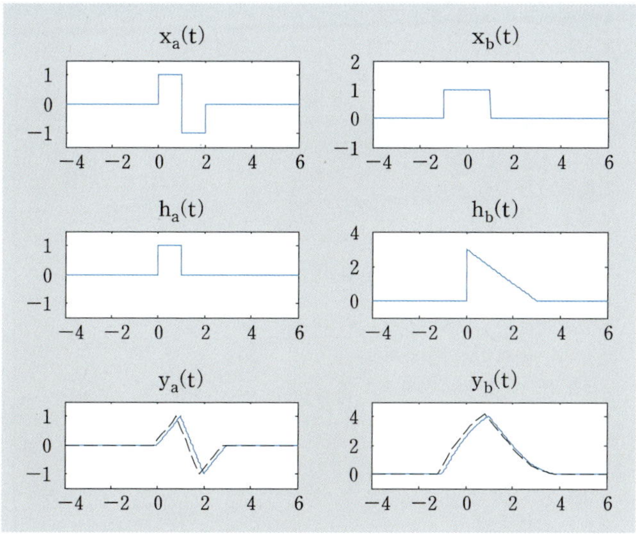

[그림 4-25] [MATLAB 4-1]의 컨벌루션 적분 신호 파형

MATLAB 4-2 이산 신호에 대한 컨벌루션 연산

다음의 이산 신호에 대해 매트랩을 이용하여 $x[n]$과 $h[n]$을 컨벌루션하여 $y[n]$을 구하고 그려라.

(a) $x_a[n] = [-1\ 1\ -1\ \underset{\uparrow}{0}\ 1\ -1\ 1]$, $\quad h_a[n] = [1\ -1\ 1\ \underset{\uparrow}{0}\ -1\ 1\ -1]$

(b) $x_b[n] = u[n+3] - u[n-3]$, $\quad h_b[n] = (-0.2n+1)(u[n] - u[n-6])$

풀이

연속 신호에 대한 컨벌루션과 달리 이산 신호의 컨벌루션은 conv 명령을 사용하기만 하면 매우 간단히 계산할 수 있다. 다만 연속 신호의 경우와 마찬가지로 컨벌루션 연산에 의해 설정된 시간축의 2배 길이의 데이터가 생성되므로, 파형을 그릴 때는 시간축 배열이 일치되도록 인덱스를 잘 맞추어 시간축 길이만큼 데이터 배열 $y[n]$을 선택해야 한다.

컨벌루션을 수행하는 매트랩 프로그램은 다음과 같고, 실행 결과는 [그림 4-26]에 나타내었다.

SS_4_2.m

```
ni=-8; nf=8; n=ni:nf;                       % 시간축 설정
xa=zeros(1,length(n));                      % x_a[n] 초기화
xa(-3-ni+1:-3-ni+7)=[-1 1 -1 0 1 -1 1];     % x_a[n] 생성
ha=zeros(1,length(n));                      % h_a[n] 초기화
ha(-3-ni+1:-3-ni+7)=[1 -1 1 0 -1 1 -1];     % h_a[n] 생성
xb=stepfun(n,-3)-stepfun(n,3);              % x_b[n] 생성
hb=(-0.2*n+1).*(n>=0 & n<=5);               % h_b[n] 생성
ya=conv(xa,ha);                             % 컨벌루션 수행
yb=conv(xb,hb);                             % 컨벌루션 수행
yad=ya(-ni+1:nf-ni-ni+1);                   % 출력 데이터 배열 길이 조정
```

```
ybd=yb(-ni+1:nf-ni-ni+1);            % 출력 데이터 배열 길이 조정
subplot(3,2,1);                      % 3행 2열 분할 그림 창의 1번 창
stem(n,xa);                          % x_a[n]를 그림
title('x_a[n])');                    % 그림 제목
axis([ni nf -1.5 1.5]);              % x축과 y축의 그림 영역 지정
subplot(3,2,3);                      % 3행 2열 분할 그림 창의 3번 창
stem(n,ha);                          % h_a[n]를 그림
title('h_a[n]');                     % 그림 제목
axis([ni nf -1.5 1.5]);              % x축과 y축의 그림 영역 지정
subplot(3,2,5);                      % 3행 2열 분할 그림 창의 5번 창
stem(n,yad);                         % y_a[n]를 그림
title('y_a[n]');                     % 그림 제목
axis([ni nf -6 8]);                  % x축과 y축의 그림 영역 지정
subplot(3,2,2);                      % 3행 2열 분할 그림 창의 1번 창
stem(n,xb);                          % x_b[n]를 그림
title('x_b[n]');                     % 그림 제목
axis([ni nf -0.5 1.5]);              % x축과 y축의 그림 영역 지정
subplot(3,2,4);                      % 3행 2열 분할 그림 창의 3번 창
stem(n,hb);                          % h_b[n]를 그림
title('h_b[n]');                     % 그림 제목
axis([ni nf -0.5 1.5]);              % x축과 y축의 그림 영역 지정
subplot(3,2,6);                      % 3행 2열 분할 그림 창의 5번 창
stem(n,ybd);                         % y_b[n]를 그림
title('y_b[n]');                     % 그림 제목
axis([ni nf -0.5 4]);                % x축과 y축의 그림 영역 지정
```

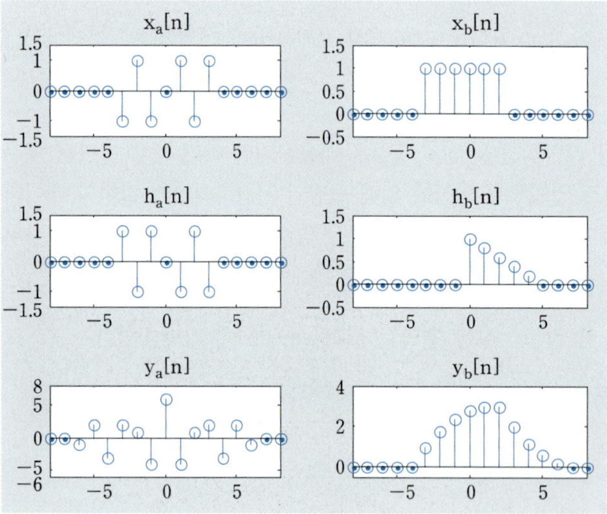

[그림 4-26] [MATLAB 4-2]의 신호 파형

CHAPTER

05

연속 시스템의 시간 영역 해석

Time Domain Analysis of Continuous Systems

학습목표

- 연속 LTI 시스템의 미분 방정식 표현과 구현도를 이해할 수 있다.
- 미분 방정식의 고전적 해법을 이해할 수 있다.
- 시스템 모드의 중요성과 시스템 응답 및 특성과의 관계를 이해할 수 있다.

【미리보기】

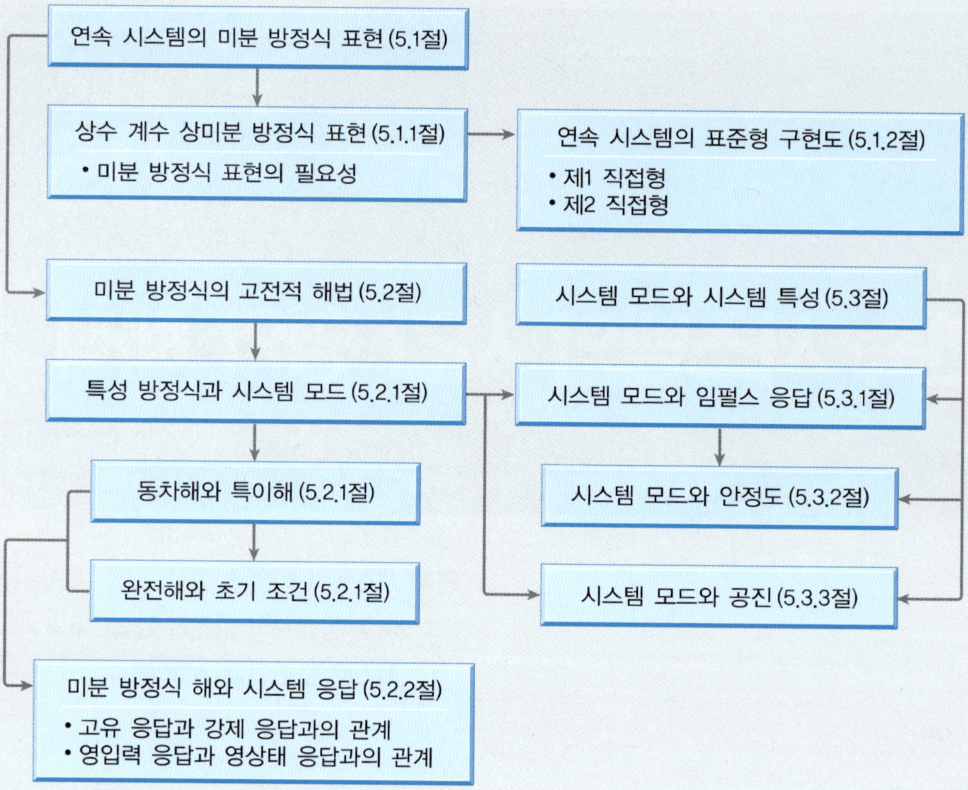

시간 영역에서 연속 시스템의 입출력 관계는 보통 미분 방정식으로 표현된다. 미분 방정식은 외부 입력에 대한 시스템의 반응뿐만 아니라 시스템 자체의 내부 초기 조건에 의한 반응까지도 고려된 시스템 모델로, 수학적으로 이론이 잘 정립되어 있어서 시스템의 특성을 쉽게 해석할 수 있다. 연속 LTI 시스템은 상수 계수 선형 상미분 방정식으로 표현된다. 이 미분 방정식을 직접 푸는 고전적 해법은 여러 단계를 거치므로 복잡하고 번거롭기에 10장에서 다룰 라플라스 변환을 이용하는 편이 더 낫지만, 해의 물리적 의미를 이해하는 데는 중요한 역할을 한다. 따라서 이 장에서는 미분 방정식에 의한 연속 시스템 표현과 이의 고전적 해법을 다룰 것이다. 먼저 미분 방정식에 따른 시스템의 표준형 구현도에 대해 알아보고, 고전적 해법과 관련한 특성 방정식, 시스템 모드, 동차해, 특이해 등의 개념을 소개하고 구체적인 풀이 방법을 정리할 것이다. 마지막으로 이와 연관하여 미분 방정식의 해의 물리적 의미와 안정도를 비롯한 시스템 특성과의 관계 등을 살펴볼 것이다.

SECTION
5.1 연속 시스템의 미분 방정식 표현

학습포인트

- LTI 시스템을 표현하는 미분 방정식은 어떤 것인지 알아본다.
- 미분 방정식을 이용한 LTI 시스템의 표준형 구현도를 잘 익혀둔다.
- 제1 직접형 구현도와 제2 직접형 구현도의 관계를 이해한다.

4장에서 살펴본 시스템의 컨벌루션 표현은 외부 입력에 대한 시스템 반응만 제공할 수 있을 뿐이고, 입력이 인가되기 전의 시스템 내부 상태에 의한 시스템 반응은 알아볼 수 없다. 따라서 시스템의 완전한 동작 특성을 해석하기 위해서는 좀 더 일반적인 시스템 모델이 필요한데, 초기 조건을 포함한 미분 방정식은 이에 적합한 훌륭한 모델이다. 미분 방정식은 수학적으로 이론이 잘 정립되어 있어 시스템의 특성 해석이 편리한 장점도 있다. 이 절에서는 연속 LTI 시스템에 대한 미분 방정식 표현과 시스템 구현도에 대해 간단히 살펴보기로 한다.

5.1.1 연속 LTI 시스템의 미분 방정식 표현

미분 방정식 표현의 필요성

[그림 5-1]과 같은 RC 회로를 생각해보자. 오래전부터 스위치를 a 단자(외부 전원)에 연결하여 커패시터가 충전되어 있는 상태일 때, $t=0$에서 스위치를 b 단자로 바꾸어 연결하면 어떻게 될까? 외부에서 넣어주는 전기에너지가 없음에도 불구하고 회로에는 (스위치의 연결을 바꾸기 전과 반대 방향으로) 전류가 흐른다. 이는 $t=0$ 이전에 커패시터에 저장해 두었던 전기에너지에 의한 결과이다.

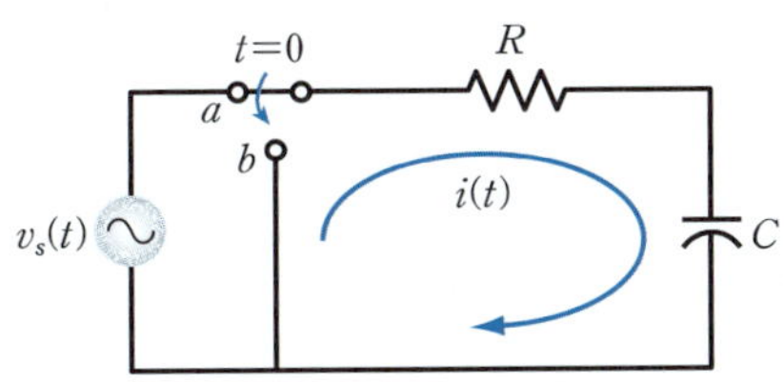

[그림 5-1] RC 회로

이 예에서 볼 수 있듯이, 외부에서 입력을 넣어주지 않더라도 시스템 내부의 저장 에너지에 의해 출력이 만들어질 수 있다. RC 회로에서 커패시터의 충전전압, 즉 축적된 전기에너지가 얼마인지에 따라 회로에 흐르는 전류도 달라지듯이, 시스템의 초기 조건(상태)이 달라지면 외부에서 넣어주는 입력이 같다 하더라도 시스템의 전체 응답은 달라진다. 그러므로 초기 조건에 의한 시스템 응답도 매우 중요하다.

그런데 4.3절의 컨벌루션 표현은 외부에서 넣어주는 입력에 대한 응답(영상태 응답)만을 구할 수 있다. 따라서 시스템 내부 상태에 의한 시스템의 반응(영입력 응답)까지 함께 찾아줄 수 있는 시스템 표현이 필요한데, 미분 방정식을 사용하면 초기 조건에 의해 가능해진다.

연속 LTI 시스템의 미분 방정식 표현

시간만의 함수로 표현된 신호를 처리하는 연속 시스템은 상ordinary미분 방정식으로 나타내진다. 또 선형 시스템은 선형 미분 방정식으로, 시불변 시스템은 상수 계수를 갖는 미분 방정식으로 표현된다. 따라서 연속 LTI 시스템은 상수 계수 선형 상미분 방정식으로 표현된다.

- LTI 시스템은 다음과 같은 꼴의 상수 계수를 갖는 선형 상미분 방정식으로 표현된다.

$$\frac{d^n y(t)}{dt^n} + a_{n-1}\frac{d^{n-1}y(t)}{dt^{n-1}} + \cdots + a_1\frac{dy(t)}{dt} + a_0 y(t) = b_m\frac{d^m x(t)}{dt^m} + b_{m-1}\frac{d^{m-1}x(t)}{dt^{m-1}} + \cdots + b_1\frac{dx(t)}{dt} + b_0 x(t) \quad (5.1)$$

- 인과 시스템이면 $n \geq m$의 관계가 성립한다. 여기서 n을 시스템의 **차수**order라고 한다.
- 미분 방정식의 해에는 입력에 대한 응답(영상태 응답) 성분과 함께 시스템 내부 상태(초기 조건)에 대한 응답(영입력 응답) 성분도 포함된다.

미분 방정식의 표현에서 간편하게 $\frac{d^i y(t)}{dt^i} = y^{(i)}(t)$ 또는 $\frac{d^i y(t)}{dt^i} = D^i y(t)$ ($D = \frac{d}{dt}$는 **미분 연산자**)로 나타내기도 한다. 식 (5.1)에서 $n < m$이면 $m-n$차 미분기로 동작한다. 시스템을 표현한 미분 방정식의 해가 곧 시스템의 출력이다. 식 (5.1)은 시스템의 출력이 현재 및 과거의 입력뿐만 아니라 과거의 출력에도 관련이 있음을 보여준다. 한편 이 미분 방정식을 풀기 위해서는 n개의 초기 조건 $y(t_0)$, $\dot{y}(t_0)$, $\cdots$, $y^{(n-1)}(t_0)$이 필요하며, 초기 조건이 다르면 미분 방정식의 해도 달라진다. 이는 곧 미분 방정식으로부터 구해지는 시스템 응답에는 단지 입력에 의한 것(영상태 응답)만이 아니라 시스템의 초기 상태에 의한 응답 성분(영입력 응답)도 포함되어 있음을 의미한다.

Tip & Note 기계 시스템의 미분 방정식 표현 : 자동차 현가 장치

자동차의 현가suspension 장치는 주행 중에 발생하는 노면 충격과 진동을 흡수하여 승차감을 향상하고 안정성을 높이는 기구이다. 현가 장치의 운동은 정확하게는 **병진**translational운동과 회전 운동이 복합된 것이지만, 아주 단순화하여 [그림 5-2]와 같이 병진 운동 시스템으로 모형화할 수 있다. 그림에서 M_1은 자동차 바퀴의 유효 질량, M_2는 바퀴 하나에 걸리는 자동차 몸체의 질량(전체 질량의 1/4)이고, B_d는 완충기의 **제동**damping 계수이며, K_s와 K_t는 각각 현가 스프링과 바퀴의 탄성 계수이다. 그리고 $y(t)$와 $z(t)$는 각각 입력 변위 $x(t)=0$일 때의 평형 위치에 대해 측정된 자동차 몸체와 바퀴의 수직 변위이다.

자동차 몸체와 바퀴에 걸리는 중력을 무시한다면, 현가 장치의 병진 운동은 각 질량에 대한 힘의 평형 식을 세움으로써 다음과 같이 나타낼 수 있다.

$$M_1\frac{d^2z(t)}{dt^2}+K_t(z(t)-x(t))=B_d\frac{d}{dt}(y(t)-z(t))+K_s(y(t)-z(t))$$

$$M_2\frac{d^2y(t)}{dt^2}+B_d\frac{d}{dt}(y(t)-z(t))+K_s(y(t)-z(t))=0$$

구해진 운동 방정식은 $y(t)$와 $z(t)$를 출력 변수로 하는 2원 2차 연립 미분 방정식으로, 1.3.2절 [예제 1-2]의 경우에 비해 힘의 평형 관계가 훨씬 복잡하다. 보통은 이를 1장에서 소개한 상태 방정식 표현으로 바꿔서 풀거나, 10장에서 다룰 라플라스 변환을 이용하여 $z(t)$를 제거한 1원 4차 미분 방정식으로 바꾸어서 풀게 된다.

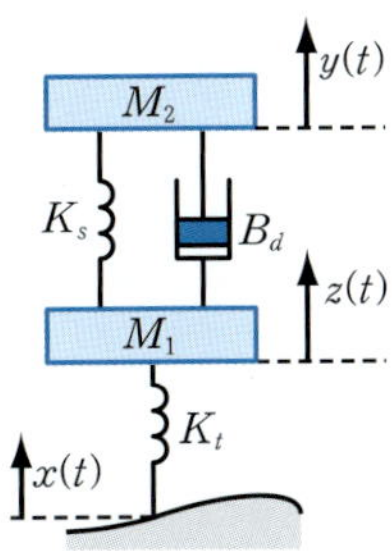

[그림 5-2] 자동차 현가 장치 모델

5.1.2 연속 시스템의 표준형(직접형) 구현도

식 (5.1)의 미분 방정식을 살펴보면, 입출력 변수에 대한 미분기, 상수 계수를 곱하는 곱셈기, 그리고 방정식의 각 항을 더하는 덧셈기로 연속 시스템을 구현할 수 있다는 것을 알 수 있다. 실제로는 안정도와 구현상의 문제점 때문에 미분기 대신 적분기를 사용하여 연속 시스템의 구현도를 그린다. [그림 5-3]에 이들 기본 구성 요소들을 나타내었다.

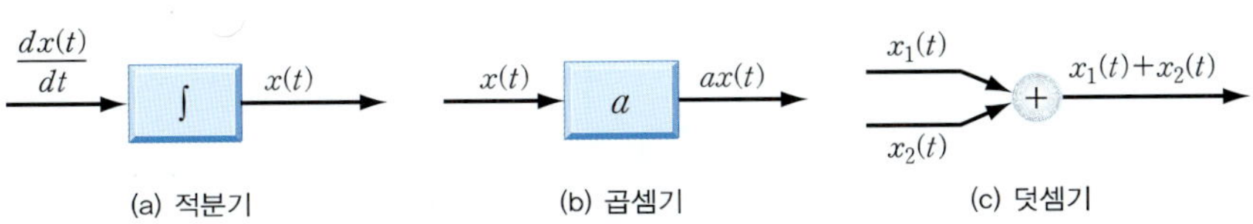

[그림 5-3] 연속 시스템의 기본 구성 요소

별도의 중간 과정을 거칠 필요 없이 미분 방정식으로부터 직접 기계적으로 그릴 수 있는 표준적인 시스템 구현도를 **표준형**canonical form 또는 **직접형**direct form이라고 하는데, 연속 시스템에는 기본적으로 2개의 표준형이 있다.

연속 시스템의 표준형(직접형) 구현도

- **제1 직접형**은 n개의 적분기를 일렬로 연결하고, 각 적분기의 입력단에 곱셈기를 달아 상응하는 입력 및 출력 계수를 곱한 뒤 이들을 더한 [그림 5-4]와 같은 구현도이다.
- **제2 직접형**은 n개의 적분기를 일렬로 연결하고, 각 적분기의 출력단에 곱셈기를 달아 상응하는 입력 및 출력 계수를 곱한 뒤 이들을 더한 [그림 5-6]과 같은 구현도이다.
- 제1 직접형과 제2 직접형 구현도는 서로 **전치**transpose **관계**이다.

적분기로 구현하려면 먼저 식 (5.1)의 미분 방정식을 적분에 대한 표현으로 바꿔야 한다. 편의상 $m=n$이라 하고, 식 (5.1)을 미분 연산자 D를 이용하여 다시 쓰면 다음과 같다.

$$D^n y(t)+a_{n-1}D^{n-1}y(t)+\cdots+a_0y(t)=b_nD^nx(t)+b_{n-1}D^{n-1}x(t)+\cdots+b_0x(t) \quad (5.2)$$

미분의 역연산이 적분이므로 D^{-1}로 적분을 나타낼 수 있고, 식 (5.2)의 양변에 D^{-n}을 곱하여 좌변에 $y(t)$만 남기고 다시 정리하여 쓰면 다음과 같이 된다.

$$\begin{aligned} y(t) &= -a_{n-1}D^{-1}y(t)-\cdots-a_0D^{-n}y(t)+b_nx(t)+b_{n-1}D^{-1}x(t) \\ &\quad +\cdots+b_0D^{-n}x(t) \\ &= b_nx(t)+D^{-1}(b_{n-1}x(t)-a_{n-1}y(t))+\cdots+D^{-n}(b_0x(t)-a_0y(t)) \end{aligned} \quad (5.3)$$

식 (5.3)으로부터 n개의 적분기를 일렬로 연결하고 각 적분기의 입력단에 곱셈기를 달아 상응하는 입력 및 출력 계수를 곱하여 더하면 [그림 5-4]가 얻어지며, 이를 **제1 직접(표준)형**이라고 한다.

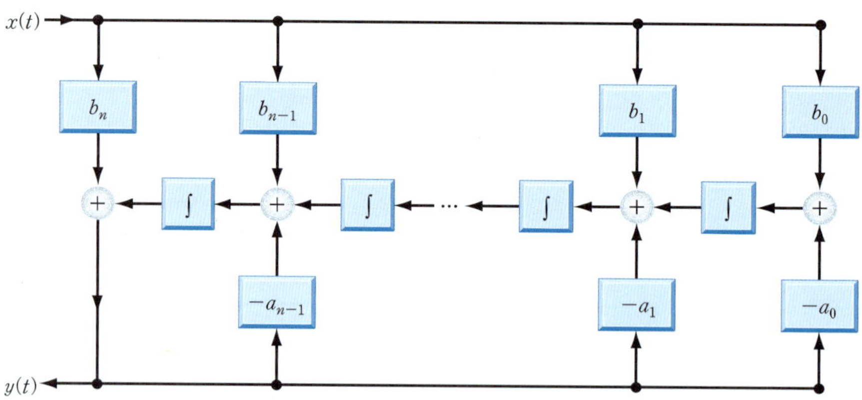

[그림 5-4] 연속 시스템의 제1 직접(표준)형 구현도

식 (5.2)의 미분 방정식을 D에 대한 대수 방정식처럼 취급하면, 중간 변수 $v(t)$를 도입하여 다음과 같이 쓸 수 있다.

$$y(t)=\frac{D^n(b_n+b_{n-1}D^{-1}+\cdots+b_0D^{-n})}{D^n(1+a_{n-1}D^{-1}+\cdots+a_0D^{-n})}x(t)=\frac{B(D^{-1})}{A(D^{-1})}x(t)=B(D^{-1})v(t) \tag{5.4}$$

여기서 $A(D^{-1})=1+a_{n-1}D^{-1}+\cdots+a_0D^{-n}$, $B(D^{-1})=b_n+b_{n-1}D^{-1}+\cdots+b_0D^{-n}$ 이다.

식 (5.4)에서 $v(t)=\frac{1}{A(D^{-1})}x(t)$가 되는데, 이로부터 얻어진 $A(D^{-1})v(t)=x(t)$를 $v(t)$에 관해 풀어서 정리하면 다음과 같이 된다.

$$v(t)=-a_{n-1}D^{-1}v(t)-\cdots-a_0D^{-n}v(t)+x(t) \tag{5.5}$$

식 (5.4)와 식 (5.5)는 결국 [그림 5-5]와 같이 시스템을 2개의 부시스템의 종속 연결로 간주한 것으로, 두 식에 대해 적분기를 공통으로 사용하여 구현하면 [그림 5-6]과 같은 새로운 구현도가 얻어지는데 이를 **제2 직접형(표준형)**이라고 한다.

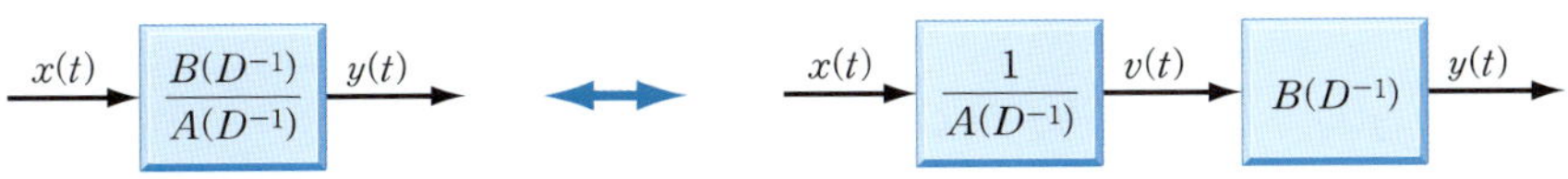

[그림 5-5] 제2 직접(표준)형 구현도를 위한 등가 시스템

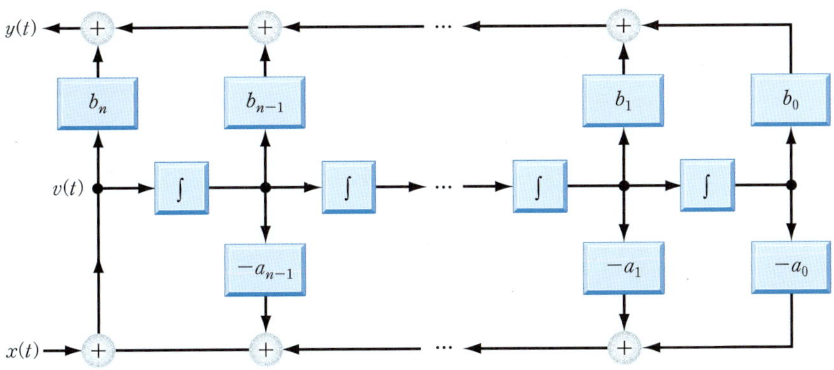

[그림 5-6] 연속 시스템의 제2 직접(표준)형 구현도

그림에서 볼 수 있듯이, 직접(표준)형 구현도는 미분 방정식으로부터 별다른 중간 과정을 거치지 않고서도 직접 기계적으로 그릴 수 있는 형태이므로 그러한 이름이 붙은 것이다. 그런데 [그림 5-4]와 [그림 5-6]을 잘 살펴보면, [그림 5-6]은 [그림 5-4]에서 입력과 출력을 바꾸고 이에 맞춰 신호의 흐름, 즉 화살표의 방향을 반대로 하면 얻어진다(물론 신호 흐름에 따라 덧셈기의 위치가 달라진다). 이러한 두 구현도의 관계를 **전치 관계**라고 하며, 두 구현도의 입출력 관계를 수식으로 표현한 것은 **쌍대**[dual] **관계**가 된다. 쌍대 관계는 수학적으로 두 수식의 변수와 파라미터를 서로 맞서는 것끼리 바꾸어도 여전히 그 수식이 성립하는 관계를 말한다(대표적인 예로 RLC 직렬회로와 RLC 병렬회로

를 들 수 있다).

예제 5-1 *RLC* 직렬회로의 직접형 구현도

4.1.2절에서 살펴보았던 [그림 4-1]의 RLC 직렬회로에 대한 미분 방정식을 구해 제1, 제2 직접형으로 구현하라.

풀이

RLC 직렬회로의 회로 방정식은 키르히호프의 전압 법칙을 적용하면 다음과 같이 된다.

$$v_L(t)+v_R(t)+v_C(t)=L\frac{dy(t)}{dt}+Ry(t)+\frac{1}{C}\int y(t)dt=x(t)$$

이의 양변을 미분하고 주어진 소자 값을 대입하면 다음과 같은 미분 방정식이 구해진다.

$$\frac{d^2y(t)}{dt^2}+3\frac{dy(t)}{dt}+2y(t)=\frac{dx(t)}{dt} \quad \text{또는} \quad (D^2+3D+2)y(t)=Dx(t) \tag{5.6}$$

식 (5.6)의 양변에 D^{-2}를 곱한 뒤, 식 (5.3)과 같이 정리하면 다음과 같다.

$$y(t)=-3D^{-1}y(t)-2D^{-2}y(t)+D^{-1}x(t)$$

따라서 제1 직접형 구현도는 [그림 5-7(a)]와 같이 구해진다.

한편 중간 변수 $v(t)$를 도입하여 회로 미분 방정식을 식 (5.4) 및 식 (5.5)와 같이 쓰면

$$v(t)=-3D^{-1}v(t)-2D^{-2}v(t)+x(t)$$
$$y(t)=D^{-1}v(t)$$

가 된다. 따라서 제2 직접형 구현도는 [그림 5-7(b)]와 같이 구해진다.

이상의 풀이 과정은 앞서 설명한 내용을 확인시킨 것이고, 실제로는 미분 방정식으로부터 바로 그리면 된다. 미분 방정식의 차수가 2이므로 먼저 적분기 2개를 일렬로 연결하고, 적분기의 입력단 쪽에 곱셈기를 달아 입력과 출력의 계수가 각각 곱해진 다음 더해져서 적분기에 입력되도록 그림을 그리면 [그림 5-7(a)]와 같이 제1 직접형 구현도가 구해진다. 반면에 적분기의 출력단 쪽에 곱셈기를 달아 입력과 출력의 계수가 각각 곱해져서 더해지는 구조로 그리면 [그림 5-7(b)]와 같이 제2 직접형 구현도를 얻을 수 있다. 다른 방법으로 제1 직접형 구현도의 입력과 출력을 바꾸고 화살표의 방향을 반대로 한 뒤 신호의 흐름이 반대로 바뀐 것에 맞추어 덧셈기 위치를 옮겨주어도 제2 직접형 구현도를 얻을 수 있다. 그림에서 값이 0인 곱셈기 가지는 제거하여도 상관없지만 구현도의 일반화 형태를 익힐 수 있도록 남겨둔 것이다.

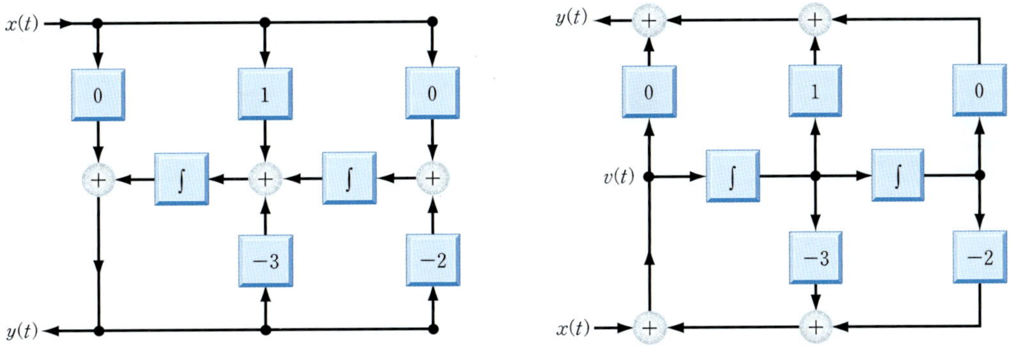

[그림 5-7] *RLC* 직렬회로의 직접형 구현도

Check Point 다음 문제에서 옳은 것을 골라라.

(1) 외부 입력 없이 내부 저장 에너지에 의해 시스템 출력이 만들어질 수 있다. (○, ×)
(2) 미분 방정식의 계수가 시간 함수이면 시변 시스템이다. (○, ×)
(3) 미분 방정식으로 표현된 시스템에 넣어주는 입력이 같으면 출력도 항상 같다. (○, ×)
(4) 연속 시스템의 구현도는 (적분기, 미분기, 곱셈기, 덧셈기, 변조기)로 이루어진다.
(5) 시스템의 표준형 구현도는 미분 방정식으로부터 바로 그릴 수 있다. (○, ×)
(6) 적분기 수가 같은 입력 항과 출력 항을 묶어 구현하면 (제1, 제2) 직접형 구현도이다.
(7) 2개의 부시스템의 종속 연결로 간주하여 구현하면 (제1, 제2) 직접형 구현도이다.
(8) 연속 시스템 구현도에서 제1 직접형이 주어지면 제2 직접형을 그릴 수 있다. (○, ×)
(9) 제1 직접형과 제2 직접형 구현도는 서로 (항등, 역, 전치) 관계이다.
(10) 3차 미분 방정식의 표준형 구현도는 (2, 3, 4, 6)개의 적분기가 필요하다.

SECTION 5.2

미분 방정식의 고전적 해법

학습포인트

- 미분 방정식의 해를 동차해와 특이해의 합으로 구하는 고전적 해법을 익혀둔다.
- 특성 방정식, 특성근, 시스템 모드의 개념과 중요성을 이해한다.
- 고유 응답, 강제 응답, 영입력 응답, 영상태 응답의 차이를 이해하고, 시스템 모드와의 관계를 알아본다.
- 초기 조건의 역할과 $t=0^-$, $t=0^+$의 초기 조건 구분을 잘 이해한다.

연속 LTI 시스템을 표현하는 상수 계수 상미분 방정식은 직접 풀기보다는 10장에서 소개할 라플라스 변환을 이용하면 더 쉽게 해를 구할 수 있으므로, 이 절에서는 수학 교과에서 다루는 미분 방정식의 고전적 해법의 중요한 결과만 간단히 소개하기로 한다. 아울러 미분 방정식의 해를 시스템 관점에서 해석하고 의미를 부여해볼 것이다.

5.2.1 고전적 해법의 기초 개념 및 풀이 과정

미분 방정식의 고전적 해법은 한 번에 해를 구하는 것이 아니고 특성에 따라 성분을 나누어 여러 단계를 거쳐 해를 구하게 된다.

- 미분 방정식의 해는 **동차** homogeneous**해** $y_h(t)$와 **특이** particular**해** $y_p(t)$의 합으로 주어진다.

$$y(t)=y_h(t)+y_p(t) \tag{5.7}$$

- **동차해**는 **특성**characteristic **방정식**으로부터 지수 함수 꼴로 구해지는 해로서, 외부 입력이 없어도 나올 수 있으며 시스템의 고유한 특성이 반영된 출력이다.
- **특이해**는 외부 입력이 있을 때만 생기는 입력과 같은 꼴의 해로서, 입력의 특성이 반영된 출력이다.
- 미분 방정식의 해 식 (5.7)을 **완전해**(**일반해**)라고 하며, 주어진 초기 조건을 이용하여 동차해의 계수를 구함으로써 유일하게 결정한다.
- **초기 조건**은 출력 항의 초깃값으로서 미분 방정식의 해를 유일하게 결정하려면 꼭 필요하다. 초기 조건이 다르면 당연히 미분 방정식의 해도 달라진다.

특성 방정식과 시스템 (고유/특성) 모드

다음과 같이 미분 방정식의 우변이 0, 즉 입력 항이 없는 경우를 동차 미분 방정식이라고 하는데, 특성 방정식은 동차 미분 방정식으로부터 정의된다.

$$\frac{d^n y(t)}{dt^n} + a_{n-1}\frac{d^{n-1}y(t)}{dt^{n-1}} + \cdots + a_0 y(t) = 0 \tag{5.8}$$

- **특성 방정식**은 동차 미분 방정식에서 다음과 같이 얻어지며, 입력과는 무관하게 시스템 자체의 특성을 반영한다.

$$\lambda^n + a_{n-1}\lambda^{n-1} + \cdots + a_1\lambda + a_0 = (\lambda-\lambda_1)(\lambda-\lambda_2)\cdots(\lambda-\lambda_n) = 0 \tag{5.9}$$

- **특성근**characteristic roots $\{\lambda_i\}$는 특성 방정식의 해로서 시스템의 고유한 특성을 지배한다.
- **시스템 (특성**characteristic**/고유**eigen**) 모드**mode $\{e^{\lambda_i t}\}$는 특성근 $\{\lambda_i\}$이 미분 방정식의 해, 즉 시스템의 출력으로 나타난 것이다.

$y(t) = ce^{\lambda t}$라고 가정하여 동차 미분 방정식 식 (5.8)에 대입해서 정리하면 다음과 같다.

$$\begin{aligned} &\lambda^n ce^{\lambda t} + a_{n-1}\lambda^{n-1}ce^{\lambda t} + \ldots + a_1\lambda ce^{\lambda t} + a_0 ce^{\lambda t} \\ &= (\lambda^n + a_{n-1}\lambda^{n-1} + \ldots + a_1\lambda + a_0)ce^{\lambda t} = 0 \end{aligned} \tag{5.10}$$

$ce^{\lambda t} \neq 0$이므로 식 (5.9)의 특성 방정식이 얻어지는 것이다. 특성 방정식은 결국 식 (5.1)의 미분 방정식의 좌변 출력 항들에 대해 미분 횟수 k인 항을 λ^k로 대체하여 구성한 것과 같다. 따라서 입력 항과는 전혀 관련이 없으므로, 특성 방정식은 입력과는 무관하게 시스템 자체의 특성을 반영한다고 볼 수 있다. 그래서 이를 특성 방정식, 그 해를 특성근이라고 하는 것이다. 특성근은 미분 방정식에 따라 실수, 순허수, 복소수가 될 수 있다. 그러므로 가장 일반적인 형태는 $\lambda_i = \sigma_i + j\omega_i$이다.

한편 $y(t) = ce^{\lambda t}$라고 가정했으므로, 특성근 $\lambda_1, \lambda_2, \cdots, \lambda_n$에 지수 함수 $e^{\lambda_1 t}, e^{\lambda_2 t}, \cdots, e^{\lambda_n t}$이 대응된다. 특성근이 미분 방정식의 해, 즉 시스템의 출력으로 모습을 드러내는 형태가 이들 지수 함수 $\{e^{\lambda_i t}\}$이므로 이를 시스템 (특성/고유) 모드라고 부른다. 따라서 시스템의 고유한 특성은 결국 시스템 모드(또는 특성근)에 의해 지배된다고 말할 수 있다. 이처럼 특성 방정식과 시스템 모드(또는 특성근)는 시스템의 해석에 매우 중요한 역할을 담당한다.

동차해

동차해는 동차 미분 방정식 식 (5.8)의 해로서, 앞에서 살펴본 것처럼 특성 방정식의 해인 특성근 λ_i를 지수로 갖는 지수 함수 $c_i e^{\lambda_i t}$들로 이루어진다.

- **동차해** $y_h(t)$는 시스템 모드로만 이루어져 시스템의 고유한 특성이 고스란히 반영된 출력이다.
  ❶ 특성근들이 서로 다른[distinct] 값을 가질 경우

$$y_h(t) = c_1 e^{\lambda_1 t} + c_2 e^{\lambda_2 t} + \cdots + c_n e^{\lambda_n t} \tag{5.11}$$

  ❷ 특성근 λ_1이 r-중근인 경우

$$\begin{aligned} y_h(t) &= c_1 e^{\lambda_1 t} + c_2 t e^{\lambda_1 t} + \cdots + c_r t^{r-1} e^{\lambda_1 t} + c_{r+1} e^{\lambda_{r+1} t} + \cdots + c_n e^{\lambda_n t} \\ &= (c_1 + c_2 t + \cdots + c_r t^{r-1}) e^{\lambda_1 t} + c_{r+1} e^{\lambda_{r+1} t} + \cdots + c_n e^{\lambda_n t} \end{aligned} \tag{5.12}$$

동차해 식 (5.11)의 계수 $c_1, c_2, \cdots, c_n$은 미분 방정식의 n개의 초기 조건을 이용하여 결정하게 된다. 그런데 특성근에 중근이 있으면, 식 (5.11)의 동차해 형태로는 중근에 해당하는 항의 계수를 결정할 수 없는 까닭에 동차해 형태가 식 (5.12)와 같이 수정되는 것이다.[1]

예제 5-2 미분 방정식의 동차해 : 특성근이 서로 다른 경우

[예제 5-1]에서 구한 RLC 직렬회로를 나타내는 미분 방정식의 동차해를 구하라.

풀이

[예제 5-1]에서 구한 식 (5.6)의 미분 방정식의 특성 방정식을 구하면

$$\lambda^2 + 3\lambda + 2 = (\lambda+1)(\lambda+2) = 0$$

이므로, 특성근은 $\lambda_1 = -1$, $\lambda_2 = -2$이 된다. 따라서 동차해는 다음과 같다.

$$y_h(t) = c_1 e^{-t} + c_2 e^{-2t}$$

예제 5-3 미분 방정식의 동차해 : 특성근이 중근인 경우

다음과 같은 미분 방정식의 동차해를 구하라.

$$\frac{d^3 y(t)}{dt^3} + 7\frac{d^2 y(t)}{dt^2} + 16\frac{dy(t)}{dt} + 12y(t) = 0$$

풀이

이 시스템의 특성 방정식은 다음과 같으므로

$$\lambda^3 + 7\lambda^2 + 16\lambda + 12 = (\lambda+2)^2(\lambda+3) = 0$$

특성근은 $\lambda_1 = -2$, $\lambda_2 = -2$, $\lambda_3 = -3$이 된다. 따라서 동차해는 다음과 같이 구해진다.

1 〈심화학습 자료〉를 참고하기 바란다.

$$y_h(t) = c_1 e^{-2t} + c_2 t e^{-2t} + c_3 e^{-3t}$$

이때의 시스템 모드는 e^{-2t}, te^{-2t}, e^{-3t}이며, 이들의 시간에 따른 변화는 [그림 5-8]과 같다. 그림에서 볼 수 있듯이 e^{-2t}와 te^{-2t}의 궤적은 다르다. 일반적으로 안정한 시스템의 시스템 모드는 이같이 시간이 지남에 따라 사라지는 궤적을 나타낸다.

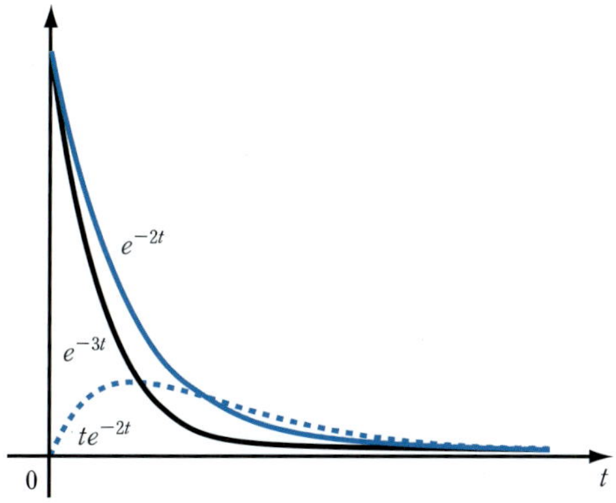

[그림 5-8] 시스템 모드의 시간 궤적

Tip & Note 특성근이 복소근인 경우의 동차해

특성근이 복소근이면 항상 공액쌍으로 주어지며, 미분 방정식의 계수가 실수가 되기 위해 동차해의 계수도 복소 공액쌍이 된다. 따라서 동차해는 다음과 같은 형태가 된다.

$$y_h(t) = \frac{c}{2} e^{j\theta} e^{(\alpha + j\beta)t} + \frac{c}{2} e^{-j\theta} e^{(\alpha - j\beta)t}$$

이를 오일러의 공식을 이용하여 정리하면 다음과 같이 감쇠 복소 정현파 형태가 된다.

$$y_h(t) = \frac{c}{2} e^{\alpha t} (e^{j(\beta t + \theta)} + e^{-j(\beta t + \theta)}) = ce^{\alpha t} \cos(\beta t + \theta)$$

공액 복소 특성근 $\lambda = \alpha \pm j\beta$에 대응되는 동차해는 두 표현이 다 가능하지만, 후자의 경우 복소수를 다루는 것을 피할 수 있으므로 계산이 편리하고 물리적인 의미도 확실하다.

특이해

- **특이해** $y_p(t)$는 입력과 같은 꼴의 해 성분으로 시스템 모드 성분을 전혀 포함하지 않는다. 따라서 온전히 입력의 특성이 반영된 출력이다.
- 특이해는 초기 조건과는 전혀 상관이 없고, 독립적으로 완전하게 결정할 수 있다.

특이해를 구하는 과정은 먼저 [표 5-1]을 이용하여 입력에 맞추어 특이해의 꼴을 결정한 다음, 이를 미분 방정식에 대입하여 등식의 양변을 비교함으로써 계수를 결정해 특이해를 확정한다.

[표 5-1] 입력 형태에 따른 미분 방정식의 특이해

<table>
<tr><th>입력 형태</th><th colspan="2">특이해</th></tr>
<tr><td>a</td><td colspan="2">c</td></tr>
<tr><td>$\cos(\omega_0 t+\theta)$</td><td colspan="2">$c_1\cos(\omega_0 t+\theta)+c_2\sin(\omega_0 t+\theta)$
$=c\cos(\omega_0 t+\phi)$</td></tr>
<tr><td>t^r</td><td colspan="2">$c_r t^r+c_{r-1}t^{r-1}+\cdots+c_1 t+c_0$</td></tr>
<tr><td rowspan="3">$e^{\alpha t}$</td><td>$\alpha\neq$ 특성근</td><td>$ce^{\alpha t}$</td></tr>
<tr><td>$\alpha=$ 특성근</td><td>$cte^{\alpha t}$</td></tr>
<tr><td>$\alpha=r$중 특성근</td><td>$ct^r e^{\alpha t}$</td></tr>
<tr><td>$(a_r t^r+a_{r-1}t^{r-1}+\cdots+a_0)e^{\alpha t}$</td><td colspan="2">$(c_r t^r+c_{r-1}t^{r-1}+\cdots+c_1 t+c_0)e^{\alpha t}$</td></tr>
</table>

[표 5-1]에서 주의할 점은 입력이 지수 함수 형태일 때 이 입력이 시스템 모드와 일치하는 경우이다. 표에 나타낸 것처럼, 이 경우에는 특이해를 입력과 같은 함수로 두지 않고 시스템 모드와 구분될 수 있도록 마치 특성 방정식의 중근의 하나인 것처럼 취급하여 동차해의 시스템 모드에 포함되지 않은 항을 특이해로 취해야 한다. 예를 들어, α가 3중근인 특성근과 같다면 특이해까지 포함하면 4중근이 되는 셈이므로, 4중근인 경우의 시스템 모드 $e^{\alpha t}$, $te^{\alpha t}$, $t^2e^{\alpha t}$, $t^3e^{\alpha t}$ 중에서 동차해에 포함되지 않은 가장 높은 t의 차수를 갖는 항인 $t^3e^{\alpha t}$로 특이해를 취하게 된다.

예제 5-4 미분 방정식의 특이해

[예제 5-1]의 미분 방정식 식 (5.6)에 대해 다음 입력에 대한 특이해를 구하라.

(a) $x(t)=u(t)$ (b) $x(t)=t^2+5t$ (c) $x(t)=e^{-t}$

풀이

(a) 특이해를 $y_p(t)=a$라 두고 이를 미분 방정식에 대입하면, $t>0$에서 입력과 출력이 모두 상수여서 미분 항들은 값이 없다. 그러므로 $2a=0$이 되어 $y_p(t)=a=0$이다. 특이해가 비록 0이더라도, 초기 조건에 따라 시스템의 전체적인 출력은 0이 아닐 수 있다.

(b) 특이해를 $y_p(t)=c_1t^2+c_2t+c_3$라 두고 이를 미분 방정식에 대입하면 다음과 같다.

$$2c_1+3(2c_1t+c_2)+2(c_1t^2+c_2t+c_3)=2c_1t^2+(6c_1+2c_2)t+(2c_1+3c_2+2c_3)=2t+5$$

양변의 계수를 비교하면, 미지 계수에 대한 다음의 연립 방정식이 얻어진다.

$$\begin{cases}2c_1=0\\6c_1+2c_2=2\\2c_1+3c_2+2c_3=5\end{cases}$$

이를 풀면 $c_1=0$, $c_2=1$, $c_3=1$을 얻는다. 따라서 특이해는 $y_p(t)=t+1$이다. t^2항이 포함되지 않은 것은 미분 방정식의 우변이 입력의 1차 미분 항만 있기 때문이다.

(c) 입력이 [예제 5-2]에서 구한 시스템 모드와 같으므로, 특이해를 $y_p(t)=cte^{-t}$라 두고 이를 미분 방정식에 대입하면 다음과 같이 된다.

$$(cte^{-t}-2ce^{-t})+3(ce^{-t}-cte^{-t})+2cte^{-t}=ce^{-t}=-e^{-t}$$

따라서 $c=-1$을 얻고, 특이해는 $y_p(t)=-te^{-t}$이다.

만약 $y_p(t)=ce^{-t}$라 두고 이를 미분 방정식에 대입해보면

$$ce^{-t}-3ce^{-t}+2ce^{-t}=0e^{-t}=-e^{-t}$$

가 되어 불능이 된다. 그러므로 입력이 시스템 모드와 같을 때는 주의해야 한다.

완전해와 초기 조건

동차해와 특이해를 각각 구하여 식 (5.7)과 같이 미분 방정식의 완전해(일반해)를 얻었다 하더라도 아직 풀이가 끝난 게 아니다. 마지막으로 꼴만 정해두었던 동차해의 계수를 주어진 초기 조건을 이용해서 구해야만 미분 방정식의 해가 유일하게 결정되어 시스템의 실제 동작과 일치하는 응답을 얻게 된다. 초기 조건이 다르면 당연히 미분 방정식의 해, 즉 시스템의 출력도 달라질 것이다. 그런데 미분 방정식의 해 식 (5.7)은 입력이 인가된 후의 시스템 응답을 나타내는 것이기 때문에, 반드시 초기 조건을 입력이 인가된 시점 이후의 값을 사용해야 한다는 것을 주의해야 한다. 입력 인가 시점을 $t=0$라고 하면, 그 직후인 $t=0^+$ 순간의 초기 조건을 사용해야 하고, 만약 입력 인가 직전인 $t=0^-$ 순간의 초기 조건이 주어졌다면 어떻게든 $t=0^+$에서의 초기 조건을 찾아내야만 한다. 다수의 문제에서 $t=0^-$ 순간의 초기 조건과 $t=0^+$ 순간의 초기 조건이 같긴 한데 항상 그런 것은 아니다.

예제 5-5 미분 방정식의 완전해 : 초기 조건에 의한 계수 결정

[예제 5-1]의 미분 방정식 식 (5.6)으로 표현되는 시스템에 입력 $x(t)=t^2+5t$를 인가했을 때 시스템 응답을 구하라. 단 초기 조건은 $y(0^+)=2$, $\dot{y}(0^+)=3$이다.

풀이

[예제 5-2]에서 동차해는 $y_h(t)=c_1e^{-t}+c_2e^{-2t}$로 구하였고, 주어진 입력에 대한 특이해는 [예제 5-4]에서 $y_p(t)=t+1$로 구하였으므로 $y(t)$는 다음과 같이 된다.

$$y(t)=y_h(t)+y_p(t)=c_1e^{-t}+c_2e^{-2t}+t+1 \tag{5.13}$$

이를 미분하여 다음의 식을 얻는다.

$$\dot{y}(t)=-c_1e^{-t}-2c_2e^{-2t}+1 \tag{5.14}$$

식 (5.13)과 식 (5.14)에서 $t=0^+$로 두고 주어진 초기 조건을 대입하면 다음의 관계를 얻고

$$\begin{cases} y(0^+)=2=c_1+c_2+1 \\ \dot{y}(0^+)=3=-c_1-2c_2+1 \end{cases}$$

이를 풀어 $c_1=4$, $c_2=-3$을 얻는다. 따라서 시스템 응답은 다음과 같이 구해진다.

$$y(t)=[4e^{-t}-3e^{-2t}] + [t+1]$$

예제 5-6 미분 방정식의 고전적 해법 : $t=0^+$에서의 초기 조건 결정

[예제 5-1]의 미분 방정식 식 (5.6)으로 표현되는 [그림 4-1]의 RLC 직렬회로에서 입력이 인가되기 직전에 폐로 전류와 커패시터 양단 전압이 각각 $y(0^-)=0$, $v_C(0^-)=5$라고 한다. 입력 전압 $x(t)=10e^{-3t}u(t)$을 인가할 때 폐로 전류 $y(t)$를 구하라.

풀이

[예제 5-2]에서 동차해는 $y_h(t)=c_1e^{-t}+c_2e^{-2t}$로 구하였고, 주어진 입력에 대한 특이해를 구해야 한다. 입력이 지수 함수이지만 시스템 모드는 아니므로 $y_p(t)=ce^{-3t}$라 두고 미분 방정식에 대입하여 다음을 얻는다.

$$(-3)^2ce^{-3t}+3(-3)ce^{-3t}+2ce^{-3t}=2ce^{-3t}=(-3)10e^{-3t}$$

이로부터 $c=-15$이고, 특이해는 $y_p(t)=-15e^{-3t}$가 된다. 따라서 미분 방정식의 해는

$$y(t)=y_h(t)+y_p(t)=c_1e^{-t}+c_2e^{-2t}-15e^{-3t} \tag{5.15}$$

으로 주어지고 이에 대한 미분은 다음과 같이 구해진다.

$$\dot{y}(t)=-c_1e^{-t}-2c_2e^{-2t}+45e^{-3t} \tag{5.16}$$

이제 초기 조건을 이용하여 계수 c_1, c_2를 구하면 되는데, $t=0^-$ 순간의 초기 조건이 주어져 있으므로 이로부터 $t=0^+$에서의 초기 조건을 찾아내야 한다. 그런데 자속 불변 법칙에 의하면 인덕터에 흐르는 전류는 순간적으로 급변할 수 없으므로 $y(0^+)=y(0^-)=0$이다. 그리고 전하 보존 법칙으로 인해 커패시터의 충전 전하는 순간적으로 급변할 수 없으므로 $v_C(0^+)=v_C(0^-)$이다. $t=0^+$에서 회로에 대한 전압 평형 관계(키르히호프의 전압 법칙)로부터 다음 식이 성립한다.

$$\begin{aligned} x(0^+)&=v_L(0^+)+v_R(0^+)+v_C(0^+)=\dot{y}(0^+)+3y(0^+)+v_C(0^+) \\ 10&=\dot{y}(0^+)+5 \end{aligned} \tag{5.17}$$

따라서 $t=0^+$에서의 초기 조건은 $y(0^+)=0$, $\dot{y}(0^+)=5$로 구해진다. 구해진 초기 조건을 식 (5.15)와 식 (5.16)에 대입하면 다음의 관계를 얻는다.

$$\begin{cases} y(0^+)=c_1+c_2-15=0 \\ \dot{y}(0^+)=-c_1-2c_2+45=5 \end{cases}$$

이를 연립으로 풀어 $c_1 = -10$, $c_2 = 25$를 얻으므로 미분 방정식의 해는 다음과 같다.

$$y(t) = [-10e^{-t} + 25e^{-2t}] + [-15e^{-3t}] \tag{5.18}$$

미분 방정식의 풀이 과정 : 고전적 해법

시간 영역에서 미분 방정식을 푸는 고전적 해법은 다음과 같은 단계를 거쳐 해를 구한다.

미분 방정식의 고전적 해법

- **1단계** : 미분 방정식으로부터 특성 방정식과 특성근 $\{\lambda_i\}$를 구한다.

$$\lambda^n + a_{n-1}\lambda^{n-1} + \cdots + a_1\lambda + a_0 = (\lambda - \lambda_1)(\lambda - \lambda_2)\cdots(\lambda - \lambda_n) = 0$$

- **2단계** : 특성근을 이용하여 동차해의 형태를 다음과 같이 둔다.

$$y_h(t) = c_1 e^{\lambda_1 t} + c_2 e^{\lambda_2 t} + \cdots + c_n e^{\lambda_n t} \quad \text{(특성근들이 서로 다른 경우)}$$

$$y_h(t) = (c_1 + c_2 t + \cdots + c_r t^{r-1})e^{\lambda_1 t} + c_{r+1}e^{\lambda_{r+1} t} + \cdots + c_n e^{\lambda_n t} \quad \text{(특성근 } \lambda_1 \text{이 } r\text{−중근)}$$

- **3단계** : [표 5-1]을 이용하여 입력과 같은 꼴로 특이해 $y_p(t)$를 설정하고, 이를 미분 방정식에 대입하여 계수를 비교하여 값을 완전히 결정한다.
- **4단계** : $y(t) = y_h(t) + y_p(t)$라 두고, 입력이 인가된 후($t = 0^+$)의 초기 조건을 대입하여 동차해의 계수를 구함으로써 미분 방정식의 완전한 유일해를 확정한다.

고전적 해법은 여러 단계를 거쳐야 하므로 풀이가 상당히 복잡하고 까다롭다. 이에 비해 10장에서 배울 라플라스 변환을 이용하면 훨씬 간편하게 해를 구할 수 있어 널리 사용된다.

예제 5-7 미분 방정식의 해 : 특성근이 서로 다른 경우

다음과 같은 미분 방정식으로 표현되는 LTI 시스템에 대해 계단 입력 $x(t) = u(t)$에 대한 응답을 구하라. 단, 초기 조건은 $y(0) = 2$, $\dot{y}(0) = 1$이다.

$$\frac{d^2y(t)}{dt^2} + 3\frac{dy(t)}{dt} + 2y(t) = \frac{dx(t)}{dt} + 4x(t)$$

풀이

주어진 미분 방정식의 특성 방정식과 특성근을 구하면

$$\lambda^2 + 3\lambda + 2 = (\lambda + 1)(\lambda + 2) = 0, \quad \lambda_1 = -1, \ \lambda_2 = -2$$

이므로, 따라서 동차해는 다음과 같다.

$$y_h(t) = c_1 e^{-t} + c_2 e^{-2t}$$

특이해를 $y_p(t)=\alpha$라 두고 이를 미분 방정식에 대입하면, $t>0$에서 입력과 출력이 모두 상수이므로 미분 항들은 값이 없다. 따라서 $2\alpha=4$이 되어 $\alpha=2$가 되므로, $y_p(t)=2$를 얻는다. 미분 방정식의 완전해(시스템의 출력)는 다음과 같이 된다.

$$y(t)=y_h(t)+y_p(t)=c_1e^{-t}+c_2e^{-2t}+2$$

앞 식을 한번 미분하면 다음과 같이 된다.

$$\dot{y}(t)=-c_1e^{-t}-2c_2e^{-2t}$$

$y(t)$와 $\dot{y}(t)$에 주어진 초기 조건을 대입하여 정리하면 다음의 관계를 얻는다.

$$\begin{cases} y(0)=c_1+c_2+2=2 \\ \dot{y}(0)=-c_1-2c_2=1 \end{cases}$$

이를 연립으로 풀면 $c_1=1$, $c_2=-1$을 얻는다. 따라서 미분 방정식의 완전해는 다음과 같이 구해진다.

$$y(t)=e^{-t}-e^{-2t}+2$$

예제 5-8 미분 방정식의 해 : 특성근이 중근인 경우

다음과 같은 미분 방정식으로 표현되는 LTI 시스템에 대해 계단 입력 $x(t)=u(t)$에 대한 응답을 구하라. 단, 초기 조건은 $y(0)=2$, $\dot{y}(0)=1$이다.

$$\frac{d^2y(t)}{dt^2}+2\frac{dy(t)}{dt}+y(t)=x(t)$$

풀이

주어진 미분 방정식의 특성 방정식과 특성근을 구하면

$$\lambda^2+2\lambda+1=(\lambda+1)^2=0, \qquad \lambda_1=\lambda_2=-1$$

로 특성근이 중근이다. 따라서 동차해는 다음과 같다.

$$y_h(t)=(c_1+c_2t)e^{-t}$$

특이해를 $y_p(t)=\alpha$라 두고 이를 미분 방정식에 대입하면, 미분 항들은 0이다. 그러므로 $\alpha=1$이 되어 $y_p(t)=1$이다. 따라서 미분 방정식의 완전해(시스템의 출력)는 다음과 같이 된다.

$$y(t)=y_h(t)+y_p(t)=(c_1+c_2t)e^{-t}+1$$

앞 식을 한번 미분하면 다음과 같이 된다.

$$\dot{y}(t)=c_2e^{-t}-(c_1+c_2t)e^{-t}=(-c_1+c_2-c_2t)e^{-t}$$

$y(t)$와 $\dot{y}(t)$에 주어진 초기 조건을 대입하여 정리하면 다음의 관계를 얻는다.

$$\begin{cases} y(0) = c_1 + 1 = 2 \\ \dot{y}(0) = -c_1 + c_2 = 1 \end{cases}$$

이를 연립으로 풀면 $c_1 = 1$, $c_2 = 2$를 얻는다. 따라서 미분 방정식의 완전해는 다음과 같이 구해진다.

$$y_h(t) = (1+2t)e^{-t} + 1$$

예제 5-9 초기 조건에 따른 미분 방정식의 해

[예제 5-7]에 대해 초기 조건이 $y(0)=2$, $\dot{y}(0)=0$으로 주어질 경우의 해를 구하라.

풀이

[예제 5-7]에서 구한 $y(t)$와 $\dot{y}(t)$에 주어진 초기 조건을 대입하여 정리하면 다음의 관계를 얻는다.

$$\begin{cases} y(0) = c_1 + c_2 + 2 = 2 \\ \dot{y}(0) = -c_1 - 2c_2 = 0 \end{cases}$$

이를 연립으로 풀면 $c_1 = -1$, $c_2 = 1$을 얻는다. 따라서 미분 방정식의 완전해는 다음과 같이 구해진다.

$$y(t) = -e^{-t} + e^{-2t} + 2$$

[예제 5-7]의 결과와 비교하면, 같은 시스템에 같은 입력을 넣더라도 초기 조건이 달라지면 시스템의 응답이 달라짐을 알 수 있다. 이러한 차이는 결국 입력이 들어오는 순간에 시스템의 내부에 축적하고 있는 에너지(초기 상태)가 다르기 때문에 발생한다.

5.2.2 미분 방정식의 해와 시스템 응답

시스템이 미분 방정식에 의해 표현될 때, 미분 방정식의 해가 곧 시스템 응답이다. 4.1절에서 살펴보았듯이, 시스템은 단일한 출력을 내지만 특성을 분석하기 위해 응답을 구분할 수 있다. 지금부터 미분 방정식의 해와 시스템 응답의 구분 사이의 관계를 알아보도록 하자.

- (고전적 해법으로 구한) 미분 방정식의 완전해에서 동차해 $y_h(t)$는 **고유 응답**이다.
- (고전적 해법으로 구한) 미분 방정식의 완전해에서 특이해 $y_p(t)$는 **강제 응답**이다.
- $t=0^-$ 순간의 초기 조건을 0으로 두고 구한 미분 방정식의 해는 **영상태 응답**이다.
- 특성 방정식으로부터 구한 동차해에 입력이 인가되기 전인 $t=0^-$ 순간의 초기 조건을 대입하여 얻은 동차해는 **영입력 응답**이다.
- 영상태 응답은 강제 응답과 시스템 모드 항을 함께 포함한다.

고유 응답과 강제 응답과의 관계

[예제 5-5]~[예제 5-9]의 풀이에서 구해진 미분 방정식의 해들은 [ ]를 사용하여 동차해와 특이해의 두 성분으로 구분해 두었다. 동차해는 시스템 모드들의 선형(일차) 결합으로 주어지는데, 시스템이 바뀌지 않는 한 시스템 모드 자체가 바뀌지는 않는다. 그러므로 동차해는 시스템 모드들로만 이루어져 입력의 형태와는 무관하게 시스템 자체의 고유한 특성을 보여주는 응답이므로 고유 응답이다. 반면에 특이해는 외부에서 넣어준 입력으로 인해 시스템의 자체적인 특성과는 무관하게 강제적으로 입력과 같은 꼴의 반응을 산출한 것이기에 강제 응답이다. 이상의 사실로부터 알 수 있듯이 미분 방정식의 고전적 해법은 기본적으로 고유 응답(동차해)+강제 응답(특이해)의 형태로 시스템 응답을 구하는 방법이다.

영입력 응답과 영상태 응답과의 관계

영입력 응답은 입력이 0일 때 시스템 자체의 내부 상태에 의해 생성되는 응답 성분이므로, 미분 방정식 우변의 입력 항들이 없는 동차 미분 방정식의 해, 즉 동차해에 해당한다. 물론 영입력 응답의 경우에도 초기 조건을 이용해 동차해의 계수를 결정해야 하는데, 입력이 없을 때의 응답이므로 입력이 인가되기 전인 $t=0^-$ 순간의 초기 조건을 사용해야 한다($y(t)=y_h(t)+y_p(t)$에 대입하는 것이 아니라 $y_h(t)$에 대입함을 주의하라).

영입력 응답은 미분 방정식으로부터 수월하게 구할 수 있지만 영상태 응답의 경우는 그렇지 못하다. 미분 방정식에서 영상태 응답을 구하려면 **경계 조건 정합** boundary condition matching이라는 특이 함수와 관련된 까다로운 수학적 과정이 요구되므로 여러분들이 이해하기가 쉽지 않다.[2] 다음 예제에서 고전적 해법으로 구한 미분 방정식의 해에서 영입력 응답을 빼는 편법을 이용하여 영상태 응답을 구해보기로 한다.

예제 5-10 미분 방정식의 해 : 영입력 응답 + 영상태 응답

[예제 5-6]의 해를 영입력 응답 + 영상태 응답 형태로 구하라.

풀이

영입력 응답은 동차해에 $t=0^-$ 순간의 초기 조건을 대입하여 구하면 된다. $y(0^-)$만 주어져 있으므로, $\dot{y}(0^-)$를 구하기 위해 [예제 5-6]의 풀이 과정의 식 (5.17)에 0^+ 대신 0^-를 대입하면 다음과 같다.

$$x(0^-)=3y(0^-)+\dot{y}(0^-)+v_C(0^-)$$
$$\dot{y}(0^-)+5=0$$

따라서 $\dot{y}(0^-)=-5$가 된다. 영입력 응답 $y_s(t)$와 이의 미분은 다음과 같다.

$$y_s(t)=y_h(t)=c_1e^{-t}+c_2e^{-2t}$$
$$\dot{y}_s(t)=-c_1e^{-t}-2c_2e^{-2t}$$

앞 식들에 초기 조건을 대입하면

2 〈심화학습 자료〉를 참고하기 바란다.

$$\begin{cases} y_s(0^-) = c_1 + c_2 = 0 \\ \dot{y}_s(0^-) = -c_1 - 2c_2 = -5 \end{cases}$$

을 얻는다. 이를 풀면 $c_1 = -5$, $c_2 = 5$가 되므로 영입력 응답 $y_s(t)$는 다음과 같다.

$$y_s(t) = -5e^{-t} + 5e^{-2t}$$

영상태 응답 $y_i(t)$는 [예제 5-6]에서 구한 미분 방정식의 해에서 영입력 응답을 빼면 된다.

$$\begin{aligned} y_i(t) = y(t) - y_s(t) &= (-10e^{-t} + 25e^{-2t} - 15e^{-3t}) - (-5e^{-t} + 5e^{-2t}) \\ &= (-5e^{-t} + 20e^{-2t}) + (-15e^{-3t}) \end{aligned}$$

따라서 미분 방정식의 해는 다음과 같이 [영입력 응답]+[영상태 응답]으로 쓸 수 있다.

$$y(t) = y_s(t) + y_i(t) = [-5e^{-t} + 5e^{-2t}] + [(-5e^{-t} + 20e^{-2t}) + (-15e^{-3t})] \tag{5.19}$$

[예제 5-6]에서 구한 식 (5.18)과 [예제 5-10]에서 구한 식 (5.19)를 비교하면 영입력 응답과 영상태 응답의 구분이 고유 응답과 강제 응답의 구분과 어떻게 다른지 확실히 알 수 있다. 우선 영상태 응답에는 시스템 모드들과 함께 입력 닮은꼴인 강제 응답 성분이 포함되어 있다. 다시 말해, 시스템은 외부로부터 입력을 받아서 자체의 고유한 특성을 보이는 반응과 입력 특성을 가지는 반응을 만드는 데 나누어 쓴다. 영입력 응답과 고유 응답은 둘 다 시스템 모드들로만 이루어졌다는 점에서는 같지만, 영입력 응답은 시스템 내부의 초기 상태에 따른 반응뿐이고 고유 응답은 여기에 외부 입력에 의해 만들어지는 시스템 모드 항들까지를 포함하여 시스템 자체의 고유한 특성이 반영된 응답 성분들을 모두 모아 놓았다는 차이가 있다. 또한 강제 응답은 외부 입력이 만들어내는 시스템의 반응인 영상태 응답 중에서 시스템 모드 항들을 제외하고 입력의 특성을 보이는 응답 성분만 떼어낸 게 된다.

Check Point **다음 문제에서 옳은 것을 골라라.**

(1) 특성 방정식은 입력과는 무관하고 시스템 자체 특성을 반영한다. (○, ×)
(2) 시스템 모드는 (입력, 초기 조건, 특성근)이 시스템의 출력으로 나타난 것이다.
(3) 중근인 특성근에 대응하는 시스템 모드는 1개뿐이다. (○, ×)
(4) 미분 방정식의 특이해는 초기 조건을 사용하여 결정한다. (○, ×)
(5) 동차해와 같은 꼴이 아닌 것은 (영입력, 영상태, 고유, 임펄스) 응답이다.
(6) 미분 방정식의 유일해는 ($y_h(t)$, $y_h(t)+y_p(t)$)에 ($t=0^-$, $t=0^+$)의 초기 조건을 대입한다.
(7) 영입력 응답은 ($y_h(t)$, $y_h(t)+y_p(t)$)에 ($t=0^-$, $t=0^+$)의 초기 조건을 대입한다.
(8) 고전적 해법으로 구한 미분 방정식의 동차해는 (영입력, 영상태, 고유) 응답이다.
(9) 미분 방정식의 특이해는 강제 응답과 같다. (○, ×)
(10) 시스템 특성은 (임펄스 응답, 시스템 모드, 특성 방정식, 입력)과는 무관하다.

SECTION

5.3 시스템 모드와 시스템 특성

학습포인트

- 임펄스 응답이 시스템 모드들로 이루어짐을 이해한다.
- 시스템 모드(특성근)가 공진, 안정도 등 시스템의 특성을 지배함을 이해한다.

고전적 해법으로 구한 미분 방정식의 해(시스템 응답) 중에서 고유 응답이 시스템 모드들로 이루어짐을 보았다. 시스템 모드는 시스템의 고유한 특성을 나타내며 시스템 동작의 모든 면에 영향을 미친다. 이 절에서는 임펄스 응답, 안정도 등 몇 가지 중요한 시스템 특성들과 시스템 모드의 연관성에 대해 간략히 알아보기로 한다.

곧 살펴보겠지만 안정한 시스템의 시스템 모드들은 지수적으로 감쇠하여 결국에는 사라지기 때문에, 이들이 시스템 동작에 본질적인 영향을 끼치지 못한다고 생각하기가 쉬운데 이는 잘못된 생각이다. 시스템 모드는 마치 식물의 씨와 같다. 씨를 흙에 뿌리면 씨 자체는 흔적도 없이 사라지지만 씨의 흔적은 식물의 세포에 고스란히 남아 식물의 특성을 결정한다. 해바라기 씨를 뿌리면 무슨 수를 쓰더라도 해바라기가 피어나지, 장미가 피어나지는 않는다. 시스템 모드도 마찬가지다. 시스템 모드는 시스템의 고유한 특성을 지배하며 시스템의 모든 동작에 영향을 미친다. 시스템 모드가 바뀌지 않는 한 시스템의 본질적인 특성이 절대로 변하지 않는다.

5.3.1 시스템 모드와 임펄스 응답

임펄스 응답은 시스템에 임펄스 입력을 넣었을 때의 출력이므로, 미분 방정식에서 입력 $x(t)=\delta(t)$로 두어 구할 수 있다. 그런데 $\delta(t)$는 $t=0$인 순간에만 존재하므로 미분 방정식의 우변은 $t=0$와 $t>0$의 두 경우로 나누어볼 수 있다. 예를 들어, [예제 5-8]의 미분 방정식은 다음과 같이 쓸 수 있다.

$$\frac{d^2h(t)}{dt^2}+2\frac{dh(t)}{dt}+h(t)=\begin{cases}\delta(t), & t=0\\ 0, & t>0\end{cases} \tag{5.20}$$

즉 $t=0$인 순간을 제외한 $t>0$에서는 시스템에 입력이 전혀 들어오지 않으므로, 미분 방정식의 완전해는 특이해를 포함하지 않고 동차해만으로 이루어질 것이다. 다시 말해, 임펄스 응답은 동차해와 같은 꼴로서 시스템 모드 $\{e^{\lambda_i t}\}$로 구성된다. 4.2절 [그림 4-4]와 4.5절에서 임펄스 응답이 시스템 특성에 대한 정보와 통찰력을 제공한다는 사실을 살펴본 바 있는데, 임펄스 응답이 시스템 모드로 이루어진다는 사실은 그 이유를 잘 설명해준다. $t=0$ 순간의 관계는 동차해의 계수 c_i를 구하는 데 쓰일 (초기) 조건을 찾는 데 쓰인다.

5.3.2 시스템 모드와 안정도

4.5.2절에서 BIBO 안정도와 관련하여 임펄스 응답이 식 (4.29)와 같이 절대 적분 가능해야 시스템이 안정하다는 사실을 살펴보았다. 그런데 시스템의 임펄스 응답이 시스템 모드 $\{e^{\lambda_i t}\}$로 이루어지기 때문에, 식 (4.29)의 절대 적분 가능 조건을 만족시키려면 시스템 모드가 시간이 지남에 따라 지수적으로 감쇠해서 0이 되지 않으면 안 된다. 그렇게 되기 위해서는 지수인 특성근의 실수부가 음의 값을 가져야만($Re(\lambda_i)<0$) 한다. 만약 $Re(\lambda_i)>0$이면 시스템 모드는 시간이 지남에 따라 크기가 지수적으로 증가하여 ∞로 발산한다. 그러므로 시스템은 불안정하다.

$Re(\lambda_i)=0$, 즉 특성근이 순허수인 경우는 시스템 모드가 순수하게 끊임없이 진동하는 정현파가 된다. 이 경우도 식 (4.29)의 절대 적분 가능 조건을 만족시키지 못한다. 결론적으로 시스템이 BIBO 안정이려면 $Re(\lambda_i)<0$, 즉 시스템 모드가 감쇠 지수 함수여야 한다. 이를 복소평면에 그림으로 나타내면 [그림 5-9]와 같이 된다. $Re(\lambda_i)=0$의 경우는 시스템이 안정에서 불안정으로 넘어가는 경계선으로 시스템 모드(임펄스 응답)가 상수($\lambda_i=0$) 또는 순수 진동($\lambda_i=$ 허수)을 지속하므로 특별히 **임계 안정**marginally stable이라고 구분하기도 한다. 임계 안정은 임펄스 응답이 절대 적분 가능 조건을 만족하지 않으므로 BIBO 불안정임을 주의해야 한다.

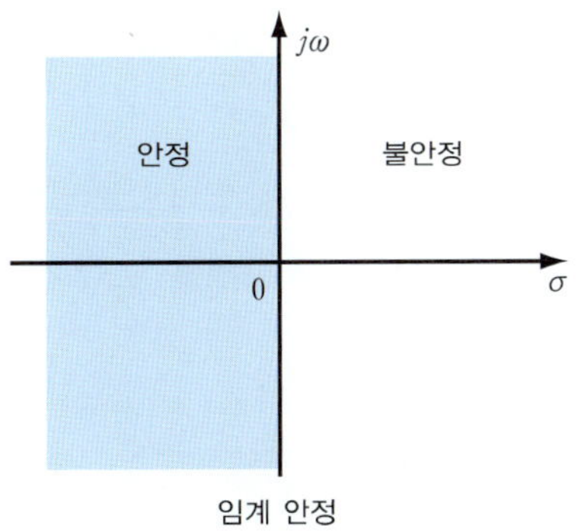

[그림 5-9] 특성근의 위치와 시스템 안정도

5.3.3 시스템 모드와 공진

시스템 모드의 중요성을 보여줄 수 있는 사실 중 하나가 공진 현상이다. [그림 5-10(a)]의 LC 회로를 가지고 이를 살펴보자.

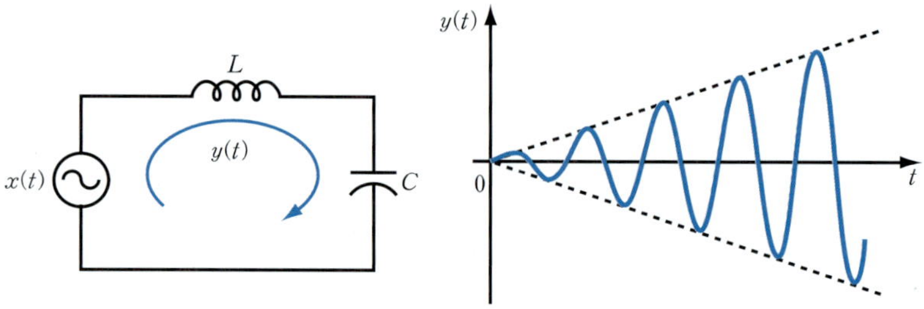

(a) LC 공진회로　　(b) 공진 상태의 회로 응답

[그림 5-10] LC 회로의 공진 현상

키르히호프의 전압 법칙(KVL)을 적용해 회로 방정식을 구한 뒤 미분 방정식으로 바꾸면 다음과 같이 된다.

$$\frac{d^2y(t)}{dt^2}+\frac{1}{LC}y(t)=\frac{1}{L}\frac{dx(t)}{dt} \tag{5.21}$$

이의 특성 방정식은 $\lambda^2+\dfrac{1}{LC}=0$, 특성근은 $\lambda=\pm j\dfrac{1}{\sqrt{LC}}=\pm j\omega_r$이 된다. 따라서 이 회로의 시스템 모드는 $e^{\pm j\omega_r t}$이고 동차해는 다음과 같다.

$$y_h(t)=c_1e^{j\omega_r t}+c_2e^{-j\omega_r t} \tag{5.22}$$

이 회로에 시스템 모드와 같은 꼴을 갖는 정현파 $2\sin(\omega_r t)=-j(e^{j\omega_r t}-e^{-j\omega_r t})$을 입력으로 넣어줄 때의 출력, 즉 영상태 응답을 구해보자. 입력이 시스템 모드와 같으므로 특이해를 $y_p(t)=\alpha t(e^{j\omega_r t}-e^{-j\omega_r t})$라 두고 식 (5.21)에 대입한 뒤 정리하면 다음과 같이 된다.

$$\alpha\left[\left(\frac{1}{LC}-\omega_r^2\right)t(e^{j\omega_r t}-e^{-j\omega_r t})+j2\omega_r(e^{j\omega_r t}+e^{-j\omega_r t})\right]=\frac{\omega_r}{L}(e^{j\omega_r t}+e^{-j\omega_r t}) \tag{5.23}$$

식 (5.23)의 양변을 비교하면 $\alpha=\dfrac{1}{j2L}$을 얻는다. 따라서 미분 방정식의 해와 이의 미분은 다음과 같다.

$$y(t)=y_h(t)+y_p(t)=c_1e^{j\omega_r t}+c_2e^{-j\omega_r t}+\frac{1}{j2L}t(e^{j\omega_r t}-e^{-j\omega_r t}) \tag{5.24}$$

$$\dot{y}(t)=j\omega_r(c_1e^{j\omega_r t}-c_2e^{-j\omega_r t})+\frac{1}{j2L}(e^{j\omega_r t}-e^{-j\omega_r t})+\frac{\omega_r}{2L}t(e^{j\omega_r t}+e^{-j\omega_r t}) \tag{5.25}$$

초기 조건은 모두 0이므로, 식 (5.24)와 식 (5.25)에 대입해 정리하면 다음 관계를 얻는다.

$$\begin{cases} c_1 + c_2 = 0 \\ c_1 - c_2 = 0 \end{cases} \tag{5.26}$$

이로부터 $c_1 = c_2 = 0$을 얻으므로, 미분 방정식의 해, 즉 회로의 출력은 다음과 같이 구해진다.

$$y(t) = \frac{1}{j2L} t(e^{j\omega_r t} - e^{-j\omega_r t}) = \frac{1}{L} t \sin(\omega_r t) \tag{5.27}$$

따라서 시스템 응답은 시간에 따라 직선적으로 증가하여 [그림 5-9(b)]에 보인 것처럼 결국은 ∞로 발산한다. 즉 시스템 모드와 같은 형태(같은 주파수)를 가지는 정현파 입력에 대해서는 공진이 발생한다. 이로부터 LC 회로의 공진 주파수가 특성근에 의해 결정됨을 알 수 있다.

이상에서 살펴본 것처럼, 시스템 입력이 시스템 모드와 일치할 때 공진 현상이 발생하고 LC 회로와 같이 에너지 소비 요소(전기회로에서는 저항 R)가 없는 시스템의 경우에는 시간이 지남에 따라 시스템의 응답을 무한대로 만든다. 이러한 공진 현상은 경우에 따라 유용하게 쓰일 수도 있고 문제를 일으킬 수도 있다. 라디오 채널의 선국과 같은 경우는 공진회로가 주파수 선택적으로 작용하여 유용하게 쓰이는 경우이지만, 터빈 같은 기계나 2.2.5절에서 소개했던 타코마 협곡의 현수교 같은 구조물 등에서는 강력한 진동에 의한 파괴(또는 붕괴)가 일어날 수 있다. 따라서 설계할 때 시스템의 시스템 모드(특성근)와 공진 주파수에 대한 고려가 충분히 이루어져야 한다.

지금까지 살펴본 시스템 특성들 외에도 4.5절에서 임펄스 응답과 관련하여 살펴보았던 다른 주요 특성들 또한 임펄스 응답이 시스템 모드로 이루어져 있기에 필연적으로 시스템 모드와 연관될 수밖에 없다. 즉 시스템 모드(특성근)가 시스템 특성을 지배한다.

Check Point **다음 문제에서 옳은 것을 골라라.**

(1) 시스템 모드가 다르면 다른 시스템이다. (○, ×)
(2) 임펄스 응답은 시스템 모드들로만 이루어진다. (○, ×)
(3) 임펄스 응답과 형태가 같은 것은 (동차해, 특이해, 없음)이다.
(4) 임펄스 응답을 구할 때, 미분 방정식의 우변이 0이 아닌 순간의 관계는 (임펄스 응답의 꼴, 초기 조건)을 구하는 데 이용된다.
(5) 안정한 시스템의 시스템 모드는 시간이 지남에 따라 사라진다. (○, ×)
(6) 특성근이 음의 실수이면 시스템이 BIBO 안정이다. (○, ×)
(7) 시스템이 임계 안정이면 BIBO 안정이다. (○, ×)
(8) 시스템 입력이 시스템 모드와 일치하면 (0 출력, 입력 차단, 공진)이 발생한다.
(9) 공진 현상은 어떠한 입력에 대해서도 발생할 수 있다. (○, ×)
(10) 시스템 특성을 지배하는 것은 (특성근, 입력의 형태, 미분 방정식의 형태)이다.

CHAPTER 05_핵심요약

개념	관련 항
연속 LTI 시스템은 상수 계수를 갖는 선형 상미분 방정식으로 표현된다.	식 (5.1)
연속 시스템의 구현도는 적분기, 곱셈기, 덧셈기로 이루어진다.	[그림 5-3]
미분 방정식으로부터 바로 그릴 수 있는 구현도는 제1 직접형과 제2 직접형이 있다.	[그림 5-4] [그림 5-6]
제1 직접형과 제2 직접형의 구현도는 서로 전치 관계(수식적으로는 쌍대 관계)이다.	
미분 방정식의 고전적 해법은 동차해(고유 응답) + 특이해(강제 응답)의 형태로 시스템 응답을 구하는 방법이다.	식 (5.7)
특성 방정식은 동차 미분 방정식으로부터 정의되며, 입력과는 무관하고 시스템 자체의 특성을 반영한다. 특성 방정식의 해 $\{\lambda_i\}$를 특성근이라고 한다.	식 (5.9)
시스템 (특성/고유) 모드 $\{e^{\lambda_i t}\}$는 특성근 $\{\lambda_i\}$이 미분 방정식의 해, 즉 시스템의 출력으로 나타난 것으로서 시스템의 고유한 특성이 그 속에 담겨있다.	
동차해 $y_h(t)$는 입력이 0인 동차 미분 방정식의 해로서 시스템 모드들로 이루어진다. 따라서 동차해에는 시스템의 고유한 특성이 고스란히 투영된다.	식 (5.11) 식 (5.12)
특이해 $y_p(t)$는 입력에 의해 발생하는 입력과 같은 꼴의 응답으로 강제 응답과 같다.	[표 5-1]
영입력 응답은 입력이 없을 때 시스템 내부의 초기 상태에 따른 응답으로 동차해 $y_h(t)$에 $t=0^-$ 순간의 초기 조건을 대입하여 결정한다. 따라서 영입력 응답은 시스템 모드 항들로만 이루어진다.	
영상태 응답은 외부 입력이 만들어내는 응답으로서 $t=0^-$ 순간의 모든 초기 조건을 0으로 둔 미분 방정식의 해이다. 시스템 모드 항과 강제 응답이 같이 들어 있다.	
고유 응답은 $y_h(t)+y_p(t)$에 $t=0^+$ 순간의 초기 조건을 대입하여 얻어진 동차해 성분으로 응답에 포함된 모든 시스템 모드 항들을 모아 놓은 것이다. 따라서 영입력 응답에다 영상태 응답 중의 시스템 모드 항들을 더한 것이 된다.	
강제 응답은 외부 입력에 의한 영상태 응답 중에서 시스템 모드 항들을 제외하고 입력 특성을 보이는 응답 성분만 떼어낸 것이다.	
임펄스 입력에 대한 시스템 미분 방정식은 $t>0$에서 동차 미분 방정식이 되며, $t=0$ 순간의 관계식은 이 동차 미분 방정식을 풀기 위한 초기 조건을 구하는 데 활용된다.	식 (5.20)
임펄스 응답은 시스템 모드들로 이루어진 동차해이다.	
시스템이 BIBO 안정이려면 특성근의 실수부가 음수($Re(\lambda_i)<0$), 즉 시스템 모드가 감쇠 지수 함수여야 한다.	[그림 5-9]
$Re(\lambda_i)=0$의 경우는 시스템 모드(임펄스 응답)가 상수 또는 순수 진동을 지속하며 안정과 불안정의 경계이므로 특별히 임계 안정이라 구분하기도 한다.	
임계 안정은 임펄스 응답이 절대 적분 가능 조건을 만족하지 않아 BIBO 불안정이다.	
시스템 모드와 같은 형태(같은 주파수)를 갖는 입력에 대해서는 공진이 발생한다.	
시스템의 특성들은 특성 방정식의 특성근, 즉 시스템 모드에 의해 지배된다.	

CHAPTER 05_연습문제

【개념 문제】

5.1 연속 LTI 시스템의 미분 방정식 표현에 대한 다음의 설명 중 틀린 것은?

㉮ 시스템 $\dot{y}(t)+a(t)y(t)=x(t)$의 영상태 응답은 컨벌루션 적분으로도 구할 수 있다.

㉯ LTI 시스템을 나타낸 미분 방정식으로부터 영상태 응답을 구할 수 있다.

㉰ $\ddot{y}(t)+3\dot{y}(t)y(t)+(t+1)y(t)=x(t)$는 선형 시스템도 아니고, 시불변 시스템도 아니다.

㉱ 미분 방정식은 입력이 없더라도 해(출력)를 가질 수 있다.

5.2 미분 방정식과 시스템 구현도에 대한 다음의 설명 중 틀린 것은?

㉮ 시스템의 표준형 구현도는 미분 방정식으로부터 중간 과정 없이 바로 그릴 수 있다.

㉯ n차 미분 방정식으로 표현된 시스템의 표준형 구현도는 n개의 적분기가 필요하다.

㉰ 제1 직접형 구현도만 알고 있으면, 제2 직접형 구현도를 바로 그릴 수 있다.

㉱ 시스템의 표준형 구현도에 적분기 말고 미분기를 사용해도 무방하다.

5.3 미분 방정식의 해에 대한 다음 설명 중 옳은 것은?

㉮ 초기 조건이 0이면 동차해도 0이 된다.

㉯ 입력의 꼴에 따라 동차해의 꼴도 달라진다.

㉰ $\ddot{y}(t)+3\dot{y}(t)+2y(t)=\dot{x}(t)+x(t)$의 계단 응답에 포함된 시스템 모드는 e^{-2t}뿐이다.

㉱ 초기 조건에 따라 특이해도 달라진다.

5.4 미분 방정식의 풀이에 대한 다음의 설명 중 틀린 것은?

㉮ 동차해보다 특이해를 먼저 구해도 아무런 문제가 없다.

㉯ 입력 $x(t)=e^{at}$일 때, 특이해를 항상 $y_p(t)=ce^{at}$로 둘 수 있는 것은 아니다.

㉰ $t=0^-$ 순간의 초기 조건을 특성 방정식으로부터 구한 동차해에 대입해 구한 동차해 성분과 같은 초기 조건을 완전해에 대입하여 구한 동차해 성분은 보통 다르다.

㉱ 강제 응답을 미분 방정식에 대입하면 식이 0이 된다. 즉 좌변과 우변이 같아진다.

5.5 시스템의 응답에 대한 다음의 설명 중 틀린 것은?

㉮ 시스템 고유 특성을 들여다볼 수 없는 응답은 강제 응답이다.

㉯ 미분 방정식의 해를 구할 때, $t=0^-$의 초기 조건을 사용하면 영상태 응답이 얻어진다.

㉰ 동차해로부터 구할 수 있는 시스템 응답은 고유 응답, 영입력 응답, 임펄스 응답이다.

㉱ 미분 방정식의 초기 조건이 0이라도 고유 응답과 강제 응답이 얻어진다.

5.6 $\dfrac{d^3y(t)}{dt^3}+4\dfrac{d^2y(t)}{dt^2}+5\dfrac{dy(t)}{dt}+2y(t)=x(t)$, $x(t)=(e^{-t}+e^{-2t})u(t)$의 해에 포함되지 않는 항을 모두 골라라.

㉮ e^{-t}	㉯ te^{-t}	㉰ t^2e^{-t}	㉱ t^3e^{-t}
㉲ e^{-2t}	㉳ te^{-2t}	㉴ t^2e^{-2t}	㉵ t^3e^{-2t}

5.7 다음 중 미분 방정식으로 표현되는 연속 LTI 시스템의 시스템 모드가 될 수 없는 것을 모두 골라라.

㉮ e^{-t} ㉯ e^{2t} ㉰ $e^{(-1+j1)t}$ ㉱ t^2

㉲ te^{-2t} ㉳ e^{j2t} ㉴ $te^{(-1+j1)t}$ ㉵ $\frac{1}{t}e^{-t}$

5.8 다음 중 시스템 모드 항을 포함하지 않은 응답을 모두 골라라.

㉮ 고유 응답 ㉯ 강제 응답 ㉰ 영입력 응답 ㉱ 영상태 응답

㉲ 과도 응답 ㉳ 정상상태 응답 ㉴ 임펄스 응답 ㉵ 계단 응답

5.9 연속 LTI 시스템의 미분 방정식 표현에 대한 다음의 설명 중 옳은 것은?

㉮ 특성근이 $\lambda = -2 \pm j1$인 시스템은 불안정한 시스템이다.

㉯ 임펄스 응답과 고유 응답은 그 형태가 같다.

㉰ 초기 조건이 달라지면 고유 응답과 강제 응답이 모두 달라진다.

㉱ 시스템 모드가 $e^{-t}, te^{-t}, t^2e^{-t}$인 시스템은 불안정하다.

5.10 시스템 모드의 영향을 받지 않는 시스템 특성을 모두 골라라.

㉮ 안정도 ㉯ 공진 ㉰ 시정수 ㉱ 이득 ㉲ 과도 응답 ㉳ 인과성

【기초 문제】

5.11 다음 그림 (a)와 같은 RLC 직렬회로를 그림 (b)에 나타낸 것처럼 같은 형태의 미분 방정식으로 표현되는 2개의 부시스템을 종속 연결한 시스템으로 등가화할 수 있음을 보여라.

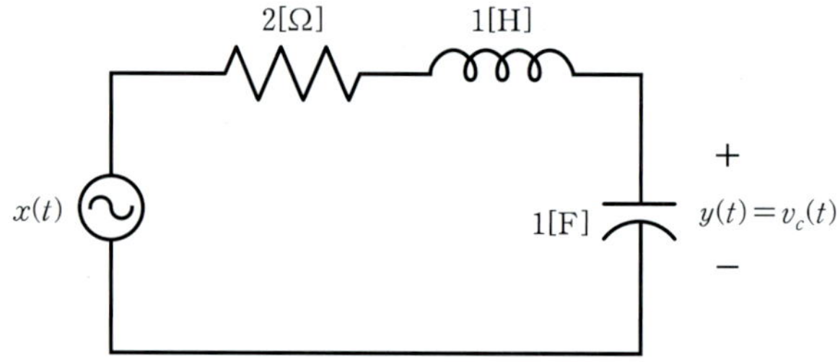

(a)

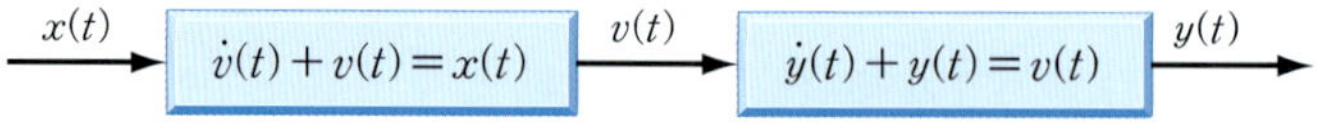

(b)

5.12 다음의 미분 방정식으로 표현되는 LTI 시스템에 대해 제1 표준형 및 제2 표준형 구현도를 그려라. 그리고 특성 방정식을 구하고 안정도를 판별하라.

(a) $\dfrac{d^2y(t)}{dt^2}+5\dfrac{dy(t)}{dt}+6y(t)=\dfrac{dx(t)}{dt}+x(t)$

(b) $\dfrac{d^2y(t)}{dt^2}+9y(t)=3\dfrac{dx(t)}{dt}+2x(t)$

(c) $\dfrac{d^2y(t)}{dt^2}+4\dfrac{dy(t)}{dt}+3y(t)=\dfrac{dx(t)}{dt}+4x(t)$

(d) $\dfrac{d^2y(t)}{dt^2}+4\dfrac{dy(t)}{dt}+4y(t)=\dfrac{dx(t)}{dt}$

(e) $\dfrac{d^3y(t)}{dt^3}+6\dfrac{d^2y(t)}{dt^2}+11\dfrac{dy(t)}{dt}+6y(t)=\dfrac{dx(t)}{dt}+4x(t)$

5.13 다음의 미분 방정식으로 표현되는 LTI 시스템의 계단 응답을 구하라. 단, $y(0)=0$, $\dot{y}(0)=0$이다.

(a) $\dfrac{dy(t)}{dt}+2y(t)=2x(t)$

(b) $\dfrac{d^2y(t)}{dt^2}+4\dfrac{dy(t)}{dt}+3y(t)=3x(t)$

(c) $\dfrac{d^2y(t)}{dt^2}+4\dfrac{dy(t)}{dt}+4y(t)=4x(t)$

(d) $\dfrac{d^2y(t)}{dt^2}+2\dfrac{dy(t)}{dt}+2y(t)=2x(t)$

5.14 미분 방정식 $\dfrac{d^2y(t)}{dt^2}+3\dfrac{dy(t)}{dt}+2y(t)=x(t)$으로 표현되는 연속 LTI 시스템에 대해 물음에 답하라.

(a) 계단 응답을 구하라(초기 조건은 $y(0)=0$, $\dot{y}(0)=0$이다).

(b) 이 시스템의 임펄스 응답은 $h(t)=e^{-t}-e^{-2t}$이다. 컨벌루션을 이용하여 단위 계단 입력에 대한 응답을 구하여 (a)의 결과와 비교하라.

5.15 다음의 미분 방정식으로 표현되는 LTI 시스템에 대해 계단 신호 $x(t)=u(t)$를 입력으로 인가하였다. 주어진 초기 조건에 대한 시스템 응답을 구하라.

$$\frac{d^2y(t)}{dt^2}+3\frac{dy(t)}{dt}+2y(t)=\frac{dx(t)}{dt}+4x(t)$$

(a) $y(0)=2,\quad \dot{y}(0)=1$

(b) $y(0)=2,\quad \dot{y}(0)=0$

5.16 미분 방정식 $\dfrac{d^2y(t)}{dt^2}+3\dfrac{dy(t)}{dt}+2y(t)=2x(t)$로 표현되는 LTI 시스템에 대해 다음의 입력과 초기 조건에 대한 시스템 응답을 구하라.

(a) $x(t)=u(t),\quad y(0)=1,\quad \dot{y}(0)=1$

(b) $x(t)=e^{-3t}u(t),\quad y(0)=1,\quad \dot{y}(0)=1$

5.17 미분 방정식 $\frac{d^2y(t)}{dt^2}+7\frac{dy(t)}{dt}+12y(t)=\frac{dx(t)}{dt}+2x(t)$로 표현되는 LTI 시스템에 대해 다음의 입력이 인가될 때 시스템 출력을 구하라. 단, 초기 조건은 공통으로 $y(0)=0,\ \dot{y}(0)=1$이다.

(a) $u(t)$　　(b) $e^{-t}u(t)$　　(c) $e^{-2t}u(t)$　　(d) $e^{-3t}u(t)$

5.18 다음의 미분 방정식으로 표현되는 LTI 시스템에 대해 주어진 입력과 초기 조건에 의한 출력을 구하라.

(a) $\frac{d^2y(t)}{dt^2}+6\frac{dy(t)}{dt}+5y(t)=10x(t),\quad x(t)=0,\quad y(0^+)=4,\quad \dot{y}(0^+)=2$

(b) $\frac{d^2y(t)}{dt^2}+7\frac{dy(t)}{dt}+12y(t)=\frac{dx(t)}{dt}+2x(t),\quad x(t)=e^{-2t}u(t),\quad y(0^+)=0,\quad \dot{y}(0^+)=1$

(c) $\frac{d^2y(t)}{dt^2}+4\frac{dy(t)}{dt}+3y(t)=\frac{dx(t)}{dt}+4x(t),\quad x(t)=4e^{-t}u(t),\quad y(0^+)=1,\quad \dot{y}(0^+)=1$

(d) $\frac{d^2y(t)}{dt^2}+3\frac{dy(t)}{dt}+2y(t)=\frac{dx(t)}{dt}+3x(t),\quad x(t)=e^{-t}u(t),\quad y(0^+)=1,\quad \dot{y}(0^+)=-1$

5.19 다음의 미분 방정식으로 표현되는 LTI 시스템에 대해 영입력 응답 $y_s(t)$를 구하라.

(a) $\frac{d^2y(t)}{dt^2}+5\frac{dy(t)}{dt}+6y(t)=\frac{dx(t)}{dt}+x(t),\quad y_s(0)=2,\quad \dot{y}_s(0)=-1$

(b) $\frac{d^2y(t)}{dt^2}+9y(t)=3\frac{dx(t)}{dt}+2x(t),\quad y_s(0)=0,\quad \dot{y}_s(0)=6$

(c) $\frac{d^2y(t)}{dt^2}+4\frac{dy(t)}{dt}+4y(t)=\frac{dx(t)}{dt},\quad y_s(0)=3,\quad \dot{y}_s(0)=-4$

(d) $\frac{d^3y(t)}{dt^3}+6\frac{d^2y(t)}{dt^2}+11\frac{dy(t)}{dt}+6y(t)=\frac{dx(t)}{dt},\quad y_s(0)=2,\quad \dot{y}_s(0)=-1,\quad \ddot{y}_s(0)=5$

5.20 다음과 같은 미분 방정식으로 표현되는 전기회로에서 $t=0$ 순간에 스위치에 의해 전원이 분리되었을 때, 즉 $x(t)=0,\ t\geq 0$일 때, 이 회로의 영입력 응답을 구하라. 단, $y(0^-)=0,\ \dot{y}(0^-)=-2$이다.

$$\frac{d^2y(t)}{dt^2}+2\frac{dy(t)}{dt}+2y(t)=\frac{dx(t)}{dt}$$

【응용 문제】

5.21 다음에 주어진 (a)의 미분 방정식으로 표현되는 시스템의 계단 응답이 (b)의 시스템의 계단 응답과 같음을 보이라. 그리고 그 이유를 설명하라.

HINT (a)는 $t=0$ 순간의 불연속 관계를 따져 $t=0^+$ 순간의 초기 조건을 구해야 함

(a) $\frac{d^2y(t)}{dt^2}+5\frac{dy(t)}{dt}+6y(t)=\frac{dx(t)}{dt}+2x(t)$　　(b) $\frac{dy(t)}{dt}+3y(t)=x(t)$

5.22 미분 방정식 $\frac{d^2y(t)}{dt^2}+4\frac{dy(t)}{dt}+4y(t)=4x(t)$로 표현되는 LTI 시스템에 대해 다음의 입력과 초기 조건에 대한 시스템 응답을 구하라.

(a) $x(t)=u(t),\quad y(0)=2,\quad \dot{y}(0)=2$

(b) $x(t)=e^{-t}u(t),\quad y(0)=2,\quad \dot{y}(0)=2$

(c) $x(t)=e^{-2t}u(t),\quad y(0)=2,\quad \dot{y}(0)=2$

5.23 미분 방정식 $\frac{dy(t)}{dt}+2y(t)=2x(t)$로 표현되는 LTI 시스템에 대해 다음의 입력과 초기 조건에 대한 시스템 응답을 구하라.

(a) $x(t)=u(t),\quad y(0)=2$

(b) $x(t)=e^{-t}u(t),\quad y(0)=2$

(c) $x(t)=u(t)+e^{-t}u(t),\quad y(0)=2$

(d) $x(t)=u(t)+e^{-t}u(t),\quad y(0)=4$

(e) $x(t)=e^{-2t}u(t),\quad y(0)=2$

(f) $x(t)=5\cos(t)u(t),\quad y(0)=2$

5.24 다음 그림과 같은 전기회로에 대해 물음에 답하라.

(a) 입력 $i(t)$와 출력 $v(t)$의 관계를 나타내는 회로 방정식(미분 방정식)을 구하라.

(b) $i(t)=u(t)$이고 시스템이 초기 휴지initially at rest 상태에 있을 때, $v(t)$를 구하라. 초기 휴지 상태는 $t<0$에서 모든 초기 조건이 0임을 뜻한다.

(c) 시스템이 초기 휴지이고, $i(t)=2(u(t)-u(t-1))$일 때, $v(t)$를 구하라.

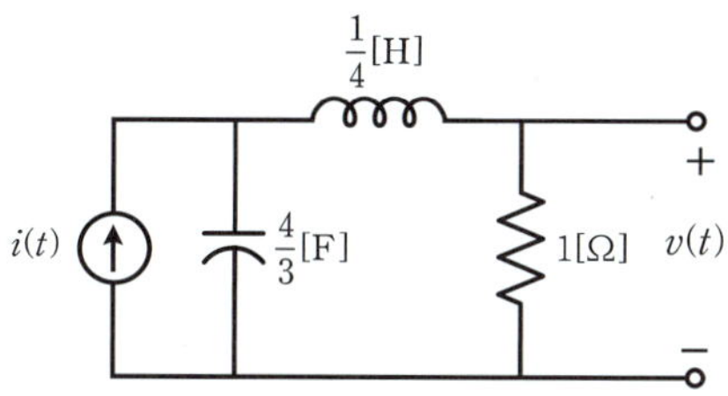

5.25 다음 그림과 같은 전기회로에 대해 물음에 답하라.

(a) 입력 전압 $x(t)$와 출력 전압 $y(t)$의 관계를 나타내는 미분 방정식을 구하라. 단, $R_1R_2C_1C_2=0.5$, $R_1C_1+R_2C_2+R_1C_2=1.5$이다.

(b) 입력을 인가하기 직전에 두 커패시터가 각각 10[V]로 충전되어 있다고 한다. 영입력 응답을 구하라.

(c) 두 커패시터 모두 전혀 충전되어 있지 않은 상태에서 입력 전압 10[V]를 인가할 때 출력 전압을 구하라.

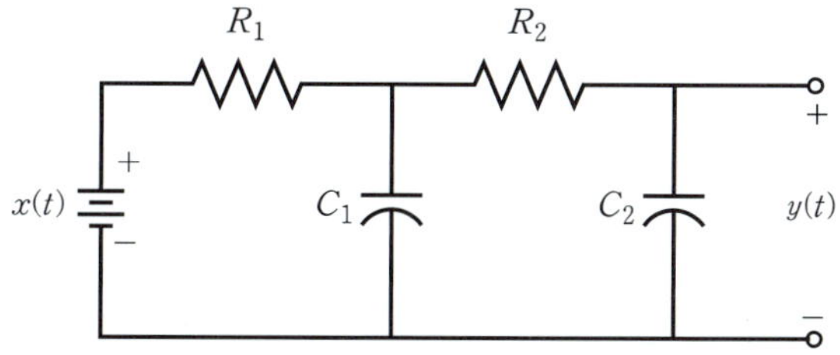

5.26 2개의 시스템이 다음 그림과 같이 서로 연결되어 있다.

$$\text{시스템 1}:\ \frac{dy(t)}{dt}=-3y(t)+v(t),\qquad \text{시스템 2}:\ \frac{dw(t)}{dt}=-w(t)+y(t)$$

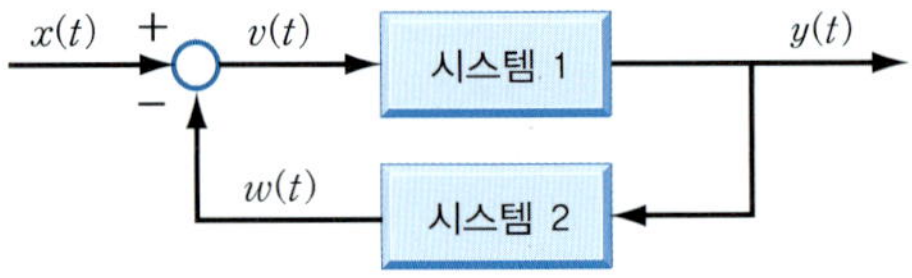

(a) 전체 시스템의 입출력 관계를 나타내는 미분 방정식을 구하라.

(b) 계단 입력($x(t)=u(t)$)에 대한 시스템 출력을 구하라. 단, $y(0)=1$, $\dot{y}(0)=1$이다.

5.27 미분 방정식 $\frac{d^2y(t)}{dt^2}+3\frac{dy(t)}{dt}+2y(t)=2x(t)$로 표현되는 LTI 시스템에 대해 다음의 입력과 초기 조건에 대해 출력을 영입력 응답 + 영상태 응답 형태로 구하라.

(a) $x(t)=u(t),\quad y(0)=1,\quad \dot{y}(0)=1$ (b) $x(t)=e^{-3t}u(t),\quad y(0)=1,\quad \dot{y}(0)=1$

5.28 다음의 미분 방정식으로 표현된 연속 LTI 시스템에 대해 시스템 응답을 고유 응답 + 강제 응답 형태로 구하라.

(a) $\frac{dy(t)}{dt}+10y(t)=u(t),\quad y(0)=-2$

(b) $\frac{dy(t)}{dt}+10y(t)=e^{-t}u(t),\quad y(0)=2$

(c) $\frac{d^2y(t)}{dt^2}+6\frac{dy(t)}{dt}+5y(t)=10u(t),\quad y(0)=1,\quad \dot{y}(0)=0$

(d) $\frac{dy(t)}{dt}+10y(t)=20\cos(t)u(t),\quad y(0)=-10$

5.29 다음의 미분 방정식으로 나타낸 연속 시스템의 안정도를 판별하고 그 근거를 밝혀라.

(a) $(D^2+7D+12)y(t)=(D+1)x(t)$

(b) $(D^2+D-2)y(t)=(D-1)x(t)$

(c) $(D+1)(D^2+2D+5)^2y(t)=x(t)$

(d) $(D+1)(D^2+9)y(t)=(D+3)x(t)$

(e) $(D+1)(D^2-6D+5)y(t)=(D+1)x(t)$

5.30 다음의 회로 방정식으로 표현되는 LC 공진회로의 임펄스 응답을 구하라.

$$\frac{d^2y(t)}{dt^2}+\frac{1}{LC}y(t)=\frac{1}{L}\frac{dx(t)}{dt}$$

CHAPTER 05_MATLAB 실습

학습포인트

- 매트랩을 이용하여 연속 시스템의 임펄스 응답과 계단 응답을 구해본다.
- 매트랩을 이용하여 미분 방정식으로 표현된 시스템의 입력에 대한 출력을 구해본다.

시스템의 임펄스 응답과 계단 응답은 매트랩에서 제공하는 명령들을 이용하면 매우 손쉽게 구할 수 있다. 그런데 매트랩은 근본적으로 이산 데이터 처리를 목적으로 하는 소프트웨어이므로 미분 방정식을 직접 풀 수 없고, 차분 방정식으로 근사화해서 풀어야 한다.

MATLAB 5-1 연속 시스템의 임펄스 응답과 계단 응답

다음의 연속 시스템에 대해 임펄스 응답과 계단 응답을 구하여 그려라.

(a) $\dfrac{d^2y(t)}{dt^2}+4\dfrac{dy(t)}{dt}+3y(t)=3x(t)$

(b) $\dfrac{d^2y(t)}{dt^2}+2\dfrac{dy(t)}{dt}+10y(t)=10x(t)$

풀이

매트랩을 이용하여 시스템의 임펄스 응답과 계단 응답을 구해보는 것 외에도, 이 예제의 또 다른 목적은 시스템의 특성근에 따라 임펄스 응답과 계단 응답이 어떻게 달라지는지 살펴보는 것이다. (a)는 특성근이 서로 다른 실근 $x=-1,\ -3$인 경우이고, (b)는 특성근이 공액 복소근($\lambda=-1\pm j3$)인 경우이다.

매트랩은 임펄스 응답에 대해서는 `impulse` 명령어를, 계단 응답에 대해서는 `step` 명령어를 제공한다. 이들을 이용하면 손쉽게 임펄스 응답과 계단 응답을 구할 수 있다. 다음의 프로그램에서 볼 수 있듯이, 이들 명령어는 변수를 이용하여 실행 결과를 배열 데이터로 저장할 수도 있으며, 바로 그림으로 나타낼 수도 있다. den*는 미분 방정식의 출력 항(또는 전달 함수 분모)의 계수를, num*는 미분 방정식의 입력 항(또는 전달 함수 분자)의 계수를 고차 항부터 나열한 계수 벡터이다.

SS_5_1.m

```
ti=0;tf=8;dt=0.02;t=ti:dt:tf;          % 시간값 설정
dena=[1 4 3]; numa=[0 0 3];            % 미분 방정식 (a)의 출력 항 및 입력 항 계수
denb=[1 2 10]; numb=[0 0 10];          % 미분 방정식 (b)의 출력 항 및 입력 항 계수

ha=impulse(numa,dena,t);               % (a)의 임펄스 응답 h_a(t) 생성
sa=step(numa,dena,t);                  % (a)의 계단 응답 s_a(t) 생성

figure                                 % 그림 창 열기
subplot(2,2,1);                        % 2행 2열 분할 그림 창의 1번 창
plot(t,ha);                            % (a)의 임펄스 응답을 그림
title('Impulse Response');             % 그림 제목
xlabel('Time (seconds)');              % x축 라벨
ylabel('Amplitude');                   % y축 라벨
subplot(2,2,2)                         % 2행 2열 분할 그림 창의 2번 창
plot(t,sa);                            % (a)의 계단 응답을 그림
```

```
title('Step Response');                  % 그림 제목
xlabel('Time (seconds)');                % x축 라벨
ylabel('Amplitude');                     % y축 라벨
subplot(2,2,3);                          % 2행 2열 분할 그림 창의 3번 창
impulse(numb,denb,t);                    % (b)의 임펄스 응답을 그림
subplot(2,2,4)                           % 2행 2열 분할 그림 창의 4번 창
step(numb,denb,t);                       % (b)의 계단 응답을 그림
```

프로그램을 실행한 결과는 [그림 5-11]에 나타내었다.

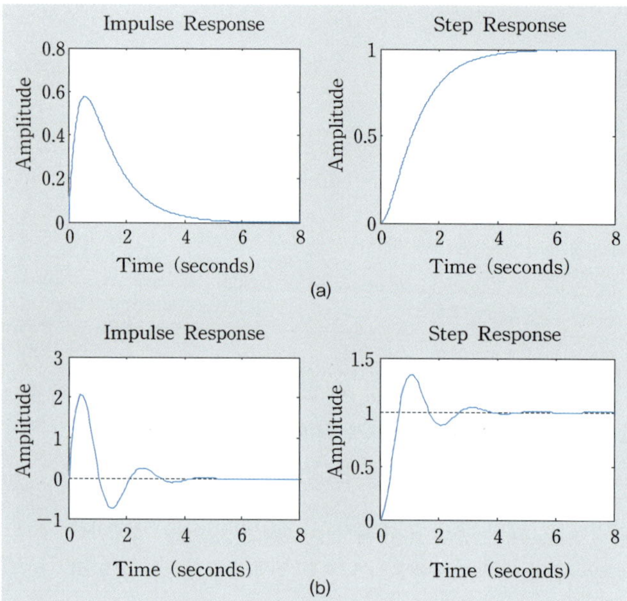

[그림 5-11] [MATLAB 5-1]의 임펄스 응답과 계단 응답

[그림 5-11]에서 보면, 특성근이 실근인 경우는 계단 응답이 단조 증가하여 정상상태로 도달하지만, 특성근이 공액복소근인 경우는 계단 응답이 진동하게 됨을 알 수 있다.

MATLAB 5-2 연속 시스템의 미분 방정식의 풀이

[예제 1-1]의 RC 회로([그림 1-14] 저역 통과 필터 회로)에 다음의 입력 전압 $x(t)$를 인가할 때 커패시터 양단에 걸리는 출력 전압 $y(t)$를 구하여 그려라. 단 $R=1[\Omega]$, $C=1[\text{F}]$이다.

(a) $x(t)=u(t)$　　　　(b) $x(t)=\sin(\pi t)$

풀이

RC 회로에 주어진 값을 대입하여 회로 방정식을 구하면 다음과 같이 된다.

$$\frac{dy(t)}{dt}+y(t)=x(t)$$

(a)와 (b)의 입력에 대해 이 미분 방정식을 풀면, 간단한 계산을 거쳐 다음과 같은 해를 얻는다.

(a) $y(t) = 1 - e^{-t}, \quad t \geq 0$

(b) $y(t) = \frac{\pi}{1+\pi^2} e^{-t} - \frac{\pi}{1+\pi^2} \cos(\pi t) + \frac{1}{1+\pi^2} \sin(\pi t)$

그런데 미분 방정식을 컴퓨터 프로그램으로는 직접적으로 풀 수 없으므로, 미분 항을 다음과 같이 근사화하여 차분 방정식으로 바꾸면

$$\left.\frac{dy(t)}{dt}\right|_{t=nT} = \frac{y(nT+T) - y(nT)}{T}$$

회로 방정식은 다음과 같이 된다.

$$\frac{y(nT+T) - y(nT)}{T} + y(nT) = x(nT)$$

신호의 시간 변수 표현에서 T를 제거하고 지연 연산자 형태로 나타내면 다음과 같은 차분 방정식이 얻어진다.

$$y[n] + (T-1)y[n-1] = Tx[n-1]$$

이 차분 방정식에 대해 반복 대입법을 이용하여 푸는 프로그램을 작성하면 된다. 반복 대입법은 차분 방정식의 풀이에 계속 사용하게 되므로 이를 일반적인 함수 m-파일로 만들면 편리하다. 차분 방정식을 반복 대입법으로 푸는 함수 m-파일 프로그램은 다음과 같다.

difference_eq.m

```
function y=difference_eq(ni,nf,a,b,y0,x)      % 차분 방정식의 반복 대입법 풀이
                                              % ni=시간축 시작점, nf=시간축 끝점
                                              % a=출력 항 계수, b=입력 항 계수
                                              % x=입력 데이터, y0=출력 항 초기조건

n=ni:nf;                                      % 차분 방정식의 해 계산 범위 설정
yy=[y0 zeros(1,length(n))];                   % 해 배열 데이터 초기화
N=length(a); M=length(b)-1;                   % 차분 방정식의 계수 차수 검색

for k=N+1:N+length(n)
  yy(k)=-a*yy(k-1:-1:k-N)'+b*x(k:-1:k-M)';    % y[n] 계산
end
y=yy(N+1:N+length(n));                        % y[n] 재배열(초기값 y0 제외한 결과)
```

이 함수 m-파일을 이용하여 미분 방정식을 근사화한 차분 방정식을 푸는 매트랩 프로그램은 다음과 같다. 프로그램에는 이렇게 근사화에 의해 얻어진 결과와 고전적 해법에 의한 이론적 결과를 비교할 수 있도록 하였다.

SS_5_2.m

```
T1=0.4;                         % 샘플링 간격 설정
a1=(T1-1); b1=[0 T1];           % 차분 방정식 계수 설정
t1=0:T1:8;                      % 시간축 설정
y0=0;                           % 출력 초기값 y[-1] 설정
```

```
xa1=[0 ones(1,length(t1))];                          % 계단 입력 설정
xb1=sin(pi*t1); xb1=[0 xb1];                         % 정현파 입력 설정
ya1=difference_eq(0,length(t1)-1,a1,b1,y0,xa1);      % 반복적 대입법 해(계단 입력)
yb1=difference_eq(0,length(t1)-1,a1,b1,y0,xb1);      % 반복적 대입법 해(정현파 입력)

tt=0:0.05:8;                                         % 닫힌꼴 해 계산 시간축 설정
ya=(1-exp(-tt));                                     % 미분 방정식의 해(계단 입력)
c1=1/(1+pi^2); c2=pi/(1+pi^2);                       % 정현파 입력에 대한 출력 항 계수
yb=c2*(exp(-tt)-cos(pi*tt))+c1*sin(pi*tt);           % 미분 방정식의 해(정현파 입력)

figure                                               % 그림 창 열기
subplot(1,2,1);                                      % 그림 창 1행 2열 분할의 1번 창
plot(tt,ya,'k');                                     % 실제값 y(t)를 그림
hold on                                              % 같은 창에 계속 그림
plot(t1,ya1,'o r');                                  % 근삿값 y[n]을 그림
axis([0 8 0 1.1]);                                   % x축과 y축의 그림 영역 지정
legend('실제값','근삿값',4);                          % 파형 구별 범례 표시
title(\bf{회로 출력(계단 입력)}');                     % 그림 제목
xlabel('\bf{t}');                                    % x축 라벨
subplot(1,2,2);                                      % 그림 창 1행 2열 분할의 2번 창
plot(tt,yb,'k');                                     % 실제값 y(t)를 그림
hold on                                              % 같은 창에 계속 그림
plot(t1,yb1,'o r');                                  % 근사값 y[n]을 그림
axis([0 8 -0.6 0.6]);                                % x축과 y축의 그림 영역 지정
title(\bf{회로 출력(정현파 입력)}');                   % 그림 제목
```

근사화의 정밀도에 따라, 즉 서로 다른 T값에 대해 결과가 어떻게 달라지는지를 보기 위해서 $T=0.4$의 경우와 $T=0.1$의 경우에 대해 앞의 매트랩 프로그램을 실행하였다. [그림 5-12]에서 위가 $T=0.4$의 경우이고 아래 그림이 $T=0.1$의 경우이다. 샘플링 간격이 크면 근사값과 실제값의 오차가 크지만, 샘플링 간격을 충분히 작게 잡으면 거의 실제값에 일치하는 것을 볼 수 있다.

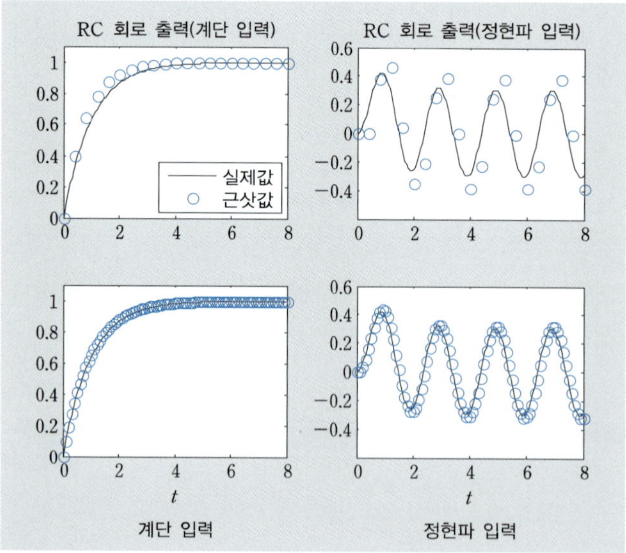

[그림 5-12] [MATLAB 5-2]의 RC 회로 출력($T=0.4$, $T=0.1$)

CHAPTER

06

이산 시스템의 시간 영역 해석

Time Domain Analysis of Discrete Systems

학습목표

- 이산 LTI 시스템의 차분 방정식 표현과 구현도를 이해할 수 있다.
- 차분 방정식의 반복 대입법과 이의 활용을 이해할 수 있다.
- 차분 방정식의 고전적 해법을 이해할 수 있다.
- 시스템 모드의 중요성과 시스템 응답과의 관계를 이해할 수 있다.

【미리보기】

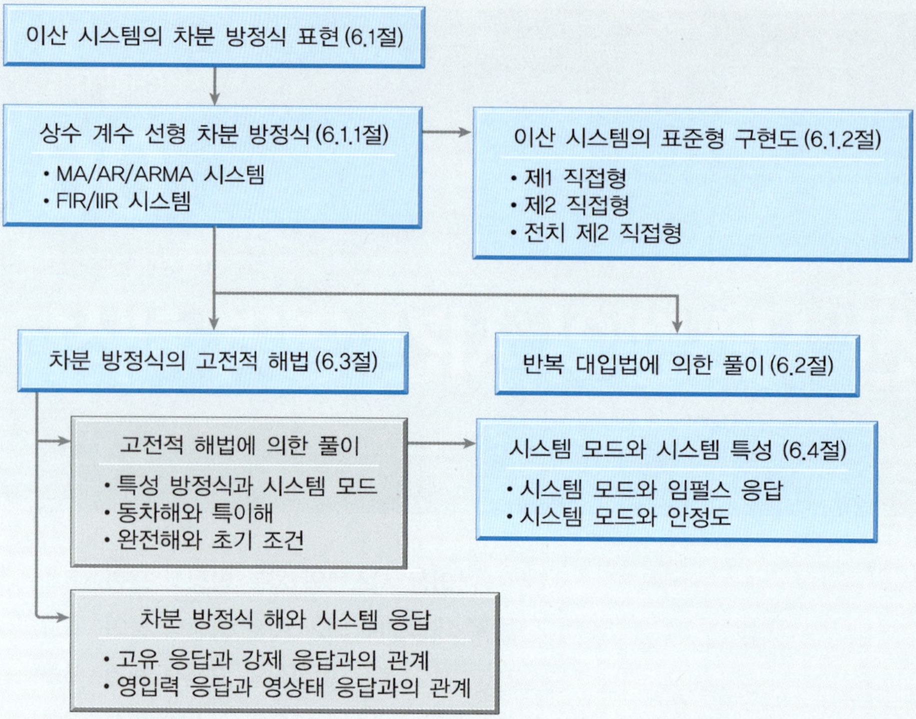

연속 시스템의 시간 영역 해석에서 다루었던 주요 개념과 결과들은 이산 시스템의 시간 영역 해석에서도 여전히 유효하다. 다만 결과의 수학적 표현이 조금 달라질 뿐이다. 뚜렷한 차이가 있다면, 차분 방정식에는 반복 대입법이라는 간편한 해법이 있어서 연속 시스템보다 다루기가 좀 더 수월하다는 점이다. 따라서 이 장에서는 5장과 내용의 중복을 되도록 피하면서 이산 시스템의 차분 방정식 표현과 이의 해법, 그리고 시스템 특성과의 관계 등에 대해 결과 위주로 간단히 살펴보기로 한다. 개념 설명은 이미 5장에서 충분히 이루어졌으므로, 예제들을 통해 잘 이해할 수 있도록 하는 데 중점을 둘 것이다.

SECTION
6.1

이산 시스템의 차분 방정식 표현

학습포인트

- 시간 영역에서 이산 시스템이 어떻게 표현되는지 알아본다.
- FIR 시스템과 IIR 시스템의 정의 및 차분 방정식의 형태를 이해한다.
- 이산 시스템을 구성하는 기본 소자들에 대해 알아본다.
- 차분 방정식으로 표현된 이산 시스템의 직접(표준)형 구현도를 알아본다.

이산 시스템은 일반적으로 차분 방정식으로 표현된다. 차분은 미분의 거친 근사화로 볼 수 있으므로, 차분 방정식은 연속 영역의 미분 방정식에 대한 이산 영역에서의 근사화라고 할 수 있다. 그러므로 차분 방정식을 이용한 이산 시스템의 표현과 해석은 5장에서 살펴본 미분 방정식에 의한 연속 시스템의 표현 및 해석과 거의 같은 구조와 논리를 지닌다. 이 절에서는 우선 이산 LTI 시스템에 대한 차분 방정식 표현과 시스템 구현도에 대해 간단히 살펴보기로 한다.

6.1.1 이산 LTI 시스템의 차분 방정식 표현

이산 신호를 처리하는 이산 시스템은 차분 방정식으로 나타낼 수 있다. 차분 방정식에 의한 이산 시스템의 취급은 미분 방정식에 의한 연속 시스템의 취급과 마치 쌍둥이처럼 비슷하다. 연속 시스템의 경우와 마찬가지로, 이산 LTI 시스템은 상수 계수 선형 차분 방정식으로 표현된다.

- LTI 시스템은 다음과 같은 꼴의 상수 계수를 갖는 선형 차분 방정식으로 표현된다.

$$y[n]+a_1y[n-1]+\cdots+a_py[n-p]=b_0x[n]+\cdots+b_qx[n-q] \tag{6.1}$$

- 차분 방정식의 해에는 입력에 대한 응답(영상태 응답) 성분과 함께 시스템 내부 상태(초기 조건)에 대한 응답(영입력 응답) 성분도 포함된다.

식 (6.1)은 시스템의 출력이 현재 및 과거의 입력값뿐만 아니라 과거의 출력값에도 관련이 있음을 보여준다. 그리고 4.2절 [예제 4-2(b)]에서도 보았듯이 식 (6.1)의 차분 방정식을 풀려면 p개의 초기 조건 $y[-1]$, $y[-2]$, $\cdots$, $y[-p]$가 필요하다. 그러므로 입력에 의한 응답(영상태 응답)뿐만 아니라 초기 조건에 의한 응답(영입력 응답) 또한 해에 포함될 것이다.

식 (6.1)의 차분 방정식을 좌변에 $y[n]$만 남기고 다시 쓰면 다음과 같다.

$$y[n]=(-a_1y[n-1]-\cdots-a_py[n-p])+(b_0x[n]+\cdots+b_qx[n-q]) \tag{6.2}$$

식 (6.2)는 이산 LTI 시스템의 출력이 현재 및 과거 입력값들의 가중 합, 즉 입력 신호의 **이동 평균(MA)** Moving Average 항과 과거 출력값들의 가중 합, 즉 출력 신호의 **자기 회귀(AR)** Auto-Regressive 항들로 구성됨을 보여준다. 따라서 식 (6.1)의 차분 방정식을 **자기 회귀 이동 평균(ARMA)** Auto-Regressive Moving Average 모델이라고도 부른다.

- **이동 평균(MA) 시스템**은 출력이 입력 신호의 이동 평균으로 주어지는 시스템이다.

$$y[n] = b_0 x[n] + b_1 x[n-1] + \cdots + b_q x[n-q] \tag{6.3}$$

- **자기 회귀(AR) 시스템**은 출력이 출력 신호의 자기 회귀 항들로 주어지는 시스템이다.

$$y[n] = -a_1 y[n-1] - \cdots - a_p y[n-p] + x[n] \tag{6.4}$$

- **자기 회귀 이동 평균(ARMA) 시스템**은 식 (6.2)와 같이 출력이 출력 신호의 자기 회귀 항들과 입력 신호의 이동 평균의 합, 즉 AR 시스템과 MA 시스템이 합쳐진 형태의 시스템이다.

$$y[n] = (-a_1 y[n-1] - \cdots - a_p y[n-p]) + (b_0 x[n] + \cdots + b_q x[n-q]) \tag{6.2}$$

그런데 이산 시스템은 4.2절 [그림 4-4]에 나타낸 것처럼 임펄스 응답의 길이 관점에서 다음과 같이 구분할 수 있으며, 그에 따라 차분 방정식 표현이 달라진다.

- **유한 임펄스 응답(FIR)** Finite Impulse Response **시스템**은 임펄스 응답의 길이(샘플 수)가 유한한 시스템이다([그림 4-4(a)], [그림 4-4(b)]).
- FIR 시스템의 차분 방정식은 이동 평균(MA) 항으로만 이루어진다.
- **무한 임펄스 응답(IIR)** Infinite Impulse Response **시스템**은 임펄스 응답의 길이가 무한한 시스템이다([그림 4-4(c)], [그림 4-4(d)]).
- IIR 시스템의 차분 방정식은 반드시 자기 회귀(AR) 항을 포함한다.

4.3절에서 이산 LTI 시스템의 출력이 다음과 같이 입력과 임펄스 응답의 컨벌루션으로 주어짐을 보았다.

$$y[n] = \sum_{k=-\infty}^{\infty} h[k] x[n-k] \tag{6.5}$$

식 (6.3)과 식 (6.5)를 비교하면 임펄스 응답 $h[k]$가 차분 방정식의 계수 역할을 함을 알 수 있다. 유한 임펄스 응답(FIR) 시스템은 임펄스 응답의 길이가 유한하므로 식 (6.5)에서 출력이 유한개 입력의 이동 평균(MA) 항들로 이루어지지만, 무한 임펄스 응답(IIR) 시스템은 임펄스 응답의 길이가 무한하므로 식 (6.5)에서 무한개의 입력 항들이 필요한데 물리적으로 불가능하다. 따라서 FIR 시스템은 기본적으로 유한개의 이동 평균(MA) 항들로만 이루어진 차분 방정식으로 나타낼 수 있으나, IIR 시스템은 반드시 자기 회귀(AR)을 포함한 차분 방정식으로 표현되어야 한다. 이러한 사실은 이미 [예제 4-2]에서 이산 시스템의 임펄스 응답을 구하면서 확인한 바 있다.

예제 6-1 IIR 시스템의 차분 방정식 표현

임펄스 응답이 $h[n]=(0.5)^n u[n]$인 이산 인과 LTI 시스템의 차분 방정식 표현을 구하라.

풀이

임펄스 응답의 길이가 무한하므로 IIR 시스템이다. 입출력 관계를 컨벌루션 합으로 나타내면

$$y[n]=\sum_{k=0}^{\infty}h[k]x[n-k]=\sum_{k=0}^{\infty}(0.5)^k x[n-k] \tag{6.6}$$
$$=x[n]+0.5x[n-1]+0.5^2x[n-2]+\cdots+0.5^k x[n-k]+\cdots$$

으로 항이 무한개인 MA 모델이 된다. 식 (6.6)을 $y[n-1]$에 대해 다시 쓰면

$$y[n-1]=\sum_{k=0}^{\infty}(0.5)^k x[n-1-k] \tag{6.7}$$
$$=x[n-1]+0.5x[n-2]+\cdots+0.5^{k-1}x[n-k]+\cdots$$

가 된다. 식 (6.6)에서 식 (6.7)에 0.5를 곱하여 빼면 다음의 차분 방정식을 얻게 된다.

$$y[n]-0.5y[n-1]=x[n] \tag{6.8}$$

식 (6.6)은 물리적으로 구현 불가능하지만, 식 (6.8)은 시간 지연기, 곱셈기, 덧셈기가 각각 하나씩만 있으면 되므로 시스템을 간단하게 구현할 수 있다.

6.1.2 이산 시스템의 표준형(직접형) 구현도

식 (6.1)의 차분 방정식을 보면, 입출력 변수에 대한 시간 지연기, 상수 계수를 곱하는 곱셈기, 그리고 방정식의 각 항을 더하는 덧셈기로 이산 시스템을 구현할 수 있음을 알 수 있다. 시간 지연기는 입력 신호를 한 시간 단위(스텝)만큼 지연시키는 요소로서, z^{-1}으로 시간 지연 동작을 표시한다.[1] [그림 6-1]은 이산 시스템의 기본 구성 요소들을 나타낸 것이다.

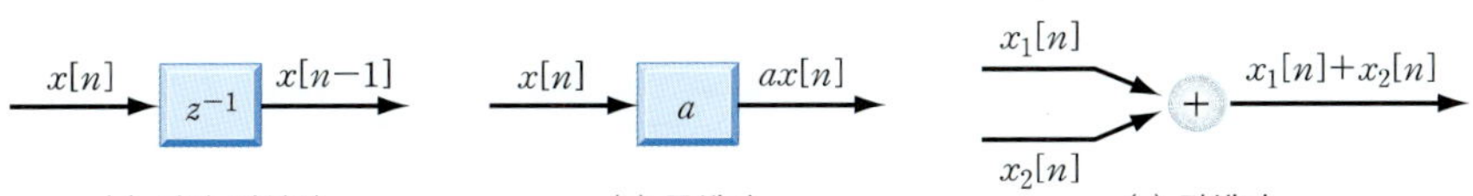

(a) 시간 지연기 (b) 곱셈기 (c) 덧셈기

[그림 6-1] 이산 시스템의 기본 구성 요소

차분 방정식으로 표현된 이산 시스템의 구현도는 기본적으로 필요한 만큼의 시간 지연기를 일렬로 연결하고, 각 지연기의 출력단마다 탭을 내어 곱셈기를 달아 계수를 곱하여 더하는 **탭부 지연기 열**tapped delay line 구조를 이룬다. 차분 방정식이 주어지면 별도의 중간 과정을 거칠 필요 없이 바로 기계적으로 그릴 수 있는 표준적인 시스템 구현도를 **직접형**direct form 또는 **표준형**canonical form이라고 하는데, 이산 시스템에는 [그림 6-2]에 보인 것처럼 3개의 직접형(표준형)이 있다.

1 그 이유는 13장에서 확인할 수 있을 것이다.

이산 시스템의 직접형(표준형) 구현도

- **제1 직접형**은 차분 방정식 표현대로 출력 항과 입력 항으로 분리하고 각각 별도의 시간 지연기 열을 사용하여 나타낸 것으로, 구현도는 [그림 6-2(a)]와 같다.
- **제2 직접형**은 차분 방정식을 출력 항과 입력 항의 2개의 식으로 분리하여 구현한 뒤 시간 지연기를 공통으로 묶은 것으로, 구현도는 [그림 6-2(b)]와 같다.
- **전치 제2 직접형**은 차분 방정식에서 같은 시간 지연을 가지는 입력과 출력 항끼리 묶어서 공통으로 하나의 시간 지연기 열을 사용한 것으로, 구현도는 [그림 6-2(c)]와 같다.
- 제2 직접형과 전치 제2 직접형은 서로 **전치 관계**이다. 따라서 제2 직접형에서 입력과 출력을 맞바꾸고 이에 맞춰 신호의 흐름, 즉 화살표의 방향을 반대로 하면 전치 제2 직접형이 얻어진다(물론 신호 흐름이 반대로 바뀌므로 덧셈기 위치는 달라진다).

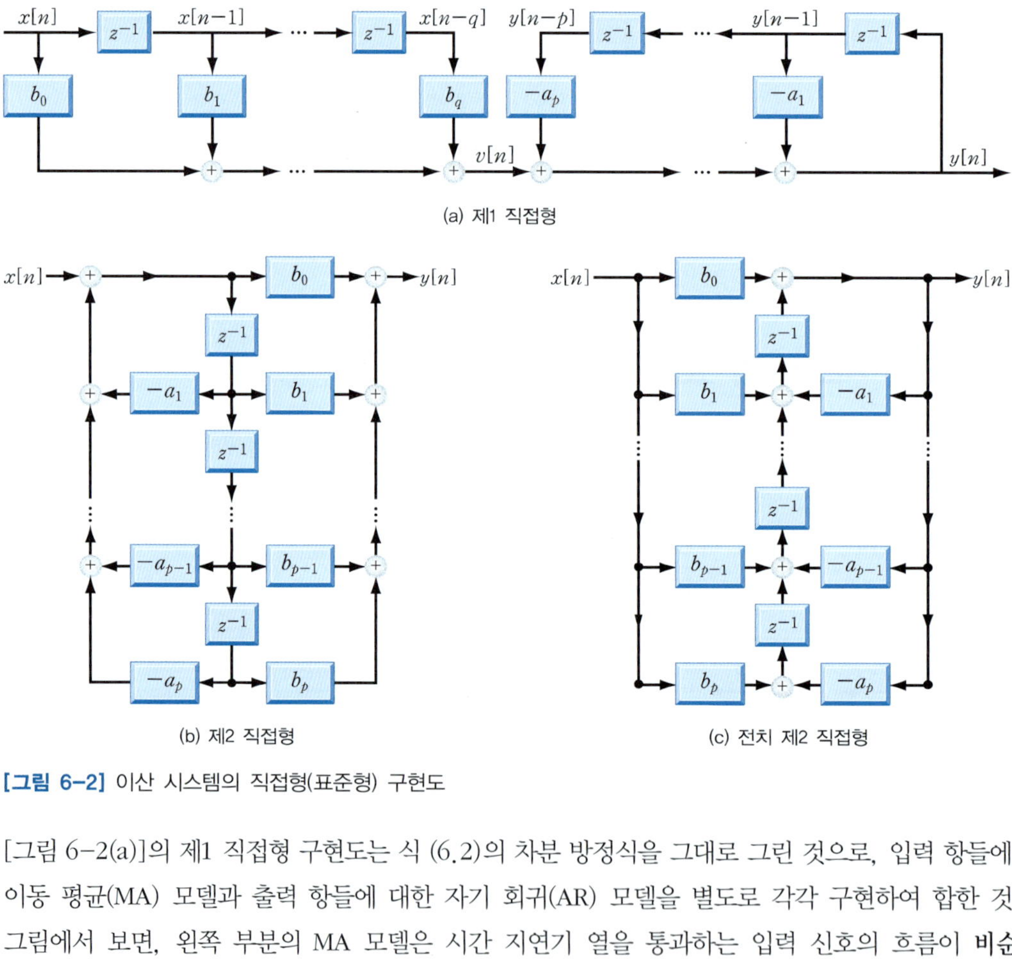

(a) 제1 직접형

(b) 제2 직접형

(c) 전치 제2 직접형

[그림 6-2] 이산 시스템의 직접형(표준형) 구현도

[그림 6-2(a)]의 제1 직접형 구현도는 식 (6.2)의 차분 방정식을 그대로 그린 것으로, 입력 항들에 대한 이동 평균(MA) 모델과 출력 항들에 대한 자기 회귀(AR) 모델을 별도로 각각 구현하여 합한 것이다. 그림에서 보면, 왼쪽 부분의 MA 모델은 시간 지연기 열을 통과하는 입력 신호의 흐름이 **비순환적** nonrecursive이고, 오른쪽 부분의 AR 모델은 시간 지연기 열을 통과하는 출력 신호의 흐름이 **순환적** recursive이다. 입력과 출력에 대한 적분기 열을 공통으로 사용했던 연속 시스템의 제1 직접형(표준형)과 제2 직접형(표준형)에 해당하는 구조도 물론 가능하다. 연속 시스템의 제2 직접형과 동일 구조인 [그림 6-2(b)]의 구현도는 똑같이 제2 직접형이라고 하고, 연속 시스템의 제1 직접형과 같은 구조인 [그림

6-2(c)]의 구현도는 [그림 6-2(a)]가 이미 제1 직접형이라는 이름을 차지했으므로 [그림 6-2(b)]의 구현도와 전치 관계임을 활용하여 전치 제2 직접형이라고 한다. [그림 6-2(b)]와 [그림 6-2(c)]의 구현도는 [그림 6-2(a)]에 비해 시간 지연기를 훨씬 덜 필요로 하므로 디지털 필터 구현에서 더 선호된다.[2]

예제 6-2 이산 시스템의 구현도 : 비순환 구조의 순환 구조 변환

비순환 구조인 [그림 6-3]의 MA 모델 이산 시스템을 순환 구조로 바꾸어 표현하라.

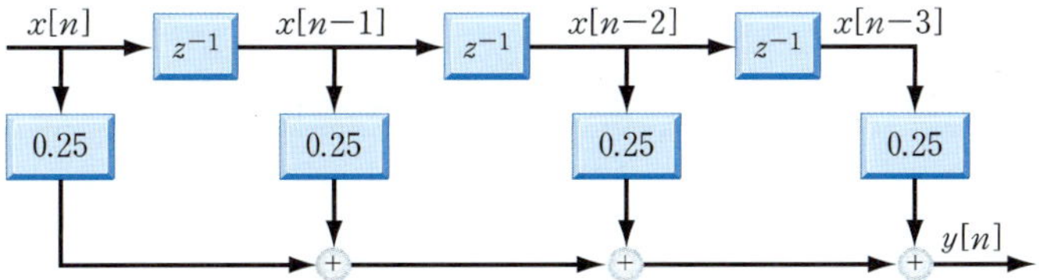

[그림 6-3] [예제 6-2]의 MA 모델 이산 시스템

풀이

[그림 6-3]의 MA 모델 이산 시스템을 차분 방정식으로 나타내면 다음과 같다.

$$y[n]=\frac{1}{4}(x[n]+x[n-1]+x[n-2]+x[n-3])$$

이에 대해 다음과 같이 간단한 조작을 통하여 순환 구조를 갖는 차분 방정식으로 바꿀 수 있으며, [그림 6-4]는 이를 제1 직접형 구현도로 나타낸 것이다.

$$\begin{aligned}y[n]&=\frac{1}{4}\{(x[n-1]+x[n-2]+x[n-3]+x[n-4])+x[n]-x[n-4]\}\\&=y[n-1]+\frac{1}{4}x[n]-\frac{1}{4}x[n-4]\end{aligned}$$

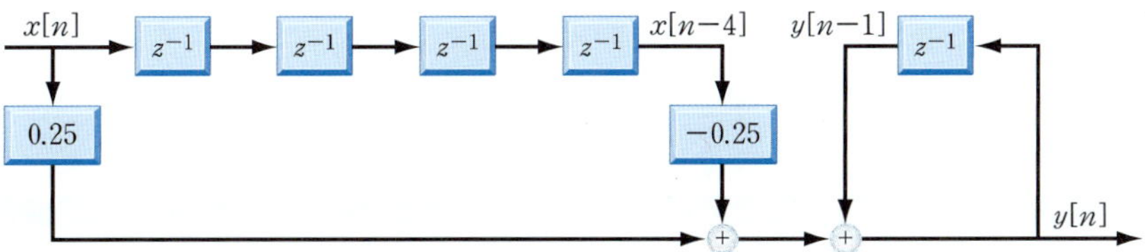

[그림 6-4] MA 모델 시스템의 순환 구조(ARMA) 변환

두 구조를 비교해보면, 이동 평균 되는 항이 많아질수록 계산량 측면에서 순환 구조가 더 효율적임을 알 수 있다. 예를 들어, $N=100$개의 입력을 평균하여 출력을 낼 경우, 비순환 구조에서는 최소 99($=N-1$)번의 덧셈과 1번의 곱셈이 필요하지만, 순환 구조에서는 이 예의 경우와 똑같이 2번의 덧셈(뺄셈은 덧셈과 같다)과 1번의 곱셈만 필요로 한다. 계산량의 차이는 N이 커질수록 비례해서 더욱 늘어나게 된다.

[예제 6-2]에서 보듯이, 일반적으로 MA 모델은 수학적으로 등가인 AR 또는 ARMA 모델로 변환할 수 있다. 그러므로 엄격히 말해 '비순환 구조 이산 시스템 = FIR 시스템', '순환 구조 이산 시스템 = IIR 시스템'이라고 단정 지을 수는 없지만, 기본적으로 FIR 시스템은 MA 형태의 차분 방정식, IIR 시스템은 AR 또는 ARMA 형태의 차분 방정식으로 표현된다고 알고 있어도 무리는 없다.

2 상세한 유도 과정은 〈심화학습 자료〉를 참고하기 바란다.

예제 6-3 이산 시스템의 구현도

다음 차분 방정식으로 표현되는 이산 시스템의 구현도를 그려라.

$$y[n]+0.8y[n-1]+0.25y[n-2]+0.05y[n-3]=2x[n-1]+8x[n-2]+4x[n-3]-12x[n-4]$$

풀이

차분 방정식으로부터 직접 제1 직접형, 제2 직접형, 전치 제2 직접형 구현도를 그리면 [그림 6-5]와 같다. 값이 0인 곱셈기 가지는 제거해도 상관없지만, 일반화 형태를 익힐 수 있도록 남겨둔 것이다.

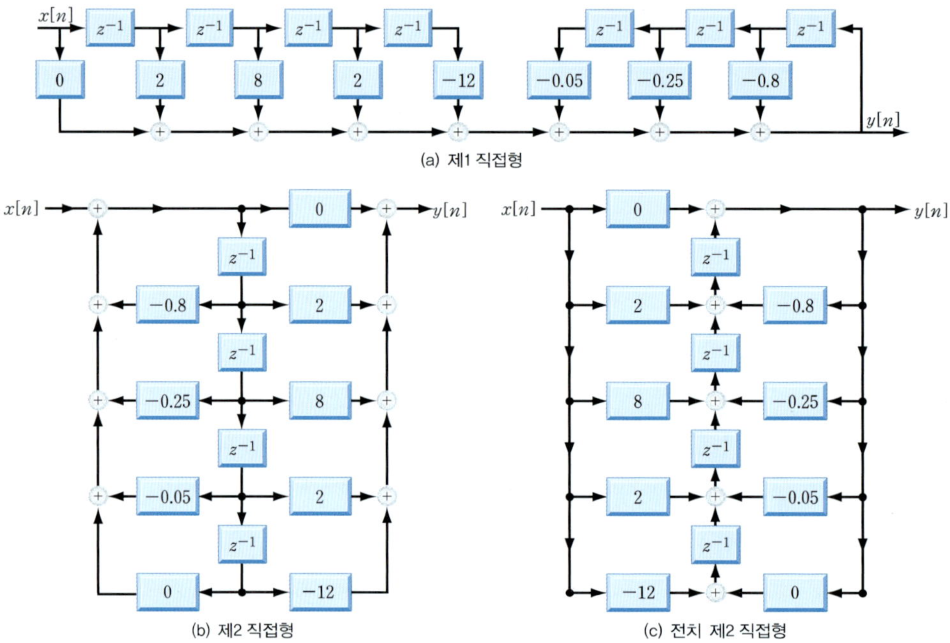

[그림 6-5] [예제 6-3]의 이산 시스템의 직접형 구현도

Check Point 다음 문제에서 옳은 것을 골라라.

(1) 차분 방정식의 계수가 (상수, 시간 함수)이면 시불변 시스템이다.

(2) FIR 시스템과 IIR 시스템으로 나누는 기준은 임펄스 응답의 길이이다. (○, ×)

(3) 입력의 이동 평균 항으로만 나타낼 수 있는 것은 (FIR, IIR) 시스템이다.

(4) IIR 시스템은 차분 방정식에 항상 자기 회귀 항을 포함한다. (○, ×)

(5) FIR 시스템은 항상 비순환 구조로만 구현할 수 있다. (○, ×)

(6) 이산 시스템의 구현도는 (적분기, 시간 지연기, 곱셈기, 덧셈기, 변조기)로 구성된다.

(7) 이산 시스템의 제1 직접형과 제2 직접형 구현도는 서로 전치 관계이다. (○, ×)

(8) ARMA 모델의 제1 직접형과 제2 직접형 구현도의 시간 지연기 수는 같다. (○, ×)

(9) 이산 시스템의 구현도에서 입력과 출력 마디를 바꾸고 신호 흐름의 방향(화살표)을 반대로 하여 얻어지는 구현도를 원 구현도와 (대칭, 전치, 역) 관계라고 한다.

(10) 제2 직접형 구현도가 주어지면 전치 제2 직접형 구현도를 그릴 수 있다. (○, ×)

SECTION 6.2

반복 대입법에 의한 차분 방정식 풀이

학습포인트

- 반복 대입법에 의한 차분 방정식의 풀이를 알아본다.
- 반복 대입법의 장단점과 한계를 이해한다.

차분 방정식의 해석적인 풀이는 미분 방정식과 다를 바 없지만, 차분 방정식에는 미분 방정식에 없는 손쉬운 풀이법이 있다. 반복 대입법repeatitive substitution이 그것인데, 시스템의 특성 해석에 활용하기는 무리가 있지만 간단한 응용이나 컴퓨터를 이용한 수치적 취급에는 매우 유용하다. 이 절에서는 반복 대입법을 이용한 차분 방정식의 풀이에 대해 간략히 살펴보기로 한다.

차분 방정식은 미분 방정식처럼 고전적 해법과 같은 복잡한 풀이 과정을 거치지 않고도 **반복 대입법**을 통해 간단히 해를 구할 수 있다.

반복 대입법에 의한 차분 방정식의 풀이

- **1단계** : 차분 방정식의 좌변에 $y[n]$만 남기고 우변으로 넘겨 정리한다.

$$y[n] = -a_1 y[n-1] - \cdots - a_p y[n-p] + b_0 x[n] + \cdots + b_q x[n-q] \tag{6.9}$$

- **2단계** : 시작 시점 $n=i$에서 주어진 초기 조건 $y[i-1], \ \cdots, \ y[i-p]$와 이미 알고 있는 입력값들을 대입하여 $y[i]$를 계산한다.
- **3단계** : 차분 방정식에서 n을 1 증가시켜 직전에 구한 $y[i]$와 이미 알고 있는 과거 출력 및 입력값들을 대입하여 $y[i+1]$을 계산한다.
- **4단계** : 3단계의 과정을 반복한다.

식 (6.9)는 $y[n]$이 n 순간의 입력과 그 이전의 입력 및 출력으로부터 계산될 수 있음을 보여준다. 그러므로 시작 시점부터 시간 값을 1씩 증가시켜가며 과거의 입출력 값과 직전 단계의 계산 결과를 대입해 차례로 $y[n]$을 계산해나가면 차분 방정식의 해를 얻게 된다. 이처럼 반복해서 직전 단계의 결과를 대입하여 순차적으로 차분 방정식의 해를 구하기 때문에 이 풀이법을 반복 대입법이라고 한다. 반복 대입법은 계산하기 쉬울 뿐만 아니라 컴퓨터에 의한 수치적 계산에도 매우 적합하다. 그러나 기본적으로 **닫힌 꼴**closed form의 해를 제공하지 않기 때문에, 출력의 초기 몇몇 값 또는 경향을 파악하거나 하는 간단한 응용에는 쓸모가 있으나 시스템 해석과 설계에 보편적으로 활용되기에는 한계가 있다. 따라서 시스템의 이론적 해석을 위해서는 미분 방정식처럼 고전적 해법을 이용해 해를 구하는 것이 일반적이다.

예제 6-4 반복 대입법을 이용한 차분 방정식의 풀이

[예제 6-1]에서 구한 식 (6.8)의 차분 방정식으로부터 다시 임펄스 응답을 구해 [예제 6-1]에서 주어진 임펄스 응답 $h[n]=(0.5)^n u[n]$과 일치하는지 확인하라.

풀이

임펄스 응답을 구하기 위해 $x[n]=\delta[n]$으로 두고, 식 (6.8)을 다시 정리하면 다음과 같다.

$$h[n]=0.5h[n-1]+\delta[n]$$

$n=0$에서부터 순차적으로 $h[n]$의 값을 구하면

$$\begin{aligned}
n=0\text{일 때}, \quad & h[0]=0.5h[-1]+\delta[0]=1 \\
n=1\text{일 때}, \quad & h[1]=0.5h[0]+\delta[1]=0.5 \\
n=2\text{일 때}, \quad & h[2]=0.5h[1]+\delta[2]=(0.5)^2 \\
n=3\text{일 때}, \quad & h[3]=0.5h[2]+\delta[3]=(0.5)^3 \\
& \vdots \\
n=k\text{일 때}, \quad & h[k]=0.5h[k-1]+\delta[k]=(0.5)^k
\end{aligned}$$

이므로, 식 (6.8)의 차분 방정식에 의한 임펄스 응답이 $h[n]=(0.5)^n u[n]$으로 구해진다. 따라서 식 (6.6)과 식 (6.8)은 같은 시스템을 표현한 것이다. 이 문제의 경우는 다행히 차분 방정식의 꼴이 단순하여 닫힌 꼴의 해를 얻을 수 있지만, 일반적으로는 닫힌 꼴의 해를 늘 어렵지 않게 구할 수 있는 것은 아니다. 그러므로 풀이에서 보듯이 주로 초기의 몇몇 값을 구할 때 유용하게 사용된다.

예제 6-5 반복 대입법을 이용한 차분 방정식의 풀이 : 예금 복리 계산

은행에 계좌를 개설하여 월 이율 r로 매월 초에 정기적으로 예금을 하면 통장에 이자를 포함한 계좌의 총 잔고가 바로 표시된다고 한다. 매월 초에 예금한 직후의 계좌 잔고를 나타내는 차분 방정식을 구하라. 그리고 매월 예금액이 10만 원이고 월이율이 1%인 경우에 대해 구해진 차분 방정식을 이용하여 처음 몇 개월의 계좌 잔고를 계산하라.

풀이

n번째 월초에 입금하는 예금액을 $x[n]$, 이 예금액이 입금된 직후에 계산된 총 잔고를 $y[n]$이라 하면, 총 잔고는 전월의 총 잔고 $y[n-1]$과 이에 대한 한 달 동안의 이자 수입 $ry[n-1]$, 그리고 n번째 월에 입금한 예금액의 합이 되므로 다음과 같이 된다.

$$y[n]=y[n-1]+ry[n-1]+x[n]=(1+r)y[n-1]+x[n] \tag{6.10}$$

매월 예금액 10만 원에 월이율이 1%이면 $x[n]=10$(만 원)$(n\geq 0)$이고 $r=0.01$에 해당한다. 계좌를 개설하기 이전에는 잔액이 없으므로 $y[-1]=0$이고, 따라서 첫 예금이 이루어진 직후의 잔액은 앞의 차분 방정식에 $n=0$으로 두어 구하면 된다.

$$n=0: \; y[0]=1.01y[-1]+x[0]=1.01(0)+10=10$$

다음 달부터의 총 잔액은 n을 1씩 증가시켜가며 계산 결과를 반복적으로 대입하여 풀면 다음과 같이 된다.

$$\begin{aligned} n=1:\ \ & y[1]=1.01y[0]+x[1]=1.01(10)+10=20.1 \\ n=2:\ \ & y[2]=1.01y[1]+x[2]=1.01(20.1)+10=30.301 \\ n=3:\ \ & y[3]=1.01y[2]+x[3]=1.01(30.301)+10=40.604 \\ & \vdots \end{aligned}$$

이 방법은 간단한 계산으로 쉽게 해를 구할 수 있다는 점은 좋지만, 초기의 몇몇 값이 아니라 5년 뒤 총 잔액 $y[60]$ 같이 한참 뒤의 값을 알고자 할 경우는 $n=60$이 될 때까지 계산 과정을 되풀이해야만 하는 불편한 점도 있다. 이럴 때 닫힌 꼴의 해를 알고 있다면 $n=60$을 대입하여 바로 계산할 수 있으므로 편리할 것이다.

1차 또는 2차 정도의 간단한 차분 방정식이라면 반복적 대입법을 이용하여 닫힌 꼴의 해를 구할 수도 있다. 예금 잔고에 대한 차분 방정식 식 (6.10)에서 n을 1씩 증가시키며 계산을 진행하되, 변수에 그 값을 바꾸어 넣지 않고 그대로 둔 채 다음 단계의 계산에 대입하는 과정을 반복하면 닫힌 꼴의 해를 얻을 수 있다. 즉 $n=0$의 경우는 다음과 같고,

$$y[0]=1.01y[-1]+x[0]$$

$n=1$로 증가시킨 뒤 앞의 결과를 다시 차분 방정식에 대입하면 다음과 같다.

$$y[1]=1.01y[0]+x[1]=1.01(1.01y[-1]+x[0])+x[1]$$

이를 계속 반복하면 다음과 같이 전개된다.

$$\begin{aligned} y[2]&=1.01y[1]+x[2]=1.01(1.01^2y[-1]+1.01x[0]+x[0])+x[2] \\ y[3]&=1.01y[2]+x[3]=1.01(1.01^3y[-1]+1.01^2x[0]+1.01x[1]+x[2])+x[3] \\ &\vdots \\ y[n]&=(1.01)^{n+1}y[-1]+(1.01)^n x[0]+(1.01)^{n-1}x[1]+\ \cdots\ +1.01x[n-1]+x[n] \\ &\vdots \end{aligned}$$

이로부터 닫힌 꼴의 $y[n]$은 다음과 같이 구해진다.

$$y[n]=(1.01)^{n+1}y[-1]+\sum_{i=0}^{n}(1.01)^i x[n-i]$$

앞 식에 $n=60$을 대입하면 간단하게 $y[60]$을 얻을 수 있다.

$$\begin{aligned} y[60]&=(1.01)^{61}y[-1]+\sum_{i=0}^{60}(1.01)^i x[60-i] \\ &=\sum_{i=0}^{60}(1.01)^i\cdot 10=10\frac{(1.01)^{61}-1}{1.01-1}=10\frac{0.835}{0.01}=835 \end{aligned}$$

차분 방정식의 차수가 높아지면 이런 식으로 닫힌 꼴의 해를 구하기가 매우 복잡하고 까다로우므로, 이런 경우에는 다음 절의 해석적인 방법을 이용한다.

SECTION 6.3

차분 방정식의 고전적 해법

학습포인트

- 차분 방정식의 고전적 해법에 대해 살펴본다.
- 특성 방정식과 특성근, 시스템 모드의 정의와 개념을 이해한다.
- 동차해와 특이해를 구하는 방법을 잘 익혀둔다.
- 차분 방정식의 풀이에 있어서 초기 조건의 중요성을 이해한다.
- 시스템 응답 구분의 차이를 이해하고, 시스템 모드와의 관계를 알아본다.

시간 영역에서 차분 방정식의 해를 해석적으로 구하는 고전적 해법은 미분 방정식의 고전적 해법과 아주 비슷하다. 다만 특성 방정식을 구하는 방법과 시스템 모드의 형태가 살짝 다를 뿐이다. 라플라스 변환을 사용하면 미분 방정식을 손쉽게 풀 수 있듯이, 차분 방정식의 풀이도 13장에서 다룰 z 변환을 이용하면 훨씬 간편해진다. 따라서 이 절에서는 차분 방정식의 고전적 해법에 대해 중요한 결과들만 간단히 소개하기로 한다.

미분 방정식과 마찬가지로 차분 방정식의 고전적 해법은 한 번에 해를 구하는 것이 아니라 특성에 따라 성분을 나누고 여러 단계를 거쳐 해를 구하게 된다.

- 차분 방정식의 해는 **동차** homogeneous**해** $y_h[n]$과 **특이** particular**해** $y_p[n]$의 합으로 주어진다.

$$y[n] = y_h[n] + y_p[n] \tag{6.11}$$

- **동차해**는 **특성**characteristic **방정식**으로부터 이산 지수 함수 꼴로 구해지는 해로서, 외부 입력이 없어도 나올 수 있으며 시스템의 고유한 특성이 반영된 출력이다.
- **특이해**는 외부 입력이 있을 때만 생기는 입력과 같은 꼴의 해로서, 입력의 특성이 반영된 출력이다.
- 차분 방정식의 해 식 (6.11)을 **완전해(일반해)**라고 하며, 주어진 초기 조건을 이용하여 동차해의 계수를 구함으로써 유일하게 결정한다.
- **초기 조건**은 출력의 초깃값으로서 차분 방정식의 해를 유일하게 결정하려면 꼭 필요하다. 초기 조건이 다르면 당연히 차분 방정식의 해도 달라진다.

특성 방정식과 시스템 (고유/특성) 모드

- **특성 방정식**은 차분 방정식의 출력 항들로부터 다음과 같이 정의되며, 입력과는 무관하고 시스템 자체의 특성을 반영한다.

$$\gamma^p + a_1\gamma^{p-1} + \cdots + a_{p-1}\gamma + a_p = (\gamma-\gamma_1)(\gamma-\gamma_2)\cdots(\gamma-\gamma_p) = 0 \qquad (6.12)$$

- **특성근**characteristic roots $\{\gamma_i\}$는 특성 방정식의 해로서 시스템의 고유한 특성을 지배한다.
- **시스템 (특성**characteristic**/고유**eigen**) 모드**mode $\{\gamma_i^n\}$는 특성근 $\{\gamma_i\}$이 차분 방정식의 해, 즉 시스템의 출력으로 드러나는 것이다.

미분 방정식과 마찬가지로 특성 방정식은 동차 차분 방정식으로부터 정의된다. 실제로는 식 (6.1)의 차분 방정식의 좌변 출력 항들에 대해 시간 지연이 k인 항을 γ^{-k}로 대체하여 구성한 다음 γ^{-1}의 최고차항으로 묶어내어 γ에 대한 다항식으로 정리하면 식 (6.12)의 특성 방정식을 얻을 수 있다. 좀 더 간편하게 특성 방정식을 구하려면, 시간이 가장 뒤진 출력 항을 $\gamma^0(=1)$로 놓고 그 출력 항보다 시간이 한 스텝 앞설 때마다 γ를 하나씩 곱해주면 된다. 특성근은 차분 방정식에 따라 실수나 복소수가 될 수 있다. 그러므로 가장 일반적인 형태는 $\gamma_i = r_i e^{j\phi_i}$이다.

미분 방정식에서는 특성근 $\{\lambda_i\}$에 시스템 모드 $\{e^{\lambda_i t}\}$가 대응되었지만, 차분 방정식에서는 특성근 $\{\gamma_i\}$에 시스템 모드 $\{\gamma_i^n\}$가 대응된다. 즉 특성근이 시스템의 출력으로 모습을 드러내는 시스템 모드는 밑수가 γ_i인 이산 지수 함수가 된다.

동차해

동차해는 차분 방정식의 우변이 0, 즉 입력 항이 없는 동차 차분 방정식의 해이다.

- **동차해** $y_h[n]$은 시스템 모드로만 이루어진 해 성분으로, 시스템의 고유한 특성이 고스란히 반영된 출력이다.

❶ 특성근들이 서로 다른distinct 값을 가질 경우

$$y_h[n] = c_1\gamma_1^n + c_2\gamma_2^n + \cdots + c_p\gamma_p^n \qquad (6.13)$$

❷ 특성근 γ_1이 m-중근인 경우

$$y_h[n] = (c_1 + c_2 n + \cdots + c_m n^{m-1})\gamma_1^n + c_{m+1}\gamma_{m+1}^n + \cdots + c_p\gamma_p^n \qquad (6.14)$$

동차해 식 (6.13)의 계수 $c_1, c_2, \cdots, c_p$는 차분 방정식의 p개의 초기 조건을 이용하여 결정하게 된다. 그런데 특성근에 중근이 있으면, 중근에 해당하는 항의 계수를 결정할 수 없으므로 동차해 형태가 식 (6.14)와 같이 수정된다.

예제 6-6 **차분 방정식의 동차해 : 특성근이 서로 다른 경우**

다음과 같은 차분 방정식의 동차해를 구하라.

$$y[n]-5y[n-1]+6y[n-2]=x[n-1]-4x[n-2] \tag{6.15}$$

풀이

이 차분 방정식의 특성 방정식을 구하면

$$\gamma^2-5\gamma+6=(\gamma-2)(\gamma-3)=0$$

이므로, 특성근은 $\gamma_1=2$, $\gamma_2=3$이 된다. 따라서 동차해는 다음과 같다.

$$y_h[n]=c_1(2)^n+c_2(3)^n$$

예제 6-7 **차분 방정식의 동차해 : 특성근이 중근인 경우**

다음과 같은 차분 방정식의 동차해를 구하라.

$$y[n]+6y[n-1]+12y[n-2]+8y[n-3]=x[n]$$

풀이

이 차분 방정식의 특성 방정식을 구하면

$$\gamma^3+6\gamma^2+12\gamma+8=(\gamma+2)^3=0$$

이므로, 특성근은 $\gamma=-2$가 된다. 따라서 동차해는 다음과 같다.

$$y_h[n]=(c_1n^2+c_2n+c_3)(-2)^n$$

특이해

- **특이해** $y_p[n]$은 입력과 같은 꼴의 해 성분으로 시스템 모드 성분을 전혀 포함하지 않는다. 따라서 온전히 입력의 특성이 반영된 출력이다.
- 특이해는 초기 조건과는 전혀 상관이 없고, 독립적으로 완전하게 결정할 수 있다.

특이해를 구하는 과정은 다음과 같다. 먼저 [표 6-1]을 이용하여 입력에 맞춰 특이해의 꼴을 결정한 다음, 이를 차분 방정식에 대입하여 등식의 양변을 비교함으로써 계수를 결정하여 특이해를 확정한다.

[표 6-1] 입력 형태에 따른 차분 방정식의 특이해

입력 형태	특이해	
$au[n]$	$cu[n]$	
$\cos(\Omega_0 n+\theta)$	$c_1\cos(\Omega_0 n+\theta)+c_2\sin(\Omega_0 n+\theta)=c\cos(\Omega_0 n+\phi)$	
n^m	$c_m n^m+c_{m-1}n^{m-1}+\cdots+c_1 n+c_0$	
r^n	$r\neq$특성근	cr^n
	$r=$특성근	cnr^n
	$r=m$중 특성근	$cn^m r^n$
$(a_m n^m+a_{m-1}n^{m-1}+\cdots+a_1 n+a_0)r^n$	$(c_m n^m+c_{m-1}n^{m-1}+\cdots+c_1 n+c_0)r^n$	

[표 6-1]에서 주의할 점은 입력이 이산 지수 함수일 때 이 입력이 시스템 모드와 일치하는 경우이다. 표에 나타낸 것처럼, 이 경우에는 특이해를 입력과 같은 함수로 두지 않고 시스템 모드와 구분될 수 있도록 마치 특성 방정식의 중근의 하나인 것처럼 취급하여, 동차해의 시스템 모드에 포함되지 않은 항을 특이해로 취해야 한다. 예를 들어, r이 3중근인 특성근과 같다면 특이해까지 포함해 4중근이 되는 셈이므로, 4중근인 경우의 시스템 모드 r^n, nr^n, n^2r^n, n^3r^n 중에서 동차해에 포함되지 않은 가장 높은 n의 차수를 갖는 항인 n^3r^n으로 특이해를 취하게 된다.

예제 6-8 차분 방정식의 특이해

[예제 6-6]의 차분 방정식 식 (6.15)에 대해 다음 입력에 대한 특이해를 구하라.

(a) $x[n]=2u[n]$　　(b) $x[n]=(2n+1)u[n]$　　(c) $x[n]=(2)^n u[n]$

풀이

(a) 특이해를 $y_p[n]=\alpha$라 두고, 이를 차분 방정식에 대입하면 다음과 같이 된다.

$$\alpha-5\alpha+6\alpha=2-8,\quad n\geq 2$$

따라서 $\alpha=-3$이 되므로, 특이해는 다음과 같이 구해진다.

$$y_p[n]=-3,\quad n\geq 2$$

(b) 특이해를 $y_p[n]=c_1n+c_0$라 두고, 이를 차분 방정식에 대입하면 다음과 같다.

$$\{c_1n+c_0\}-5\{c_1(n-1)+c_0\}+6\{c_1(n-2)+c_0\}$$
$$=\{2(n-1)+1\}-4\{2(n-2)+1\},\quad n\geq 2$$

이를 정리하면 $2c_1n-7c_1+2c_0=-6n+11$이 되어 $c_1=-3$, $c_0=-5$를 얻는다. 따라서 특이해는 다음과 같다.

$$y_p[n]=-3n-5,\quad n\geq 2$$

(c) 특이해를 $y_p[n]=cn(2)^n$이라 두고, 이를 차분 방정식에 대입하면

$$cn(2)^n-5c(n-1)(2)^{n-1}+6c(n-2)(2)^{n-2}=(2)^{n-1}-4(2)^{n-2}, \qquad n\geq 2$$

가 된다. 이를 정리하면 $-c(2)^{n-1}=-(2)^{n-1}$가 되어 $c=1$이다. 따라서 특이해는

$$y_p[n]=n(2)^n, \qquad n\geq 2$$

이 된다. 만약 특이해를 그냥 $y_p[n]=c(2)^n$이라 두고, 이를 차분 방정식에 대입하면

$$c(2)^n-5c(2)^{n-1}+6c(2)^{n-2}=0(2)^{n-2}=(2)^{n-1}-4(2)^{n-2}$$

가 되어 불능이 된다. 그러므로 입력이 시스템 모드와 같을 때는 주의해야 한다.

완전해와 초기 조건

동차해와 특이해를 각각 구하여 식 (6.11)과 같이 차분 방정식의 완전해(일반해)를 얻었다 하더라도 아직 풀이가 끝난 것이 아니다. 마지막으로 꼴만 정해둔 동차해의 계수를 주어진 초기 조건을 이용해 결정해야만 차분 방정식의 해가 유일하게 결정되어 시스템의 실제 동작과 일치하는 응답을 얻게 된다. 초기 조건이 다르면 당연히 차분 방정식의 해, 즉 시스템의 출력도 달라질 것이다. 차분 방정식의 해 식 (6.11)은 입력이 인가된 후의 시스템 응답을 나타내고 있으므로, 반드시 초기 조건을 입력이 인가된 시점 이후의 값을 사용해야 한다는 점을 유의해야 한다. 차분 방정식은 반복 대입법을 이용할 수 있어서 연속 시스템을 표현하는 미분 방정식에 비해 초기 조건을 찾아내거나 이를 이용해 동차해의 계수를 결정하는 일이 훨씬 쉽고 간단하다. 또 초기 조건 중 일부만 주어지더라도 반복 대입법을 이용하여 차분 방정식으로부터 쉽게 필요한 나머지 초기 조건들을 구해낼 수 있다.

차분 방정식의 풀이 과정 : 고전적 해법

시간 영역에서 차분 방정식을 푸는 고전적 해법은 다음과 같은 단계를 거쳐 해를 구한다.

차분 방정식의 고전적 해법

- **1단계** : 차분 방정식으로부터 특성 방정식과 특성근 $\{\gamma_i\}$을 구한다.

$$\gamma^p+a_{p-1}\gamma^{p-1}+\cdots+a_1\gamma+a_0=(\gamma-\gamma_1)(\gamma-\gamma_2)\cdots(\gamma-\gamma_p)=0$$

- **2단계** : 특성근을 이용하여 동차해의 형태를 다음과 같이 둔다.

$y_h[n]=c_1\gamma_1^n+c_2\gamma_2^n+\cdots+c_p\gamma_p^n$ (특성근들이 서로 다른 경우)

$y_h[n]=(c_1+c_2n+\cdots+c_mn^{m-1})\gamma_1^n+c_{m+1}\gamma_{m+1}^n+\cdots+c_p\gamma_p^n$

(특성근 γ_1이 m-중근)

- **3단계** : [표 6-1]을 이용하여 입력과 같은 꼴로 특이해 $y_p[n]$을 설정하고, 이를 차분 방정식에 대입한 뒤에 양변 계수를 비교하여 값을 완전히 결정한다.
- **4단계** : $y[n]=y_h[n]+y_p[n]$이라 두고, 입력이 인가된 이후($n \geq 0$)의 초기 조건을 대입하여 동차해의 계수를 구함으로써 차분 방정식의 완전한 유일해를 확정한다.

예제 6-9 차분 방정식의 완전해 : 초기 조건에 의한 계수 결정

[예제 6-6]의 차분 방정식 식 (6.15)에 대해 입력이 $x[n]=(2n+1)u[n]$이고, 초기 조건이 $y[-1]=2$, $y[-2]=1$로 주어질 때, 완전한 해를 구하라.

풀이

동차해와 특이해는 이미 [예제 6-6]과 [예제 6-8(b)]에서 구하였으므로, 주어진 차분 방정식의 해는 다음과 같다.

$$y[n]=y_h[n]+y_p[n]=c_1(2)^n+c_2(3)^n-3n-5, \quad n \geq 2 \tag{6.16}$$

주어진 초기 조건은 입력이 인가되기 전인 $n<0$에서의 값이므로, 입력이 인가된 이후의 초기 조건으로 바꾸어야 한다. 반복 대입법을 적용하기 위해 차분 방정식을 좌변에 $y[n]$만 남기고 정리하면

$$y[n]=5y[n-1]-6y[n-2]+x[n-1]-4x[n-2]$$

가 된다. 이 식에 $n=0, 1$을 차례로 대입하고 초기 조건을 이용하여 순차적으로 풀면

$$y[0]=5y[-1]-6y[-2]+x[-1]-4x[-2]=10-6+0-0=4$$
$$y[1]=5y[0]-6y[-1]+x[0]-4x[-1]=20-12+1-0=9$$

이고, 구한 초기 조건을 식 (6.16)에 대입하면 다음과 같다.

$$y[0]=c_1(2)^0+c_2(3)^0-3(0)-5=4$$
$$y[1]=c_1(2)^1+c_2(3)^1-3(1)-5=9$$

이를 c_1과 c_2에 대해 연립하여 풀면 $c_1=10$, $c_2=-1$을 얻는다. 따라서 차분 방정식의 완전한 유일해는 다음과 같이 된다.

$$y[n]=[10(2)^n-(3)^n]+[-3n-5] \tag{6.17}$$

만약 동차해의 계수를 결정할 때 초기 조건을 입력이 인가되기 이전의 값인 $y[-1]=2$, $y[-2]=1$을 사용하면 어떻게 될까? 이 초기 조건을 식 (6.16)에 대입하면

$$y[-1]=c_1(2)^{-1}+c_2(3)^{-1}-3(-1)-5=2$$
$$y[-2]=c_1(2)^{-2}+c_2(3)^{-2}-3(-2)-5=1$$

이다. 이를 c_1과 c_2에 대해 연립하여 풀면 $c_1=-16$, $c_2=36$을 얻는다. 이 경우 차분 방정식의 해는 다음과 같이 된다.

$$y[n] = -16(2)^n + 36(3)^n - 3n - 5$$

이것은 식 (6.17)과는 전혀 다른 결과이다. 이렇게 잘못된 결과를 얻게 된 이유는 식 (6.16)이 시스템의 초기 조건과 외부 입력 모두에 대한 응답이 다 포함되어 등식이 성립한 형태임에도 불구하고 입력이 아직 들어오지 않은 순간의 출력값인 $y[-1]$과 $y[-2]$를 사용하여 계수를 결정했기 때문이다.

차분 방정식의 해와 시스템 응답

이산 시스템이 차분 방정식에 의해 표현될 때, 차분 방정식의 해가 곧 시스템 응답이다.

- (고전적 해법으로 구한) 차분 방정식의 완전해에서 동차해 $y_h[n]$은 **고유 응답**이다.
- (고전 해법으로 구한) 차분 방정식의 완전해에서 특이해 $y_p[n]$은 **강제 응답**이다.
- $n < 0$ 순간의 초기 조건을 0으로 두고 구한 차분 방정식의 해는 **영상태 응답**이다.
- 특성 방정식으로부터 구한 동차해에 입력이 인가되기 전인 $n < 0$ 순간의 초기 조건을 대입하여 얻은 동차해는 **영입력 응답**이다.
- 영상태 응답은 강제 응답과 시스템 모드 항을 함께 포함한다.

미분 방정식과 마찬가지로 차분 방정식의 고전적 해법 또한 '고유 응답(동차해) + 강제 응답(특이해)'의 형태로 시스템 응답을 구하는 방법이다. [예제 6-9]에서 구한 차분 방정식의 해 식 (6.17)은 [ ]을 사용하여 고유 응답과 강제 응답의 두 성분으로 구분한 것이다. 그런데 시스템을 활용하는 실제적인 측면에서 볼 때, 외부 입력에 대한 시스템의 반응인 영상태 응답 또한 중요한 관심사이므로 차분 방정식의 해를 '영입력 응답 + 영상태 응답'으로 구할 수 있으면 좋을 것이다. 다행히 차분 방정식은 반복 대입법으로 쉽게 초기 조건을 구할 수 있어서 미분 방정식과 달리 영상태 응답을 구하는 데 별 어려움이 없다.

예제 6-10 차분 방정식의 해 : 영입력 응답 + 영상태 응답

[예제 6-9]에 대해 영입력 응답 + 영상태 응답으로 차분 방정식의 해를 구하라.

풀이

영입력 응답 $y_s[n]$은 입력이 0일 때 초기 조건만으로 얻어지는 출력이므로, 동차해에 $n < 0$에서의 초기 조건을 대입함으로써 $y_s[n]$을 구할 수 있다.

$$y_s[-1] = c_1(2)^{-1} + c_2(3)^{-1} = 2$$
$$y_s[-2] = c_1(2)^{-2} + c_2(3)^{-2} = 1$$

이를 c_1과 c_2에 대해 풀면 $c_1 = 4,\ c_2 = 0$가 된다. 따라서 영입력 응답은 다음과 같다.

$$y_s[n] = 4(2)^n$$

앞의 결과에서 영입력 응답은 시스템 모드로만 이루어짐을 볼 수 있다.

영상태 응답 $y_i[n]$은 초기 조건이 0인 상태에서 입력으로만 얻어지는 시스템 응답이므로, $y[n] = y_h[n] + y_p[n]$에 $n < 0$에서의 초기 조건을 0으로 두어 $y_i[n]$을 구할 수 있다. 식(6.16)에서 동차해의 계수를 결정하려면 $y[0]$와 $y[1]$이 필요한데, [예제 6-9]와 마찬가지로 반복 대입법으로 구하면 된다. 단, 이때 $y[-1] = y[-2] = 0$으로 두어야 한다.

$$y[0] = 5y[-1] - 6y[-2] + x[-1] - 4x[-2] = 0 - 0 + 0 - 0 = 0$$
$$y[1] = 5y[0] - 6y[-1] + x[0] - 4x[-1] = 0 - 0 + 1 - 0 = 1$$

구해진 초기 조건을 식 (6.16)에 대입하면 다음과 같이 된다.

$$y[0] = c_1(2)^0 + c_2(3)^0 - 3(0) - 5 = 0$$
$$y[1] = c_1(2)^1 + c_2(3)^1 - 3(1) - 5 = 1$$

이를 c_1과 c_2에 대해 풀면 $c_1 = 6$, $c_2 = -1$가 된다. 따라서 영상태 응답은 다음과 같다.

$$y_i[n] = [6(2)^n - (3)^n] + [-3n - 5]$$

영상태 응답의 첫 번째 [ ]항은 시스템 모드들로 이루어져 있으며, 두 번째 [ ]항은 입력과 같은 꼴인 특이해이다. 즉 영상태 응답은 외부 입력이 시스템을 거치면서 내부 동작에 의해 고유 응답 성분과 강제 응답 성분을 함께 가지게 된다.

차분 방정식의 완전한 해는 다음과 같이 [영입력 응답] + [영상태 응답]으로 쓸 수 있다.

$$y[n] = y_s[n] + y_i[n] = [4(2)^n] + [6(2)^n - (3)^n - 3n - 5] \tag{6.18}$$

[예제 6-9]의 식 (6.17)과 [예제 6-10]의 식 (6.18)을 비교하면, '고유 응답 + 강제 응답'의 구분과 '영입력 응답 + 영상태 응답'의 구분의 차이를 확실히 알 수 있다.

Check Point **다음 문제에서 옳은 것을 골라라.**

(1) 반복 대입법은 항상 닫힌 꼴의 차분 방정식 해를 제공한다. (○, ×)
(2) 특성 방정식은 차분 방정식의 (AR 항, MA 항, 입력 형태)에 따라 결정된다.
(3) 특성근이 3중근이면 시스템 모드의 수는 (1, 2, 3, 경우에 따라 다름)이다.
(4) 차분 방정식의 특이해는 초기 조건과 상관없이 결정할 수 있다. (○, ×)
(5) 영입력 응답을 구할 때는 $n < 0$의 초기 조건을 사용해야 한다. (○, ×)
(6) 입력에 의한 출력인 영상태 응답은 시스템 모드 항을 포함하지 않는다. (○, ×)
(7) 고유 응답은 ($y_h[n]$, $y_h[n] + y_p[n]$)에 ($n < 0$, $n \geq 0$)의 초기 조건을 대입한 것이다.
(8) 입력과 같은 형태가 되는 시스템 응답은 (고유, 강제, 영입력, 영상태) 응답이다.
(9) 시스템 모드 항들로 이루어진 것은 (영입력, 영상태, 고유, 임펄스) 응답이다.
(10) 차분 방정식의 고전적 해법으로 구한 동차해는 (영입력, 영상태, 고유) 응답이다.

SECTION 6.4

시스템 모드와 시스템 특성

학습포인트

- 임펄스 응답이 시스템 모드들로 이루어짐을 이해한다.
- 시스템 모드(특성근)로부터 시스템의 안정도를 판별하는 원리를 이해한다.

연속 시스템의 경우와 마찬가지로 이산 시스템에서도 시스템 모드는 시스템의 고유한 특성을 나타내며 시스템 동작의 모든 면에 영향을 미친다. 이 절에서는 임펄스 응답, 안정도와 같은 중요한 시스템 특성과 시스템 모드의 연관성에 대해 간략히 살펴보기로 한다.

이산 시스템에서도 시스템 모드가 시스템의 고유한 특성을 지배하며 시스템의 모든 동작에 영향을 미친다. 시스템 모드가 바뀌지 않는 한 시스템의 본질적인 특성은 절대로 변하지 않는다.

시스템 모드와 임펄스 응답

임펄스 입력을 마치 $n=0$에서 시스템에 초기 조건을 부과하는 것처럼 취급하면, 차분 방정식으로부터 어렵지 않게 임펄스 응답을 구할 수 있다. 이산 시스템의 임펄스 응답은 차분 방정식에서 입력 $x[n]=\delta[n]$으로 두어 구할 수 있다. 그런데 $\delta[n]$은 $n=0$ 순간에만 존재하므로, 차분 방정식의 우변은 특정한 몇 개의 n 값을 제외하면 항상 0이 된다. 즉 시스템에 더는 입력이 들어오지 않으므로, 차분 방정식의 완전해는 입력에 의해 결정되는 특이해를 포함하지 않고 동차해만으로 이루어질 것이다. 다시 말해, 임펄스 응답은 동차해와 같은 꼴로서 시스템 모드 $\{\gamma_i^n\}$으로 구성된다. 우변이 0이 아닌 순간의 값들은 동차해의 계수를 구하는 데 필요한 조건을 찾는 데 쓰인다.

예제 6-11 차분 방정식으로부터 임펄스 응답 구하기

[예제 6-6]의 차분 방정식 식 (6.15)로 표현되는 시스템의 임펄스 응답을 구하라.

풀이

임펄스 응답은 임펄스 입력에 대한 시스템 응답이므로, 다음과 같이 시스템의 차분 방정식에 $x[n]=\delta[n]$을 대입하여 구한다.

$$h[n]-5h[n-1]+6h[n-2]=\delta[n-1]-4\delta[n-2] \tag{6.19}$$

식 (6.19)는 특정한 순간($n=1, 2$)을 제외하고는 우변이 항상 0, 즉 동차 차분 방정식이 되므로 임펄스 응답 $h[n]$은 동차해가 될 수밖에 없다. 이때 우변이 0이 되지 않는 특정한 순간의 관계는 초기 조건을 결정할 때 이용한다. 다시 말해, 임펄스 입력을 마치 $n=0$에서 시스템에 초기 조건을 부과하는 것처럼 취급하면 된다.

주어진 차분 방정식의 동차해는 이미 [예제 6-6]에서 구한 바 있으므로, 이를 이용하여 임펄스 응답을 나타내면 다음과 같다.

$$h[n]=c_1(2)^n+c_2(3)^n \tag{6.20}$$

임펄스 응답의 계수를 결정하기 위해서는 $n \geq 0$에서의 초기 조건이 필요하므로, 식 (6.19)에 $n=0$, 1, 2을 대입하면

$$\begin{aligned} n=0 &: h[0]=5h[-1]-6h[-2]+\delta[-1]-4\delta[-2]=0 \\ n=1 &: h[1]=5h[0]-6h[-1]+\delta[0]-4\delta[-1]=1 \\ n=2 &: h[2]=5h[1]-6h[0]+\delta[1]-4\delta[0]=1 \end{aligned}$$

이다. 구해진 초기 조건을 임펄스 응답 식 (6.20)에 대입하면 다음과 같다.

$$\begin{aligned} h[1]&=c_1(2)^1+c_2(3)^1=2c_1+3c_2=1 \\ h[2]&=c_1(2)^2+c_2(3)^2=4c_1+9c_2=1 \end{aligned}$$

이를 c_1과 c_2에 대해 풀면 $c_1=1$, $c_2=-1/3$을 얻는다. 따라서 임펄스 응답은 다음과 같이 구해진다.

$$h[n]=(2)^n-(3)^{n-1}, \quad n \geq 1$$

시스템 모드와 안정도

4.5.2절에서 BIBO 안정도와 관련하여 임펄스 응답이 식 (4.30)과 같이 절대 총합 가능해야 시스템이 안정하다는 사실을 보았다. 그런데 [예제 6-11]에서 본 것처럼 이산 LTI 시스템의 임펄스 응답은 동차해로서 시스템 모드 $\{\gamma_i^n\}$으로 이루어지기 때문에, 식 (4.30)의 BIBO 안정도 조건을 만족시키려면 시스템 모드들이 시간이 지남에 따라 지수적으로 감쇠하여 0이 되지 않으면 안 된다. 그렇게 되기 위해서는 특성근 γ_i의 크기가 $|\gamma_i| < 1$이 되어야만 한다. 즉 시스템이 BIBO 안정하려면 $|\gamma_i| < 1$이어야 한다. 이 조건을 그림으로 나타내면 [그림 6-6]과 같다. $|\gamma_i| = 1$의 경우는 시스템이 안정에서 불안정으로 넘어가는 경계로 시스템 모드(임펄스 응답)가 상수 또는 순수 진동을 지속하므로 특별히 **임계 안정**marginally stable이라고 구분하기도 한다. 하지만 임계 안정은 임펄스 응답이 절대 총합 가능 조건을 만족하지 않으므로 BIBO 불안정임을 주의해야 한다.

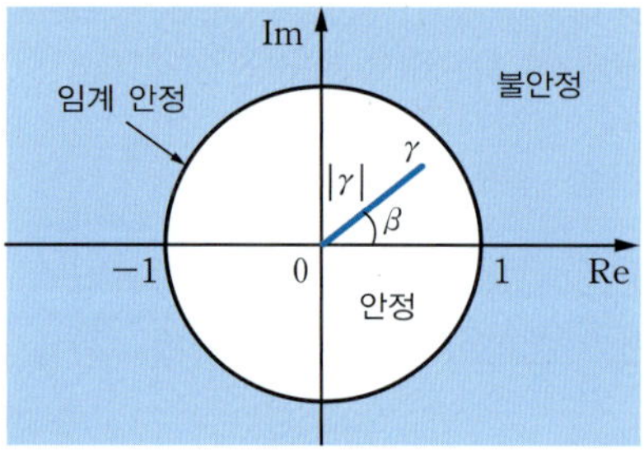

[그림 6-6] 특성근의 위치와 시스템 안정도

Check Point 다음 문제에서 옳은 것을 골라라.

(1) 임펄스 응답은 시스템 모드로만 이루어진다. (○, ×)

(2) 임펄스 응답과 형태가 같은 것은 (동차해, 특이해, 없음)이다.

(3) 임펄스 응답을 구할 때, 차분 방정식의 우변이 0이 아닌 순간의 관계는 (임펄스 응답의 꼴, 초기 조건)을 구하는 데 이용된다.

(4) 특성근이 음의 실수이면 이산 LTI 시스템은 BIBO 안정이다. (○, ×)

(5) 이산 시스템이 임계 안정이면 BIBO 안정이다. (○, ×)

(6) 시스템 특성은 임펄스 응답과 상관이 있고 시스템 모드와는 무관하다. (○, ×)

CHAPTER 06_핵심요약

개념	관련 항
이산 LTI 시스템은 상수 계수를 갖는 선형 차분 방정식으로 표현된다.	식 (6.1)
이산 시스템은 차분 방정식의 형태에 따라 이동 평균(MA), 자기 회귀(AR), 자기 회귀 이동 평균(ARMA) 시스템의 세 가지로 구분할 수 있다.	식 (6.2) ~ 식 (6.4)
차분 방정식으로부터 시간 지연기, 곱셈기, 덧셈기를 이용하여 시스템 구현도를 그릴 수 있다.	
차분 방정식으로부터 바로 그릴 수 있는 구현도는 제1 직접형, 제2 직접형, 전치 제2 직접형이 있다.	[그림 6-2]
제2 직접형과 전치 제2 직접형 구현도는 서로 전치 관계(쌍대 관계)이다.	
차분 방정식의 반복 대입법은 반복적으로 직전 단계의 결과를 대입하여 순차적으로 해를 구하는 방법으로, 초기의 몇몇 값을 파악하는 데는 유용하나 닫힌 꼴의 해를 제공하지 못한다.	
차분 방정식의 고전적 해법은 동차해(고유 응답) + 특이해(강제 응답)의 형태로 시스템 응답을 구하는 방법이다.	식 (6.11)
특성 방정식은 동차 미분 방정식으로부터 정의되며, 입력과는 무관하고 시스템 자체의 특성을 반영한다. 특성 방정식의 해 $\{\gamma_i\}$를 특성근이라고 한다.	식 (6.12)
시스템 (특성/고유) 모드 $\{\gamma_i^n\}$는 특성근 $\{\gamma_i\}$이 차분 방정식의 해, 즉 시스템의 출력으로 나타난 것으로서 시스템의 고유한 특성이 그 속에 담겨있다.	
동차해 $y_h[n]$은 입력이 0인 차분 방정식의 해로, 시스템 모드들로 이루어진다. 따라서 동차해에는 시스템의 고유한 특성이 고스란히 투영된다.	식 (6.13) 식 (6.14)
특이해 $y_p[n]$은 입력에 의해 발생하는 입력과 같은 꼴의 응답으로 강제 응답과 같다.	[표 6-1]
영입력 응답은 입력이 없을 때 시스템 내부의 초기 상태에 따른 응답으로, 동차해 $y_h[n]$에 $n<0$에서의 초기 조건을 대입하여 결정한다. 영입력 응답은 시스템 모드 항들로만 이루어진다.	
영상태 응답은 외부 입력이 만들어내는 응답으로, $y_h[n]+y_p[n]$에 $n<0$에서의 초기 조건을 0으로 두어 구한 차분 방정식의 해이다. 영상태 응답에는 시스템 모드 항과 강제 응답이 같이 들어 있다.	
고유 응답은 $y_h[n]+y_p[n]$에 $n\geq 0$ 순간의 초기 조건을 대입하여 얻어진 동차해 성분으로, 응답에 포함된 모든 시스템 모드 항들을 모아 놓은 것이다. 따라서 영입력 응답에다 영상태 응답 중에서 시스템 모드 항들을 더한 것이 된다.	
강제 응답은 외부 입력에 의한 영상태 응답 중에서 시스템 모드 항들을 제외하고 입력 특성을 보이는 응답 성분만 떼어 낸 것이다.	
임펄스 응답은 시스템 모드들로 이루어진 동차해이며, 차분 방정식의 우변이 0이 되지 않는 특정한 순간의 관계는 초기 조건을 결정할 때 이용한다.	
시스템이 BIBO 안정하려면 특성근이 $\lvert\gamma_i\rvert<1$이어야 한다. 즉 시스템 모드가 감쇠 지수 함수이어야 한다.	[그림 6-6]
$\lvert\gamma_i\rvert=1$의 경우는 시스템 모드(임펄스 응답)가 상수 또는 순수 진동을 지속하며 안정과 불안정의 경계이므로 특별히 임계 안정이라 구분하기도 한다.	
임계 안정은 임펄스 응답이 절대 총합 가능 조건을 만족하지 않아 BIBO 불안정이다.	
시스템의 특성들은 특성 방정식의 특성근, 즉 시스템 모드에 의해 지배된다.	

CHAPTER 06_연습문제

【개념 문제】

6.1 이산 LTI 시스템의 차분 방정식 표현에 대한 다음의 설명 중 옳은 것은?

㉮ 이산 LTI 시스템을 나타낸 차분 방정식은 입력 (지연) 항과 출력 (지연) 항이 곱해진 항을 포함할 수도 있다.

㉯ 이산 LTI 시스템을 나타낸 차분 방정식의 계수는 시간 함수가 될 수도 있다.

㉰ IIR 시스템을 유한한 항을 갖는 차분 방정식으로 나타내려면 자기 회귀 항이 꼭 필요하다.

㉱ FIR 시스템의 차분 방정식은 항상 입력의 시간 지연 항만으로 구성된다.

6.2 차분 방정식에 대한 다음의 설명 중 틀린 것은?

㉮ 차분 방정식은 컴퓨터를 이용하여 수치 해석적으로 풀기에 매우 적합한 형태이다.

㉯ 차분 방정식의 구현에 필요한 시간 지연기의 최소 개수는 차분 방정식을 구성하는 출력 항과 입력 항의 개수를 더한 것과 같다.

㉰ $y[n]+3y[n-1]+2y[n-2]=x[n+1]$은 비인과 선형 시불변 시스템을 나타낸다.

㉱ 이동 평균(MA) 모델 차분 방정식은 출력 항과 관련한 초기 조건이 필요 없다.

6.3 이산 시스템의 직접형 구현에 대한 다음의 설명 중 틀린 것은?

㉮ 제2 직접형과 전치 제2 직접형은 서로 쌍대 관계이다.

㉯ 이동 평균(MA) 시스템의 제1 직접형 구현도와 제2 직접형 구현도는 같은 그림이다.

㉰ ARMA 시스템의 제1 직접형 구현은 제2 직접형에 비해 시간 지연기가 더 많이 필요하다.

㉱ 제1 직접형 구현도의 입력과 출력을 바꾸고 신호의 흐름을 반대로 하면 제2 직접형 구현도가 얻어진다.

6.4 차분 방정식의 반복 대입법 풀이에 대한 다음의 설명 중 옳은 것은?

㉮ 이산 LTI 시스템을 표현한 어떠한 차분 방정식도 항상 반복 대입법으로 풀 수 있다.

㉯ 반복 대입법으로 해를 구할 때, $y[10]$ 값을 구하지 않고서도 $y[20]$ 값을 구할 수 있다.

㉰ 반복 대입법은 입력이 인가되기 전의 초기 조건으로부터 입력 인가 후의 초기 조건을 구하는 데 유용하게 사용할 수 있다.

㉱ 반복 대입법은 항상 $y[n]=3(0.5)^n+2(-0.8)^n+1$과 같은 꼴로 해를 얻을 수 있다.

6.5 차분 방정식의 해법에 대한 다음의 설명 중 옳은 것을 모두 골라라.

㉮ 완전해에서 초기 조건이 0이면 동차해 성분도 0이 된다.

㉯ 입력 $x[n]=a^n$인 경우 특이해를 항상 $y_p[n]=a^n$으로 둘 수 있는 것은 아니다.

㉰ 입력 인가 전의 초기 조건을 완전해에 대입해 구한 동차해 성분과 같은 초기 조건을 특성 방정식으로부터 구해진 동차해에 바로 대입하여 구한 결과는 같다.

㉱ 강제 응답만 따로 차분 방정식에 대입하면 차분 방정식이 0이 된다. 즉 좌변과 우변이 같아진다.

6.6 다음 중 차분 방정식으로 표현되는 이산 LTI 시스템의 시스템 모드가 될 수 없는 것을 모두 골라라.

㉮ $(2)^n$ ㉯ $(3)^{-n}$ ㉰ $(2n)^n$ ㉱ $(-0.5+j0.8)^n$

㉲ $0.8^n e^{j\pi n}$ ㉳ $n^2(2)^n$ ㉴ e^{2n} ㉵ $\left(\dfrac{1}{n+1}\right)^n$

6.7 차분 방정식의 고전적 해법에 대한 다음의 설명 중 옳은 것은?

㉮ 동차해보다 특이해를 먼저 구해도 아무런 문제가 없다.

㉯ 입력의 꼴에 따라 동차해의 꼴도 달라진다.

㉰ 초기 조건에 따라 특이해도 달라진다.

㉱ 완전해에 대입할 초기 조건은 반드시 $n=0$ 이후 값을 써야 한다.

6.8 $y[n]+4y[n-1]+5y[n-2]+2y[n-3]=x[n-1]$, $x[n]=(0.5)^n$의 해에 포함되지 않는 항을 모두 골라라.

㉮ $(-1)^n$ ㉯ $n(-1)^n$ ㉰ $n^2(-1)^n$ ㉱ $(-2)^n$

㉲ $n(-2)^n$ ㉳ $n^2(-2)^n$ ㉴ $(0.5)^n$ ㉵ $n(0.5)^n$

6.9 다음 중에서 임펄스 응답이 $h[n]=(n+1)(u[n+1]-u[n-5])$인 이산 시스템이 만족하지 않는 성질을 모두 골라라.

㉮ 인과 시스템 ㉯ 불안정 시스템 ㉰ 동적 시스템 ㉱ IIR 시스템

6.10 이산 LTI 시스템의 차분 방정식 표현에 대한 다음의 설명 중 옳은 것은?

㉮ 임펄스 응답과 고유 응답은 그 형태가 같다.

㉯ 특성근이 $\gamma=-2\pm j1$인 시스템은 안정한 시스템이다.

㉰ 초기 조건이 달라지면 고유 응답과 강제 응답이 모두 달라진다.

㉱ 시스템 모드가 $(-0.8)^n$, $n(-0.8)^n$, $n^2(-0.8)^n$인 시스템은 불안정하다.

【기초 문제】

6.11 임펄스 응답이 $h[n]=(-0.5)^n u[n]+(0.5)^n u[n]$으로 주어지는 이산 2차 LTI 시스템의 차분 방정식 표현을 구하라.

6.12 $x[n]=[\underset{\uparrow}{1},\ 1,\ 2,\ 3,\ 5,\ 8,\ 13,\ 21,\ \cdots]$와 같은 이산 신호를 피보나치Fibonacci 수열이라고 한다. 피보나치 수열 $x[n]$이 다음의 차분 방정식으로 표현될 수 있음을 보이고, a_0와 a_1을 구하라.

$$x[n+2]+a_1 x[n+1]+a_0 x[n]=\delta[n+2],\quad x[-2]=x[-1]=0$$

6.13 다음에 주어진 2개의 이산 시스템이 그림과 같이 종속 연결되어 있다.

시스템 1 : $w[n+1]=x[n]$
시스템 2 : $y[n+1]+2y[n]=w[n]$

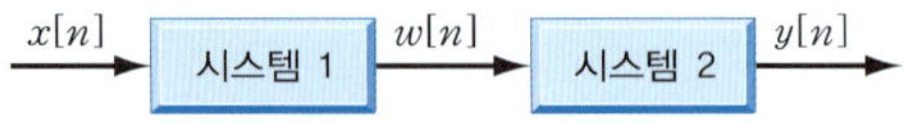

(a) 전체 시스템에 대한 입출력 차분 방정식을 구하라.

(b) 전체 시스템의 임펄스 응답을 구하라.

(c) $y[0]=1,\ \ y[1]=-2,\ \ x[n]=6,\ \ n\geq 0$일 때, 출력 $y[n]$을 구하라.

6.14 다음의 차분 방정식으로 표현되는 이산 시스템에 대해 제 2직접형 및 전치 제2 직접형 구현도를 그리고, 시스템의 안정도를 판정하라.

(a) $y[n]-\dfrac{5}{6}y[n-1]+\dfrac{1}{6}y[n-2]=5x[n-1]-x[n-2]$

(b) $y[n]+y[n-1]-2y[n-2]=x[n]+x[n-1]$

(c) $y[n]+0.6y[n-1]-0.16y[n-2]=x[n-1]-2x[n-2]$

(d) $y[n]+2y[n-1]+0.96y[n-2]=2x[n-1]+3x[n-3]$

6.15 다음의 차분 방정식으로 표현되는 이산 시스템의 임펄스 응답을 반복 대입법과 고전적 해법으로 각각 구하라.

(a) $y[n]+2y[n-1]=x[n]$

(b) $y[n]+2y[n-1]=x[n]+x[n-1]$

(c) $y[n]+3y[n-1]+2y[n-2]=x[n-1]$

(d) $y[n]+3y[n-1]+2y[n-2]=x[n]+x[n-1]$

(e) $y[n]-\dfrac{5}{6}y[n-1]+\dfrac{1}{6}y[n-2]=x[n]$

(f) $y[n]-4y[n-1]+4y[n-2]=x[n]$

6.16 이산 LTI 시스템이 다음의 차분 방정식으로 표현될 때, 물음에 답하라.

$$y[n]+3y[n-1]+2y[n-2]=6x[n]$$

(a) 시스템의 임펄스 응답을 구하라.

(b) 입력 $x[n]=\delta[n]$을 인가할 때 출력 $y[n]$을 구하라. 단, $y[-1]=0,\ \ y[-2]=1$이다.

(c) (a)와 (b)의 결과는 같은가? 만약 다르다면 그 이유를 설명하라.

6.17 다음 차분 방정식으로 표현되는 이산 LTI 시스템에 입력 $x[n]=u[n]$을 인가할 때, 출력 $y[n]$을 구하라.

(a) $y[n]-0.5y[n-1]=x[n]+0.5x[n-1], \quad y[-1]=1$

(b) $y[n]-y[n-1]-2y[n-2]=x[n], \quad y[-1]=1, \quad y[-2]=1$

(c) $y[n]+y[n-1]+0.25y[n-2]=x[n], \quad y[-1]=0, \quad y[-2]=1$

6.18 다음 차분 방정식으로 표현되는 이산 LTI 시스템의 임펄스 응답을 구하라.

(a) $y[n]-y[n-1]-2y[n-2]=x[n]$

(b) $y[n]-y[n-1]-2y[n-2]=x[n-2]$

(c) $y[n]-y[n-1]-2y[n-2]=x[n]-x[n-1]$

(d) $y[n]-y[n-1]-2y[n-2]=x[n]+x[n-1]$

6.19 다음 차분 방정식으로 표현되는 이산 LTI 시스템에 대해 입력이 $x[n]=0$, $x[n]=\delta[n]$, $x[n]=u[n]$, $x[n]=(0.5)^n u[n]$일 때의 출력을 각각 구하라.

(a) $y[n]+3y[n-1]+2y[n-2]=x[n], \quad y[-1]=0, \quad y[-2]=1$

(b) $y[n]+2y[n-1]+y[n-2]=x[n], \quad y[-1]=1, \quad y[-2]=1$

6.20 다음에 주어진 차분 방정식의 해를 구하라.

(a) $y[n]+0.5y[n-1]=x[n], \quad x[n]=u[n], \quad y[-1]=1$

(b) $y[n]+4y[n-1]+4y[n-2]=x[n]-x[n-1], \quad x[n]=u[n], \quad y[0]=1, \quad y[1]=2$

(c) $y[n]+3y[n-1]+2y[n-2]=x[n]+x[n-1], \quad x[n]=(-2)^n u[n], \quad y[0]=1, \quad y[1]=2$

(d) $y[n]+2y[n-1]+2y[n-2]=0, \quad y[0]=0, \quad y[1]=2$

【응용 문제】

6.21 이산 인과 LTI 시스템이 다음의 차분 방정식으로 표현될 때, 등가 비순환 차분 방정식으로 표현하라.

$$y[n]-y[n-1]=x[n]-x[n-7]$$

6.22 다음 차분 방정식으로 표현되는 이산 시스템이 $y[n]=\delta[n]$의 출력을 내도록 하는 입력 $x[n]$을 구하라.

$$y[n]-\frac{1}{4}y[n-1]=x[n]-\frac{1}{8}x[n-2]$$

6.23 2차 이산 LTI 시스템이 **초기 휴지**initially at rest 상태에서 입력 $x[n]=u[n]$에 대한 출력이 다음과 같을 때, 시스템 차분 방정식을 구하라. 초기 휴지 상태는 $n<0$에서 모든 초기 조건이 0임을 뜻한다.

(a) $y[n]=\{(2)^n+3(5)^n+10\}u[n]$

(b) $y[n]=-\frac{1}{2}(-1)^n+\frac{4}{3}(-2)^n+\frac{1}{6}, \quad n\geq 0$

6.24 다음과 같은 블록선도로 표현되는 이산 시스템에 대한 차분 방정식을 구하라.

(a)

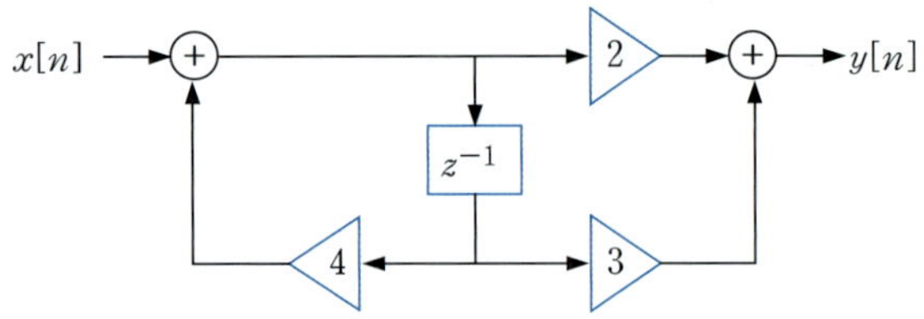

(b)

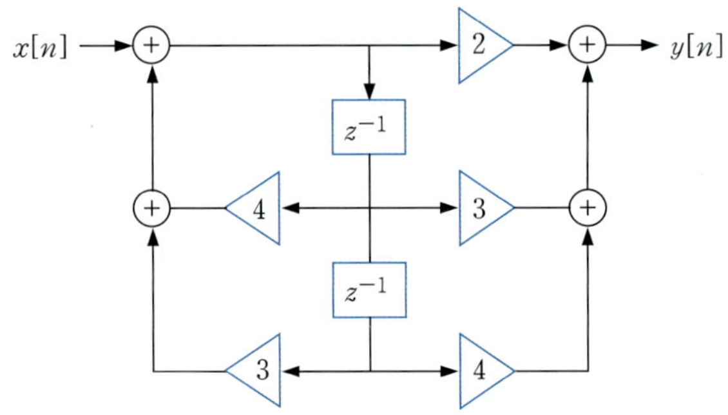

6.25 다음 차분 방정식으로 표현되는 이산 시스템에 대해 제2 직접형 및 전치 제2 직접형 구현도를 그리고, 시스템의 안정도를 판정하라.

(a) $y[n]-1.5y[n-1]+0.5y[n-3]=x[n-2]+2x[n-3]$

(b) $y[n]-y[n-4]=x[n-3]$

(c) $y[n]-1.2y[n-1]+0.05y[n-2]+0.15y[n-3]=0.5x[n]+0.4x[n-1]+0.2x[n-3]$

(d) $y[n]+y[n-1]+2y[n-2]+y[n-3]+y[n-4]=x[n-1]$

6.26 토끼 1쌍이 매달 새끼 1쌍을 낳고, 생후 1개월이면 임신 가능하다고 한다. 첫째 달에 새끼 토끼 1쌍이 있다고 하자.

(a) n번째 달의 토끼 쌍수를 구할 수 있는 차분 방정식을 구하라.

(b) 반복 대입법을 이용하여 처음 10개월 동안의 토끼 쌍수를 구하라.

(c) 고전적 해법으로 차분 방정식을 풀어 닫힌 꼴의 해를 구하라.

6.27 [연습문제 6.18]의 차분 방정식으로 표현되는 이산 LTI 시스템에 입력 $x[n]=u[n]$을 인가할 때, 출력 $y[n]$을 영입력 응답+영상태 응답, 고유 응답+강제 응답의 형태로 구하라. 단, 초기 조건은 $y[-1]=1$, $y[-2]=1$이다.

6.28 이산 LTI 시스템이 다음과 같을 때 물음에 답하라.

$$y[n]+ay[n-1]=x[n]$$

(a) $x[n]=u[n]$, $y[-1]=1$일 때 출력을 구하라.

(b) $x[n]=2u[n]$, $y[-1]=1$일 때 출력을 구하라.

(c) $x[n]=2u[n]$, $y[-1]=2$일 때 출력을 구하라.

(d) $x[n]=(0.5)^n u[n]$, $y[-1]=1$일 때 출력을 구하라.

(e) $x[n]=(0.5)^n u[n]+u[n]$, $y[-1]=2$일 때 출력을 구하라.

(f) 이상의 계산 결과로부터 출력과 초기 조건의 연관 관계를 설명하라.

6.29 다음 차분 방정식으로 표현되는 이산 LTI 시스템에 대해

$$y[n]-\frac{3}{4}y[n-1]+\frac{1}{8}y[n-2]=x[n]$$

(a) 임펄스 응답을 구하라.

(b) 계단 응답 $s[n]$을 구하여 이로부터 임펄스 응답 $h[n]$을 구하라.

(c) 차분 방정식의 우변 입력 항이 다음과 같이 바뀔 때 임펄스 응답을 구하라. 이 임펄스 응답을 직접 계산하지 말고, (a)의 결과로부터 구할 수 있겠는가?

$$y[n]-\frac{3}{4}y[n-1]+\frac{1}{8}y[n-2]=x[n]+x[n-1]$$

6.30 분양받은 아파트 대금을 내기 위해 2억 원을 연 이율 6%, 원금 분할 상환 조건으로 담보 대출받았다.

(a) 매월 불입금을 $\alpha u[n]$, n차월의 대출 원금 잔고를 $y[n]$이라고 할 때, 둘 사이의 관계식을 구하라.

(b) (a)에서 얻어진 관계식을 이용하여 n차월의 대출 원금 잔고 $y[n]$을 계산하라.

(c) $y[n]$을 영입력 응답 $y_s[n]$과 영상태 응답 $y_i[n]$으로 구분하고 각각의 실제 의미를 설명하라.

(d) 대출 기간이 20년일 때, 월 불입금 $\alpha u[n]$은 얼마인가? 또 만기까지 내야 할 총이자액은 얼마인가?

(e) 대출 기간이 30년일 때, 월 불입금 $\alpha u[n]$은 얼마인가? 또 만기까지 내야 할 총이자액은 얼마인가?

CHAPTER 06_MATLAB 실습

학습포인트

- 매트랩을 이용하여 이산 시스템의 임펄스 응답과 계단 응답을 구해본다.
- 매트랩을 이용하여 차분 방정식으로 표현된 시스템의 입력에 대한 출력을 구해본다.

연속 시스템의 경우와 달리, 매트랩을 이용한 이산 신호와 시스템에 대한 시스템 응답 계산은 따로 해결해야 할 문제가 전혀 없다. 따라서 프로그램도 매우 단순하다. 이 절에서는 매트랩을 이용하여 이산 시스템의 임펄스 응답과 계단 응답, 그리고 차분 방정식의 풀이에 대해 간단히 실습해보기로 한다.

MATLAB 6-1 이산 시스템의 임펄스 응답과 계단 응답

다음의 이산 시스템에 대해 임펄스 응답과 계단 응답을 구하여 그려라.

(a) $y[n]-1.3y[n-1]+0.4y[n-2]=0.1x[n-2]$

(b) $y[n]+0.3y[n-1]-0.4y[n-2]=0.9x[n-2]$

풀이

이산 시스템에 대해서 임펄스 응답과 계단 응답을 구하는 매트랩 명령은 dimpulse와 dstep이다. 이들 명령 또한 변수를 이용하여 실행 결과를 배열 데이터로 저장할 수도 있으며, 바로 그림으로 나타낼 수도 있다. den*는 차분 방정식의 출력 항(또는 전달 함수 분모)의 계수를, num *는 차분 방정식의 입력 항(또는 전달 함수 분자)의 계수를 고차 항부터 나열한 계수 벡터이다.

이 예제 경우도 각 시스템의 특성근에 따른 응답 특성의 차이를 확인할 수 있다. (a)는 2개의 실근 ($\gamma=0.5,\ 0.8$), (b)는 (a)의 특성근 중 하나가 부호가 반대인 경우($\gamma=-0.5,\ 0.8$)이다.

SS_6_1.m

```
n=0:25; N=length(n);                     % 시간 값 설정
dena=[1 -1.3 0.4]; numa=[0 0 0.1];       % 차분 방정식 (a)의 출력 항 및 입력 항 계수
denb=[1 0.3 -0.4]; numb=[0 0 0.9];       % 차분 방정식 (b)의 출력 항 및 입력 항 계수

ha=dimpulse(numa,dena,N);                % (a)의 임펄스 응답 h_a(t) 생성
sa=dstep(numa,dena,N);                   % (a)의 계단 응답 s_a(t) 생성
hb=dimpulse(numb,denb,N);                % (b)의 임펄스 응답 h_b(t) 생성
sb=dstep(numb,denb,N);                   % (b)의 계단 응답 s_b(t) 생성

figure                                   % 그림 창 열기
subplot(2,2,1);                          % 2행 2열 분할 그림 창의 1번 창
stem(n,ha);                              % (a)의 임펄스 응답을 그림
title('임펄스 응답');                     % 그림 제목
subplot(2,2,2)                           % 2행 2열 분할 그림 창의 2번 창
stem(n,sa);                              % (a)의 계단 응답을 그림
title('계단 응답');                       % 그림 제목
subplot(2,2,3);                          % 2행 2열 분할 그림 창의 3번 창
stem(n,hb);                              % (b)의 임펄스 응답을 그림
xlabel('n');                             % x축 라벨
```

```
subplot(2,2,4)                          % 2행 2열 분할 그림 창의 4번 창
stem(n,sb);                             % (b)의 계단 응답을 그림
xlabel('n');                            % x축 라벨
```

프로그램을 실행한 결과는 [그림 6-7]에 나타내었다. [그림 6-7]에서 보면, 특성근이 양과 음의 실축에 각각 존재하는 경우는 응답 특성이 상당히 달라짐을 볼 수 있다.

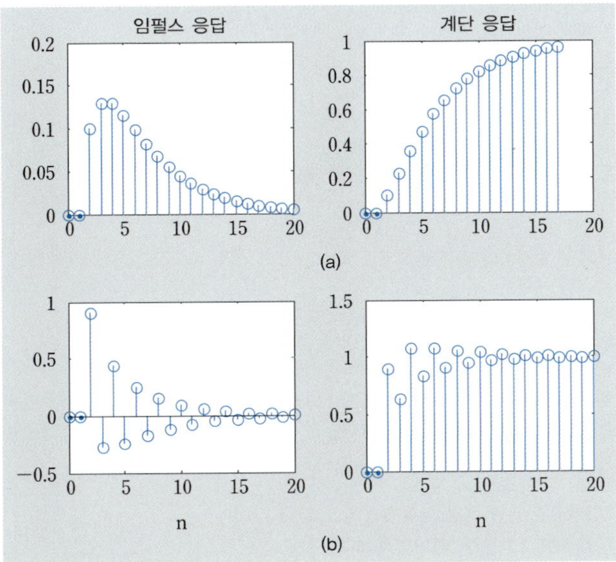

[그림 6-7] [MATLAB 6-1]의 임펄스 응답과 계단 응답

(b)의 경우와 같이 특성근이 복소평면의 2, 3분면에 존재하면, 일반적으로 고역 통과 특성을 보이게 된다. 따라서 그림에서 볼 수 있듯이 빠른 속도로 계단 입력을 따라가는 것이다.

MATLAB 6-2 차분 방정식의 해

차분 방정식 $y[n]-1.6y[n-1]+0.64y[n-2]=0.04x[n-2]$으로 표현되는 이산 LTI 시스템의 단위 계단 입력에 대한 출력을 영입력 응답 + 영상태 응답 형태로 구하라. 단, $y[-2]=1$, $y[-1]=0.8$이다.

풀이

이미 살펴보았듯이, 차분 방정식은 컴퓨터를 이용한 풀이에 매우 적합한 형태의 방정식으로 반복 대입법을 적용하여 쉽게 해를 구할 수 있다. 주어진 차분 방정식을 다시 쓰면 다음과 같다.

$$y[n]=1.6y[n-1]-0.64y[n-2]+0.04x[n-2]$$

[MATLAB 예제 5-2]의 풀이에서 만든 차분 방정식의 반복 대입법 풀이 함수 ditterence_eq를 사용하면 한꺼번에 차분 방정식의 해를 구할 수도 있고, 영입력 응답과 영상태 응답도 계산할 수 있다. 영입력 응답은

입력값을 0으로 두고, 영상태 응답은 초기 조건을 0으로 두면 된다.

이에 대한 매트랩 프로그램은 다음과 같고 실행 결과는 [그림 6-8]에 나타내었다.

SS_6_2.m

```
a=[-1.6 0.64];b=[0 0 0.04];                    % 차분 방정식의 계수 값 설정
n=0:30;                                        % 차분 방정식 계산 범위 설정
x=[0 0 ones(1,length(n))];                     % 입력 데이터 생성(n=-2 ~ 30)
y0=[1 0.8];                                    % y[n]의 초기 조건 설정(n=-2,-1)
y1=difference_eq(0,30,a,b,y0,x);               % 차분 방정식의 완전해 계산
y02=[0 0];                                     % x와 y의 초기상태 설정(n=-2, -1)
y2=difference_eq(0,30,a,b,y02,x);              % 차분 방정식의 영상태 응답 계산
x3=[0 0 zeros(1,length(n))];                   % 모든 입력을 0으로 둠
y3=difference_eq(0,30,a,b,y0,x3);              % 차분 방정식의 영입력 응답 계산
y4=y2+y3;                                      % 완전해=영입력 응답+영상태 응답 계산

subplot(2,2,1); grid on;                       % 2행 2열 분할 그림 창의 1번 창, 그리드 표시
stem(n,y1);                                    % 차분 방정식의 완전해 그림
title('\bf{완전해}');                           % 그림 제목
subplot(2,2,2); grid on;                       % 2행 2열 분할 그림 창의 2번 창, 그리드 표시
stem(n,y2);                                    % 차분 방정식의 영상태 응답 그림
title('\bf{영상태 응답}');                       % 그림 제목
subplot(2,2,4); grid on;                       % 2행 2열 분할 그림 창의 4번 창, 그리드 표시
stem(n,y3);                                    % 차분 방정식의 영입력 응답 그림
title('\bf{영입력 응답}');                       % 그림 제목
xlabel('n');                                   % x축 라벨 표시
subplot(2,2,3); grid on;                       % 2행 2열 분할 그림 창의 3번 창, 그리드 표시
stem(n,y4);                                    % 완전해=영입력 응답+영상태 응답 그림
title('\bf{영입력 응답+영상태 응답}');             % 그림 제목
xlabel('n');                                   % x축 라벨 표시
```

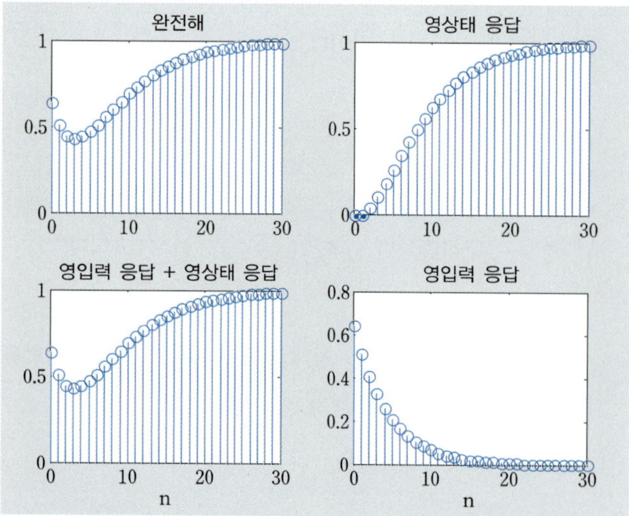

[그림 6-8] [MATLAB 6-2]의 해(영입력 응답 + 영상태 응답)

CHAPTER

07

연속 시간 푸리에 급수

Continuous Time Fourier Series

학습목표

- 신호를 주파수 영역에서 표현하는 것의 유용성을 이해할 수 있다.
- 신호 표현의 변환과 기저 신호의 개념에 대해 이해할 수 있다.
- 푸리에 급수의 정의와 세 가지 형식간의 관계에 대해 이해할 수 있다.
- 직교성을 이용한 푸리에 계수의 계산에 대해 이해할 수 있다.
- 푸리에 급수에 의한 신호의 스펙트럼 표현과 의미에 대해 이해할 수 있다.
- 진폭 및 위상 스펙트럼의 역할을 이해할 수 있다.
- 신호의 파형 이동에 따른 스펙트럼의 변화를 이해할 수 있다.
- 주기 신호의 전력에 대한 파스발 정리를 이해할 수 있다.

【미리보기】

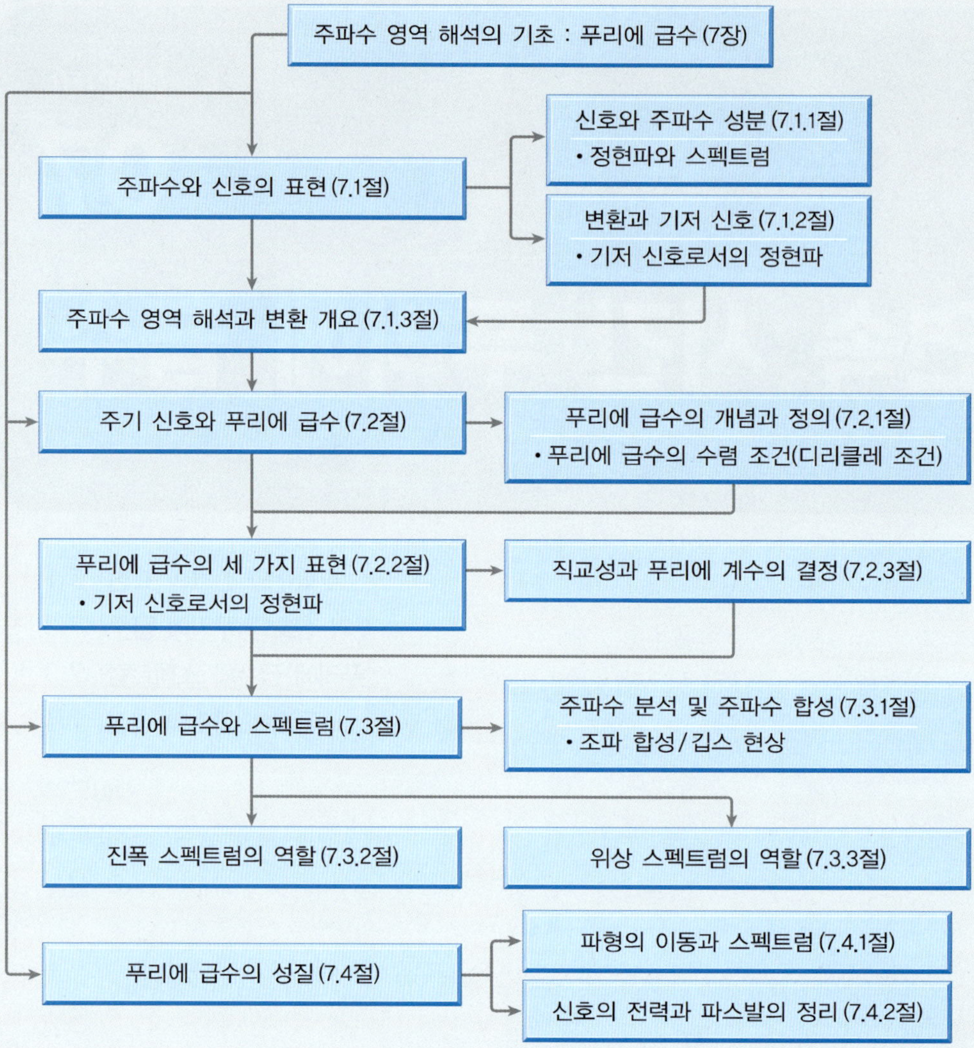

스펙트럼은 주파수 관점에서 신호를 나타낸 것으로 사람의 지문처럼 신호마다 제각기 다른 고유한 형태를 가진다. 그러므로 신호를 구분하고 특성을 규명하는데 매우 효과적인 수단으로 활용될 수 있다. 신호의 해석에 스펙트럼을 활용하기 위해서는 먼저 시간 함수로 표현(시간 영역)된 신호를 주파수에 대한 표현(주파수 영역)으로 바꾸어야 하는데, 푸리에 급수/변환으로 해결할 수 있다. 푸리에 급수/변환은 신호를 주파수에 대해 일대일 대응 관계인 정현파들로 분해하여 나타냄으로써 신호를 주파수와 연관하여 파악하고 다룰 수 있게 해주는 수학적 기법이다. 이 장에서는 그중에서 가장 기초인 연속 주기 신호의 푸리에 급수에 대해 알아볼 것이다. 그리고 주파수에 의한 신호의 표현과 관련된 주요 개념들을 체계적으로 정리하여 주파수 영역 해석에 대한 이해와 기초를 확실히 해두도록 한다.

SECTION
7.1 주파수와 신호의 표현

학습포인트

- 주파수의 개념과 이에 의한 신호 표현의 유용성에 대해 이해한다.
- 주파수 스펙트럼의 개념과 이를 나타내는 방법에 대해 알아본다.
- 신호의 표현 변환을 위한 기저 신호가 지녀야 할 성질에 대해 알아본다.
- 정현파가 변환을 위한 기저 신호로 적합한 이유를 이해한다.

신호를 시간 함수로 표현하면 쉽고 편하긴 하나, 주기성처럼 눈으로 확인 가능한 일부 특성 말고는 파악하기가 쉽지 않다. 그러나 신호를 주파수와 관련해 나타내고 해석하면 시간 영역에서 할 수 없었던 많은 일이 가능해진다. 시간의 함수에서 주파수의 함수로 신호의 표현을 바꾸는 작업을 변환이라고 하는데, 그 바탕에는 간단한 기본(기저) 신호들을 이용하여 대상 신호를 표현할 수 있다는 아이디어가 깔려 있다. 따라서 이 절에서는 주파수와 신호의 스펙트럼, 그리고 신호의 표현을 바꾸기 위한 변환과 좋은 기저 신호의 개념을 간단히 소개하기로 한다.

7.1.1 신호와 주파수 성분

신호를 처리하려면 그 특성을 잘 알아야 한다. 그런데 시간 함수인 신호의 파형만으로는 주기성처럼 겉으로 확연히 드러나는 일부 특성을 제외한 감추어진 특성들을 찾아내기가 쉽지 않다. 어떻게 하면 감추어진 신호의 특성들을 더 많이 알아낼 수 있을까? 이에 대한 해결책의 실마리는 햇빛을 프리즘에 통과시키면 무지개 색깔이 나타나는 현상으로부터 얻을 수 있다. 이는 햇빛이 서로 다른 파장(주파수)을 갖는 성분들이 합쳐져 있기 때문이며, 시간의 흐름을 따라 관찰해서 얻어진 결과가 아니라는 점에 주목할 필요가 있다. '햇빛과 프리즘'의 예는 신호와 관련하여 몇 가지 중요한 관점을 제시해준다.

신호의 주파수 성분

- (대부분의) 신호는 더 기본적인 신호들로 쪼갤 수 있다.
- (신호를 구성하는) 기본적인 신호들이 각기 다른 주파수를 대표하는 것이라면, 이는 신호를 주파수 성분별로 나누는 셈이 된다(이것이 바로 신호의 (주파수) 스펙트럼이다).
- 신호를 주파수의 관점에서 살펴보면, 신호의 특성을 파악하거나 다른 신호와 비교 분석할 때 편리하고 유용하다.

TV나 컴퓨터 모니터는 빨강(R), 초록(G), 파랑(B)의 세 빛깔(빛의 삼원색)을 가지고 수십만 가지의 색을 합성해 보여준다. 뒤집어 말하면 수많은 색도 결국 3개의 빛깔로 쪼갤 수 있고, 그것들을 어떻게 섞느냐에 따라 빛깔이 달라진다는 것이다. 마찬가지로 신호에는 서로 다른 주파수 성분들이 섞여 있으며, 신호의 파형이나 특성은 이 주파수 성분들이 어떻게 섞여 있느냐에 따라 달라진다. 그러므로 신호를 주파수의 관점에서 다루고자 한다면 빛의 삼원색과 같은 역할을 담당할 신호가 어떤 것인지, 그리고 그 신호들이 어떻게 섞여 있느냐를 찾아내는 방법이 무엇인지의 두 가지 문제가 해결되어야 한다.

[그림 7-1]의 두 신호 모두 주기 $T = 1$인 주기 신호이지만, 파형은 완전히 다르다. 그림에 나타낸 것처럼 [그림 7-1(a)]의 신호 $x(t)$는 주파수 $1\,[\mathrm{Hz}]$와 $2\,[\mathrm{Hz}]$인 2개의 코사인파로 이루어졌고, [그림 7-1(b)]의 신호 $y(t)$는 주파수 $1\,[\mathrm{Hz}]$와 $3\,[\mathrm{Hz}]$인 2개의 코사인파로 이루어졌다. 이를 알기 쉽게 나타낸 것이 오른쪽의 그림(스펙트럼)으로, 어떤 주파수의 코사인파가 얼마만 한 크기로 그 신호에 포함되어 있는지 나타낸 것이다(모든 코사인파의 위상이 0이므로 위상은 따로 표시하지 않았다). 그러나 왼쪽 그림의 신호 파형만 보고서는 이런 사실들을 알아내기란 거의 불가능하므로, 햇빛에 대한 프리즘과 같이 신호를 주파수 성분별로 나누어줄 수 있는 도구가 필요하다. 또 과연 정현파(코사인파)가 빛의 삼원색과 같은 역할을 하는 신호인지도 확인되어야만 이 예의 결과를 일반화할 수 있을 것이다.

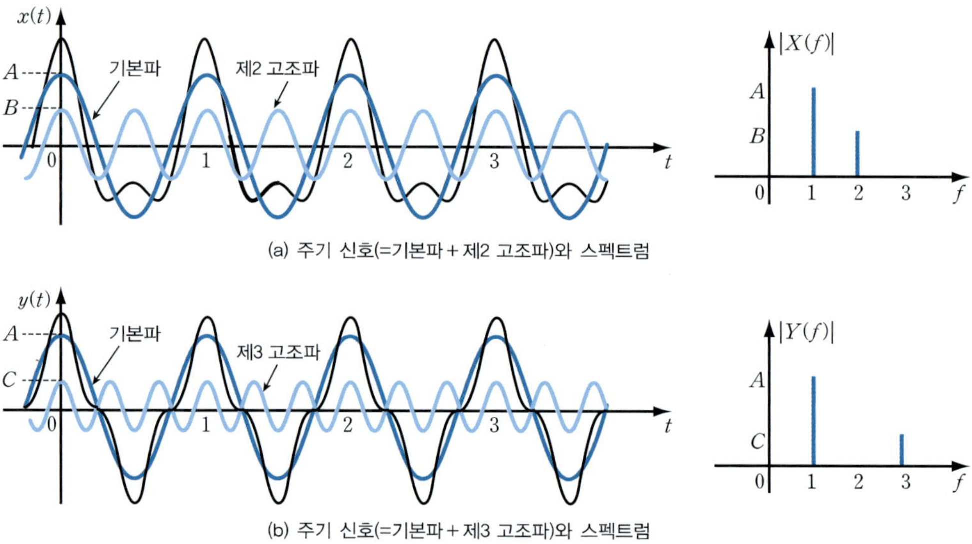

(a) 주기 신호(=기본파 + 제2 고조파)와 스펙트럼

(b) 주기 신호(=기본파 + 제3 고조파)와 스펙트럼

[그림 7-1] 같은 주기를 가지는 두 주기 신호

정현파의 스펙트럼

모든 정현파는 파형의 모양이 같으므로, 서로 구별할 수 있는 정보는 한 주기의 파형이 $t = 0$에서 얼마나 떨어진 위치에서 출발해서(위상 ϕ), 어떤 크기로(진폭 A), 얼마나 빨리 반복되는지(주파수 f_0 (ω_0))에 관한 것뿐이다.

$$x(t) = A\cos(2\pi f_0 t + \phi) = A\cos(\omega_0 t + \phi) \tag{7.1}$$

따라서 정현파를 시간의 함수로 나타내는 것보다 주파수의 함수로 취급하여 주파수축 상에 진폭과 위상으로 나타내는 것이 정보를 훨씬 효과적으로 전달할 수 있다. 이것이 바로 **(주파수) 스펙트럼**

(frequency) spectrum으로, 신호의 주파수 해석에서 가장 중요한 바탕 개념이 된다.

- **(주파수) 스펙트럼**은 정현파를 주파수의 함수로 취급하여 주파수축 상에서 정현파의 진폭과 위상을 나타낸 것이다([그림 7-2]). 진폭을 나타낸 것을 **진폭 스펙트럼**, 위상을 나타낸 것을 **위상 스펙트럼**이라고 한다.
- 스펙트럼 표현에는 삼각 함수 정현파나 복소 정현파 양쪽을 모두 사용할 수 있다.
- 삼각 함수 정현파 표현에 의한 스펙트럼과 비교할 때, 복소 정현파를 이용한 스펙트럼에서는 음의 주파수 성분이 존재하며, 진폭은 반으로 줄고, 위상의 경우 크기는 변함이 없으나 음의 주파수와 양의 주파수의 위상의 부호가 정반대다.

[그림 7-2]는 정현파의 스펙트럼을 나타낸 것이다. 식 (7.1)의 진폭과 위상을 [그림 7-2(a)]와 같이 바로 그릴 수도 있지만, 오일러 공식을 이용하여 정현파를 식 (7.2)와 같이 복소 정현파로 바꾸어 표현하고, 이것의 진폭과 위상을 [그림 7-2(b)]처럼 그리는 것이 더 일반적이다. 주파수축은 그림에서 보듯이 f[Hz]나 ω[rad/sec] 어느 쪽을 써도 상관없다.

$$x(t)=\frac{A}{2}e^{j\phi}e^{j2\pi f_0 t}+\frac{A}{2}e^{-j\phi}e^{-j2\pi f_0 t}=\frac{A}{2}e^{j\phi}e^{j\omega_0 t}+\frac{A}{2}e^{-j\phi}e^{-j\omega_0 t} \tag{7.2}$$

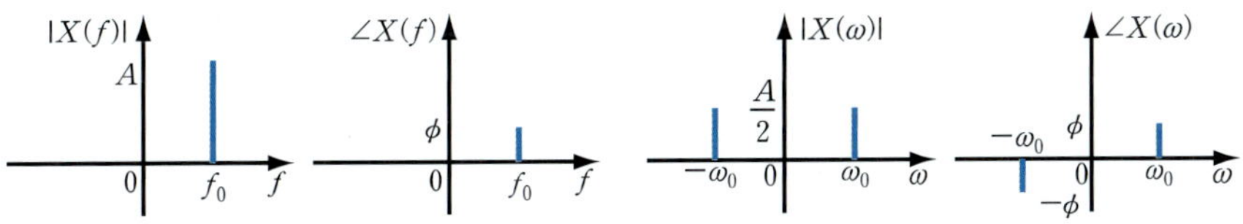

(a) 정현파의 진폭 및 위상 스펙트럼 (b) 복소 정현파의 진폭 및 위상 스펙트럼

[그림 7-2] 정현파의 스펙트럼 표현

예제 7-1 신호의 스펙트럼 표현

[그림 7-3]의 신호 $x(t)$는 다음과 같이 주파수가 다른 2개의 정현파를 더해 얻은 것이다. 이 신호의 스펙트럼을 그려라.

$$x(t)=2\cos(8\pi t-72°)+4\cos(10\pi t-90°)$$

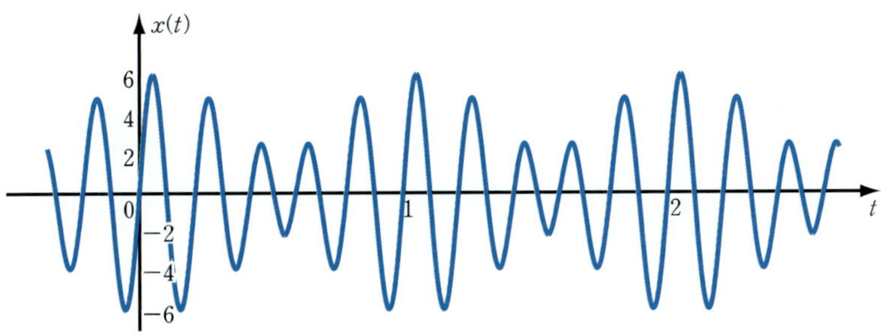

[그림 7-3] [예제 7-1]의 신호 $x(t)$

풀이

$x(t)$는 주파수가 4[Hz]와 5[Hz]인 2개의 코사인파가 합쳐진 것으로, 4[Hz] 코사인파는 진폭 2, 위상 $-72°$이고, 5[Hz]인 코사인파는 진폭 4, 위상 $-90°$이다. 따라서 진폭 스펙트럼과 위상 스펙트럼은 [그림 7-4(a)]와 같이 그려진다.

또 식 (7.2)를 이용하여 $x(t)$를 나타내면

$$x(t) = e^{-j72^\circ} e^{j8\pi t} + e^{j72^\circ} e^{-j8\pi t} + 2e^{-j90^\circ} e^{j10\pi t} + 2e^{j90^\circ} e^{-j10\pi t}$$

이 되므로 진폭 스펙트럼과 위상 스펙트럼을 [그림 7-4(b)]와 같이 그릴 수 있다.

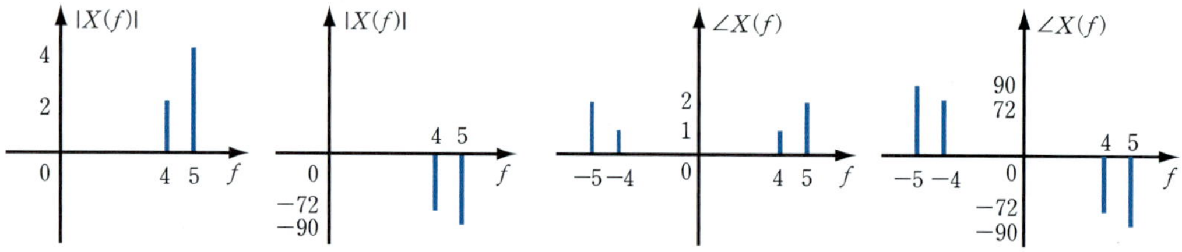

(a) 삼각 함수 형식 스펙트럼 (b) 지수 함수 형식 스펙트럼

[그림 7-4] [예제 7-1]의 스펙트럼

만약 신호의 표현식이 주어지지 않았다면, [그림 7-3]의 시간 파형만 봐서는 단순히 2개의 정현파가 더해진 신호임을 알아채기 힘들지만, 스펙트럼을 구해보면 확연히 드러난다. 그러므로 신호를 주파수 성분으로 쪼개줄 수 있는 도구, 다시 말해 스펙트럼을 구할 수 있는 도구인 '변환'이 필요한 것이다. 거꾸로 스펙트럼을 알고 있다면, 주어진 수식과 같이 나타냄으로써 [그림 7-3]의 신호를 만들어 낼 수도 있다.

7.1.2 변환과 기저 신호

신호의 표현을 바꾸는 작업을 수학적으로는 **변환** transform이라고 한다. 앞에서 예를 든 프리즘은 햇빛을 각 주파수 성분으로 쪼개어 스펙트럼으로 나타내는 일종의 변환 도구이다.

신호의 표현과 변환

- **변환**은 신호의 표현을 바꾸는 작업으로, 결국 표현의 바탕이 되는 기본 신호 집합(**기저**)을 다르게 선택하는 것과 같다.
- 변환을 통해 신호의 표현만 달라질 뿐 신호 자체가 달라지지는 않는다.

신호를 기본적인 신호들로 쪼개어 그 합으로 나타내는 문제는 벡터의 표현과 변환에 빗대어 생각해보면 좀 더 쉽게 이해할 수 있다. [그림 7-5(a)]의 $\vec{v}$는 수평축과 수직축 방향의 크기가 1인 단위벡터 $\vec{i}$, $\vec{j}$를 이용해 두 방향 성분으로 쪼개어 더한 것과 같다. 즉 다음과 같이 나타낼 수 있다. 이때 (x, y)를 $\vec{v}$의 **표현**representation이라고 한다.

$$\vec{v} = x\vec{i} + y\vec{j} = (x, y) \tag{7.3}$$

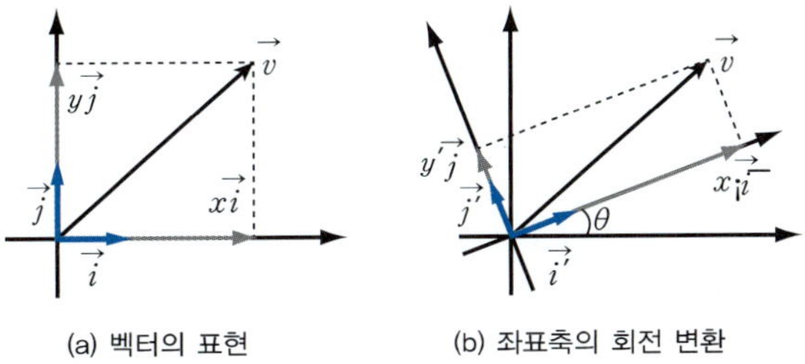

[그림 7-5] 벡터의 표현과 변환

두 벡터 $\vec{i}$, $\vec{j}$만 주어지면 평면 위의 어떠한 벡터도 식 (7.3)으로 나타낼 수 있으므로, 빛깔에 대한 삼원색처럼 $\vec{i}$, $\vec{j}$가 평면 벡터 표현의 바탕 벡터가 된다. 그런데 [그림 7-5(b)]와 같이 좌표축을 θ만큼 회전시키면, $\vec{v}$는 다음과 같이 회전된 좌표축 방향의 단위벡터 $\vec{i}'$, $\vec{j}'$와 관련하여 바뀌어 표현된다.

$$\vec{v} = x'\vec{i}' + y'\vec{j}' = (x', y') \tag{7.4}$$

즉 벡터를 나타내기 위한 바탕 벡터가 $\vec{i}$, $\vec{j}$에서 $\vec{i}'$, $\vec{j}'$으로 바뀐 결과로 벡터의 표현 또한 (x, y)에서 (x', y')으로 바뀌며, 결국 (x', y')을 찾아내는 문제로 귀결된다. 이때 주의할 점은 표현만 달라졌을 뿐 $\vec{v}$ 자체가 달라지지는 않는다는 사실이다.

이 장에서 우리가 다루고자 하는 문제는 벡터 대신 신호를 그 대상으로 하고, 같은 평면에서 대상의 표현을 바꾸는 [그림 7-5]의 경우와 달리 시간 영역에서 주파수 영역으로 표현을 바꾸는 관계를 찾는 것만 다를 뿐 밑바탕에 깔린 개념은 마찬가지다.

기저 신호와 정현파

앞에서 살펴본 것처럼 신호의 표현을 바꾸기 위해서는 먼저 바탕 신호 집합을 찾아야 한다. [그림 7-1]에서는 주파수가 다른 정현파들이, [그림 7-5]에서는 $\vec{i}$, $\vec{j}$ 또는 $\vec{i}'$, $\vec{j}'$이 그 역할을 함을 알 수 있다.

- **기저**basis **신호**는 신호에 대한 표현을 구하거나 바꾸는 데 바탕 역할을 하는 신호이다.
- 기저 신호 $\{\psi_i(t)\}$가 주어지면, 신호는 이들의 일차(선형) 결합으로 나타낼 수 있다.

$$x(t) = \sum_i c_i \psi_i(t) \tag{7.5}$$

- 신호의 (표현) 변환은 결국 식 (7.5)의 계수 c_i를 구하는 문제와 같다.
- 주파수 영역으로 변환하는 기저 신호 $\{\psi_i(t)\}$는 다음의 성질을 만족하는 신호들을 선택하는 것이 바람직하다.
  ❶ 형태가 단순하며, 신호의 표현을 구하기 쉬워야 한다.
  ❷ 다양하고 폭넓은 신호들을 표현할 수 있어야 한다.
  ❸ 표현된 신호에 대한 시스템의 응답을 편리하게 구하고 나타낼 수 있어야 한다.
  ❹ 한 주파수에 대해 오직 하나의 기저 신호만 존재(일대일 대응)해야 한다.

정현파는 기저 신호의 바람직한 성질들을 만족시키는 대표적인 신호이다. 오직 하나의 주파수만 가지며(성질 ❹), 파형이 단순하고 직교성을 지닌다(성질 ❶). 직교성은 식 (7.5)의 계수를 간단히 구할 수 있게 해준다. 일반적으로 [그림 7-5]와 같이 직교좌표계를 사용하는 이유가 거기에 있다. 게다가 푸리에 급수/변환에 의해 광범위한 신호들을 표현할 수 있다(성질 ❷). 그리고 전기회로에 정현파 입력을 넣으면 출력 역시 같은 정현파로 크기와 위상만 달라지는 것에서 알 수 있듯이 시스템 응답을 편리하게 구할 수 있다(성질 ❸). 수학적으로는 고유 함수 개념과 연관된 이 성질은 매우 유용한데, 예를 들어 회로에 [그림 7-1(b)]의 신호를 입력으로 인가할 경우, 그 자체로는 입력 파형의 특이한 형태로 인해 응답을 구하기가 매우 어렵지만, 그림과 같이 신호를 2개의 정현파의 합으로 표현하게 되면 중첩의 원리를 이용해 손쉽게 시스템 응답을 구할 수 있다.

7.1.3 주파수 영역 해석과 변환

신호와 시스템은 시간 영역에서 나타낼 수도 있고 주파수 영역에서 나타낼 수도 있다. 어떤 특성은 시간 영역에서 쉽게 파악되지만, 주파수 영역에서 더 잘 볼 수 있는 것들도 있다.

- 시간 영역에서 신호는 파형 함수, 시스템은 임펄스 응답으로 나타낸다.
- 주파수 영역에서 신호는 스펙트럼, 시스템은 주파수 응답(또는 전달 함수)으로 표현한다.
- 시간 영역 표현은 보통 실험과 관측을 통해 직접 얻을 수 있다.
- 주파수 영역 표현은 시간 영역 표현에 대해 변환을 적용하여 간접적으로 얻어진다.

변환은 시간 영역과 주파수 영역을 이어주는 다리와 같다. 변환은 [그림 7-6]에 나타낸 것처럼 시간 영역에서의 속성에 따라 달라진다. 주파수 영역 변환 도구가 다양해도 개념적 토대는 모두 앞의 설명에 뿌리를 두고 있다. 이 장에서는 이들 여러 변환 중에서 어렵지 않고 기초라 할 수 있는 연속 주기 함수의 푸리에 급수를 다루며, 이후의 장들에서 차례로 나머지 변환을 배우게 된다.

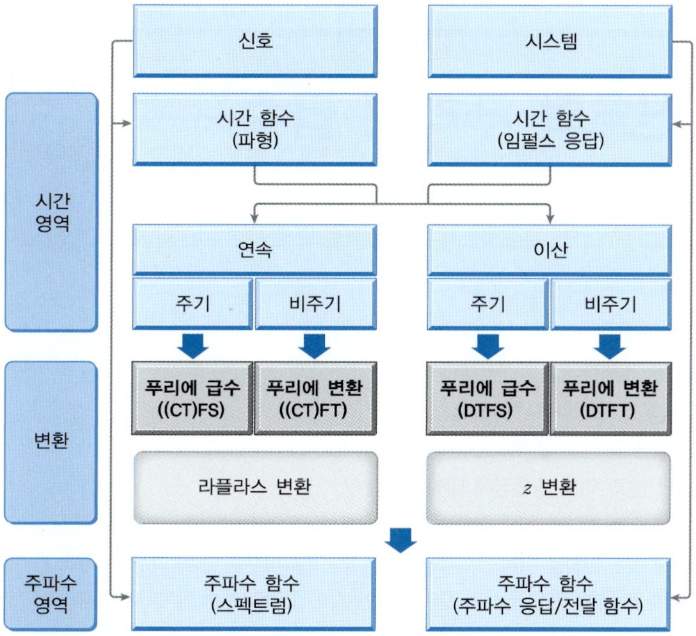

[그림 7-6] 신호와 시스템의 시간 영역 및 주파수 영역 표현과 변환

Check Point **다음 문제에서 옳은 것을 골라라.**

(1) 신호의 표현을 바꾸는 수학적인 작업을 (해석, 변환, 모형화)라고 한다.
(2) 원래의 신호와 변환된 신호는 다른 신호이다. (○, ×)
(3) 다양한 신호를 표현하는 데 사용되는 기본 신호를 (기저, 특이, 범용) 신호라고 한다.
(4) 신호는 기저 신호들의 선형 결합으로 나타낼 수 있다. (○, ×)
(5) 주파수 영역 변환을 위한 기저 신호는 주파수와 (일대일, 다대일) 대응이어야 한다.
(6) (지수, 임펄스, 계단) 함수는 연속 LTI 시스템의 고유 함수이다.
(7) 신호를 주파수 성분별로 나누어 해당 정현파들로 나타낸 것이 스펙트럼이다. (○, ×)
(8) 신호의 스펙트럼은 (진폭, 위상, 주파수)의 함수이다.
(9) 정현파의 스펙트럼은 항상 양의 주파수 성분만으로 이루어진다. (○, ×)
(10) 서로 다른 신호라도 스펙트럼은 같을 수 있다. (○, ×)

SECTION

7.2 주기 신호와 푸리에 급수

학습포인트

- 푸리에 해석의 바탕이 되는 기본 아이디어를 이해한다.
- 기본파, 고조파, 기본 주파수의 정의와 개념을 이해한다.
- 주기 신호에 대한 세 가지 푸리에 급수(FS) 표현 방법을 잘 익혀둔다.
- 기저 신호의 직교성을 이용한 푸리에 계수 결정 방법을 잘 익혀둔다.
- 푸리에 급수의 수렴 조건(디리클레Dirichlet 조건)과 이의 중요성에 대해 알아본다.

푸리에Fourier는 정현파를 이용하여 신호의 표현을 찾는 방법을 처음으로 제안했고, 이에 이를 다루는 일련의 문제를 푸리에 해석Fourier Analysis이라고 한다. 정현파 자체가 주기 신호일뿐만 아니라 주기 신호는 같은 파형이 계속 반복되어 다루기가 편하므로, 주파수와 관련한 신호의 표현을 찾는 문제를 주기 신호부터 시작하는 것이 적합하다. 이 절에서는 주기 신호를 대상으로 하는 푸리에 급수의 정의와 수학적 취급, 수렴 조건 등에 대해서 살펴본다.

정현파를 이용하여 신호의 표현을 찾고 해석하는 문제는 프랑스의 수학자 푸리에가 열전도 문제를 연구하면서 주기 신호를 주파수가 서로 다른 정현파의 합으로 나타낼 수 있음을 처음 발견한 것에서 시작되었다. [그림 7-6]에서 볼 수 있듯이, 푸리에 해석 방법에는 신호 속성에 따라 이론적으로 네 가지 형식이 존재한다. 연속 신호와 이산 신호 각각에 대해 주기 신호를 대상으로 한 **푸리에 급수(FS)**Fourier Series와 비주기 신호로 대상을 넓힌 **푸리에 변환(FT)**Fourier Transform이 정의된다(구분이 꼭 필요한 경우에는 앞에 연속 시간(CT)Continuous Time 또는 이산 시간(DT)Discrete Time을 붙여서 표기할 것이다). 푸리에 해석 방법에는 이론적인 네 가지 형식 이외에 실용적인 측면에서 고안된 것으로 컴퓨터를 이용한 수치 해석에 적합한 **이산 푸리에 변환(DFT)** Discrete Fourier Transform과 이를 고속으로 계산하는 알고리즘인 **고속 푸리에 변환(FFT)**Fast Fourier Transform이 있다.

7.2.1 푸리에 급수의 정의

정현파를 기저 신호로 채택하여 주파수에 대한 신호의 표현을 찾아내는 문제를 다룰 때, 주기 신호에서부터 시작하면 여러 이점이 있다. 우선 기저 신호인 정현파 자체가 주기 신호일뿐더러, 주기 신호는 같은 파형이 반복되므로 한 주기에서의 신호 표현에만 집중해도 충분하다. 따라서 무질서한 신호보다 다루기 수월해진다.

푸리에 급수의 정의

[그림 7-1]을 보면, 주기 신호들은 파형이 서로 다름에도 불구하고 공통된 특징을 가지고 있는데, 주기 신호는 자신과 같은 주기를 갖는 정현파(기본파)와 그 정현파 주파수의 정수배 주파수를 갖는 정현파(고조파)들로만 이루어져 있다(이렇게 되면 2.1.2절에서 본 것처럼 각 정현파의 주파수의 비가 유리수가 되므로 이들을 더한 신호는 당연히 주기 신호가 된다). 이것이 바로 주기 신호에 대한 푸리에 급수 표현의 출발점이다. 주기 신호가 [그림 7-1]처럼 간단히 몇 개의 정현파로 이루어지기도 하지만, 일반적으로 수없이 많은 정현파가 더해진 것으로 나타내어지므로 무한급수 형태를 띠게 된다.

정현파를 이용한 주기 신호의 표현에 대한 푸리에의 결과를 정리하면 다음과 같다.

- **푸리에 급수(FS)**는 주기 신호를 기본파와 고조파들의 합으로 나타낸 것이며 일반적으로 무한급수 형태가 된다.

$$x(t) = \text{직류(DC)} + \text{기본파}(\cos\text{항} + \sin\text{항}) + \text{고조파들}(\cos\text{항} + \sin\text{항}) \tag{7.6}$$

$$= a_0 + \sum_{k=1}^{\infty} a_k \cos(k\omega_0 t) + \sum_{k=1}^{\infty} b_k \sin(k\omega_0 t)$$

- **기본파** fundamental wave는 주기 신호와 주기(T)가 같은 정현파이다.
- **고조파** harmonics는 기본파의 주파수(기본 주파수)의 정수배 주파수를 갖는 정현파이다. (k고조파는 주파수가 $kf_0(k\omega_0,\ k=2, 3, 4, \cdots)$인 고조파이다.)
- **기본 주파수** fundamental frequency는 기본파의 주파수로서 $f_0 = \dfrac{1}{T}\left(\omega_0 = \dfrac{2\pi}{T}\right)$이다.

푸리에 급수의 수렴 조건

일반적으로 주기 신호는 모든 시간에서 값이 유한하다. 그런데 푸리에 급수 표현은 신호의 표현을 바꾼 것이지 신호의 특성을 바꾼 것이 아니므로, 급수 표현의 등식이 항상 성립하기 위해서는 유한한 값을 갖도록 푸리에 급수가 수렴해야 한다. 이러한 푸리에 급수의 수렴에 관한 조건을 정리한 것이 다음과 같은 **디리클레** Dirichlet **조건**이다.

푸리에 급수의 수렴 조건 : 디리클레 조건

❶ 신호의 한 주기 내에서 $x(t)$는 절대 적분 가능해야 한다.

$$\int_T |x(t)|\, dt < \infty \tag{7.7}$$

$\int_T$는 한 주기에 대한 적분으로 시작점 위치에 무관하게 같은 결과가 얻어진다.

❷ 신호의 한 주기 내에 존재하는 극대·극소점의 수는 유한해야 한다.

❸ 신호의 한 주기 내에 존재하는 불연속점의 수는 유한해야 한다.

특히 식 (7.7)의 조건은 푸리에 변환과 라플라스 변환으로 주파수 영역 변환의 개념이 확장될 때 밀접한 관련이 있으므로 유념해두어야 한다.

디리클레 조건을 만족하지 못하는 특수한 주기 신호들의 예를 [그림 7-7]에 보였다. 일반적으로 우리가 실제로 사용하는 물리적인 주기 신호는 디리클레 조건을 만족하여 푸리에 급수가 수렴한다.

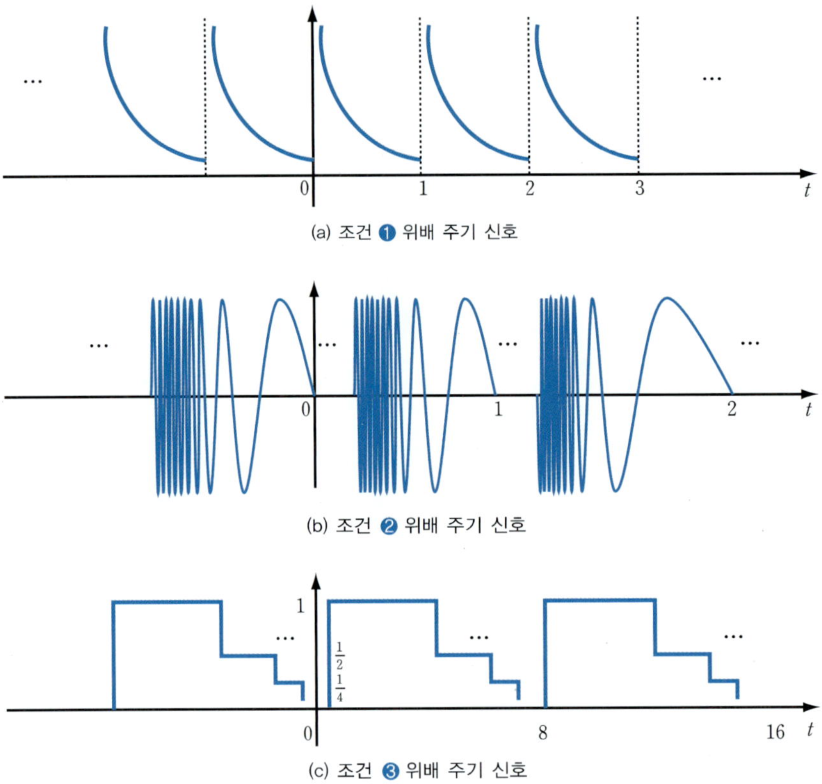

[그림 7-7] 디리클레 조건에 위배되는 주기 신호

7.2.2 푸리에 급수의 세 가지 표현

식 (7.6)의 삼각 함수 형식 푸리에 급수 표현은 위상이 0인 정현파들로만 구성되어 물리적으로 이해하기 쉽고 실제적이지만, 하나의 주파수에 사인파와 코사인파 2개의 정현파가 대응되는 형태라 주파수 스펙트럼을 표시하기가 쉽지 않다. 이를 해결할 수 있는 등가 표현을 찾아보자.

(복소) 지수 함수 형식 푸리에 급수

신호와 시스템의 이론적 해석에서는 오일러 공식을 이용하여 식 (7.6)의 삼각 함수 정현파를 복소 정현파로 바꾸어 얻어지는 (복소) 지수 함수 형식 푸리에 급수를 주로 사용한다. 이 형식이 삼각 함수 형식보다 표현식과 계수 결정이 더 간결하고, 적분을 비롯한 수학적 조작과 취급이 훨씬 쉬우며, 푸리에 변환으로 확장이 가능하기 때문이다.

식 (7.6)의 삼각 함수 정현파를 복소 정현파로 바꾼 뒤 정리하면 다음과 같이 된다.

$$\begin{aligned} x(t) &= a_0 + \sum_{k=1}^{\infty}(a_k\cos(k\omega_0 t) + b_k\sin(k\omega_0 t)) \\ &= a_0 + \sum_{k=1}^{\infty}\left(a_k\frac{e^{jk\omega_0 t}+e^{-jk\omega_0 t}}{2} + b_k\frac{e^{jk\omega_0 t}-e^{-jk\omega_0 t}}{j2}\right) \\ &= a_0 + \sum_{k=1}^{\infty}\left(\frac{a_k - jb_k}{2}e^{jk\omega_0 t} + \frac{a_k + jb_k}{2}e^{-jk\omega_0 t}\right) \\ &= \sum_{k=-\infty}^{\infty} X_k e^{jk\omega_0 t} \end{aligned} \tag{7.8}$$

여기서 계수 X_k는 복소수로서 다음과 같고, $X_k = X_{-k}^*$를 만족한다.

$$X_k = \begin{cases} \frac{1}{2}(a_k - jb_k), & k>0 \\ a_0, & k=0 \\ \frac{1}{2}(a_k + jb_k), & k<0 \end{cases} \tag{7.9}$$

식 (7.8)의 (복소) 지수 함수 형식 푸리에 급수 표현은 (삼각 함수 정현파 대신) 복소 정현파 $e^{jk\omega_0 t}$를 기저 신호로 채택하여 복소 푸리에 계수 X_k로 주기 신호의 주파수 정보를 나타낸 것이다. 이때 X_k의 크기 $|X_k|$와 위상 $\angle X_k$이 곧 주파수 $k\omega_0$ 성분의 진폭과 위상이 된다.

간결형 삼각 함수 형식 푸리에 급수

식 (7.6)에 삼각 함수 합성 공식을 적용하면 다음과 같이 된다.

$$\begin{aligned} & a_k\cos(k\omega_0 t) + b_k\sin(k\omega_0 t) \\ &= \sqrt{a_k^2+b_k^2}\left(\frac{a_k}{\sqrt{a_k^2+b_k^2}}\cos(k\omega_0 t) + \frac{b_k}{\sqrt{a_k^2+b_k^2}}\sin(k\omega_0 t)\right) \\ &= \sqrt{a_k^2+b_k^2}\,(\cos(-\phi_k)\cos(k\omega_0 t) + \sin(-\phi_k)\sin(k\omega_0 t)) \\ &= c_k\cos(k\omega_0 t + \phi_k) \end{aligned} \tag{7.10}$$

따라서 '하나의 주파수에 하나의 정현파만 대응'하는 표현으로 바꿀 수 있게 된다.

$$x(t) = c_0 + \sum_{k=1}^{\infty} c_k\cos(k\omega_0 t + \phi_k) \tag{7.11}$$

$$\begin{cases} c_0 = a_0 \\ c_k = \sqrt{a_k^2+b_k^2}, & k=1, 2, 3, \cdots \\ \phi_k = -\tan^{-1}\frac{b_k}{a_k}, & k=1, 2, 3, \cdots \end{cases} \tag{7.12}$$

식 (7.11)의 간결형 삼각 함수 형식 푸리에 급수는 코사인파 성분의 진폭과 위상을 가지고 주기 신호의 주파수 정보를 나타내는 표현이지만, c_k와 ϕ_k를 직접 구하는 간편한 계산식이 없어 먼저 식 (7.6)의 표현을 구한 뒤 식 (7.12)로 이들을 계산해야만 하는 불편함이 있다. 한편 식 (7.8)의 지수 함수 형식 푸리에 급수 표현은 식 (7.11)의 코사인파에 오일러 공식을 적용하여 복소 정현파로 바꾼 뒤 정리하여도 똑같이 얻을 수 있다.[1]

지금까지 살펴본 세 가지의 푸리에 급수 표현을 [표 7-1]에 요약하여 나타내었다. 상황에 따라 적합한 표현을 이용할 수 있도록 이들의 상호 관계 및 상호 변환에 대해 익숙해지도록 노력해야 한다.

[표 7-1] 주기 신호의 푸리에 급수 표현

형식	연속 시간 푸리에 급수	계수 계산	계수 변환 공식
삼각함수	$x(t)=a_0+\sum_{k=1}^{\infty}a_k\cos(k\omega_0 t)+\sum_{k=1}^{\infty}b_k\sin(k\omega_0 t)$	$a_0=\frac{1}{T}\int_T x(t)\,dt$ $a_k=\frac{2}{T}\int_T x(t)\cos(k\omega_0 t)dt$ $b_k=\frac{2}{T}\int_T x(t)\sin(k\omega_0 t)dt$	$a_0=c_0=X_0$ $a_k=c_k\cos(\phi_k)=X_k+X_{-k}$ $b_k=-c_k\sin(\phi_k)=j(X_k-X_{-k})$
간결형 삼각함수	$x(t)=\sum_{k=0}^{\infty}c_k\cos(k\omega_0 t+\phi_k)$	$c_0=a_0,\ \phi_0=0$ $c_k=\sqrt{a_k^2+b_k^2}$ $\phi_k=-\tan^{-1}\left(\frac{b_k}{a_k}\right)$	$c_0=X_0$ $c_k=2\lvert X_k\rvert$ $\phi_k=\angle X_k$
지수함수	$x(t)=\sum_{k=-\infty}^{\infty}X_k e^{jk\omega_0 t}$	$X_k=\frac{1}{T}\int_T x(t)e^{-jk\omega_0 t}dt$	$X_0=a_0=c_0$ $X_k=\frac{c_k}{2}e^{j\phi_k}=\frac{1}{2}(a_k-jb_k)$ $X_{-k}=X_k^*$

[표 7-1]에서 알 수 있는 중요한 사실은, 푸리에 급수를 어떤 형태로 표현하더라도, '주기 신호는 기본 주파수의 정수배가 되는 주파수 성분만 가진다'는 것이다.

7.2.3 직교성을 이용한 푸리에 계수의 결정

주기 신호를 푸리에 급수로 표현하는 것은 결국 **푸리에 계수**Fourier coefficients a_0, a_k, b_k 또는 X_k를 구하는 문제로 귀결된다. 푸리에 급수 표현의 기저 신호로 채택한 (복소) 정현파 신호는 직교성이라는 좋은 성질을 지니고 있어서 푸리에 계수를 쉽게 구할 수 있다.

정현파 기저 신호의 직교성

[그림 7-5]에서 보듯이 두 벡터 $\vec{i}$, $\vec{j}$가 직교하면 두 벡터의 내적은 $<\vec{i}, \vec{j}> = 0$이다. 이러한 내적과 직교성의 관계는 함수에 대해서도 변함이 없다.

1 〈심화학습 자료〉를 참고하기 바란다.

함수의 내적과 직교성

- 두 함수 $f(t)$, $g(t)$의 **내적**은 다음과 같이 정의한다.

$$< f(t), g(t) > = \int_a^b f(t) \cdot g^*(t)\,dt \tag{7.13}$$

여기서 구간 $[a, b]$는 두 함수의 정의 구간이고, $*$는 복소 공액쌍을 나타낸다.

- 두 함수의 내적 $< f(t), g(t) > = 0$이면 두 함수가 **직교한다**고 한다.

먼저 DC와 임의의 정현파 성분은 내적이 0으로 직교성을 만족한다. DC 성분의 기저 신호는 1로서, $\cos(0\omega_0 t) = 1$에 해당한다.

$$\int_T 1 \cdot \cos(k\omega_0 t)dt = 0 \tag{7.14.a}$$

$$\int_T 1 \cdot \sin(k\omega_0 t)dt = 0 \tag{7.14.b}$$

그리고 임의의 두 정현파 성분 간에도 역시 내적이 0으로 직교성을 만족한다.

$$\begin{aligned}&\int_T \cos(k\omega_0 t)\sin(m\omega_0 t)\,dt \\ &\quad = \frac{1}{2}\int_T [\sin((m+k)\omega_0 t) + \sin((m-k)\omega_0 t)]\,dt = 0\end{aligned} \tag{7.15.a}$$

$$\begin{aligned}&\int_T \cos(k\omega_0 t)\cos(m\omega_0 t)\,dt \\ &\quad = \frac{1}{2}\int_T [\cos((m+k)\omega_0 t) + \cos((m-k)\omega_0 t)]\,dt = 0,\ \ k \neq m\end{aligned} \tag{7.15.b}$$

$$\begin{aligned}&\int_T \sin(k\omega_0 t)\sin(m\omega_0 t)\,dt \\ &\quad = \frac{1}{2}\int_T [\cos((m-k)\omega_0 t) - \cos((m+k)\omega_0 t)]\,dt = 0,\ \ k \neq m\end{aligned} \tag{7.15.c}$$

식 (7.14)와 식 (7.15)는 정현파를 주기 적분한 값이 0이라는 사실로부터 얻어진 결과이다.

정현파들은 벡터와 마찬가지로 자신과의 내적을 취한 경우에만 내적이 0이 되지 않고 값을 갖는다.

$$\int_T 1^2 dt = T \tag{7.16.a}$$

$$\int_T \cos^2(k\omega_0 t)\,dt = \int_T \frac{1 + \cos(2k\omega_0 t)}{2}\,dt = \frac{T}{2} \tag{7.16.b}$$

$$\int_T \sin^2(k\omega_0 t)\,dt = \int_T \frac{1 - \cos(2k\omega_0 t)}{2}\,dt = \frac{T}{2} \tag{7.16.c}$$

복소 정현파 또한 직교성이 성립된다. $e^{jk\omega_0 t}$와 $e^{jm\omega_0 t}$의 내적을 구하면 다음과 같다.

$$\int_0^T e^{jk\omega_0 t}e^{-jm\omega_0 t}dt = \int_0^T e^{j(k-m)\omega_0 t}dt \tag{7.17}$$
$$= \begin{cases} \dfrac{1}{j(k-m)\omega_0}(e^{j(k-m)2\pi}-1)=0, & m \neq k \\ T, & m=k \end{cases}$$

푸리에 계수의 결정

이제 정현파의 직교성을 이용하여 푸리에 계수를 구해보자. 식 (7.6)의 DC항의 계수 a_0는 양변에 기저 신호 1과의 내적을 취하면 식 (7.14)에 의해 다음과 같이 된다.

$$\int_T x(t)\cdot 1\,dt = \int_T a_0 dt + \int_T \left(\sum_{k=1}^{\infty} a_k \cos(k\omega_0 t) + \sum_{k=1}^{\infty} b_k \sin(k\omega_0 t)\right)dt \tag{7.18}$$
$$= \int_T a_0\,dt = a_0 T$$

따라서 a_0는 다음과 같이 구해지는데, 이것은 한 주기에 대한 평균값이므로 DC 성분이라는 것을 알 수 있다.

$$a_0 = \frac{1}{T}\int_T x(t)\,dt \tag{7.19}$$

코사인 k고조파의 계수 a_k도 마찬가지로 내적을 취하기 위해 식 (7.6)의 양변에 기저 신호 $\cos(k\omega_0 t)$를 곱해서 1주기 적분을 하면 다음과 같다.

$$\int_T x(t)\cos(k\omega_0 t)\,dt = \int_T a_0 \cos(k\omega_0 t)\,dt + \int_T \left(\sum_{m=1}^{\infty} a_m \cos(m\omega_0 t)\cos(k\omega_0 t)\right)dt \tag{7.20}$$
$$+ \int_T \left(\sum_{m=1}^{\infty} b_m \sin(m\omega_0 t)\cos(k\omega_0 t)\right)dt$$

우변의 첫째 항은 식 (7.14.a)에 의해, 그리고 마지막 항은 식 (7.15.a)에 의해 0이 되어 없어진다. 또 우변의 둘째 항은 식 (7.15.b)와 식 (7.16.b)에 의해 $m=k$인 항만 남게 되므로 다음과 같이 간단히 정리된다.

$$\int_T x(t)\cos(k\omega_0 t)\,dt = \frac{T}{2}a_k \tag{7.21}$$

따라서 a_k은 다음과 같다.

$$a_k = \frac{2}{T}\int_T x(t)\cos(k\omega_0 t)\,dt \tag{7.22}$$

같은 방법으로 사인 k고조파의 계수 b_k를 구하면 다음과 같이 된다.

$$b_k = \frac{2}{T}\int_T x(t)\sin(k\omega_0 t)\,dt \tag{7.23}$$

지수 함수 형식 푸리에 계수 X_k도 식 (7.8)의 양변에 $e^{-jm\omega_0 t}$를 곱하여 1주기 적분, 즉 내적을 취하면 식 (7.17)의 직교성에 의해 다음과 같이 된다.

$$\int_T x(t)e^{-jm\omega_0 t}dt = \int_T \sum_{k=-\infty}^{\infty} X_k e^{jk\omega_0 t}e^{-jm\omega_0 t}dt = X_m T \tag{7.24}$$

따라서 X_m은 다음과 같이 간단히 구해진다.

$$X_m = \frac{1}{T}\int_T x(t)e^{-jm\omega_0 t}dt \tag{7.25}$$

예제 7-2 주기 신호의 푸리에 급수 표현

다음 주기 신호에 대해 지수 함수 형식 푸리에 급수 표현을 구하고 스펙트럼을 그려라.

$$x(t) = 1 + 4\cos\left(\pi t - \frac{\pi}{4}\right) - 2\sin(2\pi t) + \cos\left(3\pi t + \frac{\pi}{3}\right)$$

풀이

3개의 정현파 성분의 주파수가 각각 π, 2π, 3π이므로, 이 주기 신호의 기본 주파수는 $\omega_0 = \pi$이다. 따라서 $x(t)$는 DC, 기본파, 2고조파, 3고조파로 이루어진 신호이다. 신호가 정현파들로만 구성된 경우는 오일러 공식을 이용해 복소 정현파로 바꾸어 나타내는 것이 식 (7.25)의 적분 형태의 푸리에 계수 계산식을 이용하는 것보다 훨씬 간편하다.

$$\begin{aligned}
x(t) &= 1 + 4\cos\left(\pi t - \frac{\pi}{4}\right) - 2\sin(2\pi t) + \cos\left(3\pi t + \frac{\pi}{3}\right) \\
&= 1 + 2\left(e^{j\left(\pi t - \frac{\pi}{4}\right)} + e^{-j\left(\pi t - \frac{\pi}{4}\right)}\right) + j(e^{j2\pi t} - e^{-j2\pi t}) + \frac{1}{2}\left(e^{j\left(3\pi t + \frac{\pi}{3}\right)} + e^{-j\left(3\pi t + \frac{\pi}{3}\right)}\right) \\
&= \frac{1}{2}e^{-j\frac{\pi}{3}}e^{-j3\pi t} + e^{-j\frac{\pi}{2}}e^{-j2\pi t} + 2e^{j\frac{\pi}{4}}e^{-j\pi t} + 1 + 2e^{-j\frac{\pi}{4}}e^{j\pi t} + e^{j\frac{\pi}{2}}e^{j2\pi t} + \frac{1}{2}e^{j\frac{\pi}{3}}e^{j3\pi t} \\
&= \frac{1}{2}e^{-j\frac{\pi}{3}}e^{-j3\omega_0 t} + e^{-j\frac{\pi}{2}}e^{-j2\omega_0 t} + 2e^{j\frac{\pi}{4}}e^{-j\omega_0 t} + 1 + 2e^{-j\frac{\pi}{4}}e^{j\omega_0 t} + e^{j\frac{\pi}{2}}e^{j2\omega_0 t} + \frac{1}{2}e^{j\frac{\pi}{3}}e^{j3\omega_0 t}
\end{aligned}$$

따라서 푸리에 계수는 다음과 같으며 공액 대칭, 즉 $X_k = X_{-k}^*$을 만족함을 볼 수 있다.

$$\begin{cases}
X_{-3} = 0.5e^{-j\frac{\pi}{3}} & X_3 = 0.5e^{j\frac{\pi}{3}} \\
X_{-2} = e^{-j\frac{\pi}{2}} & X_2 = e^{j\frac{\pi}{2}} \\
X_{-1} = 2e^{j\frac{\pi}{4}} & X_1 = 2e^{-j\frac{\pi}{4}} \\
X_0 = 1 & X_k = 0, \quad \text{그 외}
\end{cases}$$

주어진 주기 신호의 스펙트럼을 [그림 7-8]에 나타내었다.

신호가 정현파들로만 구성된 경우, 좀 더 간편한 방법이 있다. 먼저 $k > 0$의 경우에 대해 $|X_k|$는 해당하는 정현파 진폭의 반으로 두고, $\angle X_k$는 코사인 정현파이면 위상을 그대로, 사인 정현파이면 위상에 $-\frac{\pi}{2}$를 더한 값으로 구한다. $(-1) = e^{\pm j\pi}$로 두면 된다. 그런 다음 $k < 0$에 대해서는 $X_k = X_{-k}^*$의 관

계를 이용하여 $|X_{-k}|=|X_k|$, $\angle X_{-k}=-\angle X_k$로 구하면 된다. 스펙트럼은 이를 그대로 그리면 되고, 푸리에 계수 X_k는 극좌표 형식 $X_k=|X_k|e^{j\angle X_k}$으로 구해주면 된다. 이 방법은 삼각 함수 정현파를 복소 정현파로 바꾸어 나타내는 과정이 필요 없으므로 익숙해지면 앞의 방법보다 편리할 것이다.

[그림 7-8]의 스펙트럼을 보면 진폭 스펙트럼은 우대칭, 위상 스펙트럼은 기대칭을 만족하는 것을 볼 수 있는데, 실수 신호의 스펙트럼은 이러한 대칭성을 지닌다.

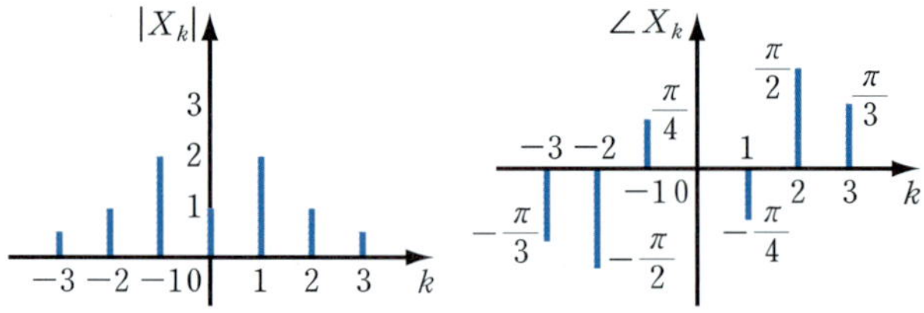

[그림 7-8] [예제 7-2]의 신호 $x(t)$의 스펙트럼

예제 7-3 푸리에 계수(스펙트럼)로부터 주기 신호 구하기

주기 $T=1$인 주기 신호 $x(t)$의 푸리에 계수 X_k가 다음과 같을 때, 주기 신호를 구하라.

$$\begin{cases} X_{-3}=e^{j\frac{\pi}{3}} \\ X_{-1}=2e^{-j\frac{\pi}{4}} \\ X_0\ =6 \\ X_1\ =2e^{j\frac{\pi}{4}} \\ X_3\ =e^{-j\frac{\pi}{3}} \\ X_k\ =0, \quad \text{그 외} \end{cases}$$

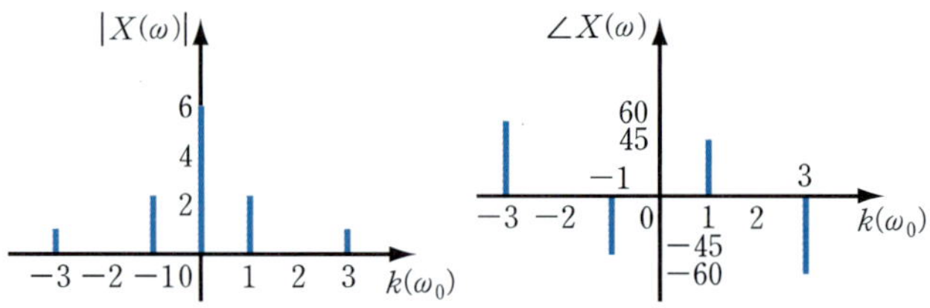

[그림 7-9] [예제 7-3]의 신호 $x(t)$의 스펙트럼

풀이

$x(t)$의 주기가 1이므로 기본 주파수는 $\omega_0=2\pi(f_0=1)$이다. $x(t)$의 푸리에 급수는 다음과 같다.

$$\begin{aligned} x(t)&=\sum_{k=-\infty}^{\infty}X_ke^{jk\omega_0t}=X_{-3}e^{-j3\omega_0t}+X_{-1}e^{-j\omega_0t}+X_0+X_1e^{j\omega_0t}+X_3e^{j3\omega_0t} \\ &=e^{j\frac{\pi}{3}}e^{-j6\pi t}+2e^{-j\frac{\pi}{4}}e^{-j2\pi t}+6+2e^{j\frac{\pi}{4}}e^{j2\pi t}+e^{-j\frac{\pi}{3}}e^{j6\pi t} \end{aligned}$$

오일러 공식을 이용하여 앞 식을 정리하면 다음과 같이 $x(t)$가 얻어진다.

$$x(t)=6+4\cos\left(2\pi t+\frac{\pi}{4}\right)+2\cos\left(6\pi t-\frac{\pi}{3}\right)$$

X_k 대신 [그림 7-9]의 스펙트럼이 주어져도 같은 방법으로 주기 신호를 구할 수 있다.

그런데 이 방법보다 더 간편하게 X_k, $k>0$을 이용하여 $x(t)$를 다음과 같이 바로 구할 수 있다.

$$\begin{aligned} x(t)&=X_0+\sum_k 2|X_k|\cos(k\omega_0t+\angle X_k) \\ &=6+4\cos\left(2\pi t+\frac{\pi}{4}\right)+2\cos\left(6\pi t-\frac{\pi}{3}\right) \end{aligned}$$

이렇게 하면 복소 정현파를 삼각 함수 정현파로 바꾸는 과정이 불필요하므로 편리하다.

주요 주기 신호의 푸리에 급수

많이 쓰이는 주기 신호들에 대한 푸리에 급수 전개 결과를 [표 7–2]에 나타내었다.

[표 7–2] 주요 주기 신호의 푸리에 급수

파형		X_0	$X_k,\ k \neq 0$	0이 되는 항
방형파	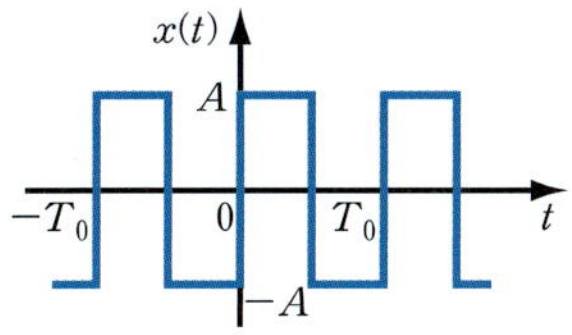	0	$-j\dfrac{2A}{\pi k}$	$k=0$ k는 짝수
톱니파	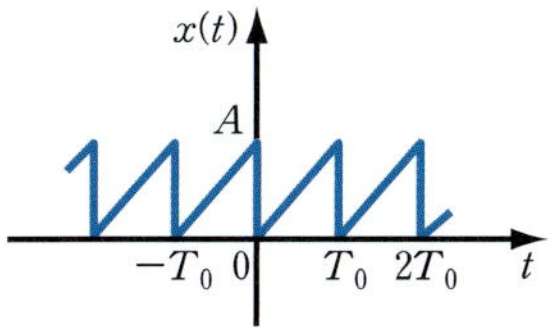	$\dfrac{A}{2}$	$j\dfrac{A}{2\pi k}$	
삼각파	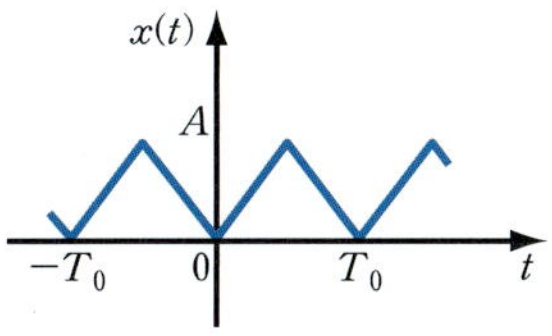	$\dfrac{A}{2}$	$-\dfrac{2A}{k^2\pi^2}$	k는 짝수
전파 정류파	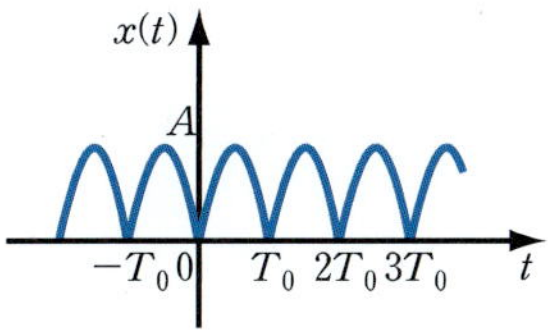	$\dfrac{2A}{\pi}$	$\dfrac{2A}{(1-4k^2)\pi}$	
반파 정류파	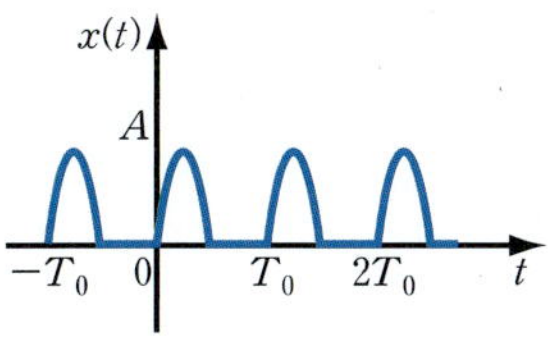	$\dfrac{A}{\pi}$	$\dfrac{A}{(1-k^2)\pi}$	k는 홀수 단, $X_1=-j\dfrac{A}{4}$
구형파	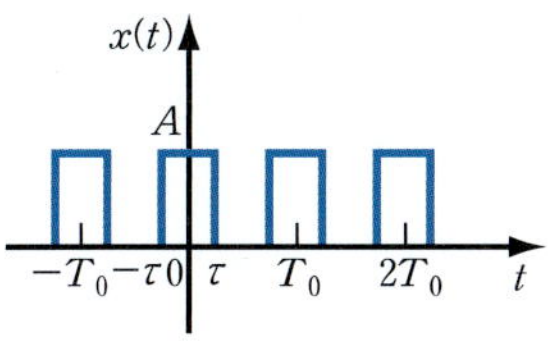	$\dfrac{2A\tau}{T_0}$	$\dfrac{2A\tau}{T_0}\mathrm{sinc}\left(\dfrac{2k\tau}{T_0}\right)$	
임펄스 열	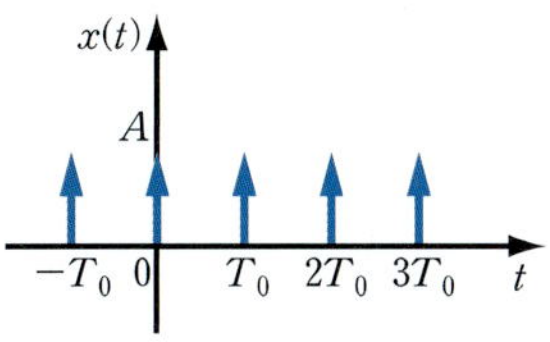	$\dfrac{A}{T_0}$	$\dfrac{A}{T_0}$	

예제 7-4 사각 펄스(구형파) 신호의 푸리에 급수 전개

[그림 7-10]의 사각 펄스 주기 신호에 대해 다음과 같이 푸리에 급수 표현을 구하라.

(a) 삼각 함수 형식의 푸리에 급수

(b) 지수 함수 형식의 푸리에 급수

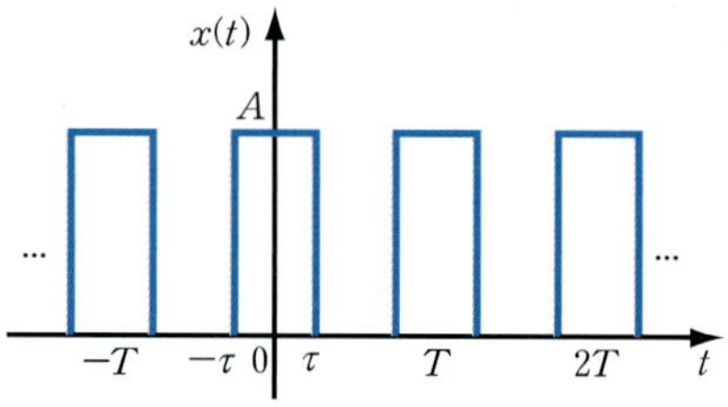

[그림 7-10] [예제 7-4]의 사각 펄스 주기 신호

풀이

(a) 주기 신호의 한 주기 적분은 적분 구간의 시작점에 상관없이 그 값이 같다. 신호의 파형이 우대칭이므로 적분 구간을 $[-T/2,\ T/2]$로 하여 삼각 함수 형식의 푸리에 급수 표현의 계수를 계산하면 다음과 같이 된다.

$$a_0 = \frac{1}{T}\int_{-\tau}^{\tau} A dt = \frac{2A\tau}{T}$$

$$a_k = \frac{2}{T}\int_{-\tau}^{\tau} A\cos(k\omega_0 t)\,dt = \frac{2A}{T}\frac{1}{k\omega_0}\sin(k\omega_0 t)\Big|_{-\tau}^{\tau}$$

$$= \frac{4A\tau}{T}\frac{\sin(k\omega_0\tau)}{k\omega_0\tau} = \frac{4A\tau}{T}\text{sinc}(2kf_0\tau) = \frac{4A\tau}{T}\text{sinc}\left(\frac{2k\tau}{T}\right)$$

$$b_k = \frac{2}{T}\int_{-\tau}^{\tau} A\sin(k\omega_0 t)\,dt = 0$$

따라서 $x(t)$의 삼각 함수 형식 푸리에 급수 표현은 다음과 같이 구해진다.

$$x(t) = \frac{2A\tau}{T} + \frac{4A\tau}{T}\sum_{k=1}^{\infty}\text{sinc}\left(\frac{2k\tau}{T}\right)\cos(k\omega_0 t)$$

앞의 결과는 그 자체로 간결형 삼각 함수 형식의 푸리에 급수 표현이기도 하다.

(b) 지수 함수 형식의 푸리에 급수 표현의 계수 X_k는 다음과 같이 계산된다.

$$X_k = \frac{1}{T}\int_{-\tau}^{\tau} Ae^{-jk\omega_0 t}dt = \frac{A}{T}\left(-\frac{1}{jk\omega_0}\right)e^{-jk\omega_0 t}\Big|_{-\tau}^{\tau}$$

$$= \frac{A}{T}\left(-\frac{1}{jk\omega_0}\right)\left(e^{-jk\omega_0\tau} - e^{jk\omega_0\tau}\right) = \frac{2A}{k\omega_0 T}\sin(k\omega_0\tau)$$

$$= \frac{2A\tau}{T}\frac{1}{k\omega_0\tau}\sin(k\omega_0\tau) = \frac{2A\tau}{T}\text{sinc}(2kf_0\tau) = \frac{2A\tau}{T}\text{sinc}\left(\frac{2k\tau}{T}\right)$$

따라서 $x(t)$의 지수 함수 형식의 푸리에 급수는 다음과 같다.

$$x(t) = \frac{2A\tau}{T} \sum_{k=-\infty}^{\infty} \text{sinc}\left(\frac{2k\tau}{T}\right) e^{jk\omega_0 t} \tag{7.26}$$

[그림 7-11(a)]에 푸리에 계수 X_k를 나타내었다. [그림 7-10]의 신호처럼 실수 우대칭 신호이면 푸리에 계수 X_k가 실수가 된다. 푸리에 계수가 실수이면 [그림 7-11(a)]처럼 그림으로 나타낼 수 있으므로 간편하게 이를 그리고 (푸리에) 스펙트럼이라고 말하기도 하지만, 일반적으로 푸리에 계수 X_k는 복소수이므로 [그림 7-11(b)]와 같이 크기와 위상, 즉 진폭 스펙트럼과 위상 스펙트럼으로 나누어 나타내야 한다. 진폭 스펙트럼은 X_k의 크기 $|X_k|$를 그려야 하므로, [그림 7-11(a)]의 X_k의 값이 음인 부분을 꺾어 올리면 된다. 그리고 $-1 = e^{\pm j\pi}$이므로, 위상 스펙트럼은 꺾어 올린 부분에서 $\pm\pi$를 갖도록 그리되, $X_k = X_{-k}^*$를 만족해야 하므로 기대칭이 되도록 그리면 된다.

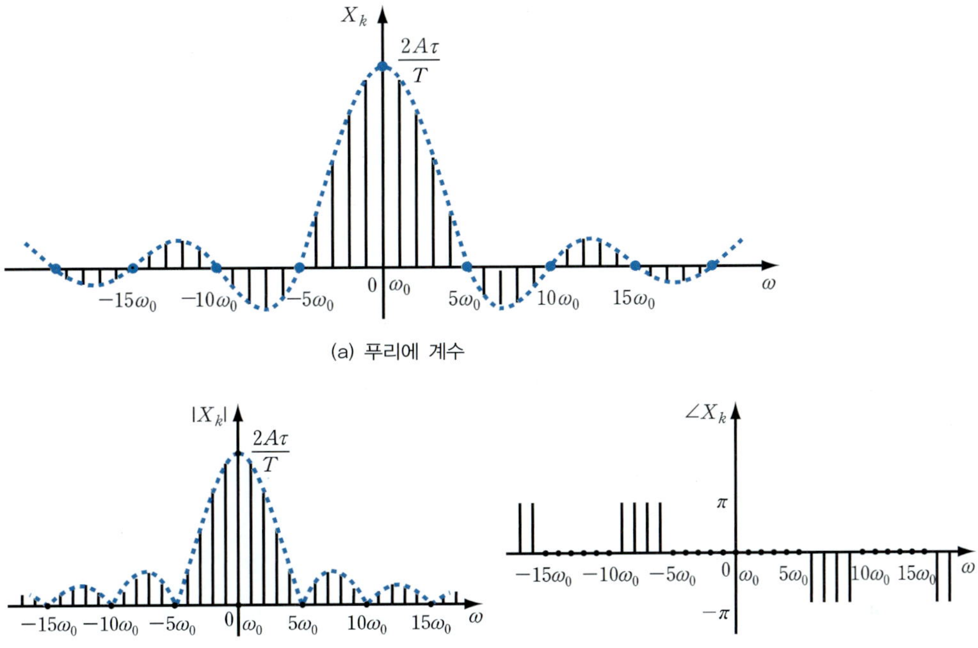

(b) 진폭 및 위상 스펙트럼

[그림 7-11] 사각 펄스 주기 신호의 푸리에 계수과 스펙트럼($\tau = T/10$)

예제 7-5 반파 정류파의 푸리에 급수 표현

[그림 7-12]는 반파 정류회로에 주기 $T=1$인 정현파 $\sin(2\pi t)$를 입력으로 인가하였을 때의 출력 파형이다. 이의 푸리에 급수 표현을 구하라.

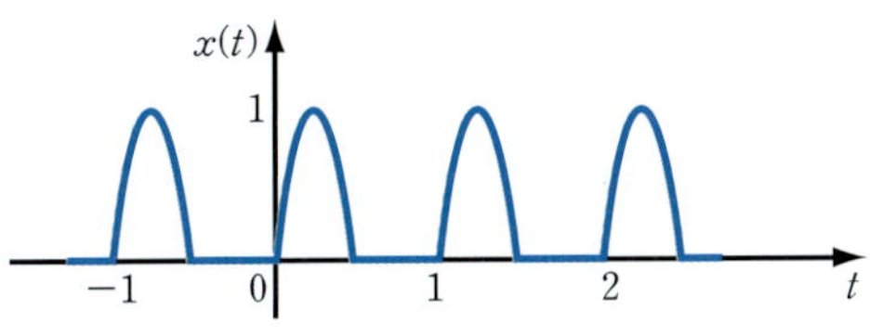

[그림 7-12] 반파 정류회로의 출력 파형

풀이

주기 $T=1$, 기본 주파수는 $\omega_0=2\pi$이다. 따라서 $x(t)$의 푸리에 급수 표현은 다음과 같이 된다.

$$x(t)=\sum_{k=-\infty}^{\infty} X_k e^{j2\pi kt}$$

정현파를 복소 정현파로 바꾼 뒤 푸리에 계수를 계산하면 다음과 같다.

$$\begin{aligned}
X_k &= \frac{1}{T}\int_0^T x(t)\,e^{-j2\pi kt}dt = \int_0^{1/2}\frac{(e^{j2\pi t}-e^{-j2\pi t})}{j2}e^{-j2\pi kt}dt \\
&= \frac{1}{j2}\left(\frac{e^{-j(k-1)2\pi t}}{-j(k-1)2\pi}\Bigg|_0^{1/2} - \frac{e^{-j(k+1)2\pi t}}{-j(k+1)2\pi}\Bigg|_0^{1/2}\right) \\
&= \frac{1}{4\pi}\left(\frac{e^{-j(k-1)\pi}-1}{k-1} - \frac{e^{-j(k+1)\pi}-1}{k+1}\right) = \frac{1}{4\pi}\left(-\frac{e^{-jk\pi}+1}{k-1}+\frac{e^{-jk\pi}+1}{k+1}\right) \\
&= \frac{1}{4\pi}e^{-j\frac{k\pi}{2}}\left(e^{-j\frac{k\pi}{2}}+e^{j\frac{k\pi}{2}}\right)\left(\frac{1}{k+1}-\frac{1}{k-1}\right) \\
&= \frac{1}{(1-k^2)\pi}e^{-j\frac{k\pi}{2}}\cos\left(\frac{k\pi}{2}\right)
\end{aligned}$$

앞 식에서 $k=1$이면 분모가 0이 되므로 따로 X_1을 계산해야 한다. 또한 k가 홀수이면 $\cos\left(\frac{k\pi}{2}\right)=0$이 되고, k가 짝수이면 $e^{-j\frac{k\pi}{2}}\cos\left(\frac{k\pi}{2}\right)=(\cos(m\pi))^2=1$이 된다. X_1을 계산하면,

$$\begin{aligned}
X_1 &= \frac{1}{T}\int_0^T x(t)\,e^{-j2\pi t}dt = \int_0^{1/2}\frac{(e^{j2\pi t}-e^{-j2\pi t})}{j2}e^{-j2\pi t}dt \\
&= \frac{1}{j2}t\Bigg|_0^{1/2} + \frac{1}{j2}\frac{1}{j4\pi}e^{-j4\pi t}\Bigg|_0^{1/2} = -j\frac{1}{4}-\frac{1}{8\pi}(e^{j2\pi}-1) \\
&= -j\frac{1}{4}
\end{aligned}$$

이다. 따라서 푸리에 계수 X_k는 다음과 같이 구해진다.

$$X_k=\begin{cases} -j\dfrac{1}{4}, & k=1 \\ \dfrac{1}{(1-k^2)\pi}, & k=\text{짝수} \\ 0, & k=\text{홀수},\ k\neq 1 \end{cases} \qquad \& \qquad X_{-k}=X_k^*$$

[예제 7-4]의 결과에서 보았듯이, 사각 펄스(구형파) 신호의 푸리에 계수(스펙트럼)가 sinc 함수가 된다는 사실은 잘 기억해 두자.

Tip & Note 푸리에 급수의 활용 : DC-AC 변환기(정현파 발진기)

함수 발생기를 비롯한 다양한 전자기기에는 구형파나 정현파 등의 주기 펄스를 발생시키는 발진기가 포함되어 있다. [그림 7-13]은 직류(DC)로부터 정현파(AC)를 발생시키는 발진기의 한 예이다. 먼저 스위칭 회로를 이용하여 직류 입력을 요구되는 주기(주파수)의 구형파 또는 방형파 주기 펄스로 바꾼 뒤 저역 통과 필터를 이용하여 기본파를 제외한 고조파 성분을 제거해 정현파를 출력으로 내게 된다.

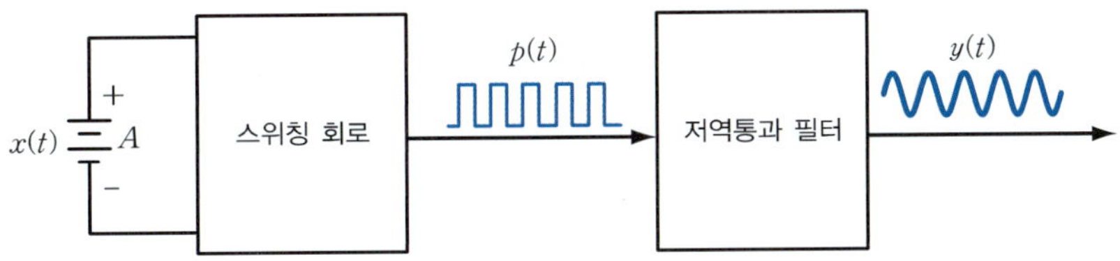

[그림 7-13] DC-AC 변환기(정현파 발진기)

단극(0 또는 A)이냐 양극(+A 또는 -A)이냐 하는 스위칭 회로의 동작에 따라 직류 입력으로부터 출력되는 주기 사각 펄스는 [표 7-2]의 구형파 또는 방형파가 될 수 있다. 주기 T_0인 사각 펄스 주기 신호를 푸리에 급수로 전개하면 기본 주파수($\omega_0 = 2\pi/T_0$)의 정수배 주파수 성분들을 포함하고 있으므로, 이를 차단 주파수가 $\omega_0 < \omega_c < 2\omega_0$인 저역 통과 필터에 통과시켜 기본파 성분만 빼내면 주파수 ω_0인 정현파를 발생시킬 수 있다. 출력 정현파의 주파수 변경은 스위칭 회로의 스위칭 주파수를 조정하면 된다. 그러면 사각 펄스의 주기 T_0가 바뀌어 출력 정현파의 주파수 ω_0가 달라진다.

Check Point 다음 문제에서 옳은 것을 골라라.

(1) 주기 신호는 연속적인 주파수 성분들을 갖는다. (○, ×)
(2) 주기 신호와 같은 주기를 갖는 정현파 성분을 (기본파, 고조파)라고 한다.
(3) 기본파보다 높은 주파수를 갖는 모든 정현파는 고조파이다. (○, ×)
(4) 푸리에 급수 전개의 기저 신호들은 서로 직교성을 만족한다. (○, ×)
(5) 지수 함수 형식 푸리에 급수는 신호의 (물리적 구현, 이론적 해석)에 장점이 있다.
(6) (삼각 함수, 간결형 삼각 함수, 지수 함수) 형식 푸리에 급수는 스펙트럼 표현이 힘들다.
(7) 모든 주기 신호는 푸리에 급수 전개가 가능하다. (○, ×)
(8) 지수 함수 형식 푸리에 급수의 계수는 일반적으로 (실수, 복소수)이다.
(9) 지수 함수 형식 푸리에 급수의 계수는 반드시 삼각 함수 형식 푸리에 급수의 계수를 이용해 계산해야만 한다. (○, ×)
(10) 주기 신호가 우대칭이면 푸리에 계수 X_k는 실수(sin항 없음)가 된다. (○, ×)

SECTION

7.3 푸리에 급수와 스펙트럼

학습포인트

- 신호의 스펙트럼 표현에 대해 이해한다.
- 푸리에 급수에 의한 주파수 분석(분해) 및 합성의 개념을 이해한다.
- 진폭 및 위상 스펙트럼의 물리적 의미와 중요성에 대해 이해한다.
- 깁스 현상이 무엇인지 알아본다.

푸리에 급수의 중요성은 주기 신호를 주파수와 연관 지어 나타내고 다룰 수 있게 해주는 데 있다. 푸리에 급수에 의해 신호는 스펙트럼으로 표현될 수 있고 이로부터 신호의 특성 분석을 비롯한 다양한 작업이 가능해진다. 이 절에서는 푸리에 급수, 그리고 진폭 및 위상 스펙트럼의 역할과 의미에 대해서 알아본다. 이를 통해 스펙트럼으로부터 신호와 관련한 어떤 정보들을 읽어내고 어떻게 활용할 수 있는지 알 수 있게 될 것이다.

7.3.1 푸리에 급수의 의미

신호의 (주파수, 푸리에) 스펙트럼

푸리에 급수는 신호를 다른 시각(주파수 영역)에서 바라보고 다룰 수 있게 해준다. 푸리에 급수에 의해 주기 신호는 오직 기본 주파수의 정수배 주파수를 갖는 정현파 성분들로만 쪼개어진다. 그러나 7.1.1절에서 설명했듯이, 정현파는 그 파형을 그리는 것보다는 주파수의 함수로 취급하여 주파수축 상에서 진폭과 위상으로 나타내는 편이 효과적으로 정보를 전달할 수 있다. 이처럼 정현파 성분들을 주파수에 대해 나타낸 것이 바로 신호의 (주파수) 스펙트럼이며, 푸리에 스펙트럼이라고도 한다. 푸리에 급수 표현에서 정현파의 중요한 역할은 주파수를 대표하는 것이라 할 수 있다.

- 주기 신호의 **스펙트럼**은 모든 (복소) 정현파 성분의 진폭과 위상을 주파수에 대해 표시한 것으로, 푸리에 급수 표현에서 푸리에 계수 X_k의 크기 $|X_k|$와 위상 $\angle X_k$을 주파수 $\omega(f)$에 대해 나타내면 된다.
- 주기 신호의 스펙트럼은 기본 주파수의 정수배에서만 값을 가지므로 주파수에 대해 불연속적이며 그래프에서 선으로 표시된다. 따라서 **선**[line] **스펙트럼**이라고 한다.

신호의 스펙트럼은 추상적인 주파수 개념과 관련된 신호의 성질을 시각적으로 보여준다는 점에서 매우 유용하다. 스펙트럼은 신호를 주파수의 함수로 나타낸 주파수 영역 표현으로서 신호를 시간의 함수로 나타낸 시간 영역 표현과 모든 면에서 등가이다. 다만 시간 영역 표현에서처럼 신호를 대표하는 값이 함수값(크기) 하나가 아니라 진폭과 위상 둘이 된다는 차이가 있을 뿐이다.

주파수 분석 및 합성

푸리에 급수는 신호의 시간 영역 표현과 주파수 영역 표현을 연결해주는 다리와 같다.

> **주파수 분석과 주파수 합성**
>
> - **주파수 분석(분해)** 은 신호로부터 스펙트럼을 구하는 과정이다.
>
> $$X_k = \frac{1}{T}\int_T x(t)e^{-jk\omega_0 t}dt \tag{7.25}$$
>
> - 주파수 분석은 수렴 조건인 디리클레 조건을 만족하는 신호에 대해서만 가능하다.
> - **주파수 합성** 은 스펙트럼에 표현된 그대로 정현파들을 합하여 신호를 만드는 과정이다.
>
> $$x(t) = \sum_{k=-\infty}^{\infty} X_k e^{jk\omega_0 t} \tag{7.8}$$
>
> - 주파수 합성은 어떠한 형태의 스펙트럼이 주어지더라도 신호를 만들어 낼 수 있다.

푸리에 급수 표현식 식 (7.8)은 주파수 합성, 푸리에 계수 계산식 식 (7.25)는 주파수 분석에 해당한다. [그림 7-14(a)]는 시간축 정보 $x(t)$로부터 주파수축 정보 스펙트럼 $X(\omega)(X_k)$를 구하는 주파수 분석 과정을, [그림 7-14(b)]는 주파수축 정보 스펙트럼 $X(\omega)(X_k)$를 이용하여 시간축 정보 $x(t)$를 생성하는 주파수 합성 과정을 표시한 것이다.

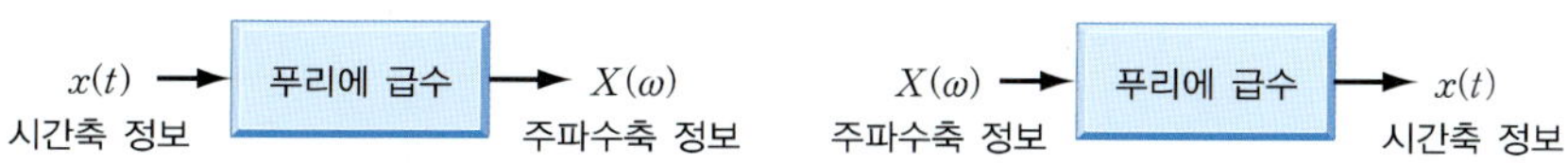

(a) 주파수 분석 과정 (b) 주파수 합성 과정

[그림 7-14] 푸리에 급수에 의한 주파수 분석 및 합성

푸리에 급수에 의한 주파수 합성식 식 (7.8)은 복소 계수와 복소 지수 함수로 표현되어 있으므로, 물리적으로 신호를 만들 수 없다. 그러므로 오일러 공식을 이용하여 복소 정현파를 코사인파로 바꾸거나 스펙트럼으로부터 코사인파의 진폭($c_k = 2|X_k|$)과 위상($\phi_k = \angle X_k$)을 구하여 신호를 합성해야 한다. 그런데 식 (7.8)에 의하면 고조파를 무한히 더해서 신호를 만들게끔 되어 있는데 이는 물리적으로 불가능하다. 그러므로 신호의 왜곡이 별로 문제가 되지 않을 수준에서 잘라서 근사화하는 수밖에 없다.

예제 7-6 주파수 분석 : 임펄스 열 주기 신호의 스펙트럼

[그림 7-15]의 임펄스 열 주기 신호의 스펙트럼을 구하라.

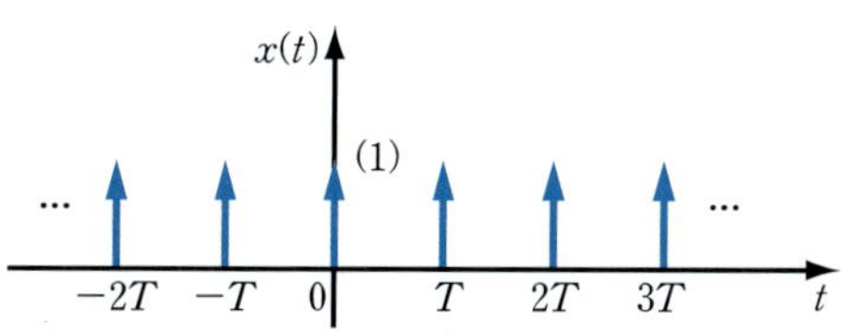

[그림 7-15] 임펄스 열 신호

풀이

임펄스 열의 주기는 T이고 기본 주파수는 $\omega_0 = \frac{2\pi}{T}$이다. 푸리에 계수를 구하면

$$X_k = \frac{1}{T}\int_{-\frac{T}{2}}^{\frac{T}{2}} x(t)e^{-jk\omega_0 t}dt = \frac{1}{T}\int_{-\frac{T}{2}}^{\frac{T}{2}} \delta(t)e^{-jk\omega_0 t}dt = \frac{1}{T}$$

이 된다. 마지막 등식은 임펄스 함수의 체 거르기 성질을 적용하여 얻어진 것이다. 따라서 $x(t)$의 푸리에 급수 전개는 다음과 같이 된다.

$$x(t) = \sum_{k=-\infty}^{\infty} X_k e^{jk\omega_0 t} = \sum_{k=-\infty}^{\infty} \frac{1}{T} e^{jk\omega_0 t}$$

임펄스 열 신호의 스펙트럼은 $\angle X_k = 0$이므로, [그림 7-16]과 같다.

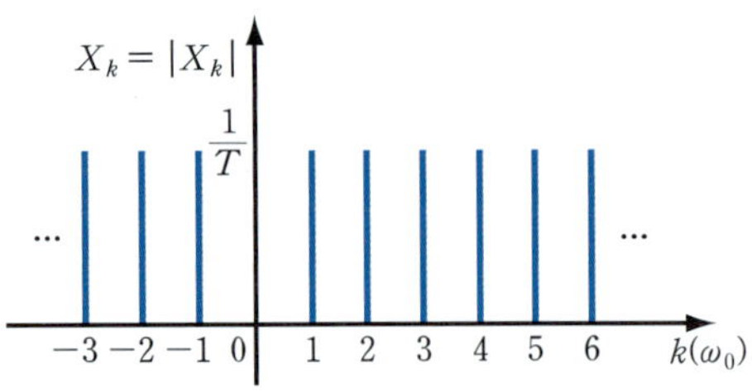

[그림 7-16] 임펄스 열 신호의 스펙트럼

예제 7-7 주파수 합성

[그림 7-17]은 어떤 주기 신호 $x(t)$의 스펙트럼이다. 주기 신호 $x(t)$를 구하라.

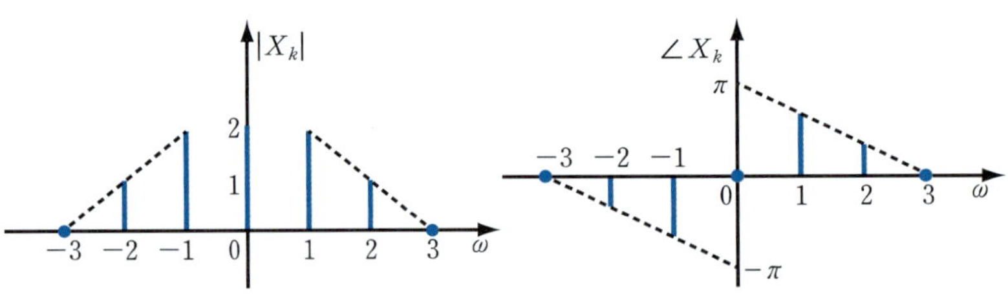

(a) 진폭 스펙트럼 (b) 위상 스펙트럼

[그림 7-17] [예제 7-7]의 주기 신호 $x(t)$의 스펙트럼

풀이

[그림 7-17]로부터 기본 주파수는 $\omega_0 = 1$이다. [예제 7-3]의 두 번째 방법이 좀 더 간편하므로, 그 방법으로 주기 신호를 합성해보자.

[그림 7-17]에서 신호가 DC, 기본파, 2고조파로 이루어짐을 알 수 있고, 각각의 진폭은 $|X_0| = 2$, $2|X_1| = 4$, $2|X_2| = 2$, 위상은 $\angle X_1 = \frac{2\pi}{3}$, $\angle X_2 = \frac{\pi}{3}$를 얻는다. 따라서 정현파의 합으로 표현된 주기

신호 $x(t)$는 다음과 같다.

$$\begin{aligned} x(t) &= X_0 + \sum_k 2|X_k|\cos(k\omega_0 t + \angle X_k) \\ &= 2 + 4\cos\left(t + \frac{2\pi}{3}\right) + 2\cos\left(2t + \frac{\pi}{3}\right) \end{aligned}$$

깁스 현상

사각 펄스 신호는 [예제 7-4]에서 본 것처럼, 푸리에 급수로 전개하면 무한개의 주파수 성분을 가진다. [그림 7-18]은 스펙트럼에 존재하는 고조파들을 차례로 더하여 사각 펄스 신호를 합성하는 과정을 보인 것이다. 그림에서 보면, 3개의 고조파만 더해져도 사각 펄스와 비슷한 모양을 갖추지만, 아직 불연속점의 날카로운 모서리가 나타나지 않는다. 왜냐하면 날카로운 모서리를 구현하기 위해서는 급격히 변하는 (고주파) 성분이 필요하기 때문이다. 고조파의 수를 점진적으로 늘림에 따라 모서리는 서서히 날카로워져 사각 펄스에 더욱 가까워진다. 그런데 [그림 7-18]에서 보듯이 합성 신호의 파형에는 공통되게 작은 **맥동**ripple이 있으며 불연속점 부근에서 일정한 크기의 오버슈트가 생기는 것을 관찰할 수 있다.

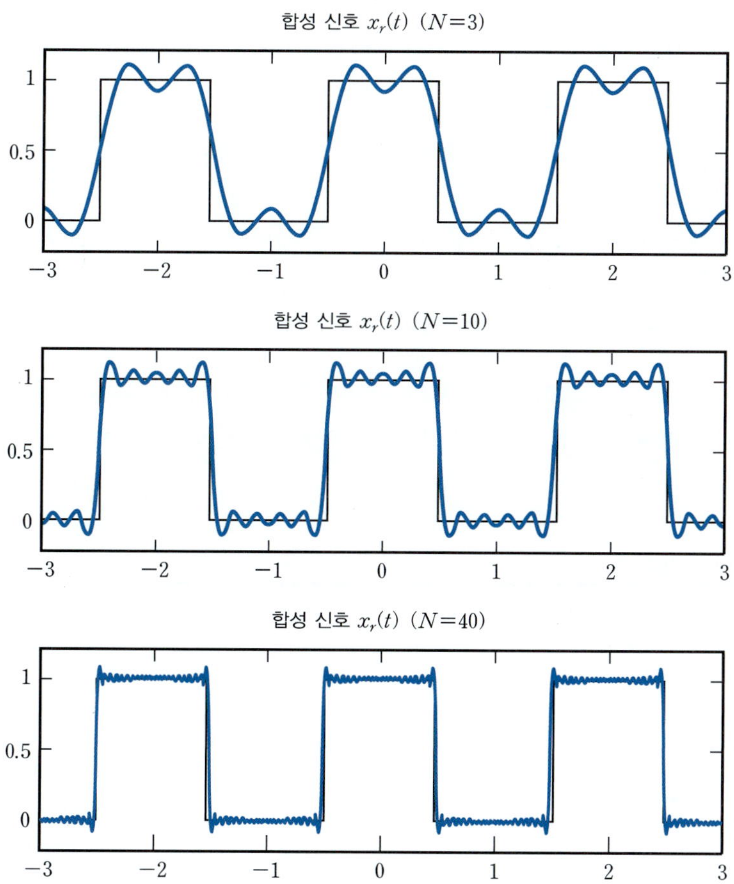

[그림 7-18] 주파수 합성에 의한 사각 펄스 신호의 근사화

이론적으로 무한개의 고조파를 더하면 정확히 사각 펄스가 되어야 하지만, 실제 합성 신호는 고조파의 수를 아무리 늘리더라도 불연속점 부근의 오버슈트는 크기가 변하지 않고(불연속 크기의 약 9%), 맥동은 고조파 수에 비례하여 크기가 줄고 진동이 더 빨라질 뿐이다. 이를 **깁스**Gibbs **현상**이라고 한다.

7.3.2 진폭 스펙트럼의 역할

진폭 스펙트럼을 보면 신호에 어떤 주파수 성분들이 얼마나 포함되어 있는지 바로 알 수 있으며, 이 외에도 신호의 시간 파형의 속성과 관련된 중요한 정보를 파악할 수 있다.

- 진폭 스펙트럼은 신호가 갖는 다양한 주파수 성분의 양(정현파의 진폭)을 나타낸다.
- 진폭 스펙트럼은 보통 저주파에서 고주파로 갈수록 값이 감쇠하는 양상을 보인다.
- 파형의 시간적 변화가 완만한smooth 신호는 진폭 스펙트럼의 감쇠가 급격하고, 반대로 파형이 시간적으로 급격한 변화를 보이는 신호는 진폭 스펙트럼의 감쇠가 완만하다.
- 파형 변화가 가장 완만한 신호는 정현파이다. 그러므로 신호의 파형이 정현파에 가까울수록 주파수 증가에 따른 진폭 스펙트럼의 감쇠가 더 빠르고 급해진다.

1장의 1.4절에서 설명했듯이, 주파수가 높을수록 신호의 값의 변화 속도가 빨라진다. 그러므로 파형의 변화가 급하지 않고 비교적 매끄러운 신호라면, 신호의 대략적인 모양을 만들어주는 몇 개의 두드러진 저주파수 정현파와 세부적인 변화를 맞추어주는 작은 값의 고주파수 정현파들만으로 신호를 만들 수 있다. 이 때문에 진폭 스펙트럼은 주파수 증가에 따라 빠르게 감쇠한다. 따라서 적은 수의 푸리에 급수 항으로도 양호하게 근사적으로 합성할 수 있다. 반면에 불연속점을 갖는 사각 펄스와 같이 급격한 변화를 포함하는 신호는 이를 구현하기 위해 많은 주파수 성분이 필요할 뿐 아니라 고주파 성분의 크기도 상대적으로 무시할 수 없는 값을 갖는다. 따라서 진폭 스펙트럼은 주파수에 따라 느리게 감쇠할 것이고, 신호를 근사적으로 합성할 때 오차를 작게 하려면 많은 수의 푸리에 급수 항이 필요하다.

정현파는 파형 변화가 가장 완만한 신호이다. 그러므로 신호의 파형이 정현파에 가까울수록 주파수 증가에 따른 진폭 스펙트럼의 감쇠가 더 빠르고 급해진다(정현파는 극단적으로 진폭 스펙트럼이 기본 주파수 ω_0에서만 나타난다).

예제 7-8 방형파 주기 신호의 스펙트럼

[그림 7-19]의 방형파 주기 신호의 스펙트럼을 구하여 그려라.

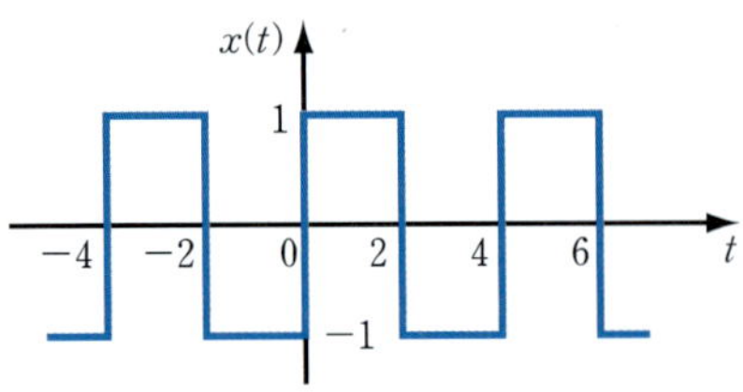

[그림 7-19] 방형파 주기 신호

풀이

이 신호의 주기는 $T=4$이므로 기본 주파수는 $\omega_0=\dfrac{\pi}{2}$이다. 푸리에 계수를 계산하면

$$X_0=\frac{1}{T}\int_T x(t)dt=0$$

$$X_k=\frac{1}{T}\int_{-T/2}^{T/2}x(t)e^{-jk\omega_0 t}dt=\frac{1}{4}\left(\int_{-2}^{0}(-1)e^{-jk\omega_0 t}dt+\int_0^2 e^{-jk\omega_0 t}dt\right)$$

$$=\frac{2}{4}\left(-\frac{1}{jk\omega_0}e^{-jk\omega_0 t}\right)\Bigg|_0^2=j\frac{1}{k\pi}(e^{-jk\pi}-1)=\begin{cases}-j\dfrac{2}{k\pi}, & k=\text{홀수}\\ 0, & k=\text{짝수}\end{cases}$$

가 되므로, 푸리에 계수는 홀수 항만 존재하며 순허수가 됨을 확인할 수 있다. 구해진 푸리에 계수를 극좌표 형식으로 바꾸면

$$X_k=\begin{cases}-j\dfrac{2}{k\pi}, & k=\text{홀수}\\ 0, & k=\text{짝수}\end{cases}=\begin{cases}\dfrac{2}{|k|\pi}e^{-j\frac{\pi}{2}}, & k=\text{양의 홀수}\\ \dfrac{2}{|k|\pi}e^{j\frac{\pi}{2}}, & k=\text{음의 홀수}\\ 0, & k=\text{짝수}\end{cases}\tag{7.27}$$

가 되므로, [그림 7-20]과 같이 진폭 스펙트럼과 위상 스펙트럼이 얻어진다.

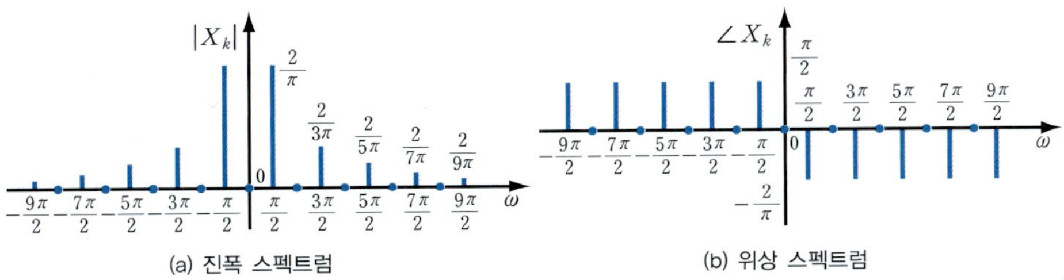

[그림 7-20] 방형파 주기 신호의 스펙트럼

[그림 7-19]의 신호처럼 신호가 실수 신호이면서 기대칭인 경우는 푸리에 계수 X_k가 순허수가 된다.

예제 7-9 진폭 스펙트럼의 역할 : 방형파와 삼각파

[그림 7-21]에 나타낸 삼각파 주기 신호의 스펙트럼을 구하여 [예제 7-8]에서 구한 [그림 7-20]의 방형파 주기 신호의 스펙트럼과 비교하라.

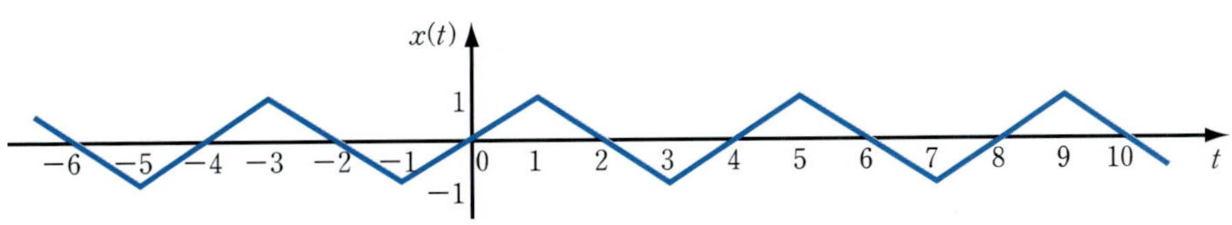

[그림 7-21] 삼각파 주기 신호

풀이

그림으로부터 주기는 $T=4$이므로 기본 주파수는 $\omega_0=\frac{\pi}{2}$이다. 푸리에 계수를 계산하면 다음과 같다.

$$X_k=\frac{1}{T}\int_T x(t)e^{-jk\omega_0 t}dt=\frac{1}{4}\left(\int_{-1}^{1} te^{-jk\frac{\pi}{2}t}dt+\int_{1}^{3}(-t+2)e^{-jk\frac{\pi}{2}t}dt\right)$$

그런데 앞 식의 두 번째 적분을 $t-2=t'$으로 치환하여 정리하면

$$\int_{1}^{3}(-t+2)e^{-jk\frac{\pi}{2}t}dt=\int_{-1}^{1}(-t')e^{-jk\frac{\pi}{2}(t'+2)}dt'=-e^{-jk\pi}\int_{-1}^{1}t'e^{-jk\frac{\pi}{2}t'}dt'$$

이 되므로, 푸리에 계수의 계산식은 다음과 같이 된다.

$$\begin{aligned}X_k&=\frac{1}{4}(1-e^{-jk\pi})\int_{-1}^{1}te^{-jk\frac{\pi}{2}t}dt\\&=\frac{1}{4}(1-(-1)^k)\left\{\frac{1}{\left(-jk\frac{\pi}{2}\right)}te^{-jk\frac{\pi}{2}t}\Big|_{-1}^{1}-\int_{-1}^{1}\frac{1}{\left(-jk\frac{\pi}{2}\right)}e^{-jk\frac{\pi}{2}t}dt\right\}\\&=\frac{1}{4}(1-(-1)^k)\left(-\frac{2}{jk\pi}\right)\left\{te^{-jk\frac{\pi}{2}t}\Big|_{-1}^{1}-\left(-\frac{2}{jk\pi}\right)e^{-jk\frac{\pi}{2}t}\Big|_{-1}^{1}\right\}\end{aligned}$$

따라서 X_k는 홀수항만 존재하며 다음과 같이 계산된다. 이 경우에도 X_k는 순허수가 된다.

$$\begin{aligned}X_k&=-\frac{1}{jk\pi}\left\{\left(e^{-jk\frac{\pi}{2}}+e^{jk\frac{\pi}{2}}\right)+\frac{2}{jk\pi}\left(e^{-jk\frac{\pi}{2}}-e^{jk\frac{\pi}{2}}\right)\right\}\\&=-\frac{1}{jk\pi}\left[\{(-j)^k+(j)^k\}+\frac{2}{jk\pi}\{(-j)^k-(j)^k\}\right]\\&=-\frac{4}{k^2\pi^2}(j)^k=\begin{cases}-j\dfrac{4}{k^2\pi^2}, & k=1,\ 5,\ 9,\ \cdots\\[2ex] j\dfrac{4}{k^2\pi^2}, & k=3,\ 7,\ 11,\ \cdots\end{cases}\end{aligned}$$

[그림 7-22]에 삼각파 주기 신호의 스펙트럼을 나타내었다. [그림 7-20]의 방형파 주기 신호의 스펙트럼과 비교해보면 고조파 성분이 더 급격히 감소하고 있으며, 높은 주파수에서는 크기가 작아서 적은 수의 주파수 성분들만으로도 근사적으로 합성할 수 있음을 알 수 있다. 이에 반해 [그림 7-20]의 방형파 주기 신호의 진폭 스펙트럼은 고조파 성분의 감쇠가 느리고 높은 주파수에서도 무시할 수 없는 크기를 가짐을 볼 수 있다. 이것은 삼각파의 파형이 방형파보다는 정현파에 더 가깝게 완만하기 때문이다.

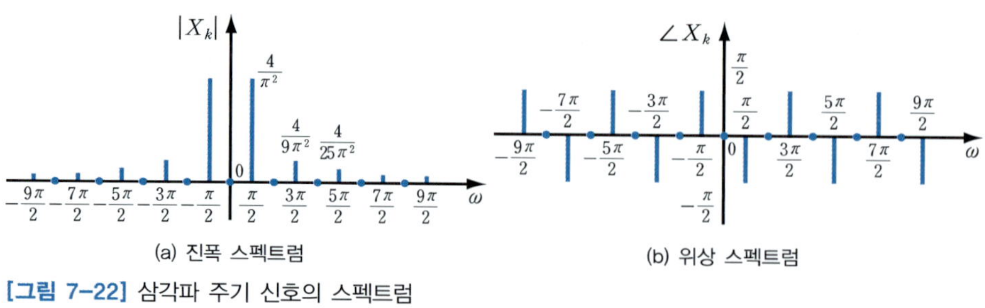

(a) 진폭 스펙트럼

(b) 위상 스펙트럼

[그림 7-22] 삼각파 주기 신호의 스펙트럼

7.3.3 위상 스펙트럼의 역할

위상 스펙트럼은 정현파로 표시된 주파수 성분의 시간축 상의 위치를 표시한다. 따라서 진폭 스펙트럼이 같더라도 위상 스펙트럼이 다르면 합성되는 신호의 파형이 달라진다.

- 진폭 스펙트럼이 같더라도 위상 스펙트럼이 다르면 합성 신호는 달라진다.
- 시간축에서 모든 주파수 성분의 시간 이동이 똑같으면 합성된 파형이 변하지 않을 것이다. 이것은 위상이 주파수에 직선적으로 비례하는 선형 위상 조건을 의미한다.
- 불연속점을 갖는 주기 신호는 불연속점에서 모든 고조파 성분이 동일한 부호 변화를 보이며, 0 점을 통과하도록 위상이 일치해야 한다.

[그림 7-23]의 신호는 모두 기본파와 3고조파가 더해져서 만들어진 것으로, 주파수 성분의 진폭은 같으나 위상이 다른 경우이다. [그림 7-23(a)]의 $x_1(t)$는 기본파와 고조파의 위상이 $\phi_1 = \phi_3 = 0$으로 코사인파인 신호이고, [그림 7-23(b)]의 $x_2(t)$는 기본파와 고조파 모두 위상이 $\phi_1 = \phi_3 = -\pi/2$로 사인파인 신호로 파형이 $x_1(t)$와 다르다. 그 까닭은 위상에 상응하는 시간 값이 기본파는 $t_0(=3t_1)$, 3고조파는 t_1으로 각 주파수 성분의 시간 이동 값이 같지 않기 때문이다. 그런데 [그림 7-23(c)]와 같이 기본파와 3고조파가 같은 시간 값 t_0만큼 이동하게 되면 신호의 파형은 그대로 유지될 것이다. $x_3(t)$는 기본파의 위상이 $\phi_1 = -t_0\omega_0$, 3고조파의 위상은 $\phi_3 = 3\phi_1$으로 위상이 주파수에 비례한다. 다시 말해 위상 스펙트럼이 기울기가 $-t_0$인 직선 $\phi = -t_0\omega$(선형 위상)가 된다.

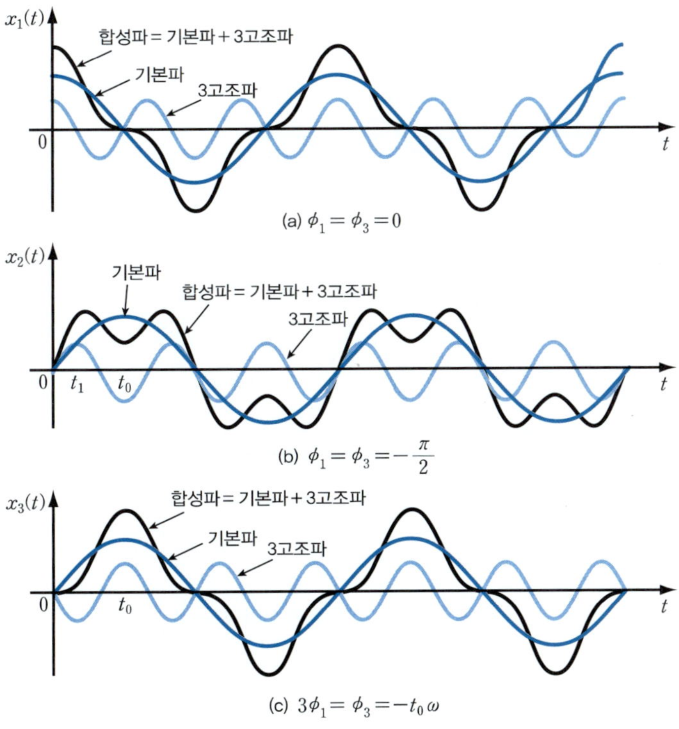

[그림 7-23] 신호 파형에 대한 위상 스펙트럼의 영향

위상 스펙트럼의 또 다른 중요성은 불연속점과 같은 급격한 변화가 있는 신호를 통해 살펴볼 수 있다. 불연속점에서의 순간적인 변화를 만들어 내려면, 스펙트럼에 포함된 모든 고조파 성분이 불연속점 직전에 같은 부호를 가져야 하며, 불연속점 직후에 반대 부호를 가지면서 불연속점에서 0을 통과해야만 한다. 모든 고조파에서 일어나는 이러한 부호 변화가 더해져서 날카로운 변화가 생기게 되어 불연속점이 형성되는 것이다. 불연속점을 갖는 어떠한 신호의 파형에 대해서도 이러한 관계는 성립한다.

하나의 예로 [그림 7-24]의 톱니파 신호를 살펴보자. 그림에는 톱니파 신호의 파형과 함께 이를 푸리에 급수로 전개한 결과의 첫 세 성분이 그려져 있다. 모든 주파수 성분의 위상은 불연속점인 $t=\pm 1$ 직전에는 모든 성분이 양이고, 그 직후에는 음이 되도록 결정된다. 모든 고조파에서 일어나는 이런 부호 변화가 더해져서 불연속점이 형성되는 것이다. $t=0$ 에서도 모든 고조파의 값은 0이 되지만 전후의 부호 변화가 일치하지는 않음을 볼 수 있다. 위상 스펙트럼에 대한 조건이 맞지 않으면 모서리가 깎여 나가고 퍼진 파형을 얻게 될 것이다.

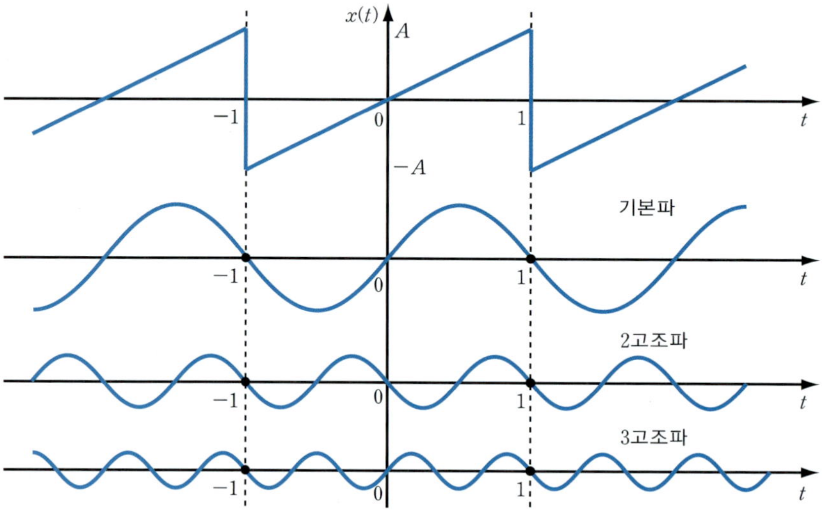

[그림 7-24] 불연속점과 위상 스펙트럼의 영향

이상의 논의로부터 알 수 있듯이, 주파수 성분의 진폭과 위상을 함께 적절히 조합해야 임의의 주기 신호 $x(t)$를 합성할 수 있으며, 이 고유한 조합이 바로 푸리에(주파수) 스펙트럼이다.

예제 7-10 위상 스펙트럼의 역할 : 톱니파의 스펙트럼

[그림 7-24]의 톱니파의 주기를 T라고 하고 푸리에 급수를 구하여 스펙트럼을 그려라.

풀이

톱니파의 파형이 기대칭이므로 $X_0=0$이고, 나머지 푸리에 계수 X_k가 순허수가 되리라 예상할 수 있다. 계산이 간편하도록 적분 구간을 $[-T/2,\ T/2]$로 하여 푸리에 계수를 구하면 다음과 같다.

$$X_k = \frac{1}{T}\int_{-\frac{T}{2}}^{\frac{T}{2}} x(t)e^{-jk\omega_0 t}dt = \frac{1}{T}\int_{-\frac{T}{2}}^{\frac{T}{2}}\left(\frac{2A}{T}t\right)e^{-jk\omega_0 t}dt$$

$$= \frac{1}{T}\left(\frac{2A}{T}t\right)\frac{1}{(-jk\omega_0)}e^{-jk\omega_0 t}\Big|_{-\frac{T}{2}}^{\frac{T}{2}} - \frac{1}{T}\int_{-\frac{T}{2}}^{\frac{T}{2}}\frac{2A}{T}\frac{1}{(-jk\omega_0)}e^{-jk\omega_0 t}dt$$

$$= \frac{1}{T}\left(\frac{2A}{T}t\right)\frac{1}{(-jk\omega_0)}e^{-jk\omega_0 t}\Big|_{-\frac{T}{2}}^{\frac{T}{2}} - \frac{1}{T}\frac{2A}{T}\frac{1}{(-jk\omega_0)^2}e^{-jk\omega_0 t}\Big|_{-\frac{T}{2}}^{\frac{T}{2}}$$

$$= \frac{1}{T}\frac{A}{(-jk\omega_0)}(e^{-jk\pi}+e^{jk\pi}) - \frac{2A}{T^2}\frac{1}{(-jk\omega_0)^2}(e^{-jk\pi}-e^{jk\pi})$$

$$= \frac{(-1)^k 2A}{T}\frac{1}{(-jk\omega_0)} = (-1)^k j\frac{A}{k\pi}$$

따라서 $x(t)$의 푸리에 급수 표현은 다음과 같다.

$$x(t) = \sum_{k=-\infty}^{\infty} X_k e^{jk\omega_0 t} = \sum_{k\neq 0,\, k=-\infty,}^{\infty}(-1)^k j\frac{A}{k\pi}e^{jk\omega_0 t}$$

스펙트럼은 위상 스펙트럼의 부호가 홀수 고조파는 $-$, 짝수 고조파는 $+$가 된다.

$$|X_k| = \frac{A}{k\pi},\quad \angle X_k = \pm\frac{\pi}{2}$$

그 결과 홀수 고조파 코사인파는 오른쪽으로, 짝수 고조파 코사인파는 왼쪽으로 $\pi/2$만큼 이동하여 극성이 서로 반대인 사인파로 바뀐다. 따라서 [그림 7-24]에서 보는 것처럼 $t=0$에서는 파형의 부호 변화가 홀수 고조파와 짝수 고조파가 달라지지만, 톱니파의 불연속점에서는 모든 고조파의 부호 변화가 양에서 음으로 일치하게 된다.

[그림 7-25]는 톱니파의 스펙트럼을 나타낸 것이다. $X_k = X_{-k}^*$이므로, 이 그림에서도 위상 스펙트럼은 기대칭을 만족하도록 그려주면 된다.

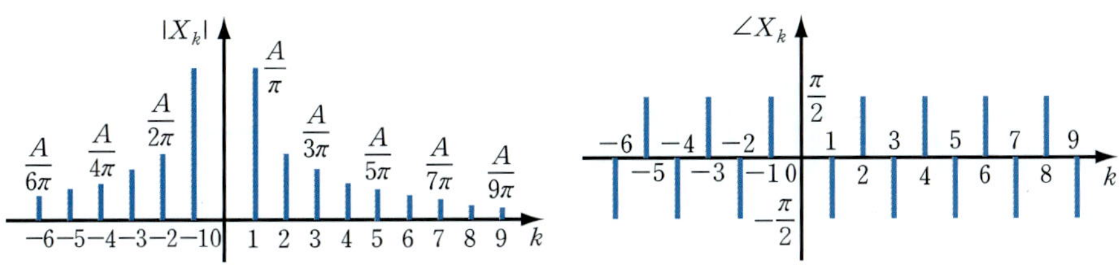

[그림 7-25] [그림 7-24]의 톱니파의 스펙트럼

예제 7-11 진폭 및 위상 스펙트럼의 중요성

주파수가 각각 1[Hz]와 2[Hz]인 코사인파의 진폭과 위상을 각각 달리하여 더해서 주기 1인 주기 신호를 다음과 같이 만들었다. 이 신호들의 파형을 그리고 비교하라.

$$x_1(t) = 2\cos(2\pi t) + \cos(4\pi t)$$
$$x_2(t) = \cos(2\pi t) + 2\cos(4\pi t)$$
$$x_3(t) = 2\cos(2\pi t) + \cos\left(4\pi t - \frac{2\pi}{3}\right)$$
$$x_4(t) = 2\cos(2\pi t) + 2\cos\left(4\pi t - \frac{4\pi}{3}\right)$$

풀이

4개의 신호는 모두 기본파와 2고조파를 더해 합성한 신호이다. $x_1(t)$를 기준으로, $x_2(t)$는 두 주파수 성분의 진폭을 다르게 한 것이고, $x_3(t)$는 2고조파의 위상을 달리 한 것이며, $x_4(t)$는 2고조파의 진폭과 위상을 달리 한 것이다. [그림 7-26]은 4개 신호의 주파수 성분과 합성 파형과 스펙트럼을 나타낸 것이다. 그림에서 보듯이 같은 주파수 성분을 갖더라도 진폭과 위상의 변화에 따라 합성되는 파형은 완전히 달라진다.

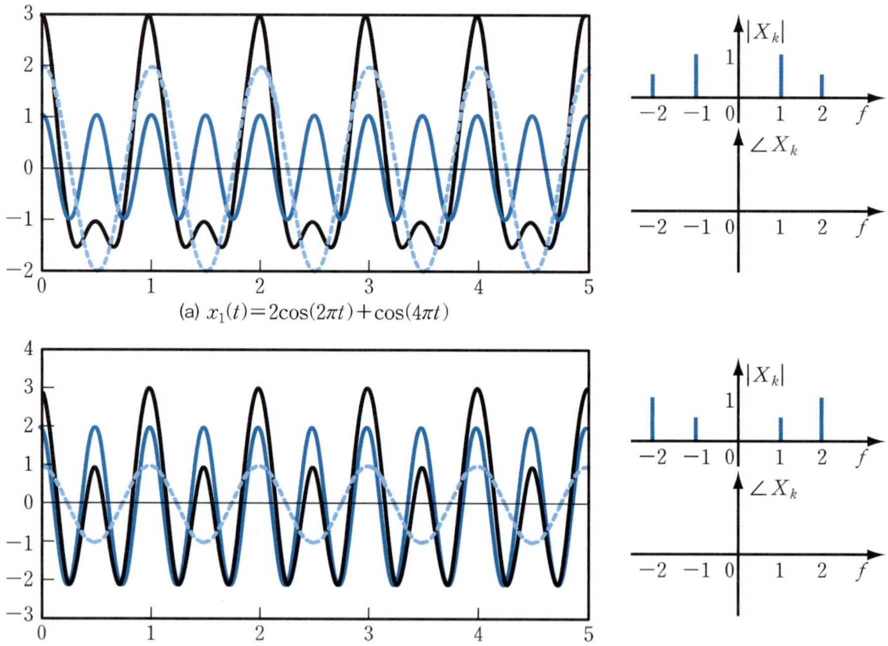

(a) $x_1(t) = 2\cos(2\pi t) + \cos(4\pi t)$

(b) $x_2(t) = \cos(2\pi t) + 2\cos(4\pi t)$

[그림 7-26] 진폭과 위상에 따른 합성 파형의 변화(계속)

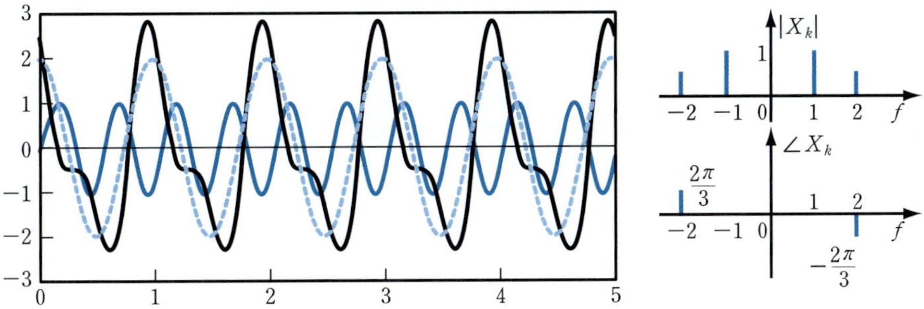

(c) $x_3(t)=2\cos(2\pi t)+\cos\left(4\pi t-\frac{2\pi}{3}\right)$

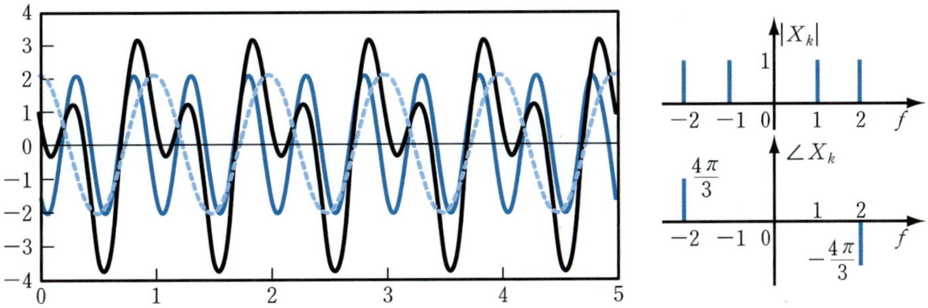

(d) $x_4(t)=2\cos(2\pi t)+2\cos\left(4\pi t-\frac{4\pi}{3}\right)$

[그림 7-26] 진폭과 위상에 따른 합성 파형의 변화

Check Point 다음 문제에서 옳은 것을 골라라.

(1) 신호의 스펙트럼은 (진폭, 위상, 히스토그램) 스펙트럼으로 구성된다.
(2) 신호의 스펙트럼은 신호의 시간 함수와 등가 표현이다. (○, ×)
(3) 주기 신호의 스펙트럼은 (선, 연속) 스펙트럼이다.
(4) 스펙트럼대로 정현파들을 합하여 신호를 만드는 것을 주파수 (합성, 분석)이라 한다.
(5) 푸리에 급수에 의한 주파수 분석은 모든 주기 신호에 대해 가능하다. (○, ×)
(6) 진폭 스펙트럼은 시간축 상에서 각 정현파 성분의 위치를 나타낸다. (○, ×)
(7) 파형의 시간적 변화가 완만한 신호는 진폭 스펙트럼의 감쇠가 (빠르다, 느리다).
(8) 주파수 합성으로 완벽한 사각 펄스를 만들 수 (있다, 없다)
(9) 위상 스펙트럼은 합성된 신호의 파형과는 상관이 없다. (○, ×)
(10) 시간 이동에도 신호 파형이 똑같이 유지되려면 선형 위상이 되어야 한다. (○, ×)

SECTION

7.4 푸리에 급수의 성질

학습포인트

- 신호의 진폭 이동에 대한 스펙트럼의 결과는 무엇인지 이해한다.
- 신호의 시간 이동에 대한 스펙트럼의 결과는 무엇인지 이해한다.
- 주기 신호의 전력에 대한 파스발 정리를 이해한다.

푸리에 급수는 신호와 시스템의 해석에 도움이 되는 유용한 성질들을 많이 가지고 있다. 이 같은 성질들을 잘 이용하면 신호의 스펙트럼을 직접 계산하지 않고서도 간편하게 구할 수 있게 된다. 푸리에 해석의 네 가지 변환은 기본 바탕이 같으므로 성질 또한 유사하다. 이러한 푸리에 해석 기법들의 성질은 8장에서 푸리에 급수를 보다 일반화한 푸리에 변환을 다룰 때 집중해서 상세히 살펴보기로 하고, 이 절에서는 개념을 잘 이해해두어야 할 중요한 기본적인 몇몇 성질에 대해서 간단히 알아본다.

7.4.1 파형의 이동에 따른 스펙트럼의 변화

신호를 처리할 때 직류 오프셋이 더해지거나 시간 지연이 발생하는 경우가 종종 있다. 직류 오프셋을 더하는 것은 신호가 수직축을 따라 상하로 이동하는 동작이고, 시간 지연은 수평축을 따라 좌우로 이동하는 동작에 해당한다. 두 경우 모두 파형의 형태는 그대로 유지되는데, 이러한 이동에 대해 신호의 스펙트럼은 다음과 같이 달라진다.

- 신호의 **진폭 이동** : 진폭 스펙트럼의 DC 성분만 바뀌고, 나머지 기본파와 고조파의 스펙트럼(진폭 및 위상)은 변하지 않는다.
- 신호의 **시간 이동** : 진폭 스펙트럼은 변하지 않으나, 위상 스펙트럼은 시간 이동 값에 비례하여(즉 선형적으로) 변하게 된다.

a만큼 진폭 이동(상하 이동)된 신호 $y(t)=x(t)+a$의 푸리에 급수는 다음과 같이 되어, 진폭 스펙트럼의 직류 성분만 X_0에서 $Y_0=X_0+a$로 바뀐다.

$$y(t)=x(t)+a=\sum_{k=-\infty}^{\infty} Y_k e^{jk\omega_0 t}=\sum_{k=-\infty}^{-1} X_k e^{jk\omega_0 t}+(X_0+a)+\sum_{k=1}^{\infty} X_k e^{jk\omega_0 t} \tag{7.28}$$

또한 t_0만큼 시간 이동(좌우 이동)된 신호 $y(t)=x(t-t_0)$의 푸리에 급수는 다음과 같다.

$$y(t)=x(t-t_0)=\sum_{k=-\infty}^{\infty} Y_k e^{jk\omega_0 t}=\sum_{k=-\infty}^{\infty} X_k e^{jk\omega_0 (t-t_0)}=\sum_{k=-\infty}^{\infty} e^{-jk\omega_0 t_0} X_k e^{jk\omega_0 t} \tag{7.29}$$

즉 $Y_k = e^{-jk\omega_0 t_0} X_k$ 이므로 $|Y_k| = |X_k|$, $\angle Y_k = \angle X_k - k\omega_0 t_0$가 되어, 진폭 스펙트럼은 변화 없이 위상 스펙트럼만 시간 이동 값 $-t_0$를 기울기로 하여 직선적으로 감소하게 된다. 다시 말해 선형 위상이 되는데, 이러한 사실은 이미 [그림 7-23]에서 위상 스펙트럼의 역할을 설명하면서 살펴본 바 있다.

예제 7-12 파형 이동과 스펙트럼 : 구형파와 방형파의 스펙트럼

파형의 이동에 따른 스펙트럼의 변화 성질을 이용하여, [그림 7-27(a)]의 사각 펄스(구형파)의 푸리에 계수로부터 [그림 7-27(b)]의 방형파의 푸리에 계수를 구하라.

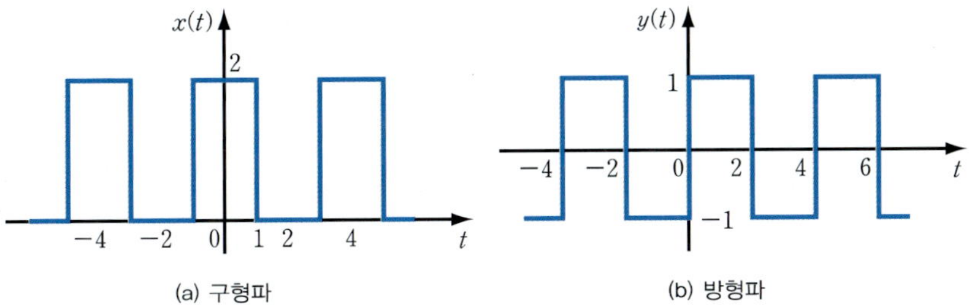

[그림 7-27] 구형파와 방형파 주기 신호

풀이

[그림 7-27(a)]의 구형파 $x(t)$는 [예제 7-4]의 사각 펄스에서 $A=2$, $T=4$, $\tau=1$인 경우이므로, 푸리에 계수는 다음과 같이 된다.

$$X_k = \frac{2A\tau}{T}\text{sinc}\left(\frac{2k\tau}{T}\right) = \text{sinc}\left(\frac{k}{2}\right)$$

[그림 7-27(b)]의 방형파 $y(t)$는 $x(t)$를 수직축으로 $a=-1$만큼 이동시키고, $t_0=1$만큼 시간 지연시킨 것과 같다. 따라서 두 신호의 관계는 $y(t)=x(t-1)-1$이 되고, $y(t)$의 스펙트럼은 $x(t)$의 스펙트럼에서 진폭 스펙트럼의 DC 성분 및 위상 스펙트럼이 달라진다. 그러므로 방형파 $y(t)$의 푸리에 계수 Y_k는 X_k로부터 식 (7.28)과 식 (7.29)의 관계를 이용하여 $Y_0 = X_0 - 1$, $Y_k = e^{-j\frac{\pi}{2}k} X_k$로 구할 수 있다.

$$\begin{aligned}
Y_0 &= X_0 - 1 = \text{sinc}(0) - 1 = 1 - 1 = 0 \\
Y_k &= e^{-j\frac{\pi}{2}k} X_k = e^{-j\frac{\pi}{2}k}\text{sinc}\left(\frac{k}{2}\right) = e^{-j\frac{\pi}{2}k}\frac{2}{k\pi}\sin\left(\frac{k\pi}{2}\right) \\
&= \frac{2}{k\pi}e^{-j\frac{\pi}{2}k}\frac{e^{j\frac{\pi}{2}k} - e^{-j\frac{\pi}{2}k}}{j2} = -j\frac{1}{k\pi}(1 - e^{-j\pi k}) \\
&= \begin{cases} -j\dfrac{2}{k\pi}, & k = \text{홀수} \\ 0, & k = \text{짝수} \end{cases}
\end{aligned}$$

이 결과는 [예제 7-8]에서 구한 식 (7.27)의 푸리에 계수와 일치한다.

7.4.2 파스발 정리와 주기 신호의 전력

주기 신호는 전력이 유한한 전력 신호이다. 주기 신호를 푸리에 급수로 표현하면, 기저 신호로 사용되는 (복소) 정현파의 직교성 때문에 전력에 대해 **파스발**Parseval **정리**가 성립한다.

파스발 정리

$$P = \frac{1}{T}\int_T |x(t)|^2\,dt = \sum_{k=-\infty}^{\infty} |X_k|^2 \tag{7.30}$$

- 주기 신호의 전력은 시간 영역에서 구하나 주파수 영역에서 구하나 마찬가지이다.
- 서로 다른 주파수 성분 간에는 전력이 전혀 만들어지지 않는다. 그러므로 주기 신호의 전력은 각 고조파 성분의 전력을 합하면 된다.

식 (7.30)에서 $|X_k|^2$은 신호의 전력이 주파수 성분별로 어떻게 분포되어 있는지 알려주므로 **전력 스펙트럼**power spectrum이라고 한다.

식 (7.30)이 성립하는 것은 다음과 같이 쉽게 보일 수 있다.

$$\begin{aligned} P &= \frac{1}{T}\int_T |x(t)|^2\,dt = \frac{1}{T}\int_T \left|\sum_{k=-\infty}^{\infty} X_k e^{jk\omega_0 t}\right|^2 dt \\ &= \frac{1}{T}\int_T \left(\sum_{k=-\infty}^{\infty} X_k e^{jk\omega_0 t}\right)\left(\sum_{m=-\infty}^{\infty} X_m^* e^{-jm\omega_0 t}\right) dt \\ &= \frac{1}{T}\sum_{k=-\infty}^{\infty}\int_T \left(\sum_{m=-\infty}^{\infty} X_k X_m^* e^{jk\omega_0 t} e^{-jm\omega_0 t}\right) dt \\ &= \frac{1}{T}\sum_{k=-\infty}^{\infty} X_k X_k^*\, T = \sum_{k=-\infty}^{\infty} |X_k|^2 \end{aligned} \tag{7.31}$$

푸리에 급수는 신호의 표현만 주파수 함수로 바꾼 것이지 신호 자체가 바뀐 게 아니므로 어느 영역에서 전력을 계산해도 똑같다는 것은 당연한 결과이며, 서로 다른 주파수 성분 간에 전력이 형성되지 않는 것은 푸리에 급수의 기저 신호인 (복소) 정현파의 직교성 때문이다.

그런데 $X_{-k} = X_k^*$로부터 $|X_{-k}| = |X_k|$이므로, 식 (7.30)은 다음과 같이 쓸 수 있다.

$$P = \sum_{k=-\infty}^{\infty} |X_k|^2 = |X_0|^2 + \sum_{k=1}^{\infty} 2|X_k|^2 \tag{7.32}$$

한편 식 (7.8)의 푸리에 급수 표현의 복소 정현파를 오일러 공식에 의해 코사인파로 바꾸면 다음과 같이 쓸 수 있다.

$$x(t)=\sum_{k=-\infty}^{\infty}X_k e^{jk\omega_0 t}=X_0+\sum_{k=1}^{\infty}|X_k|\left(e^{j\angle X_k}e^{jk\omega_0 t}+e^{-j\angle X_k}e^{-jk\omega_0 t}\right) \tag{7.33}$$

$$=X_0+\sum_{k=1}^{\infty}2|X_k|\cos\left(k\omega_0 t+\angle X_k\right)$$

식 (7.33)의 k 고조파의 진폭을 c_k, 실횻값을 $\bar{c}_k$라고 하면 $c_k=2|X_k|$, $\bar{c}_k=\sqrt{2}\,|X_k|$이므로, 식 (7.32)는 다음과 같이 삼각 함수 정현파로 나타낸 k고조파의 전력을 모두 더한 것이 된다. 이때 DC 성분에 대해서는 $c_0=X_0$, $\bar{c}_0=X_0$이다.

$$P=c_0^2+\sum_{k=1}^{\infty}\left(\frac{c_k}{\sqrt{2}}\right)^2=\sum_{k=0}^{\infty}\bar{c}_k^2=\sum_{k=0}^{\infty}P_k \tag{7.34}$$

예제 7-13 푸리에 급수 표현에 의한 주기 신호의 전력 : 파스발 정리

다음과 같이 푸리에 급수로 나타낸 주기 신호 $x(t)$의 전력을 계산하라.

$$x(t)=4+3\sqrt{2}\cos(2\pi t)+2\sqrt{2}\cos(4\pi t)+\sqrt{2}\cos(6\pi t)$$

풀이

주어진 신호는 주기 $T=1$, 기본 주파수 $\omega_0=2\pi$인 주기 신호로, DC 성분과 기본파, 2고조파, 그리고 3고조파로 이루어진 신호이다. 신호의 전력을 직접 계산하려면 다음과 같은 적분을 수행해야 한다.

$$P=\frac{1}{T}\int_T|x(t)|^2dt=\int_T\left(4+3\sqrt{2}\cos(2\pi t)+2\sqrt{2}\cos(4\pi t)+\sqrt{2}\cos(6\pi t)\right)^2dt$$

앞의 적분 계산은 복잡하고 까다로우므로, 파스발 정리를 이용하여 스펙트럼으로부터 전력을 계산하는 것이 훨씬 낫다. 각 주파수 성분의 푸리에 계수는 $X_0=4$, $X_1=1.5\sqrt{2}$, $X_2=\sqrt{2}$, $X_3=0.5\sqrt{2}$이므로 식 (7.30)에 의해 $x(t)$의 전력은 다음과 같이 계산된다.

$$P=\sum_{k=-3}^{3}|X_k|^2=4^2+2\{(1.5\sqrt{2})^2+(\sqrt{2})^2+(0.5\sqrt{2})^2\}=30$$

이보다는 식 (7.34)를 이용하면 좀 더 간편하다. $x(t)$의 각 고조파 성분의 실횻값이 $\bar{c}_0=4$, $\bar{c}_1=3$, $\bar{c}_2=2$, $\bar{c}_3=1$이므로, 전력은 다음과 같이 구할 수 있다.

$$P=\sum_{k=0}^{3}\bar{c}_k^2=4^2+3^2+2^2+1^2=30$$

신호의 전고조파 왜율(의율)

오디오를 보면 규격 표시에 THD가 몇 %라고 표시된 것을 볼 수 있다. THD는 **전고조파 왜율(의율)** Total Harmonic Distortion을 일컫는 용어로 증폭기에 의한 신호의 왜곡 정도를 나타내는 지표이다. 증폭기를 이용하여 신호를 증폭하면 증폭기의 물리적인 특성이 완전한 선형을 만족하지 못하기 때문에 출력 신호에 찌그러짐(왜곡) distortion이 일어나서 고조파가 섞이게 된다. 따라서 신호의 왜곡 정도를 다음과 같이 신호에 포함된 고조파 성분의 기본파 성분에 대한 비율로 표시하고 이를 전고조파 왜율(THD)이라고 한다.

$$\mathrm{THD} = \frac{\text{전고조파의 실횻값}}{\text{기본파의 실횻값}} = \sqrt{\frac{\bar{c}_2^2 + \bar{c}_3^2 + \cdots + \bar{c}_n^2 + \cdots}{\bar{c}_1^2}} \tag{7.35}$$

식 (7.35)의 THD를 %나 dB로 나타내는 것이 일반적이다. 식 (7.35)의 THD의 정의를 보면, 전고조파의 실횻값을 구할 때 파스발 정리의 결과가 적용되어 있음을 알 수 있다.

Check Point 다음 문제에서 옳은 것을 골라라.

(1) 신호의 상하 이동은 (직류, 기본파, 고조파) 스펙트럼의 변화를 가져온다.
(2) 진폭 스펙트럼이 달라지려면 신호를 시간축 상에서 이동시키면 된다. (○, ×)
(3) 시간 이동에 대해 기본파 위상 변화가 θ라면 3고조파 위상 변화는 (θ, 3θ, 모름)이다.
(4) 시간 영역에서 계산한 주기 신호 전력은 주파수 영역에서 계산된 값과 같다. (○, ×)
(5) 홀수 고조파끼리는 서로 전력을 형성한다. (○, ×)

CHAPTER 07_핵심요약

개념	관련 항
정현파를 주파수의 함수로 취급하여 주파수축 상에서 정현파의 진폭과 위상을 나타낸 것이 주파수 스펙트럼이다.	[그림 7-2]
변환은 신호의 표현을 바꿔주는 작업으로 신호 자체는 달라지지 않는다.	
푸리에 급수/변환은 신호를 시간의 함수에서 주파수의 함수로 변환해주는 도구이다.	
정현파는 신호의 주파수 영역 변환을 위한 기저 신호로 적합한 성질을 지니고 있다.	
푸리에 급수는 주기 신호를 자신과 같은 주기(기본 주파수)를 갖는 정현파(기본파)와 기본 주파수의 정수배 주파수를 갖는 정현파(고조파)들의 합으로 나타낸 것이다.	식 (7.6)
푸리에 급수는 수렴을 위해 반드시 디리클레 조건을 만족해야 한다.	식 (7.7)
푸리에 급수는 세 가지 형식으로 표현 가능하다.	[표 7-1]
지수 함수 형식은 복소 정현파 $e^{jk\omega_0 t}$을 기저 신호로 채택하여 복소 푸리에 계수 X_k의 크기 $\|X_k\|$와 위상 $\angle X_k$으로 신호의 스펙트럼을 나타내며, 보편적으로 활용된다.	식 (7.8)
푸리에 급수 표현의 기저 신호인 (복소) 정현파는 직교성을 만족하며, 이를 이용해 푸리에 계수를 구한다.	
신호의 스펙트럼은 모든 정현파 성분의 진폭과 위상을 주파수에 대해 표시한 것으로 진폭 스펙트럼과 위상 스펙트럼으로 이루어진다.	
주기 신호의 스펙트럼은 선 스펙트럼이다.	
주파수 분석은 (푸리에 급수에 의해) 주기 신호로부터 스펙트럼을 구하는 과정이다.	[그림 7-14]
주파수 합성은 스펙트럼에 나타낸 대로 정현파들을 합하여 신호를 만드는 과정이다.	[그림 7-14]
진폭 스펙트럼은 신호가 갖는 다양한 주파수 성분의 양(정현파의 진폭)을 나타내며, 보통 저주파에서 고주파로 갈수록 값이 감쇠하는 양상을 보인다.	
파형의 시간적 변화가 완만한 신호는 진폭 스펙트럼의 감쇠가 급격하고, 반대로 시간적으로 파형이 급격한 변화를 보이는 신호는 진폭 스펙트럼의 감쇠가 완만하다.	
깁스 현상은 사각 펄스에 대한 실제 조파 합성 신호가 고조파의 수를 아무리 늘리더라도 불연속점 근처에서 항상 불연속 크기의 약 9%의 오버슈트가 생기며, 고조파 수에 비례하여 진동도 더 빨라지는 현상을 말한다.	[그림 7-18]
진폭 스펙트럼이 같더라도 위상 스펙트럼이 다르면 합성 신호는 달라진다.	
신호의 시간 이동과 관련하여 각 고조파가 그 주파수에 비례하는 위상각만큼 달라지면, 즉 스펙트럼이 선형 위상이 되면 파형이 변하지 않는다.	[그림 7-23]
신호를 상하 이동시키면, 진폭 스펙트럼의 직류 성분만 바뀌고 나머지 기본파와 고조파의 스펙트럼(진폭 및 위상)은 변하지 않는다.	식 (7.28)
신호를 시간 이동시키면, 진폭 스펙트럼은 변하지 않으나 위상 스펙트럼은 시간 이동 값에 비례하여(즉 선형적으로) 변하게 된다.	식 (7.29)
주기 신호의 전력은 각 고조파 성분의 전력을 더한 것과 같다(파스발 정리). 다시 말해, 서로 다른 주파수 성분 간에는 전력이 전혀 만들어지지 않는다.	식 (7.30)

CHAPTER 07_연습문제

【개념 문제】

7.1 신호의 변환에 대한 다음의 설명 중 옳은 것은?

㉮ 신호를 주파수 영역으로 표현 변환하면 신호의 고유한 특성이 달라진다.

㉯ 변환을 위한 기저 신호가 직교하면 신호의 변환 표현을 구하기가 매우 쉽다.

㉰ 변환을 위한 기저 신호는 유일하게 결정된다.

㉱ 주파수 영역 변환을 위한 기저 신호는 주파수와 다대일 대응 관계를 갖는 것이 좋다.

7.2 푸리에 급수에 대한 다음의 설명 중 틀린 것은?

㉮ 주기 T인 주기 신호는 $\omega = \dfrac{3\pi}{T}$와 $\omega = \dfrac{9\pi}{T}$의 주파수 성분을 갖는다.

㉯ 5고조파의 주파수가 10π인 주기 신호의 주기는 $T=1$이다.

㉰ DC 성분과 기본파는 서로 직교한다.

㉱ 홀수 고조파와 짝수 고조파는 서로 직교한다.

7.3 푸리에 급수의 등가 표현에 대한 다음의 설명 중 틀린 것은?

㉮ 같은 주파수에 대한 간결형 삼각 함수 형식과 지수 함수 형식의 진폭 스펙트럼은 다르다.

㉯ 같은 주파수에 대한 간결형 삼각 함수 형식과 지수 함수 형식의 위상 스펙트럼은 같다.

㉰ 지수 함수 형식 푸리에 표현과 간결형 삼각 함수 푸리에 표현으로 계산한 전력은 다르다.

㉱ 지수 함수 형식 푸리에 표현의 위상 스펙트럼은 항상 기대칭이다.

7.4 푸리에 급수에 대한 다음의 설명 중 틀린 것은?

㉮ $\tan(\pi t)$는 푸리에 급수 표현이 불가능하다.

㉯ 기대칭 주기 신호의 고조파의 위상은 0 또는 $\pm\pi$이다.

㉰ 우대칭 주기 신호의 고조파의 위상은 0 또는 $\pm\pi$이다.

㉱ 푸리에 계수 $X_k = jka,\ k=$ 홀수인 주기 신호의 파형은 기대칭을 만족한다.

7.5 푸리에 급수에 대한 다음의 설명 중 틀린 것은?

㉮ 주기 신호의 스펙트럼은 불연속적이다.

㉯ 스펙트럼이 같으면 같은 신호이다.

㉰ 지수 함수 형식 푸리에 표현의 푸리에 계수를 X_k라고 하면 스펙트럼으로부터 조파 합성된 신호는 $x(t) = \sum_{k=0}^{\infty} |X_k| \cos(k\omega_0 t + \angle X_k)$이다.

㉱ 대칭성을 만족하지 않는 실수 신호의 푸리에 계수는 복소수이다.

7.6 진폭 스펙트럼에 대한 다음의 설명 중 틀린 것은?

㉮ 진폭이 같으면, 주기 삼각파의 3고조파와 주기 사각 펄스의 3고조파의 진폭 스펙트럼은 같다.

㉯ 수없이 많은 고조파를 더해도 정확한 사각 펄스를 만들 수 없다.

㉰ 전파 정류회로의 출력이 사각 펄스 주기 신호보다 진폭 스펙트럼의 감쇠가 급격하다.

㉱ 진폭 스펙트럼을 보면 그 신호를 만들기 위해 얼마나 많은 정현파가 필요한지 알 수 있다.

7.7 위상 스펙트럼에 대한 다음의 설명 중 옳은 것은?

㉮ 위상 스펙트럼과 상관없이 진폭 스펙트럼이 같으면 같은 신호이다.

㉯ $x(t) = \cos\left(\frac{2\pi}{3}t\right) + \cos(2\pi t)$을 시간 지연시키면 두 코사인 성분은 같은 위상 뒤짐을 갖는다.

㉰ 사각 펄스 주기 신호의 불연속점에서 홀수 고조파는 +에서 −로 짝수 고조파는 −에서 +로 부호가 바뀐다.

㉱ 위상 스펙트럼에 따라서 조파 합성된 신호의 파형이 달라진다.

7.8 푸리에 급수 $x(t) = \sum_{k=-\infty}^{\infty} X_k e^{jk\frac{2\pi}{T}t}$와 관련한 다음의 설명 중 틀린 것은?

㉮ $x(t-2)$의 푸리에 계수는 $e^{jk\frac{4\pi}{T}} X_k$이다.

㉯ 주기를 2배로 바꾸게 되면 홀수 고조파 성분은 없다.

㉰ $x(t+2)$의 진폭 스펙트럼은 $|X_k|$로 변하지 않는다.

㉱ $x(t)+2$의 DC 성분은 X_0+2, 3고조파 성분은 X_3이다.

7.9 주기 신호의 전력에 대한 다음의 설명 중 틀린 것은?

㉮ 시간 영역에서 구한 전력과 주파수 영역에서 구한 전력은 같다.

㉯ 홀수 고조파와 짝수 고조파 사이에는 전력이 형성되지 않는다.

㉰ 홀수 고조파끼리는 전력을 형성한다.

㉱ $x(t) = \sqrt{2}\cos(t) + 3\sqrt{2}\cos(3t)$의 전력은 10이다.

7.10 한 주기 파형이 $x(t) = \sin(\pi t)$, $0 \le t \le 1$인 주기 신호의 푸리에 급수 표현에 대한 다음의 설명 중 틀린 것은?

㉮ 위상이 0이므로 진폭 스펙트럼만 나타내면 된다.

㉯ 직접 푸리에 급수 전개를 하지 않고 한 주기 파형이 $s(t) = \begin{cases} \sin(\pi t), & 0 \le t < 1 \\ 0, & 1 \le t < 2 \end{cases}$인 주기 신호의 푸리에 급수 표현으로부터 푸리에 급수 표현을 구할 수 있다.

㉰ 진폭 스펙트럼에서 DC 성분이 가장 크다.

㉱ 주기를 2배로 바꾸어 푸리에 급수 전개하면 짝수 고조파만 갖는다.

【기초 문제】

7.11 다음의 주기 신호에 대하여 기본 주파수 ω_0의 값을 구하고, 지수 함수 형식 푸리에 급수로 전개하라.

(a) $x(t)=4\cos\left(\frac{\pi}{2}t+\frac{\pi}{4}\right)$

(b) $x(t)=\sin\left(2t+\frac{\pi}{4}\right)$

(c) $x(t)=\cos(2\pi t)+\cos(3\pi t)$

(d) $x(t)=\sin(2t)+\cos(4t)$

(e) $x(t)=10e^{j\left(2\pi t-\frac{\pi}{3}\right)}$

(f) $x(t)=\sin(2\pi t)+e^{-j6\pi t}$

7.12 다음 주기 신호에 대해 지수 함수 형식 푸리에 급수를 구하고, 스펙트럼을 그려라.

(a) $x(t)=8\cos\left(12\pi t+\frac{\pi}{3}\right)+6\sin\left(20\pi t+\frac{\pi}{6}\right)$

(b) $x(t)=2\cos\left(7\pi t-\frac{\pi}{4}\right)-4\cos\left(11\pi t+\frac{\pi}{3}\right)$

(c) $x(t)=\sin(3\pi t)\cos(5\pi t)$

(d) $x(t)=\cos^3(\pi t)$

(e) $x(t)=1+4\sin\left(t-\frac{\pi}{4}\right)-2\cos(2t)+\sin\left(3t+\frac{\pi}{3}\right)$

(f) $x(t)=3+\sqrt{3}\cos(2t)+\sin(2t)+\sin(3t)-\frac{1}{2}\cos\left(5t+\frac{\pi}{3}\right)$

7.13 어떤 주기 신호의 지수 함수 형식 푸리에 급수가 다음과 같다.

$$x(t)=(2+j2)e^{-j3t}+j2e^{-jt}+3-j2e^{jt}+(2-j2)e^{j3t}$$

(a) 지수 함수 형식 푸리에 스펙트럼을 그려라.

(b) (a)의 결과로부터 삼각 함수 형식 푸리에 스펙트럼을 그려라.

(c) (b)의 스펙트럼을 보고 $x(t)$의 간결형 삼각 함수 형식 푸리에 급수를 구하라.

7.14 주기 신호의 지수 함수 형식 푸리에 급수가 다음과 같을 때, 실수 주기 신호를 구하라.

(a) $x(t)=e^{j\frac{\pi}{2}}e^{-j3\pi t}+2e^{j\frac{\pi}{3}}e^{-j\pi t}+3+2e^{-j\frac{\pi}{3}}e^{j\pi t}+e^{-j\frac{\pi}{2}}e^{j3\pi t}$

(b) $x(t)=-je^{-j4\pi t}+(1-j1)e^{-j2\pi t}+2+(1+j1)e^{j2\pi t}+je^{j4\pi t}$

(c) $x(t)=\frac{1}{j2}e^{-j\frac{\pi}{3}}e^{-j5t}+\sqrt{2}e^{-j\frac{\pi}{6}}e^{-j2t}+\frac{1}{2}e^{-j\frac{\pi}{4}}e^{-jt}+\frac{1}{2}e^{j\frac{\pi}{4}}e^{jt}+\sqrt{2}e^{j\frac{\pi}{6}}e^{j2t}-\frac{1}{j2}e^{j\frac{\pi}{3}}e^{j5t}$

(d) $x(t)=\frac{1}{2}e^{-j4\pi t}+j\frac{1}{2}e^{-j3\pi t}+(\sqrt{3}-j1)e^{-j\pi t}+1+(\sqrt{3}+j1)e^{j\pi t}-j\frac{1}{2}e^{j3\pi t}+\frac{1}{2}e^{j4\pi t}$

7.15 다음 그림의 주기 신호에 대해 지수 함수 형식 푸리에 급수를 구하고 스펙트럼을 그려라.

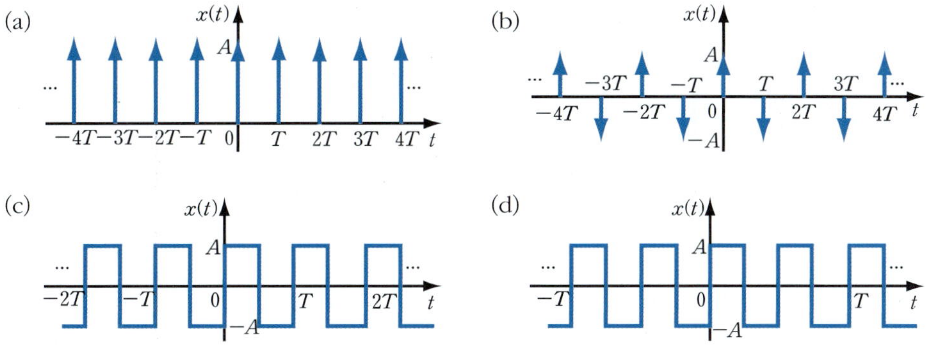

7.16 다음 그림의 신호들에 대한 지수 함수 형식 푸리에 급수 전개를 구하라.

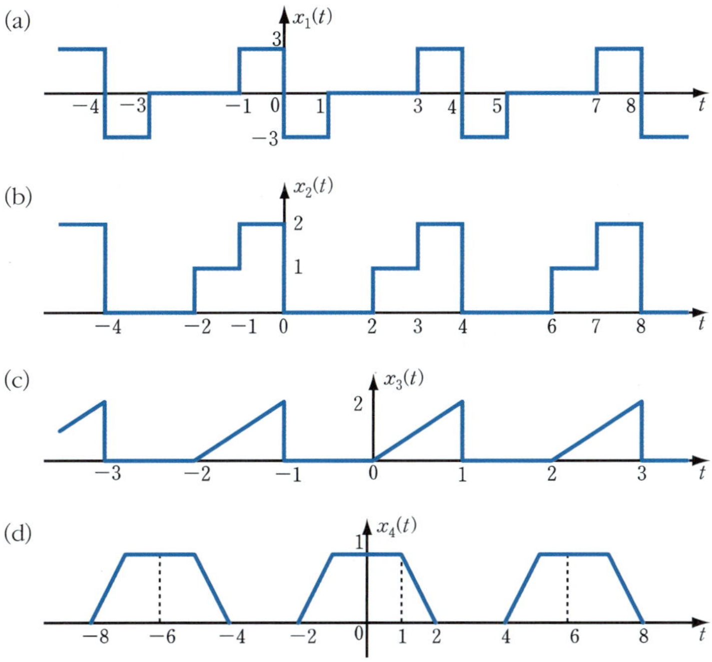

7.17 주기 신호의 스펙트럼이 다음 그림과 같을 때, 주기 신호를 구하라.

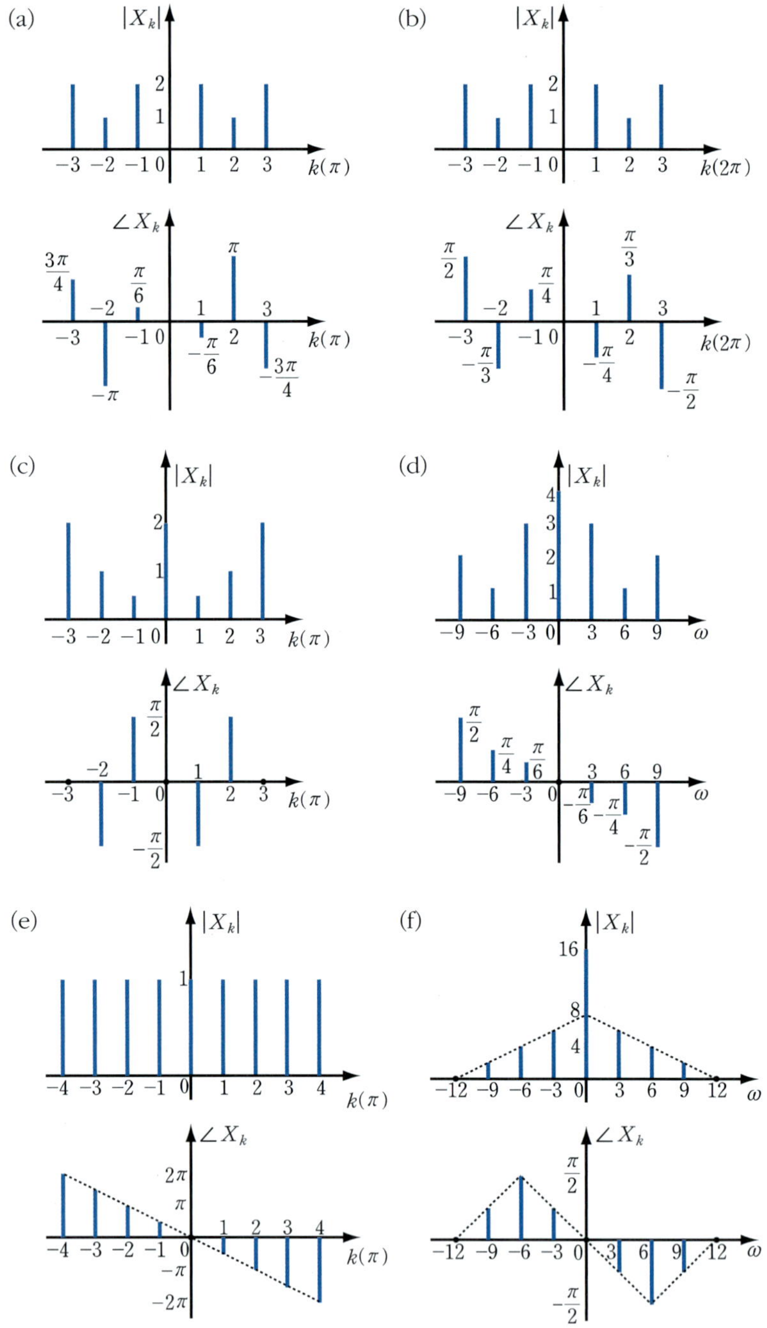

7.18 다음 그림은 주기 신호 $x(t)$의 지수 함수 형식 푸리에 스펙트럼이다.

(a) 그림을 보고 $x(t)$의 지수 함수 형식 푸리에 급수를 구하라.

(b) 그림을 보고 $x(t)$의 (간결형) 삼각 함수 형식 푸리에 스펙트럼을 그려라.

(c) (b)의 결과를 보고, $x(t)$의 (간결형) 삼각 함수 형식 푸리에 급수를 구하라.

(d) (a)와 (c)에서 구한 급수들이 같다는 것을 보여라.

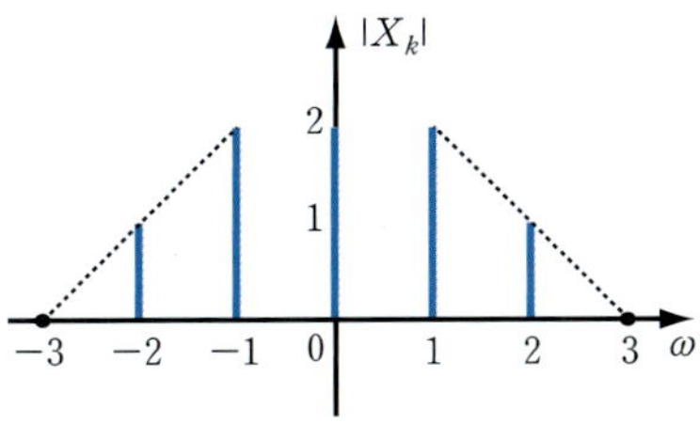

진폭 스펙트럼

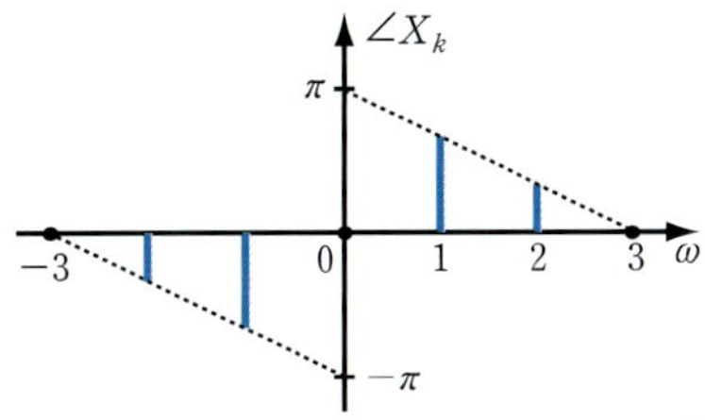

위상 스펙트럼

7.19 다음 물음에 답하라.

(a) 전파 정류 회로에 주기 $T=1$인 정현파 $\sin(\omega_0 t)$를 입력으로 인가하였을 때 출력 파형의 지수 함수 형식 푸리에 급수 표현을 정의식을 이용하여 구하라.

(b) 전파 정류 회로의 출력 파형의 푸리에 급수 표현을 정의식을 이용하지 말고, [예제 7-5]의 결과를 이용하여 구하라.

7.20 5[Ω]의 저항에 $x(t)=10\sqrt{2}\cos(t)+30\sqrt{2}\cos(2t)+20\sqrt{2}\cos(3t)$의 전압을 인가하였을 때 저항에서 소비되는 전력을 구하라.

【응용 문제】

7.21 다음의 주기 신호에 대해 지수 함수 형식 푸리에 급수를 구하고 스펙트럼을 그려라.

(a) $x(t)=2\sin(\pi t)+\cos(3\pi t)-\cos(5\pi t)$

(b) $x(t)=1+4\cos\left(\pi t-\dfrac{\pi}{4}\right)-\cos\left(3\pi t+\dfrac{\pi}{3}\right)$

(c) $x(t)=\cos\left(2\pi t+\dfrac{\pi}{4}\right)-\sin(4\pi t)+\sin\left(6\pi t-\dfrac{\pi}{3}\right)$

7.22 다음 주기 신호에 대해 지수 함수 형식 푸리에 급수를 구하라.

(a) $x(t)=1+2\cos\left(\dfrac{2\pi}{3}t+\dfrac{\pi}{3}\right)+4\sin\left(\dfrac{4\pi}{5}t+\dfrac{\pi}{6}\right)$

(b) $x(t)=2+\cos\left(t+\dfrac{\pi}{4}\right)+2\cos\left(3t+\dfrac{\pi}{6}\right)-\sin\left(4t+\dfrac{\pi}{3}\right)$

(c) $x(t)=1+2\sin\left(\dfrac{7\pi}{3}t\right)-2\sqrt{3}\cos\left(\dfrac{7\pi}{3}t\right)+\sin(7\pi t)+\cos\left(\dfrac{28\pi}{3}t\right)$

(d) $x(t) = 2 + \cos(\pi t) - \sin(\pi t) - 3\cos(2\pi t) + 4\cos\left(3\pi t - \frac{\pi}{3}\right)$

(e) $x(t) = 3 + \sqrt{3}\cos(2t) + \sin(2t) + \sin(3t) - \frac{1}{2}\cos\left(5t + \frac{\pi}{3}\right)$

(f) $x(t) = |\sin(2t)|$

7.23 다음 그림의 주기 신호에 대해 지수 함수 형식 푸리에 급수를 구하라.

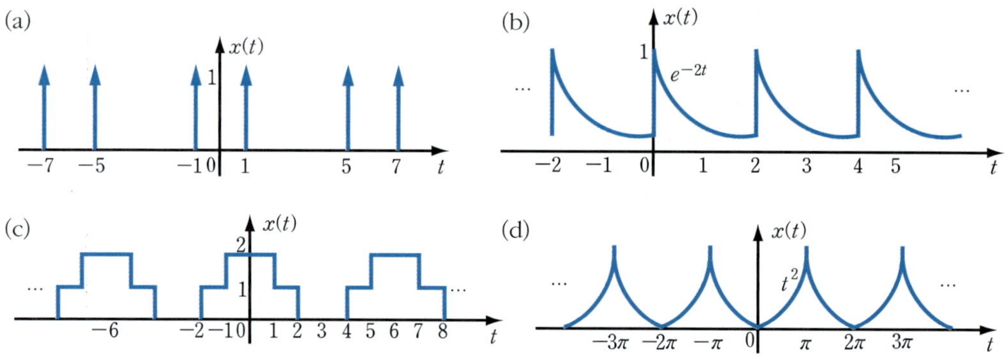

7.24 다음 그림의 주기 신호에 대해 지수 함수 형식 푸리에 급수를 구하고 스펙트럼을 그려라.

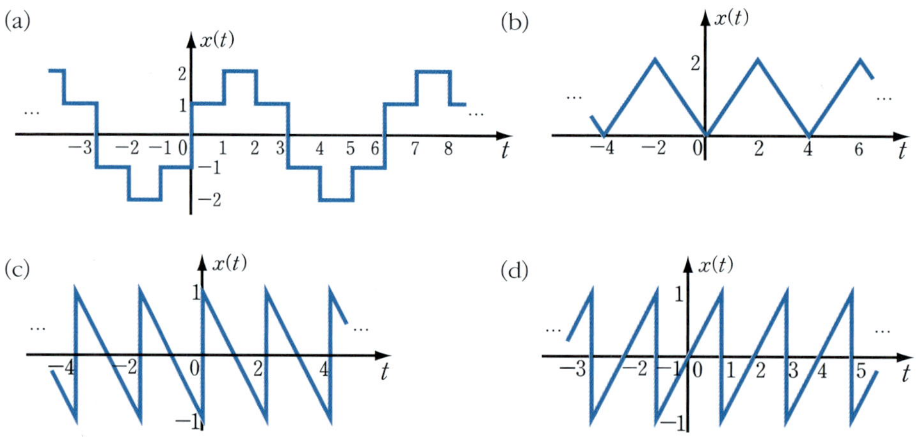

7.25 다음 그림의 신호에 대해 물음에 답하라.

(a) 그림 (a)의 신호에 대한 지수 함수 형식 푸리에 급수를 구하라.

(b) (a)의 결과를 이용하여 신호 $x(t)$를 시간 이동한 그림 (b)의 $x_1(t)$의 푸리에 급수를 구하라.

(c) (a)의 결과를 이용하여 신호 $x(t)$를 시간 척도조절한 $x_2(t)$의 푸리에 급수를 구하라.

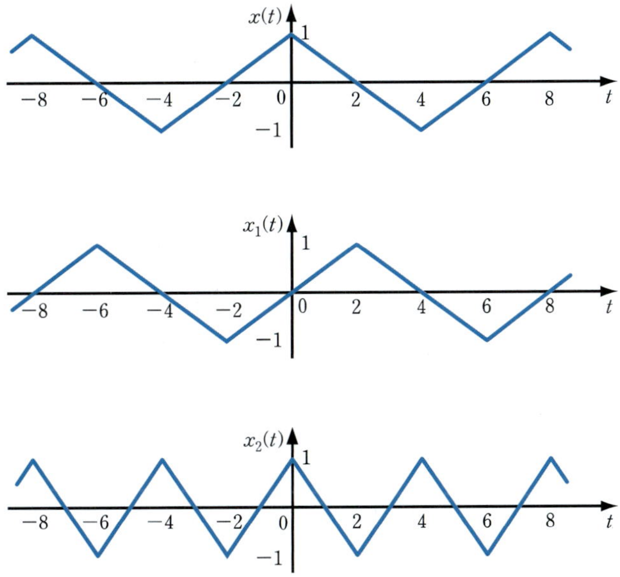

7.26 다음 그림의 신호 $x(t)$에 대한 푸리에 계수가 $X_k = \mathrm{sinc}\left(\frac{k}{2}\right)$라고 한다. 푸리에 급수의 성질을 이용하여 나머지 신호들의 지수 함수 형식 푸리에 급수를 구하라.

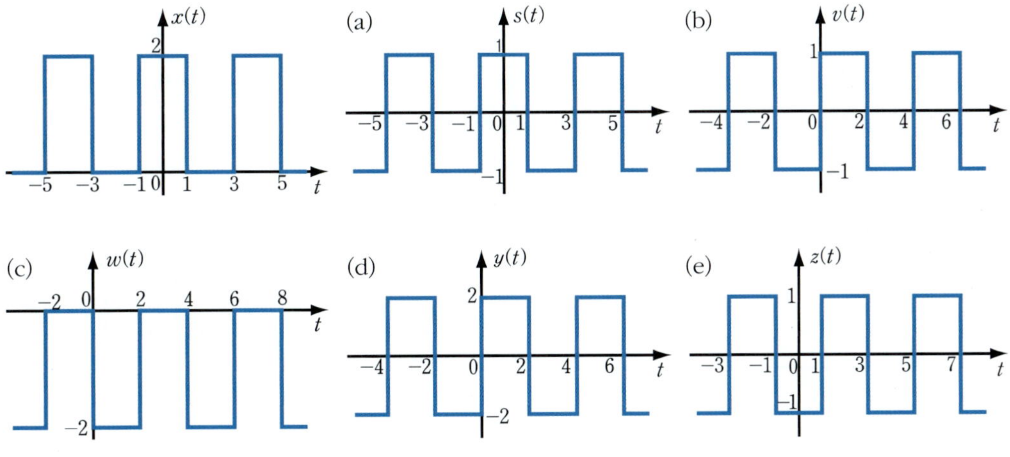

7.27 주기 T인 주기 신호 $x(t)$의 푸리에 계수를 X_k라고 할 때, 주어진 주기 신호 $v(t)$에 대한 푸리에 급수 표현을 X_k을 이용하여 나타내라.

(a) $v(t)=x(t-1)$ (b) $v(t)=x(t)e^{j\frac{2\pi}{T}t}$

(c) $v(t)=\dfrac{dx(t)}{dt}$ (d) $v(t)=x(t)\cos\left(\dfrac{2\pi}{T}t\right)$

7.28 다음에 주어진 주기 신호 $x(t)$의 전력을 계산하라.

(a) $x(t)=2\sqrt{2}\cos(2\pi t)+3\sqrt{2}\cos(3\pi t)$

(b) $x(t)=2\sqrt{2}\cos(2t)+3\sqrt{2}\cos(3t)$

(c) $x(t)=2\sqrt{2}\cos\left(2\pi t-\dfrac{\pi}{4}\right)+3\sqrt{2}\cos\left(3\pi t+\dfrac{\pi}{6}\right)$

(d) $x(t)=2\sqrt{2}\cos(5\pi t)+3\sqrt{2}\cos(11\pi t)$

7.29 다음에 주어진 주기 신호 $x(t)$의 전력을 계산하라.

(a) $x(t)=1+2\cos\left(\dfrac{2\pi}{3}t+\dfrac{\pi}{3}\right)+4\sin\left(\dfrac{4\pi}{5}t+\dfrac{\pi}{6}\right)$

(b) $x(t)=2+\cos\left(t+\dfrac{\pi}{4}\right)+2\cos\left(3t+\dfrac{\pi}{6}\right)-\sin\left(4t+\dfrac{\pi}{3}\right)$

(c) $x(t)=2+\cos(\pi t)-\sin(\pi t)-3\cos(2\pi t)+4\cos\left(3\pi t-\dfrac{\pi}{3}\right)$

(d) $x(t)=1+2\sin\left(\dfrac{7\pi}{3}t\right)-2\sqrt{3}\cos\left(\dfrac{7\pi}{3}t\right)+\sin(7\pi t)+\cos\left(\dfrac{28\pi}{3}t\right)$

(e) $x(t)=8\cos^3(\pi t)+4\cos(2\pi t)$

7.30 다음 그림의 RL 회로에 입력 신호 $x(t)$를 인가하였다.

(a) $x(t)$의 지수 함수 형식 푸리에 급수를 구하라.

(b) 출력 전압 $y(t)$의 지수 함수 형식 푸리에 급수를 구하라.

(c) 1[Ω]의 저항에서 사용된 평균 전력을 구하라.

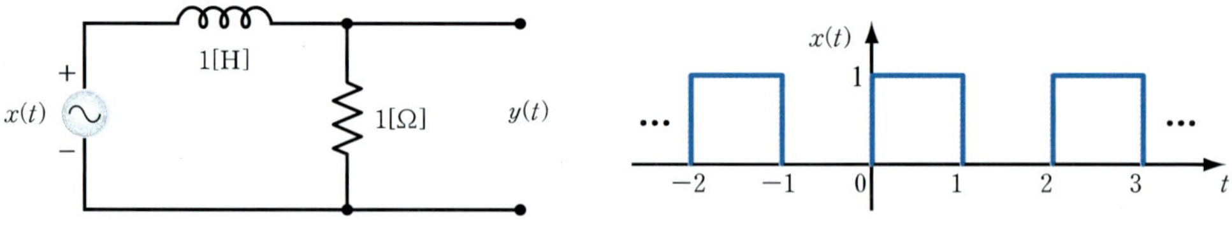

(a) RL 회로 (b) 입력 신호

CHAPTER 07_MATLAB 실습

학습포인트

- 매트랩을 이용하여 푸리에 급수로 연속 주기 신호의 스펙트럼을 계산해본다.
- 매트랩을 이용하여 스펙트럼으로부터 사각 펄스 주기 신호를 합성하여 깁스 현상을 확인한다.

신호 해석에서 신호를 주파수 영역에서 스펙트럼으로 표현하는 것은 매우 중요하다. 실제 문제에서는 이 장에서 배운 것처럼 이론적인 수식 표현에 의해 스펙트럼을 구하는 것보다 측정 데이터로부터 수치 해석적으로 구하는 것이 더 일반적이다. 이를 위해서 매트랩에서는 fft 명령을 사용할 수 있다. 두 가지 방법에 의해 사각 펄스 주기 신호의 스펙트럼을 구하고 스펙트럼으로부터 조파 합성을 수행하는 문제에 대해 간단히 실습해보기로 한다. 이 과정에서 깁스 현상도 확인할 수 있다.

MATLAB 7-1 사각 펄스 주기 신호의 푸리에 급수

[예제 7-4]의 [그림 7-10]에 주어진 사각 펄스 주기 신호에 대해 $A=5$, $T=2$, $\tau=0.2$일 때

(a) $x(t)$를 푸리에 급수 전개한 결과를 이용하여 푸리에 계수와 스펙트럼을 그려라.

(b) $x(t)$의 신호 파형으로부터 fft 명령을 이용하여 스펙트럼을 그려라.

풀이

(a) [예제 7-4]에서 구한 사각 펄스 주기 신호의 푸리에 계수에 주어진 값들을 대입하면 다음과 같이 된다.

$$X_k = \frac{2A\tau}{T}\text{sinc}\left(\frac{2k\tau}{T}\right) = \text{sinc}\left(\frac{k}{5}\right)$$

구해진 푸리에 계수 X_k로부터 진폭 스펙트럼 $|X_k|$와 위상 스펙트럼 $\angle X_k$을 그릴 때는 따로 계산할 필요 없이 각각 절댓값과 위상 각을 구하는 매트랩 명령 abs와 angle을 사용하면 된다. 진폭 스펙트럼과 위상 스펙트럼은 각각 우대칭 및 기대칭이므로, $k \geq 0$에 대해서만 나타내도 문제가 없을 것이다. 이들을 그리는 매트랩 프로그램은 다음과 같고, 프로그램 실행 결과는 [그림 7-28(a)]에 나타내었다.

SS_7_1a.m

```
k=0:30;                          % 주파수축(고조파의 차수)을 설정함
for n=0:30
   Xk(n+1)=sinc(n/5);            % 지수 함수 형식 푸리에 계수 계산
end

subplot(2,1,1);                  % 2행 1열 분할 그림 창의 1번 창
stem(k,abs(Xk));                 % 진폭 스펙트럼을 그림
title('진폭 스펙트럼');          % 그림 제목
xlabel('k'); grid on;            % x축 라벨 및 그리드 표시
subplot(2,1,2);                  % 2행 1열 분할 그림 창의 2번 창
stem(k,angle(Xk));               % 위상 스펙트럼을 그림
title('위상 스펙트럼');          % 그림 제목
xlabel('k'); grid on;            % x축 라벨 및 그리드 표시
```

(b) 신호 $x(t)$의 데이터 값으로부터 fft를 이용하여 바로 스펙트럼을 구하는 매트랩 프로그램은 다음과 같고, 프로그램 실행 결과는 [그림 7-28(b)]에 나타내었다.

SS_7_1b.m

```
T=2;                                        % 신호의 주기 설정
N=256;                                      % 데이터 개수 설정
Ts=T/N;                                     % 샘플링 주기 설정
t=Ts*[0:(N-1)];                             % 시간축을 설정함
xt=5*(t>=0 & t<0.2)+5*(t>=1.8);             % 사각 펄스 주기 신호 생성
Xf=(1/N)*fft(xt);                           % fft로 스펙트럼 계산
k=0:30;                                     % 주파수축(고조파의 차수) 설정

subplot(2,1,1);                             % 2행 1열 분할 그림 창의 1번 창
stem(k,abs(Xf(1:length(k))));               % 진폭 스펙트럼을 그림
title('진폭 스펙트럼');                       % 그림 제목
xlabel('k'); grid on;                       % x축 라벨 및 그리드 표시
subplot(2,1,2);                             % 2행 1열 분할 그림 창의 2번 창
stem(k,angle(Xf(1:length(k))));             % 위상 스펙트럼을 그림
title('위상 스펙트럼');                       % 그림 제목
xlabel('k'); grid on;                       % x축 라벨 및 그리드 표시
```

고속 푸리에 변환(FFT)은 수치 해석적으로 푸리에 변환을 계산하는 도구로 자세한 내용은 이 책의 범위를 넘어서므로, 디지털 신호처리 관련 서적을 참조하기 바란다. fft에 의해 스펙트럼을 구하면 지수함수 형식의 푸리에 계수 X_k가 얻어지므로 진폭 스펙트럼은 직류 항 X_0를 제외하면 크기가 반으로 줄어든다. 그리고 위상의 경우도 부호가 거꾸로 표시되어 있다. 또한 그림에서는 잘 드러나지 않지만, 데이터의 수를 적게 하여 프로그램을 실행시키면 스펙트럼의 정확도가 낮아져서 그림 [그림 7-28(a)]의 결과와 (특히 위상의 경우) 차이가 나는 것을 확인할 수 있을 것이다. [그림 7-28]에서도 위상의 부호가 일부 달라진 것을 볼 수 있는데, $+\pi$와 $-\pi$가 결국 같은 위상이긴 하지만 스펙트럼의 값이 작은 값이어서 매트랩의 내부 계산 과정에서 위상 환산 시 부호 오류가 일어난 것이다.

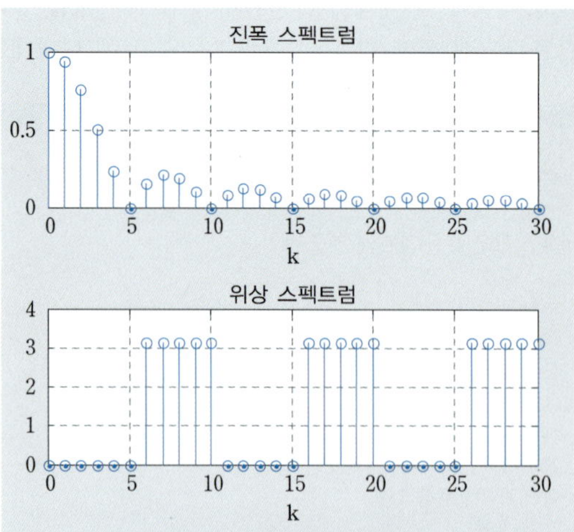

(a) 수식 계산에 의한 스펙트럼

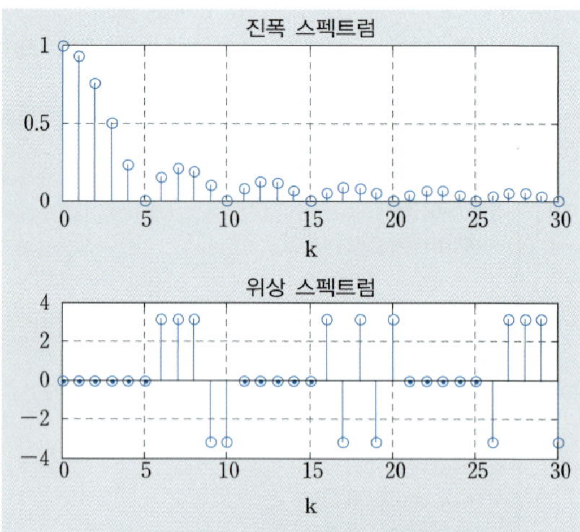

(b) fft에 의한 스펙트럼

[그림 7-28] 사각 펄스 주기 신호의 진폭 및 위상 스펙트럼

MATLAB 7-2 조파 합성과 깁스 현상

[예제 7-4]의 [그림 7-10]에 주어진 사각 펄스 주기 신호에 대해 $A=1$, $T=2$, $\tau=0.5$일 때, 스펙트럼으로부터 $x(t)$를 조파 합성하여 그려라.

풀이

스펙트럼으로부터 신호 $x(t)$를 합성하기 위해서는 간결형 삼각 함수 형식의 푸리에 급수를 이용한다. 이 경우 실제적인 관점에서 볼 때 무한 차수의 고조파를 사용할 수는 없으므로 문제를 풀기 위해서는 몇 고조파까지 사용할 것인가를 결정해야 한다. 앞의 예제 [MATLAB 7-1]의 [그림 7-28]에서 보면 $k>20$에 해당하는 고조파 성분은 미미한 수준으로 신호에 별로 기여하지 못함을 알 수 있다. 조파 합성을 수행하는 매트랩 프로그램은 다음과 같다.

SS_7_2.m

```
N=20;                                % 고조파의 차수를 선택함
t=-3:0.01:3;                         % 파형 그림 시간축 설정
c0=0.5;                              % 직류 성분의 푸리에 계수
w0=pi;                               % 기본 주파수 설정
xr=c0*ones(1,length(t));             % 합성 신호 x_r(t)의 직류 성분
for k=1:N
   xr=xr+sinc(k/2)*cos(k*w0*t);      % N차까지 고조파들을 더해 합성 신호 x_r(t) 생성
end

plot(t,xr)                           % 합성 신호 x_r(t)의 파형을 그림
title('합성 신호 x_r(t) (N=20)');    % 그림 제목
xlabel('t');                         % x축 라벨 표시
```

20고조파까지 합성($N=20$)한 경우와 40고조파까지 합성($N=40$)한 경우를 [그림 7-29]에 나타내었다. 그림에서 볼 수 있듯이 $N=20$의 경우만 해도 진동을 제외하고는 사각 펄스에 근사한 파형이 되며, $N=40$의 경우처럼 고조파를 합성에 더욱 많이 사용하면 원래의 파형 모습에 더욱 가까워지나 진동은 사라지지 않는 깁스 현상을 관찰할 수 있다.

만약 지수 함수 형식 푸리에 급수를 이용하여 조파 합성하려면, 합성 신호를 계산하는 for 루프 코드를 다음과 같이 바꾸면 된다.

```
for k=1:N
   Xk=sinc(k/2)/2;
   xr=xr+Xk*exp(j*k*w0*t)+conj(Xk)*exp(-j*k*w0*t);
end
```

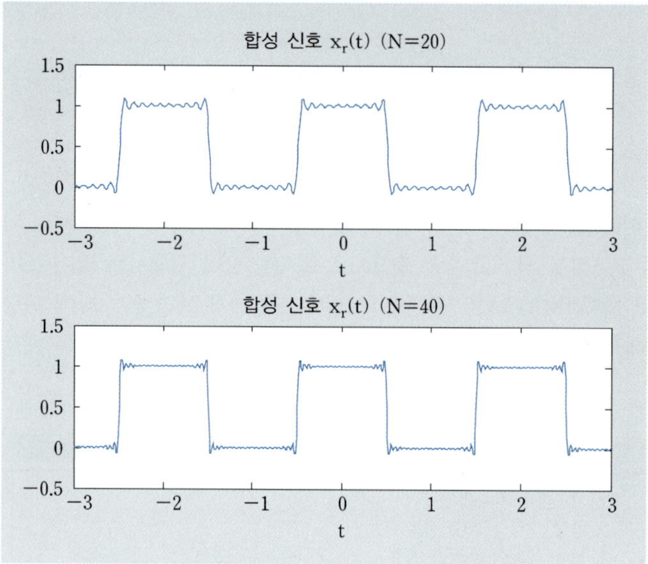

[그림 7-29] 스펙트럼에 의한 사각 펄스 주기 신호의 합성

한편 [MATLAB 7-1]의 (b)의 결과를 이용하여 사각 펄스 주기 신호의 한 주기 파형을 구하고자 하면, 프로그램 SS_7_2.m의 끝에 다음과 같이 ifft 명령을 사용하여 덧붙이면 간단히 구할 수 있으며, 깁스 현상이 나타나지 않은 온전한 파형을 얻을 수 있다.

```
xr=N*ifft(Xf);
plot(t,xr);
```

CHAPTER

08

연속 시간 푸리에 변환

Continuous Time Fourier Transform

학습목표

- 푸리에 변환의 개념과 푸리에 급수와의 관계에 대해 이해할 수 있다.
- 주요 신호의 푸리에 변환쌍들을 잘 익혀둘 수 있다.
- 푸리에 변환이 갖는 여러 유용한 성질들을 이해하고 잘 활용할 수 있다.
- 주파수 응답의 개념과 중요성에 대해 이해할 수 있다.

【 미리보기 】

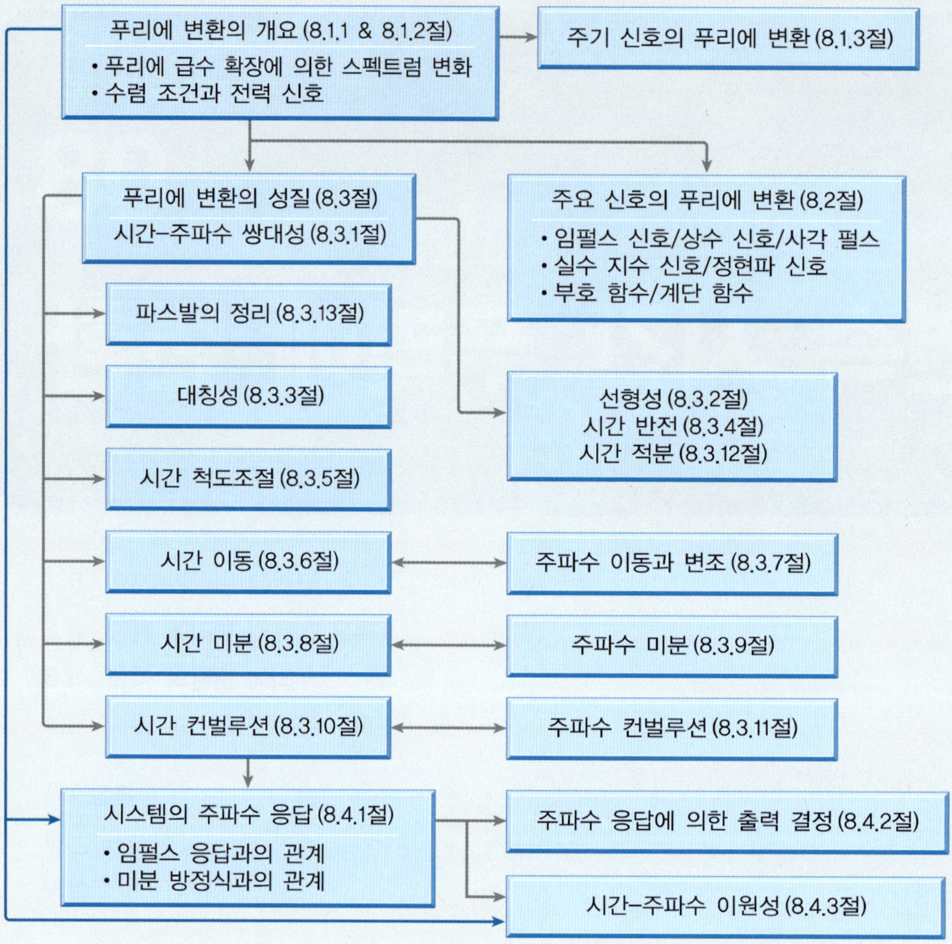

7장에서 살펴본 푸리에 급수는 오직 주기 신호만 주파수 영역으로 변환할 수 있다. 그런데 주기 신호는 세상의 수많은 신호 중 극히 일부분일 뿐이므로 비주기 신호에 대해서도 주파수 영역으로 변환할 수 있는 도구가 필요하다. 이때 가능하다면 논리적 일관성을 위해 그 도구가 푸리에 급수와 같은 이론적 배경을 가지는 것이 더 좋을 것이다. 이런 관점에서 비주기 신호를 주기가 무한대인 주기 신호로 간주하여 푸리에 급수를 확장한 결과가 바로 푸리에 변환이다. 푸리에 변환에 의해 신호는 스펙트럼, 시스템은 주파수 응답으로 나타낼 수 있고, 이를 통해 신호와 시스템의 해석이 간편해지고 시간 영역에서는 힘들었던 특성 분석들도 가능해진다. 푸리에 변환은 주파수 영역 해석의 꽃이라고 감히 말할 수 있다. 이 장에서는 우선 푸리에 변환의 기본 개념과 주요 신호에 대한 변환쌍, 그리고 여러 가지 유용한 푸리에 변환의 성질에 대해서 살펴볼 것이다. 그런 다음, 주파수 응답의 개념을 소개하고 시스템 해석에 어떻게 이용되는지 알아보기로 한다.

SECTION 8.1

푸리에 변환의 개요

학습포인트

- 푸리에 급수(FS)로부터 푸리에 변환(FT)을 유도하는 과정에 대해 이해한다.
- 푸리에 변환의 정의와 특징을 이해한다.
- 전력 신호의 푸리에 변환에 대해 알아본다.
- 주기 신호의 푸리에 급수와 푸리에 변환의 관계를 알아본다.
- 주기 신호와 비주기 신호의 푸리에 변환의 관계를 알아본다.

푸리에 급수는 주기 신호만을 주파수 영역 표현으로 바꿔준다. 비록 주기 신호가 유용하고 중요한 형태의 신호이기는 하나 실제 문제에서 부딪치는 많은 신호 중의 일부일 뿐이다. 따라서 더 폭넓게 비주기 신호에도 적용할 수 있는 주파수 영역 변환 도구가 필요하다. 이때 가급적이면 논리적 일관성을 위해 그 도구가 푸리에 급수와 같은 이론적 배경을 가진다면 바람직할 것이다. 그러므로 이 절에서는 푸리에 급수의 개념을 확장하여 푸리에 변환을 유도하고, 그 특징을 간단히 살펴보기로 한다.

8.1.1 비주기 신호와 푸리에 급수의 확장

7장에서 푸리에 급수에 대한 논의를 통해, 신호를 주파수 영역에서 스펙트럼으로 표현할 수 있고 그것이 신호의 해석과 취급에 매우 유용함을 보았다. 그러나 실제 문제에서는 대체로 비주기 신호를 많이 다루게 되는데, 푸리에 급수는 오직 주기 신호만 주파수 영역으로 변환할 수 있을 뿐이다. 따라서 논리의 일관성을 유지한 채 더 폭넓게 비주기 신호에도 적용할 수 있는 주파수 영역 변환 도구가 필요하다.

비주기 신호의 주파수 영역 변환 : 푸리에 급수의 확장

- 비주기 신호를 주파수 영역으로 변환하기 위한 현실적인 해결책은 비주기 신호를 주기가 무한대, 즉 주기 $T=\infty$인 주기 신호로 간주하여 푸리에 급수를 확장하는 것이다.
- $T\to\infty$이면 $\omega_0\to 0$이 되어 스펙트럼이 연속적으로 이어지게 된다.

주기 신호의 주기를 점점 크게 하면 어떤 현상이 생기는지 [그림 8-1]의 사각 펄스(구형파) 주기 신호를 가지고 살펴보자. 이 신호의 진폭 스펙트럼은 7.2절 [예제 7-4]에서 살펴본 것처럼 sinc 함수인 포락선을 따라 기본 주파수 ω_0 간격으로 늘어선 선 스펙트럼이다. 그런데 ω_0는 주기 T에 반비례하므로, T를 키울수록 ω_0는 점점 작아져서 선 스펙트럼의 배열 간격이 점점 줄어들어 조밀해진다.

[그림 8-1]을 보면, 신호의 주기가 2배가 되면 선 스펙트럼의 배열 간격이 반으로 줄어들어 스펙트럼이 빽빽해진다[그림 8-1(b)]). 주기를 크게 할수록 이러한 현상은 더욱 심해지고([그림 8-1(c)]), 극단적으로 주기가 무한대이면, 즉 $T \rightarrow \infty$ 의 극한을 취하면 $\omega_0 \rightarrow 0$ 이 되어 스펙트럼이 연속적으로 이어지게 된다([그림 8-1(d)]). 따라서 신호의 모든 주파수 성분을 다 모으기 위해서는 덧셈이 아닌 적분 연산을 수행해야 하며, 이에 맞춰 변수도 변화할 것이다. 이렇게 얻어진 비주기 신호에 대한 주파수 영역 표현을 푸리에 급수와 구분하여 **푸리에 변환** Fourier transform 이라고 한다.

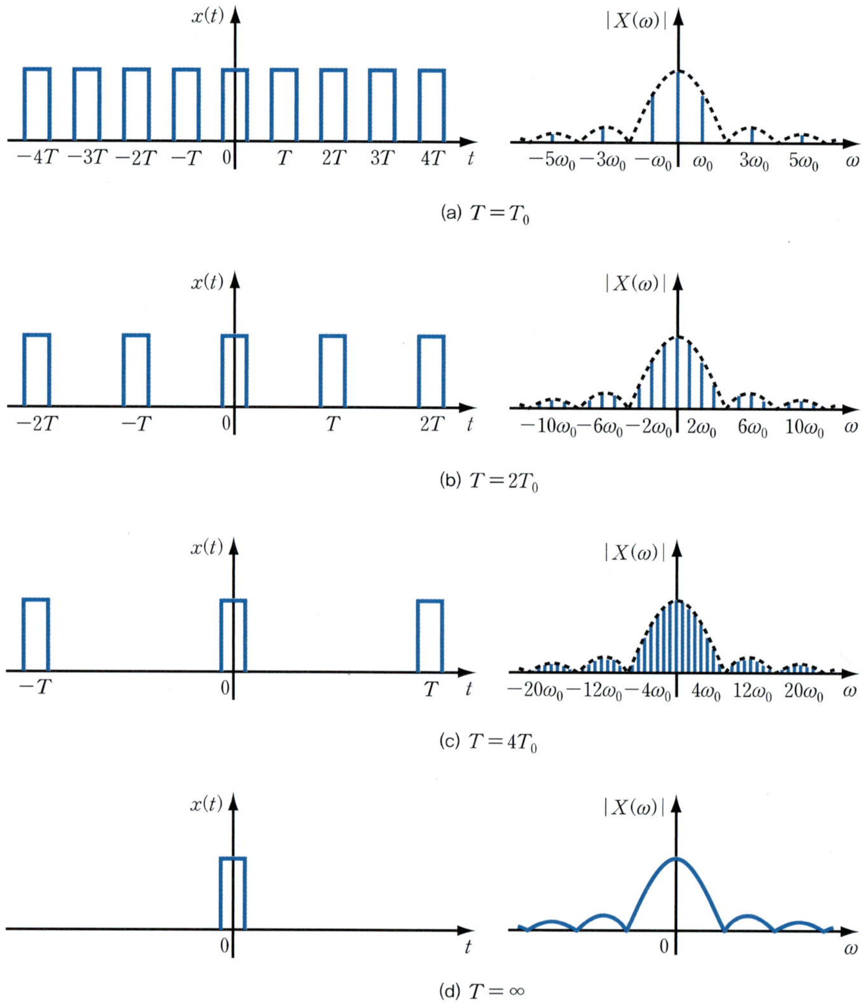

[그림 8-1] 주기에 따른 스펙트럼의 변화

8.1.2 푸리에 변환의 정의

푸리에 계수 식 (7.25)를 이용하여 푸리에 급수 식 (7.8)을 다시 쓰면 다음과 같다.

$$x(t) = \sum_{k=-\infty}^{\infty} X_k e^{jk\omega_0 t} = \sum_{k=-\infty}^{\infty} \left(\frac{\omega_0}{2\pi} \int_{-T/2}^{T/2} x(t)\, e^{-jk\omega_0 t}\, dt \right) e^{jk\omega_0 t} \tag{8.1}$$

푸리에 급수를 확장한 수학적 결과를 얻기 위해 $T \to \infty$ 의 극한을 취하면, $\omega_0 = 2\pi/T$는 무한소가 되어 $d\omega$로, $k\omega_0$는 연속 변수 ω로, 총합은 적분으로 바뀌어 다음과 같이 된다.

$$x(t) = \int_{-\infty}^{\infty} \left[\frac{d\omega}{2\pi} \int_{-\infty}^{\infty} x(t) e^{-j\omega t}\, dt \right] e^{j\omega t} = \frac{1}{2\pi} \int_{-\infty}^{\infty} \left[\int_{-\infty}^{\infty} x(t) e^{-j\omega t}\, dt \right] e^{j\omega t}\, d\omega \tag{8.2}$$

식 (8.1)을 보면 $\dfrac{1}{T}$를 $\dfrac{\omega_0}{2\pi}$로 치환해 스펙트럼의 크기가 무한소로 가는 것을 비껴간다.

- **푸리에 변환(FT)** Fourier Transform은 시간 함수로 표현된 신호 $x(t)$에 대해 주파수의 함수로 표현된 스펙트럼 $X(\omega)$를 구하는 **주파수 분석(분해)** 이다.

$$X(\omega) = \mathcal{F}\{x(t)\} = \int_{-\infty}^{\infty} x(t) e^{-j\omega t}\, dt \tag{8.3}$$

- **푸리에 역변환(IFT)** Inverse Fourier Transform은 변환과는 정반대로 스펙트럼 $X(\omega)$로부터 시간 신호 $x(t)$를 구하는 **주파수 합성**이다.

$$x(t) = \mathcal{F}^{-1}\{X(\omega)\} = \frac{1}{2\pi} \int_{-\infty}^{\infty} X(\omega) e^{j\omega t}\, d\omega \tag{8.4}$$

- $X(\omega) = |X(\omega)| e^{j\angle X(\omega)}$은 연속된 주파수에 대해 값을 갖는 복소 함수로, $|X(\omega)|$와 $\angle X(\omega)$를 각각 **진폭 스펙트럼**과 **위상 스펙트럼**이라 한다.
- 푸리에 급수와 마찬가지로, 식 (8.4)는 기저 신호 $e^{j\omega t}$을 이용해 $x(t)$를 주파수 성분별로 나누어 표시한 것으로 이해할 수 있다.
- **푸리에 변환쌍** Fourier Transform Pair $x(t) \Leftrightarrow X(\omega)$는 1:1 대응 관계가 성립하는 쌍이다.

이제 식 (8.4)에 의해 비주기 신호를 급수가 아닌 적분의 형태로 주파수 영역에서 표현할 수 있게 되었다. 푸리에 변환도 푸리에 급수와 마찬가지로 기저 신호를 이용하여 신호의 표현을 주파수 영역으로 변환하는 도구로 해석할 수 있다. 즉 식 (8.4)는 비주기 신호 $x(t)$를 기저 신호인 복소 정현파 $e^{j\omega t}$의 성분별로 구분하여 표시한 것으로 볼 수 있고, 이때 $e^{j\omega t}$ 성분의 크기가 $\dfrac{1}{2\pi}X(\omega)\,d\omega$인 것으로 이해하면 된다. 다만 ω가 연속 변수이므로 총합 연산 대신 적분 연산이 되었을 뿐이다.

표기가 편리하도록 $X(\omega)$가 $x(t)$의 푸리에 변환임은 $X(\omega) = \mathcal{F}\{x(t)\}$로, $x(t)$가 $X(\omega)$의 푸리에 역변환임은 $x(t) = \mathcal{F}^{-1}\{X(\omega)\}$로 나타내기로 한다.

푸리에 변환의 수렴 조건 : 디리클레 조건

푸리에 변환도 푸리에 급수와 마찬가지로 수렴 조건을 만족하는 신호에 대해서만 변환할 수 있다. 푸리에 변환을 주기 T가 무한대인 푸리에 급수로 간주했으므로, 푸리에 급수에 대한 수렴 조건인 디리클레 조건도 이에 맞추어 약간 변형된다.

푸리에 변환의 수렴 조건 : 디리클레 조건

❶ 전 시간 구간에 대해 $x(t)$는 절대 적분 가능해야 한다.

$$\int_{-\infty}^{\infty}|x(t)|dt < \infty \tag{8.5}$$

❷ 어떤 유한한 시간 구간에서 신호의 극대·극소점의 수는 유한해야 한다.

❸ 어떤 유한한 시간 구간에서 신호의 불연속점의 수는 유한해야 한다.

유한한 에너지를 갖는 에너지 신호는 식 (8.5)의 수렴 조건을 항상 충족시킨다. 이와 달리, 계단 신호나 주기 신호처럼 에너지는 무한하나 전력이 유한한 전력 신호는 식 (8.5)를 충족시키지 못해 푸리에 변환이 이론적으로는 불가능하다.

전력 신호의 푸리에 변환

이제 주기 신호는 푸리에 급수, 비주기 신호는 푸리에 변환이라는 2개의 푸리에 표현식을 갖게 되었다. 이 둘은 각각 매우 유용하고 중요하지만, 이들을 명확히 구분해 취급하는 것은 불편할 때가 많다. 예를 들어, 어떤 신호가 주기 성분과 비주기 성분을 함께 가지고 있다면 그 둘을 나누어 다루어야 하는 불편함이 생긴다. 그런데 만약 주기 신호와 같은 전력 신호의 푸리에 변환이 가능하다고 약속하게 되면 이런 불편함은 해소될 것이다.

전력 신호의 푸리에 변환

- 전력 신호는 이론적으로 푸리에 변환을 할 수 없지만, 필요에 의해 특별히 푸리에 변환이 존재하는 것으로 취급한다.
- 수렴 조건이 충족되지 않기 때문에 전력 신호의 푸리에 변환은 식 (8.3)의 정의식을 사용하여 구할 수 없다. 따라서 우회적인 방법을 이용하여 구해야 한다.
- 전력 신호의 푸리에 변환은 주파수 영역에서 임펄스 함수를 포함한다.

전력 신호도 푸리에 변환이 가능한 것으로 취급하면, 대표적 전력 신호인 주기 신호도 푸리에 변환으로 다룰 수 있게 된다. 그렇게 되면 [그림 8-2]에 나타낸 것처럼 푸리에 변환 하나만으로 주기, 비주기 신호를 모두 주파수 영역으로 변환할 수 있게 되므로 편리하다. [그림 8-2]에서 시간 영역에서 주파수 영역으로 표현을 바꾸는 변환 동작은 신호를 주파수 성분으로 나누는 주파수 분석에 해당하고, 거꾸로 주파수 영역에서 시간 영역 표현으로 되돌아오는 역변환은 주파수 성분들을 모아서 신호를 만드는 주파수 합성에 해당한다. 주기 신호의 스펙트럼은 기본 주파수의 정수배 성분들만 존재하는 선 스펙트럼으로 주파수에 대해 이산 함수였지만, 푸리에 변환에 의한 비주기 신호의 스펙트럼은 주파수에 대해 연속 함수라는 사실은 잘 기억해두어야 한다.

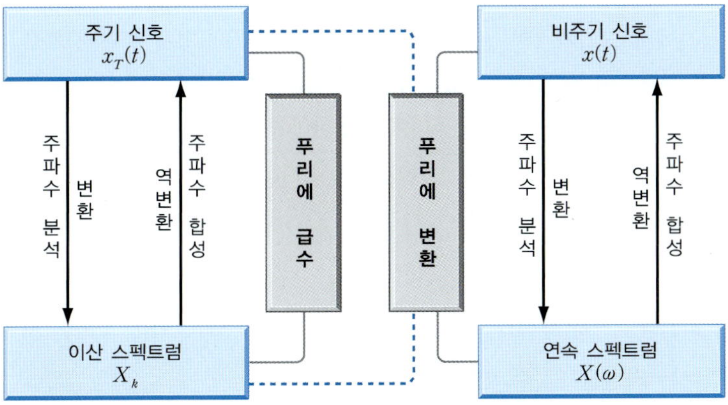

[그림 8-2] 신호의 시간 영역 및 주파수 영역 표현과 변환

예제 8-1 임펄스로 표현되는 시간 신호 및 스펙트럼의 푸리에 변환쌍

(a) 임펄스 신호 $x(t)=\delta(t)$의 푸리에 변환을 구하라.

(b) 스펙트럼 $Y(\omega)=2\pi\delta(\omega)$을 푸리에 역변환하여 대응되는 시간 신호를 구하라.

풀이

(a) 푸리에 변환의 정의식 식 (8.3)을 사용하여 임펄스 신호의 푸리에 변환을 구하면, 임펄스 함수의 체 거르기 성질에 의해 다음과 같이 된다.

$$X(\omega)=\mathscr{F}\{\delta(t)\}=\int_{-\infty}^{\infty}\delta(t)e^{-j\omega t}dt=e^{-j\omega 0}=1$$

(b) 식 (8.4)에 의해 $Y(\omega)$를 푸리에 역변환하면, 마찬가지로 임펄스 함수의 체 거르기 성질에 의해 다음과 같이 된다.

$$y(t)=\frac{1}{2\pi}\int_{-\infty}^{\infty}2\pi\delta(\omega)e^{j\omega t}d\omega=e^{j0t}=1$$

즉 $y(t)$는 모든 시간에서 값이 1인 상수(DC) 신호로 전력 신호이다. 만약 푸리에 변환의 정의식 식 (8.3)을 사용하여 직접 $y(t)=1$을 푸리에 변환하게 되면, 식 (8.5)의 수렴 조건이 충족되지 않아 적분이 유한한 값으로 수렴하지 않기 때문에 $Y(\omega)$를 구할 수 없다.

예제 8-2 복소 정현파 및 정현파 신호의 푸리에 변환쌍

복소 정현파 $x(t)=e^{j\omega_0 t}$와 정현파 $z(t)=\cos(\omega_0 t)$의 푸리에 변환을 구하라.

풀이

복소 정현파 $x(t)=e^{j\omega_0 t}$는 모든 시간에서 크기가 1인 전력 신호이고, 정현파 $z(t)$ 역시 전력 신호로 식 (8.5)의 수렴 조건을 만족하지 않기 때문에 직접 정의식을 이용해서는 푸리에 변환을 구할 수 없다. 그러므로 [예제 8-1(b)]의 방법과 비슷하게 $2\pi\delta(\omega-\omega_0)$을 푸리에 역변환하면, 임펄스 함수의 체 거르기 성질에 의해 다음과 같이 된다. 이 결과로부터 $e^{j\omega_0 t} \Leftrightarrow 2\pi\delta(\omega-\omega_0)$의 변환쌍을 얻는다.

$$\frac{1}{2\pi}\int_{-\infty}^{\infty} 2\pi\delta(\omega-\omega_0)e^{j\omega t}\,d\omega = e^{j\omega_0 t} = x(t)$$

[예제 8-1(b)]의 결과와 비교하면 $x(t)=e^{j\omega_0 t}y(t)$이다. 즉 스펙트럼을 ω_0만큼 주파수 이동시키면 시간 영역에서 신호에 $e^{j\omega_0 t}$가 곱해진다는 사실을 알 수 있다.

이제 오일러 공식을 이용하면 위의 결과로부터 정현파의 푸리에 변환쌍을 손쉽게 구할 수 있다.

$$\mathcal{F}\{z(t)=\cos(\omega_0 t)\} = \mathcal{F}\left\{\frac{1}{2}(e^{j\omega_0 t}+e^{-j\omega_0 t})\right\} = \pi\delta(\omega-\omega_0)+\pi\delta(\omega+\omega_0)$$

구해진 푸리에 변환을 보면, $\pm\omega_0$에서 스펙트럼이 존재하는 것은 푸리에 급수 표현과 다를 바 없으나 스펙트럼이 임펄스인 게 다르다. 이 예제와 [예제 8-1(b)]의 결과에서 전력 신호의 푸리에 변환, 즉 스펙트럼은 임펄스를 포함함을 알 수 있다.

예제 8-3 실수 지수 신호의 푸리에 변환쌍

실수 지수 신호 $x(t)=e^{-at}u(t)$의 푸리에 변환을 구하여 푸리에 변환쌍으로 나타내라.

풀이

푸리에 변환의 정의식 식 (8.3)으로부터 푸리에 변환은 다음과 같이 구해진다.

$$\begin{aligned} X(\omega) &= \int_0^{\infty} e^{-at}e^{-j\omega t}\,dt = -\frac{1}{a+j\omega}e^{-(a+j\omega)t}\Big|_0^{\infty} = \frac{1}{a+j\omega} \\ &= \frac{a}{a^2+\omega^2} - j\frac{\omega}{a^2+\omega^2} = \frac{1}{\sqrt{a^2+\omega^2}}e^{-j\tan^{-1}\frac{\omega}{a}} \end{aligned}$$

이 푸리에 스펙트럼을 [그림 8-3]에 나타내었다. [그림 8-3(a)]는 직교좌표 형식으로 표시한 것이고, [그림 8-3(b)]는 극좌표 형식으로 표시한 것이다.

그림에서 보듯이, 실수 신호의 스펙트럼은 항상 직교좌표 표현에서는 실수부가 우대칭, 허수부가 기대칭이 되며, 극좌표 표현에서는 진폭 스펙트럼이 우대칭, 위상 스펙트럼이 기대칭이 된다.

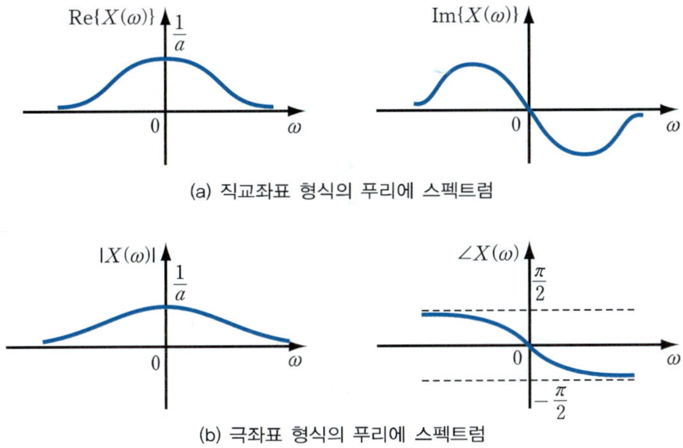

[그림 8-3] 실수 지수 신호와 푸리에 스펙트럼

8.1.3 주기 신호의 푸리에 변환

주기 신호 $x_T(t)$의 푸리에 급수와 푸리에 변환 $X_T(\omega)$, 그리고 $x_T(t)$의 한 주기만 떼어낸 비주기 신호 $x(t)$의 푸리에 변환 $X(\omega)$의 관계를 살펴보자.

$x_T(t)$의 푸리에 급수, 푸리에 변환 $X_T(\omega)$, $x(t)$의 푸리에 변환 $X(\omega)$는 각각 다음과 같다.

$$x_T(t) = \sum_{k=-\infty}^{\infty} X_k e^{jk\omega_0 t} \tag{8.6}$$

$$\begin{aligned} X_T(\omega) &= \int_{-\infty}^{\infty} x_T(t) e^{-j\omega t}\, dt = \int_{-\infty}^{\infty} \left(\sum_{k=-\infty}^{\infty} X_k e^{jk\omega_0 t} \right) e^{-j\omega t}\, dt \\ &= \sum_{k=-\infty}^{\infty} X_k \int_{-\infty}^{\infty} \left(e^{jk\omega_0 t}\right) e^{-j\omega t}\, dt = 2\pi \sum_{k=-\infty}^{\infty} X_k \delta(\omega - k\omega_0) \end{aligned} \tag{8.7}$$

$$X(\omega) = \int_{-\infty}^{\infty} x(t) e^{-j\omega t}\, dt \tag{8.8}$$

$x(t) = \begin{cases} x_T(t), & 0 \le t \le T \\ 0, & \text{그 외} \end{cases}$ 이므로 주기 신호의 푸리에 급수의 계수 X_k는 다음과 같이 된다.

$$X_k = \frac{1}{T} \int_T x_T(t) e^{-jk\omega_0 t}\, dt = \frac{1}{T} \int_{-\infty}^{\infty} x(t) e^{-jk\omega_0 t}\, dt = \frac{1}{T} X(k\omega_0) \tag{8.9}$$

$x_T(t)$의 푸리에 변환 $X_T(\omega)$은 식 (8.7)과 식 (8.9)로부터 다음과 같이 된다.

$$X_T(\omega) = \frac{2\pi}{T} \sum_{k=-\infty}^{\infty} X(k\omega_0) \delta(\omega - k\omega_0) = \omega_0 \sum_{k=-\infty}^{\infty} X(k\omega_0) \delta(\omega - k\omega_0) \tag{8.10}$$

- **주기 신호의 푸리에 급수와 비주기 신호의 푸리에 변환의 관계**

  X_k는 $X(\omega)$를 기본 주파수의 정수배, 즉 $k\omega_0$에서 샘플링하여 $\frac{1}{T}$배한 것과 같다.

$$X_k = \frac{1}{T} X(k\omega_0) \tag{8.9}$$

- **주기 신호의 푸리에 급수와 주기 신호의 푸리에 변환의 관계**

  $X_T(\omega)$는 $k\omega_0$에 위치한 세기 $2\pi X_k$인 임펄스들로 이루어진다.

$$X_T(\omega) = \sum_{k=-\infty}^{\infty} 2\pi X_k \delta(\omega - k\omega_0) \tag{8.7}$$

- **주기 신호의 푸리에 변환과 비주기 신호의 푸리에 변환의 관계**

  $X_T(\omega)$는 $X(\omega)$을 $k\omega_0$에서 세기 ω_0인 임펄스들로 샘플링한 것이다.

$$X_T(\omega) = \omega_0 \sum_{k=-\infty}^{\infty} X(k\omega_0)\delta(\omega - k\omega_0) \tag{8.10}$$

이상의 논의로부터 주기 신호의 스펙트럼에 대해 다음과 같은 결론을 얻을 수 있다.

- 주기 신호를 푸리에 급수로 나타내든 푸리에 변환으로 나타내든 주기 신호의 스펙트럼은 같은 파형을 가진 비주기 신호의 푸리에 변환을 주기 ω_0로 샘플링한 이산 함수, 다시 말해 기본 주파수의 정수배인 $k\omega_0$에서만 존재하는 이산 함수이다. 단, 푸리에 변환에 의한 주기 신호의 스펙트럼은 임펄스들로 이루어진다.

예제 8-4 임펄스 열의 푸리에 급수 및 푸리에 변환

임펄스 열 $p(t) = \sum_{m=-\infty}^{\infty} \delta(t - mT)$의 푸리에 급수 및 푸리에 변환을 구하라.

풀이

임펄스 열은 $\omega_0 = \frac{2\pi}{T}$인 주기 신호이므로 다음과 같이 푸리에 급수로 나타낼 수 있다([예제 7-6] 참조).

$$P_k = \frac{1}{T}\int_T p(t)e^{-jk\omega_0 t}dt = \frac{1}{T}\int_{-\frac{T}{2}}^{\frac{T}{2}} \delta(t)e^{-jk\omega_0 t}dt = \frac{1}{T}e^{-jk\omega_0 0} = \frac{1}{T}$$

$$p(t) = \sum_{k=-\infty}^{\infty} P_k e^{jk\omega_0 t} = \sum_{k=-\infty}^{\infty} \frac{1}{T} e^{jk\omega_0 t}$$

임펄스 열의 1주기에 해당하는 비주기 신호 $x(t) = \delta(t)$의 푸리에 변환은 [예제 8-1]에서 구했듯이 $X(\omega) = 1$이므로, 임펄스 열의 푸리에 변환은 식 (8.10)으로부터 다음과 같이 된다.

$$P(\omega)=\omega_0\sum_{k=-\infty}^{\infty}X(k\omega_0)\delta(\omega-k\omega_0)=\sum_{k=-\infty}^{\infty}\omega_0\delta(\omega-k\omega_0)$$

즉 임펄스 열은 푸리에 변환(스펙트럼) 또한 주기와 세기가 모두 ω_0인 임펄스 열이 된다.

푸리에 급수에 의한 스펙트럼과 푸리에 변환에 의한 스펙트럼을 [그림 8-4]에 나타내었다. 그림에서 보듯이 푸리에 급수의 경우는 그냥 일반적인 선 스펙트럼이지만 푸리에 변환의 스펙트럼은 임펄스 열로 표시된다.

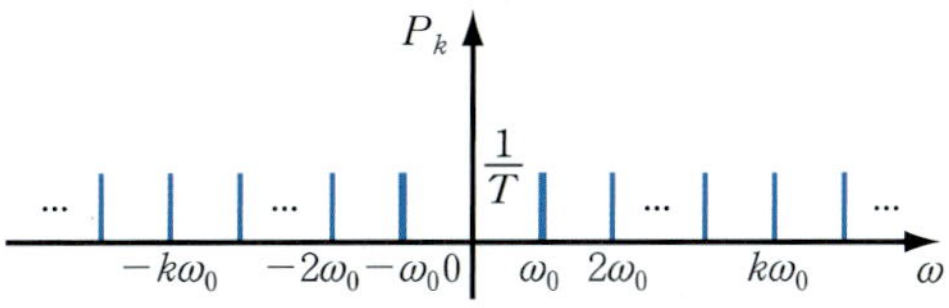

(a) 푸리에 급수에 의한 스펙트럼

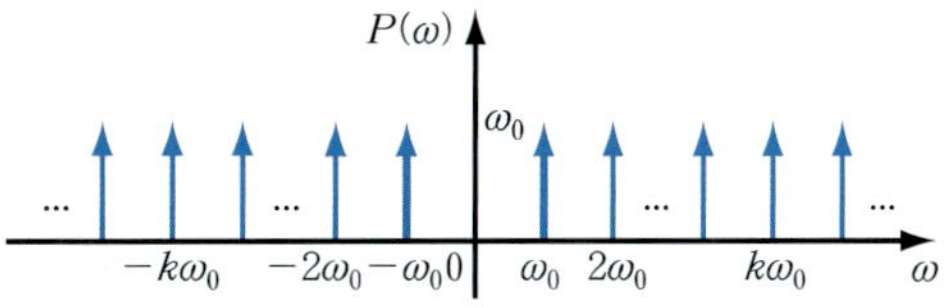

(b) 푸리에 변환에 의한 스펙트럼

[그림 8-4] 주기 신호 임펄스 열의 스펙트럼

Check Point **다음 문제에서 옳은 것을 골라라.**

(1) 주기 신호의 주기 T가 커질수록 선 스펙트럼은 (빽빽, 듬성듬성)해진다.
(2) 비주기 신호는 주파수에 대해 (이산, 연속)인 스펙트럼을 가진다.
(3) CTFT는 변환과 역변환 모두 적분 식으로 표현된다. (○, ×)
(4) 모든 신호에 대해 푸리에 변환이 가능하다. (○, ×)
(5) (에너지, 전력) 신호는 푸리에 변환의 수렴 조건을 만족한다.
(6) 전력 신호의 푸리에 변환은 임펄스 함수를 포함한다. (○, ×)
(7) 주기 신호를 푸리에 변환하면 주파수에 대해 (이산, 연속)인 스펙트럼으로 나타난다.
(8) 주기 신호의 CTFT는 같은 파형 비주기 신호의 CTFT를 샘플링한 것이다. (○, ×)
(9) 주기 신호의 푸리에 급수와 푸리에 변환은 선 스펙트럼 간격이 (같다, 다르다).
(10) 임펄스 열의 푸리에 변환은 임펄스 열이다. (○, ×)

SECTION 8.2

주요 신호의 푸리에 변환

학습포인트

- 연속 임펄스 신호, DC 신호, 사각 펄스 신호의 푸리에 변환쌍을 익혀둔다.
- 연속 계단 신호와 부호 함수의 푸리에 변환쌍을 익혀둔다.
- 변환쌍표에 제시된 주요 신호들의 푸리에 변환쌍을 익혀둔다.

기본적인 주요 신호들의 푸리에 변환쌍을 알고 있으면, 이를 이용하여 다른 신호의 푸리에 변환을 쉽게 구하거나 주파수 영역 해석에 도움이 되는 정보들을 파악할 수 있는 등 여러모로 편리하다. 따라서 이 절에서는 임펄스를 비롯한 주요 연속 신호에 대해 푸리에 변환쌍을 구해보기로 한다.

이미 앞 절에서 [예제 8-1] ~ [예제 8-4]를 통하여 임펄스 신호, 정현파 신호, 실수 지수 신호 등 몇 가지 주요 신호의 푸리에 변환쌍을 구해보았다. 여기에서는 이 외에 널리 쓰이는 중요한 몇몇 신호들의 푸리에 변환쌍을 구해보기로 한다.

임펄스 신호

임펄스 신호 $\delta(t)$의 푸리에 변환은 [예제 8-1]에서 구한 바 있으며, 변환쌍은 다음과 같다.

$$\delta(t) \quad \Leftrightarrow \quad 1 \tag{8.11}$$

[그림 8-5]는 임펄스 신호와 스펙트럼을 나타낸 것으로, 그림에서 보듯이 임펄스 신호는 모든 주파수에서 크기 1로 일정한 주파수 성분을 가진다. 이에 중첩의 원리를 결합하면 임펄스 응답이 모든 주파수의 입력에 대한 시스템 응답이 됨을 알 수 있다.

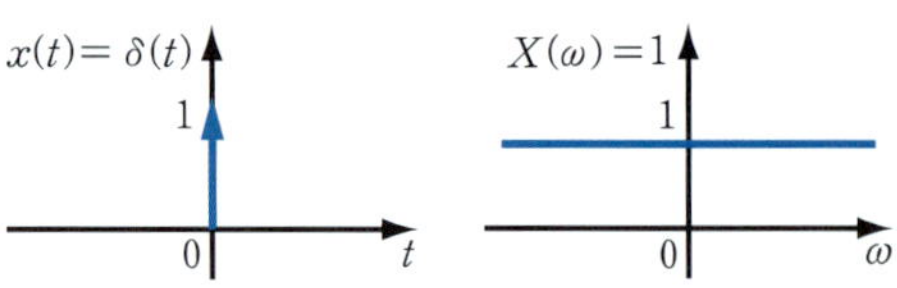

[그림 8-5] 임펄스 신호의 푸리에 변환쌍

상수(DC) 신호

상수(DC) 신호 $x(t)=1$의 푸리에 변환 또한 [예제 8-1]에서 구한 바 있으며, 변환쌍은 다음과 같다.

$$1 \quad \Leftrightarrow \quad 2\pi\delta(\omega) \tag{8.12}$$

[그림 8-6]은 이 변환쌍을 나타낸 것으로, [그림 8-5]의 임펄스 신호의 변환쌍을 시간과 주파수 함수의 역할을 맞바꾸어 나타낸 것과 같음을 볼 수 있다. 이러한 성질을 시간 - 주파수 쌍대성이라고 하는데, 8.3절에서 상세히 살펴볼 것이다.

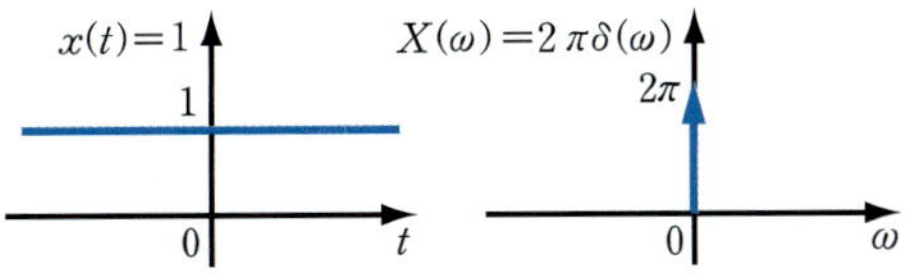

[그림 8-6] 상수(DC) 신호의 푸리에 변환쌍

정현파 신호

[예제 8-2]에서 정현파에 대한 푸리에 변환쌍도 이미 다음과 같이 구한 바 있다.

$$\cos(\omega_0 t) \quad \Leftrightarrow \quad \pi\delta(\omega-\omega_0)+\pi\delta(\omega+\omega_0) \tag{8.13}$$

정현파의 푸리에 변환쌍을 그림으로 나타내면 [그림 8-7]과 같은데, 정현파 신호가 전력 신호라서 스펙트럼이 임펄스로 이루어진 것이 푸리에 급수 표현에 의한 스펙트럼과 다른 점이다.

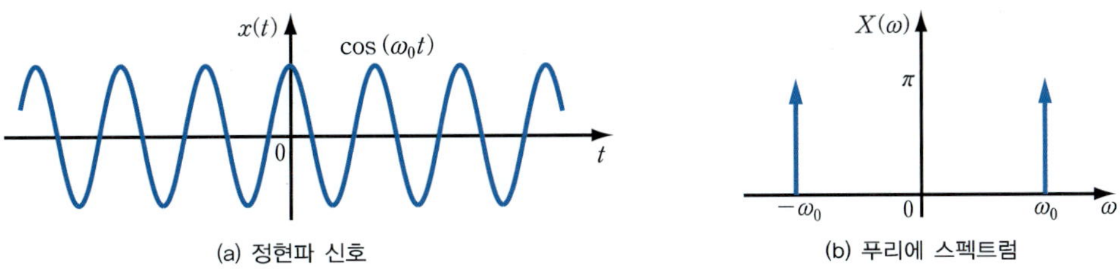

[그림 8-7] 정현파 신호의 푸리에 변환쌍

실수 지수 신호

[예제 8-3]에서 실수 지수 신호 $x(t)=e^{-at}u(t)$의 푸리에 변환쌍을 다음과 같이 구하여 [그림 8-3]을 통해 스펙트럼의 특성을 살펴본 바 있다.

$$e^{-at}u(t) \quad \Leftrightarrow \quad \frac{1}{a+j\omega} \tag{8.14}$$

사각 펄스(구형파) 신호

[그림 8-8(a)]의 사각 펄스 신호를 수식으로 나타내면 다음과 같다.

$$x(t) = \text{rect}\left(\frac{t}{2\tau}\right) = \begin{cases} 1, & |t| < \tau \\ 0, & \text{그 외} \end{cases} \tag{8.15}$$

정의식을 이용하여 푸리에 변환을 구하면 다음과 같다.

$$X(\omega) = \int_{-\tau}^{\tau} e^{-j\omega t} dt = -\frac{1}{j\omega}(e^{-j\omega\tau} - e^{j\omega\tau}) = 2\tau\frac{\sin(\tau\omega)}{\tau\omega} = 2\tau \cdot \text{sinc}\left(\frac{\tau\omega}{\pi}\right) \tag{8.16}$$

따라서 사각 펄스(구형파)의 푸리에 변환쌍은 다음으로 주어진다.

$$\text{rect}\left(\frac{t}{2\tau}\right) \Leftrightarrow 2\tau \cdot \text{sinc}\left(\frac{\tau\omega}{\pi}\right) \tag{8.17}$$

이 변환쌍을 [그림 8-8]에 나타내었다. (c)와 (d)는 (b)의 푸리에 스펙트럼을 진폭 스펙트럼과 위상 스펙트럼으로 분리하여 나타낸 것이다. (b)의 스펙트럼을 보면 DC를 중심으로 한 봉우리에 대부분의 스펙트럼이 몰려있음을 볼 수 있다. 이를 sinc 신호의 **주엽**main lobe이라고 하고 나머지 작은 맥동들을 **부엽**side lobe이라고 한다.

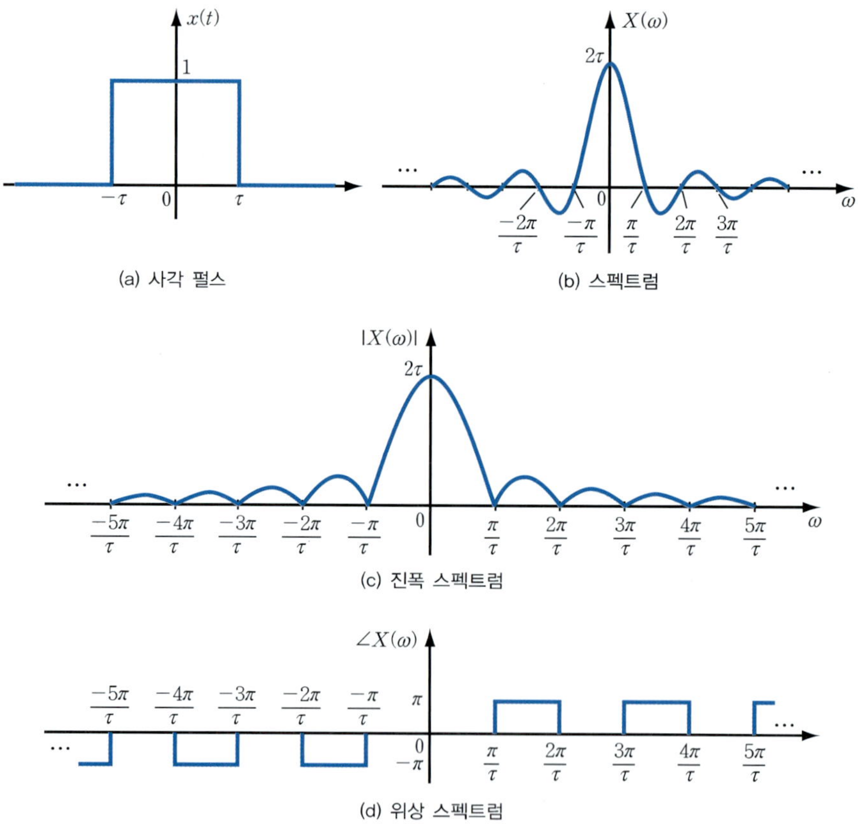

[그림 8-8] 구형파(사각 펄스) 신호의 푸리에 변환쌍과 스펙트럼

부호 함수

부호 함수는 전력 신호이므로 푸리에 변환의 정의식으로는 푸리에 변환을 구할 수 없다. 그런데 [그림 8-9]에 나타낸 것처럼, 부호 함수는 다음과 같이 생각할 수 있다.

$$x(t) = \mathrm{sgn}(t) = \begin{cases} +1, & t > 0 \\ -1, & t < 0 \end{cases} = \lim_{a \to 0} [e^{-at}u(t) - e^{at}u(-t)] \tag{8.18}$$

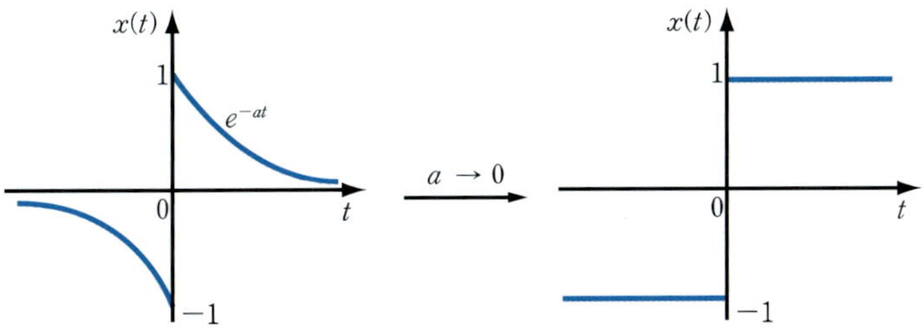

[그림 8-9] 실수 지수 신호의 극한에 의한 부호 함수

따라서 실수 지수 신호의 푸리에 변환쌍 식 (8.14)를 이용하면 부호 함수의 푸리에 변환은 다음과 같이 된다.

$$X(\omega) = \lim_{a \to 0} [\mathscr{F}\{e^{-at}u(t)\} - \mathscr{F}\{e^{at}u(-t)\}] = \lim_{a \to 0} \left[\frac{1}{a + j\omega} - \frac{1}{a - j\omega} \right] = \frac{2}{j\omega} \tag{8.19}$$

즉 부호 함수에 대한 푸리에 변환쌍은 다음과 같다.

$$\mathrm{sgn}(t) \quad \Leftrightarrow \quad \frac{2}{j\omega} \tag{8.20}$$

식 (8.20)에서 특이한 점은 부호 함수가 전력 신호임에도 푸리에 변환에 임펄스가 포함되지 않는다는 것이다. 이는 $t > 0$ 부분의 푸리에 변환에서 생기는 임펄스와 $t < 0$ 부분의 푸리에 변환에서 생기는 임펄스가 서로 상쇄되어 겉으로 드러나지 않기 때문이다.

(단위) 계단 신호

계단 신호 역시 수렴 조건을 만족하지 않는 전력 신호이다. 계단 신호는 상수(DC) 신호와 부호 함수를 이용하여 다음과 같이 표현할 수 있다.

$$u(t) = \frac{1}{2}[1 + \mathrm{sgn}(t)] \tag{8.21}$$

상수 신호의 푸리에 변환쌍 식 (8.12)와 부호 함수의 푸리에 변환쌍 식 (8.20)으로부터 계단 신호의 푸리에 변환은 다음과 같이 된다.

$$X(\omega) = \mathscr{F}\left\{\frac{1}{2}\right\} + \mathscr{F}\left\{\frac{1}{2}\mathrm{sgn}(t)\right\} = \pi\delta(\omega) + \frac{1}{j\omega} \tag{8.22}$$

따라서 계단 신호의 푸리에 변환쌍은 다음으로 주어진다.

$$u(t) \quad \Leftrightarrow \quad \pi\delta(\omega) + \frac{1}{j\omega} \tag{8.23}$$

임펄스 열

임펄스 열의 푸리에 변환쌍은 [예제 8-4]에서 다음과 같이 구한 바 있다.

$$p(t) = \sum_{k=-\infty}^{\infty} \delta(t-kT) \quad \Leftrightarrow \quad P(\omega) = \sum_{k=-\infty}^{\infty} \frac{2\pi}{T}\delta(\omega - k\omega_0) \tag{8.24}$$

지금까지 살펴본 푸리에 변환쌍들로부터 전력 신호의 푸리에 변환은 임펄스를 포함한다는 것을 확인할 수 있을 것이다.

이 절에서 살펴본 신호들을 포함해 널리 사용되는 주요 신호들에 대한 푸리에 변환쌍을 [부록]에 정리해 두었다.

예제 8-5 사각 펄스(구형파) 주기 신호의 푸리에 변환

[그림 8-10]의 사각 펄스(구형파) 주기 신호에 대해 푸리에 변환을 구하라.

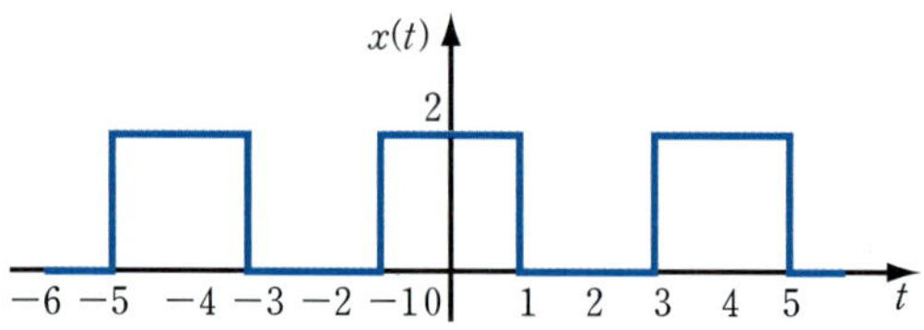

[그림 8-10] 사각 펄스(구형파) 주기 신호

풀이

구형파 주기 신호의 주기는 $T=4$이므로 기본 주파수는 $\omega_0 = \frac{\pi}{2}$이다. 한 주기를 떼어낸 비주기 사각 펄스는 다음과 같이 나타낼 수 있고,

$$x(t) = 2\mathrm{rect}\left(\frac{t}{2}\right) = \begin{cases} 2, & |t| < 1 \\ 0, & \text{그 외} \end{cases}$$

이의 푸리에 변환은 사각 펄스 신호의 푸리에 변환쌍 식 (8.17)에 $\tau=1$을 대입하여 다음과 같이 얻어진다.

$$X(\omega) = 2 \cdot 2\tau \cdot \text{sinc}\left(\frac{\tau\omega}{\pi}\right) = 4\text{sinc}\left(\frac{\omega}{\pi}\right)$$

따라서 구형파 주기 신호의 푸리에 변환은 식 (8.10)에 의해 다음과 같이 된다.

$$X_T(\omega) = \omega_0 \sum_{k=-\infty}^{\infty} X(k\omega_0)\,\delta(\omega - k\omega_0) = 2\pi \sum_{k=-\infty}^{\infty} \text{sinc}\left(\frac{k}{2}\right)\delta\left(\omega - \frac{\pi}{2}k\right)$$

한편 [예제 7-12]에서 구한 푸리에 급수의 계수는 $X_k = \text{sinc}\left(\frac{k}{2}\right)$인데, 이를 $X(\omega)$와 관련하여 나타내면 다음과 같이 식 (8.9)의 관계가 만족함을 볼 수 있다.

$$X_k = \text{sinc}\left(\frac{k}{2}\right) = \frac{1}{4}4\text{sinc}\left(\frac{1}{\pi}\cdot k\frac{\pi}{2}\right) = \frac{1}{T}X(k\omega_0)$$

[그림 8-11]은 푸리에 급수에 의한 스펙트럼 X_k와 푸리에 변환에 의한 스펙트럼 $X_T(\omega)$를 그린 것으로, 두 스펙트럼을 비교해보면 $X_T(\omega)$에서는 선 스펙트럼이 임펄스들로 이루어지며 그 세기가 X_k의 2π배가 됨을 볼 수 있다.

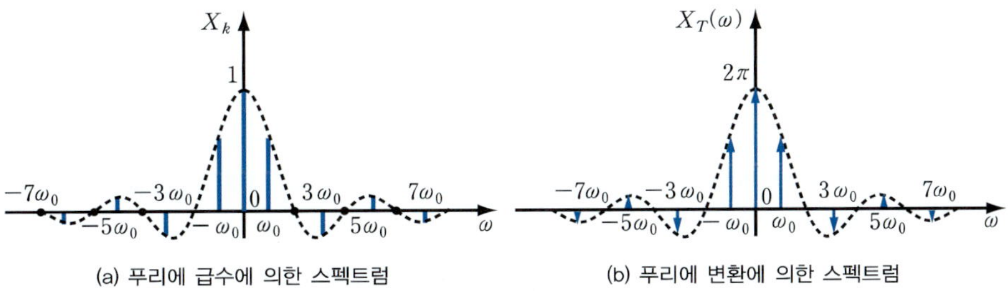

[그림 8-11] [예제 8-5]의 구형파 주기 신호의 스펙트럼

SECTION

8.3 푸리에 변환의 성질

학습포인트

- 시간－주파수 쌍대성의 개념을 이해하고 활용 방법을 익혀둔다.
- 시간 이동 및 주파수 이동 성질을 알아본다.
- 시간 척도조절에 따른 스펙트럼의 변화를 이해한다.
- 시간 미분 성질과 그의 활용에 대해 알아본다.
- 시간 컨벌루션 및 주파수 컨벌루션 성질과 그 중요성을 이해한다.
- 푸리에 변환의 대칭성에 대해 이해한다.
- 변조 성질과 그 활용에 대해 알아본다.
- 파스발 정리와 의미를 이해한다.
- 실제 문제에 대한 푸리에 변환의 성질들의 활용법을 잘 익혀둔다.

푸리에 변환은 신호 및 시스템의 해석에 크게 도움이 되는 유용한 성질들이 많다. 이 같은 성질들을 잘 이용하면 신호의 스펙트럼을 실제로 계산하지 않고 구할 수도 있다. 푸리에 표현은 신호의 속성에 따라 네 가지 종류가 있으나 밑바탕 개념은 모두 같으므로 성질들도 비슷하다. 그리고 라플라스 변환과 z 변환도 푸리에 표현의 연장선상에 위치하므로 이들의 성질들도 마찬가지이다. 이 절에서는 이들 주파수 영역 변환의 성질에 대해 확실히 이해할 수 있도록, 푸리에 변환의 성질들을 꼼꼼하게 살펴보고 활용법을 익혀두기로 한다.

8.3.1 시간－주파수 쌍대성

$$x(t) \Leftrightarrow X(\omega) \quad \rightarrow \quad X(t) \Leftrightarrow 2\pi x(-\omega) \tag{8.25}$$

푸리에 변환과 역변환의 정의를 나타내는 식 (8.3)과 식 (8.4)를 잘 살펴보면, 변환과 역변환 연산의 수식 구조가 매우 비슷하다는 흥미로운 사실을 발견할 수 있다. 단지 역변환 연산에만 상수 2π가 나타나며, 두 연산에 포함된 지수 항이 반대 부호를 갖는다는 사소한 차이만 있을 뿐이다. 수식뿐만 아니라 [그림 8-5]와 [그림 8-6]을 보더라도 임펄스 신호와 상수(DC) 신호의 푸리에 변환쌍이 시간 파형과 스펙트럼을 뒤바꾼 관계임을 알 수 있다. 다시 말해 $x(t)$와 $X(\omega)$가 역할을 맞바꾸어도 둘의 짝은 여전히 변함없다. 이처럼 푸리에 변환과 역변환 사이에 서로 시간 변수와 주파수 변수를 맞바꾸어도 푸리에 변환쌍이 그대로 유지되는 관계를 수학적으로 **쌍대성**duality이라고 한다.

식 (8.25)의 쌍대성은 식 (8.3)과 식 (8.4)에 $\omega \rightarrow t$, $t \rightarrow -\omega$로 바꾸어 대입하면 간단히 증명할 수 있다.

$$X(t) = \int_{-\infty}^{\infty} x(-\omega)e^{-jt(-\omega)}\,d\omega = \int_{-\infty}^{\infty} x(-\omega)e^{j\omega t}\,d\omega \tag{8.26}$$

$$x(-\omega) = \frac{1}{2\pi}\int_{-\infty}^{\infty} X(t)e^{jt(-\omega)}\,dt = \frac{1}{2\pi}\int_{-\infty}^{\infty} X(t)e^{-j\omega t}\,dt \tag{8.27}$$

시간 – 주파수 쌍대성 개념은 푸리에 변환 전반에 통용되는 특성으로서, 푸리에 변환과 관련된 어떠한 결과나 관계에도 $x(t)$와 $X(\omega)$의 역할을 맞바꾸어 얻어지는 쌍대인 결과 또는 관계가 존재하는 것을 보장해준다. 시간 – 주파수 쌍대성을 이용하면 까다로운 계산을 하지 않고도 이미 알고 있는 푸리에 변환쌍으로부터 새로운 변환쌍을 얻을 수도 있고, 신호의 해석이나 처리에서 시간과 주파수의 역할을 바꾸어 접근할 수도 있는 등 여러모로 편리하다. 예를 들어, 사각 펄스의 (푸리에) 스펙트럼이 sinc 함수라는 사실을 알고 있다면 계산할 필요 없이 sinc 함수의 스펙트럼은 사각 펄스가 됨을 끌어낼 수 있다. 그리고 주기 신호의 스펙트럼은 이산 함수이고, 비주기 신호의 스펙트럼은 연속 함수라는 사실로부터 연속 신호의 스펙트럼은 비주기 함수, 이산 신호의 스펙트럼은 주기 함수라는 것도 미루어 알 수 있게 된다. 다음부터 설명되는 푸리에 변환의 성질 중 다수는 서로 쌍대 관계에 있는 것들이다.

예제 8-6 시간 – 주파수 쌍대성을 이용한 sinc 신호의 푸리에 변환

[그림 8-12]의 sinc 신호에 대한 푸리에 변환을 구하라.

풀이

sinc 신호에 대한 푸리에 변환은 복잡하게 계산할 필요 없이 시간 – 주파수 쌍대성을 적용하여, 사각 펄스의 푸리에 변환쌍 식 (8.17)로부터 다음과 같이 간단히 구할 수 있다.

$$X(t) = 2\tau \cdot \text{sinc}\left(\frac{\tau t}{\pi}\right) \Leftrightarrow 2\pi x(-\omega) = 2\pi \cdot \text{rect}\left(-\frac{\omega}{2\tau}\right) = 2\pi \cdot \text{rect}\left(\frac{\omega}{2\tau}\right) \tag{8.28}$$

이 변환쌍 관계가 유효한지 다음과 같이 직접 역변환을 계산하여 확인할 수 있다.

$$X(t) = \frac{1}{2\pi}\int_{-\tau}^{\tau} 2\pi e^{j\omega t}d\omega = \frac{1}{jt}(e^{j\tau t} - e^{-j\tau t}) = \frac{2\tau}{\tau t}\sin(\tau t) = 2\tau \cdot \text{sinc}\left(\frac{\tau t}{\pi}\right)$$

[그림 8-12]는 이 변환쌍을 나타낸 것이다. [그림 8-8]과 비교하면 t와 ω의 역할이 뒤바뀐 것을 확인할 수 있다. 이 경우뿐만 아니라 모든 변환쌍에 대해 시간 – 주파수 쌍대성을 적용하여 새로운 변환쌍을 얻을 수 있다.

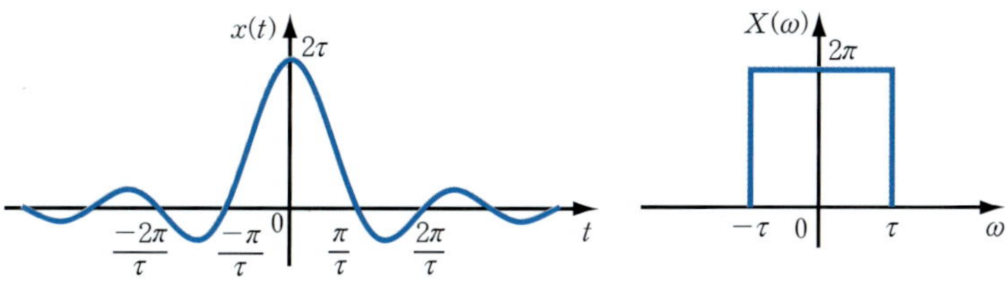

[그림 8-12] sinc 신호와 스펙트럼 : 푸리에 변환의 시간 – 주파수 쌍대성

8.3.2 선형성

$$\alpha x_1(t)+\beta x_2(t) \quad \Leftrightarrow \quad \alpha X_1(\omega)+\beta X_2(\omega) \tag{8.29}$$

선형성은 푸리에 변환의 정의식 식 (8.3)으로부터 바로 얻어진다. 신호 $x_1(t)$와 $x_2(t)$의 푸리에 변환이 각각 $X_1(\omega)$, $X_2(\omega)$일 때, 식 (8.3)을 통하여 다음 관계를 얻을 수 있다.

$$\begin{aligned}\mathcal{F}\{\alpha x_1(t)+\beta x_2(t)\} &= \int_{-\infty}^{\infty}(\alpha x_1(t)+\beta x_2(t))e^{-j\omega t}dt \\ &= \alpha\int_{-\infty}^{\infty}x_1(t)e^{-j\omega t}dt+\beta\int_{-\infty}^{\infty}x_2(t)e^{-j\omega t}dt \\ &= \alpha X_1(\omega)+\beta X_2(\omega)\end{aligned} \tag{8.30}$$

선형성은 간단한 기본 신호들의 선형 결합으로 이루어진 신호의 푸리에 변환을 쉽게 구할 수 있게 해준다. [예제 8-2]의 정현파와 8.2절 계단 신호의 푸리에 변환을 구할 때 이미 선형성을 적용하여 구한 바 있다.

예제 8-7 선형성을 이용한 신호의 푸리에 변환

[그림 8-13]의 신호 $x(t)$의 푸리에 변환을 구하라.

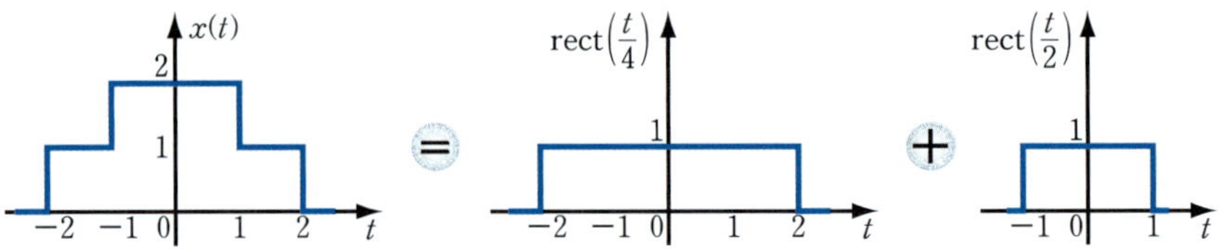

[그림 8-13] [예제 8-7]의 신호

풀이

[그림 8-13]에 나타낸 것처럼 $x(t)$는 2개의 사각 펄스의 합으로 나타낼 수 있다.

$$x(t)=\text{rect}\left(\frac{t}{4}\right)+\text{rect}\left(\frac{t}{2}\right)$$

따라서 사각 펄스의 푸리에 변환쌍과 선형성을 이용하면 $x(t)$의 푸리에 변환을 복잡한 적분 계산을 하지 않고도 간편하게 다음과 같이 구할 수 있다.

$$X(\omega)=4\,\text{sinc}\left(\frac{2\omega}{\pi}\right)+2\,\text{sinc}\left(\frac{\omega}{\pi}\right)$$

이 결과가 맞는지 푸리에 변환의 정의식을 이용하여 직접 계산해서 확인해보기 바란다.

8.3.3 대칭성

$$X(\omega)=X^*(-\omega)\ \&\ X^*(\omega)=X(-\omega),\ x(t)\text{는 실수} \tag{8.31}$$

$$\begin{cases}\mathrm{Re}\{X(\omega)\}=\mathrm{Re}\{X(-\omega)\}, & x(t)\text{는 실수}\\ \mathrm{Im}\{X(\omega)\}=-\mathrm{Im}\{X(-\omega)\}, & x(t)\text{는 실수}\end{cases} \tag{8.32}$$

$$\begin{cases}|X(\omega)|=|X(-\omega)|, & x(t)\text{는 실수}\\ \angle X(\omega)=-\angle X(-\omega), & x(t)\text{는 실수}\end{cases} \tag{8.33}$$

$$\begin{cases}\mathrm{Re}\{X(\omega)\}=\mathrm{Re}\{X(-\omega)\}, & x(t)\text{는 실수 우함수}\\ \mathrm{Im}\{X(\omega)\}=0, & x(t)\text{는 실수 우함수}\end{cases} \tag{8.34}$$

$$\begin{cases}\mathrm{Re}\{X(\omega)\}=0, & x(t)\text{는 실수 기함수}\\ \mathrm{Im}\{X(\omega)\}=-\mathrm{Im}\{X(-\omega)\}, & x(t)\text{는 실수 기함수}\end{cases} \tag{8.35}$$

$x(t)$가 복소함수라면, 공액인 $x^*(t)$의 푸리에 변환은 다음과 같이 된다.

$$\mathcal{F}\{x^*(t)\}=\int_{-\infty}^{\infty}x^*(t)e^{-j\omega t}dt=\left[\int_{-\infty}^{\infty}x(t)e^{j\omega t}dt\right]^*=X^*(-\omega) \tag{8.36}$$

만약 $x(t)$가 실수이면, $x^*(t)=x(t)$이고 $x(t)\Leftrightarrow X(\omega)$이므로 식 (8.31)의 관계가 성립한다. 즉 실수 신호의 푸리에 변환은 ω에 대해 **공액 대칭**conjugate symmetric이다. 이 성질은 실수 주기 신호 $x(t)$에 대한 푸리에 계수가 $X_k=X^*_{-k}$가 되는 것과 같은 특성이다.

$X(\omega)$의 직교좌표 표현 $X(\omega)=\mathrm{Re}\{X(\omega)\}+j\mathrm{Im}\{X(\omega)\}$와 공액 대칭 성질을 결합하면 실수 신호의 푸리에 변환의 실수부는 우대칭, 허수부는 기대칭이라는 식 (8.32)의 결과가 얻어진다. 그리고 극좌표 표현 $X(\omega)=|X(\omega)|e^{j\angle X(\omega)}$와 공액 대칭 성질을 결합하면 실수 신호의 진폭 스펙트럼은 우대칭, 위상 스펙트럼은 기대칭이라는 식 (8.33)의 결과가 얻어진다.

식 (8.32)와 식 (8.33)의 대칭성에 실수 신호 $x(t)$의 대칭성까지 결합하면 더욱 흥미로운 결과들을 얻을 수 있다. 만일 신호 $x(t)$가 우함수이면, 즉 $x(t)=x(-t)$라면, 푸리에 변환은 다음과 같이 된다.

$$X(\omega)=\int_{-\infty}^{\infty}x(t)e^{-j\omega t}dt=\int_{-\infty}^{\infty}x(-t)e^{-j\omega t}dt=\int_{-\infty}^{\infty}x(\tau)e^{j\omega\tau}d\tau=X(-\omega) \tag{8.37}$$

즉 $x(t)$가 우대칭이면, $X(\omega)$도 우대칭이다. 그러려면 식 (8.34)와 같이 식 (8.32)의 기대칭인 허수 성분이 없어야 하므로, 결국 $x(t)$가 실수 우함수이면, $X(\omega)$는 실수 우함수이다.

만약 신호 $x(t)$가 기함수이면, 즉 $x(t)=-x(-t)$라면 푸리에 변환은 다음과 같이 된다.

$$X(\omega)=\int_{-\infty}^{\infty}x(t)e^{-j\omega t}dt=\int_{-\infty}^{\infty}-x(-t)e^{-j\omega t}dt=-X(-\omega) \tag{8.38}$$

즉 $x(t)$가 기대칭이면, $X(\omega)$도 기대칭이다. 그러려면 식 (8.35)와 같이 식 (8.32)의 우대칭인 실수 성분이 없어야 하므로, 결국 $x(t)$가 실수 기함수이면, $X(\omega)$는 허수 기함수이다.

이상의 논의로부터 흥미로운 결과를 얻을 수 있다. 임의의 신호는 항상 우대칭 성분과 기대칭 성분의 합 $x(t)=x_e(t)+x_o(t)$으로 나타낼 수 있으므로 $X(\omega)=X_e(\omega)+X_o(\omega)$가 되는데, 이와 식 (8.34)와 식 (8.35)로부터 다음의 관계를 얻는다.

$$\begin{cases} X_e(\omega)=\mathrm{Re}\{X(\omega)\} \\ X_o(\omega)=-j\,\mathrm{Im}\{X(\omega)\} \end{cases} \tag{8.39}$$

다시 말해 신호의 우대칭 성분은 푸리에 변환의 실수부, 기대칭 성분은 허수부에 상응한다. 푸리에 변환의 대칭성은 신호의 해석과 처리에 매우 유용하게 사용되므로 잘 알아두어야 한다.

예제 8-8 기대칭 신호의 푸리에 변환의 대칭성

[그림 8-14]의 신호의 푸리에 변환을 구하여 대칭성을 확인하라.

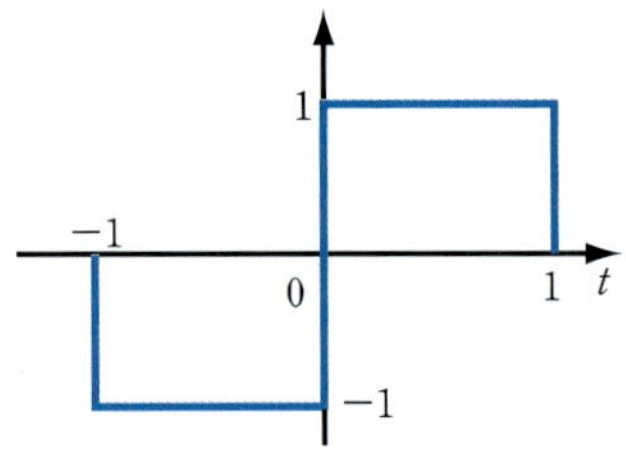

[그림 8-14] 기대칭 실수 신호

풀이

푸리에 변환의 정의식을 이용하여 주어진 신호에 대한 푸리에 변환을 구하면 다음과 같다.

$$X(\omega)=\int_{-\infty}^{\infty}x(t)e^{-j\omega t}dt=\int_{-1}^{0}(-1)e^{-j\omega t}dt+\int_{0}^{1}1\,e^{-j\omega t}dt$$

$$=\frac{1}{j\omega}e^{-j\omega t}\Big|_{-1}^{0}+\frac{1}{-j\omega}e^{-j\omega t}\Big|_{0}^{1}=\frac{1}{j\omega}(2-e^{j\omega}-e^{-j\omega})=j\frac{2}{\omega}(\cos(\omega)-1)$$

따라서 $X(\omega)$는 순허수 함수이다. $X(-\omega)$를 계산해보면, 기대칭을 만족함을 알 수 있다.

$$X(-\omega)=j\frac{2}{-\omega}(\cos(-\omega)-1)=-j\frac{2}{\omega}(\cos(\omega)-1)=-X(\omega)$$

8.3.4 시간 반전

$$x(-t)\ \Leftrightarrow\ X(-\omega) \tag{8.40}$$

시간축을 뒤집으면 주파수축을 뒤집는 효과로 나타난다는 시간 반전 성질도 푸리에 변환의 정의식으로부터 쉽게 얻을 수 있다.

$$\mathcal{F}\{x(-t)\} = \int_{-\infty}^{\infty} x(-t)e^{-j\omega t}dt = -\int_{\infty}^{-\infty} x(t')e^{j\omega t'}dt' \qquad (8.41)$$
$$= \int_{-\infty}^{\infty} x(t)e^{-j(-\omega)t}dt = X(-\omega)$$

예제 8-9 시간 반전 성질을 이용한 부호 함수의 푸리에 변환

계단 신호의 푸리에 변환쌍을 이용하여 부호 함수의 푸리에 변환을 구하라.

풀이

부호 함수를 계단 신호로 나타내면 $\text{sgn}(t) = u(t) - u(-t)$이므로, 계단 신호의 푸리에 변환쌍과 시간 반전 성질을 이용하면 부호 함수의 푸리에 변환은 다음과 같이 구해진다.

$$\mathcal{F}\{\text{sgn}(t)\} = \mathcal{F}\{u(t)\} - \mathcal{F}\{u(-t)\} = \left[\frac{1}{j\omega} + \pi\delta(\omega)\right] - \left[\frac{1}{j(-\omega)} + \pi\delta(-\omega)\right]$$
$$= \left[\frac{1}{j\omega} + \pi\delta(\omega)\right] - \left[-\frac{1}{j(\omega)} + \pi\delta(\omega)\right] = \frac{2}{j\omega}$$

이 결과는 식 (8.20)의 변환쌍과 일치한다. 앞 식에서 스펙트럼의 임펄스 성분이 서로 상쇄되어 부호 함수의 푸리에 변환에는 나타나지 않는다는 것을 확인할 수 있다.

8.3.5 시간 척도조절

$$x(at) \quad \Leftrightarrow \quad \frac{1}{|a|}X\left(\frac{\omega}{a}\right) \qquad (8.42)$$

신호의 시간 척도를 바꾸면 스펙트럼에 정반대의 효과가 나타난다. 다시 말해, 시간 영역에서 신호를 압축하면 스펙트럼은 늘어나고, 반대로 시간 영역에서 신호를 당겨 늘이면 스펙트럼이 압축된다.

식 (8.42)에서 $|a| > 1$이면 줄이기(압축), $|a| < 1$이면 늘이기(신장)에 해당하며, 푸리에 변환의 정의식에 $at = \tau$로 변수 치환하면 식 (8.42)를 쉽게 얻을 수 있다.

$$\int_{-\infty}^{\infty} x(at)e^{-j\omega t}dt = \begin{cases} \dfrac{1}{a}\displaystyle\int_{-\infty}^{\infty} x(\tau)e^{-j\frac{\omega}{a}\tau}d\tau, & a > 0 \\ -\dfrac{1}{a}\displaystyle\int_{-\infty}^{\infty} x(\tau)e^{-j\frac{\omega}{a}\tau}d\tau, & a < 0 \end{cases} = \frac{1}{|a|}X\left(\frac{\omega}{a}\right) \qquad (8.43)$$

이 결과는 쉽게 개념적으로 이해할 수 있다. 시간축을 따라 신호 폭을 좁히면 신호의 변화가 빨라진다. 따라서 이런 신호를 합성하려면 더 높은 주파수 성분이 필요하므로 스펙트럼의 폭이 넓어지게 되는 것이다. 마찬가지로 시간축을 따라 늘인 신호는 더욱 느리게 변화하므로 신호 성분들의 주파수는 낮아질 것이고, 이에 따라 스펙트럼의 폭은 줄어들게 된다. [그림 8-15]는 이런 결과를 잘 보여주고 있다.

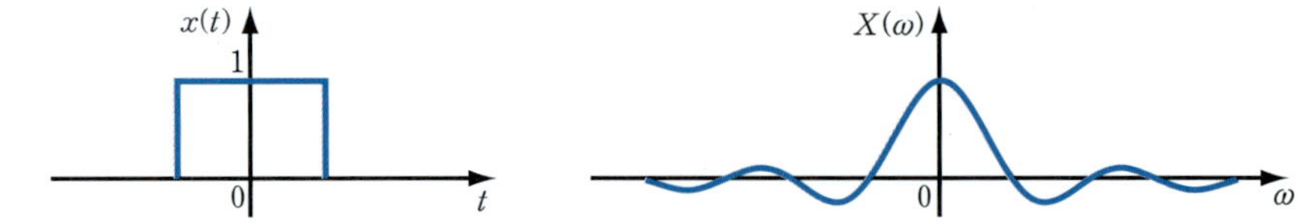

(a) 원래 신호와 스펙트럼

(b) 시간 압축 신호와 스펙트럼($a>1$)

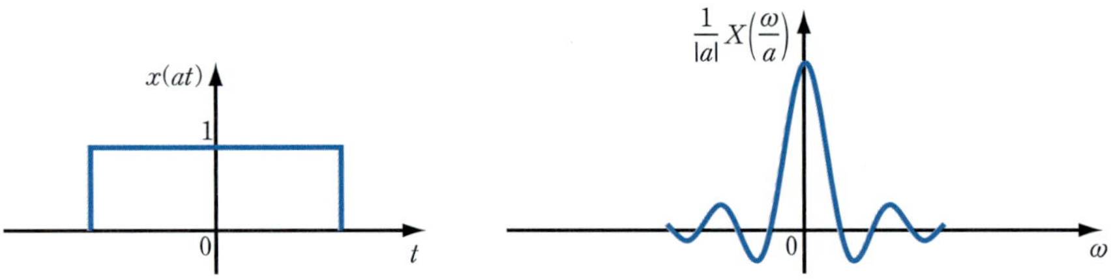

(c) 시간 신장 신호와 스펙트럼($a<1$)

[그림 8-15] 푸리에 변환의 시간 척도조절 성질

시간 척도조절 효과의 예로 오디오 테이프에 목소리를 녹음해 재생하는 경우를 생각해볼 수 있다. 재생 속도가 녹음 속도보다 빠르면(시간 압축) 스펙트럼이 확장되어 목소리의 옥타브가 높아진다. 반대로 재생 속도가 더 느리면(시간 신장) 주파수 대역이 낮아져서 저음의 굵은 남자 음성처럼 들리게 된다.

예제 8-10 시간 척도조절 성질을 이용한 푸리에 변환

사각 펄스의 푸리에 변환쌍 $\text{rect}\left(\frac{t}{4}\right) \Leftrightarrow 4\text{sinc}\left(\frac{2\omega}{\pi}\right)$이 주어질 때, 사각 펄스 $\text{rect}\left(\frac{t}{2}\right)$의 푸리에 변환쌍을 구하라.

풀이

[예제 8-7]의 [그림 8-13]에서 보듯이 $\text{rect}\left(\frac{t}{2}\right)$는 $\text{rect}\left(\frac{t}{4}\right)$를 시간적으로 2배 압축한 것이다. 따라서 이의 푸리에 변환쌍은 시간 척도조절 성질에 의해 다음과 같이 구해진다.

$$\text{rect}\left(\frac{t}{2}\right)=\text{rect}\left(2\frac{t}{4}\right) \quad \Leftrightarrow \quad \frac{4}{2}\text{sinc}\left(\frac{2}{\pi}\frac{\omega}{2}\right)=2\text{sinc}\left(\frac{\omega}{\pi}\right)$$

거꾸로 변환쌍 $\text{rect}\left(\frac{t}{2}\right) \Leftrightarrow 2\text{sinc}\left(\frac{\omega}{\pi}\right)$가 주어지면, $\text{rect}\left(\frac{t}{4}\right)$의 푸리에 변환쌍은 다음과 같이 구할 수 있다.

$$\text{rect}\left(\frac{t}{4}\right)=\text{rect}\left(\frac{1}{2}\frac{t}{2}\right) \quad \Leftrightarrow \quad \frac{2}{1/2}\text{sinc}\left(\frac{1}{1/2}\frac{\omega}{\pi}\right)=4\text{sinc}\left(\frac{2\omega}{\pi}\right)$$

8.3.6 시간 이동

$$x(t-t_0) \Leftrightarrow e^{-jt_0\omega}X(\omega) \tag{8.44}$$

이미 7.4절에서 푸리에 급수의 경우에 대해 살펴보았듯이, 시간 이동에 대해 진폭 스펙트럼은 바뀌지 않고 위상 스펙트럼만 선형적으로 바뀐다. 이 성질은 시간축 위에서 파형의 위치를 표시한 게 위상이라는 정의에 들어맞는 결과이다.

식 (8.44)도 푸리에 변환의 정의식으로부터 간단히 얻을 수 있다.

$$\begin{aligned}\mathcal{F}\{x(t-t_0)\} &= \int_{-\infty}^{\infty} x(t-t_0)e^{-j\omega t}\,dt = \int_{-\infty}^{\infty} x(\tau)e^{-j\omega(\tau+t_0)}\,d\tau \\ &= e^{-j\omega t_0}\int_{-\infty}^{\infty} x(\tau)e^{-j\omega\tau}\,d\tau = e^{-jt_0\omega}X(\omega)\end{aligned} \tag{8.45}$$

예제 8-11 시간 이동 성질을 이용한 푸리에 변환

시간 이동 성질을 이용하여 [예제 8-8]의 [그림 8-14] 신호의 푸리에 변환을 구하라.

풀이

[그림 8-14]의 신호를 사각 펄스를 이용하여 나타내면 다음과 같다.

$$x(t) = -\mathrm{rect}\left(t+\frac{1}{2}\right) + \mathrm{rect}\left(t-\frac{1}{2}\right)$$

사각 펄스의 푸리에 변환쌍과 시간 이동 성질을 이용하면 $x(t)$의 푸리에 변환은 다음과 같이 구해진다.

$$\begin{aligned}\mathcal{F}\{x(t)\} &= -\mathcal{F}\left\{\mathrm{rect}\left(t+\frac{1}{2}\right)\right\} + \mathcal{F}\left\{\mathrm{rect}\left(t-\frac{1}{2}\right)\right\} \\ &= -e^{j\frac{1}{2}\omega}\mathrm{sinc}\left(\frac{\omega}{2\pi}\right) + e^{-j\frac{1}{2}\omega}\mathrm{sinc}\left(\frac{\omega}{2\pi}\right) = -\left(e^{j\frac{1}{2}\omega} - e^{-j\frac{1}{2}\omega}\right)\frac{\sin\left(\frac{\omega}{2}\right)}{\frac{\omega}{2}} \\ &= -\frac{2}{\omega}(j2)\sin^2\left(\frac{\omega}{2}\right) = -j\frac{4}{\omega}\frac{1-\cos(\omega)}{2} \\ &= j\frac{2}{\omega}(\cos(\omega)-1)\end{aligned}$$

이 결과는 [예제 8-8]에서 구한 것과 일치한다.

8.3.7 주파수 이동과 변조

• **주파수 이동** : $x(t)e^{j\omega_0 t} \Leftrightarrow X(\omega-\omega_0)$ (8.46)

• **변조** : $x(t)\cos(\omega_0 t) \Leftrightarrow \frac{1}{2}[X(\omega+\omega_0)+X(\omega-\omega_0)]$ (8.47)

주파수 이동 성질은 시간 이동 성질과 쌍대 관계로서, 푸리에 역변환의 정의식에 변수 치환을 적용하면 식 (8.46)을 쉽게 얻을 수 있다.

$$\frac{1}{2\pi}\int_{-\infty}^{\infty} X(\omega-\omega_0)e^{j\omega t}d\omega = \frac{1}{2\pi}\int_{-\infty}^{\infty} X(\omega')e^{j(\omega'+\omega_0)t}d\omega' \tag{8.48}$$

$$= e^{j\omega_0 t}\left(\frac{1}{2\pi}\int_{-\infty}^{\infty} X(\omega')e^{j\omega' t}d\omega'\right) = e^{j\omega_0 t}x(t)$$

시간 영역에서 실수 신호에 복소 신호를 곱하는 것이 물리적으로 무의미해 보이지만 지금부터 살펴볼 변조 성질에서 유용성을 확인할 수 있다.

변조

• **변조**modulation는 어떤 신호에 다른 신호를 곱하여 새로운 신호를 만들어 내는 동작이다.
• **진폭 변조(AM)**amplitude modulation는 신호 $x(t)$에 정현파 $\cos(\omega_0 t)$를 곱하여 정현파의 진폭을 변조시킨다.
• 정현파 $\cos(\omega_0 t)$는 신호 $x(t)$를 담아 나르는 역할을 하는 까닭에 **반송파**carrier라고 하고, 주파수 ω_0는 **반송 주파수**carrier frequency라고 한다.
• 진폭 변조에 의해 반송파의 주파수로 스펙트럼의 대역 이동이 일어난다.

신호 $x(t)$에 정현파 $\cos(\omega_0 t)$를 곱하는 것은 오일러 공식에 의해 다음과 같이 복소 정현파를 곱하는 것과 같다.

$$x(t)\cos(\omega_0 t) = \frac{1}{2}[x(t)e^{j\omega_0 t} + x(t)e^{-j\omega_0 t}] \tag{8.49}$$

식 (8.49)에 식 (8.46)의 주파수 이동 성질을 적용하면 식 (8.47)의 변조 성질이 나온다. 이는 신호 $x(t)$에 주파수 ω_0인 정현파를 곱하면 스펙트럼 $X(\omega)$가 $\pm\omega_0$만큼 대역 이동됨을 보여준다. 즉 물리적으로 발생시킬 수 없는 복소 정현파 $e^{j\omega_0 t}$ 대신 정현파 $\cos(\omega_0 t)$를 이용해 [그림 8-16]에 나타낸 것처럼 진폭을 변조시킴으로써 주파수 영역에서 대역 이동된 스펙트럼을 얻은 것이다.

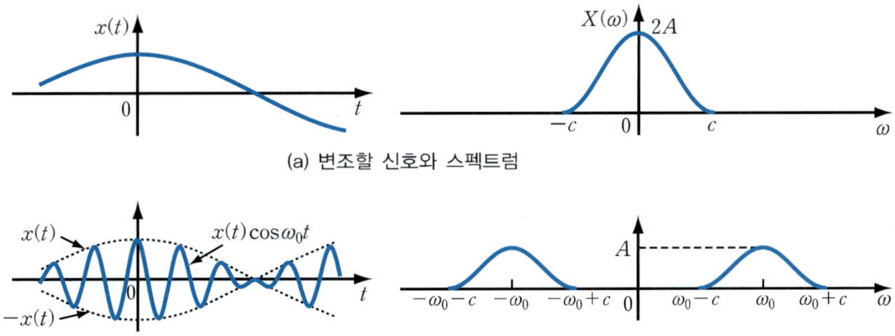

[그림 8-16] 신호의 진폭 변조와 스펙트럼의 대역 이동

이처럼 진폭 변조는 신호의 주파수 대역 이동에 이용된다. 예를 들어, 모든 라디오 방송국이 동시에 음성신호를 방송하면 신호 상호 간에 간섭으로 인해 수신기는 그 방송들을 분리할 수 없을 것이다. 그러나 각 라디오 방송국이 서로 다른 반송 주파수를 배정받아 고유의 주파수 영역으로 주파수를 이동한(변조된) 신호를 전송하면, 라디오 수신기는 원하는 방송의 주파수 대역에 동조하여 방송을 수신할 수 있게 된다. 변조가 필요한 또 다른 경우는 원래의 **기저 대역**baseband 신호가 전송 채널(안테나, 동축 케이블, 광섬유 등)에 전송하기에 적합하지 않을 때이다. 예를 들어, 음성신호는 주파수대가 너무 낮아서, 즉 파장이 너무 길어서 이를 전파하려면 큰 안테나가 필요하다. 그렇지만 변조를 통해 (파장이 짧은) 높은 주파수 영역으로 스펙트럼을 이동시키면 안테나가 작아도 문제없다.

예제 8-12 변조 성질을 이용한 푸리에 변환

실수 지수 신호의 푸리에 변환쌍 $e^{-at}u(t) \Leftrightarrow \dfrac{1}{a+j\omega}$과 푸리에 변환의 변조 성질을 이용하여 $x(t)=e^{-at}\cos(\omega_0 t)u(t)$의 푸리에 변환을 구하라.

풀이

$x(t)$는 실수 지수 신호 $e^{-at}u(t)$에 $\cos(\omega_0 t)$를 곱한 것이다. 따라서 식 (8.47)에 의해 다음과 같이 $x(t)$의 푸리에 변환을 구할 수 있다.

$$X(\omega)=\frac{1}{2}\left(\frac{1}{a+j(\omega+\omega_0)}+\frac{1}{a+j(\omega-\omega_0)}\right)=\frac{1}{2}\,\frac{a+j(\omega-\omega_0)+a+j(\omega+\omega_0)}{[a+j(\omega+\omega_0)]\,[(a+j(\omega-\omega_0)]}$$

$$=\frac{a+j\omega}{(a+j\omega)^2+\omega_0^2}$$

8.3.8 시간 미분

$$\frac{dx(t)}{dt} \Leftrightarrow (j\omega)X(\omega) \tag{8.50}$$

$$\frac{d^m x(t)}{dt^m} \Leftrightarrow (j\omega)^m X(\omega) \tag{8.51}$$

시간에 대해 한 번 미분할 때마다 $X(\omega)$에 $j\omega$가 한 번 곱해진다. 연속 LTI 시스템에 대한 수학적 표현이 미분 방정식이라는 점에서 이 성질은 매우 유용하게 사용된다. 식 (8.50)은 푸리에 역변환 정의식의 양변을 시간에 대해 미분함으로써 쉽게 구해진다.

$$\frac{dx(t)}{dt} = \frac{1}{2\pi}\int_{-\infty}^{\infty} X(\omega)\frac{de^{j\omega t}}{dt}d\omega = \frac{1}{2\pi}\int_{-\infty}^{\infty} j\omega X(\omega)e^{j\omega t}d\omega \tag{8.52}$$

시간 미분 성질에 의하면, 시간 미분은 주파수 영역에서 고주파, 즉 큰 ω를 갖는 신호의 크기를 주파수에 비례해서 키우는 동작을 하게 된다. 그런데 일반적으로 시스템 동작 환경에서 발생하는 잡음이 고주파이므로 미분기는 문제를 일으킬 수 있다. 특히 피드백 루프를 갖는 시스템은 이로 말미암아 불안정해질 수도 있으므로 주의해야 한다.

예제 8-13 시간 미분과 임펄스의 푸리에 변환쌍을 이용한 푸리에 변환

[그림 8-17]의 삼각 펄스 신호에 대한 푸리에 변환을 직접 계산하지 말고 푸리에 변환의 성질을 사용하여 구하라.

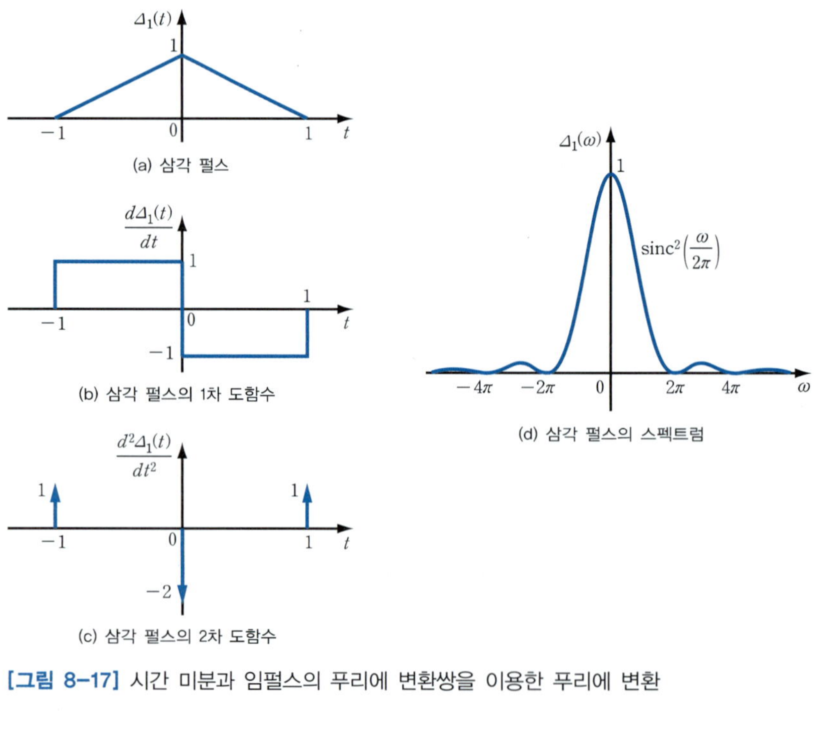

[그림 8-17] 시간 미분과 임펄스의 푸리에 변환쌍을 이용한 푸리에 변환

풀이

[그림 8-17(a)]에 나타낸 삼각 펄스 신호의 수식 표현은 다음과 같다.

$$\Delta_1(t)=\begin{cases}1-|t|, & |t|\le 1\\ 0, & \text{그 외}\end{cases}$$

이를 다음과 같이 한 번 미분하면, [그림 8-17(b)]와 같이 된다.

$$\frac{d\Delta_1(t)}{dt}=\text{rect}\left(t+\frac{1}{2}\right)-\text{rect}\left(t-\frac{1}{2}\right)$$

[예제 8-8]의 푸리에 변환 결과와 시간 미분 성질을 이용하면, 삼각 펄스의 푸리에 변환은 다음과 같이 구해진다.

$$\Delta_1(\omega)=\frac{1}{j\omega}\mathcal{F}\left\{\frac{d\Delta_1(t)}{dt}\right\}=\frac{1}{j\omega}\frac{j2}{\omega}(1-\cos(\omega))=\left(\frac{2}{\omega}\right)^2\sin^2\left(\frac{\omega}{2}\right)=\text{sinc}^2\left(\frac{\omega}{2\pi}\right)$$

한편, [그림 8-17(b)]를 다음과 같이 한 번 더 미분하면 [그림 8-17(c)]처럼 임펄스 열만 남는다.

$$\frac{d^2\Delta_1(t)}{dt^2}=[\delta(t+1)-2\delta(t)+\delta(t-1)]$$

앞 식을 푸리에 변환하면 다음과 같다.

$$\mathcal{F}\left\{\frac{d^2\Delta_1(t)}{dt^2}\right\}=\left(e^{j\omega}-2+e^{-j\omega}\right)=2(\cos(\omega)-1)=-4\sin^2\left(\frac{\omega}{2}\right) \tag{8.53}$$

따라서 이 결과와 시간 미분 성질을 결합하여 삼각 펄스의 푸리에 변환을 다음과 같이 얻을 수 있다. [그림 8-17(d)]는 이 스펙트럼을 그린 것이다.

$$\Delta_1(\omega)=\frac{1}{(j\omega)^2}\mathcal{F}\left\{\frac{d^2\Delta_1(t)}{dt^2}\right\}=\frac{4}{\omega^2}\sin^2\left(\frac{\omega}{2}\right)=\text{sinc}^2\left(\frac{\omega}{2\pi}\right)$$

이렇게 구하는 것이 앞에서처럼 사각 펄스의 푸리에 변환에 시간 미분 성질을 적용해 구하는 것보다 더 간편하다.

일반적으로 직선 성분들로 구성되는 신호들의 경우 계속 미분을 수행하면 임펄스 열들만 남게 된다. 임펄스 함수의 푸리에 변환은 1이므로 이에 시간 이동과 시간 미분 성질을 적용하면 매우 쉽게 푸리에 변환을 구할 수 있다.

8.3.9 주파수 미분

$$(-jt)x(t) \quad \Leftrightarrow \quad \frac{dX(\omega)}{d\omega} \qquad (8.54)$$

주파수 미분 성질은 시간 미분 성질과 쌍대 관계로서, 식 (8.52)와 같은 방법으로 푸리에 변환의 정의식의 양변을 주파수에 대해 미분하여 쉽게 얻을 수 있다.

$$\frac{dX(\omega)}{d\omega} = \int_{-\infty}^{\infty} x(t)\frac{de^{-j\omega t}}{d\omega}dt = \int_{-\infty}^{\infty}(-jt)x(t)e^{-j\omega t}dt \qquad (8.55)$$

예제 8-14 주파수 미분 성질을 이용한 푸리에 변환

실수 지수 신호의 푸리에 변환쌍 $e^{-at}u(t) \Leftrightarrow \frac{1}{a+j\omega}$과 푸리에 변환의 주파수 미분 성질을 이용하여 $x(t)=te^{-at}u(t)$의 푸리에 변환을 구하라.

풀이

$x'(t)=e^{-at}u(t)$라 두면, 주파수 미분 성질에 의해 다음의 관계가 성립한다.

$$x(t)=tx'(t) \quad \Leftrightarrow \quad j\frac{dX'(\omega)}{d\omega}$$

따라서 $x(t)$의 푸리에 변환은 다음과 같이 구해진다.

$$X(\omega)=j\frac{d}{d\omega}\left(\frac{1}{a+j\omega}\right)=\frac{1}{(a+j\omega)^2}$$

8.3.10 시간 컨벌루션

$$x_1(t)*x_2(t) \quad \Leftrightarrow \quad X_1(\omega)X_2(\omega) \qquad (8.56)$$

시간 영역에서 두 신호의 컨벌루션은 주파수 영역에서 각 신호의 푸리에 변환(스펙트럼)의 곱하기가 된다. LTI 시스템의 출력이 입력과 임펄스 응답의 컨벌루션으로 주어진다는 점에서, 컨벌루션 계산을 간편하게 해주는 이 성질은 매우 유용하다. 다른 여러 가지 장점도 있지만 바로 이 점 때문에 우리는 많은 경우 주파수 영역에서 시스템을 다루게 된다. 시간 컨벌루션 성질은 컨벌루션과 푸리에 변환의 정의식을 이용하여 다음과 같이 증명할 수 있다.

$$\mathcal{F}\{x_1(t) * x_2(t)\} = \int_{-\infty}^{\infty}\left[\int_{-\infty}^{\infty} x_1(\tau)x_2(t-\tau)\,d\tau\right]e^{-j\omega t}\,dt \tag{8.57}$$

$$= \int_{-\infty}^{\infty} x_1(\tau)\left[\int_{-\infty}^{\infty} x_2(t-\tau)e^{-j\omega t}\,dt\right]d\tau$$

$$= \int_{-\infty}^{\infty} x_1(\tau)\left[\int_{-\infty}^{\infty} x_2(t')e^{-j\omega t'}\,dt'\right]e^{-j\omega\tau}\,d\tau$$

$$= \left(\int_{-\infty}^{\infty} x_1(\tau)e^{-j\omega\tau}\,d\tau\right)\left(\int_{-\infty}^{\infty} x_2(t')e^{-j\omega t'}\,dt'\right)$$

$$= X_1(\omega)X_2(\omega)$$

예제 8-15 시간 컨벌루션 성질을 이용한 삼각 펄스의 푸리에 변환

[그림 8-18]의 삼각 펄스 신호의 푸리에 변환을 구하라.

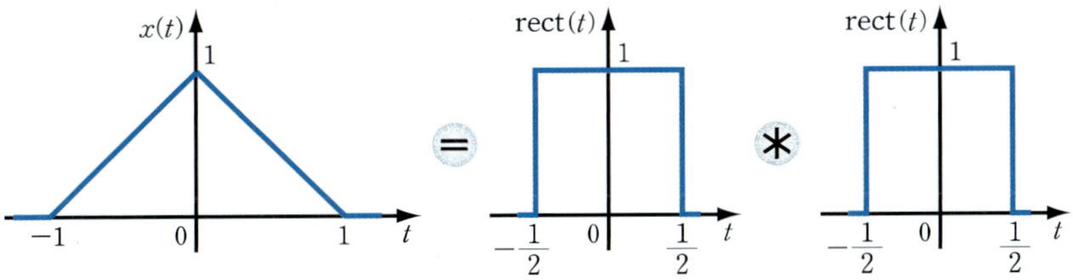

[그림 8-18] 삼각 펄스 신호

풀이

[그림 8-18]에 나타낸 것처럼 삼각 펄스 $x(t)$는 폭이 절반인 두 사각 펄스의 컨벌루션으로 나타낼 수 있다. 즉 $x(t) = \text{tri}(t) = \text{rect}(t) * \text{rect}(t)$이므로 사각 펄스의 푸리에 변환쌍과 시간 컨벌루션 성질을 이용하면 다음과 같이 간단히 푸리에 변환이 구해진다.

$$X(\omega) = \mathcal{F}\{\text{rect}(t) * \text{rect}(t)\} = \text{sinc}^2\left(\frac{\omega}{2\pi}\right)$$

이 결과는 [예제 8-13]에서 구한 결과와 일치한다. 푸리에 변환의 정의식을 이용하여 이 결과가 맞는지도 확인해보기 바란다.

8.3.11 주파수 컨벌루션(시간 곱)

$$x_1(t)x_2(t) \quad \Leftrightarrow \quad \frac{1}{2\pi}X_1(\omega) * X_2(\omega) \tag{8.58}$$

시간 컨벌루션 성질의 쌍대 관계로 주파수 영역 컨벌루션 성질도 성립한다. 즉 시간 영역에서 두 신호를 곱하는 동작은 주파수 영역에서 스펙트럼의 컨벌루션으로 나타난다. 이 성질도 컨벌루션과 푸리에 역변환의 정의식을 이용하면 어렵지 않게 증명할 수 있다.

$$\begin{aligned} \mathcal{F}^{-1}\{X_1(\omega) * X_2(\omega)\} &= \frac{1}{2\pi}\int_{-\infty}^{\infty}\left(\int_{-\infty}^{\infty} X_1(\phi)X_2(\omega-\phi)d\phi\right)e^{j\omega t}d\omega \\ &= \frac{1}{2\pi}\int_{-\infty}^{\infty} X_1(\phi)\left(\int_{-\infty}^{\infty} X_2(\omega-\phi)e^{j\omega t}d\omega\right)d\phi \\ &= \frac{1}{2\pi}\int_{-\infty}^{\infty} X_1(\phi)\left(\int_{-\infty}^{\infty} X_2(\omega')e^{j\omega' t}d\omega'\right)e^{j\phi t}d\phi \\ &= 2\pi\left(\frac{1}{2\pi}\int_{-\infty}^{\infty} X_1(\phi)e^{j\phi t}d\phi\right)\left(\frac{1}{2\pi}\int_{-\infty}^{\infty} X_2(\omega')e^{j\omega' t}d\omega'\right) \\ &= 2\pi x_1(t)x_2(t) \end{aligned} \tag{8.59}$$

예제 8-16 주파수 컨벌루션 성질을 이용한 변조의 푸리에 변환

식 (8.47)의 변조의 푸리에 변환쌍을 주파수 컨벌루션 성질을 이용하여 구하라.

풀이

주파수 컨벌루션 성질을 이용하여 $x(t)\cos(\omega_0 t)$를 푸리에 변환하면 다음과 같다.

$$\mathcal{F}\{x(t)\cos(\omega_0 t)\} = \frac{1}{2\pi}X(\omega) * \pi[\delta(\omega+\omega_0)+\delta(\omega-\omega_0)]$$

그런데 앞 식 우변의 임펄스와의 컨벌루션은 4.4.2절의 컨벌루션 연산의 성질 중에서 식 (4.26) $x(t) * \delta(t-t_0) = x(t-t_0)$에 의해 $X(\omega) * \delta(\omega \pm \omega_0) = X(\omega \pm \omega_0)$이 되므로 다음의 푸리에 변환쌍을 얻는다.

$$x(t)\cos(\omega_0 t) \quad \Leftrightarrow \quad \frac{1}{2}[X(\omega+\omega_0)+X(\omega-\omega_0)]$$

Tip & Note 주파수 컨벌루션(시간 곱) 활용 : 레이더 RF 펄스

4.4.1절에서 소개했던 레이더의 RF 펄스 신호 $x(t)$는 [그림 8-19]와 같이 정현파 신호 $s(t) = \sin(\omega_c t)$에 주기 T인 폭 2τ의 사각 펄스 주기 신호 $p(t)$를 곱하여 얻을 수 있다.

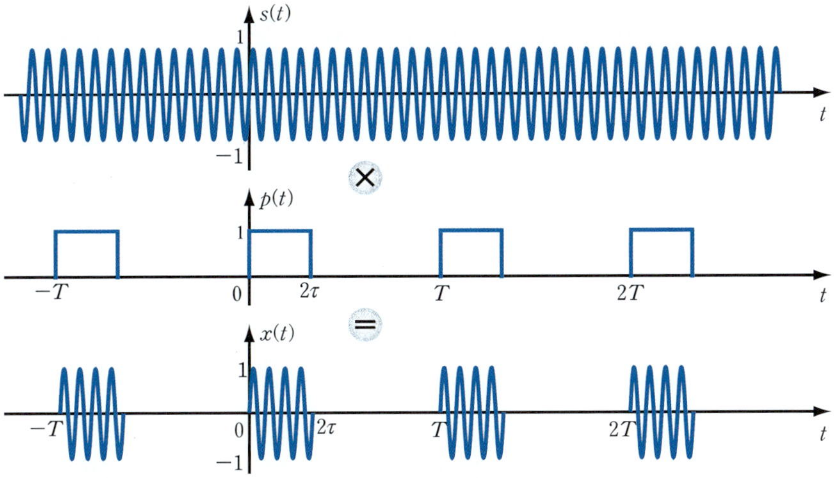

[그림 8-19] 주파수 컨벌루션(시간 곱)의 예 : 레이더 RF 펄스

사각 펄스 주기 신호 $p(t)$의 기본 주파수는 $\omega_0 = \dfrac{2\pi}{T}$이고, 푸리에 계수는 7.2.3절 [예제 7-4]의 결과와 시간 이동 성질로부터 $P_k = \dfrac{2\tau}{T}\mathrm{sinc}\left(\dfrac{2\tau}{\pi}k\omega_0\right)e^{-jk\omega_0\tau}$이다. 이 스펙트럼을 푸리에 변환으로 나타내면 $P_T(\omega) = \sum_{k=-\infty}^{\infty} 2\pi P_k \delta(\omega - k\omega_0)$이다. 그리고 정현파 신호 $s(t)$의 주파수 $\omega_c = m\omega_0$라고 하면, 이 신호의 스펙트럼은 2개의 임펄스 $\dfrac{\pi}{j}\delta(\omega \pm m\omega_0)$로 이루어진다.

주파수 컨벌루션 성질에 의해 두 신호의 곱의 스펙트럼은 각 신호 스펙트럼의 컨벌루션이 되는데, 식 (4.26)에 의해 임펄스와의 컨벌루션은 그 신호를 임펄스가 존재하는 위치까지 이동시키는 동작에 해당하므로, 레이더 RF 펄스 신호의 스펙트럼은 $P_T(\omega)$를 중심 주파수 $\pm m\omega_0$로 대역 이동시킨 것과 같다. 즉 [예제 7-4]의 [그림 7-11]의 스펙트럼을 기저 대역에서 중심 주파수 $\pm m\omega_0$로 대역 이동시킨 형태가 된다.

이를 다르게 해석하면, 사각 펄스 주기 신호 $p(t)$를 사인 정현파 신호 $s(t)$로 진폭 변조를 시켰다고 생각할 수 있다.

8.3.12 시간 적분

$$\int_{-\infty}^{t} x(t)dt \quad \Leftrightarrow \quad \frac{1}{j\omega}X(\omega)+\pi X(0)\delta(\omega) \tag{8.60}$$

신호 $x(t)$에 대한 적분은 $u(t-\tau)=0,\ \tau>t$임을 이용하여 다음과 같이 신호 $x(t)$와 계단 함수 $u(t)$의 컨벌루션으로 나타낼 수 있다.

$$\int_{-\infty}^{t} x(t)dt = \int_{-\infty}^{\infty} x(\tau)u(t-\tau)d\tau = x(t) * u(t) \tag{8.61}$$

이에 식 (8.56)의 시간 컨벌루션 성질을 적용하면 식 (8.60)의 푸리에 변환쌍이 성립함을 쉽게 보여줄 수 있다.

$$\mathcal{F}\left\{\int_{-\infty}^{t} x(t)dt\right\} = \mathcal{F}\{x(t) * u(t)\} = X(\omega)U(\omega) = X(\omega)\left(\frac{1}{j\omega}+\pi\delta(\omega)\right) \tag{8.62}$$

식 (8.60)의 시간 적분 성질은 적분이 미분의 역과정이라서 시간 미분 성질로부터 시간 적분은 주파수 영역에서 $j\omega$로 나누는 동작에 상응할 것이라는 예상과는 다소 어긋나는 결과이다. 만약 $X(0)=0$이면, 즉 신호 $x(t)$의 직류 성분이 0이라면 식 (8.60)에서 스펙트럼의 임펄스 성분이 사라지게 되어 시간 미분 성질의 역과 같아진다.

8.3.13 파스발 정리

파스발 정리

$$E = \int_{-\infty}^{\infty} |x(t)|^2 dt = \frac{1}{2\pi}\int_{-\infty}^{\infty} |X(\omega)|^2 d\omega \tag{8.63}$$

- 신호의 에너지는 시간 영역에서 구하나 주파수 영역에서 구하나 마찬가지이다.
- 서로 다른 주파수 성분 간에는 에너지가 전혀 만들어지지 않는다. 그러므로 신호의 에너지는 각 주파수 성분의 에너지를 전부 모으면 된다.

푸리에 급수에서는 주기 신호가 전력 신호이므로 파스발 정리에 의해 전력 관계를 다루었지만, 푸리에 변환의 수렴 조건을 만족하는 신호의 경우 직접 에너지 관계를 다룰 수 있다.

식 (8.63)은 신호의 에너지에 대한 정의와 푸리에 변환을 이용해 쉽게 얻을 수 있다.

$$E=\int_{-\infty}^{\infty}|x(t)|^2dt=\int_{-\infty}^{\infty}x(t)x^*(t)\,dt \tag{8.64}$$

$$=\int_{-\infty}^{\infty}x(t)\left[\frac{1}{2\pi}\int_{-\infty}^{\infty}X^*(\omega)e^{-j\omega t}\,d\omega\right]dt$$

$$=\frac{1}{2\pi}\int_{-\infty}^{\infty}X^*(\omega)\left[\int_{-\infty}^{\infty}x(t)e^{-j\omega t}\,dt\right]d\omega=\frac{1}{2\pi}\int_{-\infty}^{\infty}|X(\omega)|^2d\omega$$

식 (8.63)에서 $|X(\omega)|^2$은 신호 $x(t)$가 갖는 에너지의 주파수 분포를 알려주기 때문에 **에너지 밀도 스펙트럼**energy density spectrum이라고 한다. 에너지 밀도 스펙트럼 $|X(\omega)|^2$은 스펙트럼의 크기만 관련되므로, 같은 에너지 밀도 스펙트럼을 가지는 신호가 여럿 존재할 수 있지만, 어떤 신호이든 오직 하나의 에너지 밀도 스펙트럼만 갖는다.

신호의 에너지에 대한 계산은 쉽게 구해질 수도 있으나 종종 $|x(t)|^2$의 적분을 구하기 쉽지 않을 때가 있다. 파스발 정리는 이것을 직접 계산하는 대신에 주파수 영역에서 $|X(\omega)|^2$을 이용하여 에너지를 간편하게 계산할 수 있게 해준다. 예를 들어, sinc 함수의 에너지는 주파수 영역에서 구하는 편이 훨씬 쉽다.

예제 8-17 파스발 정리를 이용한 sinc 신호의 에너지 계산

$x(t)=\text{sinc}(t)$의 에너지를 구하라.

풀이

시간 영역에서 $x(t)$의 에너지를 계산해보면 다음과 같다.

$$E=\int_{-\infty}^{\infty}|\text{sinc}(t)|^2dt=\int_{-\infty}^{\infty}\left|\frac{\sin(\pi t)}{\pi t}\right|^2dt=\int_{-\infty}^{\infty}\frac{\sin^2(\pi t)}{\pi^2t^2}\,dt$$

앞 식의 적분 계산은 쉽지 않다. 그런데 $\text{sinc}(t)\Leftrightarrow \text{rect}\left(\frac{\omega}{2\pi}\right)$이므로 파스발 정리를 적용하면 다음과 같이 간단히 신호의 에너지를 구할 수 있다.

$$E=\frac{1}{2\pi}\int_{-\infty}^{\infty}|X(\omega)|^2d\omega=\frac{1}{2\pi}\int_{-\pi}^{\pi}1\,d\omega=\frac{1}{2\pi}\omega\Big|_{-\pi}^{\pi}=1$$

지금까지 살펴본 푸리에 변환의 성질들을 [표 8-1]에 정리하였다. 이 성질들은 기본 신호에 대한 변환쌍으로부터 다양한 신호들의 푸리에 변환을 구하거나 신호와 시스템을 해석하는 작업을 간편하게 해주므로 반드시 잘 익혀두어야 한다.

[표 8-1] 연속 시간 푸리에 변환(CTFT)의 주요 성질

	성질	푸리에 변환쌍
1	시간-주파수 쌍대성	$X(t) \Leftrightarrow 2\pi x(-\omega)$
2	선형성	$\alpha x(t)+\beta y(t) \Leftrightarrow \alpha X(\omega)+\beta Y(\omega)$
3	대칭성	$X^*(\omega)=X(-\omega)$, $x(t)$는 실수
		$\begin{cases}\mathrm{Re}\{X(\omega)\}=\mathrm{Re}\{X(-\omega)\}, & x(t) \text{ 는 실수} \\ \mathrm{Im}\{X(\omega)\}=-\mathrm{Im}\{X(-\omega)\}, & x(t) \text{ 는 실수}\end{cases}$
		$\begin{cases}\lvert X(\omega)\rvert=\lvert X(-\omega)\rvert, & x(t) \text{ 는 실수} \\ \angle X(\omega)=-\angle X(-\omega), & x(t) \text{ 는 실수}\end{cases}$
		$\begin{cases}\mathrm{Re}\{X(\omega)\}=\mathrm{Re}\{X(-\omega)\}, & x(t) \text{는 실수 우함수} \\ \mathrm{Im}\{X(\omega)\}=0, & x(t) \text{는 실수 우함수}\end{cases}$
		$\begin{cases}\mathrm{Re}\{X(\omega)\}=0, & x(t) \text{ 는 실수 기함수} \\ \mathrm{Im}\{X(\omega)\}=-\mathrm{Im}\{X(-\omega)\}, & x(t) \text{ 는 실수 기함수}\end{cases}$
4	시간 반전	$x(-t) \Leftrightarrow X(-\omega)$
5	시간 이동	$x(t-t_0) \Leftrightarrow X(\omega)e^{-jt_0\omega}$
6	주파수 이동	$x(t)e^{j\omega_0 t} \Leftrightarrow X(\omega-\omega_0)$
	변조	$x(t)\cos(\omega_0 t) \Leftrightarrow \frac{1}{2}[X(\omega-\omega_0)+X(\omega+\omega_0)]$
7	시간 척도조절	$x(at) \Leftrightarrow \frac{1}{\lvert a\rvert}X\left(\frac{\omega}{a}\right)$
8	시간 미분	$\frac{d^m x(t)}{dt^m} \Leftrightarrow (j\omega)^m X(\omega), \quad m=1,2,\cdots$
9	주파수 미분	$(-jt)x(t) \Leftrightarrow \frac{dX(\omega)}{d\omega}$
10	시간 컨벌루션	$x(t)*y(t) \Leftrightarrow X(\omega)Y(\omega)$
11	주파수 컨벌루션	$x(t)y(t) \Leftrightarrow \frac{1}{2\pi}X(\omega)*Y(\omega)$
12	시간 적분	$\int_{-\infty}^{t} x(\lambda)d\lambda \Leftrightarrow \frac{1}{(j\omega)}X(\omega)+\pi X(0)\delta(\omega)$
13	파스발 정리	$\int_{-\infty}^{\infty}\lvert x(t)\rvert^2 dt=\frac{1}{2\pi}\int_{-\infty}^{\infty}\lvert X(\omega)\rvert^2 d\omega$

푸리에 변환쌍의 면적 적분

[표 8-1] 외에도 푸리에 변환쌍의 면적 적분 성질은 알아두면 유용하다. 푸리에 변환과 푸리에 역변환의 정의식에 독립 변수 t와 ω를 0으로 대입하면 다음의 관계를 얻을 수 있다.

$$X(0) = \int_{-\infty}^{\infty} x(t)e^{-j\omega t}dt\bigg|_{\omega=0} = \int_{-\infty}^{\infty} x(t)dt \tag{8.65}$$

$$x(0) = \frac{1}{2\pi}\int_{-\infty}^{\infty} X(\omega)e^{j\omega t}d\omega\bigg|_{t=0} = \frac{1}{2\pi}\int_{-\infty}^{\infty} X(\omega)d\omega \tag{8.66}$$

식 (8.65)는 신호의 직류 성분 $X(0)$이 모든 시간에 대해 신호를 적분한 것과 같다는 사실을, 식 (8.66)은 신호의 시간 원점에서의 값 $x(0)$이 모든 주파수에 대해 스펙트럼을 적분하여 얻어진다는 사실을 보여준다. 이러한 관계는 실제 문제에서 상반된 영역의 정보가 주어진 상황에서 $X(0)$나 $x(0)$의 값을 알아볼 필요가 있을 때 활용할 수 있다.

예제 8-18 푸리에 변환의 성질을 이용한 푸리에 변환

[그림 8-20]의 신호들에 대한 푸리에 변환을 직접 계산하지 말고 사각 펄스 신호의 푸리에 변환쌍(식 (8.17))과 푸리에 변환의 성질을 이용하여 구하라.

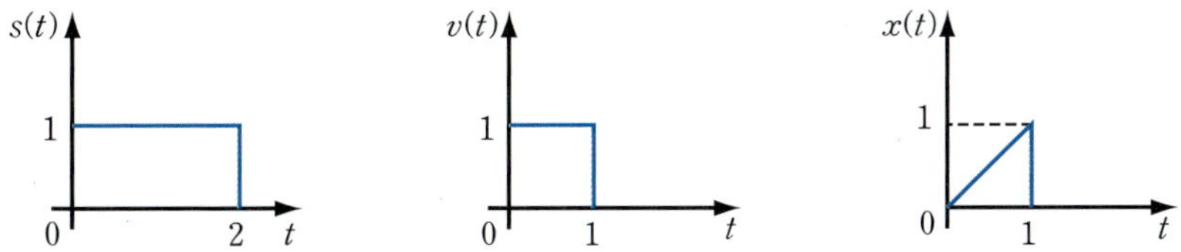

[그림 8-20] [예제 8-18]의 신호

풀이

(a) $s(t)$는 폭이 2인 사각 펄스를 $t=1$만큼 시간 지연한 경우, 즉 $s(t)=\text{rect}\left(\frac{t-1}{2}\right)$이므로 식 (8.17)에 시간 이동 성질을 적용하여 푸리에 변환을 구할 수 있다.

$$S(\omega) = e^{-j\omega}P_1(\omega) = e^{-j\omega}\left(2\,\text{sinc}\left(\frac{\omega}{\pi}\right)\right) = 2e^{-j\omega}\frac{\sin(\omega)}{\omega}$$

(b) $v(t)$는 (a)의 $s(t)$와 펄스폭만 틀린 경우, 즉 $v(t)=s(2t)$이므로 시간 척도조절 성질을 이용하여 앞에서 구한 $S(\omega)$로부터 다음과 같이 $v(t)$의 푸리에 변환을 구할 수 있다.

$$V(\omega) = \frac{1}{2}S\left(\frac{\omega}{2}\right) = 2e^{-j\frac{\omega}{2}}\frac{\sin\left(\frac{\omega}{2}\right)}{\omega} = e^{-j\frac{\omega}{2}}\text{sinc}\left(\frac{\omega}{2\pi}\right)$$

(c) $x(t)$에 대해서는 $x(t)=tv(t)$이므로 주파수 미분 성질을 이용할 수 있다. 즉 $\frac{dV(\omega)}{d\omega} \Leftrightarrow (-jt)v(t)$가 되므로 $x(t) \Leftrightarrow j\frac{dV(\omega)}{d\omega}$임을 알 수 있다.

$$X(\omega)=j\frac{dV(\omega)}{d\omega}=je^{-j\frac{\omega}{2}}\frac{\cos\left(\frac{\omega}{2}\right)}{\omega}+e^{-j\frac{\omega}{2}}\frac{\sin\left(\frac{\omega}{2}\right)}{\omega}-j2e^{-j\frac{\omega}{2}}\frac{\sin\left(\frac{\omega}{2}\right)}{\omega^2}$$

$$=j\frac{e^{-j\frac{\omega}{2}}}{\omega}\left(e^{-j\frac{\omega}{2}}-\frac{e^{j\frac{\omega}{2}}-e^{-j\frac{\omega}{2}}}{j\omega}\right)=j\frac{e^{-j\omega}}{\omega}-\frac{1}{\omega^2}+\frac{e^{-j\omega}}{\omega^2}$$

푸리에 변환의 정의식을 이용하여 $X(\omega)$를 계산해보면 같은 결과를 얻을 수 있다.

이상의 결과에서 보듯이, 기본 신호에 대한 푸리에 변환쌍만 주어지면 푸리에 변환의 성질들을 적절히 이용하여 다양한 신호에 대한 푸리에 변환을 간편하게 얻을 수 있다.

Check Point **다음 문제에서 옳은 것을 골라라.**

(1) CTFT는 시간 신호와 스펙트럼이 역할을 맞바꾸어도 변환쌍이 유지된다. (○, ×)
(2) 실수 신호의 (진폭 스펙트럼, 위상 스펙트럼)은 우대칭을 만족한다.
(3) 실수 기함수 신호의 스펙트럼은 (실수, 허수, 복소수)이다.
(4) 시간축에서 뒤집은 신호는 스펙트럼도 주파수축에서 뒤집힌다. (○, ×)
(5) 시간 이동된 신호는 원 스펙트럼에서 진폭과 위상 스펙트럼 모두 변한다. (○, ×)
(6) 시간축 상에서 신호를 압축하면 주파수축 상에서 스펙트럼이 (압축된다, 늘어난다).
(7) 신호를 시간 미분하면 스펙트럼에 ($j\omega$, $1/j\omega$)가 (곱해진다, 더해진다).
(8) CTFT는 곱-컨벌루션 쌍대성이 성립한다. (○, ×)
(9) 진폭 변조의 주된 목적은 스펙트럼의 (변형, 대역 이동)이다.
(10) 신호의 다른 주파수 성분끼리도 에너지를 형성한다. (○, ×)

SECTION 8.4

주파수 응답과 시스템 해석

학습포인트

- 시스템의 주파수 응답의 정의와 개념을 이해한다.
- 임펄스 응답, 주파수 응답, 미분 방정식의 상호 관계를 이해한다.
- 시스템 연결에 따라 주파수 응답이 어떻게 되는지 알아본다.
- 푸리에 변환과 주파수 응답을 이용한 시스템의 출력 결정 방법에 대해 알아본다.

시간 영역에서는 연속 LTI 시스템을 컨벌루션과 미분 방정식으로 표현하고 해석하지만(4,5장), 풀이가 까다로울 뿐만 아니라 주파수와 관련한 정보를 전혀 제공하지 못한다. 그러므로 주파수 영역에서 시스템을 표현하고 해석하게 해주는 방법이 필요한데, 주파수 응답이 좋은 해결책이다. 이 절에서는 주파수 응답의 개념의 개념을 소개하고, 주파수 응답과 임펄스 응답, 미분 방정식과의 상호 관계를 살펴본 다음, 시스템 해석에 어떻게 활용되는지 간단히 알아볼 것이다.

푸리에 변환을 이용하여 주파수 영역에서 시스템을 표현하고 해석하면 편리한 경우가 많다. 이러한 푸리에 변환 기법이 갖는 장점을 정리하면 다음과 같다.

❶ 신호와 시스템의 주파수 특성을 직관적이고 명확하게 나타낼 수 있다.

❷ 시스템의 입출력 관계가 컨벌루션으로 주어질 경우, 푸리에 변환을 하면 주파수 영역에서 곱으로 표현되므로 해석이 쉬워진다.

❸ 시스템의 입출력 관계가 미분 방정식으로 주어질 경우, 푸리에 변환의 시간 이동 성질을 이용하면 쉽게 결과를 얻을 수 있다.

푸리에 변환을 이용한 시스템 해석의 중심에는 주파수 응답이 있다. 따라서 주파수 응답의 개념과 여러 형태의 시스템 표현과 주파수 응답의 관계를 살펴보는 것은 대단히 중요하다.

8.4.1 시스템의 주파수 응답

주파수 응답의 바탕 개념

시스템을 분석하고 해석하는 첫걸음은 입력에 대한 시스템의 반응, 즉 출력이 어떻게 되는지 알아보는 것이다. 그러나 이를 통해 시스템의 특성을 제대로 파악하기에는 어려움이 따른다. 가령 $t=1$인 순간에 입력의 크기가 똑같이 1이었다 하더라도 입력이 계단 신호냐 정현파 신호냐에 따라 출력값이 달라지며, 심지어 입력이 $t=1$과 $t=3$에서 값이 같더라도 출력값은 달라지기도 한다. 왜냐하면, 시스템의 동특성에 의해 과거 입력값들이 현재의 출력 형성에도 관여하기 때문이다(4.5.1절 참조). 이처럼 입력의 크기와 출력의 크기에 일정한 관계가 형성되지 않기 때문에 시스템의 특성을 제대로 알기 위해서는 온갖 종류의 입력을 다 넣어서 오랜 시간 동안 관찰하는 수밖에 없는데, 이는 너무 비효율적이며 무모한 방법이다.

따라서 좀 더 합리적이고 효율적인 방법을 찾아야 한다. 마침 우리는 푸리에 급수와 푸리에 변환에 대한 논의를 통해 신호를 각 주파수 성분으로 쪼개어 스펙트럼으로 나타낼 수 있음을 알고 있다. 그러므로 관점을 전환해 주파수가 서로 다른 입력에 대해 시스템이 어떻게 반응하는지 살펴보는 것도 좋을 것이다. 이때 (복소) 정현파를 입력 신호로 선택하면 장점이 많다. 우선 정현파 신호는 주파수와 1:1 대응 관계이며, 이에 대한 출력 역시 같은 주파수의 정현파가 된다. 이뿐만 아니라 푸리에 표현의 기저 신호이므로 그 틀을 그대로 활용할 수 있다. 예를 들어, 임의의 입력 신호에 대한 LTI 시스템의 출력은 중첩의 원리를 적용하여 각 주파수 성분에 대한 시스템 응답을 모두 합하면 된다. 이것이 시스템의 주파수 응답의 밑바탕에 깔린 생각이다.

주파수 응답의 정의

시스템의 주파수 응답은 이론적으로뿐만 아니라 실험적으로도 구할 수 있는 개념으로, 주파수 응답은 입력의 주파수 변화에 대한 시스템의 응답 특성으로 주파수의 함수이다.

(연속) 시스템의 주파수 응답

- 시스템의 주파수 응답 $H(\omega)$은 입력 신호 $x(t)$의 푸리에 변환 $X(\omega)$에 대한 출력 신호 $y(t)$의 푸리에 변환 $Y(\omega)$의 비로 정의한다.

$$H(\omega)=\frac{Y(\omega)}{X(\omega)}=|H(\omega)|\,e^{j\angle H(\omega)} \tag{8.67}$$

- 주파수 응답 $H(\omega)$의 크기$|H(\omega)|$와 위상$\angle H(\omega)$를 ω에 대해 각각 그린 것을 진폭 (주파수) 응답과 위상 (주파수) 응답 곡선이라고 한다.
- 주파수 응답은 입력 정현파에 대한 출력 정현파의 진폭과 위상 변화를 나타낸 것으로, 주파수에 따라 입력 신호의 크기와 위상을 증가 또는 감소시키는 시스템의 응답 특성을 표현한 것이다.
- 주파수 응답은 시스템 임펄스 응답 $h(t)$의 푸리에 변환 $H(\omega)=\mathcal{F}\{h(t)\}$이다. 따라서 입력의 형태와는 상관없고 시스템이 바뀌지 않는 한 달라지지 않는다.

$$H(\omega)=\frac{Y(\omega)}{X(\omega)}=\mathcal{F}\{h(t)\} \tag{8.68}$$

주파수 응답은 LTI 시스템의 정현파 입력에 대한 출력이 같은 주파수의 정현파로 진폭과 위상만 달라진다는 사실을 이용하여 실험적으로도 구할 수 있는 물리적인 개념이다. 예를 들어, 전기회로의 입력단에 함수발생기를, 출력단에 오실로스코프를 연결한 뒤에 정현파의 진폭은 고정한 채 주파수만 조금씩 높여가며 인내심을 가지고 출력 파형의 진폭과 위상 변화를 측정하면 얻을 수 있다. 이처럼 수학적 모델이 꼭 필요로 하지 않는다는 점에서도 매우 유용한 시스템 표현 및 해석 도구라 할 수 있다.

LTI 시스템의 출력 $y(t)$는 입력 $x(t)$과 임펄스 응답 $h(t)$의 컨벌루션으로 주어진다.

$$y(t)=x(t)*h(t)=\int_{-\infty}^{\infty}x(\tau)h(t-\tau)\,d\tau \tag{8.69}$$

식 (8.69)를 푸리에 변환하면 시간 컨벌루션 성질에 의해 다음과 같이 된다.

$$Y(\omega)=X(\omega)H(\omega) \tag{8.70}$$

이로부터 주파수 응답은 식 (8.68)과 같이 임펄스 응답의 푸리에 변환이 된다. 따라서 주파수 응답과 임펄스 응답은 결국 같은 것으로, 전자는 주파수 영역, 후자는 시간 영역에서 시스템을 나타낸 것이다. 그러므로 [그림 8-21]에 보인 것처럼 임펄스 응답 또는 주파수 응답 중 어떤 것을 사용하여 LTI 시스템을 나타내도 무방하다.

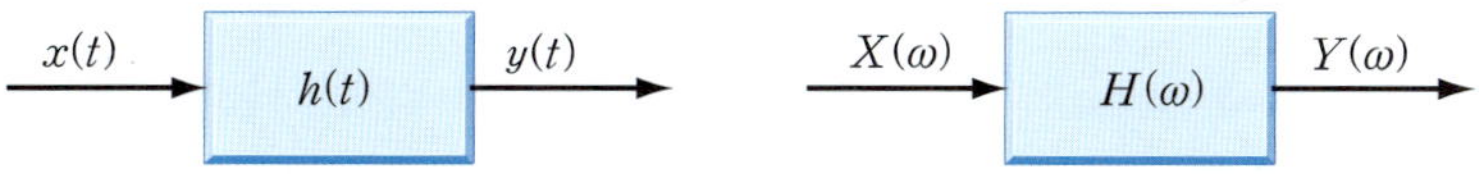

(a) 임펄스 응답 표현 (b) 주파수 응답 표현

[그림 8-21] 연속 LTI 시스템의 표현

식 (8.69)를 이용해 (복소) 정현파 입력 $x(t)=Ae^{j\omega t}$에 대한 시스템의 출력을 구해보자.

$$\begin{aligned} y(t)&=\int_{-\infty}^{\infty}h(\tau)x(t-\tau)d\tau=\int_{-\infty}^{\infty}h(\tau)Ae^{j\omega(t-\tau)}\,d\tau \\ &=\int_{-\infty}^{\infty}h(\tau)e^{-j\omega\tau}Ae^{j\omega t}\,d\tau=\left[\int_{-\infty}^{\infty}h(\tau)e^{-j\omega\tau}d\tau\right]Ae^{j\omega t}=H(\omega)x(t) \\ &=|H(\omega)|e^{j\angle H(\omega)}Ae^{j\omega t}=|H(\omega)|Ae^{j(\omega t+\angle H(\omega))} \end{aligned} \tag{8.71}$$

정현파 입력에 대한 LTI 시스템의 출력 역시 같은 주파수의 정현파로서 복소 계수 $H(\omega)$가 곱해진다. 즉 진폭이 $|H(\omega)|$배가 되고 위상이 $\angle H(\omega)$만큼 달라진다. 따라서 이 $H(\omega)$가 주파수 ω에 따른 시스템 응답을 결정하는 요소로서 곧 시스템의 주파수 응답이다. 식 (8.71)의 둘째 줄의 [ ]가 임펄스 응답 $h(t)$의 푸리에 변환임을 바로 알 수 있다.

미분 방정식과 주파수 응답

5장에서 본 것처럼 입력 $x(t)$와 출력 $y(t)$를 갖는 연속 LTI 시스템은 일반적으로 다음과 같은 미분 방정식으로 표현된다.

$$\frac{d^n y(t)}{dt^n}+a_{n-1}\frac{d^{n-1}y(t)}{dt^{n-1}}+\cdots+a_0 y(t)=b_m\frac{d^m x(t)}{dt^m}+b_{m-1}\frac{d^{m-1}x(t)}{dt^{m-1}}+\cdots+b_0 x(t) \tag{8.72}$$

식 (8.72)의 양변을 푸리에 변환하여 푸리에 변환의 선형성과 시간 미분 성질을 적용하면 다음과 같이 된다.

$$(j\omega)^n Y(\omega)+a_{n-1}(j\omega)^{n-1}Y(\omega)+\cdots+a_1(j\omega)Y(\omega)+a_0Y(\omega) \tag{8.73}$$
$$=b_m(j\omega)^m X(\omega)+b_{m-1}(j\omega)^{m-1}X(\omega)+\cdots+b_1(j\omega)X(\omega)+b_0X(\omega)$$

이를 정리하여 $X(\omega)$에 대한 $Y(\omega)$의 비, 즉 주파수 응답 $H(\omega)$를 구하면 다음과 같다.

$$H(\omega)=\frac{Y(\omega)}{X(\omega)}=\frac{b_m(j\omega)^m+b_{m-1}(j\omega)^{m-1}+\cdots+b_0}{(j\omega)^n+a_{n-1}(j\omega)^{n-1}+\cdots+a_0}=\frac{\sum_{i=0}^{m}b_i(j\omega)^i}{\sum_{i=0}^{n}a_i(j\omega)^i} \tag{8.74}$$

여기서 $a_n=1$이다. 식 (8.74)에서 $H(\omega)$는 다항식의 비로 나타낸 유리 함수가 된다. 이때 다항식은 $j\omega$의 거듭제곱 항들로 이루어져 있으며, 분자 다항식의 계수는 미분 방정식의 입력 항들의 계수와 같고, 분모 다항식의 계수는 미분 방정식의 출력 항들의 계수와 같다. 그러므로 식 (8.72)와 같이 미분 방정식으로 표현된 연속 LTI 시스템의 주파수 응답은 $X(\omega)$와 $Y(\omega)$를 계산하는 중간 과정을 거치지 않고 미분 방정식으로부터 직접 식 (8.74)와 같이 구할 수 있다. 미분 방정식의 계수들에 의해 주파수 응답이 결정되므로, 주파수 응답은 시스템이 바뀌지 않는 한 달라지지 않으며 입력과는 무관하다는 사실이 다시 확인된다.

식 (8.74)에서 주파수 응답이 $j\omega$의 함수로 취급될 수 있다는 사실에 주목할 필요가 있다. $j\omega$는 복소평면에서 허축에 해당한다. 따라서 연속 시스템의 주파수 응답은 복소평면의 허축을 따라 주파수 ω를 변화시켜가며 구한 값이라고 할 수 있다. 이 개념은 10장에서 라플라스 변환과 전달 함수를 다룰 때 다시 보게 될 것이다.

지금까지 살펴본 바와 같이 주파수 응답을 구하는 이론적 방법에는 다음의 세 가지가 있다.

❶ 입력과 출력이 주어지면, 이들의 푸리에 변환의 비로 주파수 응답을 구한다.

$$H(\omega)=\frac{Y(\omega)}{X(\omega)}$$

❷ 임펄스 응답이 주어지면, 이를 푸리에 변환하여 주파수 응답을 구한다.

$$H(\omega)=\mathscr{F}\{h(t)\}$$

❸ 미분 방정식이 주어지면 푸리에 변환한 뒤, 입력과 출력의 비로 주파수 응답을 구한다.

$$H(\omega)=\frac{Y(\omega)}{X(\omega)}=\frac{b_m(j\omega)^m+b_{m-1}(j\omega)^{m-1}+\cdots+b_0}{(j\omega)^n+a_{n-1}(j\omega)^{n-1}+\cdots+a_0}$$

예제 8-19 **주파수 응답, 임펄스 응답, 미분 방정식의 결정**

LTI 시스템에 입력 $x(t)=e^{-t}u(t)$를 넣었을 때 출력이 $y(t)=(e^{-t}-e^{-2t})u(t)$라고 한다. 이 시스템의 주파수 응답과 임펄스 응답, 그리고 시스템 미분 방정식을 구하라.

풀이

우선 입력과 출력을 각각 푸리에 변환하면 다음과 같다.

$$X(\omega)=\mathscr{F}\{e^{-t}u(t)\}=\frac{1}{1+j\omega}$$

$$Y(\omega)=\mathscr{F}\{(e^{-t}-e^{-2t})u(t)\}=\frac{1}{1+j\omega}-\frac{1}{2+j\omega}=\frac{1}{(1+j\omega)(2+j\omega)}$$

주파수 응답은 정의식 식 (8.67)로부터 다음과 같이 구할 수 있다.

$$H(\omega)=\frac{Y(\omega)}{X(\omega)}=\frac{\dfrac{1}{(1+j\omega)(2+j\omega)}}{\dfrac{1}{1+j\omega}}=\frac{1}{2+j\omega}$$

주파수 응답은 임펄스 응답을 푸리에 변환한 것이므로, 임펄스 응답은 얻어진 주파수 응답을 다음과 같이 푸리에 역변환하여 구할 수 있다.

$$h(t)=\mathscr{F}^{-1}\{H(\omega)\}=\mathscr{F}^{-1}\left\{\frac{1}{2+j\omega}\right\}=e^{-2t}u(t)$$

한편 미분 방정식과 주파수 응답의 관계 식 (8.74)로부터 다음의 관계를 얻을 수 있고,

$$(2+j\omega)\,Y(\omega)=X(\omega)$$

이를 시간 미분 성질을 이용하여 역변환하면 다음의 미분 방정식을 얻는다.

$$\frac{dy(t)}{dt}+2y(t)=x(t)$$

시스템 연결과 주파수 응답

- 종속 연결된 시스템의 주파수 응답은 각 시스템의 주파수 응답을 곱한 것과 같다.
- 병렬 연결된 시스템의 주파수 응답은 각 시스템의 주파수 응답을 더한 것과 같다.

4.4.2절 컨벌루션 적분의 성질에서 결합법칙에 의하면, 종속 연결된 시스템의 임펄스 응답은 각 시스템 임펄스 응답 $h_1(t),\cdots,h_M(t)$의 컨벌루션 $h(t)=h_1(t)*h_2(t)*\cdots*h_M(t)$이 됨을 보았다. 이에 푸리에 변환의 시간 컨벌루션 성질을 적용하면 주파수 응답 $H(\omega)$는 다음과 같이 각 시스템의 주파수 응답을 곱한 것이 된다.

$$H(\omega) = H_1(\omega)H_2(\omega)\cdots H_M(\omega) \tag{8.75}$$

또 배분법칙에 의하면 병렬 연결된 시스템 임펄스 응답은 $h(t) = h_1(t) + h_2(t) + \cdots + h_M(t)$이 되는데, 이를 푸리에 변환하면 다음과 같이 각 시스템의 주파수 응답을 더한 것이 된다.

$$H(\omega) = H_1(\omega) + H_2(\omega) + \cdots + H_M(\omega) \tag{8.76}$$

시스템 연결에 따른 주파수 응답의 결과를 [그림 8-22]에 나타내었다.

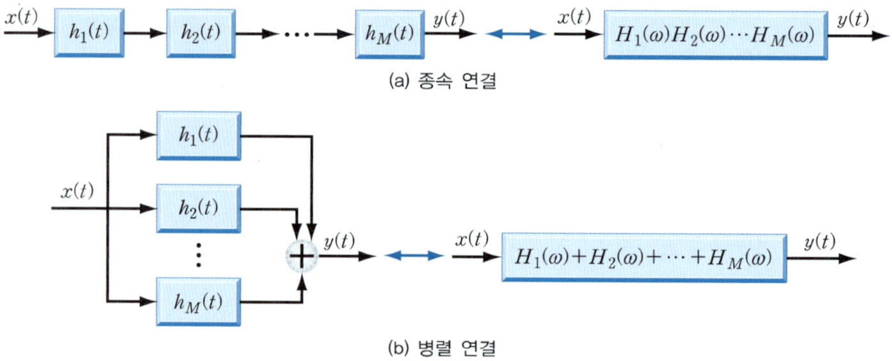

[그림 8-22] 시스템 연결에 따른 주파수 응답

8.4.2 주파수 응답을 이용한 시스템 출력의 결정

까다로운 컨벌루션 계산보다는 단순한 곱셈이 훨씬 간편하므로, 푸리에 변환의 시간 컨벌루션 성질 $y(t) = x(t) * h(t) \Leftrightarrow Y(\omega) = X(\omega)H(\omega)$을 이용하여 주파수 영역에서 출력의 스펙트럼을 구한 뒤 이를 푸리에 역변환하여 시스템 출력을 구하는 게 더 낫다.

주파수 응답을 이용한 시스템 출력의 계산

❶ 입력과 임펄스 응답의 푸리에 변환을 수행한다.
❷ 입력 스펙트럼에 시스템 주파수 응답을 곱해 출력 스펙트럼을 구한다.
❸ 출력 스펙트럼의 푸리에 역변환을 수행하여 출력 신호를 구한다.

이 계산 과정을 [그림 8-23]에 정리하여 나타내었다. 언뜻 보기에는 여러 단계를 거치므로 더 복잡해 보이지만, 컴퓨터를 이용한 신호 처리에서 고속 푸리에 변환(FFT)이라는 알고리즘을 이용하면 컨벌루션을 직접 계산하는 것보다는 훨씬 효율적이므로 널리 사용된다.

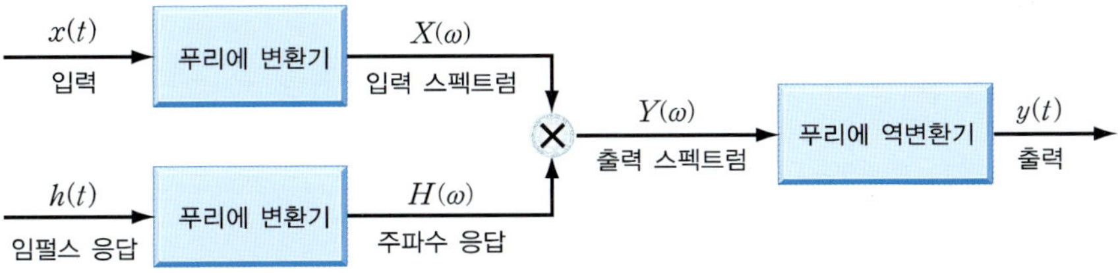

[그림 8-23] 주파수 응답과 푸리에 변환을 이용한 LTI 시스템의 출력 계산

주파수 영역에서 스펙트럼 그래프를 이용하면 아주 효과적으로 계산을 할 수 있을 뿐만 아니라 주파수와 관련한 시스템의 동작 특성을 직관적으로 이해할 수 있다. 출력 스펙트럼 $Y(\omega)=H(\omega)X(\omega)$을 극좌표 형식으로 나타내면 다음과 같다.

$$\begin{aligned} |Y(\omega)|e^{j\angle Y(\omega)} &= |H(\omega)|e^{j\angle H(\omega)}|X(\omega)|e^{j\angle X(\omega)} \\ &= |H(\omega)||X(\omega)|e^{j(\angle H(\omega)+\angle X(\omega))} \end{aligned} \tag{8.77}$$

- 출력의 진폭 스펙트럼은 입력의 진폭 스펙트럼에 시스템의 진폭 응답을 곱한 것이다.

$$|Y(\omega)|=|H(\omega)||X(\omega)| \tag{8.78}$$

- 출력의 위상 스펙트럼은 입력의 위상 스펙트럼에 시스템의 위상 응답을 더한 것이다.

$$\angle Y(\omega)=\angle H(\omega)+\angle X(\omega) \tag{8.79}$$

예제 8-20 주파수 응답을 이용한 시스템 출력의 결정

[그림 8-24]의 RC 회로(저역 통과 필터)에 입력 전압 $x(t)=2e^{-t}u(t)$를 인가할 때 커패시터 C 양단에 걸리는 출력 전압 $y(t)$를 구하라. 단, $R=1[\Omega]$, $C=1/2[\mathrm{F}]$이다.

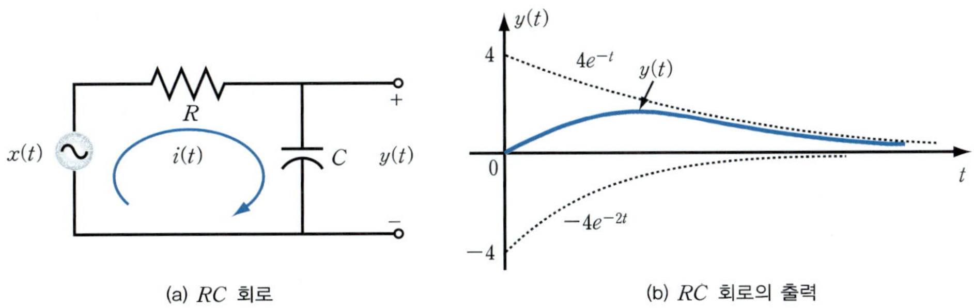

[그림 8-24] RC 회로(저역 통과 필터)와 출력

풀이

키르히호프의 전압 법칙을 적용하여 회로 방정식을 세우면 $i(t)=C\frac{dy(t)}{dt}$ 이므로

$$v_R(t)+v_C(t)=RC\frac{dy(t)}{dt}+y(t)=x(t)$$

가 된다. 이를 푸리에 변환하면 $(RC(j\omega)+1)Y(\omega)=X(\omega)$가 되므로 주파수 응답은 다음과 같다.

$$H(\omega)=\frac{Y(\omega)}{X(\omega)}=\frac{\frac{1}{RC}}{j\omega+\frac{1}{RC}}$$

따라서 출력의 스펙트럼은 주어진 소자 값들을 대입하여 정리하면 다음과 같이 된다.

$$Y(\omega)=H(\omega)X(\omega)=\frac{2}{(j\omega+2)}\frac{2}{(j\omega+1)}=\frac{4}{j\omega+1}-\frac{4}{j\omega+2}$$

앞 식 우변의 항들은 실수 지수 신호의 푸리에 변환이므로 역변환하면 다음과 같이 출력이 구해진다.

$$y(t)=(4e^{-t}-4e^{-2t})u(t)$$

한편 식 (8.78)과 식 (8.79)에 의해 스펙트럼은 다음과 같이 나타낼 수 있다.

$$|Y(\omega)|=|H(\omega)||X(\omega)|=\frac{2}{\sqrt{\omega^2+4}}\frac{2}{\sqrt{\omega^2+1}}$$

$$\angle Y(\omega)=\angle H(\omega)+\angle X(\omega)=-\tan^{-1}\left(\frac{2}{\omega}\right)-\tan^{-1}\left(\frac{1}{\omega}\right)$$

이에 의한 출력 스펙트럼의 계산 과정을 [그림 8-25]에 그림으로 나타내었다.

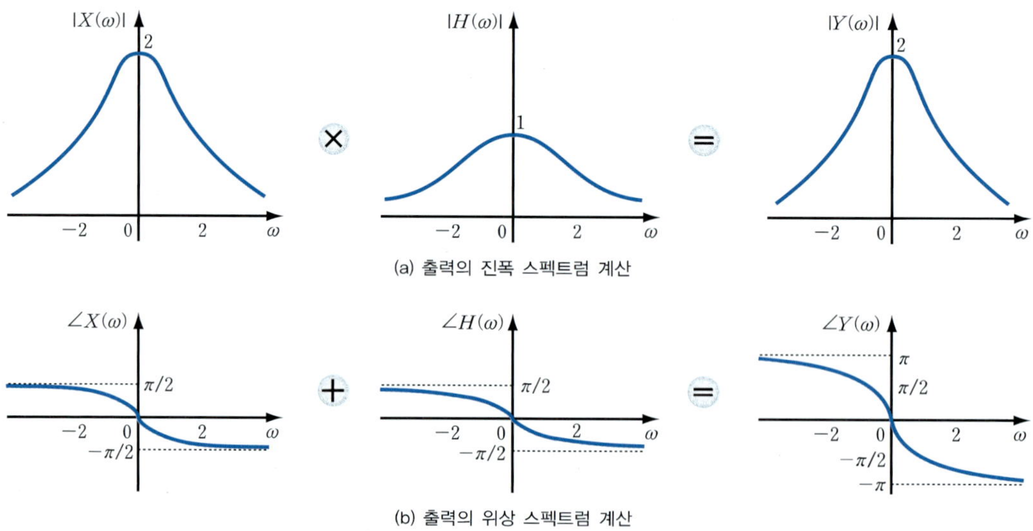

[그림 8-25] 스펙트럼을 이용한 시스템 응답의 구득

8.4.3 시간 – 주파수 이원성

푸리에 급수와 변환은 주파수의 관점에서 신호에 대한 또 다른 표현 방법일 뿐 결코 신호 그 자체가 바뀐 것이 아니다. 따라서 신호와 시스템은 동전의 앞과 뒤처럼 시간 영역과 주파수 영역이라는 이원적인 특성을 갖는다. 시간 영역과 주파수 영역은 신호와 시스템에 대해 상호 보완적인 해석을 제공한다.

시간 영역 표현은 신호의 파형을 기술하는 반면에 주파수 영역 표현은 스펙트럼의 구성(정현파 또는 지수 함수 성분의 진폭과 위상)을 묘사한다. 예를 들어, $x(t)=e^{-2t}u(t)$라는 신호를 생각해보자. 시간 영역 표현은 시정수 0.5로 지수 함수적으로 감소하는 신호를 묘사한다. 이의 주파수 영역 표현인 푸리에 스펙트럼 $X(\omega)=1/(j\omega+2)$은 진폭이 대략 주파수에 따라 반비례로 감소하는 정현파들에 의하여 합성될 수 있는 저역 통과 신호로 규정한다.

시스템 역시 [그림 8-21]과 같이 시간 영역에서는 임펄스 응답, 그리고 주파수 영역에서는 주파수 응답으로 표현되거나 규정된다. 임펄스 응답은 입력에 대한 시스템의 반응이 시간에 따라 어떻게 전개되는지를 보여준다. 반면에 주파수 응답은 시스템이 정현파 입력에 대해 주파수에 따라 어떤 반응을 보이는지를 크기와 위상의 변화로 나타내어 시스템의 필터링 특성을 잘 보여준다.

신호와 시스템의 성질이나 특성은 이 영역에서 잘 파악되는 것이 있는가 하면 다른 영역에서 더 쉽게 볼 수 있는 것도 있으므로, 시간 영역 및 주파수 영역에서의 표현과 취급은 서로 보완적이다. 따라서 시간 영역과 주파수 영역 둘 다 충분한 지식을 갖추어 해석이나 설계 문제가 주어질 때 더 적합한 방법을 선택하여 사용할 수 있도록 해야 한다.

Check Point 다음 문제에서 옳은 것을 골라라.

(1) 주파수 응답은 입력의 (파형, 주파수) 변화에 대한 시스템의 응답 특성이다.
(2) 주파수 응답은 입력의 형태에 따라 달라진다. (○, ×)
(3) 주파수 응답은 이론적으로만 구할 수 있는 시스템 특성이다. (○, ×)
(4) 주파수 응답은 (임펄스 응답, 시스템 미분 방정식, 초기 조건)과는 무관하다.
(5) 시스템 미분 방정식의 계수에 의해 주파수 응답이 결정된다. (○, ×)
(6) 주파수 응답은 $\sigma+j\omega$ 평면의 (실축, 허축, 허축에 평행한 선)을 따라 계산한 값이다.
(7) 출력의 스펙트럼은 입력의 스펙트럼과 주파수 응답만 알면 구할 수 있다. (○, ×)
(8) 출력의 진폭 스펙트럼은 입력의 진폭 스펙트럼과 진폭 응답의 (합, 곱)이다.
(9) 출력의 위상 스펙트럼은 입력의 위상 스펙트럼과 위상 응답의 (합, 곱)이다.
(10) 신호와 시스템의 시간 영역 표현과 주파수 영역 표현은 서로 무관하다. (○, ×)

CHAPTER 08_핵심요약

개념	관련 항
푸리에 변환(FT)은 비주기 신호를 주기가 무한대인 주기 신호로 간주해 푸리에 급수를 확장한 것으로, 연속 주파수를 갖는 복소 정현파 $e^{j\omega t}$의 성분별로 표시한 것이다.	식 (8.3) 식 (8.4)
푸리에 변환쌍 $x(t) \Leftrightarrow X(\omega)$는 항상 1:1 대응 관계가 성립하는 쌍이다.	
진폭 스펙트럼은 $\|X(\omega)\|$, 위상 스펙트럼은 $\angle X(\omega)$를 주파수 ω에 대해 그린 것이다.	
푸리에 변환은 절대 적분 가능을 비롯한 디리클레 수렴 조건을 만족해야 한다.	식 (8.5)
전력 신호는 이론적으로는 푸리에 변환이 존재하지 않지만, 특별히 푸리에 변환이 존재하는 것으로 취급한다. 그 결과 FT로 주기/비주기 신호를 모두 취급할 수 있다.	[그림 8-2]
전력 신호의 푸리에 변환은 주파수 영역에서 임펄스 함수를 포함한다.	
주기 신호의 푸리에 변환은 같은 파형을 갖는 비주기 신호의 푸리에 변환을 주기 ω_0로 샘플링한 것과 같은데, 선 스펙트럼이 임펄스로 이루어진 점이 FS와의 차이다.	식 (8.10)
임펄스 신호는 모든 주파수 성분을 포함한다.	[그림 8-5]
FT는 변환쌍이 역할을 맞바꾸어도 여전히 유효한 시간-주파수 쌍대성이 성립한다.	식 (8.25)
실수 신호의 스펙트럼은 공액 대칭을 비롯한 대칭성이 나타나며 유용하게 활용된다.	
시간 척도조절에 의해 시간-주파수 영역에서 늘이기-줄이기가 쌍대를 이룬다.	식 (8.42)
신호의 시간 이동은 위상 스펙트럼만 주파수에 비례해 선형적으로 변화시킨다.	식 (8.44)
진폭 변조에 의해 반송파의 주파수로 스펙트럼의 대역 이동이 이루어진다.	식 (8.47)
시간 컨벌루션 성질에 의해 컨벌루션 표현된 시스템 응답을 쉽게 계산할 수 있다.	식 (8.56)
파스발 정리에 의하면 서로 다른 주파수 성분끼리는 에너지를 형성하지 않는다. 따라서 신호의 에너지는 각 주파수 성분의 에너지를 더한 것과 같다.	식 (8.63)
시스템의 주파수 응답은 입력 신호의 푸리에 변환 $X(\omega)$에 대한 출력 신호의 푸리에 변환 $Y(\omega)$의 비로 정의한다.	식 (8.67)
주파수 응답은 입력 정현파에 대한 출력 정현파의 진폭과 위상 변화를 나타낸 것으로, 주파수에 따라 입력 신호의 크기와 위상을 증가 또는 감소시키는 시스템의 응답 특성을 표현한 것이다.	
주파수 응답은 시스템 임펄스 응답의 푸리에 변환이다.	식 (8.68)
주파수 응답은 시스템을 나타낸 미분 방정식으로부터도 직접 구할 수 있다.	식 (8.74)
주파수 응답은 입력 형태와는 상관없고 시스템이 바뀌지 않는 한 달라지지 않는다.	
종속 연결된 시스템의 주파수 응답은 각 시스템 주파수 응답을 곱한 것과 같다.	식 (8.75)
병렬 연결된 시스템의 주파수 응답은 각 시스템 주파수 응답을 더한 것과 같다.	식 (8.76)
출력의 진폭 스펙트럼은 입력 진폭 스펙트럼에 시스템 진폭 응답을 곱하여, 출력의 위상 스펙트럼은 입력 위상 스펙트럼에 시스템 위상 응답을 더하여 구한다.	식 (8.78) 식 (8.79)
신호와 시스템은 시간 영역과 주파수 영역이라는 이원적인 특성을 갖는다.	

CHAPTER 08_연습문제

【개념 문제】

8.1 푸리에 변환에 대한 다음의 설명 중 틀린 것은?

㉮ 램프 신호 $r(t)=tu(t)$의 푸리에 변환은 존재하지 않는다.

㉯ 푸리에 변환에 의해 얻어진 비주기 신호의 스펙트럼은 연속적이다.

㉰ $X(\omega)=\delta(\omega)$인 신호의 에너지는 유한하다.

㉱ 푸리에 변환은 (복소) 정현파를 변화의 기저 신호로 사용한 푸리에 급수와 바탕 개념이 동일하다.

8.2 푸리에 변환에 대한 다음의 설명 중 옳은 것은?

㉮ 주기 신호를 푸리에 변환한 것과 푸리에 급수 전개한 결과는 동일하다.

㉯ 비주기 신호 $x(t)$의 푸리에 변환과 $x(t)$를 반복해 만든 주기 신호의 푸리에 변환은 아무런 관련이 없다.

㉰ 주기 신호를 푸리에 변환하여 얻은 스펙트럼에는 푸리에 급수 전개하여 얻은 스펙트럼보다 더 많은 주파수 성분이 포함되어 있다.

㉱ 주기 신호의 푸리에 급수 전개에 의한 스펙트럼과 푸리에 변환에 의한 스펙트럼은 모두 이산 함수이다.

8.3 신호의 푸리에 변환에 대한 다음의 설명 중 틀린 것은?

㉮ 전력 신호의 푸리에 변환은 푸리에 변환의 정의식(적분식)으로 직접 계산할 수 있다.

㉯ 임펄스는 모든 주파수 성분을 갖는 신호로서 위상 스펙트럼이 0이다.

㉰ 부호 함수는 전력 신호이지만 스펙트럼에는 임펄스가 나타나지 않는다.

㉱ 임펄스 열의 푸리에 변환 역시 임펄스 열이 된다.

8.4 다음의 신호 중에서 푸리에 변환이 존재하는 것을 모두 골라라.

㉮ $x(t)=|t|$ ㉯ $x(t)=tu(t)$ ㉰ $x(t)=\dfrac{1}{t}$ ㉱ $x(t)=e^{-2|t|}$ ㉲ $x(t)=t^2e^{-2t}u(t)$

8.5 다음의 푸리에 변환쌍 중 틀린 것은?

㉮ $2\sin(\pi t)\cos(\pi t) \;\Leftrightarrow\; 2\pi(\delta(\omega+2\pi)-\delta(\omega-2\pi))$

㉯ $\text{rect}((t-4)/4) \;\Leftrightarrow\; 4e^{-j4\omega}\text{sinc}\left(\dfrac{2\omega}{\pi}\right)$

㉰ $e^{-2t}u(t)*u(t) \;\Leftrightarrow\; \dfrac{1}{-\omega^2+j2\omega}$

㉱ $2\pi\text{sinc}(t)\cos(\pi t) \;\Leftrightarrow\; \text{rect}(\omega/2\pi)*\pi(\delta(\omega-\pi)+\delta(\omega+\pi))$

8.6 푸리에 변환의 대칭성에 대한 다음의 설명 중 틀린 것은?

㉮ $x(t) = e^{-2t}u(t)$의 푸리에 변환은 $\text{Re}\{X(\omega)\} + j\text{Im}\{X(\omega)\} = \text{Re}\{X(-\omega)\} - j\text{Im}\{X(-\omega)\}$을 만족한다.

㉯ 우대칭 실수 신호의 위상 스펙트럼은 0 또는 $\pm\pi$ 값만 나타난다.

㉰ $X(\omega) = \begin{cases} j2\pi\omega, & -0 \le |\omega|\pi \\ 0, & \text{그 외} \end{cases}$인 신호 $x(t)$는 기대칭 실수 신호이다.

㉱ 실수 신호의 스펙트럼이 ω_0에서 π의 위상을 가지면, $-\omega_0$에서도 위상이 π이다.

8.7 푸리에 변환의 성질에 대한 다음의 설명 중 옳은 것은?

㉮ $x(t)$가 대역 제한 신호일 때, $x(2t)$는 $x(t)$보다 더 많은 주파수 성분을 포함한다.

㉯ $x(t)$의 스펙트럼이 $X(\omega)$일 때, $x(t-3)$의 스펙트럼은 $3X(\omega)$이다.

㉰ 음성 녹음테이프를 빨리 돌리면 목소리가 다르게 들리는 것은 스펙트럼 변화와 상관이 없다.

㉱ 위상 스펙트럼이 0인 신호 $x(t)$를 시간 지연한 $x(t-2)$의 위상 스펙트럼이 $\omega=\pi$에서 -2π라면 $\omega=2\pi$에서 -3π가 된다.

8.8 푸리에 변환의 성질에 대한 다음의 설명 중 틀린 것은?

㉮ $x(t) * \delta(t-3)$의 푸리에 변환은 위상 스펙트럼만 바뀐다.

㉯ $x(t)$의 푸리에 변환이 $\text{sinc}^2\left(\dfrac{\omega}{\pi}\right)$일 때 $\dfrac{1}{2\pi}\text{sinc}^2\left(\dfrac{t}{\pi}\right)$의 푸리에 변환은 $x(-\omega)$이다.

㉰ $x(t) = y(t)$이면 $|X(\omega)|^2 = |Y(\omega)|^2$이다.

㉱ $|X(\omega)|^2 = |Y(\omega)|^2$이면 두 신호 $x(t)$와 $y(t)$는 같은 신호이다.

8.9 주파수 응답에 대한 다음의 설명 중 옳은 것은?

㉮ 시스템의 주파수 응답은 임펄스 응답이 주어져야만 구할 수 있다.

㉯ 주파수 응답은 입력의 푸리에 변환과 출력의 푸리에 변환의 비 $\dfrac{Y(\omega)}{X(\omega)}$로 정의되므로, 입력이 정현파에서 계단 신호로 달라지면 시스템의 주파수 응답도 달라진다.

㉰ 두 시스템을 종속 연결한 순서를 바꾸면 주파수 응답도 달라진다.

㉱ 시스템 $H_1(\omega)$에 시스템 $H_2(\omega)$를 부(-)궤환 연결한 시스템의 전체 주파수 응답은 $\dfrac{H_1(\omega)}{1+H_1(\omega)H_2(\omega)}$이다.

8.10 주파수 응답에 대한 다음의 설명 중 틀린 것은?

㉮ 같은 시스템을 나타내는 주파수 응답과 미분 방정식의 계수는 밀접한 관련이 있다.

㉯ 입력 신호의 위상 스펙트럼이 $\omega=2$일 때 -0.5π이고 시스템의 주파수 응답이 $\dfrac{1}{2+j\omega}$라면, 출력 신호의 위상 스펙트럼은 $\omega=2$에서 -0.125π이다.

㉰ 입력 신호의 진폭 스펙트럼이 $\omega=1$일 때 $\sqrt{5}$이고 시스템의 주파수 응답이 $\dfrac{1}{2+j\omega}$라면, 출력 신호의 진폭 스펙트럼은 $\omega=1$에서 1이다.

㉱ 주파수 응답과 임펄스 응답의 스펙트럼은 일치한다.

【 기초문제 】

8.11 다음 그림의 신호 $x(t)$의 푸리에 변환을 구하라.

(a)

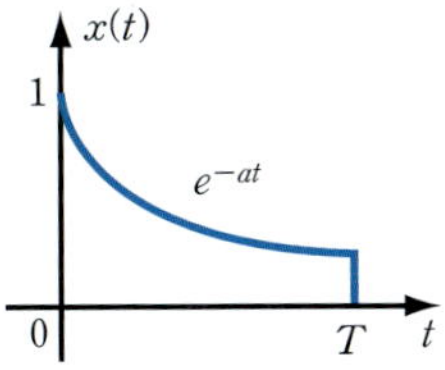

(b)

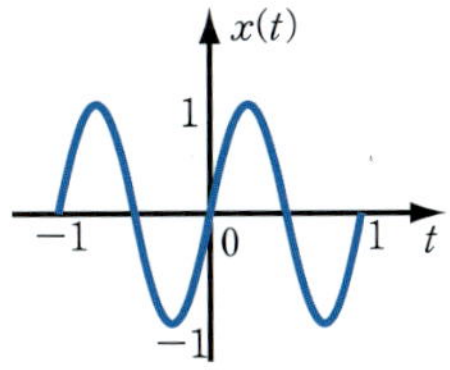

(c)

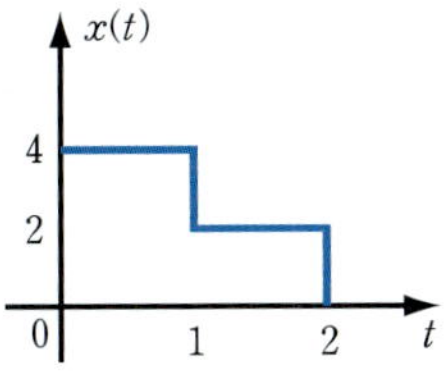

(d)

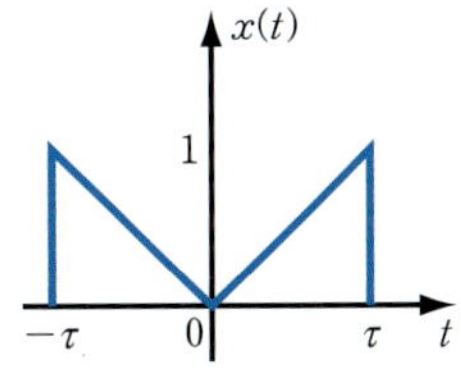

8.12 다음 그림의 스펙트럼 $X(\omega)$를 푸리에 역변환하여 신호 $x(t)$를 구하라.

(a)

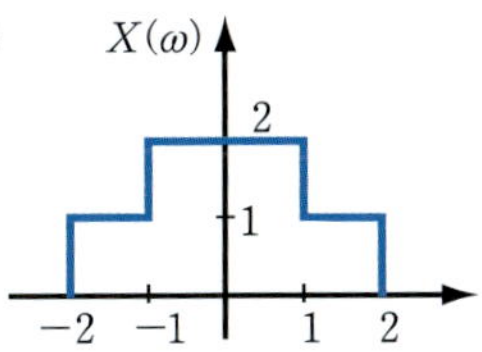

(b)

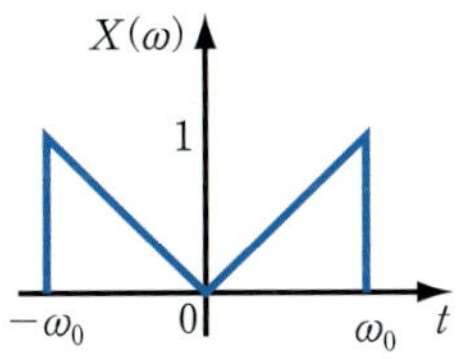

(c)

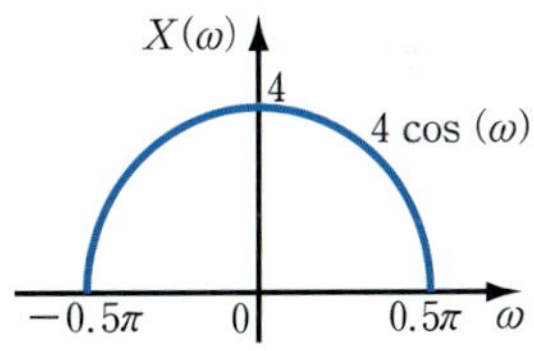

8.13 다음 신호에 대해 푸리에 변환을 정의식을 이용하여 구하고, 또 [부록]의 푸리에 변환쌍표와 [표 8-1]의 푸리에 변환의 성질을 이용하여 푸리에 변환을 구하라.

(a) $x(t) = u(t) - u(t-5)$

(b) $x(t) = e^{-2t}[u(t) - u(t-5)]$

(c) $x(t) = t[u(t) - u(t-5)]$

(d) $x(t) = \sin(2\pi t)[u(t+1) - u(t-1)]$

8.14 푸리에 변환의 성질을 이용하여 다음 신호에 대한 푸리에 변환 $X(\omega)$를 구하라.

(a) $x(t) = e^{-2|t|}$

(b) $x(t) = \dfrac{d}{dt}(e^{-2|t|})$

(c) $x(t) = \dfrac{d}{dt}(te^{-2t}u(t))$

(d) $x(t) = \sin(\omega_0 t)\,u(t)$

(e) $x(t) = \mathrm{sinc}^2(t)$

(f) $x(t) = \mathrm{sinc}(t) * \mathrm{sinc}(t)$

8.15 다음 그림의 신호 $x(t)$의 푸리에 변환을 다음과 같이 구하라.

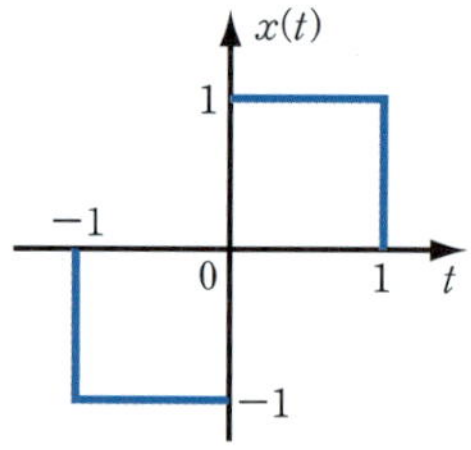

(a) 푸리에 변환의 정의식을 이용
(b) 시간 이동 성질을 이용
(c) 시간 미분과 시간 이동 성질을 이용
(d) 시간 컨벌루션 및 시간 이동 성질을 이용

8.16 신호 $x(t)$의 푸리에 변환이 $X(\omega)=\mathrm{rect}((\omega-1)/2)$일 때, 다음에 대한 푸리에 변환을 구하라.

(a) $x(-t)$
(b) $tx(2t)$
(c) $(t-1)x(t+1)$
(d) $x(-2t+4)$
(e) $x^2(t)$
(f) $x(t)\cos(2t)$
(g) $x(t)*\delta(t-2)$
(h) $\dfrac{dx(t)}{dt}$
(i) $t\dfrac{dx(t)}{dt}$
(j) $x(2t-1)e^{-j2t}$

8.17 푸리에 변환이 다음과 같을 때, 각 경우에 해당하는 신호 $x(t)$를 구하라.

(a) $X(\omega)=2\cos(2\omega)\,\mathrm{sinc}\left(\dfrac{\omega}{\pi}\right)$
(b) $X(\omega)=e^{-a|\omega|},\ a>0$
(c) $X(\omega)=\mathrm{sinc}\left(\dfrac{\omega-2\pi}{\pi}\right)+\mathrm{sinc}\left(\dfrac{\omega+2\pi}{\pi}\right)$
(d) $X(\omega)=j[u(-\omega)-u(\omega)]$
(e) $X(\omega)=j\omega[u(\omega+1)-u(\omega-1)]$
(f) $X(\omega)=2\pi\delta(\omega)+e^{-j\omega}\mathrm{sinc}^2\left(\dfrac{\omega}{\pi}\right)$
(g) $X(\omega)=\begin{cases}2\cos(\omega), & |\omega|<\pi\\ 0, & |\omega|>\pi\end{cases}$
(h) $X(\omega)=\begin{cases}j\omega, & |\omega|<1\\ 0, & |\omega|>1\end{cases}$

8.18 파스발 정리를 이용하여 다음과 같은 신호 $x(t)$의 에너지를 구하라.

(a) $x(t)=e^{-at}u(t)$
(b) $x(t)=\mathrm{sinc}^2\left(\dfrac{t}{\pi}\right)$
(c) $x(t)=2\,\mathrm{tri}(t/2)$
(d) $x(t)=\dfrac{2a}{a^2+t^2}$

8.19 다음 그림과 같은 스펙트럼 $X(\omega)$에 대한 푸리에 역변환을 다음의 두 방법으로 구하라.

(i) 정의식을 이용하라.

(ii) 푸리에 변환의 성질을 이용하라.

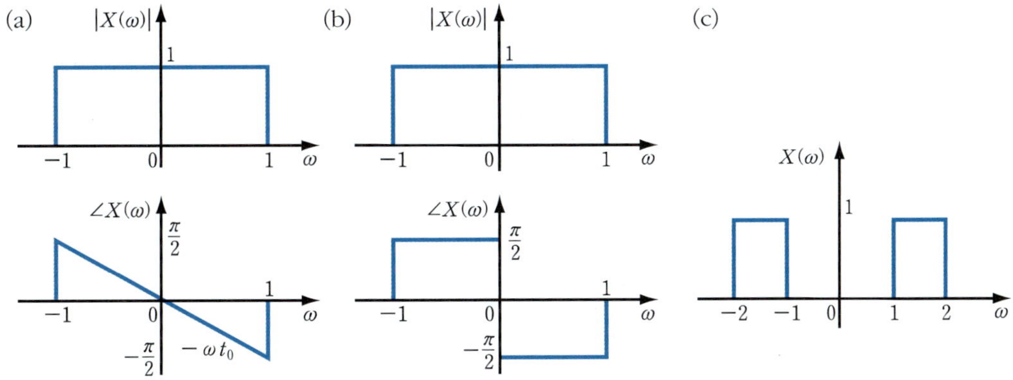

8.20 LTI 시스템의 입력 $x(t)$와 출력 $y(t)$가 다음과 같을 때, 시스템의 주파수 응답과 임펄스 응답, 그리고 시스템 표현 미분 방정식을 구하라.

(a) $x(t) = e^{-2t}u(t)$, $y(t) = e^{-t}u(t)$

(b) $x(t) = 3e^{-2t}u(t)$, $y(t) = (e^{-2t} - e^{-3t})u(t)$

(c) $x(t) = e^{-2t}u(t)$, $y(t) = (2e^{-t} - e^{-2t})u(t)$

(d) $x(t) = 6e^{-t}u(t)$, $y(t) = (e^{-t} + 3e^{-3t} - 4e^{-4t})u(t)$

(e) $x(t) = e^{-2t}u(t)$, $y(t) = 2te^{-2t}u(t)$

(f) $x(t) = e^{-2t}u(t)$, $y(t) = (e^{-t} - e^{-2t} + 2te^{-2t})u(t)$

【응용 문제】

8.21 다음 그림의 신호 $x(t)$의 푸리에 변환을 푸리에 변환의 성질을 이용하여 구하라.

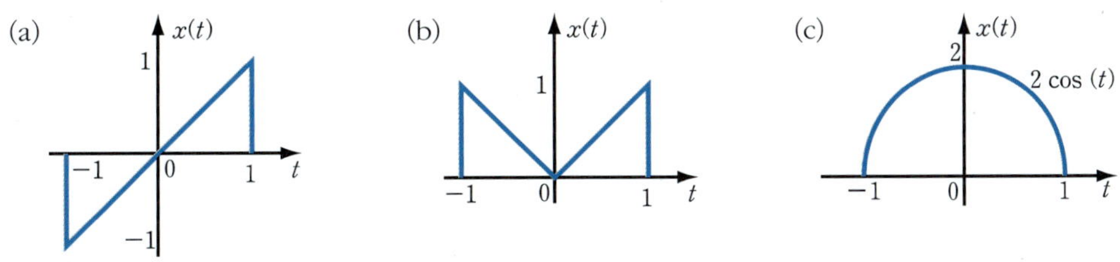

8.22 푸리에 변환의 시간 – 주파수 쌍대성 성질을 이용하여 다음 신호 $x(t)$의 푸리에 변환을 구하라.

(a) $x(t) = \delta(t + t_0) + \delta(t - t_0)$ (b) $x(t) = \dfrac{1}{1 + jt}$ (c) $x(t) = \dfrac{2a}{a + t^2}$

8.23 다음 그림의 $x(t)$의 푸리에 변환이 $X(\omega)=\frac{1}{\omega^2}(e^{j\omega}-j\omega e^{j\omega}-1)$로 주어졌다. 푸리에 변환의 성질을 이용하여 나머지 신호의 푸리에 변환을 구하라.

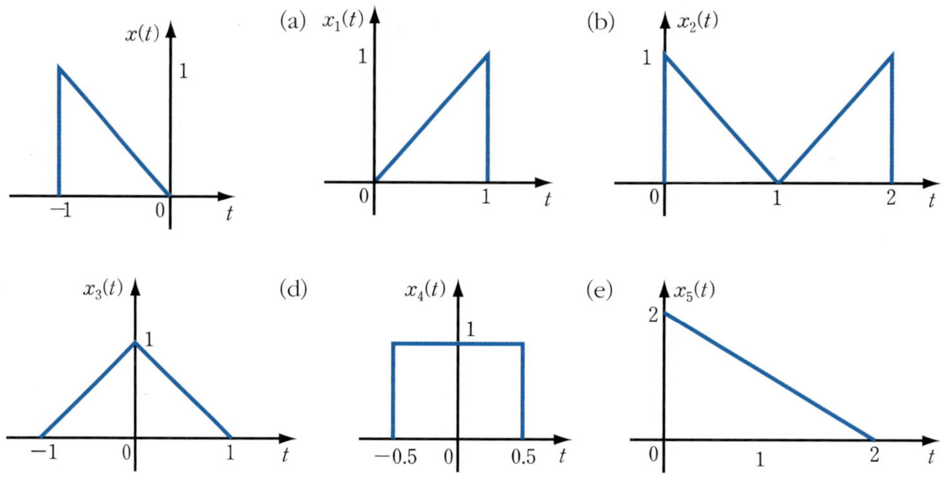

8.24 다음 물음에 답하라.

(a) $X(\omega)=\dfrac{1}{(a+j\omega)^2}$에 대해 푸리에 변환의 시간 컨벌루션 성질을 이용하여 역변환 $x(t)$를 구하라.

(b) 푸리에 변환의 주파수 미분 성질을 이용하여 $X(\omega)=\dfrac{1}{(a+j\omega)^N}$의 역변환을 구하는 일반식을 구하라.

8.25 다음은 푸리에 변환 $X(\omega)$가 가질 수 있는 속성들을 나열한 것이다.

(1) $X(\omega)$는 실수　(2) $X(\omega)$는 허수　(3) $X(\omega)$는 주기 함수

(4) $X(0)=0$　(5) $\int_{-\infty}^{\infty}X(\omega)d\omega=0$　(6) $\int_{-\infty}^{\infty}\omega X(\omega)d\omega=0$

(7) $-\infty<\omega<\infty$ 구간에서 $X(\omega)$ 제곱 적분 가능

(8) $\tau\neq 0$인 실수에 대하여 $e^{j\omega\tau}X(\omega)$는 허수 함수

위의 주파수 영역에서의 각 속성에 대해 시간 영역에서의 등가 속성들이 무엇인지 결정하고, 다음 신호 중에서 어느 것이 그 속성에 해당하는가를 밝혀라.

(a) $x(t)=\delta(t-1)+\delta(t+1)$　(b) $x(t)=te^{-a|t|}, a>0$

(c) $x(t)=\sin(\pi t)[u(t+1)-u(t-1)]$　(d) $x(t)=\cos(\pi t)[u(t+1)-u(t-2)]$

(e) 주기 T의 톱니파(기함수)　(f) 주기 T의 삼각파(우함수)

8.26 임펄스 응답 $h(t)=\frac{2}{\pi}\text{sinc}\left(\frac{2t}{\pi}\right)$ 인 시스템에 입력 $x(t)=e^{-at}u(t)$ 를 인가할 때 출력의 에너지가 입력의 에너지의 반이 되는 a값을 구하라.

8.27 시스템의 주파수 응답과 입력의 스펙트럼이 다음과 같을 때, 입력 신호 에너지의 75%가 시스템 출력으로 나오도록 $\frac{T_1}{T}$ 비를 구하라.

$$H(\omega)=\frac{1}{1+j\omega T}, \quad X(\omega)=\frac{1}{1+j\omega T_1}$$

8.28 LTI 시스템의 임펄스 응답 $h(t)$ 와 입력 $x(t)$ 가 다음과 같을 때, 시스템의 주파수 응답과 출력을 구하라.

(a) $h(t)=e^{-2t}u(t),\ x(t)=e^{-3t}u(t)$

(b) $h(t)=2e^{-2t}u(t),\ x(t)=3e^{-t}u(t)$

(c) $h(t)=2\text{sinc}(2t),\ x(t)=\text{sinc}(t)$

(d) $h(t)=e^{-at}u(t),\ a>0,\ x(t)=u(t)$

8.29 다음의 미분 방정식으로 표현되는 인과 LTI 시스템에 대해 물음에 답하라.

$$\frac{d^2y(t)}{dt^2}+3\frac{dy(t)}{dt}+2y(t)=\frac{dx(t)}{dt}-x(t)$$

(a) 시스템의 주파수 응답 $H(\omega)$ 를 구하라.

(b) 임펄스 응답 $h(t)$ 를 구하라.

(c) 시스템의 계단 응답 $y(t)$ 를 구하라.

8.30 $x(t)\cos(\omega_0 t)$ 로부터 신호 $x(t)$ 를 복구하는 과정을 복조라고 한다. 신호 $x(t)\cos(\omega_0 t)$ 에 $2\cos(\omega_0 t)$ 를 곱하고 대역폭이 W인 저역 통과 필터를 통과시켜 복조될 수 있음을 보여라. 이때 $W<\omega_0$로 가정한다.

학습포인트

- 매트랩을 이용하여 푸리에 변환에 의한 컨벌루션 계산을 수행해본다.
- 매트랩을 이용하여 진폭 변조를 시켜서 스펙트럼이 주파수 대역 이동되는 것을 확인해본다.

푸리에 변환은 신호에 대해서는 스펙트럼, 시스템에 대해서는 주파수 응답을 구하는 수단으로 사용된다. 푸리에 변환이 만족하는 여러 성질을 잘 활용하면 스펙트럼과 주파수 응답뿐만 아니라 시스템의 출력 등 작업을 편리하게 수행할 수 있다. 따라서 컨벌루션 성질과 변조 성질의 적용 사례에 대해 간단히 실습해보기로 한다.

MATLAB 8-1 푸리에 변환을 이용한 컨벌루션 계산

사각 펄스 $x(t) = \mathrm{rect}(t/2)$에 대해 컨벌루션 $y(t) = x(t) * x(t)$를 계산하고자 한다. 푸리에 변환을 이용하여 이 컨벌루션을 수행하고 그 결과를 시간 영역에서 직접 컨벌루션한 결과와 비교하라.

풀이

시간 영역에서의 컨벌루션은 주파수 영역에서 두 신호의 푸리에 변환의 곱이 되므로 사각 펄스 신호의 푸리에 변환을 구하여 제곱한 뒤 역변환을 하면 된다. 주파수 영역과 시간 영역에서 각각 컨벌루션을 수행하는 매트랩 프로그램은 다음과 같다.

SS_8_1.m

```
N=512;                                  % 데이터 수 설정
dt=6/N;                                 % 시간 간격 설정
t=dt*[-N/2+1:N/2];                      % 시간축 설정
x=stepfun(t,-1)-stepfun(t,1);           % 사각 펄스 신호 생성
y1=conv(x,x)*dt;                        % 시간 영역 컨벌루션 수행
Xf=dt*fft(x);                           % x(t)의 푸리에 변환 수행
Yf=Xf.*Xf;                              % 두 신호의 스펙트럼을 곱함
y2=fftshift((1/dt)*ifft(Yf));           % 역 푸리에 변환에 의한 y(t) 계산

subplot(2,1,1);                         % 2행 1열 분할 그림 창의 1번 창
plot(t,y1(257:768));                    % 시간 영역 컨벌루션 결과를 그림
title('시간 영역 컨벌루션 결과');       % 그림 제목
axis([-3 3 0 2.5]); xlabel('t');        % 그림 영역 설정 및 x축 라벨 표시
subplot(2,1,2);                         % 2행 1열 분할 그림 창의 2번 창
plot(t,y2);                             % FT에 의한 컨벌루션 결과를 그림
title('FT에 의한 컨벌루션 결과');       % 그림 제목
axis([-3 3 0 2.5]); xlabel('t');        % 그림 영역 설정 및 x축 라벨 표시
```

매트랩 프로그램의 실행 결과는 [그림 8-26]에 나타나 있다. 이미 우리가 알고 있듯이 두 가지 방식에 의한 컨벌루션 결과는 동일하다.

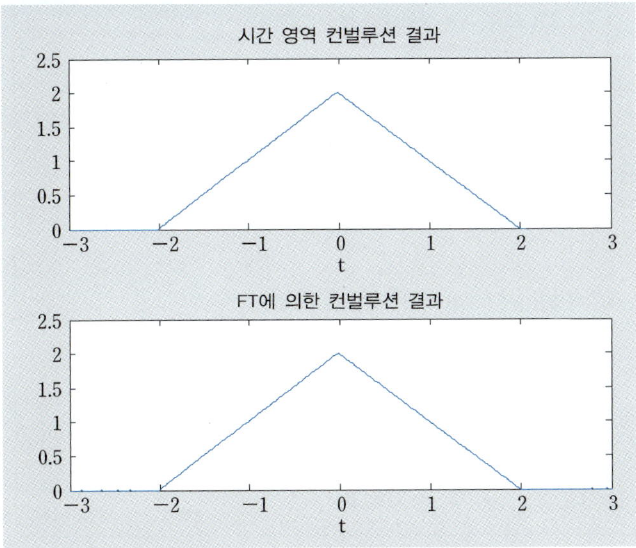

[그림 8-26] 컨벌루션 $y(t) = x(t) * x(t)$ 결과

MATLAB 8-2 진폭 변조

메시지 신호 $m(t) = \cos(2\pi t)$를 반송파 $c(t) = 2\cos(40\pi t)$로 진폭 변조하고자 한다. 메시지 신호 $m(t)$와 반송파 $c(t)$의 파형 및 스펙트럼을 그리고, 변조 신호 $s(t) = m(t)c(t)$의 파형과 스펙트럼을 그려라.

풀이

진폭 변조는 메시지 신호 $m(t)$에 반송파 $c(t) = A_c \cos(\omega_c t)$를 곱하여 변조 신호 $s(t)$를 만들어 스펙트럼을 대역 이동시킨다. 이 문제에서 메시지 신호 $m(t)$의 주파수는 1[Hz], 반송파 $c(t)$의 주파수는 20[Hz]이다. 변조 신호를 구하고 스펙트럼을 그리는 매트랩 프로그램은 다음과 같다.

SS_8_2.m

```
N=256;                                  % 데이터 수 설정
f0=1; fc=20;                            % 메시지 신호 및 반송파의 주파수 설정
ti=0; tf=1;                             % 시간 구간 값 설정
Ts=(tf-ti)/N;                           % 시간(샘플링) 간격 설정
t=[ti:Ts:tf-Ts];                        % 시간축 생성
df=1/(Ts*N);                            % 주파수축 간격(해상도) 설정
f=df*[-N/2:N/2-1];                      % 주파수축 생성

m=cos(2*pi*f0*t);                       % 메시지 신호 생성
c=2*cos(2*pi*fc*t);                     % 반송파 생성
s=m.*c;                                 % 변조 신호 생성

Mf=fftshift((1/N)*fft(m));              % 메시지 신호의 스펙트럼 계산
Cf=fftshift((1/N)*fft(c));              % 반송파의 스펙트럼 계산
Sf=fftshift((1/N)*fft(s));              % 변조 신호의 스펙트럼 계산
```

```
subplot(2,2,1);                        % 2행 2열 분할 그림 창의 1번 창
plot(t,m,t,c,':r');                    % 메시지 신호와 반송파를 그림
title('메시지 신호 m(t)와 반송파 c(t)');  % 그림 제목
xlabel('t');                           % x축 라벨 표시
subplot(2,2,2);                        % 2행 2열 분할 그림 창의 2번 창
stem(f,abs(Mf));                       % 메시지 신호의 진폭 스펙트럼을 그림
hold on                                % 현재 그림 창에 계속 그림
stem(f,abs(Cf),'r');                   % 반송파의 진폭 스펙트럼을 그림
title('m(t)와 c(t)의 스펙트럼');          % 그림 제목
axis([-25 25 0 1]); xlabel('f');       % 그림 영역 설정 및 x축 라벨 표시
subplot(2,2,3);                        % 2행 2열 분할 그림 창의 2번 창
plot(t,s);                             % 변조 신호를 그림
title('변조 신호 s(t)');                 % 그림 제목
xlabel('t');                           % x축 라벨 표시
subplot(2,2,4);                        % 3행 1열 분할 그림 창의 3번 창
stem(f,abs(Sf));                       % 변조 신호의 진폭 스펙트럼을 그림
title('s(t)의 스펙트럼');                % 그림 제목
axis([-25 25 0 1]); xlabel('f');       % 그림 영역 설정 및 x축 라벨 표시
```

매트랩 실행 결과를 [그림 8-27]에 나타내었다. 프로그램에서 변조 신호의 진폭 스펙트럼은 plot 명령을 써서 그려야 하지만, 그럴 경우 스펙트럼이 양 옆의 0인 값과 연결되어 삼각형 모양으로 나타난다. 따라서 정현파의 선 스펙트럼을 정확히 보여주고자 일부러 stem 명령을 썼으며, 또한 axis 명령으로 주파수 범위를 제한해 나타낸 것이다. 그림에서 스펙트럼은 정확히 반송파 주파수만큼 대역 이동된 것을 확인할 수 있다.

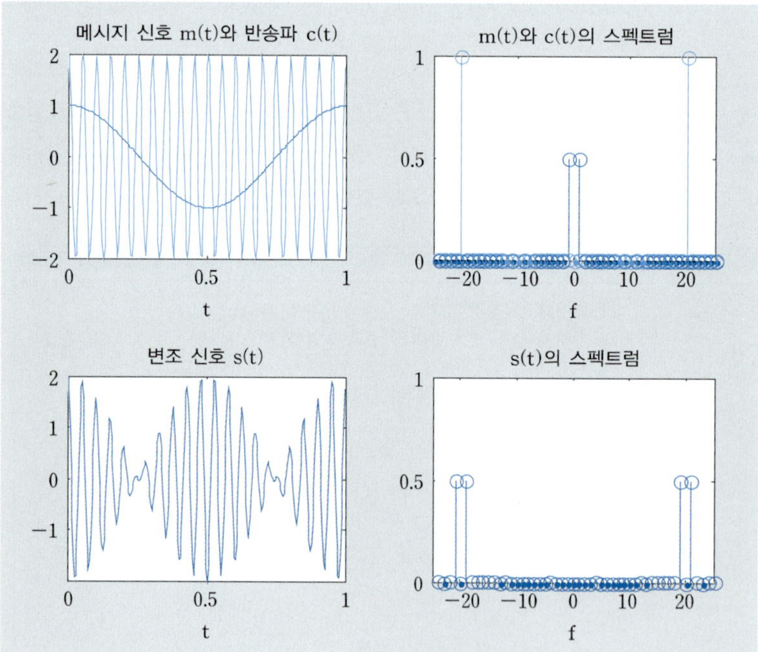

[그림 8-27] 메시지 신호 및 변조 신호의 파형과 스펙트럼

CHAPTER

09

푸리에 변환의 응용

Applications of Fourier Transform

학습목표

- 신호와 시스템의 주파수 영역 특성을 이용하는 필터에 대해 이해할 수 있다.
- 주파수 선택 필터의 정의와 유형에 대해 이해할 수 있다.
- 차단 주파수와 대역폭의 개념을 이해할 수 있다.
- A/D 변환에 의한 디지털 신호의 생성 과정을 이해할 수 있다.
- 샘플링과 주파수 영역에서의 효과에 대해 이해할 수 있다.
- 주파수 중첩과 샘플링 정리를 이해할 수 있다.

【미리보기】

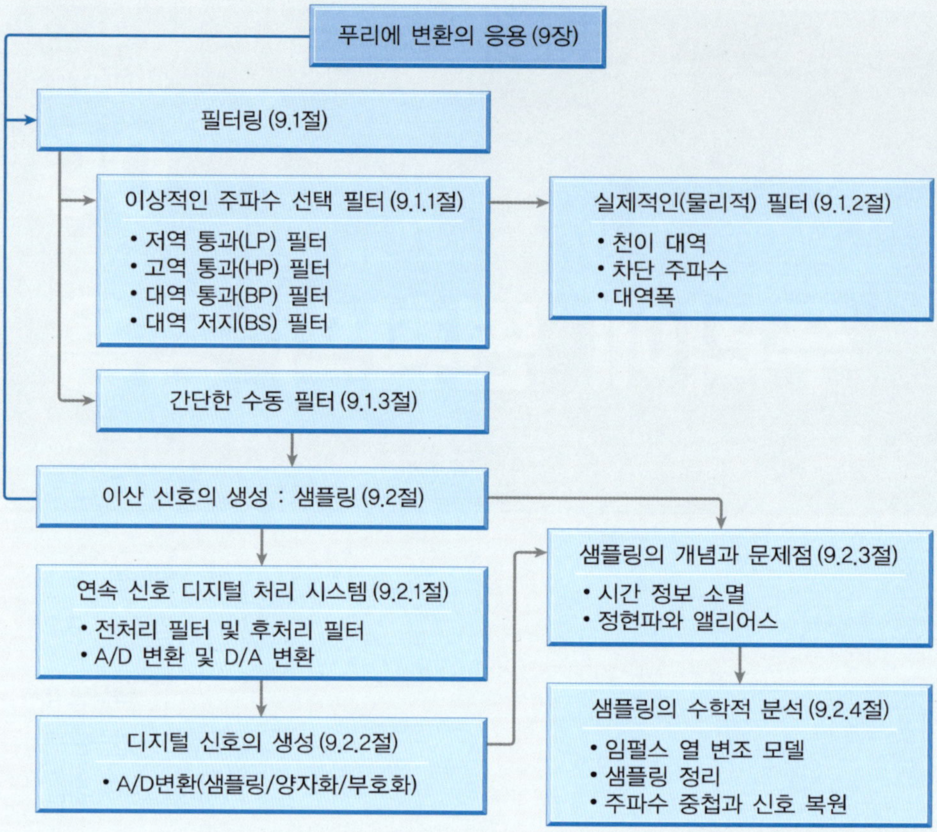

신호와 시스템을 주파수 영역에서 표현하고 해석할 수 있게 해주는 푸리에 변환의 유용성이 잘 드러나는 응용 사례로 필터링과 샘플링을 들 수 있다. 필터링은 주파수 특성을 이용하여 신호 속에 포함된 불필요하거나 원하지 않는 성분들을 걸러내는 동작으로 신호처리의 핵심 작업이다. 한편 21세기는 가히 디지털 시대라 할 만큼 디지털 기술과 시스템의 사용이 보편적인데, 우리가 접하는 대다수 신호는 아날로그 신호이므로 이를 디지털 신호로 바꿔주는 A/D 변환이 필수적이다. 그중에서 특히 핵심 동작인 샘플링과 관련하여 제기되는 문제들에 대해서 잘 알아둘 필요가 있다. 이 절에서는 먼저 이상적인 주파수 선택 필터의 개념과 유형을 소개하고, 실제적인 필터는 어떻게 다른지 알아보고, 전기회로로 구성되는 간단한 수동 필터에 대해 살펴볼 것이다. 그런 다음 연속 신호를 이산 신호로 바꾸어주는 샘플링에 의해 어떤 문제가 발생하며 그 원인이 무엇인지 간단히 살펴보고, 수학적인 분석을 통해 샘플링 정리의 결과를 끌어낼 것이다. 또 이와 연관된 주파수 중첩 현상에 대해서도 살펴보기로 한다.

SECTION 9.1

필터링

학습포인트

- 이상적인 주파수 선택 필터의 정의와 유형에 대해서 알아본다.
- 간단한 물리적 필터와 이의 동작에 대해 알아본다.
- 차단 주파수와 대역폭의 개념을 이해한다.

필터링은 주파수 특성을 이용하여 신호 속에 들어있는 불필요하거나 원하지 않는 성분들을 걸러낸다. 이 절에서는 이상적인 주파수 선택 필터의 개념과 유형을 소개하고, 실제적인 필터는 어떻게 다른지, 또한 전기회로로 구성되는 간단한 수동 필터에 대해 살펴볼 것이다.

신호와 시스템의 해석 및 취급에서 보편적으로 활용되며, 푸리에 변환을 이용한 주파수 영역 해석의 이점과 유용함을 확실히 인식시켜 줄 예로 필터링을 들 수 있다. 필터링은 일반적으로 신호 속에 포함된 불필요하고 원하지 않는 성분들을 필수적이고 유용한 성분들과 분리해서 걸러내는 동작을 일컬으며, 이를 수행해주는 시스템을 필터라고 한다. 정수기, 공기청정기, 커피메이커 등에 들어있는 필터가 그 처리 대상의 속성에 맞추어 통과시킬 것과 걸러낼 것을 분리하는 역할을 하듯이, 신호처리에서 필터는 주어진 신호에 잡음과 같이 원하지 않는 다른 신호 성분을 걸러내고 필요한 성분만 뽑아내어 제공해 주는 역할을 한다. 잡음은 통상적으로 신호가 전달되는 경로 또는 처리 장치나 환경의 물리적 특성의 영향으로 생긴다. 예를 들면, 트랜지스터의 열잡음이나 전기적 특성의 불균일성이나 비대칭성으로 인한 통신 선로 잡음 등이 그것이다.

9.1.1 이상적인 주파수 선택 필터

일반적으로 필터의 기능을 분류할 때 기준이 되는 것은 주파수 영역에서의 특성이다. 만약 신호 중의 필요한 성분과 불필요한 성분의 주파수가 서로 다르다면, 특정한 형태의 주파수 응답을 갖는 필터를 이용하여 이들을 쉽게 분리해낼 수 있다. 이러한 필터를 **주파수 선택**frequency selective **필터**라고 하며, 주파수 분리 특성에 따라 **저역 통과(LP)**Low Pass, **고역 통과(HP)**High Pass, **대역 통과(BP)**Band Pass, **대역 저지(BS)**Band Stop의 네 가지로 구별된다.

주파수 선택 필터에서 주파수축은 크게 두 종류의 대역으로 나뉜다. **통과 대역**pass band은 필터를 통과할 수 있는 신호의 주파수 범위를 가리키고, **저지 대역**stop band은 필터를 통과할 수 없는, 즉 필터에 의해 차단되는 주파수 범위를 가리킨다. 이상적인 주파수 선택 필터란 필요한 주파수 성분들은 조금의

왜곡도 없이 그대로 통과시키고, 불필요한 성분들은 100% 완벽하게 차단하는 필터를 말한다. 다시 말해, 통과 대역에서 $|H(\omega)|=1$, 저지 대역에서 $|H(\omega)|=0$인 특성을 갖는 필터이다.

- **저역 통과(LP) 필터**는 $|\omega|<\omega_c$인 낮은 주파수 대역의 신호만 통과시키고 그 외의 주파수 범위의 신호는 모두 차단하는 필터이다.

$$H_{LP}(\omega)=\begin{cases}1, & \omega<\omega_c \\ 0, & \text{그 외}\end{cases} \tag{9.1}$$

- **고역 통과(HP) 필터**는 $|\omega|>\omega_c$인 높은 주파수 대역의 신호만 통과시키고 그 외의 주파수 범위의 신호는 모두 차단하는 필터이다.

$$H_{HP}(\omega)=\begin{cases}1, & \omega>\omega_c \\ 0, & \text{그 외}\end{cases} \tag{9.2}$$

- **대역 통과(BP) 필터**는 $\omega_{cl}<|\omega|<\omega_{ch}$인 주파수 대역의 신호만 통과시키고 그 외의 주파수 범위의 신호는 모두 차단하는 필터이다.

$$H_{BP}(\omega)=\begin{cases}1, & \omega_{cl}<|\omega|<\omega_{ch} \\ 0, & \text{그 외}\end{cases} \tag{9.3}$$

- **대역 저지(BS) 필터**는 $\omega_{cl}<|\omega|<\omega_{ch}$인 주파수 대역의 신호만 차단하고 그 외의 주파수 범위의 신호는 모두 통과시키는 필터이다.

$$H_{BS}(\omega)=\begin{cases}0, & \omega_{cl}<|\omega|<\omega_{ch} \\ 1, & \text{그 외}\end{cases} \tag{9.4}$$

- **통과 대역**은 필터가 신호를 통과시키는, 즉 $|H(\omega)|=1$인 주파수 구간이다.
- **저지 대역**은 필터가 신호를 차단하는, 즉 $|H(\omega)|=0$인 주파수 구간이다.
- **차단 주파수**cutoff frequency는 통과 대역과 저지 대역의 경계 주파수를 말한다.

[그림 9-1]에 이들 네 가지 유형의 이상적인 필터의 주파수 응답을 나타내었다.

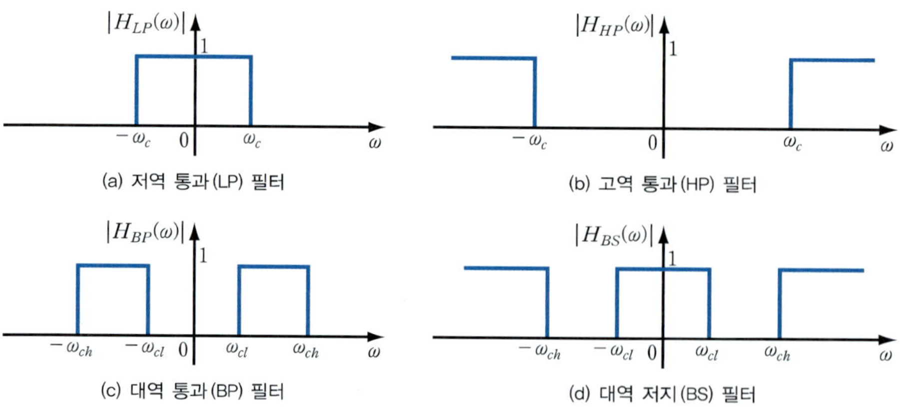

[그림 9-1] 이상적인 주파수 선택 필터

[그림 9-1]과 같은 주파수 응답 특성을 갖는 필터들의 앞에 '이상적인'이란 말이 붙은 이유는 이들 필터는 물리적으로 구현할 수 없기 때문이다. 예를 들어, 저역 통과 필터의 경우 주파수 응답이 펄스폭이 $2\omega_c$인 사각 펄스와 같으므로 이를 푸리에 역변환하면 다음과 같은 임펄스 응답을 얻게 되는데, 비인과이므로 물리적으로는 만들 수 없다.

$$h_{LP}(t) = \frac{\omega_c}{\pi}\mathrm{sinc}\left(\frac{\omega_c t}{\pi}\right) \tag{9.5}$$

9.1.2 실제적인 필터

물리적으로 구현할 수 있는 실제적인 필터는 뒤의 [예제 9-1]에서 가장 간단한 저역 통과 필터인 RC 회로의 주파수 응답을 보면 알겠지만, [그림 9-1]의 이상적인 필터의 주파수 응답과는 달리 통과 대역과 저지 대역의 경계가 칼같이 구분되지 않고 일정한 주파수 구간에 걸쳐 점진적으로 변화가 이루어진다. 그리고 통과 대역의 전 주파수 범위에서 이득 값이 항상 1로 일정한 것은 아니며, 저지 대역의 이득도 대역의 전 주파수 범위에서 완전히 0이 되지는 않는다.

물리적 필터의 주요 특성

- 실제 물리적 필터의 **천이 대역**transition band은 통과 대역에서 저지 대역으로 서서히 옮겨가는 주파수 구간이다.
- 실제 물리적 필터의 **차단 주파수**는 통상 통과 대역 이득의 최댓값에 대해 전력이 반이 되는, 즉 이득이 $1/\sqrt{2}$ 이 되는 주파수로 정의한다.

$$\frac{|H(\omega_c)|^2}{|H(\omega)|^2_{\max}} = \frac{1}{2} \quad \text{또는} \quad \frac{|H(\omega_c)|}{|H(\omega)|_{\max}} = \frac{1}{\sqrt{2}} \tag{9.6}$$

- 실제 물리적 필터의 **대역폭** ω_b는 저역 통과 필터의 경우 $\omega = 0$에서부터 $\omega = \omega_c$까지의 주파수 범위를, 대역 통과 필터에서는 높고 낮은 두 차단 주파수 사이의 주파수 범위 $\omega_{ch} - \omega_{cl}$로 정의한다.

천이 대역의 폭이 좁을수록 좀 더 이상적인 필터에 가까워져서 차단 특성이 양호해지지만, 필터 차수의 증가 등 대가를 치러야 하므로 단순한 문제는 아니다. 한편 실제 물리적 필터의 대역폭과 차단 주파수에 대한 정의는 여러 가지가 있는데, 기본적으로 식 (9.6)의 정의가 이용된다. 식 (9.6)의 차단 주파수는 반전력 주파수인데, 전력비를 dB로 환산하면 −3[dB]가 되므로 3[dB] 차단 주파수라고도 한다.

연속 신호를 처리하는 아날로그 필터는 필터를 구성하는 소자에 따라 수동 필터와 능동 필터로 나뉜다. 수동 필터는 저항(R), 인덕터(L), 커패시터(C) 등의 수동 소자를 이용하여 구성된 필터이고, 능동 필터는 저항(R), 커패시터(C)와 같은 수동 소자와 함께 연산 증폭기를 사용하여 구성된 필터이다. 수동 필터는 일반적으로 능동 필터보다 동작 주파수가 높고, 능동 필터는 IC 칩으로 구현 가능하다는 등 각각의 장단점이 있으므로 응용에 따라 적절히 선택하면 된다.

예제 9-1 이상적인 필터와 실제적인 필터의 동작 비교

[그림 9-2]와 같은 주파수 응답(위상은 모든 주파수에 대해 0)을 갖는 필터에 입력 신호 $x(t) = 10\cos(\pi t) + 15\cos(3\pi t)$이 인가될 때의 출력 신호를 구하라.

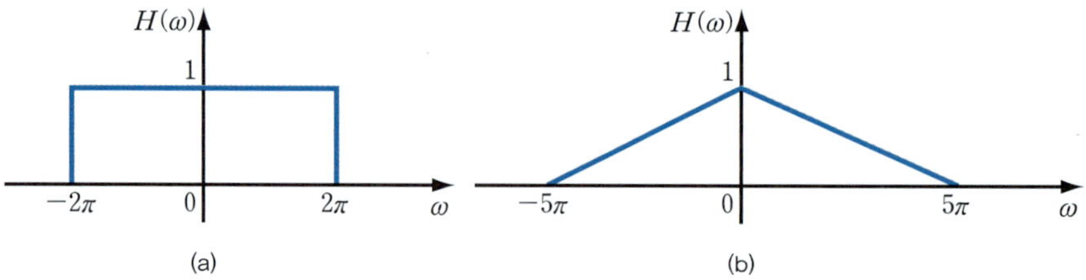

[그림 9-2] [예제 9-1]의 필터의 주파수 응답

풀이

(a) 이 필터는 이상적인 필터로 주파수 응답은 다음과 같이 쓸 수 있다.

$$H(\omega) = \text{rect}\left(\frac{\omega}{4\pi}\right) = \begin{cases} 1, & |\omega| \le 2\pi \\ 0, & \text{그 외} \end{cases}$$

코사인파의 푸리에 변환쌍을 이용하여 입력 $x(t)$의 푸리에 변환, 즉 스펙트럼을 구하면 다음과 같으며, 이를 [그림 9-3(a)]에 나타내었다.

$$X(\omega) = 15\pi\delta(\omega+3\pi) + 10\pi\delta(\omega+\pi) + 10\pi\delta(\omega-\pi) + 15\pi\delta(\omega-3\pi)$$

출력 $y(t)$의 스펙트럼은 다음과 같이 $X(\omega)$와 $H(\omega)$의 곱으로 구해지며, 이를 [그림 9-3(b)]에 나타내었다.

$$\begin{aligned} Y(\omega) = H(\omega)X(\omega) &= 10\pi H(-\pi)\delta(\omega+\pi) + 10\pi H(\pi)\delta(\omega-\pi) \\ &= 10\pi\delta(\omega+\pi) + 10\pi\delta(\omega-\pi) \end{aligned}$$

이를 푸리에 역변환하면 다음과 같이 출력 신호가 얻어진다.

$$y(t) = 10\cos(\pi t)$$

즉 시스템의 차단 주파수 $\omega_c = 2\pi$ 밖에 있는 주파수 성분 $15\cos(3\pi t)$는 차단되어 출력으로 나오지 않는다.

(b) [그림 9-2(b)]의 주파수 응답은 실제적인 필터의 주파수 응답을 직선 근사화한 것으로 다음과 같이 쓸 수 있다.

$$H(\omega) = \Delta_{5\pi}(\omega) = \begin{cases} 1 - \dfrac{1}{5\pi}|\omega|, & |\omega| \le 5\pi \\ 0, & \text{그 외} \end{cases}$$

(a)와 마찬가지로 출력 $y(t)$의 스펙트럼은 다음과 같이 구할 수 있으며, 이를 [그림 9-3(c)]에 나타내었다.

$$Y(\omega) = H(\omega)X(\omega) = 15\pi H(-3\pi)\delta(\omega+3\pi) + 10\pi H(-\pi)\delta(\omega+\pi)$$
$$+ 10\pi H(\pi)\delta(\omega-\pi) + 15\pi H(3\pi)\delta(\omega-3\pi)$$
$$= 6\pi\delta(\omega+3\pi) + 8\pi\delta(\omega+\pi) + 8\pi\delta(\omega-\pi) + 6\pi\delta(\omega-3\pi)$$

이를 푸리에 역변환하면 다음의 출력 신호를 얻게 된다.

$$y(t) = 8\cos(\pi t) + 6\cos(3\pi t)$$

통과 대역 내의 $\omega = \pi$인 정현파는 크기가 좀 줄어들었으며, 저지 대역에 있는 $\omega = 3\pi$인 정현파는 크기가 많이 줄어들어 $\omega = \pi$인 정현파보다 작아졌지만 0은 아니다. 다시 말해, 차단 주파수 밖의 주파수 성분이 100% 차단되지는 않는다.

이상에서 보듯이, 시스템 주파수 응답의 형태에 따라 입력의 각 주파수 성분에 대한 응답이 달라져 모든 주파수 성분을 합성한 출력도 달라진다. 그러므로 입력에 대해 원하는 출력을 내는 필터를 설계하는 것은 결국 적절한 주파수 응답을 결정하는 것과 같다.

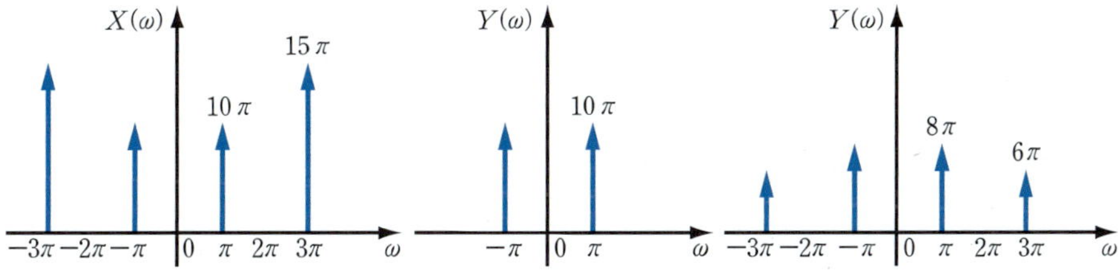

(a) 입력 스펙트럼 (b) (a)의 출력 스펙트럼 (c) (b)의 출력 스펙트럼

[그림 9-3] 입력과 출력의 스펙트럼

9.1.3 간단한 수동 필터

물리적 필터 중 가장 간단한 필터는 R, L, C 소자를 하나씩만 사용한 전기회로이다. R과 C 또는 R과 L로 이루어진 1차 회로는 어느 소자에서 출력 전압을 빼내느냐에 따라 저역 통과 또는 고역 통과 필터로 작동한다. 대역 통과 필터는 2개의 차단 주파수를 갖고 필터링 동작이 훨씬 복잡하므로 1차 회로로는 구현할 수 없고 L과 C를 모두 사용하는 2차 회로로 구성된다. 이러한 수동 필터의 예를 [그림 9-4]에 나타내었다. [그림 9-4(c)]의 RLC 대역 통과 필터는 공진 회로로서 공진 주파수가 통과 대역의 중심 주파수인 대역폭이 좁은 대역 통과 필터이다. [그림 9-5]는 LP, HP, BP 수동 필터의 전형적인 (주파수) 진폭 응답을 그린 것이다.

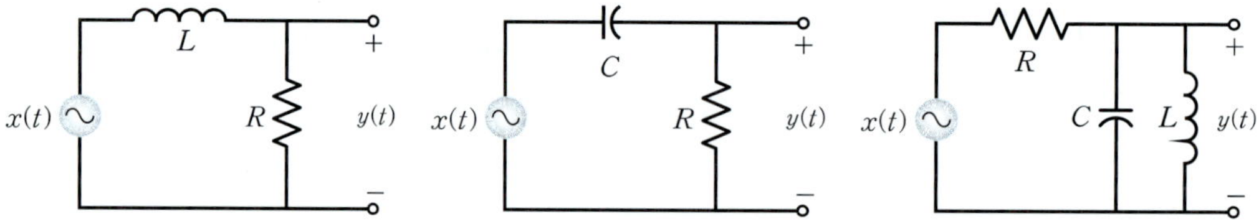

(a) RL 저역 통과 필터 (b) RC 고역 통과 필터 (c) RLC 대역 통과 필터

[그림 9-4] 간단한 수동 필터

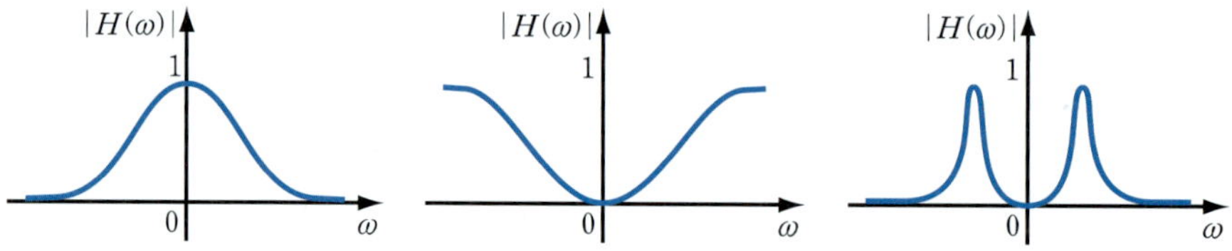

(a) 저역 통과 필터 (b) 고역 통과 필터 (c) 대역 통과 필터

[그림 9-5] 간단한 수동 필터의 진폭 응답

이러한 간단한 수동 필터들의 주파수 응답을 [표 9-1]에 정리하여 나타내었다. RC 저역 통과 필터는 [그림 9-4(b)]에서 R과 C의 위치를 바꾼 것이며, RL 고역 통과 필터는 [그림 9-4(a)]에서 L과 R의 위치를 바꾼 것이다. 필터의 주파수 응답은 이제 살펴볼 [예제 9-2]와 같이 먼저 회로 방정식을 세운 다음 이를 푸리에 변환하여 얻을 수 있다.

[표 9-1] 간단한 수동 필터

필터 유형	주파수 응답	차단 주파수
RC 저역 통과 필터	$H(\omega) = \dfrac{\frac{1}{RC}}{j\omega + \frac{1}{RC}}$ (9.7)	$\omega_c = \dfrac{1}{RC}$
RC 고역 통과 필터	$H(\omega) = \dfrac{j\omega}{j\omega + \frac{1}{RC}}$ (9.8)	$\omega_c = \dfrac{1}{RC}$
RL 저역 통과 필터	$H(\omega) = \dfrac{\frac{R}{L}}{j\omega + \frac{R}{L}}$ (9.9)	$\omega_c = \dfrac{R}{L}$
RL 고역 통과 필터	$H(\omega) = \dfrac{j\omega}{j\omega + \frac{R}{L}}$ (9.10)	$\omega_c = \dfrac{R}{L}$
RLC 대역 통과 필터	$H(\omega) = \dfrac{\frac{1}{RC}(j\omega)}{(j\omega)^2 + \frac{1}{RC}(j\omega) + \frac{1}{LC}}$ (9.11)	**중심 주파수** $\omega_r = \dfrac{1}{\sqrt{LC}}$

예제 9-2 간단한 실제적인 저역 통과 필터 : *RC* 회로

[그림 9-6(a)]의 RC 회로의 주파수 응답을 구하여 어떤 특성의 필터인지 판별하라. 또한 $R=0.5[\Omega]$, $C=0.1[\text{F}]$일 때 다음의 입력에 대한 출력의 진폭 스펙트럼을 구하라.

(a) $\omega_0=1$인 정현파 (b) $\omega_0=15$인 정현파 (c) $\omega_0=98$인 정현파

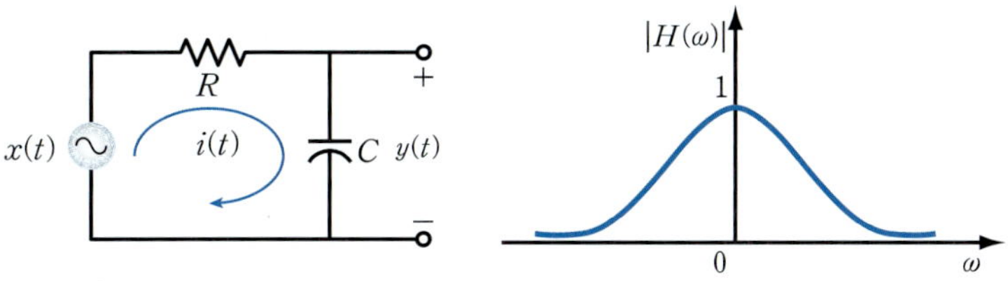

(a) RC 회로 (b) 진폭(주파수) 응답

[그림 9-6] RC 회로

풀이

RC 회로의 주파수 응답은 8장 [예제 8-20]에서 다음과 같이 구한 바 있다.

$$H(\omega)=\frac{Y(\omega)}{X(\omega)}=\frac{\frac{1}{RC}}{j\omega+\frac{1}{RC}} \tag{9.7}$$

따라서 진폭 응답, 즉 필터 이득은 다음과 같고, [그림 9-6(b)]와 같은 형태가 된다. [예제 9-1]의 [그림 9-2(b)]는 이를 직선으로 근사화한 것임을 알 수 있을 것이다.

$$|H(\omega)|=\frac{\frac{1}{RC}}{\sqrt{\omega^2+(\frac{1}{RC})^2}}=\frac{20}{\sqrt{\omega^2+20^2}} \tag{9.12}$$

$|H(0)|=1$, $|H(\infty)|=0$으로 주파수가 높아짐에 따라 크기가 작아지므로 저역 통과 필터이다.

(a) $\omega_0=1$을 진폭 응답 식 (9.12)에 대입하면 다음과 같다.

$$|H(1)|=\frac{20}{\sqrt{1^2+20^2}}\simeq\frac{20}{20}=1$$

이 정현파는 그대로 통과되어 출력으로 나온다.

(b) $\omega_0=15$를 진폭 응답 식 (9.12)에 대입하면 다음과 같다.

$$|H(15)|=\frac{20}{\sqrt{15^2+20^2}}=\frac{20}{25}=0.8$$

차단 주파수가 $\omega_c=1/RC=20$이므로, 이 정현파는 주파수가 통과 대역 안에 있으나 크기가 약간 (20%) 줄어들어 필터 출력으로 나타난다. 이는 [그림 9-6(b)]에서 보듯이 통과 대역에서 필터 이득이 1로 일정하지 않기 때문이다.

(c) $\omega_0 = 98$을 진폭 응답 식 (9.12)에 대입하면 다음과 같다.

$$|H(98)| = \frac{20}{\sqrt{98^2 + 20^2}} \simeq \frac{20}{100} = 0.2$$

이 정현파는 크기가 많이 감소하긴 하였으나, 그래도 작은 값(20%)이 출력에 포함된다. 즉 차단이 이루어지고 있지만 양호하진 않다.

이상의 결과를 보면, RC 저역 통과 필터가 필터링 동작을 하는 것은 분명하지만 특성이 그리 좋은 편은 아님을 확인할 수 있다.

Tip & Note **실용 아날로그 필터 : 버터워스 필터**

이상적인 필터는 물리적으로 구현할 수 없어서 근사화하여 인과 필터로 구현하게 된다. 아날로그 필터의 표준 유형에는 **버터워스**Butterworth, **체비쇼프**Chebyshev, **타원형**elliptic, 그리고 **베셀**Bessel 필터의 네 가지가 있으며, 이들 필터는 주파수 응답(전달 함수)이 극pole을 가지므로 주파수 응답의 진폭 응답 제곱에 **스펙트럼 분해**spectral factorization 기법을 적용하여 안정한 필터를 설계한다. 그중에 버터워스 필터는 설계가 비교적 쉽고 간편한 필터로서 진폭 응답 제곱이 다음과 같이 주파수 ω에 대해 단조 감소인 특성을 갖는다([그림 9-7]).

$$|H(\omega)|^2 = \frac{1}{1 + \left(\frac{\omega}{\omega_c}\right)^{2N}} \qquad \cdots ①$$

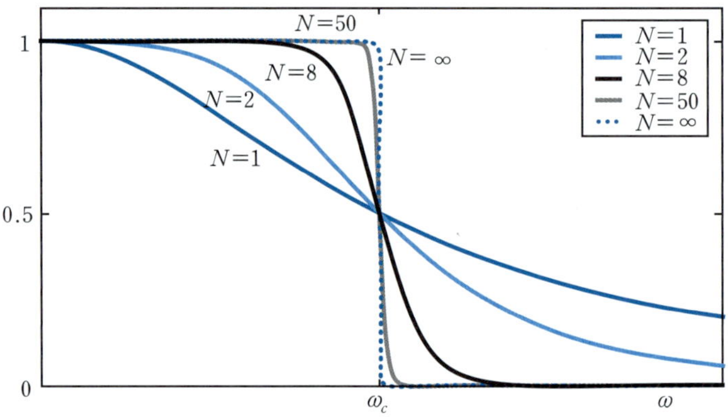

[그림 9-7] 버터워스 필터의 진폭 제곱 특성

[그림 9-7]에서 보듯이, 버터워스 필터는 네 가지 아날로그 필터 중에서 가장 평탄한 통과 대역 특성을 보이는데, 필터 차수 N이 커짐에 따라 이상적인 저역 통과 필터에 가까워지지만, 필터의 차수가 커지더라도 차단 주파수는 바뀌지 않는다. 그리고 통과 대역의 이득이 $\omega = 0$ 부근에서는 최대로 평탄하지만, 주파수가 높아질수록 감쇠가 커져서 통과 대역 전체에서는 주파수 응답이 고르지 못함을 알 수 있다.

[예제 9-2]의 RC 회로에서 차단 주파수를 $\omega_c = \dfrac{1}{RC}$ 로 두면, 식 (9.7)의 주파수 응답에서 $|H(\omega)|^2$이 식 ①과 같아짐을 알 수 있다. 즉 [예제 9-2]의 RC 회로는 1차 버터워스 필터에 해당한다. 그리고 [그림 9-8]의 RLC 회로에서 $L = \dfrac{R}{\sqrt{2}\,\omega_c}$, $C = \dfrac{\sqrt{2}}{R\omega_c}$ 로 선정하면 $\omega_c = \dfrac{1}{\sqrt{LC}}$ 인 2차 버터워스 필터가 된다.

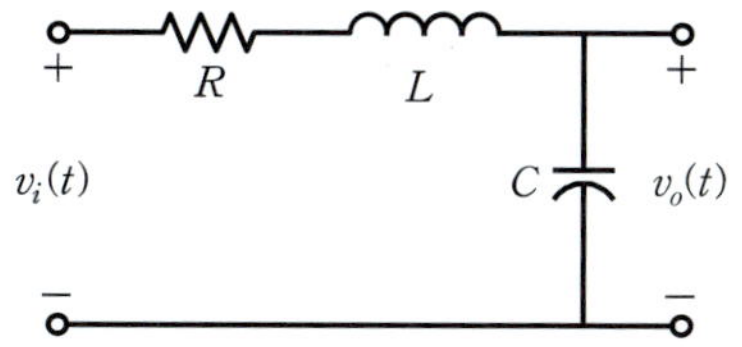

[그림 9-8] 2차 버터워스 필터

Check Point **다음 문제에서 옳은 것을 골라라.**

(1) 주파수 선택 필터가 아닌 것은 (저역 통과, 대역 통과, 적응) 필터이다.
(2) 모든 주파수 성분을 지닌 백색 잡음을 주파수 선택 필터로 걸러낼 수 있다. (○, ×)
(3) 이상적인 주파수 선택 필터라도 통과 대역 이득이 일정하지 않다. (○, ×)
(4) 이상적인 주파수 선택 필터의 저지 대역 이득은 ($|H(\omega)| = 1$, $|H(\omega)| = 0$)이다.
(5) (이상적인, 물리적인) 주파수 선택 필터는 천이 대역을 가진다.
(6) 천이 대역 폭이 좁을수록 필터의 차단 특성이 양호하다. (○, ×)
(7) 차단 주파수는 최대 이득에 대해 (전력, 이득)이 반이 되는 주파수이다.
(8) 대역폭은 차단 주파수와는 무관하다. (○, ×)
(9) R, L, C 소자로 이루어진 전기회로는 (능동, 수동) 필터이다.
(10) 1차 전기회로로는 대역 통과 필터를 구현할 수 없다. (○, ×)

SECTION 9.2

샘플링

학습포인트

- 연속 신호의 디지털 처리를 위한 시스템 구성과 각 구성부의 역할에 대해 알아본다.
- A/D 변환에 의한 디지털 신호의 생성 과정에 대해 이해한다.
- 샘플링의 개념과 이에 의한 연속 신호의 이산 신호 변환을 이해한다.
- 아날로그 주파수와 디지털 주파수의 관계와 차이를 이해한다.
- 샘플링 주파수에 대한 앨리어스alias 신호의 개념을 이해한다.
- 샘플링에 의해 주파수 스펙트럼에는 어떤 현상이 일어나는지 알아본다.
- 섀넌의 샘플링 정리를 이해한다.
- 주파수 중첩 현상이 무엇인지, 또 이의 영향은 어떤 것인지 알아본다.

디지털 처리 시스템의 구성이 더 복잡함에도 불구하고, 디지털 신호 처리가 가지는 여러 장점들로 인해 아날로그 신호를 디지털 방식으로 처리하는 것이 최근 추세이다. 이를 위해서는 여러 가지 부수적인 조작과 고려가 필수적이다. 특히 연속 신호로부터 이산 신호를 얻으려면 샘플링을 거쳐야만 한다. 샘플링 동작 자체는 단순하지만, 주파수 중첩 현상과 맞물려 샘플링 주기(주파수)의 선정은 대단히 중요한 문제로 샘플링 정리에 의해 그 조건이 규정된다. 이 절에서는 연속 신호의 디지털 처리 시스템의 전형적인 구성과 기능을 간략히 살펴보고, 특히 샘플링에 의해 어떤 문제가 발생하며 원인이 무엇인지를 알아본다. 그리고 수학적인 분석을 통해 샘플링 정리의 결과를 끌어낼 것이며, 이와 관련하여 주파수 중첩 현상에 대해서도 살펴보기로 한다.

9.2.1 연속 신호의 디지털 처리 시스템

21세기는 바야흐로 디지털 시대이다. 실생활에서 접하는 대부분의 신호가 아날로그임에도 디지털 시스템(기술)을 사용하여 처리하는 일이 보편화되고 있다. 이를 초래한 근본적 이유는 디지털에서는 모든 대상 신호를 단순한 숫자의 나열인 이산(디지털) 신호로 바꾸어 처리한다는 점이다. 그 결과 신호의 처리가 결국 수치적 조작에 지나지 않아 덧셈, 곱셈, 시간 지연과 같은 기본 연산만으로 신호에 대한 다양하고 복잡한 조작을 구현할 수 있어서 신호의 취급이 매우 단순해진다. 또한 신호의 처리를 위한 연산과 시스템이 대상 신호에 따라 일일이 달라질 필요가 없어 적용 대상(문자, 음성, 이미지, 영상 등)을 구분하지 않고 하나의 시스템에서 통합적으로 다룰 수 있게 된다. 이에 더해 반도체 소자와 부품, 그리고 소프트웨어 기술의 비약적인 발전에 힘입어 처리의 다양성 및 융통성, 소형화 및 경량화, 가격 대비 성능의 우수성 등 많은 장점을 확보함으로써 지금과 같은 디지털 시대가 도래하게 되었다.

그러나 마이크로프로세서, 논리 IC, 메모리 IC와 같이 디지털 시스템을 구성하는 반도체 소자들은 디지털 신호에 대해서만 정상적으로 작동하므로, 아날로그 신호를 디지털 방식으로 처리하려면 우선 아날로그 신호를 디지털 시스템에 적합한 디지털 신호로 바꿔야 하고, 역으로 디지털 시스템에서 처리된 결과는 다시 아날로그 신호로 되돌려야 한다. 이외에도 만족스러운 처리 결과를 얻기 위한 추가적인 작업이 필요하다.

[그림 9-9]는 이러한 과정을 모두 포함한 연속 신호의 디지털 처리 시스템의 전형적인 구성을 잘 보여준다.

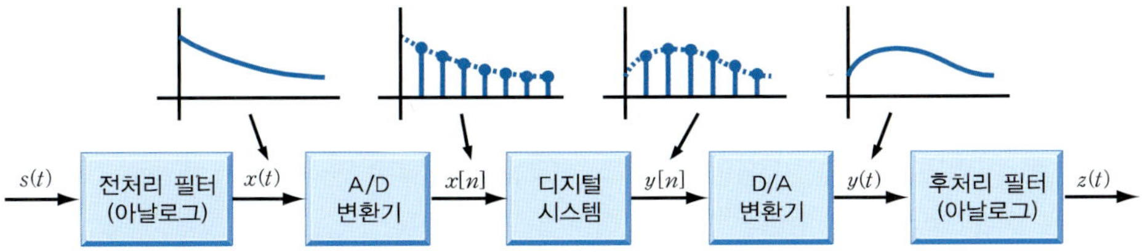

[그림 9-9] 전형적인 연속 신호의 디지털 처리 시스템

지금부터 9.2.2절에서 다룰 A/D 변환을 제외한 [그림 9-9] 시스템의 각 구성부의 역할을 간단히 알아보기로 하자.

전처리 필터(반 주파수 중첩 필터)

전처리 필터 (반 주파수 중첩 필터)

- 아날로그 저역 통과 필터로 신호의 주파수 범위를 제한해 주파수 중첩 현상을 방지한다.
- 신호에 섞여 들어오는 고주파 잡음이나 간섭 신호의 영향을 차단한다.

[그림 9-9]에서 가장 앞부분에 있는 **전처리**preprocessing **필터**는 연속 신호를 샘플링하기 전에 미리 신호의 주파수 범위를 제한하기 위한 아날로그 저역 통과 필터로서 보통 **반 주파수 중첩**anti-aliasing **필터**라고 부른다. 9.2.4절에서 보겠지만, 주파수 중첩은 샘플링 동작의 결과로 아날로그 신호의 주파수 스펙트럼이 주기적으로 반복되며 일부분이 겹치게 되는 현상인데, 샘플링된 신호를 다시 아날로그 신호로 복원할 때 원래 신호와는 다르게 왜곡이 생기는 원인이 된다.

반 주파수 중첩 필터는 입력 신호에 들어있는 샘플링 주파수의 절반이 넘는 주파수 성분들을 충분히 감쇠시킴으로써 주파수 중첩 현상을 최소화해 복원 신호의 왜곡이 거의 생기지 않도록 막아준다. 더불어 저역 통과 특성에 의해 신호에 섞여 들어오는 고주파 잡음이나 간섭 신호의 영향을 배제하는 역할도 한다.

예를 들어, 디지털 전화는 음성 신호를 보통 8000[Hz]의 샘플링 주파수로 샘플링하는데, 통화자를 식별하고 무슨 소리인지 알아들을 수 있는 정도의 통화 품질을 보장하는 데는 3000[Hz] 이하의 주파수 성분만으로도 충분하다. 따라서 통과 대역이 3000[Hz], 천이 대역이 400~500[Hz] 정도, 그리고 저지 대역이 대략 3500[Hz] 이상인 필터를 사용하여 주파수 중첩 발생을 방지할 수 있다.

디지털 시스템

디지털 시스템은 디지털 신호를 입력으로 받아들여 하드웨어와 소프트웨어를 이용해 원하는 목적에 알맞게 처리한 뒤 디지털 신호를 출력으로 내게 된다. 디지털 시스템은 범용 컴퓨터와 인터페이스 및 소프트웨어 프로그램을 결합하여 사용할 수도 있고, 전용 하드웨어를 구성할 수도 있다. 최근에는 하드웨어 구성에 있어 고속 실시간 처리 등에 적합하도록 범용 CPU나 MPU 대신 DSP chip을 이용하거나 특정 용도로 개발된 전용 custom IC를 활용하는 경우가 많아지고 있다.

D/A 변환기

디지털 시스템에 의해 처리된 결과를 다시 아날로그 신호로 되돌리려면 **디지털/아날로그**(D/A) Digital-to-Analog **변환기**를 이용해야 한다. 조립은 분해의 역순이라는 말처럼, A/D 변환의 역동작인 D/A 변환은 복호화와 복원의 두 과정으로 이루어진다. D/A 변환에서 양자화의 역과정은 빠져 있다. 복호화는 이미 유한개의 비트로 표현된 이진 코드를 수치로 바꾸는 동작이어서, 이산 신호의 값을 유한개의 비트에 맞추기 위해 수행되었던 양자화 같은 중간 과정은 불필요하기 때문이다.

D/A 변환기

- **D/A 변환**은 디지털 신호를 복호화–복원 과정을 거쳐 아날로그 신호로 바꾼다.
- **복호화** decoding : 부호화의 역동작으로 이진 코드를 수치로 바꾸어 이산 신호를 만드는 과정이다.
- **복원** reconstruction : 샘플링의 역동작으로 이산 신호를 연속 신호로 바꾸는 과정이다.

복호화는 신호의 값을 이진 코드로 바꾸는 부호화의 역동작으로, 부호화에서 시행했던 원리를 정반대로 적용하여 이진 코드를 수치로 바꾸어 이산 신호를 만든다. 그런 후, 샘플링의 역동작인 복원 과정을 통해 이산 신호로부터 연속 신호를 만들어 낸다. 이론적으로는 9.2.4절의 샘플링 정리를 만족한다면 신호를 완전히 복원할 수 있지만 물리적으로는 불가능하므로, 보통 **영차 홀드** zero order hold를 이용하여 허용 오차 범위 내에서 근사적으로 아날로그 신호로 복원하게 된다.

[그림 9-10]에서 보듯이, 영차 홀드는 다음 샘플 값이 발생할 때까지 현재의 샘플 값을 그대로 유지하는 형태의 신호 복원 방법으로, 이상적인 저역 통과 필터를 거칠게 근사화한 주파수 응답 특성을 보인다. 그럼에도 물리적으로 구현이 쉽고 단순하면서도 샘플링 주파수만 충분히 높여주면 비교적 양호한 복원 특성을 보이기 때문에 가장 널리 쓰이고 있다.

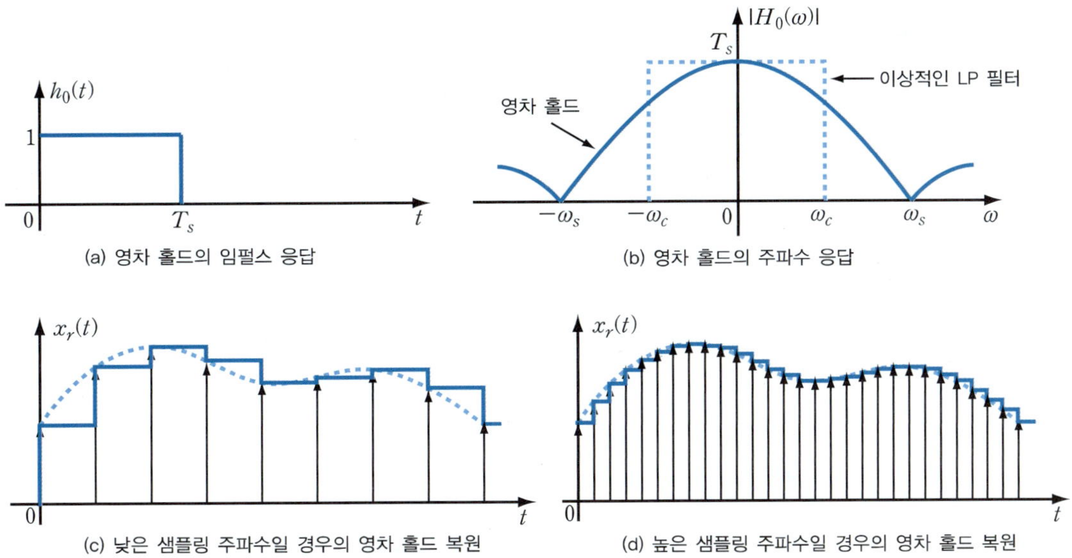

[그림 9-10] 영차 홀드를 이용한 신호의 복원

후처리 필터(평활화 필터)

후처리 필터 (평활화/허상 제거 필터)

- 아날로그 저역 통과 필터로 D/A 변환 과정에서 발생하는 불필요한 과도 응답을 제거하고 복원된 연속 신호에 남아있는 잔여 고주파 성분들을 제거한다.
- 각지고 불연속적인 신호 파형을 매끄럽게 만들어 준다.

[그림 9-9]에서 마지막 단의 **후처리**postprocessing **필터**는 신호 파형을 평활하게 하기 위한 아날로그 저역 통과 필터이다. [그림 9-10]에서 보듯이 영차 홀드를 이용한 복원 신호의 파형은 각지고 불연속적인데, 이를 매끄럽게 만들어 깔끔한 아날로그 신호를 얻게 해주므로 **평활화**smoothing 필터라고 한다. 주파수 영역 관점에서 보면, [그림 9-10(b)]의 주파수 응답의 부엽side lobe으로 인해 샘플링 주파수 정수 배에 자리한 측대역 스펙트럼의 **허상**ghost image들이 제거되지 않고 복원 신호의 스펙트럼에 포함되는데, 후처리 필터가 이 허상의 영향을 제거해주므로 **허상 제거**anti-imaging 필터라고도 부른다.

9.2.2 A/D 변환 – 디지털 신호의 생성

아날로그 신호를 디지털 시스템에 적합한 디지털 신호로 바꾸는 **아날로그/디지털(A/D) 변환**Analog to Digital Conversion은 [그림 9-11]에 보인 것처럼 샘플링, 양자화, 부호화의 세 과정으로 이루어진다.

A/D 변환

- **A/D 변환**은 아날로그 신호를 샘플링-양자화-부호화를 거쳐 디지털 신호로 바꾼다.
- **샘플링**sampling : 연속 신호에 대해 시간 간격을 두고 순시값을 취하여 이산 신호로 만드는 과정이다.
- **양자화**quantization : 신호의 크기를 이산화시켜 신호의 값을 유한개의 등급(레벨)으로 나누는 과정이다.
- **부호화**coding : 신호를 디지털 시스템이 이해하고 처리할 수 있는 형태의 **이진 부호**binary code로 만드는 과정이다.

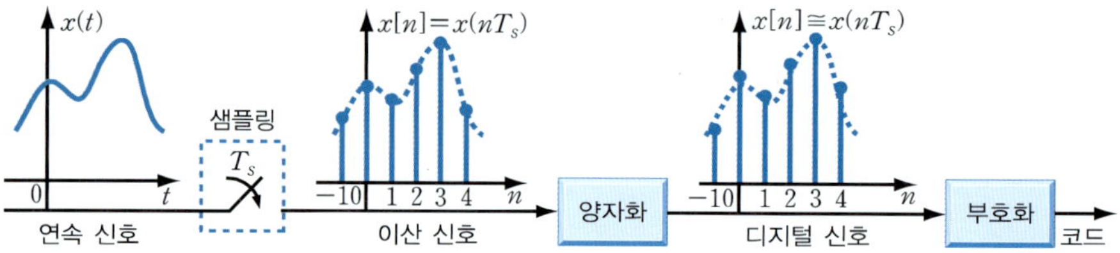

[그림 9-11] 아날로그 신호의 A/D 변환

양자화

샘플링에 의해 아날로그 신호를 이산 신호로 바꾸었다고 컴퓨터 같은 디지털 시스템이 이 신호를 바로 처리할 수 있는 것은 아니다. 다시 크기에 대해서도 이산화시켜 시간과 크기 모두에 대해 이산적인 값만 가지는 디지털 신호로 바꾸는 양자화 과정을 거쳐야 한다. 양자화는 신호 값을 디지털 시스템이 이진 비트로 표현 가능한 만큼의 구간으로 나누어 원래의 신호 값 대신에 그 구간의 대푯값(레벨)으로 바꿔치기하는 동작이다. 양자화 레벨의 수는 디지털 시스템이 몇 비트로 수치를 나타내느냐에 따라 결정된다. 만약 B비트를 사용한다면 양자화 레벨의 최대 수는 2^B개가 된다. 예를 들어, 온도 변화가 $0°\sim500$℃ 인 보일러의 온도를 센서로 측정하여 컴퓨터에 입력시키는 경우, 컴퓨터가 8비트의 데이터 포맷을 사용한다면 구분할 수 있는 경우의 수는 $2^8 = 256$가지이므로 $500°$를 256등급으로 나눈 것 중에 가장 가까운 것으로 측정값을 분류하여 데이터화하게 된다.

양자화에 의해 필연적으로 양자화 레벨과 실제 신호의 차이만큼 정보의 손실이 생긴다. 이를 양자화 오차라고 하는데, 디지털 시스템의 성능 저하나 작동 불능을 일으키는 원인이 된다. 양자화 오차와 이로 인한 영향은 결국 유한개의 비트로 연속적인 값을 나타내는 것이 근본적인 원인이다. 따라서 양자화에 사용되는 비트 수를 증가시켜 줄일 수 있으나 비트 수를 늘리면 처리 속도, 구현 비용 증가 등의 문제와 결부되므로, 아날로그 신호로 복원했을 때 원래 신호와 별로 차이가 나지 않는 한도 내에서 가능한 한 샘플링 주파수와 비트 수를 낮게 가져가는 것이 좋다. 예를 들어, 사람의 음성을 처리하거나 통신하는 디지털 시스템은 8[kHz]의 샘플링 주파수에 $8\sim12$비트 정도면 충분하고, CD와 같이 고음질의 오디오 신호처리가 필요한 경우에는 44.1[kHz]의 샘플링 주파수에 16비트 이상을 사용한다.

Tip & Note 음악의 음계와 양자화

양자화는 음악의 음계를 생각하면 이해하기 쉽다. 음계는 한 옥타브에 도-레-미-파-솔-라-시-도의 8개 음으로 구성된다(7음계). 기타 줄을 누르고 있는 손가락을 미끄러뜨리면서 소리를 내면 음의 변화가 연속적으로 이루어지는 것을 경험해 보았을 것이다. 실제로는 이처럼 연속적으로 음이 존재하지만, 음악에서는 기본적으로 한 옥타브의 음역을 8개의 음으로만 구분하고, 더 세밀하게 나누고 싶으면 # 기호를 써서 도#, 레#, 파#, 솔#, 라#의 5개의 반음을 추가하기도 한다(12음계). 하지만 한 옥타브 내에 존재하는 12음계 사이의 음들은 다루지 못한다. 신호의 양자화도 마찬가지이다. 3비트로 신호를 나타내면 000, 001, 010, 011, 100, 101, 110, 111의 8($=2^3$)개로만 구분할 수 있고, 각 레벨 사이의 값들은 나타낼 수 없다. 1비트를 추가해 4비트로 신호를 나타내면 0000에서 1111까지 $2^4=16$개의 레벨로 구분할 수 있게 되어 표시 가능한 값이 2배로 늘어날 뿐이다.

부호화

컴퓨터 같은 디지털 시스템은 0과 1이 약속된 방식으로 조합된 정보만 인식할 수 있다. 부호화는 디지털 신호를 기계가 이해하는 0과 1의 조합으로 바꾸는 작업으로, 한글의 자음과 모음이나 영문 알파벳을 조합하여 뜻이 통하는 단어나 문장을 만드는 것과 마찬가지다. 다만 사람이 아니라 기계가 알아들을 수 있도록 하는 점이 다를 뿐이다. 이때 서양의 대부분 국가가 같은 알파벳을 사용하면서도 같은 대상을 가리키는 말들이 제각기 다르듯이, 부호화도 똑같이 1과 0을 사용하지만 어떤 원리의 코드를 쓰느냐에 따라 그 결과가 달라진다. 이진 코드는 1과 0, 즉 신호 레벨의 높음high과 낮음low으로만 구분하므로, 데이터를 전송할 때 어느 정도 잡음이 들어오더라도 수신단에서 두 상태를 구분할 수 있어서 잡음의 영향을 최소화할 수 있다. 그뿐만 아니라 데이터 압축, 보안성 강화, 오류 검출 및 정정 등의 기능을 덧붙일 수 있다. 데이터 압축의 예로, 음악 CD의 wav 파일은 1초당 데이터양이 1,411.2[kbps] (44.1[kbps]×16[bit]×2채널)이지만, 압축한 MP3 파일은 192[kbps] 정도면 그럭저럭 들을 만하고, 320[kbps]면 상당히 양호한 음질을 제공한다.

9.2.3 샘플링의 개요

샘플링

샘플링은 연속 신호에 대해 시간 간격을 두고 순시값을 취해 정렬된 수열 형태로 만들어 이산 신호를 얻는 동작이다. 일반적으로 같은 시간 간격으로 샘플을 취하게 되는데, 이때의 일정한 샘플링 간격 T_s를 샘플링 주기라고 한다. 이 경우 샘플링은 [그림 9-12]와 같이 입

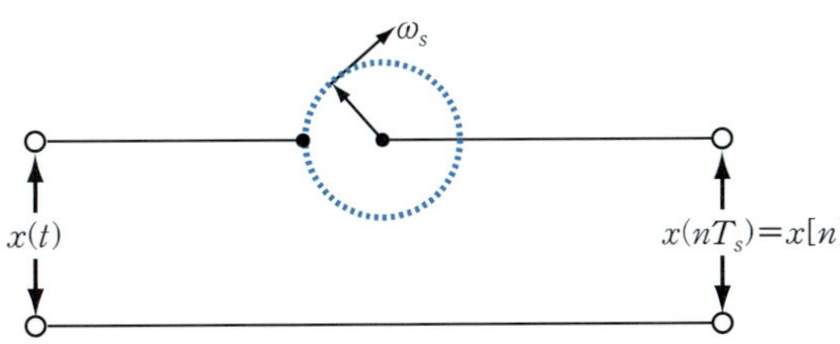

[그림 9-12] 이상적인 균일 샘플링 모델

력이 연속 신호 $x(t)$이고 출력이 이산 신호 $x[n]$인 일종의 회전 스위치로 생각할 수 있다. 각속도 ω_s로 회전하는 회전 스위치는 한 바퀴 돌 때마다, 즉 매 $T_s = 2\pi/\omega_s$초마다 스위치를 순간적으로 닫았다가 열게 되며, 그 순간의 입력 신호 값이 샘플링되어 출력 단자에 나타나게 된다.

- **샘플링**은 시간 간격을 두고 연속 신호의 순시값을 취해 이산 신호를 얻는 동작, 즉 연속 신호 $x(t)$로부터 정렬된 수열 $x(t_0)$, $x(t_1)$, $x(t_2)$, $\cdots$을 만드는 동작이다.
- 보통 일정한 시간 간격(T_s)으로 샘플링하는 **균일 샘플링**uniform sampling을 사용한다.

$$x[n] = x(nT_s) \tag{9.13}$$

- 샘플링 간격 T_s를 **샘플링 주기**, $f_s = \dfrac{1}{T_s}\left(\omega_s = \dfrac{2\pi}{T_s}\right)$를 **샘플링 주파수**라고 한다.

연속 신호를 샘플링하게 되면, 샘플링 간격 사이의 신호 정보는 잃어버리게 된다. 그러므로 '샘플링을 통해 얻은 이산 신호를 원래의 연속 신호로 완전하게 되돌릴 수 있는가'라는 근본적인 문제와 부딪치게 되는데, 이는 곧 살펴보겠지만 샘플링 주파수, 즉 샘플링 주기와 밀접한 관련이 있다. 하나의 예로, 정현파 신호 $x(t) = \cos(\pi t)$를 서로 다른 샘플링 간격으로 샘플링하여 얻은 이산 신호를 [그림 9-13]에 나타내었다.

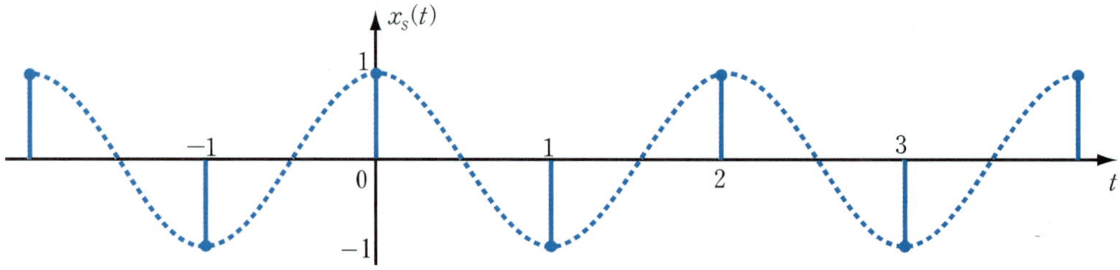

(a) $x_s(t) = \cos(\pi n T_s)$, $T_s = 1$

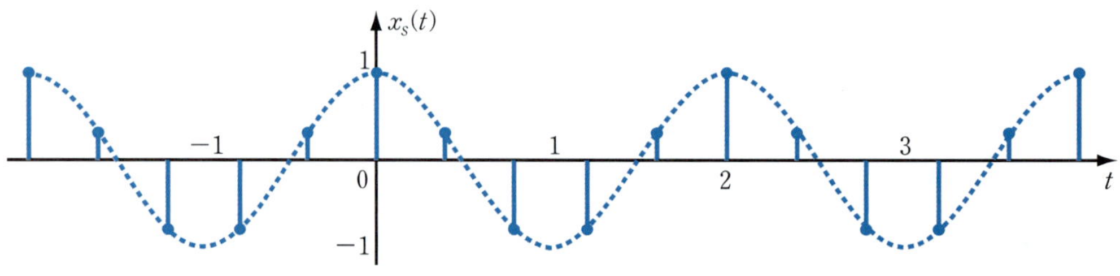

(b) $x_s(t) = \cos(\pi n T_s)$, $T_s = 0.4$

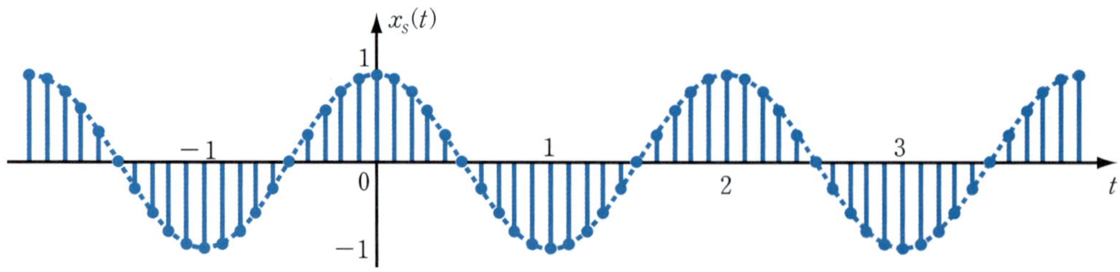

(c) $x_s(t) = \cos(\pi n T_s)$, $T_s = 0.1$

[그림 9-13] 연속 정현파를 샘플링 주기를 달리해 샘플링한 이산 신호

그림에서 보듯이, [그림 9-13(c)]의 경우만 샘플링 이전의 연속 신호 파형이 정현파라는 사실을 눈짐작할 수 있을 뿐이고, [그림 9-13(a)]와 [그림 9-13(b)]의 경우에는 샘플링된 이산 신호만으로는 원래의 연속 신호가 정현파라는 사실을 알아내기조차 쉽지 않다. 이 예로부터 샘플링 주기(주파수)를 적절하게 선정하는 것이 중요함을 느낄 수 있을 것이다.

정현파의 샘플링

7장과 8장에서 신호를 주파수가 다른 정현파 성분들로 쪼갤 수 있음을 살펴보았다. 그러므로 정현파에 대한 샘플링의 효과를 안다면 신호에 대한 샘플링의 효과도 알 수 있을 것이다. 더군다나 정현파는 주파수와 일대일 대응이고 파형과 스펙트럼이 단순하므로 샘플링의 효과를 살펴보기에 매우 적합한 신호이다.

- 연속 정현파를 샘플링하여 이산 신호로 만드는 과정에서 시간 정보가 사라지므로 디지털 주파수 $F(\Omega)$는 물리적인 차원이 없다.
- 정현파를 샘플링하여 주파수 $F_0(\Omega_0)$인 이산 정현파를 만들 수 있는 샘플링 주기 T_s와 연속 정현파 주파수 ω_0의 조합은 무수히 많다.

연속 정현파 신호 $x(t) = A\cos(\omega_0 t)$를 주기 T_s로 샘플링하면, 다음과 같은 이산 정현파 신호를 얻게 된다.

$$x[n] = x(nT_s) = A\cos(\omega_0 n T_s) = A\cos(\Omega_0 n) \tag{9.14}$$

여기서 $\Omega_0 = \omega_0 T_s$[rad]는 이산 정현파 신호의 디지털 (각)주파수로서 연속 정현파 신호의 아날로그 (각)주파수 ω_0[rad/sec]와는 달리 시간과 무관하여 물리적인 차원을 가지지 않는다. 그 결과 샘플링에 의해 $\Omega_0 = \omega_0 T_s$를 만족하는 ω_0와 T_s의 조합은 무수히 많아진다. 다시 말해, 샘플링하여 주파수 Ω_0인 이산 정현파 신호를 만들 수 있는 연속 정현파 신호는 하나가 아니라 무수히 많다.

예제 9-3 샘플링 주기를 달리하여 같은 이산 정현파 얻기

$\cos(\pi t)$를 샘플링 주기 $T_s = 0.2$로 샘플링하여 얻은 이산 신호 $x[n]$과 같은 이산 신호가 얻어지도록 $\cos(2\pi t)$와 $\cos(4\pi t)$에 대한 샘플링 주기를 각각 구하고, 이들 정현파를 샘플링한 이산 신호를 그려라.

풀이

$x(t) = \cos(\pi t)$를 샘플링 주기 $T_s = 0.2$로 샘플링하면 $\Omega_0 = \omega_0 \times T_s = 0.2\pi$이다.

$$x[n] = x(nT_s) = \cos(\pi \times n \times 0.2) = \cos(0.2\pi n) = \cos(\Omega_0 n)$$

$\Omega_0 = 0.2\pi$가 되도록 하는 $\cos(2\pi t)$와 $\cos(4\pi t)$에 대한 샘플링 주기는 다음과 같다.

$$\cos(2\pi t) \ : \ T_s = \frac{0.2\pi}{\omega_0} = \frac{0.2\pi}{2\pi} = 0.1$$

$$\cos(4\pi t) \ : \ T_s = \frac{0.2\pi}{\omega_0} = \frac{0.2\pi}{4\pi} = 0.05$$

[그림 9-14]는 주어진 세 정현파 신호를 샘플링 주기를 달리하여 샘플링한 결과이다. [그림 9-14(a)]는 $\omega_0 = \pi$, $T_s = 0.2$인 경우이고, [그림 9-14(b)]는 $\omega_0 = 2\pi$, $T_s = 0.1$인 경우이다. 또 [그림 9-14(c)]는 $\omega_0 = 4\pi$, $T_s = 0.05$인 경우이다. 세 경우 모두 주파수가 $\Omega_0 = 0.2\pi$로 같은 이산 정현파가 된다. 그림에서 보면, 각 연속 정현파의 한 주기 동안 같은 위치에서 같은 개수(10)의 샘플을 취하고 있음을 볼 수 있다. 이처럼 $\Omega_0 = 0.2\pi$가 되는 ω_0와 T_s의 조합은 [그림 9-14]의 경우 외에도 무수히 많다.

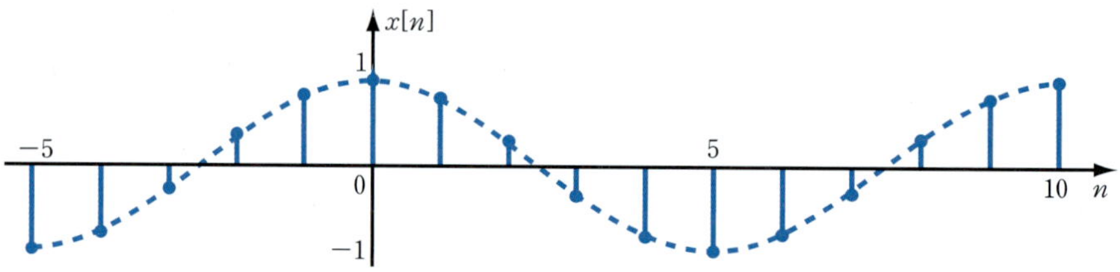

(a) $\omega_0 = \pi$, $T_s = 0.2$

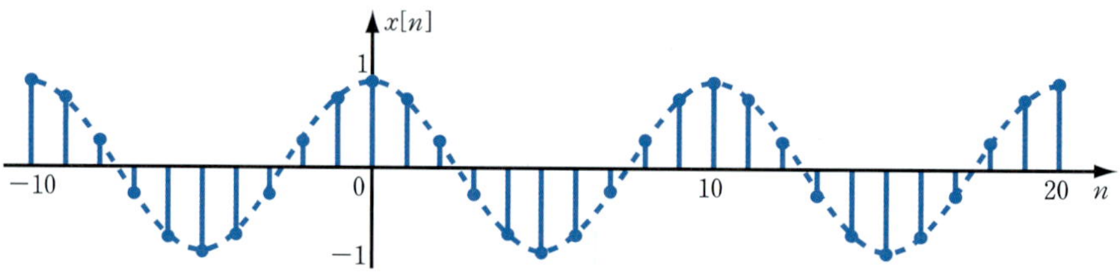

(b) $\omega_0 = 2\pi$, $T_s = 0.1$

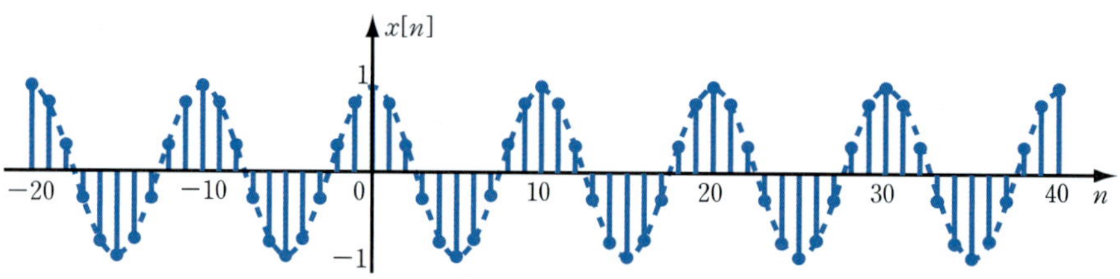

(c) $\omega_0 = 4\pi$, $T_s = 0.05$

[그림 9-14] 서로 다른 주파수와 샘플링 주기의 조합에 의한 동일 이산 신호

샘플링에 의해 같은 이산 신호를 만들 수 있는 정현파가 무수히 많다면, 샘플링된 이산 신호로부터 다시 원래의 연속 신호로 돌아가고 싶을 때 어떤 주파수의 연속 정현파로 복원해야 할지 혼란이 생기게 된다. '만약 샘플링 주기에 대한 정보를 알고 있다면 아무런 문제가 없지 않을까'라고 생각할 수 있으나, 상황은 그렇게 단순하지 않다.

정현파의 앨리어스

샘플링 주기를 같게 하더라도 복원 시의 혼란은 여전히 남는다. [그림 9-15]는 샘플링 주기를 $T_s = 0.8$로 고정해 놓고 정현파 $\cos(\pi t)$, $\cos(1.5\pi t)$, $\cos(6\pi t)$를 샘플링한 결과인데, 그림에서 보듯이 똑같은 이산 신호가 얻어진다.

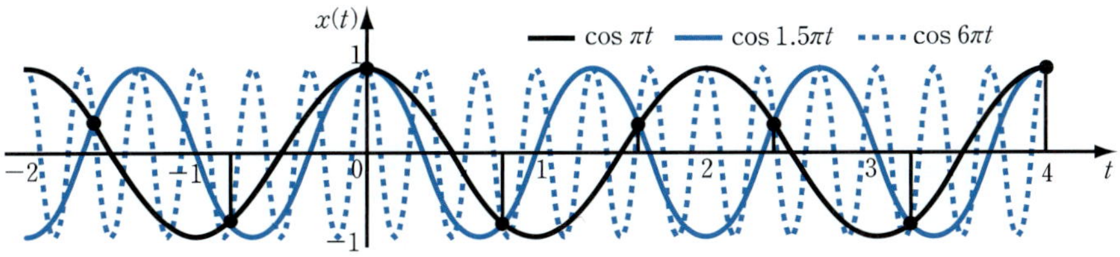

[그림 9-15] 앨리어스를 샘플링하여 같은 이산 신호를 얻은 예

- 주파수 $f_0 + lf_s$(l은 정수)인 정현파를 샘플링 주파수 f_s로 샘플링하면 주파수 f_0인 정현파를 같은 샘플링 주파수로 샘플링한 것과 같고, 이들을 **앨리어스**alias라고 한다.

$$\cos(2\pi(f_0 + lf_s)nT_s) = \cos(2\pi f_0 n T_s) \tag{9.15}$$

식 (9.15)는 정현파(삼각 함수)가 $\cos\theta = \cos(\theta + 2\pi k)$, $k = \cdots, -1, 0, 1, \cdots$와 같이 2π의 주기성을 갖기 때문에 초래되는 결과이다.

$$\begin{aligned}\cos(2\pi(f_0 + lf_s)nT_s) &= \cos(2\pi f_0 n T_s + 2\pi l n f_s T_s) \\ &= \cos(2\pi f_0 n T_s + 2\pi l n) \\ &= \cos(2\pi f_0 n T_s)\end{aligned} \tag{9.16}$$

[그림 9-15]의 경우, 샘플링 주파수 $f_s = 1.25$이므로 $\cos(\pi t)$의 주파수를 $f_0 = 0.5$라고 할 때, $\cos(1.5\pi t) = \cos(-1.5\pi t)$는 $f_0 - f_s$, $\cos(6\pi t)$는 $f_0 + 2f_s$를 샘플링한 것에 해당하므로 결과적으로 똑같은 이산 신호를 얻은 것이다.

예제 9-4 정현파의 2π 주기성과 샘플링에 의한 이산 신호

이산 신호 $x[n] = \cos(\pi n)$은 연속 신호 $x(t)$를 $f_s = 10\,[\text{Hz}]$로 샘플링하여 얻은 것이다.

(a) 같은 f_s로 이 신호를 얻을 수 있는 2개의 다른 연속 신호를 구하라.

(b) (a)에서 구한 연속 신호에 대해 샘플링 주기를 다르게 하여 같은 $x[n]$을 얻을 수 있다면, 그 샘플링 주기를 구하라.

풀이

(a) 주어진 샘플링 주파수로부터 샘플링 주기를 구하면 다음과 같다.

$$T_s = \frac{1}{f_s} = \frac{1}{10} = 0.1$$

주어진 이산 신호로부터 $\Omega_0 = \omega_0 T_s = \pi$이므로

$$\omega_0 = \frac{\Omega_0}{T_s} = \frac{\pi}{0.1} = 10\pi \qquad \text{또는} \qquad f_0 = \frac{\omega_0}{2\pi} = 5$$

이다. 따라서 같은 샘플링 주기로 같은 이산 신호를 얻을 수 있는 앨리어스의 주파수는

$$\omega_l = \omega_0 + l\omega_s = 10\pi + 20\pi l \qquad \text{또는} \qquad f_l = f_0 + lf_s = 5 + 10l$$

가 되고, 같은 $x[n]$으로 샘플링되는 연속 신호는 다음과 같다.

$$x(t) = \cos((10\pi + 20\pi l)t) = \cos(10\pi t + 20\pi l\, t)$$

2개의 서로 다른 연속 신호를 얻기 위해 $l = 0$, 1을 대입하면 다음과 같다.

$$x_0(t) = \cos(10\pi t)$$
$$x_1(t) = \cos(10\pi t + 20\pi t) = \cos(30\pi t)$$

(b) 정현파의 2π 주기성에 의해 다음 관계가 만족한다.

$$\cos(\omega_0 n T_s) = \cos(\omega_0 n T_s + 2\pi nk) = \cos\left(\omega_0 n\left(T_s + \frac{2\pi}{\omega_0}k\right)\right)$$

즉 $T_s' = T_s + \frac{2\pi}{\omega_0}k$, $k = 1, 2, 3, \cdots$로 샘플링하면 같은 이산 신호를 얻게 된다. (a)에서 구한 두 연속 신호 중 $x_0(t)$의 주파수는 $\omega_{00} = 10\pi$, $x_1(t)$의 주파수는 $\omega_{10} = 30\pi$이므로, 얻어진 조건을 각각의 경우에 적용하면 다음과 같이 된다.

$$T_s' = T_s + 0.2k \qquad \text{그리고} \qquad T_s' = T_s + \frac{0.2}{3}k$$

두 신호에 대해 공통인 샘플링 주기가 되려면 두 조건이 동시에 만족하도록 선택해야 한다. 즉 $T_s' = T_s + 0.2k = 0.1 + 0.2k$, $k = 1, 2, 3, \cdots$로 샘플링하면 같은 $x[n]$을 얻는다.

9.2.4 샘플링의 수학적 분석과 샘플링 정리

임펄스 열 변조 모델

앞에서 살펴본 문제점에도 불구하고, 같은 연속 정현파 신호에 대해 샘플링 주기를 다르게 하면 다른 이산 신호가 얻어진다는 사실로 미루어볼 때, 샘플링된 이산 신호로부터 연속 신호를 복원하는 것과 샘플링 주기 사이에는 분명히 밀접한 관련이 있을 것이다. 어떻게 해야 샘플링된 이산 신호로부터 아무 문제 없이 연속 신호를 복원할 수 있을까? 이에 대한 논리적인 해답을 얻으려면 우선 샘플링 동작을 수학적으로 분석해 볼 필요가 있다.

샘플링의 임펄스 열 변조 모델

- 샘플링은 연속 신호에 임펄스 열을 곱하는 변조로 모델링할 수 있다([그림 9-16]).

$$x_s(t) = x(t)p(t) = x(t)\left(\sum_{k=-\infty}^{\infty} \delta(t-kT_s)\right) = \sum_{k=-\infty}^{\infty} x(kT_s)\delta(t-kT_s) \tag{9.17}$$

- 샘플링된 신호의 스펙트럼은 연속 신호의 주파수 스펙트럼이 주기 $\omega_s(f_s)$로 반복된다.

$$X_s(\omega) = \frac{1}{T_s}\sum_{k=-\infty}^{\infty} X(\omega - k\omega_s) \tag{9.18}$$

샘플링은 [그림 9-16]에 보인 것처럼 수학적으로 연속 신호 $x(t)$에 무한 임펄스 열 $p(t)$를 곱한 일종의 변조 동작으로 취급할 수 있다.

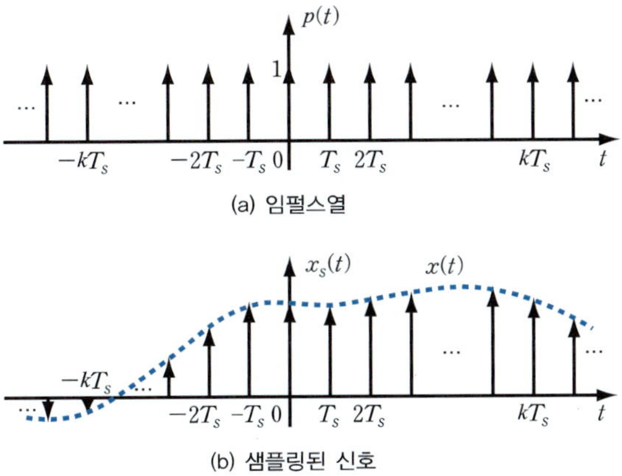

[그림 9-16] 샘플링의 임펄스 열 변조 모델링

임펄스 열 $p(t)$는 주기 T_s인 주기 신호이므로 다음과 같이 푸리에 급수로 표현할 수 있다.

$$p(t) = \sum_{k=-\infty}^{\infty} \delta(t-kT_s) = \frac{1}{T_s}(1 + 2\cos(\omega_s t) + 2\cos(2\omega_s t) + 2\cos(3\omega_s t) + \cdots) \tag{9.19}$$

따라서 샘플링된 신호 $x_s(t)$는 다음과 같이 쓸 수 있다.

$$x_s(t) = x(t)p(t) = \frac{1}{T_s}(x(t) + 2x(t)\cos(\omega_s t) + 2x(t)\cos(2\omega_s t) + \cdots) \tag{9.20}$$

푸리에 변환의 변조 성질을 이용하여 식 (9.20)을 푸리에 변환하면 다음과 같다.

$$\begin{aligned} X_s(\omega) &= \frac{1}{T_s}(X(\omega) + X(\omega - \omega_s) + X(\omega + \omega_s) + X(\omega - 2\omega_s) + X(\omega + 2\omega_s) + \cdots) \\ &= \frac{1}{T_s}\sum_{k=-\infty}^{\infty} X(\omega - k\omega_s) \end{aligned} \tag{9.21}$$

이것이 바로 샘플링의 임펄스 열 변조 모델을 통해 얻고자 하는 결과로서, 샘플링된 신호 $x_s(t)$의 주파수 스펙트럼 $X_s(\omega)$는 원래 신호 $x(t)$의 스펙트럼 $X(\omega)$를 $\frac{1}{T_s}$배 하여 주기 ω_s로 반복한 주기 함수가 된다.

샘플링 정리와 주파수 중첩

이제 식 (9.21)의 결과를 이용하여 샘플링 동작의 특성과 신호의 복원에 대해 알아보기로 하자.

- **샘플링 정리**sampling theorem는 $x(t)$가 대역 제한 신호일 때, 샘플링 주파수 $\omega_s(f_s)$가 신호의 최고 주파수 $\omega_b(f_b)$의 2배 이상이면 샘플링된 이산 신호로부터 $x(t)$를 정확하게 복원할 수 있다는 것이다.

$$\omega_s \geq 2\omega_b \text{ 또는 } f_s \geq 2f_b \tag{9.22}$$

- **나이퀴스트 샘플링 주파수**는 식 (9.22)를 만족하는 최소 주파수 $f_s = 2f_b$이다.
- **주파수 중첩**은 샘플링 정리의 조건이 충족되지 않을 때 샘플링의 결과로 주기적으로 반복되는 연속 신호의 주파수 스펙트럼이 겹쳐지는 현상이다([그림 9-17(e)]).
- 주파수 중첩이 발생하면 복원 신호가 원래 신호와는 다르게 왜곡된다([그림 9-17(g)]).
- **꺾기 주파수**는 샘플링 주파수 $f_s(\omega_s)$의 절반인 주파수 $\frac{f_s}{2}\left(\frac{\omega_s}{2}\right)$로, 신호 복원용 저역 통과 필터의 차단 주파수로 이용된다.

[그림 9-17(a)]는 임펄스 열 변조로 샘플링된 신호 $x_s(t)$를 [그림 9-17(b)]의 저역 통과 필터 $H(\omega)$를 사용하여 연속 신호로 복원하는 시스템을 나타낸 것이다. 일단 신호 $x(t)$는 어떤 주파수 범위에서만 스펙트럼이 존재하는 **대역 제한**band limited 신호, 즉 $X(\omega) = 0,\ \omega > \omega_b$라고 가정한다. [그림 9-17(c)]는 이러한 대역 제한 신호의 한 예이다.

만약 $\omega_b < \frac{\omega_s}{2}$라면, 식 (9.21)로부터 샘플링된 신호 $x_s(t)$의 스펙트럼은 원래 신호의 주파수 스펙트럼이 겹치지 않고 ω_s의 정수배마다 반복되어 [그림 9-17(d)]와 같이 된다. 이 경우에는 [그림 9-17(b)]와 같은 이상적인 저역 통과 필터를 사용하여 **기저 대역**baseband의 스펙트럼만 추출한 뒤 증폭기로 T_s배 증폭하면 [그림 9-17(f)]와 같은 주파수 스펙트럼을 갖는 신호를 얻게 되는데, 이는 [그림 9-17(c)]와 일치하므로 정확하게 신호 $x(t)$를 복원한 것이다. 그러나 만약 $\omega_b > \frac{\omega_s}{2}$라면, $x_s(t)$의 주파수 스펙트럼은 [그림 9-17(e)]와 같이 ω_s의 정수 배마다 반복되는 원래 신호의 주파수 스펙트럼이 서로 겹쳐서 나타난다. 이 현상을 **주파수 중첩**aliasing이라고 하며, 그로 인해 저역 통과 필터를 거쳐 얻어지는 신호의 주파수 스펙트럼이 [그림 9-17(g)]와 같이 원래 신호의 주파수 스펙트럼과 달라지므로 $x(t)$를 제대로 복원할 수 없게 된다. 이상의 논의로부터 신호를 완전하게 복원하기 위한 샘플링 조건을 제시한 것이 **섀넌**Shannon(또는 **나이퀴스트**Nyauist)의 **샘플링 정리**이다.

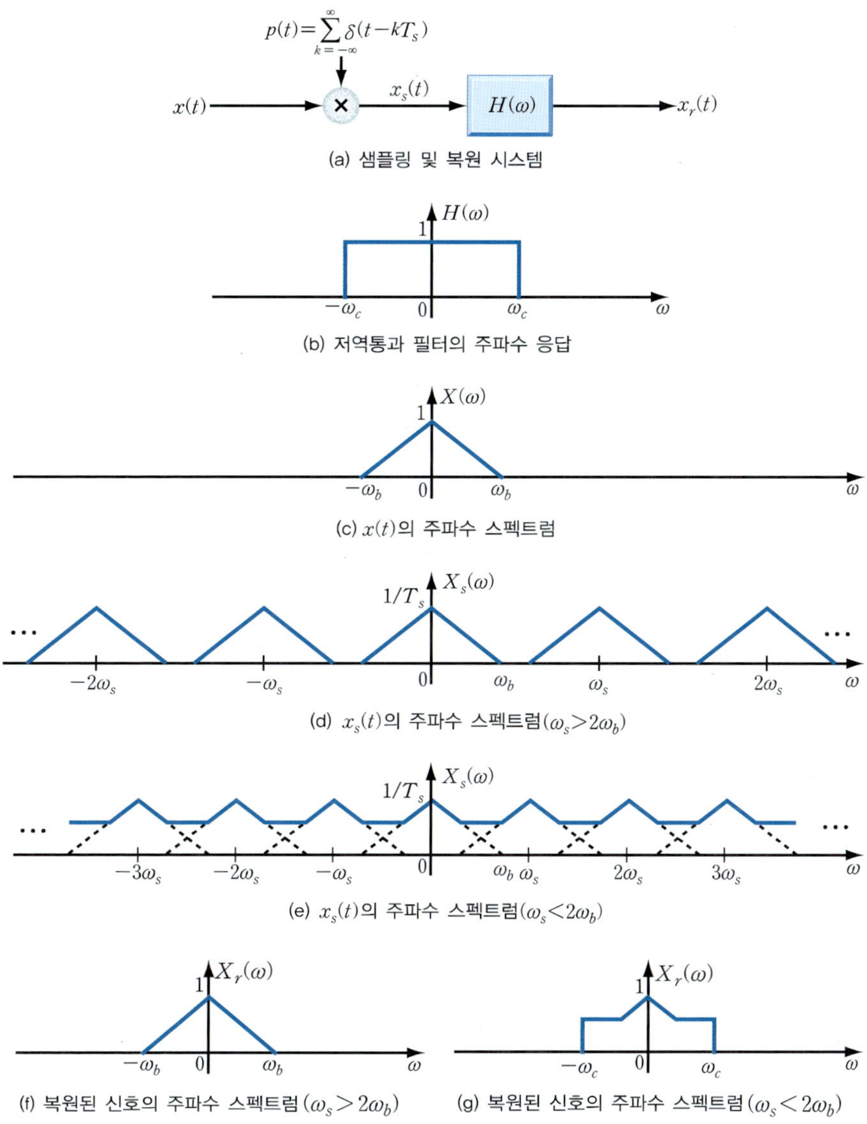

[그림 9-17] 샘플링의 효과와 저역 통과 필터를 이용한 신호의 복원

그렇다면 샘플링 정리를 만족하지 못할 때 신호 복원은 어떻게 될까? [그림 9-17(e)]에서 보듯이, 샘플링 정리를 만족하지 못하면 주파수 중첩으로 인해 연속 신호의 스펙트럼 중 주파수 $\frac{f_s}{2}\left(\frac{\omega_s}{2}\right)$보다 높은 주파수 성분들이 마치 $\frac{f_s}{2}$를 경계로 꺾어 접은 것처럼 기저 대역에 겹쳐지게 된다. 그래서 $\frac{f_s}{2}\left(\frac{\omega_s}{2}\right)$를 **꺾기 주파수** folding frequency 라고 부르며, 이 주파수가 신호 복원용 저역 통과 필터의 차단 주파수로 이용된다. 그러므로 저역 통과 필터로 신호를 복원하면, 연속 신호에 들어있는 $\frac{f_s}{2}$보다 높은 주파수 성분들은 마치 꺾어 접힌 낮은 주파수 성분인 것처럼 바뀌어 복원되어 나올 것이다. 다시 말해, 복원 신호의 주파수는 결코 $\frac{f_s}{2}$보다 클 수 없으며, 주파수가 f_0+lf_s인 앨리어스 정현파들은 필터의 통과 대역 안에 존재하는 가장 낮은 주파수의 앨리어스 정현파로 복원이 이루어진다(이로 인해 복원 신호의 왜곡이 발생한다).

결과적으로 주파수 f_0인 연속 정현파를 샘플링 주파수 f_s로 샘플링했다 다시 복원한 정현파 신호의 주파수 f_r은 다음과 같이 f_0를 f_s로 나눈 나머지로 수식화할 수 있다.

$$f_r = f_0 \bmod f_s, \quad -f_s/2 \le f_r \le f_s/2 \tag{9.23}$$

그러나 물리적으로 음의 주파수는 없으므로, $\cos(-\theta) = \cos\theta$, $\sin(-\theta) = -\sin\theta$에 의해 복원 정현파의 주파수 f_r이 음이 되는 경우(꺾어 접힌 주파수 성분)에는 주파수 $|f_r|$인 정현파로 복원된다. 이때 위상 반전이 발생하여 사인파는 부호가 바뀐다.

예제 9-5 나이퀴스트 샘플링 주파수

다음 신호에 대한 나이퀴스트 샘플링 주파수를 결정하라.

(a) $x(t) = 10\cos(20\pi t) - 5\cos(100\pi t) + 20\cos(400\pi t)$

(b) $x(t) = 4\cos(120\pi t)\sin(40\pi t)$

풀이

(a) $x(t)$의 세 주파수 성분의 주파수는 $f_1 = 10$, $f_2 = 50$, $f_3 = 200$으로 가장 큰 주파수는 $f_3 = 200[\text{Hz}]$이다. 따라서 나이퀴스트 샘플링 주파수는 다음과 같다.

$$f_s = 2f_3 = 400[\text{Hz}] \quad \text{또는} \quad \omega_s = 2\pi f_s = 800\pi[\text{rad/sec}]$$

(b) 주어진 신호를 다시 쓰면 다음과 같다.

$$x(t) = 4\cos(120\pi t)\sin(40\pi t) = 2(\sin(160\pi t) - \sin(80\pi t))$$

$x(t)$의 두 주파수 성분의 주파수는 $f_1 = 80$, $f_2 = 40$으로 가장 큰 주파수는 $f_1 = 80[\text{Hz}]$이다. 따라서 나이퀴스트 샘플링 주파수는 다음과 같다.

$$f_s = 2f_1 = 160[\text{Hz}] \quad \text{또는} \quad \omega_s = 2\pi f_s = 320\pi[\text{rad/sec}]$$

예제 9-6 정현파의 복원 : 샘플링 주파수에 따른 주파수 중첩

다음의 신호 $x(t)$를 $f_s = 4[\text{Hz}]$로 샘플링할 때 복원 신호 $x_r(t)$를 구하라.

$$x(t) = \sin(2\pi t) + \cos(6\pi t) + \sin(10\pi t) + \sin(14\pi t) + \cos(18\pi t)$$

풀이

신호에 포함된 각 정현파의 주파수는 $f_1 = 1$, $f_2 = 3$, $f_3 = 5$, $f_4 = 7$, $f_5 = 9$이므로 최대 주파수는 $f_{\max} = f_5 = 9$이다. 따라서 나이퀴스트 샘플링 주파수는

$$f_s = 2f_{\max} = 2 \times 9 = 18[\text{Hz}]$$

이다. $x(t)$의 각 정현파 성분 중에서 $f_i \le \frac{f_s}{2} = \frac{4}{2} = 2$를 만족하는 것은 $f_1 = 1$뿐이다. 나머지는 $f_{ir} = f_i \bmod f_s$, $-f_s/2 \le f_{ir} \le f_s/2$으로 복원된다.

각 정현파 성분에 대한 복원 결과의 주파수를 나타내면 다음과 같다.

f_i	1	3	5	7	9
$f_{ir} = f_i \bmod f_s$	1	–1	1	–1	1

따라서 복원 신호는 다음과 같이 된다.

$$\begin{aligned} x_r(t) &= \sin(2\pi t) + \cos(-2\pi t) + \sin(2\pi t) + \sin(-2\pi t) + \cos(2\pi t) \\ &= \sin(2\pi t) + \cos(2\pi t) + \sin(2\pi t) - \sin(2\pi t) + \cos(2\pi t) \\ &= \sin(2\pi t) + 2\cos(2\pi t) \end{aligned}$$

Check Point 다음 문제에서 옳은 것을 골라라.

(1) 샘플링에 의해 같은 이산 신호를 얻을 수 있는 연속 정현파는 유일하다. (○, ×)
(2) 디지털 주파수는 물리적인 차원이 없다. (○, ×)
(3) 앨리어스는 (샘플링, 꺾기, 기본) 주파수의 정수배만큼 차이가 나는 주파수 집합이다.
(4) 꺾기 주파수는 (샘플링 주파수, 복원 필터의 차단 주파수)의 절반이 되는 주파수이다.
(5) 앨리어스 정현파들은 신호 복원 시 모두 같은 연속 정현파로 복원된다. (○, ×)
(6) 연속 신호 복원은 주파수 영역에서 (저역, 고역) 통과 필터를 이용하면 가능하다.
(7) 주파수 중첩은 샘플링에 의해 주기 반복되는 스펙트럼이 겹치는 현상이다. (○, ×)
(8) 샘플링 정리는 모든 신호에 대해 유효하다. (○, ×)
(9) 주파수 중첩이 발생하지 않는 최소 샘플링 주파수를 (나이퀴스트, 섀넌) 주파수라 한다.
(10) 주파수 꺾기로 위상 반전이 일어나면 (코사인파, 사인파)는 부호가 바뀐다.

CHAPTER 09_핵심요약

개념	관련 항
필터링은 신호 속에 포함된 불필요하거나 원하지 않는 성분들을 필수적이고 유용한 성분들과 분리해서 걸러내는 동작으로, 이를 수행해주는 시스템이 필터이다.	
주파수 선택 필터는 주파수 분리 특성에 따라 저역 통과(LP), 고역 통과(HP), 대역 통과(BP), 대역 저지(BS)의 네 가지로 구별된다.	[그림 9-1]
저역 통과(LP) 필터는 낮은 주파수 대역의 신호만 통과시키고 그 외의 주파수 범위의 신호는 모두 차단하는 필터이다.	[그림 9-1] 식 (9.1)
고역 통과(HP) 필터는 높은 주파수 대역의 신호만 통과시키고 그 외의 주파수 범위의 신호는 차단하는 필터이다.	[그림 9-1] 식 (9.2)
대역 통과(BP) 필터는 특정한 주파수 대역의 신호만 통과시키고 그 외의 주파수 범위의 신호는 차단하는 필터이다.	[그림 9-1] 식 (9.3)
대역 저지(BS) 필터는 특정한 주파수 대역의 신호만 차단하고 그 외의 주파수 범위의 신호는 통과시키는 필터이다.	[그림 9-1] 식 (9.4)
통과 대역은 필터를 통과할 수 있는 신호의 주파수 범위를 가리키고, 저지 대역은 필터에 의해 차단되는 주파수 범위를 가리킨다.	
차단 주파수는 최대 이득 대비 반전력(-3[dB]) 또는 이득이 $1/\sqrt{2}$ 되는 주파수이다.	식 (9.6)
대역폭은 저역 통과 필터에 대해서는 차단 주파수까지의 주파수 범위로, 대역 통과 필터에서는 높고 낮은 두 차단 주파수 사이의 주파수 범위로 정의된다.	
물리적 필터 중 가장 간단한 필터는 R, L, C 소자를 하나씩만 사용한 전기회로로, 저역 통과나 고역 통과 필터는 1차 회로, 대역 통과 필터는 2차 회로로 구현할 수 있다.	[그림 9-4]
A/D 변환은 아날로그 신호를 샘플링-양자화-부호화를 거쳐 디지털 신호로 바꾼다.	[그림 9-11]
연속 정현파를 샘플링하여 이산 신호로 만드는 과정에서 시간 정보가 사라지므로 디지털 주파수는 물리적 차원을 가지지 않는다.	
정현파를 샘플링하여 같은 이산 신호를 만들 수 있는 샘플링 주기와 주파수의 조합은 무수히 많다.	
주파수 f_0+lf_s(l은 정수)인 정현파를 샘플링 주파수 f_s로 샘플링하면 주파수 f_0인 정현파와 샘플링한 결과가 같고, 이를 앨리어스라고 한다.	식 (9.16)
샘플링된 신호의 스펙트럼은 연속 신호의 주파수 스펙트럼이 주기 f_s로 반복된다.	식 (9.18)
$x(t)$가 대역 제한 신호일 때, 샘플링 주파수 $\omega_s(f_s)$가 신호의 최고 주파수 $\omega_b(f_b)$의 2배 이상이면 샘플링된 이산 신호로부터 $x(t)$를 정확하게 복원할 수 있다.	[그림 9-17]
샘플링 정리의 조건이 충족되지 않으면 주기적으로 반복되는 원 신호의 주파수 스펙트럼이 겹쳐지게 되는 주파수 중첩이 발생해 복원 신호가 왜곡된다.	[그림 9-17]
주파수 중첩이 생기면 스펙트럼이 $\omega_s/2$를 경계로 꺾어 접은 것처럼 기저 대역에 중첩이 되므로 이를 꺾기 주파수라고 하며, 신호 복원용 LP 필터의 차단 주파수가 된다.	
신호 복원 시 주파수가 f_0+lf_s인 앨리어스 정현파들은 필터의 통과 대역 안에 존재하는 가장 낮은 주파수의 연속 정현파로 복원이 이루어진다.	

CHAPTER 09_연습문제

【개념 문제】

9.1 이상적인 주파수 선택 필터에 대한 다음의 설명 중 틀린 것은?

㉮ 이상적인 주파수 선택 필터에는 천이 대역이 없다.
㉯ 이상적인 주파수 선택 필터의 분류 기준은 주파수 분리 특성이다.
㉰ 이상적인 주파수 선택 필터를 이용하면 백색 잡음을 완전히 걸러낼 수 있다.
㉱ 이상적인 주파수 선택 필터는 저지 대역의 주파수 성분들을 완벽하게 차단한다.

9.2 (물리적) 주파수 선택 필터에 대한 다음의 설명 중 틀린 것은?

㉮ 천이 대역을 갖지 않는 주파수 선택 필터를 물리적으로 만들 수 없다.
㉯ 라디오의 주파수 선국을 위한 동조 회로는 대역 통과 필터이다.
㉰ 모든 주파수 선택 필터에 대한 가장 단순한 물리적 구현은 1차 수동 전기회로로 가능하다.
㉱ 통과 대역의 이득이 일정하지 않으면 출력 신호에 왜곡이 발생한다.

9.3 물리적 (주파수 선택) 필터에 대한 다음의 설명 중 옳은 것은?

㉮ 저역 통과 필터는 차단 주파수 밖의 주파수 성분을 조금도 통과시키지 않는다.
㉯ 이상적인 주파수 선택 필터와 물리적 주파수 선택 필터의 차단 주파수는 항상 같다.
㉰ 수동 필터는 그대로 직접 반도체 칩으로 구현할 수 있다.
㉱ 천이 대역의 폭이 좁을수록 필터의 차단 특성이 양호해진다.

9.4 디지털 신호 처리 시스템에 대한 다음의 설명 중 틀린 것은?

㉮ 전처리 필터는 신호의 대역을 제한하고 잡음을 걸러주는 디지털 필터이다.
㉯ 전처리 필터에서 신호의 대역을 제한하는 이유는 주파수 중첩 현상의 영향을 줄이기 위한 것이다.
㉰ 후처리 필터는 아날로그 출력의 파형을 매끄럽게 해주는 아날로그 필터이다.
㉱ 전처리 필터와 후처리 필터 모두 저역 통과 필터이다.

9.5 (연속) 신호의 디지털 처리 시스템을 구성하는 다음 요소 중 입력과 출력이 모두 이산(디지털) 신호인 것을 모두 골라라.

㉮ 전처리 필터 ㉯ A/D 변환기 ㉰ 디지털 시스템 ㉱ D/A 변환기 ㉲ 후처리 필터

9.6 A/D 변환에 대한 다음의 설명 중 옳은 것은?

㉮ 일단 신호가 샘플링된 후에는 양자화가 이루어지는 동안 값의 변화가 발생해도 상관없다.
㉯ 샘플링 주파수는 신호에 상관없이 무조건 높게 하면 된다.
㉰ 양자화에서 비트 수를 2비트 늘리면 양자화 오차는 1/4로 줄어든다.
㉱ 부호화로는 아날로그 잡음의 영향이나 데이터의 양을 감소시키지 못한다.

9.7 정현파의 샘플링에 대한 다음의 설명 중 옳은 것은?

㉮ 샘플링을 통해 특정한 이산 정현파를 만들 수 있는 연속 정현파는 유일하다.

㉯ 연속 정현파의 (아날로그) 주파수와 이를 샘플링한 이산 정현파의 (디지털) 주파수는 물리적 차원이 같다.

㉰ 다른 주파수의 연속 정현파를 같은 샘플링 주기로 샘플링하면 항상 다른 이산 신호가 얻어진다.

㉱ 앨리어스 정현파는 삼각 함수의 2π 주기성 때문에 생긴다.

9.8 샘플링에 대한 다음의 설명 중 옳은 것은?

㉮ 샘플링을 하더라도 연속 신호에 대한 시간 정보는 보존된다.

㉯ 샘플링의 효과는 주파수 스펙트럼이 주기적으로 반복되는 것이다.

㉰ 연속 신호를 샘플링하더라도 신호에 담긴 정보는 손실 없이 그대로 보존된다.

㉱ 샘플링 주기를 알고 있으면 항상 원래의 아날로그 신호로 복원 가능하다.

9.9 샘플링 정리에 대한 다음의 설명 중 틀린 것은?

㉮ 대역 제한되지 않은 신호는 샘플링에 의해 항상 주파수 중첩이 일어난다.

㉯ 샘플링에 의해 연속 신호의 주파수 스펙트럼이 반복되는 주기는 샘플링 주파수이다.

㉰ 나이퀴스트 주파수는 샘플링된 신호를 완전 복원할 수 있는 최소 샘플링 주파수이다.

㉱ 복원용 저역 통과 필터의 차단 주파수는 샘플링 주파수의 반보다 크게 잡아야 한다.

9.10 주파수 중첩에 대한 다음의 설명 중 틀린 것은?

㉮ 주파수 중첩은 샘플링한 신호를 다시 아날로그로 복원한 신호에 왜곡이 생기게 만든다.

㉯ $\sin(14\pi t)$를 샘플링 주파수 $f_s = 4[\text{Hz}]$로 샘플링한 뒤 저역 통과 필터를 이용하여 복원하면 $\sin(2\pi t)$가 나온다.

㉰ $\cos(14\pi t)$를 샘플링 주파수 $f_s = 4[\text{Hz}]$로 샘플링한 뒤 저역 통과 필터를 이용하여 복원하면 $\cos(2\pi t)$가 나온다.

㉱ 샘플링 주파수 f_s로 샘플링한 뒤 저역 통과 필터를 이용하여 복원한 정현파의 주파수는 결코 $f_s/2$보다 높을 수 없다.

【기초 문제】

9.11 다음 그림은 저역 통과 필터와 대역 통과 필터의 주파수 응답이다.

(a) 그림 (a)와 같이 차단 주파수가 100[Hz]인 저역 통과 필터의 임펄스 응답을 구하라.

(b) (a)의 결과와 푸리에 변환의 성질을 이용하여 그림 (b)의 대역폭이 200[Hz]이고 대역 중심 주파수가 1[kHz]인 대역 통과 필터의 임펄스 응답을 구하라.

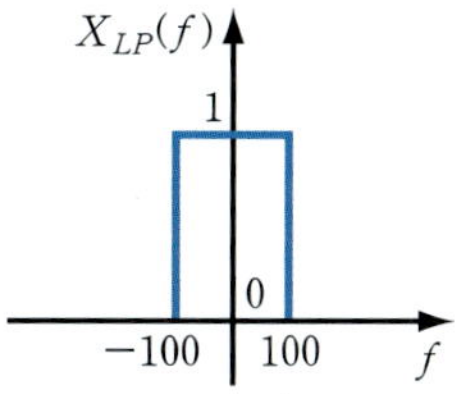

(a) 저역 통과 필터

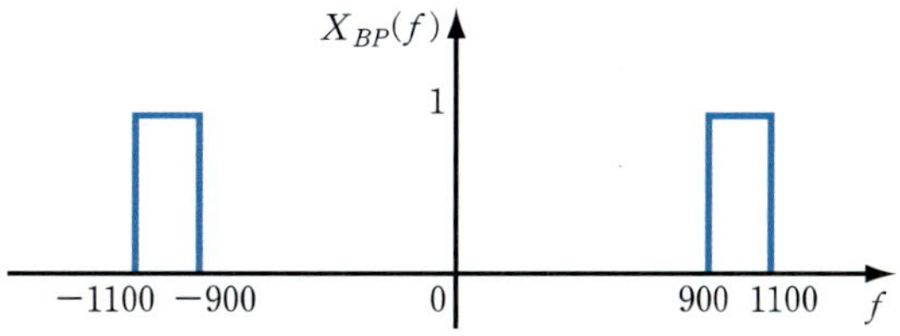

(b) 대역 통과 필터

9.12 다음 그림의 RC 회로는 전압전원 $x(t)$를 입력, C 양단의 전압 $y(t)$를 출력으로 한다.

(a) 회로의 주파수 응답을 구하고 그려라. 이 회로는 어떤 필터인가?

(b) 이 회로의 임펄스 응답을 구하라.

(c) $x(t)=2e^{-t}u(t)$를 입력으로 인가할 때 출력 $y(t)$를 구하라.

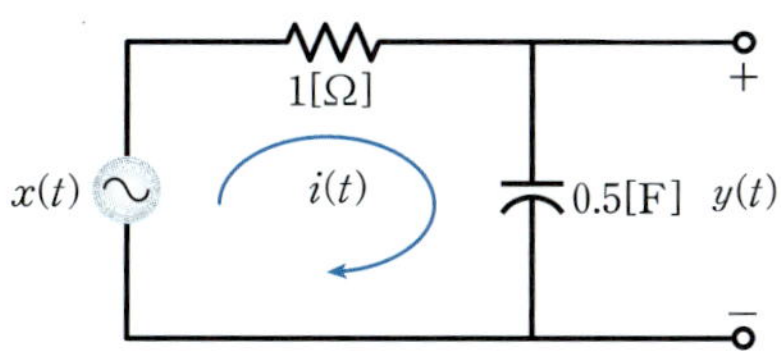

9.13 다음 그림의 RL 회로는 전압전원 $x(t)$를 입력, L 양단의 전압 $y(t)$를 출력으로 한다.

(a) 주파수 응답을 구하고 그려라. 이 회로는 어떤 필터인가?

(b) 이 회로의 임펄스 응답을 구하라.

(c) $x(t)=e^{-5t}u(t)$를 입력으로 넣을 때 출력 $y(t)$를 구하라.

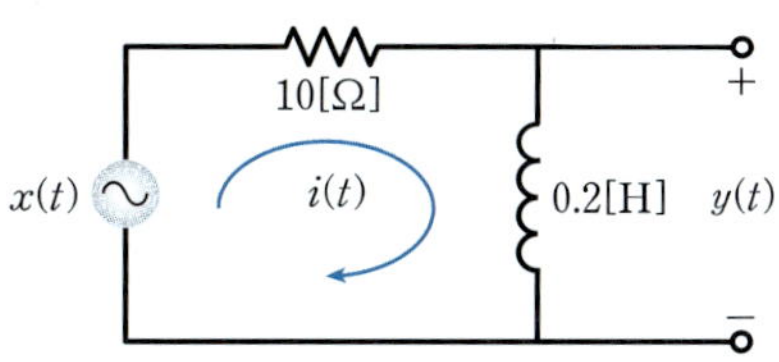

9.14 다음과 같은 사인파 $x(t)$를 주기 $T_s=0.01$로 샘플링하여 $x[n]$을 얻었다.

$$x(t)=\sin(20\pi t),\quad x[n]=x(nT_s)=\sin(20\pi nT_s),\quad -\infty<n<\infty$$

(a) 사인파의 한 주기 동안 얼마나 많은 샘플이 취해지는가?

(b) 사인파 $y(t)=\sin(\omega_0 t)$가 모든 n에 대해 $y(nT_s)=x(nT_s)$가 되면서 $\omega_0>20\pi$인 주파수 ω_0를 찾아라.

(c) (b)의 ω_0에 대해 $x(t)$의 한 주기 동안 나오는 샘플의 개수는 얼마인가?

(d) 샘플링 주파수를 바꾸어 샘플링할 때, 이산 신호 $x[n]$의 값이 최댓값 1까지 도달하게 하는 가장 작은 샘플링 주파수의 값을 구하라.

9.15 다음과 같은 연속 정현파 $x(t)$를 주기 T_s로 샘플링하여 $x[n]$을 얻었다.

$$x(t)=\cos(20\pi t),\quad x[n]=\cos\left(\frac{\pi}{5}n\right)$$

(a) 이 결과에 부합하는 샘플링 주기 T_s를 구하라.

(b) (a)에서 구한 T_s는 유일한가? 그렇지 않다면 다른 T_s를 구하라.

9.16 다음의 이산 신호가 연속 신호 $x(t)$를 $f_s=10[\text{Hz}]$로 샘플링하여 얻어졌다면, 이 신호를 발생시키기 위한 2개의 다른 연속 신호를 구하라.

(a) $x[n]=\cos(\pi n)$

(b) $x[n]=\cos\left(\frac{\pi}{8}n\right)$

9.17 샘플링 주파수 $f_s=4[\text{Hz}]$에 대해 앨리어스 신호가 아닌 것을 모두 골라라.

㉮ $\cos(4\pi t)$ ㉯ $\cos(8\pi t)$ ㉰ $\cos(12\pi t)$ ㉱ $\cos(14\pi t)$

㉲ $\cos(18\pi t)$ ㉳ $\cos(20\pi t)$ ㉴ $\cos(28\pi t)$ ㉵ $\cos(36\pi t)$

9.18 이산 신호 $x[n]=2\cos\left(0.2\pi n-\frac{\pi}{4}\right)$은 연속 신호 $x(t)=A\cos(2\pi f_0 t+\phi)$를 샘플링율 $f_s=100[\text{Hz}]$로 샘플링하여 얻은 것이다. $x[n]$을 만들 수 있는 연속 신호 중에서 $|f_0|\le 200[\text{Hz}]$인 것을 구하라.

9.19 다음 신호에 대한 나이퀴스트 샘플링 주파수를 결정하라.

(a) $x(t)=\text{sinc}(400t)$

(b) $x(t)=10\cos(300\pi t)\sin(150\pi t)$

(c) $x(t)=2\cos(20\pi t)+4\sin\left(20\pi t-\frac{\pi}{4}\right)+5\cos(8\pi t)$

(d) $x(t)=10\cos^2(10\pi t)$

9.20 이산 신호 $x[n]=A\cos(2\pi F_0 n+\phi)$은 연속 신호 $x(t)=\sin\left(120\pi t+\frac{\pi}{4}\right)$를 샘플링 주파수 f_s로 샘플링하여 얻은 것이다. 샘플링 주파수가 다음과 같을 때 디지털 주파수 F_0와 위상 ϕ의 값을 결정하고, 과샘플링인지 부족샘플링인지를 판별하라.

(a) $f_s=40[\text{Hz}]$ (b) $f_s=80[\text{Hz}]$

(c) $f_s=120[\text{Hz}]$ (d) $f_s=160[\text{Hz}]$

【응용 문제】

9.21 LTI 시스템의 임펄스 응답 $h(t)$와 주기 신호 입력 $x(t)$가 다음과 같을 때, 시스템의 주파수 응답과 출력을 구하라.

(a) $h(t)=\text{sinc}(t)$, $x_T(t)=\text{rect}(t/2)$, $|t|\le 2$ & $x_T(t)=x_T(t\pm 4)$

(b) $h(t)=2\cos(4\pi t)\text{sinc}(t)$, $x(t)=1+\cos(\pi t)+\sin(4\pi t)$

(c) $h(t)=2\cos(4\pi t)\text{sinc}(t)$, $x(t)=\sum_{m=-\infty}^{\infty}\delta(t-m)$

9.22 다음 그림 (ㄱ)의 전기회로에 대해 물음에 답하라.

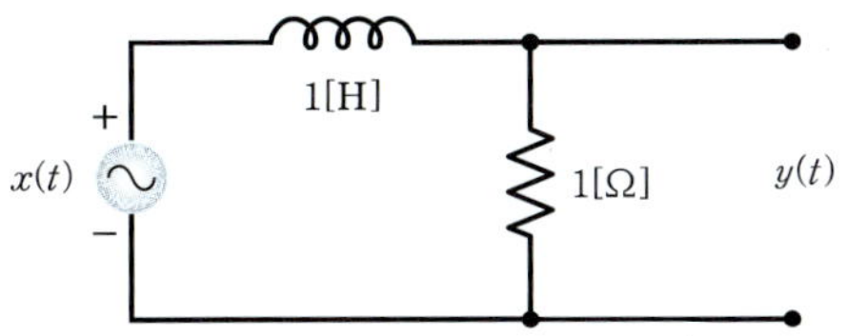

(ㄱ) RL 회로

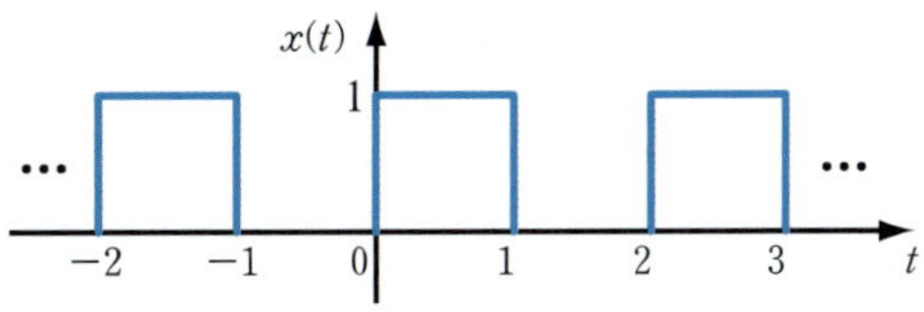

(ㄴ) 입력 신호

(a) 주파수 응답을 구하라.

(b) $x(t)=1+3\cos(t)+4\cos(2t)$를 입력으로 넣을 때 출력 $y(t)$를 구하라.

(c) 그림 (ㄴ)의 주기 사각 펄스를 입력으로 넣을 때 출력 $y(t)$를 구하라.

9.23 정류 회로에 주기 $T=1$인 정현파 $\sin(\omega_0 t)$를 입력으로 인가하여 얻은 출력을 이상적인 저역 통과 필터에 통과시켜 직류(DC) 성분만 빼내려고 한다.

(a) 정류 회로가 반파 정류 회로로 출력이 다음 그림 (ㄱ)과 같을 때, 필터의 차단 주파수를 어떻게 설정해야 하는가? 또 DC 출력값은 얼마인가?

(b) 정류 회로가 전파 정류 회로로 출력이 다음 그림 (ㄴ)과 같을 때, 필터의 차단 주파수를 어떻게 설정해야 하는가? 또 DC 출력값은 얼마인가?

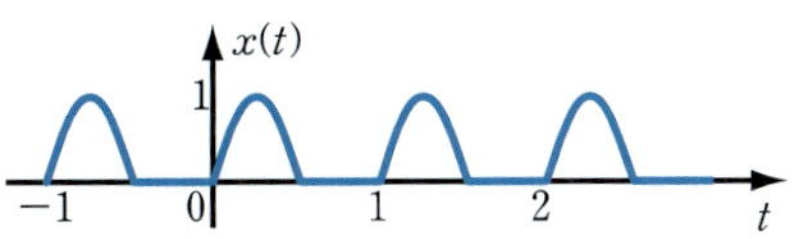

(ㄱ) 반파 정류 회로 출력

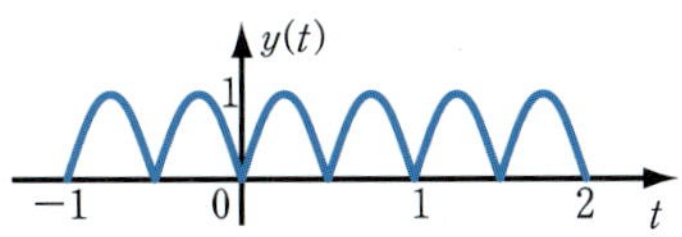

(ㄴ) 전파 정류 회로 출력

9.24 정현파 $x(t) = \cos(320\pi t)$가 샘플링 주파수 $f_s = 200[\text{Hz}]$로 샘플링되었다.

(a) 샘플링으로 얻어진 이산 신호 $x[n]$의 주기 N은 얼마인가?

(b) $x[n]$의 한 주기인 N개의 샘플을 얻기 위해 $x(t)$의 몇 주기가 필요한가?

(c) 같은 샘플링 주파수에 의해 동일한 이산 신호 $x[n]$을 만들 수 있는 최소 주파수를 갖는 연속 정현파를 구하라.

9.25 정현파 $x(t) = \cos(44\pi t + \phi)$를 샘플링 주파수 $f_s = 500[\text{Hz}]$로 샘플링하였다.

(a) 샘플링 결과로 얻은 이산 정현파 신호 $x[n] = x(nT_s)$는 $x(t)$의 한 주기 동안 몇 개의 샘플을 취하는가?

(b) 이산 정현파 신호 $x[n]$의 주기를 구하라.

(c) 다른 정현파 신호 $y(t)$를 같은 샘플링 주파수로 샘플링할 때 $y(nT_s) = x(nT_s)$를 만족하는 $\omega_0 > 88\pi$인 가장 낮은 주파수 ω_0를 구하라.

9.26 연속 신호 $x(t)$가 다음 그림과 같은 주파수 스펙트럼을 가진다고 하자. 샘플링 주파수 80[Hz], 100[Hz], 120[Hz], 140[Hz]로 각각 샘플링하여 $|f| \leq 180[\text{Hz}]$의 범위 내에서 샘플링된 신호의 주파수 스펙트럼을 그려라. 이상적인 저역 통과 필터를 이용한 신호 복원을 위해서는 어떤 샘플링 주파수를 선택해야 하는가?

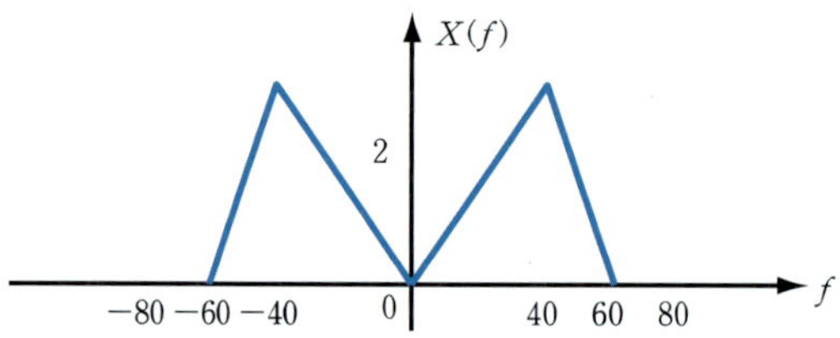

9.27 $x(t)$의 나이퀴스트 샘플링 주파수가 f_s일 때, 다음의 각 신호들의 나이퀴스트 샘플링 주파수를 구하라.

(a) $x(2t)$

(b) $\dfrac{dx(t)}{dt}$

(c) $x^2(t)$

(d) $x(t)\cos(2\pi f_0 t)$

9.28 다음과 같은 신호 $x(t)$를 샘플링 주파수 f_s로 샘플링한 뒤 차단 주파수 $f_c = f_s/2$인 저역 통과 필터로 복원할 경우에 복원 신호 $x_r(t)$를 결정하라.

$$x(t) = \sin(2\pi t) + \sin(6\pi t) + \sin(10\pi t) + \sin(14\pi t) + \sin(18\pi t)$$

(a) $f_s = 4[\text{Hz}]$

(b) $f_s = 8[\text{Hz}]$

(c) $f_s = 12[\text{Hz}]$

(d) $f_s = 16[\text{Hz}]$

9.29 어떤 소리 신호가 다음과 같은 식으로 표현된다. 단, 시간의 단위는 [msec]이다.

$$x(t) = 2A\cos(10\pi t) + 2B\cos(30\pi t) + 2C\cos(50\pi t) + 2D\cos(60\pi t) + 2E\cos(90\pi t) + 2F\cos(125\pi t)$$

(a) 이 신호는 몇 개의 주파수로 구성되어 있는가? 들을 수 있는 주파수를 선택하고 이유를 설명하라.

(b) 이 신호를 다음 그림과 같이 전처리 필터 $H(\omega)$에 의해 필터링한 뒤에 필터 출력 $y(t)$를 $f_s = 40[\text{kHz}]$로 샘플링하여 다시 신호 복원기를 거쳐 아날로그 신호 $y_r(t)$를 얻는다고 하자.

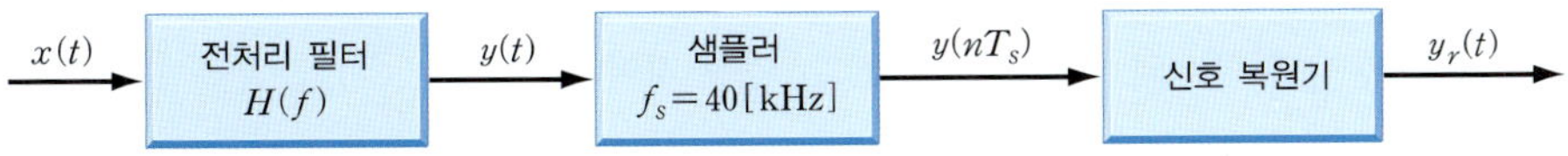

다음의 각 경우에 대한 $y(t)$와 $y_r(t)$를 결정하라.

(i) 전처리 필터가 없을 경우, 즉 $H(f) = 1, \forall f$

(ii) 전처리 필터가 차단 주파수 $f_c = f_s/2 = 20[\text{kHz}]$인 이상적인 필터

9.30 영화 같은 동영상은 정지 화상, 즉 프레임frame을 연속해서 보여주어 착시 현상을 일으키는 것으로, 엄밀히 얘기해서 연속 화상의 샘플링에 대응된다고 볼 수 있다. 보통 초당 30프레임을 사용하므로 영화의 화상 샘플링 주파수는 $f_s = 30[\text{samples/sec}]$라고 할 수 있다. 서부 영화에 나오는 마차 바퀴나 영화 〈벤허〉의 전차 경주 시합 장면의 전차 바퀴가 천천히 앞뒤로 돌아가거나 가만히 정지해 있는 장면을 볼 수 있는데, 이는 주파수 중첩 현상의 결과와 비슷하다. 만약 마차가 오른쪽에서 왼쪽으로 이동한다면 바퀴는 반시계 방향으로 ω_0의 각속도로 회전하는 것처럼 보인다. 바퀴의 반지름을 $r = 0.25[\text{m}]$라고 할 때 다음을 구하라.

(a) 바퀴가 겉보기에 가만히 정지해서 나타나는 조건을 구하라.

(b) 바퀴가 겉보기에 천천히 앞으로 돌아갈 때의 조건을 구하라.

(c) 바퀴가 겉보기에 천천히 뒤로 돌아갈 때의 조건을 구하라.

학습포인트

- 매트랩을 이용하여 푸리에 변환을 이용해 필터의 주파수 응답과 시스템 출력을 구해본다.
- 매트랩을 이용하여 샘플링 주파수에 따른 이산 신호와 신호의 스펙트럼을 구해본다.

푸리에 변환을 이용하면 필터의 주파수 응답과 출력을 구해 필터링 특성을 확인할 수 있다. 한편 샘플링 주파수에 따라 연속 신호로부터 얻어지는 이산 신호도 달라질 뿐만 아니라 주파수 중첩의 영향으로 신호의 스펙트럼도 달라진다. 이 절에서는 이들 문제에 대해 간단히 실습하여 확인해보기로 한다. 이 과정에서 시정수에 따른 시스템 응답 특성의 차이도 확인할 수 있을 것이다.

MATLAB 9-1 필터의 주파수 응답

[Matlab 5-2]에서 다룬 [예제 1-1]의 RC 회로(저역 통과 필터 [그림 1-14])에 대해 $R=1[\Omega]$, $C=[\mathrm{F}]$와 $R=1[\Omega]$, $C=0.1[\mathrm{F}]$이다.

(a) 사각 펄스 입력 신호 $x(t)=\mathrm{rect}(t/2)$의 스펙트럼을 그려라.

(b) RC 회로의 주파수 응답을 그려라.

(c) RC 회로의 출력의 스펙트럼과 파형을 그려라.

풀이

(a) 사각 펄스 신호의 스펙트럼을 식 (8.17)을 이용하여 그릴 수도 있지만, `fft` 명령을 이용하여 신호 데이터로부터 직접 구할 수 있도록 프로그램하였다. 이때 주의할 점은 `fft`를 하기 위해서 $t=0$에서 시작되도록 데이터를 재정렬해야 한다는 것이다. 또한 계산된 스펙트럼에 대해서도 좌우 대칭 형태로 그리려면 재정렬해야 하는데 `fftshift` 명령을 사용하면 된다.

(b) [예제 9-2]의 식 (9.7)을 이용하여 RC 회로의 주파수 응답을 계산해서 그리면 된다. RC 회로의 주파수 응답으로부터 차단 주파수를 구해보면, $R=1$, $|H(\omega)|_{\max}=1$이므로

$$\omega_c=\omega\big|_{|H(\omega)|=1/\sqrt{2}}=\frac{1}{C}$$

이다. 따라서 $C=0.1[\mathrm{F}]$의 경우가 $C=1$인 경우보다 대역폭이 10배인 저역 통과 필터가 된다. 프로그램을 실행하여 얻은 [그림 9-19]에서도 이를 확인할 수 있는데, 주파수축이 로그 척도임을 주의하라.

(c) 푸리에 변환의 시간 컨벌루션 성질에 의해 출력의 스펙트럼은 입력 신호의 스펙트럼과 주파수 응답의 곱으로 주어진다. 그리고 출력 신호는 이를 푸리에 역변환하여 구할 수 있다. 푸리에 역변환은 `ifft` 명령을 사용하면 된다. 이때에도 $\omega=0$에서부터 시작되도록 출력 스펙트럼을 재정렬해야 한다.

(c)의 풀이를 위해서는 (a)와 (b)가 필요하므로 (a), (b), (c)를 한꺼번에 수행하도록 다음과 같이 프로그램을 작성하였다.

SS_9_1.m

```
N=512;                                           % 데이터 개수 설정
ti=-8; tf=8; dt=(tf-ti)/N; t=ti:dt:tf-dt;        % 시간축 설정
df=1/(N*dt); f=df*[-N/2:N/2-1];                  % 주파수 해상도 및 주파수축 설정
R=1; C=0.1;                                      % 회로 소자 값 지정

x=stepfun(t,-1)-stepfun(t,1);                    % 사각 펄스 신호 생성
xa=[x(-ti/dt+1:length(t)) x(1:-ti/dt)];          % 입력 신호 재정렬

Xf=fftshift(fft(xa)*dt);                         % 입력 신호의 푸리에 변환(스펙트럼) 수행
Hf=1./(R*C*(j*2*pi*f+1/(R*C)));                  % 회로 주파수 응답 계산
Yf=Xf.*Hf;                                       % 출력 스펙트럼 계산
wd=64; ff=f(N/2+1-wd:N/2+1+wd);                  % 스펙트럼 그림 주파수축 설정
Xft=Xf(N/2+1-wd:N/2+1+wd);                       % 주파수 축에 맞게 입력 스펙트럼 자름
Hft=Hf(N/2+1-wd:N/2+1+wd);                       % 주파수 축에 맞게 회로 주파수 응답 자름
Yft=Yf(N/2+1-wd:N/2+1+wd);                       % 주파수 축에 맞게 출력 스펙트럼 자름

y=ifft(fftshift(Yf))/dt;                         % 역 푸리에 변환에 의한 출력 계산
y=[y(-ti/dt+1:length(t)) y(1:-ti/dt)];           % 출력 신호 재정렬
tt=t((-2-ti)/dt+1:(6-ti)/dt);                    % 출력 파형 시간축 생성
yt=y((-2-ti)/dt+1:(6-ti)/dt);                    % 시간축에 맞게 출력 자름

figure(1)                                        % 그림 창 1 열기
subplot(2,1,1);                                  % 2행 1열 분할 그림 창의 1번 창
plot(ff,abs(Hft));                               % 입력의 진폭 스펙트럼을 그림
title('진폭 스펙트럼');                            % 그림 제목
xlabel('f'); grid on;                            % x축 라벨 및 그리드 표시
subplot(2,1,2);                                  % 2행 1열 분할 그림 창의 2번 창
plot(ff,angle(Hft));                             % 입력의 위상 스펙트럼을 그림
title('위상 스펙트럼');                            % 그림 제목
xlabel('f'); grid on;                            % x축 라벨 및 그리드 표시
figure(2)                                        % 그림 창 2 열기
subplot(2,1,1);                                  % 2행 1열 분할 그림 창의 1번 창
plot(ff,abs(Hft));                               % 진폭 주파수 응답 곡선 그림
title('진폭 응답');                                % 그림 제목
xlabel('f'); grid on;                            % x축 라벨 및 그리드 표시
subplot(2,1,2);                                  % 2행 1열 분할 그림 창의 2번 창
plot(ff,angle(Hft));                             % 위상 주파수 응답 곡선 그림
title('위상 응답');                                % 그림 제목
xlabel('f'); grid on;                            % x축 라벨 및 그리드 표시
figure(3)                                        % 그림 창 3 열기
subplot(2,1,1);                                  % 2행 1열 분할 그림 창의 1번 창
plot(ff,abs(Yft));                               % 출력의 진폭 스펙트럼을 그림
title('진폭 스펙트럼');                            % 그림 제목
xlabel('f'); grid on;                            % x축 라벨 및 그리드 표시
subplot(2,1,2);                                  % 2행 1열 분할 그림 창의 2번 창
plot(ff,angle(Yft));                             % 출력의 위상 스펙트럼을 그림
title('위상 스펙트럼');                            % 그림 제목
xlabel('f'); grid on;                            % x축 라벨 및 그리드 표시
figure(4)                                        % 그림 창 4 열기
plot(tt,yt);                                     % 출력 파형 그림
```

이 프로그램에서 계산된 데이터 값을 모두 그리게 되면 스펙트럼 특성을 세밀하게 나타내기 어려우므로 일부 구간만 확대하여 표시하도록 하였다. [그림 9-18]에서 확인할 수 있듯이 프로그램에서 스펙트럼 값이 큰 부분만 확대해서 볼 수 있도록 주파수 범위를 제한하였다.

프로그램의 실행 결과를 [그림 9-18]~[그림 9-21]에 나타내었다. [그림 9-18]은 사각 펄스 입력 신호의 스펙트럼으로 [그림 8-8]과 비교하면 위상 스펙트럼의 부호가 반대인 것을 빼면 같음을 볼 수 있다.

[그림 9-19]를 통해 회로 파라미터 R, C 값, 즉 회로 시정수가 달라질 경우의 주파수 응답 변화를 살펴보자. [그림 9-19(a)]에는 $R=1[\Omega]$, $C=1[\mathrm{F}]$의 경우를, [그림 9-19(b)]에는 $R=1[\Omega]$, $C=0.1[\mathrm{F}]$의 경우를 나타내었고, 이 그림의 대역폭이 10배 넓음을 볼 수 있다.

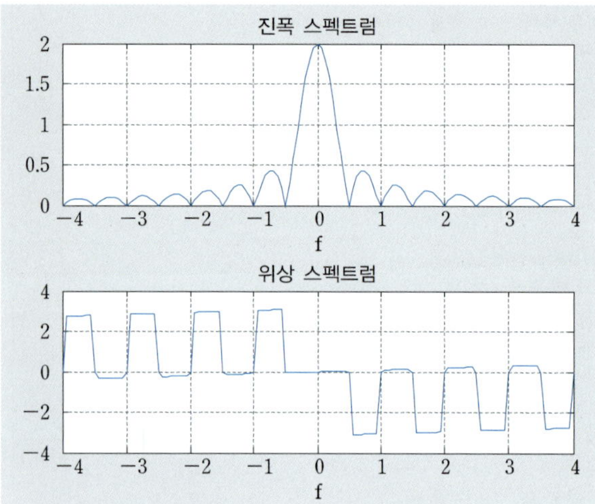

[그림 9-18] 사각 펄스 입력 신호의 스펙트럼

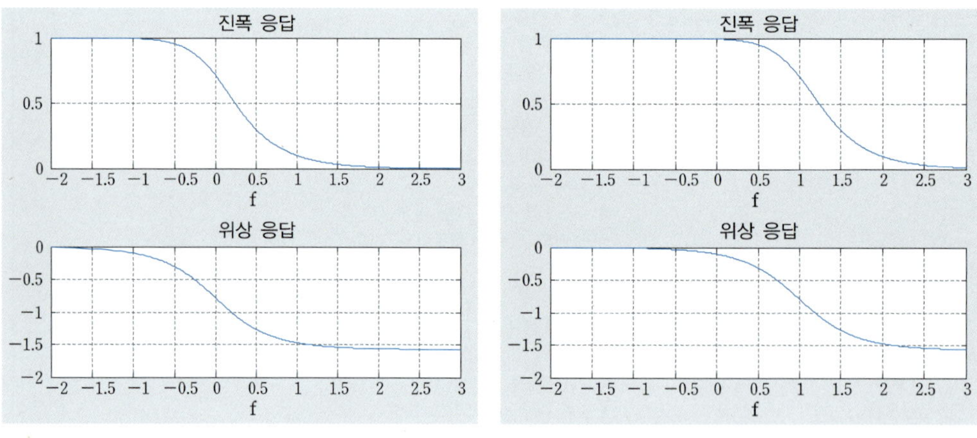

(a) $R=1[\Omega]$, $C=1[\mathrm{F}]$의 경우

(b) $R=1[\Omega]$, $C=0.1[\mathrm{F}]$의 경우

[그림 9-19] RC 회로의 주파수 응답

[그림 9-20]은 출력 신호의 스펙트럼, [그림 9-21]은 출력 신호의 파형이다. 두 그림 모두 그림 (a)와 그림 (b)를 비교해보면, 시정수의 역할 또는 필터의 대역폭(또는 차단 주파수)의 의미가 확연히 드러난다. (a)의 경우 저역 통과 필터의 대역폭이 좁아서(시정수 $RC=1$) 스펙트럼에 고주파 성분이 많이 차단되고 값도 작아서 출력 파형이 시간적으로 완만하게 변화하여 입력 신호와는 다른 형태를 보이는 반면, (b)의 경우는 대역폭이 10배(시정수 $RC=0.1$)로 신호 합성에 유효한 입력 주파수의 대부분을 통과시키므로 출력 파형이 입력의 파형과 유사하다. 여러분들이 시정수를 다양하게 바꾸어 시뮬레이션해보면, 시정수가 점점 작아질수록(예를 들어, $RC=0.01$) 출력이 더욱더 입력 파형에 가까워짐을 볼 수 있을 것이다.

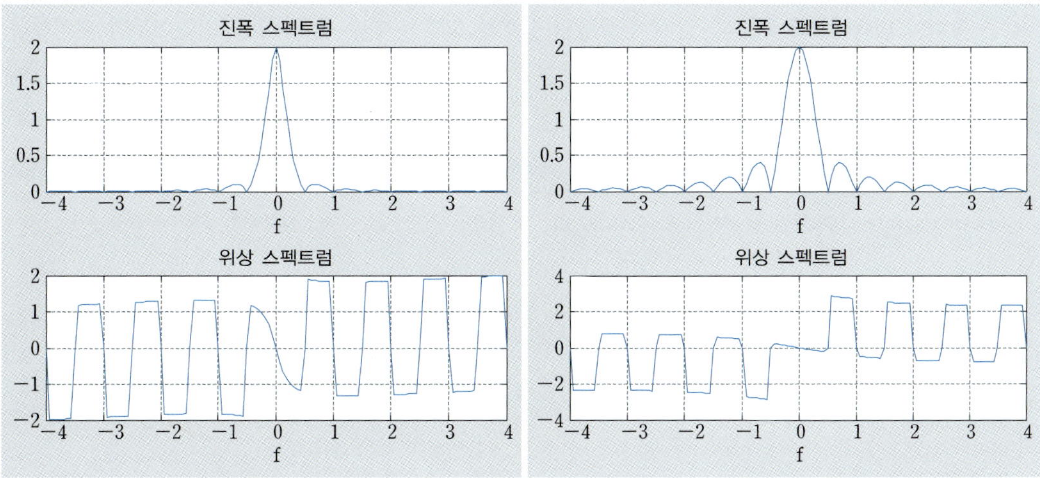

(a) $R=1[\Omega]$, $C=1[\mathrm{F}]$의 경우 (b) $R=1[\Omega]$, $C=0.1[\mathrm{F}]$의 경우

[그림 9-20] 출력 신호의 스펙트럼

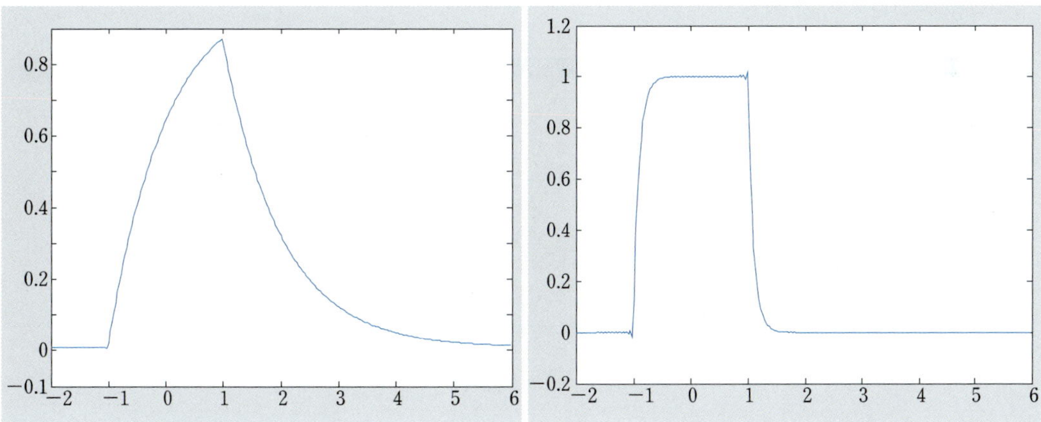

(a) $R=1[\Omega]$, $C=1[\mathrm{F}]$의 경우 (b) $R=1[\Omega]$, $C=0.1[\mathrm{F}]$의 경우

[그림 9-21] 출력 신호의 파형

MATLAB 9-2 샘플링 주파수에 따른 이산 정현파 신호의 스펙트럼

정현파 신호 $x(t)=\cos(2\pi f_0 t)$, $f_0=100[\text{Hz}]$에 대해 다음을 구하라.

(a) 샘플링 주파수 $f_s=75[\text{Hz}]$, $f_s=100[\text{Hz}]$, $f_s=125[\text{Hz}]$, $f_s=400[\text{Hz}]$에 대한 샘플링 신호를 그려라.

(b) (a)의 샘플링된 신호의 주파수 스펙트럼을 그려라.

풀이

(a) 샘플링 주파수에 따라 신호를 샘플링하여 그리는 것은 시간축만 조정하면 되는 간단한 작업이다. 따라서 같은 작업이 반복되므로 다음과 같이 샘플링된 신호를 그리는 함수 m-파일을 만들어두면 편리하다. 함수 파일을 만들 때 범용으로 쓸 수 있게 코딩을 잘해 두면, 매번 비슷한 작업을 하는 프로그램을 새로 짜지 않고서도 편하게 프로그램을 만들 수 있다.

sample_signal.m

```
function sample_signal(ti,tf,dt,fs,A,f0,rs,cs,r)   % 샘플링 주기에 따른 이산 정현파를 생성해서 그림

t=ti:dt:tf;                                         % t를 ti부터 tf까지 dt 간격으로 증가시킴
xc=A*cos(2*pi*f0*t);                                % 연속 정현파 생성
n=ti:1/fs:tf;                                       % t를 주기 Ts=1/fs로 샘플링하여 n을 생성
xd=A*cos(2*pi*f0*n);                                % 이산 정현파 생성
subplot(rs,cs,r);                                   % 그림 창을 rs행 cs열로 나눈 것의 r번째로 지정
axis([ti tf -(1.2*A) 1.2*A]);                       % x축(ti~tf)과 y축(-1.2A~1.2A)의 그림 영역을 설정
plot(t,xc,':r');                                    % 연속 정현파 포락선을 그림
hold on;                                            % 같은 그림 창에 계속 그림
stem(n,xd);                                         % 샘플링 주기가 Ts인 이산 정현파 그림
```

함수 m-파일을 이용하여 주어진 샘플링 주파수에 대해 샘플링된 이산 신호를 그리는 매트랩 프로그램은 다음과 같다.

SS_9_2a.m

```
f0=100;                                        % 연속 정현파 x(t)의 고유 주파수 설정
ti=-0.02; tf=0.02; dt=0.00001;                 % 시간축 설정 위한 파라미터 값 지정
fs=[75,100,125,400];                           % 샘플링 주파수 설정
sample_signal(ti,tf,dt,fs(1),1,f0,2,2,1);      % 샘플링 주파수 75[Hz]인 이산 정현파 그림
sample_signal(ti,tf,dt,fs(2),1,f0,2,2,2);      % 샘플링 주파수 100[Hz]인 이산 정현파 그림
sample_signal(ti,tf,dt,fs(3),1,f0,2,2,3);      % 샘플링 주파수 125[Hz]인 이산 정현파 그림
sample_signal(ti,tf,dt,fs(4),1,f0,2,2,4);      % 샘플링 주파수 400[Hz]인 이산 정현파 그림
```

이 프로그램의 실행 결과를 [그림 9-22]에 나타내었다.

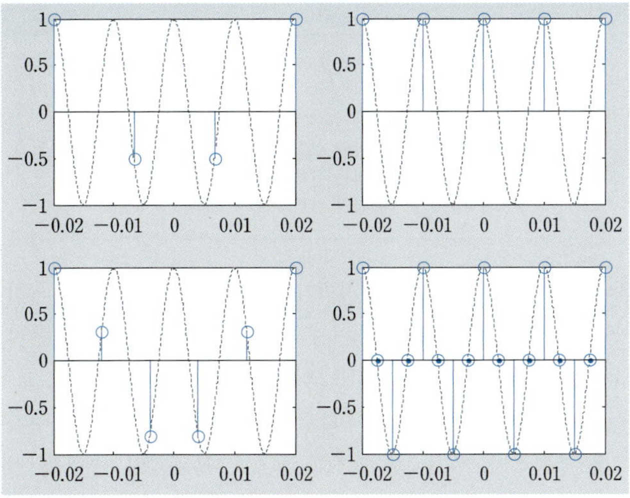

[그림 9-22] 서로 다른 샘플링 주파수로 샘플링된 이산 정현파

(b) 샘플링된 신호의 스펙트럼을 그리는 데에는 이미 7, 8장에서 사용했던 fft 명령을 사용하면 된다. 충분한 해상도를 확보하고 프로그램을 간단히 하기 위해 데이터 개수를 $N = 1024 = 2^{10}$으로 선정하였으며, 샘플링 주파수만 달리 하여 동일한 작업을 반복하므로 다음과 같이 함수 m-파일을 만들었다.

plot_spectrum.m

```
function plot_spectrum(fs,N,w)            % 샘플링된 신호의 진폭 스펙트럼 그림

f0=100;                                   % 연속 정현파 신호 x(t)의 주파수
Ts=1/fs;                                  % 샘플링 주기 계산
df=fs/N;                                  % 주파수 해상도 계산
n=0:Ts:(N-1)*Ts;                          % 샘플 추출 시간 설정
x=cos(2*pi*f0*n);                         % 샘플링된 신호 생성
X=fft(x);                                 % 고속 푸리에 변환에 의한 스펙트럼 계산
X=fftshift(X);                            % 스펙트럼을 좌우 대칭이 되게 정렬
f=(-N/2)*df:df:(N/2-1)*df;                % 그림을 그리기 위한 주파수 축 설정
Xmag=abs(X)/max(abs(X));                  % (규준화된) 진폭 스펙트럼 계산
subplot(2,2,w);                           % 2행 2열 분할 그림 창의 w번 창
plot(f,Xmag);                             % 진폭 스펙트럼 그림
axis([f(1) f(length(f)) 0 1.2]);          % x축 및 y축 그림 영역 설정
title('샘플링된 신호의 진폭 스펙트럼');      % 그림 제목
xlabel('f');                              % x축 라벨 표시
```

이 함수 파일을 이용하여 샘플링 주파수에 따른 샘플링된 이산 신호의 스펙트럼을 그리는 프로그램은 다음과 같다.

SS_9_2b.m

```
fs=[75,100,125,400];                  % 샘플링 주파수 설정
N=1024;                               % 데이터 개수 설정
plot_spectrum(fs(1),N,1);             % f_s = 75인 샘플링된 신호의 진폭 스펙트럼 그림
plot_spectrum(fs(2),N,2);             % f_s = 100인 샘플링된 신호의 진폭 스펙트럼 그림
plot_spectrum(fs(3),N,3);             % f_s = 125인 샘플링된 신호의 진폭 스펙트럼 그림
plot_spectrum(fs(4),N,4);             % f_s = 400인 샘플링된 신호의 진폭 스펙트럼 그림
```

프로그램의 실행 결과는 [그림 9-23]에 나타내었는데, 얻어진 결과가 9.2절의 설명과 완전히 부합함을 관찰할 수 있다. 즉 샘플링 주파수가 $f_s = 75$[Hz]의 경우에는 주파수 꺾기에 의해 고유 주파수가 25[Hz]인 정현파 신호로 복원되며, 샘플링 주파수가 $f_s = 100$[Hz]의 경우에는 완전히 직류 신호로 복원된다. 또한 샘플링 주파수가 $f_s = 125$[Hz]의 경우에는 주파수 중첩에 의해 샘플링 주파수가 $f_s = 75$[Hz]인 경우와 마찬가지로 고유 주파수가 25[Hz]인 정현파 신호로 복원되며, 샘플링 정리를 만족하는 $f_s = 400$[Hz]의 경우에만 원래의 신호인 100[Hz] 정현파 신호로 복원된다.

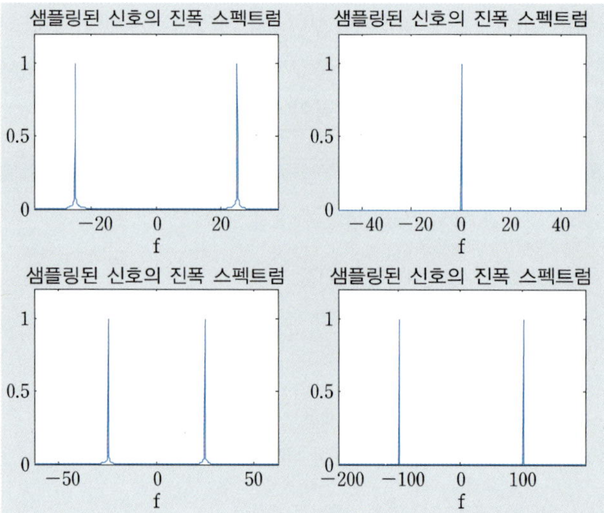

[그림 9-23] 샘플링 주파수에 따른 이산 정현파 신호의 스펙트럼

CHAPTER

10

라플라스 변환

Laplace Transform

학습목표

- 라플라스 변환의 개념과 수렴 영역에 대해 이해할 수 있다.
- 주요 신호의 라플라스 변환쌍을 잘 익혀둘 수 있다.
- 라플라스 변환의 주요 성질을 이해할 수 있다.
- 부분분수 전개를 이용한 라플라스 역변환 방법을 잘 익혀둘 수 있다.
- 라플라스 변환을 이용한 미분 방정식의 해석 방법을 이해할 수 있다.
- 전달 함수의 개념과 중요성에 대해 이해할 수 있다.
- 주파수 응답과 관련한 전달 함수의 극/영점의 역할과 중요성을 이해할 수 있다.

【미리보기】

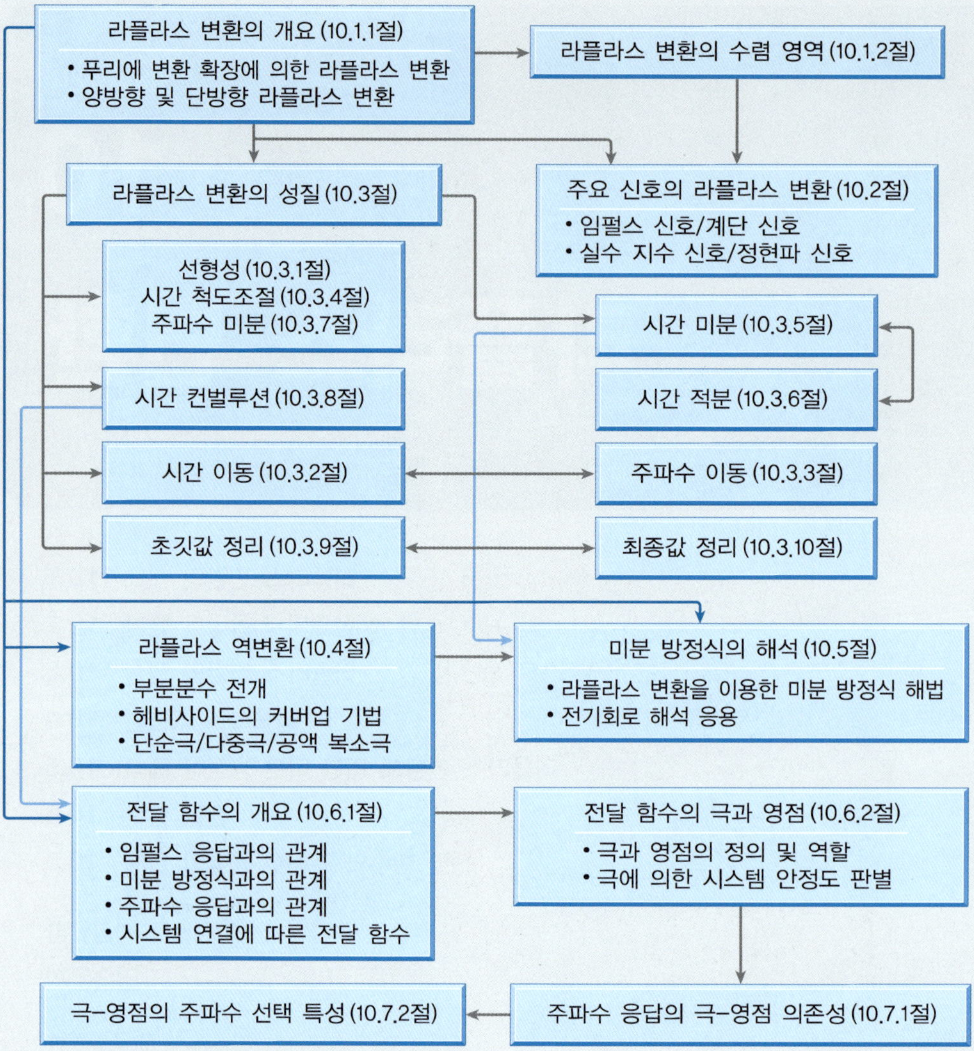

자주 사용되지만 푸리에 급수/변환으로는 주파수 영역 표현이 불가능한 신호들이 있다. 이들을 위해 다시 푸리에 변환을 확장하여 일반화하면 라플라스 변환이 얻어진다. 따라서 라플라스 변환은 주파수 영역 변환 중에서 변환 가능한 대상 신호의 집합이 가장 큰 변환이다. 라플라스 변환은 여러 유용한 장점을 갖고 있다. 우선 복소수가 겉으로 드러나지 않아 수학적 취급이 간편하고, 미분 방정식을 라플라스 변환하면 복소 변수 s에 대한 대수 방정식으로 바뀌어서 해를 구하기가 훨씬 쉬워진다. 그뿐만 아니라 전달 함수의 개념과 결합하여 주파수 응답, 안정도를 비롯한 시스템의 특성에 대한 해석이 간편해지고 통합적인 시각을 제공할 수 있다. 이 장에서는 라플라스 변환의 기본 개념과 주요 성질, 그리고 부분분수 전개에 의한 역변환 방법에 대해 살펴볼 것이다. 또 라플라스 변환을 신호와 시스템 해석에 활용하는 방법들, 특히 전달 함수와 극/영점의 개념 및 중요성에 대해 알아볼 것이다

SECTION

10.1 라플라스 변환의 개요

학습포인트

- 푸리에 변환의 확장으로 라플라스 변환을 유도하는 개념에 대해 이해한다.
- 라플라스 변환의 수렴 영역에 대해 알아본다.
- 양방향 라플라스 변환과 단방향 라플라스 변환의 차이를 이해한다.

비주기 신호의 주파수 영역 표현을 위해 푸리에 급수를 확장하여 푸리에 변환을 얻었듯이, 푸리에 변환이 불가능한 신호를 위해 다시 푸리에 변환을 확장하면 라플라스 변환이 얻어진다. 따라서 라플라스 변환은 주파수 영역 변환 중에서 변환 가능한 대상 신호의 집합이 가장 큰 변환이다. 이 같은 변환의 확장이라는 접근의 밑바탕에는 수렴 조건이 밀접하게 관련되어 있다. 이 절에서는 푸리에 변환을 확장하여 라플라스 변환을 유도하고 그 특징, 특히 수렴 영역에 대해 간단히 살펴본다. 그리고 양방향 및 단방향 라플라스 변환의 차이를 알아보기로 한다.

10.1.1 라플라스 변환의 개념과 정의

라플라스 변환의 개념

7장과 8장에서 보았듯이 주파수 영역에서 신호와 시스템을 표현하고 해석하는 것은 매우 편리하고 유용하다. 그런데 우리가 자주 사용하는 신호들 가운데 램프 신호 $r(t)=tu(t)$, $t^2u(t)$, 지수 신호 $e^{at}u(t)$, $a>0$와 같이 푸리에 변환을 할 수 없는 신호들이 여전히 많이 있다. 그 이유는 이런 신호들이 푸리에 변환이 가능하기 위한 다음의 수렴 조건을 만족하지 않기 때문이다.

$$\int_{-\infty}^{\infty} |x(t)|\, dt < \infty \tag{10.1}$$

그러므로 이들 신호를 주파수 영역 표현으로 변환하려면 식 (10.1)의 수렴 조건을 충족시킬 수 있는 대책이 필요한데, 하나의 대안으로 $x(t)$에 지수 함수 $e^{-\sigma t}$, $\sigma>0$을 곱해보자. 즉 $\tilde{x}(t)=x(t)e^{-\sigma t}$로 두면, $x(t)$가 $e^{-\sigma t}$보다도 빠른 속도로 증가하지 않는 한 $\lim_{t\to\infty}\tilde{x}(t)=0$이 되므로 $\tilde{x}(t)$는 다음과 같이 식 (10.1)의 조건을 만족한다.

$$\int_{-\infty}^{\infty} |\tilde{x}(t)|dt = \int_{-\infty}^{\infty} |x(t)e^{-\sigma t}|dt < \infty \tag{10.2}$$

따라서 $\tilde{x}(t)$는 푸리에 변환이 존재하며 다음과 같이 쓸 수 있다.

$$\widetilde{X}(\omega) = \int_{-\infty}^{\infty} \tilde{x}(t)e^{-j\omega t}dt = \int_{-\infty}^{\infty} x(t)e^{-\sigma t}e^{-j\omega t}dt = \int_{-\infty}^{\infty} x(t)e^{-(\sigma+j\omega)t}dt \tag{10.3}$$

원래 구하고자 했던 것은 $\tilde{x}(t)$의 푸리에 변환이 아니라 $x(t)$에 대한 주파수 영역 표현이므로, 식 (10.3)에서 $\sigma + j\omega \triangleq s$로 두면 $\tilde{X}(\omega)$는 $X(s)$로 나타낼 수 있고 신호 $x(t)$의 복소 주파수 s에 대한 변환으로 생각할 수 있다. 이것이 바로 **라플라스**Laplace **변환**으로 푸리에 급수/변환과 개념적 일관성을 유지하고 있다. 즉, 라플라스 변환은 주파수 영역 변환의 기저 신호로 사용되는 복소 지수 함수 e^{st}의 지수로 $s=j\omega$ 대신 $s=\sigma+j\omega$를 써서 더 많은 신호를 주파수 영역에서 나타낼 수 있도록 푸리에 변환의 개념을 일반화한 것으로 볼 수 있다. 푸리에 급수로부터 라플라스 변환에 이르기까지 주파수 영역 변환의 확장 개념을 정리하여 그림으로 나타내면 [그림 10-1]과 같다.

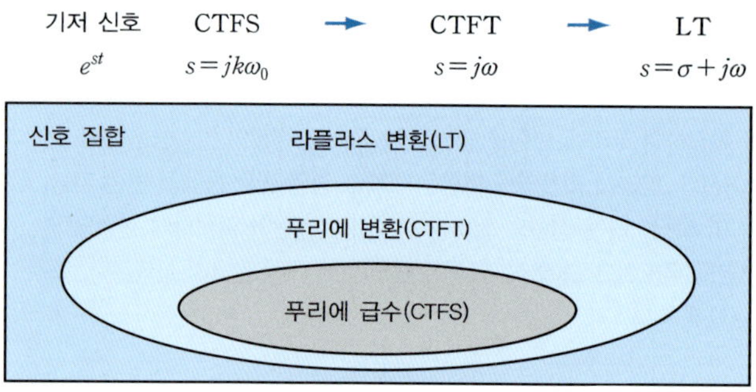

[그림 10-1] 주파수 영역 변환의 확장 개념

Tip & Note 지수 함수 $e^{-\sigma t}$의 감쇠 속도

$e^{-\sigma t}$의 값이 0으로 수렴하는 속도는 상상을 초월할 정도로 빠르다. 일례로 $x(t)=t^n$에 $e^{-\sigma t}$을 곱한 $\tilde{x}(t)=t^n e^{-\sigma t}$에 대해 $t\to\infty$의 극한을 취하면 **로피탈**L'Hopital 정리에 의해 다음과 같이 된다.

$$\lim_{t\to\infty} t^n e^{-\sigma t} = \lim_{t\to\infty}\frac{t^n}{e^{\sigma t}} = \lim_{t\to\infty}\frac{n!}{\sigma^n e^{\sigma t}} = 0$$

$n=1{,}000$, 즉 $x(t)=t^{1000}$이라고 생각해보자. t의 증가에 따라 엄청날 정도로 값이 커지는 신호임에도 $e^{-\sigma t}$에 의해 꼼짝없이 0으로 수렴한다. 그렇다면 $e^{-\sigma t}$와는 반대로 지수적으로 값이 증가하는 지수 함수 $x(t)=e^{at}$의 경우는 어떨까? $\tilde{x}(t)=e^{at}e^{-\sigma t}=e^{(a-\sigma)t}$는 $a-\sigma<0$가 되도록 σ를 선정하면 0으로 수렴한다. 따라서 모든 신호는 아니라 할지라도 웬만한 신호는 $e^{-\sigma t}$에 의해 값이 0으로 수렴하게 되므로 식 (10.1)의 수렴 조건을 충족하게 되어 주파수 영역 표현이 가능해진다.

양방향 라플라스 변환과 단방향 라플라스 변환

$x(t)$와 $X(\omega)$가 1:1로 대응되는 푸리에 변환과 달리, 라플라스 변환은 수렴 영역에 따라 변환쌍이 유일하지 않을 수 있으므로 양방향 변환과 단방향 변환으로 나누어 취급한다.

푸리에 변환과 마찬가지로 인과 신호 $x(t)$와 (단방향) 라플라스 변환 $X(s)$는 1:1 대응 관계가 성립하는 쌍으로서 **라플라스 변환쌍** Laplace Transform Pair이라고 하고 $x(t) \Leftrightarrow X(s)$로 표기한다. 또 표기가 편리하도록 $X(s)$가 $x(t)$의 라플라스 변환임은 $X(s)=\mathcal{L}\{x(t)\}$로, $x(t)$가 $X(s)$의 라플라스 역변환임은 $x(t)=\mathcal{L}^{-1}\{X(s)\}$로 나타낸다.

- **양방향**bilateral **라플라스 변환** : $X(s)=\mathcal{L}\{x(t)\}=\int_{-\infty}^{\infty} x(t)e^{-st}dt$ (10.4)
- **단방향**unilateral **라플라스 변환** : $X(s)=\mathcal{L}\{x(t)\}=\int_{0}^{\infty} x(t)e^{-st}dt$ (10.5)
- **라플라스 역**inverse**변환** : $x(t)=\mathcal{L}^{-1}\{X(s)\}=\frac{1}{2\pi j}\int_{c-j\infty}^{c+j\infty} X(s)e^{st}ds$ (10.6)
- 양방향 라플라스 변환은 $-\infty<t<\infty$의 시간 범위에 존재하는 모든 신호를 변환할 수 있다. 따라서 비인과 신호의 변환이 가능하다.
- 양방향 라플라스 변환은 수렴 영역이 지정되지 않으면 $x(t)$와 $X(s)$가 1:1 대응이 되지 않는다. 그러므로 항상 수렴 영역을 표시해야만 한다.
- 단방향 라플라스 변환은 인과 신호($x(t)=0,\ t<0$)만을 대상으로 한 변환이다.
- 단방향 라플라스 변환은 $x(t)$와 $X(s)$가 1:1로 대응된다. 그러므로 수렴 영역을 별도로 표시할 필요가 없다.

양방향 라플라스 변환과 단방향 라플라스 변환으로 2개의 라플라스 변환을 별도로 구분하는 이유는 양방향 라플라스 변환에서는 $X(s)$에 대응되는 $x(t)$가 유일하지 않기 때문이다. 따라서 역변환을 위해서는 단 하나의 신호를 특정할 수 있는 부가적인 조건으로 수렴 영역이 항상 함께 표시되어야만 한다. 그러나 단방향 라플라스 변환에서는 $x(t)$와 $X(s)$가 1:1로 대응되어 역변환할 때도 아무런 어려움이 없다. 게다가 대부분의 물리적인 시스템이 인과이며(임펄스 응답이 인과 신호이다) 인과 신호를 취급하므로, 인과 신호만을 대상으로 하는 단방향 라플라스 변환을 주로 사용하게 된다.

예제 10-1 인과 신호의 양방향 라플라스 변환

인과 신호 $x(t)=e^{-at}u(t)$의 양방향 라플라스 변환을 구하라.

풀이

정의식 식 (10.4)로부터 $x(t)$의 양방향 라플라스 변환은 다음과 같이 구해진다.

$$X(s)=\int_{-\infty}^{\infty} e^{-at}u(t)e^{-st}dt=\int_{0}^{\infty} e^{-at}e^{-st}dt=\frac{1}{s+a}e^{-(s+a)t}\Big|_{0}^{\infty}$$

그런데

$$\lim_{t\to\infty}e^{-(s+a)t}=\lim_{t\to\infty}e^{-(\sigma+a)t}e^{-j\omega t}=\begin{cases}0, & Re(s)=\sigma>-a\\ \infty, & Re(s)=\sigma<-a\end{cases}$$

이므로 $X(s)$는 $Re(s)=\sigma>-a$인 영역에서만 식 (10.2)의 수렴 조건을 만족시켜 수렴하여 값을 가지며, 다음과 같이 된다.

$$X(s)=\frac{1}{s+a}, \quad Re(s)=\sigma>-a \tag{10.7}$$

즉 $X(s)$는 $x(t)$의 지수 a가 양수인지 음수인지에 상관없이 $Re(s)=\sigma>-a$만 만족하면 항상 존재한다. 이와 달리 $x(t)$의 푸리에 변환은 식 (10.1)의 수렴 조건이 충족되는 $a>0$인 경우에만 존재한다. 예를 들어, $e^{-2t}u(t)$는 식 (10.1)의 수렴 조건을 만족하므로 푸리에 변환과 라플라스 변환이 모두 존재한다. 그러나 $e^{2t}u(t)$는 식 (10.1)의 수렴 조건을 만족하지 않아 푸리에 변환은 존재하지 않지만, $\sigma>2$로 선정하면 식 (10.2)의 수렴 조건이 충족되므로 라플라스 변환은 가능하다. 이는 두 변환의 차이를 보여주는 좋은 예라고 할 수 있다.

10.1.2 라플라스 변환의 수렴 영역

[예제 10-1]에서 보았듯이 신호 $x(t)$의 라플라스 변환 $X(s)$를 계산하는 적분은 모든 s값에 대해 수렴하지는 않는다. 식 (10.2)의 수렴 조건을 충족시켜 라플라스 변환 $X(s)$가 존재하는 복소수 s의 집합을 라플라스 변환의 수렴 영역(ROC)Region Of Convergence이라고 한다. 라플라스 변환 $X(s)$는 오직 수렴 영역에 속하는 s에 대해서만 값이 존재하며, 수렴 영역은 신호 $x(t)$에 따라 달라진다.

수렴 영역과 단방향 라플라스 변환의 필요성

양방향 라플라스 변환에서는 서로 다른 두 시간 신호가 수렴 영역만 다를 뿐 똑같은 $X(s)$로 표현되는 경우가 발생한다. 따라서 역변환을 통해 $X(s)$로부터 오직 하나의 $x(t)$로 되돌아가려면 반드시 $X(s)$의 수렴 영역이 지정되어야만 한다. 다음의 예를 통해 이를 살펴보자.

예제 10-2 비인과 신호의 양방향 라플라스 변환

비인과 신호 $x(t)=-e^{-at}u(-t)$의 양방향 라플라스 변환을 구하라.

풀이

정의식 식 (10.4)에 의해 $x(t)$의 양방향 라플라스 변환은 다음과 같이 구해진다.

$$X(s)=\int_{-\infty}^{\infty}-e^{-at}u(-t)e^{-st}dt=\int_{-\infty}^{0}-e^{-at}e^{-st}dt=\frac{1}{s+a}e^{-(s+a)t}\Big|_{-\infty}^{0}$$

그런데

$$\lim_{t\to-\infty}e^{-(s+a)t}=\lim_{t\to-\infty}e^{-(\sigma+a)t}e^{-j\omega t}=\begin{cases}0, & Re(s)=\sigma<-a\\ \infty, & Re(s)=\sigma>-a\end{cases}$$

이므로 $X(s)$는 $Re(s)=\sigma<-a$인 영역에서만 수렴하여 값을 가지며, 다음과 같이 된다.

$$X(s)=\frac{1}{s+a}, \quad Re(s)=\sigma<-a \tag{10.8}$$

[예제 10-1]에서 구한 식 (10.7)과 식 (10.8)을 비교하면, 두 신호의 양방향 라플라스 변환이 수렴 영역을 빼면 같음을 알 수 있다. 그러므로 주어진 $X(s)$에 대해 하나 이상의 역변환이 존재할 수 있다. 즉 양방향 라플라스 변환에서는 수렴 영역이 지정되지 않으면 $X(s)$와 $x(t)$가 1:1 대응이 되지 않는다.

[예제 10-1]의 신호 $e^{-at}u(t)$는 특정 시점(원점)으로부터 시간축의 오른쪽 방향으로만 값이 존재하는 신호로 **우편향** right-sided **신호**라고 한다. 반대로 [예제 10-2]의 신호 $-e^{-at}u(-t)$는 특정 시점(원점)으로부터 시간축의 왼쪽 방향으로만 값이 존재하는 신호로 **좌편향** left-sided **신호**라고 한다. 그리고 우편향 신호와 좌편향 신호가 더해져 $(-\infty, \infty)$ 구간에 존재하는 신호는 **양방향 신호**라고 한다.

[그림 10-2]는 [예제 10-1]과 [예제 10-2]의 신호와 수렴 영역을 나타낸 것이다. 그림을 보면 두 신호 및 수렴 영역의 특징과 차이를 확연히 알 수 있다. [예제 10-1]의 우편향 신호의 라플라스 변환의 수렴 영역은 $j\omega$축에 평행한 경계선 $\sigma = -a$의 오른쪽 면이 되고, 반대로 [예제 10-2]의 좌편향 신호의 라플라스 변환의 수렴 영역은 $\sigma = -a$의 왼쪽 면이 된다.

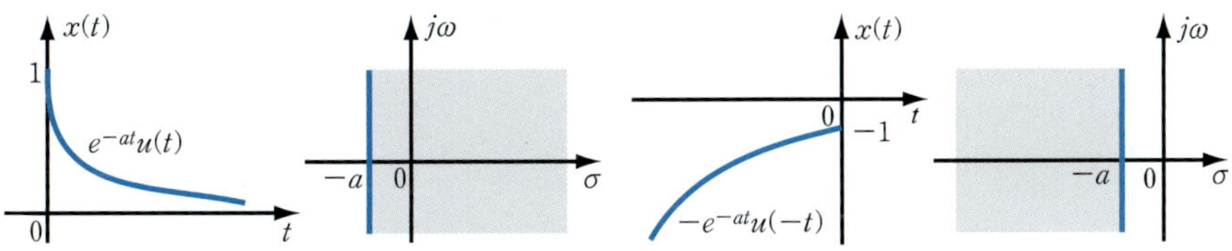

(a) $e^{-at}u(t)$와 수렴 영역 (b) $-e^{-at}u(-t)$와 수렴 영역

[그림 10-2] [예제 10-1, 10-2] 신호의 양방향 라플라스 변환의 수렴 영역

결국 하나의 $X(s)$에 대해 $x(t)$가 1:1 대응이 되지 않는 것은 양방향 라플라스 변환이 좌편향 신호와 우편향 신호를 모두 변환할 수 있기 때문이다. 만약 변환 가능한 대상 신호를 둘 중의 하나로 제한한다면 이런 애매모호함은 사라질 것이다. 식 (10.5)의 단방향 라플라스 변환은 적분 하한이 0으로 $t \geq 0$에서만 값을 갖는 인과 신호, 즉 우편향 신호만을 변환 대상으로 하므로 하나의 $X(s)$에 대해 하나의 $x(t)$만 대응된다. 따라서 굳이 수렴 영역을 지정하지 않더라도 역변환에 아무런 문제가 없게 된다. 앞서 살펴본 예에서도 단방향 라플라스 변환으로는 $e^{-at}u(t)$만 변환 가능하고 $-e^{-at}u(-t)$는 변환이 안 되므로 $X(s) = \dfrac{1}{s+a}$에 대응하는 시간 신호는 $e^{-at}u(t)$ 하나뿐이다. 이 같은 편리함 외에도, 실제로 다루는 시스템과 신호가 대부분 인과이기 때문에 단방향 라플라스 변환만으로도 충분하다. 인과 신호에 대해서는 양방향 라플라스 변환을 하더라도, 정의식 식 (10.4)의 적분 하한이 0이 되어 단방향 라플라스 변환과 같아진다. 따라서 이 책에서는 단방향 라플라스 변환만을 다룰 것이다.[1]

1 이후 별도의 언급이 없는 한 라플라스 변환이라 하면 단방향 라플라스 변환을 뜻한다.

예제 10-3 양방향 라플라스 변환과 수렴 영역

다음 신호의 양방향 라플라스 변환과 수렴 영역을 구하라.

(a) $x(t)=e^{-2t}u(t)-e^{t}u(t)$
(b) $x(t)=e^{-2t}u(t)+e^{t}u(-t)$
(c) $x(t)=e^{t}u(-t)-e^{-2t}u(-t)$
(d) $x(t)=e^{-t}u(t)+e^{-2t}u(-t)$

풀이

(a) [예제 10-1]의 풀이로부터 $x(t)$의 양방향 라플라스 변환은 다음과 같이 구해진다.

$$X(s)=\mathcal{L}\{e^{-2t}u(t)\}+\mathcal{L}\{-e^{t}u(t)\}=\frac{1}{s+2}-\frac{1}{s-1}=-\frac{3}{s^2+s-2}$$

이때 수렴 영역은 우편향 항 $e^{-2t}u(t)$의 $\sigma=Re\{s\}>-2$와 또 다른 우편향 항 $-e^{t}u(t)$의 $\sigma=Re\{s\}>1$을 동시에 만족해야 하므로 $\sigma=Re\{s\}>1$이다. 수렴 영역이 존재하므로 $X(s)$가 $x(t)$의 라플라스 변환이 맞다.

(b) [예제 10-1]과 [예제 10-2]의 풀이로부터 $x(t)$의 양방향 라플라스 변환은 다음과 같이 구해진다.

$$X(s)=\mathcal{L}\{e^{-2t}u(t)\}+\mathcal{L}\{e^{t}u(-t)\}=\frac{1}{s+2}-\frac{1}{s-1}=-\frac{3}{s^2+s-2}$$

이때 수렴 영역은 우편향 항 $e^{-2t}u(t)$의 $\sigma=Re\{s\}>-2$와 좌편향 항 $e^{t}u(-t)$의 $\sigma=Re\{s\}<1$을 동시에 만족해야 하므로 $-2<\sigma=Re\{s\}<1$이다. 이 역시 수렴 영역이 존재하므로 $X(s)$가 $x(t)$의 라플라스 변환이 맞다.

(c) [예제 10-2]의 풀이로부터 $x(t)$의 양방향 라플라스 변환은 다음과 같이 구해진다.

$$X(s)=\mathcal{L}\{e^{t}u(-t)\}+\mathcal{L}\{-e^{-2t}u(-t)\}=-\frac{1}{s-1}+\frac{1}{s+2}=-\frac{3}{s^2+s-2}$$

수렴 영역은 좌편향 항 $e^{t}u(-t)$의 $\sigma=Re\{s\}<1$와 또 다른 좌편향 항 $-e^{-2t}u(-t)$의 $\sigma=Re\{s\}<-2$를 동시에 만족해야 하므로 $\sigma=Re\{s\}<-2$이다. 수렴 영역이 존재하므로 $X(s)$가 $x(t)$의 라플라스 변환이 맞다.

(d) [예제 10-1]과 [예제 10-2]의 풀이로부터 $x(t)$의 양방향 라플라스 변환은 다음과 같이 구해진다.

$$X(s)=\mathcal{L}\{-e^{t}u(t)\}+\mathcal{L}\{-e^{-2t}u(-t)\}=-\frac{1}{s-1}+\frac{1}{s+2}=-\frac{3}{s^2+s-2}$$

수렴 영역은 우편향 항의 $\sigma=Re\{s\}>1$와 좌편향 항의 $\sigma=Re\{s\}<-2$를 동시에 만족해야 하는데 겹치는 구간이 존재하지 않는다. 따라서 라플라스 변환이 존재하지 않는다. 즉 $X(s)$는 $x(t)$의 라플라스 변환이 아니다.

네 경우 모두 똑같이 $X(s)=-\dfrac{3}{s^2+s-2}$가 되지만, 대응되는 시간 신호는 서로 다르고, (d)의 경우는 수렴 영역이 존재하지 않으므로 라플라스 변환을 할 수가 없다. [그림 10-3]은 네 가지 신호와 수렴 영역을 나타낸 것이다. 신호에 따라 수렴 영역이 존재하거나 존재하지 않으므로 반드시 수렴 영역을 따져봐야만 한다. 단방향 라플라스 변환으로 변환이 가능한 신호는 (a)의 경우뿐이다.

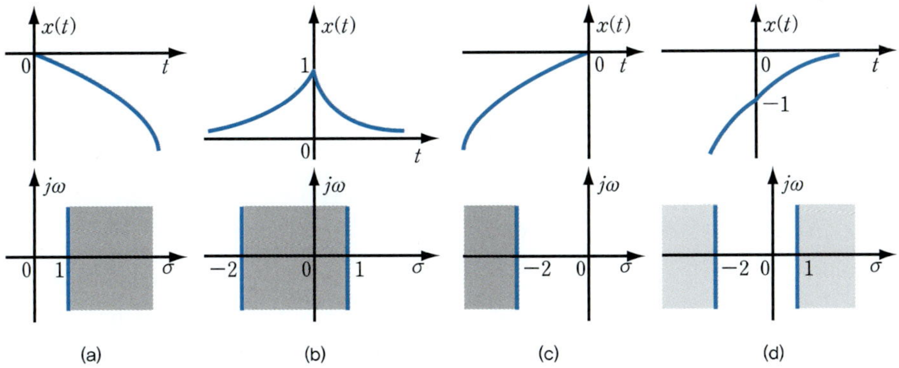

[그림 10-3] [예제 10-3]의 신호와 라플라스 변환의 수렴 영역

신호 유형에 따른 수렴 영역의 형태

[그림 10-3]에서 본 것처럼 신호에 따라 라플라스 변환의 수렴 영역이 다르다. [그림 10-4]에 신호의 유형에 따른 라플라스 변환의 수렴 영역을 나타내었다.

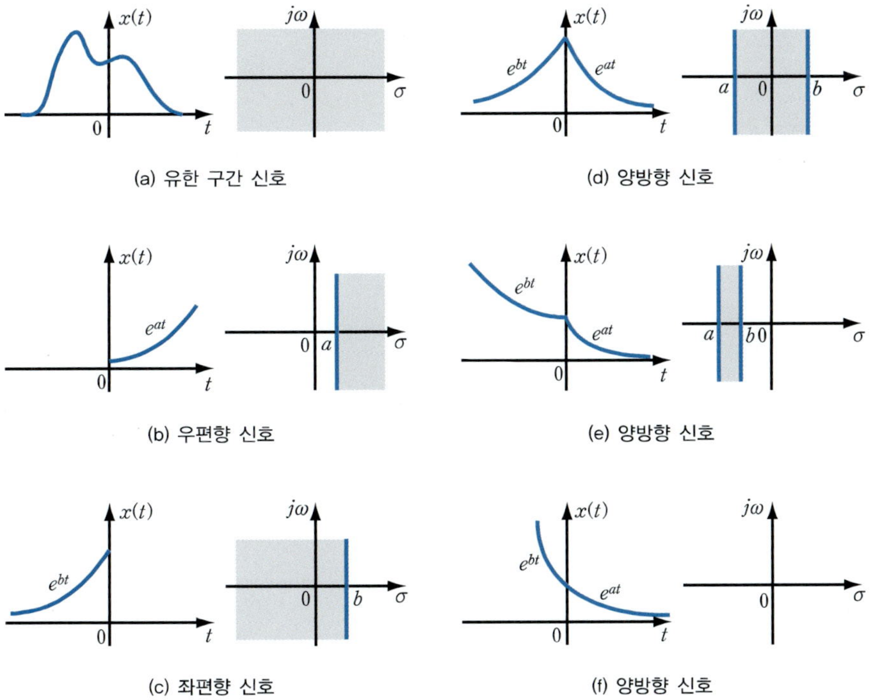

[그림 10-4] 신호의 유형에 따른 양방향 라플라스 변환의 수렴 영역

[그림 10-4]로부터 라플라스 변환의 수렴 영역의 특징들은 다음과 같이 정리할 수 있다.

❶ 수렴 영역은 $j\omega$ 축에 평행한 면으로 구성된다.
❷ [그림 10-4(a)]와 같이 길이가 유한한 유한 구간 신호는 전 s-평면이 수렴 영역이 된다.
❸ [그림 10-4(b)]와 같은 우편향 신호는 경계선의 오른쪽 평면이 수렴 영역이다.
❹ [그림 10-4(c)]와 같은 좌편향 신호는 경계선의 왼쪽 평면이 수렴 영역이다.
❺ 양방향 신호는 일반적으로 [그림 10-4(d)], [그림 10-4(e)]와 같이 좌편향 신호의 경계선 b와 우편향 신호의 경계선 a 사이의 띠 형태로 수렴 영역이 주어진다. 단, 이때 $b > a$이다.
❻ 좌편향 신호의 경계선 b가 우편향 신호의 경계선 a보다 작으면($b < a$) 수렴 영역이 정의되지 않는다. 즉 라플라스 변환이 존재하지 않는다.
❼ [그림 10-4(b)]나 [그림 10-4(e)]와 같이 수렴 영역이 $j\omega$ 축을 포함하지 않는 신호들은 라플라스 변환은 존재하나 푸리에 변환은 존재하지 않는다.

푸리에 변환과 라플라스 변환의 정의식을 비교하면, 다음과 같이 둘의 관계를 얻을 수 있다.

$$X(\omega) = X(s)|_{s=j\omega} \tag{10.9}$$

즉 푸리에 변환은 s-평면의 $j\omega$ 축을 따라 라플라스 변환을 계산한 값이라고 할 수 있으므로, 수렴 영역이 $j\omega$ 축을 포함하지 않으면 푸리에 변환을 구할 수 없게 된다.

예제 10-4 양방향 라플라스 변환과 수렴 영역

다음 신호의 양방향 라플라스 변환과 수렴 영역을 구하라.

(a) $x(t) = \text{rect}(t/2a)$
(b) $x(t) = u(t)$
(c) $x(t) = A$
(d) $x(t) = e^{-|t|}$

풀이

(a) 사각 펄스 $x(t) = \text{rect}(t/2a)$는 유한 구간 신호로서 양방향 라플라스 변환은 다음과 같다.

$$X(s) = \int_{-\infty}^{\infty} x(t)e^{-st}dt = \int_{-a}^{a} e^{-st}dt = -\frac{1}{s}e^{-st}\Big|_{-a}^{a} = \frac{1}{s}(e^{as} - e^{-as})$$

이 경우 수렴 영역은 전체 s-평면이다.

(b) 계단 신호 $x(t) = u(t)$는 우편향 신호이자 인과 신호로서 양방향 라플라스 변환은 단방향 라플라스 변환과 같고

$$X(s) = \int_{-\infty}^{\infty} u(t)e^{-st}dt = \int_{0}^{\infty} e^{-st}dt = -\frac{1}{s}e^{-st}\Big|_{0}^{\infty} = \frac{1}{s}, \qquad \sigma > 0$$

가 된다. $X(s)$의 수렴 영역 $Re(s) = \sigma > 0$은 $s = j\omega$축을 포함하지 않으므로 계단 신호는 푸리에 변환이 존재하지 않는다. 8장에서 살펴본 것처럼, 계단 신호는 이론적으로 푸리에 변환이 불가능하

나 푸리에 변환이 존재하는 것처럼 간주했을 뿐이다. 그 결과 $X(\omega)=\mathcal{F}\{u(t)\}=\pi\delta(\omega)+\frac{1}{j\omega}$ 에는 임펄스 $\delta(\omega)$가 포함되어 $j\omega=s$로 두더라도 라플라스 변환과 같아지지 않는다.

(c) 상수 신호 $x(t)=A$는 양방향 신호로서 양방향 라플라스 변환은 다음과 같이 구해진다.

$$X(s)=\int_{-\infty}^{\infty}Ae^{-st}dt=\int_{-\infty}^{0}Ae^{-st}dt+\int_{0}^{\infty}Ae^{-st}dt=-\frac{A}{s}e^{-st}\Big|_{-\infty}^{0}-\frac{A}{s}e^{-st}\Big|_{0}^{\infty}$$

그런데 [예제 10-1]과 [예제 10-2]의 풀이에서 보았듯이, 앞 식 우변의 첫 번째 항은 $\lim_{t\to-\infty}e^{-st}=0$, $\sigma<0$, 두 번째 항은 $\lim_{t\to\infty}e^{-st}=0$, $\sigma>0$이므로 두 항이 공통으로 만족하는 수렴 영역이 존재하지 않는다. 따라서 이 신호는 라플라스 변환을 할 수 없다.

(d) $x(t)=e^{-|t|}$는 양방향 신호로 다시 쓰면 $x(t)=e^{-|t|}=e^{-t}u(t)+e^{-(-t)}u(-t)$이므로 [예제 10-1]과 [예제 10-2]의 풀이로부터 $x(t)$의 양방향 라플라스 변환은 다음과 같이 구해진다.

$$X(s)=\mathcal{L}\{e^{-t}u(t)\}+\mathcal{L}\{e^{t}u(-t)\}=\frac{1}{s+1}-\frac{1}{s-1}=-\frac{2}{s^2-1}$$

이때 수렴 영역은 우편향 항의 $\sigma=Re\{s\}>-1$와 좌편향 항의 $\sigma=Re\{s\}<1$를 동시에 만족해야 하므로 $-1<\sigma=Re\{s\}<1$이다. 수렴 영역이 존재하므로 위에서 구한 $X(s)$는 $x(t)=e^{-|t|}$의 라플라스 변환이 맞다.

Check Point 다음 문제에서 옳은 것을 골라라.

(1) 라플라스 변환은 푸리에 변환에 비해 더 (많은, 적은) 신호를 변환할 수 있다.
(2) 라플라스 변환은 모든 신호를 주파수 영역으로 변환할 수 있다. (○, ×)
(3) 수렴 영역에서는 항상 $X(s)$의 값이 존재한다. (○, ×)
(4) $x(t)$와 $X(s)$가 일대일 대응이 되는 것은 (단방향, 양방향) 라플라스 변환이다.
(5) 단방향 라플라스 변환과 양방향 라플라스 변환의 역변환 정의식은 다르다. (○, ×)
(6) (좌편향, 우편향) 신호는 수렴 영역이 $j\omega$축에 평행한 경계선의 오른쪽 평면이다.
(7) 단방향 라플라스 변환은 (인과, 비인과) 신호를 대상으로 한다.
(8) 라플라스 변환의 수렴 영역이 $j\omega$축을 포함해야만 푸리에 변환이 존재한다. (○, ×)
(9) $1/s^2$에 대응되는 시간 신호는 $(t,\ tu(t))$이다.
(10) 계단 신호의 양방향 라플라스 변환과 단방향 라플라스 변환은 다르다. (○, ×)

SECTION 10.2

주요 신호의 라플라스 변환

학습포인트

- 임펄스 신호, 계단 신호, 램프 신호 등의 라플라스 변환쌍을 익혀둔다.
- 지수 신호와 정현파 신호에 대한 라플라스 변환쌍을 익혀둔다.
- 변환쌍표에 제시된 주요 신호들의 라플라스 변환쌍을 익혀둔다.

자주 사용되는 기본적이고 중요한 신호들에 대한 라플라스 변환쌍을 알고 있으면 역변환을 비롯해 여러모로 편리하다. 이 절에서는 몇 가지 주요 신호들에 대한 라플라스 변환쌍을 구해보기로 한다.

임펄스 신호

임펄스 신호의 라플라스 변환은 임펄스의 체 거르기 성질을 이용하면 다음과 같다.

$$\mathcal{L}\{\delta(t)\} = \int_{0^-}^{\infty} \delta(t) e^{-st} dt = e^{-s \cdot 0} = 1 \tag{10.10}$$

즉 다음의 라플라스 변환쌍이 성립한다.

$$\delta(t) \quad \Leftrightarrow \quad 1 \tag{10.11}$$

(단위) 계단 신호

계단 신호의 라플라스 변환은 이미 [예제 10-4(b)]에서 구하였으며, 변환쌍은 다음과 같다.

$$u(t) \quad \Leftrightarrow \quad \frac{1}{s} \tag{10.12}$$

(단위) 램프 신호

라플라스 변환 정의식 식 (10.5)로부터 램프 신호의 라플라스 변환은 다음과 같이 된다.

$$\mathcal{L}\{r(t)\} = \int_{0}^{\infty} te^{-st} dt = -\frac{1}{s} te^{-st}\Big|_0^{\infty} - \int_0^{\infty} -\frac{1}{s} e^{-st} dt = -\frac{1}{s^2} e^{-st}\Big|_0^{\infty} = \frac{1}{s^2} \tag{10.13}$$

즉 다음의 라플라스 변환쌍이 성립한다.

$$r(t) \quad \Leftrightarrow \quad \frac{1}{s^2} \tag{10.14}$$

지수 신호

지수 신호 $e^{-at}u(t)$의 라플라스 변환 또한 [예제 10-1]에서 구한 바 있으며, 다음의 라플라스 변환쌍이 성립한다.

$$e^{-at}u(t) \quad \Leftrightarrow \quad \frac{1}{s+a} \tag{10.15}$$

정현파 신호

코사인파의 라플라스 변환은 정의식과 오일러 공식을 이용하여 다음과 같이 구할 수 있다.

$$\begin{aligned}\mathcal{L}\{\cos(\omega_0 t)u(t)\} &= \int_0^\infty \cos(\omega_0 t)e^{-st}dt = \frac{1}{2}\int_0^\infty \left[e^{j\omega_0 t} + e^{-j\omega_0 t}\right]e^{-st}dt \\ &= -\frac{1}{2}\left[\frac{1}{s-j\omega_0}e^{-(s-j\omega_0)t} + \frac{1}{s+j\omega_0}e^{-(s+j\omega_0)t}\right]\Bigg|_0^\infty \\ &= \frac{1}{2}\left[\frac{1}{s-j\omega_0} + \frac{1}{s+j\omega_0}\right] = \frac{s}{s^2+\omega_0^2}\end{aligned} \tag{10.16}$$

같은 방법으로 사인파에 대한 라플라스 변환도 얻을 수 있다. 따라서 정현파의 라플라스 변환쌍은 다음과 같이 된다.

$$\cos(\omega_0 t)u(t) \quad \Leftrightarrow \quad \frac{s}{s^2+\omega_0^2} \tag{10.17}$$

$$\sin(\omega_0 t)u(t) \quad \Leftrightarrow \quad \frac{\omega_0}{s^2+\omega_0^2} \tag{10.18}$$

이외에도 여러 주요 신호들에 대한 라플라스 변환쌍을 [부록]에 정리해 두었다.

예제 10-5 주요 신호의 라플라스 변환

다음 신호의 라플라스 변환을 구하라.

(a) $x(t)=t^2u(t)$ (b) $x(t)=te^{-at}u(t)$ (c) $x(t)=e^{-at}\cos(\omega_0 t)u(t)$

풀이

(a) 정의식 식 (10.5)에 의해 $t^2u(t)$의 라플라스 변환은 다음과 같이 구해진다.

$$\begin{aligned} x(t) &= \mathcal{L}\{t^2\}=\int_0^\infty t^2e^{-st}dt=-\frac{1}{s}t^2e^{-st}\Big|_0^\infty-\int_0^\infty 2t\left(-\frac{1}{s}e^{-st}\right)dt \\ &=\frac{2}{s}\int_0^\infty te^{-st}dt=\frac{2}{s}\mathcal{L}\{t\}=\frac{2}{s^3} \end{aligned}$$

앞 식은 $\lim_{t\to\infty}t^2e^{-st}=0(Re(s)=\sigma>0)$과 $\mathcal{L}\{t\}=\frac{1}{s^2}$ 임을 이용하여 얻어진 것이다.

(b) 정의식 식 (10.5)에 의해 라플라스 변환은 다음과 같이 된다.

$$\begin{aligned} X(s) &= \mathcal{L}\{te^{-at}\}=\int_0^\infty te^{-at}u(t)e^{-st}dt=\int_0^\infty te^{-(s+a)t}dt \\ &=-\frac{1}{s+a}te^{-(s+a)t}\Big|_0^\infty+\frac{1}{s+a}\int_0^\infty e^{-(s+a)t}dt \\ &=-\frac{1}{s+a}te^{-(s+a)t}\Big|_0^\infty-\frac{1}{(s+a)^2}e^{-(s+a)t}\Big|_0^\infty=\frac{1}{(s+a)^2} \end{aligned}$$

(c) 정의식 식 (10.5)와 오일러 공식으로부터 지수 감쇠 정현파의 라플라스 변환은 다음과 같이 구해진다. 이 경우에도 계산 과정에 지수 함수의 극한이 0이 됨을 이용한다.

$$\begin{aligned} X(s) &= \mathcal{L}\left\{e^{-at}\cos(\omega_0 t)\right\}=\int_0^\infty e^{-at}\cos(\omega_0 t)e^{-st}dt \\ &=\int_0^\infty e^{-at}\frac{e^{j\omega_0 t}+e^{-j\omega_0 t}}{2}e^{-st}dt=\int_0^\infty\frac{e^{-(s+a-j\omega_0)t}+e^{-(s+a+j\omega_0)t}}{2}dt \\ &=-\frac{1}{2}\left(\frac{1}{(s+a)-j\omega_0}e^{-(s+a-j\omega_0)t}+\frac{1}{(s+a)+j\omega_0}e^{-(s+a+j\omega_0)t}\right)\Big|_0^\infty \\ &=\frac{1}{2}\left(\frac{1}{(s+a)-j\omega_0}+\frac{1}{(s+a)+j\omega_0}\right)=\frac{(s+a)}{(s+a)^2+\omega_0^2} \end{aligned}$$

따라서 다음과 같은 변환쌍을 얻게 된다.

$$e^{-at}\cos(\omega_0 t)u(t) \quad\Leftrightarrow\quad \frac{(s+a)}{(s+a)^2+\omega_0^2}$$

SECTION 10.3

라플라스 변환의 성질

학습포인트

- 시간 이동 및 주파수 이동 성질을 알아본다.
- 시간 미분 및 시간 적분 성질과 그의 활용에 대해 알아본다.
- 시간 척도조절 및 주파수 미분 성질을 이해한다.
- 시간 컨벌루션 성질과 그 중요성을 이해한다.
- 초깃값 정리와 최종값 정리를 이해하고, 활용법을 익혀둔다.
- 실제 문제에 대한 라플라스 변환의 성질들의 활용법을 잘 익혀둔다.

라플라스 변환은 신호 및 시스템의 해석에 크게 도움이 되는 유용한 성질들이 많다. 이 성질들을 활용하면, 기본적인 변환쌍으로부터 다양한 신호들의 라플라스 변환을 쉽게 구할 수 있다. 또한 연속 LTI 시스템을 나타낸 미분 방정식의 해를 구하고 특성을 살펴보는 데에도 유용하게 쓰인다. 라플라스 변환은 푸리에 변환(CTFT)을 일반화한 것으로 볼 수 있기에 그 성질도 푸리에 변환과 유사하다. 이를 염두에 두고 학습한다면 개념의 이해와 체계화에 많은 도움이 될 것이다. 이 절에서는 라플라스 변환의 성질들을 살펴보고 예들을 통하여 활용법을 익히도록 한다.

단방향 라플라스 변환은 $t \geq 0$의 시간 구간만을 고려하므로 아예 신호 표현을 $x(t)u(t)$ 형태로 나타내면 명확하나, 그냥 $x(t)$로 표시된다면 $u(t)$가 생략되었다고 생각하면 된다.

10.3.1 선형성

$$\alpha x_1(t) + \beta x_2(t) \quad \Leftrightarrow \quad \alpha X_1(s) + \beta X_2(s) \tag{10.19}$$

푸리에 변환과 마찬가지로, 라플라스 변환도 선형성을 만족한다. 신호 $x_1(t)$와 $x_2(t)$의 라플라스 변환이 각각 $X_1(s)$, $X_2(s)$라면, 라플라스 변환 정의식 식 (10.5)로부터 선형성은 다음과 같이 얻어진다.

$$\begin{aligned} \mathcal{L}\{\alpha x_1(t) + \beta x_2(t)\} &= \int_0^\infty (\alpha x_1(t) + \beta x_2(t)) e^{-st} dt \\ &= \alpha \int_0^\infty x_1(t) e^{-st} dt + \beta \int_0^\infty x_2(t) e^{-st} dt \\ &= \alpha X_1(s) + \beta X_2(s) \end{aligned} \tag{10.20}$$

신호가 간단한 기본 신호들의 선형 결합으로 주어질 때 선형성을 이용하면 라플라스 변환을 쉽게 구할 수 있다.

예제 10-6 선형성을 이용한 라플라스 변환

신호 $x(t)=\cos^2(\omega_0 t)u(t)$의 라플라스 변환을 구하라.

풀이

주어진 신호를 삼각 함수의 배각 공식을 이용해 다시 쓰면 다음과 같다.

$$x(t)=\cos^2(\omega_0 t)u(t)=\frac{1}{2}(1+\cos(2\omega_0 t))u(t)$$

따라서 선형성을 적용하면, 계단 신호의 라플라스 변환쌍 식 (10.12)와 코사인파의 라플라스 변환쌍 식 (10.17)로부터 다음과 같이 라플라스 변환이 구해진다.

$$\begin{aligned} X(s) &= \frac{1}{2}\left[\mathcal{L}\{u(t)\}+\mathcal{L}\{\cos(2\omega_0 t)u(t)\}\right] \\ &= \frac{1}{2s}+\frac{s}{2(s^2+(2\omega_0)^2)}=\frac{s^2+2\omega_0^2}{s(s^2+4\omega_0^2)} \end{aligned}$$

10.3.2 시간 이동

$$x(t-t_0)u(t-t_0) \iff e^{-t_0 s}X(s) \tag{10.21}$$

t_0만큼 시간 지연된 신호 $x(t-t_0)u(t-t_0)$에 대한 라플라스 변환은 다음과 같이 된다.

$$\begin{aligned} \mathcal{L}\{x(t-t_0)u(t-t_0)\} &= \int_{t_0}^{\infty} x(t-t_0)e^{-st}dt = \int_0^{\infty} x(\tau)e^{-s(\tau+t_0)}d\tau \\ &= e^{-t_0 s}\int_0^{\infty} x(\tau)e^{-s\tau}d\tau = e^{-t_0 s}X(s) \end{aligned} \tag{10.22}$$

시간 이동 성질은 시간 지연, 즉 $t_0>0$에 대해서만 성립한다. 왜냐하면, 만약 $t_0<0$이면 [그림 10-5(b)]에 나타낸 것처럼 $x(t-t_0)u(t-t_0)$가 인과적 신호가 아니어서 $t<0$의 신호 값들이 라플라스 변환 계산에서 제거되고 점선으로 표시된 신호에 대한 변환이 이루어진다. [그림 10-5(d)]와 [그림 10-5(e)]의 경우에도 마찬가지로 [그림 10-5(a)]와 같은 파형의 신호가 아니다. 그러므로 시간 이동 성질과 관련하여 신호의 정확한 함수 표현을 유의해야 한다. [그림 10-5(c)]와 같이 $e^{-(t-2)}u(t-2)$로 표현되어야만 식 (10.21)의 변환쌍이 성립하게 된다.

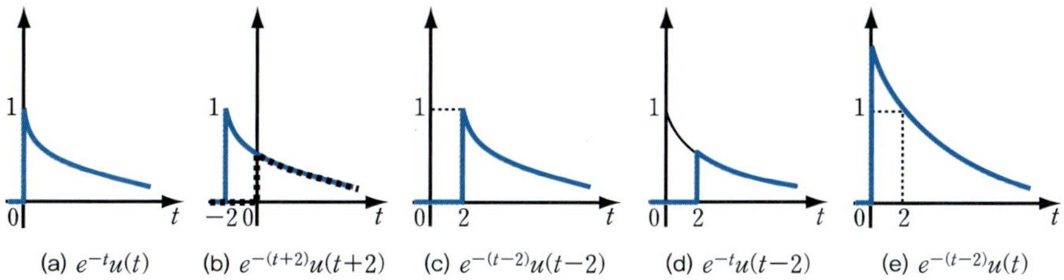

[그림 10-5] $x(t)u(t)$ 표현과 신호의 시간 이동

시간 이동 성질은 다음 예에서 설명되는 것처럼 계단 함수를 이용하여 표현 가능한 **구분 연속** piecewise continuous 신호의 라플라스 변환을 구할 때 매우 편리하다.

예제 10-7 시간 이동 성질을 이용한 라플라스 변환

[그림 10-5]의 신호들의 라플라스 변환을 구하여 비교하라.

풀이

(a) 지수 신호의 변환쌍 식 (10.15)로부터 라플라스 변환은 다음과 같이 구해진다.

$$X(s)=\mathcal{L}\{e^{-t}u(t)\}=\frac{1}{s+1}$$

(b) 라플라스 변환 정의식 식 (10.5)로부터 라플라스 변환은 다음과 같이 구해진다.

$$\mathcal{L}\{e^{-(t+2)}u(t+2)\}=\int_0^{\infty}e^{-(t+2)}e^{-st}dt=e^{-2}\int_0^{\infty}e^{-t}e^{-st}dt=e^{-2}X(s)$$

(c) 시간 이동 성질 식 (10.21)로부터 라플라스 변환은 다음과 같이 구해진다.

$$\mathcal{L}\{e^{-(t-2)}u(t-2)\}=e^{-2s}X(s)$$

(d) 시간 이동 성질 식 (10.21)로부터 라플라스 변환은 다음과 같이 구해진다.

$$\mathcal{L}\{e^{-t}u(t-2)\}=\mathcal{L}\{e^{-2}e^{-(t-2)}u(t-2)\}=e^{-2}\mathcal{L}\{e^{-(t-2)}u(t-2)\}$$
$$=e^{-2(s+1)}X(s)$$

(e) 라플라스 변환 정의식 식 (10.5)로부터 라플라스 변환은 다음과 같이 구해진다.

$$\mathcal{L}\{e^{-(t-2)}u(t)\}=\mathcal{L}\{e^{2}e^{-t}u(t)\}=e^{2}\mathcal{L}\{e^{-t}u(t)\}=e^{2}X(s)$$

이상의 결과에서 보듯이 모든 신호의 라플라스 변환이 서로 다르게 구해진다. [그림 10-5]에서 보면, (b)와 (e)는 $t\geq 0$에서 $e^{-t}u(t)$를 각각 e^{-2}배와 e^{2}배로 진폭 척도조절한 것과 같은 파형으로 라플라스 변환의 결과가 이와 일치한다. 그리고 (d)는 (b)의 신호를 2만큼 시간 지연한 신호로서 (d)의 라플라스 변환은 $e^{-2(s+1)}X(s)=e^{-2s}(e^{-2}X(s))$이므로 일치한다.

예제 10-8 시간 이동 성질을 이용한 라플라스 변환

[그림 10-6(a)]의 신호 $x(t)$의 라플라스 변환을 시간 이동 성질을 이용하여 구하라.

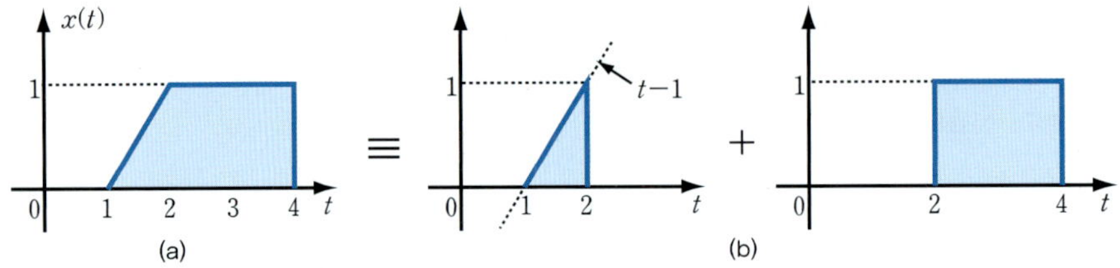

[그림 10-6] [예제 10-8]의 신호

풀이

주어진 신호 $x(t)$는 [그림 10-6(b)]에 보인 것처럼 두 성분의 합으로 나타낼 수 있다. 첫 번째 성분은 $1 \leq t \leq 2$ 구간에 대해 $t-1$이므로 $(t-1)[u(t-1)-u(t-2)]$로 나타낼 수 있고, 두 번째 성분은 $u(t-2)-u(t-4)$로 나타낼 수 있다. 그러므로 $x(t)$는 다음과 같이 나타낼 수 있다.

$$\begin{aligned} x(t) &= (t-1)[u(t-1)-u(t-2)]+[u(t-2)-u(t-4)] \\ &= (t-1)u(t-1)-(t-1)u(t-2)+u(t-2)-u(t-4) \\ &= (t-1)u(t-1)-(t-2)u(t-2)-u(t-4) \end{aligned}$$

이때 시간 이동 성질을 이용하기 위해서는 계단 함수와 이에 곱해진 신호의 시간 변수 값을 일치시켜야 한다는 것을 주의해야 한다. 앞 식에 선형성 및 시간 이동 성질을 적용하면 다음과 같이 $x(t)$의 라플라스 변환이 구해진다.

$$X(s) = \frac{1}{s^2}e^{-s} - \frac{1}{s^2}e^{-2s} - \frac{1}{s}e^{-4s}$$

10.3.3 주파수 이동

$$x(t)e^{s_0 t} \quad \Leftrightarrow \quad X(s-s_0) \qquad (10.23)$$

이 성질은 푸리에 변환에서와 마찬가지로 시간 이동에 대한 쌍대 관계라고 할 수 있는데, 다음과 같이 $x(t)e^{s_0 t}$의 라플라스 변환을 구해서 간단히 증명할 수 있다.

$$\mathcal{L}\left\{x(t)e^{s_0 t}\right\} = \int_0^\infty x(t)e^{s_0 t}e^{-st}dt = \int_0^\infty x(t)e^{-(s-s_0)t}dt = X(s-s_0) \qquad (10.24)$$

지수 함수 $e^{-at}u(t)$의 라플라스 변환은 계단 신호 $u(t)$의 라플라스 변환쌍에 주파수 이동 성질을 적용해 얻을 수도 있으며, [예제 10-5]에서 구한 지수 감쇠 정현파의 라플라스 변환도 정현파의 라플라스 변환쌍에 주파수 이동 성질을 적용하여 간편하게 구할 수 있다.

$$e^{-at}\cos(\omega_0 t)u(t) \quad \Leftrightarrow \quad \frac{s+a}{(s+a)^2+\omega_0^2} \tag{10.25}$$

$$e^{-at}\sin(\omega_0 t)u(t) \quad \Leftrightarrow \quad \frac{\omega_0}{(s+a)^2+\omega_0^2} \tag{10.26}$$

예제 10-9 주파수 이동 성질을 이용한 변조 신호의 라플라스 변환

변조 신호 $x(t)\cos(\omega_c t)$의 라플라스 변환을 구하라.

풀이

변조 신호는 오일러 공식을 이용하여 다음과 같이 쓸 수 있다.

$$x(t)\cos(\omega_c t) = x(t)\cdot\frac{1}{2}\left(e^{j\omega_c t}+e^{-j\omega_c t}\right)$$

따라서 주파수 이동 성질을 적용하면 다음과 같이 라플라스 변환쌍이 얻어진다.

$$x(t)\cos(\omega_c t) \quad \Leftrightarrow \quad \frac{1}{2}\left[X(s-j\omega_c)+X(s+j\omega_c)\right] \tag{10.27}$$

10.3.4 시간 척도조절

$$x(\alpha t) \quad \Leftrightarrow \quad \frac{1}{\alpha}X\left(\frac{s}{\alpha}\right) \tag{10.28}$$

단방향 라플라스 변환은 $t \geq 0$인 경우만 생각하므로 시간 변수 t에 대한 척도조절은 $\alpha > 0$의 경우만 해당하며, 적분의 변수 치환을 이용해 간단히 얻을 수 있다.

$$\mathcal{L}\{x(\alpha t)\} = \int_0^\infty x(\alpha t)e^{-st}dt = \int_0^\infty x(\tau)e^{-s\cdot\frac{\tau}{\alpha}}\frac{1}{\alpha}d\tau \tag{10.29}$$

$$= \frac{1}{\alpha}\int_0^\infty x(\tau)e^{-\frac{s}{\alpha}\cdot\tau}d\tau = \frac{1}{\alpha}X\left(\frac{s}{\alpha}\right), \quad \alpha > 0$$

푸리에 변환에서와 마찬가지로 시간 영역에서 시간축 줄이기(늘이기)는 복소 주파수 s 영역에서 $X(s)$의 늘이기(줄이기)에 대응된다.

예제 10-10 시간 척도조절 성질을 이용한 라플라스 변환

계단 신호 $u(t)$를 시간 척도조절한 $u(\alpha t)$의 라플라스 변환을 구하라.

풀이

계단 신호는 시간축을 아무리 줄이거나 늘이더라도 그냥 계단 신호가 된다. 즉 어떠한 $\alpha > 0$에 대해서도 $u(\alpha t) = u(t)$이다. 식 (10.28)의 시간 척도조절 성질을 이용하여 $u(\alpha t)$의 라플라스 변환을 구하면

$$\mathcal{L}\{u(\alpha t)\} = \frac{1}{\alpha} U\left(\frac{s}{\alpha}\right) = \frac{1}{\alpha}\frac{1}{s/\alpha} = \frac{1}{s}$$

이 되어 계단 신호의 라플라스 변환이 결과로 얻어진다. 따라서 $u(\alpha t) = u(t)$임을 확인할 수 있다.

10.3.5 시간 미분

$$\frac{dx(t)}{dt} \Leftrightarrow sX(s) - x(0^-) \tag{10.30}$$

$$\frac{d^n x(t)}{dt^n} \Leftrightarrow s^n X(s) - s^{n-1}x(0^-) - \cdots - sx^{(n-2)}(0^-) - x^{(n-1)}(0^-) \tag{10.31}$$

식 (10.30)은 미분 신호에 대한 라플라스 변환의 계산식에 부분 적분을 적용하여 간단히 증명할 수 있다. 이때 $X(s)$의 수렴 영역에서는 $\lim_{t\to\infty} x(t)e^{-st} = 0$임을 이용한다. 또 식 (10.30)의 성질을 반복해서 적용하여 일반화하면, n차 미분에 대한 식 (10.31)의 관계를 얻는다.

$$\begin{aligned}\mathcal{L}\left\{\frac{dx(t)}{dt}\right\} &= \int_{0^-}^{\infty} \frac{dx(t)}{dt} e^{-st}\,dt = x(t)e^{-st}\Big|_{0^-}^{\infty} + s\int_{0^-}^{\infty} x(t)e^{-st}\,dt \\ &= -x(0^-) + sX(s)\end{aligned} \tag{10.32}$$

시간 미분 성질에 의해 시간 영역에서 미분은 주파수 영역에서 s의 곱으로 나타난다. 그러므로 미분 방정식이 s 영역에서 대수 방정식으로 바뀌어 풀이가 쉬워진다. 그뿐만 아니라 초기 조건이 자동으로 포함되므로 단계를 나누지 않고 한 번에 미분 방정식의 완전해를 구할 수 있다. 이에 대해서는 10.5절에서 자세히 살펴보기로 한다.

예제 10-11 시간 미분 성질을 이용한 라플라스 변환

[그림 10-7(a)]의 신호 $x(t)$의 라플라스 변환을 시간 미분 성질을 이용하여 구하라.

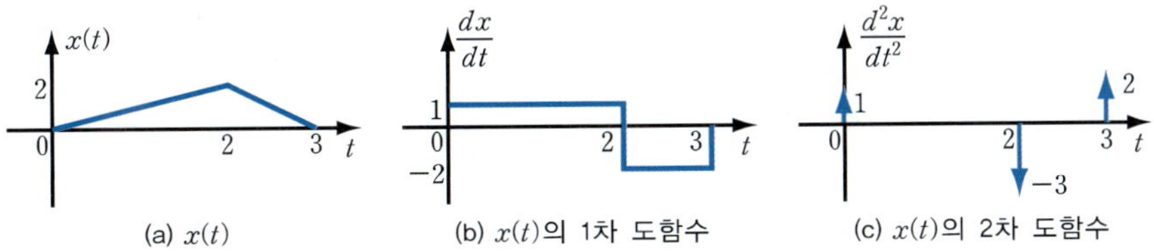

[그림 10-7] [예제 10-11]의 신호와 미분

풀이

[그림 10-7]의 (b)와 (c)에 $x(t)$의 1차 도함수와 2차 도함수가 나타나 있다. 2차 도함수는 다음과 같이 임펄스 함수들로만 이루어지므로 라플라스 변환의 정의식에 의한 적분을 수행할 필요 없이 시간 이동 성질을 이용하여 간단히 라플라스 변환을 할 수 있다.

$$\frac{d^2x(t)}{dt^2} = \delta(t) - 3\delta(t-2) + 2\delta(t-3)$$

이에 시간 미분 성질을 적용하여 라플라스 변환하면 다음과 같이 된다.

$$\mathcal{L}\left\{\frac{d^2x(t)}{dt^2}\right\} = s^2X(s) - sx(0^-) - \dot{x}(0^-) = s^2X(s) = 1 - 3e^{-2s} + 2e^{-3s}$$

이를 $X(s)$에 관해 정리하면 다음과 같이 $x(t)$의 라플라스 변환이 구해진다.

$$X(s) = \frac{1}{s^2}(1 - 3e^{-2s} + 2e^{-3s})$$

이 예와 같이 직선의 조합으로 구성된 신호에 대해서는 미분을 통해 임펄스 열로 변환한 뒤 시간 미분 성질을 적용하면 라플라스 변환을 쉽게 구할 수 있다.

10.3.6 시간 적분

$$\int_0^t x(\tau)d\tau \iff \frac{1}{s}X(s) \tag{10.33}$$

$$\int_{-\infty}^t x(\tau)d\tau \iff \frac{1}{s}X(s) + \frac{1}{s}\int_{-\infty}^0 x(t)dt \tag{10.34}$$

시간 영역에서 적분은 주파수 영역에서 s로 나누는 것과 같다. 시간 영역에서 미분과 적분은 서로 역의 관계인데, 주파수 영역에서도 유지되고 있음을 볼 수 있다.

식 (10.33)의 변환쌍은 라플라스 변환의 정의식으로부터 다음과 같이 구해진다. 두 번째 등식 첫 항은 상한($t=\infty$)에서 $e^{-st}\to 0$, 하한($t=0$)에서 $\int_0^t x(\tau)\,d\tau \to 0$이므로 0이 된다.

$$\mathcal{L}\left\{\int_0^t x(\tau)\,d\tau\right\}=\int_0^\infty\left[\int_0^t x(\tau)\,d\tau\right]e^{-st}\,dt \tag{10.35}$$

$$=-\left[\int_0^t x(\tau)\,d\tau\right]\frac{1}{s}e^{-st}\Big|_0^\infty+\frac{1}{s}\int_0^\infty x(t)e^{-st}dt$$

$$=\frac{1}{s}X(s)$$

식 (10.34)의 적분 하한이 $-\infty$인 시간 적분은, 가령 전기회로에서 커패시터가 $t=0$ 이전에 다른 전원에 의해 충전되고 있다든지 하는 등의 여러 실제 응용 문제에서 부딪친다. 이런 경우에는 다음과 같이 적분 구간을 $t<0$와 $t\geq 0$의 두 구간으로 나누면, 우변의 첫째 항이 정적분으로서 상수이기 때문에 식 (10.34)로 변환쌍이 구해지는 것이다.

$$\int_{-\infty}^t x(\tau)\,d\tau=\int_{-\infty}^0 x(\tau)d\tau+\int_0^t x(\tau)\,d\tau \tag{10.36}$$

예제 10-12 시간 적분 성질을 이용한 라플라스 변환

램프 신호 $r(t)=tu(t)$의 라플라스 변환을 직접 적분 계산하지 말고 구해보아라.

풀이

램프 신호는 $r(t)=\int_0^t u(\tau)\,d\tau$와 같이 나타낼 수 있으므로, 이에 시간 적분 성질을 적용하면 다음과 같이 램프 신호의 라플라스 변환이 얻어진다.

$$R(s)=\mathcal{L}\left\{\int_0^t u(\tau)\,d\tau\right\}=\frac{1}{s}U(s)=\frac{1}{s}\frac{1}{s}=\frac{1}{s^2}$$

이 방법이 식 (10.13)처럼 정의식에 부분 적분을 적용해 계산하는 것보다 더 간단하다.

10.3.7 주파수 미분

$$-tx(t) \Leftrightarrow \frac{dX(s)}{ds} \tag{10.37}$$

$$t^n x(t) \Leftrightarrow (-1)^n \frac{d^n X(s)}{ds^n} \tag{10.38}$$

주파수 미분 성질은 시간 미분에 대한 쌍대적 관계로서 식 (10.38)은 식 (10.37)의 관계를 반복 적용하면 얻어지며, 식 (10.37)은 다음과 같이 간단히 구할 수 있다.

$$\begin{aligned}\frac{dX(s)}{ds} &= \frac{d}{ds}\int_0^\infty x(t)e^{-st}dt = \int_0^\infty x(t)\frac{d}{ds}(e^{-st})dt \\ &= \int_0^\infty -tx(t)e^{-st}dt = \mathcal{L}\{-tx(t)\}\end{aligned} \tag{10.39}$$

예제 10-13 주파수 미분 성질을 이용한 라플라스 변환

$x(t)=t^n u(t)$의 라플라스 변환을 구하라.

풀이

계단 신호의 라플라스 변환 $U(s)=\frac{1}{s}$을 s에 대해 계속 미분해나가면

$$\frac{dU(s)}{ds}=(-1)\frac{1}{s^2}$$

$$\frac{d^2U(s)}{ds^2}=(-1)^2\frac{2\cdot 1}{s^3}$$

$$\frac{d^3U(s)}{ds^3}=(-1)^3\frac{3\cdot 2\cdot 1}{s^4}$$

$$\vdots$$

$$\frac{d^nU(s)}{ds^n}=(-1)^n\frac{n\cdot(n-1)\cdots\cdot 1}{s^{n+1}}$$

이 되므로, 주파수 미분 성질로부터 다음과 같이 $x(t)$의 라플라스 변환이 얻어진다.

$$X(s)=\mathcal{L}\{t^n u(t)\}=(-1)^n\frac{d^nU(s)}{ds^n}=(-1)^n(-1)^n\frac{n!}{s^{n+1}}=\frac{n!}{s^{n+1}}$$

10.3.8 시간 컨벌루션

$$x_1(t) * x_2(t) \quad \Leftrightarrow \quad X_1(s)X_2(s) \tag{10.40}$$

푸리에 변환의 성질과 마찬가지로 시간 영역에서 두 신호의 컨벌루션은 주파수 영역에서 대수 곱으로 변환된다. LTI 시스템의 입력에 대한 출력은 입력과 임펄스 응답의 컨벌루션으로 주어지는데, 4장에서 살펴보았듯이 컨벌루션은 복잡하고 까다로운 계산이다. 그런데 라플라스 변환과 컨벌루션 성질을 이용하면 신호의 변환 – 대수 곱 – 역변환 연산을 거쳐 보다 간편하게 해결할 수 있다. 얼핏 보기엔 여러 단계를 거치므로 더 불편할 것 같은데, 실제로 대부분 경우에 그렇지 않다. 따라서 이는 미분 방정식의 풀이에 이용되는 시간 미분 성질과 더불어 라플라스 변환이 시스템 해석에 보편적으로 활용되도록 하는 주된 원인이다.

시간 컨벌루션 성질은 컨벌루션된 신호를 직접 라플라스 변환하여 쉽게 증명할 수 있다.

$$\begin{aligned}\mathcal{L}\{x_1(t) * x_2(t)\} &= \int_0^\infty \left[\int_0^\infty x_1(\tau)x_2(t-\tau)d\tau\right]e^{-st}dt \\ &= \int_0^\infty x_1(\tau)\left[\int_0^\infty x_2(\lambda)e^{-s(\tau+\lambda)}d\lambda\right]d\tau \\ &= \left(\int_0^\infty x_1(\tau)e^{-s\tau}d\tau\right)\left(\int_0^\infty x_2(\lambda)e^{-s\lambda}d\lambda\right) \\ &= X_1(s)X_2(s)\end{aligned} \tag{10.41}$$

예제 10-14 시간 컨벌루션 성질을 이용한 라플라스 변환

$\int_0^t x(\tau)\,d\tau$의 라플라스 변환을 정의식으로 직접 적분 계산하지 말고 구하라.

풀이

$\int_0^t x(\tau)\,d\tau$는 다음과 같이 $x(t)$와 계단 신호 $u(t)$의 컨벌루션으로 나타낼 수 있다.

$$x(t) * u(t) = \int_0^\infty x(\tau)u(t-\tau)\,d\tau = \int_0^t x(\tau)\,d\tau$$

따라서 시간 컨벌루션 성질을 적용하면 다음과 같이 라플라스 변환이 구해진다.

$$\mathcal{L}\left\{\int_0^t x(\tau)d\tau\right\} = \mathcal{L}\{x(t) * u(t)\} = X(s)\,U(s) = \frac{1}{s}X(s)$$

시간 적분 성질을 얻는 데 이 방법이 식 (10.35)보다 간편함을 볼 수 있다.

예제 10-15 시간 컨벌루션 성질의 활용

똑같은 두 사각 펄스 $x_1(t) = x_2(t) = \text{rect}\left(\frac{t-1}{2}\right) = u(t) - u(t-2)$의 컨벌루션 $y(t) = x_1(t) * x_2(t)$를 구하라.

풀이

주어진 신호의 라플라스 변환은 계단 신호의 변환쌍으로부터 다음과 같이 되고

$$X_1(s) = X_2(s) = \frac{1-e^{-2s}}{s}$$

$y(t)$의 라플라스 변환은 시간 컨벌루션 성질을 적용하면 다음과 같이 된다.

$$Y(s) = \mathcal{L}\{x_1(t) * x_2(t)\} = X_1(s)X_2(s) = \left[\frac{1-e^{-2s}}{s}\right]^2 = \frac{1-2e^{-2s}+e^{-4s}}{s^2}$$

램프 신호의 라플라스 변환쌍과 시간 이동 성질을 이용하여 $Y(s)$를 역변환하면 다음과 같이 간편하게 $y(t) = x_1(t) * x_2(t)$를 얻을 수 있다.

$$y(t) = x_1(t) * x_2(t) = tu(t) - 2(t-2)u(t-2) + (t-4)u(t-4)$$

주어진 신호와 구해진 컨벌루션 결과를 [그림 10-8]에 나타내었다. 직접 컨벌루션 계산을 수행하여 구해본다면, 라플라스 변환을 이용한 풀이가 비록 여러 단계를 거치지만 계산이 간편하여 실제적으로는 더 편리함을 알 수 있을 것이다.

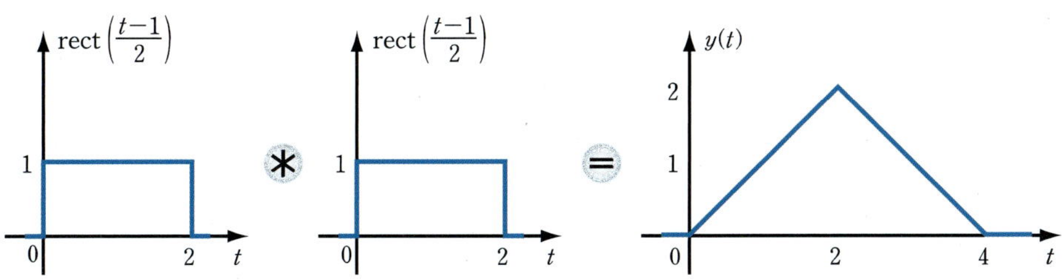

[그림 10-8] 사각 펄스와 컨벌루션 결과

10.3.9 초깃값 정리

$$x(0^+) = \lim_{s\to\infty} sX(s) \qquad (10.42)$$

신호 $x(t)$ 대신 $X(s)$가 주어진 경우 $x(t)$의 $t=0^+$에서의 값, 즉 초깃값을 구해야 한다면, $X(s)$를 역변환하여 $x(t)$를 구한 다음 이에 $t=0^+$을 대입하는 것보다는 초깃값 정리를 사용하는 것이 훨씬 편리하다. 초깃값 정리는 미분 신호의 라플라스 변환에 $s \to \infty$의 극한을 취함으로써 간단히 보일 수 있다.

$$\lim_{s\to\infty}\int_{0^+}^{\infty}\frac{dx(t)}{dt}e^{-st}dt=\lim_{s\to\infty}[sX(s)-x(0^+)]=0 \tag{10.43}$$

Tip & Note **시간 미분 성질과 초깃값 정리의 $x(0)$의 시간 값이 다른 이유는?**

단방향 라플라스 변환의 정의식에서 적분 하한 0은 엄밀히 말하면 0^-로 나타내는 것이 정확하다고 할 수 있다. 그래야만 우선 $\delta(t)$와 같이 $t=0$에서만 존재하는 특이 함수의 취급이 가능하기 때문이다. 그리고 5장에서 살펴본 것처럼 미분 방정식의 풀이에서 $t=0^-$ 순간의 초기 조건인지 $t=0^+$ 순간의 초기 조건인지가 매우 중요하므로, 라플라스 변환과 시간 미분 성질을 이용해 미분 방정식을 풀려면 이렇게 시점을 정확하게 표시해두는 것이 좋다.

반면에 초깃값 정리는 임펄스와 같은 특이 함수의 경우는 해당하지 않는다. 따라서 이런 경우에는 라플라스 변환의 적분 하한을 0, 0^-, 0^+ 중 어떤 것을 써도 마찬가지이지만, 구하고자 하는 것이 인과 신호의 초깃값이므로 ($t=0$에서 불연속이 생길 경우가 있는 까닭에) 0^+를 사용한 것이다. 이는 엄밀한 급수 전개를 통해 유도할 수 있다.

10.3.10 최종값 정리

$$x(\infty)=\lim_{t\to\infty}x(t)=\lim_{s\to 0}sX(s) \tag{10.44}$$

신호 $x(t)$ 대신 $X(s)$가 주어진 경우 $x(t)$의 정상상태 값을 구해야 한다면, $X(s)$를 역변환하여 $x(t)$를 구한 다음 이에 $t=\infty$를 대입하는 것보다는 최종값 정리를 사용하는 것이 훨씬 편리하다. 최종값 정리도 미분 신호의 라플라스 변환에 $s\to 0$의 극한을 취해 간단히 보일 수 있다. 다음 두 식의 우변을 비교하면 식 (10.44)의 결과를 얻게 된다.

$$\lim_{s\to 0}\int_{0}^{\infty}\frac{dx(t)}{dt}e^{-st}dt=\lim_{s\to 0}[sX(s)-x(0)] \tag{10.45}$$

$$\begin{aligned}\lim_{s\to 0}\int_{0}^{\infty}\frac{dx(t)}{dt}e^{-st}dt&=\int_{0}^{\infty}\frac{dx(t)}{dt}(\lim_{s\to 0}e^{-st})dt=\int_{0}^{\infty}\frac{dx(t)}{dt}dt\\&=[x(\infty)-x(0)]\end{aligned} \tag{10.46}$$

최종값 정리는 정상상태 값을 가지는 신호, 다시 말해 시간이 지나면 유한한 값으로 수렴하는 안정한 신호에만 적용해야 한다. 그렇지 않다면 최종값 정리를 적용하여 값이 얻어지더라도 실제 물리적 현상과는 모순이 발생한다. 예를 들어, 정현파 $x(t)=\cos(\omega_0 t)u(t)$의 라플라스 변환에 최종값 정리를 적용하면 다음과 같이 된다.

$$x(\infty) = \lim_{s \to 0} sX(s) = \lim_{s \to 0} \frac{s^2}{s^2 + \omega_0^2} = 0 \quad (10.47)$$

정현파는 끊임없이 진동하여 정상상태 값이 없음에도 불구하고 최종값 정리를 적용하면 정상상태 값 0이 얻어져 물리적 현상에 어긋난다. 이런 모순이 발생하는 이유는 $X(s)$가 안정한 신호가 아니기 때문인데, 10.6절에서 $X(s)$와 안정도의 관계를 살펴보게 될 것이다.

예제 10-16 초깃값 정리 및 최종값 정리의 활용

다음과 같이 신호 $x(t)$의 라플라스 변환 $X(s)$가 주어질 경우, $x(t)$의 초깃값 $x(0^+)$와 정상상태 값 $x(\infty)$를 구하라.

$$X(s) = \frac{s^2 + 4s + 5}{(s+1)(s+2)(s+3)}$$

풀이

주어진 $X(s)$에 초깃값 정리를 적용하면 다음과 같이 간단히 $x(0^+)$를 얻을 수 있다.

$$x(0^+) = \lim_{s \to \infty} sX(s) = \lim_{s \to \infty} \frac{s^3 + 4s^2 + 5s}{(s+1)(s+2)(s+3)} = 1$$

만약 초깃값 정리가 없다면 라플라스 역변환의 복잡한 과정을 거쳐야 한다. $X(s)$를 부분분수로 전개하여 계단 신호의 라플라스 변환쌍과 주파수 이동 성질을 이용하면 다음과 같이 역변환이 구해진다.

$$x(t) = \mathcal{L}^{-1}\{X(s)\} = \mathcal{L}^{-1}\left\{\frac{1}{s+1} - \frac{1}{s+2} + \frac{1}{s+3}\right\} = (e^{-t} - e^{-2t} + e^{-3t})u(t)$$

이 결과에 $t = 0^+$을 대입하면 같은 결과 $x(0^+) = 1$을 얻는다. 또한 $X(s)$에 최종값 정리를 적용하면 다음과 같이 간단히 $x(\infty)$를 얻게 된다.

$$x(\infty) = \lim_{s \to 0} sX(s) = \lim_{s \to 0} \frac{s^3 + 4s^2 + 5s}{(s+1)(s+2)(s+3)} = 0$$

이는 앞에서 구한 $x(t)$에 $t = \infty$를 대입하여 쉽게 확인할 수 있다. 이상에서 알 수 있듯이, 초깃값 정리와 최종값 정리는 라플라스 역변환의 복잡한 과정을 거치지 않고서도 간편하게 신호의 초깃값과 정상상태 값을 구할 수 있게 해주므로 매우 유용한 성질이라 할 수 있다.

지금까지 살펴본 라플라스 변환의 성질들을 [표 10-1]에 정리하여 나타내었다. 라플라스 변환의 성질은 푸리에 변환의 성질과 매우 유사하며, 다양한 예를 통해 본 것처럼 신호와 시스템의 해석에 유용하게 또 자주 활용되므로 잘 익혀두어야 한다.

[표 10-1] 라플라스 변환의 주요 성질

	성질	라플라스 변환쌍
1	선형성	$\alpha x_1(t)+\beta x_2(t) \Leftrightarrow \alpha X_1(s)+\beta X_2(s)$
2	시간 이동	$x(t-t_0)u(t-t_0) \Leftrightarrow e^{-t_0 s}X(s)$
3	주파수 이동	$x(t)e^{s_0 t} \Leftrightarrow X(s-s_0)$
4	시간 척도조절	$x(\alpha t) \Leftrightarrow \frac{1}{\alpha}X(\frac{s}{\alpha})$
5	시간 미분	$\frac{dx(t)}{dt} \Leftrightarrow sX(s)-x(0^-)$ $\frac{d^n x(t)}{dt^n} \Leftrightarrow s^n X(s)-s^{n-1}x(0^-)-\cdots-sx^{(n-2)}(0^-)-x^{(n-1)}(0^-)$
6	시간 적분	$\int_0^t x(\tau)d\tau \Leftrightarrow \frac{1}{s}X(s)$ $\int_{-\infty}^t x(\tau)d\tau \Leftrightarrow \frac{1}{s}X(s)+\frac{1}{s}\int_{-\infty}^0 x(t)dt$
7	주파수 미분	$-tx(t) \Leftrightarrow \frac{dX(s)}{ds}$ $t^n x(t) \Leftrightarrow (-1)^n \frac{d^n X(s)}{ds^n}$
8	시간 컨벌루션	$x_1(t) * x_2(t) \Leftrightarrow X_1(s)X_2(s)$
9	초깃값 정리	$x(0^+)=\lim_{s\to\infty} sX(s)$
10	최종값 정리	$x(\infty)=\lim_{t\to\infty} x(t)=\lim_{s\to 0} sX(s)$

Check Point 다음 문제에서 옳은 것을 골라라.

(1) $x(t-t_0)u(t-t_0) \Leftrightarrow e^{-t_0 s}X(s)$는 $t_0>0$에 대해서만 성립한다. (○, ×)

(2) $X(s-s_0)$에 대응되는 시간 신호는 ($e^{s_0 t}x(t)$, $e^{-s_0 t}x(t)$)이다.

(3) 신호 $x(t)$를 시간축에서 압축하면 s 영역에서 $X(s)$도 압축된다. (○, ×)

(4) 미분 방정식의 풀이에 유용한 성질은 (시간 미분, 주파수 미분, 시간 이동) 성질이다.

(5) 시간 미분 성질은 초기 조건과는 관련이 없다. (○, ×)

(6) $y(t)=\int_{-\infty}^t x(t)dt$의 라플라스 변환은 ($\frac{1}{s}X(s)$, $\frac{1}{s}X(s)+\frac{1}{s}y(0^-)$)이다.

(7) 주파수 영역에서 미분하면 시간 영역에서 t가 곱해진다. (○, ×)

(8) $x(t)\cos(\omega_c t)$의 변환은 (주파수 이동, 시간 컨벌루션) 성질을 적용하면 편리하다.

(9) 임펄스 응답이 $h(t)$인 시스템의 입력 $x(t)$에 대한 출력 $y(t)$을 주파수 영역에서 나타내면 $Y(s)=H(s)X(s)$가 된다. (○, ×)

(10) 최종값 정리는 (모든, 안정한) 신호에 대해 적용 가능하다.

SECTION 10.4

라플라스 역변환

학습포인트

- 부분분수 전개에 의한 라플라스 역변환의 원리를 이해한다.
- 부분분수의 계수를 결정하기 위한 헤비사이드의 커버업 기법의 원리를 이해한다.
- 단순극, 다중극, 공액복소극에 따른 부분분수의 계수 계산 방법과 이에 따른 역변환 결과의 형태를 잘 익혀둔다.

라플라스 변환을 이용하여 주파수 영역에서 신호와 시스템을 다루더라도 최종적으로는 다시 시간 영역 표현을 구해야 할 경우가 많다. 주파수 함수인 $X(s)$를 시간 함수인 $x(t)$로 되돌리는 동작이 라플라스 역변환인데, 이의 정의식 식 (10.6)은 복소 적분을 요구한다. 이보다는 $X(s)$를 변환쌍표에 있는 간단한 기본 신호들의 라플라스 변환의 합으로 표현될 수 있도록 부분분수로 전개하여 역변환하는 편이 훨씬 쉽다. 부분분수 전개의 핵심은 각 부분분수 항의 계수를 쉽게 구하는 방법이다. 따라서 이 절에서는 부분분수 전개에 의한 역변환의 원리와 부분분수 항의 계수 결정에 대해서 자세히 살펴보기로 한다.

10.4.1 부분분수 전개에 의한 역변환의 원리

$X(s)$로부터 다시 $x(t)$를 구하는 동작을 라플라스 역변환이라고 한다. 역변환 정의식 식 (10.6)은 복소 적분에 대한 고급 수학 지식이 요구되어 어려우므로, 간단한 조작을 통해 $X(s)$를 라플라스 변환 쌍표에 나와 있는 간단한 함수의 합으로 표현한 뒤, 이로부터 역변환을 수행하면 쉽고 편리하다.

유리 함수

유리 함수의 극과 영점

- 변수 s에 대한 다항식의 비로 주어지는 $X(s)$를 s에 대한 **유리 함수**rational function라고 한다.

$$X(s)=\frac{N(s)}{D(s)}=\frac{b_m s^m+b_{m-1}s^{m-1}+\cdots+b_1 s+b_0}{a_n s^n+a_{n-1}s^{n-1}+\cdots+a_1 s+a_0} \tag{10.48}$$

- 유리 함수 $X(s)$의 **극**pole은 분모 $D(s)=0$을 만족하는 n개의 근 $\{p_i\}$이다. 즉 $X(s)$의 값이 정의되지 않는 s 평면의 점들이다.

$$D(s)=a_n(s-p_1)(s-p_2)\cdots(s-p_{n-1})(s-p_n)=0 \tag{10.49}$$

- 유리 함수 $X(s)$의 **영점**zero은 분자 $N(s)=0$을 만족하는 m개의 근 $\{z_i\}$이다. 즉 $X(s)$의 값이 0이 되는 s 평면의 점들이다.

$$N(s)=b_m(s-z_1)(s-z_2)\cdots(s-z_{m-1})(s-z_m)=0 \tag{10.50}$$

일반적으로 라플라스 변환 $X(s)$는 식 (10.48)과 같은 유리 함수이다. 이때 분모 다항식 $D(s)$와 분자 다항식 $N(s)$의 계수는 실수가 되는데, 이를 만족시키기 위해 극과 영점이 복소수인 경우는 반드시 공액쌍으로 존재한다. 그리고 통상 $X(s)$의 분모 다항식 $D(s)$의 차수 n이 분자 다항식 $N(s)$의 차수 m보다 크다. 만약 $m = n$이라면 (분자를 분모로 나누어) 상수 + 진분수의 형태로 만들 수 있는데, 변환쌍 $\delta(t) \Leftrightarrow 1$에 의해 시간 신호 $x(t)$가 임펄스 $\delta(t)$를 포함한다는 사실을 알 수 있다.

부분분수 전개와 역변환

진분수로 표현된 $X(s)$를 간단한 함수의 합으로 표현하는 좋은 방법은 부분분수로 전개하는 것이다. $D(s)$를 $(s-p_i)$의 인수로 인수분해하면 $X(s)$를 다음과 같이 부분분수의 합으로 나타낼 수 있다.

$$X(s) = \frac{N(s)}{D(s)} = \frac{b_m s^m + b_{m-1}s^{m-1} + \cdots + b_1 s + b_0}{a_n(s-p_1)(s-p_2)(s-p_3)\cdots(s-p_n)} \quad (10.51)$$

$$= \frac{K_1}{s-p_1} + \frac{K_2}{s-p_2} + \frac{K_3}{s-p_3} + \cdots + \frac{K_n}{s-p_n}$$

만약 $D(s)$가 $(s-p_i)^r$ 항을 포함하면, 즉 극 p_i가 r중극이면 식 (10.51)의 부분분수 전개에 분모가 $(s-p_i)$, $(s-p_i)^2$, $\cdots$ $(s-p_i)^r$인 항들이 포함된다. 부분분수로 전개한 $X(s)$는 다음과 같은 변환쌍 항들의 합으로 표현되므로, 이를 이용하면 별도의 계산 없이 바로 역변환할 수 있게 된다.

$$\frac{1}{s+a} \Leftrightarrow e^{-at}u(t) \quad (10.52)$$

$$\frac{1}{(s+a)^{k+1}} \Leftrightarrow \frac{1}{k!}t^k e^{-at}u(t) \quad (10.53)$$

부분분수 전개를 이용한 역변환에서 핵심은 각 부분분수 항의 계수 K_i를 결정하는 것인데, **헤비사이드**Heaviside의 **커버업**cover-up 기법이라는 간편한 방법을 사용하여 계수를 구하게 된다. 이 기법에서는 $X(s)$의 극이 단순극인지 다중극인지에 따라 계수 결정 방법이 조금 달라진다.

Tip & Note **$X(s)$의 분자에 $e^{-t_0 s}$ 항이 포함된 경우의 역변환 : 시간 지연**

시간 지연을 갖는 신호, 예를 들어 $u(t-t_0)$와 같은 신호는 $X(s) = \frac{e^{-t_0 s}}{s}$가 유리 함수로 표현되지 않고 분자에 $e^{-t_0 s}$항이 포함된다. 이런 $X(s)$에 대해서는 $e^{-t_0 s}$을 뺀 부분분수 $\frac{1}{s}$의 역변환 $u(t)$에 시간 이동 성질을 적용하여 $u(t-t_0)$와 같이 구하면 된다.

10.4.2 단순극에 대한 부분분수 전개

$X(s)$가 서로 값이 다른 **단순극**distinct poles을 가지는 경우는 다음과 같은 과정으로 부분분수 전개하여 라플라스 역변환하면 된다.

❶ $X(s)$의 극 $\{p_i\}$를 구하여(분모 $D(s)$를 인수분해하여) 부분분수로 전개한다.

$$X(s) = \frac{K_1}{s-p_1} + \frac{K_2}{s-p_2} + \cdots + \frac{K_n}{s-p_n} \tag{10.54}$$

❷ 다음과 같이 부분분수 항의 계수 $K_i\,(i=1,\cdots,n)$를 구한다.

$$K_i = (s-p_i)X(s)\big|_{s=p_i} \tag{10.55}$$

❸ 식 (10.52)의 변환쌍을 이용하여 다음과 같이 역변환한다.

$$x(t) = \left(K_1 e^{p_1 t} + K_2 e^{p_2 t} + \cdots + K_n e^{p_n t}\right)u(t) \tag{10.56}$$

부분분수 항의 계수 K_i를 계산하는 식 (10.55)의 방법을 헤비사이드의 커버업 기법이라고 한다. 식 (10.54)의 양변에 $(s-p_i)$를 곱하면 다음과 같이 된다.

$$(s-p_i)X(s) = K_1\frac{s-p_i}{s-p_1} + \cdots + K_i\frac{s-p_i}{s-p_i} + \cdots + K_n\frac{s-p_i}{s-p_n} \tag{10.57}$$

식 (10.57)의 좌변은 $X(s)$의 분모에 있는 $(s-p_i)$항이 약분되어 제거된다. 그리고 우변은 i번째 부분분수 항만 분모, 분자 사이에 $(s-p_i)$의 약분이 일어나서 계수 K_i만 남게 되고, 나머지 항들은 모두 분자에 $(s-p_i)$항을 포함하고 있다. 따라서 식 (10.57)의 양변에 $s=p_i$를 대입하면 K_i를 제외한 나머지 계수 항들은 모두 0이 되어 K_i를 구할 수 있다.

$$(s-p_i)X(s)\big|_{s=p_i} = K_i + \sum_{j=1,\, j\neq i}^{n} K_j\frac{s-p_i}{s-p_j}\bigg|_{s=p_i} = K_i \tag{10.58}$$

만약 식 (10.55)가 없다면 우직하게 식 (10.54)의 우변을 통분하여 분자항을 정리한 뒤 계수 비교를 통해 연립 방정식을 얻어서 푸는 수밖에 없는데, 식 (10.55)에 비해 훨씬 복잡하고 까다롭다.

예제 10-17 단순극에 대한 라플라스 역변환

다음과 같은 $X(s)$를 라플라스 역변환하여 $x(t)$를 구하라.

$$X(s) = \frac{s+5}{s^3+6s^2+11s+6}$$

풀이

$X(s)$를 부분분수 전개하면 다음과 같이 된다.

$$X(s)=\frac{s+5}{(s+1)(s+2)(s+3)}=\frac{K_1}{s+1}+\frac{K_2}{s+2}+\frac{K_3}{s+3} \tag{10.59}$$

부분분수 항의 계수는 식 (10.55)로부터 다음과 같이 구할 수 있다.

$$K_1=(s+1)X(s)\big|_{s=-1}=\left.\frac{s+5}{(s+2)(s+3)}\right|_{s=-1}=\frac{4}{(1)(2)}=2$$

$$K_2=(s+2)X(s)\big|_{s=-2}=\left.\frac{s+5}{(s+1)(s+3)}\right|_{s=-2}=\frac{3}{(-1)(1)}=-3$$

$$K_3=(s+3)X(s)\big|_{s=-3}=\left.\frac{s+5}{(s+1)(s+2)}\right|_{s=-3}=\frac{2}{(-2)(-1)}=1$$

구해진 K_1, K_2, K_3 값을 식 (10.59)에 대입한 뒤 식 (10.52)의 변환쌍을 이용하여 역변환하면 다음과 같이 $x(t)$가 얻어진다.

$$x(t)=\mathcal{L}^{-1}\left\{\frac{2}{s+1}-\frac{3}{s+2}+\frac{1}{s+3}\right\}=(2e^{-t}-3e^{-2t}+e^{-3t})u(t)$$

예제 10-18 단순극에 대한 라플라스 역변환

다음과 같은 $X(s)$를 라플라스 역변환하여 $x(t)$를 구하라.

$$X(s)=\frac{s^2+4s-6}{s^2-s-6}$$

풀이

$X(s)$를 그대로 나눗셈하여 상수+진분수 형태로 만든 뒤 부분분수 전개하면 다음과 같이 된다.

$$X(s)=\frac{s^2+4s-6}{s^2-s-6}=1+\frac{5s}{(s+2)(s-3)}=1+\frac{K_1}{s+2}+\frac{K_2}{s-3} \tag{10.60}$$

부분분수 항의 계수는 식 (10.55)로부터 다음과 같이 구해진다.

$$K_1=(s+2)\left.\frac{5s}{(s+2)(s-3)}\right|_{s=-2}=\left.\frac{5s}{s-3}\right|_{s=-2}=\frac{-10}{-5}=2$$

$$K_2=(s-3)\left.\frac{5s}{(s+2)(s-3)}\right|_{s=3}=\left.\frac{5s}{s+2}\right|_{s=3}=\frac{15}{5}=3$$

구해진 K_1, K_2 값을 식 (10.60)에 대입한 뒤 식 (10.52)의 변환쌍을 이용하여 역변환하면 다음과 같이 $x(t)$가 얻어진다.

$$x(t)=\mathcal{L}^{-1}\left\{1+\frac{2}{s+2}+\frac{3}{s-3}\right\}=\delta(t)+(2e^{-2t}+3e^{3t})u(t)$$

예제 10-19 시간 지연 항을 갖는 경우의 라플라스 역변환

다음과 같은 $X(s)$를 라플라스 역변환하여 $x(t)$를 구하라.

$$X(s)=\frac{(2s+5)e^{-2s}}{s^2+5s+6}$$

풀이

$X(s)$에서 시간 지연 항 e^{-2s}을 제외한 $X'(s)$를 부분분수로 전개하면 다음과 같다.

$$X'(s)=\frac{2s+5}{(s+2)(s+3)}=\frac{K_1}{s+2}+\frac{K_2}{s+3}$$

부분분수 항의 계수는 식 (10.55)로부터 다음과 같이 구해진다.

$$K_1=\frac{2s+5}{(s+2)(s+3)}(s+2)\bigg|_{s=-2}=\frac{2s+5}{s+3}\bigg|_{s=-2}=1$$

$$K_2=\frac{2s+5}{(s+2)(s+3)}(s+3)\bigg|_{s=-3}=\frac{2s+5}{s+2}\bigg|_{s=-3}=1$$

구해진 K_1, K_2 값을 대입한 뒤 식 (10.52)의 변환쌍을 이용하여 $X'(s)$를 역변환하면 다음과 같다.

$$x'(t)=(e^{-2t}+e^{-3t})u(t)$$

$x'(t)$에 $t_0=2$의 시간 이동 성질을 적용하면 $x(t)$는 다음과 같이 구해진다.

$$x(t)=x'(t-2)=\left(e^{-2(t-2)}+e^{-3(t-2)}\right)u(t-2)$$

10.4.3 다중극에 대한 부분분수 전개

$X(s)$가 r중 **다중극** repeated poles을 가지면 다음의 과정으로 부분분수 전개하여 역변환하면 된다.

❶ $X(s)$의 극 $\{p_i\}$를 구하여(분모 $D(s)$를 인수분해하여) 부분분수로 전개한다.

$$X(s)=\left[\frac{K_{11}}{s-p_1}+\frac{K_{12}}{(s-p_1)^2}+\cdots+\frac{K_{1r}}{(s-p_1)^r}\right]+\left[\frac{K_{r+1}}{s-p_{r+1}}+\cdots+\frac{K_n}{s-p_n}\right] \quad (10.61)$$

❷ 단순극에 대응되는 부분분수 항의 계수 $K_i\,(i=r+1,\,\cdots,\,n)$를 다음과 같이 구한다.

$$K_i=(s-p_i)X(s)\big|_{s=p_i} \quad (10.55)$$

다중극에 대응되는 부분분수 항의 계수 $K_{1j}\,(j=r,\,\cdots,\,1)$를 다음과 같이 구한다.

$$K_{1j}=\frac{1}{(r-j)!}\frac{d^{r-j}}{ds^{r-j}}\left[(s-p_1)^rX(s)\right]\bigg|_{s=p_1} \quad (10.62)$$

❸ 식 (10.52)와 식 (10.53)의 변환쌍을 이용하여 다음과 같이 역변환한다.

$$x(t)=\left[\left(K_{11}+K_{12}t+\cdots+K_{1r}\frac{t^{r-1}}{(r-1)!}\right)e^{p_1t}+K_{r+1}e^{p_{r+1}t}+\cdots+K_ne^{p_nt}\right]u(t) \quad (10.63)$$

$X(s)$가 r중 다중극을 가지면, 식 (10.61)과 같이 1차부터 r차까지 빠짐없이 부분분수 항을 전개해야만 분자 다항식이 어떠한 경우라도 맞춰질 수 있다.

다중극에 대응되는 부분분수 항들의 계수 K_{1j}의 계산식 식 (10.62)는 다음 과정을 통해 증명할 수 있다. 먼저 식 (10.61)의 양변에 $(s-p_1)^r$을 곱하면,

$$\begin{aligned}&(s-p_1)^rX(s)\Big|_{s=p_1} \\ &\quad=K_{1r}+\left[K_{11}(s-p_1)^{r-1}+\cdots+K_{1r-1}(s-p_1)\right]\Big|_{s=p_1}+(s-p_1)^rR(s)\Big|_{s=p_1}\end{aligned} \quad (10.64)$$

식 (10.64) 우변의 세 번째 항 $(s-p_1)^rR(s)\Big|_{s=p_1}$은 $r-1$번 미분 때까지는 0이므로, 식 (10.64)를 1차부터 시작하여 $r-1$차까지 미분하면 다음과 같이 된다.

$$\begin{aligned}&\frac{d}{ds}[(s-p_1)^rX(s)]\Big|_{s=p_1} \\ &\quad=K_{1r-1}+\left\{K_{11}(r-1)(s-p_1)^{r-2}+\cdots+K_{1r-2}2(s-p_1)\right\}\Big|_{s=p_1} \\ &\frac{d^2}{ds^2}[(s-p_1)^rX(s)]\Big|_{s=p_1} \\ &\quad=2K_{1r-2}+\left\{K_{11}(r-1)(r-2)(s-p_1)^{r-2}+\cdots+K_{1r-2}3\cdot2(s-p_1)\right\}\Big|_{s=p_1} \\ &\qquad\vdots \\ &\frac{d^{r-j}}{ds^{r-j}}[(s-p_1)^rX(s)]\Big|_{s=p_1} \\ &\quad=(r-j)!K_{1j}+\left\{\begin{aligned}&K_{11}(r-1)\cdots(r-j)(s-p_1)^{j-1}+\cdots \\ &\qquad\qquad+K_{1j-1}(r-j+1)\cdots2(s-p_1)\end{aligned}\right\}\Bigg|_{s=p_1} \\ &\qquad\vdots \\ &\frac{d^{r-1}}{ds^{r-1}}[(s-p_1)^rX(s)]\Big|_{s=p_1}=(r-1)!K_{11}\end{aligned} \quad (10.65)$$

그러므로 식 (10.65)로부터 식 (10.62)가 얻어진다. 식 (10.65)에서 알 수 있듯이, 다중극에 대응되는 r개의 부분분수 항들의 계수는 분모의 차수가 제일 높은 항의 계수 K_{1r}부터 시작하여 거꾸로 (미분에 의해) 하나씩 차수를 낮춰가며 계산하고, 제일 마지막에 K_{11}을 계산한다.

식 (10.61)과 같이 부분분수 전개된 $X(s)$는 단순극에 대응하는 항들은 식 (10.52)의 변환쌍, 다중극에 대응하는 항들은 식 (10.53)의 변환쌍을 이용하여 식 (10.63)과 같이 역변환하면 된다.

예제 10-20 다중극에 대한 라플라스 역변환

다음과 같은 $X(s)$를 라플라스 역변환하여 $x(t)$를 구하라.

$$X(s)=\frac{s^2+5s+6}{s^3+3s^2+3s+1}$$

풀이

$X(s)$를 부분분수 전개하면 다음과 같이 된다.

$$X(s)=\frac{s^2+5s+6}{(s+1)^3}=\frac{K_{11}}{s+1}+\frac{K_{12}}{(s+1)^2}+\frac{K_{13}}{(s+1)^3} \tag{10.66}$$

식 (10.66)의 양변에 $(s+1)^3$을 곱하면 다음과 같이 된다.

$$(s+1)^3X(s)=s^2+5s+6=K_{11}(s+1)^2+K_{12}(s+1)+K_{13} \tag{10.67}$$

식 (10.67)의 양변에 $s=-1$을 대입하면 $K_{13}=2$을 얻는다. 식 (10.67)을 s에 대해 미분하면

$$\frac{d}{ds}\{(s+1)^3X(s)\}=2s+5=2K_{11}(s+1)+1\cdot K_{12} \tag{10.68}$$

식 (10.68)의 양변에 $s=-1$을 대입하면 $K_{12}=3$을 얻는다. 다시 식 (10.68)을 s에 대해 미분하면

$$\frac{d^2}{ds^2}\{(s+1)^3X(s)\}=2=2\cdot 1\cdot K_{11} \tag{10.69}$$

식 (10.69)의 양변에 $s=-1$을 대입하면 $K_{11}=\frac{2}{2!}=1$을 얻는다. 따라서 $X(s)$의 역변환 $x(t)$는 다음과 같이 구해진다.

$$x(t)=\mathcal{L}^{-1}\left\{\frac{1}{s+1}+\frac{3}{(s+1)^2}+\frac{2}{(s+1)^3}\right\}=(1+3t+t^2)e^{-t}u(t)$$

이상의 풀이 과정에서 보듯이, 다중극의 부분분수 항들의 계수는 최고차 항을 $X(s)$의 양변에 곱하여 계속 미분하면서 극값을 대입해 높은 차수에서 낮은 차수 항으로 차례로 구해나간다. 이때 미분 동작으로 인해 계수 앞에 미분 횟수만큼의 팩토리얼(!)이 곱해져 있으므로, 극값을 대입해 얻은 값을 반드시 미분 횟수만큼의 팩토리얼로 나눠줘야 한다.

예제 10-21 다중극에 대한 라플라스 역변환

다음과 같은 $X(s)$를 라플라스 역변환하여 $x(t)$를 구하라.

$$X(s) = \frac{8s+10}{(s+1)(s+2)^3}$$

풀이

$X(s)$를 부분분수 전개하면 다음과 같이 된다.

$$X(s) = \frac{8s+10}{(s+1)(s+2)^3} = \frac{K_{11}}{s+2} + \frac{K_{12}}{(s+2)^2} + \frac{K_{13}}{(s+2)^3} + \frac{K_4}{s+1} \tag{10.70}$$

단순극 $s=-1$항의 계수 K_4는 식 (10.55)에 의해 다음과 같이 구해진다.

$$K_4 = (s+1)X(s)\Big|_{s=-1} = \frac{8s+10}{(s+2)^3}\Bigg|_{s=-1} = \frac{-8+10}{1} = 2$$

3중극 $s=-2$에 대응되는 항의 계수 K_{11}, K_{12}, K_{13}는 식 (10.62)로부터 다음과 같이 된다. 이때 계산 순서가 분모가 최고차 항인 K_{13}부터 거꾸로 내려감을 주의해야 한다.

$$K_{13} = (s+2)^3X(s)\Big|_{s=-2} = \frac{8s+10}{s+1}\Bigg|_{s=-2} = \frac{-16+10}{-1} = 6$$

$$K_{12} = \frac{d}{ds}[(s+2)^3X(s)]\Bigg|_{s=-2} = \frac{-2}{(s+1)^2}\Bigg|_{s=-2} = \frac{-2}{1} = -2$$

$$K_{11} = \frac{1}{2}\frac{d^2}{ds^2}[(s+2)^3X(s)]\Bigg|_{s=-2} = \frac{2}{(s+1)^3}\Bigg|_{s=-2} = \frac{2}{-1} = -2$$

따라서 $X(s)$의 역변환 $x(t)$는 다음과 같이 구해진다.

$$x(t) = \mathcal{L}^{-1}\left\{\frac{-2}{s+2} + \frac{-2}{(s+2)^2} + \frac{6}{(s+2)^3} + \frac{2}{s+1}\right\} = [(3t^2-2t-2)e^{-2t}+2e^{-t}]u(t)$$

10.4.4 공액 복소극에 대한 부분분수 전개

$X(s)$가 공액 복소극을 가지면 다음과 같은 과정으로 부분분수 전개하여 라플라스 역변환하면 된다.

❶ 2개의 1차 공액 복소극 부분분수 항을 다음과 같이 하나의 2차 부분분수로 둔다.

$$X'(s) = \frac{K_c}{s-(\alpha+j\beta)} + \frac{K_c^*}{s-(\alpha-j\beta)} = \frac{As+B}{s^2-2\alpha s+\alpha^2+\beta^2} \tag{10.71}$$

❷ 2차 부분분수의 계수를 구하여 다음과 같이 나타낸다.

$$X'(s) = \frac{As+B}{s^2-2\alpha s+\alpha^2+\beta^2} = \frac{A(s-\alpha)}{(s-\alpha)^2+\beta^2} + \frac{C\beta}{(s-\alpha)^2+\beta^2} \tag{10.72}$$

❸ 코사인파 및 사인파의 변환쌍, 그리고 삼각 함수 합성을 이용하여 역변환한다.

$$x'(t)=[Ae^{\alpha t}\cos(\beta t)+Ce^{\alpha t}\sin(\beta t)]u(t) \tag{10.73}$$
$$=\sqrt{A^2+C^2}\,e^{\alpha t}\cos\left(\beta t-\tan^{-1}\frac{C}{A}\right)u(t)$$

공액 복소극 항의 라플라스 역변환은 지수 감쇠(증가) 정현파가 된다.

$X(s)$가 식 (10.71)과 같이 공액 복소극을 가지는 경우, 두 극의 값이 서로 다르므로 기본적으로는 단순극의 경우와 같다. 이때 $X(s)$의 분자 다항식 계수가 실수가 되기 위해 공액 복소극 부분분수 항들의 계수들도 공액 복소수가 되는데, 그냥 식 (10.55)를 이용해서 구하면 된다. 그러나 이렇게 역변환하는 방법은 복소수 계산이 포함되어 불편하므로 식 (10.72)를 이용하여 역변환하는 편이 낫다.

예제 10-22 공액 복소극에 대한 라플라스 역변환

다음과 같은 $X(s)$를 라플라스 역변환하여 $x(t)$를 구하라.

$$X(s)=\frac{4(s+1)^2}{s(s^2+2s+2)}$$

풀이

$X(s)$는 $s=-1\pm j1$의 공액 복소극을 가진다. $X(s)$를 식 (10.71)처럼 2차 인수를 포함하는 형태로 전개하면 다음과 같다.

$$X(s)=\frac{4(s+1)^2}{s(s^2+2s+2)}=\frac{K_1}{s}+\frac{As+B}{s^2+2s+2}=\frac{2}{s}+\frac{As+B}{s^2+2s+2}$$

단순극 $s=0$의 계수 $K_1=2$는 식 (10.55)를 이용하여 다음과 같이 계산한 것이다.

$$K_1=sX(s)\big|_{s=0}=\frac{4(s+1)^2}{(s^2+2s+2)}\bigg|_{s=0}=2$$

분수 소거법으로 $s(s^2+2s+2)$를 $X(s)$ 전개식의 양변에 곱하여 정리하면 다음과 같고,

$$4(s+1)^2=2(s^2+2s+2)+s(As+B)=(2+A)s^2+(4+B)s+4$$

양변의 계수를 비교해 $A=2, B=4$를 얻는다. 따라서 $X(s)$는 다음과 같이 쓸 수 있다.

$$X(s)=\frac{2}{s}+\frac{2s+4}{s^2+2s+2}=\frac{2}{s}+\frac{2(s+1)}{(s+1)^2+1^2}+\frac{2\cdot 1}{(s+1)^2+1^2}$$

따라서 정현파의 변환쌍을 이용하여 역변환하면 다음과 같이 된다.

$$x(t)=[2+2e^{-t}\cos(t)+2e^{-t}\sin(t)]u(t)=[2+2\sqrt{2}\,e^{-t}\cos(t-45°)]u(t)$$

두 번째 등식은 다음과 같은 삼각 함수 합성 공식을 이용하여 정리한 것이다.

$$A\cos x + C\sin x = \sqrt{A^2+C^2}(\cos x\cos\theta - \sin x\sin\theta)$$
$$= \sqrt{A^2+C^2}\cos(x+\theta)$$
$$\theta = -\tan^{-1}\frac{C}{A}$$

만약 앞의 풀이 방법을 잘 모를 경우, 그냥 공액 복소극 $s=-1\pm j1$에 대해 부분분수 전개하면 다음과 같이 된다.

$$X(s)=\frac{4(s+1)^2}{s(s^2+2s+2)}=\frac{K_1}{s}+\frac{K_c}{s+1-j1}+\frac{K_c^*}{s+1+j1}$$

K_1은 이미 앞에서 구했고, 복소극 $s=-1+j1$ 항의 계수 K_c는 단순극에 대한 계수 계산식 식 (10.55)에 의해 다음과 같이 구해진다.

$$K_c=(s+1-j1)X(s)\big|_{s=-1+j1}=\left.\frac{4(s+1)^2}{s(s+1+j1)}\right|_{s=-1+j1}$$
$$=\frac{4(-1+j1+1)^2}{(-1+j1)(j2)}=\frac{-4}{-(2+j2)}=1-j1=\sqrt{2}\,e^{j\tan^{-1}\frac{-1}{1}}=\sqrt{2}\,e^{j(-45^\circ)}$$

따라서 $X(s)$의 역변환 $x(t)$는 식 (10.52)의 변환쌍으로부터 다음과 같이 구해진다.

$$x(t)=\mathcal{L}^{-1}\left\{\frac{2}{s}+\frac{\sqrt{2}\,e^{j(-45^\circ)}}{s+1-j1}+\frac{\sqrt{2}\,e^{-j(-45^\circ)}}{s+1+j1}\right\}$$
$$=[2+\sqrt{2}\,e^{j(-45^\circ)}e^{-(1-j1)t}+\sqrt{2}\,e^{-j(-45^\circ)}e^{-(1+j1)t}]u(t)$$
$$=[2+\sqrt{2}\,e^{-t}(e^{j(t-45^\circ)}+e^{-j(t-45^\circ)})]u(t)=[2+2\sqrt{2}\,e^{-t}\cos(t-45^\circ)]u(t)$$

복잡한 복소수 계산을 해야 하는 이 방법은 처음의 방법보다 불편함을 알 수 있다.

Check Point 다음 문제에서 옳은 것을 골라라.

(1) s에 관한 다항식을 분모, 분자로 갖는 $X(s)$는 (유리, 무리, 초월) 함수이다.
(2) 어떠한 $X(s)$에 대해서도 부분분수 전개가 가능하다. (○, ×)
(3) $X(s)$의 분자와 분모의 차수가 같으면 $x(t)$는 임펄스를 포함한다. (○, ×)
(4) $X(s)$가 단순극 $\{p_i\}$만 가지면 $x(t)$는 $K_i e^{p_i t}$ 항들의 합으로 이루어진다. (○, ×)
(5) 부분분수의 계수 계산은 (계수 비교법, 헤비사이드 커버업 기법)이 더 간편하다.
(6) 6차 $X(s)$가 3중극을 가지면 (4, 5, 6)개의 부분분수 항으로 전개된다.
(7) 다중극에 대한 부분분수 계수 결정은 보통 최저차 항부터 오름차순으로 한다. (○, ×)
(8) $X(s)$가 3중극 $\{p_i\}$를 가지면 $x(t)$는 ($e^{p_i t}$, $te^{p_i t}$, $t^2e^{p_i t}$, $t^3e^{p_i t}$) 항을 포함한다.
(9) $X(s)$의 공액 복소극에 대응되는 두 부분분수 항의 계수가 실수이면 같다. (○, ×)
(10) 공액 복소극을 갖는 $X(s)$를 역변환하면 (실수, 복소수) 함수가 된다.

SECTION 10.5

라플라스 변환에 의한 미분 방정식 해석

학습포인트

- 라플라스 변환과 시간 미분 성질을 이용한 미분 방정식의 풀이 방법을 잘 익혀둔다.
- 입력 인가 전후의 초기 조건의 차이와 중요성에 대해 이해한다.
- 영입력 응답 + 영상태 응답, 고유 응답 + 강제 응답 형태로 해를 구하는 차이를 잘 알아둔다.
- 라플라스 변환을 이용한 전기회로 해석 방법을 잘 익혀둔다.

연속 LTI 시스템을 나타내는 상수 계수 선형 미분 방정식에 라플라스 변환의 시간 미분 성질을 적용하면 s에 대한 대수 방정식으로 바뀔 뿐만 아니라 변환 과정에서 초기 조건이 자동으로 포함되기 때문에 해를 구하기가 훨씬 간편하다. 또한 '영입력 응답 + 영상태 응답'과 '고유 응답 + 강제 응답'으로 해를 구분하여 얻기도 쉽다. 따라서 이 절에서는 라플라스 변환을 이용한 미분 방정식의 해법과 초기 조건의 개입 및 응답의 구분에 대해서 자세히 살펴보기로 한다.

라플라스 변환을 이용한 미분 방정식의 풀이

실제 문제에서 시스템은 인과이고 입력을 넣어주는 순간을 시간 기점 $t=0$으로 두는 것이 일반적이다. 즉 시스템과 신호 모두 인과이므로 단방향 라플라스 변환만으로 충분히 시스템을 주파수 영역에서 해석할 수 있다.

❶ 미분 방정식을 라플라스 변환한다. 이때 시간 미분 성질 식 (10.31)에 의해 초기 조건이 방정식에 자동으로 포함된다.

$$\frac{d^k y(t)}{dt^k} \quad \Leftrightarrow \quad s^k Y(s) - \sum_{i=0}^{k-1} s^{k-1-i} y^{(i)}(0^-) \tag{10.74}$$

❷ s에 대한 대수 방정식을 미지수 $Y(s)$에 대해 푼다. 이 결과는 s에 대한 유리 함수 형태가 된다.

❸ 얻어진 $Y(s)$에 대해 부분분수 전개한 뒤 라플라스 역변환하여 응답을 구한다.

이 방법은 '시간 함수의 변환 → 주파수 영역에서 대수 방정식의 풀이 → 시간 영역으로 역변환'의 과정을 거쳐 해를 구하므로 언뜻 보기에는 더 복잡해 보이지만, 실제로는 5장에서 다룬 시간 영역에서의 고전적 해법에 비하면 오히려 풀이가 쉽고 간단하다. 그뿐만 아니라 필요에 따라 '영입력 응답 + 영상태 응답', 또는 '고유 응답 + 강제 응답' 꼴로 해의 표현을 자유롭게 선택할 수 있다.

예제 10-23 라플라스 변환을 이용한 미분 방정식의 풀이

다음의 미분 방정식으로 표현되는 시스템에 입력 $x(t)=t^2+5t$를 인가할 때 시스템 응답을 구하라. 단, 초기 조건은 $y(0^-)=2$, $\dot{y}(0^-)=3$이다([예제 5-5] 참조).

$$\frac{d^2y(t)}{dt^2}+3\frac{dy(t)}{dt}+2y(t)=\frac{dx(t)}{dt}$$

풀이

주어진 미분 방정식을 라플라스 변환하면 다음과 같이 된다.

$$s^2Y(s)-sy(0)-\dot{y}(0)+3sY(s)-3y(0)+2Y(s)=sX(s) \tag{10.75}$$

입력 $x(t)=t^2+5t$의 라플라스 변환은 다음과 같으므로

$$X(s)=\frac{2!}{s^3}+\frac{5}{s^2}=\frac{5s+2}{s^3}$$

식 (10.75)를 $Y(s)$에 대해 정리하면 다음과 같이 된다.

$$Y(s)=\frac{y(0)s+\dot{y}(0)+3y(0)}{s^2+3s+2}+\frac{sX(s)}{s^2+3s+2}=\frac{2s+9}{(s+1)(s+2)}+\frac{5s+2}{s^2(s+1)(s+2)} \tag{10.76}$$

식 (10.76)의 우변의 첫 번째 항은 초기 조건에 의한 응답(영입력 응답)이고, 두 번째 항은 입력에 의한 응답(영상태 응답)이다. 그리고 두 항 모두 분모에 s^2+3s+2의 공통인수를 가지는데, 이것은 주어진 미분 방정식의 특성 다항식과 같다. 따라서 이를 부분분수 전개하여 역변환하면 시스템 모드 항들이 얻어질 것이라 예상할 수 있다. 한편 식 (10.76)에서 초기 조건에 의한 응답 성분이 입력과는 무관하게 분리되어 있으므로 $t=0^-$의 초기 조건을 써야 맞다.

❶ 영입력 응답 + 영상태 응답

식 (10.76)의 영입력 응답 성분과 영상태 응답 성분을 각각 따로 부분분수 전개하면 다음과 같이 된다.

$$Y(s)=Y_1(s)+Y_2(s)=\left[\frac{K_1}{s+1}+\frac{K_2}{s+2}\right]+\left[\frac{K_3}{s+1}+\frac{K_4}{s+2}+\frac{K_{51}}{s}+\frac{K_{52}}{s^2}\right] \tag{10.77}$$

식 (10.55)와 식 (10.62)를 이용하여 부분분수 항들의 계수를 구하면 다음과 같다.

$$K_1=(s+1)Y_1(s)|_{s=-1}=\left.\frac{2s+9}{s+2}\right|_{s=-1}=\frac{7}{1}=7$$

$$K_2=(s+2)Y_1(s)|_{s=-2}=\left.\frac{2s+9}{s+1}\right|_{s=-2}=\frac{5}{-1}=-5$$

$$K_3=(s+1)Y_2(s)|_{s=-1}=\left.\frac{5s+2}{s^2(s+2)}\right|_{s=-1}=\frac{-3}{1}=-3$$

$$K_4 = (s+2)\,Y_2(s)|_{s=-2} = \left.\frac{5s+2}{s^2(s+1)}\right|_{s=-2} = \frac{-8}{-4} = 2$$

$$K_{52} = s^2 Y_2(s)|_{s=0} = \left.\frac{5s+2}{(s+1)(s+2)}\right|_{s=0} = \frac{2}{2} = 1$$

$$K_{51} = \frac{d}{ds}(s^2 Y_2(s))|_{s=0} = \left.\frac{5(s+1)(s+2)-(5s+2)(2s+3)}{(s+1)^2(s+2)^2}\right|_{s=0} = \frac{10-6}{4} = 1$$

구해진 값을 식 (10.77)에 대입하여 역변환하면 다음과 같이 시스템 응답이 얻어진다.

$$\begin{aligned} y(t) &= \mathcal{L}^{-1}\left\{\left[\frac{7}{s+1}-\frac{5}{s+2}\right]+\left[-\frac{3}{s+1}+\frac{2}{s+2}+\frac{1}{s}+\frac{1}{s^2}\right]\right\} \\ &= [7e^{-t}-5e^{-2t}]+[-3e^{-t}+2e^{-2t}+t+1] \end{aligned} \tag{10.78}$$

이 응답의 첫 번째 대괄호는 시스템 모드만으로 이루어진 영입력 응답이고, 두 번째 대괄호는 시스템 모드 성분과 강제 응답의 합으로 구성된 영상태 응답이다.

❷ 고유 응답 + 강제 응답

식 (10.76)의 우변 항들은 분모에 공통인수를 가지므로 합쳐서 다음과 같이 부분분수 전개할 수 있다. 이때 앞의 두 항은 시스템 모드, 뒤의 두 항은 입력과 연관된 항이다.

$$Y(s) = \left[\frac{K_1}{s+1}+\frac{K_2}{s+2}\right]+\left[\frac{K_{31}}{s}+\frac{K_{32}}{s^2}\right] \tag{10.79}$$

식 (10.76)을 통분하지 않고 그대로 둔 채 식 (10.55)와 식 (10.62)를 이용하여 부분분수 항들의 계수를 구하면 다음과 같다.

$$K_1 = (s+1)\,Y(s)|_{s=-1} = \left.\left(\frac{2s+9}{s+2}+\frac{5s+2}{s^2(s+2)}\right)\right|_{s=-1} = \frac{7}{1}+\frac{-3}{1} = 4$$

$$K_2 = (s+2)\,Y(s)|_{s=-2} = \left.\left(\frac{2s+9}{s+1}+\frac{5s+2}{s^2(s+1)}\right)\right|_{s=-2} = \frac{5}{-1}+\frac{-8}{-4} = -3$$

$$K_{32} = s^2 Y(s)|_{s=0} = \left.\left(\frac{s^2(2s+9)}{(s+1)(s+2)}+\frac{5s+2}{(s+1)(s+2)}\right)\right|_{s=0} = 0+\frac{2}{2} = 1$$

$$K_{31} = \frac{d}{ds}(s^2 Y(s))|_{s=0} = \left.\frac{5(s+1)(s+2)-(5s+2)(2s+3)}{(s+1)^2(s+2)^2}\right|_{s=0} = \frac{10-6}{4} = 1$$

K_{31}의 계산에서 K_{32} 계산식의 첫 항은 분자에 s^2을 포함하고 있어서 미분한 뒤 $s=0$을 대입하면 값이 0이 되므로 두 번째 항만 미분한 것이다. 구해진 값을 식 (10.79)에 대입하여 역변환하면 다음과 같이 시스템 응답이 얻어진다.

$$y(t) = \mathcal{L}^{-1}\left\{\left[\frac{4}{s+1}-\frac{3}{s+2}\right]+\left[\frac{1}{s}+\frac{1}{s^2}\right]\right\} = [4e^{-t}-3e^{-2t}]+[t+1] \tag{10.80}$$

구해진 시스템 응답의 첫 번째 대괄호 안의 항들은 특성 다항식의 인수 $s+1$, $s+2$에 대응되는 항으로 시스템 모드 성분이다. 따라서 고유 응답에 해당한다. 두 번째 대괄호 안의 항들은 입력과 형태가 같으므로 강제 응답에 해당한다. 한편 식 (10.78)의 결과에서 시스템 모드 성분들을 합하여 구분하면 식 (10.80)의 결과와 일치함을 바로 확인할 수 있다.

라플라스 변환을 이용한 풀이 결과는 [예제 5-5]에서 고전적 해법으로 얻은 결과와 일치한다. 그리고 식 (10.80)에서 출력의 첫째 항은 고전적 해법에서 구한 동차해와, 둘째 항은 특이해와 같음을 볼 수 있다.

예제 10-24 초기 조건에 따른 미분 방정식의 해

미분 방정식 $\frac{d^2y(t)}{dt^2}+3\frac{dy(t)}{dt}+2y(t)=\frac{dx(t)}{dt}+4x(t)$로 표현되는 LTI 시스템의 계단 입력 $x(t)=u(t)$에 대한 응답을 초기 조건이 각각 다음과 같을 때 구하라([예제 5-7] 참조).

(a) $y(0^-)=0,\ \dot{y}(0^-)=0$ (b) $y(0^-)=2,\ \dot{y}(0^-)=0$ (c) $y(0^-)=2,\ \dot{y}(0^-)=1$

풀이

주어진 미분 방정식을 라플라스 변환하면 다음과 같이 된다.

$$s^2Y(s)-sy(0^-)-\dot{y}(0^-)+3sY(s)-3y(0^-)+2Y(s)=sX(s)+4X(s) \tag{10.81}$$

식 (10.81)을 $Y(s)$에 대해 정리하여 $X(s)=\frac{1}{s}$을 대입하면 다음과 같이 된다.

$$\begin{aligned} Y(s)&=\frac{y(0^-)s+\dot{y}(0^-)+3y(0^-)}{s^2+3s+2}+\frac{s+4}{s^2+3s+2}X(s) \\ &=\frac{y(0^-)s+\dot{y}(0^-)+3y(0^-)}{s^2+3s+2}+\frac{s+4}{s(s+1)(s+2)} \end{aligned} \tag{10.82}$$

식 (10.82)의 두 번째 항은 입력에 의한 응답으로 초기 조건과는 무관하다. 따라서 이를 먼저 부분분수 전개하여 역변환하자.

$$Y_i(s)=\frac{s+4}{s(s+1)(s+2)}=\frac{K_1}{s}+\frac{K_2}{s+1}+\frac{K_3}{s+2} \tag{10.83}$$

식 (10.55)를 이용하여 부분분수 항들의 계수를 계산하면 다음과 같다.

$$K_1=s\frac{s+4}{s(s+1)(s+2)}\bigg|_{s=0}=\frac{s+4}{(s+1)(s+2)}\bigg|_{s=0}=\frac{4}{(1)(2)}=2$$

$$K_2=(s+1)\frac{s+4}{s(s+1)(s+2)}\bigg|_{s=-1}=\frac{s+4}{s(s+2)}\bigg|_{s=-1}=\frac{3}{(-1)(1)}=-3$$

$$K_3=(s+2)\frac{s+4}{s(s+1)(s+2)}\bigg|_{s=-2}=\frac{s+4}{s(s+1)}\bigg|_{s=-2}=\frac{2}{(-2)(-1)}=1$$

구한 값을 식 (10.83)에 대입하여 역변환을 구하면 다음과 같이 입력에 대한 시스템 응답(영상태 응답) $y_i(t)$가 얻어진다.

$$y_i(t) = \mathcal{L}^{-1}\left\{\frac{2}{s} - \frac{3}{s+1} + \frac{1}{s+2}\right\} = 2 - 3e^{-t} + e^{-2t} \tag{10.84}$$

이제 식 (10.82)의 첫 번째 항에 주어진 초기 조건을 대입하여 초기 조건에 의한 응답 $y_s(t)$를 계산해보자.

(a) $y(0^-) = 0,\ \dot{y}(0^-) = 0$

이 경우는 식 (10.82)의 첫 번째 항이 0이 된다. 즉 시스템 응답은 입력만의 출력이다.

$$y(t) = y_i(t) = 2 - 3e^{-t} + e^{-2t}$$

이처럼 미분 방정식으로 표현된 시스템에서 오직 입력에 의한 응답(영상태 응답)을 구하고 싶을 때는 $t = 0^-$의 초기 조건을 0으로 두고 라플라스 변환을 이용해 풀면 된다.

이때 $y(0^+)$와 $\dot{y}(0^+)$ 값을 구해보면 $y(0^+) = 2 - 3e^0 + e^0 = 0$, $\dot{y}(0^+) = 3e^0 - 2e^0 = 1$이다. 주어진 초기 조건과 비교하면, $y(0^+) = y(0^-)$이지만 $\dot{y}(0^+) \neq \dot{y}(0^-)$임을 알 수 있다. 이처럼 시스템에 따라서 $t = 0^-$의 초기 조건과 $t = 0^+$의 초기 조건이 다를 수 있다. 미분 방정식을 라플라스 변환을 이용해 풀 때는 $t = 0^-$의 초기 조건을, 시간 영역에서 고전적 해법으로 풀 때는 $t = 0^+$의 초기 조건을 사용해야만 한다. 둘의 구분 없이 $t = 0$에서의 초기 조건이 주어진 경우는 두 초기 조건이 같은 경우라고 보면 된다. [예제 10-23]([예제 5-5])의 경우는 이에 해당한다.

(b) $y(0^-) = 2,\ \dot{y}(0^-) = 0$

식 (10.82)의 첫 번째 항에 주어진 초기 조건을 대입하여 정리한 뒤, 부분분수로 전개하면 다음과 같다.

$$Y_s(s) = \frac{2s+6}{(s+1)(s+2)} = \frac{K_1}{s+1} + \frac{K_2}{s+2} \tag{10.85}$$

식 (10.55)를 이용하여 부분분수 항들의 계수를 구하면 다음과 같다.

$$K_1 = (s+1)\frac{2s+6}{(s+1)(s+2)}\bigg|_{s=-1} = \frac{4}{1} = 4$$

$$K_2 = (s+2)\frac{2s+6}{(s+1)(s+2)}\bigg|_{s=-2} = \frac{2}{-1} = -2$$

구한 값을 식 (10.85)에 대입하여 역변환하면 다음과 같이 초기 조건에 의한 시스템 응답(영입력 응답)이 얻어진다.

$$y_s(t) = \mathcal{L}^{-1}\left\{\frac{4}{s+1} - \frac{2}{s+2}\right\} = 4e^{-t} - 2e^{-2t} \tag{10.86}$$

따라서 시스템의 응답은 식 (10.84)의 $y_i(t)$와 식 (10.86)의 $y_s(t)$를 더하여 다음과 같이 구해진다.

$$\begin{aligned} y(t) = y_s(t) + y_i(t) &= [4e^{-t} - 2e^{-2t}] + [2 - 3e^{-t} + e^{-2t}] \\ &= [e^{-t} - e^{-2t}] + [2] \end{aligned} \tag{10.87}$$

이때 $y(0^+)$과 $\dot{y}(0^+)$ 값을 구해보면 $y(0^+)=e^0-e^0+2=2$, $\dot{y}(0^+)=-e^0+2e^0=1$로 $t=0^-$의 초기 조건과 다르지만, [예제 5-7]의 초기 조건과는 일치한다. 그러므로 식 (10.87)의 마지막 등식의 첫 번째 항은 [예제 5-7]의 고전적 해법의 동차해, 두 번째 항은 특이해와 같다.

(c) $y(0^-)=2$, $\dot{y}(0^-)=1$

이 초기 조건은 [예제 5-7]의 $t=0^+$의 초기 조건과 같은 값이다. 식 (10.82)의 첫 번째 항에 주어진 초기 조건을 대입하여 정리한 뒤, 부분분수로 전개하면 다음과 같다.

$$Y_s(s)=\frac{2s+7}{(s+1)(s+2)}=\frac{K_1}{s+1}+\frac{K_2}{s+2} \tag{10.88}$$

식 (10.55)를 이용하여 부분분수 항들의 계수를 구하면 다음과 같다.

$$K_1=(s+1)\frac{2s+7}{(s+1)(s+2)}\bigg|_{s=-1}=\frac{5}{1}=5$$

$$K_2=(s+2)\frac{2s+7}{(s+1)(s+2)}\bigg|_{s=-2}=\frac{3}{-1}=-3$$

구한 값을 식 (10.88)에 대입하여 역변환하면 다음과 같이 초기 조건에 의한 시스템 응답(영입력 응답)이 얻어진다.

$$y_s(t)=\mathcal{L}^{-1}\left\{\frac{5}{s+1}-\frac{3}{s+2}\right\}=5e^{-t}-3e^{-2t} \tag{10.89}$$

따라서 시스템의 응답은 식 (10.84)의 $y_i(t)$와 식 (10.89)의 $y_s(t)$를 더하여 다음과 같이 구해진다.

$$y(t)=y_s(t)+y_i(t)=[5e^{-t}-3e^{-2t}]+[2-3e^{-t}+e^{-2t}]=2e^{-t}-2e^{-2t}+2$$

이때 $y(0^+)$와 $\dot{y}(0^+)$ 값을 구해보면 $y(0^+)=2e^0-2e^0+2=2$, $\dot{y}(0^+)=-2e^0+4e^0=2$로 [예제 5-7]의 초기 조건과는 다름을 알 수 있다. 이 때문에 시스템 응답도 달라지는 것이다.

라플라스 변환을 이용한 전기회로 해석

라플라스 변환을 이용한 미분 방정식 풀이가 매우 유용한 대표적인 예로 전기회로를 들 수 있다. 전기회로를 구성하는 저항, 인덕터, 커패시터 소자에 대한 전압 전류 관계식은 라플라스 변환에 의해 다음과 같이 된다(시간 미분 및 시간 적분 성질 적용).

- **저항(R)** : $v_R(t)=Ri(t) \quad \Leftrightarrow \quad V_R(s)=RI(s)$ (10.90)
- **인덕터(L)** : $v_L(t)=L\dfrac{di(t)}{dt} \quad \Leftrightarrow \quad LsI(s)-Li(0^-)$ (10.91)
- **커패시터(C)** : $v_C(t)=\dfrac{1}{C}\displaystyle\int i(t)dt \quad \Leftrightarrow \quad V_C(s)=\dfrac{1}{Cs}I(s)+\dfrac{1}{s}v_C(0^-)$ (10.92)

따라서 회로 방정식은 저항은 $Z_R(s)=R$, 인덕터는 $Z_L(s)=Ls$, 커패시터는 $Z_C(s)=\dfrac{1}{Cs}$로 치환하고, 초기 조건을 등가 전압원으로 바꾸어 전압과 전류에 대한 대수 방정식으로 구해진다.

예를 들어, [그림 10-9(a)]의 전기회로를 s 영역에 대한 등가회로로 나타내면 [그림 10-9(b)]와 같이 된다. 초기 조건이 0일 경우는 해당하는 등가 전압원을 단락시키면 된다.

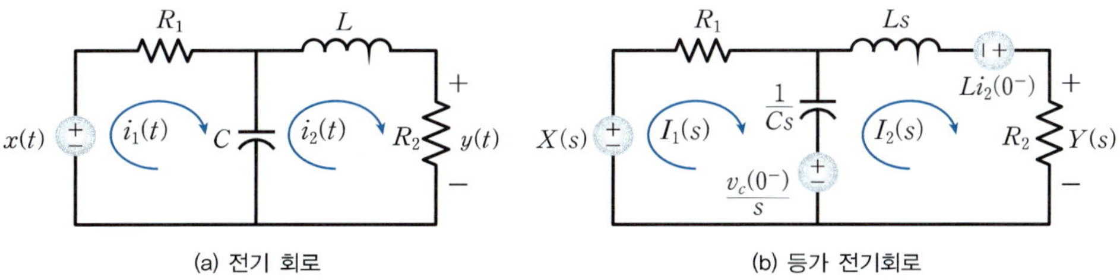

[그림 10-9] 전기회로와 s 영역 등가회로

[그림 10-9(a)] 폐로에 키르히호프의 전압 법칙(KVL)을 적용하면 회로 방정식은 다음과 같이 된다.

$$\begin{cases} R_1 i_1(t)+\dfrac{1}{C}\displaystyle\int (i_1(t)-i_2(t))dt = x(t) \\ -\dfrac{1}{C}\displaystyle\int (i_1(t)-i_2(t))dt + L\dfrac{di_2(t)}{dt}+R_2 i_2(t)=0 \end{cases} \tag{10.93}$$

시간 영역에서는 이를 다시 적분이 없는 미분 방정식으로 바꾼 다음 $i_1(t)$와 $i_2(t)$에 대해 연립 미분 방정식을 풀어 $i_2(t)$를 구한 다음 회로의 출력을 $y(t)=R_2 i_2(t)$로 구하게 된다.

이에 반해 식 (10.93)을 라플라스 변환한 [그림 10-9(b)]의 등가회로에 대한 s 영역 회로 방정식은 다음과 같이 $I_1(s)$와 $I_2(s)$에 대한 연립 대수 방정식이 된다.

$$\begin{cases} R_1 I_1(s)+\dfrac{1}{Cs}(I_1(s)-I_2(s))+\dfrac{1}{s}v_C(0^-)=X(s) \\ -\dfrac{1}{Cs}(I_1(s)-I_2(s))-\dfrac{1}{s}v_C(0^-)+LsI_2(s)-Li_2(0^-)+R_2 I_2(s)=0 \end{cases} \tag{10.94}$$

이를 정리하면 다음과 같이 행렬 벡터 방정식으로 나타낼 수 있다.

$$\begin{bmatrix} R_1+\dfrac{1}{Cs} & -\dfrac{1}{Cs} \\ -\dfrac{1}{Cs} & \dfrac{1}{Cs}+Ls+R_2 \end{bmatrix}\begin{bmatrix} I_1(s) \\ I_2(s) \end{bmatrix}=\begin{bmatrix} X(s)-\dfrac{1}{s}v_C(0^-) \\ \dfrac{1}{s}v_C(0^-)+Li_2(0^-) \end{bmatrix} \tag{10.95}$$

이를 풀어 $I_2(s)$를 얻은 뒤 회로의 출력을 $Y(s)=R_2 I_2(s)$로 구하여 역변환하면 $y(t)$가 얻어진다.

예제 10-25 라플라스 변환을 이용한 전기회로 해석 : RC 회로

[예제 1-1]의 [그림 1-14] RC 회로의 계단 입력(DC 전압) $v_s(t)=u(t)$에 대한 출력 전압 $v_C(t)$를 구하라. 단, 커패시터는 입력이 인가되기 전에 $v_C(0^-)=V_0$로 충전되어 있다고 한다.

풀이

RC 회로의 회로 방정식은 키르히호프의 전압 법칙(KVL)으로부터 식 (1.4)와 같이 된다.

$$v_s(t)=RC\frac{dv_C(t)}{dt}+v_C(t) \tag{1.4}$$

이를 시간 미분 성질을 적용하여 라플라스 변환하여 정리하면 다음과 같다.

$$\left(s+\frac{1}{RC}\right)V_C(s)-v_C(0^-)=\frac{1}{RC}V_s(s)$$

입력의 라플라스 변환은 $V_s(s)=\frac{1}{s}$이므로, 출력 전압의 라플라스 변환 $V_C(s)$은 다음과 같이 된다.

$$V_C(s)=\frac{1}{s+\frac{1}{RC}}v_C(0^-)+\frac{1/RC}{s\left(s+\frac{1}{RC}\right)}=\frac{1}{s+\frac{1}{RC}}v_C(0^-)+\frac{1}{s}-\frac{1/RC}{s+\frac{1}{RC}}$$

이를 역변환하면 다음과 같이 출력 전압 $v_C(t)$가 구해진다.

$$v_C(t)=v_C(0^-)e^{-\frac{1}{RC}t}+1-e^{-\frac{1}{RC}t}=1+(V_0-1)e^{-\frac{1}{RC}t}$$

따라서 RC 회로의 출력은 정상상태에 도달하면 지수 항이 사라져 1이 된다. 다시 말해 커패시터는 입력 전압 값으로 충전 상태를 유지한다.

한편 바로 다음 절에서 다룰 전달 함수를 구해보면, [예제 1-1]의 식 (1.5)가 얻어진다.

$$H(s)=\frac{V_C(s)}{V_s(s)}=\frac{1/RC}{s+1/RC}=\frac{1}{RCs+1} \tag{1.5}$$

예제 10-26 라플라스 변환을 이용한 회로 해석 : RLC 회로

[그림 10-10(a)]의 전기회로에 직류 전압 $x(t)=5u(t)$를 인가할 때 출력 전압 $y(t)$를 구하라. 단, 초기 조건은 $i(0^-)=2$, $v_C(0^-)=1$이다.

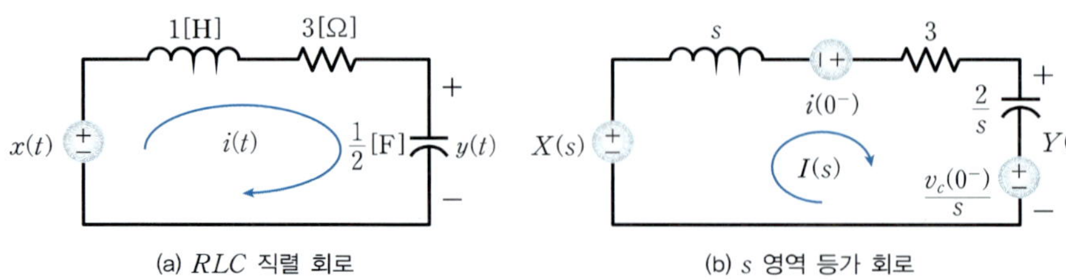

[그림 10-10] [예제 10-26]의 RLC 직렬회로와 s 영역 등가회로

풀이

주어진 회로에 키르히호프의 전압 (평형) 법칙(KVL)을 적용하여 회로 방정식을 구하면,

$$x(t) = L\frac{di(t)}{dt} + Ri(t) + \frac{1}{C}\int i(t)\,dt = \frac{di(t)}{dt} + 3i(t) + 2\int i(t)\,dt$$

앞의 회로 방정식을 라플라스 변환하면 다음과 같다.

$$X(s) = sI(s) - i(0^-) + 3I(s) + \frac{2}{s}I(s) + \frac{1}{s}v_C(0^-)$$

앞 식에 대해 등가회로를 그리면 [그림 10-10(b)]와 같아진다. 주어진 초기 조건을 대입하여 앞 식을 정리하면 다음과 같이 된다.

$$(s^2+3s+2)I(s) = i(0^-)s - v_C(0^-) + sX(s) = 2s - 1 + s\frac{5}{s} = 2s+4$$

따라서 폐로 전류의 라플라스 변환은 $I(s) = \dfrac{2}{s+1}$ 이고, 출력 전압은 다음과 같이 된다.

$$Y(s) = \mathcal{L}\{v_C(t)\} = \frac{2}{s}I(s) + \frac{1}{s}v_C(0^-) = \frac{4}{s(s+1)} + \frac{1}{s} = \frac{5}{s} - \frac{4}{s+1}$$

이를 역변환하면 회로의 출력 전압 $y(t)$가 다음과 같이 구해진다.

$$y(t) = \mathcal{L}^{-1}\left\{\frac{5}{s} - \frac{4}{s+1}\right\} = (5-4e^{-t})u(t)$$

Check Point 다음 문제에서 옳은 것을 골라라.

(1) 라플라스 변환을 이용하여 미분 방정식을 풀 때 초기 조건은 따로 고려한다. (○, ×)
(2) 미분 방정식은 라플라스 변환에 의해 (특성, 대수, 비선형) 방정식으로 바뀐다.
(3) 라플라스 변환을 이용한 미분 방정식 풀이의 초기 조건은 $t=0^+$ 값이다. (○, ×)
(4) 미분 방정식을 라플라스 변환하여 구한 출력 $Y(s)$는 기본적으로 영입력 응답과 영상태 응답의 두 성분으로 구분된다. (○, ×)
(5) 라플라스 변환을 이용한 미분 방정식 풀이는 고유 응답+강제 응답 형태로 해를 구할수 없다. (○, ×)
(6) 라플라스 변환에 의한 저항의 변환 임피던스는 (R, Rs, R/s, $1/Rs$)이다.
(7) 라플라스 변환에 의한 인덕터의 변환 임피던스는 (L, Ls, L/s, $1/Ls$)이다.
(8) 라플라스 변환에 의한 커패시터의 변환 임피던스는 (C, Cs, C/s, $1/Cs$)이다.
(9) 적분항이 포함된 회로 방정식도 라플라스 변환하면 대수 방정식이 된다. (○, ×)
(10) 변환 전기회로에서 초기 조건은 (등가 전압원, 등가 임피던스)(으)로 나타낼 수 있다.

SECTION

10.6 전달 함수

학습포인트

- 전달 함수의 정의와 개념을 이해한다.
- 전달 함수, 주파수 응답, 임펄스 응답, 미분 방정식의 상호 관계를 이해한다.
- 시스템(전달 함수)의 극과 영점의 정의와 역할 및 중요성에 대해 이해한다.
- 극의 위치에 따른 임펄스 응답의 형태에 대해 알아본다.
- 전달 함수로부터 시스템의 안정도를 판별하는 방법에 대해 알아본다.

푸리에 변환에 의한 주파수 응답 외에 주파수 영역에서 시스템을 나타내는 또 다른 표현으로 라플라스 변환에 의한 전달 함수가 있다. 두 표현 모두 주파수 영역에서 표현된 입력에 대한 출력의 비로 정의되지만, 전달 함수는 겉보기에 복소수가 드러나지 않아 취급에 편리할 뿐만 아니라 인과 시스템에 대해서는 주파수 응답을 전달 함수의 특수한 경우로 취급할 수 있는 까닭에 주파수 응답보다 훨씬 폭넓게 시스템 해석과 설계에 활용된다. 따라서 이 절에서는 전달 함수의 개념, 주파수 응답 및 임펄스 응답과의 상호 관계, 그리고 극과 영점의 정의와 중요성에 대해 살펴보기로 한다. 또 전달 함수로부터 안정도 등의 시스템 특성을 해석하는 방법에 대해서도 알아볼 것이다.

10.6.1 전달 함수의 개요

전달 함수의 정의

전달 함수도 주파수 응답과 마찬가지로 주파수 영역에서 나타낸 입력과 출력의 비이다.

- 시스템의 **전달 함수**transfer function $H(s)$는 복소 주파수 s의 함수로 표현된 입력과 출력의 비, 즉 입력 $x(t)$의 라플라스 변환 $X(s)$에 대한 출력 $y(t)$의 라플라스 변환 $Y(s)$의 비로 정의한다.

$$H(s) = \frac{Y(s)}{X(s)} = \frac{N(s)}{D(s)} \tag{10.96}$$

- 전달 함수는 s에 관한 유리 함수로서 시스템이 입력을 출력 쪽으로 전달한 정도를 보여주는 함수이다.
- 전달 함수는 시스템 임펄스 응답 $h(t)$의 라플라스 변환 $H(s) = \mathcal{L}\{h(t)\}$이다. 따라서 입력의 형태와는 무관하고 시스템이 바뀌지 않는 한 달라지지 않는다.

$$H(s) = \mathcal{L}\{h(t)\} = \frac{Y(s)}{X(s)} \tag{10.97}$$

임펄스 응답이 $h(t)$인 LTI 시스템의 입출력 관계는 $y(t)=x(t)*h(t)$로 주어지므로 시간 컨벌루션 성질에 의해 $Y(s)=H(s)X(s)$가 된다. 이로부터 전달 함수는 식 (10.97)에 보인 것처럼 임펄스 응답의 라플라스 변환과 같음을 알 수 있고, 따라서 전달 함수는 입력의 형태와는 무관한 시스템의 고유한 성질이라는 사실을 파악할 수 있다.

임펄스 응답의 라플라스 변환이 전달 함수이므로 시스템 블록선도 표현에서 [그림 10-11]과 같이 임펄스 응답 대신 전달 함수를 이용해 나타낼 수 있으며, 이는 널리 쓰인다.

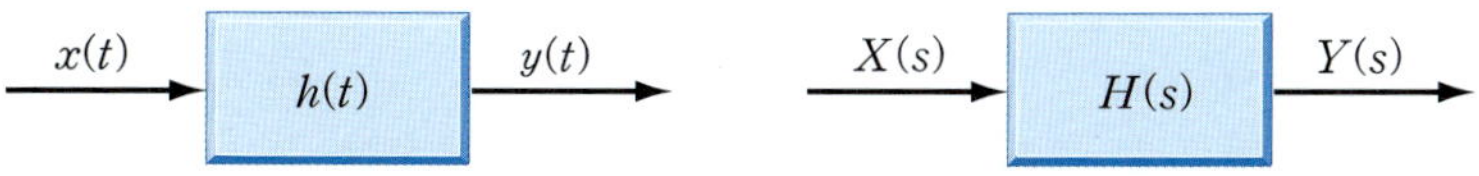

(a) 임펄스 응답 표현 (b) 전달 함수 표현

[그림 10-11] 연속 LTI 시스템의 표현

전달 함수와 미분 방정식의 관계

전달 함수는 시스템을 표현한 미분 방정식으로부터 구할 수도 있다. 시스템이 다음의 미분 방정식으로 표현되는 경우를 살펴보자.

$$\frac{d^n y(t)}{dt^n}+a_{n-1}\frac{d^{n-1}y(t)}{dt^{n-1}}+\cdots+a_0 y(t)=b_m\frac{d^m x(t)}{dt^m}+\cdots+b_0 x(t) \tag{10.98}$$

- 시스템 미분 방정식 식 (10.98)을 라플라스 변환하면 다음과 같이 전달 함수가 얻어진다.

$$H(s)=\frac{Y(s)}{X(s)}=\frac{b_m s^m+b_{m-1}s^{m-1}+\cdots+b_1 s+b_0}{a_n s^n+a_{n-1}s^{n-1}+\cdots+a_1 s+a_0}=\frac{N(s)}{D(s)} \tag{10.99}$$

- 전달 함수의 분모 $D(s)=0$인 방정식을 전달 함수(시스템)의 특성 방정식이라고 하며, 시스템의 고유한 특성을 반영한다.

$$D(s)=a_n s^n+a_{n-1}s^{n-1}+\cdots+a_0=0 \tag{10.100}$$

식 (10.98)을 시간 미분 성질을 이용하여 라플라스 변환하면 다음과 같다. 이때 전달 함수는 오직 입력에 대한 출력의 비를 나타내므로, 모든 초기 조건을 0으로 두고 변환해야 한다.

$$(s^n+a_{n-1}s^{n-1}+\cdots+a_0)Y(s)=(b_m s^m+b_{m-1}s^{m-1}+\cdots+b_0)X(s) \tag{10.101}$$

이를 정리하여 입력과 출력의 비로 전달 함수 $H(s)$를 구하면 식 (10.99)가 얻어진다. 전달 함수의 분모 $D(s)=0$은 변수의 표기만 λ 대신 s로 바뀌었을 뿐, 미분 방정식의 특성 방정식과 같다.

식 (10.99)의 분자 다항식의 계수는 미분 방정식의 입력 항 계수와, 분모 다항식의 계수는 출력 항 계수와 같다. 그러므로 전달 함수는 별다른 중간 계산 과정을 거칠 필요 없이 미분 방정식으로부터 직접 구할 수 있다. 거꾸로 전달 함수가 주어지면, 식 (10.98)과 같이 미분 방정식으로 바꾸는 것도 어렵지 않다. 이로부터, 비록 전달 함수가 입력과 출력의 비로 정의되기는 하나 시스템이 바뀌지 않는 한 달라지지 않으며, 입력의 형태와는 무관한 시스템의 고유한 성질임을 다시 확인할 수 있다.

전달 함수와 주파수 응답의 관계

주파수 응답과 전달 함수 둘 다 주파수 영역에서 LTI 시스템을 표현한 것으로, 어떤 변환을 이용해 임펄스 응답 $h(t)$를 주파수 영역 표현으로 바꾸었는가 하는 차이만 있을 뿐 본질은 같다. 주파수 응답은 $h(t)$를 푸리에 변환한 것이고, 전달 함수는 $h(t)$를 라플라스 변환한 것이다. 그런데 라플라스 변환에서 $s=j\omega$로 두면 푸리에 변환이 되므로, 주파수 응답을 전달 함수의 특수한 경우로 취급할 수 있다.

$$H(\omega)=H(s)|_{s=j\omega}=\left.\frac{b_m s^m+b_{m-1}s^{m-1}+\cdots+b_1 s+b_0}{a_n s^n+a_{n-1}s^{n-1}+\cdots+a_1 s+a_0}\right|_{s=j\omega} \qquad (10.102)$$

시스템의 필터링 특성을 분석할 때와 같은 일부 경우를 제외하면, 전달 함수 쪽이 복소수 계산을 피할 수 있을 뿐 아니라 필요하다면 식 (10.102)에 의해 주파수 응답도 구할 수 있어 훨씬 편리하므로 시스템의 취급과 분석에는 전달 함수가 일반적으로 사용된다.

예제 10-27 입출력으로부터 전달 함수, 임펄스 응답, 미분 방정식의 결정

LTI 시스템의 입력 $x(t)=(t^2+5t)u(t)$에 대한 출력이 $y(t)=(-3e^{-t}+2e^{-2t}+t+1)u(t)$라고 한다. 이 시스템과 관련하여 다음을 구하라.

(a) 전달 함수　　(b) 임펄스 응답　　(c) 시스템 미분 방정식

풀이

주어진 입력과 출력은 [예제 10-23]의 입력과 영상태 응답으로 이들의 라플라스 변환은 다음과 같다.

$$X(s)=\frac{2!}{s^3}+\frac{5}{s^2}=\frac{5s+2}{s^3}$$

$$Y(s)=-\frac{3}{s+1}+\frac{2}{s+2}+\frac{1}{s^2}+\frac{1}{s}=\frac{5s+2}{s^2(s+1)(s+2)}$$

(a) 전달 함수는 정의식 식 (10.96)으로부터 다음과 같이 구해진다.

$$H(s)=\frac{Y(s)}{X(s)}=\frac{s^3}{5s+2}\frac{5s+2}{s^2(s+1)(s+2)}=\frac{s}{(s+1)(s+2)}$$

(b) 임펄스 응답을 구하기 위해 $H(s)$를 부분분수로 전개하면

$$H(s)=\frac{K_1}{s+1}+\frac{K_2}{s+2}=-\frac{1}{s+1}+\frac{2}{s+2}$$

$$K_1 = (s+1)H(s)\big|_{s=-1} = \frac{s}{s+2}\bigg|_{s=-1} = \frac{-1}{1} = -1$$

$$K_2 = (s+2)H(s)\big|_{s=-2} = \frac{s}{s+1}\bigg|_{s=-2} = \frac{-2}{-1} = 2$$

이 되고, 라플라스 역변환을 수행하면 다음의 임펄스 응답을 얻는다.

$$h(t) = \mathcal{L}^{-1}\{H(s)\} = \mathcal{L}^{-1}\left\{-\frac{1}{s+1} + \frac{2}{s+2}\right\} = (-e^{-t} + 2e^{-2t})u(t)$$

(c) 전달 함수 $H(s)$로부터 다음의 관계를 얻을 수 있고,

$$(s^2+3s+2)Y(s) = sX(s)$$
$$s^2Y(s) + 3sY(s) + 2Y(s) = sX(s)$$

이를 시간 미분 성질을 이용하여 역변환하면 다음의 미분 방정식을 얻는다.

$$\frac{d^2y(t)}{dt^2} + 3\frac{dy(t)}{dt} + 2y(t) = \frac{dx(t)}{dt}$$

이 결과는 [예제 10-23]의 시스템 미분 방정식과 일치한다.

예제 10-28 미분 방정식으로부터 전달 함수와 임펄스 응답 결정

다음의 미분 방정식으로 표현되는 LTI 시스템의 전달 함수와 임펄스 응답을 구하라.

$$\frac{d^2y(t)}{dt^2} + 5\frac{dy(t)}{dt} + 6y(t) = x(t)$$

풀이

모든 초기 조건을 0으로 두고 주어진 미분 방정식을 라플라스 변환하면 다음과 같다.

$$s^2Y(s) + 5sY(s) + 6Y(s) = X(s)$$

따라서 전달 함수는 정의식 식 (10.96)으로부터 다음과 같이 구해진다.

$$H(s) = \frac{Y(s)}{X(s)} = \frac{1}{s^2+5s+6} = \frac{1}{(s+2)(s+3)}$$

임펄스 응답을 구하기 위해 $H(s)$를 부분분수로 전개하면

$$H(s) = \frac{K_1}{s+2} + \frac{K_2}{s+3} = \frac{1}{s+2} - \frac{1}{s+3}$$

$$K_1 = (s+2)H(s)\big|_{s=-2} = \frac{1}{s+3}\bigg|_{s=-2} = \frac{1}{1} = 1$$

$$K_2 = (s+3)H(s)\Big|_{s=-3} = \frac{1}{s+2}\Big|_{s=-3} = \frac{1}{-1} = -1$$

이 되고, 라플라스 역변환을 수행하면 다음의 임펄스 응답을 얻는다.

$$h(t) = \mathcal{L}^{-1}\{H(s)\} = \mathcal{L}^{-1}\left\{\frac{1}{s+2} - \frac{1}{s+3}\right\} = (e^{-2t} - e^{-3t})u(t)$$

예제 10-29 전달 함수를 이용한 시스템의 출력 결정

임펄스 응답이 $h(t) = 2e^{-2t}u(t)$ 인 LTI 시스템에서 입력 $x(t) = 2e^{-t}u(t)$ 에 대한 출력을 구하라.

풀이

임펄스 응답을 라플라스 변환하여 시스템의 전달 함수를 구하면 다음과 같다.

$$H(s) = \frac{2}{s+2}$$

입력 $x(t) = 2e^{-t}u(t)$ 의 라플라스 변환이 $X(s) = \dfrac{2}{s+1}$ 이므로, 라플라스 변환의 시간 컨벌루션 성질에 의해 출력 $y(t)$ 의 라플라스 변환 $Y(s)$ 는 다음과 같이 된다.

$$Y(s) = H(s)X(s) = \frac{2}{s+2}\frac{2}{s+1} = \frac{K_1}{s+1} + \frac{K_2}{s+2} = \frac{4}{s+1} - \frac{4}{s+2}$$

$$K_1 = (s+1)Y(s)\Big|_{s=-1} = \frac{4}{s+2}\Big|_{s=-1} = \frac{4}{1} = 4$$

$$K_2 = (s+2)Y(s)\Big|_{s=-2} = \frac{4}{s+1}\Big|_{s=-2} = \frac{4}{-1} = -4$$

부분분수 전개된 $Y(s)$ 를 역변환하면 다음과 같이 출력이 구해진다.

$$y(t) = (4e^{-t} - 4e^{-2t})u(t)$$

만약 이 시스템의 주파수 응답을 구해야 할 필요가 있다면 식 (10.102)를 이용하여 다음과 같이 구하면 된다.

$$H(\omega) = H(s)\Big|_{s=j\omega} = \frac{2}{2+j\omega}$$

이상에서 볼 수 있듯이, 전달 함수와 라플라스 변환을 이용하는 쪽이 [예제 8-20]에서 살펴본 것처럼 주파수 응답과 푸리에 변환을 사용하는 것보다 계산이 간편하다.

시스템 연결에 따른 전달 함수

- 시스템이 종속 연결되면 전달 함수는 각 시스템의 전달 함수를 곱하면 된다.

$$H(s) = H_1(s) \cdots H_M(s) \tag{10.103}$$

- 시스템이 병렬 연결되면 전달 함수는 각 시스템의 전달 함수를 더하면 된다.

$$H(s) = H_1(s) + \cdots + H_M(s) \tag{10.104}$$

- 전달 함수는 시스템 연결 순서와는 상관없이 동일하다.

4.4.2절에서 임펄스 응답이 $h_1(t)$와 $h_2(t)$인 두 시스템의 종속 연결은 각 시스템의 임펄스 응답의 컨벌루션 $h_1(t) * h_2(t)$을 임펄스 응답으로 갖는 시스템과, 병렬 연결은 각 시스템의 임펄스 응답을 더한 $h_1(t)+h_2(t)$을 임펄스 응답으로 갖는 시스템과 등가임을 보았다. 그런데 전달 함수는 임펄스 응답을 라플라스 변환한 것이므로, 종속 연결에 대해 시간 컨벌루션 성질, 병렬 연결에 대해 선형성을 적용하면 앞의 결과가 얻어진다. 이를 [그림 10-12]에 나타내었다.

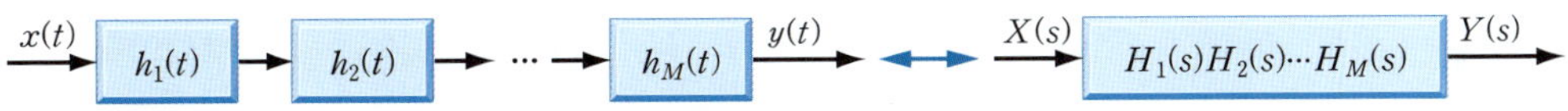

(a) 종속 연결

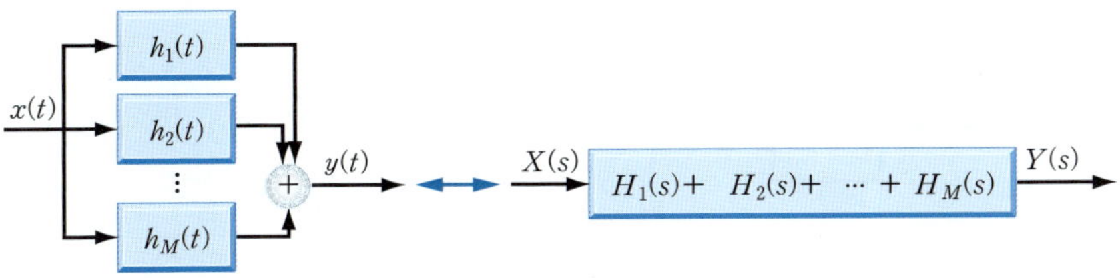

(b) 병렬 연결

[그림 10-12] 시스템 연결에 따른 전달 함수

예제 10-30 궤환 연결된 시스템의 전달 함수

다음 그림과 같이 궤환 연결된 시스템의 전달 함수를 구하라.

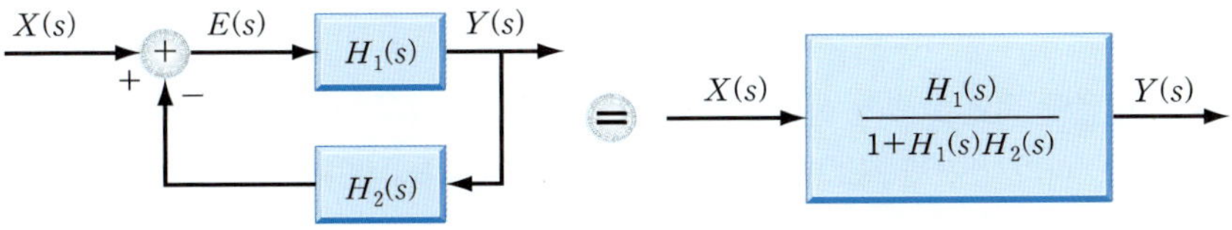

[그림 10-13] 궤환 연결 시스템의 전달 함수

풀이

궤환 연결은 시스템 출력이 입력단으로 되먹임(궤환)되는 형태로서 실제로 흔히 사용되는 연결이다. 그림처럼 입력에서 궤환 신호를 빼는 경우를 **부궤환** negative feedback, 더하는 경우를 **정궤환** positive feedback 이라고 한다. 그림으로부터 신호들의 관계는 다음과 같다.

$$\begin{cases} Y(s) = H_1(s)E(s) \\ E(s) = X(s) - H_2(s)Y(s) \end{cases}$$

다음 식을 앞 식에 대입하여 정리하면 $(1+H_1(s)H_2(s))Y(s) = H_1(s)X(s)$가 되므로 궤환 연결 시스템의 전달 함수는 다음과 같이 구해진다.

$$H(s) = \frac{Y(s)}{X(s)} = \frac{H_1(s)}{1+H_1(s)H_2(s)}$$

예제 10-31 상호 연결된 시스템의 전달 함수

[그림 10-14]와 같이 여러 개의 부시스템이 상호 연결된 시스템의 전달 함수를 구하라.
단 $h_1(t) = e^{-t}u(t)$, $h_2(t) = e^{-t}u(t)$, $h_3(t) = u(t)$, $h_4(t) = \delta(t-1)$, $h_5(t) = e^{-2t}u(t)$이다.

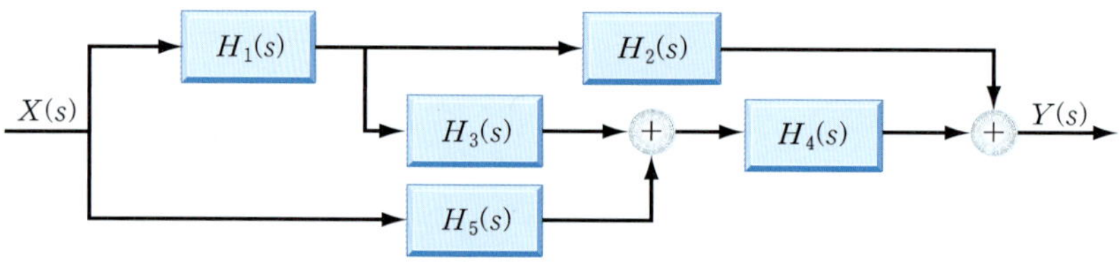

[그림 10-14] [예제 10-32]의 상호 연결된 시스템

풀이

종속 연결된 경우에는 각 부시스템의 전달 함수의 곱으로, 병렬 연결된 경우에는 각 부시스템의 전달 함수의 합으로 표현하여 정리하면 전체 시스템의 전달 함수를 구할 수 있다.

$H_1(s)$와 $H_2(s)$가 종속 연결되어 있으므로 $H_1(s)H_2(s)$이다. 또한 $H_1(s)$와 $H_3(s)$가 종속 연결되어 있으므로 $H_1(s)H_3(s)$가 되고, 이것이 다시 $H_5(s)$와 병렬 연결되어 있으므로 $H_1(s)H_3(s)+H_5(s)$가 되며, 이것이 다시 $H_4(s)$와 종속 연결되므로 $[H_1(s)H_3(s)+H_5(s)]H_4(s)$가 된다. 이것과 $H_1(s)H_2(s)$가 병렬 연결되어 있으므로 둘을 더하면 전체 시스템의 전달 함수 $H(s) = [H_1(s)H_3(s)+H_5(s)]H_4(s) + H_1(s)H_2(s)$를 얻게 된다. 따라서 전체 시스템의 등가 단일 시스템을 나타내면 [그림 10-15]와 같다.

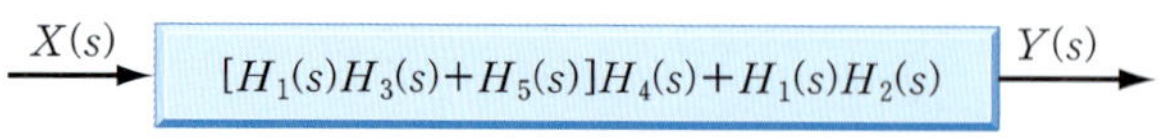

[그림 10-15] 등가 단일 시스템

주어진 각 부시스템의 임펄스 응답을 라플라스 변환하여 각각의 전달 함수를 다음과 같이 얻는다.

$$H_1(s)=\frac{1}{s+1},\ H_2(s)=\frac{1}{s+1},\ H_3(s)=\frac{1}{s},\ H_4(s)=e^{-s},\ H_5(s)=\frac{1}{s+2}$$

따라서 전체 시스템의 전달 함수는 다음과 같이 된다.

$$\begin{aligned}H(s)&=[H_1(s)H_3(s)+H_5(s)]H_4(s)+H_1(s)H_2(s)\\&=\left(\frac{1}{s+1}\frac{1}{s}+\frac{1}{s+2}\right)e^{-s}+\frac{1}{s+1}\frac{1}{s+1}=\left(\frac{1}{s}-\frac{1}{s+1}+\frac{1}{s+2}\right)e^{-s}+\frac{1}{(s+1)^2}\end{aligned}$$

이를 역변환하면 다음과 같이 임펄스 응답을 구할 수 있다.

$$h(t)=(1-e^{-(t-1)}+e^{-2(t-1)})u(t-1)+te^{-t}u(t)$$

10.6.2 전달 함수의 극과 영점

극과 영점의 정의 및 역할

시스템의 전달 함수 $H(s)$와 관련하여 s 평면에서 두 종류의 특별한 s값에 관심을 두게 된다. 하나는 $H(s)$의 값이 0이 되는 경우이고, 다른 하나는 $H(s)$의 값이 정의되지 않는 경우이다. 전자를 영점, 후자를 극이라고 한다.

$$\begin{aligned}H(s)=\frac{N(s)}{D(s)}&=\frac{b_m s^m+b_{m-1}s^{m-1}+\cdots+b_1 s+b_0}{a_n s^n+a_{n-1}s^{n-1}+\cdots+a_1 s+a_0}\\&=K\frac{(s-z_1)(s-z_2)\cdots\cdots(s-z_m)}{(s-p_1)(s-p_2)\cdots\cdots(s-p_n)}\end{aligned} \quad (10.105)$$

- 전달 함수 $H(s)$의 **극**pole은 특성 방정식 $D(s)=0$을 만족하는 n개의 근 $\{p_i\}$이다.
- 전달 함수 $H(s)$의 **영점**zero은 분자 다항식 $N(s)=0$을 만족하는 m개의 근 $\{z_i\}$이다.
- 극이 곧 특성근이므로 극에 의해 시스템 자체의 고유한 특성을 나타내는 시스템 모드가 결정되고, 따라서 극에 의해 안정도, 과도 응답 등 시스템 동작 특성이 지배된다.
- 임펄스 응답은 시스템 모드들로 이루어지므로 그 형태가 극에 의해 결정된다.
- 전달 함수의 분자 다항식 $N(s)$는 미분 방정식 우변의 입력 항들에 의해 결정되는 다항식이므로, 영점은 시스템과 입력의 연관 작용을 결정하는 요소이다.
- 극과 영점이 복소수가 될 경우는 $D(s)$와 $N(s)$의 계수가 실수가 되기 위해 반드시 공액쌍으로 존재한다.

극과 영점을 s 평면상에 나타내면 한눈에 파악하기가 좋은데, 보통 극은 ×, 영점은 ○으로 표시한다. 하나의 예로 다음과 같은 전달 함수 $H(s)$의 극과 영점을 나타내보자.

$$H(s) = \frac{2s^2 + 12s + 20}{s^3 + 6s^2 + 10s + 8} = \frac{2(s+3-j)(s+3+j)}{(s+4)(s+1-j)(s+1+j)} \tag{10.106}$$

이 전달 함수의 극은 $p_1 = -4$, $p_2 = -1+j$, $p_3 = -1-j$, 영점은 $z_1 = -3+j$, $z_2 = -3-j$ 이다. 따라서 이를 s 평면에 표시하면 [그림 10-16]과 같이 된다.

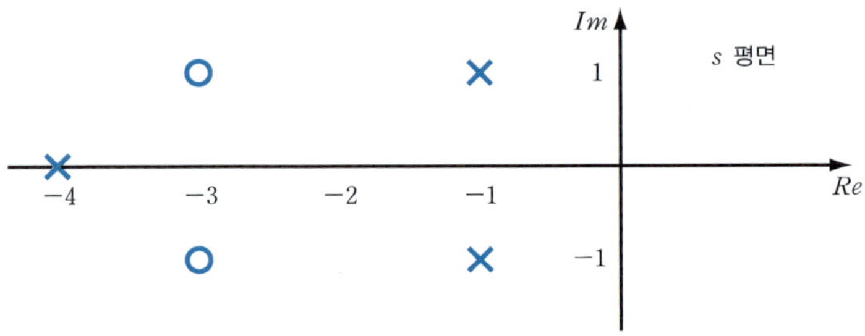

[그림 10-16] 전달 함수의 극과 영점 예

전달 함수의 극과 임펄스 응답

전달 함수를 부분분수로 전개하여 역변환하면 시스템의 임펄스 응답이 얻어진다. 이로부터 임펄스 응답의 형태가 극에 의해 결정됨을 알 수 있다.

$$H(s) = \sum_{i=1}^{n} \frac{K_i}{s - p_i} \quad \Leftrightarrow \quad h(t) = \sum_{i=1}^{n} K_i e^{p_i t} \tag{10.107}$$

극의 위치에 따른 시스템 임펄스 응답의 형태를 [그림 10-17]에 보였다. 그림에서 (2)는 중극을 뜻한다.

극에 의한 임펄스 응답의 형태

- 극이 s 평면의 우반면에 있으면 임펄스 응답이 발산하여 시스템은 불안정하다.
- 공액 복소극의 경우 진동이 발생한다. 공액 복소극이 허축 위에 있으면 순수 진동한다.
- 극이 s 평면의 허축에서 멀리 떨어질수록 임펄스 응답 값의 감소(증가) 속도가 빠르고, 실축에서 멀리 떨어질수록 값의 진동 속도(주파수)가 빨라진다.
- 허축 위에 중극이 존재하면, 진동하면서 발산하는 불안정 시스템이 된다.

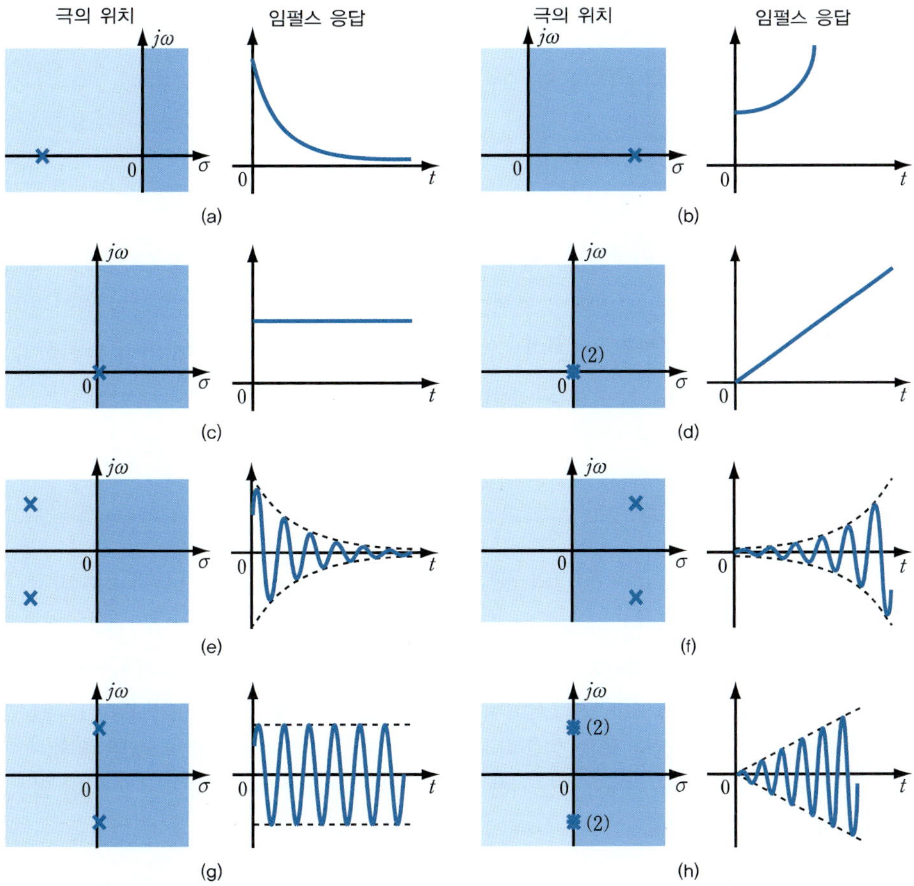

[그림 10-17] 극의 위치에 따른 임펄스 응답의 형태

극과 시스템 안정도

전달 함수로부터 시스템의 특성을 분석하고 판별할 수 있는데, 안정도에 대해 간단히 살펴보기로 한다.

- 인과 LTI 시스템이 BIBO 안정하려면 $Re(p_i) = \sigma_i < 0$, 다시 말해 전달 함수의 극 p_i가 s 평면에서 좌반면에 존재해야 한다.

4장에서 인과 LTI 시스템이 BIBO 안정하려면 임펄스 응답이 다음과 같이 절대 적분 가능해야 함을 이미 살펴본 바 있다.

$$\int_0^\infty |h(t)|\,dt < \infty \tag{10.108}$$

그런데 임펄스 응답에 대한 라플라스 변환의 정의식에 절댓값을 취하면 다음의 부등식을 얻을 수 있다.

$$|H(s)| = \left|\int_0^\infty h(t)e^{-st}dt\right| \le \int_0^\infty |h(t)||e^{-st}|\,dt \tag{10.109}$$

전달 함수의 극 $s=p_i(=\sigma_i+j\omega_i)$에서는 식 (10.109)의 좌변이 ∞가 되는데, 이때 만약 $\sigma \geq 0$이면 $\left|e^{-\sigma_i t}\right| \leq M=1$이므로 식 (10.109)는 다음과 같이 된다.

$$\infty \leq \int_0^\infty |h(t)|\left|e^{-\sigma_i t}\right| dt \leq \int_0^\infty |h(t)|\, dt \tag{10.110}$$

이는 식 (10.108)의 BIBO 안정 조건에 어긋난다. 따라서 $Re(p_i)=\sigma_i<0$여야만 한다. 이러한 결론은 [그림 10-17]에서도 확인할 수 있다. 그림에서 보면, 극이 좌반면에 위치하면 값이 점차 작아지며 0으로 수렴하여 식 (10.108)의 조건을 충족시키지만, 우반면에 있으면 시간이 지남에 따라 발산한다. 그리고 허축 위에 존재하면 진동하거나 상수가 되어 BIBO 안정 조건을 만족시키지 못한다.

Tip & Note 이중 적분기의 안정도

이중 적분기의 전달 함수는 $H(s)=\dfrac{1}{s^2}$로 s 평면의 원점에 중극이 존재한다. 극이 좌반면에 위치하지 않으므로 이중 적분기는 불안정하다. 전달 함수를 역변환하여 임펄스 응답을 구해보면 $h(t)=tu(t)$로 시간이 지남에 따라 발산한다. 이중 적분기의 임펄스 응답의 파형은 [그림 10-17(d)]에 나타나 있는데, 극이 허축 위에 있지만 [그림 10-17(c),(g)]의 경우와 같은 임계 안정이 아니다. [그림 10-17(c),(g)]의 경우는 고유 응답이 상수 또는 정현파가 되므로, 유한한 입력에 대한 시스템 출력(=고유 응답+강제 응답)도 유한해지지만, 이중 적분기는 어떠한 입력이 들어가더라도 고유 응답이 발산하므로 시스템 출력은 발산하고 만다.

이는 [그림 10-17(h)]의 경우에도 마찬가지로, 허축 위에 중극을 가지면 임계 안정이 아니라 발산하는 불안정 시스템이 된다는 것을 유의해야 한다.

예제 10-32 시스템의 안정도 판별

전달 함수가 다음과 같은 LTI 시스템의 안정도를 판별하라.

(a) $H(s)=\dfrac{(s+4)(s-5)}{(s+1)(s+2)(s+3)}$

(b) $H(s)=\dfrac{(s+2)(s+3)}{(s+1)(s^2+2s+2)}$

(c) $H(s)=\dfrac{(s+3)(s-4)}{(s^2+1)(s+2)}$

(d) $H(s)=\dfrac{(s+4)(s+5)}{(s-1)(s+2)(s+3)}$

(e) $H(s)=\dfrac{(s+3)(s-4)}{(s^2+1)^2(s+2)}$

(f) $H(s)=\dfrac{(s-3)(s+3)}{(s+1)(s+2)(s-3)}$

풀이

(a) 극이 $s=-1,\ -2,\ -3$으로 모두 좌반면에 있다. 그러므로 안정한 시스템이다.

(b) 극이 $s=-1,\ -1\pm j1$로 모두 좌반면에 있다. 그러므로 안정한 시스템이다.

(c) 극이 $s=-2,\ \pm j1$로 하나는 좌반면, 나머지 둘은 허축상에 있다. 그러므로 임계 안정한 시스템이다. 안정, 불안정으로 나누면 불안정한 시스템이다.

(d) 극이 $s=1,\ -2,\ -3$으로 극 하나가 우반면에 있다. 그러므로 불안정한 시스템이다.

(e) 극이 $s=-2,\ \pm j1,\ \pm j1$로 허축 상에 공액 복소극이 중극으로 존재한다. 그러므로 불안정한 시스템이다.

(f) 극이 $s=-1,\ -2,\ 3$으로 극 하나가 우반면에 있지만 $s=3$의 영점과 상쇄되어 사라지므로 좌반면에 $s=-1,\ -2$만 있는 셈이다. 그러므로 안정한 시스템이다.

Check Point 다음 문제에서 옳은 것을 골라라.

(1) 시스템의 전달 함수는 입력의 형태에 따라 달라질 수 있다. (○, ×)
(2) 전달 함수는 (임펄스 응답, 미분 방정식, 특성 방정식)으로부터 구할 수 있다.
(3) 전달 함수는 초기 조건을 (고려, 배제)하고 미분 방정식을 라플라스 변환하여 구한다.
(4) 시스템의 특성 방정식은 전달 함수의 (분모, 분자)$=0$인 방정식이다.
(5) 두 시스템을 종속 연결한 시스템의 전달 함수는 각 전달 함수의 (합, 곱)과 같다.
(6) 임펄스 응답의 형태는 극의 위치에 따라 결정된다. (○, ×)
(7) s 평면의 허축 위에 중극을 가지면 시스템은 불안정하다. (○, ×)
(8) 시스템에 대한 입력의 연관 작용을 지배하는 것은 (극, 영점)이다.
(9) 전달 함수의 극과 시스템 미분 방정식의 특성근은 같다. (○, ×)
(10) 시스템이 안정하려면 (극, 영점)이 s 평면의 (우반면, 좌반면)에 위치해야 한다.

SECTION
10.7 전달 함수와 주파수 응답의 관계

학습포인트

- 전달 함수와 주파수 응답의 상호 관계를 이해한다.
- 극과 영점에 대한 주파수 응답의 의존성과 계산에 대해 알아본다.
- 극과 영점의 주파수 선택 특성을 이해한다.

주파수 응답과 전달 함수 둘 다 주파수 영역에서 LTI 시스템을 표현하는 방법으로, 역변환하면 시스템의 임펄스 응답이 되므로 두 표현의 본질은 같다고 할 수 있다. 그런데 라플라스 변환과 푸리에 변환의 관계로부터 주파수 응답을 전달 함수의 특수한 경우로 취급할 수 있다. 따라서 주파수 응답은 전달 함수의 극-영점과 밀접하게 연관된다. 이 절에서는 두 표현의 관계와 극과 영점에 대한 주파수 응답의 종속성, 그리고 극과 영점의 주파수 선택 특성과 역할에 대해 살펴보기로 한다.

10.7.1 극과 영점에 대한 주파수 응답의 종속성

임펄스 응답 $h(t)$를 푸리에 변환하면 주파수 응답이 되고, 라플라스 변환하면 전달 함수가 된다. 식 (10.3)에서 보듯이 라플라스 변환에서 $s=j\omega$로 두면 푸리에 변환과 같아지므로, 주파수 응답과 전달 함수의 관계는 다음과 같다.

- 주파수 응답은 전달 함수를 복소평면의 허축 $s=j\omega$을 따라 계산한 것이다.

$$H(\omega)=H(s)|_{s=j\omega} \tag{10.111}$$

- 주파수 응답은 전달 함수의 극과 영점을 이용하여 구할 수 있다.

$$|H(\omega)|=b_m\frac{\prod_{i=1}^{m}|j\omega-z_i|}{\prod_{i=1}^{n}|j\omega-p_i|}=b_m\frac{\text{각 영점에서 } j\omega\text{까지 거리의 곱}}{\text{각 극에서 } j\omega\text{까지 거리의 곱}} \tag{10.112}$$

$$\begin{aligned}\angle H(\omega)&=\sum_{i=1}^{m}\angle(j\omega-z_i)-\sum_{i=1}^{n}\angle(j\omega-p_i)\\&=[j\omega\text{에 대한 영점 각의 합}]-[j\omega\text{에 대한 극 각의 합}]\end{aligned} \tag{10.113}$$

식 (10.111)로부터 주파수 응답은 전달 함수의 극/영점과 관련하여 다음과 같이 쓸 수 있다.

$$H(\omega)=H(s)|_{s=j\omega}=b_m\frac{(s-z_1)(s-z_2)\cdots(s-z_m)}{(s-p_1)(s-p_2)\cdots(s-p_n)}\Bigg|_{s=j\omega} \tag{10.114}$$

여기서 $p_1, p_2, \cdots, p_n$은 전달 함수의 극이고 z_1, $z_2, \cdots, z_m$은 영점이다. 식 (10.114)의 인수들은 일반적으로 복소수이므로 복소수의 곱과 나눗셈의 성질에 의해 주파수 응답의 진폭 응답과 위상 응답은 다음과 같게 된다.

$$|H(\omega)|=b_m\frac{|s-z_1||s-z_2|\cdots\cdots|s-z_m|}{|s-p_1||s-p_2|\cdots\cdots|s-p_n|}\Bigg|_{s=j\omega} \tag{10.115}$$

$$\angle H(\omega)=[\{\angle(s-z_1)+\cdots+\angle(s-z_m)\} \tag{10.116}$$

$$-\{\angle(s-p_1)+\cdots+\angle(s-p_n)\}]|_{s=j\omega}$$

$|s-z_i|$는 복소평면에서 점 s와 z_i 사이의 거리이고 $\angle(s-z_i)$는 점 s와 점 z_i를 연결한 선분이 수평축과 이루는 각이므로, 결국 진폭 응답과 위상 응답은 식 (10.112)와 식 (10.113)과 같이 구할 수 있다.

10.7.2 극과 영점에 따른 주파수 선택 특성

앞서 살펴본 것처럼 주파수 응답은 전달 함수의 극과 영점에 의해 결정되는데, 주파수 응답과 관련하여 극과 영점의 역할을 정리하면 다음과 같다.

- 극은 공진 주파수 부근에서 이득을 증가시키는 주파수 선택적 동작을 한다. 즉 극은 진폭 응답에 **뾰족 마루(첨두)**peak를 형성한다.
- 극이 허축에 가까울수록 이득의 증가가 두드러진다.
- 영점은 공진 주파수 부근에서 이득을 억제하는 주파수 선택적 동작을 한다. 즉 영점은 진폭 응답에 **골**valley을 형성한다.
- 영점이 허축에 가까울수록 이득 억제는 두드러진다.
- 극과 영점에 의한 이득 변화는 공진 주파수 부근에서 더 급하게 나타난다.
- 중복 극과 영점은 주파수 선택 효과를 강화한다.
- 안정한 실극(영점)에 의한 위상 응답은 0에서 시작하여 $\mp\pi/2$까지 변한다.
- 안정한 공액 복소극(영점)에 의한 위상 응답은 0에서 시작하여 $\mp\pi$까지 변한다.

주파수 응답에 대한 극의 영향을 이해하기 위해 [그림 10-18(a)]와 같은 복소극 $-\alpha+j\omega_0$의 경우를 생각해보자. 극에서 허축 상의 점 $j\omega$까지의 거리를 d라고 하면 진폭 응답(이득) $|H(\omega)|$는 $1/d$에 비례한다. ω가 0에서부터 증가하여 값 ω_0에 도달할 때까지 d는 계속해서 줄어들다가 ω_0에서 최소가 되고, ω_0를 지나면서부터는 다시 점점 커진다. 따라서 $|H(\omega)|$는 $\omega=0$에서부터 $\omega=\omega_0$가 될 때까지 커져서 $\omega=\omega_0$에서 최대가 되며, ω가 ω_0를 넘어서면서부터는 계속 줄어든다. 이때 d의 값이 작을수록 값의 작은 변화에도 $1/d$의 값의 변화 폭은 커진다. 그러므로 [그림 10-18(b)]에 나타낸 것처럼 $s=-\alpha+j\omega_0$의 극은 주파수 ω_0 부근에서 큰 이득과 급한 변화를 보이는 주파수 선택적 동작(공진)을 한다. 더욱이 극이 허축에 가까이 위치할수록 극과 $j\omega_0$사이의 거리가 짧아지므로 이득은 더 커지게 되며, 극단적으로 극이 $j\omega_0$에 위치하면 $\omega=\omega_0$에서의 이득은 무한대가 된다.

지금까지 진폭 응답 $|H(\omega)|$에 대한 하나의 복소극의 영향을 살펴보았는데, 실제 시스템에서 복소극 $-\alpha+j\omega_0$는 공액쌍인 $-\alpha-j\omega_0$을 동반한다. 극 $s=-\alpha-j\omega_0$에서 허축 상의 점 $j\omega$까지의 거리를 d'라고 하면, $|H(\omega)|$는 $1/dd'$에 비례하게 된다. 그런데 d'는 ω의 증가에 따라 계속 값이 커질뿐더러 극의 위치가 $s=-\alpha+j\omega_0$에 비해 $j\omega_0$로부터 멀기 때문에 상대적으로 ω_0 부근에서 ω의 변화에 따른 $1/d'$의 극적인 변화는 없다. 그러므로 공액극의 존재가 주파수 선택성을 크게 변화시키지는 않는다. 다만 공액극의 영향으로 인해 극이 $s=-\alpha+j\omega_0$만 있는 경우에 비해 주파수 선택 특성은 세부적으로 약간 변하게 된다.

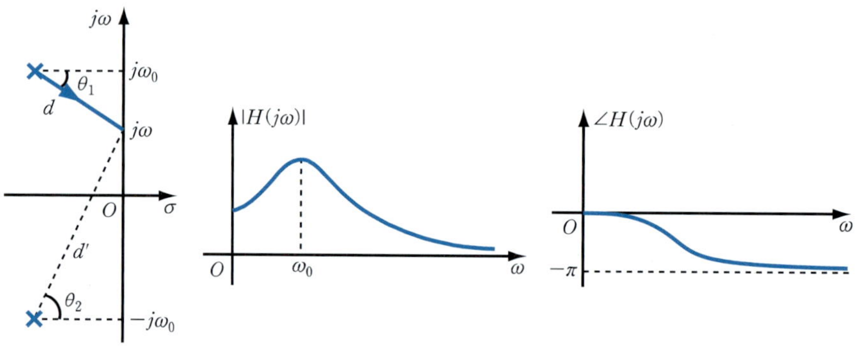

[그림 10-18] 극에 의한 주파수 응답 특성

위상 응답의 경우도 같은 방법으로 분석할 수 있다. $\omega=0$에서 공액 복소극 $s=-\alpha\pm j\omega_0$에 의해 만들어진 각은 크기는 같으나 부호가 서로 반대로 전체 위상은 0이 된다. ω가 커짐에 따라 극 $-\alpha+j\omega_0$에 의한 각 θ_1은 $\omega=\omega_0$가 될 때까지 크기가 줄어들다가 $\omega=\omega_0$ 이후에는 양의 값을 가지며 계속 커져서 $\pi/2$에 접근한다. 그리고 극 $-\alpha-j\omega_0$에 의한 각 θ_2는 부호 변화 없이 계속 커져서 $\pi/2$에 접근한다. 결과적으로 두 각의 합인 $\theta_1+\theta_2$는 계속해서 증가하여 $\omega\to\infty$에서 π에 수렴한다. 이러한 양상을 [그림 10-18(c)]에 나타내었다.

식 (10.114)를 보면 전달 함수의 극과 영점은 주파수 응답에 정반대로 기여하고 있다. 그러므로 진폭 응답과 위상 응답은 극의 경우와는 반대 양상으로 나타난다. 즉 공진 주파수 부근에서 골을 만들고 양의 위상 변화를 보인다. 복소 영점에 의한 주파수 응답의 특성 예를 [그림 10-19]에 보였다.

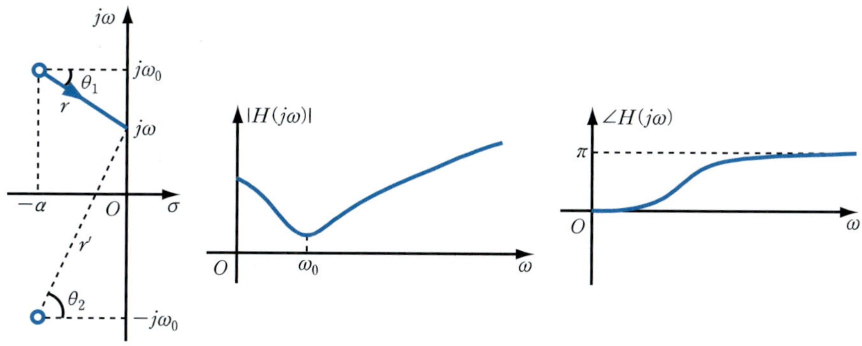

(a) 공액 복소영점 (b) 진폭 응답 (c) 위상 응답

[그림 10-19] 영점에 의한 주파수 응답 특성

이상의 결과로부터 극과 영점을 적절히 위치시키면 다양한 주파수 선택 특성을 얻을 수 있음을 알 수 있다. 결국 제어기나 필터와 같은 시스템의 설계는 주파수 영역에서 생각하면 극과 영점을 적절히 배치하여 원하는 주파수 응답을 갖도록 하는 작업이라고 할 수 있다.

Check Point 다음 문제에서 옳은 것을 골라라.

(1) 전달 함수에서 ($s=\sigma$, $s=j\omega$, $s=\sigma+j\omega$)로 두면 주파수 응답이 된다.
(2) 주파수 응답과 관련하여 극은 진폭 응답을, 영점은 위상 응답을 결정한다. (○, ×)
(3) 주파수 응답에서 극은 뾰족 마루를, 영점은 골을 만든다. (○, ×)
(4) 주파수 응답에 대한 극과 영점의 역할은 (같다, 정반대이다).
(5) 극과 영점은 주파수에 따라 다른 응답 특성을 만들어낸다. (○, ×)
(6) 진폭 응답의 뾰족 마루가 더 날카로운 극은 ($s=-1\pm j1$, $s=-10\pm j1$)이다.
(7) 중극은 공진 주파수 부근에서 이득 변화를 더 완만하게 만든다. (○, ×)
(8) 안정한 실극이 만들 수 있는 최대 위상 변화 값은 ($-\pi/2$, $-\pi$, 무한대)이다.
(9) 양의 위상 응답을 만드는 것은 (극, 영점)이다.
(10) 주파수 영역에서 시스템 설계는 극과 영점을 적절히 배치하는 문제와 같다. (○, ×)

CHAPTER 10_핵심요약

개념	관련 항
라플라스 변환은 주파수 영역 변환의 기저 신호로 사용되는 복소 지수 함수 e^{st}의 지수로 $s=j\omega$ 대신 $s=\sigma+j\omega$를 써서 푸리에 변환의 개념을 일반화한 것이다.	[그림 10-1]
양방향 라플라스 변환은 수렴 조건을 만족하는 어떠한 신호든지 변환할 수 있지만, $x(t)$와 $X(s)$가 1:1 대응이 아니므로 역변환을 위해 수렴 영역이 주어져야만 한다.	식 (10.4)
단방향 라플라스 변환은 인과 신호를 대상으로 한 변환으로 $x(t)$와 $X(s)$가 일대일로 대응되기 때문에 역변환할 때도 아무런 어려움이 없다.	식 (10.5)
수렴 영역이 $j\omega$축을 포함하지 않는 신호들은 라플라스 변환은 존재하나 푸리에 변환은 존재하지 않는다.	
시간 컨벌루션에 의해 컨벌루션이 주파수 영역에서 곱으로 바뀌어 계산이 간편하다.	식 (10.40)
초깃값 정리 및 최종값 정리에 의해 신호의 라플라스 변환으로부터 간편하게 초깃값과 정상상태 값을 계산할 수 있다.	식 (10.42) 식 (10.44)
라플라스 역변환은 $X(s)$를 부분분수로 전개하여 지수 함수의 변환쌍을 이용하면 된다. 이때 각 부분분수 항의 계수 결정은 헤비사이드의 커버업 기법을 쓰면 편리하다.	
$X(s)$의 다중극에 대응하는 부분분수 항들의 계수는 분모의 차수가 제일 높은 항의 계수부터 시작하여 거꾸로 차수를 낮춰가며 미분을 이용하여 계산한다.	
시간 미분 성질을 이용해 미분 방정식을 변환하여 얻어진 대수 방정식을 풀어 구해진 결과를 라플라스 역변환하면 편리하게 미분 방정식 해가 구해진다.	
전달 함수는 복소 주파수 s 영역에서 나타낸 입력과 출력의 비로 시스템이 입력을 출력 쪽으로 전달한 정도를 보여준다. 또한 전달 함수는 임펄스 응답의 라플라스 변환으로 미분 방정식으로부터 직접 간단히 구할 수 있으며, 입력의 형태와는 무관하다.	식 (10.96) 식 (10.97)
특성 방정식은 전달 함수의 분모$=0$인 방정식으로 시스템의 고유한 특성을 반영한다.	식 (10.100)
두 시스템을 종속 연결한 시스템의 전달 함수는 각각의 전달 함수의 곱, 병렬 연결한 시스템의 전달 함수는 각각의 전달 함수의 합이 된다.	[그림 10-12]
전달 함수의 극은 분모 $D(s)=0$을 만족해 전달 함수의 값이 정의되지 않는 s 평면의 점들로 시스템 모드를 결정한다. 따라서 극에 의해 시스템 동작 특성이 지배된다.	
전달 함수의 영점은 분자 $N(s)=0$을 만족하여 전달 함수의 값이 0이 되는 s 평면의 점들로 시스템과 입력의 연관 작용을 결정한다.	
임펄스 응답은 시스템 모드로 이루어지므로 그 형태가 극에 의해 결정되는데, 극이 허축에서 멀리 떨어질수록 값의 감소(증가) 속도가 빠르고, 실축에서 멀리 떨어질수록 진동 주파수가 높아진다.	[그림 10-17]
인과 LTI 시스템이 BIBO 안정하려면 극이 s 평면의 좌반면에 존재해야 한다.	
주파수 응답은 전달 함수의 특수한 경우로 복소평면의 $s=j\omega$을 따라 계산한 값이다.	식 (10.111)
극은 공진 주파수 부근에서 이득을 증가시키는 주파수 선택적 동작을 하여 진폭 응답에 뾰족 마루(첨두)를 형성한다. 영점은 공진 주파수 부근에서 이득을 억제하는 주파수 선택적 동작을 하여 진폭 응답에 골을 형성한다.	[그림 10-18] [그림 10-19]
극이 허축에 가까울수록 이득의 증가가, 영점이 허축에 가까울수록 이득 억제가 두드러진다. 중복 극과 영점은 주파수 선택 효과를 강화한다.	

CHAPTER 10_연습문제

【개념 문제】

10.1 라플라스 변환에 대한 다음의 설명 중 틀린 것은?

㉮ 라플라스 변환은 에너지 신호나 전력 신호가 아닌 신호들도 주파수 영역으로 변환해준다.
㉯ 수렴 영역이 표시되지 않으면 라플라스 변환 $X(s)$로부터 유일하게 $x(t)$를 구할 수 없다.
㉰ 비인과 신호도 라플라스 변환이 불가능하다.
㉱ 라플라스 변환은 푸리에 변환을 일반화한 것으로 생각할 수 있다.

10.2 라플라스 변환의 수렴 영역에 대한 다음의 설명 중 틀린 것은?

㉮ 모든 인과 신호에 대한 라플라스 변환의 수렴 영역은 동일하다.
㉯ 우편향 신호와 좌편향 신호의 라플라스 변환의 수렴 영역은 겹칠 수 있다.
㉰ 수렴 영역이 s 평면의 허축을 포함하지 않는 신호는 푸리에 변환이 존재하지 않는다.
㉱ 단방향 라플라스 변환에서는 같은 $X(s)$에 2개의 수렴 영역이 대응되지 않는다.

10.3 RLC 직렬회로의 회로 방정식은 다음과 같다. $t=0$에서 $x(t)=10u(t)$를 인가하였다. 입력 전압이 인가되기 직전에 회로 전류는 $i(0^-)=2$, 커패시터 충전 전압은 $v_c(0^-)=5$라고 한다. 회로 방정식을 라플라스 변환한 것으로 옳은 것은? 단, $R=3$, $L=1, C=0.5$이다.

$$Ri(t)+L\frac{di(t)}{dt}+\frac{1}{C}\int_0^t i(t)dt=x(t),\ t\geq 0$$

㉮ $(s^2+3s+2)I(s)=10s$　　㉯ $(s^2+3s+2)I(s)=10s+2$
㉰ $(s^2+3s+2)I(s)=2s+10$　　㉱ $(s^2+3s+2)I(s)=2s+5$

10.4 다음의 $X(s)$와 신호의 정상상태 값 $x(\infty)$의 짝 중에서 틀린 것은?

㉮ $X(s)=\dfrac{2s+4}{s(s^2+5s+4)},\quad x(\infty)=1$　　㉯ $X(s)=\dfrac{4s+4}{s(s^2-5s+4)},\quad x(\infty)=1$

㉰ $X(s)=\dfrac{4s+4}{s(s^2+5s+4)},\quad x(\infty)=1$　　㉱ $X(s)=\dfrac{4s-4}{s(s^2+3s-4)},\quad x(\infty)=1$

10.5 라플라스 역변환에 대한 다음의 설명 중 틀린 것은?

㉮ $X(s)$를 역변환하려면 분모 차수만큼의 부분분수 항으로 전개해야 한다.
㉯ $\dfrac{K_1}{s+1}+\dfrac{K_2}{(s+1)^2}+\dfrac{K_3}{(s+1)^3}$의 계수를 헤비사이드 기법으로 구할 때 K_1을 제일 먼저 구한다.
㉰ 공액 복소극을 갖는 $X(s)$를 라플라스 역변환하면 항상 실수 신호가 되지는 않는다.
㉱ $X(s)$의 분모와 분자의 차수가 같으면 역변환으로 얻은 신호에 반드시 임펄스가 포함된다.

10.6 라플라스 변환에 의한 미분 방정식의 풀이에 대한 다음의 설명 중 틀린 것은?

㉮ 라플라스 변환의 시간 미분 성질을 이용하여 한 번에 완전해를 구할 수 있다.
㉯ 영상태 응답 + 영입력 응답 형태와 고유 응답 + 강제 응답의 풀이가 모두 가능하다.
㉰ 고전적 해법과 마찬가지로 $t=0^+$ 에서의 초기 조건을 사용한다.
㉱ 풀이 과정에서 특성 방정식이 영입력 응답과 영상태 응답 모두에 관여함을 볼 수 있다.

10.7 전달 함수에 대한 다음의 설명 중 옳은 것은?

㉮ 비선형 또는 시변 시스템에 대해서도 전달 함수를 구할 수 있다.
㉯ 전달 함수로부터 인과 시스템의 주파수 응답을 구할 수 없다.
㉰ 임펄스 응답과 주파수 응답과 전달 함수는 결국 같은 것에 대한 다른 표현이다.
㉱ 전달 함수는 입력에 대한 출력의 비이므로 입력에 따라 달라질 수 있다.

10.8 전달 함수의 극과 영점에 대한 다음의 설명 중 틀린 것은?

㉮ 전달 함수의 극은 시스템 모드와 임펄스 응답의 형태를 결정한다.
㉯ 극이 라플라스 변환의 수렴 영역에 존재하면, 그 시스템은 안정하다.
㉰ 극이 $s=-5\pm j5$ 인 시스템은 극이 $s=-1\pm j1$ 인 시스템보다 임펄스 응답의 감쇠가 느리다.
㉱ 극이 $s=-5\pm j5$ 인 시스템은 극이 $s=-1\pm j1$ 인 시스템보다 임펄스 응답의 진동이 빠르다.

10.9 다음의 전달 함수를 갖는 시스템 중 BIBO 불안정인 것을 모두 골라라.

㉮ $H(s)=\dfrac{1}{(s+1)^2}$　　㉯ $H(s)=\dfrac{s+3}{s^2+2s+5}$　　㉰ $H(s)=\dfrac{s+3}{s^2-2s+5}$

㉱ $H(s)=\dfrac{s-2}{s^2-3s+2}$　　㉲ $H(s)=\dfrac{2}{s^2+4}$　　㉳ $H(s)=\dfrac{s-3}{s^2-2s-3}$

10.10 주파수 응답과 시스템의 극-영점의 관계에 대한 설명 중 틀린 것은?

㉮ 하나의 극 또는 영점에 의해서 변할 수 있는 위상의 범위는 0.5π 이내로 제한된다.
㉯ 이득에 미치는 극과 영점의 영향을 크게 하려면 허축에서 멀리 위치시키는 것이 좋다.
㉰ 시스템 $H(s)=\dfrac{s+2}{s^2+2s+2}$ 보다 시스템 $H(s)=\dfrac{(s+2)^2}{(s^2+2s+2)^2}$ 의 주파수 응답이 더 날카로운 골과 뾰족 마루를 가진다.
㉱ 극과 영점을 잘 조합하면 원하는 형태의 주파수 응답을 얻을 수 있다.

【기초 문제】

10.11 다음 신호의 양방향 라플라스 변환을 구하라.

(a) $x(t) = e^{2|t|}$ (b) $x(t) = e^{-2|t|}$

(c) $x(t) = |t|$ (d) $x(t) = \cos(\omega_0 t)u(-t)$

10.12 라플라스 변환의 정의식을 이용하여 다음 신호의 라플라스 변환을 구하라.

(a) $x(t) = e^{-at}(u(t) - u(t-1))$ (b) $x(t) = (e^{2t} - 2e^{-t})u(t)$

(c) $x(t) = (1 - e^{-t})u(t-1)$ (d) $x(t) = \cos\left(\pi t + \frac{\pi}{4}\right)u(t)$

(e) $x(t) = \cos(\omega_1 t)\cos(\omega_2 t)u(t)$ (f) $x(t) = t\cos(\omega_0 t)u(t)$

10.13 다음 그림의 신호 $x(t)$를 먼저 수식으로 표현하고, 라플라스 변환의 정의식을 이용하여 구하라. 또한 라플라스 변환쌍표와 시간 이동 성질을 이용한 방법으로도 라플라스 변환을 구하라.

(a)

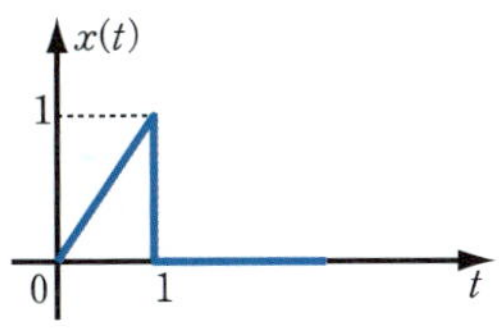

(b)

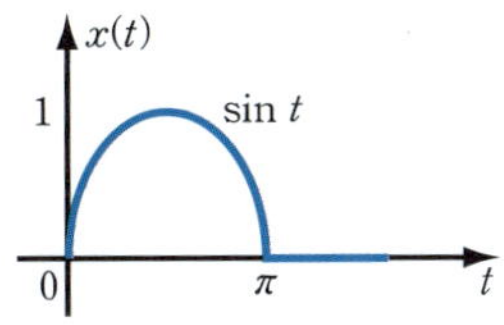

(c)

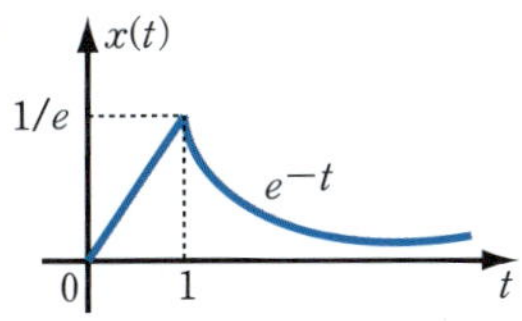

(d)

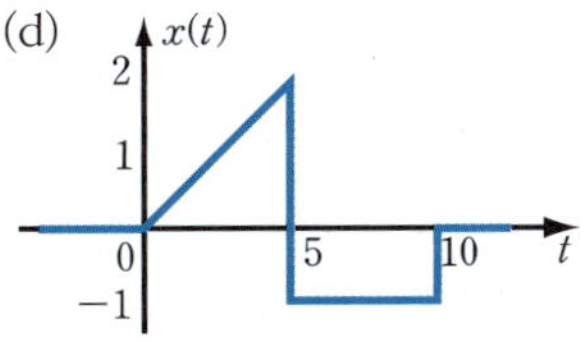

10.14 다음 신호의 라플라스 변환을 구하라.

(a) $x(t) = (t+1)u(t+1)$ (b) $x(t) = (t-1)u(t)$

(c) $x(t) = tu(t-1)$ (d) $x(t) = (t-1)u(t-1)$

(e) $x(t) = 3(t-3)u(t-2)$ (f) $x(t) = 3t[u(t-1) - u(t-3)]$

(g) $x(t) = te^{-t}u(t-\tau)$ (h) $x(t) = \sin(\omega_0(t-\tau))u(t)$

10.15 다음에 주어진 신호 $x(t)$와 $h(t)$의 컨벌루션 $y(t) = x(t) * h(t)$를 라플라스 변환을 이용하여 구하라.

(a) $x(t) = u(t), \quad h(t) = u(t)$ (b) $x(t) = \delta(t) + \delta(t-4), \quad h(t) = u(t)$

(c) $x(t) = u(t), \quad h(t) = e^{-t}u(t)$ (d) $x(t) = e^{-t}u(t), \quad h(t) = e^{-2t}u(t)$

10.16 신호 $x(t)$의 라플라스 변환이 다음과 같을 때, 신호의 초깃값과 최종값을 초깃값 정리와 최종값 정리를 사용하여 구하고, $X(s)$를 라플라스 역변환하여 $x(t)$를 구해 얻어진 값이 맞는지 확인하라.

(a) $X(s)=\dfrac{s}{(s+1)(s+2)}$

(b) $X(s)=\dfrac{s+4}{s(s+2)}$

(c) $X(s)=\dfrac{s+2}{s(s+1)^2}$

(d) $X(s)=\dfrac{s^2+2s}{s^2(s^2+2s+2)}$

10.17 다음과 같이 주어지는 $X(s)$의 라플라스 역변환을 구하라.

(a) $X(s)=\dfrac{2s+5}{s^2+5s+6}$

(b) $X(s)=\dfrac{4s+2}{2s^2+12s+16}$

(c) $X(s)=\dfrac{s^2+s}{s^2+3s+2}$

(d) $X(s)=\dfrac{5}{s^2(s+2)}$

(e) $X(s)=\dfrac{s+2}{s(s+1)^2}$

(f) $X(s)=\dfrac{(s+1)^2}{s^2-s-6}$

(g) $X(s)=\dfrac{2s^2+16s+8}{(s+2)(s+1)^3}$

(h) $X(s)=\dfrac{2s+1}{(s+1)(s^2+2s+2)}$

10.18 다음 미분 방정식으로 표현된 시스템에 대해 전달 함수, 임펄스 응답, 계단 응답을 구하라.

(a) $\dfrac{d^2y(t)}{dt^2}+5\dfrac{dy(t)}{dt}+4y(t)=2x(t)$

(b) $\dfrac{d^2y(t)}{dt^2}+5\dfrac{dy(t)}{dt}+4y(t)=2\dfrac{dx(t)}{dt}+6x(t)$

(c) $\dfrac{d^3y(t)}{dt^3}+3\dfrac{d^2y(t)}{dt^2}+4\dfrac{dy(t)}{dt}+2y(t)=2x(t)$

(d) $\dfrac{d^3y(t)}{dt^3}-\dfrac{d^2y(t)}{dt^2}+2y(t)=2\dfrac{dx(t)}{dt}-6x(t)$

10.19 시스템의 입력과 출력이 다음과 같을 때 전달 함수와 임펄스 응답을 구하라.

(a) $x(t)=e^{-2t}u(t),\quad y(t)=e^{-t}u(t)-3e^{-2t}u(t)$

(b) $x(t)=e^{-3t}u(t),\quad y(t)=e^{-t}u(t)-e^{-2t}u(t)+e^{-3t}u(t)$

(c) $x(t)=u(t),\quad y(t)=tu(t)-e^{-3t}u(t)$

(d) $x(t)=u(t),\quad y(t)=t^2u(t)-2e^{-3t}u(t)$

10.20 다음과 같은 전달 함수로 표현되는 시스템에 대해 입력 $x(t)$와 출력 $y(t)$의 관계를 나타내는 미분 방정식을 구하고, 시스템의 제1 표준형 구현도를 구하라. 미분 방정식을 거치지 않고 전달 함수로부터 직접 표준형 구현도를 그릴 수 있는지 설명하라.

(a) $H(s)=\dfrac{s+5}{s^2+3s+8}$

(b) $H(s)=\dfrac{s^2+3s+5}{s^3+2s^2+5s+4}$

(c) $H(s)=\dfrac{5s^2+7s+2}{s^2-2s+5}$

(d) $H(s)=\dfrac{s^2-3s+2}{s^3+6s^2+11s+6}$

【응용 문제】

10.21 인과 주기 신호의 라플라스 변환은 첫 번째 주기의 라플라스 변환을 알면 구해진다.

(a) 신호 $x(t)$의 첫 번째 주기만 떼어낸 신호를 $\hat{x}(t)$라고 하고 이의 라플라스 변환을 $\hat{X}(s)$라고 하면 $X(s)=\dfrac{1}{1-e^{-Ts}}\hat{X}(s)$가 됨을 보여라.

(b) 다음 그림의 인과 주기 신호에 대한 라플라스 변환을 구하라.

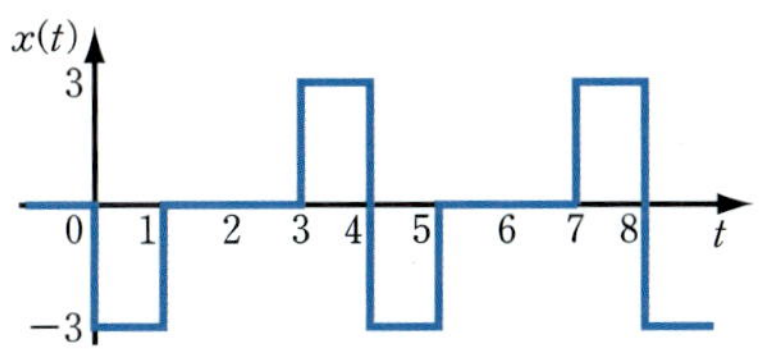

(ㄱ)

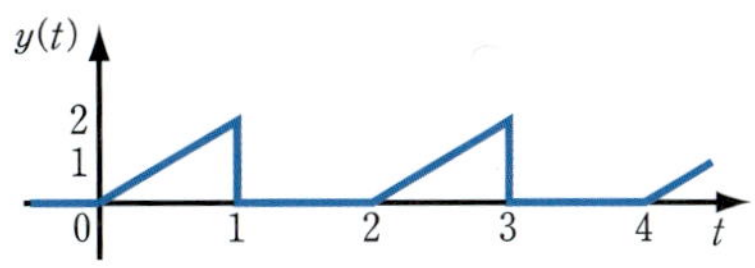

(ㄴ)

10.22 다음은 인과 주기 신호의 라플라스 변환이다. $x(t)=\mathcal{L}^{-1}\{X(s)\}$를 구하여 그려라.

(a) $X(s)=\dfrac{1+sT}{s^2}-\dfrac{sT}{s^2(1-e^{-sT})}$

(b) $X(s)=\dfrac{1}{s(1+e^{-s})}$

10.23 $X(s)=\dfrac{s^3+2s^2+3s+2}{s^4+2s^3+2s^2+2s+2}$일 때 다음 신호의 라플라스 변환을 구하라.

(a) $y(t)=2x(2t)$

(b) $y(t)=tx(t)$

(c) $y(t)=\dfrac{dx(t)}{dt}$

(d) $y(t)=\displaystyle\int_0^t x(\tau)d\tau$

10.24 다음과 같이 주어지는 $X(s)$의 라플라스 역변환을 구하라.

(a) $X(s)=\dfrac{(2s+5)e^{-2s}}{s^2+5s+6}$

(b) $X(s)=\dfrac{2e^{-3s}-e^{-2s}}{(s-2)(s+1)}$

(c) $X(s)=\dfrac{e^{-(s-1)}+3}{s^2-2s+5}$

(d) $X(s)=\dfrac{(s^2+8)e^{-2s}}{s^3+16s}$

10.25 다음 미분 방정식을 라플라스 변환을 이용하여 영입력 응답 + 영상태 응답, 고유 응답 + 강제 응답 형태로 각각 풀어라.

(a) $\ddot{y}(t)+3\dot{y}(t)+2y(t)=\dot{x}(t)$, $\quad y(0^-)=2$, $\quad \dot{y}(0^-)=-3$, $\quad x(t)=u(t)$

(b) $\ddot{y}(t)+4\dot{y}(t)+4y(t)=\dot{x}(t)+x(t)$, $\quad y(0^-)=2$, $\quad \dot{y}(o^-)=1$, $\quad x(t)=e^{-t}u(t)$

(c) $\ddot{y}(t)+6\dot{y}(t)+25y(t)=\dot{x}(t)+2x(t)$, $\quad y(0^-)=\dot{y}(0^-)=1$, $\quad x(t)=25u(t)$

10.26 다음 그림의 LTI 시스템에 대해 전체 시스템의 임펄스 응답을 구하라.

(a) $h_1(t)=te^{-2t}u(t)$, $\quad h_2(t)=2e^{-2t}u(t)$

(b) $h_1(t)=e^{-3t}u(t)$, $\quad h_2(t)=e^{-2t}u(t)$, $\quad h_3(t)=\delta(t-1)$

(c) $h_1(t)=e^{-3t}u(t)$, $\quad h_2(t)=u(t)$, $\quad h_3(t)=e^{-2t}u(t)$, $\quad h_4(t)=\delta(t-1)$

(d) $h_1(t)=e^{-2t}u(t)$, $\quad h_2(t)=e^{-2t}u(t)$, $\quad h_3(t)=e^{-t}u(t)$, $\quad h_4(t)=\delta(t)$, $\quad h_5(t)=e^{-3t}u(t)$

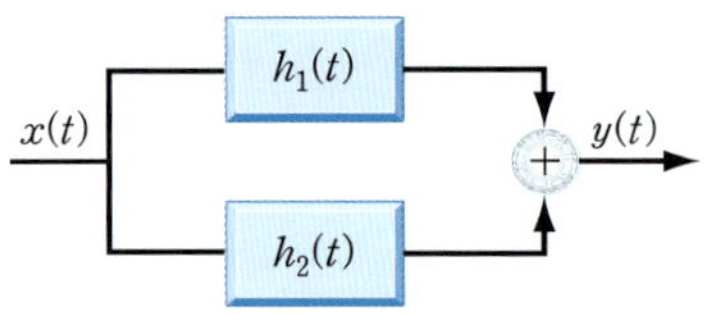

(a)

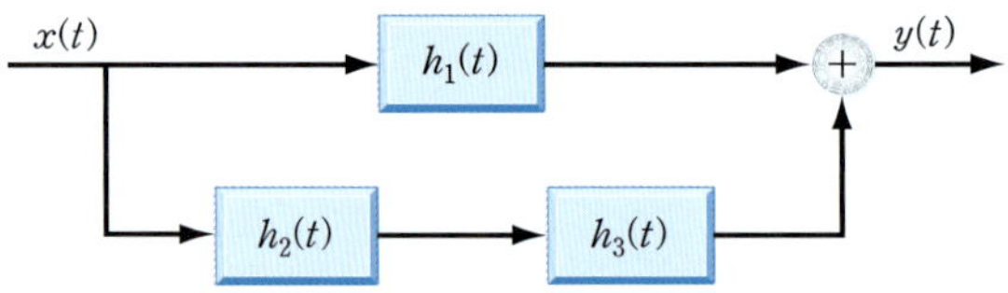

(b)

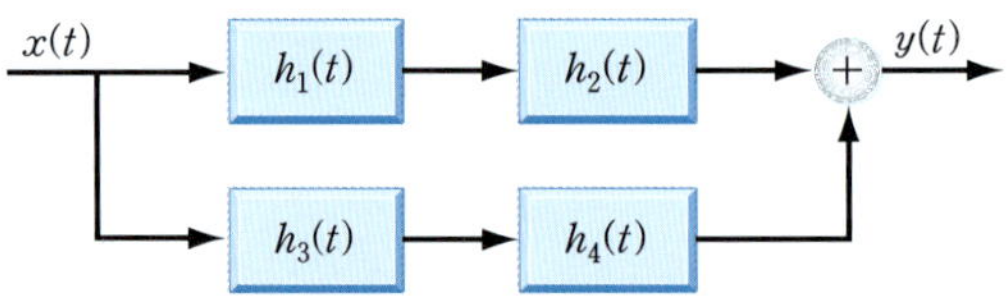

(c)

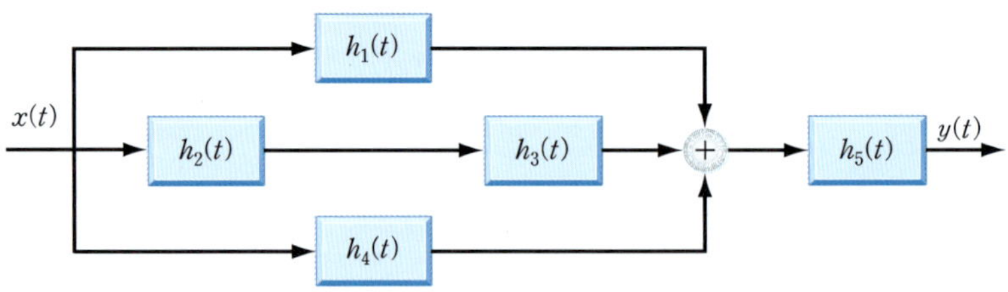

(d)

10.27 시스템의 전달 함수가 다음과 같을 때 시스템의 안정도를 판별하라.

(a) $H(s) = \dfrac{s-2}{s^2-3s+2}$

(b) $H(s) = \dfrac{2}{s^2+4}$

(c) $H(s) = \dfrac{s+3}{s^2-2s+5}$

(d) $H(s) = \dfrac{s-1}{s^2+s-2}$

(e) $H(s) = \dfrac{s}{s^2+4s+4}$

(f) $H(s) = \dfrac{s+2}{s^2+s}$

(g) $H(s) = \dfrac{s^2+2}{s^2(s+1)}$

(h) $H(s) = \dfrac{s-1}{(s^2-1)(s^2-2s+2)}$

10.28 다음 그림과 같은 전기회로에 대해 물음에 답하라.

(a) 입력 $i(t)$와 출력 $v(t)$의 관계를 나타내는 회로 방정식(미분 방정식)을 세워 전달 함수를 구하라.

(b) $i(t)=u(t)$이고 $t<0$에서 모든 초기 조건이 0일 때, 출력 전압 $v(t)$를 구하라.

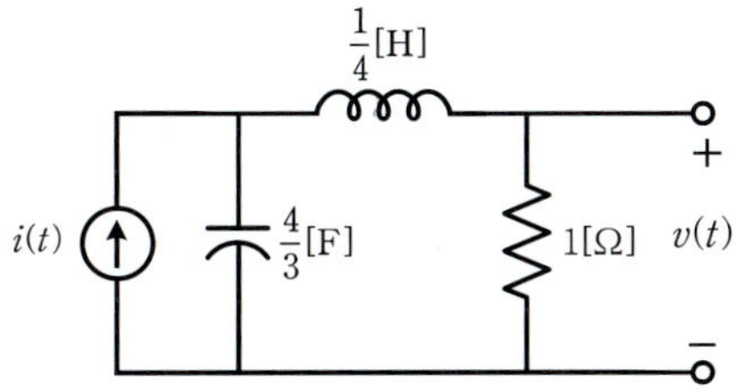

10.29 다음 그림의 전기회로에서 스위치가 오랫동안 닫혀 있다가 $t=0$에서 순간적으로 열린다고 한다. $t \geq 0$에 대한 회로 방정식을 구하고 라플라스 변환을 이용하여 전류 $y(t)$를 구하라.

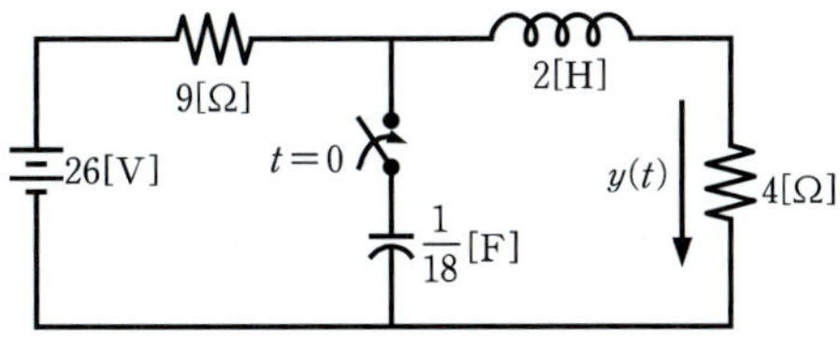

10.30 다음의 각 항에 나타낸 성질을 만족하는 2차 시스템의 전달 함수 $H(s)$를 하나 구하고 극과 영점을 나타내어라.

(a) 시스템이 안정하다.

(b) 시스템이 불안정하다.

(c) 시스템의 고유 응답이 감쇠 정현파를 포함한다.

(d) 시스템의 고유 응답이 감쇠 정현파를 포함하지 않는다.

(e) 시스템의 고유 응답이 비감쇠 정현파를 포함한다.

(f) 시스템의 주파수 응답이 아주 높은 주파수에서는 거의 0으로 접근한다.

(g) 시스템의 주파수 응답이 아주 높은 주파수에서 어떤 상수로 접근한다.

CHAPTER 10_MATLAB 실습

학습포인트

- 매트랩을 이용하여 신호의 라플라스 변환과 역변환을 구해본다.
- 매트랩을 이용하여 라플라스 변환을 이용하여 시스템의 출력을 구해본다.
- 매트랩을 이용하여 전달 함수로부터 극과 영점, 주파수 응답, 임펄스 응답, 계단 응답을 구해본다.

라플라스 변환은 연속 시스템의 해석에 가장 널리 사용된다. 입력에 대한 출력을 구하거나 미분 방정식의 풀이 안정도 해석 등에 쓰인다. 매트랩에서는 s와 t를 기호로 선언하여 라플라스 변환과 역변환을 수행할 수 있다. 그리고 전달 함수의 극과 영점을 구할 수 있으며, 전달 함수로부터 주파수 응답, 임펄스 응답, 계단 응답을 간편하게 구할 수 있다. 이 절에서는 이들 문제에 대해 간단히 실습해보기로 한다. 이 과정에서 몇 가지 유용한 명령들을 익히게 될 것이다.

MATLAB 10-1 신호의 라플라스 변환

다음의 신호를 매트랩을 이용하여 라플라스 변환하고, 다시 이를 역변환하여 신호를 구하라.

(a) $v(t)=\delta(t-1)+u(t-3)-u(t-5)$

(b) $x(t)=(t-2)u(t-2)-2(t-3)u(t-3)+(t-4)u(t-4)$

(c) $y(t)=e^{-2t}u(t)-e^{-3(t-4)}u(t-4)$

(d) $z(t)=\cos\left(\frac{\pi}{2}t\right)+2\sin\left(\pi t+\frac{\pi}{3}\right)$

풀이

매트랩에서 제공하는 laplace 명령은 단방향 라플라스 변환만 가능하며 나온 결과는 문자처럼 취급한다. laplace 명령은 계단 함수 명령 stepfun을 변환할 수 없으므로 계단 함수 표현에는 heaviside 명령으로 대체해야 한다. 따라서 다소 불편하더라도 시간 이동을 나타내기 위한 계단 함수에 대해서는 시간 이동 이전의 신호에 대해 laplace 명령을 적용하고 이에 $e^{-t_0 s}$를 곱한 형태로 나타내도록 하는 것이 좋다. 역변환은 ilaplace 명령을 사용하면 된다. 그런데 laplace 명령을 사용하기 전에 먼저 s와 t를 syms 명령을 사용하여 기호로 선언해주어야 한다.

주어진 신호를 라플라스 변환하고, 그 결과를 다시 역변환하는 매트랩 프로그램은 다음과 같다.

SS_10_1.m

```
syms s t                                          % 변수를 기호로 지정
v=dirac(t-1)+heaviside(t-3)-heaviside(t-5);       % v(t) 생성
x=(t-2)*heaviside(t-2)-2*(t-4)*heaviside(t-4);    % x(t) 생성
y=exp(-2*t) + exp(-3*(t-4))*heaviside(t-4);       % y(t) 생성
z=cos(pi*t/2)+2*sin(pi*t+pi/3);                   % z(t) 생성
V=laplace(v)                                      % v(t)의 라플라스 변환 수행
X=laplace(x)                                      % x(t)의 라플라스 변환 수행
Y=laplace(y)                                      % y(t)의 라플라스 변환 수행
Z=laplace(z)                                      % z(t)의 라플라스 변환 수행
```

```
v=ilaplace(V)                              % V(s)의 역 라플라스 변환 수행
x=ilaplace(X)                              % X(s)의 역 라플라스 변환 수행
y=ilaplace(Y)                              % Y(s)의 역 라플라스 변환 수행
z=ilaplace(Z)                              % Z(s)의 역 라플라스 변환 수행
```

이 프로그램을 실행시키면 다음과 같은 변환 결과가 주어진다.

```
V = exp(-s) + exp(-3*s)/s - exp(-5*s)/s
X = exp(-2*s)/s^2 - (2*exp(-3*s))/s^2 + exp(-4*s)/s^2
Y = 1/(s + 2) + exp(-4*s)/(s + 3)
Z = s/(s^2 + pi^2/4) + (2*(pi/2 + (3^(1/2)*s)/2))/(s^2 + pi^2)

v = dirac(t - 1) + heaviside(t - 3) - heaviside(t - 5)
x = heaviside(t - 2)*(t - 2) - 2*heaviside(t - 3)*(t - 3) + heaviside(t - 4)*(t - 4)
y = exp(-2*t) + heaviside(t - 4)*exp(12 - 3*t)
z = cos((pi*t)/2) + sin(pi*t) + 3^(1/2)*cos(pi*t)
```

MATLAB 10-2 라플라스 변환을 이용한 시스템 출력

[MATLAB 9-1]의 RC 회로에서 $R=1[\Omega]$, $C=1[\mathrm{F}]$과 $R=1[\Omega]$, $C=0.1[\mathrm{F}]$의 두 경우에 대해 입력 신호 $x(t)=3u(t-1)-3u(t-4)$에 대한 회로 출력 $y(t)$를 라플라스 변환과 컨벌루션을 이용하여 각각 구하고 그려라.

풀이

RC 회로의 주파수 응답은 식 (9.7)로 주어져 있으므로 이 식에 $j\omega=s$로 대체하면 다음과 같이 회로의 전달 함수가 구해진다.

$$H(s)=\frac{1/C}{s+1/RC}$$

따라서 우선 입력 신호를 라플라스 변환하여 이를 회로 전달 함수와 곱한 뒤에 라플라스 역변환하여 출력 신호를 구하는 매트랩 프로그램을 작성하면 다음과 같다.

SS_10_2a.m

```
R=1; C=1;                                  % 회로 정수 값 설정
syms s t                                   % 변수를 기호로 지정
x=3*heaviside(t-1)-3*heaviside(t-4);       % x(t) 생성
X=laplace(x);                              % x(t)의 라플라스 변환 X(s) 구함
H=1/(R*C*(s+1/(R*C)));                     % RC 회로 전달 함수 구함
Y=X*H;                                     % 출력의 라플라스 변환 Y(s) 계산
y=ilaplace(Y)                              % Y(s)의 라플라스 역변환 수행
```

이 프로그램의 실행 결과는 다음과 같이 주어진다.

```
y = 3*heaviside(t - 4)*(exp(4 - t) - 1) - 3*heaviside(t - 1)*(exp(1 - t) - 1)
```

이 결과를 이용하여 출력 $y(t)$를 계산하고 그리는 작업과 컨벌루션을 이용해 $y(t)$를 계산하고 그리는 작업을 함께 수행하는 프로그램은 다음과 같다.

SS_10_2b.m

```
dt=0.01; t=0:dt:10;                                              % 시간축 설정
y1=3*(exp(4-t)-1).*stepfun(t,4)-3*(exp(1-t)-1).*stepfun(t,1);    % 라플라스 변환에 의한 출력 생성

x=3*stepfun(t,1)-3*stepfun(t,4);                                 % 입력 신호 생성
h=exp(-*t).*stepfun(t,0);                                        % 임펄스 응답 생성
y2=conv(x,h)*dt;                                                 % 컨벌루션에 의한 출력 계산

subplot(2,1,1);                                                  % 2행 1열 분할 그림 창의 1번 창
plot(t,y1);                                                      % 라플라스 변환에 의한 출력 그림
axis([0 10 0 4]); xlabel('t');                                   % 그림 영역 설정 및 x축 라벨 지정
title('라플라스 변환에 의한 출력');                              % 그림 제목
subplot(2,1,2);                                                  % 2행 1열 분할 그림 창의 2번 창
plot(t,y2(1:length(t)));                                         % 컨벌루션 계산에 의한 출력 그림
axis([0 10 0 4]); xlabel('t');                                   % 그림 영역 설정 및 x축 라벨 지정
title('컨벌루션 계산에 의한 출력');                              % 그림 제목
```

이 프로그램의 실행 결과를 [그림 10-20]에 나타내었다. [MATLAB 9-1]에서 살펴본 결과와 차이가 없음을 확인할 수 있다.

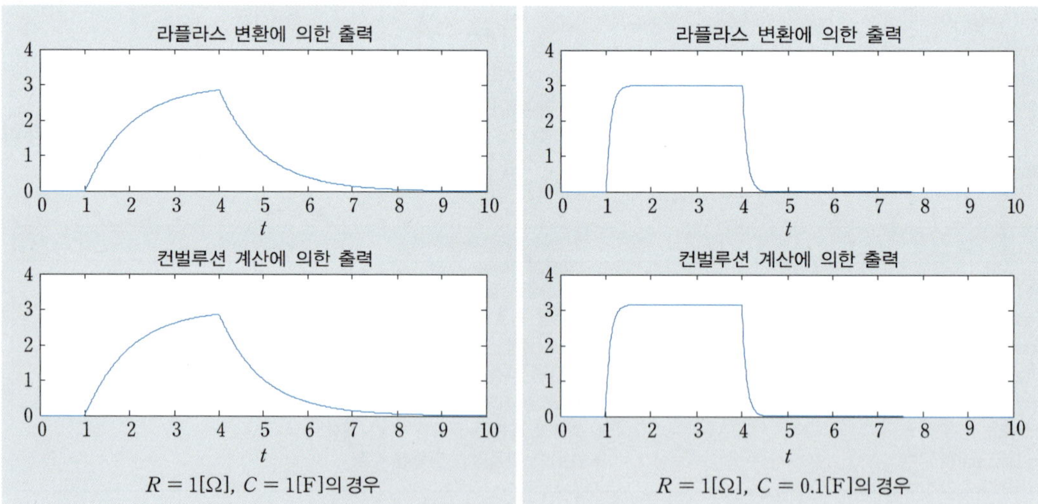

[그림 10-20] RC 회로의 입력 및 출력 파형

MATLAB 10-3 라플라스 변환을 이용한 이산 LTI 시스템의 해석

다음에 주어진 전달 함수로 표현되는 시스템이 있다. 이 시스템의 극과 영점을 구하여 그려라. 또한 주파수 응답과 임펄스 응답, 그리고 계단 응답을 구하여 그려라.

$$H(s) = \frac{15(s+2)}{s^3+5s^2+16s+30}$$

풀이

모두 매트랩의 명령어를 사용하면 매우 간편하게 문제를 풀 수 있다. 극과 영점을 구하고 그리는 것은 pzmap, 주파수 응답은 freqs, 임펄스 응답은 impulse, 계단 응답은 step 명령을 써서 간단히 해결할 수 있다. 매트랩을 신호와 시스템을 다루는 공학 분야에서 널리 사용하는 이유는 바로 이러한 편리한 명령어 또는 m-파일들이 풍부해서 프로그램이 매우 간편하기 때문이다. 극과 영점의 경우는 roots 명령어를 써서 분자와 분모의 근을 구하여 그리도록 할 수도 있다. 이에 대한 프로그램은 다음과 같다.

SS_10_3.m

```
num=[15 30];                   % 전달 함수 분자의 계수
den=[1 5 16 30];               % 전달 함수 분모의 계수
w=logspace(-1,2);              % 주파수축 설정(로그 척도)

figure(1)                      % 그림 창 1 열기
pzmap(num,den);                % 극과 영점을 그림
title('시스템의 극과 영점');     % 그림 제목
figure(2)                      % 그림 창 2 열기
freqs(num,den,w);              % 주파수 응답을 그림
title('주파수 응답');           % 그림 제목
figure(3)                      % 그림 창 3 열기
subplot(2,1,1);                % 2행 1열 분할 그림 창의 1번 창
impulse(num,den);              % 임펄스 응답을 그림
title('임펄스 응답');           % 그림 제목
xlabel('t'); grid on;          % x축 라벨 및 그리드 표시
subplot(2,1,2);                % 2행 1열 분할 그림 창의 2번 창
step(num,den);                 % 계단 응답을 그림
title('계단 응답');             % 그림 제목
xlabel('t'); grid on;          % x축 라벨 및 그리드 표시
```

프로그램의 실행 결과를 [그림 10-21], [그림 10-22]에 나타내었다. [그림 10-21]은 극, 영점을 그린 것이고, [그림 10-22(a)]는 시스템의 주파수 응답을, [그림 10-22(b)]는 임펄스 응답과 계단 응답을 그린 것이다.

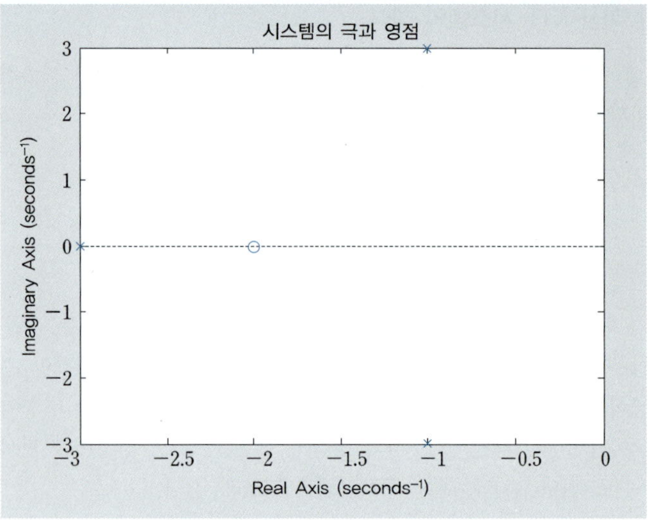

[그림 10-21] 시스템의 극과 영점

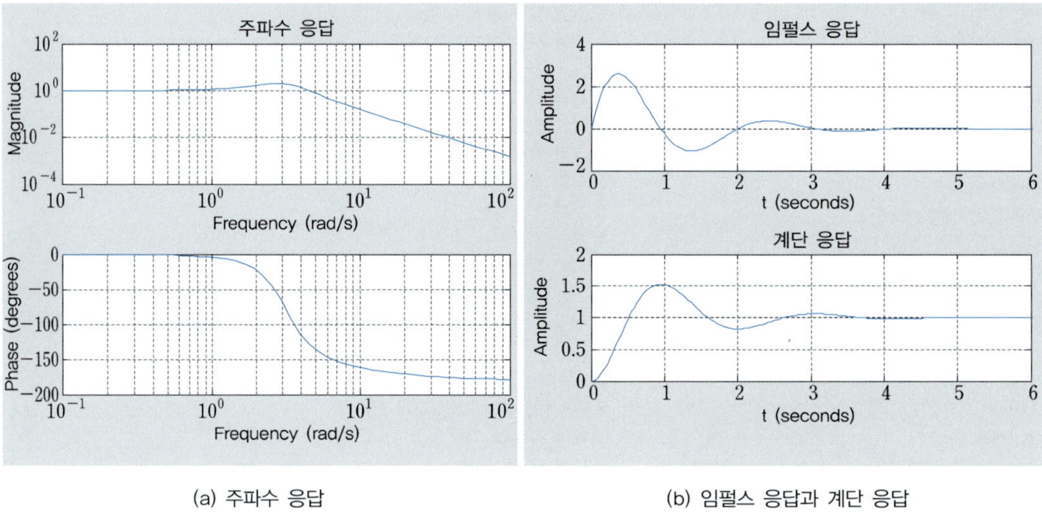

(a) 주파수 응답　　(b) 임펄스 응답과 계단 응답

[그림 10-22] 시스템의 주파수 응답, 임펄스 응답, 계단 응답

CHAPTER

11

이산 시간 푸리에 급수

Discrete Time Fourier Series

학습목표

- 이산 정현파 신호의 주기성으로 인한 특성을 이해할 수 있다.
- 이산 시간 푸리에 급수(DTFS)의 개념과 특징을 이해할 수 있다.
- 이산 주기 신호의 스펙트럼의 특성을 이해할 수 있다.
- 연속 시간 푸리에 급수와 이산 시간 푸리에 급수의 관계를 이해할 수 있다.
- DTFS가 갖는 여러 유용한 성질들을 이해하고 잘 활용할 수 있다.

【미리보기】

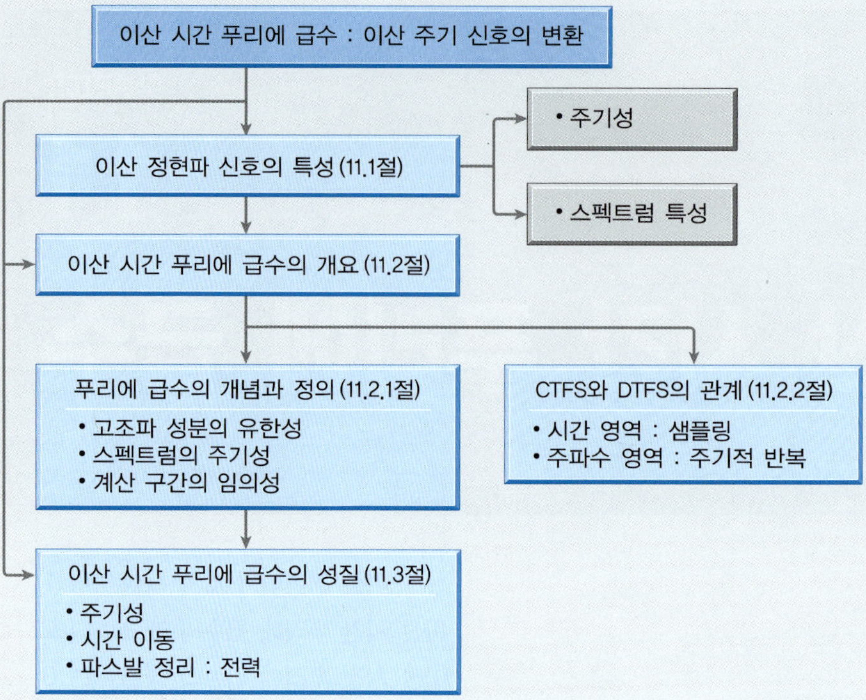

7장과 8장에서 배운 연속 신호의 푸리에 급수 / 변환은 주파수 영역에서 신호와 시스템을 편리하게 분석하고 처리할 수 있게 해준다. 그런데 최근에는 컴퓨터를 이용해 신호와 시스템을 해석하고 처리하는 것이 추세이므로, 이에 적합한 형태인 이산 신호의 푸리에 해석 기법에 대한 이해와 활용이 꼭 필요하다. 이산 시간 푸리에 해석은 근본적으로 연속 시간 푸리에 해석의 연장선 위에 있기에 서로 비슷하지만, 이산 정현파 신호의 속성이 연속 신호와는 달라서 몇 가지 중요한 차이도 드러난다. 이 장에서는 먼저 이산 주기 신호가 대상인 이산 시간 푸리에 급수(DTFS)의 정의에 대해 알아보고, 연속 시간 푸리에 급수와의 유사점과 차이점, 그리고 그 이유를 정확히 이해하는 데 초점을 맞추어 설명할 것이다.

SECTION 11.1

이산 정현파 신호의 특성

학습포인트

- 이산 정현파 신호의 주기성 및 이와 관련한 주요 성질을 파악한다.
- 이산 신호의 주파수 스펙트럼의 특징과 표현 방법에 대해 알아본다.

주기 신호에 대한 주파수 영역 변환이라는 점에서 연속 시간 푸리에 급수((CT)FS)와 이산 시간 푸리에 급수(DTFS)는 비슷하지만, 3장에서 살펴보았던 이산 정현파의 특성으로 인해 뚜렷이 구분되는 차이점도 있다. 이산 신호의 스펙트럼은 주기 함수이며, 이산 시간 푸리에 급수는 유한한 개수의 주파수 성분만으로 구성된다. 그러므로 이 절에서는 이산 시간 푸리에 급수를 설명하기에 앞서 이산 정현파의 특성을 되짚어보기로 한다.

이산 정현파 신호의 주기성

이산 신호의 경우도 연속 신호 때와 마찬가지로, 주파수 영역으로 표현을 변환해주는 기저 신호로 (복소) 정현파를 사용한다. 그런데 3.2.4절에서 살펴본 것처럼 이산 정현파 신호는 연속 정현파와 비교해 다음의 차이점을 가진다.

- 이산 (복소) 정현파는 디지털 주파수가 유리수일 경우만 주기 신호가 된다.

$$\frac{\Omega_0}{2\pi} = F_0 = \frac{k}{N} \quad (k,\ N\text{은 정수}) \tag{11.1}$$

- 주파수가 2π의 정수배만큼 차이 나는 이산 정현파들은 구분할 수 없는 같은 신호이다.

$$e^{j(\Omega_0 + 2\pi k)n} = e^{j\Omega_0 n} e^{j2\pi kn} = e^{j\Omega_0 n} \tag{11.2a}$$

$$\cos((\Omega_0 + 2\pi k)n) = \cos(\Omega_0 n + 2\pi kn) = \cos(\Omega_0 n) \tag{11.2b}$$

- 이산 정현파 신호는 주파수 $0 \le \Omega \le 2\pi (0 \le F \le 1)$ 범위 내에서만 구분할 수 있고, 가질 수 있는 최대 주파수가 $\Omega_{\max} = 2\pi (F_{\max} = 1)$를 넘지 않는다.
- 이산 주기 정현파 신호의 최대 주파수는 $\Omega_{\max} = \pi (F_{\max} = 0.5)$이다([예제 3-9] 참조).

이런 차이는 이산 신호의 시간 변수 n이 정수이기 때문에 생긴다. 연속 (복소) 정현파의 경우에는 시간 변수 t가 연속적인 값을 가지므로, t값이 정수인 순간들을 제외하면 $e^{j\omega_0 t}$과 $e^{j(\omega_0 + 2\pi k)t}$이 같지 않다. 그러나 이산 (복소) 정현파는 n이 항상 정수이므로, 정현파의 $2\pi-$ 주기성에 의해 어떠한 순간에도 $e^{j\Omega_0 n}$과 $e^{j(\Omega_0 + 2\pi k)n}$이 완벽하게 일치한다.

이산 정현파 신호의 스펙트럼

- 이산 신호의 스펙트럼은 2π 주기로 같은 값이 반복되는 주기 함수이다. 따라서 한 주기 구간인 2π의 주파수 범위에 대해서만 나타내도 충분하다.
- 이산 실수 신호의 스펙트럼은 $0 \le \Omega \le \pi(0 \le F \le 0.5)$에서만 나타내도 충분하다.

(연속 신호의 푸리에 해석에서 보았듯이) 신호의 스펙트럼은 정현파를 기저 신호로 이용하여 주파수 성분을 나타내므로, 식 (11.2)의 관계로 인해 이산 신호의 스펙트럼은 2π 간격으로 같은 값이 반복된다. 그 결과 한 주기 구간인 2π의 주파수 범위 내에서만 서로 다른 주파수 성분으로 구분할 수 있을 뿐이다.

이를 다른 관점에서 설명할 수도 있다. 이산 신호는 식 (9.13)과 같이 연속 신호를 샘플링한 것으로 취급할 수 있는데, 샘플링된 이산 신호의 스펙트럼은 식 (9.18)에서 보듯이 연속 신호의 스펙트럼을 샘플링 주파수 ω_s(또는 f_s)를 주기로 반복한 형태가 된다. 원래 이산 신호라면 샘플링 주기 $T_s = 1$인 경우로 볼 수 있으므로, 스펙트럼은 주기가 $\omega_s = \dfrac{2\pi}{T_s} = 2\pi$인 주기 함수가 된다. 따라서 전 주파수 구간이 아니라 한 주기 구간에서만 나타내도 충분한데, $-\pi \le \Omega \le \pi(-0.5 \le F \le 0.5)$ 구간이 선호된다. 구간을 이렇게 잡으면 실수 신호의 스펙트럼의 대칭성을 적용하여 $0 \le \Omega \le \pi(0 \le F \le 0.5)$에 대해서만 스펙트럼을 나타내면 되기 때문이다. 우리가 다루는 대부분의 신호가 실수 신호이므로 실제로는 이 반주기 구간이 주로 사용된다.

예제 11-1 이산 정현파 신호의 2π-주기성과 스펙트럼

주파수가 2π 차이나는 이산 정현파 $x[n]=\cos(\Omega_0 n)$과 $y[n]=\cos((\Omega_0+2\pi)n)$의 스펙트럼을 그려 어떤 관계인지 설명하라.

풀이

$x[n]$의 스펙트럼은 [그림 11-1(a)]와 같이 검은 실선으로 표시된 선 스펙트럼 쌍이 2π 간격으로 반복되는 형태이다. 그림에서는 반복되는 선 스펙트럼 쌍을 서로 구분하여 나타내었다. [그림 11-1(b)]는 $y[n]$의 스펙트럼으로, [그림 11-1(a)]와 마찬가지로 대응되는 선 스펙트럼 쌍들은 같은 패턴으로 나타나 있다.

그림에서처럼 짝을 지어 선 스펙트럼을 구분하지 않는다면, 즉 선 스펙트럼의 원래 출처를 따지지 않는다면, 두 신호는 모든 선 스펙트럼이 같은 주파수에서 존재한다. 결과적으로 두 신호의 스펙트럼은 완전히 일치한다. 즉 두 신호는 구분할 수 없는 같은 신호이다.

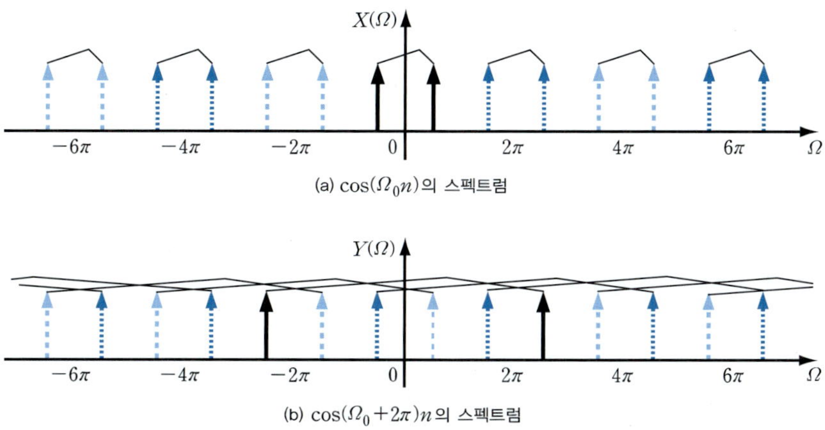

[그림 11-1] 스펙트럼에 의한 이산 정현파의 2π-주기성 확인

Check Point 다음 문제에서 옳은 것을 골라라.

(1) $\cos(0.4\pi n)$과 $\cos(4.4\pi n)$은 서로 다른 신호이다. (○, ×)

(2) 실수 이산 신호의 스펙트럼은 (주기, 비주기) 함수이다.

(3) 이산 신호의 스펙트럼은 2π의 주파수 범위 내에서만 서로 다른 주파수 성분으로 구분할 수 있다. (○, ×)

(4) 이산 신호의 스펙트럼의 반복 주기는 연속 신호의 (기본, 샘플링) 주파수에 해당한다.

(5) 이산 실수 신호의 스펙트럼은 $0 \le \Omega \le \pi$에서만 나타내도 충분하다. (○, ×)

SECTION

11.2 이산 시간 푸리에 급수의 개요

학습포인트

- 연속계와 이산계의 푸리에 해석의 유사성과 차이를 이해한다.
- 이산 주기 신호가 유한개의 주파수 성분만을 가진다는 사실을 이해한다.
- 이산 시간 푸리에 급수(DTFS)의 정의와 계산 방법을 명확히 이해한다.
- 여러 이산 주기 신호의 DTFS 계산을 통하여 DTFS의 특성을 파악한다.
- 연속 시간 푸리에 급수와 이산 시간 푸리에 급수의 관계에 대해 이해한다.
- 이산 주기 신호의 스펙트럼의 특성에 대해 이해한다.

연속 신호에서 사용했던 접근 방식과 마찬가지로, 이산 신호에 대해서도 주기 신호에 대한 주파수 영역 표현인 이산 시간 푸리에 급수(DTFS)을 먼저 살펴본 다음, 그 결과를 비주기 신호로 확장해 살펴보는 것이 편리하다. 이산 시간 푸리에 급수(DTFS)는 연속 시간 푸리에 급수((CT)FS)와는 달리 유한개의 주파수 성분만으로 구성되는 주기 함수로 계산이나 성질 등에서 이에 따른 차이가 있다. 이 절에서는 이산 시간 푸리에 급수(DTFS)의 정의와 계산에 대해 간단히 살펴보기로 한다.

11.2.1 이산 시간 푸리에 급수

푸리에 급수의 기본 개념은 이산 주기 신호라고 해서 다를 게 없다. 연속 주기 신호와 마찬가지로, 주파수 영역으로 신호의 표현을 바꾸기 위한 기저 신호로는 (복소) 정현파 신호가 사용된다. 이때 이산 주기 신호의 주기성을 맞출 수 있게끔 기본 주파수의 정수배인 주파수를 갖는 정현파(기본파 및 고조파) 성분들만 갖게 된다.

이산 주기 신호의 주파수 성분

- 이산 주기 신호의 주파수 성분은 DC와 기본 주파수의 정수배 주파수를 갖는 기본파 및 고조파 성분으로 이루어진다.
- 주기가 N인 이산 주기 신호의 (서로 다른) 주파수 성분은 N개를 넘을 수 없다.
- 이산 주기 신호의 N개의 주파수 성분은 복소평면의 단위원을 실축에서부터 N등분한 각 점에 상응한다.

주기가 N인 이산 N-주기 신호의 기본 주파수는 $\Omega_0 = \dfrac{2\pi}{N}\left(F_0 = \dfrac{1}{N}\right)$이고, k고조파의 주파수는 $k\Omega_0 = \dfrac{2\pi}{N}k$가 된다. 그런데 식 (11.2)의 2π-주기성에 의해 다음과 같이 k고조파와 $k+N$,

$k+2N,\ k+3N,\ \cdots$ 고조파는 구분되지 못하는 같은 신호이므로, 이산 주기 신호가 가질 수 있는 주파수 성분은 $1,\ e^{j\Omega_0},\ e^{j2\Omega_0},\ \cdots,\ e^{j(N-1)\Omega_0}$의 N개밖에 없다.

$$e^{j\frac{2\pi}{N}(k+mN)n} = e^{j\frac{2\pi}{N}kn} e^{j2\pi mn} = e^{j\frac{2\pi}{N}kn} \tag{11.3}$$

하나의 예로, [그림 11-2]는 $N=8$인 이산 신호의 주파수 성분들을 나타낸 것이다. $e^{jk\Omega_0 n}$은 크기가 1이므로 복소평면의 단위원을 실축에서부터 N등분한 점에 위치하며, k가 1씩 커짐에 따라 반시계 방향으로 위상이 $\Omega_0=\dfrac{2\pi}{8}$씩 회전한다. 따라서 k가 8번 증가하면 한 바퀴 돌아서 처음 위치로 되돌아오게 된다. 즉 주기가 $N=8$로 같은 패턴을 반복하기 때문에, 구분 가능한 주파수 성분은 그림에 나타낸 것처럼 오직 $N=8$개뿐이다.

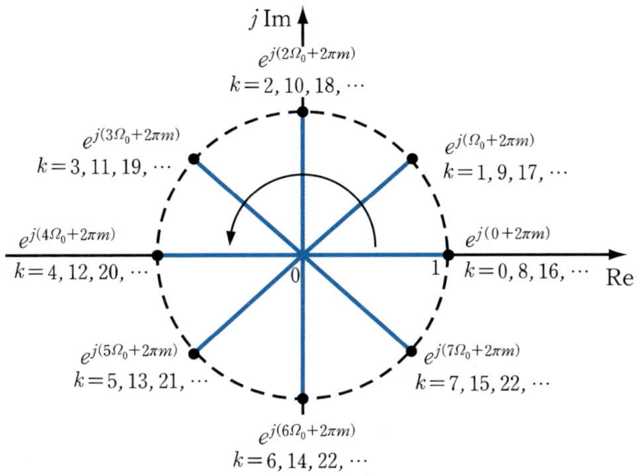

[그림 11-2] 이산 주기 신호의 고조파($N=8$)

이산 시간 푸리에 급수의 정의

이산 N-주기 신호 $x_N[n]$에 대한 **이산 시간 푸리에 급수(DTFS)**Discrete Time Fourier Series는 다음과 같이 N개의 주파수 성분에 대응하는 복소 정현파의 일차 결합으로 표현된다. 이산 신호에 대한 푸리에 표현 앞에는 항상 '이산 시간(DT)'이란 용어를 붙여서 연속 시간의 경우와 구분될 수 있도록 할 것이다.

- **이산 시간 푸리에 급수**(주파수 합성) : $x_N[n] = \sum_{m=0}^{N-1} X_m e^{jm\Omega_0 n}$ (11.4)
- **푸리에 계수**(주파수 분석) : $X_k = \dfrac{1}{N}\sum_{n=0}^{N-1} x_N[n]e^{-jk\Omega_0 n}$ (11.5)

이산 시간 푸리에 급수는 최대 N개의 주파수 성분만 가지며, 스펙트럼이 2π 구간 내에 대역 제한되어 주기적으로 반복된다. 그리고 식 (11.4)에서 보듯이 한 주기에 대한 계산이므로 항상 수렴한다. 이런 특성들은 일반적으로 무한개의 주파수 성분을 갖고, 스펙트럼의 대역폭도 무한대가 되며, 수렴 조건을 충족해야만 급수 전개가 가능한 연속 시간 푸리에 급수와 대비되는 특성이다.

식 (11.5)는 연속 시간의 경우와 마찬가지로 직교성을 이용하여 얻을 수 있다. 식 (11.4)의 양변에 $e^{-jk\Omega_0 n}$을 곱하여 한 주기에 대한 총합을 취하면 다음과 같이 된다.

$$\begin{aligned}\sum_{n=0}^{N-1} x[n]e^{-jk\Omega_0 n} &= \sum_{n=0}^{N-1}\sum_{m=0}^{N-1} X_m e^{j(m-k)\Omega_0 n} \\ &= \sum_{m=0}^{N-1} X_m \left[\sum_{n=0}^{N-1} e^{j(m-k)\Omega_0 n}\right]\end{aligned} \tag{11.6}$$

그런데 $e^{jN\Omega_0 n} = 1$이므로 식 (11.6) 대괄호 안의 총합은 다음과 같이 된다.

$$\sum_{n=0}^{N-1} e^{jl\Omega_0 n} = \begin{cases} \displaystyle\sum_{n=0}^{N-1} 1 = N, & l = 0, \pm N, \pm 2N, \cdots \\ \dfrac{1-e^{jl\Omega_0 N}}{1-e^{jl\Omega_0}} = 0, & l \neq 0, \pm N, \pm 2N, \cdots \end{cases} \tag{11.7}$$

즉 식 (11.6)의 대괄호 안의 총합은 모든 $m \neq k$에 대해 0이고, 오직 $m = k$일 때만 N이 되어 푸리에 계수 X_k는 식 (11.5)와 같이 구해진다.

X_k도 이산 정현파의 2π-주기성 때문에 주기 N인 주기 함수가 되는데, 이는 다음과 같이 간단히 보일 수 있다.

$$\begin{aligned}X_{k+lN} &= \frac{1}{N}\sum_{n=0}^{N-1} x[n]e^{-j(k+lN)\Omega_0 n} = \frac{1}{N}\sum_{n=0}^{N-1} x[n]e^{-jk\Omega_0 n}e^{-jlN\Omega_0 n} \\ &= \frac{1}{N}\sum_{n=0}^{N-1} x[n]e^{-jk\Omega_0 n}e^{-j2\pi l n} = \frac{1}{N}\sum_{n=0}^{N-1} x[n]e^{-jk\Omega_0 n} = X_k\end{aligned} \tag{11.8}$$

연속 주기 신호의 경우와 마찬가지로 푸리에 계수 X_k는 일반적으로 복소수이다. 따라서 극좌표 형식 $X_k = |X_k|e^{j\angle X_k}$으로 나타낼 수 있고, 여기서 $|X_k|$는 진폭 스펙트럼, $\angle X_k$는 위상 스펙트럼이 된다.

예제 11-2 이산 정현파 신호의 푸리에 급수

이산 정현파 $x[n]=\sin(0.2\pi n)$에 대한 이산 시간 푸리에 급수(DTFS)를 구하고 진폭 및 위상 스펙트럼을 그려라.

풀이

$\sin(0.2\pi n)$은 $\Omega_0=0.2\pi$, $F_0=\dfrac{\Omega_0}{2\pi}=\dfrac{1}{10}$이므로 주기 $N=10$인 주기 신호이다. 따라서 식 (11.5)에 의해 푸리에 계수를 구하면 다음과 같다.

$$X_k=\frac{1}{10}\sum_{n=0}^{9}\sin(0.2\pi n)\,e^{-j0.2\pi kn}=\frac{1}{j20}\sum_{n=0}^{9}\left(e^{j0.2\pi n}-e^{-j0.2\pi n}\right)e^{-j0.2\pi kn}$$
$$=\frac{1}{j20}\left(\sum_{n=0}^{9}e^{j0.2\pi n(1-k)}-\sum_{n=0}^{9}e^{-j0.2\pi n(1+k)}\right)$$

앞 식의 마지막 등식의 첫 번째 총합은, 식 (11.7)의 직교성에 의해 $k=1$의 경우를 제외한 모든 k에 대해 0이고, $k=1$일 때 합은 $N=10$이 된다. 두 번째 총합도 같은 방법으로 계산하면 다음과 같이 X_1과 X_9만 값을 가지며, 나머지 모든 다른 계수는 0이 된다.

$$X_1=\frac{1}{j2}=\frac{1}{2}e^{-j\frac{\pi}{2}},\quad X_9=-\frac{1}{j2}=\frac{1}{2}e^{j\frac{\pi}{2}}$$

따라서 $x[n]$에 대한 이산 시간 푸리에 급수는 다음과 같이 된다.

$$x[n]=\sum_{k=0}^{9}X_k e^{j0.2\pi kn}=\frac{1}{j2}\left(e^{j0.2\pi n}-e^{j1.8\pi n}\right)=\frac{1}{j2}\left(e^{j0.2\pi n}-e^{-j0.2\pi n}\right)$$

이 결과는 오일러 공식을 이용하여 복소 정현파로 삼각 함수를 나타낸 것과 같다. 그러므로 정현파들의 경우에는 정의식에 의한 계산보다 오일러 공식을 쓰는 것이 간편하다.

얻어진 푸리에 계수로부터 진폭 스펙트럼과 위상 스펙트럼을 구하면 다음과 같으며, 이는 [그림 11-3]에 나타내었다.

$$|X_1|=|X_9|(=|X_{-1}|)=\frac{1}{2}$$
$$\angle X_1=-\frac{\pi}{2},\quad \angle X_9=\angle X_{-1}=\frac{\pi}{2}$$

[그림 11-3]에서 주파수축을 진폭 스펙트럼은 기본 주파수 Ω_0의 배수인 k로, 위상 스펙트럼은 각주파수 Ω로 나타내었는데, 주파수축은 k, Ω, F 중 어느 것을 채택해도 무방하다. 주파수축에서 고조파 $0\le k<10$에 대응하는 주파수 구간은 $0\le\Omega<2\pi(0\le F<1)$이며, $2\pi(1)$ 주기로 스펙트럼이 반복됨을 볼 수 있다.

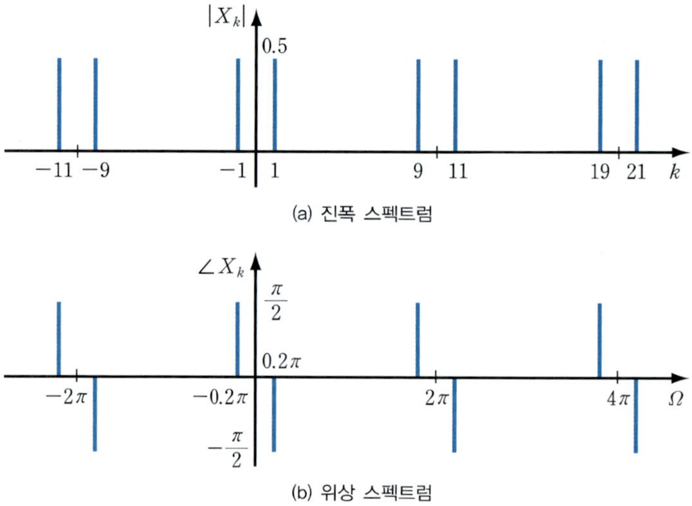

[그림 11-3] 이산 정현파 $\sin(0.2\pi n)$의 스펙트럼

예제 11-3 정현파로 구성된 이산 주기 신호의 푸리에 계수 계산

이산 주기 신호 $x[n]=1+\sin\left(\frac{\pi}{4}n\right)+2\cos\left(\frac{\pi}{2}n\right)$에 대해 푸리에 급수를 구하라.

풀이

$x[n]$이 정현파들로만 구성되어 있으므로, 식 (11.5)의 정의식을 이용하여 직접 계산하기보다는 오일러 공식을 이용하여 직관적으로 푸리에 계수를 결정하는 것이 더 수월하다. 사인 항의 주기는 $N_1=8$이고 코사인 항의 주기는 $N_2=4$이므로, 두 항의 공통 주기인 $N=8$이 신호 $x[n]$의 주기가 되고 기본 주파수는 $\Omega_0=\frac{\pi}{4}$이다. 따라서 오일러 공식을 이용하여 정현파들을 복소 정현파로 바꾸어 나타내면 다음과 같다.

$$x[n]=e^{j0\frac{\pi}{4}n}+\frac{1}{j2}\left(e^{j\frac{\pi}{4}n}-e^{-j\frac{\pi}{4}n}\right)+\left(e^{j2\frac{\pi}{4}n}+e^{-j2\frac{\pi}{4}n}\right)$$

$$=e^{j0\frac{\pi}{4}n}-j\frac{1}{2}\left(e^{j\frac{\pi}{4}n}-e^{j(-\frac{\pi}{4}+2\pi)n}\right)+\left(e^{j2\frac{\pi}{4}n}+e^{j\left(-\frac{2\pi}{4}+2\pi\right)n}\right)$$

$$=e^{j0\frac{\pi}{4}n}-j\frac{1}{2}e^{j\frac{\pi}{4}n}+e^{j2\frac{\pi}{4}n}+e^{j6\frac{\pi}{4}n}+j\frac{1}{2}e^{j7\frac{\pi}{4}n}$$

이때 첫 번째 등식($<N>=[-4,3]$) 또는 마지막 등식($<N>=[0,7]$)과 식 (11.4)를 비교하여 다음과 같은 푸리에 계수를 얻을 수 있으며, 이를 통해 $X_{N-k}=X_{-k}=X_k^*$가 성립함을 볼 수 있다.

$$\begin{cases} X_{-4}=0 \\ X_{-3}=0 \\ X_{-2}=1 \\ X_{-1}=j\dfrac{1}{2} \\ X_0=1 \\ X_1=-j\dfrac{1}{2} \\ X_2=1 \\ X_3=0 \end{cases} \qquad \text{또는} \qquad \begin{cases} X_0=1 \\ X_1=-j\dfrac{1}{2} \\ X_2=1 \\ X_3=0 \\ X_4=0 \\ X_5=0 \\ X_6=1 \\ X_7=j\dfrac{1}{2} \end{cases}$$

푸리에 계수로부터 구한 진폭 스펙트럼과 위상 스펙트럼을 [그림 11-4]에 나타내었다. 그림에서 보면 스펙트럼도 주기 $N=8$로 반복되고 있으며, 진폭 스펙트럼은 우대칭, 위상 스펙트럼은 기대칭을 만족하고 있다. 따라서 8장에서 살펴본 연속 실수 신호의 푸리에 스펙트럼에 대한 대칭성이 이산 실수 신호의 경우에도 성립함을 알 수 있다. 그런데 스펙트럼이 주기적으로 반복되면서 대칭성을 만족하려면 한 주기 내에서도 반주기에 해당하는 점(그림에서 $k=\pm 4$ 또는 $\Omega=\pm\pi$의 경우)을 대칭축으로 하여 대칭성이 그대로 성립해야 한다. 이 사실은 그림에서 바로 확인할 수 있다. 따라서 실수 신호는 스펙트럼이 반주기 구간 $0 \le \Omega \le \pi$에서만 주어지면 전체 주파수에 대한 스펙트럼을 구성할 수 있다.

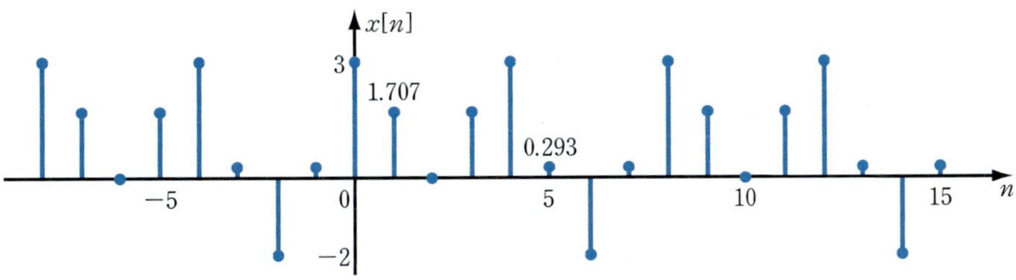

(a) $x[n]$ $(N=8)$

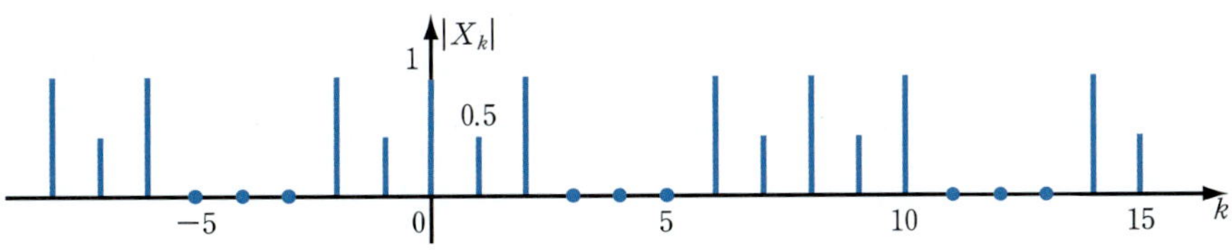

(b)

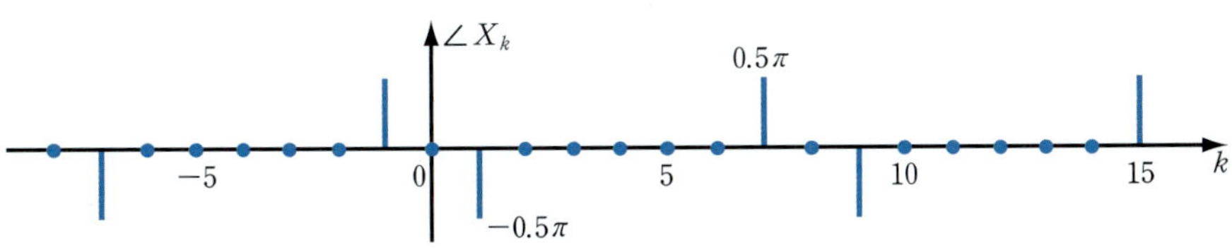

(c)

[그림 11-4] [예제 11-3]의 이산 주기 신호와 스펙트럼

거꾸로, 스펙트럼이 주어지면 이로부터 주기 신호를 합성할 수 있다.

예제 11-4 스펙트럼에 의한 이산 주기 신호의 합성

[예제 11-3]에서 구한 [그림 11-4]의 스펙트럼으로부터 대응되는 이산 신호를 구하라.

풀이

우선 [그림 11-4]의 스펙트럼이 주기가 8인 선 스펙트럼이므로, 대응되는 신호는 주기 $N=8$인 주기 신호이며 $\Omega_0=\frac{\pi}{4}$임을 알 수 있다.

[방법 1]

식 (11.4)의 DTFS 합성식에서 총합 구간을 $\langle N\rangle=[-3, 4]$로 해서 이산 신호를 구하면 다음과 같이 된다.

$$
\begin{aligned}
x[n] &= \sum_{k=-3}^{4} X_k e^{jk\frac{\pi}{4}n} \\
&= e^{-j\frac{2\pi}{4}n} + \frac{1}{2}e^{j\frac{\pi}{2}}e^{-j\frac{\pi}{4}n} + 1 + \frac{1}{2}e^{-j\frac{\pi}{2}}e^{j\frac{\pi}{4}n} + e^{j\frac{2\pi}{4}n} \\
&= 1 + \frac{1}{2}\left(e^{j\left(\frac{\pi}{4}n-\frac{\pi}{2}\right)} + e^{-j\left(\frac{\pi}{4}n-\frac{\pi}{2}\right)}\right) + \left(e^{j\left(\frac{2\pi}{4}n\right)} + e^{-j\left(\frac{2\pi}{4}n\right)}\right) \\
&= 1 + \cos\left(\frac{\pi}{4}n - \frac{\pi}{2}\right) + 2\cos\left(\frac{2\pi}{4}n\right) = 1 + \sin\left(\frac{\pi}{4}n\right) + 2\cos\left(\frac{\pi}{2}n\right)
\end{aligned}
$$

[방법 2]

스펙트럼에서 직류 항은 그대로 두고 양의 주파수의 스펙트럼을 크기가 2배인 정현파로 바꾸면 식 (11.4)의 계산을 직접 하지 않고서도 간편하게 합성 신호를 얻을 수 있다. 그림에서 보면, 양의 반주기 구간 $0 \le k \le 4(0 \le \Omega \le \pi)$에 대해 $k=0(\Omega=0)$에서 $|X_0|=1$ $\angle X_0=0$, $k=1(\Omega=\Omega_0)$에서 $|X_1|=\frac{1}{2}$ $\angle X_1=-\frac{\pi}{2}$, $k=2(\Omega=2\Omega_0)$에서 $|X_2|=1$ $\angle X_2=0$, $k=3(\Omega=3\Omega_0)$에서 $X_3=0$, $k=4$ $(\Omega=4\Omega_0)$에서 $X_4=0$이므로 $x[n]$은 다음과 같이 된다.

$$
\begin{aligned}
x[n] &= |X_0|e^{j\angle X_0} + 2|X_1|\cos(\Omega_0 n + \angle X_1) + 2|X_2|\cos(2\Omega_0 n + \angle X_2) \\
&= 1 + \cos\left(\frac{\pi}{4}n - \frac{\pi}{2}\right) + 2\cos\left(\frac{2\pi}{4}n\right) \\
&= 1 + \sin\left(\frac{\pi}{4}n\right) + 2\cos\left(\frac{\pi}{2}n\right)
\end{aligned}
$$

두 방법 모두 얻어진 결과는 [예제 11-3]의 신호 $x[n]$과 일치한다. 두 방법을 비교해보면, [방법 2]가 더 간편하다는 것을 알 수 있다.

예제 11-5 이산 임펄스 열의 푸리에 급수

주기 N인 이산 임펄스 열 $x[n]=\sum_{m=-\infty}^{\infty}\delta[n-mN]$의 이산 시간 푸리에 급수(DTFS)를 구하고 스펙트럼을 그려라.

풀이

주기 N이므로 기본 주파수는 $\Omega_0=\frac{2\pi}{N}$이다. 식 (11.5)의 정의식을 이용하여 푸리에 계수를 구하면 다음과 같이 모든 주파수 성분의 크기가 $\frac{1}{N}$로 동일하게 구해진다.

$$X_k=\frac{1}{N}\sum_{n=0}^{N-1}x[n]e^{-jk\Omega_0 n}=\frac{1}{N}\left(\delta[n]e^{-jk\Omega_0 0}+\sum_{n=1}^{N-1}0e^{-jk\Omega_0 n}\right)=\frac{1}{N}$$

임펄스 열 신호와 그 스펙트럼을 [그림 11-5]에 나타내었다. 그림에서 보면, 이산 임펄스 열의 스펙트럼 또한 간격이 Ω_0인 이산 임펄스 열이 됨을 알 수 있다.

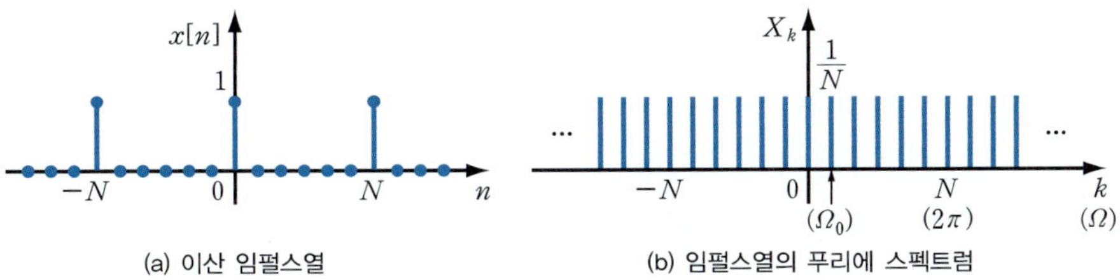

[그림 11-5] 이산 임펄스 열과 스펙트럼

이산 상수 신호 $x[n]=1, -\infty<n<\infty$는 다시 쓰면 $x[n]=\sum_{m=-\infty}^{\infty}\delta[n-m]$으로 주기 $N=1$인 이산 임펄스 열과 같다. 따라서 이산 상수 신호의 스펙트럼 또한 임펄스 열이 되며, 다만 크기가 1이고 간격이 2π라는 점만 이산 임펄스 열의 스펙트럼과 차이가 날 뿐이다. 이산 상수 신호와 그 스펙트럼은 [그림 11-6]에 나타내었다.

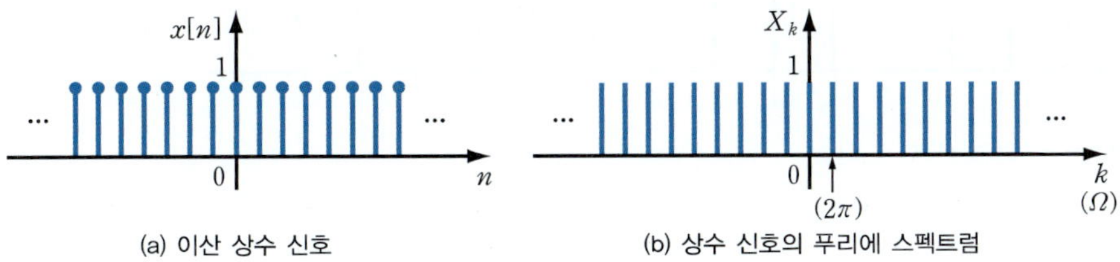

[그림 11-6] 이산 상수 신호와 스펙트럼

이산 시간 푸리에 급수의 효율적 계산

이산 주기 신호의 푸리에 급수 표현에서 식 (11.4)의 $x_N[n]$과 식 (11.5)의 X_k를 계산할 때, 총합 계산 구간을 반드시 0에서부터 $(N-1)$까지로 한정할 필요 없이 임의의 연속된 N개의 샘플을 더해도 결과는 같아진다. 따라서 이산 시간 푸리에 급수 표현은 다음과 같이 다시 나타낼 수 있다.

> • **이산 시간 푸리에 급수**(합성식) : $x[n] = \sum_{k=<N>} X_k e^{jk\Omega_0 n}$ (11.9)
>
> • **푸리에 계수**(분석식) : $X_k = \frac{1}{N} \sum_{n=<N>} x[n] e^{-jk\Omega_0 n}$ (11.10)
>
> • 일반적으로 총합 구간은 신호의 대칭성을 이용해 계산이 간단해지도록 정한다.

여기서 $\sum_{k=<N>}$ 은 구간이 어디든지 연속된 N개의 샘플을 더한다는 뜻이다. 식 (11.4)와 식 (11.5)에서 $x_N[n]$과 X_k는 N-주기 신호이고, 고조파 $e^{jk\Omega_0 n}$의 공통 주기도 N이다. 그런데 주기가 N인 두 신호를 곱한 결과도 주기 N을 만족하는 주기 신호가 되므로, $X_k e^{jk\Omega_0 n}$과 $x_N[n]e^{-jk\Omega_0 n}$도 N-주기 신호이다. 또한 N-주기 신호는 매 N 샘플마다 같은 값이 반복되므로 한 주기에 대한 총합 계산은 임의의 연속된 N개의 샘플을 더하기만 하면 같은 결과를 얻는다. 그러므로 신호와 스펙트럼의 대칭성을 이용하여 계산이 간단해지도록 총합 구간을 정하면 편리하다. 예를 들어, N이 홀수이면 $\langle N\rangle= [-(N-1)/2, (N-1)/2]$로 잡는다.

예제 11-6 이산 주기 신호의 푸리에 급수와 스펙트럼

[그림 11-7]의 이산 주기 신호에 대해 푸리에 급수 표현과 스펙트럼을 구하라.

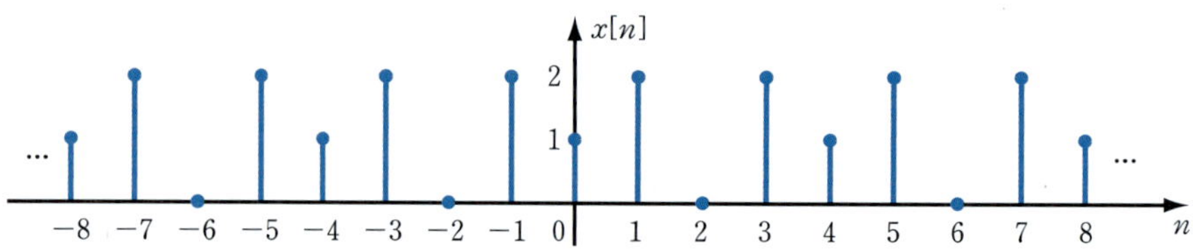

[그림 11-7] [예제 11-6]의 이산 주기 신호

풀이

이 신호의 주기는 $N=4$이며, 기본 주파수는 $\Omega_0 = \frac{\pi}{2}$이다. 신호가 우대칭이므로 식 (11.10)에서 $n=-2$부터 $n=1$까지 총합 구간을 취하는 것이 좋다.

$$X_k = \frac{1}{4}\sum_{n=-2}^{1} x[n] e^{-jk\frac{\pi}{2}n} = \frac{1}{4}\left(2e^{j\frac{k\pi}{2}} + 1 + 2e^{-j\frac{k\pi}{2}}\right) = \frac{1}{4}\left(1 + 4\cos\left(\frac{k\pi}{2}\right)\right)$$

이 결과에 $k=0, 1, 2, 3$을 대입하여 정리하면 다음을 얻는다.

$$X_0 = \frac{1}{4}\left(1+4\cos\left(\frac{0\pi}{2}\right)\right) = \frac{5}{4} \qquad X_2 = \frac{1}{4}\left(1+4\cos\left(\frac{2\pi}{2}\right)\right) = -\frac{3}{4}$$

$$X_1 = \frac{1}{4}\left(1+4\cos\left(\frac{\pi}{2}\right)\right) = \frac{1}{4} \qquad X_3 = \frac{1}{4}\left(1+4\cos\left(\frac{3\pi}{2}\right)\right) = \frac{1}{4}$$

$k=-2, -1, 0, 1$을 대입해도 마찬가지이다. 예를 들어, $k=-1(=3-4)$이면 다음과 같다.

$$X_{-1} = \frac{1}{4}\left(1+4\cos\left(\frac{-\pi}{2}\right)\right) = \frac{1}{4}\left(1+4\cos\left(\frac{3\pi}{2}\right)\right) = X_3$$

푸리에 계수 X_k는 모두 실수이므로 이를 [그림 11-8]에 나타내었는데, [그림 11-7]과 마찬가지로 주기 4로 반복되고 있음을 확인할 수 있다.

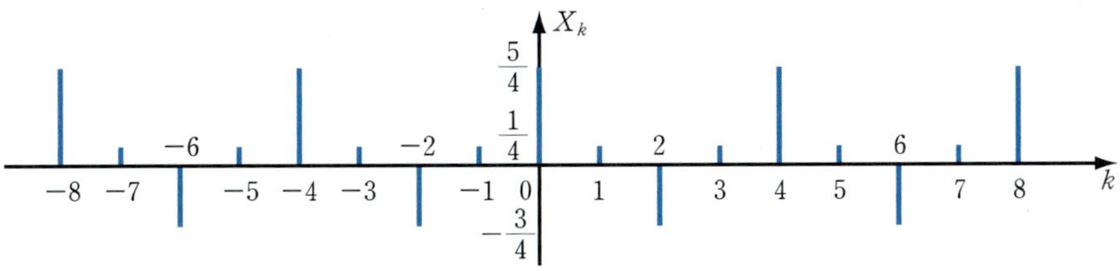

[그림 11-8] [예제 11-6]의 이산 주기 신호의 스펙트럼

[예제 11-6]과는 반대로, 스펙트럼이 주어지면 이로부터 주기 신호를 합성할 수 있다. 스펙트럼으로부터 이산 N-주기 신호를 합성하려면, 단지 연속되는 N개의 주파수 성분만 더하면 된다. 이때 구간의 위치는 상관이 없다.

예제 11-7 스펙트럼에 의한 이산 주기 신호의 합성

[그림 11-8]의 스펙트럼이 주어질 때, 이로부터 대응되는 이산 신호를 구하라.

풀이

우선 [그림 11-8]을 보면 주기가 4인 선 스펙트럼이므로, 대응되는 신호가 주기 $N=4$인 주기 신호이며 $\Omega_0 = \frac{\pi}{2}$임을 알 수 있다.

스펙트럼이 우대칭이므로 식 (11.9)의 총합 구간을 $\langle N \rangle = [-2, 1]$로 하여 합성 신호를 구하면 다음과 같이 된다.

$$\begin{aligned} x[n] &= X_{-2}e^{-j\frac{2\pi}{2}n} + X_{-1}e^{-j\frac{\pi}{2}n} + X_0 e^{j\frac{0\pi}{2}n} + X_1 e^{j\frac{\pi}{2}n} \\ &= \frac{5}{4}e^{j\frac{0\pi}{2}n} + \frac{1}{4}\left(e^{-j\frac{\pi}{2}n} + e^{j\frac{\pi}{2}n}\right) - \frac{3}{4}e^{-j\frac{2\pi}{2}n} \\ &= \frac{5}{4} + \frac{1}{2}\cos\left(\frac{\pi}{2}n\right) - \frac{3}{4}(-1)^n \end{aligned}$$

앞 식에 $n=0,\ 1,\ 2,\ 3$을 대입하면 [그림 11-7]의 신호가 얻어짐을 확인할 수 있다.

다음과 같이 총합 구간을 $\langle N\rangle = [0, 3]$으로 해도 같은 결과가 얻어지지만, 계산이 더 번거롭다. 그러므로 총합 구간은 되도록 오일러 공식을 적용하기 쉽도록 잡는 것이 좋다.

$$\begin{aligned} x[n] &= X_0 e^{j0\frac{\pi}{2}n} + X_1 e^{j\frac{\pi}{2}n} + X_2 e^{j\frac{2\pi}{2}n} + X_3 e^{j\frac{3\pi}{2}n} \\ &= \frac{5}{4} + \frac{1}{4}\left(e^{j\frac{\pi}{2}n} + e^{j\frac{3\pi}{2}n}\right) - \frac{3}{4}e^{j\frac{2\pi}{2}n} = \frac{5}{4} + \frac{1}{4}\left(e^{j\frac{\pi}{2}n} + e^{-j\frac{\pi}{2}n}\right) - \frac{3}{4}e^{j\pi n} \\ &= \frac{5}{4} + \frac{1}{2}\cos\left(\frac{\pi}{2}n\right) - \frac{3}{4}(-1)^n \end{aligned}$$

이상의 풀이는 총합 구간과 계산의 편의성을 보여주기 위한 것이고, 단지 합성 신호를 구하는 것이 실제 목적이라면 [예제 11-4]의 [방법 2]를 사용하는 것이 가장 간편하다. $0 \le k \le 2(0 \le \Omega \le \pi)$에 대해 $k=0(\Omega=0)$에서 $X_0 = \frac{5}{4}$, $k=1(\Omega=\Omega_0)$에서 $X_1 = \frac{1}{4}$, $k=2(\Omega=2\Omega_0)$에서 $X_2 = -\frac{3}{4}$이므로 $x[n]$은 다음과 같이 된다.

$$\begin{aligned} x[n] &= |X_0|e^{j\angle X_0} + 2|X_1|\cos(\Omega_0 n + \angle X_1) + |X_2|e^{j(2\Omega_0 n + \angle X_2)} \\ &= \frac{5}{4} + \frac{1}{2}\cos\left(\frac{\pi}{2}n\right) + \frac{3}{4}e^{j(\pi n - \pi)} \\ &= \frac{5}{4} + \frac{1}{2}\cos\left(\frac{\pi}{2}n\right) - \frac{3}{4}(-1)^n \end{aligned}$$

이때 $k=2$의 경우처럼 정현파로 바꾸기 위한 짝이 없는 주파수 성분은 DC 성분과 마찬가지로 그냥 복소 정현파로 두어 계산한다는 점을 주의해야 한다.

예제 11-8 스펙트럼에 의한 이산 주기 신호의 합성

[그림 11-9]의 스펙트럼이 주어질 때, 이로부터 대응되는 이산 신호를 구하라.

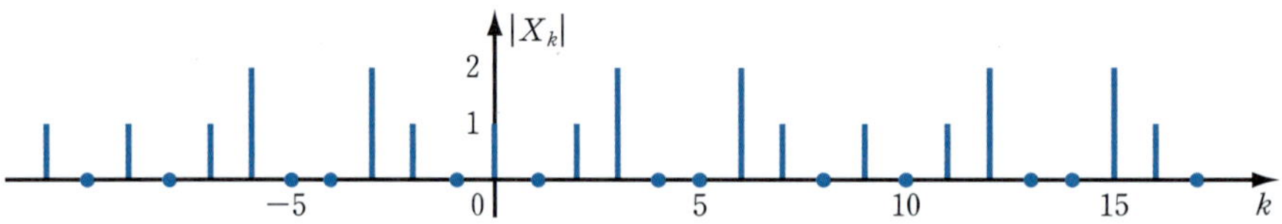

(a) 진폭 스펙트럼

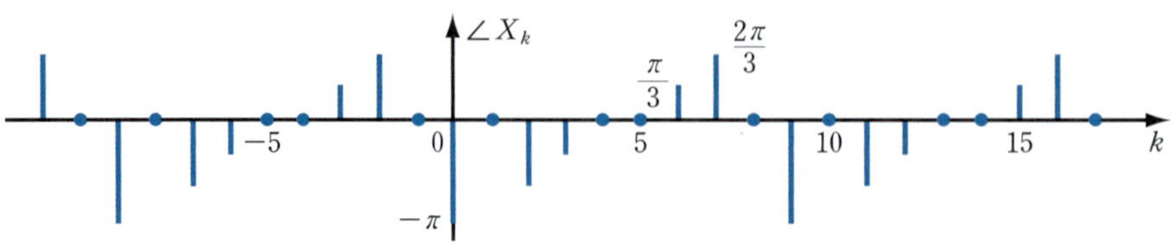

(b) 위상 스펙트럼

[그림 11-9] [예제 11-8]의 이산 주기 신호의 스펙트럼

풀이

그림에서 보면 스펙트럼이 주기 $N=9$로 반복되고 있으므로 기본 주파수는 $\Omega_0=\frac{2\pi}{9}$이다. 반주기 구간 $0\le\Omega\le\pi(0\le k<5)$ 내에 주파수 0에서 크기 1이고 위상 $-\pi$, $2\Omega_0$에서 크기 1이고 위상 $-\frac{2\pi}{3}$, $3\Omega_0$에서 크기 2이고 위상 $-\frac{\pi}{3}$인 주파수 성분이 있으므로 합성 신호 $x[n]$은 다음과 같이 된다.

$$\begin{aligned}x[n]&=|X_0|e^{j\angle X_0}+2|X_2|\cos(2\Omega_0 n+\angle X_2)+2|X_3|\cos(3\Omega_0 n+\angle X_3)\\&=-1+2\cos\left(\frac{4\pi}{9}n-\frac{2\pi}{3}\right)+4\cos\left(\frac{6\pi}{9}n-\frac{\pi}{3}\right)\end{aligned}$$

식 (11.10)의 DTFS 합성식에서 총합 구간을 $<N>=[-4,4]$로 하여 구해도 같은 결과를 얻는다.

$$\begin{aligned}x[n]&=\sum_{k=-4}^{4}X_k e^{jk\frac{2\pi}{9}n}\\&=2e^{j\frac{\pi}{3}}e^{-j\frac{6\pi}{9}n}+e^{j\frac{2\pi}{3}}e^{-j\frac{4\pi}{9}n}+1e^{-j\pi}+e^{-j\frac{2\pi}{3}}e^{j\frac{4\pi}{9}n}+2e^{-j\frac{\pi}{3}}e^{j\frac{6\pi}{9}n}\\&=-1+\left(e^{j\left(\frac{4\pi}{9}n-\frac{2\pi}{3}\right)}+e^{-j\left(\frac{4\pi}{9}n-\frac{2\pi}{3}\right)}\right)+2\left(e^{j\left(\frac{6\pi}{9}n-\frac{\pi}{3}\right)}+e^{-j\left(\frac{6\pi}{9}n-\frac{\pi}{3}\right)}\right)\\&=-1+2\cos\left(\frac{4\pi}{9}n-\frac{2\pi}{3}\right)+4\cos\left(\frac{6\pi}{9}n-\frac{\pi}{3}\right)\end{aligned}$$

두 계산 과정을 비교해보면, 앞의 방법이 더 간편함을 알 수 있다.

11.2.2 연속 시간 및 이산 시간 푸리에 급수의 관계

이산 주기 신호는 연속 주기 신호를 샘플링한 것으로 생각할 수 있고, 이산 주기 신호의 스펙트럼은 연속 주기 신호의 스펙트럼을 $\Omega=2\pi$ 주기로 반복한 형태가 된다. 이런 관계를 [표 11-1]과 [그림 11-10]에 나타내었다. 이로부터 푸리에 급수에 의해 시간 영역에서 샘플링은 주파수 영역에서 주기적 반복에 대응되며, 시간 영역에서 주기 함수는 주파수 영역에서 이산 함수로 대응됨을 알 수 있다.

[표 11-1] 연속 시간 푸리에 급수와 이산 시간 푸리에 급수

시간 영역	주기				
	연속		이산		
	CTFS	합성 $x_T(t)=\sum_{k=-\infty}^{\infty}X_k e^{jk\omega_0 t}$	DTFS	합성 $x_N[n]=\sum_{k=<N>}X_k e^{jk\Omega_0 n}$	
		분석 $X_k=\frac{1}{T}\int_T x_T(t)e^{-jk\omega_0 t}dt$		분석 $X_k=\frac{1}{N}\sum_{n=<N>}x_N[n]e^{-jk\Omega_0 n}$	
	비주기		주기		주파수 영역
	이산				

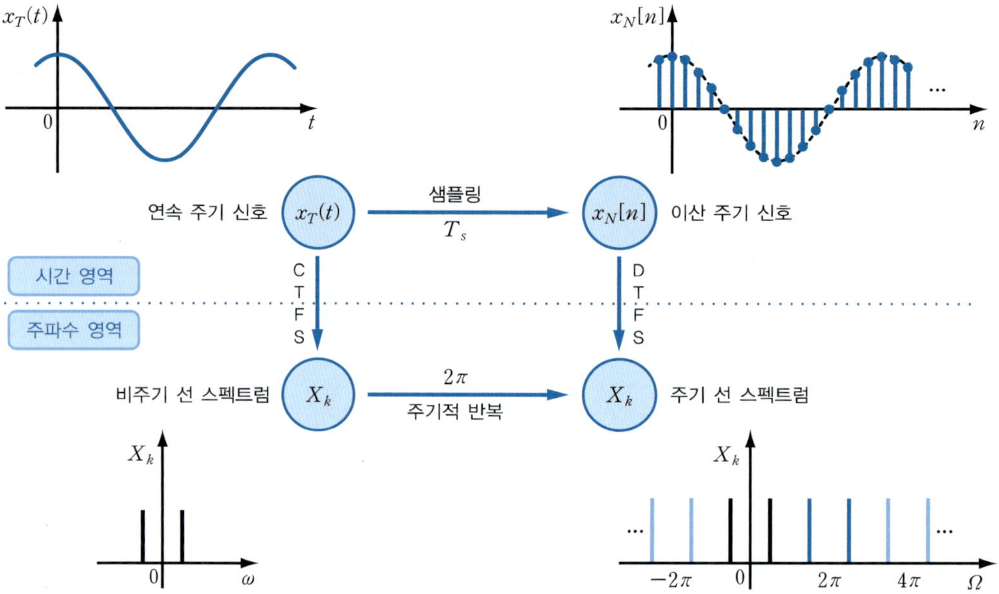

[그림 11-10] 연속 시간 푸리에 급수와 이산 시간 푸리에 급수의 관계

Check Point 다음 문제에서 옳은 것을 골라라.

(1) 이산 주기 신호의 주파수 성분은 주기 N개보다 많을 수 없다. (○, ×)

(2) 이산 주기 신호의 고조파는 복소평면의 (단위원, 허축)에 (등간격, 임의)로 존재한다.

(3) DTFS는 디리클레 조건과 같은 별도의 수렴 조건을 요구한다. (○, ×)

(4) DTFS는 항상 $[0, N-1]$의 주기 구간에 대해서 계산을 수행해야 한다. (○, ×)

(5) 이산 실수 신호의 스펙트럼은 최소한 (반주기, 한주기, 전주파수)에서 주어지면 된다.

(6) 이산 시간 푸리에 급수의 계수는 일반적으로 (실수, 복소수)이다.

(7) 이산 실수 신호의 스펙트럼은 반주기점($\Omega = \pm\pi$)에 대해서도 대칭성이 그대로 성립한다. (○, ×)

(8) 스펙트럼으로부터 이산 N-주기 신호를 합성하려면, (연속되는 N개, 무한개) 주파수 성분을 더해야 한다.

(9) 연속이든 이산이든 상관없이 주기 신호의 스펙트럼은 선 스펙트럼이다. (○, ×)

(10) 시간 영역에서 샘플링은 주파수 영역에서 주기적 반복에 대응된다.

SECTION 11.3

이산 시간 푸리에 급수의 성질

학습포인트

- DTFS의 주기성에 대해 이해한다.
- 신호의 시간 이동에 대한 스펙트럼의 결과는 무엇인지 이해한다.
- 이산 주기 신호의 전력에 대한 파스발 정리를 이해한다.

지금까지 살펴본 세 가지 푸리에 표현(연속 시간 푸리에 급수, 연속 시간 푸리에 변환, 이산 시간 푸리에 급수)과 다음 장에서 다룰 이산 시간 푸리에 변환은 기본적으로 성질이 비슷하다. 다만 연속 신호와 다르게 이산 신호의 스펙트럼이 주기 함수이기 때문에 일부 성질에서 차이가 나게 된다. 이 절에서는 그런 성질들을 중심으로 간단히 결과만 살펴보고, 자세한 내용은 12.3절 이산 시간 푸리에 변환(DTFT)의 성질에서 다루기로 한다.

주기성

이산 정현파의 2π-주기성 때문에 식 (11.8)에서 보았듯이 이산 주기 신호의 푸리에 계수 X_k는 주기 N인 주기 함수가 된다. 즉 다음의 관계가 성립한다.

$$x[n+mN]=x[n] \quad \Leftrightarrow \quad X_{k+lN}=X_k \tag{11.11}$$

시간 이동

신호의 시간 이동에 대해 진폭 스펙트럼은 바뀌지 않고 위상 스펙트럼만 선형적으로 바뀐다. 즉 n_0만큼 시간 이동된 주기 신호 $x[n-n_0]$의 푸리에 계수는 다음의 관계를 만족한다.

$$x[n-n_0] \quad \Leftrightarrow \quad e^{-jn_0k\Omega_0}X_k \tag{11.12}$$

식 (11.12)의 관계는 푸리에 계수 정의식 식 (11.10)에서 $n-n_0=m$으로 변수 치환하여 간단히 보일 수 있다.

$$\begin{aligned} X_k{}' &= \frac{1}{N}\sum_{n=<N>} x[n-n_0]e^{-jk\Omega_0 n} = \sum_{m=<N>} x[m]e^{-jk\Omega_0(m+n_0)} \\ &= e^{-jk\Omega_0 n_0}\sum_{m=<N>} x[m]e^{-jk\Omega_0 m} = e^{-jn_0k\Omega_0}X_k \end{aligned} \tag{11.13}$$

예제 11-9 신호의 시간 이동에 대한 스펙트럼 변화

[그림 11-11]의 이산 주기 신호에 대해 푸리에 급수 표현과 스펙트럼을 구하라.

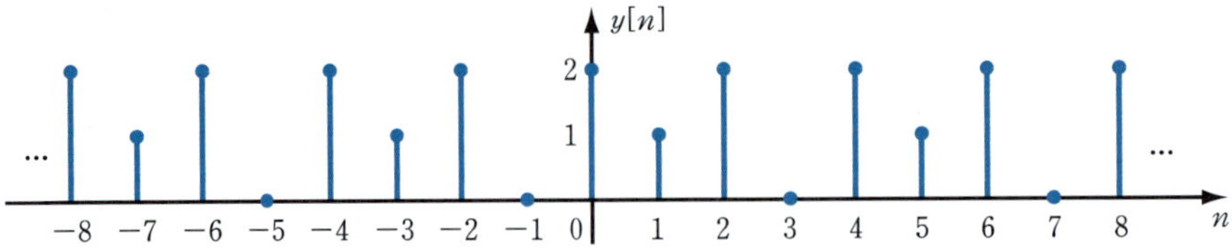

[그림 11-11] [예제 11-9]의 이산 주기 신호

풀이

이 신호는 [예제 11-6]의 신호 $x[n]$을 $n_0=1$만큼 지연한 신호이다. 즉 $y[n]=x[n-1]$로, 주기 $N=4$, 기본 주파수 $\Omega_0=\dfrac{\pi}{2}$이다. 이 경우는 신호의 대칭성을 이용할 수 없으므로 식 (11.10)에서 $n=0$부터 $n=3$까지 총합을 취하여 푸리에 계수를 구하면 다음과 같다.

$$\begin{aligned}Y_k&=\frac{1}{4}\sum_{n=0}^{3}y[n]e^{-jk\frac{\pi}{2}n}=\frac{1}{4}\left(2+e^{-j\frac{k\pi}{2}}+2e^{-j\frac{2k\pi}{2}}\right)\\&=\frac{1}{4}e^{-j\frac{k\pi}{2}}\left(2e^{j\frac{k\pi}{2}}+2e^{-j\frac{k\pi}{2}}+1\right)=\frac{1}{4}e^{-j\frac{k\pi}{2}}\left(4\cos\left(\frac{k\pi}{2}\right)+1\right)\end{aligned}$$

이 결과를 [예제 11-6]에서 구한 $X_k=\dfrac{1}{4}\left(1+4\cos\left(\dfrac{k\pi}{2}\right)\right)$와 비교하면, $Y_k=X_ke^{-jn_0k\Omega_0}$가 됨을 알 수 있다. 즉 시간 이동 성질을 만족하여, 진폭 스펙트럼은 변하지 않고 위상 스펙트럼만 주파수에 비례하여 기울기 n_0로 선형적으로 감소한다. 그런데 주기 N만큼 시간 이동하면 다시 원래 신호가 되므로, 시간 이동 효과는 $n_0 \bmod N$으로 최대 N을 넘지 못하고 고조파의 위상 변화도 2π, 즉 $\pm\pi$를 넘을 수 없다. 이는 연속 주기 신호에 대한 푸리에 급수(CTFS)의 시간 이동 성질과 차이 나는 점이다.

파스발 정리 : 전력

이산 주기 신호에 대해서도 신호의 전력에 대한 파스발 정리가 성립한다.

파스발 정리 : 전력

$$P=\frac{1}{N}\sum_{n=0}^{N-1}|x[n]|^2=\sum_{k=0}^{N-1}|X_k|^2 \tag{11.14}$$

- 주기 신호의 전력은 시간 영역에서 구하나 주파수 영역에서 구하나 마찬가지이다.
- 서로 다른 주파수 성분 간에는 전력이 전혀 만들어지지 않는다. 그러므로 주기 신호의 전력은 각 고조파 성분의 전력을 더하면 된다.

푸리에 급수에 의해 신호의 표현만 주파수 함수로 바뀌었을 뿐 신호 자체가 바뀐 게 아니므로 어느 영역에서 전력을 계산하든지 마찬가지임은 당연한 결과이다. 그리고 서로 다른 주파수 성분 간에 전력이 만들어지지 않는 것은 푸리에 급수 표현의 기저 신호로 사용되는 (복소) 정현파의 직교성 때문이다.

예제 11-10 푸리에 급수 표현에 의한 주기 신호의 전력

주기 신호 $x[n]=1+\sin\left(\frac{\pi}{4}n\right)+2\cos\left(\frac{\pi}{2}n\right)$의 전력을 계산하라.

풀이

주어진 신호는 [예제 11-3]의 신호 $x[n]$으로, 신호 $x[n]$의 주기는 $N=8$, 기본 주파수는 $\Omega_0=\frac{\pi}{4}$이다. 이 신호의 전력을 시간 영역에서 직접 계산하면 다음의 총합 계산을 수행해야 한다.

$$P=\frac{1}{N}\sum_{n=0}^{N-1}|x[n]|^2=\frac{1}{8}\sum_{n=0}^{7}\left(1+\sin\left(\frac{\pi}{4}n\right)+2\cos\left(\frac{\pi}{2}n\right)\right)^2$$

위의 총합 계산을 하는 것보다는 파스발 정리를 이용하여 스펙트럼으로부터 전력을 계산하는 게 더 쉽다. [예제 11-3]에서 구한 $x[n]$의 푸리에 계수는 다음과 같으므로,

$$X_0=1,\quad X_1=-j\frac{1}{2},\quad X_2=1,\quad X_6=1,\quad X_7=j\frac{1}{2}$$

파스발 정리를 적용하면 다음과 같이 전력을 구할 수 있다.

$$P=\sum_{k=0}^{7}|X_k|^2=1^2+\left(\frac{1}{2}\right)^2+1^2+1^2+\left(\frac{1}{2}\right)^2=3.5$$

Check Point 다음 문제에서 옳은 것을 골라라.

(1) 신호를 시간축 상에서 이동시키면 (진폭, 위상) 스펙트럼이 변화한다.
(2) 이산 주기 신호의 DTFS의 푸리에 계수 X_k는 N-주기 함수이다. (○, ×)
(3) 이산 주기 신호의 전력은 시간 파형을 알아야만 계산할 수 있다. (○, ×)
(4) 이산 주기 신호의 고조파끼리는 서로 전력을 형성한다. (○, ×)
(5) 이산 N-주기 신호를 시간 이동시킬 경우, 고조파의 최대 위상 변화는 (2π, $N\pi$, $2N\pi$, ∞)를 넘지 않는다.

CHAPTER 11_핵심요약

개념	관련 항
각주파수가 Ω_0와 $\Omega_0+2\pi k$인 두 이산 정현파는 서로 구분되지 않는 같은 신호이다.	식 (11.2)
이산 정현파 신호는 주파수 $0 \le \Omega \le 2\pi (0 \le F \le 1)$ 범위 내에서만 구분할 수 있고, 가질 수 있는 최대 주파수가 $\Omega_{\max}=2\pi (F_{\max}=1)$를 넘지 않는다.	
이산 주기 정현파 신호의 최대 주파수는 $\Omega_{\max}=\pi (F_{\max}=0.5)$이다.	
이산 신호의 스펙트럼은 2π 주기로 반복되는 주기 함수로서 한 주기 구간인 2π의 주파수 범위 내에서만 서로 다른 주파수 성분으로 구분할 수 있다.	
이산 실수 신호의 스펙트럼은 $0 \le \Omega \le \pi (0 \le F \le 0.5)$에서만 나타내도 충분하다.	
주기가 N인 이산 주기 신호의 (서로 다른) 주파수 성분은 N개를 넘을 수 없다.	
이산 N-주기 신호는 2π-주기성 때문에 서로 다른 고조파가 단지 N개뿐이며, 이 N개의 고조파는 복소평면의 단위원을 실축에서부터 N등분한 각 점에 상응한다.	[그림 11-2]
이산 시간 푸리에 급수(DTFS)는 최대 N개의 주파수 성분만 가지며, 스펙트럼은 선 스펙트럼이지만 2π 구간으로 대역 제한되어 주기적으로 반복된다.	
DTFS는 분석식과 합성식 모두 한 주기 총합 구간의 위치를 임의로 할 수 있다. 그러므로 신호와 스펙트럼의 대칭성을 이용하여 계산이 간단해지도록 총합 구간을 정하면 편리하다.	식 (11.9) 식 (11.10)
DTFS는 한 주기에 대한 계산이므로 항상 수렴한다.	
이산 실수 신호의 스펙트럼은 반주기점($\Omega=\pm\pi$)을 대칭축으로 하여 대칭성이 그대로 성립한다. 따라서 실수 신호는 스펙트럼이 반주기 구간 $0 \le \Omega \le \pi$에서만 주어지면 전체 주파수에 대한 스펙트럼을 구성할 수 있다.	
스펙트럼으로부터 이산 N-주기 신호를 합성하려면, 단지 연속되는 N개의 주파수 성분만 더하면 된다. 이때 구간의 위치는 상관이 없다.	
푸리에 급수에 의해 시간 영역에서 샘플링은 주파수 영역에서 주기적 반복에 대응되며, 시간 영역에서 주기 함수는 주파수 영역에서 이산 함수로 대응된다.	[그림 11-10]
신호의 시간 이동에 대해 진폭 스펙트럼은 바뀌지 않고 위상 스펙트럼만 선형적으로 바뀐다.	식 (11.12)
이산 N-주기 신호에 대한 시간 이동 효과는 $n_0 \bmod N$으로 최대 N을 넘지 못하고 고조파의 위상 변화도 2π, 즉 $\pm\pi$를 넘을 수 없다.	
이산 주기 신호의 전력에 대한 파스발 정리가 성립한다. 따라서 서로 다른 주파수 성분 간에는 전력이 전혀 만들어지지 않는다.	식 (11.14)
주기 신호의 전력은 각 고조파 성분의 전력을 더하면 된다.	

CHAPTER 11_연습문제

【개념 문제】

11.1 이산 (복소) 정현파 신호에 대한 다음의 설명 중 옳은 것은?

㉮ $\cos(\Omega_0 n)$은 항상 주기 신호이다.

㉯ 이산 정현파 신호가 연속 정현파 신호와 성질이 다른 이유는 기본적으로 시간 변수 n이 정수 값만 가지기 때문이다.

㉰ 다른 이산 정현파와 구분 가능한 이산 정현파 신호의 최대 주파수는 $\Omega = \infty$이다.

㉱ $\cos\left(\dfrac{3\pi}{4}n\right)$과 $\cos\left(\dfrac{11\pi}{4}n\right)$은 서로 다른 신호이다.

11.2 이산 신호의 스펙트럼에 대한 다음의 설명 중 틀린 것은?

㉮ 이산 정현파는 스펙트럼이 주기 함수이다.

㉯ 주기 N인 이산 주기 신호의 주파수 성분은 신호에 따라 무수히 많을 수 있다.

㉰ 이산 신호는 $0 \le \Omega \le \pi$의 스펙트럼만 주어지면 전 주파수 범위에 대한 스펙트럼을 구할 수 있다.

㉱ 이산 정현파 신호는 주파수와 일대일 대응이 되지 않는다.

11.3 이산 시간 푸리에 급수에 대한 다음의 설명 중 옳은 것은?

㉮ 주기 N인 이산 주기 신호의 푸리에 급수는 수렴 조건이 필요하다.

㉯ 같은 주기를 갖는 이산 주기 신호들의 고조파의 개수는 모두 다를 수 있다.

㉰ 이산 주기 신호의 푸리에 급수와 푸리에 계수는 반드시 $\Omega = [0,\ 2\pi]$ 구간에서 계산해야 한다.

㉱ 이산 주기 신호의 고조파들은 복소평면의 단위원을 주기로 등분한 점에 위치한다.

11.4 이산 시간 푸리에 급수에 대한 다음의 설명 중 틀린 것은?

㉮ 이산 주기 신호의 스펙트럼은 선 스펙트럼이다.

㉯ 이산 실수 주기 신호의 스펙트럼은 반주기에 대해서도 대칭성을 만족한다.

㉰ 이산 주기 신호는 $\Omega = [2\Omega_0, (N+1)\Omega_0]$ 구간의 주파수 성분들로는 합성할 수 없다.

㉱ 주기 4인 이산 신호 $x[n]$의 푸리에 계수가 X_k일 때, $x[n-2]$의 푸리에 계수는 $e^{-jk\pi}X_k$이다.

11.5 이산 주기 신호의 전력에 대한 다음의 설명 중 틀린 것은?

㉮ 두 이산 주기 신호의 진폭 스펙트럼이 같으면, 두 신호의 전력은 같다.

㉯ 기본파와 3고조파 사이에는 전력이 형성되지 않는다.

㉰ 2고조파와 4고조파는 전력을 형성한다.

㉱ 시간 영역에서 구한 전력과 주파수 영역에서 구한 전력은 같다.

【기초 문제】

11.6 다음과 같은 이산 신호가 주기 $N=4$로 반복되는 이산 주기 신호 $x[n]$의 이산 시간 푸리에 급수를 구하라.

(a) $[\underset{\uparrow}{1},\ 2,\ 1,\ 0]$

(b) $[\underset{\uparrow}{-1},\ 2,\ -1,\ 0]$

(c) $[\underset{\uparrow}{1},\ 1,\ 0,\ 0]$

(d) $[\underset{\uparrow}{0},\ 0,\ 1,\ 1]$

(e) $[\underset{\uparrow}{2},\ -1,\ 1,\ 2]$

(f) $[\underset{\uparrow}{1},\ 2,\ -2,\ 3]$

11.7 다음과 같은 이산 주기 신호에 대해서 이산 시간 푸리에 급수의 계수를 구하고, 진폭 및 위상 스펙트럼을 그려라.

(a) $x[n]=\cos\left(\dfrac{\pi}{4}(n-1)\right)$

(b) $x[n]=\sin\left(\dfrac{3\pi}{2}(n-1)\right)$

(c) $x[n]=\cos\left(\dfrac{2\pi}{3}n\right)+\sin\left(\dfrac{2\pi}{4}n\right)$

(d) $x[n]=(0.5)^{|n|},\quad -2\le n\le 3,\quad N=6$

11.8 다음 그림의 이산 주기 신호에 대한 DTFS를 구하고 진폭 및 위상 스펙트럼을 그려라.

(a)

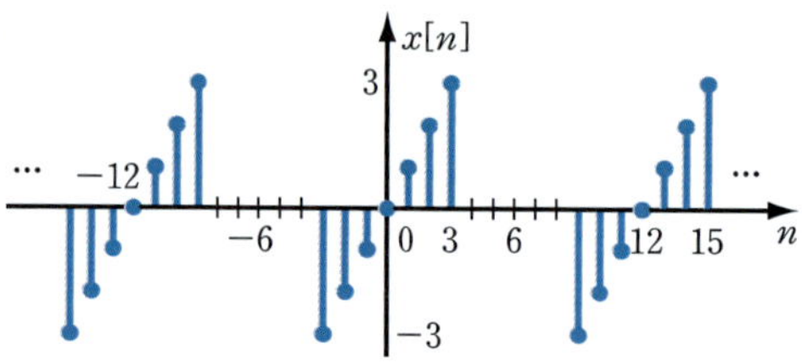

(b)

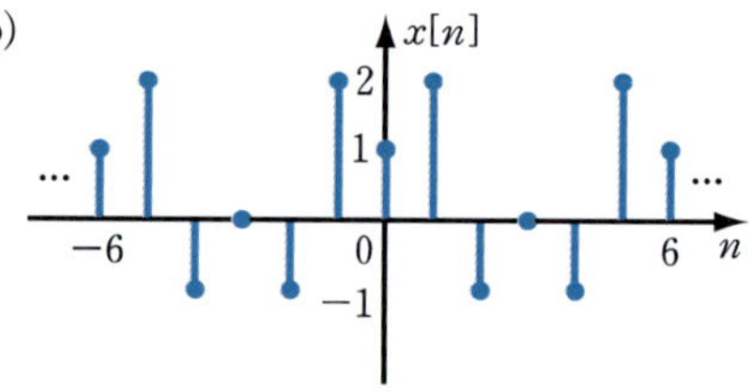

(c)

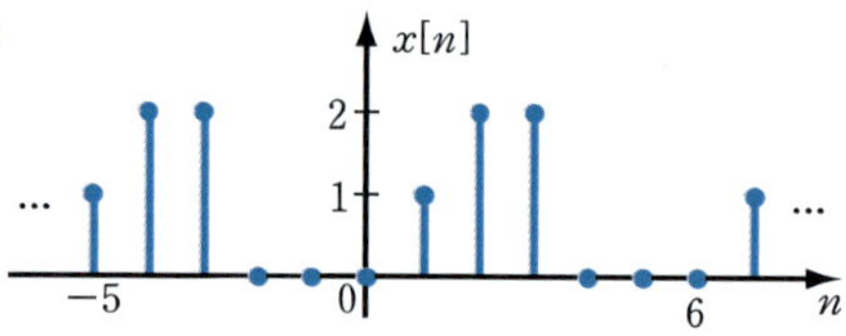

(d)

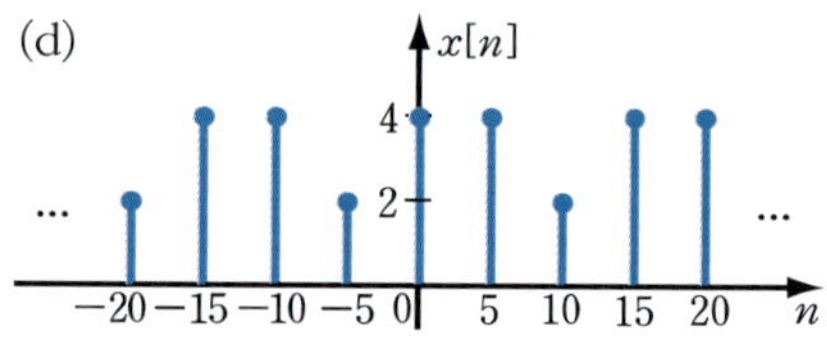

11.9 다음과 같은 이산 주기 신호의 이산 시간 푸리에 급수를 구하라.

(a) $x[n]=\begin{cases}1, & 0\le n\le 2\\ 0, & 3\le n\le 7\end{cases},\quad N=8$

(b) $x[n]=\cos\left(\dfrac{\pi}{2}n-\dfrac{\pi}{4}\right)$

(c) $x[n]=2\cos\left(\dfrac{3\pi}{4}n\right)+\sin\left(\dfrac{\pi}{3}n\right)$

(d) $x[n]=\cos\left(\dfrac{\pi}{4}(n-1)\right)-\cos\left(\dfrac{\pi}{4}(n-2)\right)$

(e) $x[n]=4\cos\left(\dfrac{\pi}{3}n\right)\cos\left(\dfrac{\pi}{4}n\right)$

(f) $x[n]=\displaystyle\sum_{m=-\infty}^{\infty}(-1)^m\delta(n-m)+\cos\left(\dfrac{2\pi}{3}n\right)$

11.10 다음 그림과 같이 스펙트럼이 주어질 때, 이로부터 대응되는 이산 신호를 구하라.

(a)

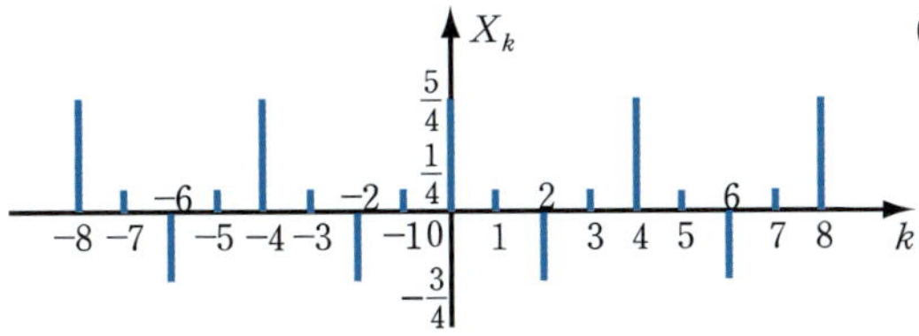

(b)

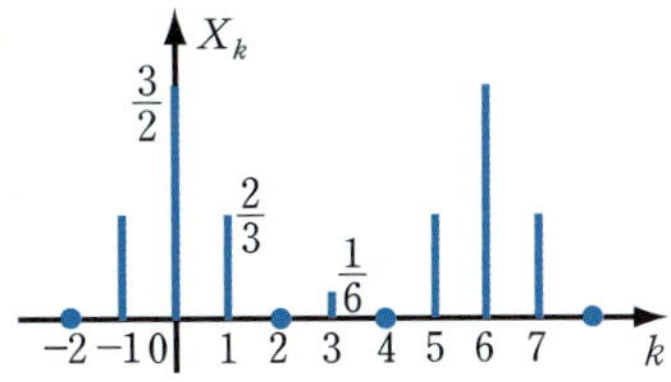

(c)

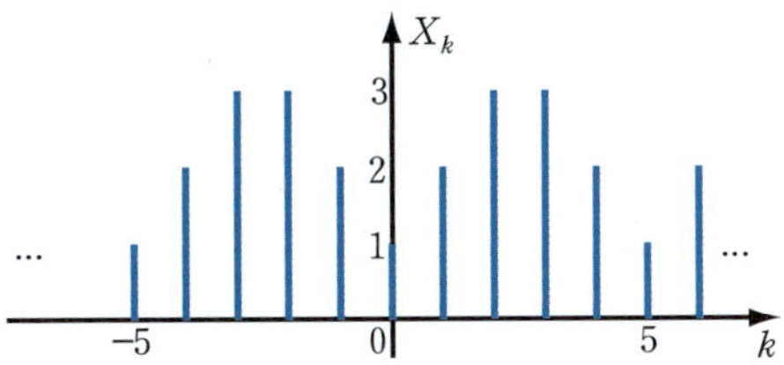

(d)

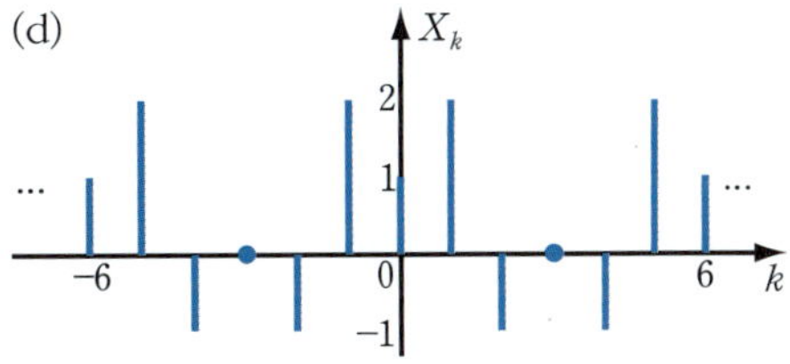

11.11 이산 주기 신호 $x[n]$의 DTFS 계수가 다음과 같을 때, 이에 대응하는 $x[n]$을 구하라.

(a) $X_k = \delta[k] + \delta[k-1] + \delta[k-2] + \delta[k-3], \quad 0 \le k \le 3, \quad N=4$

(b) $X_k = \delta[k] + \delta[k-1] + \delta[k-2] + \delta[k-3], \quad 0 \le k \le 7, \quad N=8$

(c) $X_k = \delta[k] + \delta[k-2] + \delta[k-4] + \delta[k-6], \quad 0 \le k \le 7, \quad N=8$

(d) $X_k = \delta[k-1] + \delta[k-3] + \delta[k-5] + \delta[k-7], \quad 0 \le k \le 7, \quad N=8$

11.12 이산 주기 신호 $x[n]$의 DTFS 계수가 다음과 같을 때, 이에 대응하는 $x[n]$을 구하라.

(a) $X_k = 1 + \frac{1}{2}\cos\left(\frac{\pi}{2}k\right) + \cos\left(\frac{\pi}{4}k\right)$

(b) $X_k = \frac{1}{2}\sin\left(\frac{\pi}{6}k\right) + \frac{1}{3}\cos\left(\frac{\pi}{2}k\right)$

(c) $X_k = (-1)^k$

11.13 이산 주기 신호 $x[n]$의 DTFS 계수가 (a)와 같을 때, $n=0$에서의 $x[n]$의 값 $x[0]$를 구하고, (b)와 같을 때 $x[n-3]$의 푸리에 계수를 구하라.

(a)

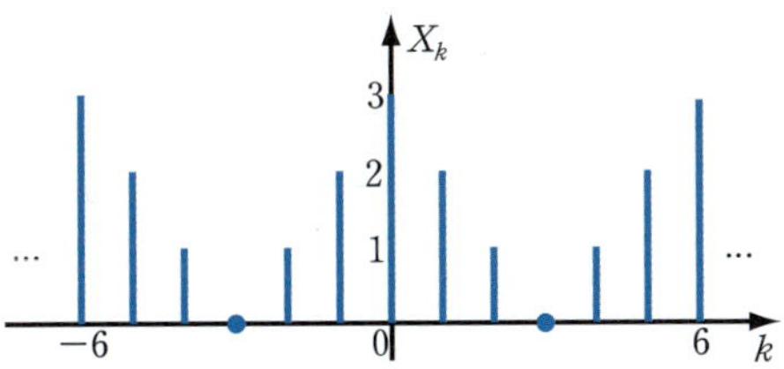

(b)

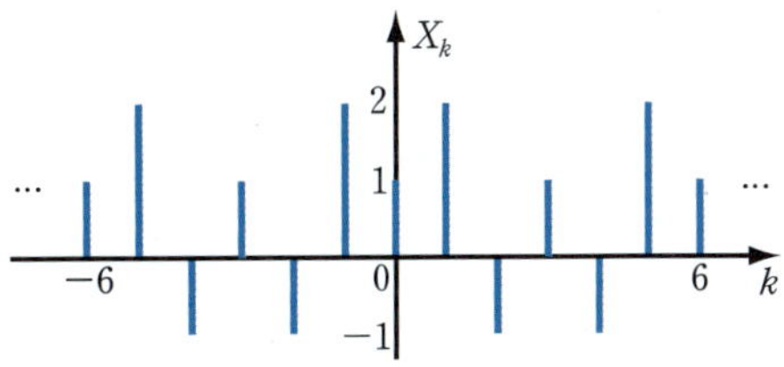

11.14 다음 그림과 같은 이산 주기 신호에 대해서 이산 시간 푸리에 급수의 계수를 구하라.

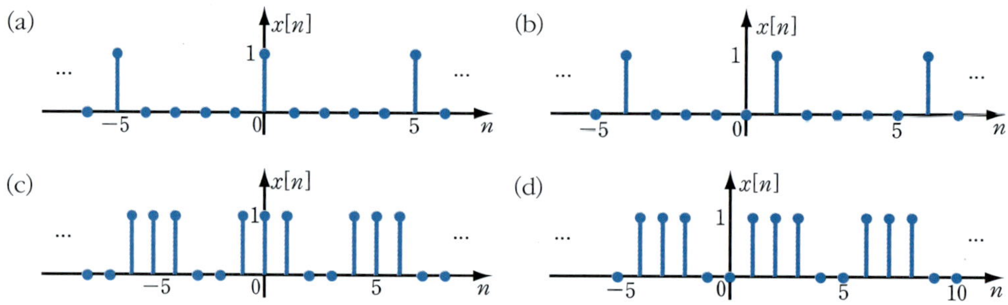

11.15 파스발 정리를 이용하여 다음 이산 주기 신호의 전력을 계산하라.

(a) $x[n]=\cos\left(\frac{2\pi}{3}n\right)-\sin\left(\frac{2\pi}{7}n\right)$

(b) $x[n]=4\sin\left(\frac{2\pi}{3}n\right)\cos\left(\frac{\pi}{2}n\right)$

(c) $x[n]=1-4\sin\left(\frac{\pi}{6}n\right)+2\cos\left(\frac{\pi}{3}n\right)+6\cos\left(\frac{\pi}{2}n\right)$

(d) $x[n]=1+2\sin\left(\frac{\pi}{6}n\right)-4\cos\left(\frac{\pi}{3}n\right)+2\cos\left(\frac{\pi}{2}n\right)-4\sin\left(\frac{3\pi}{4}n\right)$

(e) $x[n]=(0.5)^{|n|},\quad -2\le n\le 3,\quad N=6$

【응용 문제】

11.16 다음과 같은 이산 주기 신호의 이산 시간 푸리에 급수를 구하라.

(a) $x[n]=\begin{cases}1, & n=\text{짝수}\\ 0, & n=\text{홀수}\end{cases}$ (b) $x[n]=\begin{cases}+1, & n=\text{짝수}\\ -1, & n=\text{홀수}\end{cases}$

(c) $x[n]=\sum_{m=-\infty}^{\infty}\delta[n-mN]$

(d) $x[n]=\sum_{m=-\infty}^{\infty}(\delta[n+1-mN]+\delta[n-mN]+\delta[n-1-mN])$

11.17 다음 그림과 같은 이산 주기 신호에 대해서 이산 시간 푸리에 급수의 계수를 구하고, 진폭 및 위상 스펙트럼을 그려라.

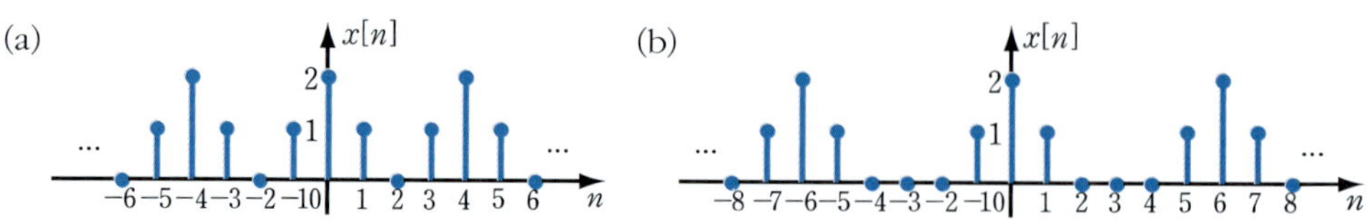

11.18 다음 그림과 같이 스펙트럼이 주어질 때, 이로부터 대응되는 이산 신호를 구하라.

(a)

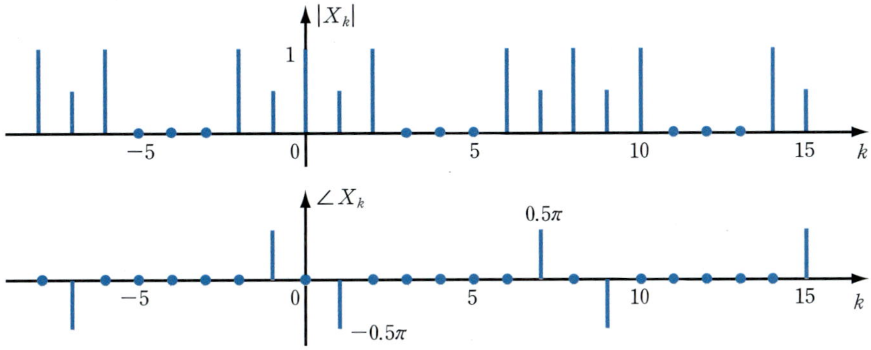

(b)

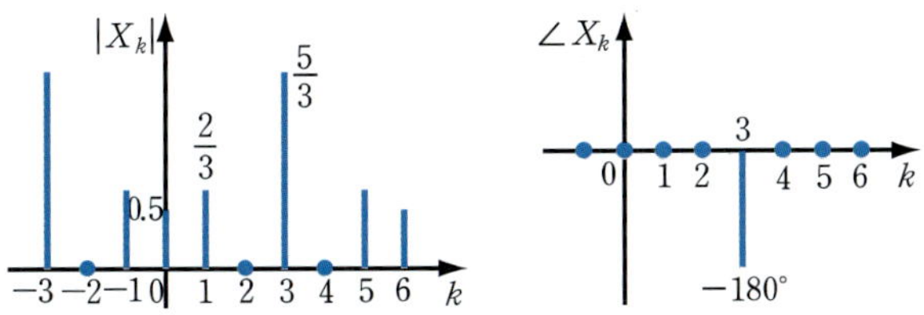

(c)

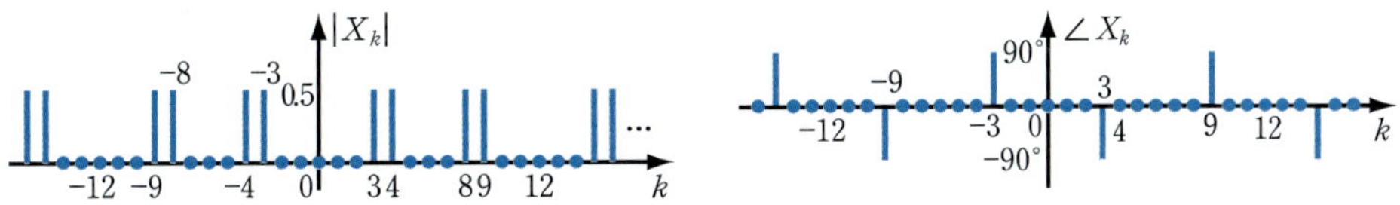

11.19 다음 각 경우에 주기 $N=8$인 이산 주기 신호의 DTFS 계수가 주어져 있다. 이에 대응하는 신호 $x[n]$을 구하라.

(a) $X_k=\delta[k+3]+2\delta[k]+\delta[k-3],\ -3\le k\le 4$

(b) $X_k=\cos\left(\dfrac{k\pi}{4}\right)+\sin\left(\dfrac{3k\pi}{4}\right)$

(c) $X_k=(-1)^k,\ 0\le k\le 7$

(d) $X_k=\begin{cases}1, & -4\le k\le 3,\ k\ne\pm 2\\ 0, & k=\pm 2\end{cases}$

11.20 주기 N인 이산 주기 신호 $x[n]$의 푸리에 계수를 X_k라고 할 때, 다음에 주어진 신호의 푸리에 계수를 X_k로 나타내라.

(a) $y[n]=x[n-n_0]$

(b) $y[n]=x[-n]$

(c) $x[n]-x[n-1]$

(d) $y[n]=x[n]-x\left[n-\dfrac{N}{2}\right]$ ($N=$짝수)

(e) $y[n]=x[n]+x[-n]$

(f) $y[n]=x[n]+(-1)^n x[n]$

학습포인트

- 매트랩을 이용하여 이산 시간 푸리에 급수를 수행해본다.

이산 시간 푸리에 급수(DTFS)는 이산 주기 신호의 스펙트럼을 구하는 수단으로 사용된다. 연속 시간 푸리에 급수(CTFS)와 달리 DTFS는 컴퓨터를 이용한 계산에 알맞은 구조여서 그대로 프로그램하면 된다. 그러나 이산 시간 푸리에 변환(DTFT)은 CTFT와 마찬가지로 fft 명령을 이용하는 수밖에 없다. 따라서 DTFS와 DTFT를 수행하는 간단한 예제를 실습해보기로 한다.

MATLAB 11-1 이산 신호의 푸리에 해석

[그림 11-12]는 주기 $N=18$인 이산 주기 신호 $x[n]$의 한 주기 파형이다.

(a) 이 주기 신호의 이산 시간 푸리에 급수(DTFS) 표현의 계수를 구하여 그려라.

(b) 이 신호의 한 주기 파형을 비주기 신호 $y[n]$이라고 할 때, 이 신호를 이산 시간 푸리에 변환(DTFT)하여 스펙트럼을 그려라. 그리고 이를 다시 이산 시간 푸리에 역변환(IDTFT)한 신호를 구하여 그려라.

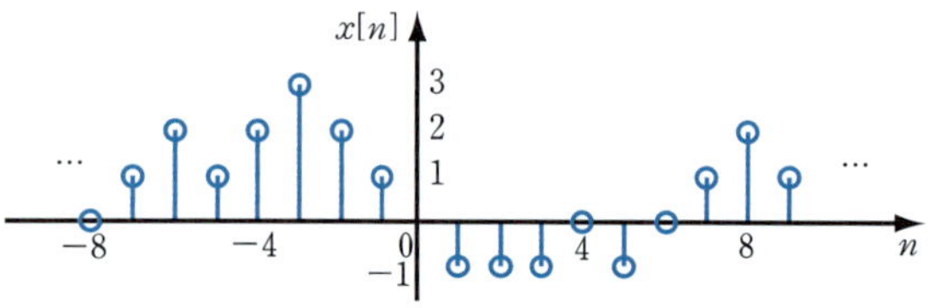

[그림 11-12] 이산 주기 신호의 한 주기 파형

풀이

(a) $x[n]$의 푸리에 계수는 DTFS의 정의식을 이용하여 다음 프로그램과 같이 간단히 구해진다.

SS_11_1a.m

```
N=18;                                   % 한 주기의 신호의 샘플 개수
x=[0 1 2 1 2 3 2 1 0 -1 -1 -1 0 -1 0 1 2 1];  % x[n] 생성
w0=2*pi/N;                              % 기본 주파수 설정
n=-N/2+1:N/2;                           % 시간 구간 설정
WN=exp(-j*w0*n);                        % 복소 정현파 e^jkΩ_0n 생성
for m=1:N
   Xk(m)=sum(x.*WN.^(m-1))/N;           % 푸리에 계수 X_k 계산
end
k=0:N-1;                                % 주파수축(고조파 차수) 생성
Xk                                      % 푸리에 계수 X_k 계산 결과 표시

subplot(2,1,1);                         % 2행 1열 분할 그림 창의 1번 창
stem(k,abs(Xk))                         % 진폭 스펙트럼을 그림
title('진폭 스펙트럼');                 % 그림 제목
xlabel('k'); grid on;                   % x축 라벨 및 그리드 표시
subplot(2,1,2);                         % 2행 1열 분할 그림 창의 2번 창
 stem(k,angle(Xk))                      % 위상 스펙트럼을 그림
title('위상 스펙트럼');                 % 그림 제목
xlabel('k'); grid on;                   % x축 라벨 및 그리드 표시
```

매트랩 프로그램의 실행 결과를 [표 11-2]와 [그림 11-13]에 나타내었다. [표 11-2]를 보면 푸리에 계수들이 $\Omega=\pi(k=N/2=9)$를 대칭축으로 공액 대칭(실수부는 우함수 대칭, 허수부는 기함수 대칭)을 만족함을 확인할 수 있다. 또한 [그림 11-13]에서 같은 대칭축에 대해 진폭 스펙트럼은 우함수 대칭, 위상 스펙트럼은 기함수 대칭이 되는 것을 볼 수 있다.

[표 11-2] [MATLAB 11-1]의 신호 $x[n]$의 푸리에 계수

k	X_k	k	X_k
0	$0.6667+j0.0000$	9	$0.1111+j0.0000$
1	$-0.1832+j0.6147$	10	$-0.0130-j0.0651$
2	$-0.0459+j0.4032$	11	$-0.0845-j0.0485$
3	$-0.1389-j0.0481$	12	$0.0833-j0.0481$
4	$-0.1078+j0.1796$	13	$0.1011+j0.2028$
5	$0.1011-j0.2028$	14	$-0.1078-j0.1796$
6	$0.0833+j0.0481$	15	$-0.1389+j0.0481$
7	$-0.0845+j0.0485$	16	$-0.0459-j0.4032$
8	$-0.0130+j0.0651$	17	$-0.1832-j0.6147$

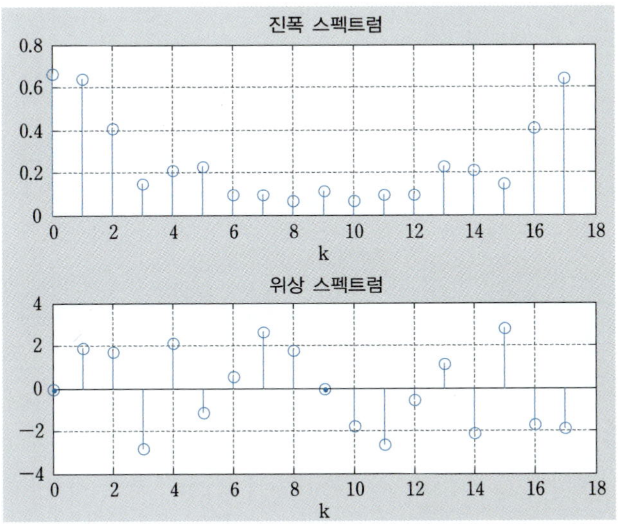

[그림 11-13] 주기 신호 $x[n]$의 푸리에 스펙트럼

(b) 이산 시간 푸리에 변환은 명령 `fft`를 사용하여 쉽게 수행할 수 있는데, 이때 충분한 주파수 해상도를 얻기 위해 다수의 0을 첨가하여 데이터 길이를 길게 만들고, $n=0$에서 데이터가 시작되도록 데이터를 다시 정렬해야 한다. 또한 역변환으로 얻은 신호 데이터에 대해서도 재정렬해야 한다. 이를 수행하는 매트랩 프로그램은 다음과 같다.

SS_11_1b.m

```
N=1024;                                      % 한 주기의 신호의 샘플 개수
df=1/N;                                      % 주파수 해상도 설정
f=df*[-N/2+1:N/2];                           % 주파수축 생성
x=[0 1 2 1 2 3 2 1 0 -1 -1 -1 0 -1 0 1 2 1]; % x[n] 생성
xa=zeros(1,N);                               % 데이터 집합에 0 첨가
xa(1:10)=x(9:18); xa(N-7:N)=x(1:8);          % 데이터 재정렬
Xf=fft(xa); Xfr=fftshift(Xf);                % fft 실행 및 재정렬

yn=ifft(Xf);                                 % 역변환 수행
y=[yn(N-9:N) yn(1:11)];                      % 데이터 재정렬
n=-10:10;                                    % 시간축 생성

figure(1)                                    % 그림창 1 열기
subplot(2,1,1);                              % 2행 1열 분할 그림 창의 1번 창
plot(f,abs(Xfr));                            % 진폭 스펙트럼 그림
title('진폭 스펙트럼');                       % 그림 제목
xlabel('F'); grid on;                        % x축 라벨 및 그리드 표시
subplot(2,1,2);                              % 2행 1열 분할 그림 창의 2번 창
plot(f,angle(Xfr))                           % 위상 스펙트럼 그림
title('위상 스펙트럼');                       % 그림 제목
xlabel('F'); grid on;                        % x축 라벨 및 그리드 표시

figure(2)                                    % 그림 창 2 열기
stem(n,y);                                   % 비주기 신호 y[n]을 그림
title('비주기 신호 y[n]');                    % 그림 제목
xlabel('n'); grid on;                        % x축 라벨 및 그리드 표시
```

프로그램의 실행 결과는 [그림 11-14(a)]에 $y[n]$의 스펙트럼을, [그림 11-14(b)]에 역변환으로 구한 신호 $y[n]$을 나타내었다. [그림 11-14(b)]는 [그림 11-12]의 신호 $x[n]$과 완전히 일치한다.

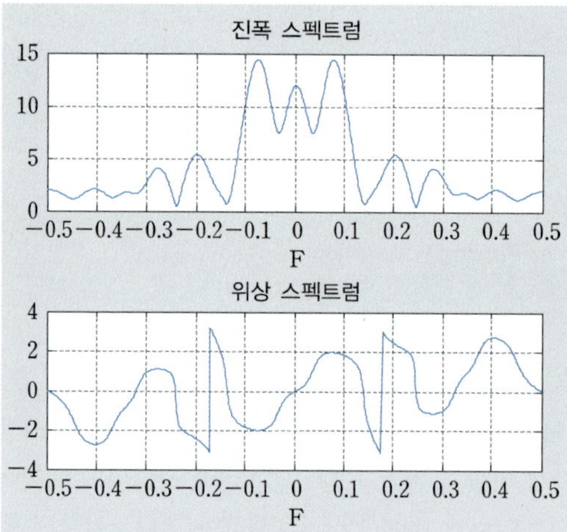

(a) 비주기 신호 $y[n]$의 스펙트럼

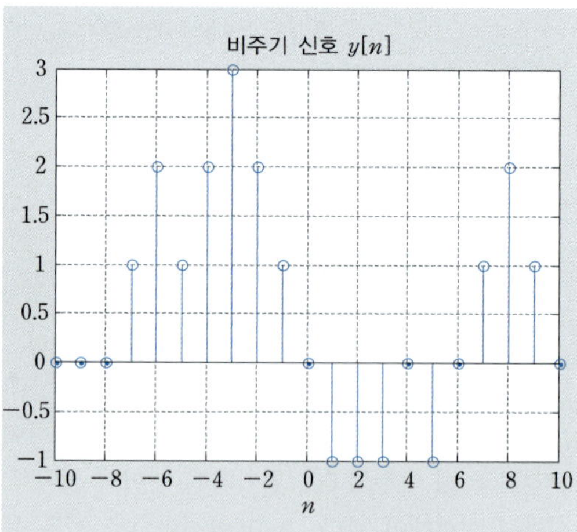

(b) DTFT-IDTFT에 의한 신호 $y[n]$

[그림 11-14] 비주기 신호 $y[n]$의 스펙트럼과 파형

CHAPTER

12

이산 시간 푸리에 변환

Discrete Time Fourier Transform

학습목표

- 이산 시간 푸리에 변환(DTFT)의 개념과 이산 시간 푸리에 급수(DTFS)와의 관계를 이해할 수 있다.
- 이산 신호의 스펙트럼의 특성을 이해할 수 있다.
- 주요 신호의 이산 시간 푸리에 변환쌍들을 잘 익혀둘 수 있다.
- 이산 시간 푸리에 변환이 갖는 여러 유용한 성질들을 이해하고 잘 활용할 수 있다.
- 주파수 응답의 개념과 활용에 대해 이해할 수 있다.
- 여러 푸리에 표현의 연관성과 상호 관계에 대해 이해할 수 있다.
- 이산 푸리에 변환(DFT)의 필요성과 원리를 이해할 수 있다.
- 원형 컨벌루션의 정의와 계산을 이해할 수 있다.

【미리보기】

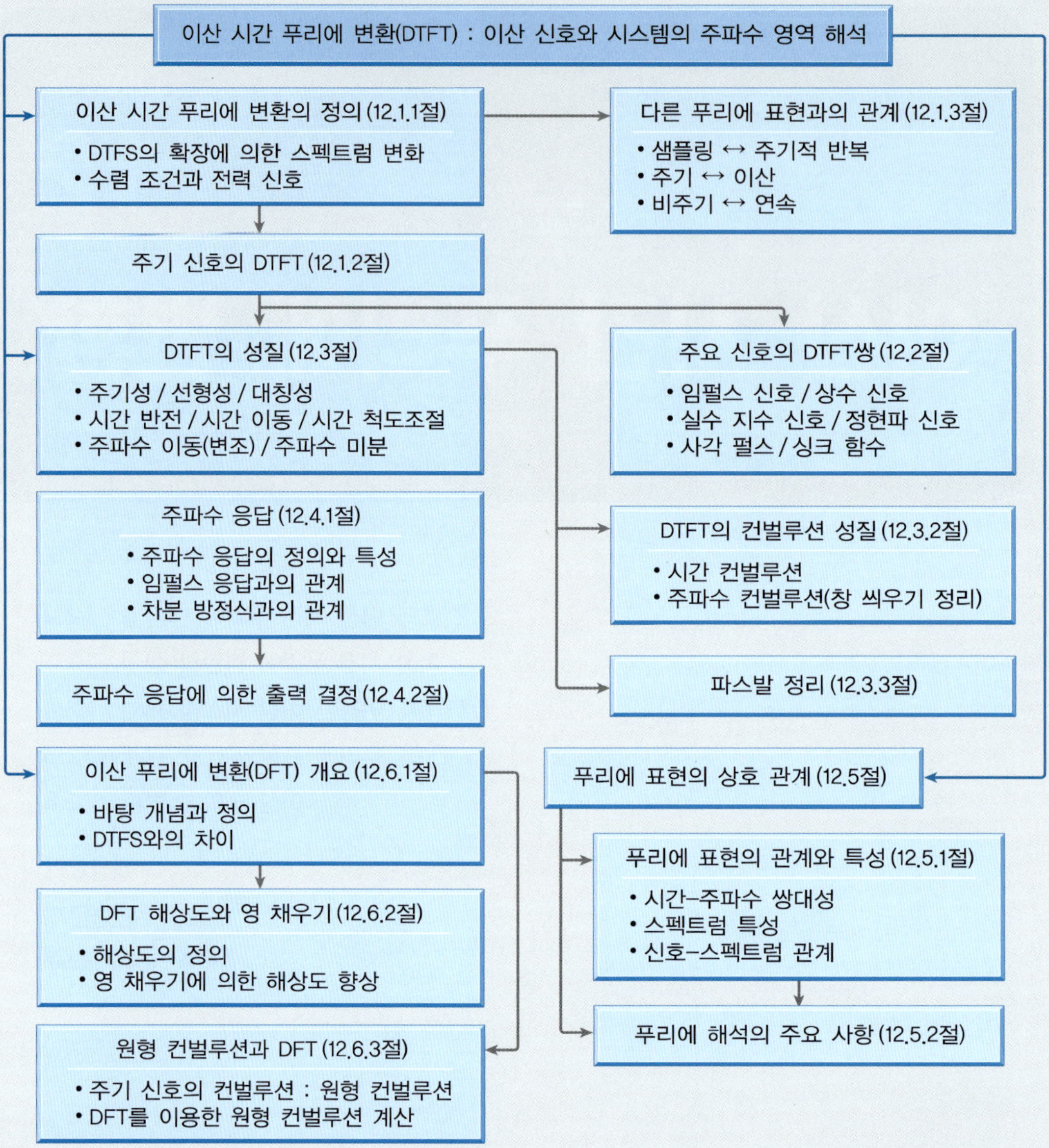

주기 신호는 이산 신호의 극히 일부분에 불과하다. 그러므로 이 장에서는 연속 신호의 경우와 같은 방법으로 DTFS의 결과를 확장하여 이산 비주기 신호에 대한 주파수 영역 변환인 이산 시간 푸리에 변환(DTFT)을 유도하고, 기본 개념과 주요 신호에 대한 변환쌍, 그리고 여러 가지 유용한 DTFT의 성질에 대해 살펴볼 것이다. 그런 다음, 주파수 응답의 개념을 소개하고 시스템 해석에 어떻게 이용되는지 알아볼 뿐만 아니라, 지금까지 살펴본 푸리에 표현들 사이의 연관성과 신호와 스펙트럼의 관계를 통합적인 관점에서 정리하기로 한다. 마지막으로 푸리에 해석 기법을 컴퓨터를 이용해 실제 문제에 적용하기 적합하도록 고안된 이산 푸리에 변환(DFT)의 원리와 특성, 그리고 원형 컨벌루션과의 관계에 대해 알아보기로 한다.

SECTION 12.1

이산 시간 푸리에 변환의 개요

학습포인트

- 이산 시간 푸리에 급수(DTFS)로부터 이산 시간 푸리에 변환(DTFT)을 유도하는 과정을 이해한다.
- 이산 시간 푸리에 변환의 정의와 특징을 이해한다.
- 이산 시간 푸리에 변환의 수렴 조건을 알아본다.
- 전력 신호 특히 주기 신호의 이산 시간 푸리에 변환에 대해 이해한다.
- 연속 및 이산 시간 푸리에 변환의 상호 관계 및 시간 신호와 주파수 스펙트럼의 관계를 명확히 이해한다.

주기 신호는 이산 신호의 극히 일부분에 불과하므로 이산 비주기 신호에 대한 주파수 영역 해석 도구도 필요하다. 이 절에서는 연속 신호의 경우와 같은 방법으로 푸리에 급수의 결과를 확장하여 이산 비주기 신호에 대한 주파수 영역 변환인 이산 시간 푸리에 변환(DTFT)을 끌어내고 그 특징을 간단히 살펴볼 것이다.

12.1.1 이산 시간 푸리에 변환

이산 시간 푸리에 급수(DTFS)는 그 대상이 주기 신호에 한정된다. 그런데 실제 문제에서 부딪치게 되는 신호들의 상당수는 비주기 신호이므로 이들을 위한 주파수 영역으로의 변환이 필요하다. 한편 8장에서 연속 비주기 신호에 대한 푸리에 변환을 유도할 때, 비주기 신호 $x(t)$를 주기 T가 무한대인 주기 신호로 취급함으로써 푸리에 급수 표현으로부터 푸리에 변환을 도출하였다. 그러므로 같은 방법을 이산 시간 푸리에 급수에 적용하면 이산 비주기 신호에 대한 푸리에 변환이 얻어지리라 기대할 수 있을 것이다.

이산 시간 푸리에 변환의 정의

이산 비주기 신호 $x[n]$을 주기 N으로 반복하여 N-주기 신호 $x_N[n]$을 만들면, 두 신호의 관계는 다음과 같다.

$$x[n] = \begin{cases} x_N[n], & n \in [0,\ N-1] \\ 0, & \text{그 외} \end{cases} \tag{12.1}$$

이때 주기 N을 점점 크게 하여 무한대까지 접근시키면 주기 신호와 비주기 신호는 점차 같아지게 될 것이다. 즉 $x[n]$은 $x_N[n]$의 주기 N이 무한대인 경우로 간주할 수 있다. 따라서 주기 신호의 이산 시간 푸리에 급수에 $N \to \infty$의 극한을 취하면 비주기 신호 $x[n]$의 주파수 영역 표현을 얻을 수 있으며, 이를 **이산 시간 푸리에 변환**(DTFT)Discrete Time Fourier Transform이라고 한다.

주기 신호 $x_N[n]$에 대한 이산 시간 푸리에 급수의 계수 X_k는 식 (12.1)의 관계를 이용하여 다음과 같이 쓸 수 있다.

$$X_k = \frac{1}{N}\sum_{n=<N>} x_N[n]\, e^{-jk\Omega_0 n} = \frac{1}{N}\sum_{n=-\infty}^{\infty} x[n]\, e^{-jk\Omega_0 n} \tag{12.2}$$

여기에 바로 $N\to\infty$ 의 극한을 취하게 되면 X_k의 크기가 0으로 수렴하게 되는데, 이를 피할 수 있도록 먼저 다음과 같이 NX_k의 **포락선**envelope 함수 $X(\Omega)$를 정의하자.

$$X(\Omega) = \sum_{n=-\infty}^{\infty} x[n]\, e^{-j\Omega n} \tag{12.3}$$

푸리에 계수 X_k는 $X(\Omega)$를 등간격 Ω_0로 샘플링하여 $1/N$배 한 것과 같다.

$$X_k = \frac{1}{N} X(k\Omega_0) \tag{12.4}$$

그러면 $x_N[n]$의 이산 시간 푸리에 급수 표현은 다음과 같이 쓸 수 있다.

$$\begin{aligned} x_N[n] &= \sum_{k=<N>} X_k e^{jk\Omega_0 n} = \frac{1}{N}\sum_{k=<N>} X(k\Omega_0)\, e^{jk\Omega_0 n} \\ &= \frac{\Omega_0}{2\pi}\sum_{k=<N>} X(k\Omega_0)\, e^{jk\Omega_0 n} \end{aligned} \tag{12.5}$$

이제 식 (12.5)에 $N\to\infty$ 의 극한을 취하면, $x_N[n]$은 $x[n]$이 되고 $\Omega_0 = 2\pi/N$은 무한소인 $d\Omega$로, $k\Omega_0$는 연속 변수 Ω로, 한 주기 구간 $\langle N \rangle$에 대한 총합은 주파수 Ω의 한 주기 2π에 대한 적분으로 바뀐다.

$$x[n] = \frac{1}{2\pi}\int_{2\pi} X(\Omega)\, e^{j\Omega n}\, d\Omega \tag{12.6}$$

- **이산 시간 푸리에 변환(DTFT)**은 $x[n]$으로부터 스펙트럼 $X(\Omega)$를 구하는 **주파수 분석(분해)**이다.

$$X(\Omega) = \mathscr{F}\{x[n]\} = \sum_{n=-\infty}^{\infty} x[n]\, e^{-j\Omega n} \tag{12.3}$$

- **이산 시간 푸리에 역**inverse**변환(IDTFT)**은 $X(\Omega)$로부터 $x[n]$을 재현하는 **주파수 합성**이다.

$$x[n] = \mathscr{F}^{-1}\{X(\Omega)\} = \frac{1}{2\pi}\int_{2\pi} X(\Omega)\, e^{j\Omega n}\, d\Omega \tag{12.6}$$

- **이산 시간 푸리에 변환쌍** $x[n] \Leftrightarrow X(\Omega)$는 1:1 대응 관계가 성립하는 쌍이다.
- $X(\Omega) = |X(\Omega)|e^{j\angle X(\Omega)}$은 연속된 주파수에 대한 복소함수로서, $|X(\Omega)|$를 **진폭 스펙트럼**, $\angle X(\Omega)$를 **위상 스펙트럼**이라 한다.

식 (12.3)과 식 (12.6)은 쌍을 이뤄 이산 비주기 신호 $x[n]$을 주파수 영역 표현으로 바꾸어주고 다시 시간 영역 표현으로 되돌리는 역할을 한다. 연속 시간 푸리에 변환과 마찬가지로, 분석식 식 (12.3)은 이산 신호 $x[n]$이 어떤 주파수 성분을 가지는가를 보여준다. 그리고 합성식 식 (12.6)은 스펙트럼 $X(\Omega)$로부터 어떻게 이산 신호 $x[n]$을 재현할 수 있는지를 나타내는데, 단지 주파수의 한 주기 2π 내의 (복소) 정현파 성분들만 모두 더하여 만들어낼 수 있다는 점이 연속 시간 푸리에 변환과는 다르다. 식 (12.6)은 기저 신호로 $e^{j\Omega n}$을 사용하여 $x[n]$을 주파수 성분별로 구분하여 표시한 것으로 이해할 수 있다.

예제 12-1 이산 비주기 신호의 푸리에 변환

[그림 12-1]의 이산 신호에 대해 이산 시간 푸리에 변환(DTFT)을 구하라.

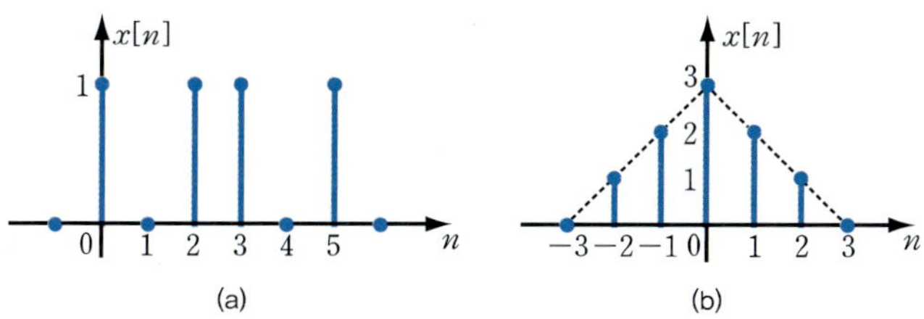

[그림 12-1] [예제 12-1]의 비주기 이산 신호

풀이

(a) 이산 시간 푸리에 변환의 정의식 식 (12.3)으로부터 $x[n]$의 DTFT는 다음과 같다.

$$X(\Omega)=\sum_{n=0}^{5}x[n]e^{-j\Omega n}=1+e^{-j2\Omega}+e^{-j3\Omega}+e^{-j5\Omega}$$

$$=e^{-j\Omega}(e^{-j\Omega}+e^{j\Omega})+e^{-j4\Omega}(e^{-j\Omega}+e^{j\Omega})$$

$$=2(e^{-j\Omega}+e^{-j4\Omega})\cos(\Omega)=4e^{-j\frac{5}{2}\Omega}\cos\left(\frac{3}{2}\Omega\right)\cos(\Omega)$$

풀이에서 보듯이, 오일러 공식을 이용해서 복소 지수 함수를 삼각 함수 정현파로 바꾸어 정리하는 것이 바람직하다.

(b) 이산 시간 푸리에 변환의 정의식 식 (12.3)으로부터 $x[n]$의 DTFT는 다음과 같다.

$$X(\Omega)=\sum_{n=-2}^{2}x[n]e^{-j\Omega n}=e^{j2\Omega}+2e^{j\Omega}+3+2e^{-j\Omega}+e^{-j2\Omega}$$

$$=3+2(e^{j\Omega}+e^{-j\Omega})+(e^{j2\Omega}+e^{-j2\Omega})$$

$$=3+4\cos(\Omega)+2\cos(2\Omega)$$

예제 12-2 이산 사각 펄스 신호의 푸리에 변환

[그림 12-2]에 나타낸 이산 사각 펄스의 푸리에 변환(DTFT)을 구하라.

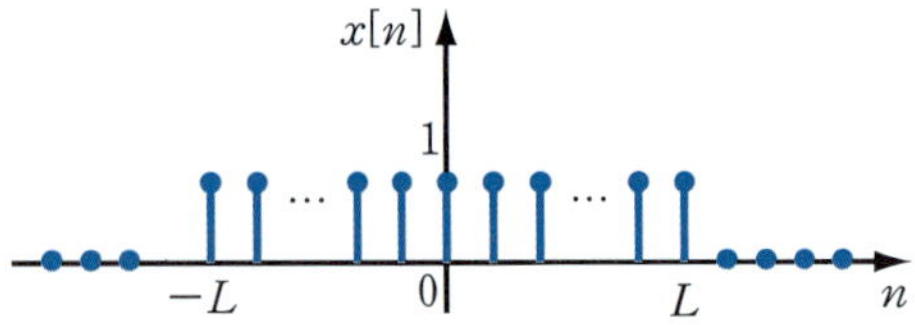

[그림 12-2] 이산 사각 펄스

풀이

이산 시간 푸리에 변환의 정의식 식 (12.3)으로부터 $x[n]$의 DTFT는 다음과 같다.

$$X(\Omega) = \sum_{n=-\infty}^{\infty} x[n]e^{-j\Omega n} = \sum_{n=-L}^{L} (e^{-j\Omega})^n$$

$\Omega = 0, \pm 2\pi, \pm 4\pi, \cdots$이면 $e^{-j\Omega n} = 1$이므로 $X(\Omega) = 2L+1$이 되며, 이 경우를 제외하면 $X(\Omega)$는 공비 $e^{-j\Omega}$인 등비급수이므로 다음과 같이 된다.

$$X(\Omega) = e^{jL\Omega}\frac{1-e^{-j(2L+1)\Omega}}{1-e^{-j\Omega}} = e^{jL\Omega}\frac{e^{-j\frac{2L+1}{2}\Omega}\left(e^{j\frac{2L+1}{2}\Omega} - e^{-j\frac{2L+1}{2}\Omega}\right)}{e^{-j\frac{\Omega}{2}}\left(e^{j\frac{\Omega}{2}} - e^{-j\frac{\Omega}{2}}\right)}$$

$$= \frac{e^{j\frac{2L+1}{2}\Omega} - e^{-j\frac{2L+1}{2}\Omega}}{e^{j\frac{\Omega}{2}} - e^{-j\frac{\Omega}{2}}} = \frac{\sin\left(\frac{2L+1}{2}\Omega\right)}{\sin\left(\frac{\Omega}{2}\right)}$$

$X(\Omega)$는 [그림 12-3]과 같이 나타낼 수 있다. 이는 sinc 함수를 2π 주기로 반복한 것을 합한 것과 같은 형태로서 **디리클레**Dirichlet **함수**라고 한다.

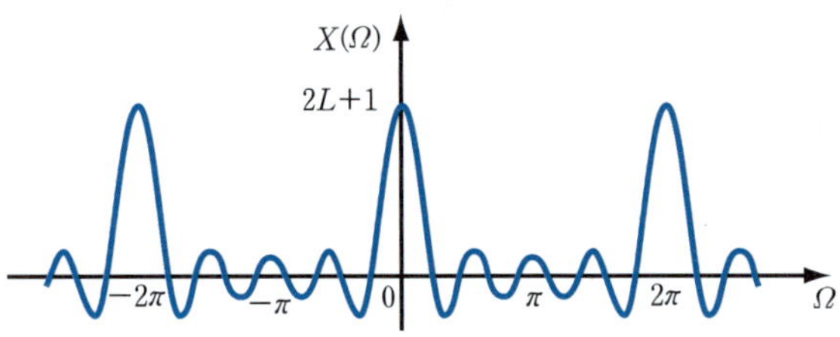

[그림 12-3] 이산 사각 펄스의 푸리에 스펙트럼

이산 시간 푸리에 변환의 수렴 조건

한 주기에 대한 총합 계산인 이산 시간 푸리에 급수와 달리, 식 (12.3)의 이산 시간 푸리에 변환은 전 시간 구간에 대한 총합이므로 수렴을 보장하기 위한 $x[n]$의 조건이 필요하다.

이산 시간 푸리에 변환(DTFT)의 수렴 조건

- $x[n]$이 **절대 총합 가능**absolutely summable하면 이산 시간 푸리에 변환이 존재한다.

$$\sum_{n=-\infty}^{\infty} |x[n]| < \infty \tag{12.7}$$

- 에너지 신호는 항상 수렴 조건을 만족하여 이산 시간 푸리에 변환이 존재한다.
- 전력 신호는 수렴 조건을 만족하지 않지만, 특별히 푸리에 변환이 가능한 것으로 취급한다. 전력 신호의 이산 시간 푸리에 변환, 즉 스펙트럼은 임펄스를 포함한다.

식 (12.3)에서 $e^{-j\Omega n}$의 크기는 1이므로, 값이 수렴, 즉 유한하려면 식 (12.7)의 조건을 만족해야만 함을 알 수 있다.

신호의 에너지에 대한 정의를 생각해보면, 유한한 에너지를 갖는 에너지 신호는 식 (12.7)의 수렴 조건을 당연히 충족시킨다는 것을 알 수 있다. 이와 달리, 계단 신호나 주기 신호처럼 에너지는 무한하고 전력이 유한한 전력 신호는 식 (12.7)을 충족시키지 못해 이론적으로는 푸리에 변환을 할 수 없지만, 특별히 푸리에 변환이 가능한 것으로 취급한다. 그러나 전력 신호의 푸리에 변환은 식 (12.3)의 정의식을 사용하여 구할 수 없다. 따라서 우회적인 방법을 이용하여 구해야 한다. 전력 신호에 대해서도 푸리에 변환이 가능한 것으로 취급하면 주기 신호도 푸리에 변환으로 다룰 수 있게 되어, [그림 12-4]에 나타낸 것처럼 푸리에 변환 하나만으로 주기, 비주기를 가릴 필요 없이 신호를 주파수 영역으로 변환할 수 있게 되므로 편리하다.

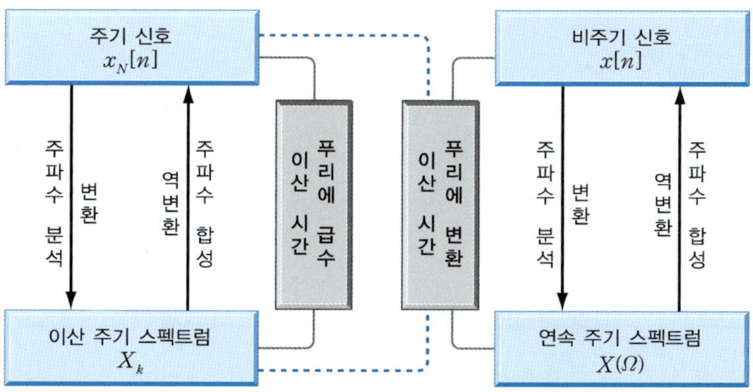

[그림 12-4] 신호의 시간 영역 및 주파수 영역 표현과 변환

예제 12-3 임펄스 스펙트럼의 이산 시간 푸리에 역변환 (IDTFT)

스펙트럼이 임펄스인 $X(\Omega) = 2\pi\delta(\Omega - \Omega_0)$에 대응되는 시간 신호 $x[n]$을 구하라.

풀이

IDTFT의 정의식에 임펄스 함수의 체거르기 성질을 적용하면 $x[n]$은 다음과 같이 된다.

$$x[n] = \frac{1}{2\pi}\int_{2\pi} 2\pi\delta(\Omega-\Omega_0)e^{j\Omega n}\,d\Omega = e^{j\Omega_0 n}$$

따라서 다음의 DTFT쌍을 얻는다.

$$e^{j\Omega_0 n} \quad \Leftrightarrow \quad 2\pi\delta(\Omega-\Omega_0) \qquad (12.8)$$

시간 신호 $x[n]=e^{j\Omega_0 n}$은 모든 n에 대해 $|x[n]|=1$이므로 $\sum_{n=-\infty}^{\infty}|x[n]|=\infty$가 되어 식 (12.7)의 수렴 조건을 만족하지 않는다. 그러므로 식 (12.3)의 정의식으로는 값을 계산할 수가 없고, 이 예제와 같이 우회적인 방법으로 변환쌍을 찾아야 한다.

이산 시간 푸리에 변환과 스펙트럼

$x[n]$의 이산 시간 푸리에 변환 $X(\Omega)$은 $x[n]$의 주파수 성분을 나타낸 스펙트럼으로, 극좌표 표현 $X(\Omega)=|X(\Omega)|e^{j\angle X(\Omega)}$로부터 진폭 스펙트럼과 위상 스펙트럼을 구할 수 있다. 진폭 스펙트럼 $|X(\Omega)|$는 $x[n]$의 주파수 성분들의 상대적 크기를, 위상 스펙트럼 $\angle X(\Omega)$는 시간축 상에서 주파수 성분들의 상대적인 위치를 나타낸다.

이산 정현파의 2π-주기성으로 인해 이산 비주기 신호의 스펙트럼도 주기 2π로 반복된다.

$$\begin{aligned} X(\Omega+2\pi m) &= \sum_{n=-\infty}^{\infty} x[n]\,e^{-j(\Omega+2\pi m)n} \\ &= \sum_{n=-\infty}^{\infty} x[n]\,e^{-j\Omega n}\,e^{-j2\pi mn} = X(\Omega) \end{aligned} \qquad (12.9)$$

식 (12.9)는 이산 신호의 합성에 필요한 주파수 정보가 스펙트럼의 2π 구간에 모두 들어있음을 뜻한다. 따라서 식 (12.6)의 적분 구간을 2π로 제한해도 아무런 문제가 없는 것이다. 이 점은 합성식의 적분 구간이 무한한 전 주파수 범위로 설정되는 연속 시간 푸리에 변환과 차이가 있다.

예제 12-4 사각 펄스 스펙트럼의 역 이산 시간 푸리에 변환

[그림 12-5]와 같이 스펙트럼이 주기 사각 펄스일 때 이에 대응되는 이산 신호를 구하라.

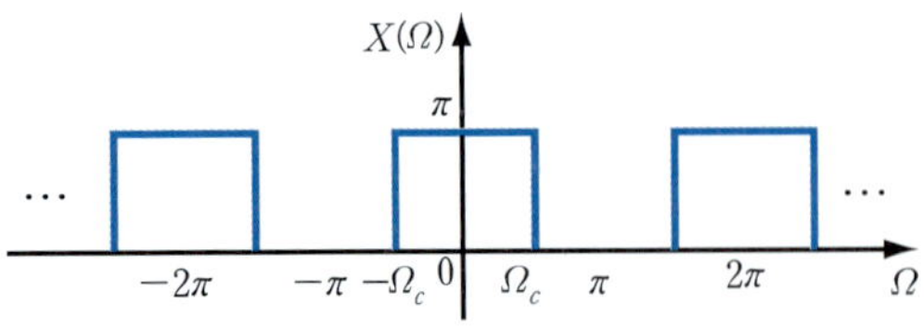

[그림 12-5] 주기 사각 펄스 스펙트럼

풀이

$X(\Omega)=\pi$, $|\Omega|< \Omega_c$이므로, IDTFT 정의식인 식 (12.6)을 이용하면 다음을 얻는다.

$$x[n]=\frac{1}{2\pi}\int_{-\Omega_c}^{\Omega_c}\pi e^{j\Omega n}d\Omega=\frac{1}{j2n}e^{j\Omega n}\Big|_{-\Omega_c}^{\Omega_c}=\frac{1}{j2n}\left(e^{j\Omega_c n}-e^{-j\Omega_c n}\right)$$
$$=\frac{\Omega_c}{\Omega_c n}\sin(\Omega_c n)=\Omega_c\mathrm{sinc}\left(\frac{\Omega_c}{\pi}n\right)=2\pi F_c\mathrm{sinc}(2F_c n)$$

[그림 12-6]은 신호 $x[n]$을 나타낸 것이다.

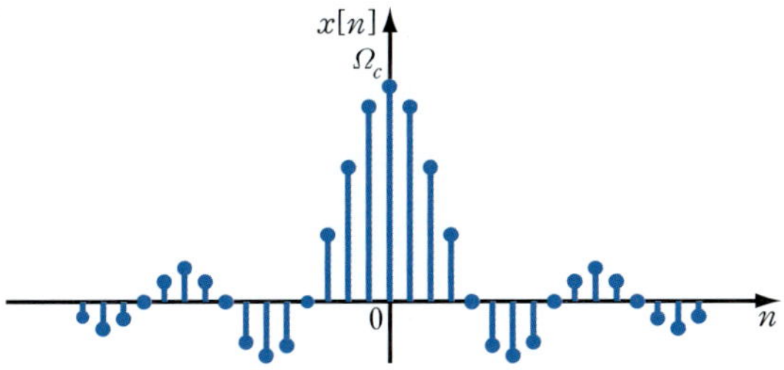

[그림 12-6] 주기 사각 펄스 스펙트럼의 역 DTFT 결과

12.1.2 주기 신호의 이산 시간 푸리에 변환

주기 신호는 대표적인 전력 신호이다. 따라서 주기 신호는 푸리에 급수와 푸리에 변환의 두 가지 표현이 가능하다. 주기 신호 $x_N[n]$의 푸리에 급수 계수 X_k와 푸리에 변환 $X_N(\Omega)$, 그리고 $x_N[n]$의 한 주기만 떼어낸 비주기 신호 $x[n]$의 푸리에 변환 $X(\Omega)$의 관계는 다음과 같이 정리할 수 있다.

- **이산 주기 신호의 푸리에 급수와 이산 비주기 신호의 푸리에 변환의 관계**

  X_k는 $X(\Omega)$를 기본 주파수의 정수배, 즉 $k\Omega_0$에서 샘플링하여 $\frac{1}{N}$배 한 것과 같다.

$$X_k=\frac{1}{N}X(k\Omega_0) \tag{12.4}$$

- **이산 주기 신호의 푸리에 급수와 이산 주기 신호의 푸리에 변환의 관계**

  $X_N(\Omega)$는 $k\Omega_0$에 위치한 세기 $2\pi X_k$인 임펄스들로 이루어진다.

$$X_N(\Omega)=\sum_{k=<N>}2\pi X_k\delta(\Omega-k\Omega_0) \tag{12.10}$$

- **이산 주기 신호의 푸리에 변환과 이산 비주기 신호의 푸리에 변환의 관계**

  $X_N(\Omega)$는 $X(\Omega)$를 $k\Omega_0$에서 세기 Ω_0인 임펄스들로 샘플링한 것이다.

$$X_N(\Omega)=\Omega_0\sum_{k=<N>}X(k\Omega_0)\delta(\Omega-k\Omega_0) \tag{12.11}$$

식 (12.3)과 식 (12.4)로부터 식 (12.10)과 식 (12.11)의 관계를 얻을 수 있는데, 그 과정은 다음과 같다. 여기서 네 번째 등식은 식 (12.8)의 변환쌍을 적용한 결과이다.

$$\begin{aligned} X_N(\Omega) &= \sum_{n=-\infty}^{\infty} x_N[n]e^{-j\Omega n} = \sum_{n=-\infty}^{\infty}\left(\sum_{k=<N>} X_k e^{jk\Omega_0 n}\right)e^{-j\Omega n} \\ &= \sum_{k=<N>} X_k\left(\sum_{n=-\infty}^{\infty} e^{jk\Omega_0 n}e^{-j\Omega n}\right) = \sum_{k=<N>} 2\pi X_k \delta(\Omega - k\Omega_0) \\ &= \frac{2\pi}{N}\sum_{k=<N>} X(k\Omega_0)\delta(\Omega - k\Omega_0) = \Omega_0 \sum_{k=<N>} X(k\Omega_0)\delta(\Omega - k\Omega_0) \end{aligned} \tag{12.12}$$

식 (12.11)은 이산 주기 신호의 스펙트럼은 같은 파형을 가진 이산 비주기 신호의 푸리에 변환(스펙트럼)을 샘플링한 이산 함수로 샘플링 간격은 기본 주파수 Ω_0로 주어짐을 말해준다. 이상의 논의에서 어떤 경우이든지 이산 주기 신호의 스펙트럼은 기본 주파수의 정수배인 $k\Omega_0$에서만 존재하는 불연속적인 이산 함수임을 알 수 있다.

예제 12-5 이산 주기 신호의 푸리에 변환

다음 물음에 답하라.

(a) $x[n] = [1,\ \underset{\uparrow}{0},\ 1]$의 DTFT를 구하라.

(b) $x[n]$을 주기 $N=3$으로 반복한 주기 신호 $x_N[n]$의 DTFT를 구하라.

(c) $y[n] = [0,\ x[n], 0]$을 주기 $N=5$로 반복한 주기 신호 $y_N[n]$의 DTFT를 구하라.

풀이

(a) DTFT의 정의식으로부터 $x[n]$의 DTFT는 다음과 같이 된다.

$$X(\Omega) = \sum_{n=-1}^{1} x[n]e^{-j\Omega n} = e^{j\Omega} + e^{-j\Omega} = 2\cos(\Omega)$$

(b) $x_N[n]$의 기본 주파수는 $\Omega_0 = \dfrac{2\pi}{3}$이므로, 식 (12.11)로부터 DTFT는 다음과 같다.

$$X_N(\Omega) = \Omega_0 \sum_{k=<N>} X(k\Omega_0)\delta(\Omega - k\Omega_0) = \sum_{k=<N>} \frac{4\pi}{3}\cos\left(\frac{2\pi}{3}k\right)\delta\left(\Omega - \frac{2\pi}{3}k\right)$$

(c) $y_N[n]$은 $x[n]$의 반복 간격, 즉 주기만 더 늘려 주기 신호로 만든 것이다. $y_N[n]$의 기본 주파수는 $\Omega_0 = \dfrac{2\pi}{5}$이므로, 식 (12.11)로부터 DTFT는 다음과 같다.

$$Y_N(\Omega) = \Omega_0 \sum_{k=<N>} X(k\Omega_0)\delta(\Omega - k\Omega_0) = \sum_{k=<N>} \frac{4\pi}{5}\cos\left(\frac{2\pi}{5}k\right)\delta\left(\Omega - \frac{2\pi}{5}k\right)$$

(b)와 (c)의 결과를 비교해보면, 같은 비주기 신호라 하더라도 반복 주기에 따라 만들어진 주기 신호의 기본 주파수가 달라지므로 주기 신호의 스펙트럼(DTFT)은 달라진다. [그림 12-7]에 각 신호의 파형과

스펙트럼을 나타내었다. 그림에서 $X_N(\Omega)$와 $Y_N(\Omega)$ 모두 $X(\Omega)$를 임펄스로 샘플링한 것은 같지만, 기본 주파수에 따라 샘플링된 스펙트럼이 달라짐을 확인할 수 있다. 한 주기에 $X_N(\Omega)$는 3개, $Y_N(\Omega)$는 5개의 주파수 성분을 가진다.

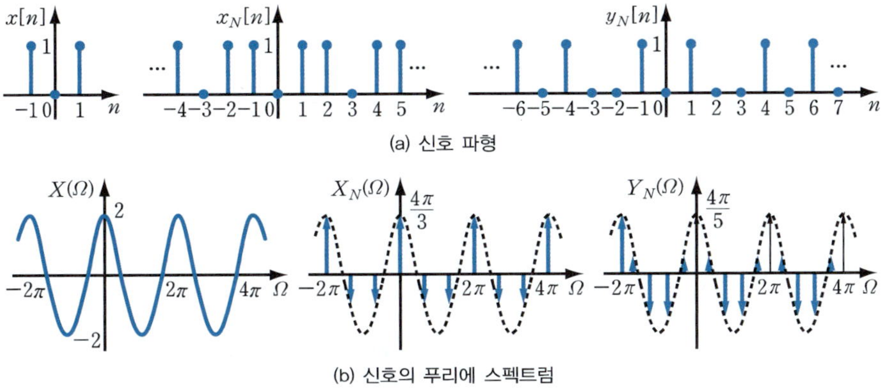

[그림 12-7] [예제 12-5]의 신호 파형 및 스펙트럼

12.1.3 다른 푸리에 표현과의 관계

(연속 시간) 푸리에 변환과 이산 시간 푸리에 변환

이산 신호는 연속 신호를 샘플링한 것으로 생각할 수 있으므로, 이산 비주기 신호의 스펙트럼은 연속 비주기 신호의 스펙트럼을 $\Omega = 2\pi$ 주기로 반복한 형태가 된다. 이런 관계를 [표 12-1]과 [그림 12-8]에 나타내었다. 이로부터 푸리에 변환에 의해 시간 영역에서 샘플링은 주파수 영역에서 주기적 반복에 대응되며, 시간 영역에서 비주기 함수는 주파수 영역에서 연속 함수로 대응됨을 알 수 있다.

[표 12-1] 연속 시간 푸리에 변환과 이산 시간 푸리에 변환

<table>
<tr><th rowspan="2">시간 영역</th><th colspan="4">비주기</th><th rowspan="2"></th></tr>
<tr><th colspan="2">연속</th><th colspan="2">이산</th></tr>
<tr><td rowspan="2"></td><td rowspan="2">CTFT</td><td>합성
$x(t) = \frac{1}{2\pi}\int_{-\infty}^{\infty} X(\omega)\, e^{j\omega t}\, d\omega$</td><td rowspan="2">DTFT</td><td>합성
$x[n] = \frac{1}{2\pi}\int_{2\pi} X(\Omega)\, e^{j\Omega n}\, d\Omega$</td><td rowspan="2"></td></tr>
<tr><td>분해
$X(\omega) = \int_{-\infty}^{\infty} x(t) e^{-j\omega t}\, dt$</td><td>분해
$X(\Omega) = \sum_{k=-\infty}^{\infty} x[n]\, e^{-j\Omega n}$</td></tr>
<tr><td rowspan="2"></td><td colspan="2">비주기</td><td colspan="2">주기</td><td rowspan="2">주파수 영역</td></tr>
<tr><td colspan="4">연속</td></tr>
</table>

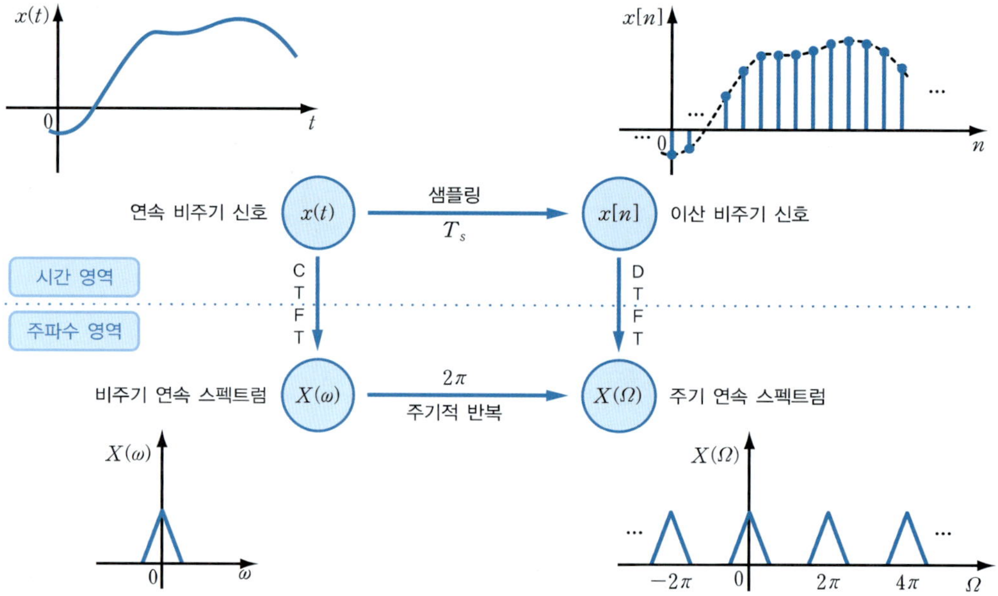

[그림 12-8] 연속 시간 푸리에 변환과 이산 시간 푸리에 변환의 관계

이산 시간 푸리에 급수와 이산 시간 푸리에 변환

[그림 12-4]를 보면, 이산 신호에 대한 푸리에 급수와 푸리에 변환의 역할을 한눈에 파악할 수 있다. 푸리에 급수에서도 보았듯이, 변환, 즉 $x[n] \to X(\Omega)$은 신호를 주파수 성분으로 나누는 주파수 분석에 해당하고, 역변환, 즉 $X(\Omega) \to x[n]$은 주파수 성분들을 모아서 신호를 만드는 주파수 합성에 해당한다. 주기 신호의 스펙트럼은 기본 주파수의 정수배 성분들만 존재하는 선 스펙트럼으로 주파수에 대해 이산 함수였지만, 푸리에 변환에 의한 비주기 신호의 스펙트럼은 주파수에 대해 연속 함수이다. 그리고 주기든 비주기이든 상관없이 이산 신호의 스펙트럼은 주기 함수이다.

Check Point **다음 문제에서 옳은 것을 골라라.**

(1) 이산 비주기 신호의 스펙트럼은 (이산, 연속)인 (주기, 비주기) 함수이다.
(2) 이산 시간 푸리에 역변환은 전 주파수 구간에 대해 적분해야 한다. (○, ×)
(3) DTFT는 신호가 (절대 총합 가능, 총합 가능, 동일 부호)이면 수렴한다.
(4) DTFT를 할 수 없는 신호는 존재하지 않는다. (○, ×)
(5) (에너지, 전력) 신호는 DTFT의 수렴 조건을 만족한다.
(6) DTFT한 스펙트럼에 임펄스가 포함되는 것은 (에너지, 전력, 불연속) 신호이다.
(7) 이산 전력 신호의 푸리에 변환은 DTFT의 정의식으로 계산할 수 있다. (○, ×)
(8) 주기 신호의 DTFS와 DTFT에 의한 선 스펙트럼 간격은 (같다, 다르다).
(9) 푸리에 표현에서 (주기 ⇔ 이산, 주기 ⇔ 연속)이라는 시간 – 주파수 쌍대성이 성립한다.
(10) 시간 영역에서 샘플링은 주파수 영역에서 주기적 반복으로 나타난다. (○, ×)

SECTION 12.2

주요 신호의 이산 시간 푸리에 변환쌍

학습포인트

- 임펄스 신호와 상수 신호의 DTFT쌍을 익혀둔다.
- 정현파 신호와 실수 지수 신호의 DTFT쌍과 스펙트럼의 특징을 익혀둔다.
- 사각 펄스 신호와 싱크 함수의 DTFT쌍을 익혀둔다.

자주 사용되는 중요한 기본 신호들의 푸리에 변환쌍을 알고 있으면, 이를 이용해 다른 신호의 푸리에 변환을 쉽게 구하거나 주파수 영역 해석에 도움이 되는 정보를 파악할 수 있는 등 여러모로 편리하다. 이 절에서는 몇 가지 주요 신호에 대한 이산 시간 푸리에 변환쌍을 구해보기로 한다. 여기서 제시되는 푸리에 변환은 한 주기 $|\Omega| \le \pi$에 대해서만 나타낸 것이다.

임펄스 신호

단위 임펄스 신호 $x[n] = \delta[n]$의 이산 시간 푸리에 변환을 구하면

$$X(\Omega) = \sum_{n=-\infty}^{\infty} \delta[n] e^{-j\Omega n} = e^{j0} = 1 \tag{12.13}$$

이다. 따라서 임펄스 신호의 DTFT쌍은 다음과 같다.

$$\delta[n] \quad \Leftrightarrow \quad 1 \tag{12.14}$$

이를 [그림 12-9]에 보였다. 즉 (연속 신호와 마찬가지로) 임펄스 신호는 모든 주파수 성분을 포함한다. 따라서 시스템의 주파수에 따른 응답 특성을 알아보려면 임펄스 신호를 입력으로 인가하면 된다.

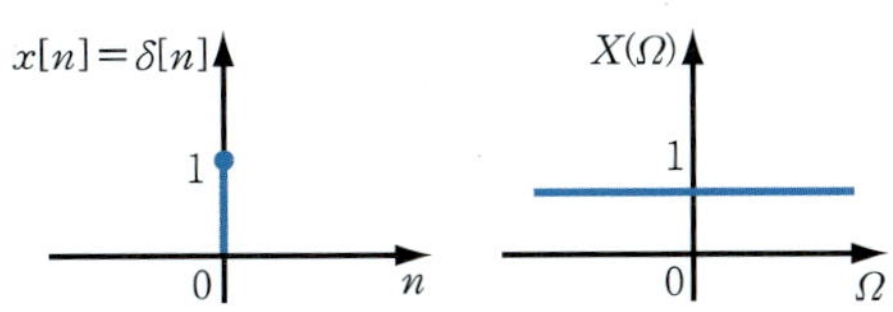

[그림 12-9] 이산 임펄스 신호의 DTFT쌍

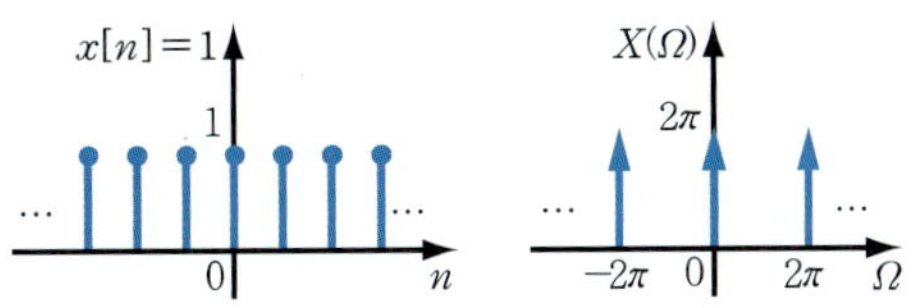

[그림 12-10] 이산 상수 신호의 DTFT쌍

상수(DC) 신호

$x[n] = 1$은 전력 신호로 수렴 조건을 만족하지 않는다. 따라서 식 (12.3)으로는 푸리에 스펙트럼을 계산할 수 없다. 그러므로 역으로 스펙트럼이 임펄스일 때($X(\Omega) = 2\pi\delta(\Omega)$) 대응되는 이산 신호를 구해보면, 식 (12.8)의 DTFT쌍 $e^{j\Omega_0 n} \Leftrightarrow 2\pi\delta(\Omega - \Omega_0)$에서 $\Omega_0 = 0$인 경우로서 $x[n] = e^{j0n} = 1$

이다. 이로부터 다음과 같은 DTFT쌍을 얻을 수 있고, 이를 [그림 12-10]에 보였다.

$$1 \Leftrightarrow 2\pi\delta(\Omega) \tag{12.15}$$

즉 상수 신호의 주파수 스펙트럼은 임펄스가 된다. 이 결과로부터도 전력 신호의 스펙트럼에는 임펄스가 포함됨을 확인할 수 있다. 식 (12.14)와 식 (12.15)의 결과는 시간 신호와 주파수 스펙트럼이 서로 역할을 맞바꾸어도 '임펄스 ⇔ 상수'의 변환쌍 관계가 그대로 유지됨을 보여준다. 즉 이산 신호의 스펙트럼이 주기적으로 반복되는 까닭에 수식적으로는 정확하게 쌍대성이 성립되지는 않지만, 개념적으로는 8.3절에서 살펴보았던 시간 - 주파수 쌍대성 성질이 성립하고 있음을 알 수 있다.

정현파 신호

오일러 공식을 이용하여 이산 정현파를 이산 복소 정현파로 바꾸어 나타내면, 식 (12.8)의 변환쌍으로부터 이산 정현파에 대한 푸리에 변환쌍도 손쉽게 구할 수 있다.

$$\mathcal{F}\{\cos(\Omega_0 n)\} = \mathcal{F}\left\{\frac{e^{j\Omega_0 n} + e^{-j\Omega_0 n}}{2}\right\} = \pi\delta(\Omega - \Omega_0) + \pi\delta(\Omega + \Omega_0) \tag{12.16}$$

$$\cos(\Omega_0 n) \Leftrightarrow \pi\delta(\Omega - \Omega_0) + \pi\delta(\Omega + \Omega_0) \tag{12.17}$$

주파수 $\pm\,\Omega_0$에서 스펙트럼이 존재하는 것은 푸리에 급수와 같지만, 정현파 신호가 전력 신호이기 때문에 스펙트럼이 임펄스로 이루어진 것이 다르다. 정현파의 푸리에 변환쌍은 [그림 12-11]과 같다.

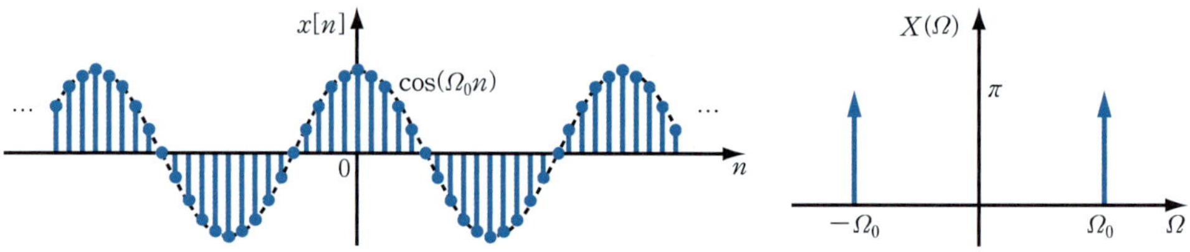

[그림 12-11] 이산 정현파 신호의 DTFT쌍

실수 지수 신호

정의식을 이용하여 실수 지수 신호 $x[n] = a^n u[n]$, $|a| < 1$의 DTFT를 나타내면

$$X(\Omega) = \sum_{n=0}^{\infty} a^n e^{-j\Omega n} = \sum_{n=0}^{\infty} (ae^{-j\Omega})^n = \frac{1}{1 - ae^{-j\Omega}} \tag{12.18}$$

이다. 따라서 이산 실수 지수 신호의 푸리에 변환쌍은 다음과 같다.

$$a^n u[n] \Leftrightarrow \frac{1}{1 - ae^{-j\Omega}} \tag{12.19}$$

[그림 12-12]는 이산 실수 지수 신호의 진폭 및 위상 스펙트럼을 나타낸 것으로, (a)는 $0 < a < 1$, (b)는 $-1 < a < 0$인 경우이다. 그림에서 보듯이, 진폭 스펙트럼과 위상 스펙트럼 모두 주기 2π 인 주기 함수이며, 진폭 스펙트럼은 우대칭이고 위상 스펙트럼은 기대칭이다. 이미 [예제 11-3]을 통해 이산 시간 푸리에 급수(DTFS)에서도 살펴본 것처럼, 이러한 주기성과 대칭성을 동시에 만족시키기 위해 π, 3π, $\cdots$ 축에 대해서도 진폭 스펙트럼은 우대칭, 위상 스펙트럼은 기대칭을 만족한다.

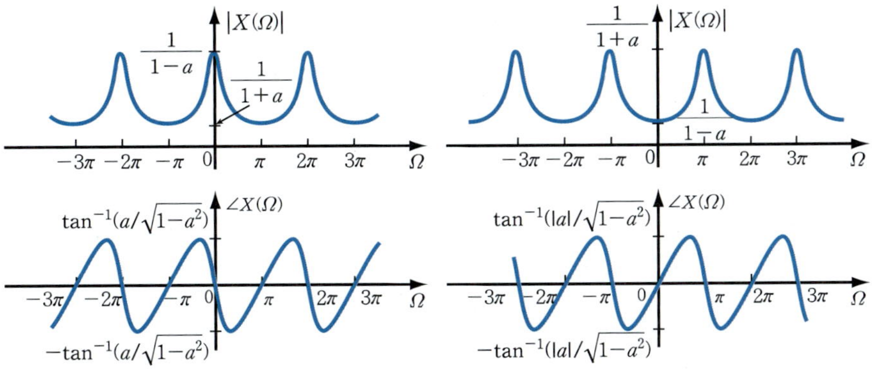

(a) $0 < a < 1$일 때의 진폭 및 위상 스펙트럼 (b) $-1 < a < 0$일 때의 진폭 및 위상 스펙트럼

[그림 12-12] 이산 실수 지수 신호 $x[n] = a^n u[n]$, $|a| < 1$의 스펙트럼

사각 펄스 신호

[예제 12-2]의 풀이로부터 이산 사각 펄스 신호의 푸리에 변환쌍은 다음과 같다.

$$p_L[n] = \text{rect}\left[\frac{n}{2L}\right] \quad \Leftrightarrow \quad P_L(\Omega) = \frac{\sin\left(\frac{2L+1}{2}\Omega\right)}{\sin\left(\frac{\Omega}{2}\right)} \tag{12.20}$$

싱크 함수

[예제 12-4]의 풀이로부터 이산 싱크 함수 신호의 푸리에 변환쌍은 다음과 같다.

$$\text{sinc}\left(\frac{\Omega_c}{\pi}n\right) \quad \Leftrightarrow \quad \frac{\pi}{\Omega_c}\text{rect}(\Omega/2\Omega_c) \tag{12.21}$$

사각 펄스와 싱크 함수의 푸리에 변환쌍을 비교해보면, 약간 변형된 형태로 '사각 펄스 ⇔ sinc 함수'의 시간-주파수 쌍대성 개념이 유지되고 있음을 직관으로 파악할 수 있다.

지금까지 살펴본 신호들을 비롯한 주요 신호의 이산 시간 푸리에 변환쌍을 [부록]에 정리해 두었다. [부록]에 제시된 이산 시간 푸리에 변환쌍들은 신호와 시스템의 취급에서 널리 활용되는 것들이므로, 스스로 유도해보고 잘 익혀두기 바란다.

SECTION 12.3

이산 시간 푸리에 변환의 성질

학습포인트

- DTFT의 대칭성에 대해 이해한다.
- 시간 이동 및 주파수 이동 성질을 알아본다.
- 시간 척도조절에 따른 스펙트럼의 변화를 이해한다.
- 시간 컨벌루션 및 주파수 컨벌루션 성질과 그 중요성을 이해한다.
- 파스발 정리와 의미를 이해한다.
- DTFT의 성질들을 실제 문제에 활용하는 방법을 잘 익혀둔다.

푸리에 표현은 신호 및 시스템의 이론적인 해석에 크게 도움이 되는 유용한 성질들이 많다. 지금까지 살펴본 네 가지 종류의 푸리에 표현, 연속 시간 푸리에 급수(CTFS) 및 변환(CTFT), 이산 시간 푸리에 급수(DTFS) 및 변환(DTFT)은 이론적 토대가 같으므로 그 성질 또한 비슷하며, 다만 각 표현의 대상 신호의 속성에 따라 약간 차이가 있을 뿐이다. 이미 8장에서 연속 시간 푸리에 변환의 성질을 자세히 살펴본 바 있으므로, 이 절에서는 DTFT의 주요 성질들을 결과를 중심으로 간단히 살펴보되 필요에 따라 몇몇 중요한 성질은 좀 더 깊이 있게 다룰 것이다.

12.3.1 DTFT의 기본 성질

주기성

식 (12.9)에서 보았듯이 DTFT, 즉 이산 신호의 스펙트럼 $X(\Omega)$는 주기 2π인 주기 함수이며, 이 점이 연속 신호의 스펙트럼 $X(\omega)$와 다른 점이다.

$$X(\Omega+2\pi l) = X(\Omega), \quad l\text{은 정수} \tag{12.22}$$

선형성

선형성은 이산 시간 푸리에 변환의 정의식으로부터 바로 얻을 수 있는데, 간단한 기본 신호들의 선형 결합으로 이루어진 신호의 푸리에 변환을 쉽게 구할 수 있게 해준다.

$$\alpha x[n]+\beta y[n] \quad \Leftrightarrow \quad \alpha X(\Omega)+\beta Y(\Omega) \tag{12.23}$$

예제 12-6 선형성을 이용한 DTFT 구하기

선형성을 이용하여 신호 $x[n]=a^{|n|}$, $|a|<1$의 DTFT를 구하라.

풀이

주어진 신호는 다음과 같이 정의되는 $x_1[n]$과 $x_2[n]$의 합 $x[n]=x_1[n]+x_2[n]$으로 나타낼 수 있다. 그러므로 DTFT는 선형성에 의해 $X(\Omega)=X_1(\Omega)+X_2(\Omega)$가 된다.

$$x_1[n]=\begin{cases} a^n, & n\ge 0 \\ 0, & n<0 \end{cases}, \quad x_2[n]=\begin{cases} a^{-n}, & n<0 \\ 0, & n\ge 0 \end{cases}$$

$x_1[n]$의 DTFT는 식 (12.19)와 같고, $x_2[n]$의 DTFT는 정의식으로부터 다음과 같다.

$$X_2(\Omega)=\sum_{n=-\infty}^{-1} a^{-n}e^{-j\Omega n}=\sum_{m=1}^{\infty}(ae^{j\Omega})^m=\frac{ae^{j\Omega}}{1-ae^{j\Omega}}$$

따라서 $x[n]$의 DTFT는 다음과 같이 된다.

$$X(\Omega)=\frac{1}{1-ae^{-j\Omega}}+\frac{ae^{j\Omega}}{1-ae^{j\Omega}}=\frac{1-a^2}{1-2a\cos(\Omega)+a^2}$$

따라서 다음의 DTFT쌍이 성립한다.

$$x[n]=a^{|n|},\ |a|<1 \quad \Leftrightarrow \quad \frac{1-a^2}{1-2a\cos(\Omega)+a^2} \tag{12.24}$$

대칭성

이산 실수 신호 $x[n]$의 DTFT도 연속 실수 신호의 CTFT와 똑같은 대칭성을 만족한다. 즉 스펙트럼이 공액 대칭을 만족하여 실수 신호 $x[n]$의 DTFT의 실수부 $\text{Re}\{X(\Omega)\}$는 우대칭이고, 허수부 $\text{Im}\{X(\Omega)\}$는 기대칭이다. 그리고 진폭 스펙트럼은 우함수이고, 위상 스펙트럼은 기함수가 된다. 또한 $x[n]$이 실수 우함수이면 $X(\Omega)$도 순수한 실수 우함수가 되고, $x[n]$이 실수 기함수이면 $X(\Omega)$는 순수한 허수 기함수가 된다. 한편 이산 실수 신호의 스펙트럼은 대칭성과 주기성을 동시에 만족해야 하므로 반주기점 $\Omega=(2l+1)\pi$를 대칭축으로 하여 대칭성이 그대로 성립한다.

$$X(\Omega)=X^*(-\Omega) \quad \& \quad X^*(\Omega)=X(-\Omega), \quad x[n]\text{은 실수} \tag{12.25}$$

$$\begin{cases} \text{Re}\{X(\Omega)\}=\text{Re}\{X(-\Omega)\}, & x[n]\text{은 실수} \\ \text{Im}\{X(\Omega)\}=-\text{Im}\{X(-\Omega)\}, & x[n]\text{은 실수} \end{cases} \tag{12.26}$$

$$\begin{cases} |X(\Omega)|=|X(-\Omega)|, & x[n]\text{은 실수} \\ \angle X(\Omega)=-\angle X(-\Omega), & x[n]\text{은 실수} \end{cases} \tag{12.27}$$

$$\begin{cases} \text{Re}\{X(\Omega)\} = \text{Re}\{X(-\Omega)\}, & x[n]\text{은 실수 우함수} \\ \text{Im}\{X(\Omega)\} = 0, & x[n]\text{은 실수 우함수} \end{cases} \quad (12.28)$$

$$\begin{cases} \text{Re}\{X(\Omega)\} = 0, & x[n]\text{은 실수 기함수} \\ \text{Im}\{X(\Omega)\} = -\text{Im}\{X(-\Omega)\}, & x[n]\text{은 실수 기함수} \end{cases} \quad (12.29)$$

DTFT의 대칭성을 끌어내는 과정 또한 CTFT와 같다. 우선 $x[n]$이 실수이면 $x^*[n] = x[n]$이므로 다음과 같이 공액 대칭을 만족함을 보일 수 있다.

$$X^*(\Omega) = \left(\sum_{n=-\infty}^{\infty} x[n]e^{-j\Omega n}\right)^* = \sum_{n=-\infty}^{\infty} x[n]e^{j\Omega n} = X(-\Omega) \quad (12.30)$$

식 (12.30)과 $X(\Omega)$의 직교좌표($\text{Re}\{X(\Omega)\} + j\,\text{Im}\{X(\Omega)\}$) 및 극좌표($|X(\Omega)|e^{j\angle X(\Omega)}$) 표현을 결합하면 식 (12.26)과 식 (12.27)의 대칭성을 얻게 된다.

한편 $x[n]$이 실수이고 우함수라면 $x^*[n] = x[n] = x[-n]$이므로 다음과 같다.

$$\begin{aligned} X^*(\Omega) &= \sum_{n=-\infty}^{\infty} x[n]e^{j\Omega n} = \sum_{n=-\infty}^{\infty} x[-n]e^{-j\Omega(-n)} \\ &= \sum_{m=\infty}^{-\infty} x[m]e^{-j\Omega m} = \sum_{n=-\infty}^{\infty} x[n]e^{-j\Omega n} \quad = X(\Omega) \end{aligned} \quad (12.31)$$

그리고 $x[n]$이 실수이고 기함수라면 $x^*[n] = x[n] = -x[-n]$이므로 다음과 같다.

$$\begin{aligned} X^*(\Omega) &= \sum_{n=-\infty}^{\infty} x[n]e^{j\Omega n} = -\sum_{n=-\infty}^{\infty} x[-n]e^{-j\Omega(-n)} \\ &= -\sum_{m=\infty}^{-\infty} x[m]e^{-j\Omega m} = -\sum_{n=-\infty}^{\infty} x[n]e^{-j\Omega n} = -X(\Omega) \end{aligned} \quad (12.32)$$

식 (12.30)과 식 (12.31)을 비교하면 $X(\Omega) = X(-\Omega)$이다. 즉 $X(\Omega)$는 순수한 실수 우함수로 식 (12.28)의 대칭성이 성립한다. 그리고 식 (12.30)과 식 (12.32)를 비교하면 $X(\Omega) = -X(-\Omega)$이다. 즉 $X(\Omega)$는 순수한 허수 기함수로 식 (12.29)의 대칭성이 성립함을 알 수 있다.

한편 식 (12.28)과 식 (12.29)의 대칭성으로부터 신호의 우대칭 성분은 DTFT의 실수부, 기대칭 성분은 DTFT의 허수부에 대응되는 것도 CTFT와 동일하다.

$$\begin{cases} X_e(\Omega) = \text{Re}\{X(\Omega)\} \\ X_o(\Omega) = -j\,\text{Im}\{X(\Omega)\} \end{cases} \quad (12.33)$$

이런 대칭성이 성립하는 예로 [예제 12-2]의 이산 사각 펄스 신호의 스펙트럼을 들 수 있다. 신호가 실수 우함수이므로 [그림 12-3]에서 푸리에 스펙트럼이 실수 우함수이며, 반주기점에 대해서도 우대칭을 만족함을 볼 수 있다.

시간 반전

신호를 시간축에 대해 뒤집는 시간 반전의 효과는 주파수 반전이다.

$$x[-n] \;\Leftrightarrow\; X(-\Omega) \tag{12.34}$$

식 (12.34)의 관계도 DTFT의 정의식에서 간단히 얻을 수 있다.

$$\begin{aligned}\mathcal{F}\{x[-n]\} &= \sum_{n=-\infty}^{\infty} x[-n]\,e^{-j\Omega n} = \sum_{m=-\infty}^{\infty} x[m]\,e^{j\Omega m} \\ &= \sum_{m=-\infty}^{\infty} x[m]\,e^{-j(-\Omega)m} = X(-\Omega)\end{aligned} \tag{12.35}$$

예제 12-7 시간 반전 성질을 이용한 이산 시간 푸리에 변환

[그림 12-13]의 이산 정현파 신호의 이산 시간 푸리에 변환을 구하라.

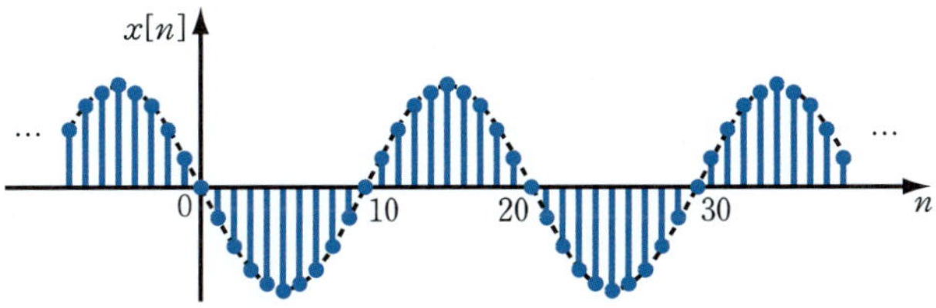

[그림 12-13] [예제 12-7]의 이산 정현파 신호

풀이

주어진 정현파는 주기 $N=20$이므로 주파수는 $\Omega_0 = \dfrac{2\pi}{N} = 0.1\pi$이며, $y[n]=\sin(0.1\pi n)$을 시간축에 대해 뒤집은 신호이다. 즉 $x[n]=y[-n]$이다. $y[n]$의 DTFT는 식 (12.8)의 변환쌍에 의해 다음과 같이 구해진다.

$$\begin{aligned}Y(\Omega) &= \mathcal{F}\{\sin(0.1\pi n)\} = \mathcal{F}\left\{\frac{1}{j2}\left(e^{j0.1\pi n} - e^{-j0.1\pi n}\right)\right\} \\ &= -j\pi[\delta(\Omega-0.1\pi) - \delta(\Omega+0.1\pi)]\end{aligned}$$

따라서 식 (12.34)의 시간 반전 성질에 의해 $x[n]$의 DTFT는 다음과 같이 된다.

$$\begin{aligned}X(\Omega) = Y(-\Omega) &= -j\pi[\delta(-\Omega-0.1\pi) - \delta(-\Omega+0.1\pi)] \\ &= -j\pi[\delta(\Omega+0.1\pi) - \delta(\Omega-0.1\pi)]\end{aligned}$$

시간 이동

DTFS와 마찬가지로([예제 11-9] 참조), DTFT는 신호의 시간 이동에 대해 진폭 스펙트럼은 바뀌지 않고 위상 스펙트럼만 선형적으로 바뀐다. 이때 시간 이동 값이 선형 위상 변화의 기울기가 된다.

$$x[n-n_0] \quad \Leftrightarrow \quad e^{-jn_0\Omega}X(\Omega) \tag{12.36}$$

시간 이동 성질도 푸리에 변환의 정의식으로부터 간단히 얻을 수 있다.

$$\begin{aligned}\mathcal{F}\{x[n-n_0]\} &= \sum_{n=-\infty}^{\infty} x[n-n_0]e^{-j\Omega n} = \sum_{m=-\infty}^{\infty} x[m]\, e^{-j\Omega(m+n_0)} \\ &= e^{-j\Omega n_0}\sum_{m=-\infty}^{\infty} x[m]\, e^{-j\Omega m} = e^{-jn_0\Omega}X(\Omega)\end{aligned} \tag{12.37}$$

예제 12-8 시간 이동 성질을 이용한 이산 시간 푸리에 변환

[그림 12-14]의 이산 신호에 대해 이산 시간 푸리에 변환을 구하라.

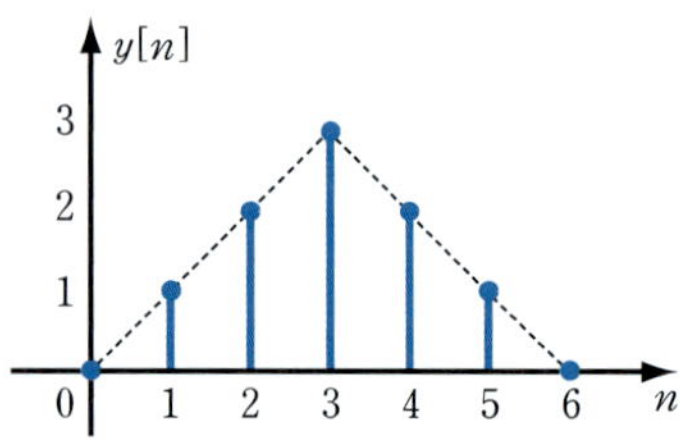

[그림 12-14] [예제 12-8]의 신호

풀이

주어진 신호는 [예제 12-1(b)]의 신호를 $n_0=3$만큼 시간 지연한 것, 즉 $y[n]=x[n-3]$이므로 [예제 12-1]에서 구한 $X(\Omega)=3+4\cos(\Omega)+2\cos(2\Omega)$에 식 (12.36)의 시간 이동 성질을 적용하면 다음과 같이 $y[n]$의 DTFT가 얻어진다.

$$Y(\Omega)=e^{-j3\Omega}X(\Omega)=e^{-j3\Omega}(3+4\cos(\Omega)+2\cos(2\Omega))$$

이산 시간 푸리에 변환의 정의식 식 (12.3)을 이용하여 이 결과가 옳은지 확인해보자. $y[n]$의 DTFT는 다음과 같이 계산된다.

$$\begin{aligned}Y(\Omega) &= \sum_{n=1}^{5} y[n]e^{-j\Omega n} = e^{-j\Omega}+2e^{-j2\Omega}+3e^{-j3\Omega}+2e^{-j4\Omega}+e^{-j5\Omega} \\ &= e^{-j3\Omega}(e^{j2\Omega}+2e^{j\Omega}+3+2e^{-j\Omega}+e^{-j2\Omega}) \\ &= e^{-j3\Omega}(3+4\cos(\Omega)+2\cos(2\Omega))\end{aligned}$$

두 결과가 일치하므로 식 (12.36)의 시간 이동 성질이 유효함을 알 수 있다.

예제 12-9 단위 계단 신호 $u[n]$의 DTFT

단위 계단 신호 $u[n]$의 DTFT를 구하라.

풀이

단위 계단 신호 $u[n]$은 전력 신호이므로 정의식을 이용하여 직접적으로 DTFT를 구할 수 없다. 따라서 $u[n]-u[n-1]=\delta[n]$과 같은 차분을 이용한다. 이에 대해 DTFT를 구하면 시간 이동 성질에 의해 다음과 같이 된다.

$$U(\Omega)(1-e^{-j\Omega})=1$$

그런데 $\Omega=0$이면 $1-e^{-j\Omega}=0$이므로 등식이 모든 Ω에 대해 성립하기 위해서는 $U(\Omega)$가 반드시 다음과 같은 형태여야 한다.

$$U(\Omega)=\frac{1}{1-e^{-j\Omega}}+c\delta(\Omega), \quad |\Omega|\le\pi$$

한편 DTFT쌍 $1 \Leftrightarrow 2\pi\delta(\Omega)$으로부터 $c\delta(\Omega)$는 크기 $\frac{c}{2\pi}$인 상수(DC)의 DTFT임을 알 수 있는데, $u[n]$의 직류 성분은 전 시간 $[-\infty,\infty]$에 대한 평균인 $\frac{1}{2}$이므로 $c=\pi$이다. 따라서 다음의 DTFT쌍이 성립한다.

$$u[n] \quad \Leftrightarrow \quad \frac{1}{1-e^{-j\Omega}}+\pi\delta(\Omega), \quad |\Omega|\le\pi \qquad (12.38)$$

주파수 이동과 변조

시간 이동과는 반대로 주파수 영역에서 스펙트럼을 Ω_0만큼 이동시키면, 같은 주파수를 갖는 복소 정현파 $e^{j\Omega_0 n}$을 시간 영역 신호 $x[n]$에 곱하는 것과 같다.

$$\textbf{주파수 이동 :}\ x[n]e^{j\Omega_0 n} \quad \Leftrightarrow \quad X(\Omega-\Omega_0) \qquad (12.39)$$

$$\textbf{변조 :}\ x[n]\cos(\Omega_0 n) \quad \Leftrightarrow \quad \frac{1}{2}\left[X(\Omega-\Omega_0)+X(\Omega+\Omega_0)\right] \qquad (12.40)$$

IDTFT의 정의식 식 (12.6)으로부터 다음과 같이 식 (12.39)의 관계를 얻을 수 있다.

$$\begin{aligned}\mathcal{F}^{-1}\{X(\Omega-\Omega_0)\} &= \frac{1}{2\pi}\int_{2\pi} X(\Omega-\Omega_0)e^{j\Omega n}d\Omega \\ &= \frac{1}{2\pi}\int_{2\pi} X(\Omega')e^{j\Omega' n}e^{j\Omega_0 n}d\Omega' \\ &= e^{j\Omega_0 n}\cdot\frac{1}{2\pi}\int_{2\pi} X(\Omega')e^{j\Omega' n}d\Omega' \\ &= e^{j\Omega_0 n}x[n]\end{aligned} \qquad (12.41)$$

그런데 $e^{j\Omega_0 n}$을 물리적으로는 만들 수 없으므로, 실제로 주파수 이동을 시키려면 오일러 공식을 이용해 $x[n]$에 정현파 $\cos(\Omega_0 n) = (e^{j\Omega_0 n} + e^{-j\Omega_0 n})/2$을 곱해야 하며, 이는 곧 변조 동작이다.

예제 12-10 변조 성질을 이용한 이산 시간 푸리에 변환

실수 지수 신호의 푸리에 변환쌍 $a^n u[n] \Leftrightarrow \dfrac{1}{1-ae^{-j\Omega}}$과 푸리에 변환의 변조 성질을 이용하여 $x[n] = a^n \cos(\Omega_0 n) u[n]$의 푸리에 변환을 구하라.

풀이

$x[n]$은 실수 지수 신호 $a^n u[n]$에 $\cos(\Omega_0 n)$을 곱한 것이다. 따라서 식 (12.40)에 의해 다음과 같이 $x[n]$의 푸리에 변환을 구할 수 있다.

$$\begin{aligned} X(\Omega) &= \frac{1}{2}\left(\frac{1}{1-ae^{-j(\Omega+\Omega_0)}} + \frac{1}{1-ae^{-j(\Omega-\Omega_0)}}\right) \\ &= \frac{1}{2}\frac{2-a(e^{-j(\Omega+\Omega_0)}+e^{-j(\Omega-\Omega_0)})}{(1-ae^{-j(\Omega+\Omega_0)})(1-ae^{-j(\Omega-\Omega_0)})} \\ &= \frac{1-ae^{-j\Omega}\cos(\Omega_0)}{1-2ae^{-j\Omega}\cos(\Omega_0)+a^2e^{-j2\Omega}} \end{aligned}$$

시간 척도조절

이산 신호의 시간 변수 n은 항상 정수여야 하는 까닭에 시간 척도조절은 제한적인 조건에서만 가능함을 3.3.2절에서 살펴보았다. 신호의 시간 척도를 바꾸면 스펙트럼에 정반대의 효과가 나타난다. 다시 말해, 시간 영역에서 신호를 압축하면 주파수 스펙트럼은 늘어나고, 역으로 신호를 늘이면 주파수 스펙트럼이 압축된다. 이때 시간 늘이기(보간)는 0을 삽입한 경우로 한정한다.

$$x[an] \Leftrightarrow X\left(\frac{\Omega}{a}\right) \tag{12.42}$$

식 (12.42)는 DTFT의 정의식에 $an = m$으로 변수 치환하여 쉽게 얻을 수 있다.

$$\begin{aligned} \mathcal{F}\{x[an]\} &= \sum_{n=-\infty}^{\infty} x[an]e^{-j\Omega n} = \sum_{m=-\infty}^{\infty} x[m]e^{-j\Omega m/a} \\ &= \sum_{m=-\infty}^{\infty} x[m]e^{-j(\Omega/a)m} = X\left(\frac{\Omega}{a}\right) \end{aligned} \tag{12.43}$$

[그림 12-15]는 이산 사각 펄스의 예를 보인 것이다.

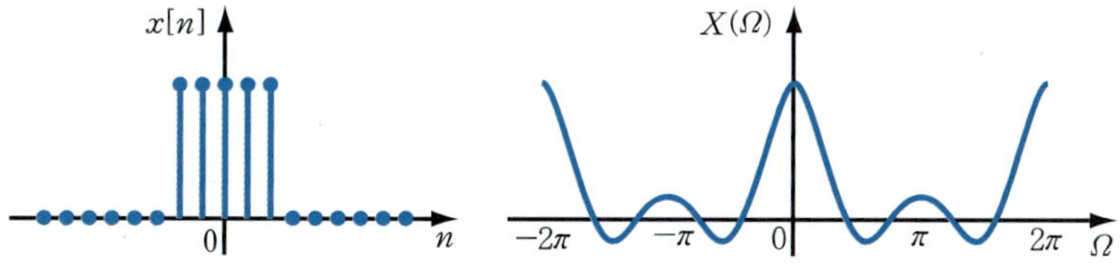

(a) $x[n]$과 푸리에 스펙트럼

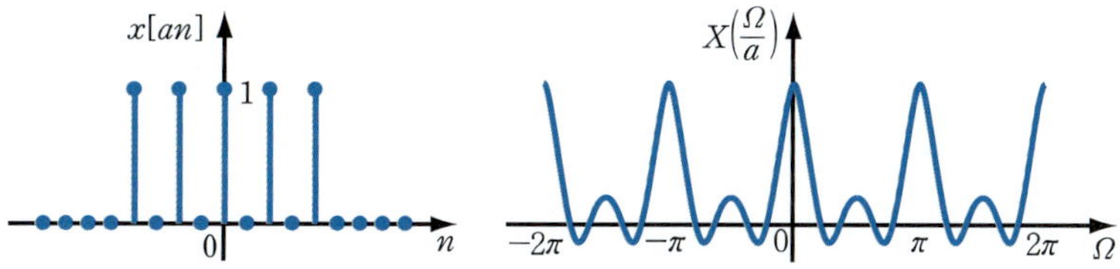

(b) $x[an]$과 푸리에 스펙트럼

[그림 12-15] 신호의 시간 척도조절과 주파수 스펙트럼의 관계

예제 12-11 시간 척도조절을 이용한 DTFT 구하기

[그림 12-16]의 이산 신호에 대해 (a) $x[n]$의 DTFT를 구하고, (b) 이를 이용하여 $y[n]$의 DTFT를 구하라.

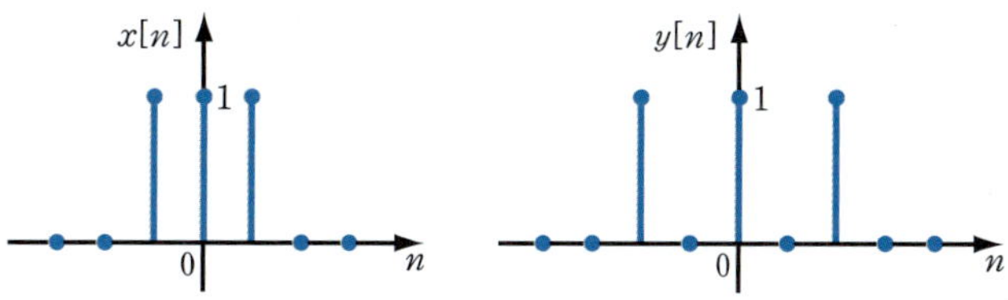

(a) (b)

[그림 12-16] [예제 12-11]의 신호

풀이

(a) $x[n]$의 DTFT를 구하면 다음과 같다.

$$X(\Omega) = \sum_{n=-1}^{1} x[n]e^{-j\Omega n} = e^{j\Omega} + 1 + e^{-j\Omega} = 1 + 2\cos(\Omega)$$

(b) $y[n]$은 $x[n]$에 대해 0 삽입으로 시간축을 2배로 늘인 것과 같다. 즉 $y[n] = x[n/2]$이다. 그러므로 식 (12.42)의 시간 척도조절 성질에 의해 $y[n]$의 DTFT는 다음과 같이 된다.

$$Y(\Omega) = X(2\Omega) = 1 + 2\cos(2\Omega)$$

$y[n]$을 직접 푸리에 변환해도 다음과 같이 일치하는 결과를 얻는다.

$$Y(\Omega) = \sum_{n=-2}^{2} x[n]e^{-j\Omega n} = e^{j2\Omega} + 1 + e^{-j2\Omega} = 1 + 2\cos(2\Omega)$$

주파수 미분

$$n x[n] \quad \Leftrightarrow \quad j\frac{dX(\Omega)}{d\Omega} \tag{12.44}$$

DTFT의 정의식 식 (12.3)의 양변을 Ω에 대해 미분하면 다음과 같다.

$$\frac{dX(\Omega)}{d\Omega} = \sum_{n=-\infty}^{\infty} (-jn)x[n]e^{-j\Omega n} \tag{12.45}$$

식 (12.45)의 양변에 j를 곱하면 식 (12.44)의 관계를 얻을 수 있다. 주파수 미분 성질은 시간 변수 n의 거듭제곱이 곱해진 신호의 DTFT를 구할 때 이용된다.

예제 12-12 주파수 미분 성질을 이용한 DTFT 구하기

$x[n] = na^n u[n]$의 DTFT를 주파수 미분 성질을 이용하여 구하라.

풀이

$x'[n] = a^n u[n]$이라 두면 $x[n] = na^n u[n] = nx'[n]$으로 나타낼 수 있다. $x'[n]$의 DTFT는 $X'(\Omega) = \frac{1}{1-ae^{-j\Omega}}$과 같고, 이에 주파수 미분 성질을 적용하면 다음과 같이 $x[n]$의 DTFT가 구해지므로, 식 (12.46)의 DTFT쌍이 성립한다.

$$X(\Omega) = j\frac{dX'(\Omega)}{d\Omega} = j\frac{-jae^{-j\Omega}}{(1-ae^{-j\Omega})^2} = \frac{ae^{-j\Omega}}{(1-ae^{-j\Omega})^2}$$

$$na^n u[n] \quad \Leftrightarrow \quad \frac{ae^{-j\Omega}}{(1-ae^{-j\Omega})^2} \tag{12.46}$$

12.3.2 DTFT의 컨벌루션 성질

시간 컨벌루션

LTI 시스템의 출력 $y[n]$은 입력 $x[n]$과 임펄스 응답 $h[n]$의 컨벌루션 $y[n] = x[n] * h[n]$으로 주어지므로, 시간 컨벌루션의 푸리에 변환을 구하는 것은 대단히 중요하다. 시간 영역에서 두 신호의 컨벌루션은 주파수 영역에서 각 신호의 푸리에 변환(스펙트럼)의 곱하기가 된다. 따라서 주파수 영역에서 시스템의 입출력 특성을 파악하고 분석하는 것이 더 편리하다.

$$x[n] * h[n] \quad \Leftrightarrow \quad X(\Omega)H(\Omega) \tag{12.47}$$

시간 컨벌루션 성질은 컨벌루션과 DTFT의 정의식을 이용하여 다음과 같이 구한다.

$$\begin{aligned}\mathcal{F}\{x[n]*h[n]\} &= \sum_{n=-\infty}^{\infty}\left(\sum_{k=-\infty}^{\infty}x[k]h[n-k]\right)e^{-j\Omega n} \\ &= \sum_{k=-\infty}^{\infty}x[k]\left(\sum_{n=-\infty}^{\infty}h[n-k]\,e^{-j\Omega n}\right) \\ &= \sum_{k=-\infty}^{\infty}x[k]\left(\sum_{m=-\infty}^{\infty}h[m]e^{-j\Omega(m+k)}\right) \\ &= \left(\sum_{k=-\infty}^{\infty}x[k]e^{-j\Omega k}\right)\left(\sum_{m=-\infty}^{\infty}h[m]e^{-j\Omega m}\right) \\ &= X(\Omega)H(\Omega)\end{aligned} \tag{12.48}$$

예제 12-13 시간 컨벌루션 성질을 이용한 컨벌루션 계산

$x[n]=a^n u[n]$과 $h[n]=a^n u[n]$의 컨벌루션 $y[n]=x[n]*h[n]$을 DTFT를 이용하여 구하라.

풀이

$x[n]$과 $h[n]$의 DTFT는 다음과 같으므로,

$$X(\Omega)=H(\Omega)=\frac{1}{1-ae^{-j\Omega}}$$

이다. 식 (12.47)의 시간 컨벌루션 성질을 이용하여 다음과 같이 $Y(\Omega)$를 얻는다.

$$Y(\Omega)=X(\Omega)H(\Omega)=\frac{1}{(1-ae^{-j\Omega})^2}=\frac{1}{1-ae^{-j\Omega}}+\frac{ae^{-j\Omega}}{(1-ae^{-j\Omega})^2}$$

$a^n u[n] \;\Leftrightarrow\; \dfrac{1}{1-ae^{-j\Omega}}$과 [예제 12-12]에서 구한 $na^n u[n] \;\Leftrightarrow\; \dfrac{ae^{-j\Omega}}{(1-ae^{-j\Omega})^2}$을 이용하여 $Y(\Omega)$를 역변환하면 다음과 같이 컨벌루션 결과 $y[n]$을 얻으므로, 식 (12.49)의 변환쌍이 성립한다.

$$y[n]=a^n u[n]+na^n u[n]=(n+1)a^n u[n]$$

$$(n+1)a^n u[n] \;\Leftrightarrow\; \frac{1}{(1-ae^{-j\Omega})^2} \tag{12.49}$$

예제 12-14 시간 누적합의 DTFT

다음과 같은 신호의 시간 누적합의 DTFT를 구하라.

$$y[n]=\sum_{k=-\infty}^{n} x[k]$$

풀이

시간 누적합은 적분에 대한 이산 시간의 상대적인 개념이라고 할 수 있다. 임펄스 함수의 성질(식 (3.28))을 이용하면 앞 식을 다음과 같이 쓸 수 있다.

$$x[k]=\sum_{m=-\infty}^{\infty} x[m]\delta[k-m]$$

$y[n]$에 이를 대입하여 정리하면 다음과 같이 된다.

$$\begin{aligned} y[n] &= \sum_{k=-\infty}^{n}\sum_{m=-\infty}^{\infty} x[m]\delta[k-m]=\sum_{m=-\infty}^{\infty} x[m]\sum_{k=-\infty}^{n}\delta[k-m] \\ &= \sum_{m=-\infty}^{n} x[m]u[n-m]=x[n]*u[n] \end{aligned}$$

다시 말해, $x[n]$의 시간 누적합은 $x[n]$과 $u[n]$의 컨벌루션으로 나타낼 수 있다. 따라서 시간 컨벌루션 성질을 적용하여 DTFT를 구하면 다음과 같이 된다.

$$\begin{aligned} Y(\Omega) &= X(\Omega)\,U(\Omega) \\ &= X(\Omega)\left(\frac{1}{1-e^{-j\Omega}}+\pi\delta(\Omega)\right), \quad |\Omega|\le\pi \end{aligned}$$

즉 다음의 DTFT쌍이 성립한다.

$$\sum_{k=-\infty}^{n} x[k] \iff X(\Omega)\left(\frac{1}{1-e^{-j\Omega}}+\pi\delta(\Omega)\right), \quad |\Omega|\le\pi \qquad (12.50)$$

주파수 컨벌루션(창 씌우기 정리)

시간 컨벌루션 성질의 시간-주파수 쌍대 관계로, 시간 영역에서 두 신호의 곱은 주파수 영역에서 각 신호의 푸리에 변환(스펙트럼)의 컨벌루션에 대응된다. 주파수 컨벌루션 성질은 시간 영역 신호에 창을 씌우는 효과를 주파수 영역에서 이해할 수 있게 해주므로, **창 씌우기**windowing **정리**라고도 한다.

$$x[n]w[n] \iff \frac{1}{2\pi}X(\Omega)\circledast W(\Omega) \qquad (12.51)$$

여기서 ⊛은 원형(주기) 컨벌루션을 나타낸다. 이산 신호의 스펙트럼은 주기 함수인데, 주기 함수의 선형 컨벌루션은 무한대가 되어 정의되지 않으므로, 한 주기에 대한 컨벌루션만 취하는 원형 컨벌루션

(12.6절에서 살펴볼 것이다)을 사용하는 것이다.

식 (12.51)의 관계는 다음과 같이 간단히 증명할 수 있다.

$$\mathscr{F}\{x[n]w[n]\} = \sum_{n=-\infty}^{\infty} x[n]w[n]e^{-j\Omega n} \tag{12.52}$$

$$= \sum_{n=-\infty}^{\infty} w[n]\left(\frac{1}{2\pi}\int_{2\pi} X(\theta)\, e^{j\theta n}\, d\theta\right) e^{-j\Omega n}$$

$$= \frac{1}{2\pi}\int_{2\pi} X(\theta)\left(\sum_{n=-\infty}^{\infty} w[n]\, e^{-j(\Omega-\theta)n}\right) d\theta$$

$$= \frac{1}{2\pi}\int_{2\pi} X(\theta)\, W(\Omega-\theta)\, d\theta = \frac{1}{2\pi} X(\Omega) \circledast W(\Omega)$$

창 씌우기는 데이터를 처리하거나 필터를 설계할 때 흔히 사용되는 동작으로, [그림 12-17]은 창 함수를 이용하여 실제로 구현 가능한 저역 통과 필터를 설계하는 예를 보인 것이다. [그림 12-17]의 왼쪽 열에 보인 것처럼 이상적인 저역 통과 필터의 임펄스 응답 $h[n]$에 유한 구간을 갖는 창 함수 $w[n]$을 곱하면, 마치 창을 통해 바깥의 풍경을 보는 것과 같이 창의 유효 구간을 벗어난 신호 값은 잘리게 되는데, 이 동작이 주파수 영역에서는 [그림 12-17]의 오른쪽 열에 보인 것처럼 두 신호의 스펙트럼의 컨벌루션으로 나타나는 것이다.

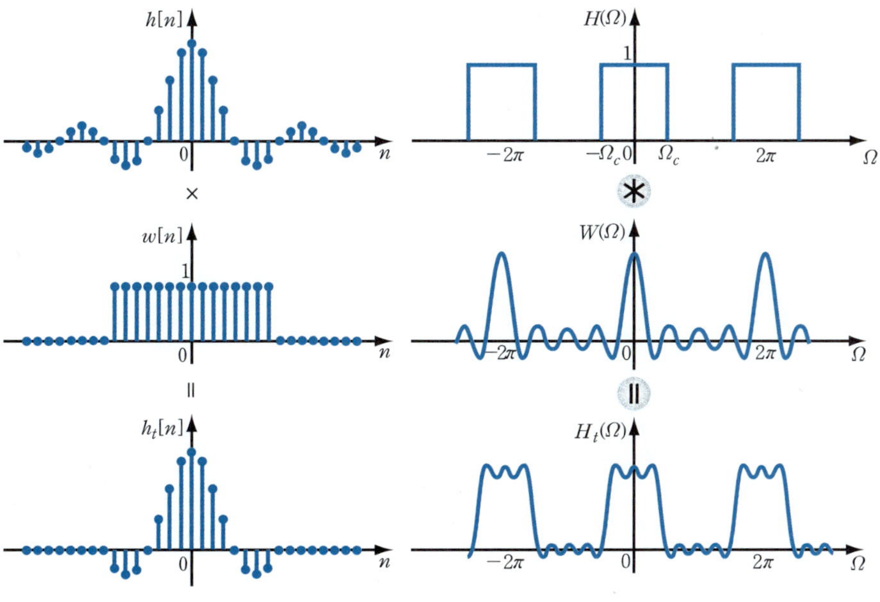

[그림 12-17] 창 씌우기가 스펙트럼에 미치는 효과(주파수 컨벌루션)

컨벌루션을 계산하기 위해 $W(\Omega)$를 뒤집어 왼쪽 끝에서부터 오른쪽으로 미끄러뜨리며 이동시키면, '작은 진동을 이루는 부엽 – 에너지 대부분이 몰려 있는 주엽 – 작은 진동을 이루는 부엽'의 순으로 사각 펄스와 겹쳐 지나가면서 [그림 12-17]의 오른쪽 열 마지막에 보인 형태의 컨벌루션 결과가 얻어진다. [그림 12-17]의 절단 근사화한 임펄스 응답 $h_t[n]$을 오른쪽으로 시간 이동시켜 인과 신호가 되도록 만들면 물리적으로 구현 가능한 저역 통과 필터의 임펄스 응답이 되며, 이것이 창 함수를 이용한 디지털 FIR 필터 설계의 기본 원리이다.

12.3.3 파스발 정리

푸리에 급수에서는 주기 신호가 전력 신호이므로 파스발 정리에 의해 전력 관계를 다루었지만, 푸리에 변환의 수렴 조건을 만족하는 신호는 직접 에너지 관계를 다룰 수 있다.

파스발 정리 : 에너지

$$E=\sum_{n=-\infty}^{\infty}|x[n]|^2=\frac{1}{2\pi}\int_{2\pi}|X(\Omega)|^2 d\Omega \tag{12.53}$$

- 신호의 에너지는 시간 영역에서 구하나 주파수 영역에서 구하나 마찬가지이다.
- 서로 다른 주파수 성분 간에는 에너지가 전혀 만들어지지 않는다. 그러므로 신호의 에너지는 각 주파수 성분의 에너지를 모으면 된다.
- $|X(\Omega)|^2$은 신호 $x[n]$이 갖는 에너지의 주파수 분포를 알려주기 때문에 **에너지 밀도 스펙트럼** energy density spectrum이라고 한다.

에너지 밀도 스펙트럼 $|X(\Omega)|^2$은 스펙트럼의 크기만 관련되므로, 같은 에너지 밀도 스펙트럼을 가지는 신호가 여럿 존재할 수 있지만, 어떤 신호이든 오직 하나의 에너지 밀도 스펙트럼만 가진다.

DTFT에 대한 파스발 정리는 다음과 같이 간단히 증명할 수 있다.

$$\begin{aligned}\sum_{n=-\infty}^{\infty}|x[n]|^2 &= \sum_{n=-\infty}^{\infty}x[n]x^*[n] \\ &= \sum_{n=-\infty}^{\infty}x[n]\left(\frac{1}{2\pi}\int_{2\pi}X^*(\Omega)e^{-j\Omega n}d\Omega\right) \\ &= \frac{1}{2\pi}\int_{2\pi}X^*(\Omega)\left(\sum_{n=-\infty}^{\infty}x[n]e^{-j\Omega n}\right)d\Omega \\ &= \frac{1}{2\pi}\int_{2\pi}|X(\Omega)|^2 d\Omega\end{aligned} \tag{12.54}$$

예제 12-15 파스발 정리를 이용한 싱크 함수의 에너지

$x[n]=\text{sinc}\left(\dfrac{1}{2}n\right)$의 에너지를 구하라.

풀이

$x[n]$의 에너지는 다음과 같이 시간 영역에서 계산할 수 있다.

$$E_x=\sum_{n=-\infty}^{\infty}|x[n]|^2=\sum_{n=-\infty}^{\infty}\left|\text{sinc}\left(\frac{1}{2}n\right)\right|^2$$

하지만 식 (12.21)의 푸리에 변환쌍과 파스발 정리를 이용하면 더 쉽게 구할 수 있다.

$$E_x=\frac{1}{2\pi}\int_{-\pi}^{\pi}|2\text{rect}(\Omega/\pi)|^2d\Omega=\frac{4}{2\pi}\int_{-\pi/2}^{\pi/2}1\,d\Omega=2$$

Tip & Note DTFT와 시간-주파수 쌍대성

수학적으로 엄밀하게 시간-주파수 쌍대성이 성립하려면, 변환(분석식)과 역변환(합성식)의 수식 형태가 같아야 한다. CTFT와 DTFS와는 달리 DTFT는 변환과 역변환의 수식 형태가 총합과 적분으로 완전히 달라서 수학적으로 딱 맞아떨어지지는 않지만, 앞에서 여러 신호의 DTFT쌍을 구할 때 보았듯이 쌍대성의 구도가 개념적으로는 유효하다. 시간-주파수 쌍대성은 푸리에 표현과 관련된 어떠한 결과나 관계에도 신호와 스펙트럼의 역할을 맞바꾼 쌍대적인 결과 또는 관계가 존재하는 것을 보장해 주므로 여러모로 편리하고 유용하다.

지금까지 살펴본 이산 시간 푸리에 변환의 주요 성질들을 [표 12-2]에 정리하였다. 이 성질들은 푸리에 변환의 개념을 이해하고, 기본 DTFT쌍을 이용하여 다양한 신호의 DTFT쌍을 구하는 데 유용하게 활용되므로 잘 익혀두기 바란다.

[표 12-2] 이산 시간 푸리에 변환(DTFT)의 주요 성질

	성질	푸리에 변환쌍
1	주기성	$X(\Omega+2m\pi)=X(\Omega)$
2	선형성	$\alpha x[n]+\beta y[n] \;\Leftrightarrow\; \alpha X(\Omega)+\beta Y(\Omega)$
3	대칭성	$X^*(\Omega)=X(-\Omega),\quad x[n]$은 실수
		$\begin{cases}\mathrm{Re}\{X(\Omega)\}=\mathrm{Re}\{X(-\Omega)\}, & x[n] \text{ 은 실수}\\ \mathrm{Im}\{X(\Omega)\}=-\mathrm{Im}\{X(-\Omega)\}, & x[n] \text{ 은 실수}\end{cases}$
		$\begin{cases}\lvert X(\Omega)\rvert=\lvert X(-\Omega)\rvert, & x[n] \text{ 은 실수}\\ \angle X(\Omega)=-\angle X(-\Omega), & x[n] \text{ 은 실수}\end{cases}$
		$\begin{cases}\mathrm{Re}\{X(\Omega)\}=\mathrm{Re}\{X(-\Omega)\}, & x[n] \text{ 은 실수 우함수}\\ \mathrm{Im}\{X(\Omega)\}=0, & x[n] \text{ 은 실수 우함수}\end{cases}$
		$\begin{cases}\mathrm{Re}\{X(\Omega)\}=0, & x[n] \text{ 은 실수 기함수}\\ \mathrm{Im}\{X(\Omega)\}=-\mathrm{Im}\{X(-\Omega)\}, & x[n] \text{ 은 실수 기함수}\end{cases}$
4	시간 이동	$x[n-n_0] \;\Leftrightarrow\; e^{-jn_0\Omega}X(\Omega)$
5	주파수 이동	$e^{j\Omega_0 n}x[n] \;\Leftrightarrow\; X(\Omega-\Omega_0)$
	변조	$x[n]\cos(\Omega_0 n) \;\Leftrightarrow\; \dfrac{1}{2}[X(\Omega-\Omega_0)+X(\Omega+\Omega_0)]$
6	시간 반전	$x[-n] \;\Leftrightarrow\; X(-\Omega)$
7	시간 척도조절	$x[an] \;\Leftrightarrow\; X\left(\dfrac{\Omega}{a}\right),\quad \begin{cases}\text{솎음 : } a\text{는 정수}\\ \text{보간 : } 1/a\text{은 정수}\end{cases}$
8	주파수 미분	$nx[n] \;\Leftrightarrow\; j\dfrac{dX(\Omega)}{d\Omega}$
9	시간 컨벌루션	$x[n]*y[n] \;\Leftrightarrow\; X(\Omega)\,Y(\Omega)$
10	주파수 컨벌루션	$x[n]w[n] \;\Leftrightarrow\; \dfrac{1}{2\pi}X(\Omega)\circledast W(\Omega)$
11	파스발 정리	$\displaystyle\sum_{n=-\infty}^{\infty}\lvert x[n]\rvert^2=\frac{1}{2\pi}\int_{2\pi}\lvert X(\Omega)\rvert^2 d\Omega$

Check Point 다음 문제에서 옳은 것을 골라라.

(1) DTFT는 주파수에 대한 주기 함수이다. (○, ×)
(2) 이산 실수 신호의 (진폭 스펙트럼, 위상 스펙트럼)은 기대칭을 만족한다.
(3) 이산 실수 우함수 신호의 스펙트럼은 (실수, 허수, 복소수)이다.
(4) 시간축에서 뒤집은 신호는 스펙트럼도 주파수축에서 뒤집힌다. (○, ×)
(5) 신호를 시간 이동하면 진폭과 위상 스펙트럼이 모두 변한다. (○, ×)
(6) 시간축 상에서 신호를 늘이면, 주파수축 상에서 스펙트럼이 (압축된다, 늘어난다).
(7) 스펙트럼을 주파수 미분하면 신호에 $(n, -jn)$이 (곱해진다, 더해진다).
(8) 두 이산 신호 곱의 DTFT는 두 신호 스펙트럼을 (선형, 원형) 컨벌루션한 것과 같다.
(9) 변조의 주된 목적은 스펙트럼의 대역 이동이다. (○, ×)
(10) 신호의 다른 주파수 성분끼리도 에너지를 형성한다. (○, ×)

SECTION 12.4

DTFT를 이용한 이산 시스템 해석

학습포인트

- 이산 시스템의 주파수 응답의 정의와 개념을 이해한다.
- 임펄스 응답, 주파수 응답, 차분 방정식의 상호 관계를 이해한다.
- 주파수 응답을 이용한 시스템의 출력 결정 방법에 대해 알아본다.

4장과 6장에서 이산 LTI 시스템을 시간 영역에서 컨벌루션과 차분 방정식으로 표현하고 해석하는 방법을 살펴보았다. 그런데 푸리에 변환을 이용하여 주파수 영역에서 시스템을 표현하고 해석하는 것이 더 편리할 때가 있다. 주파수 영역 해석의 중심에는 주파수 응답이 자리한다. 주파수 영역 해석 기법에 대해서는 이미 8장에서 연속 시스템을 대상으로 자세히 살펴봤는데, 이산 시스템도 크게 다를 바 없으므로 여기서는 간결하게 결과 위주로 설명할 것이다.

12.4.1 이산 시스템의 주파수 응답

주파수 응답의 정의

시스템의 주파수 응답은 입력 주파수의 변화에 대한 시스템의 응답 특성이다.

이산 시스템의 주파수 응답

- 이산 시스템의 주파수 응답 $H(\Omega)$는 주파수의 함수로 표현된 입력과 출력의 비, 즉 입력 $x[n]$의 DTFT $X(\Omega)$에 대한 출력 $y[n]$의 DTFT $Y(\Omega)$의 비로 정의한다.

$$H(\Omega)=\frac{Y(\Omega)}{X(\Omega)}=|H(\Omega)|e^{j\angle H(\Omega)} \tag{12.55}$$

- 주파수 응답 $H(\Omega)$의 크기 $|H(\Omega)|$와 위상 $\angle H(\Omega)$를 Ω에 대해 각각 그린 것을 **진폭 (주파수) 응답**과 **위상 (주파수) 응답** 곡선이라고 한다.
- 주파수 응답은 입력 정현파에 대한 출력 정현파의 진폭과 위상 변화를 나타낸 것으로, 주파수에 따라 입력 신호의 크기와 위상을 증가 또는 감소시키는 시스템의 응답 특성을 보여준다.
- 주파수 응답은 시스템 임펄스 응답 $h[n]$의 푸리에 변환 $H(\Omega)=\mathscr{F}\{h[n]\}$이다. 따라서 입력의 형태와 상관없고 시스템이 바뀌지 않는 한 달라지지 않는다.

$$H(\Omega)=\mathscr{F}\{h[n]\}=\frac{Y(\Omega)}{X(\Omega)} \tag{12.56}$$

- 이산 시스템의 주파수 응답 $H(\Omega)$는 주기가 2π인 주기 함수이다.

주파수 응답은 물리적으로는 주파수와 1:1 대응 관계에 있는 정현파를 주파수만 계속 바꾸어 시스템에 인가할 때의 출력 변화를 주파수에 대해 표시한 것이다. 그런데 정현파 입력에 대한 LTI 시스템의 출력은 같은 주파수를 갖는 정현파로 진폭과 위상만 달라진다.

한편 이산 LTI 시스템의 입출력 관계가 컨벌루션 $y[n] = x[n] * h[n]$으로 주어질 때, DTFT의 시간 컨벌루션 성질을 적용하면 $Y(\Omega) = H(\Omega)X(\Omega)$가 되므로 주파수 응답은 식 (12.56)과 같이 임펄스 응답의 DTFT가 된다. 그러므로 [그림 12-18]에 나타낸 것처럼, 임펄스 응답 또는 주파수 응답 중 어느 것을 사용하여 이산 LTI 시스템을 표시해도 무방하다.

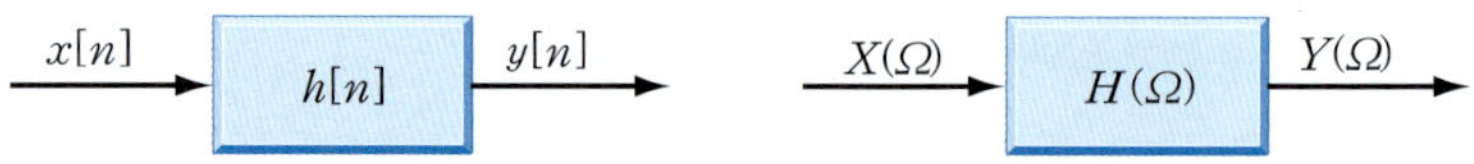

(a) 임펄스 응답 표현　　(b) 주파수 응답 표현

[그림 12-18] 이산 LTI 시스템의 표현

이산 신호의 푸리에 스펙트럼은 주기가 2π인 주기 함수이므로 $X(\Omega)$에 대한 $Y(\Omega)$의 비로 정의된 주파수 응답 $H(\Omega)$도 주기 함수가 되며, 연속 시스템의 주파수 응답과 이 점에서 차이가 난다.

차분 방정식과 주파수 응답의 관계

이산 LTI 시스템은 일반적으로 다음과 같은 차분 방정식으로 표현된다.

$$y[n] + a_1 y[n-1] + \cdots + a_p y[n-p] = b_0 x[n] + \cdots + b_q x[n-q] \tag{12.57}$$

식 (12.57)의 양변을 선형성과 시간 이동 성질을 이용하여 DTFT하면 다음과 같이 된다.

$$\begin{aligned} &Y(\Omega) + a_1 e^{-j\Omega} Y(\Omega) + \cdots + a_p (e^{-j\Omega})^p Y(\Omega) \\ &= b_0 X(\Omega) + b_1 e^{-j\Omega} X(\Omega) + \cdots + b_q (e^{-j\Omega})^q X(\Omega) \end{aligned} \tag{12.58}$$

이를 정리하여 $X(\Omega)$에 대한 $Y(\Omega)$의 비, 즉 주파수 응답 $H(\Omega)$를 구하면 다음과 같다.

$$H(\Omega) = \frac{Y(\Omega)}{X(\Omega)} = \frac{b_0 + b_1 e^{-j\Omega} + \cdots + b_q (e^{-j\Omega})^q}{1 + a_1 e^{-j\Omega} + \cdots + a_p (e^{-j\Omega})^p} = \frac{\sum_{i=0}^{q} b_i (e^{-j\Omega})^i}{\sum_{i=0}^{p} a_i (e^{-j\Omega})^i} \tag{12.59}$$

여기서 $a_0 = 1$이다. 식 (12.59)에서 보듯이 분자 다항식의 계수는 차분 방정식의 입력 항들의 계수와 같고, 분모 다항식의 계수는 출력 항들의 계수와 같다. 그러므로 차분 방정식으로 표현된 이산 LTI 시스템의 주파수 응답은 $X(\Omega)$와 $Y(\Omega)$를 계산하는 중간 과정을 거치지 않고 차분 방정식으로부터 직접 구할 수 있다. 차분 방정식의 계수들에 의해 주파수 응답이 결정되므로, 주파수 응답은 시스템이 바뀌지 않는 한 달라지지 않으며 입력과는 무관하다. 식 (12.59)에서 주파수 응답이 $e^{j\Omega}$의 함수로 취급될 수 있다는 사실에 주목할 필요가 있다. $e^{j\Omega}$는 복소평면에서 단위원에 해당한다. 따라서 이산 시스템의 주파수 응답은 복소평면의 단위원을 따라 주파수 Ω를 변화시켜가며 구한 값이다. 그러므로 2π의 주기로 같은 모양이 반복되는 것이다. 이는 연속 시스템의 주파수 응답이 $j\omega$의 함수로서 복소평면에서 허축을 따라 주파수 ω를 변화시키며 구한 값이 되어 주기성을 가지지 않는 것과 대비되는 특성이다.

예제 12-16 FIR 시스템의 주파수 응답

다음과 같은 2개의 이동 평균(MA) 시스템이 있다. 시스템 1은 연속된 입력 값을 평균하는 시스템이고, 시스템 2는 연속된 입력 값의 차를 구하는 시스템이다. 주파수 응답을 구하여 그리고, 이로부터 어떤 특성을 갖는 시스템인지 판별하라.

$$\text{시스템 1} : y_1[n] = (x[n] + x[n-1])/2$$
$$\text{시스템 2} : y_2[n] = (x[n] - x[n-1])/2$$

풀이

두 시스템의 임펄스 응답은 $x[n] = \delta[n]$일 때의 출력이므로 다음과 같다.

$$h_1[n] = \frac{1}{2}(\delta[n] + \delta[n-1]), \quad h_2[n] = \frac{1}{2}(\delta[n] - \delta[n-1])$$

이들의 DTFT를 구하면 다음과 같이 두 시스템의 주파수 응답이 구해진다.

$$H_1(\Omega) = \frac{1}{2}(1 + e^{-j\Omega}) = e^{-j\frac{\Omega}{2}} \frac{e^{j\frac{\Omega}{2}} + e^{-j\frac{\Omega}{2}}}{2} = e^{-j\frac{\Omega}{2}} \cos\left(\frac{\Omega}{2}\right)$$
$$H_2(\Omega) = \frac{1}{2}(1 - e^{-j\Omega}) = je^{-j\frac{\Omega}{2}} \frac{e^{j\frac{\Omega}{2}} - e^{-j\frac{\Omega}{2}}}{j2} = e^{j\frac{\pi}{2}} e^{-j\frac{\Omega}{2}} \sin\left(\frac{\Omega}{2}\right)$$

따라서 두 시스템의 진폭 응답과 위상 응답은 다음과 같이 된다.

$$\begin{cases} |H_1(\Omega)| = \left|\cos\left(\frac{\Omega}{2}\right)\right|, & |\Omega| \le \pi \\ \angle H_1(\Omega) = -\frac{\Omega}{2}, & |\Omega| \le \pi \end{cases}, \quad \begin{cases} |H_2(\Omega)| = \left|\sin\left(\frac{\Omega}{2}\right)\right|, & |\Omega| \le \pi \\ \angle H_2(\Omega) = \begin{cases} -\frac{\Omega}{2} + \frac{\pi}{2}, & 0 \le \Omega \le \pi \\ -\frac{\Omega}{2} - \frac{\pi}{2}, & -\pi \le \Omega < 0 \end{cases} \end{cases}$$

임펄스 응답이 실수여서 진폭 응답은 우대칭, 위상 응답은 기대칭을 만족해야 하므로 시스템 2의 위상 응답은 구간을 나누어 표시된다. [그림 12-19]에 두 시스템의 진폭 및 위상 응답을 나타냈는데, 시스템 1의 진폭 응답은 저역 통과 필터, 시스템 2의 진폭 응답은 고역 통과 필터의 특성을 보인다. 실제로 두 시스템은 저역 통과 필터와 고역 통과 필터에 대한 가장 거친 근사화라고 볼 수 있다.

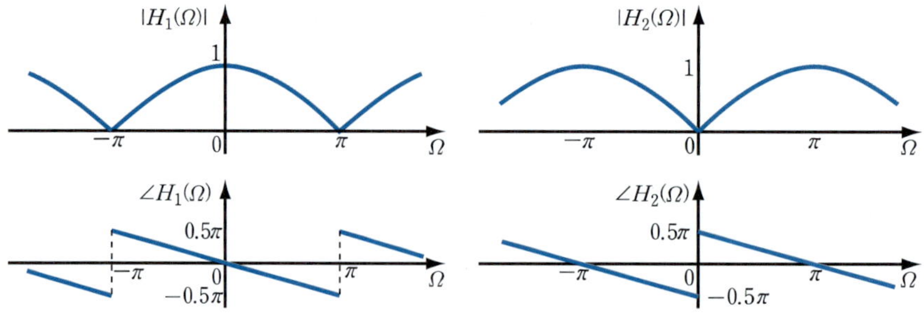

(a) 시스템 1의 진폭 및 위상 응답　　(b) 시스템 2의 진폭 및 위상 응답

[그림 12-19] 1차 평균 및 차분 시스템의 주파수 응답

예제 12-17 IIR 시스템의 주파수 응답

다음의 차분 방정식으로 표현되는 LTI 시스템의 주파수 응답과 임펄스 응답을 구하라. 그리고 어떤 시스템인지 설명하라.

(a) $y[n]-0.8y[n-1]=x[n]$　　(b) $y[n]+0.8y[n-1]=x[n]$

풀이

(a) 주어진 차분 방정식을 시간 이동 성질을 이용하여 DTFT하면 $Y(\Omega)-0.8e^{-j\Omega}Y(\Omega)=X(\Omega)$가 되므로, 주파수 응답과 진폭 응답은 다음과 같이 구해진다.

$$H_1(\Omega)=\frac{Y(\Omega)}{X(\Omega)}=\frac{1}{1-0.8e^{-j\Omega}}$$

$$|H_1(\Omega)|=\frac{1}{\sqrt{(1-0.8\cos(\Omega))^2+(0.8\sin(\Omega))^2}}$$

한편 주파수 응답을 역변환하면 다음의 임펄스 응답을 얻는다.

$$h_1[n]=\mathscr{F}^{-1}\{H(\Omega)\}=(0.8)^n u[n]$$

(b) (a)와 같은 방법으로 주파수 응답, 진폭 응답, 임펄스 응답을 구하면 다음과 같다.

$$H_2(\Omega)=\frac{1}{1+0.8e^{-j\Omega}}$$

$$|H_2(\Omega)|=\frac{1}{\sqrt{(1+0.8\cos(\Omega))^2+(0.8\sin(\Omega))^2}}$$

$$h_2[n]=(-0.8)^n u[n]=(-1)^n(0.8)^n u[n]$$

두 시스템의 진폭 응답을 그리면 [그림 12-20]과 같다. 그림에서 보면 [그림 12-20(a)]의 $|H_1(\Omega)|$는 DC 이득이 제일 크고, 고주파($\Omega=\pi$) 이득이 제일 작은 저역 통과 특성을, [그림 12-20(b)]의 $|H_2(\Omega)|$는 이와 반대로 DC 이득이 제일 작고, 고주파($\Omega=\pi$) 이득이 제일 큰 고역 통과 특성을 보인다. 즉 [그림 12-20(a)] 시스템은 IIR 시스템 중에서 가장 간단한 저역 통과 필터, [그림 12-20(b)] 시스템은 IIR 시스템 중에서 가장 간단한 고역 통과 필터이다.

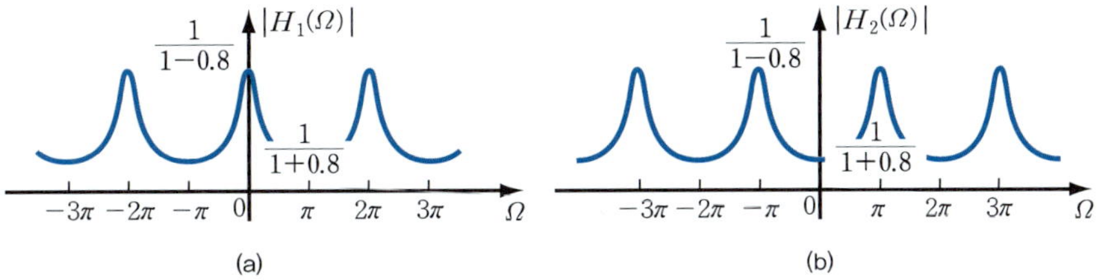

[그림 12-20] [예제 12-17]의 IIR 시스템의 진폭 응답

(b) 시스템의 임펄스 응답은 다음과 같이 쓸 수 있다.

$$h_2[n]=(-1)^n(0.8)^n u[n]=e^{j\pi n}(0.8)^n u[n]=e^{j\pi n}h_1[n]$$

따라서 주파수 이동 성질에 의해 다음 관계가 성립한다.

$$H_2(\Omega)=H_1(\Omega-\pi)$$

즉 (b) 시스템의 주파수 응답은 (a) 시스템의 주파수 응답을 가장 고주파인 $\Omega=\pi$를 중심으로 이동시킨 것이다. 따라서 저역 통과 필터가 고역 통과 필터로 바뀌게 된 것이다.

예제 12-18 주파수 응답, 임펄스 응답, 차분 방정식의 결정

LTI 시스템에 입력 $x[n]=\left(-\frac{1}{2}\right)^n u[n]$을 넣었을 때 출력이 $y[n]=\left(2\left(\frac{1}{2}\right)^n-\left(\frac{1}{4}\right)^n\right)u[n]$이라고 한다. 이 시스템의 주파수 응답, 임펄스 응답, 그리고 시스템 차분 방정식을 구하라.

풀이

우선 입력과 출력을 각각 이산 시간 푸리에 변환하면 다음과 같다.

$$X(\Omega)=\frac{1}{1+\frac{1}{2}e^{-j\Omega}}$$

$$Y(\Omega)=\frac{2}{1-\frac{1}{2}e^{-j\Omega}}-\frac{1}{1-\frac{1}{4}e^{-j\Omega}}=\frac{1}{\left(1-\frac{1}{2}e^{-j\Omega}\right)\left(1-\frac{1}{4}e^{-j\Omega}\right)}$$

주파수 응답은 정의식인 식 (12.55)로부터 다음과 같이 구할 수 있다.

$$H(\Omega)=\frac{Y(\Omega)}{X(\Omega)}=\frac{\dfrac{1}{\left(1-\frac{1}{2}e^{-j\Omega}\right)\left(1-\frac{1}{4}e^{-j\Omega}\right)}}{\dfrac{1}{1+\frac{1}{2}e^{-j\Omega}}}=\frac{1+\frac{1}{2}e^{-j\Omega}}{\left(1-\frac{1}{2}e^{-j\Omega}\right)\left(1-\frac{1}{4}e^{-j\Omega}\right)}$$

주파수 응답을 부분분수 전개하면 다음과 같이 되고,

$$H(\Omega)=\frac{1+\frac{1}{2}e^{-j\Omega}}{\left(1-\frac{1}{2}e^{-j\Omega}\right)\left(1-\frac{1}{4}e^{-j\Omega}\right)}=\frac{4}{1-\frac{1}{2}e^{-j\Omega}}-\frac{3}{1-\frac{1}{4}e^{-j\Omega}}$$

이를 역변환하면 다음과 같이 임펄스 응답을 얻을 수 있다.

$$h[n]=\left(4\left(\frac{1}{2}\right)^n-3\left(\frac{1}{4}\right)^n\right)u[n]$$

한편 주파수 응답으로부터 다음의 관계를 얻을 수 있고,

$$\left(1-\frac{1}{2}e^{-j\Omega}\right)\left(1-\frac{1}{4}e^{-j\Omega}\right)Y(\Omega)=\left(1+\frac{1}{2}e^{-j\Omega}\right)X(\Omega)$$

위 식을 시간 이동 성질을 이용하여 역변환하면 다음과 같은 차분 방정식을 얻는다.

$$y[n]-\frac{3}{4}y[n-1]+\frac{1}{8}y[n-2]=x[n]+\frac{1}{2}x[n-1]$$

[예제 12-18]의 임펄스 응답을 구하는 풀이 과정에서 핵심은 주파수 응답 $H(\Omega)$를 부분분수로 전개하여 역변환하는 것이다. 이 예제에서는 큰 어려움이 없지만, 더 복잡한 형태의 $H(\Omega)$일 경우는 $e^{-j\Omega}$의 함수로 표시되어 있어 분모의 인수 분해와 부분분수의 계수를 구하는 작업이 번거롭고 까다롭다. 따라서 주파수 영역을 거쳐 시스템의 임펄스 응답이나 출력을 구하는 문제에서는 13장에서 배울 z 변환과 전달 함수를 주로 사용한다.

12.4.2 주파수 응답을 이용한 시스템 출력의 결정

까다로운 컨벌루션 계산보다는 단순한 곱셈이 훨씬 간편하므로, 주파수 영역에서 출력의 스펙트럼을 구한 뒤 이를 푸리에 역변환하여 시스템 출력을 구하는 게 더 낫다.

주파수 응답을 이용한 시스템 출력의 계산

❶ 입력과 임펄스 응답의 푸리에 변환을 수행한다.
❷ 입력 스펙트럼에 시스템 주파수 응답을 곱해 출력 스펙트럼을 구한다.
❸ 출력 스펙트럼의 푸리에 역변환을 수행하여 출력 신호를 구한다.

위 계산 과정을 [그림 12-21]에 정리하여 나타내었다. 언뜻 보기엔 여러 단계를 거치므로 더 복잡해 보이지만, 고속 푸리에 변환(FFT)이라는 알고리즘을 이용하면 컨벌루션을 직접 계산하는 것보다 훨씬 효율적이므로 널리 사용된다.

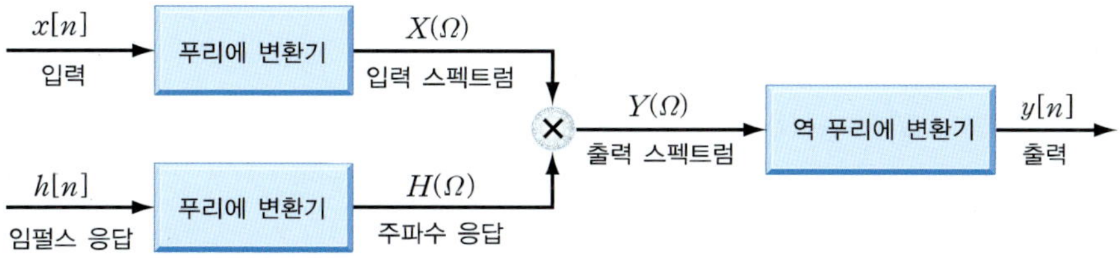

[그림 12-21] 주파수 응답과 DTFT를 이용한 이산 LTI 시스템의 출력 계산

주파수 영역에서 스펙트럼 그래프를 이용하면 계산을 좀 더 효율적으로 할 수 있으며, 주파수와 관련한 시스템의 동작 특성을 직관적으로 이해할 수도 있다. 출력 스펙트럼 $Y(\Omega)=H(\Omega)X(\Omega)$을 극좌표 형식으로 나타내면 다음과 같이 된다.

$$
\begin{aligned}
|Y(\Omega)|e^{j\angle Y(\Omega)} &= |H(\Omega)|e^{j\angle H(\Omega)}|X(\Omega)|e^{j\angle X(\Omega)} \\
&= |H(\Omega)||X(\Omega)|e^{j(\angle H(\Omega)+\angle X(\Omega))}
\end{aligned}
\tag{12.60}
$$

- 출력의 진폭 스펙트럼은 입력의 진폭 스펙트럼에 시스템의 진폭 응답을 곱한 것이다.

$$|Y(\Omega)|=|H(\Omega)||X(\Omega)| \tag{12.61}$$

- 출력의 위상 스펙트럼은 입력의 위상 스펙트럼에 시스템의 위상 응답을 더한 것이다.

$$\angle Y(\Omega)=\angle H(\Omega)+\angle X(\Omega) \tag{12.62}$$

예제 12-19 DTFT를 이용한 이산 시스템의 출력

[예제 12-17(a)]의 시스템(임펄스 응답 $h[n]=(0.8)^n u[n]$)에 다음의 입력을 인가하였을 때 출력을 구하라.

(a) $x[n]=(0.8)^n u[n]$

(b) $x[n]=(-0.8)^n u[n]$

풀이

(a) 입력의 DTFT는 [예제 12-17]에서 구한 시스템의 주파수 응답과 같다. 즉 $H(\Omega)=X(\Omega)=\dfrac{1}{1-0.8e^{-j\Omega}}$이므로 시스템 출력의 스펙트럼은 다음과 같이 된다.

$$Y(\Omega)=H(\Omega)\,X(\Omega)=\frac{1}{(1-0.8e^{-j\Omega})^2}$$

[예제 12-13]에서 구한 식 (12.49)의 변환쌍을 이용하여 $Y(\Omega)$를 역변환하면 다음과 같이 $y[n]$이 구해진다.

$$y[n]=(n+1)(0.8)^n u[n]=(n+1)x[n]$$

(b) 입력을 DTFT하면 다음과 같이 된다.

$$X(\Omega)=\sum_{n=0}^{\infty}(-0.8)^n e^{-j\Omega n}=\frac{1}{1+0.8e^{-j\Omega}}$$

따라서 시스템 출력의 스펙트럼은 다음과 같이 된다.

$$Y(\Omega) = H(\Omega)\,X(\Omega) = \frac{1}{(1-0.8e^{-j\Omega})(1+0.8e^{-j\Omega})}$$

$$= \frac{0.5}{1-0.8e^{-j\Omega}} + \frac{0.5}{1+0.8e^{-j\Omega}}$$

실수 지수 신호의 DTFT쌍 식 (12.19)를 이용하여 $Y(\Omega)$를 역변환하면 다음과 같이 $y[n]$을 구할 수 있다.

$$y[n] = 0.5(0.8)^n u[n] + 0.5(-0.8)^n u[n] = 0.5(1+(-1)^n)(0.8)^n u[n]$$

$$= \begin{cases} (0.8)^n u[n], & n = \text{짝수} \\ 0, & n = \text{홀수} \end{cases}$$

두 입력에 대한 결과를 비교해보면, (a)의 경우는 입력에 $(n+1)$을 곱한 것이 출력이므로 시간이 갈수록 입력을 점점 키워서 출력으로 낸다. 즉 입력에 대한 공진이 발생한 것이다. 반면에 (b)의 경우는 오히려 n=홀수일 때는 입력이 출력으로 전혀 나오지 않는 차단 특성을 보인다. 이런 차이가 발생하는 이유는 [그림 12-20]을 보면 알 수 있다. (a)는 주파수 응답과 입력 스펙트럼 모두 [그림 12-20(a)]인 경우로 둘의 곱인 출력 스펙트럼이 더욱 커진다. 그러나 (b)는 입력 스펙트럼이 주파수 응답과 정반대의 특성을 가지므로 둘의 곱인 출력 스펙트럼은 입력의 주된 주파수 성분들의 크기가 확 줄어든, 즉 차단된 결과가 되기 때문이다. 이상의 논의에서 알 수 있듯이 시스템의 주파수 응답 대역과 입력 스펙트럼 대역의 관계에 따라 출력 특성이 달라진다.

예제 12-20 DTFT를 이용한 이산 시스템의 출력 구하기

[그림 12-22]의 주파수 응답을 갖는 시스템이 있다. 이 시스템에 다음의 입력을 넣었을 때의 출력을 구하라.

$$x[n] = \cos\left(\frac{\pi}{4}n\right) + \cos\left(\frac{\pi}{2}n\right) + \cos\left(\frac{3\pi}{4}n\right)$$

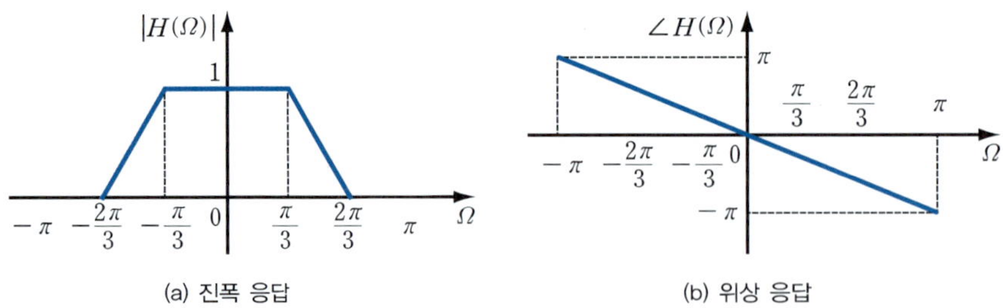

[그림 12-22] [예제 12-20]의 시스템의 주파수 응답

풀이

입력을 DTFT하여 스펙트럼을 구하면 다음과 같다.

$$X(\Omega)=\pi\left[\delta\left(\Omega+\frac{\pi}{4}\right)+\delta\left(\Omega-\frac{\pi}{4}\right)\right]+\pi\left[\delta\left(\Omega+\frac{\pi}{2}\right)+\delta\left(\Omega-\frac{\pi}{2}\right)\right]+\pi\left[\delta\left(\Omega+\frac{3\pi}{4}\right)+\delta\left(\Omega-\frac{3\pi}{4}\right)\right]$$

입력 신호의 스펙트럼 $X(\Omega)$를 그리면 [그림 12-23(a)]와 같고, 진폭은 곱하고 위상은 더하여 출력 신호의 스펙트럼을 구하면 [그림 12-23(b)]와 같이 된다. 이를 수식으로 나타내면 다음과 같다.

$$Y(\Omega)=\pi\left[e^{j\frac{\pi}{4}}\delta\left(\Omega+\frac{\pi}{4}\right)+e^{-j\frac{\pi}{4}}\delta\left(\Omega-\frac{\pi}{4}\right)\right]+\frac{1}{2}\pi\left[e^{j\frac{\pi}{2}}\delta\left(\Omega+\frac{\pi}{2}\right)+e^{-j\frac{\pi}{2}}\delta\left(\Omega-\frac{\pi}{2}\right)\right]$$

$Y(\Omega)$를 역변환하면 다음과 같이 진폭과 위상이 달라진 정현파의 합이 된다.

$$y[n]=\cos\left(\frac{\pi}{4}n-\frac{\pi}{4}\right)+\frac{1}{2}\cos\left(\frac{\pi}{2}n-\frac{\pi}{2}\right)=\cos\left(\frac{\pi}{4}(n-1)\right)+\frac{1}{2}\cos\left(\frac{\pi}{2}(n-1)\right)$$

즉 입력의 주파수 성분들이 $\Omega_1=\frac{\pi}{4}$인 정현파는 진폭이 그대로, $\Omega_2=\frac{\pi}{2}$인 정현파는 진폭이 반으로 줄어들어 $n_0=1$만큼 시간 지연된 채 출력으로 나오게 된다. 그리고 $\Omega_3=\frac{3\pi}{4}$인 정현파는 차단되어 전혀 출력으로 나오지 않는다. [그림 12-22]는 전형적인 저역 통과 필터의 주파수 응답을 근사화한 것이다.

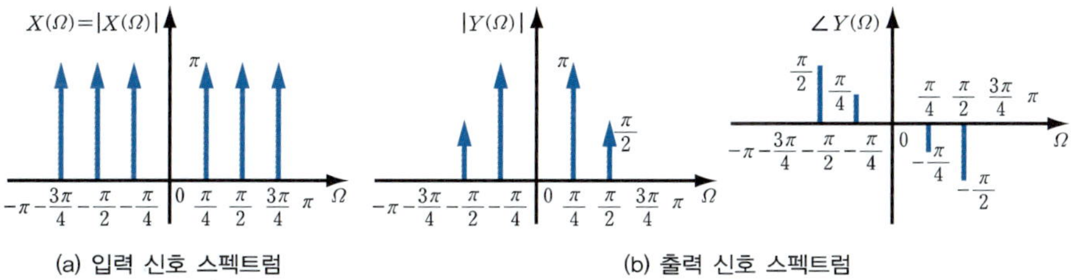

[그림 12-23] 입력과 출력의 스펙트럼

Check Point **다음 문제에서 옳은 것을 골라라.**

(1) 이산 주파수 응답은 입력의 (파형, 주파수) 변화에 대한 시스템의 응답 특성이다.
(2) 이산 주파수 응답은 주기 함수이다. (○, ×)
(3) 이산 주파수 응답은 입력의 형태에 따라 달라진다. (○, ×)
(4) 이산 주파수 응답은 (임펄스 응답, 고유 응답, 영상태 응답)의 DTFT이다.
(5) 이산 주파수 응답은 초기 조건과는 무관하다. (○, ×)
(6) 시스템 차분 방정식의 계수와 이산 주파수 응답은 무관하다. (○, ×)
(7) 이산 주파수 응답은 복소평면의 (실축, 허축, 단위원)을 따라 계산한 값이다.
(8) 출력의 스펙트럼은 입력의 스펙트럼과 주파수 응답만 알면 구할 수 있다. (○, ×)
(9) 출력의 진폭 스펙트럼은 입력의 진폭 스펙트럼과 진폭 응답의 (합, 곱)이다.
(10) 출력의 위상 스펙트럼은 입력의 위상 스펙트럼과 위상 응답의 (합, 곱)이다.

SECTION

12.5 푸리에 표현의 상호 관계

학습포인트

- 네 가지 푸리에 표현의 각각의 특징을 이해한다.
- 네 가지 푸리에 표현의 상호 관계 및 시간 신호와 주파수 스펙트럼의 관계를 명확히 이해한다.
- 푸리에 해석에서 유의해야 할 주요 사항들을 잘 알아둔다.

지금까지 여러 장에 걸쳐 네 가지의 푸리에 표현을 살펴보았다. 이들은 전혀 다른 별개의 변환이 아니라 같은 이론적 토대에 뿌리를 두고 있어 서로 비슷하며 밀접한 연관성을 가지고 있다. 이러한 사실들을 체계적으로 잘 정리해 익혀둔다면, 더는 푸리에 해석이 까다로운 주제가 아니라 편리하고 강력한 수단이 될 것이다. 따라서 이 절에서는 지금까지 살펴본 푸리에 표현들 사이의 연관성을 정리하고 통합적인 관점에서 신호와 (푸리에 표현에 의해 얻어지는) 스펙트럼의 관계를 개념적으로 정리하기로 한다. 그리고 푸리에 표현에서 특히 유의해야 할 점들도 정리해 볼 것이다.

지금까지 4개의 장(7, 8, 11, 12장)에 걸쳐 네 가지 푸리에 표현을 배웠다. 이 네 가지 푸리에 표현은 서로 전혀 관련이 없는 별개의 변환이 아니라 이론적 토대가 같다. 그러므로 신호의 유형에 따라 수식 표현이 달라지긴 하지만, 푸리에 표현의 기본 구조는 모두 똑같다. 신호는 주파수와 일대일 대응 관계를 갖는 복소 정현파 신호의 가중합으로 표현된다. 즉 신호는 주파수 변수를 가진 복소 정현파 신호와 곱해진 다음, 시간 변수가 이산인지 연속인지에 따라 더해지거나 적분이 수행되어 주파수 영역 표현, 즉 스펙트럼이 구해진다. 그러므로 기본 성질이 비슷할 수밖에 없다. 이러한 푸리에 표현 사이의 유사성과 연관성을 통합적인 관점에서 파악해보는 것은 매우 흥미롭고 유용한 작업이다.

12.5.1 푸리에 표현 사이의 관계와 특성

푸리에 표현은 연속 주기 신호에 대해서는 연속 시간 푸리에 급수(CTFS), 연속 비주기 신호에 대해서는 연속 시간 푸리에 변환(CTFT), 이산 주기 신호에 대해서는 이산 시간 푸리에 급수(DTFS), 이산 비주기 신호에 대해서는 이산 시간 푸리에 변환(DTFT)의 네 가지 표현이 존재한다. 이러한 푸리에 표현의 형태를 [표 12-3]에 정리하여 나타내었다.

시간-주파수 쌍대성

이미 알고 있듯이, 푸리에 표현은 기본적으로 시간과 주파수의 역할을 맞바꾸어도 상호 관계가 그대로 유지되어 성립되는 시간 - 주파수 쌍대성을 만족한다. 이론적인 관점에서 엄격하게 따지자면, 쌍대성이 성립하기 위해서는 변환(분석식)과 역변환(합성식)의 수식 표현이 같은 형태여야만 한다. [표 12-3]에서 보면, CTFT와 DTFS는 분석식과 합성식의 수식 형태가 같으므로 자체적으로 쌍대성이 성립하지만 CTFS와 DTFT는 그렇지 못하다. 그러나 주요 신호의 변환쌍이나 변환의 성질에서 보았던 것처럼, 개념적으로는 시간-주파수 쌍대 관계가 모든 푸리에 표현에 대해 유효하다. 다만 신호나 스펙트럼의 형태에 맞춰 살짝 변형되어 있을 뿐이다.

[표 12-3] 푸리에 표현의 형태

시간 영역		주기		비주기	
연속	CTFS	합성식 $x(t)=\sum_{k=-\infty}^{\infty} X_k e^{jk\omega_0 t}$ 분석식 $X_k=\frac{1}{T}\int_T x(t)e^{-jk\omega_0 t}dt$	CTFT	합성식 $x(t)=\frac{1}{2\pi}\int_{-\infty}^{\infty} X(\omega)e^{j\omega t}d\omega$ 분석식 $X(\omega)=\int_{-\infty}^{\infty} x(t)e^{-j\omega t}dt$	비주기
이산	DTFS	합성식 $x[n]=\sum_{k=<N>} X_k e^{jk\Omega_0 n}$ 분석식 $X_k=\frac{1}{N}\sum_{n=<N>} x[n]e^{-jk\Omega_0 n}$	DTFT	합성식 $x[n]=\frac{1}{2\pi}\int_{2\pi} X(\Omega)e^{j\Omega n}d\Omega$ 분석식 $X(\Omega)=\sum_{n=-\infty}^{\infty} x[n]e^{-j\Omega n}$	주기
		이산		연속	주파수 영역

스펙트럼 특성

푸리에 급수에서 푸리에 변환으로 넘어올 때 비주기 신호를 주기가 무한대인 주기 신호인 것처럼 취급하였는데, 이를 통해 주기 신호의 이산 스펙트럼으로부터 비주기 신호의 스펙트럼이 연속 함수가 된다는 사실을 끌어낼 수 있었다. 반대로 주기 신호는 비주기 신호를 주기적으로 반복시킨 것으로 간주할 수도 있는데, 이러한 접근으로 주기 신호의 스펙트럼이 비주기 신호의 연속 스펙트럼으로부터 샘플링에 의해 이산 함수로 얻어진다는 결과를 얻어낼 수 있었다. 이로부터 주기 신호는 이산 스펙트럼을 가지고 비주기 신호는 연속 스펙트럼을 가지며, 주기 신호의 스펙트럼은 비주기 신호의 스펙트럼의 샘플 값에 대응된다는 사실을 알 수 있다.

한편 이산 신호는 연속 신호를 샘플링한 것으로 취급할 수 있는데, 이미 9장에서 샘플링에 의해 얻어진 이산 신호의 스펙트럼은 샘플링 주파수 간격마다 연속 신호의 스펙트럼을 반복하게 된다는 사실을 배웠다. 따라서 연속 신호의 스펙트럼은 비주기적이고, 이산 신호의 스펙트럼은 주기 함수가 된다는 또 하나의 결론을 얻는다.

이상 결과는 주기 ⇔ 이산, 비주기 ⇔ 연속이라는 변환쌍이 시간-주파수 쌍대성을 만족함을 보여주는 것으로 [표 12-3]에서도 확인할 수 있다.

신호-스펙트럼 관계

지금까지 살펴본 각기 다른 형태의 시간 신호와 네 가지 푸리에 표현으로 얻어지는 스펙트럼의 관계를 이해하기 쉽도록 [그림 12-24]에 정리하였다. 신호와 스펙트럼의 각 영역 내부의 관계는 샘플링과 주기적 반복이라는 2개의 조작으로 설명할 수 있고, 영역 간의 관계는 푸리에 표현으로 규정된다. 한 영역에서 샘플링은 다른 영역에서는 주기적 반복에 대응되며, 샘플링 간격과 반복 주기는 서로 역 관계이다.

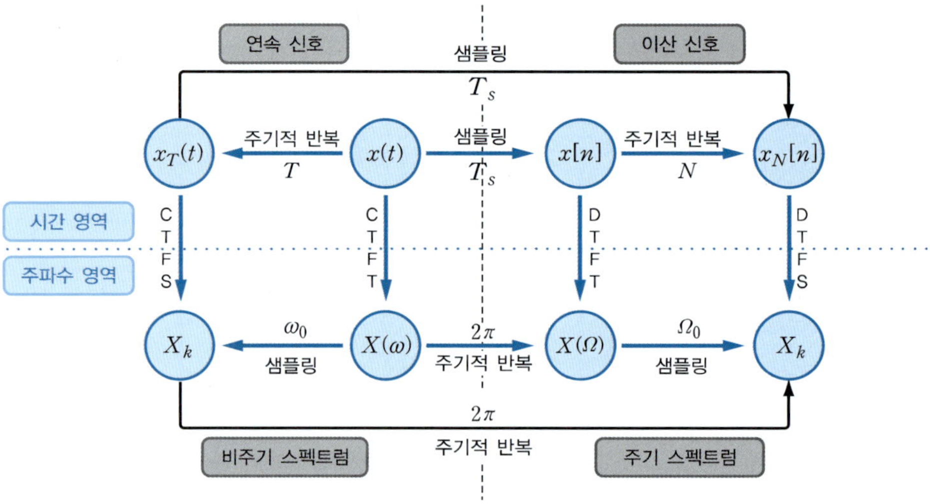

[그림 12-24] 시간 신호와 주파수 스펙트럼의 관계

[그림 12-24]에서 보면, 연속 비주기 신호 $x(t)$로부터 샘플링과 주기적 반복 조작을 통해 나머지 모든 신호, 즉 연속 주기 신호 $x_T(t)$, 이산 비주기 신호 $x[n]$, 이산 주기 신호 $x_N[n]$을 만들어낼 수 있다. 이러한 관계는 주파수 영역에서도 그대로 보존되므로, 이론적으로는 CTFT가 푸리에 표현의 가장 근간이 되는 변환이라고 할 수 있다.

12.5.2 푸리에 해석의 주요 사항 요약

[표 12-4]에 푸리에 해석에서 반드시 이해하고 알아두어야 할 몇 가지 주요 개념과 성질들을 정리하였다. 관련된 내용을 복습하면서 잘 익혀두기 바란다.

[표 12-4] 푸리에 해석의 주요 사항 요약

주요 사항
• 시간 영역에서 주기 신호는 주파수 영역에서 이산 스펙트럼을 갖는다. • 시간 영역에서 비주기 신호는 주파수 영역에서 연속 스펙트럼을 갖는다. • 시간 영역에서 연속 신호는 주파수 영역에서 비주기 스펙트럼을 갖는다. • 시간 영역에서 이산 신호는 주파수 영역에서 주기 스펙트럼을 갖는다.
• 시간 영역에서 길이가 유한한 신호의 스펙트럼은 전 주파수 범위에서 값을 갖는다. 즉 주파수 영역에서 대역 제한되지 않는다. • 전 시간 범위에서 값을 갖는 신호의 스펙트럼은 유한한 주파수 범위에서만 값을 갖는다. 즉 주파수 영역에서 대역 제한된다.
• 시간축 상에서 신호를 늘이면 스펙트럼은 주파수축 상에서 압축된다. • 시간축 상에서 신호를 압축하면 스펙트럼은 주파수축 상에서 늘어난다.
• 시간 영역에서 신호를 시간 지연(선행)시키면 진폭 스펙트럼은 변화가 없고, 위상 스펙트럼만 시간 지연(선행)에 비례하여 선형적으로 감소(증가)한다. • 시간 영역에서 신호 파형의 변화가 느리고 매끄러울수록 진폭 스펙트럼은 급격히 감소한다. • 시간 영역에서 신호 파형이 급격히 변화할수록 스펙트럼은 더 높은 주파수 성분을 포함한다.
• 시간 영역에서 신호가 $t=0(n=0)$의 수직축을 중심으로 우대칭이면 위상 스펙트럼은 0이 된다. • 시간 영역에서 신호가 임의의 수직축을 중심으로 우대칭을 만족하면 위상 스펙트럼은 선형이 된다.
• 시간 영역에서 두 신호의 컨벌루션은 주파수 영역에서 스펙트럼의 곱으로 나타난다. • 시간 영역에서 구한 신호의 에너지(전력)는 주파수 영역에서 구한 에너지(전력)와 같고, 이때 서로 다른 주파수 성분끼리는 에너지(전력)를 형성하지 않는다(파스발 정리).

Check Point 다음 문제에서 옳은 것을 골라라.

(1) 네 가지 푸리에 표현은 서로 관련이 없다. (○, ×)

(2) 푸리에 표현은 (정현파, 임펄스)를 이용해 신호를 주파수 성분별로 나타내는 것이다.

(3) 자체적으로 쌍대성이 성립하는 것은 (CTFS, CTFT, DTFS, DTFT)이다.

(4) 푸리에 표현에서 (주기 ⇔ 이산, 주기 ⇔ 연속)이라는 시간 – 주파수 쌍대성이 성립한다.

(5) 시간 영역에서 샘플링은 주파수 영역에서 주기적 반복으로 나타난다. (○, ×)

(6) 이론적으로 푸리에 표현의 근간은 (CTFS, CTFT, DTFS, DTFT)이다.

(7) 주파수 응답은 시스템의 필터링 특성을 보여준다. (○, ×)

(8) 시간에 따른 시스템 반응의 전개를 보여주는 것은 (임펄스, 주파수) 응답이다.

(9) 길이가 유한한 시간 신호의 스펙트럼도 길이가 유한하다. (○, ×)

(10) 신호가 임의의 수직축에 대해 우대칭이면 위상 스펙트럼은 선형이다. (○, ×)

SECTION 12.6

이산 푸리에 변환

학습포인트

- 스펙트럼의 샘플링에 대한 시간 영역의 결과가 무엇인지 이해한다.
- DFT의 정의와 개념을 이해하고 DTFS, DTFT와의 차이를 파악한다.
- 회전 인자의 정의와 특성에 대해 알아본다.
- 원형(주기) 컨벌루션의 정의와 개념, 계산 방법에 대해 알아본다.
- DFT를 이용한 원형 컨벌루션의 계산 방법에 대해 익혀둔다.
- 원형 컨벌루션을 이용한 선형 컨벌루션의 계산에 대해 이해한다.

지금까지 살펴본 이론적인 푸리에 급수/변환은 매우 유용하기는 하나, 무한한 데이터가 필요하다든지 (비정형 함수의) 적분 계산이 요구된다든지 등의 이유로 인해 실제 사용하기에는 부적합하다. 컴퓨터를 이용한 수치 해석적인 처리가 가능한 구조의 푸리에 표현은 변환(분석식)과 역변환(합성식) 모두 유한한 데이터에 대한 총합 계산인 이산 시간 푸리에 급수(DTFS)뿐이지만, 이는 오직 이산 주기 신호로 제한된다.

이런 딜레마를 기술적으로 해결한 것이 이산 푸리에 변환(DFT)으로 푸리에 해석에 실용성을 갖게 해준다. 이 절에서는 DFT의 개념과 정의, 그리고 해상도에 대해 살펴보기로 한다. 또한 원형(주기) 컨벌루션의 정의와 계산 방법에 대해 알아보고, DFT를 이용한 원형 컨벌루션 계산에 대해서도 살펴보기로 한다.

12.6.1 이산 푸리에 변환의 개요

이산 푸리에 변환의 기본 개념

실제 문제에서 다루는 대부분의 신호는 관찰과 측정을 통해 얻어지며, 길이가 유한할뿐더러 깔끔하게 정형화된 함수로 표현되지도 않는다. 이 때문에 지금까지 살펴보았던 이론적인 푸리에 급수/변환의 결과를 그대로 직접 적용하기 힘들뿐더러, 그렇다고 손으로 간단히 계산되지도 않는다. 결국은 컴퓨터를 이용해 수치적으로 처리할 수밖에 없는데, 그러려면 모든 데이터가 디지털 즉 이산이어야만 한다. 다시 말해 컴퓨터를 이용한 실제적인 푸리에 해석을 위해서는 시간 신호와 스펙트럼 모두가 이산이어야 한다.

만약 시간 신호가 아날로그 신호라면 9장에서 살펴본 샘플링으로 해결하면 된다. 그래도 풀어야 할 문제는 여전히 남는다. 12.1절에서 보았듯이, 이산 신호에 DTFT를 적용하여 스펙트럼을 구하면 연속 함수가 된다. 스펙트럼도 이산 함수가 되어야 한다는 결론은 이미 알고 있으므로, 단순하게 생각해서 샘플링을 통해 연속 신호를 이산 신호로 만드는 것처럼 연속 스펙트럼도 샘플링한다면 신호와 스펙트럼 둘 다 이산 데이터가 되어 컴퓨터를 이용한 처리에 알맞게 바뀔 것이다. 그렇다면 이제 남은 것은 이 아이디어에 이론적인 푸리에 급수/변환과의 논리적인 일관성을 부여하는 일이다.

우리는 이미 푸리에 변환의 성질에서 시간 신호가 이산이면 스펙트럼이 주기 함수가 되고, 스펙트럼이 이산이면 시간 신호가 주기 함수가 된다는 사실을 알고 있다. 결국, 논리적 모순 없이 신호와 스펙트럼 모두가 이산이 되는 조합은 '이산 주기 신호 ⇔ 이산 주기 스펙트럼'의 구조이다. 따라서 실제로는 그렇지 않지만, (이산 비주기 신호를 DTFT하여 얻어진 연속 주기 스펙트럼을 샘플링한) 샘플 스펙트럼에 대응되는 시간 신호를 마치 원래의 비주기 신호를 주기적으로 반복시킨 주기 신호인 것처럼 취급하여 변환쌍을 이루게 하면 될 것이다. 이렇게 하면 변환과 역변환 모두 한 주기에 대해서만 계산하면 되므로, 데이터 수가 항상 유한해지는 장점도 확보된다. 이같이 이산 신호와 이산 스펙트럼을 짝지어 컴퓨터 수치 계산에 적합한 형태로 푸리에 변환을 변형한 것이 바로 이산 푸리에 변환(DFT)Discrete Fourier Transform이다. 즉, DFT는 이론적인 틀이 아니라 단지 수치적으로 푸리에 변환을 수행하기 위한 도구이다(그러므로 명칭에 시간이라는 용어가 쓰이지 않았다). [그림 12-25]에 이러한 이산 푸리에 변환의 바탕 개념을 그림으로 나타내었다.

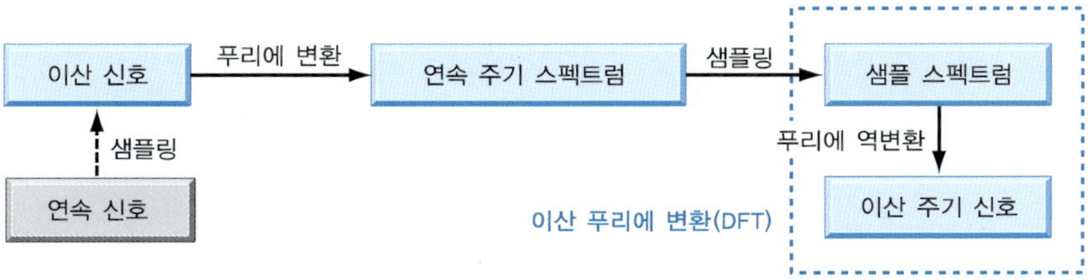

[그림 12-25] 이산 푸리에 변환의 바탕 개념도

이산 푸리에 변환의 정의

방금 설명한 아이디어에 기초하여 이산 푸리에 변환을 유도해보자. 이산 신호 $x[n]$을 $n=0$에서 시작하는 길이 N인 신호라고 하면, $x[n]$의 DTFT $X(\Omega)$는 다음과 같다.

$$X(\Omega)=\mathcal{F}\{x[n]\}=\sum_{n=0}^{N-1}x[n]e^{-j\Omega n} \tag{12.63}$$

주파수에 대해 연속 함수인 $X(\Omega)$의 한 주기 $0\le\Omega\le 2\pi$의 범위에서 등간격 $\Delta\Omega=2\pi/M$으로 M개의 샘플을 취하면 다음과 같이 된다.

$$X_M(\Omega)=X(k\Delta\Omega)=\sum_{n=0}^{N-1}x[n]e^{-j\frac{2\pi}{M}kn},\quad k=0,\,1,\,\cdots,\,M-1 \tag{12.64}$$

식 (12.64)의 샘플 스펙트럼을 역변환하여 시간 신호로 되돌리면, 푸리에 표현의 시간-주파수 쌍대 관계 '이산 ⇔ 주기'쌍에 의해 $x[n]$을 주기 M으로 반복한 주기 신호 $x_M[n]$이 될 것이다. 만약 $M<N$이면 신호의 길이보다 반복 주기가 짧아서 $X_M(\Omega)$로부터 복원된 주기 신호 $x_M[n]$은 파형의 중첩이 발생한다. 따라서 스펙트럼의 샘플 수는 반드시 $M\ge N$이 되어야 한다. $M=N$이면 주기 신호에 대한 DTFS인 것처럼 취급할 수 있고, 변환과 역변환에 대해 수치 계산을 할 때 N개의 미지수에 대한 N개의 연립 방정식을 푸는 문제로 바뀌어 여러 가지 이점이 생기기 때문에 $M=N$으로 설정한다.

이런 관계를 [그림 12-26]에 나타내었는데, [그림 12-25]의 DFT의 개념도를 구체화한 것이다.

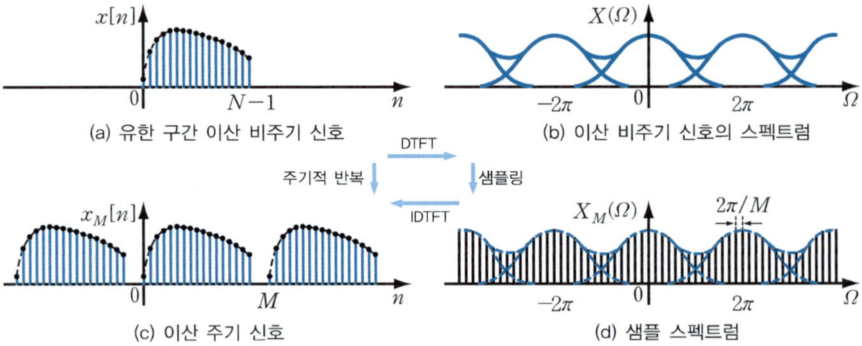

[그림 12-26] 스펙트럼의 샘플링에 의한 신호의 주기적 반복 효과

[그림 12-26]에서 주의 깊게 살펴보아야 할 것이 있다. 유한 구간 신호의 스펙트럼은 주파수 중첩이 발생한다는 사실이다. 이는 9장에서 살펴본 바와 같이 시간 영역에서 길이가 유한한 유한 구간 신호는 주파수 영역에서 대역 제한되지 않아서 발생하는 문제이다.

이제 신호 $x[n]$의 N개의 시간 샘플에 대응되는 N개의 스펙트럼 샘플 관계가 명확하게 확립되었으므로, 이산 푸리에 변환(DFT)과 **이산 푸리에 역변환(IDFT)** Inverse DFT을 다음과 같이 정의할 수 있다.

이산 푸리에 변환 (DFT)

- 이산 푸리에 변환(DFT)은 컴퓨터를 이용해 수치 해석적으로 푸리에 변환을 계산하기 위한 도구로, 유한개의 이산 데이터로부터 유한개의 이산 스펙트럼을 생성한다.
- **이산 푸리에 변환(DFT)** : $X[k]=\sum_{n=0}^{N-1} x[n]\,W_N^{kn},\quad k=0,\,1,\,\cdots,\,N-1$ (12.65)
- **이산 푸리에 역변환(IDFT)** : $x[n]=\dfrac{1}{N}\sum_{k=0}^{N-1} X[k]\,W_N^{-kn},\quad n=0,\,1,\,\cdots,\,N-1$ (12.66)
- DTFS는 이산 주기 신호를 푸리에 변환한 결과로 이산 스펙트럼이 얻어진 것이고, DFT는 연속 스펙트럼을 샘플링하여 이산 스펙트럼으로 만들고 보니 이에 대응되는 시간 신호가 이산 주기 신호가 된 것이다.

식 (12.65)에서 샘플 스펙트럼을 $X[k]$로 표기한 것은 이산 함수임을 강조하여 $x[n]$과 대비되도록 표시한 것이다. 또한 W_N은 식 (12.64)의 복소 지수 $e^{-j2\pi/N}$을 간결하게 나타낸 것으로 **회전 인자** twiddle factor라고 한다. 회전 인자 W_N^{kn}은 복소평면의 단위원을 N등분한 점들로 이루어지는데, 회전 인자라는 이름은 W_N이 한번 곱해질 때마다 시계 방향으로 돌면서 한 점씩 위치를 옮겨가기 때문에 붙여진 것이다. $N=8$인 경우의 회전 인자를 [그림 12-27]에 나타내었다. 그림에서 보면 회전 인자는 N번 이동하여 한 바퀴 회전하면 다시 원위치로 돌아오게 된다. 즉 회전 인자 W_N^{kn}은 주기 N인 주기 함수이다.

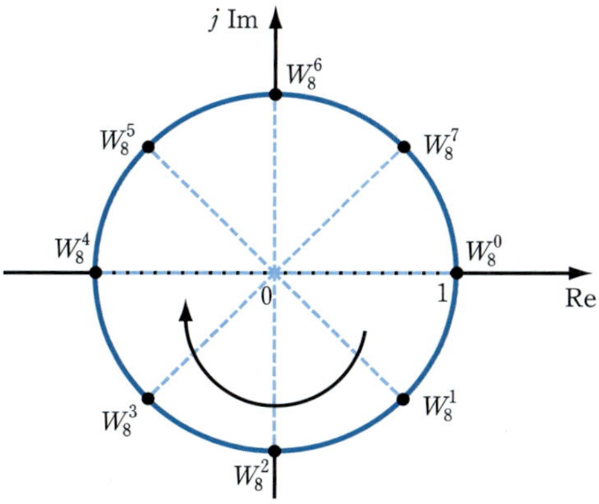

[그림 12-27] 회전 인자($N=8$)

식 (12.65)와 식 (12.66)이 변환쌍을 이루는 것은 어렵지 않게 증명할 수 있다. 식 (12.65)를 식 (12.66)에 대입하면 다음과 같다.

$$x[n] = \frac{1}{N}\sum_{k=0}^{N-1}\left[\sum_{m=0}^{N-1} x[m]\, W_N^{km}\right] W_N^{-kn} \tag{12.67}$$

$$= \frac{1}{N}\sum_{m=0}^{N-1} x[m]\left(\sum_{k=0}^{N-1} W_N^{k(m-n)}\right)$$

식 (12.67)의 ( ) 안의 총합은 다음과 같이 계산된다.

$$\sum_{k=0}^{N-1} W_N^{k(m-n)} = \begin{cases} \dfrac{1-W_N^{(m-n)N}}{1-W_N^{m-n}} = 0, & m \neq n \\ N, & m = n \end{cases} \tag{12.68}$$

따라서 식 (12.67)의 우변은 오직 $m=n$에 해당하는 항만 남아 다음과 같이 된다.

$$x[n] = \frac{1}{N}x[n]N = x[n] \tag{12.69}$$

DFT쌍은 시간 영역과 주파수 영역에서 모두 이산 주기 함수라는 점이 겉보기에는 DTFS와 같다. 그러나 DFT와 IDFT의 정의식을 살펴보면 DTFS와의 차이를 발견할 수 있다. DFT는 식 (12.63)의 DTFT된 스펙트럼의 샘플링 개념으로 유도되었기 때문에 $1/N$의 인자가 식 (12.66)의 합성식에 붙은 반면에, DTFS에서는 $1/N$의 인자가 식 (11.5)의 분석식, 즉 푸리에 계수 계산식에 붙는 것이 다르다. 이 점을 주의해야 한다.

예제 12-21 유한 구간 신호의 DFT

[그림 12-28]과 같은 유한 구간 신호 $x[n]$의 DFT를 구하라. 단, $N=4$이다.

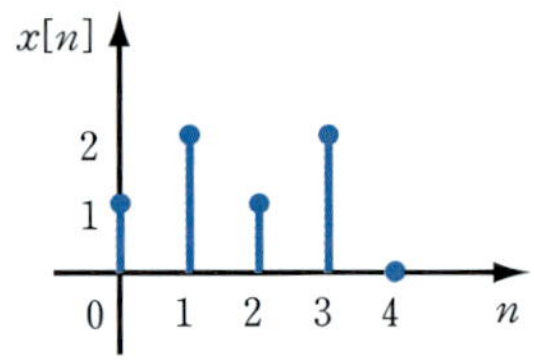

[그림 12-28] [예제 12-21]의 유한 구간 신호 $x[n]$

풀이

회전 인자는 [그림 12-29(b)]와 같이 $W_4^{kn}=\left(e^{-j\frac{2\pi}{4}}\right)^{kn}=(-j)^{kn}$으로 미리 계산할 수 있으므로, DFT의 정의식 식 (12.65)에 의해 $x[n]$의 DFT는 다음과 같이 계산된다.

$$X[k]=\sum_{n=0}^{3}x[n]\,W_4^{kn}$$

$$\begin{aligned}X[0]&=x[0]\,W_4^0+x[1]\,W_4^0+x[2]\,W_4^0+x[3]\,W_4^0\\&=(1)(1)+(2)(1)+(1)(1)+(2)(1)=6\end{aligned}$$

$$\begin{aligned}X[1]&=x[0]\,W_4^0+x[1]\,W_4^1+x[2]\,W_4^2+x[3]\,W_4^3\\&=(1)(1)+(2)(-j)+(1)(-1)+(2)(j)=0\end{aligned}$$

$$\begin{aligned}X[2]&=x[0]\,W_4^0+x[1]\,W_4^2+x[2]\,W_4^4+x[3]\,W_4^6\\&=(1)(1)+(2)(-1)+(1)(1)+(2)(-1)=-2\end{aligned}$$

$$\begin{aligned}X[3]&=x[0]\,W_4^0+x[1]\,W_4^3+x[2]\,W_4^6+x[3]\,W_4^9\\&=(1)(1)+(2)(j)+(1)(-1)+(2)(-j)=0\end{aligned}$$

이렇게 구한 샘플 스펙트럼 $X[k]$를 [그림 12-29(a)]에 나타내었다. 그림의 샘플 스펙트럼을 보면, $k=4$가 $\Omega=2\pi$에 해당하므로 $k=2$가 $\Omega=\pi$가 된다. 그림에서 신호 $x[n]$이 실수 신호이므로 반주기 $(k=2)$에 대해 우대칭을 만족함을 볼 수 있다.

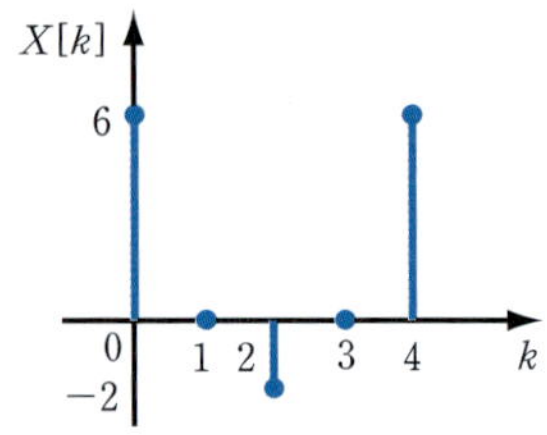

(a) 샘플 스펙트럼

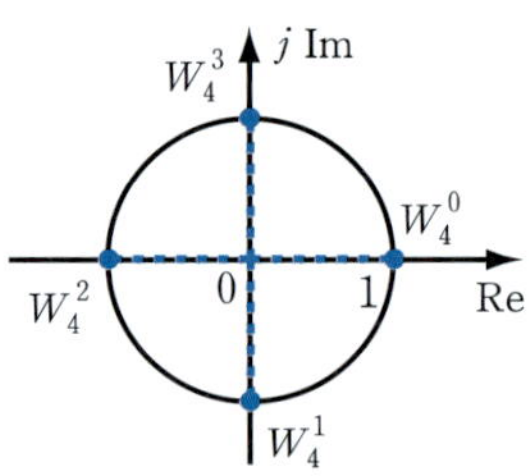

(b) 회전 인자

[그림 12-29] [예제 12-21]의 스펙트럼과 회전 인자

앞의 DFT 계산식들을 잘 살펴보면 흥미로운 사실을 발견할 수 있다. $X[0]$는 모든 데이터에 $W_4^0=1$이 곱해지고, $X[1]$은 데이터 수열에 회전 인자가 1점씩 이동하여 순서대로 곱해진다. 그리고 $X[2]$는 데이터 수열에 회전 인자가 2점씩 이동하여, $X[3]$는 회전 인자가 3점씩 이동하여 데이터 수열에 순서대로

곱해진다. 즉 $X[k]$는 데이터 수열에 회전 인자를 k점씩 이동시켜 순서대로 곱하여 더한 것으로 계산이 매우 기계적으로 이루어짐을 알 수 있다. 따라서 컴퓨터를 이용한 수치 계산에 아주 적합한 구조라 할 수 있다.

12.6.2 DFT의 해상도와 영 채우기

DFT로는 신호의 스펙트럼 전체가 아니고 단지 스펙트럼의 샘플만을 볼 수 있다. 이것은 마치 나무 울타리 틈 사이로 풍경을 바라보는 것과 같으므로 이러한 DFT의 특성을 **울타리 효과** picket fence effect라고 한다. 울타리 효과와 관련해 문제가 되는 것은 스펙트럼 샘플의 간격이 너무 넓어서 실제 연속인 스펙트럼의 변화를 제대로 파악할 수 없는 경우이다.

- **해상도(분해능)** resolution는 스펙트럼에서 인접한 두 주파수 성분을 구분해낼 수 있는 능력으로 정의한다.
- 디지털 주파수에 대한 N점 DFT의 해상도는 다음과 같다.

$$\Delta F = \frac{1}{N} \quad \text{또는} \quad \Delta\Omega = \frac{2\pi}{N} \tag{12.70}$$

- 아날로그 주파수에 대한 N점 DFT의 해상도는 다음과 같다.

$$\Delta f = \frac{\text{한 주기 구간에 해당하는 주파수}}{\text{샘플 개수}} = \frac{f_s}{N} = \frac{1}{NT_s} \tag{12.71}$$

- DFT의 해상도는 데이터의 샘플 수 N에 따라 달라진다.

이산 신호의 스펙트럼은 주기 $1(2\pi)$인 주기 함수이고 N점 DFT는 스펙트럼의 한 주기에 N개의 샘플을 가지므로, 디지털 주파수에 대해 구분 가능한 최소 주파수 간격은 식 (12.70)이 될 것이다. 그런데 9장에서 샘플링에 의한 이산 신호의 스펙트럼은 연속 신호의 스펙트럼이 샘플링 주파수 f_s를 주기로 반복됨을 보았는데, 이는 결국 아날로그 주파수 f_s가 디지털 주파수 1에 해당함을 뜻한다. 따라서 아날로그 주파수에 대해 구분 가능한 최소 주파수 간격은 식 (12.71)이 된다. 결국 DFT의 해상도는 데이터의 샘플 수 N에 따라 달라지므로, 더 나은 주파수 해상도가 필요하다면 더 많은 시간 신호 샘플을 사용해야 한다. 이는 역으로, 샘플 스펙트럼 $X[k]$에 요구되는 해상도가 반드시 사용해야 할 시간 신호 $x[n]$의 샘플 수를 제약함을 의미한다.

만약 요구되는 스펙트럼 해상도를 맞추기 위해 N_2개의 시간 신호 샘플이 필요한데 사용할 수 있는 시간 신호의 유효 샘플이 N_1개뿐이라면, $N_2 - N_1$개의 추가적인 데이터를 확보하는 것이 문제가 된다. 그렇다고 해서 아무 데이터나 임의로 추가하면, 이는 시간 신호가 원 신호와는 달라지는 것이므로 엉뚱한 스펙트럼을 구하는 결과를 초래하게 된다.

- **영 채우기**zero padding는 요구되는 DFT의 해상도 조건을 맞추기 위해 (스펙트럼의 변화를 가져오지 않도록) $N_2 - N_1$개의 0을 첨가하여 DFT의 데이터 수를 늘리는 것이다.
- 영 채우기를 하면 스펙트럼 해상도는 높아지지만, 스펙트럼의 **정확도**accuracy가 높아지지는 않는다.
- 스펙트럼의 정확도를 향상하려면 반드시 신호의 유효 샘플 수를 늘려야 한다.

데이터 수를 늘릴 때, 당연히 유효 데이터를 추가하는 것이 가장 바람직하다. 늘어난 신호의 길이로 인해 스펙트럼의 해상도가 향상될 뿐만 아니라, DFT에 의해 얻어지는 스펙트럼 값의 정확도도 더 높아지기 때문이다. 그러나 0의 데이터들은 스펙트럼 값에는 전혀 영향을 미치지 못한다. 그러므로 영 채우기는 더 이상 신호의 유효 샘플 수를 늘려 데이터를 확보할 수 없을 때의 차선책에 불과하다.

간단한 예를 통해 확인해보자. 다음과 같은 $N=4$인 신호 $x[n]$의 DTFT가 있다고 하자.

$$X(\Omega) = \sum_{n=0}^{3} x[n]e^{-j\Omega n} \tag{12.72}$$

$x[n]$에 4개의 0을 추가한 $x'[n] = [x[0],\ x[1], x[2],\ x[3],\ 0,\ 0,\ 0,\ 0]$의 DTFT는 다음과 같다.

$$X'(\Omega) = \sum_{n=0}^{7} x'[n]e^{-j\Omega n} = \sum_{n=0}^{3} x[n]e^{-j\Omega n} \tag{12.73}$$

$X(\Omega)$와 $X'(\Omega)$가 같으므로 둘을 샘플링한 DFT의 스펙트럼의 정확도는 바뀌지 않는다. 다만 $x'[n]$의 길이가 $x[n]$의 2배이므로 스펙트럼 샘플 수가 배로 증가하여 해상도는 향상된다. 0 대신에 유효 샘플이 4개 추가된 $x''[n]$의 DTFT는 다음과 같다.

$$X''(\Omega) = \sum_{n=0}^{7} x''[n]e^{-j\Omega n} = \sum_{n=0}^{3} x[n]e^{-j\Omega n} + \sum_{n=4}^{7} x''[n]e^{-j\Omega n} \tag{12.74}$$

따라서 식 (12.72)의 $X(\Omega)$와는 다른 값이 되어 정확도가 증가할 것이다.

예제 12-22 영 채우기에 의한 스펙트럼 해상도 향상

[예제 12-21]의 $x[n]$에 대해 4개의 0을 추가하여 $N=8$일 때의 DFT를 구하라.

풀이

신호 데이터를 정리하여 나타내면 다음과 같다.

$$x[n] = [x[0],\ x[1],\ x[2],\ x[3],\ 0,\ 0,\ 0,\ 0] = [\underset{\uparrow}{1},\ 2,\ 1,\ 2,\ 0,\ 0,\ 0,\ 0\ ]$$

$N=8$인 경우의 회전 인자는 $W_8^{kn} = \left(e^{-j\frac{2\pi}{8}}\right)^{kn} = \left(\frac{1}{\sqrt{2}} - j\frac{1}{\sqrt{2}}\right)^{kn}$이고 주기 함수이므로 $W_8^{kn} = W_8^{(kn \bmod 8)}$이다. 따라서 회전 인자는 다음의 8개 값으로 구성된다.

$$W_8^0 = 1 \qquad W_8^4 = -1$$
$$W_8^1 = \frac{1}{\sqrt{2}} - j\frac{1}{\sqrt{2}} \qquad W_8^5 = -\frac{1}{\sqrt{2}} + j\frac{1}{\sqrt{2}}$$
$$W_8^2 = -j \qquad W_8^6 = j$$
$$W_8^3 = -\frac{1}{\sqrt{2}} - j\frac{1}{\sqrt{2}} \qquad W_8^7 = \frac{1}{\sqrt{2}} + j\frac{1}{\sqrt{2}}$$

주어진 데이터에 대해 8점 DFT를 수행하면 다음과 같다.

$$\begin{aligned} X[0] &= x[0]\,W_8^0 + x[1]\,W_8^0 + x[2]\,W_8^0 + x[3]\,W_8^0 \\ &= (1)(1)+(2)(1)+(1)(1)+(2)(1) = 6 \end{aligned}$$

$$\begin{aligned} X[1] &= x[0]\,W_8^0 + x[1]\,W_8^1 + x[2]\,W_8^2 + x[3]\,W_8^3 \\ &= (1)(1)+(2)\left(\frac{1}{\sqrt{2}} - j\frac{1}{\sqrt{2}}\right)+(1)(-j)+(2)\left(-\frac{1}{\sqrt{2}} - j\frac{1}{\sqrt{2}}\right) = 1 - j\frac{4+\sqrt{2}}{\sqrt{2}} \end{aligned}$$

$$\begin{aligned} X[2] &= x[0]\,W_8^0 + x[1]\,W_8^2 + x[2]\,W_8^4 + x[3]\,W_8^6 \\ &= (1)(1)+(2)(-j)+(1)(-1)+(2)(j) = 0 \end{aligned}$$

$$\begin{aligned} X[3] &= x[0]\,W_8^0 + x[1]\,W_8^3 + x[2]\,W_8^6 + x[3]\,W_8^1 \\ &= (1)(1)+(2)\left(-\frac{1}{\sqrt{2}} - j\frac{1}{\sqrt{2}}\right)+(1)(j)+(2)\left(\frac{1}{\sqrt{2}} - j\frac{1}{\sqrt{2}}\right) = 1 - j\frac{4-\sqrt{2}}{\sqrt{2}} \end{aligned}$$

$$\begin{aligned} X[4] &= x[0]\,W_8^0 + x[1]\,W_8^4 + x[2]\,W_8^0 + x[3]\,W_8^4 \\ &= (1)(1)+(2)(-1)+(1)(1)+(2)(-1) = -2 \end{aligned}$$

$$\begin{aligned} X[5] &= x[0]\,W_8^0 + x[1]\,W_8^5 + x[2]\,W_8^2 + x[3]\,W_8^7 \\ &= (1)(1)+(2)\left(-\frac{1}{\sqrt{2}} + j\frac{1}{\sqrt{2}}\right)+(1)(-j)+(2)\left(\frac{1}{\sqrt{2}} + j\frac{1}{\sqrt{2}}\right) = 1 + j\frac{4-\sqrt{2}}{\sqrt{2}} \end{aligned}$$

$$\begin{aligned} X[6] &= x[0]\,W_8^0 + x[1]\,W_8^6 + x[2]\,W_8^4 + x[3]\,W_8^2 \\ &= (1)(1)+(2)(j)+(1)(-1)+(2)(-j) = 0 \end{aligned}$$

$$\begin{aligned} X[7] &= x[0]\,W_8^0 + x[1]\,W_8^7 + x[2]\,W_8^6 + x[3]\,W_8^5 \\ &= (1)(1)+(2)\left(\frac{1}{\sqrt{2}} + j\frac{1}{\sqrt{2}}\right)+(1)(j)+(2)\left(-\frac{1}{\sqrt{2}} + j\frac{1}{\sqrt{2}}\right) = 1 + j\frac{4+\sqrt{2}}{\sqrt{2}} \end{aligned}$$

따라서 샘플 스펙트럼을 구하면 다음과 같다.

$$X[k] = \left[6, 1 - j\frac{4+\sqrt{2}}{\sqrt{2}},\ 0, 1 - j\frac{4-\sqrt{2}}{\sqrt{2}},\ -2, 1 + j\frac{4-\sqrt{2}}{\sqrt{2}}, 0, 1 + j\frac{4+\sqrt{2}}{\sqrt{2}}\right]$$

이 샘플 스펙트럼을 [예제 12-21]의 샘플 스펙트럼과 비교하면, 1, 3, 5, 7번째 스펙트럼 샘플 $X[0]$, $X[2]$, $X[4]$, $X[6]$은 [예제 12-21]의 결과와 일치한다. 그리고 해상도를 2배로 높인 결과로 새롭게 나타난 2, 4, 6, 8번째의 스펙트럼 샘플 $X[1]$, $X[3]$, $X[5]$, $X[7]$은 [예제 12-21]에서는 볼 수 없었던 스펙트럼 샘플들 사이의 스펙트럼 값의 변화를 보여준다. 이 결과로부터 눈에 보이지 않는다고 해서 스펙트럼 값이 0인 것은 아니라는 사실을 확인할 수 있으며, 스펙트럼의 해상도가 매우 민감하고 중요한 문제라는 사실을 알 수 있을 것이다.

Tip & Note 고속 푸리에 변환(FFT)

수치 해석의 관점에서 보면, DFT와 IDFT는 단지 한 영역에서 주어진 N개의 데이터와 N개의 연립 방정식에 의해 다른 영역의 N개의 미지수 값을 결정하는 계산 알고리즘이다. 컴퓨터 계산 알고리즘은 수치에 대한 곱셈과 덧셈이 기본 연산인데, 범용 CPU에서 곱셈은 서브루틴을 돌려야 하므로 계산 시간의 대부분을 차지한다. 그뿐만 아니라 VLSI와 같이 하드웨어로 구현할 때도 곱셈기는 덧셈기에 비해 훨씬 넓은 영역이 필요하다. 그러므로 알고리즘 효율성 비교에는 주로 곱셈 연산의 양을 따지게 된다. 그런데 DFT는 곱셈 수가 데이터양의 제곱에 비례해 늘어난다. 즉 데이터양이 10배가 되면 곱셈 수는 100배로 증가한다. 예를 들어, $N=100$이면 1만 번의 곱셈이 필요하고, $N=1000$이 되면 1백만 번의 곱셈이 필요하다. 그러므로 실용성을 높이기 위해서는 계산량의 부담을 줄이는 것이 무엇보다 절실한데, 그 해결책이 바로 고속 푸리에 변환(FFT)[Fast Fourier Transform]이다.

FFT는 DFT를 효율적으로 계산하기 위해 고안된 알고리즘이다. 회전 인자의 특성을 활용한 FFT의 기본 원리는 주어진 이산 신호를 여러 개의 길이가 짧은 신호로 분할해 분할된 신호들의 DFT를 구한 후, 그 결과들을 적절하게 결합하여 주어진 신호의 DFT를 수행하는 것이다. 푸리에 해석 기법을 실제 문제에 적용하는 단계에서는 거의 FFT를 활용한다. 사실 주파수 영역 기법을 이용한 신호와 시스템의 취급이 실용화될 수 있었던 배경에는 FFT가 자리 잡고 있다.

FFT 알고리즘은 다양한 형태가 제안되어 있는데, 밑수 2[radix 2] 시분할[decimation in time] FFT와 주파수 분할[decimation in frequency] FFT가 기본 구조이다. 밑수 2라는 뜻은 주어진 데이터의 수 N을 2의 거듭제곱으로 표시하여 계속해서 나눈다는 의미이고, 시분할형은 시간 영역의 신호 수열을, 주파수 분할형은 주파수 영역 샘플 스펙트럼의 수열을 쪼갠다는 뜻이다. FFT 알고리즘은 기하학적으로는 FFT 버터플라이[butterfly]라고 하는 기본 구조의 반복으로 구성되는데, N점 DFT를 계산하는데 필요한 곱셈 수는 $\frac{N}{2}\log_2 N$이다. 예를 들어, $N=2^{10}$의 경우 필요한 곱셈 수는 단지 $5{,}120$개에 불과하다. 이는 직접 DFT를 계산할 경우의 곱셈 수 $N^2=1024^2=1{,}048{,}576$개에 비하면 1/200 수준으로 획기적으로 줄어든 것이다. 이러한 계산량의 이득은 데이터의 수가 많아질수록 더욱 커지게 된다. 이것이 바로 FFT의 위력이다. 실험실에서 신호 분석에 사용하는 스펙트럼 분석기나 디지털 오실로스코프에는 이러한 FFT 알고리즘이 내장되어 있어서 측정 신호의 스펙트럼을 분석할 수 있게 해준다.

FFT에 대해 보다 자세히 알고 싶으면 디지털 신호 처리 관련 서적을 찾아보기 바란다.

12.6.3 원형 컨벌루션과 DFT

원형 컨벌루션의 개념

주기 신호는 전 시간 구간 $(-\infty,\ \infty)$에 걸쳐 값이 존재하므로 주기 신호끼리의 (선형) 컨벌루션은 그 값이 수렴하지 않아 정의할 수 없다. 하지만 주기가 같은 두 주기 신호의 컨벌루션을 잘 살펴보면 흥미로운 사실을 발견할 수 있다.

간단한 예로 주기 $N=4$인 두 주기 신호 $x[n]=[1,\ 2,\ 3,\ 4]$와 $h[n]=[a,\ b,\ c,\ d]$의 컨벌루션을 살펴보자. 컨벌루션 계산에서 $x[n]$을 고정하고 $h[n]$을 뒤집어서 이동시키는 동작은 [그림 12-30]과 같이 나타낼 수 있다.

···	1	2	3	4	1	2	3	4	1	2	···
···	a	d	c	b	a	d	c	b	a	d	···
···	b	a	d	c	b	a	d	c	b	a	···
···	c	b	a	d	c	b	a	d	c	b	···
···	d	c	b	a	d	c	b	a	d	c	···
···	a	d	c	b	a	d	c	b	a	d	···
···	b	a	d	c	b	a	d	c	b	a	···

[그림 12-30] 두 주기 신호의 컨벌루션 예

[그림 12-30]에서 보면, 주기 신호의 컨벌루션은 한 신호를 뒤집어서 이동시켜가며 계산을 진행하다가 신호를 주기 N만큼 이동시킨 순간, 신호의 주기성으로 인해 N만큼 이동하기 전과 똑같은 상황이 되어 같은 패턴을 반복하게 된다. 다시 말해, 컨벌루션 결과가 주기마다 똑같이 반복되는 주기 특성을 띤다. 그리고 선으로 구분한 한 주기 블록 내의 신호 값들만 살펴보면, 한 스텝 이동하면 제일 앞의 신호가 사라지는 게 아니라 마치 동그란 고리로 연결된 것처럼 맨 뒤로 나타난다. 그리고 전체 시간 구간에 대한 컨벌루션 계산 값은 일반적으로 무한대가 되지만 한 주기 구간만 떼어 놓고 본다면 유한한 값이 됨을 알 수 있다.

따라서 전체 시간 구간을 고려하는 (선형) 컨벌루션은 정의할 수 없으나, 신호의 한 주기에 대한 특별한 컨벌루션을 정의할 수 있는데, 이를 **원형(환상)**circular **컨벌루션**이라고 한다. [그림 12-31]의 경우, 원형 컨벌루션은 다음과 같이 된다($h[-k]=h[N-k]$ 이용).

$$y[0]=x[0]h[0]+x[1]h[-1]+x[2]h[-2]+x[3]h[-3]=1\cdot a+2\cdot d+3\cdot c+4\cdot b$$
$$y[1]=x[0]h[1]+x[1]h[0]+x[2]h[-1]+x[3]h[-2]=1\cdot b+2\cdot a+3\cdot d+4\cdot c$$
$$y[2]=x[0]h[2]+x[1]h[1]+x[2]h[0]+x[3]h[-1]=1\cdot c+2\cdot b+3\cdot a+4\cdot d$$
$$y[3]=x[0]h[3]+x[1]h[2]+x[2]h[1]+x[3]h[0]=1\cdot d+2\cdot c+3\cdot b+4\cdot a$$

원형 컨벌루션의 정의

앞의 결과를 일반화하여 원형 컨벌루션을 다음과 같이 정의할 수 있다.

- **원형(환상, 주기) 컨벌루션**은 같은 길이의 주기 신호의 한 주기에 대한 컨벌루션으로, 신호는 주기적으로 반복된다고 보고 고정 신호와 이동 신호를 곱한 값을 더하는 계산만 한 주기 구간에서 수행하는 연산으로 정의한다($h[-k]=h[N-k]$ 이용).

$$y[n]=\sum_{m=0}^{N-1}x[m]h[n-m]=x[n]\circledast h[n] \tag{12.75}$$

- 원형 컨벌루션은 길이가 같은 두 신호에 대해서만 가능하며, 컨벌루션 결과 신호도 길이가 같아진다. 즉 $x[n]$, $h[n]$, $y[n]$ 모두 길이가 N으로 같다.
- 원형 컨벌루션의 계산은 [그림 12-31]과 같이 동심원을 이용하면 훨씬 간편하다.

식 (12.75)의 원형 컨벌루션 계산은 [그림 12-31]처럼 2개의 동심원 위에 한 주기 신호 값을 등간격으로 늘어놓으면 훨씬 편리하다. 이때 두 신호 중의 하나인 $h[n]$을 뒤집는 동작은 그림에 나타낸 것처럼 원 위에 샘플을 늘어놓는 순서를 거꾸로, 즉 반대 방향으로 돌면서 배치하는 것과 같다(안쪽 원). 원형 컨벌루션 계산은 다음과 같이 이루어진다.

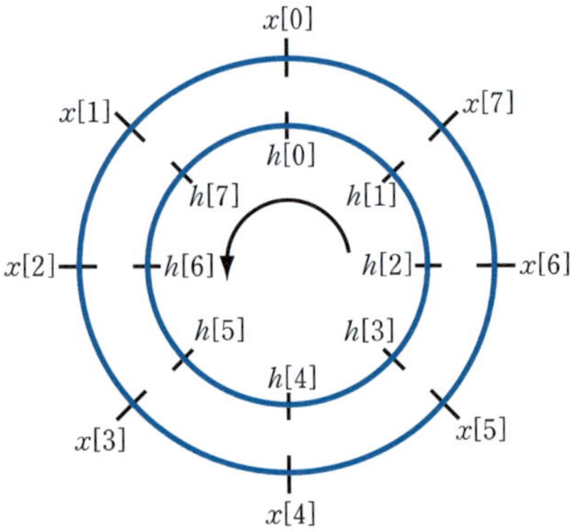

[그림 12-31] 원형 컨벌루션의 계산 원리

동심원을 이용한 원형 컨벌루션 계산

❶ 2개의 동심원에 한 주기 신호 값을 등간격으로 늘어놓는다($h[n]$은 역순으로 배열).

❷ $n=0$이면, 현재 위치에서 서로 마주 보는 샘플끼리 곱한 다음 모두 더한다.

❸ n이 1씩 증가함에 따라 $x[n]$이 배치된 원은 고정한 채, $h[n]$이 배치된 원을 반시계 방향으로 한 샘플씩 회전시킨다. 이때 마주 보는 샘플끼리 곱하여 모두 더하는 동작을 반복한다.

❹ 원이 한 바퀴 돌아서 제자리에 오면 계산을 종료한다.

원형 컨벌루션이라는 이름은 이처럼 컨벌루션 동작이 두 신호를 안과 밖의 두 동심원 위에 표시하여 하나를 고정하고 다른 하나를 한 샘플씩 회전시키며 계산하는 것과 같아 붙여진 것이다. 원이 한 바퀴 돌 때마다 같은 결과가 반복되므로 **주기**periodic **컨벌루션**이라고도 한다. 그림에서 알 수 있듯이, 원형 컨벌루션이 가능하려면 반드시 두 신호의 길이가 같아야만 한다. 4장에서 살펴보았던 일반적인 컨벌루션은 **선형**linear **컨벌루션**이라고 불러 원형 컨벌루션과 구분한다. 선형 컨벌루션은 신호의 길이, 즉 N개 이외의 샘플 값은 0으로 간주하여 데이터를 직선 위에 펼쳐놓고 계산을 진행한다는 점에서 원형 컨벌루션과 차이가 있다.

원형 컨벌루션과 DFT의 관계

일반적으로 주파수 영역 변환 기법들에서는 '두 신호를 컨벌루션한 것과 두 신호의 스펙트럼을 곱한 것이 대응된다'는 시간 컨벌루션 성질이 성립함을 보았다. 원형 컨벌루션은 주기 신호에 대한 연산이고, 주기 신호를 주파수 영역으로 넘겨주는 푸리에 표현이 DFT이므로, DFT에 대해서도 시간 컨벌루션 성질이 만족하는지 살펴보자.

신호들의 샘플 스펙트럼 $X[k]$, $H[k]$, $Y[k]$ 간에 $Y[k]=X[k]H[k]$가 성립한다고 가정하고, 이를 IDFT한 것이 $y[n]=x[n]\circledast h[n]$가 되는지 확인해보자. 주어진 가정에 의해

$$Y[k]=X[k]H[k]=\left(\sum_{l=0}^{N-1}x[l]\,W_N^{kl}\right)\left(\sum_{m=0}^{N-1}h[m]\,W_N^{km}\right) \tag{12.76}$$

이고, 이를 IDFT하면 다음과 같다.

$$\begin{aligned} y[n]&=\frac{1}{N}\sum_{k=0}^{N-1}\left[\left(\sum_{l=0}^{N-1}x[l]\,W_N^{kl}\right)\left(\sum_{m=0}^{N-1}h[m]\,W_N^{km}\right)\right]W_N^{-kn} \\ &=\frac{1}{N}\sum_{l=0}^{N-1}x[l]\sum_{m=0}^{N-1}h[m]\left(\sum_{k=0}^{N-1}W_N^{k(l+m-n)}\right) \end{aligned} \tag{12.77}$$

그런데 식 (12.77) 두 번째 등식의 괄호 안에 있는 회전 인자에 대한 총합은 식 (12.68)에 의해 $l+m-n=0$인 경우에만 값 N을 갖는다. 그러므로 이를 $N\delta[l+m-n]$으로 표시할 수 있고, 따라서 식 (12.77)은 다음과 같이 된다.

$$\begin{aligned} y[n]&=\frac{1}{N}\sum_{l=0}^{N-1}x[l]\sum_{m=0}^{N-1}h[m]N\delta[l+m-n] \\ &=\sum_{l=0}^{N-1}x[l]h[n-l]=x[n]\circledast h[n] \end{aligned} \tag{12.78}$$

식 (12.78)은 두 N-주기 신호 $x[n]$과 $h[n]$의 원형 컨벌루션이다. 그러므로 다음과 같이 원형 컨벌루션과 신호의 DFT 사이에는 시간 컨벌루션 성질이 성립한다는 것이 증명된다.

$$y[n]=x[n]\circledast h[n] \quad\Leftrightarrow\quad Y[k]=X[k]\,H[k] \tag{12.79}$$

예제 12-23 원형 컨벌루션 계산

이산 주기 신호 $x[n]=[\underset{\uparrow}{1},\ 2,\ 0,\ -1]$과 $h[n]=[\underset{\uparrow}{1},\ 3,\ -1,\ -2]$의 원형 컨벌루션을 계산하라.

(a) 정의식 이용 (b) DFT 이용

풀이

(a) 원형 컨벌루션의 정의식에 의한 계산은 [그림 12-32(c)]의 동심원을 이용하면 다음과 같이 간단히 구해진다.

$$\begin{aligned} y[0]&=x[0]h[0]+x[1]h[3]+x[2]h[2]+x[3]h[1]=-6 \\ y[1]&=x[0]h[1]+x[1]h[0]+x[2]h[3]+x[3]h[2]=6 \\ y[2]&=x[0]h[2]+x[1]h[1]+x[2]h[0]+x[3]h[3]=7 \\ y[3]&=x[0]h[3]+x[1]h[2]+x[2]h[1]+x[3]h[0]=-5 \end{aligned}$$

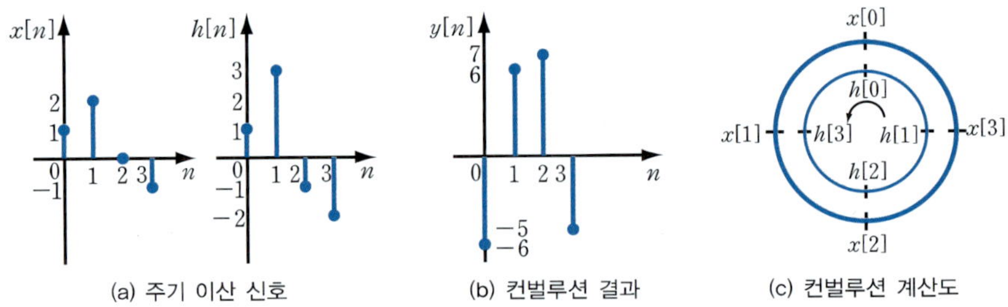

[그림 12-32] [예제 12-23]의 원형 컨벌루션 계산

(b) $N=4$이므로 회전 인자는 $W_4^{kn}=(-j)^{kn}$이다. DFT의 정의식에 의해 $x[n]$과 $h[n]$의 DFT를 계산하면 다음과 같다.

$$X[0]=x[0]W_4^0+x[1]W_4^0+x[2]W_4^0+x[3]W_4^0=1+2-1=2$$
$$X[1]=x[0]W_4^0+x[1]W_4^1+x[2]W_4^2+x[3]W_4^3=1-j2-j=1-j3$$
$$X[2]=x[0]W_4^0+x[1]W_4^2+x[2]W_4^0+x[3]W_4^2=1-2+1=0$$
$$X[3]=x[0]W_4^0+x[1]W_4^3+x[2]W_4^2+x[3]W_4^1=1+j2+j=1+j3$$

$$H[0]=h[0]W_4^0+h[1]W_4^0+h[2]W_4^0+h[3]W_4^0=1$$
$$H[1]=h[0]W_4^0+h[1]W_4^1+h[2]W_4^2+h[3]W_4^3=1-j3+1-j2=2-j5$$
$$H[2]=h[0]W_4^0+h[1]W_4^2+h[2]W_4^0+h[3]W_4^2=1-3-1+2=-1$$
$$H[3]=h[0]W_4^0+h[1]W_4^3+h[2]W_4^2+h[3]W_4^1=1+j3+1+j2=2+j5$$

$Y[k]$는 다음과 같이 $k=0,\ 1,\ 2,\ 3$에 대해 $X[k]$와 $H[k]$를 곱하여 구한다.

$$Y[0]=H[0]X[0]=2$$
$$Y[1]=H[1]X[1]=-13-j11$$
$$Y[2]=H[2]X[2]=0$$
$$Y[3]=H[3]X[3]=-13+j11$$

이제 IDFT를 이용해서 $y[n]$을 구하면 다음과 같다.

$$y[0]=\left(Y[0]W_4^0+Y[1]W_4^0+Y[2]W_4^0+Y[3]W_4^0\right)/4=-6$$
$$y[1]=\left(Y[0]W_4^0+Y[1]W_4^{-1}+Y[2]W_4^{-2}+Y[3]W_4^{-3}\right)/4=6$$
$$y[2]=\left(Y[0]W_4^0+Y[1]W_4^{-2}+Y[2]W_4^0+Y[3]W_4^{-2}\right)/4=7$$
$$y[3]=\left(Y[0]W_4^0+Y[1]W_4^{-3}+Y[2]W_4^{-2}+Y[3]W_4^{-1}\right)/4=-5$$

얼핏 보기에는 원형 컨벌루션을 직접 계산하는 쪽이 훨씬 효율적으로 보이지만, **고속 푸리에 변환(FFT)**이 DFT의 계산량을 획기적으로 줄여주므로, 데이터 수가 많아질수록 DFT를 이용한 원형 컨벌루션 계산이 훨씬 효율적이다.

원형 컨벌루션을 이용한 선형 컨벌루션 계산

선형 컨벌루션을 원형 컨벌루션, 즉 DFT를 이용해 계산할 수 있으며, 실제 응용에서 많이 활용된다. 길이가 N_1인 이산 신호와 N_2인 이산 신호의 선형 컨벌루션 결과는 길이가 N_1+N_2-1인 신호가 된다. 그런데 원형 컨벌루션은 컨벌루션할 두 신호와 컨벌루션 결과 신호의 길이가 모두 같으므로, 컨벌루션 수행 전에 먼저 신호의 길이부터 맞춰주어야 한다.

원형 컨벌루션을 이용한 선형 컨벌루션 계산

❶ 길이가 N_1인 신호 $x[n]$과 N_2인 신호 $h[n]$에 대해 모두 길이가 N_1+N_2-1이 되도록 모자라는 샘플 개수만큼 주어진 신호에 영 채우기를 한다.

❷ 영 채우기 한 신호 $x_a[n]$과 $h_a[n]$의 원형 컨벌루션 $y[n]=x_a[n]\circledast h_a[n]$을 계산한다.

❸ 원형 컨벌루션 결과 $y[n]$이 바로 선형 컨벌루션 $x[n]*h[n]$의 결과이다.

과연 영 채우기 한 두 신호의 원형 컨벌루션이 선형 컨벌루션과 같은지 [그림 12-30]의 예로 돌아가 확인해보자. $x[n]$과 $h[n]$ 모두 길이 $N=4$인 신호이므로, $N'=4+4-1=7$이 되도록 두 신호에 영 채우기를 하면 $x_a[n]=[1\ 2\ 3\ 4\ 0\ 0\ 0]$, $h_a[n]=[a\ b\ c\ d\ 0\ 0\ 0]$이 되고, 이 두 신호의 원형 컨벌루션은 [그림 12-33]과 같이 된다. 그림에서 보면 $x[n]$에 영 채우기 한 부분은 이동 신호의 값에 상관없이 항상 둘의 곱이 0이 되므로 컨벌루션 값에 전혀 영향을 주지 않으며, 결과적으로 선형 컨벌루션과 같아짐을 알 수 있다.

…	1	2	3	4	0	0	0	1	2	3	4	0	0	0	1	2 …
…	a	0	0	0	d	c	b	a	0	0	0	d	c	b	a	0 …
…	b	a	0	0	0	d	c	b	a	0	0	0	d	c	b	a …
…	c	b	a	0	0	0	d	c	b	a	0	0	0	d	c	b …
…	d	c	b	a	0	0	0	d	c	b	a	0	0	0	d	c …
…	0	d	c	b	a	0	0	0	d	c	b	a	0	0	0	d …
…	0	0	d	c	b	a	0	0	0	d	c	b	a	0	0	0 …
…	0	0	0	d	c	b	a	0	0	0	d	c	b	a	0	0 …
…	a	0	0	0	d	c	b	a	0	0	0	d	c	b	a	0 …

[그림 12-33] 영 채우기 한 두 신호의 원형 컨벌루션

그런데 원형 컨벌루션은 DFT로 계산할 수 있으므로, 결국 DFT를 이용하여 선형 컨벌루션을 계산할 수 있다. [그림 12-34]는 이를 나타낸 것으로, FFT와 결합하면 매우 유용하다.

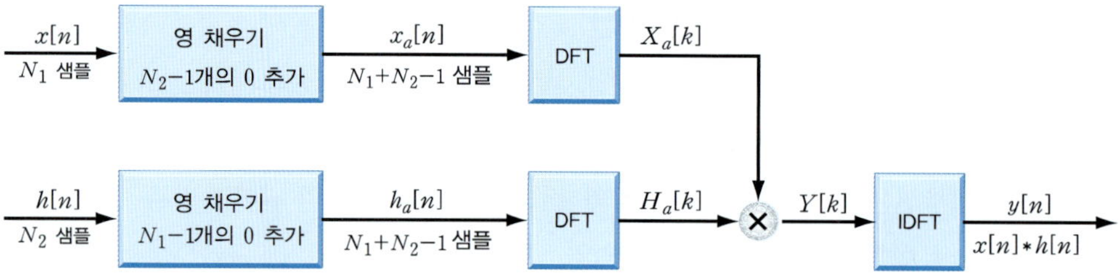

[그림 12-34] DFT를 이용한 선형 컨벌루션 계산

예제 12-24 원형 컨벌루션에 의한 선형 컨벌루션 계산

[그림 12-35]와 같은 두 신호에 대해 다음의 방법으로 선형 컨벌루션을 계산하라.

(a) 직접 선형 컨벌루션 수행

(b) 원형 컨벌루션 이용

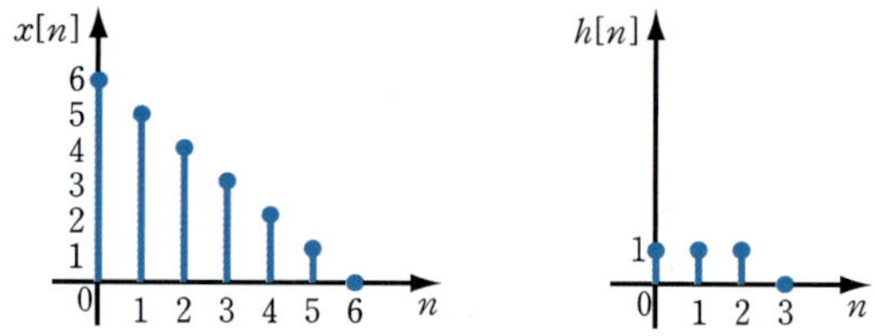

[그림 12-35] [예제 12-24]의 두 신호

풀이

(a) 주어진 신호에 대해 미끄럼 방식 컨벌루션 계산표를 작성하면 [표 12-5]와 같다.

[표 12-5] [예제 12-24]의 미끄럼 방식 컨벌루션 계산표

	n \ k	0	1	2	3	4	5	
$x[k]$		6	5	4	3	2	1	$y[n]$
$h[n-k]$	**0**	1						6
	1	1	1					11
	2	1	1	1				15
	3		1	1	1			12
	4			1	1	1		9
	5				1	1	1	6
	6					1	1	3
	7						1	1

[그림 12-36]은 구해진 $y[n]$을 그림으로 나타낸 것이다.

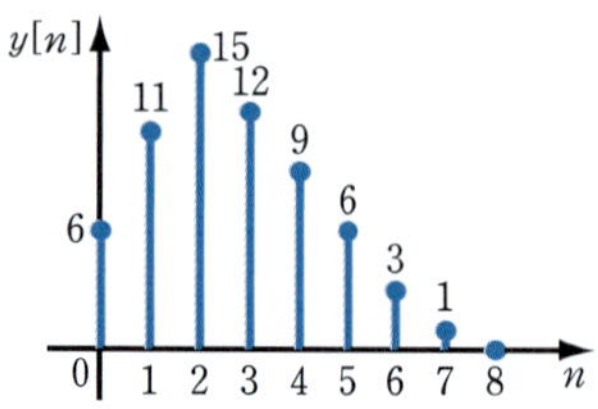

[그림 12-36] 컨벌루션 결과 신호

(b) 신호 $x[n]$과 $h[n]$의 길이는 각각 6과 3이므로 원형 컨벌루션을 이용하여 선형 컨벌루션을 계산하려면, 먼저 $6+3-1=8$에서 모자라는 만큼 영 채우기를 해야 한다.

$$x_a[n]=[x[0],\ x[1],\ x[2],\ x[3],\ x[4],\ x[5],\ 0,\ 0]=[6,\ 5,\ 4,\ 3,\ 2,\ 1,\ 0,\ 0]$$

$$h_a[n]=[h[0],\ h[1],\ h[2],\ 0,\ 0,\ 0,\ 0,\ 0]=[1,\ 1,\ 1,\ 0,\ 0,\ 0,\ 0,\ 0]$$

원형 컨벌루션은 [그림 12-31]의 동심원을 이용하여 간단히 계산할 수 있다.

$$y[0]=(6)(1)+(5)(0)+(4)(0)+(3)(0)+(2)(0)+(1)(0)+(0)(1)+(0)(1)=6$$

$$y[1]=(6)(1)+(5)(1)+(4)(0)+(3)(0)+(2)(0)+(1)(0)+(0)(0)+(0)(1)=11$$

$$y[2]=(6)(1)+(5)(1)+(4)(1)+(3)(0)+(2)(0)+(1)(0)+(0)(0)+(0)(0)=15$$

$$y[3]=(6)(0)+(5)(1)+(4)(1)+(3)(1)+(2)(0)+(1)(0)+(0)(0)+(0)(0)=12$$

$$y[4]=(6)(0)+(5)(0)+(4)(1)+(3)(1)+(2)(1)+(1)(0)+(0)(0)+(0)(0)=9$$

$$y[5]=(6)(0)+(5)(0)+(4)(0)+(3)(1)+(2)(1)+(1)(1)+(0)(0)+(0)(0)=6$$

$$y[6]=(6)(0)+(5)(0)+(4)(0)+(3)(0)+(2)(1)+(1)(1)+(0)(1)+(0)(0)=3$$

$$y[7]=(6)(0)+(5)(0)+(4)(0)+(3)(0)+(2)(0)+(1)(1)+(0)(1)+(0)(1)=1$$

이 결과는 (a)에서 구한 결과와 일치한다. 만약 데이터의 길이를 $N=8$로 하지 않았으면 (a)와 같은 결과를 얻을 수 없으며, $N=8$로 하더라도 0이 아닌 다른 값을 추가했다면 컨벌루션 결과도 다를 것이라는 사실을 앞의 계산식에서 확인할 수 있다.

Check Point 다음 문제에서 옳은 것을 골라라.

(1) 이산 푸리에 변환은 이산 신호의 주파수 영역 해석을 위한 이론적 틀이다. (○, ×)
(2) 샘플 스펙트럼을 푸리에 역변환하면 이산 (주기, 비주기) 신호가 된다.
(3) DFT와 DTFS는 완전히 똑같다. (○, ×)
(4) 회전 인자 W_N^{kn}은 복소 평면의 (실축, 허축, 단위원)을 N등분한 점이다.
(5) 영 채우기에 의해 DFT의 (정확도, 해상도, 속도)가 향상된다.
(6) 신호의 유효 샘플 수를 늘리면 DFT의 해상도와 정확도가 모두 향상된다. (○, ×)
(7) 원형 컨벌루션은 주기 신호의 (한 주기, 전 시간 구간)에 대한 컨벌루션이다.
(8) 길이가 다른 두 주기 신호를 원형 컨벌루션할 수 있다. (○, ×)
(9) 두 N-주기 신호의 원형 컨벌루션 결과는 길이 (N, $2N-1$, $2N$)이 된다.
(10) 시간 영역에서 원형 컨벌루션은 주파수 영역에서 두 신호 DFT의 곱이다. (○, ×)

CHAPTER 12_핵심요약

개념	관련 항
이산 비주기 신호의 스펙트럼은 주파수에 대해 연속이며 $2\pi(1)$ 주기로 반복된다.	
이산 신호가 절대 총합 가능한 경우에만 DTFT가 존재한다.	식 (12.7)
전력 신호는 수렴 조건을 만족하지 않으나 특별히 DTFT가 존재하는 것으로 취급하며, 전력 신호의 DTFT는 임펄스를 포함한다.	
이산 주기 신호의 스펙트럼은 같은 파형을 가진 비주기 신호의 DTFT를 샘플링한 이산 함수로서 샘플링 간격은 기본 주파수 Ω_0으로 주어진다.	식 (12.11)
실수 신호의 스펙트럼은 주기성과 대칭성을 동시에 만족시키기 위해 반주기(π) 축에 대해서도 대칭성을 만족한다.	
실수 신호의 진폭 스펙트럼은 우대칭, 위상 스펙트럼은 기대칭을 만족하며, DTFT의 실수부는 실수 신호의 우함수 성분, 허수부는 기함수 성분에 대응된다.	식 (12.26) 식 (12.27)
이산 신호의 시간 이동에 대해 위상 스펙트럼만 선형적으로 바뀐다.	식 (12.36)
두 시간 신호의 컨벌루션은 주파수 영역에서 스펙트럼의 곱이 된다.	식 (12.47)
시간 신호에 창 함수를 곱하면 주파수 영역에서 컨벌루션이 된다.	식 (12.51)
파스발 정리에 의해 신호의 에너지는 각 주파수 성분의 에너지를 더한 것과 같고, 이때 다른 주파수 성분끼리는 에너지를 형성하지 않는다.	식 (12.53)
이산 시스템의 주파수 응답 $H(\Omega)$는 정현파 입력에 대한 출력의 진폭과 위상의 변화를 표시한 것으로 입력의 DTFT에 대한 출력의 DTFT의 비로 정의되며, 임펄스 응답의 DTFT와 같다.	식 (12.55) 식 (12.56)
주파수 응답은 입력 형태와 상관없고 시스템이 바뀌지 않는 한 달라지지 않는다.	
시스템 주파수 응답과 입력의 DTFT로부터 DTFT의 시간 컨벌루션 성질을 이용하여 $Y(\Omega)=H(\Omega)X(\Omega)$을 계산해 역변환함으로써 출력을 계산할 수 있다.	[그림 12-21]
주기 신호는 이산 스펙트럼, 비주기 신호는 연속 스펙트럼을 가지며, 연속 신호의 스펙트럼은 비주기이고 이산 신호의 스펙트럼은 주기적이다.	
DFT는 이산 신호를 DTFT하여 얻어진 연속 주기 스펙트럼을 등간격으로 샘플링한 것으로서 이 샘플 스펙트럼을 역변환하면 이산 주기 신호가 얻어진다.	[그림 12-25]
DFT는 이산 주기 신호 ↔ 이산 주기 스펙트럼의 대응 관계가 성립하여 DTFS와 겉보기엔 같으나 $1/N$의 인자가 합성식에 붙는 반면에, DTFS는 분석식에 붙는다.	
회전 인자는 복소평면의 단위원을 N등분한 점들로 이루어진다.	[그림 12-27]
스펙트럼에서 인접한 두 주파수 성분을 구분해낼 수 있는 정도를 해상도라고 하며, 더 높은 주파수 해상도가 필요하다면 더 많은 신호 샘플을 사용해야 한다.	식 (12.70) 식 (12.71)
영 채우기를 이용한 해상도 증가는 스펙트럼 정확도를 증가시키지는 않는다.	
원형 컨벌루션은 같은 길이를 갖는 두 주기 신호의 한 주기에 대한 컨벌루션으로, 컨벌루션 결과도 같은 길이의 주기 신호가 된다. 또한 DFT의 시간 컨벌루션 성질을 이용하여 원형 컨벌루션을 계산할 수 있다.	식 (12.75) [그림 12-30]
선형 컨벌루션의 계산도 원형 컨벌루션을 이용하여 수행할 수 있다. 따라서 DFT를 이용하여 선형 컨벌루션을 계산할 수 있다.	[그림 12-34]

CHAPTER 12_연습문제

【개념 문제】

12.1 이산 시간 푸리에 변환에 대한 다음의 설명 중 틀린 것은?

㉮ 이산 시간 푸리에 변환은 수렴 조건이 필요하다.

㉯ 이산 비주기 신호의 푸리에 변환은 주파수에 대한 연속 함수가 된다.

㉰ 이산 비주기 신호를 합성하려면 전 주파수 $[0, \infty]$에 대한 주파수 성분이 필요하다.

㉱ 이산 주기 신호의 푸리에 변환은 같은 파형을 갖는 비주기 신호의 푸리에 변환을 기본 주파수 간격으로 샘플링한 것과 같다.

12.2 이산 시간 푸리에 변환에 대한 다음의 설명 중 옳은 것은?

㉮ 이산 시간 푸리에 역변환은 한 주기 구간만 적분하면 된다.

㉯ 주기 신호에 대해 DTFS로 얻은 스펙트럼은 이산이지만, DTFT로 얻은 스펙트럼은 연속이다.

㉰ 이산 전력 신호의 푸리에 변환은 DTFT의 정의식으로 직접 계산할 수 있다.

㉱ $X(\Omega)$에 임펄스를 포함한 신호의 전력은 0이다.

12.3 다음의 이산 시간 푸리에 변환쌍 중 틀린 것은?

㉮ $(0.5)^{2n}u[n] \quad \Leftrightarrow \quad \dfrac{1}{1-0.5e^{-j0.5\Omega}}$

㉯ $4(n-2)(0.5)^{n}u[n-2] \quad \Leftrightarrow \quad \dfrac{0.5e^{-j3\Omega}}{(1-0.5e^{-j\Omega})^2}$

㉰ $(0.5)^{n}u[n] * \delta[n-1] \quad \Leftrightarrow \quad \dfrac{e^{-j\Omega}}{1-(0.5)e^{-j\Omega}}$

㉱ $(0.5)^{n}u[n-1] * (0.5)^{n-1}u[n-1] \quad \Leftrightarrow \quad \dfrac{0.5e^{-j2\Omega}}{(1-0.5e^{-j\Omega})^2}$

12.4 이산 시간 푸리에 변환의 성질에 대한 다음의 설명 중 틀린 것은?

㉮ $x[n]=\cos(0.2\pi n)\text{rect}[n]$의 푸리에 변환은 $X(\Omega)=\text{Re}\{X(\Omega)\}$을 만족한다.

㉯ 기대칭 실수 신호의 위상 스펙트럼은 $\pm\pi/2$값만 나타난다.

㉰ 이산 실수 신호의 진폭 스펙트럼은 $\Omega=\pm\pi$에 대해서 우대칭이다.

㉱ 실수 신호 $x[n]$의 스펙트럼이 $\angle X\left(\dfrac{\pi}{2}\right)=\phi$이면 $\angle X\left(\dfrac{3\pi}{2}\right)=\phi$이다.

12.5 이산 시간 푸리에 변환의 성질에 대한 다음의 설명 중 옳은 것은?

㉮ $|X(\Omega)|^2=|Y(\Omega)|^2$이면 $x[n]=y[n]$이다.

㉯ $x[n]=y[n]$이면 $|X(\Omega)|^2=|Y(\Omega)|^2$이다.

㉰ $y[n]=x[2n]$의 스펙트럼 $Y(\Omega)$는 $x[n]$의 스펙트럼 $X(\Omega)$와 $Y(0.6\pi)=X(0.3\pi)$을 만족한다.

㉱ 시간 영역에 구한 이산 신호의 총에너지는 주파수 영역에서 $\Omega=[0, \infty]$에 대해 $|X(\Omega)|^2$을 모두 모은 것과 같다.

12.6 이산 시스템의 주파수 응답에 대한 다음의 설명 중 옳은 것은?

㉮ 이산 시스템의 주파수 응답은 전 복소평면에 대해 Ω를 변화시키며 계산된 값이다.
㉯ 이산 시스템의 차분 방정식의 계수는 주파수 응답에 영향을 미치지 않는다.
㉰ 이산 시스템의 임펄스 응답을 알면 주파수 응답을 알 수 있지만, 역은 성립하지 않는다.
㉱ 이산 시스템의 주파수 응답은 길이 2π인 주파수 구간에서만 나타내면 충분하다.

12.7 주파수 응답에 대한 다음의 설명 중 틀린 것은?

㉮ 주파수 응답은 입출력 관계의 컨벌루션 표현으로부터 구할 수 있다.
㉯ 주파수 응답은 시스템에 인가되는 입력에 따라 달라지지 않는다.
㉰ 시스템 출력의 진폭 스펙트럼은 진폭 응답과 입력의 진폭 스펙트럼을, 위상 스펙트럼은 위상 응답과 입력의 위상 스펙트럼을 곱하여 얻을 수 있다.
㉱ 주파수 응답은 시스템의 입력 주파수에 따른 반응을 크기와 위상의 변화로 나타내어 시스템의 필터링 특성을 보여준다.

12.8 DFT에 대한 다음의 설명 중 틀린 것은?

㉮ DFT는 이산 비주기 신호의 샘플 스펙트럼을 구하는 도구이지만, 결과적으로는 이산 주기 신호와 이산 주기 스펙트럼의 쌍으로 취급된다.
㉯ 유한한 길이의 실제 관측 데이터를 DFT해서 구한 스펙트럼에는 항상 주파수 중첩의 영향이 들어있다.
㉰ DFT와 DTFS는 똑같은 변환이다.
㉱ 회전 인자는 복소평면의 단위원을 N등분한 점으로, 데이터 값을 몰라도 계산할 수 있다.

12.9 DFT의 해상도에 대한 다음의 설명 중 옳은 것은?

㉮ DFT의 해상도와 DFT의 길이는 아무런 관계가 없다.
㉯ 연속 신호를 DFT할 경우, 해상도는 샘플링 주파수와 DFT의 길이에 모두 영향을 받는다.
㉰ DFT에 충분한 개수의 영 채우기를 하면 해상도와 함께 정확도도 향상된다.
㉱ 유효한 데이터의 수를 늘리면 같은 수의 영 채우기를 하는 것보다 해상도가 높아진다.

12.10 원형 컨벌루션에 대한 다음의 설명 중 틀린 것은?

㉮ 주기가 같은 두 주기 신호의 선형 컨벌루션은 주기마다 같은 패턴을 반복하고 값이 발산하여 계산할 수 없고, 원형 컨벌루션만 계산할 수 있다.
㉯ 주기 N인 두 주기 신호를 원형 컨벌루션한 결과 신호의 길이는 N이다.
㉰ 주기 신호의 원형 컨벌루션을 DFT하면, 각 신호의 DFT를 곱한 것과 같다.
㉱ 모든 주기 신호는 서로 원형 컨벌루션이 가능하다.

【기초 문제】

12.11 다음 그림의 이산 신호에 대해 이산 시간 푸리에 변환을 구하라.

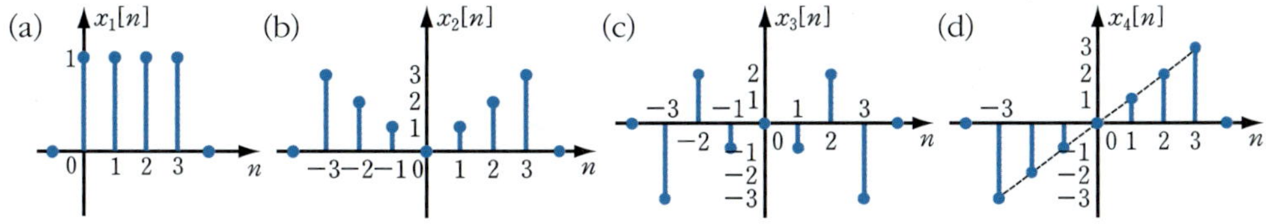

12.12 다음과 같은 이산 주기 신호의 DTFT를 구하라.

(a) $x[n]=\begin{cases}1, & n=\text{짝수}\\ 0, & n=\text{홀수}\end{cases}$

(b) $x[n]=\begin{cases}1, & 0\le n\le 1\\ 0, & 2\le n\le 3\end{cases}, \quad N=4$

(c) $x[n]=\begin{cases}1, & 0\le n\le 3\\ 0, & 4\le n\le 7\end{cases}, \quad N=8$

(d) $x[n]=\cos\left(\dfrac{\pi}{4}n-\dfrac{\pi}{4}\right)$

12.13 다음 신호의 이산 시간 푸리에 변환을 구하라.

(a) $x[n]=n(u[n+N]-u[n-N-1])$

(b) $x[n]=(n-1)(0.5)^n u[n]$

(c) $x[n]=(0.5)^n u[n]+(-1)^n(0.5)^n u[n]$

(d) $x[n]=(0.5)^n u[n]+(0.5)^{-n}u[-n-1]$

(e) $x[n]=(0.5)^n\cos\left(\dfrac{\pi}{2}n\right)u[n]$

(f) $x[n]=(0.5)^{|n|}\cos\left(\dfrac{\pi}{2}n\right)$

12.14 다음과 같이 DTFT가 주어질 때, 이에 대응하는 이산 신호를 구하라.

(a) $X(\Omega)=1-2e^{-j3\Omega}+4e^{j2\Omega}+3e^{-j6\Omega}$

(b) $X(\Omega)=\begin{cases}0, & 0\le|\Omega|\le\dfrac{3\pi}{4}\\ 1, & \dfrac{3\pi}{4}<|\Omega|\le\pi\end{cases}$

(c) $|X(\Omega)|=\begin{cases}0, & 0\le|\Omega|\le\dfrac{\pi}{3}\\ 1, & \dfrac{\pi}{3}<|\Omega|\le\dfrac{2\pi}{3},\\ 0, & \dfrac{2\pi}{3}<|\Omega|\le\pi\end{cases} \quad \angle X(\Omega)=2\Omega$

(d) $X(\Omega)=\displaystyle\sum_{k=-\infty}^{\infty}(-1)^k\delta\left(\Omega-\frac{k\pi}{2}\right)$

12.15 다음의 차분 방정식으로 표현되는 이산 LTI 시스템의 주파수 응답과 임펄스 응답을 구하라.

(a) $y[n]+0.8y[n-1]=x[n]-0.5x[n]$

(b) $y[n]+0.64y[n-2]=x[n-1]$

(c) $y[n]-\dfrac{5}{6}y[n-1]+\dfrac{1}{6}y[n-2]=x[n-1]$

(d) $y[n]-0.3y[n-1]-0.4y[n-2]=2x[n-1]-x[n-2]$

12.16 차분 방정식 $y[n]=0.5y[n-1]+bx[n]$으로 표현되는 이산 LTI 시스템에 대해 다음을 구하라.

(a) $H(0)=1$이 되기 위한 b의 값

(b) 반전력 주파수

12.17 실수 신호 $x[n]$의 DFT $X[k]$가 다음과 같을 때 빈칸을 채워라. 그리고 각 경우에 대해 $n=0$에서의 신호 값 $x[0]$을 구하라.

(a) $X[k]=[3,\ (\ ),\ 1,\ 0,\ (\ ),\ 2]$

(b) $X[k]=[0,\ -j,\ (\ ),\ -2,\ 2-j,\ (\ )]$

(c) $X[k]=[4,\ 2,\ (\ ),\ 2+j,\ (\ ),\ 0,\ (\ ),\ -1,\ (\ )]$

(d) $X[k]=[-1,\ (\ ),\ 1,\ (\ ),\ 0,\ j2,\ (\ ),\ 1-j]$

12.18 다음에 주어진 $X[k]$에 대하여 IDFT를 수행하여 $x[n]$을 구하라.

(a) $X[k]=[1,\ j,\ 0,\ -j]$

(b) $X[k]=[1,\ 1,\ 1,\ 1]$

(c) $X[k]=[1,\ -1,\ 1,\ -1]$

(d) $X[k]=[2,\ 0,\ -2,\ 0]$

(e) $X[k]=[1,\ 0,\ 0,\ j,\ 0,\ -j,\ 0, 0]$

(f) $X[k]=\begin{cases}3, & k=0\\ 1, & 1\le k\le 9\end{cases}$

12.19 신호 $x[n]=[\underset{\uparrow}{1},\ 0,\ 2,\ 1]$에 대해 물음에 답하라.

(a) 4점 DFT $X[k]$를 구하라.

(b) $y[n]=x[n]\circledast x[n]$을 원형 컨벌루션 정의를 이용하여 계산하라.

(c) $y[n]=x[n]\circledast x[n]$을 DFT를 이용하여 계산하라.

(d) $h[n]=[\underset{\uparrow}{1},\ 0,\ 2,\ 1,\ 0,\ 0]$에 대해 $z[n]=x[n]\circledast h[n]$을 계산하라.

12.20 두 이산 신호 $x[n]=[-1,\ 2,\ 1,\ 3]$과 $y[n]=[-2, -1,\ 0,\ 2]$에 대해 물음에 답하라.

(a) 선형 컨벌루션 $x[n]*y[n]$을 구하라.

(b) 원형 컨벌루션 $x[n]\circledast y[n]$을 구하라.

(c) $x[n]$과 $y[n]$에 3개의 영 채우기를 하여 원형 컨벌루션을 수행하라.

【응용 문제】

12.21 $x[n]$의 DTFT가 $X(\Omega)=\dfrac{1}{1-0.5e^{-j\Omega}}$일 때, 주어진 각 신호의 DTFT를 구하라.

(a) $y[n]=x[-n]$

(b) $y[n]=x[n-1]$

(c) $y[n]=nx[n]$

(d) $y[n]=x[n+1]+x[n-1]$

(e) $y[n]=x[n]\cos(\pi n)$

(f) $y[n]=x[n]*x[n]$

12.22 파스발 정리를 이용하여 신호 $x[n]=\mathrm{sinc}\left(\dfrac{n}{2}\right)\cos\left(\dfrac{\pi}{2}n\right)$의 에너지를 구하라.

12.23 다음 그림의 신호 $x[n]$에 대해, $X(\Omega)$를 직접 구하지 말고 다음의 값을 구하라.

(1) $X(0)$ (2) $X(\pi)$ (3) $\dfrac{1}{2\pi}\displaystyle\int_{-\pi}^{\pi} X(\Omega)\,d\Omega$ (4) $\dfrac{1}{2\pi}\displaystyle\int_{-\pi}^{\pi} |X(\Omega)|^2\,d\Omega$

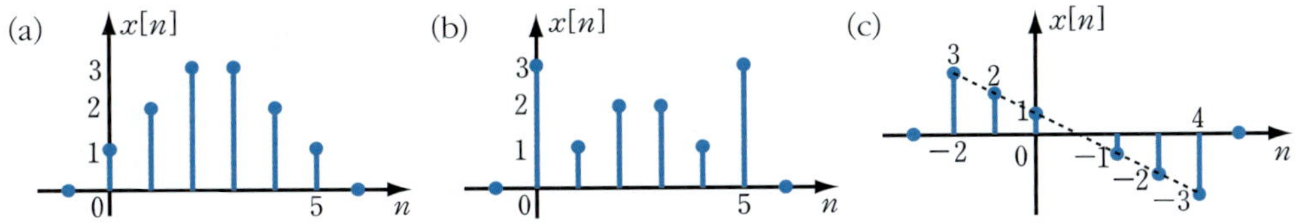

12.24 이산 신호 $x[n]$의 DTFT $X(\Omega)$가 다음과 같은 특성을 갖는다고 할 때, 이러한 주파수 영역에서의 특성에 해당하는 시간 영역에서의 특성을 결정하라.

(a) $X(0)=0$ (b) $X(\pi)=0$

(c) $\mathrm{Im}\{X(\Omega)\}=0$ (d) $\displaystyle\int_{-\pi}^{\pi} X(\Omega)\,d\Omega=0$

12.25 다음의 임펄스 응답을 갖는 이산 LTI 시스템에 $x[n]=\cos\left(\dfrac{3\pi}{4}n\right)$을 입력으로 인가할 때 출력 $y[n]$을 구하라.

(a) $h[n]=[1\ \underset{\uparrow}{1}\ 1]$ (b) $h[n]=[-1\ \underset{\uparrow}{1}\ -1]$

12.26 인과 LTI 시스템이 차분 방정식 $y[n]+0.5y[n-1]=x[n]$으로 표현된다고 한다.

(a) 시스템의 주파수 응답 $H(\Omega)$를 구하라.

(b) 시스템의 임펄스 응답 $h[n]$을 구하라.

(c) 입력이 $x[n]=(0.5)^n u[n]$일 때 시스템 출력을 구하라.

(d) 입력의 DTFT가 $X(\Omega)=1+2e^{-j3\Omega}$일 때 시스템 출력을 구하라.

(e) 입력의 DTFT가 $X(\Omega)=\dfrac{1}{(1-0.25e^{-j\Omega})(1+0.5e^{-j\Omega})}$일 때 시스템 출력을 구하라.

12.27 주파수 응답이 다음 그림과 같은 이산 시스템이 있다. 이 시스템의 임펄스 응답을 구하고, 다음과 같은 입력을 인가할 때 출력을 구하라.

(1) $x_1[n]=1+\cos\left(\dfrac{\pi}{6}n\right)+\cos\left(\dfrac{\pi}{3}n\right)+\sin\left(\dfrac{5\pi}{6}n\right)$ (2) $x_2[n]=\delta[n]+\cos\left(\dfrac{\pi}{2}n\right)$

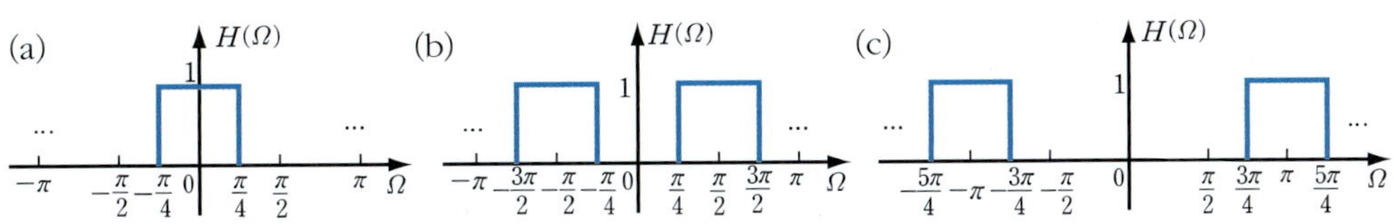

12.28 다음 그림은 $N=8$인 몇 개의 N점 이산 신호를 나타낸다.

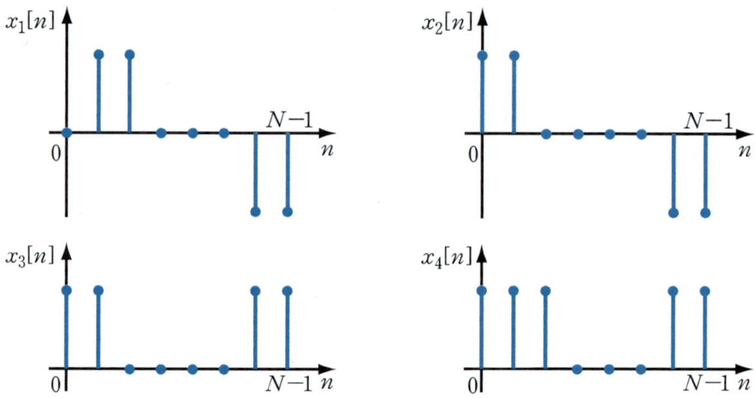

(a) 어느 신호가 실수인 DFT를 가지는가?

(b) 어느 신호가 허수인 DFT를 가지는가?

(c) 어떤 신호에 대해 $X[0]=0$이 되는가?

(d) $k=2, 4, 6$에 대해 어떤 신호가 $X[k]=0$이 되는가?

12.29 이산 신호 $x[n]=[1, -2, 3, -4, 5, -6, 7, -8]$의 DFT $X[k]$를 계산하지 말고 다음의 값을 구하라.

(a) $X[0]$ (b) $X[4]$ (c) $\sum_{k=0}^{7} X[k]$ (d) $\sum_{k=0}^{7} (-1)^k X[k]$

12.30 아날로그 신호 $x(t)$를 샘플링 주파수 $8\,[\text{kHz}]$로 샘플링하여 이산 신호 $x[n]$을 얻은 뒤, 이를 8점 DFT 하여 다음과 같은 $X[k]$를 얻었다. 원래의 신호 $x(t)$를 구하라.

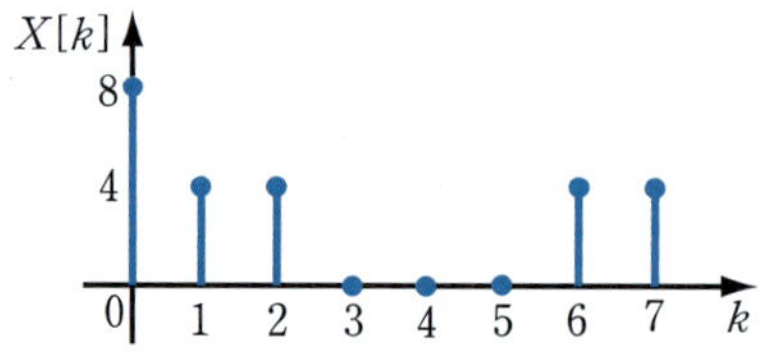

CHAPTER 12_MATLAB 실습

학습포인트

- 매트랩을 이용하여 이산 시간 푸리에 변환의 대칭성과 시간 이동 성질을 확인해본다.
- 매트랩을 이용하여 DFT와 IDFT를 수행해 본다. 또한 영 채우기의 효과를 확인해본다.

이산 시간 푸리에 변환(DTFT)은 CTFT와 마찬가지로 `fft` 명령을 이용하는 수밖에 없다. DTFT도 여러 성질들을 잘 활용하면 스펙트럼과 주파수 응답 뿐만 아니라 시스템의 출력 등 작업을 편리하게 수행할 수 있다. 한편 DFT는 컴퓨터를 이용하여 푸리에 변환을 수행하도록 고안된 도구이므로, 실제 주파수 영역 해석 문제들은 모두 DFT를 이용하여 이루어진다. 그런데 DFT의 계산량을 획기적으로 줄여 효율적인 계산이 이루어지게 한 것이 FFT이므로, 컴퓨터 프로그램은 보통 FFT를 기반으로 작성된다.

MATLAB 12-1 DTFT의 대칭성과 주파수 이동 성질

다음과 같은 비주기 이산 신호에 대해

$$x[n]=\begin{cases}\sin(\pi n/2), & -5\le n\le 10\\ 0, & \text{그 외}\end{cases}$$

(a) $x[n]$의 DTFT를 구하여 실수부와 허수부로 나타내라. 또한 $x[n]$의 우함수 성분 $x_e[n]$와 기함수 성분 $x_o[n]$의 DTFT를 구하여 그 결과를 비교하라.

(b) $y[n]=e^{j\frac{\pi}{4}n}x[n]$을 DTFT하여 스펙트럼을 그리고 $x[n]$의 스펙트럼과 비교하라.

풀이

(a) $x[n]$의 우함수 성분 $x_e[n]$와 기함수 성분 $x_o[n]$은 다음과 같다.

$$x_e[n]=\frac{x[n]+x[-n]}{2},\quad x_o[n]=\frac{x[n]-x[-n]}{2}$$

$x[n]$과 $x_e[n]$ 및 $x_o[n]$의 DTFT를 구하여 스펙트럼을 그리되, $x[n]$의 스펙트럼은 실수부와 허수부를 나누어 나타내는 매트랩 프로그램은 다음과 같다.

SS_12_1a.m

```
n=-5:10;                                   % 시간축 설정
w=-pi:1/200:pi;                            % 주파수축 설정
x=sin(pi*n/2);                             % 신호 x[n] 생성
Xf=x*(exp(-j*n'*w));                       % x[n]의 DTFT 계산

nr=-fliplr(n);                             % 시간축 반전
m=min([n,nr]):max([n,nr]);                 % 신호 반전을 위한 시간축 m 설정
xx=zeros(1,length(m));                     % m축에서의 x[m] 초기화
xx(n(1)-m(1)+1:n(1)-m(1)+length(n))=x;     % m축 상에 x[m]을 나타냄
xe=0.5*(xx+fliplr(xx));                    % 우함수 성분 x_e[n] 계산
```

```
xo=0.5*(xx-fliplr(xx));                    % 기함수 성분 x_o_[n] 계산
Xef=xe*(exp(-j*m'*w));                     % x_e[n] 의 DTFT 계산
Xof=xo*(exp(-j*m'*w));                     % x_o_[n]의 DTFT 계산

subplot(2,2,1);                            % 2행 2열 분할 그림창의 1번 창
plot(w/(2*pi),real(Xf));                   % X(Ω)의 실수부를 그림
title('스펙트럼의 실수부');                 % 그림 제목
xlabel('F');                               % x축 라벨 표시
subplot(2,2,3);                            % 2행 2열 분할 그림창의 3번 창
plot(w/(2*pi),imag(Xf));                   % X(Ω)의 허수부를 그림
title('스펙트럼의 허수부');                 % 그림 제목
xlabel('F');                               % x축 라벨 표시
subplot(2,2,2);                            % 2행 2열 분할 그림창의 2번 창
plot(w/(2*pi),real(Xef));                  % X_e(Ω)를 그림
title('우함수 성분의 스펙트럼');            % 그림 제목
xlabel('F');                               % x축 라벨 표시
subplot(2,2,4);                            % 2행 2열 분할 그림창의 4번 창
plot(w/(2*pi),imag(Xof));                  % X_o(Ω)를 그림
title('기함수 성분의 스펙트럼');            % 그림 제목
xlabel('F');                               % x축 라벨 표시
```

프로그램의 실행 결과는 [그림 12-37]에 나타내었다. 그림에서 보듯이 실수부는 우대칭, 허수부는 기대칭을 만족한다. 또한 신호의 우함수 성분의 스펙트럼은 신호의 스펙트럼의 실수부와, 기함수 스펙트럼은 신호의 스펙트럼의 허수부와 일치한다.

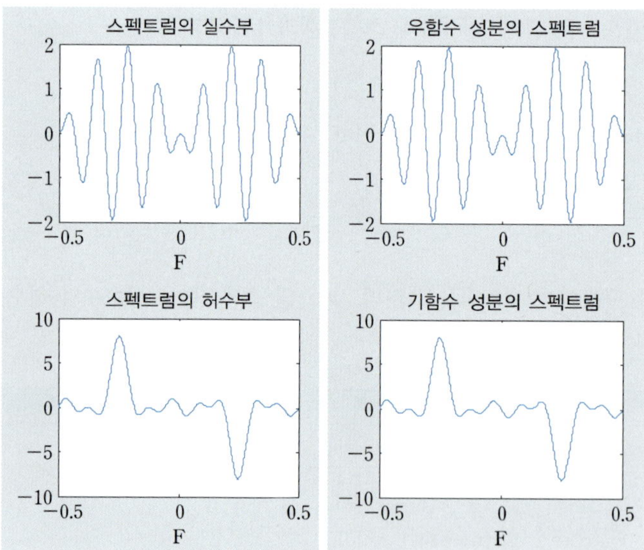

(a) $x[n]$의 스펙트럼(실수부+허수부) (b) $x_e[n]$ 및 $x_o[n]$의 스펙트럼

[그림 12-37] $x[n]$과 $x_e[n]$ 및 $x_o[n]$의 스펙트럼

(b) DTFT의 주파수 이동 성질로부터 $y[n] = e^{j\frac{\pi}{4}n}x[n]$의 스펙트럼 $Y(\Omega)$는 $x[n]$의 스펙트럼 $X(\Omega)$를 $\pi/4$ 만큼 이동시킨 것이 된다. 즉 $Y(\Omega) = X(\Omega - \pi/4)$이다. 두 신호의 스펙트럼을 구하여 그리는 매트랩 프로그램은 다음과 같고, 실행 결과를 [그림 12-38]에 나타내었다. 그림에서 보듯이 $Y(\Omega)$는 정확히 $X(\Omega)$를 $\pi/4$만큼 이동시킨 것과 같다.

SS_12_1b.m

```
n=-5:10;                              % 시간축 설정
w=-pi:1/200:pi;                       % 주파수축 설정
x=sin(pi*n/2);                        % 신호 x[n] 생성
y=sin(pi*n/2).*exp(j*pi*n/4);         % 신호 y[n] 생성
Xf=x*(exp(-j*n'*w));                  % x[n]의 DTFT X(Ω) 계산
Yf=y*(exp(-j*n'*w));                  % y[n]의 DTFT Y(Ω) 계산

subplot(2,2,1);                       % 2행 2열 분할 그림창의 1번 창
plot(w/(2*pi),abs(Xf));               % x[n]의 진폭 스펙트럼을 그림
title('x[n]의 진폭 스펙트럼');          % 그림 제목
xlabel('F');                          % x축 라벨 표시
subplot(2,2,2);                       % 2행 2열 분할 그림창의 2번 창
plot(w/(2*pi),angle(Xf));             % x[n]의 위상 스펙트럼을 그힘
title('x[n]의 위상 스펙트럼');          % 그림 제목
xlabel('F');                          % x축 라벨 표시
subplot(2,2,3);                       % 2행 2열 분할 그림창의 3번 창
plot(w/(2*pi),abs(Yf));               % y[n]의 진폭 스펙트럼을 그림
title('y[n]의 진폭 스펙트럼');          % 그림 제목
xlabel('F');                          % x축 라벨 표시
subplot(2,2,4);                       % 2행 2열 분할 그림창의 4번 창
plot(w/(2*pi),angle(Yf));             % y[n]의 위상 스펙트럼을 그힘
title('y[n]의 위상 스펙트럼');          % 그림 제목
xlabel('F');                          % x축 라벨 표시
```

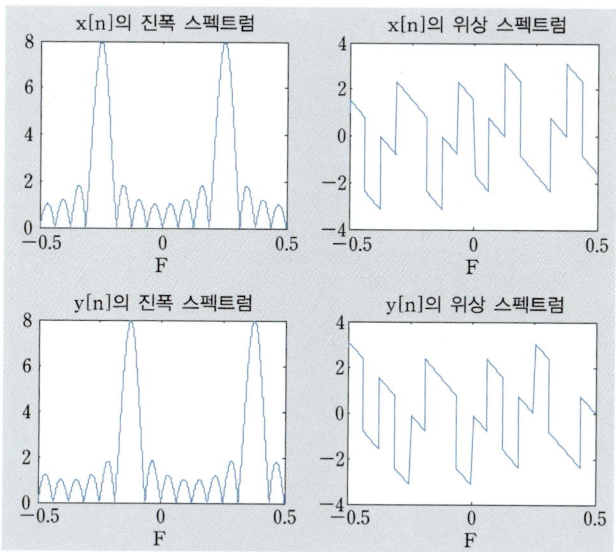

[그림 12-38] $x[n]$과 $y[n]$의 스펙트럼

MATLAB 12-2 DFT 및 IDFT 실습

이산 비주기 신호 $x[n] = [\underset{\uparrow}{1},\ 2,\ 2,\ 1]$에 대해

(a) 4점 DFT 및 IDFT를 수행하라. 그리고 DFT의 결과를 DTFT와 비교하라.

(b) 영 채우기를 시행하여 같은 신호에 대해 16점 DFT 및 IDFT를 수행하라.

풀이

(a) 정의식을 이용하면 $x[n]$의 DFT와 IDFT, 그리고 DTFT를 수행하는 프로그램을 다음과 같이 쉽게 작성할 수 있다.

SS_12_2a.m

```
N=4;                                   % 한 주기의 신호의 샘플 개수
x=[1 2 2 1];                           % 신호 x[n] 데이터 입력
n=0:N-1;                               % 시간축 설정
k=0:N-1;                               % 샘플 스펙트럼의 주파수축 설정
WN=exp(-j*2*pi/N).^n;                  % 회전 인자 W_N^n 계산
for m=1:N
  X(m)=sum(x.*WN.^(m-1));              % DFT 수행
end
df=1/500; f=df*[0:500];                % DTFT 스펙트럼의 주파수축 설정
W=exp(-j*2*pi.*f);                     % e^jΩ계산
Xf=zeros(1,length(f));                 % DTFT 초기화
for m=1:N
  Xf=Xf+x(m)*W.^(m-1);                 % DTFT 수행
end
for m=1:N
  x(m)=sum(X.*(WN.^(-1)).^(m-1))/N;    % IDFT 수행
end

subplot(2,1,1);                        % 2행 1열 배열 그림창의 2번 창
stem(k,abs(X));                        % DFT의 진폭 스펙트럼을 그림
hold on                                % 현재의 그림창을 그대로 유지
plot(f*N,abs(Xf),'--r');               % DTFT의 진폭 스펙트럼을 그림
title('진폭 스펙트럼');                 % 그림 제목
xlabel('k'); grid on;                  % x축 라벨 및 그리드 표시
subplot(2,1,2);                        % 2행 1열 배열 그림창의 2번 창
stem(k,angle(X));                      % DFT의 위상 스펙트럼을 그림
hold on                                % 현재의 그림창을 그대로 유지
plot(f*N,angle(Xf),'--r');             % DTFT의 위상 스펙트럼을 그림
title('위상 스펙트럼');                 % 그림 제목
xlabel('k'); grid on;                  % x축 라벨 및 그리드 표시
```

DFT와 IDFT는 다음과 같이 명령 fft와 ifft를 사용하면 아주 간단히 실행할 수도 있다.

```
>>X=fft(x);
>>x=ifft(X);
```

매트랩 프로그램의 실행 결과를 [표 12-6]과 [그림 12-39]에 나타내었다. 결과에서 보듯이 DFT에 의한 샘플 스펙트럼이 DTFT에 의한 연속 스펙트럼과 값이 같은 것을 확인할 수 있다.

[표 12-6] 신호 $x[n]$에 대한 4점 DFT와 IDFT 결과

n/k	$X[k]$	$x[n]$
0	6	1
1	$-1-j1$	2
2	0	2
3	$-1+j1$	1

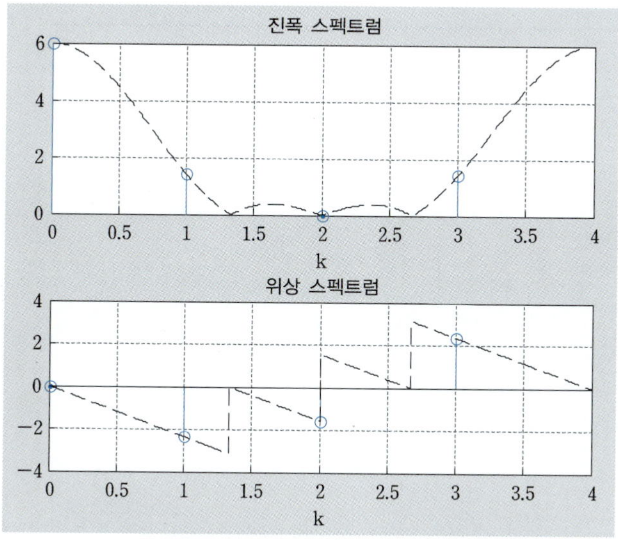

[그림 12-39] 4점 DFT와 DTFT에 의한 $x[n]$의 스펙트럼

(b) 영 채우기를 하여 16점 DFT를 수행하는 것은 (a)의 프로그램에서 신호의 데이터 값을 입력하는 처음의 두 줄만 다음과 같이 수정하면 되고, 나머지는 동일하다.

```
>>N=16;
>>x=[1 2 2 1];
>>x=[x zeros(1,N-length(x))];
```

프로그램의 실행 결과는 [표 12-7]과 [그림 12-40]에 나타내었다. 결과에서 보듯이 해상도는 4배 높아졌지만 정확도는 달라지지 않는다. 즉 (b)의 $X[0]$, $X[4]$, $X[8]$, $X[12]$가 (a)의 $X[0]$, $X[1]$, $X[2]$, $X[3]$과 일치한다. 그리고 DFT에 의한 샘플 스펙트럼이 DTFT에 의한 연속 스펙트럼과 값이 같은 것도 확인할 수 있다.

[표 12-7] 신호 $x[n]$에 대한 16점 DFT와 IDFT 결과

n/k	$X[k]$	$x[n]$	n/k	$X[k]$	$x[n]$
0	6	1	8	0	0
1	$4.6447-j3.1035$	2	9	$0.1838+j0.2750$	0
2	$1.7071-j4.1213$	2	10	$0.2929+j0.1213$	0
3	$-0.5727-j2.8793$	1	11	$-0.2557+j0.0509$	0
4	$-1-j1$	0	12	$-1+j1$	0
5	$-0.2557-j0.0509$	0	13	$-0.5727+j2.8793$	0
6	$0.2929-j0.1213$	0	14	$1.7071+j4.1213$	0
7	$0.1838-j0.2750$	0	15	$4.6447+j3.1035$	0

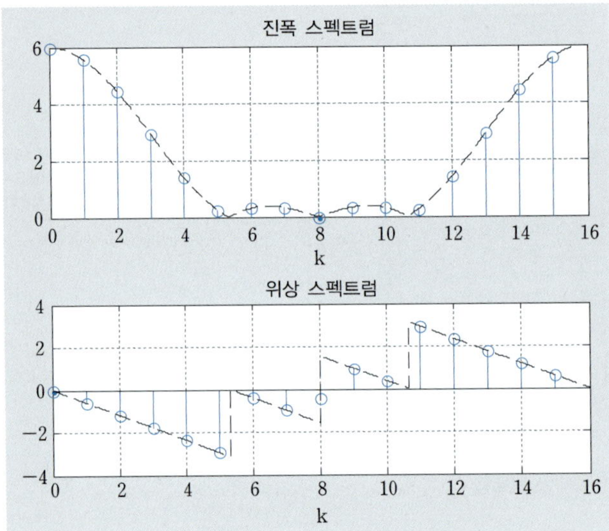

[그림 12-40] 16점 DFT와 DTFT에 의한 $x[n]$의 스펙트럼

CHAPTER

13

z 변환

z Transform

학습목표

- z 변환의 개념과 수렴 영역에 대해 이해할 수 있다.
- 주요 신호의 z 변환쌍을 잘 익혀둘 수 있다.
- z 변환의 주요 성질을 이해할 수 있다.
- 부분분수 전개를 이용한 z 역변환 방법을 잘 익혀둘 수 있다.
- z 변환을 이용한 차분 방정식의 해석 방법에 대해 잘 익혀둘 수 있다.
- 전달 함수의 개념과 중요성에 대해 이해할 수 있다.
- 전달 함수 극/영점의 역할과 중요성, 주파수 응답과의 관련성에 대해 이해할 수 있다.
- z 변환과 라플라스 변환의 관계에 대해 이해할 수 있다.

【미리보기】

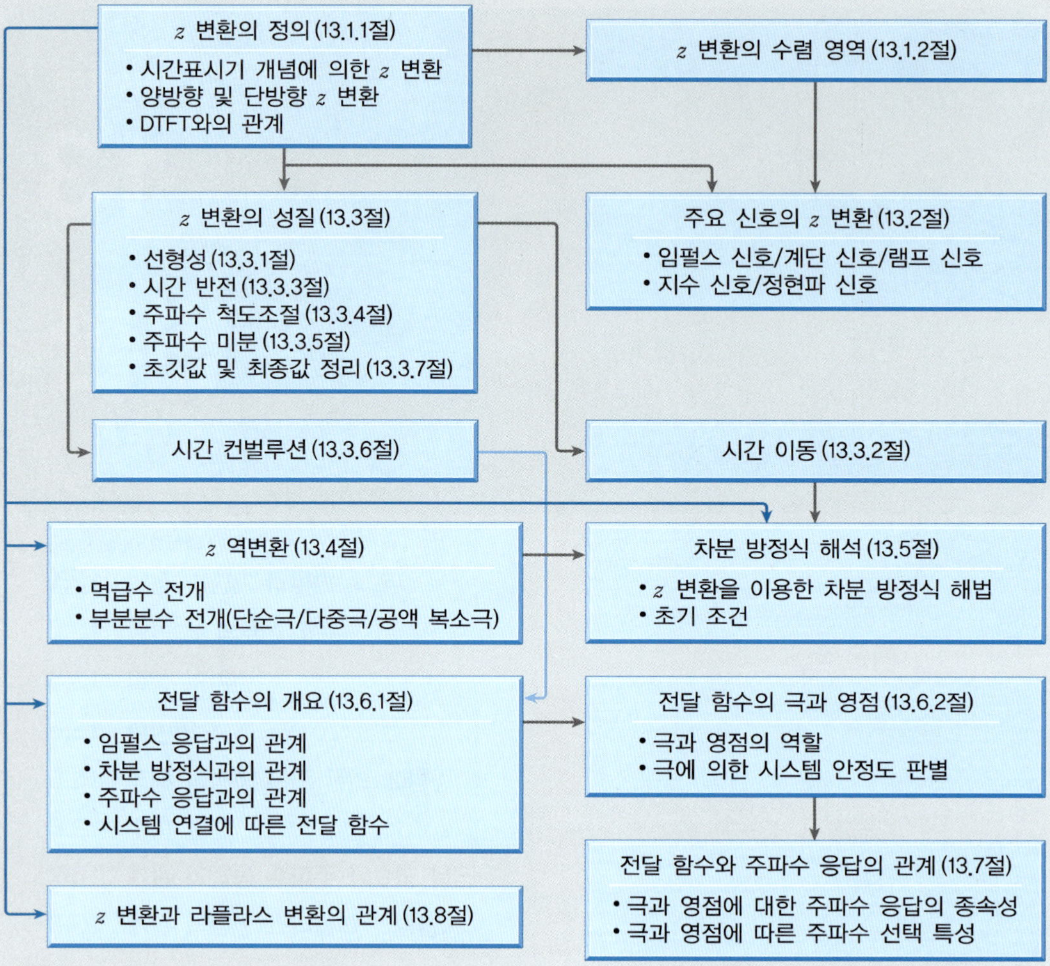

출발 자체가 주파수 영역에서 신호와 시스템을 표현하고자 했던 푸리에 해석 기법과 달리, z 변환은 매우 단순하게 정의되는 변환이다. 그렇지만, z 변환은 이산 시간 푸리에 변환을 일반화한 것으로 볼 수 있고, 연속 신호와 시스템에 대한 라플라스 변환과 똑같은 역할을 이산 신호와 이산 시스템에서 담당한다. z 변환은 겉보기에 복소수가 드러나지 않으므로 수학적 취급이 훨씬 간편할 뿐만 아니라, 차분 방정식을 z에 관한 대수 방정식으로 바꾸어 이산 시스템의 해석을 단순화시킨다. 또한 전달 함수의 개념과 결합하여 주파수 응답, 안정도를 비롯한 이산 시스템의 특성 해석을 수월하게 하고 통합적인 시각을 제공해준다. 이 장에서는 이러한 z 변환의 정의 및 수렴 특성, 주요 성질, 그리고 역변환 방법에 대해 살펴볼 것이다. 또 전달 함수와 극/영점의 관점에서 이산 시스템을 해석하는 방법도 알아본다. 끝으로 z 변환과 라플라스 변환과의 관계에 대해서도 간단히 살펴보기로 한다.

SECTION 13.1

z 변환의 개념과 정의

학습포인트

- z 변환의 바탕 개념이 다른 주파수 영역 변환과 다른 점을 이해한다.
- 단방향과 양방향 z 변환의 차이를 이해한다.
- z 변환의 수렴 조건과 수렴 영역(ROC)에 대해 알아본다.
- 신호의 형태에 따라 z 변환의 수렴 영역이 어떻게 되는지 알아본다.
- DTFT 대비 z 변환이 가진 장점들을 알아본다.

z 변환은 다른 변환들과 달리 출발점이 매우 단순하다. 수학적 취급의 편의를 위해 이산 신호 샘플의 발생 시간(순서)을 알려주는 시간표시기로 복소 변수 z을 사용하여 급수 형태로 표현한 것이 바로 z 변환이다. 그렇지만 z 변환은 연속 신호에 대한 라플라스 변환과 마찬가지로 이산 신호에 대한 푸리에 변환(DTFT)을 보다 일반화한 주파수 영역 변환의 역할을 담당한다. 이 절에서는 z 변환의 바탕 개념과 정의를 설명하고 그 특징, 특히 수렴 영역에 대해 간단히 살펴본다. 그리고 양방향 및 단방향 변환의 차이를 알아보기로 한다.

13.1.1 z 변환의 정의

z 변환의 기본 개념

신호의 표현을 주파수 영역으로 변환하는 여러 기법 중에서 아이디어의 출발점이 다르고 바탕 개념이 가장 단순하여 주파수와 관련짓지 않고서도 설명할 수 있는 것이 z 변환이다.

다음과 같은 이산 신호를 생각해보자.

$$x[n] = \begin{cases} \left(\dfrac{1}{3}\right)^n, & n \ge 0 \\ (2)^n, & n < 0 \end{cases} \tag{13.1}$$

이 신호는 $\left\{\cdots, \left(\frac{1}{2}\right)^2, \frac{1}{2}, \underset{\uparrow}{1}, \frac{1}{3}, \left(\frac{1}{3}\right)^2, \cdots, \left(\frac{1}{3}\right)^n, \cdots\right\}$과 같이 값을 순서대로 나열한 무한수열로 나타낼 수 있지만, 이 수열 표현으로는 값이 어떻게 변화하고 있는지만 파악할 수 있을 뿐 하나의 함수로 표현되었을 때처럼 다양한 수학적인 조작이 불가능하다. 그러나 다음과 같이 복소 변수 z에 관한 무한급수로 표현하면, 간결한 형태의 z의 함수로 나타낼 수 있으므로 수학적인 접근이 가능해진다.

$$\cdots + \left(\frac{1}{2}\right)^2 z^2 + \frac{1}{2}z + 1 + \frac{1}{3}z^{-1} + \left(\frac{1}{3}\right)^2 z^{-2} + \cdots + \left(\frac{1}{3}\right)^n z^{-n} + \cdots \tag{13.2}$$

식 (13.2)는 $x[n]$의 샘플의 발생 시간을 알려주는 시간표시기로 복소 변수 z를 사용하여 급수 형태로 표현한 것에 불과하다. 예를 들어, z^{-3}은 시간 $n=3$이고, z^{4}는 시간 $n=-4$임을 가리킨다. 즉 z^{-n}의 계수는 시간 n일 때의 신호 값 $x[n]$을 나타낸다. 양의 시간에 대한 시간표시기로 z^{n}이 아닌 z^{-n}을 사용한 것은 뒤에 보겠지만 이산 시간 푸리에 변환과의 일관성을 고려했기 때문이다.

식 (13.2)의 무한급수의 합을 닫힌 꼴의 수식으로 나타내면 신호 $x[n]$을 z의 함수로 나타낸 새로운 표현 $X(z)$을 얻게 되는데, 이것이 바로 z 변환이다. 이때 무한급수의 합이 존재하려면 수렴해야 하므로 이를 위한 z의 조건이 필요한데, 이를 z 변환의 **수렴 영역**(ROC) Region Of Convergence이라고 한다. 예를 들어, 식 (13.2)의 무한급수는 다음과 같이 2개의 무한급수의 합이 되며, 등비급수의 수렴 조건 ($|$공비$|<1$)에 의해 $|z|<2$과 $|z|>1/3$를 동시에 만족시키는 $1/3<|z|<2$에서 수렴한다.

$$X(z)=\frac{\frac{1}{2}z}{1-\frac{1}{2}z}+\frac{1}{1-\frac{1}{3}z^{-1}}=\frac{-5z}{(z-2)(3z-1)} \tag{13.3}$$

z 변환의 정의

$x[n]$과 $X(\Omega)$가 1:1로 대응되는 이산 시간 푸리에 변환과 달리, z 변환은 수렴 영역에 따라 변환쌍이 유일하지 않을 수 있으므로 양방향 변환과 단방향 변환으로 나누어 취급한다.

- **양방향** bilateral **z 변환** : $X(z)=Z\{x[n]\}=\sum_{n=-\infty}^{\infty}x[n]z^{-n}$ (13.4)
- **단방향** unilateral **z 변환** : $X(z)=Z\{x[n]\}=\sum_{n=0}^{\infty}x[n]z^{-n}$ (13.5)
- **z 역** inverse **변환** : $x[n]=Z^{-1}\{X(z)\}=\frac{1}{2\pi j}\oint_{\Gamma}X(z)z^{n-1}dz$ (13.6)
- 양방향 z 변환은 $-\infty<n<\infty$의 시간 범위에 존재하는 모든 신호를 변환할 수 있다.
- 양방향 z 변환은 수렴 영역이 지정되지 않으면 $x[n]$과 $X(z)$가 1:1 대응이 되지 않는다. 그러므로 항상 수렴 영역을 표시해야 한다.
- 단방향 z 변환은 인과 신호($x[n]=0,\ n<0$)만을 대상으로 한 변환이다.
- 단방향 z 변환은 $x[n]$과 $X(z)$가 1:1로 대응된다. 그러므로 수렴 영역을 별도로 표시할 필요가 없다.
- DTFT는 z 변환의 특수한 경우로서 $z=e^{j\Omega}$, 즉 z 평면의 단위원 위에서 계산된 z 변환이다. 그러므로 z 변환이 더 포괄적인 변환이다.

$$X(\Omega)=\sum_{n=-\infty}^{\infty}x[n]e^{-j\Omega n}=\sum_{n=-\infty}^{\infty}x[n]z^{-n}\bigg|_{z=e^{j\Omega}}=X(z)\bigg|_{z=e^{j\Omega}} \tag{13.7}$$

식 (13.2)를 일반화한 수식으로 나타내면 다음과 같이 신호 $x[n]$의 z 변환이 정의된다.

$$X(z) = \cdots + x[-1]z^1 + x[0]z^0 + x[1]z^{-1} + \cdots + x[n]z^{-n} + \cdots \tag{13.8}$$

$$= Z\{x[n]\} = \sum_{n=-\infty}^{\infty} x[n]z^{-n}$$

z 변환 또한 $Z\{\cdot\}$와 변환쌍 $x[n] \Leftrightarrow X(z)$로 나타낸다. z는 $z = e^{\Sigma + j\Omega} = re^{j\Omega}$인 복소 변수이다(라플라스 변환에서도 변수 s는 $s = \sigma + j\omega$인 복소 변수이다).

식 (13.6)의 z 역변환 정의식은 z 평면의 폐구간 경로 Γ에 대한 주회 적분으로 복소 변수 이론에 대한 지식이 요구되므로, 라플라스 변환과 마찬가지로 일반적으로 부분분수 전개법을 사용하여 z 역변환을 구한다.

양방향 z 변환과 단방향 z 변환의 차이는 급수의 총합 구간이다. 양방향 z 변환은 총합 구간이 $(-\infty, \infty)$이므로 수렴 조건만 만족하면 어떠한 신호라도 변환할 수 있다. 따라서 $n < 0$에서 값을 가지는 비인과 신호의 변환도 가능하다. 반면에 단방향 z 변환은 총합의 하한이 0으로 인과 신호만을 대상으로 한 변환이다. 2개의 z 변환을 별도로 구분하는 이유는 양방향 z 변환에서는 $X(z)$에 대응되는 $x[n]$이 유일하지 않기 때문이다. 그러나 단방향 z 변환에서는 $x[n]$과 $X(z)$가 1:1로 대응되어 역변환할 때도 아무런 어려움이 없다.

만약 식 (13.4)에서 $z = e^{j\Omega}$로 두면 z 변환은 12장에서 배운 DTFT와 같아진다. 다시 말해 z 변환이 더 일반화된 변환이며, DTFT는 z 변환의 특수한 경우로 볼 수 있다. 게다가 DTFT는 $e^{j\Omega}$항이 드러나 있어서 계산과 취급이 불편하였으나, z 변환은 복소수가 변수 내로 숨어 들어가서 겉으로 보이지 않아 간결하고 편리한 표현이 된 것도 z 변환의 장점이다.

지금껏 살펴본 몇 가지 사실만으로도 알아챌 수 있겠지만, 거의 모든 점에서 z 변환은 라플라스 변환과 같은 체계를 가진 쌍둥이와도 같다. 그러므로 10장의 라플라스 변환의 서술 체계를 그대로 따라가면서 z 변환에 대해 살펴볼 것이다.

13.1.2 z 변환의 수렴 영역

z 변환은 식 (13.4)의 무한급수가 수렴해야만 존재하는데, z 변환의 수렴 조건은 $x[n]z^{-n}$이 절대 총합 가능 absolutely summable 해야 한다.

$$\sum_{n=-\infty}^{\infty} |x[n]z^{-n}| < \infty \tag{13.9}$$

이 조건을 만족하는 z의 집합을 z 변환 $X(z)$의 수렴 영역(ROC)이라고 한다.

수렴 영역과 단방향 z 변환의 필요성

양방향 z 변환에서는 서로 다른 두 시간 신호가 수렴 영역만 다를 뿐 똑같은 $X(z)$로 표현되는 경우가 발생한다. 따라서 역변환을 통해 $X(z)$로부터 오직 하나의 $x[n]$으로 되돌아가려면 반드시 $X(z)$의 수렴 영역이 지정되어야만 한다. 다음 예제를 통해 이를 살펴보자.

예제 13-1 우편향 인과 신호의 양방향 z 변환과 수렴 영역

실수 지수 신호 $x[n]=a^n u[n]$의 z 변환과 수렴 영역을 구하라.

풀이

$x[n]$은 우편향 인과 신호로 양방향 z 변환은 식 (13.4)로부터 다음과 같고, $|az^{-1}|<1$, 즉 $|z|>|a|$인 영역(z 평면에서 반지름이 $|a|$인 원의 외부)에서 수렴한다.

$$X(z)=\sum_{n=0}^{\infty}a^n z^{-n}=\sum_{n=0}^{\infty}(az^{-1})^n=\frac{1}{1-az^{-1}}=\frac{z}{z-a},\quad |z|>|a| \tag{13.10}$$

예제 13-2 좌편향 비인과 신호의 양방향 z 변환과 수렴 영역

실수 지수 신호 $y[n]=-a^n u[-n-1]$의 z 변환과 수렴 영역을 구하라.

풀이

$y[n]$은 좌편향 비인과 신호로 양방향 z 변환은 식 (13.4)로부터 다음과 같고, $|a^{-1}z|<1$, 즉 $|z|<|a|$인 영역(z 평면에서 반지름이 $|a|$인 원의 내부)에서 수렴한다.

$$\begin{aligned}Y(z)&=-\sum_{n=-\infty}^{-1}a^n z^{-n}=-\sum_{n=1}^{\infty}a^{-n}z^n=-a^{-1}z\sum_{n=0}^{\infty}(a^{-1}z)^n \\ &=-\frac{a^{-1}z}{1-a^{-1}z}=\frac{1}{1-az^{-1}}=\frac{z}{z-a},\quad |z|<|a|\end{aligned} \tag{13.11}$$

[그림 13-1]은 [예제 13-1]과 [예제 13-2]의 신호와 수렴 영역을 나타낸 것이다. 그림을 보면 두 신호 및 수렴 영역의 특징과 차이를 확연히 알 수 있다. [예제 13-1]의 우편향 신호의 z 변환의 수렴 영역은 반지름이 $a(|z|=a)$인 원의 바깥이 되고, 반대로 [예제 13-2]의 좌편향 신호의 z 변환의 수렴 영역은 반지름이 $a(|z|=a)$인 원의 내부가 된다.

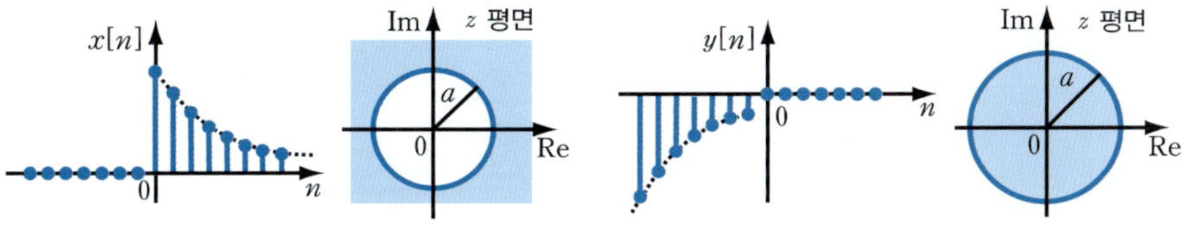

(a) $a^n u[n]$과 수렴 영역 (b) $-a^n u[-n-1]$과 수렴 영역

[그림 13-1] [예제 13-1], [예제 13-2] 신호의 양방향 z 변환의 수렴 영역

[예제 13-1]과 [예제 13-2]에서 식 (13.11)의 $Y(z)$는 식 (13.10)의 $X(z)$과 같고 수렴 영역만 다를 뿐이다. 따라서 수렴 영역이 명시되지 않으면 역변환의 결과가 $x[n]$인지 $y[n]$인지 결정할 수 없다. 즉 양방향 z 변환은 수렴 영역이 명시되지 않는 한, z 역변환이 유일한 것은 아니다. 같은 $X(z)$에 대해 $x[n]$이 1:1 대응이 되지 못하는 이유는 양방향 z 변환이 좌편향 신호와 우편향 신호를 모두 변환할 수 있기 때문이다. 애초에 대상 신호를 두 유형 중의 하나로 제한한다면 이런 애매함은 없을 것이다. 인과 우편향 신호만을 대상으로 하는 단방향 z 변환으로 한정한다면, 역변환도 유일할뿐더러 굳이 수렴 영역을 밝힐 필요가 없다. 게다가 대부분의 물리적 시스템은 인과이고 인과 신호를 취급하므로, 이 책에서도 단방향 z 변환만을 다룰 것이다. 이후 별도의 언급이 없는 한 z 변환이라 하면 단방향 z 변환을 뜻한다.

예제 13-3 양방향 z 변환과 수렴 영역

다음 신호의 양방향 z 변환과 수렴 영역을 구하라.

(a) $x[n]=(2)^n u[n]-u[n]$
(b) $x[n]=-(2)^n u[-n-1]-u[n]$
(c) $x[n]=-(2)^n u[-n-1]+u[-n-1]$
(d) $x[n]=(2)^n u[n]+u[-n-1]$

풀이

(a) [예제 13-1]의 풀이로부터 $x[n]$의 양방향 z 변환은 다음과 같이 구해진다.

$$X(z)=Z\{(2)^n u[n]\}-Z\{u[n]\}=\frac{1}{1-2z^{-1}}-\frac{1}{1-z^{-1}}=\frac{z}{(z-2)(z-1)}$$

이때 수렴 영역은 우편향 항 $(2)^n u[n]$의 $|z|>2$와 또 다른 우편향 항 $u[n]$의 $|z|>1$을 동시에 만족해야 하므로 $|z|>2$이다. 수렴 영역이 존재하므로 $X(z)$가 $x[n]$의 z 변환이 된다.

(b) [예제 13-1]과 [예제 13-2]의 풀이로부터 $x[n]$의 양방향 z 변환은 다음과 같이 구해진다.

$$X(z)=Z\{-(2)^n u[-n-1]\}-Z\{u[n]\}=-\frac{\frac{1}{2}z}{1-\frac{1}{2}z}-\frac{1}{1-z^{-1}}=\frac{z}{(z-2)(z-1)}$$

이때 수렴 영역은 좌편향 항 $(2)^n u[-n-1]$의 $|z|<2$와 우편향 항 $u[n]$의 $|z|>1$을 동시에 만족해야 하므로 $1<|z|<2$이다. 이 역시 수렴 영역이 존재하므로 $X(z)$가 $x[n]$의 z 변환이 된다.

(c) [예제 13-2]의 풀이로부터 $x[n]$의 양방향 z 변환은 다음과 같이 구해진다.

$$X(z)=Z\{-(2)^n u[-n-1]\}+Z\{u[-n-1]\}=-\frac{\frac{1}{2}z}{1-\frac{1}{2}z}+\frac{z}{1-z}=\frac{z}{(z-2)(z-1)}$$

이때 수렴 영역은 좌편향 항 $u[-n-1]$의 $|z|<1$와 좌편향 항 $(2)^n u[-n-1]$의 $|z|<2$을 동시에 만족해야 하므로 $|z|<1$이다. 이 역시 수렴 영역이 존재하므로 $X(z)$가 $x[n]$의 z 변환이 된다.

(d) [예제 13-1]과 [예제 13-2]의 풀이로부터 $x[n]$의 양방향 z 변환은 다음과 같이 구해진다.

$$X(z)=Z\{(2)^n u[n]\}+Z\{u[-n-1]\}=\frac{1}{1-2z^{-1}}+\frac{z}{1-z}=\frac{z}{(z-2)(z-1)}$$

수렴 영역은 우편향 항의 $|z|>2$와 좌편향 항의 $|z|<1$을 동시에 만족해야 하는데 겹치는 구간이 존재하지 않는다. 따라서 z 변환이 존재하지 않는다. 즉 $X(z)$는 $x[n]$의 z 변환이 아니다.

네 가지 경우 모두 똑같이 $X(z)=\dfrac{z}{(z-2)(z-1)}$가 되지만, 대응되는 시간 신호는 모두 다르고, (d)의 경우는 수렴 영역이 존재하지 않으므로 z 변환할 수가 없다. 이처럼 신호에 따라 수렴 영역이 존재하거나 존재하지 않으므로 반드시 수렴 영역을 따져봐야만 한다. 단방향 z 변환으로 변환이 가능한 신호는 (a)의 경우뿐이다.

신호 유형에 따른 수렴 영역의 형태

신호의 유형에 따라 z 변환의 수렴 영역은 다른데, [그림 13-2]에 신호의 유형에 따른 z 변환의 수렴 영역을 나타내었다.

z 변환의 수렴 영역의 특징

❶ 수렴 영역의 경계는 원점이 중심인 원($|z|=\rho$)이 된다.

❷ 유한 구간 신호는 전 z-평면이 수렴 영역이 된다(단, 인과 신호는 $z=0$ 제외, 비인과 신호는 $|z|=\infty$ 제외).

❸ 우편향 신호는 경계선의 바깥쪽($|z|>\rho_1$)이 수렴 영역이다.

❹ 좌편향 신호는 경계선의 안쪽($|z|<\rho_2$)이 수렴 영역이다.

❺ 양방향 신호는 일반적으로 좌편향 신호의 경계선 $|z|=\rho_2$와 우편향 신호의 경계선 $|z|=\rho_1$ 사이의 도넛 형태로 수렴 영역이 주어진다($\rho_1>\rho_2$). 만약 $\rho_1<\rho_2$이면 수렴 영역이 정의되지 않는다. 즉 z 변환이 존재하지 않는다.

❻ 수렴 영역이 단위원($|z|=1$)을 포함하지 않는 신호들은 z 변환은 존재하지만, 푸리에 변환은 존재하지 않는다.

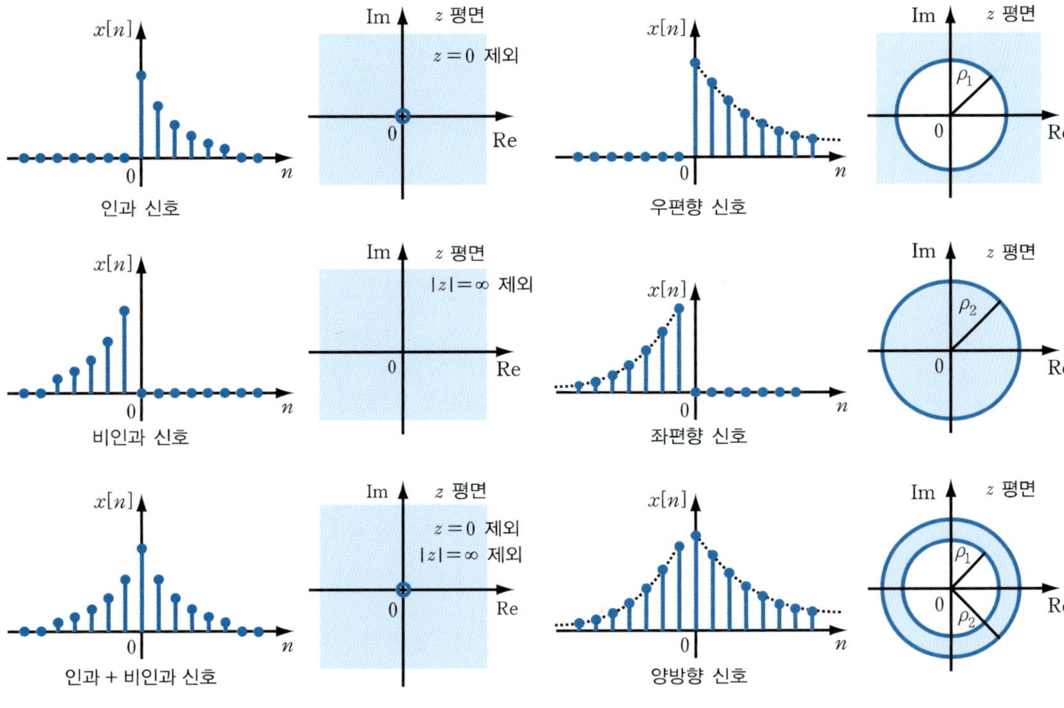

(a) 유한 구간 신호와 수렴 영역 (b) 무한 구간 신호와 수렴 영역

[그림 13-2] 신호의 형태에 따른 z 변환의 수렴 영역

수렴 영역의 모든 z에 대해 $X(z)$가 값을 가져야 하므로, 식 (13.3)과 같이 $X(z)$가 유리 함수로 주어질 때 분모 값이 0이 되는 점($X(z)$의 극)이 수렴 영역에 포함되면 안 된다. 그리고 DTFT가 불가능한 신호일지라도 z 변환은 존재할 수 있다. DTFT는 식 (12.7)에 나타낸 것처럼 $x[n]$이 절대 총합 가능한 경우에만 존재하는데, z를 특정하게 선정하면 $x[n]$이 절대 총합 가능하지 않더라도 식 (13.9)를 만족시킬 수 있다. 예를 들어, $x[n] = a^n u[n]$에서 $|a| > 1$이면 DTFT는 존재하지 않는다. 그런데 $|z| = r > a$로 선정하면 $|az^{-1}| < 1$이 되어 $x[n]z^{-n}$은 절대 총합 가능해지므로 z 변환이 존재하게 된다. 이처럼 z 변환은 DTFT보다 훨씬 많은 신호를 주파수 영역으로 변환할 수 있게 해준다. 식 (13.7)에서 보듯이 푸리에 변환은 z 평면의 단위원을 따라 계산된 z 변환이므로, z 변환의 수렴 영역이 단위원을 포함하지 않으면 그 신호의 푸리에 변환은 계산할 수 없다.

예제 13-4 유한 구간 신호의 z 변환과 수렴 영역

다음과 같은 이산 신호에 대해 z 변환을 수행하고, 수렴 영역을 구하라.

(a) $x_1[n] = \delta[n]$

(b) $x_2[n] = \delta[n] + \delta[n-1] + \delta[n-2]$ (우편향 유한 구간 신호)

(c) $x_3[n] = \delta[n+2] + \delta[n+1] + \delta[n]$ (좌편향 유한 구간 신호)

(d) $x_4[n] = \delta[n+1] + \delta[n] + \delta[n-1]$ (양방향 유한 구간 신호)

풀이

(a) 주어진 신호를 z 변환하면 다음과 같다.

$$X_1(z)=\delta[n]z^0=1$$

$X_1(z)$는 1이므로 $z=0$을 포함한 z 평면의 모든 z값에서 수렴한다.

(b) 주어진 신호를 z 변환하면 다음과 같다.

$$X_2(z)=\delta[n]z^0+\delta[n-1]z^{-1}+\delta[n-2]z^{-2}=1+z^{-1}+z^{-2}$$

$X_2(z)$는 z^{-1}과 z^{-2} 항 때문에 $z=0$에서 값이 정의되지 않으므로, $z=0$을 제외한 모든 z 값에서 수렴한다.

(c) 주어진 신호를 z 변환하면 다음과 같다.

$$X_3(z)=\delta[n+2]z^2+\delta[n+1]z^1+\delta[n]z^0=z^2+z^1+1$$

$X_3(z)$는 z와 z^2 항 때문에 $|z|=\infty$인 점에서 발산한다. 따라서 $|z|=\infty$을 제외한 모든 z값에서 수렴한다.

(d) 주어진 신호를 z 변환하면 다음과 같다.

$$X_4(z)=\delta[n+1]z+\delta[n]z^0+\delta[n-1]z^{-1}=z^1+1+z^{-1}$$

$X_4(z)$는 z와 z^{-1} 항을 모두 포함하고 있으므로 $z=0$과 $|z|=\infty$인 점을 제외한 모든 z값에서 수렴한다.

[예제 13-4]에서 보듯이, 유한 구간 신호의 수렴 영역은 기본적으로 전체 z 평면이나, 인과 신호이면 $z=0$, 비인과 신호이면 $|z|=\infty$가 제외될 뿐이다. 그러므로 아무런 제한 없이 전체 z 평면을 수렴 영역으로 하는 이산 신호는 오직 임펄스 신호 $\delta[n]$뿐이다.

예제 13-5 양방향 무한 구간 신호의 z 변환과 수렴 영역

다음 신호의 양방향 z 변환과 수렴 영역을 구하라.

(a) $x[n]=2^{|n|}$　　　　(b) $x[n]=\left(\dfrac{1}{2}\right)^{|n|}$

풀이

(a) 주어진 신호를 다시 쓰면

$$x[n]=2^n u[n]+2^{-n}u[-n-1]=2^n u[n]+\left(\frac{1}{2}\right)^n u[-n-1]$$

와 같이 되고, 따라서 $x[n]$의 z 변환은 [예제 13-1]과 [예제 13-2]에서 구한 식 (13.10)과 식 (13.11)로부터 다음과 같이 구할 수 있다.

$$X(z)=\frac{z}{z-2}-\frac{z}{z-\frac{1}{2}}=\frac{\frac{3}{2}z}{(z-2)\left(z-\frac{1}{2}\right)}=\frac{3z}{(z-2)(2z-1)}$$

$2^n u[n]$의 수렴 영역은 $|z|>2$, $2^{-n}u[-n-1]$의 수렴 영역은 $|z|<\frac{1}{2}$이다. $X(z)$의 수렴 영역은 두 수렴 영역을 동시에 만족시켜야 하는데, 겹치는 구간이 없으므로 z 변환은 존재하지 않는다. 다시 말해 위에서 구해진 $X(z)$는 $x[n]$의 z 변환이 될 수 없다.

(b) 주어진 신호를 다시 쓰면

$$x[n]=\left(\frac{1}{2}\right)^n u[n]+\left(\frac{1}{2}\right)^{-n} u[-n-1]=\left(\frac{1}{2}\right)^n u[n]+2^n u[-n-1]$$

와 같이 되고, 따라서 $x[n]$의 z 변환은 식 (13.10)과 식 (13.11)로부터 다음과 같이 구할 수 있다.

$$X(z)=\frac{z}{z-\frac{1}{2}}-\frac{z}{z-2}=-\frac{\frac{3}{2}z}{(z-2)\left(z-\frac{1}{2}\right)}=-\frac{3z}{(z-2)(2z-1)}$$

$\left(\frac{1}{2}\right)^n u[n]$의 수렴 영역은 $|z|>\frac{1}{2}$, $\left(\frac{1}{2}\right)^{-n} u[-n-1]$의 수렴 영역은 $|z|<2$이다. $X(z)$의 수렴 영역은 두 수렴 영역을 동시에 만족시켜야 하므로 $\frac{1}{2}<|z|<2$이다.

이상의 두 결과에서 보듯이 양방향 신호의 경우 우편향 신호와 좌편향 신호의 수렴 영역이 겹치는 구간이 있어야만 z 변환이 존재하게 된다.

예제 13-6 인과 신호의 z 변환

인과 신호 $x[n]=\begin{cases}\left(\frac{1}{3}\right)^n-2^n, & n\geq 0\\ 0, & n<0\end{cases}$의 z 변환을 구하라.

풀이

$x[n]$의 z 변환은 식 (13.4)로부터 다음과 같이 된다.

$$X(z)=\sum_{n=0}^{\infty}\left(\frac{1}{3}\right)^n z^{-n}-\sum_{n=0}^{\infty}2^n z^{-n} \qquad (13.12)$$

$$=\frac{1}{1-\frac{1}{3}z^{-1}}-\frac{1}{1-2z^{-1}}=\frac{-5z}{(z-2)(3z-1)}$$

수렴 영역은 $\left|\frac{1}{3}z^{-1}\right|<1$, 즉 $|z|>\frac{1}{3}$과 $|2z^{-1}|<1$, 즉 $|z|>2$를 동시에 만족시켜야 하므로 $|z|>2$이 되는데, 인과 신호의 수렴 영역이 $|z|>\rho$의 꼴이라는 사실에 들어맞는다. z 변환의 수렴 영역 $|z|>2$은 단위원($|z|=1$)을 포함하지 않으므로 수렴 영역의 특징 ❻에 의해 DTFT가 존재하지 않지만, 이렇게 수렴 영역에 따라 z 변환이 가능해진다. 주어진 신호 $x[n]$에 대해 DTFT의 수렴 조건 식 (12.7)을 따져보아도 같은 결론을 얻을 수 있다.

그런데 식 (13.12)는 식 (13.3)과 같으므로, 하나의 $X(z)$에 대해 식 (13.1)의 신호와 이 예제의 신호가 동시에 대응되는 상황이 발생한다. 그러나 단방향 z 변환, 즉 수렴 영역을 $|z|>\rho$의 꼴이라고 한정하면 더 이상의 혼란이 발생하지 않고 오직 이 예제의 $x[n]$으로 역변환된다.

Check Point 다음 문제에서 옳은 것을 골라라.

(1) $x[2]$에 대응되는 시간 표시 변수는 (z^2, z^{-2})이다.
(2) z 변환은 DTFT에 비해 더 (많은, 적은) 이산 신호를 변환할 수 있다.
(3) 단방향 z 변환은 (인과, 비인과) 신호를 대상으로 한다.
(4) z 변환은 모든 이산 신호를 주파수 영역으로 변환할 수 있다. (○, ×)
(5) 수렴 영역에 극이 존재하면 $X(z)$는 정의되지 않는다. (○, ×)
(6) $x[n]$과 $X(z)$가 일대일 대응이 되는 것은 (단방향, 양방향) z 변환이다.
(7) 단방향 z 변환과 양방향 z 변환의 역변환 정의식은 다르다. (○, ×)
(8) 전체 z 평면을 수렴 영역으로 하는 이산 신호는 오직 임펄스 신호뿐이다. (○, ×)
(9) (좌편향, 우편향) 신호의 ROC는 z 평면상의 원점을 중심으로 하는 원의 외부이다.
(10) z 변환의 수렴 영역이 정의되지 않는 양방향 신호도 있다. (○, ×)

SECTION 13.2

주요 신호의 z 변환

학습포인트

- 임펄스 신호, 계단 신호, 램프 신호 등의 z 변환쌍을 익혀둔다.
- 지수 신호와 정현파 신호에 대한 z 변환쌍을 익혀둔다.
- 변환쌍표에 제시된 주요 신호들의 z 변환쌍을 익혀둔다.

자주 사용되는 기본적이고 중요한 신호들에 대한 z 변환쌍을 알고 있으면 역변환을 비롯한 다양한 상황에 활용할 수 있어서 여러모로 편리하다. 이 절에서는 몇 가지 주요 신호들에 대한 z 변환쌍을 구해보기로 한다. 지금부터 특별한 언급이 없는 한 z 변환이라 함은 단방향 z 변환을 가리킨다.

임펄스 신호

[예제 13-4]에서 구한 바와 같이, 임펄스 신호 $\delta[n]$에 대한 z 변환쌍은 다음과 같고, 수렴 영역은 전체 z 평면이다.

$$\delta[n] \quad \Leftrightarrow \quad 1 \tag{13.13}$$

(단위) 계단 신호

단위 계단 신호 $x[n]=u[n]$은 $x[0]=x[1]=\cdots=x[n]=\cdots=1$이므로, z 변환은

$$X(z)=\sum_{n=0}^{\infty}x[n]z^{-n}=1+z^{-1}+z^{-2}+\cdots+z^{-n}+\cdots \tag{13.14}$$

$$=\frac{1}{1-z^{-1}}=\frac{z}{z-1}$$

이고, 수렴 영역은 $|z^{-1}|<1$, 즉 $|z|>1$이다. 따라서 $u[n]$에 대한 z 변환쌍은 다음과 같다.

$$u[n] \quad \Leftrightarrow \quad \frac{z}{z-1}, \quad |z|>1 \tag{13.15}$$

(단위) 램프 신호

램프 신호 $x[n]=nu[n]$에 대해서는

$$X(z)=\sum_{n=0}^{\infty} nz^{-n}=0+z^{-1}+2z^{-2}+\cdots+nz^{-n}+\cdots \tag{13.16}$$

이므로, 합을 구하기 좋게 다음과 같이 등비급수로 바꾸면

$$(1-z^{-1})X(z)=z^{-1}+z^{-2}+\cdots+z^{-n}+\cdots \tag{13.17}$$

가 된다. 식 (13.17)을 정리하면 다음과 같이 $X(z)$를 구할 수 있다.

$$X(z)=\frac{z^{-1}}{(1-z^{-1})^2}=\frac{z}{(z-1)^2} \tag{13.18}$$

식 (13.18)의 수렴 영역은 $|z|>1$로, 램프 신호의 z 변환쌍은 다음과 같다.

$$nu[n] \quad \Leftrightarrow \quad \frac{z}{(z-1)^2}, \quad |z|>1 \tag{13.19}$$

지수 신호

[예제 13-1]에서 구한 바와 같이, 지수 신호 $a^n u[n]$에 대한 z 변환쌍은 다음과 같고, 수렴 영역은 $|z|>|a|$이다.

$$a^n u[n] \quad \Leftrightarrow \quad \frac{z}{z-a}, \quad |z|>|a| \tag{13.20}$$

정현파 신호

코사인파 $x[n]=\cos(\Omega n)u[n]$은 오일러 공식에 의해 $e^{j\Omega n}$으로 나타낼 수 있고, $e^{j\Omega n}$은 $a=e^{j\Omega}$인 지수 신호와 같으므로 식 (13.20)을 이용해 다음과 같이 변환할 수 있다.

$$X(z)=Z\left\{\left(\frac{e^{j\Omega n}+e^{-j\Omega n}}{2}\right)u[n]\right\}=\frac{1}{2}\left[\frac{z}{z-e^{j\Omega}}+\frac{z}{z-e^{-j\Omega}}\right] \tag{13.21}$$

$$=\frac{z}{2}\left[\frac{2z-(e^{j\Omega}+e^{-j\Omega})}{z^2-(e^{j\Omega}+e^{-j\Omega})z+1}\right]=\frac{z(z-\cos(\Omega))}{z^2-2\cos(\Omega)z+1}$$

이때 수렴 영역은 $|z|>|e^{\pm j\Omega}|=1$이다. 사인파 $x[n]=\sin(\Omega n)u[n]$의 경우도 같은 방법으로 z 변환을 구할 수 있으며, 수렴 영역도 코사인파의 경우와 마찬가지로 $|z|>1$이 된다.

$$X(z) = Z\left\{\left(\frac{e^{j\Omega n} - e^{-j\Omega n}}{2j}\right)u[n]\right\} = \frac{1}{2j}\left[\frac{z}{z - e^{j\Omega}} + \frac{z}{z - e^{-j\Omega}}\right] \quad (13.22)$$

$$= \frac{z}{2j}\left[\frac{e^{j\Omega} - e^{-j\Omega}}{z^2 - (e^{j\Omega} + e^{-j\Omega})z + 1}\right] = \frac{\sin(\Omega)z}{z^2 - 2\cos(\Omega)z + 1}$$

따라서 정현파에 대한 z 변환쌍은 다음과 같다.

$$\cos(\Omega n)u[n] \Leftrightarrow \frac{z(z - \cos(\Omega))}{z^2 - 2\cos(\Omega)z + 1}, \quad |z| > 1 \quad (13.23)$$

$$\sin(\Omega n)u[n] \Leftrightarrow \frac{\sin(\Omega)z}{z^2 - 2\cos(\Omega)z + 1}, \quad |z| > 1 \quad (13.24)$$

지수적으로 진폭이 변하는 정현파 $a^n\cos(\Omega n)u[n]$, $a^n\sin(\Omega n)u[n]$의 경우에는 식 (13.21)과 식 (13.22)에서 $e^{j\Omega} \to ae^{j\Omega}$, $e^{-j\Omega} \to ae^{-j\Omega}$으로 치환하면 쉽게 z 변환을 구할 수 있다. 이때 수렴 영역은 $|z| > |a|$이다.

$$a^n\cos(\Omega n)u[n] \Leftrightarrow \frac{z(z - a\cos(\Omega))}{z^2 - 2a\cos(\Omega)z + a^2}, \quad |z| > |a| \quad (13.25)$$

$$a^n\sin(\Omega n)u[n] \Leftrightarrow \frac{a\sin(\Omega)z}{z^2 - 2a\cos(\Omega)z + a^2}, \quad |z| > |a| \quad (13.26)$$

지금까지 중요한 기본 신호에 대한 z 변환을 살펴보았다. 이 절에서 설명하지 않는 주요 신호에 대한 z 변환쌍은 [부록]의 z 변환쌍표를 참조하기 바라며, 잘 익혀두어야 한다.

예제 13-7 주요 신호의 단방향 z 변환

다음 신호의 z 변환을 구하라.

(a) $x[n] = \delta[n - n_0]$

(b) $x[n] = [\underset{\uparrow}{1},\ 1,\ 1,\ 1,\ 1] = \text{rect}[(n-2)/4]$

(c) $x[n] = na^nu[n]$

풀이

(a) z 변환의 정의식과 임펄스의 체 거르기 성질로부터 $x[n] = \delta[n - n_0]$의 z 변환은 다음과 같이 구해진다.

$$X(z) = Z\{\delta[n - n_0]\} = \sum_{n=0}^{\infty}\delta[n - n_0]z^{-n} = z^{-n_0}$$

(b) 정의식 식 (13.5)으로부터 사각 펄스 $x[n] = \text{rect}[(n-2)/4]$의 z 변환은 다음과 같다.

$$X(z) = \sum_{n=0}^{\infty}x[n]z^{-n} = 1 + z^{-1} + z^{-2} + z^{-3} + z^{-4} = \frac{z^4 + z^3 + z^2 + z + 1}{z^4}$$

(c) $na^n u[n]$의 z 변환은 정의식 식 (13.5)에 의해 다음과 같다.

$$X(z)=\sum_{n=0}^{\infty} na^n z^{-n}=0+az^{-1}+2a^2z^{-2}+\cdots+na^nz^{-n}+\cdots$$

이를 급수의 합이 간단히 얻어지도록 다음과 같이 등비급수 형태로 바꾸어 나타낸 뒤,

$$(1-az^{-1})X(z)=az^{-1}+a^2z^{-2}+\cdots+a^nz^{-n}+\cdots=\frac{az^{-1}}{1-az^{-1}}$$

$X(z)$에 관해 정리하면 다음의 결과를 얻는다.

$$X(z)=\frac{az^{-1}}{(1-az^{-1})^2}=\frac{az}{(z-a)^2}$$

즉 다음의 변환쌍이 성립한다.

$$na^n u[n] \iff \frac{az}{(z-a)^2} \tag{13.27}$$

SECTION 13.3

z 변환의 성질

학습포인트

- 시간 이동 성질을 알아본다. 특히 단방향 z 변환의 경우 주의해야 할 점을 잘 익혀둔다.
- 주파수 미분 및 주파수 척도조절 성질에 대해 알아본다.
- 시간 컨벌루션 성질과 그 중요성을 이해한다.
- 초깃값 정리와 최종값 정리에 대해 이해한다.

z 변환은 신호 및 시스템의 해석에 도움이 되는 유용한 성질들이 많다. z 변환은 이산 시간 푸리에 변환(DTFT)을 일반화한 것으로 볼 수 있으므로 그 성질도 비슷하며, 라플라스 변환과도 유사한 성질을 갖는다. 이 성질들은 다양한 신호에 대한 z 변환을 구하거나 이산 LTI 시스템을 나타낸 차분 방정식의 해를 구하는 데에도 유용하게 쓰인다. 이 절에서는 z 변환의 성질들을 살펴보고 활용법을 익히도록 한다. 시간 이동을 제외하면 단방향 z 변환과 양방향 z 변환의 성질은 큰 차이가 없다.

13.3.1 선형성

z 변환도 선형성을 만족한다. 선형성은 신호가 간단한 기본 신호들의 선형 결합으로 이루어졌을 때 z 변환을 쉽게 구할 수 있게 해준다.

$$\alpha x[n]+\beta y[n] \quad \Leftrightarrow \quad \alpha X(z)+\beta Y(z) \tag{13.28}$$

식 (13.28)은 z 변환의 정의식을 이용하여 다음과 같이 간단히 증명할 수 있다.

$$\begin{aligned} Z\{\alpha x[n]+\beta y[n]\} &= \sum_{n=0}^{\infty}(\alpha x[n]+\beta y[n])z^{-n} \\ &= \alpha\sum_{n=0}^{\infty}x[n]z^{-n}+\beta\sum_{n=0}^{\infty}y[n]z^{-n} \\ &= \alpha X(z)+\beta Y(z) \end{aligned} \tag{13.29}$$

예제 13-8 선형성을 이용한 z 변환

신호 $x[n]=4\cos^2\left(\frac{\pi}{6}n\right)u[n]$의 z 변환을 구하라.

풀이

주어진 신호를 삼각 함수의 배각 공식을 이용해 다시 쓰면 다음과 같다.

$$x[n]=4\cos^2\left(\frac{\pi}{6}n\right)u[n]=2\left(1+\cos\left(\frac{\pi}{3}n\right)\right)u[n]$$

따라서 선형성을 적용하면, 계단 신호의 z 변환쌍 식 (13.15)와 코사인파의 z 변환쌍 식 (13.23)으로부터 다음과 같이 z 변환이 구해진다.

$$X(z)=2\left(Z\{u[n]\}+Z\{\cos\left(\frac{\pi}{3}n\right)u[n]\}\right)$$

$$=\frac{2z}{z-1}+\frac{2z\left(z-\cos\left(\frac{\pi}{3}\right)\right)}{z^2-2\cos\left(\frac{\pi}{3}\right)z+1}$$

$$=\frac{2z}{z-1}+\frac{z(2z-1)}{z^2-z+1}=\frac{z(4z^2-5z+3)}{(z-1)(z^2-z+1)}$$

13.3.2 시간 이동

시간 이동 성질은 양방향 z 변환과 단방향 z 변환에 대해 차이가 존재한다. 시간 이동 성질은 z 변환을 이용한 차분 방정식의 해석에 요긴하게 사용되므로 잘 익혀두어야 한다.

- **시간 지연** : $x[n-n_0]u[n] \Leftrightarrow z^{-n_0}X(z)+z^{-n_0}\sum_{n=1}^{n_0}x[-n]z^{n}$ (13.30)

  $x[n-n_0]u[n],\ x[n]=0,\ n<0 \Leftrightarrow z^{-n_0}X(z)$ (인과 신호) (13.31)

- **시간 선행** : $x[n+n_0]u[n] \Leftrightarrow z^{n_0}X(z)-z^{n_0}\sum_{n=0}^{n_0-1}x[n]z^{-n}$ (13.32)

단방향 z 변환은 총합 계산의 구간이 $n\geq 0$이므로, [그림 13-3]에서 보듯이 신호의 시간 이동에 대해 $n=0$을 경계로 비인과 신호를 시간 지연시키면 (점선으로 표시된) 샘플들이 추가로 나타나고, 인과 신호를 시간 선행시키면 (점선으로 표시된) 샘플들이 사라져 없어진다. 인과 신호 $x[n]$을 $n_0=-3$만큼 시간 선행시킨 $x[n+3]$에 대한 단방향 z 변환에서는 세로축 $n=0$ 왼쪽으로 이동된 샘플 $x[0]$, $x[1]$, $x[2]$가 사라지고, 비인과 신호 $y[n]$을 $n_0=3$만큼 시간 지연한 $y[n-3]$에 대한 단방향 z 변환에서는 세로축 $n=0$ 오른쪽으로 이동된 샘플 $y[-3]$, $y[-2]$, $y[-1]$이 추가되어 나타난다. 따라서 시간 이동 후 단방향 z 변환될 신호는 시간 이동하기 전의 신호와 달라지므로, 그에 대한 영향을 고려해줘야만 한다. 시간 지연과 시간 선행의 결과로 단방향 z 변환되어야 할 신호는 $x[n-n_0]u[n]$과 $x[n+n_0]u[n]$임에 주의해야 한다. 다만 인과 신호, 즉 $x[n]=0$, $n<0$이면 시간 지연에 대한 z 변환쌍은 $x[n-n_0]u[n] \Leftrightarrow z^{-n_0}X(z)$가 된다. [그림 13-3]에 나타낸 4개의 신호에 대한 단방향 z 변환은 다음과 같다.

❶ [그림 13-3(a)] $x[n]$: $x[0]z^0 + x[1]z^{-1} + x[2]z^{-2} + x[3]z^{-3} + x[4]z^{-4} + x[5]z^{-5}$

❷ [그림 13-3(b)] $x[n+3]$: $x[3]z^0 + x[4]z^{-1} + x[5]z^{-2}$

❸ [그림 13-3(c)] $y[n]$: $y[0]z^0 + y[1]z^{-1} + y[2]z^{-2}$

❹ [그림 13-3(d)] $y[n-3]$: $y[-3]z^0 + y[-2]z^{-1} + y[-1]z^{-2} + y[0]z^{-3} + y[1]z^{-4} + y[2]z^{-5}$

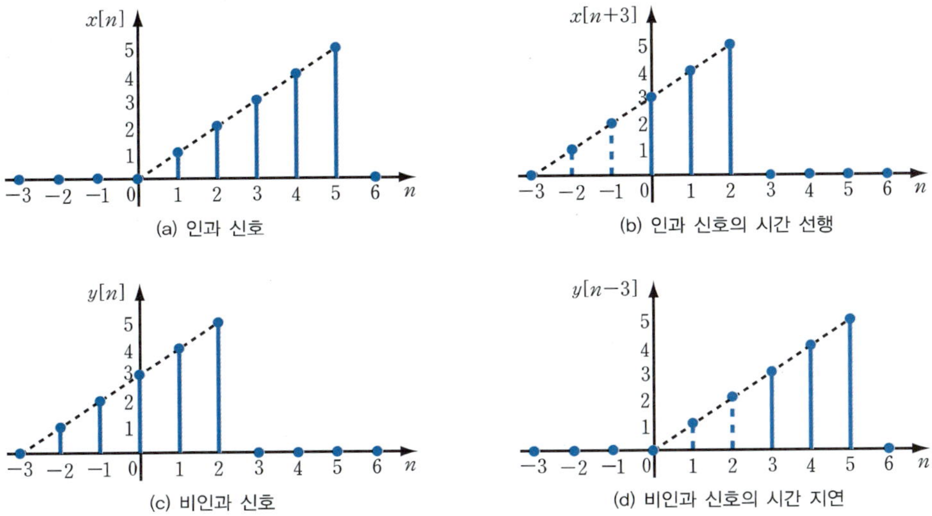

[그림 13-3] 신호의 시간 이동과 샘플의 추가 및 상실

예제 13-9 시간 이동 성질을 이용한 단방향 z 변환 (1)

시간 이동 성질을 이용하여 다음 신호의 z 변환을 구하라.

(a) $x[n] = \text{rect}[(n-2)/4]$ (b) $x[n] = n(u[n] - u[n-6])$

풀이

(a) 주어진 신호를 계단 신호를 이용하여 나타내면 다음과 같다.

$$x[n] = \text{rect}[(n-2)/4] = u[n] - u[n-5]$$

계단 신호의 z 변환쌍과 시간 이동 성질로부터 $x[n]$의 z 변환은 다음과 같이 구해진다.

$$X(z) = Z\{u[n]\} - Z\{u[n-5]\} = \frac{z}{z-1} - z^{-5}\frac{z}{z-1}$$

$$= \frac{z(z^5-1)}{z^5(z-1)} = \frac{z^4+z^3+z^2+z+1}{z^4}$$

이 결과는 [예제 13-7(b)]의 결과와 일치한다.

(b) 이 신호는 [그림 13-3(a)]의 신호로 램프 신호 $nu[n]$에 사각 펄스 $u[n]-u[n-6]$을 곱한 것이다. 시간 이동 성질을 적용하기 위해 $x[n]$을 다시 쓰면 다음과 같다.

$$x[n]=n(u[n]-u[n-6])$$
$$=nu[n]-\{(n-6)u[n-6]+6u[n-6]\}$$

인과 신호에 대한 시간 이동 성질을 적용하려면 $(n-6)u[n-6]$와 같이 함수와 곱해지는 계단 신호의 시간 변수를 일치시켜야 한다. 계단 신호와 램프 신호의 z 변환쌍과 식 (13.31)의 시간 지연 성질로부터 $x[n]$의 z 변환은 다음과 같이 된다.

$$X(z)=\frac{z}{(z-1)^2}-z^{-6}\frac{z}{(z-1)^2}-z^{-6}\frac{6z}{(z-1)}=\frac{z^6-6z+5}{z^5(z-1)^2}$$

결과 확인을 위해 단방향 z 변환의 정의식을 $x[n]$에 직접 적용하면 다음과 같다.

$$X(z)=z^{-1}+2z^{-2}+3z^{-3}+4z^{-4}+5z^{-5}$$

앞 식에서 z^{-1}를 곱한 다음 $X(z)$에서 빼면 다음과 같이 된다.

$$(1-z^{-1})X(z)=z^{-1}+z^{-2}+z^{-3}+z^{-4}+z^{-5}-5z^{-6}$$
$$=\frac{z^{-1}(1-z^{-5})}{1-z^{-1}}-5z^{-6}=\frac{z^{-1}-6z^{-6}+5z^{-7}}{1-z^{-1}}$$

따라서 $X(z)$는 다음과 같이 되어 시간 지연 성질을 이용해 구한 결과와 일치한다.

$$X(z)=\frac{z^{-1}-6z^{-6}+5z^{-7}}{(1-z^{-1})^2}=\frac{z^6-6z+5}{z^5(z-1)^2}$$

예제 13-10 시간 이동 성질을 이용한 단방향 z 변환 (2)

계단 신호 $u[n]$을 한 스텝 시간 선행시킨 $u[n+1]$의 z 변환을 구하라.

풀이

식 (13.32)의 시간 이동 성질을 적용하면 $u[n+1]$의 z 변환은 다음과 같이 구해진다.

$$Z\{u[n+1]\}=zU(z)-u[0]z=\frac{z^2}{z-1}-z=\frac{z}{z-1}$$

이것은 $u[n]$의 z 변환과 같은데, $n\ge 0$에서 $u[n+1]=u[n]$이므로 당연한 결과이다.

13.3.3 시간 반전

신호 $x[n]$에 대한 시간 반전은 z를 z^{-1}으로 치환하는 것과 같다.

$$x[-n] \quad \Leftrightarrow \quad X(z^{-1}) \tag{13.33}$$

식 (13.33)의 증명은 z 변환의 정의식을 이용하여 다음과 같이 간단히 보일 수 있다.

$$\begin{aligned} Z\{x[-n]\} &= \sum_{n=-\infty}^{\infty} x[-n]z^{-n} = \sum_{k=\infty}^{-\infty} x[k]z^{k} \\ &= \sum_{k=-\infty}^{\infty} x[k](z^{-1})^{-k} = X(z^{-1}) \end{aligned} \tag{13.34}$$

13.3.4 주파수 척도조절(지수 신호 곱)

주파수 척도조절은 시간 영역에서 보면 두 신호의 곱으로 되어 있으므로 신호에 대한 변조이다.

$$z_0^n x[n] \quad \Leftrightarrow \quad X\left(\frac{z}{z_0}\right) \tag{13.35}$$

식 (13.35)의 변환쌍은 z 변환의 정의식을 이용하여 다음과 같이 간단히 증명할 수 있다.

$$Z\left\{z_0^n x[n]\right\} = \sum_{n=-\infty}^{\infty} z_0^n x[n]z^{-n} = \sum_{n=-\infty}^{\infty} x[n]\left(\frac{z}{z_0}\right)^{-n} = X\left(\frac{z}{z_0}\right) \tag{13.36}$$

$z_0 = e^{j\Omega_0}$인 경우에는 식 (12.35)의 변환쌍 관계가 다음과 같이 된다.

$$e^{j\Omega_0 n}x[n] \quad \Leftrightarrow \quad X\left(ze^{-j\Omega_0}\right) \tag{13.37}$$

식 (13.37)은 주파수 영역에서 각 Ω_0만큼 이동(회전)시키는 동작에 대응된다.

$\cos(\Omega_0 n) = \frac{1}{2}(e^{j\Omega_0 n} + e^{-j\Omega_0 n})$이므로 식 (13.37)로부터 변조에 대한 변환쌍도 얻을 수 있다.

$$x[n]\cos(\Omega_0 n) \quad \Leftrightarrow \quad \frac{1}{2}\left[X\left(ze^{j\Omega_0}\right) + X\left(ze^{-j\Omega_0}\right)\right] \tag{13.38}$$

예제 13-11 주파수 척도조절 성질을 이용한 z 변환 (1)

$s[n]=\cos(\Omega n)u[n]$의 z 변환쌍으로부터 $x[n]=a^n\cos(\Omega n)u[n]$의 z 변환을 구하라.

풀이

$x[n]$은 $\cos(\Omega n)u[n]$에 a^n이 곱해진 신호이므로 식 (13.24)의 코사인파의 변환쌍에 식 (13.35)의 주파수 척도조절 성질을 적용하면 다음과 같이 z 변환을 얻을 수 있다.

$$X(z)=S\left(\frac{z}{a}\right)=\frac{\dfrac{z}{a}\left(\dfrac{z}{a}-\cos(\Omega)\right)}{\left(\dfrac{z}{a}\right)^2-2\cos(\Omega)\dfrac{z}{a}+1}=\frac{z(z-a\cos(\Omega))}{z^2-2a\cos(\Omega)z+a^2}$$

앞의 풀이가 $a^nu[n]$의 변환쌍에 식 (13.38)을 적용하는 것보다 계산이 좀 더 간편하다.

예제 13-12 주파수 척도조절 성질을 이용한 z 변환 (2)

인과 사각 펄스 $p_L[n]=u[n]-u[n-L]$로 a^n을 자른 $x[n]=a^np_L[n]$의 z 변환을 구하라.

풀이

계단 신호의 z 변환쌍과 시간 이동 성질로부터 $p_L[n]$의 z 변환은 다음과 같다.

$$P_L(z)=\frac{z(1-z^{-L})}{z-1}$$

식 (13.35)의 주파수 척도조절 성질을 이용하면 $x[n]$의 z 변환은 다음과 같이 된다.

$$X(z)=P_L\left(\frac{z}{a}\right)=\frac{\dfrac{z}{a}\left(1-\left(\dfrac{z}{a}\right)^{-L}\right)}{\dfrac{z}{a}-1}=\frac{z(1-a^Lz^{-L})}{z-a}$$

13.3.5 주파수 미분

z 변환은 연속 함수여서 미분 가능하므로, 다음과 같은 주파수 미분 성질을 갖는다.

$$nx[n] \quad \Leftrightarrow \quad -z\frac{d}{dz}X(z) \tag{13.39}$$

다음과 같이 z 변환의 정의식을 z에 관해 미분함으로써 식 (13.39)를 증명할 수 있다.

$$-z\frac{d}{dz}X(z) = -z\frac{d}{dz}\left\{\sum_{n=-\infty}^{\infty} x[n]z^{-n}\right\} = -z\sum_{n=-\infty}^{\infty} x[n]\cdot\frac{dz^{-n}}{dz} \tag{13.40}$$

$$= -z\sum_{n=-\infty}^{\infty} x[n]\cdot(-nz^{-n-1}) = \sum_{n=-\infty}^{\infty} nx[n]z^{-n}$$

$$= Z\{nx[n]\}$$

예제 13-13 주파수 미분 성질을 이용한 z 변환

주파수 미분 성질을 이용하여 다음 신호의 z 변환을 구하라.

(a) $x[n] = na^n u[n]$　　　　(b) $y[n] = n^2 a^n u[n]$

풀이

(a) $x_1[n] = a^n u[n]$이라 두면 $x[n] = n\,x_1[n]$이므로, 식 (13.20)의 변환쌍에 식 (13.39)의 주파수 미분 성질을 적용하면 다음과 같이 $x[n]$의 z 변환을 구할 수 있다.

$$Z\{x[n]\} = (-z)\frac{dX_1(z)}{dz} = \frac{az^{-1}}{(1-az^{-1})^2} = \frac{az}{(z-a)^2}$$

이 결과는 [예제 13-7(c)]의 결과와 일치한다.

(b) $y[n] = nx[n]$이므로, 식 (13.27)의 변환쌍에 식 (13.39)의 관계를 적용하여 다음과 같이 $y[n]$의 z 변환을 구할 수 있다.

$$Z\{y[n]\} = (-z)\frac{dX(z)}{dz} = (-z)\frac{d}{dz}\left(\frac{az}{(z-a)^2}\right) = \frac{az(z+a)}{(z-a)^3}$$

즉 다음의 z 변환쌍이 성립한다.

$$n^2 a^n u[n] \;\Leftrightarrow\; \frac{az(z+a)}{(z-a)^3} \tag{13.41}$$

13.3.6 시간 컨벌루션

시간 영역에서 두 신호의 컨벌루션은 z 영역에서 두 신호의 z 변환의 대수 곱으로 주어진다. 이산 LTI 시스템에서는 입력과 임펄스 응답의 컨벌루션으로 출력이 주어지므로 이 성질을 이용하면 시스템 해석을 간편하게 할 수 있다.

$$x[n] * y[n] \;\Leftrightarrow\; X(z)Y(z) \tag{13.42}$$

식 (13.42)는 z 변환의 정의를 이용하여 다음과 같이 간단히 증명할 수 있다.

$$\begin{aligned} Z\{x[n] * y[n]\} &= \sum_{n=0}^{\infty}\left(\sum_{k=0}^{\infty} x[k]y[n-k]\right)z^{-n} = \sum_{k=0}^{\infty} x[k]\left(\sum_{n=0}^{\infty} y[n-k]z^{-n}\right) \\ &= \sum_{k=0}^{\infty} x[k]\left(\sum_{l=-k}^{\infty} y[l]z^{-l-k}\right) = \left(\sum_{k=0}^{\infty} x[k]z^{-k}\right)\left(\sum_{l=0}^{\infty} y[l]z^{-l}\right) \\ &= X(z)\,Y(z) \end{aligned} \tag{13.43}$$

예제 13-14 컨벌루션 성질을 이용한 누적합의 z 변환

인과 신호 $x[n]$의 값을 누적하는 누적합 $y[n] = \sum_{k=0}^{n} x[k]$의 z 변환을 구하라.

풀이

누적합 $y[n]$은 $x[n]$과 $u[n]$의 컨벌루션 $x[n] * u[n]$과 같으므로([예제 12-14] 참조), 시간 컨벌루션 성질에 의해 $y[n]$의 z 변환은 다음과 같고, 식 (13.44)의 변환쌍을 얻는다.

$$Y(z) = X(z)\,U(z) = \frac{z}{z-1}X(z)$$

$$\sum_{k=0}^{n} x[k] \;\Leftrightarrow\; \frac{z}{z-1}X(z) \tag{13.44}$$

예를 들어, 램프 신호를 한 스텝 시간 선행시킨 $y[n] = (n+1)u[n]$은 $y[n] = \sum_{k=0}^{n} u[k]$로 나타낼 수 있으므로, 식 (13.44)를 이용하면 $y[n]$의 z 변환은 다음과 같이 구해진다.

$$Y(z) = \frac{z}{z-1}U(z) = \frac{z^2}{(z-1)^2}$$

램프 신호의 z 변환쌍에 시간 이동 성질을 적용해도 같은 결과가 됨을 확인할 수 있다.

예제 13-15 z 변환 성질의 혼합 적용

$x[n] = na^n u[n]$의 z 변환을 시간 컨벌루션 및 선형성 성질을 이용하여 구하라.

풀이

$x'[n] = a^n u[n] * a^n u[n]$이라 두면 다음과 같이 되므로, $x[n] = x'[n] - a^n u[n]$이 된다.

$$x'[n] = a^n u[n] * a^n u[n] = \sum_{k=0}^{n} a^k a^{n-k} = \sum_{k=0}^{n} a^n = (n+1)a^n u[n]$$

시간 컨벌루션 성질에 의해 $x'[n]$의 z 변환은 다음과 같다.

$$X'(z)=\frac{1}{1-az^{-1}}\frac{1}{1-az^{-1}}=\frac{1}{(1-az^{-1})^2}=\frac{z^2}{(z-a)^2}$$

따라서 $x[n]$의 z 변환은 선형성에 의해 다음과 같이 구해진다.

$$X(z)=X'(z)-Z\{a^n u[n]\}=\frac{z^2}{(z-a)^2}-\frac{z}{z-a}=\frac{az}{(z-a)^2}$$

하나의 신호 $x[n]=na^n u[n]$에 대해 [예제 13-7]에서는 정의식을 사용하여, [예제 13-13]에서는 주파수 미분 성질을 이용하여, 그리고 이 예제에서는 컨벌루션 성질과 선형성을 이용하여 z 변환을 구하였다. 이처럼 z 변환을 구하는 방법은 여러 가지가 있을 수 있으므로, z 변환의 성질은 잘 익혀두면 매우 유용하다.

13.3.7 초깃값 정리와 최종값 정리

라플라스 변환과 마찬가지로 z 변환도 다음의 초깃값 정리와 최종값 정리를 만족한다.

- **초깃값 정리** : $x[0]=\lim_{z\to\infty}X(z)$ (13.45)
- **최종값 정리** : $\lim_{n\to\infty}x[n]=x[\infty]=\lim_{z\to 1}(z-1)X(z)$ (13.46)

초깃값 정리는 신호의 초깃값 $x[0]$을 그 신호의 z 변환으로부터 직접적으로 구하는 것과 연관되며, z 변환의 정의로부터 z을 무한대로 극한을 취함으로써 얻을 수 있다.

$$\lim_{z\to\infty}X(z)=\lim_{z\to\infty}\left(x[0]+x[1]z^{-1}+x[2]z^{-2}+\cdots\right)=x[0] \tag{13.47}$$

최종값 정리는 신호의 z 변환으로부터 직접 최종값(신호의 정상상태 값)을 구할 수 있게 해주는데, 이는 신호가 최종값을 가질 때만, 즉 안정한 신호에 대해서만 유효하다. 식 (13.46)의 관계는 다음과 같이 유도할 수 있다.

$$\begin{aligned}\lim_{z\to 1}Z\{x[n+1]-x[n]\}&=\lim_{z\to 1}\left[\lim_{k\to\infty}\left(\sum_{n=0}^{k}x[n+1]z^{-n}-\sum_{n=0}^{k}x[n]z^{-n}\right)\right] \\ &=\lim_{z\to 1}\left[\lim_{k\to\infty}\left(\sum_{n=1}^{k}x[n](z^{-n+1}-z^{-n})+x[k+1]z^{-k}-x[0]\right)\right]\end{aligned} \tag{13.48}$$

식 (13.48) 좌변에 시간 이동 성질을 적용하고 우변의 극한을 취하는 순서를 바꾸면, 다음과 같이 되어 식 (13.46)이 얻어진다.

$$\lim_{z\to 1}((z-1)X(z)-z\,x[0])=\lim_{k\to\infty}(x[k+1]-x[0]) \tag{13.49}$$

예제 13-16 임펄스 응답의 초깃값과 최종값

임펄스 응답 $h[n]$의 z 변환이 $H(z)=\dfrac{3z(z-0.5)}{(z-1)(z+0.5)}$와 같을 때, 이에 대한 초깃값과 정상상태 값을 구하라.

풀이

초깃값 정리를 적용하면 임펄스 응답의 초깃값은 다음과 같이 구해진다.

$$h[0]=\lim_{z\to\infty}\frac{3z(z-0.5)}{(z-1)(z+0.5)}=3$$

주어진 전달 함수에 최종값 정리를 적용하면 임펄스 응답의 정상상태 값은 다음과 같다.

$$h[\infty]=\lim_{z\to 1}(z-1)\frac{3z(z-0.5)}{(z-1)(z+0.5)}=\frac{1.5}{1.5}=1$$

$H(z)$를 역변환하여 임펄스 응답을 구하면 다음과 같다([예제 13-22] 참조).

$$h[n]=u[n]+2\left(-\frac{1}{2}\right)^n u[n]$$

앞 식에 $n=0$을 대입하면 $h[0]=3$이 되고, 이 값은 초깃값 정리에 의해 얻은 값과 일치한다. 또한 $h[n]$에 $n=\infty$을 대입하면 $h[\infty]=1$이 되므로 최종값 정리에서 구한 값이 옳음을 알 수 있다.

예제 13-17 정현파 신호의 초깃값과 최종값

정현파 신호 $x[n]=\cos\left(\dfrac{\pi}{3}n\right)u[n]$에 초깃값 정리와 최종값 정리를 적용해 값을 구하라.

풀이

주어진 정현파 신호의 z 변환은 식 (13.23)으로부터 다음과 같다.

$$X(z)=\frac{z\left(z-\cos\left(\frac{\pi}{3}\right)\right)}{z^2-2\cos\left(\frac{\pi}{3}\right)z+1}=\frac{z(z-0.5)}{z^2-z+1}$$

여기에 초깃값 정리를 적용하면 다음과 같이 되며, 이는 $x[0]=\cos(0)=1$과 일치한다.

$$x[0]=\lim_{z\to\infty}X(z)=\lim_{z\to\infty}\frac{z(z-0.5)}{z^2-z+1}=1$$

이제 $X(z)$에 최종값 정리를 적용해보자. 식 (13.46)에 의해

$$x[\infty]=\lim_{z\to 1}(z-1)X(z)=\lim_{z\to 1}(z-1)\frac{z(z-0.5)}{z^2-z+1}=0$$

이 된다. 정현파 신호는 끊임없이 진동하기 때문에 정상상태 값을 가질 수 없지만, 최종값 정리를 적용하면 0의 정상상태 값이 나와 물리적 현상에 위배되는 결과가 얻어진다.

지금까지 살펴본 z 변환의 주요 성질들을 [표 13-1]에 정리하여 나타내었다.

[표 13-1] z 변환의 주요 성질

	성질	변환쌍 관계
1	선형성	$\alpha x[n]+\beta y[n] \;\Leftrightarrow\; \alpha X(z)+\beta Y(z)$
2	시간 선행	$x[n+n_0]u[n] \;\Leftrightarrow\; z^{n_0}\left(X(z)-\sum_{n=0}^{n_0-1}x[n]z^{-n}\right),\ n_0>0$
	시간 지연	$x[n-n_0]u[n] \;\Leftrightarrow\; z^{-n_0}\left(X(z)+\sum_{n=1}^{n_0}x[-n]z^{n}\right),\ n_0>0$
	시간 지연(인과 신호)	$x[n-n_0]u[n] \;\Leftrightarrow\; z^{-n_0}X(z)$
3	시간 반전	$x[-n] \;\Leftrightarrow\; X(z^{-1})$
4	주파수 척도조절	$z_0^n x[n] \;\Leftrightarrow\; X\left(\frac{z}{z_0}\right),\quad e^{j\Omega_0 n}x[n] \;\Leftrightarrow\; X(ze^{-j\Omega_0})$
5	주파수 미분	$nx[n] \;\Leftrightarrow\; -z\frac{dX(z)}{dz}$
6	시간 컨벌루션	$x[n]*y[n] \;\Leftrightarrow\; X(z)Y(z)$
7	초깃값 정리	$x[0]=\lim_{z\to\infty}X(z)$
8	최종값 정리	$\lim_{n\to\infty}x[n]=x[\infty]=\lim_{z\to 1}(z-1)X(z)$

예제 13-18 z 변환의 성질들의 혼합 적용

다음과 같은 신호 $x[n]$의 z 변환을 구하라.

$$x[n]=(n(-0.5)^n u[n])*((0.25)^{-n}u[-n])$$

풀이

$v[n]=n(-0.5)^n u[n]$의 z 변환은 먼저 다음의 z 변환쌍을 식 (13.20)에 의해 구한 뒤,

$$(-0.5)^n u[n] \;\Leftrightarrow\; \frac{z}{z+0.5}$$

여기에 주파수 미분 성질을 이용하면 다음과 같은 z 변환쌍을 얻는다.

$$v[n] \;\Leftrightarrow\; V(z)=-z\frac{d}{dz}\left(\frac{z}{z+0.5}\right)=\frac{-0.5z}{(z+0.5)^2}$$

다음으로 $w[n]=(0.25)^{-n}u[-n]$의 z 변환도 마찬가지로 다음의 z 변환쌍을 구한 뒤,

$$(0.25)^n u[n] \quad \Leftrightarrow \quad \frac{z}{z-0.25}$$

여기에 시간 반전 성질을 이용하면 다음과 같은 z 변환쌍을 얻는다.

$$w[n] \quad \Leftrightarrow \quad W(z) = \frac{z^{-1}}{z^{-1}-0.25} = \frac{-4}{z-4}$$

마지막으로 $X(z)$를 얻기 위해 시간 컨벌루션 성질을 $x[n]$에 적용하면

$$x[n] = w[n] * v[n] \quad \Leftrightarrow \quad X(z) = W(z)\,V(z) = \frac{2z}{(z-4)(z+0.5)^2}$$

가 된다. 이처럼 z 변환의 성질들을 혼합하여 복잡한 신호의 z 변환도 구할 수 있다.

Check Point 다음 문제에서 옳은 것을 골라라.

(1) 시간 반전한 신호 $x[-n]$에 대응되는 z 변환은 ($X(-z)$, $X(z^{-1})$)이다.

(2) 양방향 z 변환과 단방향 z 변환의 시간 이동 성질은 같다. (○, ×)

(3) 단방향 z 변환에서 항상 $x[n-n_0] \Leftrightarrow z^{-n_0}X(z)$가 성립한다. (○, ×)

(4) 차분 방정식의 풀이에 유용한 성질은 (시간 컨벌루션, 시간 이동) 성질이다.

(5) 시간 지연의 결과로 단방향 z 변환될 신호는 ($x[n-n_0]u[n]$, $x[n-n_0]u[n-n_0]$)이다.

(6) 주파수 영역에서 미분하면 시간 영역에서 n이 곱해진다. (○, ×)

(7) $x[n]\cos(\Omega_c n)$의 변환은 (주파수 척도조절, 시간 컨벌루션) 성질을 적용할 수 있다.

(8) 임펄스 응답이 $h[n]$인 시스템의 입력 $x[n]$에 대한 출력 $y[n]$을 주파수 영역에서 나타내면 $Y(z) = H(z)X(z)$가 된다. (○, ×)

(9) $x[0]$는 ($\lim_{z\to\infty} X(z)$, $\lim_{z\to 1} X(z)$, $\lim_{z\to\infty} zX(z)$, $\lim_{z\to 1}(z-1)X(z)$)으로 계산할 수 있다.

(10) 최종값 정리는 모든 신호에 대해 적용 가능하다. (○, ×)

SECTION 13.4

z 역변환

학습포인트

- 멱급수 전개에 의한 역변환 방법을 이해하고 잘 익혀둔다.
- 부분분수 전개에 의한 역변환 방법을 잘 익혀둔다. 특히 $X(z)/z$를 부분분수로 전개해야 하는 이유를 명확히 이해한다.
- 단순극, 다중극, 공액복소극에 따른 부분분수의 계수 계산 방법과 이에 따른 역변환 결과의 형태를 잘 익혀둔다.

z 역변환 정의식인 식 (13.6)은 까다로운 복소 적분을 요구하므로, 라플라스 변환과 마찬가지로 변환쌍표와 부분분수 전개를 결합하여 역변환하게 되는데, $X(z)/z$을 부분분수로 전개해야 역변환이 간편해진다는 차이가 있다. 한편 z 변환은 긴 나눗셈에 의한 멱급수 전개법을 이용하여 손쉽게 역변환할 수 있는데, 신호의 초기 몇몇 값들을 얻는 데 유용하게 활용할 수 있다. 따라서 이 절에서는 먼저 멱급수 전개에 의한 역변환 방법을 간단히 살펴본 다음, 부분분수 전개에 의한 역변환의 원리와 부분분수 항의 계수 결정에 대해 자세히 알아보기로 한다.

13.4.1 멱급수 전개에 의한 z 역변환

- **멱급수 전개법**은 유리 함수 형태로 주어진 $X(z)$에 대해 직접 긴 나눗셈을 수행하여 z^{-1}의 멱급수 형태로 전개하는 방법이다.
- 멱급수 전개법은 닫힌 꼴의 해를 제공하지 못하므로, 짧은 유한 구간 신호의 z 역변환이나 신호의 처음 몇 개의 샘플 값을 구하는 데 주로 사용한다.

z 변환의 정의식인 식 (13.5)를 보면, z 변환을 z^{-1}에 대한 멱급수로 전개했을 때 급수의 계수는 $\cdots$, $x[0]$, $x[1]$, $\cdots$, $x[n]$, $\cdots$에 해당한다.

예제 13-19 유한 구간 신호의 z 역변환

다음의 $X(z)$에 대해 z 역변환을 수행하여 시간 신호 $x[n]$을 구하라.

$$X(z) = \frac{z^2+2z+3}{z^2}$$

풀이

분자를 분모로 직접 나누면 다음과 같다.

$$
\begin{array}{r|llll}
 & 1 & +2z^{-1} & +3z^{-2} & \\
\hline
z^2 & z^2 & +2z & +3 & \\
 & z^2 & & & \\
\hline
 & & 2z & +3 & \\
 & & 2z & & \\
\hline
 & & & 3 & \\
 & & & 3 & \\
\hline
 & & & 0 &
\end{array}
$$

따라서 $X(z)$는 다음과 같이 z^{-1}의 멱급수로 전개된다.

$$X(z)=1+2z^{-1}+3z^{-2}=x[0]+x[1]z^{-1}+x[2]z^{-2}$$

그러므로 $x[n]$은 $x[0]=1$, $x[1]=2$, $x[3]=3$의 세 샘플로 이루어진다.

$$x[n]=\delta[n]+2\delta[n-1]+3\delta[n-2]$$

이 신호는 인과 신호이므로 수렴 영역은 $z=0$을 제외한 전체 z 평면이다.

예제 13-20 무한 구간 신호의 z 역변환

다음의 z 변환에 대해 z 역변환을 구하라.

$$X(z)=\frac{0.5z}{z^2-1.5z+0.5}$$

풀이

분자를 분모로 직접 나누면 다음과 같다.

$$
\begin{array}{r|lllll}
 & 0.5z^{-1} & +0.75z^{-2} & +0.875z^{-3} & +0.9375z^{-4}+\cdots & \\
\hline
z^2-1.5z+0.5 & 0.5z & & & & \\
 & 0.5z & -0.75 & +0.25z^{-1} & & \\
\hline
 & & 0.75 & -0.25z^{-1} & & \\
 & & 0.75 & -1.125z^{-1} & +0.375z^{-2} & \\
\hline
 & & & 0.875z^{-1} & -0.375z^{-2} & \\
 & & & 0.875z^{-1} & -1.3125z^{-2} & +0.4375z^{-3} \\
\hline
 & & & & 0.9375z^{-2} & -0.43755z^{-3} \\
 & & & & \vdots &
\end{array}
$$

그러므로 $X(z)$는 다음과 같은 멱급수 형태로 쓸 수 있다.

$$X(z)=\sum_{n=0}^{\infty}x[n]z^{-n}=0.5z^{-1}+0.75z^{-2}+0.875z^{-3}+0.9735z^{-4}+\cdots$$

따라서 $x[0]=0$, $x[1]=0.5$, $x[2]=0.75$, $x[3]=0.875$, $x[4]=0.9375$, $\cdots$와 같이 $x[n]$의 값을 구할 수는 있으나, 완전한 해를 구하려면 나눗셈을 무한정 계속해야만 한다.

[예제 13-20]에서 볼 수 있듯이, 긴 나눗셈에 의한 멱급수 전개법은 n의 값이 큰 경우에는 $x[n]$을 구하기가 매우 번거롭고, $x[n]$을 닫힌 꼴로 표현할 수 없다. 따라서 멱급수를 이용하여 z 역변환을 구하는 방법은 보통 신호의 처음 몇 개의 샘플 값을 구하는 데 사용한다.

13.4.2 부분분수 전개법에 의한 z 역변환

z 변환은 보통 다음과 같이 z 또는 z^{-1}의 다항식의 유리 함수로 표현된다.

$$X(z)=\frac{b_0+b_1z^{-1}+\cdots+b_qz^{-q}}{1+a_1z^{-1}+\cdots+a_pz^{-p}}=\frac{b_0z^p+b_1z^{p-1}+\cdots+b_qz^{p-q}}{z^p+a_1z^{p-1}+\cdots+a_p} \tag{13.50}$$

식 (13.50)의 분모를 인수 분해하여 부분분수로 전개하면 다음과 같다.

$$X(z)=\frac{K_1}{z-p_1}+\frac{K_2}{z-p_2}+\cdots+\frac{K_p}{z-p_p}=\sum_{i=1}^{p}\frac{K_i}{z-p_i} \tag{13.51}$$

부분분수 전개를 통해 $X(z)$를 다음과 같이 변환쌍표에 나와 있는 간단한 함수의 합으로 표현할 수 있다면 별도의 추가적인 계산 없이 바로 역변환을 할 수 있을 것이다.

$$a^nu[n] \quad\Leftrightarrow\quad \frac{1}{1-az^{-1}}=\frac{z}{z-a} \tag{13.52}$$

13.2절에서 살펴보았듯이, 식 (13.52)를 비롯한 주요 신호의 z 변환쌍은 공통으로 분자에 z 항을 가지는 데 반해, 식 (13.51)의 부분분수들은 $\dfrac{K_i}{z-p_i}$ 꼴이 되어 이를 만족시키지 못한다. 그러므로 z 변환쌍들을 이용해 역변환하고자 한다면 먼저 $\dfrac{X(z)}{z}$를 부분분수로 전개한 뒤 z를 곱해주면 $\dfrac{K_iz}{z-p_i}$의 꼴로 되어 변환쌍을 이용한 역변환이 가능해진다. 부분분수로 전개했을 때 각 부분분수 항의 계수는 라플라스 역변환과 마찬가지로 **헤비사이드**Heaviside의 **커버업**cover-up 기법을 이용하면 간편하게 구할 수 있다.

부분분수 전개에 의한 z 역변환

❶ $X(z)$의 극 $\{p_i\}$를 구하여(분모를 인수분해해서) $\dfrac{X(z)}{z}$를 부분분수로 전개한다.

단순극 : $$\frac{X(z)}{z}=\frac{K_1}{z-p_1}+\frac{K_2}{z-p_2}+\cdots+\frac{K_p}{z-p_m}=\sum_{i=1}^{m}\frac{K_i}{z-p_i} \tag{13.53}$$

다중극 : $$\frac{X(z)}{z}=\frac{K_{11}}{(z-p_1)}+\frac{K_{12}}{(z-p_1)^2}+\cdots+\frac{K_{1r}}{(z-p_1)^r}+\sum_{i=r+1}^{m}\frac{K_i}{z-p_i} \tag{13.54}$$

❷ 단순극에 대응되는 부분분수 항의 계수 K_i는 다음과 같이 구한다.

$$K_i = (z-p_i)X(z)\big|_{z=p_i} \tag{13.55}$$

다중극에 대응되는 부분분수 항의 계수 $K_{1j}(j=r, \cdots, 1)$은 다음과 같이 최고차 항의 계수부터 내림차순으로 계산한다.

$$K_{1j} = \frac{1}{(r-j)!}\frac{d^{r-j}}{dz^{r-j}}\left[(z-p_1)^r X(z)\right]\Big|_{z=p_1} \tag{13.56}$$

❸ 부분분수 전개된 $\frac{X(z)}{z}$의 양변에 z를 곱하여 $X(z)$의 부분분수 항의 분자에 z 항이 있도록 하여 식 (13.52)의 변환쌍과 주파수 미분 성질을 이용하여 역변환한다.

단순극에 해당하는 부분분수 항 $\frac{K_i z}{z-p_i}$는 식 (13.52)의 변환쌍에 의해 $K_i a^n u[n]$으로 역변환되고, 다중극에 해당하는 부분분수 항 $\frac{K_i z}{(z-p_i)^j}$는 [예제 13-13]에서 본 것처럼 식 (13.52)의 변환쌍에 주파수 미분 성질을 적용하면 역변환을 구할 수 있다.

예제 13-21 $X(z)$의 분모가 서로 다른 근(단순극)을 갖는 경우의 z 역변환

다음의 함수에 대한 z 역변환을 부분분수 전개법으로 구하라.

(a) $X(z) = \frac{0.5z}{z^2-1.5z+0.5}$　　(b) $H(z) = \frac{3z(z-0.5)}{(z-1)(z+0.5)}$

풀이

(a) $X(z)$는 [예제 13-20]의 $X(z)$로서, $\frac{X(z)}{z}$를 부분분수 전개하면 다음과 같다.

$$\frac{X(z)}{z} = \frac{0.5}{(z-1)(z-0.5)} = \frac{K_1}{z-1} + \frac{K_2}{z-0.5}$$

식 (13.55)를 이용하여 부분분수 항들의 계수를 결정하면

$$K_1 = \frac{0.5}{(z-1)(z-0.5)}(z-1)\Big|_{z=1} = \frac{0.5}{1-0.5} = 1$$

$$K_2 = \frac{0.5}{(z-1)(z-0.5)}(z-0.5)\Big|_{z=0.5} = \frac{0.5}{0.5-1} = -1$$

이므로, $X(z)$는 다음과 같이 부분분수로 전개된다.

$$X(z) = \frac{z}{z-1} - \frac{z}{z-0.5}$$

따라서 식 (13.52)로부터 $x[n]$은 다음과 같이 역변환된다.

$$x[n] = u[n] - (0.5)^n u[n] = (1-(0.5)^n)u[n]$$

구해진 $x[n]$에 $n=0, 1, 2, 3, \cdots$을 대입하면 [예제 13-20]의 결과가 얻어짐을 확인할 수 있다.

(b) $H(z)$는 [예제 13-16]의 $H(z)$로서, $\frac{H(z)}{z}$를 부분분수로 전개하면 다음과 같다.

$$\frac{H(z)}{z}=\frac{3(z-0.5)}{(z-1)(z+0.5)}=\frac{K_1}{z-1}+\frac{K_2}{z+0.5}$$

식 (13.55)를 이용하여 부분분수 항들의 계수를 결정하면

$$K_1=\frac{3(z-0.5)}{(z-1)(z+0.5)}(z-1)\bigg|_{z=1}=1$$

$$K_2=\frac{3(z-0.5)}{(z-1)(z+0.5)}(z+0.5)\bigg|_{z=-0.5}=2$$

이므로, $H(z)$는 다음과 같이 부분분수로 전개된다.

$$H(z)=\frac{z}{z-1}+\frac{2z}{z+0.5}$$

부분분수 전개 결과를 z 역변환하면 다음과 같이 $h[n]$을 얻게 된다.

$$h[n]=u[n]+2\left(-\frac{1}{2}\right)^n u[n]$$

예제 13-22 $X(z)$의 분모가 중근을 갖는 경우의 z 역변환 (1)

다음의 $X(z)$에 대해 부분분수 전개법으로 z 역변환을 구하라.

$$X(z)=\frac{z^3}{z^3-z^2-z+1}=\frac{z^3}{(z+1)(z-1)^2}$$

풀이

$\frac{X(z)}{z}$를 부분분수로 전개하면 다음과 같다.

$$\frac{X(z)}{z}=\frac{z^2}{(z+1)(z-1)^2}=\frac{K_1}{z+1}+\frac{K_{21}}{z-1}+\frac{K_{22}}{(z-1)^2}$$

계수 K_1은 식 (13.55)에 의해 다음과 같이 구해진다.

$$K_1=\frac{z^2}{(z+1)(z-1)^2}(z+1)\bigg|_{z=-1}=\frac{1}{4}=0.25$$

중근 $z=1$에 해당하는 부분분수 항들의 계수는 식 (13.56)에 의해 가장 높은 차수부터 차수를 낮춰가며 다음과 같이 구할 수 있다.

$$K_{22} = \frac{z^2}{(z+1)(z-1)^2}(z-1)^2\bigg|_{z=1} = \frac{1}{2} = 0.5$$

$$K_{21} = \frac{d}{dz}\left(\frac{z^2}{z+1}\right)\bigg|_{z=1} = \frac{2z(z+1)-z^2}{(z+1)^2}\bigg|_{z=1} = \frac{3}{4} = 0.75$$

따라서 $X(z)$의 부분분수 전개는 다음과 같다.

$$X(z) = \frac{0.25z}{z+1} + \frac{0.75z}{z-1} + \frac{0.5z}{(z-1)^2}$$

이로부터 식 (13.52)와 13.2절에서 구한 램프 신호의 z 변환쌍 식 (13.19)를 이용하여 다음의 역변환 결과를 얻을 수 있다.

$$x[n] = 0.25(-1)^n u[n] + 0.75u[n] + 0.5nu[n]$$

예제 13-23 $X(z)$의 분모가 중근을 갖는 경우의 z 역변환 (2)

다음의 $X(z)$에 대해 부분분수 전개법으로 z 역변환을 구하라.

$$X(z) = \frac{z(2z^2-11z+12)}{(z-1)(z-2)^3}$$

풀이

$\frac{X(z)}{z}$를 부분분수로 전개하면 다음과 같다.

$$\frac{X(z)}{z} = \frac{(2z^2-11z+12)}{(z-1)(z-2)^3} = \frac{K_1}{z-1} + \frac{K_{23}}{(z-2)^3} + \frac{K_{22}}{(z-2)^2} + \frac{K_{21}}{z-2}$$

여기서 K_1과 K_{23}은 식 (13.55)에 의해 다음과 같이 계산된다.

$$K_1 = \frac{2z^2-11z+12}{(z-1)(z-2)^3}(z-1)\bigg|_{z=1} = -3$$

$$K_{23} = \frac{2z^2-11z+12}{(z-1)(z-2)^3}(z-2)^3\bigg|_{z=2} = -2$$

따라서 $\frac{X(z)}{z}$는 다음과 같이 쓸 수 있다.

$$\frac{X(z)}{z} = \frac{2z^2-11z+12}{(z-1)(z-2)^3} = -\frac{3}{z-1} - \frac{2}{(z-2)^3} + \frac{K_{22}}{(z-2)^2} + \frac{K_{21}}{z-2} \qquad (13.57)$$

K_{21}과 K_{22}는 식 (13.56)을 사용하지 않고서도 손쉽게 구할 수 있다. 식 (13.57)의 양변에 z를 곱하여 $z \to \infty$로 극한을 취하면 $0 = -3-0+0+K_{21}$이고, 따라서 $K_{21} = 3$이다. 이 값을 식 (13.57)에 대입

한 뒤 양변의 z에 임의의 편리한 값을 취하면 K_{22}를 쉽게 구할 수 있다. 예를 들어 $z=0$을 대입하면,

$$\frac{12}{8}=3+\frac{1}{4}+\frac{K_{22}}{4}-\frac{3}{2}$$

가 되므로, 이를 정리하면 $K_{22}=-1$이다(이상의 방법은 앞의 예제에도 적용할 수 있다). 따라서 다음과 같이 부분분수 전개된 $X(z)$를 구할 수 있다.

$$X(z)=-3\frac{z}{z-1}-2\frac{z}{(z-2)^3}-\frac{z}{(z-2)^2}+3\frac{z}{z-2}$$

$\frac{2z}{(z-2)^3}$는 [예제 13-13]에서 구한 식 (13.41)의 변환쌍 $n^2a^nu[n] \Leftrightarrow \frac{az(z+a)}{(z-a)^3}$를 이용하여 역변환해야 하므로 다음과 같이 다시 정리한다.

$$\frac{2z}{(z-2)^3}=\frac{1}{4}\frac{2z(z+2)}{(z-2)^3}-\frac{1}{2}\frac{z}{(z-2)^2}$$

이를 부분분수 전개된 $X(z)$에 집어넣어 다시 쓰면 다음과 같다.

$$X(z)=-3\frac{z}{z-1}-\frac{1}{4}\frac{2z(z+2)}{(z-2)^3}-\frac{1}{4}\frac{2z}{(z-2)^2}+3\frac{z}{z-2}$$

식 (13.52), 식 (13.27), 식 (13.41)의 변환쌍을 이용하여 $X(z)$를 z 역변환하면 다음과 같이 $x[n]$을 구할 수 있다.

$$\begin{aligned}x[n]&=-3u[n]-\frac{1}{4}n^2(2)^nu[n]-\frac{1}{4}n(2)^nu[n]+3(2)^nu[n]\\&=-\left\{3+\left(\frac{1}{4}n^2+\frac{1}{4}n-3\right)(2)^n\right\}u[n]\end{aligned}$$

$X(z)$의 분모가 복소근을 가질 때는 반드시 공액쌍으로 존재하며, 이를 부분분수로 전개한 계수도 서로 공액쌍이 된다. 따라서 역변환 결과는 실수 신호가 되고, 보통 지수 함수와 정현파가 곱해진 형태가 된다. $X(z)$의 분모가 공액 복소근을 가질 때는 단순근을 갖는 부분분수 항으로 전개하기보다, 다음과 같이 2차 항으로 전개하여 지수 감쇠 정현파의 z 변환쌍 식 (13.25)와 식 (13.26)을 이용하여 역변환하는 것이 복소수 계산을 피할 수 있으므로 더 쉽고 편리하다. 그리고 필요하다면 삼각 함수 합성 공식을 적용해 정리하면 된다.

$$\frac{X(z)}{z}=\frac{Az+B}{z^2-2bz+a^2}=\frac{A(z-b)}{z^2-2bz+a^2}+\frac{Ab+B}{z^2-2bz+a^2} \tag{13.58}$$

예제 13-24 $X(z)$의 분모가 공액 복소근을 갖는 경우의 z 역변환

다음과 같은 $X(z)$를 z 역변환하여 $x[n]$을 구하라.

$$X(z) = \frac{z(4z-1+\sqrt{3})}{4z^2-2z+1}$$

풀이

$X(z)$를 식 (13.58)의 형태로 다시 쓰면 다음과 같으므로

$$X(z) = \frac{z(4z-1+\sqrt{3})}{4z^2-2z+1} = \frac{4z(z-0.25)}{4(z^2-0.5z+0.25)} + \frac{\sqrt{3}\,z}{4(z^2-0.5z+0.25)}$$

이를 식 (13.25), 식 (13.26)과 비교하면 다음 관계를 얻는다.

$$\begin{cases} 2a\cos(\Omega) = 0.5 \\ a^2 = 0.25 \end{cases} \quad \rightarrow \quad \begin{cases} a = \dfrac{1}{2} \\ \Omega = \cos^{-1}\left(\dfrac{1}{2}\right) = \dfrac{\pi}{3} \end{cases}$$

그러므로 $X(z)$의 역변환은 식 (13.25)와 식 (13.26)의 z 변환쌍으로부터 다음과 같이 된다. 마지막 등식은 삼각 함수 합성 공식을 적용한 결과이다.

$$\begin{aligned} x[n] &= (a^n\cos(\Omega n) + a^n\sin(\Omega n))\,u[n] \\ &= \left(\frac{1}{2}\right)^n\left(\cos\left(\frac{\pi}{3}n\right) + \sin\left(\frac{\pi}{3}n\right)\right)u[n] \\ &= \sqrt{2}\left(\frac{1}{2}\right)^n\cos\left(\frac{\pi}{3}n - \frac{\pi}{4}\right)u[n] \end{aligned}$$

Check Point 다음 문제에서 옳은 것을 골라라.

(1) 일반적으로 멱급수 전개법에 의해 닫힌 꼴의 함수로 z 역변환할 수 있다. (○, ×)
(2) 신호의 처음 몇몇 값을 구할 때는 (멱급수, 부분분수) 전개 역변환이 간편하다.
(3) $X(z)$의 분자와 분모의 차수가 같으면 $x[n]$은 임펄스를 포함한다. (○, ×)
(4) z 역변환은 ($X(z)/z$, $X(z)$, $zX(z)$)를 부분분수로 전개하는 것이 간편하다.
(5) $X(z)$가 단순극 $\{p_i\}$만 가지면 $x[n]$은 $K_i(p_i)^n$ 항들의 합으로 이루어진다. (○, ×)
(6) 부분분수의 계수 계산은 (계수 비교법, 헤비사이드 커버업 기법)이 더 간편하다.
(7) 5차 $X(z)$가 3중극을 가지면 (3, 4, 5, 6)개의 부분분수 항으로 전개된다.
(8) 다중극에 대한 부분분수 계수 결정은 보통 최저차 항부터 오름차순으로 한다. (○, ×)
(9) $X(z)$의 공액 복소극에 대응되는 두 부분분수 항의 계수가 실수이면 같다. (○, ×)
(10) 공액 복소극을 갖는 $X(z)$를 역변환하면 (실수, 복소수) 함수가 된다.

SECTION 13.5

z 변환에 의한 차분 방정식 해석

학습포인트

- z 변환과 시간 이동 성질을 이용한 차분 방정식의 풀이 방법을 숙지한다.
- 초기 조건의 처리에 유의하고, 입력 인가 전후의 초기 조건의 차이와 중요성에 대해 이해한다.
- 영입력 응답 + 영상태 응답, 고유 응답 + 강제 응답 형태로 해를 얻는 차이를 알아둔다.

z 변환을 이용하여 차분 방정식을 풀고 해석하는 문제는 라플라스 변환을 이용하여 미분 방정식을 해석하는 문제와 완전히 같은 구조이다. 이산 LTI 시스템을 나타내는 차분 방정식에 z 변환의 시간 이동 성질을 적용하면, z에 대한 대수 방정식으로 바뀔 뿐만 아니라 변환 과정에서 초기 조건이 자동으로 포함되기 때문에 해를 구하기가 훨씬 간편하다. 이 절에서는 z 변환을 이용한 차분 방정식의 해법과 초기 조건의 개입 및 응답의 구분에 대해서 살펴보기로 한다.

실제 시스템은 인과이고, 입력을 넣는 순간을 시간 기점 $n=0$으로 두는 것이 보통이다. 따라서 단방향 z 변환만으로 충분히 시스템을 주파수 영역에서 해석할 수 있다.

z 변환을 이용한 차분 방정식의 풀이 과정

❶ 차분 방정식의 z 변환을 구한다. 이때 시간 이동(지연) 성질에 의해 초기 조건은 방정식에 자동으로 포함된다.

$$x[n-n_0] \quad \Leftrightarrow \quad z^{-n_0}\left(X(z)+\sum_{n=1}^{n_0} x[-n]z^{n}\right) \tag{13.59}$$

❷ z에 대한 대수 방정식을 미지수 $Y(z)$에 대해 푼다. 이 결과는 z에 대한 유리 함수 형태로 주어진다.

❸ 얻어진 $Y(z)$에 대해 부분분수 전개법을 이용하여 z 역변환하여 응답을 구한다.

이 방법은 '시간 함수의 변환 → 주파수 영역에서 대수 방정식 풀이 → 시간 영역으로 역변환'의 과정을 거쳐 해를 구하므로 언뜻 보기에는 복잡한 것 같지만, 실제로는 시간 영역에서의 고전적 해법보다 오히려 풀이가 쉽고 간단하다. 그뿐만 아니라 필요에 따라 '영입력 응답 + 영상태 응답', 또는 '고유 응답 + 강제 응답' 꼴로 해의 표현을 자유롭게 선택할 수 있다.

예제 13-25 z 변환을 이용한 차분 방정식의 풀이

다음과 같은 차분 방정식으로 표현되는 LTI 시스템의 계단 응답을 구하라.

$$y[n]-\frac{3}{4}y[n-1]+\frac{1}{8}y[n-2]=\frac{3}{8}x[n]$$

풀이

계단 입력 $x[n]=u[n]$에 의한 시스템 출력을 구하는 문제이므로, 모든 초기 조건은 $y[-1]=0$, $y[-2]=0$으로 두고 주어진 차분 방정식을 z 변환하면 다음과 같이 된다.

$$Y(z)-\frac{3}{4}z^{-1}Y(z)+\frac{1}{8}z^{-2}Y(z)=\frac{3}{8}X(z)$$

이를 정리하면 다음과 같다.

$$\left(1-\frac{3}{4}z^{-1}+\frac{1}{8}z^{-2}\right)Y(z)=\frac{3}{8}X(z)$$

앞 식의 양변에 z^2을 곱하고 $X(z)$를 대입하여 $Y(z)$에 관해 정리하면 다음과 같고,

$$Y(z)=\frac{\frac{3}{8}z^2}{z^2-\frac{3}{4}z+\frac{1}{8}}\frac{z}{z-1}=\frac{\frac{3}{8}z^3}{\left(z-\frac{1}{2}\right)\left(z-\frac{1}{4}\right)(z-1)}$$

이를 다음과 같이 부분분수 전개한 다음

$$\frac{Y(z)}{z}=\frac{K_1}{z-\frac{1}{2}}+\frac{K_2}{z-\frac{1}{4}}+\frac{K_3}{z-1} \tag{13.60}$$

식 (13.55)를 이용하여 부분분수 항들의 계수를 계산하면 다음과 같다.

$$K_1=\frac{Y(z)}{z}\left(z-\frac{1}{2}\right)\bigg|_{z=\frac{1}{2}}=\frac{\frac{3}{8}z^2}{\left(z-\frac{1}{4}\right)(z-1)}\Bigg|_{z=\frac{1}{2}}=\frac{\frac{3}{8}\cdot\frac{1}{4}}{-\frac{1}{8}}=-\frac{3}{4}$$

$$K_2=\frac{Y(z)}{z}\left(z-\frac{1}{4}\right)\bigg|_{z=\frac{1}{4}}=\frac{\frac{3}{8}z^2}{\left(z-\frac{1}{2}\right)(z-1)}\Bigg|_{z=\frac{1}{4}}=\frac{\frac{3}{8}\cdot\frac{1}{16}}{\frac{3}{16}}=\frac{1}{8}$$

$$K_3=\frac{Y(z)}{z}(z-1)\bigg|_{z=1}=\frac{\frac{3}{8}z^2}{\left(z-\frac{1}{2}\right)\left(z-\frac{1}{4}\right)}\Bigg|_{z=1}=\frac{\frac{3}{8}}{\frac{3}{8}}=1$$

구해진 값을 식 (13.60)에 대입하여 역변환을 구하면 다음과 같이 시스템 응답이 얻어진다.

$$y[n]=Z^{-1}\left\{-\frac{3}{4}\frac{z}{z-\frac{1}{2}}+\frac{1}{8}\frac{z}{z-\frac{1}{4}}+\frac{z}{z-1}\right\}=\left(-\frac{3}{4}\left(\frac{1}{2}\right)^n+\frac{1}{8}\left(\frac{1}{4}\right)^n+1\right)u[n]$$

예제 13-26 z 변환을 이용한 차분 방정식의 풀이

다음 차분 방정식을 z 변환을 이용하여 풀어라. 입력은 $x[n]=(2n+1)u[n]$, 초기 조건은 $y[-1]=2$, $y[-2]=1$이다([예제 6-9] 참조).

$$y[n]-5y[n-1]+6y[n-2]=x[n-1]-4x[n-2]$$

풀이

먼저 입력 $x[n]$의 z 변환을 구하면 다음과 같다.

$$X(z)=\frac{2z}{(z-1)^2}+\frac{z}{z-1}=\frac{z(z+1)}{(z-1)^2}$$

z 변환의 시간 이동 성질을 이용하여 차분 방정식을 z 변환할 때, $n<0$에서의 초기 조건 값 $y[-1]$, $y[-2]$이 시간 이동되면서 $n\geq 0$의 위치로 옮겨오게 되므로 이를 반드시 z 변환에 포함해줘야 한다.

$$Y(z)-5(z^{-1}Y(z)+y[-1])+6(z^{-2}Y(z)+y[-1]z^{-1}+y[-2])=z^{-1}X(z)-4z^{-2}X(z)$$

이를 정리하여 다시 쓰면 다음과 같다.

$$(1-5z^{-1}+6z^{-2})Y(z)=5y[-1]-6y[-2]-6y[-1]z^{-1}+(z^{-1}-4z^{-2})X(z) \qquad (13.61)$$

식 (13.61)에서 보듯이, 차분 방정식을 z 변환하는 과정에서 초기 조건이 방정식에 저절로 포함되었을 뿐만 아니라 z에 대한 대수 방정식으로 바뀌어 취급이 쉬워진다. 식 (13.61)의 양변에 z^2을 곱하고 앞에서 구한 $X(z)$와 주어진 초기 조건을 대입하여 $Y(z)$에 관해 정리하면 다음과 같이 된다.

$$\begin{aligned} Y(z)&=\frac{4z^2-12z}{z^2-5z+6}+\frac{z-4}{z^2-5z+6}\cdot\frac{z(z+1)}{(z-1)^2} \qquad (13.62)\\ &=\frac{4z(z-3)}{(z-2)(z-3)}+\frac{z(z+1)(z-4)}{(z-2)(z-3)(z-1)^2}=Y_1(z)+Y_2(z) \end{aligned}$$

식 (13.62)의 우변의 첫 항 $Y_1(z)$은 초기 조건에 의한 응답이고, 두 번째 항 $Y_2(z)$은 입력에 의한 응답이다. 또한 식 (13.62)의 우변의 두 항 모두 분모에 z^2-5z+6의 공통인수가 있는데, 이것은 주어진 차분 방정식의 특성 다항식(방정식)과 같다. 그리고 초기 조건에 의한 응답이 입력과는 무관하게 분리되어 있으므로 $n<0$의 초기 조건을 써야 옳은 것이다.

식 (13.62)를 역변환할 때 어떻게 부분분수로 전개하느냐에 따라 ❶ 영입력 응답 + 영상태 응답이나 ❷ 고유 응답 + 강제 응답의 형태로 출력을 구할 수 있다.

❶ **영입력 응답 + 영상태 응답**

식 (13.62)의 우변의 첫 항은 초기 조건에 의한 출력 성분이므로 영입력 응답이고, 두 번째 항은 입력에 의한 출력 성분이므로 영상태 응답이다. 그러므로 이 두 항을 각각 따로 부분분수로 전개하면 다음과 같다.

$$\frac{Y(z)}{z}=\left[\frac{K_1}{z-2}\right]+\left[\frac{K_2}{z-2}+\frac{K_3}{z-3}+\frac{K_{41}}{z-1}+\frac{K_{42}}{(z-1)^2}\right] \tag{13.63}$$

부분분수 항들의 계수를 구하면 다음과 같다.

$$K_1=\frac{4}{(z-2)}(z-2)\bigg|_{z=2}=4$$

$$K_2=\frac{(z+1)(z-4)}{(z-2)(z-3)(z-1)^2}(z-2)\bigg|_{z=2}=6$$

$$K_3=\frac{(z+1)(z-4)}{(z-2)(z-3)(z-1)^2}(z-3)\bigg|_{z=3}=-1$$

$$K_{42}=\frac{(z+1)(z-4)}{(z-2)(z-3)(z-1)^2}(z-1)^2\bigg|_{z=1}=-3$$

$$K_{41}=\frac{d}{dz}\frac{(z+1)(z-4)}{(z-2)(z-3)}\bigg|_{z=1}=\frac{-2(z^2-10z+19)}{(z-2)^2(z-3)^2}\bigg|_{z=1}=-5$$

따라서 $Y(z)$는 다음과 같이 쓸 수 있다.

$$Y(z)=\underbrace{\left[\frac{4z}{z-2}\right]}_{(\text{영입력 응답})}+\underbrace{\left[\frac{6z}{z-2}-\frac{z}{z-3}-\frac{5z}{z-1}-\frac{3z}{(z-1)^2}\right]}_{(\text{영상태 응답})}$$

이를 z 역변환하면 다음과 같이 시스템 출력이 구해진다.

$$y[n]=\underbrace{[4(2)^n u[n]]}_{(\text{영입력 응답})}+\underbrace{[(6(2)^n-(3)^n-3n-5)u[n]]}_{(\text{영상태 응답})} \tag{13.64}$$

식 (13.64)는 [예제 6-10]에서 고전적 해법으로 구한 '영입력 응답 + 영상태 응답'의 결과인 식 (6.18)과 일치한다.

❷ **고유 응답 + 강제 응답**

식 (13.62)의 우변을 통째로 묶어서 부분분수로 전개한 뒤에 특성 방정식과 관련된 $(z-2)$와 $(z-3)$ 항들과 입력에 의한 $(z-1)$와 $(z-1)^2$ 항들로 나누어 구분하면 된다.

$$\frac{Y(z)}{z}=\left[\frac{K_1}{z-2}+\frac{K_2}{z-3}\right]+\left[\frac{K_{31}}{z-1}+\frac{K_{32}}{(z-1)^2}\right]$$

식 (13.62)를 굳이 통분할 필요 없이 그대로 식 (13.55)와 식 (13.56)을 이용하여 부분분수 항들의 계수를 계산하면 다음과 같다.

$$K_1 = \frac{Y(z)}{z}(z-2)\bigg|_{z=2} = \left(4+\frac{(z-4)(z+1)}{(z-3)(z-1)^2}\right)\bigg|_{z=2} = 4+\frac{-6}{-1} = 10$$

$$K_2 = \frac{Y(z)}{z}(z-3)\bigg|_{z=3} = \left(\frac{4(z-3)}{z-2}+\frac{(z-4)(z+1)}{(z-2)(z-1)^2}\right)\bigg|_{z=3} = 0+\frac{-4}{4} = -1$$

$$K_{32} = \frac{Y(z)}{z}(z-1)^2\bigg|_{z=1} = \left(\frac{4(z-1)^2}{z-2}+\frac{(z-4)(z+1)}{(z-2)(z-3)}\right)\bigg|_{z=1} = 0+\frac{-6}{2} = -3$$

$$K_{31} = \frac{d}{dz}\frac{Y(z)}{z}(z-1)^2\bigg|_{z=1} = \left(\frac{-2z^2+20z-38}{(z-2)^2(z-3)^2}\right)\bigg|_{z=1} = \frac{-20}{4} = -5$$

따라서 $Y(z)$는 다음과 같이 쓸 수 있다.

$$Y(z) = \underbrace{\left[\frac{10z}{z-2}-\frac{z}{z-3}\right]}_{\text{(고유 응답)}} + \underbrace{\left[-\frac{5z}{z-1}-\frac{3z}{(z-1)^2}\right]}_{\text{(강제 응답)}}$$

이를 z 역변환하면 다음과 같이 출력이 얻어진다.

$$y[n] = \underbrace{[(10(2)^n-(3)^n)u[n]]}_{\text{(고유 응답)}} + \underbrace{[(-3n-5)u[n]]}_{\text{(강제 응답)}} \tag{13.65}$$

식 (13.64)와 식 (13.65)의 결과는 같고, 식 (13.65)는 [예제 6-9]에서 고전적 해법으로 구한 '고유 응답 + 강제 응답'의 결과인 식 (6.17)과 일치한다.

Check Point 다음 문제에서 옳은 것을 골라라.

(1) z 변환을 이용하여 차분 방정식을 풀 때 초기 조건은 따로 고려한다. (○, ×)
(2) 차분 방정식은 z 변환에 의해 (특성, 대수, 비선형) 방정식으로 바뀐다.
(3) z 변환을 이용한 차분 방정식 풀이의 초기 조건은 $n<0$에서의 값이다. (○, ×)
(4) 차분 방정식을 z 변환하여 구한 출력 $Y(z)$는 기본적으로 영입력 응답과 영상태 응답의 두 성분으로 구분된다. (○, ×)
(5) z 변환을 이용한 차분 방정식 풀이는 고유 응답 + 강제 응답 형태로 해를 구할 수 없다. (○, ×)

SECTION 13.6

전달 함수

학습포인트

- 전달 함수의 정의와 개념을 이해한다.
- 전달 함수, 주파수 응답, 임펄스 응답, 차분 방정식의 상호 관계를 이해한다.
- 시스템(전달 함수)의 극과 영점의 정의와 역할 및 중요성에 대해 이해한다.
- 극의 위치에 따른 임펄스 응답의 형태에 대해 알아본다.
- 전달 함수로부터 시스템의 안정도를 판별하는 방법에 대해 알아본다.

연속 시스템이든 이산 시스템이든 전달 함수의 개념은 똑같다. 이산 LTI 시스템의 경우 z 변환으로 표현된 입력에 대한 출력의 비로 전달 함수를 정의한다. 전달 함수는 z 변환이 갖는 장점으로 인해 푸리에 변환에 의한 주파수 응답보다 훨씬 폭넓게 시스템 해석과 설계에 활용된다. 따라서 이 절에서는 전달 함수의 개념, 주파수 응답 및 임펄스 응답과의 상호 관계, 그리고 극과 영점의 정의와 중요성에 대해 살펴보기로 한다. 또 전달 함수로부터 안정도 등의 시스템 특성을 해석하는 방법에 대해서도 알아볼 것이다.

13.6.1 전달 함수의 개요

전달 함수의 정의

주파수 응답과 마찬가지로 전달 함수도 주파수 영역에서 나타낸 입력과 출력의 비이지만, 주파수 영역으로 변환하는 도구가 z 변환이라는 점이 주파수 응답과 다르다. 또 겉보기에 복소수가 드러나지 않아 취급에 편리할 뿐만 아니라 인과 시스템에 대해서는 주파수 응답을 전달 함수의 특수한 경우로 취급할 수 있어서 시스템 해석에 다양하게 활용된다.

- 시스템의 **전달 함수**transfer function $H(z)$는 복소 주파수 z의 함수로 표현된 입력과 출력의 비, 즉 입력 $x[n]$의 z 변환 $X(z)$에 대한 출력 $y[n]$의 z 변환 $Y(z)$의 비로 정의한다.

$$H(z)=\frac{Y(z)}{X(z)}=\frac{N(z)}{D(z)} \tag{13.66}$$

- 전달 함수는 z에 관한 유리 함수로서 시스템이 입력을 출력 쪽으로 전달한 정도를 보여주는 함수이다.
- 전달 함수는 시스템 임펄스 응답 $h[n]$의 z 변환 $H(z)=Z\{h[n]\}$이다. 따라서 입력의 형태와 상관없고 시스템이 바뀌지 않는 한 달라지지 않는다.

$$H(z)=Z\{h[n]\}=\frac{Y(z)}{X(z)} \tag{13.67}$$

임펄스 응답이 $h[n]$인 LTI 시스템의 입출력 관계는 $y[n]=x[n]*y[n]$으로 주어지고, 이를 z 변환하면 시간 컨벌루션 성질에 의해 $Y(z)=H(z)X(z)$가 된다. 이로부터 전달 함수는 식 (13.67)과 같이 임펄스 응답의 z 변환임을 알 수 있고, 따라서 전달 함수는 입력의 형태와는 무관한 시스템의 고유한 성질임을 파악할 수 있다.

임펄스 응답의 z 변환이 전달 함수이므로 시스템의 블록선도 표현에 [그림 13-4]와 같이 임펄스 응답 대신 전달 함수를 이용하여 나타낼 수 있으며, 이러한 표현이 널리 쓰인다.

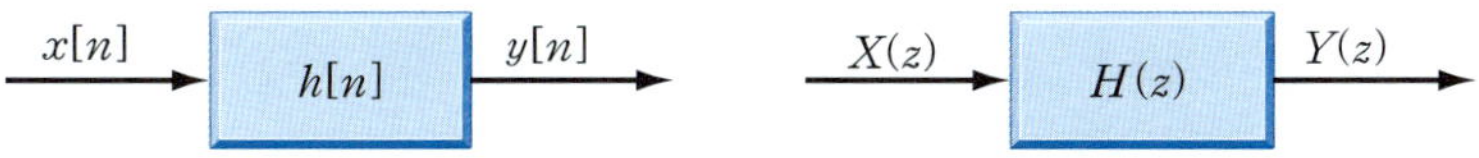

[그림 13-4] 이산 LTI 시스템의 표현

차분 방정식과 전달 함수의 관계

시스템이 다음과 같은 차분 방정식으로 주어질 경우를 살펴보자.

$$y[n]+a_1y[n-1]+\cdots+a_py[n-p]=b_0x[n]+\cdots+b_qx[n-q] \tag{13.68}$$

시간 이동 성질을 이용하여 식 (13.68)을 z 변환하면 다음과 같다. 이때 전달 함수는 오직 입력에 대한 출력의 비를 나타내므로, 모든 초기 조건은 0으로 두고 변환해야 한다.

$$Y(z)+a_1z^{-1}Y(z)+\cdots+a_pz^{-p}Y(z)=b_0X(z)+\cdots+b_qz^{-q}X(z) \tag{13.69}$$

- 시스템 차분 방정식 식 (13.64)를 z 변환하면 다음과 같은 전달 함수를 얻을 수 있다.

$$\begin{aligned} H(z)=\frac{Y(z)}{X(z)}&=\frac{b_0+b_1z^{-1}+\cdots+b_qz^{-q}}{1+a_1z^{-1}+\cdots+a_pz^{-p}} \\ &=\frac{b_0z^p+b_1z^{p-1}+\cdots+b_qz^{p-q}}{z^p+a_1z^{p-1}+\cdots+a_p}=\frac{N(z)}{D(z)} \end{aligned} \tag{13.70}$$

- 전달 함수의 분모 $D(z)=0$인 방정식을 전달 함수(시스템)의 특성 방정식이라고 하며, 이는 시스템의 고유한 특성을 반영한다.

$$D(z)=z^p+a_1z^{p-1}+\cdots+a_p=0 \tag{13.71}$$

식 (13.70)에서 전달 함수의 분모 $D(z)=0$은 변수의 표기만 γ 대신 z로 바뀌었을 뿐 6장에서 살펴본 차분 방정식의 특성 방정식과 같다. 한편, 주파수 응답과 달리 전달 함수의 수식 표현에는 복소수 표현이 겉으로 전혀 나타나지 않기 때문에 다루기가 간편하다.

식 (13.70)의 분자 다항식의 계수는 차분 방정식의 입력 항들의 계수, 분모 다항식의 계수는 출력 항들의 계수와 같다. 그러므로 전달 함수는 별다른 중간 과정을 거칠 필요 없이 차분 방정식으로부터 직접 구할 수 있다. 거꾸로, 식 (13.70)의 전달 함수로부터 차분 방정식으로 바로 바꾸는 것도 어렵지 않다.

전달 함수와 주파수 응답

주파수 응답과 전달 함수 둘 다 주파수 영역에서 LTI 시스템을 표현하는 방법으로, 주파수 응답은 임펄스 응답 $h[n]$을 푸리에 변환한 것이고, 전달 함수는 $h[n]$을 z 변환한 것이다. 그런데 z 변환에서 $z=e^{j\Omega}$으로 두면 푸리에 변환이 되므로, 주파수 응답을 전달 함수의 특수한 경우로 볼 수 있다.

$$H(\Omega)=H(z)\big|_{z=e^{j\Omega}}=b_0\frac{(z-z_1)(z-z_2)\cdots(z-z_q)}{(z-p_1)(z-p_2)\cdots(z-p_p)}\bigg|_{z=e^{j\Omega}} \tag{13.72}$$

시스템의 필터링 특성을 분석할 때 등 일부 경우를 제외하면, 전달 함수를 사용하는 것이 복소수 계산을 피할 수 있을 뿐만 아니라 필요하다면 식 (13.72)에 의해 주파수 응답도 구할 수 있어 훨씬 편리하므로, 시스템의 취급과 분석에는 일반적으로 전달 함수가 사용된다.

예제 13-27 입출력으로부터 전달 함수와 차분 방정식 구하기

인과 LTI 시스템에 입력 $x[n]=\left(\frac{1}{2}\right)^n u[n]$을 넣었을 때 출력이 $y[n]=\left(2+\left(-\frac{1}{2}\right)^n\right)u[n]$이라고 한다. 이 시스템과 관련하여 (a) 전달 함수와 (b) 시스템 차분 방정식을 구하라.

풀이

(a) 주어진 입력과 출력의 z 변환을 구하면

$$X(z)=\frac{1}{1-0.5z^{-1}}=\frac{z}{z-0.5}$$

$$Y(z)=\frac{2}{1-z^{-1}}+\frac{1}{1+0.5z^{-1}}=\frac{3z^2}{(z-1)(z+0.5)}$$

이므로, 전달 함수는 다음과 같다.

$$H(z)=\frac{Y(z)}{X(z)}=\frac{3z(z-0.5)}{(z-1)(z+0.5)}$$

이는 [예제 13-16]의 $H(z)$와 같다. 그리고 [예제 13-21]에서 $H(z)$를 역변환하여 임펄스 응답을 $h[n]=u[n]+2\left(-\frac{1}{2}\right)^n u[n]$ 으로 구한 바 있다.

(b) 차분 방정식을 구하기 위해 전달 함수 $H(z)$의 분자와 분모 모두를 z^2으로 나누어 $H(z)$를 z^{-1}의 다항식으로 바꾸면

$$H(z)=\frac{Y(z)}{X(z)}=\frac{3-1.5z^{-1}}{1-0.5z^{-1}-0.5z^{-2}}$$

이다. 이로부터 다음의 등식을 얻을 수 있다.

$$(1-0.5z^{-1}-0.5z^{-2})Y(z)=(3-1.5z^{-1})X(z)$$

따라서 이를 z 역변환하여 다음과 같이 시스템의 차분 방정식을 얻는다.

$$y[n]-0.5y[n-1]-0.5y[n-2]=3x[n]-1.5x[n-1]$$

예제 13-28 차분 방정식으로부터 전달 함수와 임펄스 응답 구하기

인과 LTI 시스템이 다음 차분 방정식으로 표현될 때, 이 시스템의 전달 함수와 임펄스 응답을 구하라.

$$y[n]-0.3y[n-1]-0.4y[n-2]=x[n]-0.3x[n-1]$$

풀이

모든 초기 조건을 0으로 두고($y[-1]=y[-2]=0$) 차분 방정식을 z 변환하면

$$Y(z)-0.3z^{-1}Y(z)-0.4z^{-2}Y(z)=X(z)-0.3z^{-1}X(z)$$

이고, 이를 정리하여 전달 함수를 구하면 다음과 같다.

$$H(z)=\frac{Y(z)}{X(z)}=\frac{1-0.3z^{-1}}{1-0.3z^{-1}-0.4z^{-2}}=\frac{z(z-0.3)}{z^2-0.3z-0.4}$$

임펄스 응답을 구하기 위해 $\frac{H(z)}{z}$를 부분분수로 전개하면

$$\frac{H(z)}{z}=\frac{K_1}{z+0.5}+\frac{K_2}{z-0.8}$$

이고, 각각의 계수를 구하면 다음과 같다.

$$K_1=\frac{(z-0.3)}{(z+0.5)(z-0.8)}(z+0.5)\bigg|_{z=-0.5}=\frac{8}{13}$$

$$K_2=\frac{(z-0.3)}{(z+0.5)(z-0.8)}(z-0.8)\bigg|_{z=0.8}=\frac{5}{13}$$

그러므로 $H(z)$는 다음과 같이 부분분수로 전개된다.

$$H(z)=\frac{8}{13}\frac{z}{z+0.5}+\frac{5}{13}\frac{z}{z-0.8}$$

이를 역변환하면 다음과 같이 임펄스 응답이 구해진다.

$$h[n]=\frac{8}{13}\left(-\frac{1}{2}\right)^n u[n]+\frac{5}{13}\left(\frac{4}{5}\right)^n u[n]$$

시스템 연결에 따른 전달 함수

- 시스템이 종속 연결되면 전달 함수는 각 시스템의 전달 함수를 곱하면 된다.

$$H(z) = H_1(z) \cdots \; H_M(z) \tag{13.73}$$

- 시스템이 병렬 연결되면 전달 함수는 각 시스템의 전달 함수를 더하면 된다.

$$H(z) = H_1(z) + \cdots + H_M(z) \tag{13.74}$$

- 전달 함수는 시스템 연결 순서와는 무관하다.

4.4절에서 살펴본 컨벌루션의 성질에 z 변환의 시간 컨벌루션 성질(종속 연결)과 선형성(병렬 연결)을 적용하면 식 (13.73)과 식 (13.74)의 결과를 얻을 수 있다. 이를 [그림 13-5]에 나타내었다.

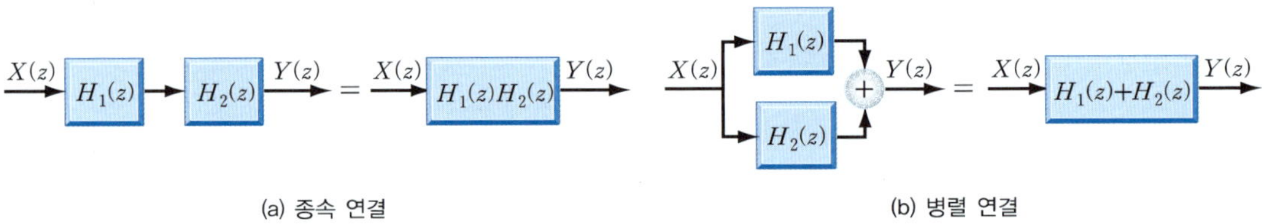

[그림 13-5] 시스템 연결에 따른 전달 함수

예제 13-29 시스템 연결에 따른 전달 함수

다음과 같은 임펄스 응답을 갖는 2개의 시스템을 (a) 종속 연결, (b) 병렬 연결할 경우의 전체 시스템의 전달 함수 $H(z)$를 구하라.

$$h_1[n] = a^n u[n], \quad h_2[n] = \delta[n] + b\delta[n-1]$$

풀이

우선 주어진 두 시스템의 임펄스 응답을 z 변환하여 전달 함수를 구하면 다음과 같다.

$$H_1(z) = \frac{1}{1 - az^{-1}} = \frac{z}{z-a}$$

$$H_2(z) = 1 + bz^{-1} = \frac{z+b}{z}$$

(a) 종속 연결의 경우 $H(z)$는 두 시스템의 전달 함수를 곱하여 얻는다.

$$H(z) = H_1(z)H_2(z) = \frac{z}{z-a}\frac{z+b}{z} = \frac{z+b}{z-a}$$

임펄스 응답 $h[n]$은 $H(z)$를 다음과 같이 부분분수로 전개한 뒤 역변환하면 얻어진다.

$$H(z) = \frac{z}{z-a} + z^{-1}\frac{bz}{z-a}$$

$$h[n] = a^n u[n] + ba^{n-1}u[n-1]$$

(b) 병렬 연결의 경우 $H(z)$는 두 시스템의 전달 함수를 더하여 얻는다.

$$H(z) = H_1(z) + H_2(z) = \frac{z}{z-a} + \frac{z+b}{z} = \frac{2z^2 + (b-a)z - ab}{z(z-a)}$$

병렬 연결의 임펄스 응답 $h[n]$은 그냥 두 시스템의 임펄스 응답을 더하면 된다.

$$h[n] = h_1[n] + h_2[n] = a^n u[n] + \delta[n] + b\delta[n-1]$$

13.6.2 전달 함수의 극과 영점

극과 영점의 정의 및 역할

시스템(전달 함수)의 극과 영점에 관한 개념과 중요성은 이미 10.6절, 연속 시스템의 경우에 자세히 살펴본 바 있다. 이산 시스템 경우에도 s 평면이 z 평면으로 바뀌는 것을 제외하면 동일하다. 시스템의 전달 함수 $H(z)$와 관련하여 $H(z)$의 값이 0이 되는 z 값을 **영점**zero이라 하고, $H(z)$의 값이 정의되지 않는 z 값을 **극**pole이라고 한다.

$$H(z) = \frac{N(z)}{D(z)} = \frac{b_0 z^q + b_1 z^{q-1} + \cdots + b_q}{z^p + a_1 z^{p-1} + \cdots + a_p} \tag{13.75}$$

$$= b_0 \frac{(z-z_1)(z-z_2)\cdots(z-z_q)}{(z-p_1)(z-p_2)\cdots(z-p_p)}$$

- 전달 함수 $H(z)$의 극은 특성 방정식 $D(z)=0$을 만족하는 p개의 근 $\{p_i\}$이다.
- 전달 함수 $H(z)$의 **영점**은 분자 다항식 $N(z)=0$을 만족하는 q개의 근 $\{z_i\}$이다.
- 극과 영점이 복소수가 될 경우는 반드시 공액쌍으로 존재한다.
- 극이 곧 특성근이므로 극에 의해 시스템 자체의 고유한 특성을 나타내는 시스템 모드가 결정되고, 따라서 극에 의해 안정도, 과도 응답 등 시스템 동작 특성이 지배된다.
- 임펄스 응답은 시스템 모드들로 이루어지므로 그 형태가 극에 의해 결정된다.
- 전달 함수(시스템)의 분자 다항식 $N(z)$는 차분 방정식 우변의 입력 항들에 의해 결정되는 다항식이므로 영점은 시스템과 입력의 연관 작용을 결정하는 요소이다.

z 평면상에서 극은 ×, 영점은 ○으로 표시한다. 이때 통상적으로 z 평면의 원점이 중심인 단위원을 함께 그려서 영점과 극들의 위치 및 상호 관계들을 쉽게 파악할 수 있도록 한다. 한 예로 다음과 같은 IIR 시스템의 전달 함수 $H_1(z)$와 FIR 시스템의 전달 함수 $H_2(z)$의 극과 영점을 [그림 13-6]의 (a)와 (b)에 각각 나타내었다.

$$H_1(z) = \frac{z^2(z+1)}{(z-0.5+j0.5)(z-0.5-j0.5)(z-0.8)} \tag{13.76}$$

$$H_2(z) = \frac{(z^3-1)(z^2+1)}{z^5} \tag{13.77}$$

그림에서 보면 $H_1(z)$는 $z=0$에서 이중 영점을 가진다. $H_2(z)$는 5중 극이 원점에 존재하며, $(z^3-1)=0$을 만족하는 3개의 영점은 단위원 위에 같은 간격으로 분포함을 볼 수 있다.

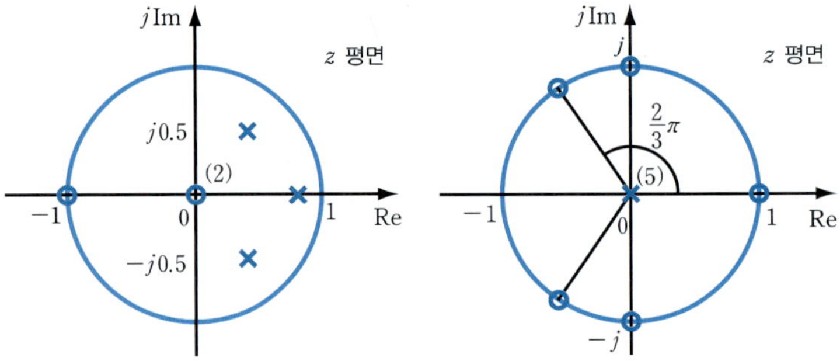

(a) $H_1(z)$의 극과 영점 (b) $H_2(z)$의 극과 영점

[그림 13-6] 전달 함수(시스템)의 극과 영점

예제 13-30 시스템 영점의 역할 : 무응답[null] 필터

다음과 같은 전달 함수로 표현되는 인과 LTI 시스템에 대해 극과 영점을 z 평면상에 나타내어라. 그리고 영점의 위치각과 같은 주파수를 갖는 정현파 입력에 대한 출력을 구하여 이 시스템이 어떤 특성을 갖는 필터인지 확인하라.

$$H(z) = \frac{z^3-2z^2+2z-1}{z^3} = \frac{(z-1)(z-0.5+j0.5\sqrt{3})(z-0.5-j0.5\sqrt{3})}{z^3}$$

풀이

이 시스템의 극과 영점은 [그림 13-7]과 같이 그려진다.

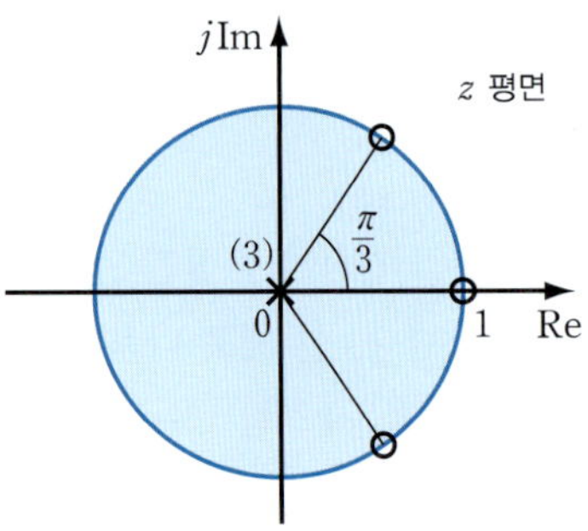

[그림 13-7] [예제 13-30]의 $H(z)$의 극과 영점

그림에서 보듯이 이 시스템의 영점은 모두 단위원 위에 존재하며, 그 위치각은 0, $\pm\pi/3$이다. 따라서 영점의 위치각과 같은 주파수를 갖는 3개의 정현파 입력은 다음과 같다.

$$x_1[n] = u[n]$$
$$x_2[n] = \cos\left(\frac{\pi}{3}n\right)$$
$$x_3[n] = \cos\left(-\frac{\pi}{3}n\right)$$

이 중에서 $x_2[n]$의 경우에 대해 출력을 구해보자. $x_2[n]$의 z 변환은 다음과 같다.

$$X_2(z) = \frac{z\left(z - \cos\left(\frac{\pi}{3}\right)\right)}{z^2 - 2\cos\left(\frac{\pi}{3}\right)z + 1} = \frac{z(z-0.5)}{z^2 - z + 1}$$

그러므로 시스템의 출력의 z 변환은 다음과 같이 된다.

$$Y(z) = H(z)X_2(z) = \frac{z^3 - 2z^2 + 2z - 1}{z^3} \cdot \frac{z(z-0.5)}{z^2 - z + 1}$$
$$= \frac{(z-1)(z-0.5)}{z^2} = \frac{z^2 - 1.5z + 0.5}{z^2}$$

이에 대해 부분분수 전개보다 좀 더 쉬운 방법으로 역변환을 구해보자. $Y(z)$의 분모, 분자를 z^2으로 나누면 다음과 같다.

$$Y(z) = 1 - 1.5z^{-1} + 0.5z^{-2}$$

따라서 z 변환의 정의로부터 $Y(z)$는 다음과 같이 역변환할 수 있다.

$$y[n] = \delta[n] - 1.5\delta[n-1] + 0.5\delta[n-2]$$

구해진 출력 $y[n]$은 3개의 과도적인 샘플 $y[0]=1$, $y[1]=-1.5$, $y[2]=0.5$을 제외하고는 $y[n]=0$, $n \geq 3$이다. 나머지 2개의 입력에 대해서도 마찬가지로 출력은 0이 되는데, 각자 확인해보기 바란다. 이 시스템은 특정한 주파수의 입력에 대해 출력이 0인, 다시 말해 차단하는 특성을 갖는 필터이다.

[예제 13-30]에서 살펴본 것처럼, 단위원 위에 존재하는 전달 함수의 영점들은 시스템 이득이 0이 되는 주파수들에 대응된다. 그러므로 이 주파수들에 해당하는 정현파 입력은 시스템에 의해 차단, 즉 출력이 0이 된다. 이처럼 영점을 단위원 위에 위치시켜 특정한 정현파 입력에 대한 출력을 0으로 만드는, 즉 특정 주파수의 입력을 차단하는 FIR 필터를 무응답 필터라고 한다. 이는 레이더 또는 통신 시스템에서 방해 전파들을 제거하는 데 이용된다.

전달 함수를 부분분수로 전개하여 역변환하면 시스템의 임펄스 응답을 얻게 된다.

$$H(z) = \sum_{i=1}^{m} \frac{K_i z}{z - p_i} \quad \Leftrightarrow \quad h[n] = \sum_{i=1}^{m} K_i (p_i)^n u[n] \tag{13.78}$$

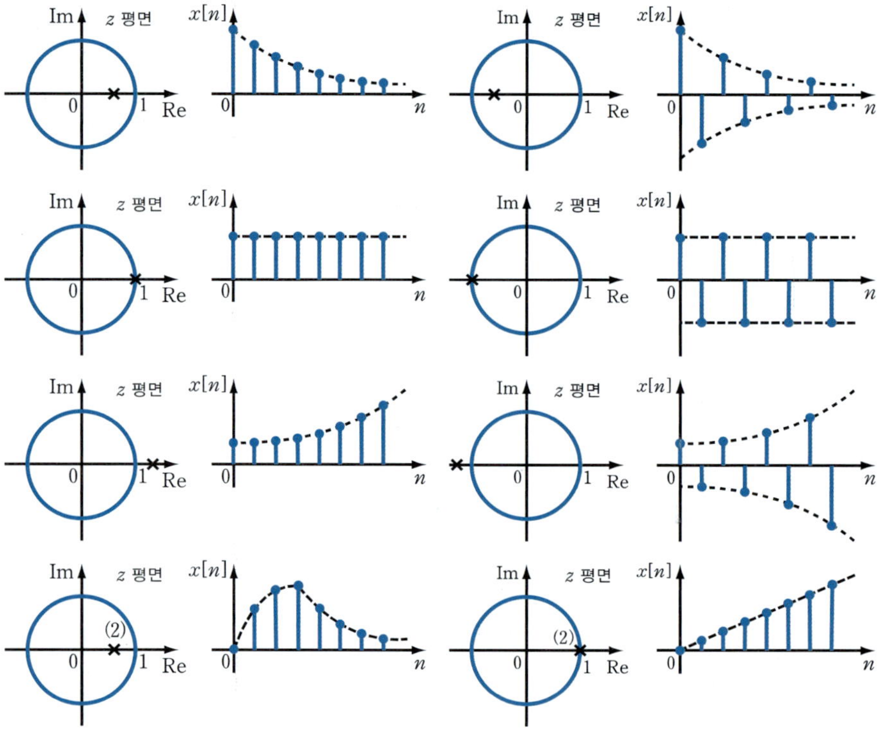

(a) 실수 극의 경우

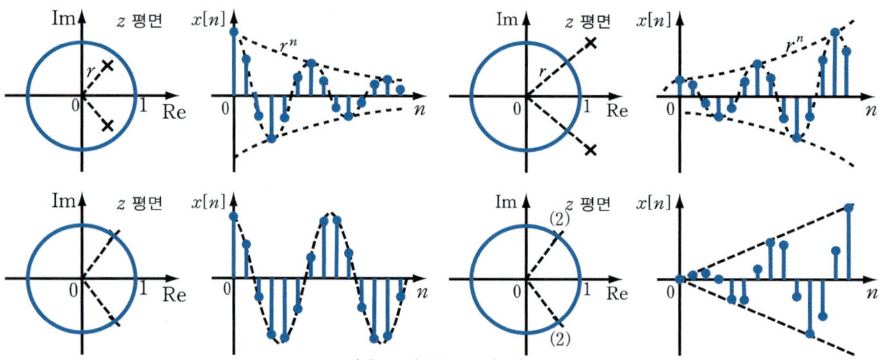

(b) 공액 복소극의 경우

[그림 13-8] 전달 함수의 극의 위치에 따른 시스템 임펄스 응답의 형태

이로부터 임펄스 응답의 형태가 극에 의해 결정됨을 알 수 있다. [그림 13-8]에 극의 위치에 따른 시스템 임펄스 응답의 형태를 나타내었다. 극이 단위원 내부와 외부 어디에 위치하는지에 따라 임펄스 응답이 수렴 또는 발산함을 볼 수 있다.

극에 의한 임펄스 응답의 형태

- 극이 z 평면의 단위원 내부에 있으면 임펄스 응답이 수렴하여 시스템은 안정하다.
- 극이 z 평면의 단위원 외부에 있으면 임펄스 응답이 발산하여 시스템은 불안정하다.
- 공액 복소극의 경우 진동이 발생하며, 단위원 상에 있으면 상수 또는 순수 진동한다.

극과 시스템 안정도

전달 함수로부터 시스템의 여러 특성을 분석하고 판별할 수 있는데, 안정도에 대해서 간단히 살펴보기로 한다.

- 이산 인과 LTI 시스템이 BIBO 안정하기 위해서는 $|p_i| < 1$, 다시 말해 전달 함수의 극 p_i가 z 평면에서 단위원 안에 존재해야 한다.

4장에서 이산 인과 LTI 시스템이 BIBO 안정하려면 임펄스 응답이 다음과 같이 절대 총합 가능해야 함을 이미 배운 바 있다.

$$\sum_{n=0}^{\infty} |h[n]| < \infty \tag{13.79}$$

임펄스 응답에 대한 z 변환의 정의식에 절댓값을 취하면 다음의 부등식을 얻을 수 있다.

$$|H(z)| = \left|\sum_{n=0}^{\infty} h[n]z^{-n}\right| \leq \sum_{n=0}^{\infty} |h[n]||z^{-n}| \tag{13.80}$$

전달 함수의 극 $z = p_i$에서는 식 (13.80)의 좌변이 ∞가 되고, 이때 $|p_i| \geq 1$이면 $\left|p_i^{-n}\right| \leq 1$이므로 식 (13.80)은 다음과 같이 된다.

$$\infty \leq \sum_{n=0}^{\infty} |h[n]||p_i^{-n}| \leq \sum_{n=0}^{\infty} |h[n]| \tag{13.81}$$

이는 식 (13.79)의 BIBO 안정 조건에 부합하지 않는다. 따라서 $|p_i| < 1$이어야 한다.

z 변환의 수렴 조건과 관련하여 안정도 문제를 생각해도 같은 결론을 얻게 된다. z 평면에서 단위원 외부는 인과 신호에 대한 z 변환의 수렴 영역이다. 수렴 영역 내에서는 z 변환이 유한한 값을 가지게 되는데, 이 영역 내에 전달 함수의 극이 존재하게 되면 그 점에서 값이 정의되지 않기에 수렴 영역이라는 사실과 어긋난다. 따라서 모든 극이 수렴 영역 밖에 존재해야 안정하다. 따라서 시스템의 극이 전달 함수의 수렴 영역이 아닌 영역에 있어야만, 즉 $|p_i| < 1$이어야 안정한 시스템이 된다.

이러한 결론은 [그림 13-8]에서도 확인할 수 있다. 그림에서 보면, 극이 단위원 내부에 있을 때는 값이 점차 작아져서 0으로 수렴하여 식 (13.79)의 조건을 충족시키고, 단위원 외부에 있으면 시간이 지남에 따라 발산한다. 그리고 단위원 상에 있으면 계속 진동하거나 상수가 되어 BIBO 안정 조건을 만족시키지 않는다. 즉 극이 단위원 안에 있으면 안정, 단위원 위에 있으면 임계 안정, 단위원 밖에 있으면 불안정한 시스템이 된다. 안정, 불안정으로 구분해야만 할 경우, 임계 안정은 식 (13.79)의 안정도 조건을 만족시키지 못하므로 불안정으로 판별하면 된다.

예제 13-31 시스템의 안정도 판별

전달 함수가 다음과 같은 LTI 시스템의 안정도를 판별하라.

(a) $H(z)=\dfrac{(z+1)(z-1)}{(z+0.5)(z-0.8)(z+0.3)}$

(b) $H(z)=\dfrac{(z+0.5)(z-0.3)}{(z-1)(z^2-z+1)}$

(c) $H(z)=\dfrac{(z+3)(z-4)}{(z^2+0.5z+0.25)(z+0.5)}$

(d) $H(z)=\dfrac{(z+0.5)(z-0.4)}{(z+2)(z-0.5)(z+0.4)}$

(e) $H(z)=\dfrac{(z+0.5)(z+1)}{(z-1)^2(z-0.5)}$

(f) $H(z)=\dfrac{(z-3)(z+0.5)}{(z-0.5)(z+0.4)(z-3)}$

풀이

(a) 극이 $z=-0.5,\ 0.8,\ -0.3$으로 모두 단위원 안에 있다. 그러므로 안정한 시스템이다.

(b) 극이 $z=1,\ \dfrac{1}{2}\pm j\dfrac{\sqrt{3}}{2}$로 모두 단위원 위에 있다. 그러므로 임계 안정한 시스템이다. 안정, 불안정으로 나누면 불안정한 시스템이다.

(c) 극이 $z=-\dfrac{1}{4}\pm j\dfrac{\sqrt{3}}{4},\ -0.5$로 모두 단위원 안에 있다. 그러므로 안정한 시스템이다.

(d) 극이 $z=-2,\ 0.5,\ -0.4$로 극 하나가 단위원 밖에 있다. 그러므로 불안정한 시스템이다.

(e) 극이 $z=1,\ 1,\ 0.5$로 단위원 위에 중극이 존재한다. 그러므로 불안정한 시스템이다.

(f) 극이 $z=0.5,\ -0.4,\ 3$으로 극 하나가 단위원 밖에 있지만, $z=3$의 영점과 상쇄되어 사라지므로 단위원 안에 $z=0.5,\ -0.4$만 있는 셈이다. 그러므로 안정한 시스템이다.

Check Point 다음 문제에서 옳은 것을 골라라.

(1) 시스템의 전달 함수는 입력의 형태에 따라 달라질 수 있다. (○, ×)
(2) 전달 함수는 (임펄스 응답, 차분 방정식, 특성 방정식)으로부터 구할 수 있다.
(3) 전달 함수는 초기 조건을 (고려, 배제)하고 차분 방정식을 z 변환하여 구한다.
(4) 시스템의 특성 방정식은 전달 함수의 (분모, 분자) $=0$인 방정식이다.
(5) 두 시스템을 병렬 연결한 시스템의 전달 함수는 각 전달 함수의 (합, 곱)과 같다.
(6) 임펄스 응답의 형태는 극의 위치에 따라 결정된다. (○, ×)
(7) z 평면의 단위원 위에 중극을 가지면 시스템은 불안정하다. (○, ×)
(8) 시스템에 대한 입력의 연관 작용을 지배하는 것은 (극, 영점)이다.
(9) 전달 함수의 극과 시스템 차분 방정식의 특성근은 같다. (○, ×)
(10) 시스템이 안정하려면 (극, 영점)이 z 평면의 단위원 (안, 밖)에 위치해야 한다.

SECTION

13.7 전달 함수와 주파수 응답의 관계

학습포인트

- 전달 함수와 주파수 응답의 상호 관계를 이해한다.
- 극과 영점에 대한 주파수 응답의 의존성과 계산에 대해 알아본다.
- 극과 영점의 주파수 선택 특성을 이해한다.

주파수 응답과 전달 함수 둘 다 주파수 영역에서 LTI 시스템을 표현하는 방법으로, 역변환하면 시스템의 임펄스 응답이 되므로 두 표현의 본질은 같다고 할 수 있다. 그런데 z 변환과 푸리에 변환의 관계로부터 주파수 응답을 전달 함수의 특수한 경우로 취급할 수 있다. 그러므로 주파수 응답은 전달 함수의 극-영점과 밀접하게 연관된다. 이 절에서는 두 표현의 관계와 극과 영점에 대한 주파수 응답의 종속성, 그리고 극과 영점의 주파수 선택 특성과 역할에 대해 살펴보기로 한다.

13.7.1 극과 영점에 대한 주파수 응답의 종속성

임펄스 응답 $h[n]$을 DTFT하면 주파수 응답이 되고, z 변환하면 전달 함수가 된다. 그리고 식 (13.7)에서 보듯이 DTFT는 z 변환에서 $z=e^{j\Omega}$로 둔 것과 같으므로, 주파수 응답과 전달 함수의 관계는 다음과 같이 정리된다.

- 주파수 응답은 전달 함수를 복소평면의 단위원 $z=e^{j\Omega}$을 따라 계산한 것이다.

$$H(\Omega)=H(z)\big|_{z=e^{j\Omega}} \tag{13.82}$$

- 주파수 응답은 전달 함수의 극과 영점을 이용하여 구할 수 있다.

$$|H(\Omega)|=b_0\frac{\prod_{i=1}^{q}|e^{j\Omega}-z_i|}{\prod_{i=1}^{p}|e^{j\Omega}-p_i|}=b_0\frac{\text{각 영점에서 } e^{j\Omega}\text{까지 거리의 곱}}{\text{각 극에서 } e^{j\Omega}\text{까지 거리의 곱}} \tag{13.83}$$

$$\begin{aligned}\angle H(\Omega)&=\sum_{i=1}^{q}\angle(e^{j\Omega}-z_i)-\sum_{i=1}^{p}\angle(e^{j\Omega}-p_i)\\&=[e^{j\Omega}\text{에 대한 영점 각의 합}]-[e^{j\Omega}\text{에 대한 극 각의 합}]\end{aligned} \tag{13.84}$$

식 (13.82)로부터 주파수 응답은 전달 함수의 극 및 영점과 관련하여 다음과 같이 쓸 수 있다.

$$H(\Omega)=b_0\frac{(z-z_1)(z-z_2)\cdots(z-z_q)}{(z-p_1)(z-p_2)\cdots(z-p_p)}\bigg|_{z=e^{j\Omega}} \tag{13.85}$$

여기서 $p_1, p_2, \cdots, p_p$는 전달 함수의 극이고 $z_1,\ z_2, \cdots, z_q$는 영점이다. 식 (13.85)의 인수들은 일반적으로 복소수이므로 복소수의 곱과 나눗셈의 성질에 의해 주파수 응답의 진폭 응답과 위상 응답은 다음과 같이 된다.

$$|H(\Omega)| = b_0 \frac{|z-z_1||z-z_2|\cdots\ |z-z_q|}{|z-p_1||z-p_2|\cdots\ |z-p_p|}\Bigg|_{z=e^{j\Omega}} \tag{13.86}$$

$$\angle H(e^{j\Omega}) = [\{\angle(z-z_1) + \cdots + \angle(z-z_q)\} - \{\angle(z-p_1) + \cdots + \angle(z-p_p)\}]_{z=e^{j\Omega}} \tag{13.87}$$

그런데 $|z-z_i|$는 복소평면에서 점 z와 z_i 사이의 거리이고 $\angle(z-z_i)$는 점 z와 점 z_i를 연결한 선분이 수평축과 이루는 각이므로, 결국 주파수 응답의 진폭 응답과 위상 응답은 각각 식 (13.83) 및 식 (13.84)와 같이 구할 수 있다.

z 평면의 단위원 위에 점 $e^{j\Omega}$을 두고 Ω 값을 변화시키면서 모든 Ω 값에 대해 계산 과정을 반복하면 $H(\Omega)$가 얻어진다. 이때 Ω가 커지며 단위원을 한 바퀴 돌 때마다 같은 값이 반복되어 계산되므로, 이산 시스템의 주파수 응답은 2π 주기로 반복되는 주기 함수가 된다.

13.7.2 극과 영점에 따른 주파수 선택 특성

방금 살펴본 것처럼, (연속 시스템과 마찬가지로) 시스템의 주파수 응답은 전달 함수(시스템)의 극과 영점에 의해 결정되는데, 주파수 응답과 관련하여 극과 영점의 역할을 정리하면 다음과 같다.

- 극은 공진 주파수 부근에서 이득을 증가시키는 주파수 선택적 동작을 한다.
  즉 극은 진폭 응답에 **뾰족 마루(첨두)**peak를 형성한다.
- 극이 단위원에 가까울수록 이득의 증가가 두드러진다.
- 영점은 공진 주파수 부근에서 이득을 억제하는 주파수 선택적 동작을 한다.
  즉 영점은 진폭 응답에 **골**valley을 형성한다.
- 영점이 단위원에 가까울수록 이득 억제는 두드러진다.
- 극과 영점에 의한 이득 변화는 공진 주파수 부근에서 더 급하게 나타난다.
- 중복 극과 영점은 주파수 선택 효과를 강화한다.

주파수 응답에 대한 이러한 극의 영향을 이해하기 위해 [그림 13-9(a)]와 같은 복소극 $re^{j\Omega_0}$에 대한 경우를 생각해보자. 극에서 단위원 위의 점 $e^{j\Omega}$까지의 거리를 d라고 하면 $|H(\Omega)|$는 $1/d$에 비례한다. Ω가 0에서부터 증가하여 값 Ω_0에 도달할 때까지 d는 연속적으로 감소하고, Ω가 Ω_0를 지나면서부터 π에 도달할 때까지 d는 다시 연속적으로 증가한다. 따라서 $|H(\Omega)|$는 $\Omega=0$에서부터 $\Omega=\Omega_0$가 될 때까지 점차 증가하여 $\Omega=\Omega_0$에서 최댓값이 되고 Ω가 Ω_0를 넘어서면서부터는 다시 감소하게 된다. 결과적으로 $re^{j\Omega_0}$은 주파수 Ω_0에서 이득을 최대로 만드는 주파수 선택적 동작(공진)을 한다.

극이 단위원에 가까이 위치할수록 극과 $e^{j\Omega_0}$ 사이의 거리가 짧아지므로 이득은 더 커지며, 극단적으로 극이 $e^{j\Omega_0}$에 위치하면 Ω_0에서의 이득이 무한대가 된다. 실제 시스템에서 복소극 $re^{j\Omega_0}$은 공액쌍인 $re^{-j\Omega_0}$을 반드시 동반한다. 그러나 공액극 $re^{-j\Omega_0}$은 $re^{j\Omega_0}$에 비해 양의 반원에서 멀리 떨어져 있기에, Ω가 0에서 π까지 바뀌는 동안 길이 d'의 극적인 변화는 생기지 않는다. 그러므로 이득의 변화에 주도적인 영향을 미치지는 못하지만 Ω의 변화에 따라 d'의 값도 달라지고 주파수 응답의 이득은 $1/dd'$에 비례하기 때문에 주파수 선택 특성은 단일 극일 때와는 조금 달라진다. 공액 복소극에 의한 진폭 응답의 변화는 [그림 13-9(b)]에 나타나 있다.

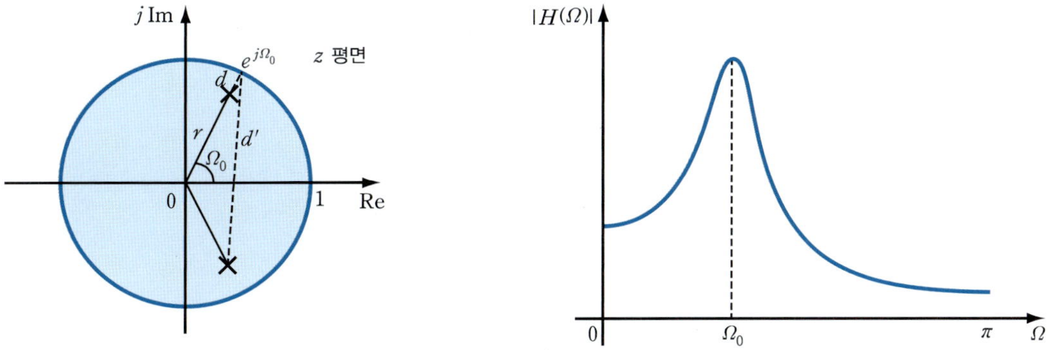

(a) 전달 함수의 공액 복소극 (b) 주파수 응답의 진폭 응답

[그림 13-9] 극에 의한 진폭 응답 특성

식 (13.85)를 보면 전달 함수의 극과 영점은 주파수 응답에 정반대로 기여하고 있다. 그러므로 영점은 공진 주파수 부근에서 이득을 억제하여 골을 만든다. 복소 영점에 의한 주파수 응답의 특성 예를 [그림 13-10]에 보였다.

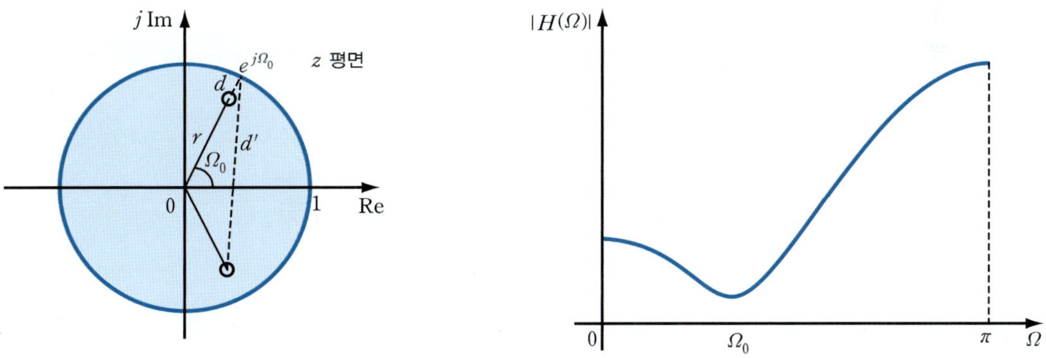

(a) 전달 함수의 공액 복소 영점 (b) 주파수 응답의 진폭 응답

[그림 13-10] 영점에 의한 진폭 응답 특성

영점의 주파수 선택 효과를 이용하는 사례로, 특정한 주파수의 신호 전달을 완전히 억제하려면 하나의 영점을 그 주파수에 해당하는 단위원 위의 점에 놓으면 된다([예제 13-30] 참조). 이것이 **노치**notch 필터(대역 저지 필터)의 원리이다.

원점과 단위원 위의 점 사이의 길이는 1이므로, 원점에 놓인 극이나 영점은 진폭 응답에 전혀 영향을 미치지 못한다. 그 대신 원점에 있는 극(영점)은 $\angle H(\Omega)$에 각 $-\Omega(\Omega)$를 유발한다. 이 위상 스펙트럼 $-\Omega(\Omega)$는 주파수에 관한 선형 함수이므로 순수 시간 지연(선행)에 해당한다. 따라서 원점에 있는 극(영점)은 응답에 시간 지연(선행)을 유발하지만 크기에는 영향이 없다.

이상의 논의로부터 전달 함수의 극과 영점을 적절히 배치하면 특정한 주파수 응답 특성을 갖는 시스템을 구현할 수 있음을 알 수 있다.

Check Point 다음 문제에서 옳은 것을 골라라.

(1) 전달 함수에서 $(z=j\Omega,\ z=e^{j\Omega},\ z=re^{j\Omega})$로 두면 주파수 응답이 된다.
(2) 주파수 응답과 관련하여 극은 진폭 응답을, 영점은 위상 응답을 결정한다. (○, ×)
(3) 주파수 응답에서 극은 뾰족 마루를, 영점은 골을 만든다. (○, ×)
(4) 주파수 응답에 대한 극과 영점의 역할은 (같다, 정반대이다).
(5) 극과 영점은 주파수에 따라 다른 응답 특성을 만들어낸다. (○, ×)
(6) 진폭 응답의 뾰족 마루가 더 날카로운 극은 $(z=0.9e^{\pm j\frac{\pi}{4}},\ z=0.4e^{\pm j\frac{\pi}{4}})$이다.
(7) 중극은 공신 주파수 부근에서 이득 변화를 더 (날카롭게, 완만하게) 만든다.
(8) 원점에 있는 극은 응답에 시간 지연만 유발할 뿐 크기에는 영향이 없다. (○, ×)
(9) IIR 필터의 (극, 영점)이 z 평면의 1, 4분면에 있으면 (LP, HP) 필터가 된다.
(10) FIR 필터의 영점이 z 평면의 1, 4분면에 있으면 저역 통과 필터가 된다. (○, ×)

SECTION 13.8

z 변환과 라플라스 변환의 관계

학습포인트

- z 변환과 라플라스 변환의 관계를 이해한다.
- s 영역에서 z 영역으로의 사상 관계를 잘 이해한다.

z 변환을 배우면서 거의 모든 면에서 라플라스 변환과 대응 관계가 이루어지고 있음을 느꼈을 것이다. 이산 신호는 연속 신호를 샘플링한 것으로 취급할 수 있다는 사실을 잘 이용하면 둘 사이의 유사성과 대응 관계가 어디에서 비롯된 것인지 찾아낼 수 있는데, 결론적으로 z 변환은 라플라스 변환의 특수한 경우로 볼 수 있다. 둘의 관계를 설명해주는 s 영역에서 z 영역으로의 사상 관계는 시스템 안정도나 주파수 중첩 등에 대한 이해를 도와주므로 잘 알아둘 필요가 있다. 이 절에서는 샘플링에서 출발하여 두 표현의 관계와 s 영역에서 z 영역으로의 사상 관계를 알아보고 관련된 특성을 살펴보기로 한다.

샘플링 신호의 라플라스 변환과 z 변환

지금까지 살펴보았듯이 z 변환은 성질이나 기능 면에서 라플라스 변환과 아주 비슷하다. 둘은 적용 대상이 다르다는 것을 빼면 같은 구조로 다루어질 수 있다. 이산계에 대한 z 변환과 연속계에 대한 라플라스 변환의 연결 고리는 이산 신호를 연속 신호의 샘플링으로 볼 수 있다는 사실이다. 이미 9장에서 샘플링은 연속 신호 $x(t)$에 임펄스 열 $p(t)$를 곱한 임펄스 변조로 취급할 수 있음을 보았다.

$$\tilde{x}(t) = x(t)p(t) = \sum_{n=0}^{\infty} x(t)\delta(t-nT) = \sum_{n=0}^{\infty} x(nT)\delta(t-nT) \tag{13.88}$$

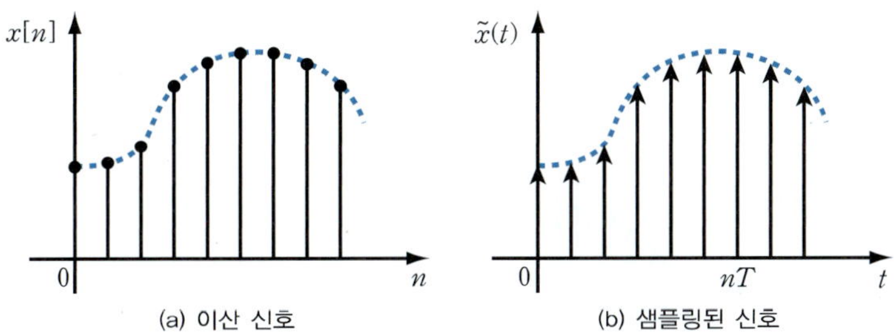

[그림 13-11] 이산 신호와 샘플링된 신호의 동일성

식 (13.88)의 샘플링된 신호 $\tilde{x}(t)$는 [그림 13-11]에서 볼 수 있듯이 이산 신호 $x[n]$과 같은데, 다만 임펄스로 표현되어 있을 뿐이다. 식 (13.88)을 라플라스 변환하면 다음과 같다.

$$\widetilde{X}(s) = \mathcal{L}\left\{\sum_{n=0}^{\infty} x(nT)\delta(t-nT)\right\} = \sum_{n=0}^{\infty} x(nT)\mathcal{L}\{\delta(t-nT)\} \tag{13.89}$$

$$= \sum_{n=0}^{\infty} x(nT)e^{-nTs} = \sum_{n=0}^{\infty} x(nT)(e^{Ts})^{-n}$$

한편 이산 신호 $x[n]$에 대한 z 변환은 다음과 같이 정의된다.

$$X(z) = \sum_{n=0}^{\infty} x[n]z^{-n} \tag{13.90}$$

[그림 13-11]에서 보듯이 $x(nT) = x[n]$을 만족하므로 식 (13.89)의 $x(nT)$를 $x[n]$으로 대체하고 $e^{Ts} = z$라 두면 식 (13.89)와 식 (13.90)은 같아진다.

라플라스 변환과 z 변환의 사상 관계

- z 변환은 $e^{Ts} = z$로 둔 라플라스 변환의 특수한 경우로 생각할 수 있다.
- $z = e^{Ts}$의 변환은 s 평면의 허축 $j\omega$를 2π씩 잘라 z 평면의 단위원으로 중복해서 사상시킨다. 이로 인해 연속 신호를 샘플링하면 주파수 중첩의 문제가 발생한다.
- $z = e^{Ts}$의 변환은 s 평면의 좌반면을 z 평면의 단위원 내부로, s 평면의 우반면을 z 평면의 단위원 외부로 사상시킨다.

라플라스 변환과 z 변환의 대응 관계를 나타낸 [그림 13-12]를 이용하여 이를 확인해보자. 이때 편의상 $T=1$로 두기로 한다. $s = \sigma + j\omega$이므로 $z = e^s = e^{\sigma + j\omega} = e^{\sigma}e^{j\omega}$이다. 그림에 나타낸 것처럼 ❶ s 평면의 $-j\pi$에서 출발하여 허축을 따라 $j\pi$까지 가서, ❷ 실축에 평행하게 $-\infty + j\pi$까지 이동한 뒤, ❸ 다시 허축에 평행하게 $-\infty - j\pi$까지 갔다가, ❹ 마지막으로 실축에 평행하게 $-j\pi$로 되돌아오는 닫힌 경로를 따라 z 값의 변화를 따져보자.

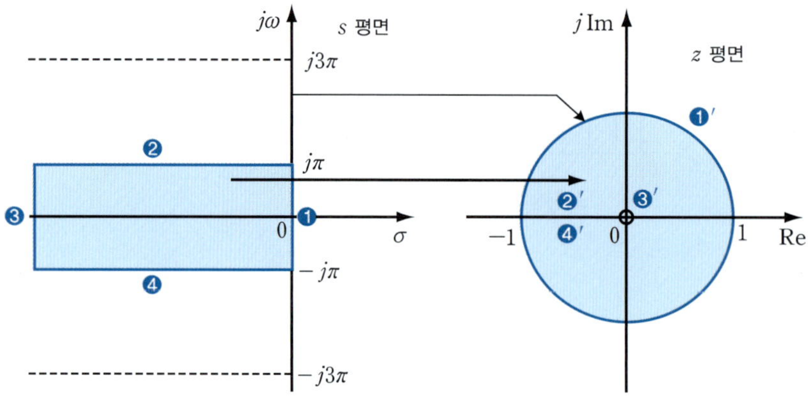

[그림 13-12] 라플라스 변환과 z 변환의 사상 관계

경로 ❶에 대해서는 $z=e^{j\omega}$이므로 ω가 $-\pi$에서 π까지 증가함에 따라 z는 $z=-1$에서 출발하여 반지름 1인 원을 그리며 반시계 방향으로 $z=-1$까지 움직인다(❶'). 경로 ❷에 대해서는 $z=e^{\sigma}e^{j\pi}$이므로 σ가 $-\infty$로 접근함에 따라 음의 실축 위에서 0으로 접근한다(❷'). 경로 ❸에 대해서는 $z=e^{-\infty}e^{j\omega}$이므로 ω가 π에서 $-\pi$로 진행됨에 따라 거의 0에 가까운 반지름 ϵ인 원을 그리며 시계 방향으로 한 바퀴 돌게 된다(❸'). 마지막으로 경로 ❹에 대해서는 $z=e^{\sigma}e^{-j\pi}$이므로 σ가 0으로 접근함에 따라 음의 실축 위에서 $z=-1$로 접근한다(❹').

경로 ❶에 대한 사상 관계로부터 s 평면의 허축이 z 평면의 단위원으로 사상됨을 알 수 있다. 그리고 나머지 경로에 대한 사상 관계로부터 s 평면의 좌반면을 허축을 따라 2π씩 자른 무한 띠가 반복적으로 z 평면의 단위원과 원 내부의 음의 실축으로 사상됨을 알 수 있다(이 때문에 연속 신호를 샘플링하면 주파수 중첩의 문제가 발생하게 된다).

s 평면의 좌반면이 z 평면의 단위원 내부로 사상되는 것은 s 평면의 좌반면 임의의 한 점에 대한 z 평면의 사상을 구해보면 쉽게 확인할 수 있다. s 평면의 우반면은 $\sigma>0$이므로 $|e^{\sigma T}|>1$이 되기 때문에 2π씩 자른 실축에 평행한 무한 띠가 반복적으로 z 평면의 단위원 밖으로 사상된다. 이러한 사상 관계로부터 연속 신호(시스템)을 샘플링하여 이산 신호(시스템)으로 변환하더라도 안정도는 바뀌지 않고 보존됨을 알 수 있다.

Check Point 다음 문제에서 옳은 것을 골라라.

(1) z 변환은 라플라스 변환의 특수한 경우로 취급할 수 있다. (○, ×)
(2) s 평면의 허축은 z 평면의 (실축, 허축, 단위원)으로 사상된다.
(3) s 평면의 허축은 길이 2π마다 z 평면의 동일 위치에 중복 사상된다. (○, ×)
(4) s 평면의 좌반면은 z 평면의 (단위원, 단위원 안, 단위원 밖)으로 사상된다.
(5) s 평면에서 z 평면으로의 사상은 시스템 안정도를 보존한다. (○, ×)

CHAPTER 13_핵심요약

개념	관련 항
z 변환은 이산 신호를 복소 변수 z^{-1}의 무한급수 형태로 나타낸 것으로, 변수 z는 샘플 값의 발생 시간을 알려주는 시간표시기와 같다.	식 (13.2)
양방향 z 변환과 단방향 z 변환이 있는데, 인과 신호 및 시스템에는 단방향 z 변환을 쓰면 된다. 이때 ROC는 z 평면상 원점을 중심으로 하는 원의 외부이다.	식 (13.4) 식 (13.5)
양방향 z 변환은 ROC가 명시되지 않는 한 z 역변환이 유일하지 않다. 그러나 단방향 z 변환으로 한정하면 ROC를 밝힐 필요가 없다.	
z 변환이 존재하려면 $x[n]z^{-n}$이 절대 총합 가능해야 한다.	식 (13.9)
DTFT는 $z=e^{j\Omega}$, 즉 z 평면의 단위원에서 계산된 z 변환으로 볼 수 있으며, z 변환은 DTFT보다 훨씬 많은 신호를 주파수 영역에서 취급할 수 있게 해준다.	
단방향 z 변환에서는 시간 이동에 따른 $n=0$ 전후의 샘플 추가와 소실을 고려해야 한다. 비인과 신호의 시간 지연은 샘플들이 추가로 나타나고 인과 신호에 대한 시간 선행은 샘플들이 사라져 없어진다.	[그림 13-3]
시간 영역에서 두 신호의 컨벌루션은 z 영역에서 각각의 z 변환의 대수 곱이다.	식 (13.42)
초깃값 정리는 신호의 초깃값 $x[0]$을, 최종값 정리는 신호의 최종값, 즉 정상상태 값 $x[\infty]$을 신호의 z 변환으로부터 직접 구할 수 있게 해준다. 한편 최종값 성질은 최종값을 가지는 안정한 신호에 대해서만 유효하다.	식 (13.45) 식 (13.46)
역변환에 가장 많이 쓰는 부분분수 전개법은 $X(z)/z$을 부분분수로 전개한다. 이때 전개된 부분분수의 계수 계산은 헤비사이드의 커버업 기법을 사용한다.	
차분 방정식을 z 변환하면 초기 조건이 포함되어 있어 쉽게 풀 수 있고, '영입력 응답＋영상태 응답'이나 '고유 응답＋강제 응답'의 결과를 쉽게 얻을 수 있다.	
전달 함수는 복소 주파수 z 영역에서 입력과 출력의 비를 나타낸 것으로 임펄스 응답의 z 변환과 같고, 입력과는 무관하다.	식 (13.66) 식 (13.67)
극은 전달 함수의 분모＝0(특성 방정식)을 만족하는 점으로 시스템의 고유한 특성을 결정하는 요소이며, 안정도, 과도 응답 등 시스템 동작 특성을 지배한다.	
영점은 전달 함수의 분자＝0을 만족하는 점으로 시스템과 입력의 연관 작용을 결정하는 요소이다.	
임펄스 응답은 시스템 모드로 이루어지므로 그 형태가 극에 의해 결정되는데, 극의 위치에 따라 시스템 임펄스 응답의 형태가 다르다.	[그림 13-8]
인과 LTI 시스템이 BIBO 안정하려면 전달 함수의 극 p_i가 z 평면의 단위원 내에 존재해야 한다.	
극과 영점은 각각 공진 주파수 부근에서 이득을 증가 또는 감소시키는 동작을 한다. 이득의 변화는 공진 주파수 부근에서 더 빠르고, 단위원에 가까이 위치할수록 두드러지며, 중복되면 주파수 선택 효과를 강화한다.	[그림 13-9] [그림 13-10]
z 변환은 $e^{Ts}=z$로 둔 라플라스 변환으로 생각할 수 있으며 s 평면의 허축 $j\omega$를 z 평면의 단위원으로, s 평면의 좌반면은 z 평면의 단위원 내부로 사상한다.	[그림 13-12]
$z=e^{Ts}$의 변환은 s 평면 허축 $j\omega$를 2π씩 잘라 z 평면 단위원으로 중복해서 사상한다. 이로 인해 연속 신호를 샘플링하면 주파수 중첩의 문제가 발생한다.	

CHAPTER 13_연습문제

【개념 문제】

13.1 z 변환에 대한 다음의 설명 중 틀린 것은?

㉮ z 변환은 단순히 이산 데이터의 수학적 표현과 취급을 위해 고안된 변환으로 처음부터 주파수 영역 해석을 목적으로 만들어진 것은 아니다.

㉯ z 변환 $X(z)$로부터 항상 유일한 $x[n]$을 구할 수 있다.

㉰ 이산 시간 푸리에 변환은 z 변환의 특수한 경우로 생각할 수 있다.

㉱ z 변환은 에너지 신호나 전력 신호가 아닌 신호들도 주파수 영역으로 변환해준다.

13.2 z 변환의 수렴 영역에 대한 다음의 설명 중 틀린 것은?

㉮ 수렴 영역이 단위원($|z|=1$)을 포함하지 않는 신호는 이론적으로 DTFT를 할 수 없다.

㉯ 인과 유한 구간 신호는 $z=0$을 제외한 전 z 평면이 수렴 영역이다.

㉰ z 변환을 할 수 없는 신호는 존재하지 않는다.

㉱ 단방향 z 변환에서는 같은 $X(z)$에 2개의 수렴 영역이 대응되지 않는다.

13.3 $x[n] \Leftrightarrow \dfrac{z}{(z-1)^2}$일 때 다음의 단방향 z 변환쌍 중 틀린 것은?

㉮ $x[n+1]u[n] \Leftrightarrow \dfrac{z^2}{(z-1)^2}$ ㉯ $x[n-1]u[n-1] \Leftrightarrow \dfrac{1}{(z-1)^2}$

㉰ $x[n-1]u[n] \Leftrightarrow \dfrac{z}{(z-1)^2}$ ㉱ $x[n]u[n-1] \Leftrightarrow \dfrac{z}{(z-1)^2}$

13.4 z 변환의 성질에 대한 다음의 설명 중 옳은 것은?

㉮ 인과 신호 $x[n]$에 대해 $Z\{x[n-2]u[n]\}=z^{-2}X(z)$이다.

㉯ 주파수 척도조절 $X\left(\dfrac{z}{e^{j\Omega_0}}\right)$은 z 평면에서 허축을 따라 각 Ω_0만큼 이동한 것이다.

㉰ $y[n]=x[n]\circledast h[n]$의 z 변환은 $Y(z)=X(z)H(z)$이다.

㉱ 양방향 z 변환과 단방향 z 변환은 동일한 성질을 지닌다.

13.5 다음의 $X(z)$와 신호의 정상상태 값 $x[\infty]$의 짝 중에서 틀린 것은?

㉮ $X(z)=\dfrac{2z+4}{(z-1)(z^2+z+1)}$, $x[\infty]=2$ ㉯ $X(z)=\dfrac{2z-4}{(z-1)(z^2-z-1)}$, $x[\infty]=2$

㉰ $X(z)=\dfrac{z+1}{(z-1)(z^2-z+1)}$, $x[\infty]=2$ ㉱ $X(s)=\dfrac{2z+4}{(z-1)^2(z^2+z+1)}$, $x[\infty]=2$

13.6 z 역변환에 대한 다음의 설명 중 옳은 것은?

㉮ 정의식을 쓰지 않고 $X(z)$를 z 역변환하는 방법은 부분분수 전개법이 유일하다.
㉯ $X(z)$의 분모와 분자의 차수가 같으면 역변환으로 얻은 신호에 반드시 임펄스가 포함된다.
㉰ $X(z)$를 바로 부분분수로 전개해서는 $x[n]$을 z 역변환할 수 없다.
㉱ 복소극을 갖는 $X(z)$를 z 역변환한 신호는 항상 수렴한다.

13.7 z 변환에 의한 차분 방정식의 풀이에 대한 다음의 설명 중 틀린 것은?

㉮ z 변환에 의해 차분 방정식은 z에 관한 대수 방정식으로 바뀌어 풀이가 수월하다.
㉯ z 변환의 시간 이동 성질을 이용하여 한 번에 완전해를 구할 수 있다.
㉰ 특성 방정식이 출력의 z 변환 $Y(z)$를 이루는 항들의 분모에 공통으로 들어 있다.
㉱ 반드시 $n>0$에서의 초기 조건이 주어져야만 풀이가 가능하다.

13.8 전달 함수에 대한 다음의 설명 중 틀린 것은?

㉮ 차분 방정식의 계수에 의해 전달 함수는 완전히 결정된다.
㉯ z 평면의 단위원 위의 모든 점에 대해 전달 함수 값을 구한 것과 주파수 응답은 같다.
㉰ 서로 다른 임펄스 응답을 갖는 시스템이라도 같은 전달 함수를 가질 수도 있다.
㉱ 전달 함수의 극은 시스템 모드와 임펄스 응답의 형태를 결정한다.

13.9 시스템의 극과 영점에 대한 다음의 설명 중 옳은 것은?

㉮ 극이 z 변환의 수렴 영역에 존재하면, 그 시스템은 안정하다.
㉯ 이득에 미치는 극과 영점의 영향을 크게 하려면 원점에 가깝게 위치시키는 것이 좋다.
㉰ z 평면의 단위원 위에 있는 위상이 Ω_0인 영점은 주파수가 Ω_0인 입력에 대해 출력을 0으로 만든다.
㉱ z 평면의 원점에 있는 극은 주파수 응답의 크기와 위상에 모두 영향을 미친다.

13.10 z 변환과 라플라스 변환의 관계에 대한 다음의 설명 중 틀린 것은?

㉮ z 변환은 라플라스 변환의 특수한 경우로 볼 수 있다.
㉯ s 평면을 z 평면으로 사상할 때, 시스템의 안정도는 보존되지 않는다.
㉰ 인과 신호에 대한 라플라스 변환의 수렴 영역은 인과 신호에 대한 z 변환의 수렴 영역으로 사상된다.
㉱ s 평면의 허축이 z 평면의 단위원으로 중복 사상되기 때문에 주파수 중첩이 발생한다.

【기초 문제】

13.11 z 변환의 정의식을 이용하여 다음 신호의 z 변환을 구하라.

(a) $x[n]=(0.5)^n(u[n]-u[n-5])$

(b) $x[n]=n(0.5)^n u[n]$

(c) $x[n]=\begin{cases}1, & n\geq 0\text{인 짝수}\\ 0, & n\geq 0\text{인 홀수}\end{cases}$

(d) $x[n]=\begin{cases}+1, & n\geq 0\text{인 짝수}\\ -1, & n\geq 0\text{인 홀수}\end{cases}$

13.12 다음 신호의 양방향 z 변환과 수렴 영역(ROC)을 구하라.

(a) $x[n]=(0.5)^n u[-n]$

(b) $x[n]=(0.5)^{-n}u[-n-1]$

(c) $x[n]=(0.5)^{|n|}$

(d) $x[n]=(0.5)^{-n}u[n]+(0.5)^n u[-n-1]$

13.13 다음의 신호 $x[n]$에 대해 $y[n]=x[n+3]$의 단방향 z 변환을 구하라.

(a) $x[n]=a^n u[n]$

(b) $x[n]=nu[n]$

13.14 z 변환의 성질과 변환쌍표를 이용하여 다음 신호의 z 변환을 구하라.

(a) $x[n]=n^2 u[n]$

(b) $x[n]=(0.5)^{n+1}u[n-1]$

(c) $x[n]=\sin\left(\frac{\pi}{8}n-\frac{\pi}{4}\right)u[n-2]$

(d) $x[n]=u[n-2]*\left(\frac{2}{3}\right)^n u[n]$

(e) $x[n]=n\sin\left(\frac{\pi}{2}n\right)u[n]$

(f) $x[n]=\left((0.5)^n\cos\left(\frac{\pi}{3}n\right)\right)u[n-1]$

13.15 $x[n]$의 z 변환이 다음과 같을 때, 다음의 신호들의 z 변환을 구하라.

$$X(z)=\frac{z}{(z+0.5)^2},\quad |z|>0.5$$

(a) $y[n]=x[n-1]$

(b) $y[n]=(2)^n x[n]$

(c) $y[n]=(-1)^n x[n]$

(d) $y[n]=x[n+1]-x[n-1]$

(e) $y[n]=x[n]*x[n-2]$

13.16 다음과 같은 단방향 z 변환에 대해 역변환을 하지 말고 초깃값과 최종값을 구하라. 만약 값을 구할 수 없다면 그 이유를 설명하라.

(a) $X(z)=\frac{z}{z^2-0.3z-0.1}$

(b) $X(z)=\frac{z(z-0.5)}{z^2-z+1}$

(c) $X(z)=\frac{z^2}{z^2+1.5z-1}$

(d) $X(z)=\frac{z(z-0.25)}{z^2-0.5z+0.25}$

13.17 다음의 단방향 z 변환의 역변환 $x[n]$을 부분분수 전개법으로 구하라.

(a) $X(z)=\frac{0.5z}{(z-1)(z-0.5)}$

(b) $X(z)=\frac{0.5z(z+1)}{(z-1)(z-0.5)}$

(b) $X(z)=\frac{z(2z+3)}{(z-1)(z^2-5z+6)}$

(d) $X(z)=\frac{z^3}{(z+1)(z-1)^2}$

(e) $X(z)=\frac{z(3z-1)}{(z+1)(z-1)^3}$

(f) $X(z)=\frac{z^2}{z^2-z+0.5}$

13.18 다음 차분 방정식으로 표현된 LTI 시스템의 출력을 z 변환을 이용하여 구하라.

(a) $y[n]-\frac{1}{3}y[n-1]=2x[n], \quad y[-1]=0, \quad x[n]=\left(-\frac{1}{2}\right)^n u[n]$

(b) $y[n]-\frac{1}{3}y[n-1]=2x[n], \quad y[-1]=1, \quad x[n]=(-\frac{1}{2})^n u[n]$

(c) $y[n]-\frac{3}{4}y[n-1]+\frac{1}{8}y[n-2]=\frac{3}{8}x[n], \quad x[n]=u[n], \quad y[-1]=1, \quad y[-2]=5$

(d) $y[n]-\frac{1}{6}y[n-1]-\frac{1}{6}y[n-2]=x[n]-\frac{1}{2}x[n-1], \quad x[n]=\left(\frac{1}{3}\right)^n u[n], \quad y[-1]=1, \quad y[-2]=0$

(e) $y[n]-y[n-1]+y[n-2]=x[n], \quad x[n]=\left(\frac{1}{2}\right)^n u[n], \quad y[-1]=1, \quad y[-2]=0$

13.19 인과 LTI 시스템의 입출력이 다음과 같이 주어질 때, 이 시스템의 전달 함수, 임펄스 응답, 차분 방정식을 구하라.

(a) $x[n]=\delta[n]+\frac{1}{4}\delta[n-1]-\frac{1}{8}\delta[n-2], \quad y[n]=\delta[n]-\frac{3}{4}\delta[n-1]$

(b) $x[n]=\left(\frac{1}{2}\right)^n u[n], \quad y[n]=\left(\frac{1}{4}\right)^n u[n]$

(c) $x[n]=\left(-\frac{1}{3}\right)^n u[n], \quad y[n]=\left(3(-1)^n+\left(\frac{1}{3}\right)^n\right)u[n]$

(d) $x[n]=2u[n], \quad y[n]=\left(4\left(\frac{1}{2}\right)^n-3\left(-\frac{3}{4}\right)^n\right)u[n]$

13.20 다음의 차분 방정식으로 표현되는 인과 LTI 시스템의 전달 함수와 임펄스 응답을 구하라. 그리고 시스템의 극과 영점을 구하고 안정도를 판별하라.

(a) $y[n]-0.3y[n-1]-0.1y[n-2]=x[n]$

(b) $y[n]-\frac{5}{6}y[n-1]+\frac{1}{6}y[n-2]=x[n]+x[n-1]$

(c) $y[n]-\frac{1}{4}y[n-1]-\frac{3}{8}y[n-2]=x[n]-2x[n-1]$

(d) $y[n]-\frac{3}{2}y[n-1]+\frac{9}{16}y[n-2]=2x[n]+x[n-1]$

(e) $y[n]+2y[n-1]+2y[n-2]=x[n]+x[n-1]$

(f) $y[n]-y[n-1]+0.5y[n-2]=x[n]$

【응용 문제】

13.21 다음의 $X(z)$에 대해 주어진 수렴 영역을 만족하는 역변환 $x[n]$을 구하라.

(a) $X(z)=\dfrac{2z-1}{z^2-z-0.75}$ (i) $|z|>1.5$ (ii) $0.5<|z|<1.5$ (iii) $|z|<0.5$

(b) $X(z)=\dfrac{z^2-z-0.75}{2z-1}$ (i) $|z|>0.5$ (ii) $0<|z|<0.5$

(c) $X(z)=\dfrac{z^2+5z}{z^2-2z-3}$ (i) $|z|>3$ (ii) $1<|z|<3$ (iii) $|z|<1$

13.22 신호 $x[n]$의 z 변환이 다음과 같다.

$$X(z)=\frac{z^3}{z^3-3z^2+5z-9}$$

(a) $x_1[n]=x[n-3]u[n-3]$의 z 변환을 구하라.

(b) $x_2[n]=x[n+3]u[n]$의 z 변환을 구하라.

(c) 긴 나눗셈을 이용한 멱급수 형태의 역변환을 통해 $n=0, 3$일 때의 $x[n]$ 값, $n=3$일 때의 $x_1[n]$ 값, $n=0$일 때의 $x_2[n]$ 값을 구하라.

(d) (c)의 결괏값들은 일치하는가? 그렇다면 이유를 설명하라.

13.23 $X(z)$가 신호 $x[n]=(0.5)^n u[n]$의 z 변환이라고 할 때, 다음의 z 변환에 대응되는 시간 신호를 구하라.

(a) $Y(z)=X(z^{-1})$

(b) $Y(z)=X(-z)$

(c) $Y(z)=\dfrac{zX(z)}{z-1}$

(d) $Y(z)=X^2(z)$

13.24 다음 물음에 답하라.

(a) $y[n]=\sum_{k=0}^{n}x[k]$의 z 변환이 $Y(z)=\dfrac{z}{z-1}X(z)$임을 보여라.

(b) (a)의 결과를 이용하여 $r[n]=nu[n]$의 z 변환을 구하라.

(c) $s[n]=\sum_{k=0}^{n}(u[k]-u[k-1])$의 z 변환을 구하라.

13.25 다음의 차분 방정식으로 표현되는 이산 LTI 시스템에 대해 z 변환을 이용하여 입력 $x[n]=u[n]$일 때 출력 $y[n]$을 '영입력 응답 + 영상태 응답', '고유 응답 + 강제 응답' 형태로 각각 구하라.

(a) $y[n]-0.25y[n-1]=x[n], \quad y[-1]=1$

(b) $y[n]-\frac{3}{4}y[n-1]+\frac{1}{8}y[n-2]=x[n], \quad y[-1]=-1, \quad y[-2]=1$

(c) $y[n]-0.9y[n-1]+0.2y[n-2]=x[n], \quad y[-1]=1, \quad y[-2]=-4$

(d) $2y[n]-3y[n-1]+y[n-2]=4x[n]-3x[n-1], \quad y[-1]=0, \quad y[-2]=1$

13.26 이산 인과 LTI 시스템의 전달 함수가 다음과 같을 때 주어진 입력에 대한 출력을 구하라.

$$H(z)=\frac{6(5z-1)}{6z^2-5z+1}$$

(a) $(4)^{-n}u[n]$

(b) $(4)^{-(n-2)}u[n-2]$

(c) $(4)^{-(n-2)}u[n]$

(d) $(4)^{-n}u[n-2]$

13.27 임펄스 응답이 $h[n]=\left(\frac{1}{2}\right)^n u[n]$인 인과 LTI 시스템의 출력이 다음과 같을 때, 시스템에 인가된 입력을 구하라.

(a) $y[n]=2\delta[n-4]$

(b) $y[n]=2u[n]-\left(\frac{1}{2}\right)^n u[n]$

(c) $y[n]=\frac{1}{3}u[n]+\frac{2}{3}\left(-\frac{1}{2}\right)^n u[n]$

13.28 다음 그림과 같이 연결된 이산 LTI 시스템에 대해 전체 시스템의 임펄스 응답을 구하라. 단, 각 시스템의 임펄스 응답은 다음과 같다.

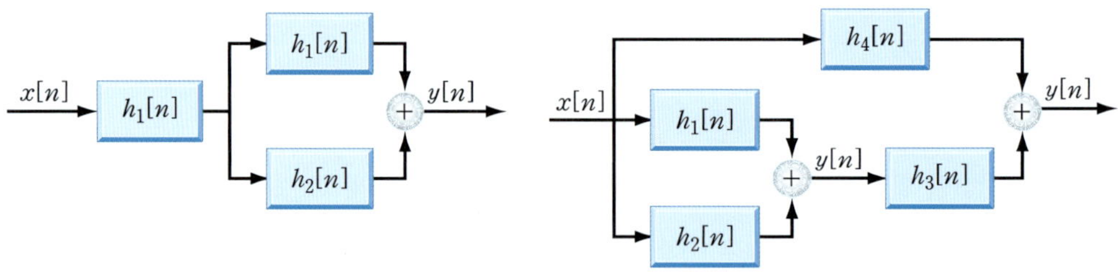

(a) (b)

(a) $h_1[n]=\left(\frac{1}{2}\right)^n u[n], \quad h_2[n]=\delta[n], \quad h_3[n]=u[n-1]$

(b) $h_1[n]=2\delta[n], \quad h_2[n]=-2(0.5)^n u[n], \quad h_3[n]=0.5\delta[n]-0.25\delta[n-1],$
$h_4[n]=\delta[n]+0.5\delta[n-1]$

13.29 다음 그림과 같은 이산 시스템의 블록선도가 있다.

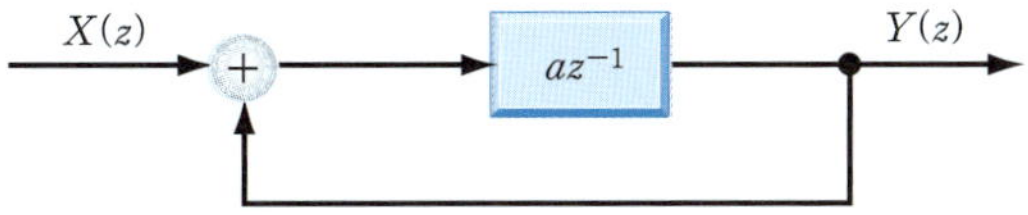

(a) 이 시스템의 차분 방정식 모델을 구하라.

(b) 이 시스템의 전달 함수를 구하라.

(c) 이 시스템이 BIBO 안정일 경우 파라미터 a의 범위를 결정하라.

(d) 이 시스템의 임펄스 응답을 구하라. (c)의 답은 임펄스 응답으로부터 명백한가? 그 이유는 무엇인가?

(e) $a=0.5$일 때 이 시스템의 단위 계단 응답을 구하라.

13.30 z 평면의 극과 영점을 이용한 주파수 응답의 계산을 이용하여 다음 그림과 같은 형태의 극-영점 분포를 갖는 시스템의 대략적인 진폭 응답 특성을 그려라. 이들 시스템은 어떤 종류의 필터인가?

(a)

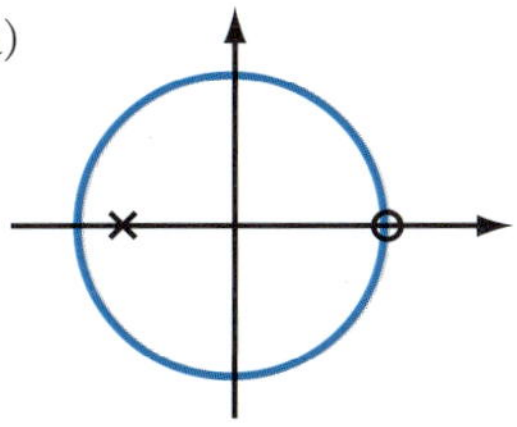

(b)

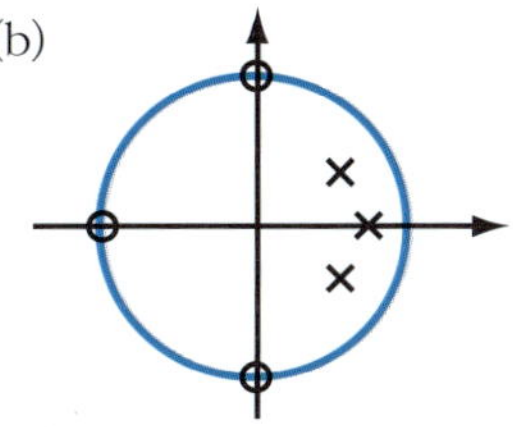

(c)

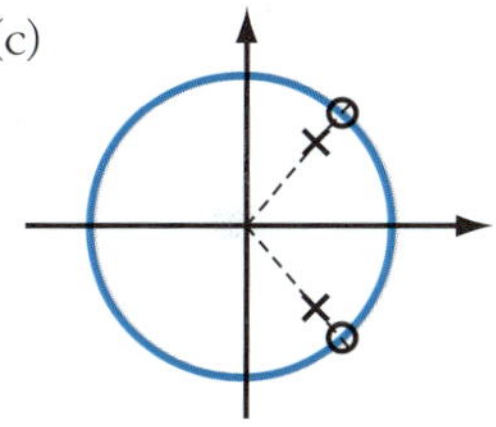

| 학습포인트

- 매트랩을 이용하여 신호의 z 변환을 수행한다.
- 매트랩으로 z 변환을 이용한 이산 LTI 시스템의 해석을 수행한다.
- 매트랩으로 부분분수 전개법을 이용한 z 역변환을 수행한다.

z 변환은 이산 시스템의 해석에 가장 널리 사용된다. 매트랩에서는 바로 명령어를 사용하여 z 변환과 역변환을 간단히 수행할 수 있다. 그리고 전달 함수의 극과 영점을 구할 수 있으며, 전달 함수로부터 주파수 응답, 임펄스 응답, 계단 응답을 간편하게 구할 수 있다. 이 절에서는 이들 문제에 대해 간단히 실습해보기로 한다.

MATLAB 13-1 신호의 z 변환

다음 신호들에 대해 매트랩을 이용하여 신호의 z 변환을 구하고 이를 다시 z 역변환하라.

- $x[n]=(0.8)^n u[n]$
- $y[n]=(0.8)^{(n-3)}u[n-3]$
- $v[n]=(0.8)^{(n+3)}u[n+3]$
- $w[n]=(0.8)^{(n+3)}u[n]$

풀이

이산 신호의 z 변환은 매트랩의 ztrans 명령, 역변환은 iztrans 명령을 사용하여 해결할 수 있다. ztrans 명령은 기호로 지정된 변수의 함수에 대해 단방향 z 변환만 가능하며, 나온 결과는 문자처럼 취급한다. 따라서 $x[n]$ 형태로 표현된 것만 변환이 가능하고, stepfun과 같이 매트랩에서 제공되는 많은 함수 명령어의 z 변환은 불가능하다. 따라서 시간 이동을 나타내는 계단 함수에 대해서는 시간 이동 이전의 신호에 대해 ztrans 명령어를 적용하고 이에 시간 이동 값에 맞게 z^m을 곱한 형태로 나타내도록 하는 수밖에 없다. 이 경우 $w[n]=(0.8)^3(0.8)^n u[n]$ 또는 $w[n]=w[n+3]-(\delta[n+3]+(0.8)\delta[n+2]+(0.8)^2\delta[n+1])$으로 해서 z 변환을 구하도록 프로그램하면 된다.

z 변환과 z 역변환을 수행하는 매트랩 프로그램은 다음과 같다.

SS_13_1.m

```
syms n z                                      % 변수를 기호로 지정
X=ztrans(0.8^n)                               % x[n]의 z 변환 수행
Y=(z^(-3))*ztrans(0.8^n)                      % y[n]의 z 변환 수행
V=(z^3)*ztrans(0.8^n)                         % v[n]의 z 변환 수행
W=(z^3)*ztrans(0.8^n)-z^3-0.8*z^2-(0.8)^2*z   % w[n]의 z 변환 수행

x=iztrans(X)                                  % X(z)의 z 역변환 수행
y=iztrans(Y)                                  % Y(z)의 z 역변환 수행
v=iztrans(Y)                                  % V(z)의 z 역변환 수행
w=iztrans(W)                                  % W(z)의 z 역변환 수행
```

프로그램을 실행하면 다음과 같은 결과를 얻게 된다. 이때 kroneckerDelta는 기호로만 활용되는 명령으로 kroneckerDelta(n−2, 0)는 $\delta[n-2]$를 나타낸다.

```
X = z/(z-4/5)
Y = 1/z^2*(z-4/5)
V  = z^4/(z-4/5)
W = z^4/(z-4/5) - (16*z)/25 - (4*z^2)/5 - z^3

x = (4/5)^n
y = (125*(4/5)^n)/64 - (5*kroneckerDelta(n-2, 0))/4 - (25*kroneckerDelta(n-1, 0))/16
      - (125*kroneckerDelta(n, 0))/64
v = (125*(4/5)^n)/64 - (5*kroneckerDelta(n-2, 0))/4 - (25*kroneckerDelta(n-1, 0))/16
      - (125*kroneckerDelta(n, 0))/64
w = (64*(4/5)^n)/125
```

MATLAB 13-2 z 변환을 이용한 이산 LTI 시스템의 해석

전달 함수가 $H(z) = \dfrac{z^2+0.5z}{z^2-1.6z+0.8}$ 인 이산 LTI 시스템의 극과 영점, 주파수 응답, 임펄스 응답, 계단 응답을 각각 그려라.

풀이

이 문제는 매트랩의 명령어를 사용하면 매우 간편하게 풀 수 있다. 극과 영점을 그리는 명령은 pzmap 또는 zplane, 주파수 응답은 freqz, 임펄스 응답은 dimpulse, 계단 응답은 dstep 을 사용하면 된다. 이를 수행하는 매트랩 프로그램은 다음과 같다.

SS_13_2.m

```
n=0:40;                                % 시간축 설정
num=[1 0.5 0];                         % 전달 함수 분자의 계수
den=[1 -1.6 0.8];                      % 전달 함수 분모의 계수
[p z]=pzmap(num,den);                  % 극, 영점 계산
Hf=freqz(num, den);                    % 주파수 응답 계산
h=dimpulse(num,den,length(n));         % 임펄스 응답 계산
s=dstep(num,den,length(n));            % 계단 응답 계산

figure(1)                              % 그림 창 1 지정
zplane(num, den);                      % 극과 영점을 그림
title('시스템의 극과 영점');           % 그림 제목
figure(2)                              % 그림 창 2 지정
freqz(num, den);                       % 주파수 응답을 그림
title('주파수 응답');                  % 그림 제목
figure(3)                              % 그림 창 3 지정
subplot(2,1,1);                        % 2행 1열 분할 그림 창의 1번 창
stem(n,h);                             % 임펄스 응답을 그림
title('임펄스 응답');                  % 그림 제목
xlabel('n'); grid on;                  % x축 라벨 및 그리드 표시
subplot(2,1,2);                        % 2행 1열 분할 그림 창의 2번 창
stem(n,s);                             % 계단 응답을 그림
title('계단 응답');                    % 그림 제목
xlabel('n'); grid on;                  % x축 라벨 및 그리드 표시
```

프로그램의 실행 결과를 [그림 13-13], [그림 13-14]에 나타내었다. [그림 13-13]은 극, 영점을 그린 것이고, [그림 13-14(a)]는 시스템의 주파수 응답을, [그림 13-14(b)]는 임펄스 응답과 계단 응답을 그린 것이다. 임펄스 응답과 계단 응답을 그릴 때도 주파수 응답의 경우와 같이 `dimpulse`, `dstep` 명령을 사용할 수 있지만, 그럴 경우는 구간 연속인 파형으로 그려진다. 그러므로 프로그램에서는 계산 결과를 `stem` 명령을 이용하여 그렸다. 또한 `freqz` 명령은 별도로 지정해주지 않는 한 구간 $[0, \pi]$에서 $N=512$의 데이터 값을 돌려준다.

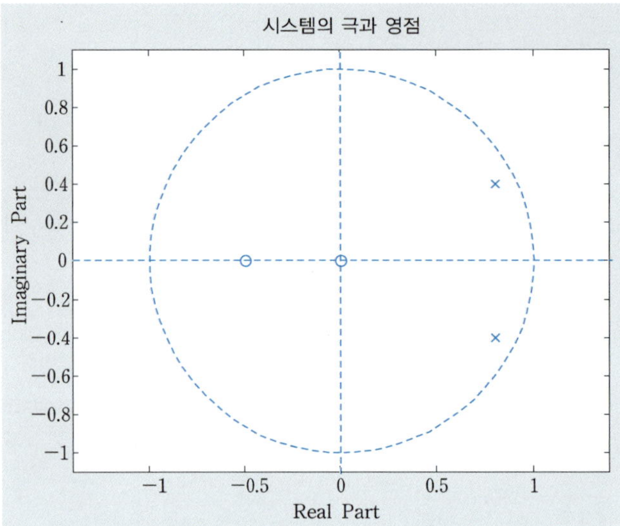

[그림 13-13] 시스템의 극과 영점

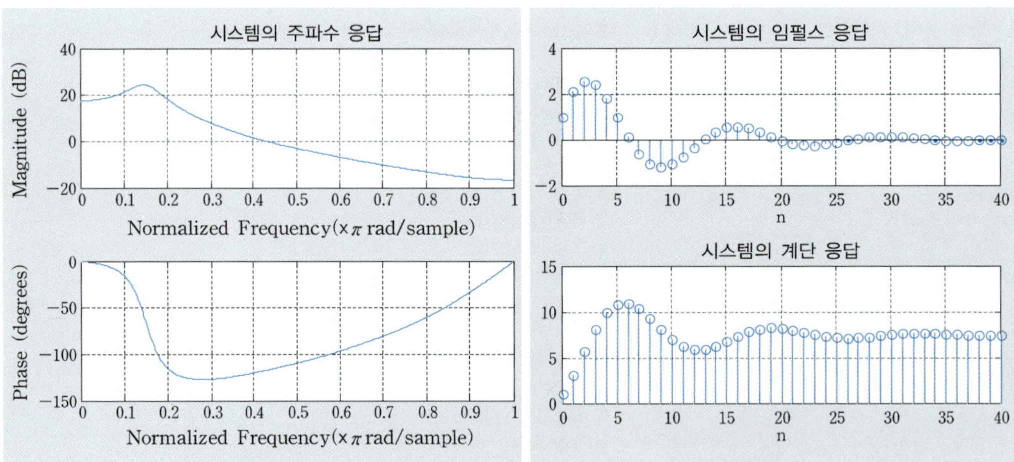

(a) 주파수 응답　　(b) 임펄스 응답과 계단 응답

[그림 13-14] 시스템의 주파수 응답, 임펄스 응답, 계단 응답

MATLAB 13-3 부분분수 전개를 이용한 z 역변환

이산 LTI 시스템의 전달 함수가 $H(z)=\dfrac{z^2-0.25}{z^2+0.64}$ 일 때, $H(z)/z$를 부분분수로 전개하고 이로부터 시스템의 임펄스 응답을 구하여 그려라.

풀이

$H(z)/z$를 부분분수로 전개하면 다음과 같은 형태가 된다.

$$\frac{H(z)}{z}=\frac{z^2-0.25}{z^3+0.64z}=\frac{K_1}{z-p_1}+\frac{K_2}{z-p_2}+\frac{K_3}{z-p_3}$$

이처럼 부분분수로 전개했을 때 부분분수의 극 p_i와 계수 K_i는 `residue` 명령을 이용하면 쉽게 계산할 수 있다. `[R P K]=residue(B,A)`는 분수 형태의 유리 함수를 부분분수로 만들어 결과를 돌려준다.

$$\frac{B(z)}{A(z)}=\frac{R(1)}{z-P(1)}+\frac{R(2)}{z-P(2)}+\cdots+\frac{R(n)}{z-P(n)}+K(z)$$

부분분수 전개법에서는 변환쌍 $a^n u[n] \Leftrightarrow \dfrac{z}{z-a}$을 이용하여 역변환하므로, 각 부분분수가 바로 $R(i)P(i)^n$로 역변환되도록 프로그램하면 된다. `residue`에 의해 극 $p_i=P(i)$와 계수 $K_i=R(i)$는 다음과 같이 구해진다.

$$\begin{cases} P(1)=j0.8 \\ P(2)=-j0.8 \\ P(3)=0 \end{cases} \qquad \begin{cases} R(1)=0.6953 \\ R(2)=0.6953 \\ R(3)=-0.3906 \end{cases}$$

또한 전달 함수 $H(z)$를 역변환하여 구한 임펄스 응답은 다음과 같다.

$$\begin{aligned} h[n] &= -0.3906\delta[n]+0.6953((j0.8)^n+(-j0.8)^n)u[n] \\ &= -0.3906\delta[n]+1.3906(0.8)^n\sin\left(\frac{\pi}{2}n\right)u[n] \end{aligned}$$

매트랩 프로그램은 다음과 같다.

SS_13_3.m

```
num=[1 0 -0.25];                              % 전달 함수 분자의 계수
den=[1 0 0.64];                               % 전달 함수 분모의 계수
[R P]=residue(num,[den 0]);                   % 부분분수 전개의 극과 계수 계산
n=0:30;                                       % 시간축 설정
h=R(1)*P(1).^n+R(2)*P(2).^n+R(3)*P(3).^n;     % 역변환에 의한 임펄스 응답 계산
hh=dimpulse(num,den,length(n));               % dimpulse에 의한 임펄스 응답 계산

subplot(2,1,1);                               % 2행 1열 분할 그림 창의 1번 창
stem(n,h);                                    % z 역변환에 의한 임펄스 응답을 그림
title('역 z 변환에 의한 임펄스 응답');          % 그림 제목
xlabel('n'); grid on;                         % x축 라벨 및 그리드 표시
subplot(2,1,2);                               % 2행 1열 분할 그림 창의 1번 창
stem(n,hh);                                   % dimpulse로 구한 임펄스 응답을 그림
title('dimpulse로 구한 임펄스 응답');          % 그림 제목
xlabel('n'); grid on;                         % x축 라벨 및 그리드 표시
```

프로그램에서 역변환으로 얻은 결과의 검증을 위해 dimpulse 명령으로 구한 임펄스 응답을 함께 그리도록 하였으며, 실행 결과는 [그림 13-15]에 나타내었는데, 두 결과가 일치하는 것을 확인할 수 있다.

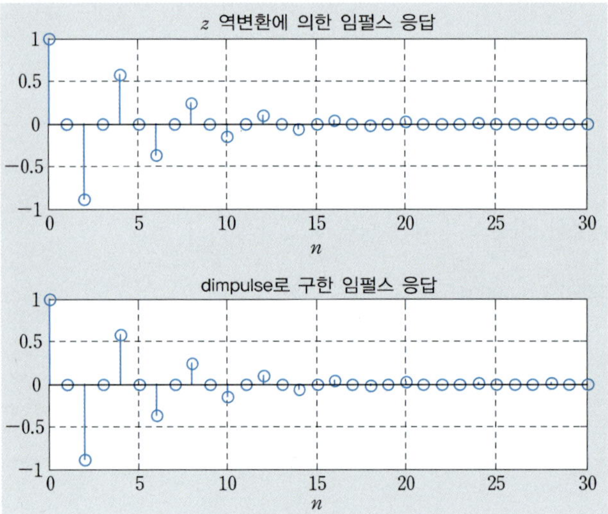

[그림 13-15] 시스템의 임펄스 응답

부록

변환쌍표

Transform Table

A. 푸리에 변환쌍표

	$x(t)$	$X(\omega)$
1	$e^{-at}u(t),\ a>0$	$\frac{1}{a+j\omega}$
2	$e^{-a\|t\|},\ a>0$	$\frac{2a}{a^2+\omega^2}$
3	$te^{-at}u(t),\ a>0$	$\frac{1}{(a+j\omega)^2}$
4	$t^n e^{-at}u(t),\ a>0$	$\frac{n!}{(a+j\omega)^{n+1}}$
5	1	$2\pi\delta(\omega)$
6	$\delta(t)$	1
7	$sgn(t)$	$\frac{2}{j\omega}$
8	$u(t)$	$\pi\delta(\omega)+\frac{1}{j\omega}$
9	$\cos\omega_0 t$	$\pi[\delta(\omega+\omega_0)+\delta(\omega-\omega_0)]$
10	$\sin\omega_0 t$	$j\pi[\delta(\omega+\omega_0)-\delta(\omega-\omega_0)]$
11	$e^{j\omega_0 t}$	$2\pi\delta(\omega-\omega_0)$
12	$e^{-at}\sin\omega_0 t u(t)$	$\frac{\omega_0}{(a+j\omega)^2+\omega_0^2}$
13	$e^{-at}\cos\omega_0 t u(t)$	$\frac{a+j\omega}{(a+j\omega)^2+\omega_0^2}$
14	$\sum_{n=-\infty}^{\infty}\delta(t-nT_s)$	$\omega_0\sum_{n=-\infty}^{\infty}\delta(\omega-n\omega_0)$
15	$\text{rect}_\tau(t)$ (너비 τ 인 사각 펄스)	$\tau\,\text{sinc}\left(\frac{\omega\tau}{2\pi}\right)$
16	$\frac{W}{2\pi}\,\text{sinc}\left(\frac{W}{2\pi}t\right)$	$rect_W(\omega)$
17	$\triangle\left(\frac{t}{\tau}\right)$ (기울기 $1/\tau$ 인 삼각파)	$\tau\,\text{sinc}^2\left(\frac{\omega\tau}{2\pi}\right)$
18	$e^{-\frac{t^2}{2\sigma^2}}$	$\sigma\sqrt{\pi}\,e^{-\frac{\sigma^2\omega^2}{2}}$

B. 라플라스 변환쌍표

	$x(t)$	
1	$\delta(t)$	1
2	$u(t)$	$\frac{1}{s}$
3	$\frac{t^n}{n!}u(t)$	$\frac{1}{s^{n+1}}$
4	$e^{-at}u(t)$	$\frac{1}{s+a}$
5	$\frac{t^n e^{-at}}{n!}u(t)$	$\frac{1}{(s+a)^{n+1}}$
6	$\sin\omega_0 t\ u(t)$	$\frac{\omega_0}{s^2+\omega_0^2}$
7	$\cos\omega_0 t\ u(t)$	$\frac{s}{s^2+\omega_0^2}$
8	$t\sin\omega_0 t\ u(t)$	$\frac{2\omega_0 s}{(s^2+\omega_0^2)^2}$
9	$t\cos\omega_0 t\ u(t)$	$\frac{(s^2-\omega_0^2)}{(s^2+\omega_0^2)^2}$
10	$e^{-at}\sin\omega_0 t\ u(t)$	$\frac{\omega_0}{(s+a)^2+\omega_0^2}$
11	$e^{-at}\cos\omega_0 t\ u(t)$	$\frac{s+a}{(s+a)^2+u_0^2}$
12	$Ae^{-at}\cos\omega_0 t\ u(t) + Be^{-at}\sin\omega_0 t\ u(t)$	$\frac{A(s+a)-B\omega_0}{(s+a)^2+\omega_0^2}$
13	$Ae^{-at}\cos\omega_0 t\ u(t) + \left(\frac{(B-Aa)}{\omega_0}\right)e^{-at}\sin\omega_0 t\ u(t)$	$\frac{As+B}{(s+a)^2+\omega_0^2}$

C. 이산 시간 푸리에 변환쌍표

	$x[n]$	$X(z)$
1	$\delta[n]$	1
2	$\delta[n-n_0]$	$e^{-jn_0\Omega}$
3	1	$2\pi\delta(\Omega)$
4	$u[n]$	$\frac{1}{1-e^{-j\Omega}}+\pi\delta(\Omega),\ 0\le\Omega<2\pi$
5	$e^{j\Omega_0 n}$	$2\pi\delta(\Omega-\Omega_0)$
6	$x[n]=\begin{cases}1, & \|n\|\le N_1\\ 0, & \|n\|>N_1\end{cases}$	$\frac{\sin\left[\Omega\left(N_1+\frac{1}{2}\right)\right]}{\sin\left(\frac{\Omega}{2}\right)}$
7	$a^n u[n],\ \|a\|<1$	$\frac{1}{1-ae^{-j\Omega}}$
8	$(n+1)a^n u[n],\ \|a\|<1$	$\frac{1}{(1-ae^{-j\Omega})^2}$
9	$\frac{W}{\pi}\mathrm{sinc}\left(\frac{Wn}{\pi}\right),\ 0<W<\pi$	$X(\Omega)=\begin{cases}1, & 0\le\|\Omega\|\le W\\ 0, & W<\|\Omega\|\le\pi\end{cases}$
10	$\cos(\Omega_0 n)$	$\pi\{\delta(\Omega+\Omega_0)+\delta(\Omega-\Omega_0)\}$
11	$\sin(\Omega_0 n)$	$j\pi\{\delta(\Omega+\Omega_0)+\delta(\Omega-\Omega_0)\}$
12	$sgn[n]=\begin{cases}+1, & n\ge 0\\ 1, & n<0\end{cases}$	$j\frac{\sin(\Omega)}{\cos(\Omega)-1}$
13	$\frac{(n+r-1)!}{n!(r-1)!}a^n u[n],\ \|a\|<1$	$\frac{1}{(1-ae^{-j\Omega})^r}$

D. z 변환쌍표

	$x[nT]$ *	$X(z)$
1	$\delta[nT]$	1
2	$u[nT]$	$\frac{1}{1-z^{-1}}$
3	$a^n u[nT]$	$\frac{1}{1-az^{-1}}$
4	$nTu[nT]$	$\frac{Tz^{-1}}{(1-z^{-1})^2}$
5	$(nT)^2 u[nT]$	$\frac{Tz^{-1}(1+z^{-1})}{(1-z^{-1})^3}$
6	$na^n u[nT]$	$\frac{az^{-1}}{(1-az^{-1})^2}$
7	$n^2 a^n u[nT]$	$\frac{az^{-1}(1+az^{-1})}{(1-az^{-1})^3}$
8	$\cos(\Omega_0 n)u[nT]$	$\frac{1-\cos(\Omega_0)z^{-1}}{1-2\cos(\Omega_0)z^{-1}+z^{-2}}$
9	$\sin(\Omega_0 n)u[nT]$	$\frac{\sin(\Omega_0)z^{-1}}{1-2\cos(\Omega_0)z^{-1}+z^{-2}}$
10	$a^n \cos(\Omega_0 n)u[nT]$	$\frac{1-a\cos(\Omega_0)z^{-1}}{1-2a\cos(\Omega_0)z^{-1}+a^2z^{-2}}$
11	$a^n \sin(\Omega_0 n)u[nT]$	$\frac{a\sin(\Omega_0)z^{-1}}{1-2a\cos(\Omega_0)z^{-1}+a^2z^{-2}}$
12	$a^n\{A\cos(\Omega_0 n)+B\sin(\Omega_0 n)\}u[nT]$	$\frac{A-a\{A\cos(\Omega_0)-B\sin(\Omega_0)\}z^{-1}}{1-2a\cos(\Omega_0)z^{-1}+a^2z^{-2}}$

* 샘플링으로 얻은 이산 신호가 아닌 경우에는 $T=1$로 두면 된다.

찾아보기

영문

ㄱ

ㄴ ㄷ

ㄹ

ㅁ

ㅂ

찾아보기